W. L. GRANOWSKI

DER ELEKTRISCHE STROM IM GAS

BAND I

W. L. GRANOWSKI

DER ELEKTRISCHE STROM IM GAS

BAND I

Allgemeine Probleme der Elektrodynamik der Gase

1955

AKADEMIE-VERLAG · BERLIN

В. Л. Грановский
Электрический Ток в Газе, Том I
Erschienen im Staatsverlag für techn.-theor. Literatur,
Moskau-Leningrad 1951
Übersetzt aus dem Russischen von H. Franzkeit, Berlin
Wissenschaftliche Redaktion: Dipl.-Phys. B. Winde, Institut
für Strahlungsquellen der Deutschen Akademie der Wissenschaften zu Berlin

Die Herausgabe dieses Werkes wurde gefördert vom Kulturfonds
der Deutschen Demokratischen Republik

Erschienen im Akademie-Verlag Berlin W 8, Mohrenstraße 39
Lizenz-Nr. 202 Druckgenehmigungs-Nr. 100/406/55

Satz und Druck: Druckhaus „Maxim Gorki“, Altenburg
Bestell- und Verlagsnummer 5159
Printed in Germany

Das Buch ist der Physik des Durchgangs des elektrischen Stroms durch Gase gewidmet. In der Sprache der modernen Physik sind darin die allgemeinen Sätze der Elektrodynamik der Gase und die Grundlagen der Theorie der Elementarprozesse dargestellt sowie die zugehörigen experimentellen Ergebnisse angeführt. Nach seinem Umfang und seiner Darstellungsweise ist das Buch für Wissenschaftler, Ingenieure und Mitarbeiter derjenigen Gebiete der Wissenschaft und Industrie vorgesehen, in denen man es mit dem Durchgang des elektrischen Stroms durch Gase zu tun hat. Die Kenntnis der Grundlagen der mathematischen Analysis, der statistischen Physik und der Quantenmechanik wird bei den Lesern vorausgesetzt.

VORWORT

Diese Buch gibt eine Darstellung der Lehre vom elektrischen Strom im Gas als einem Teilgebiet der Elektrodynamik.

Es liegen sehr viele Arbeiten über die Grundgesetze des Stroms in Gasen, über die Dynamik elektromagnetischer Felder in ionisierten Gasen, über die Kinetik der Elektronen und Ionen im elektrischen und magnetischen Feld und über die Anwendung der allgemeinen Methoden der Dynamik und der physikalischen Kinetik vor. Deshalb scheint es an der Zeit zu sein, zu versuchen, diese Gruppe der elektrischen Erscheinungen in Zusammenhang mit dem allgemeinen System der theoretischen Physik, insbesondere der Elektrodynamik des stofflichen Mediums darzustellen.

Von einer logisch folgerichtigen, streng analytischen Darstellung der Theorie dieser Erscheinungen kann jedoch zur Zeit noch keine Rede sein; eine solche Theorie wird vorerst nur skizziert. Zum Unterschied von der traditionellen, mehr oder weniger streng analytischen Darstellung der allgemeinen Elektrodynamik (hauptsächlich der Dynamik des elektromagnetischen Feldes) war es hier notwendig, außer den theoretischen Sätzen und Folgerungen auch die experimentellen Daten und die wesentlichen Untersuchungsmethoden zu betrachten.

Bei einigen wichtigen Fragen, die weder experimentell noch theoretisch gelöst sind, ist man genötigt, sich auf eine Zusammenstellung der vorhandenen Angaben und ihre Beurteilung zu beschränken. Eingehende experimentelle Angaben sind auch über diejenigen Größen notwendig, die in der Elektrodynamik vorgegebene Kenngrößen des Stoffes sind und als Anfangsdaten in die Berechnung einer beliebigen konkreten Aufgabe eingehen. Solche Daten sind die charakteristischen Werte der Elementarprozesse (die Energieniveaus und die Wirkungsquerschnitte der Atome in bezug auf verschiedene Prozesse s. Teil II).

Der vorliegende erste Band ist den allgemeinen Fragen der Elektrodynamik der Gase gewidmet. Demgemäß enthält er: 1. die Konkretisierung der allgemeinen Grundsätze der Elektrodynamik auf das gasförmige Medium; 2. die Kenntnisse über die Elementarprozesse, die im Gas und den angrenzenden Körpern beim Durchgang des elektrischen Stroms vorkommen. Ohne sie können die aus den allgemeinen Sätzen gezogenen Schlüsse nicht bis zu zahlenmäßigen Ergebnissen geführt werden; die Kinetik der elektrischen Ladungsträger im Gas; 3. einige allgemeine Sätze und Methoden der Dynamik in Anwendung auf den Strom im Gas.

Die konkreten Formen des Stroms im Gas, und zwar: 1. der stationäre (konstante) Strom, als unselbständiger wie auch (besonders) als selbständiger Strom, 2. der langsam veränderliche Strom einschließlich des Wechselstroms, der Vorgang der Stromlöschung und die Resterscheinungen und 3. der schnell veränderliche

Strom, insbesondere Zündung, kurze Stromimpulse, Hochfrequenzströme usw., werden den Stoff des zweiten Bandes bilden.

Gemäß der allgemeinen Richtung des Buches und zum Unterschied von dem größten Teil der früher erschienenen Bücher ist das Hauptaugenmerk auf die Dynamik des Stroms gerichtet, d. h. auf die nichtstationären Prozesse.

Da das Buch einen endlichen Umfang behalten mußte, die Erscheinungen aber fast grenzenlos verschieden sind, war es erforderlich, eine gewisse Auswahl des Stoffs zu treffen, der zur Illustration der Grundgesetze herangezogen wird. Hauptsächlich wurden die Angaben benutzt, die sich auf ein verdünntes Gas und besonders auf den selbständigen Strom darin beziehen, da diese Form des Stroms von besonders großem Wert für die moderne Elektrotechnik ist.

Ein Lehrbuch zur Einführung in das Gebiet der elektrischen Erscheinungen in Gasen ist dieses Buch nicht. Es ist für diejenigen gedacht, die auf diesem oder einem angrenzenden Gebiet der Physik und Technik arbeiten oder zumindest mit diesem Gebiet im Umfang eines der bekannten Lehrbücher von D. A. ROSHANSKI, N. A. KAPZOW oder A. v. ENGEL und M. STENBECK bekannt sind. Es werden außerdem einige Kenntnisse aus den Hauptgebieten der theoretischen Physik vorausgesetzt (Elektrodynamik, Atomtheorie und kinetische Theorie des Stoffs).

Um das Lesen des Buches zu erleichtern, sind langwierige mathematische Ableitungen, die bei einzelnen Folgerungen vorkommen, in der Regel in den Anmerkungen am Ende des Buches durchgerechnet. Die angewandten Bezeichnungen der physikalischen Größen sind nach Möglichkeit einheitlich; ein Verzeichnis der angewandten Bezeichnungen und Indizes steht am Anfang des Buches (S. XIII). Hierbei sind für die elektrischen Größen überall die Standardbezeichnungen gewählt worden. Die Formeln werden in dem Buch nach Paragraphen numeriert, die Formelnummern sind durch runde Klammern gekennzeichnet, z. B. (5,14); die erste Zahl, die vor dem Komma steht, bezeichnet die Nummer des Paragraphen, die zweite Zahl (hinter dem Komma) die Ordnungszahl der Formel innerhalb des Paragraphen. Hinweise auf Literaturquellen sind in eckigen Klammern gegeben, beispielsweise [X — 2]; die römische Zahl verweist auf das Kapitel des vorliegenden Buches, zu dem der gebrachte Hinweis gehört, und die arabische Zahl ist die Ordnungszahl der Quelle im Literaturverzeichnis am Ende des Buches. Steht in den eckigen Klammern anstatt der römischen Zahl eine Null (z. B. [0 — 6]), so bedeutet das, daß die Literaturquelle zu den allgemeinen Lehrbüchern gehört und am Anfang des Literaturverzeichnisses (S. 485) steht.

Bei der Vorbereitung des Manuskripts dieses Bandes zum Druck halfen mir eine Reihe junger Physiker, insbesondere N. B. ROSANOWA und B. G. MENDELJEW, denen ich hiermit meinen Dank ausdrücke. Prof. B. N. KLARFELD, der liebenswürdigerweise viele Kapitel des Buches durchgesehen hat, danke ich für seine Bemerkungen und dem Redakteur A. S. ANIKEJEW für die wesentliche Hilfe bei der Publikation des Buches. Allen Lesern des Buches, die mich auf Unzulänglichkeiten hinweisen und bei seiner Verbesserung im weiteren behilflich sein werden, wäre ich zu Dank verpflichtet.

Moskau 1951 W. GRANOWSKI

INHALTSVERZEICHNIS

VIERTER TEIL

Einige allgemeine Methoden der Dynamik in Anwendung auf den elektrischen Strom im Gas

Erklärung der in diesem Buche benutzten Zeichen

$\boldsymbol{A}$ Vektorpotential
A Anode
$A_{1,2}$ Arbeit bei Zustandsänderung eines Teilchens
a Parameter der Flugbahn (Kegelschnitt in § 16)
a Parameter der Ladungsverteilung im Atom (in § 17)
a_0 Radius eines H-Atoms im Grundzustand nach BOHR ($= 0{,}528$ Å)
B Magnetische Induktion
b Beweglichkeit der Ladungsträger
C Kapazität
C_1 Koeffizient in einer empirischen Formel (28,1)
c Teilchengeschwindigkeit
c_0 Lichtgeschwindigkeit im Vakuum
c_r Relativgeschwindigkeit zweier Teilchen
$\boldsymbol{D}$ (Elektrischer) Verschiebungsvektor
D Diffusionskoeffizient
d Mittlerer Teilchenabstand
E Elektrische Feldstärke
E Elektromotorische Kraft
$\boldsymbol{e}$ Elektrische Mikrofeldstärke
e Basis der natürlichen Logarithmen ($= 2{,}71828\ldots$)
e_0 Elementarladung ($=1{,}60 \times 10^{-19}$ Caul)
$\boldsymbol{F}$ Kraftvektor
$F(c)$ Geschwindigkeitsverteilungsfunktion (nach absoluten Geschwindigkeiten)
f Geschwindigkeitsverteilungsfunktion; Amplitude der Elektronenwelle (in Kap. III—IV)
G Wahrscheinlichkeitsdichte (in Kap. II bis V)
g Wellenamplitude der Austauschelektronen (in Kap. III—IV); statistisches Gewicht eines Zustands
$\boldsymbol{H}$ Magnetische Feldstärke
H Operator der Gesamtenergie (HAMILTON operator) (in Kap. III)
h PLANCKsche Konstante ($= 625 \times 10^{-27}$ erg. sec)
$\boldsymbol{h}$ Magnetische Mikrofeldstärke
I Stromstärke
$\boldsymbol{J}$ Impulsmoment (in Kap. IV)
i $\sqrt{-1}$
J_0, J_1 BESSELfunktion erster Art
j Stromdichte
K Kathode; kinetische Energie
k BOLTZMANNsche Konstante ($1{,}380 \times 10^{-16}$ erg. grad)
k Wellenzahl $\left(k = \frac{2\pi}{\lambda}\right)$
L Induktivität; Relaxationslänge der Geschwindigkeitsverteilung (in Kap. VIII) im Grundzustand
l Länge
M Molekulargewicht; elektrisches Moment
m Teilchenmasse
N Zahl der in 1 sec vorbeifliegenden Teilchen (in Kap. III)
N_0 LOSCHMIDTsche Zahl ($=6{,}023 \times 10^{23}$)
N_e, N_p Zahl der Elektronen oder Ionen pro Längeneinheit
n Konzentration
n_1 Zahl der Moleküle in 1 cm^3 eines idealen Gases bei 0° C und 1 mm Hg ($= 3{,}53 \times 10^{16}$ cm^{-3})
O Querschnitt des Entladungsrohres
o Raumwinkel im Geschwindigkeitsraum
$\boldsymbol{P}$ Gesamtimpulse des Systems
$\boldsymbol{P}$ Polarisationsvektor der Substanz
P Leistung
$\boldsymbol{p}$ Elektrisches Moment eines Moleküls
$\boldsymbol{p}$ Teilchenimpuls
p Kürzester Abstand, Stoßparameter
p Gasdruck
Q Wärmemenge
Q^{tr} $= c \cdot s^{tr}$
q Elektrizitätsmenge
R Widerstand
$R_{p,e}$ Reflexionskoeffizient der Ionen, Elektronen
r Abstand; Radius
S Fläche; Oberfläche
s Gesamtwirkungsquerschnitt eines Atoms (Moleküls)
s_A — — der Elektronenanlagerung
s_r — — der Rekombination
s_u — — der Umladung
s_i — — der Ionisation
s_a — — der Anregung

s_{el} — — der elastischen Stöße
s_d — — der Dissoziation
s_{tr} Querschnitt bei Dreierstoß
s^* Bremsquerschnitt eines Atoms (Moleküls)
T Temperatur
t Zeit
$U = \frac{kT}{e_0}$
U Spannung
u Geschwindigkeitskomponente längs der X-Achse
V Volumen
v Geschwindigkeitskomponente längs der Y-Achse
W Energie
w Geschwindigkeitskomponente längs der Z-Achse; Energiedichte (in Kap. XI)
w_m Effektive Austrittsarbeit eines Elektrons aus einem Metall (in Kap. VII)
w_{ij} Übergangswahrscheinlichkeit aus dem Zustand in den Zustand j
X Abszissenachse
x Koordinate; Ionisationsgrad des Gases (in Kap. III)
x_a Mittlere Anregungsfrequenz
Y Koordinatenachse
y Koordinate
Z Ordnungszahl, Koordinatenachse
z Koordinate
z_i Mittlere Frequenz der Ionisation durch Elektronenstoß
α Erster TOWNSENDkoeffizient
β Koeffizient der Polarisierbarkeit der Moleküle; Koeffizient der Volumenrekombination
Γ Volumen im Konfigurationsraum
γ Sekundärelektronenausbeute auf 1 Ion bei Ionenbombardement
δ Schichtdicke der Raumladung; Sekundärelektronenausbeute bei Elektronenbombardement (in Kap. VII)
ε Dielektrizitätskonstante; Exzentrizität (in Kap. IV), relative Störung der elektromotorischen Kraft (in Kap. XIII)
ζ Kritische Energie der FERMIverteilung (in Kap. VII), relative Störung der mittleren Frequenz der Ionisation durch Elektronen (in Kap. XIII)
η Phasenverschiebung (in Kap. III—IV); Quantenausbeute
ϑ Ablenkwinkel
ι Relative Störung der Stromstärke
$\varkappa$ Relativer Energieverlust bei einem Stoß; Koeffizient der Polarisierbarkeit einer Substanz (in § 3); Index des Energieniveaus im kontinuierlichen Spektrum (in Kap. V)
$\Lambda = \frac{q_1 q_2}{\mu c^2{}_{r0}}$ Halber Minimalabstand, auf den sich zwei stoßende Teilchen nähern können
λ Wellenlänge
λ_g, λ_e, λ_p Freie Wellenlänge eines Moleküls, Elektrons, Ions
λ_1 Das gleiche bei einem Druck $p = 1$ mm Hg
μ Magnetische Permeabilität (in Kap. I)
μ Reduzierte Masse zweier Partikel $= \frac{m_1 m_2}{m_1 + m_2}$ [in Kap. III—V]
μ_i Eigenwerte
ν Frequenz; Intensität eines Teilchenstroms ($cm^{-2}sec^{-1}$ in Kap. III)
ν_e Relative Störung der Elektronenkonzentration (in Kap. XIII)
Π Potentielle Energie
$\pi = 3{,}14159\ldots$
ϱ Raumladungsdichte
Σ Summenzeichen
σ Streuquerschnitt in der Raumwinkeleinheit; Oberflächendichte der elektrischen Ladung (in Kap. I)
τ Mittlere Lebensdauer eines Zustandes; Zeitkonstante
υ Dissoziationswahrscheinlichkeit eines negativen Ions bezogen auf 1 sec (in Kap. VI); relative Störung der Elektronentemperatur (in Kap. XIII)
Φ Kraftfluß; Stromspannungscharakteristik des Stroms (in Kap. XI, XII)
φ Potential; Winkel bei Polarkoordinaten (in § 16)
φ_m Austrittsarbeit eines Elektrons
Ψ Eigenfunktion
ψ Azimut; Phase
χ Anlagerungswahrscheinlichkeit für ein Elektron, bezogen auf 1 sec; relative Störung der Längsfeldstärke (in Kap. XIII)
Ω Volumen im Geschwindigkeitsraum
ω Räumlicher Winkel im Koordinatenraum

Indizes

a) Buchstaben unten

a bezieht sich auf ein angeregtes Molekül
am ,, ,, ,, die ambipolare Diffusion
c ,, ,, ,, den stationären Strom
d ,, ,, ,, die Dissoziation
e bezieht sich auf ein Elektron
el ,, ,, ,, elastische Stöße
g ,, ,, ,, ein Molekül im Grundzustand
i, j, k ,, ,, ,, die Ordnungszahl

i bezieht sich auf die Ionisation auf Ionen beider Vorzeichen (in den § 57, 58)
K ,, ,, ,, die Kathode
m ,, ,, ,, die Elektronenemission aus einem Metall
n ,, ,, ,, ein negatives Ion
o ,, ,, ,, die Achse des Entladungsrohres; auf den Anfangswert einer Größe
p ,, ,, ,, ein positives Ion
r bezieht sich auf die Rekombination; auf die Relativbewegung zweier Teilchen
u ,, ,, ,, Umladung von Ionen
w ,, ,, ,, die Wände des Entladungsrohres

b) Buchstaben oben

r bezieht sich auf einen Strahlungsprozeß
tr ,, ,, ,, ,, Dreierstoß

ERSTER TEIL

Allgemeine Sätze und spezifische Besonderheiten der Elektrodynamik der Gase

---

Einführung

1. Die elektrischen Erscheinungen in Gasen stellen ungeachtet ihrer großen Verschiedenartigkeit und der Mannigfaltigkeit der sie begleitenden Licht-, Wärme-, mechanischen und anderen Wirkungen im wesentlichen verschiedene Formen ein und desselben Prozesses dar, *des elektrischen Stroms im Gas.* Durch den Ausdruck „elektrischer Strom" faßt man in der Physik seit MAXWELL zwei qualitativ verschiedene Erscheinungen zusammen: die Bewegung elektrischer Ladungen und das sich ändernde elektrische Feld.

Der erste Begriff, der elektrische Ladungsstrom, hat in Anwendung auf ein stoffliches Medium folgenden Inhalt. Jeder Stoff enthält elektrische Ladungen, die sich entweder innerhalb der Atome und Moleküle des Stoffs (inneratomare Elektronen) oder zwischen ihnen (Elektronen oder Ionen in Leitern) schnell bewegen. Mikroskopische Ladungen beider Vorzeichen ($\pm q$) und mikroskopische Ströme jeder Richtung ($\pm q\boldsymbol{c}$) sind in jedem physikalischen Körper stets vorhanden. Der Körper im ganzen aber oder ein merklicher Teil (der eine große Anzahl Atome enthält) ist nur dann geladen, wenn die Summe der Elementarladungen ungleich Null ist: $\sum q \neq 0$. Ebenso fließt ein elektrischer Strom in irgendeinem Querschnitt des betrachteten Körpers dann, wenn die Summe der Ladungen, die diesen Querschnitt in einer bestimmten Zeitspanne passieren, in der einen Richtung größer ist als in der anderen, anders ausgedrückt, wenn die Vektorsumme der Elementarströme ungleich Null ist: $\sum q\boldsymbol{c} \neq 0$. In diesem Fall zeigt ein Strommeßgerät einen Strom an. Ist umgekehrt $\sum q\boldsymbol{c} = 0$, so wird das Gerät keinen Strom anzeigen. In diesem Fall nennen wir, wenn gleichzeitig $\sum q \neq 0$ ist, den Körper statisch geladen, wobei dieser Name unterstreichen soll, daß sich seine Gesamtladung innerhalb des Körpers nicht verschiebt. Folglich rufen die schnellen chaotischen Bewegungen der einzelnen Elementarladungen keineswegs einen Strom hervor, wenn nicht eine Bewegungsrichtung vorherrscht. Alles das kann man in folgender Tabelle zusammenfassen:

Σqc \ Σq	$= 0$	$\neq 0$
$= 0$	Ungeladener Körper; kein Strom	Statisch geladener Körper; kein Strom
$\neq 0$	Ungeladener Körper (quasineutral); es fließt Strom	Geladener Körper; es fließt Strom

Der elektrische Ladungsstrom in einem Stoff kann verschiedene Formen besitzen: Der *Leitungsstrom* beruht auf der Verschiebung von Ladungen bezüglich des Stoffs über Strecken, die größer sind als der mittlere Abstand zwischen den Atomen, Molekülen oder Ionen des Stoffs; der *Polarisationsstrom* beruht auf der Verschiebung von Ladungen im Bereich eines innermolekularen Abstands *oder einer Elementarlänge* des Kristallgitters.[1]) Der *Konvektionsstrom* beruht auf der Verschiebung der Ladungen zusammen mit dem Stoff.

Alle diese Formen können im Gas auftreten. Die wichtigste Form ist der Leitungsstrom, den wir, wenn nichts anderes bemerkt, im weiteren auch meinen, wenn wir vom Strom im Gas reden.[2]) Der Polarisationsstrom in Gasen ist klein, und der Konvektionsstrom spielt lediglich in speziellen Fällen eine wesentliche Rolle (Gasgemische, inhomogene Medien, Erscheinungen in Elektrofiltern usw.).

Ist das elektrische Feld nicht konstant, so existiert neben dem Leitungsstrom ein Verschiebungsstrom, dessen Stärke i_v proportional zur Ableitung $\frac{\partial E}{\partial t}$ ist. Der Gesamtstrom ist gleich der Summe beider Ströme: $i = i_L + i_v$.

Die Lehre vom elektrischen Strom, vom elektrischen Wechselfeld und vom Magnetfeld bildet insgesamt den Inhalt der Elektrodynamik. Deshalb ist die Lehre vom elektrischen Strom im Gas ein Bestandteil der Elektrodynamik des Stoffes.

2. Das Entstehen eines Leitungsstroms in festen und flüssigen Leitern ist durch zwei Umstände bedingt: dadurch, daß ständig freie Ladungsträger, Elektronen und Ionen im Medium vorhanden sind sowie dadurch, daß Kräfte vorhanden sind,

---

[1]) Das bezieht sich nicht auf den galvanischen Polarisationsstrom oder auf den Hochspannungspolarisationsstrom in festen Dielektriken. Sie sind ihrem Wesen nach Leitungsströme.

[2]) Den elektrischen Strom im Gas nennt man sehr oft „Gasentladung". Dieser Ausdruck kam im 18. Jahrhundert auf, als der Strom im Gas tatsächlich vornehmlich an der Entladung von statisch elektrisch geladenen Körpern (Wal, Hawksbee, Du Fay), von Kondensatoren (Kleist, Musschenbroek), Gewitterwolken (M. W. Lomonossow, B. Franklin) und anderen Kapazitäten beobachtet und studiert wurde. Heute gibt es keine Gründe dafür, den elektrischen Strom in festen flüssigen Körpern Strom und in Gasen Entladung zu nennen. Das ist um so mehr unberechtigt, als die am weitesten verbreitete Form des Stromes im Gas, der Bogen, von einer Dynamomaschine oder einem Transformator irgendeines Kraftnetzes gespeist wird und also keineswegs die Entladung irgendeines geladenen Körpers oder Körpersystems darstellt.

die die gesamte Masse der Ladungsträger in eine verhältnismäßig langsame geordnete Bewegung nach einer Seite hin versetzen. Diese Bewegung überlagert sich als schwache Komponente der schnellen ungeordneten Wärmebewegung, die den freien Elektronen und Ionen ständig eigen ist, jedoch infolge ihrer völligen Isotropie (gleiche Wahrscheinlichkeit für alle Richtungen) keinen Strom im Medium hervorruft. Der Faktor, der die gerichtete Verschiebung („Trift") der gesamten Masse von Elektronen oder Ionen im Medium in einer bestimmten Richtung hervorruft, ist entweder das elektrische Feld oder es sind andere Erscheinungen, wie Temperatur oder Konzentrationsdifferenzen, chemische Kräfte, Trägheitskräfte usw. („äußere elektromotorische Kräfte"). Das Auftreten eines Leitungsstroms, wenn nur ein (beliebig schwaches) elektrisches Feld angelegt wird, ist das charakteristische Merkmal eines Leiters.

Anders steht die Sache in festen oder flüssigen Dielektriken, die keine freien Ladungsträger besitzen. Damit ein Leitungsstrom entstehen kann, müssen im Medium freie Elektronen oder Ionen vorhanden sein. Sie können hier von außerhalb kommen oder aus den Molekülen bzw. dem Kristallgitter des Dielektrikums selbst befreit werden. Für die Befreiung ist entweder eine hohe Temperatur nötig, die bei Vorhandensein eines elektrischen Feldes zu dem sogenannten *Wärmedurchbruch* des Dielektrikums führen kann, oder ein starkes elektrisches Feld, das bei weiterem Wachsen zu dem sogenannten *elektrischen Durchbruch* führt.

Bezüglich der Gase kann man folgendes sagen. Jedes Gas ist in seinem Normalzustand ein Dielektrikum; auch Metalldämpfe bilden keine Ausnahme, bei ihnen treten freie Elektronen nur bei hohen Drucken auf, wenn sich die Dampfdichte der Dichte einer Flüssigkeit nähert.[1]) Die Erzeugung eines schwachen elektrischen Feldes im Gas führt nicht zum Auftreten eines Leitungsstroms. Dieser kann im Gas in einem der folgenden zwei Fälle entstehen.

a) Wenn gleichzeitig zwei Bedingungen vorhanden sind, ein Faktor, der die Erzeugung freier Ladungsträger sichert (Emitter für freie Elektronen oder Ionen, kurzwellige elektromagnetische Strahlung, hohe Gastemperatur), sowie ein elektrisches Feld beliebiger Stärke, das den Ladungsträgern eine gerichtete Bewegung erteilt. Das Wegfallen einer dieser beiden Bedingungen führt zum Aufhören des Leitungsstroms. In diesem Fall nennt man den Strom im Gas *unselbständig*.[2])

b) Wenn nur ein elektrisches Feld vorhanden ist, jedoch von einer Stärke, die nicht kleiner als ein gewisser Wert ist, der von den Bedingungen im Gas und den

---

[1]) Die Leitungselektronen treten im Metall als Folge davon auf, daß sich die äußersten Elektronenhüllen benachbarter Atome teilweise überdecken und die Elektronen dieser Hüllen aus dem Anziehungsbereich (dem „Potentialtopf") des einen Atomkerns in den Anziehungsbereich des anderen gelangen können. Es genügt, die Metallatome in Abstände voneinander zu bringen, die einigemal größer sind, als die gewöhnlichen, und fast kein Atomelektron wird bei der Bewegung um seinen Kern unter einen solch starken Einfluß eines benachbarten Kerns gelangen, daß es zu ihm überwechselt. Wellenmechanisch heißt das, daß unter diesen Bedingungen die Höhe und die Breite der Potentialwälle zwischen den Atomen zu groß werden und die Wahrscheinlichkeit für den „Tunnelübergang" eines Elektrons von Atom zu Atom sehr gering ist. Im Gas aber ist bei normalem (Atmosphären-) Druck der mittlere Abstand zwischen den Molekülen 100mal größer als zwischen den Atomen im Metall.

[2]) Die schwache Leitfähigkeit der atmosphärischen Luft und anderer Gase unter natürlichen Bedingungen ist ebenfalls eine unselbständige Leitfähigkeit, die durch die radioaktive Strahlung der Erde und durch die kosmische Strahlung bedingt ist.

Randbedingungen auf den umgebenden Körpern abhängt.[1]) Man spricht dann von einem *selbständigen Strom im Gas.*

Im ersten Fall unterbricht das Wegnehmen des angelegten elektrischen Feldes den Strom im Gas, vernichtet aber nicht die Leitfähigkeit des Gases. Im zweiten Fall hingegen ist die Leitfähigkeit vom Stromdurchgang untrennbar; das Wegnehmen des Feldes unterbricht nicht nur den Strom, sondern führt zur allmählichen Rückkehr des Gases in den nichtleitenden Ausgangszustand.

Der selbständige und der unselbständige Strom in Gasen spielt eine wesentliche Rolle bei einigen Naturerscheinungen (elektrische Vertikalströme in der Atmosphäre, Ionosphäre, Leitfähigkeit der Sonnen- und Sternatmosphären, Gewitterentladungen) und findet weitgehende Anwendung in der modernen Technik. Die unselbständigen Ströme sind die Grundlage der gasgefüllten Photozelle, als deren Prototyp das Gerät von A. G. STOLJETOW angesehen werden kann (s. S. 371), der Ionisationskammer und der Zählrohre (GEIGER). Was den selbständigen Strom in Gasen angeht, so genügt es, auf den elektrischen Bogen hinzuweisen, der 1802 von W. W. PETROW entdeckt wurde und in der Beleuchtungs- und Projektionstechnik angewendet wird (P. N. JABLOTSCHKOW, W. N. TSCHIKOLEW) sowie beim Elektroschweißen und Schmelzen von Metallen (N. G. SLAWJANOW, N. N. BENARDOS), für Gleichrichter, zur Stromsteuerung usw.; weiter nennen wir die Gasentladungslampen, die Zündkerzen der Verbrennungsmotore, die Elektrofilter und viele andere Einrichtungen. Fügt man hinzu, daß der elektrische Funken und der Bogen unter bestimmten Bedingungen (Isolatordurchschlag, Schaltbogen) schädliche Erscheinungen sind und es notwendig ist, sie dann zu bekämpfen, so wird klar, welche große Bedeutung die Physik des Stroms im Gas (hauptsächlich des selbständigen Stroms) für die moderne Elektrotechnik hat.

3. Der selbständige elektrische Strom im Gas besitzt eine Reihe wesentlicher Besonderheiten, die ihn von dem Strom in permanenten Leitern wesentlich unterscheiden.

a) Der selbständige Strom im Gas entsteht erst, wenn eine gewisse minimale elektrische Feldstärke erreicht wird. Dieser Vorgang, der je nach den Umständen *Durchbruch* des Gases oder *Zündung* des Stroms[2]) genannt wird, fehlt in beiden Formen bei den permanenten Leitern. Bei Dielektriken (festen und flüssigen) tritt zwar der Durchbruch auf, doch kann er nicht zu einem dauernden stabilen Strom im gleichen Medium führen; ein leistungsstarker Durchbruch eines flüssigen oder festen Dielektrikums endet mit einem Strom in dem Gaskanal, der sich im durchbrochenen Dielektrikum gebildet hat.

Hingegen führt der Durchbruch im Gas zu einem stationären Strom, wobei das Gas, wenn der Strom unterbrochen wird, in den Ausgangszustand zurückkehrt, es sei denn, der Strom hat zu irgendwelchen chemischen Prozessen geführt.

b) Beim selbständigen Strom im Gas treten eine Vielzahl verschiedenartiger Elementarprozesse, sowohl im Gas selbst als auch an den Oberflächen der begrenzenden Körper, auf. Deshalb gehen mit dem selbständigen Strom im Gas

---

[1]) In diesem Fall ist gewöhnlich noch als Anfangsbedingung nötig, daß wenigstens ein freies Elektron im Gas vorhanden ist.

[2]) G. A. TJAGUNOW hat mit gutem Grund vorgeschlagen, diese Ausdrücke („Durchbruch", „Zündung") durch den Ausdruck „Entstehung des Stroms" im Gas (возникновение тока) zu ersetzen [0—9].

eine große Anzahl Begleiterscheinungen einher. Neben dem Magnetfeld, das jedem Strom eigen ist (dem Strom elektrischer Ladungen und dem Verschiebungsstrom), und der Wärmewirkung, die ein Leitungsstrom in beliebigen Stoffen hat, beobachtet man hier auch Licht-, chemische und mechanische Wirkungen. Dabei sind einige, wie beispielsweise die Anregung der Gasmoleküle und ihr nachfolgendes Leuchten, unvermeidliche Folgen des Mechanismus des selbständigen Stroms im Gas und bilden in einer Reihe von Fällen die *Grundlage* der praktischen Anwendung.

c) Der selbständige Strom im Gas ist räumlich *inhomogen*. In den meisten Fällen zerfällt das Gasgebiet, durch das er fließt, in eine Reihe von Teilen, die sich voneinander durch ihre elektrischen Eigenschaften (Feldstärke, Ladungsträgerkonzentration) und in ihrem äußeren Aussehen (d. h. dem Wesen nach, in ihrer Intensität und ihrem Emissionsspektrum) unterscheiden. Das ist durch das Vorherrschen *verschiedenartiger* Elementarprozesse in den verschiedenen Teilen des stromdurchflossenen Gebiets bedingt. In den Metallen kommt etwas Derartiges nicht vor, bei ihnen treten in jedem Volumenelement ein und dieselben Prozesse auf, und lediglich in Elektrolyten kann man eine entfernte Ähnlichkeit zu derartigen Inhomogenitäten beobachten, und zwar in Form der Polarisationserscheinungen an den Elektroden.

d) Die Grenzbedingungen, d. h. die Eigenschaften und der Zustand der Körper, die das stromdurchflossene Gebiet im Gas begrenzen, spielen nicht nur für die quantitative Kennzeichnung des Stroms eine große Rolle, sondern auch dafür, ob er in dieser oder jener Form auftritt. Besonders groß ist die Bedeutung der Oberfläche der negativen Elektrode. Die Änderung ihres Zustands, beispielsweise ihre Erwärmung bis auf eine höhere Temperatur, kann dazu führen, daß der Strom aus der Form des Glimmstroms in die Form des Bogens übergeht.

e) Das Hauptkennzeichen für den elektrischen Strom, die sogenannte *Strom-Spannungscharakteristik* $I = F(U)$ (die Abhängigkeit der Stromstärke I von der an den Leiter angelegten Spannung U), unterscheidet sich beim selbständigen Strom im Gas deutlich von der Stromcharakteristik in permanenten Leitern. In Metallen stellt diese Charakteristik die direkte *Proportionalität* dar, die durch das Ohmsche Gesetz $I = \frac{U}{R}$ ausgedrückt werden kann. In Elektrolyten und ebenso (nach Untersuchungen von A. F. JOFFÉ und seiner Schule) in Ionenhalbleitern bei nicht zu starken Feldern tritt eine etwas anders gestaltete lineare Abhängigkeit auf:

$$I = \frac{U - \mathcal{E}'}{R}$$

wo $\mathcal{E}'$ die elektromotorische Kraft der Polarisation ist. In Elektronenhalbleitern bei starken Feldern wird diese Abhängigkeit durch die Formel von POHL wiedergegeben:

$$I = a \cdot e^{b\,U}$$

oder durch die Formel von J. I. FRENKEL:

$$I = a_1 \cdot e^{b_1 \sqrt{U}}$$

Alle diese Ausdrücke zeigen eine eindeutig ansteigende Abhängigkeit des Stroms von der Spannung $\left(\frac{dI}{dU} > 0\right)$ und beziehen sich sowohl auf Gleichstrom als auch auf die Momentanwerte von Wechselstrom bis zu den höchsten Frequenzen (wenn man den induktiven oder kapazitativen Widerstand unberücksichtigt läßt.) Die

Koeffizienten R, a, a_1, b, b_1 werden in diesen Ausdrücken völlig durch die Abmessungen und den Stoff des Leiters sowie durch seinen Zustand (z. B. die Temperatur) bestimmt.

Der selbständige Strom im Gas besitzt überhaupt keine derartige *einheitliche* funktionelle Abhängigkeit $I = F(U)$. Auch wenn man sich nur auf Gleichstrom beschränkt, so hat der vorgegebene Raum zwischen den Elektroden, der mit einem bestimmten Gas gefüllt ist, verschiedene Stromspannungscharakteristiken je nach der Stromform (Bogen, Glimmstrom usw.). Im Gegensatz zu denen von permanenten Leitern sind die Charakteristiken des selbständigen Stroms in vielen Fällen *fallende Kurven* $\left(\frac{dI}{dU} < 0\right)$. Diese sogenannten *statischen Charakteristiken* sind aber bei Wechselstrom nicht nur qnantitativ unbrauchbar, sondern sogar für die qualitativen Beschreibungen des Zusammenhangs zwischen Spannung und Strom ungeeignet, dazu sind völlig andere, *dynamische Charakteristiken* notwendig, wie aus den klassischen Arbeiten von G. T. SIMON über den Bogen und von D. A. ROSHANSKI über den Funken bekannt ist. Versucht man einen allgemeinen Zusammenhang zwischen I und U festzustellen, der für alle möglichen Prozesse im Gas, stationäre und nichtstationäre, gültig ist und ebenfalls den Zündvorgang umfaßt, so zeigt sich, daß dieser Zusammenhang nur durch ein System von Integral- und Differentialgleichungen ausgedrückt werden kann.

f) Die Hauptformen der Energie des selbständigen Stroms im Gas sind ebenfalls vollkommen andere als bei dem Strom in permanenten Leitern. Bei diesen dient als Energiereservoir das Magnetfeld des Stroms; dadurch wird auch die Stromdynamik bestimmt, die durch das Auftreten einer Selbstinduktion charakterisiert wird. Beim selbständigen Strom im Gas ist bedeutend mehr Energie als im Magnetfeld, in den freien Elektronen und Ionen des Gases selbst, in den angeregten Atomen sowie in der kinetischen Energie der geladenen und ungeladenen Teilchen aufgespeichert. Infolgedessen unterscheiden sich auch die dynamischen Gesetze für den selbständigen Strom im Gas vollständig von der Dynamik der Ströme in gewöhnlichen linearen Stromkreisen.

Schon aus diesem flüchtigen Überblick erkennt man, daß die spezifischen Eigenschaften des selbständigen Stroms im Gas bedeutend komplizierter sind als die Eigenschaften des Stroms in permanenten Leitern. Der selbständige Strom im Gas ist zweifellos die komplizierteste Form des elektrischen Stroms in Stoffen. Deswegen und auch wegen der großen praktischen Bedeutung der selbständigen Ströme in Gasen muß dem Studium dieser Erscheinung die größte Aufmerksamkeit gewidmet werden.

4. Die Untersuchung des elektrischen Stroms in Gasen verlief in ihren Grundzügen in den gleichen Richtungen wie auf anderen Gebieten der Physik: Untersuchung der Erscheinungen — Ermittlung der grundlegenden Gesetzmäßigkeiten — Ermittlung der zugrunde liegenden Elementarprozesse — Erklärung der Gesetze, die die Erscheinungen bestimmen, auf Grund der Kenntnisse von den Elementarprozessen. Parallel damit ging die technische Beherrschung vieler Formen des Stroms in Gasen für verschiedene praktische Zwecke. Es ist in allen diesen Richtungen eine sehr umfangreiche Arbeit geleistet worden. Allein viele erstrangige Fragen, die hierbei auftreten, sind noch nicht gelöst. Eine strenge Theorie des selbständigen Stroms im Gas fehlt noch; die Hauptaufgabe: „Gegeben ist ein Gasraum mit bestimmten Elektroden, gefüllt mit einem bestimmten Gas, gegeben sind eine EMK

und der Widerstand des äußeren Kreises; berechne die Stromstärke", vermögen wir nicht zu lösen. Ungeachtet dessen wird es immerhin möglich sein, die Physik der elektrischen Erscheinungen in Gasen in der Ordnung darzustellen, die dem Wesen der betrachteten Erscheinungen entspricht.

Die Grundlage der gesamten Lehre vom elektrischen Strom im Gas bilden die allgemeinen Gesetze, welche die elektrischen Erscheinungen bestimmen und die elektrische Ladung, den elektrischen Strom, das elektrische Feld und das Magnetfeld miteinander verbinden. Die elektrische Ladung und der Strom in einem beliebigen Abschnitt des Gases werden durch die *Konzentration* und die *Geschwindigkeitsverteilung* $f(\mathbf{c})$ der freien Ladungsträger, Elektronen und Ionen, ausgedrückt. Deshalb ist die Bestimmung ihrer räumlichen Verteilung $n(\mathbf{r})$ und ihrer Geschwindigkeitsverteilung $f(\mathbf{c}, \mathbf{r})$ die Hauptaufgabe in der Lehre vom Strom im Gas. Besonders wichtig ist es, $n_e(\mathbf{r})$ und $f_e(\mathbf{c})$ für die *Elektronen* zu kennen, da die Elektronen beim selbständigen Strom im Gas die Hauptträger des Stroms und der wichtigste ionisierende Faktor sind. Kennt man die Funktionen $n_e(\mathbf{r})$ und $f_e(\mathbf{c},\mathbf{r})$ für die Elektronen und ebenso $n_p(\mathbf{r})$ für die Ionen, so könnte man jeden beliebigen elektrischen Parameter des Stroms im Gas berechnen. Zur Bestimmung dieser Funktionen muß man die grundlegenden Bestimmungsgleichungen (kinetischen Gleichungen) kennen, die alle Elektronen- und Ionenprozesse im Gas erfassen müssen, man muß auch die Rand- und Anfangsbedingungen kennen, denen diese Funktionen unterworfen sind. Der Darlegung dieser allgemeinen Fragen ist der erste Teil dieses Bandes gewidmet. Hier wird auch eine allgemeine Methode entwickelt, die eine recht weitgehende Anwendung bei Untersuchungen des Stroms im Gas findet, die Methode der Ähnlichkeit.

Man kann die elektrischen Erscheinungen in einem beliebigen Medium, darunter auch im Gas, überhaupt nicht verstehen, ohne genaue quantitative Kenntnisse über die Elementarprozesse des Entstehens, der Bewegung und des Verschwindens der geladenen Teilchen in diesem Medium und an der Oberfläche der begrenzenden Körper. Mathematisch gehen diese Kenntnisse in Gestalt von *Wirkungsquerschnitten* für die jeweiligen Vorgänge im Gas in die kinetischen Gleichungen ein. Die Kenntnisse von den Prozessen an der Oberfläche der Körper, die das Gas begrenzen, gehen in die Randbedingungen ein. Die Grundlagen der Theorie der Elementarprozesse und die entsprechenden experimentellen Kenntnisse bilden den Inhalt des zweiten Teils.

Ungeachtet der zu erwartenden Klarheit und Geschlossenheit einer Theorie, die sich auf die obengenannten Grundelemente stützt (die Feldstärken $\boldsymbol{E}$ und $\boldsymbol{H}$, die räumlichen Verteilungsfunktionen und Geschwindigkeitsverteilung $n(\mathbf{r})$ und $f(\mathbf{c}, \mathbf{r})$ und die Elementarprozesse), ist diese in solcher Form noch für keinen einzigen Fall des Stroms im Gas aufgestellt worden. Deshalb haben die Näherungsmethoden zur Berechnung der Geschwindigkeitsverteilung der Elektronen und zu ihrer experimentellen Bestimmung große Bedeutung. Einen nicht zu unterschätzenden Wert behalten infolgedessen auch solche Hilfsgrößen wie mittlere Energie $\overline{K}$, mittlere gerichtete Geschwindigkeit $\overline{u}$, Beweglichkeit b, Diffusionskoeffizient D, mittlere Ionisierungsfrequenz z_i (s. § 61) usw. Besonders wichtig sind zwei Gruppen derartiger Größen: 1. die gerichtete Elektronengeschwindigkeit $\overline{u}_e$ und die damit verbundenen Größen, Diffusionskoeffizient D_e und Beweglichkeit b_e, da durch sie das endgültige Ergebnis bestimmt wird, nämlich die gemessene Stromstärke im Gas; 2. die Ionisierungsfrequenz z_i und der erste Townsendkoeffizient α, welche die Ionisierung des Gases durch die Elektronen kennzeichnen und damit auch das weitere Verbleiben des Gases im leitenden Zustand. Die Zahlenwerte dieser Größen werden ebenfalls experimentell bestimmt oder, ausgehend von der Verteilungsfunktion der Elektronen bzw. von der Bilanzgleichung der Ionen, der Energiebilanz usw., berechnet. Diese Gleichungen verbinden die gesuchten Größen mit anderen, die einer direkten Messung zugänglich sind.

Die Geschwindigkeitsverteilung der Elektronen, ihre Beweglichkeit, Diffusion, Ionisation und Rekombination sind im dritten Teil behandelt. Bei allen betrachteten Größen sind sowohl die experimentellen Daten angeführt, die bei selbständigem und unselbständigem Strom gefunden wurden als auch die aus der Theorie folgenden. Die isolierte Darlegung der Theorie, die in der allgemeinen Elektrodynamik zur Tradition geworden ist, ist hier (in der Elektrodynamik der Gase) noch nicht statthaft; die Theorie auf diesem Gebiet (besonders in den Fragen des selbständigen Stroms) ist noch nicht streng genug begründet, um ihre Ergebnisse ohne experimentelle Nachprüfung darlegen zu können.

Sowohl für das physikalische Erscheinungsbild als auch für die praktische Anwendung ist die äußere Stromspannungscharakteristik des Stroms im Gas wichtig. Ist diese Charakteristik im allgemeinen bekannt und für stationäre und nichtstationäre Ströme anwendbar, so charakterisiert sie das ionisierte Gas und den hindurchfließenden Strom als dynamisches System. Ihre Bestimmung ist letztlich das Ergebnis der Theorie einer jeden konkreten Stromform. Das klare Verständnis für die Wechselbeziehungen zwischen der statischen und dynamischen Charakteristik gestattet, die Hauptfrage der Stromdynamik zu klären, auf welche Weise ändert sich die Stromstärke im Gas, was ist hier Ursache und Wirkung, eine Frage, über die ein nicht geringes Durcheinander in der physikalischen Literatur besteht.

Die Kenntnis der dynamischen Charakteristik gestattet es, viele konkrete Fragen der Stromdynamik zu lösen, den Verlauf der Stabilisierungsprozesse, die Stabilität des Stroms unter bestimmten Bedingungen, die erzwungenen Schwingungen bei veränderlicher Komponente der elektromotorischen Kraft usw. Wie bei jedem dynamischen System werden die dynamischen Eigenschaften des Stroms im Gas ebenfalls durch die Energiereservoire bestimmt, die gewissermaßen die Trägheitsfaktoren des Systems darstellen, und überdies durch die energieverbrauchenden Prozesse. Beim Strom im Gas sind sie bedeutend zahlreicher als beim Strom im permanenten Leiter, und darum treten Labilität, Schwingungszustände usw. in Fällen ein, in welchen sie bei gewöhnlichen linearen Stromkreisen nie auftreten könnten. Es genügt darauf hinzuweisen, daß der selbständige Strom im Gas regelrechte ungedämpfte Schwingungen vollführen kann, ohne daß der Stromkreis eine Kapazität oder Selbstinduktion, d. h. Schwingungselemente im üblichen Sinn, enthält. Nicht weniger merkwürdig ist beim Niederdruckbogen der Fall, in dem der Strom in einer Richtung fließt, die der an den Elektroden liegenden Spannung entgegengesetzt ist, eine Erscheinung, die ebenfalls an einem Stromkreis beobachtet wurde, der weder Induktivitäten noch Kapazitäten enthielt.

Der Behandlung dieser Fragen ist der (letzte) vierte Teil dieses Bandes gewidmet.

Die Anwendung all der im ersten Band betrachteten allgemeinen Sätze der Gaselektrodynamik auf konkrete Fälle des Stroms im Gas, auf den konstanten, den langsam veränderlichen und dem rasch wechselnden Strom soll den Inhalt des zweiten Bandes dieses Werkes bilden.

KAPITEL I

Die Grundgleichungen der Elektrodynamik des ionisierten Gases

Die Grundlagen der Lehre vom elektrischen Strom in Gasen müssen aus der allgemeinen Lehre, der Elektrodynamik der Stoffe, hervorgehen. Sie müssen drei Hauptteile enthalten: 1. die Gesetze des elektromagnetischen Feldes, 2. die Gesetze der Bildung und des Verschwindens der freien Ladungsträger, 3. die Gesetze der Kinetik dieser Träger. Namentlich die beiden letzten Teile berücksichtigen die Eigenart der Prozesse, die im Gas und an den begrenzenden Oberflächen vor sich gehen, und tragen dazu bei, die allgemeinen Grundlagen der Elektrodynamik stofflicher Medien in die speziellen Gesetze des elektrischen Stroms im Gas überzuführen.

Jede exakte mathematische Theorie des elektrischen Stroms im Gas müßte von folgenden Grundlagen ausgehen: a) von den Gleichungen der Prozesse, die sich im Gas abspielen (darunter fallen die Differentialgleichungen des elektromagnetischen Feldes und die Integrodifferentialgleichungen der Kinetik der geladenen Teilchen sowie bei starken Strömen noch die Gleichungen, die den Zustand des Gases beschreiben. Bei schwachen Strömen kann man den Zustand des Gases als unveränderlich ansehen und durch konstante Größen charakterisieren, die als Koeffizienten in die Feldgleichungen und die Gleichungen der Kinetik der Ladungen eingehen; b) von den Randbedingungen, die die Prozesse an den Grenzflächen beschreiben. Das sind ebenfalls zwei Gruppen von Gleichungen, die sich auf das Feld und die Elementarteilchen beziehen. Für nichtstationäre Prozesse benötigt man noch c) die Anfangsbedingungen, die den Zustand des Feldes und des Gases in einem bestimmten Zeitpunkt festlegen.

Die Theorie des elektrischen Stroms im Vakuum ist bereits weitgehend in dieser Weise aufgebaut. Die Theorie des Stroms im Gas versucht man jedoch, da die Aufgabe unvergleichlich komplizierter ist, bisher nur in Einzelfällen nach diesem Muster aufzustellen. Deshalb wird in diesem Werk keine folgerichtige, exakte Darlegung der Elektrodynamik von Gasen gegeben; es enthält lediglich die Ausgangspositionen für eine Reihe von Näherungsmethoden und die Ergebnisse, die zur Zeit in der physikalischen Literatur vorliegen. Eine geschlossene, logisch folgerichtige Darstellung der Elektrodynamik des selbständigen Stroms im Gas bleibt eine Aufgabe für die Zukunft.

§ 1. Die Gleichungen des elektromagnetischen Feldes im Gas

Das elektromagnetische Feld im Gas ist selbstverständlich denselben allgemeinen Gesetzen unterworfen wie in einem beliebigen anderen Medium. Die Formulierung der Gesetze des elektromagnetischen Feldes im Vakuum ist, wenn sich das Feld nicht zu schnell ändert (für periodische Prozesse soll die Frequenz $10^{11}-10^{12}$ sec^{-1} nicht übersteigen), eindeutig und ruft keine Schwierigkeiten hervor; analytisch werden sie durch die auf das Vakuum bezogenen MAXWELLschen Gleichungen ausgedrückt. Die Erscheinungen im Stoff jedoch sind bedeutend komplizierter als die Erscheinungen im Vakuum; sie werden durch die Wirkungen der elektrischen Ladungen erschwert, aus denen der Stoff selbst besteht. Außerdem führt bei einem beliebigen selbständigen Strom im Gas das elektromagnetische Feld nicht nur zu den obenerwähnten nicht zu schnellen Prozessen; im Gegenteil, die Strahlung der Atome, die die selbständige Entladung unvermeidlich begleitet, erzeugt im Gas ein schnell wechselndes Feld mit Frequenzen von 10^{14} sec^{-1} und höher, das Strahlungsfeld aber wird bekanntlich nicht durch die MAXWELLschen Gleichungen festgelegt und erfordert zu seiner Beschreibung die Gesetze der Quantentheorie. Andererseits ändern sich die Felder, die die Entstehung des Stroms im Gas und seinen Ablauf wenigstens in den Grundzügen festlegen, verhältnismäßig so langsam,[1]) daß sie in den Rahmen der klassischen Theorie passen. Deshalb ist es zweckmäßig, das Feld in der folgenden, in der Theorie des Stroms in Gasen üblichen, wenn auch nicht immer offensichtlich so formulierten Weise zu betrachten.

Das zeitlich veränderliche elektromagnetische Feld wird gewissermaßen in eine hochfrequente Komponente (das „Strahlungsfeld", $f \gg 10^{13}$ sec^{-1}) und in eine niederfrequente Komponente (das „Entladungsfeld" $f \lessapprox 10^{13}$ sec^{-1}) zerlegt. Die zweite Komponente, die auch das zeitlich konstante Feld einschließt (bei der stationären Entladung), wird durch die Begriffe und Gesetze der klassischen Feldtheorie charakterisiert. Das Strahlungsfeld wird dagegen als Gas aus Strahlungsquanten (Photonengas) betrachtet; es bildet eine weitere Komponente in dem Gas„gemisch", das aus dem Gas der neutralen Moleküle, dem Elektronengas und dem Ionengas besteht. Im weiteren wird die Theorie der niederfrequenten Komponente des elektromagnetischen Feldes im Gas betrachtet.

Jedoch auch bei dieser Beschränkung der Aufgabe ist, wegen des bereits erwähnten Einflusses der elektrischen Struktur des Stoffes auf das Feld, die Formulierung der Gesetze des elektromagnetischen Feldes im Stoff nicht eindeutig. Es sind verschiedene Behandlungsweisen möglich je nach den Größen, die zur Charakterisierung des Feldes gewählt wurden.

Man kann das elektromagnetische Feld durch vier makroskopische Größen charakterisieren: durch die elektrische Feldstärke $\boldsymbol{E}$, die magnetische Feldstärke $\boldsymbol{H}$, den elektrischen Verschiebungsvektor $\boldsymbol{D}$ und die magnetische Induktion $\boldsymbol{B}$. Die Bestimmung dieser Größen und die Methoden zu ihrer Messung werden in den allgemeinen Lehrbüchern der Physik dargestellt. In diesen Größen werden die Gesetze des elektromagnetischen Feldes durch das MAXWELLsche Gleichungssystem ausgedrückt:

1. Die Quelle des elektrischen Verschiebungsvektors sind die elektrischen Ladungen

$$\text{div}\, \boldsymbol{D} = 4\pi\varrho \quad (1,1)$$ [2]),

[1]) Das Strahlungsfeld spielt ebenfalls eine gewisse Rolle im Mechanismus des Stroms im Gas und im nichtverdünnten Gas auch bei seiner Entstehung (Streamermechanismus).

[2]) Hier und im folgenden benutzen wir das CGS-System.

2. Die Rotation der elektrischen Feldstärke ist der Änderungsgeschwindigkeit der magnetischen Induktion proportional.

(1,2) $$\operatorname{rot} \boldsymbol{E} = -\frac{1}{c_0}\frac{\partial \boldsymbol{B}}{\partial t},$$

3. Der Vektor der magnetischen Induktion besitzt keine Quellen (er ist quellenfrei)

(1,3) $$\operatorname{div} \boldsymbol{B} = 0;$$

4. Die Rotation der magnetischen Feldstärke ist der *Gesamt*stromdichte proportional, d. h. proportional der Summe der Leitungsstromdichte ($\boldsymbol{j}$) und der Verschiebungsstromdichte $\left(\frac{1}{4\pi}\frac{\partial \boldsymbol{D}}{\partial t}\right)$

(1,4) $$\operatorname{rot} \boldsymbol{H} = \frac{4\pi}{c_0}\left(\boldsymbol{j} + \frac{1}{4\pi}\frac{\partial \boldsymbol{D}}{\partial t}\right) = \frac{4\pi}{c_0}\boldsymbol{j} + \frac{1}{c_0}\frac{\partial \boldsymbol{D}}{\partial t}.$$

Die in diesen Gleichungen auftretenden Vektoren $\boldsymbol{D}$, $\boldsymbol{E}$, $\boldsymbol{B}$ und $\boldsymbol{H}$ sind die *makroskopischen Werte* der Induktion und der Stärke des elektrischen und des magnetischen Feldes. Als makroskopische Werte bezeichnet man Werte, die über ein sogenanntes *physikalisch unendlich kleines Volumenelement* gemittelt sind. Mit diesem Ausdruck bezeichnen wir ein Volumenelement, in dem die Mittelwerte der physikalischen Größen, die den Strom im Gas charakterisieren ($\boldsymbol{E}, \boldsymbol{B}, \varrho, \boldsymbol{j}$ usw.), sehr wenig von den entsprechenden Werten in benachbarten Elementen abweichen und das gleichzeitig eine bedeutende Zahl Elementarladungen enthält (s. beispielsweise [I — 1 und 2]). Es müssen bei einer Konzentration von freien Elektronen oder Ionen $n_{e,p} \sim 10^9$ cm^{-3} und bei einem entsprechenden mittleren Teilchenabstand von $d \sim 10^{-3}$ cm $= 10^{-2}$ mm, die physikalisch unendlich kleinen Elemente Abmessungen von der Größenordnung 10^{-1} mm haben.

Der Unterschied von $\boldsymbol{D}$ und $\boldsymbol{E}$ ist durch die Polarisation des Mediums bedingt, die man gewöhnlich durch das elektrische Moment, bezogen auf die Volumeneinheit, $\boldsymbol{P}$ (Polarisationsvektor) charakterisiert: $\boldsymbol{P} = n_g \cdot \boldsymbol{p}$, wobei $\boldsymbol{p}$ das elektrische Moment eines Moleküls ist. Die Beziehung zwischen $\boldsymbol{D}$ und $\boldsymbol{E}$ lautet dann:

(1,5) $$\boldsymbol{D} = \boldsymbol{E} + 4\pi\boldsymbol{P}.$$

Nimmt man $\boldsymbol{p}$ und $\boldsymbol{P}$ proportional zu $\boldsymbol{E}$ an, d. h. $\boldsymbol{p} = \beta\boldsymbol{E}$, $\boldsymbol{P} = n_g\beta\boldsymbol{E}$, so ist $\boldsymbol{D} = \boldsymbol{E}\,(1 + 4\pi\varkappa)$, wobei $\varkappa = n_g\beta$ ist. Wenn wir $1 + 4\pi\varkappa = \varepsilon$ setzen, haben wir

(1,6) $$\boldsymbol{D} = \varepsilon\boldsymbol{E}.$$

Eine ähnliche Beziehung gilt auch für die Vektoren $\boldsymbol{B}$ und $\boldsymbol{H}$:

(1,7) $$\boldsymbol{B} = \mu\boldsymbol{H}.$$

Im nicht ionisierten Gas können keine bedeutenden elektrischen Momente auftreten, solange das Gas nicht stark komprimiert ist. Tatsächlich ist bei den meisten Gasen $\beta \sim 10^{-24}$ cm^3; bei $n \sim 10^{19}$ cm^{-3} ist $\varkappa \sim 10^{-5}$; daher ist $\varepsilon \sim 1$ und $\boldsymbol{D} \cong \boldsymbol{E}$. In einem ionisierten Gas bei periodischem elektrischem Wechselfeld ist die Angelegenheit komplizierter. Die freien Ladungsträger, besonders die Elektronen, können während der Schwingungsperiode stark elongieren und bedeutend größere elektrische Momente hervorrufen. Um diese Erscheinung zu untersuchen, greift man oft zu folgendem Verfahren: Den Leitungsstrom in Gleichung (1,4) rechnet man zum Verschiebungsstrom, indem man ihn als periodisch wechselnde Polarisation des Mediums ansieht[1]):

$$4\pi \boldsymbol{j} + \frac{\partial \boldsymbol{D}}{\partial t} = 4\pi \frac{\partial \boldsymbol{P}_{\text{frei}}}{\partial t} + \frac{\partial \boldsymbol{D}}{\partial t} = \frac{\partial \boldsymbol{D}'}{\partial t},$$

wobei $\boldsymbol{D}'$ der verallgemeinerte Verschiebungsvektor ist, der die Auslenkung der freien Ladungen berücksichtigt; die Gleichung (1,4) nimmt dann die Form

$$\text{(1,4')} \qquad \operatorname{rot} \boldsymbol{H} = -\frac{1}{c_0} \frac{\partial \boldsymbol{D}'}{\partial t}.$$

an. Wenn man $\boldsymbol{D}' = \varepsilon' \boldsymbol{E}$ setzt, kann man zeigen, daß ε' je nach dem im Gas vorgehenden Prozeß, eine Funktion der Zeit sein kann und sogar negative und komplexe Werte anzunehmen vermag. Eingehend ist diese Frage nur für Hochfrequenzfelder untersucht (sie wird im entsprechenden Abschnitt des II. Bandes behandelt werden).

Für konstante, langsam veränderliche und aperiodisch wechselnde Felder ist eine derartige Umrechnung nicht sonderlich sinnvoll, und es ist zweckmäßiger, den Verschiebungsstrom und den Leitungsstrom getrennt zu betrachten. Hierbei ist, wie bereits erwähnt, $\boldsymbol{D} \cong \boldsymbol{E}$. In allen Fällen, wo nichts anderes gesagt ist, werden wir in den Gleichungen (1,1) und (1,4) und in den aus ihnen hervorgehenden den Vektor $\boldsymbol{D}$ durch $\boldsymbol{E}$ ersetzen.

Mit noch kleinerer Einbuße an Exaktheit können wir beim Studium der elektromagnetischen Erscheinungen in Gasen $\mu = 1$ und $\boldsymbol{B} = \boldsymbol{H}$ annehmen. Deshalb werden wir das MAXWELLsche Gleichungssystem in erster Näherung so schreiben:

$$\text{(1,8)} \qquad \operatorname{div} \boldsymbol{E} = 4\pi\varrho,$$

$$\text{(1,9)} \qquad \operatorname{rot} \boldsymbol{E} = -\frac{1}{c_0} \frac{\partial \boldsymbol{H}}{\partial t},$$

$$\text{(1,10)} \qquad \operatorname{div} \boldsymbol{H} = 0,$$

$$\text{(1,11)} \qquad \operatorname{rot} \boldsymbol{H} = \frac{4\pi}{c_0} \boldsymbol{j} + \frac{1}{c_0} \frac{\partial \boldsymbol{E}}{\partial t}.$$

Da in diesem Gleichungssystem sowohl die Divergenz (div) wie auch die Rotation (rot) der beiden Vektoren $\boldsymbol{E}$ und $\boldsymbol{H}$ enthalten ist, ist das Gleichungssystem grundsätzlich eindeutig lösbar, wenn außerdem entsprechende Gleichung für die Unbekannten: Ladungsdichte ϱ und Strom $\boldsymbol{j}$[2]) sowie bestimmte Rand- und Anfangsbedingungen gegeben sind.

Wie bekannt, kann die allgemeine Lösung der Gleichungen (1,8) und (1,9) in folgender Form dargestellt werden: $\boldsymbol{E} = \boldsymbol{E}_1 + \boldsymbol{E}_2$, wo $\boldsymbol{E}_1 = -\operatorname{grad} \varphi$ die potentielle Komponente der elektrischen Feldstärke ist, die durch Gleichung (1,8) bestimmt

---

[1]) Wenn wir die Abweichung der Ladungen aus ihrer Gleichgewichtslage mit $\boldsymbol{r}$ bezeichnen, könnten wir schreiben $\boldsymbol{P}_{\text{frei}} = \Sigma e\boldsymbol{r}$. Es ist aber $\frac{d\boldsymbol{r}}{dt} = \boldsymbol{v}$, $\Sigma e\boldsymbol{v} = \boldsymbol{j}$; daher gilt

$$\boldsymbol{j} = \Sigma e \frac{d\boldsymbol{r}}{dt} = \frac{d\boldsymbol{P}_{\text{frei}}}{dt}.$$

[2]) Diese Gleichungen können ebenfalls $\boldsymbol{E}$ und $\boldsymbol{H}$ enthalten und zusätzliche Beziehungen zwischen ihnen, ϱ und j, darstellen, sie werden in § 3 betrachtet.

wird, während $\boldsymbol{E}_2 = -\frac{1}{c_0}\frac{\partial \boldsymbol{A}}{\partial t}$ ihre Wirbelkomponente ist. In vielen Fällen kann man die Wirbelkomponente des elektrischen Feldes, die durch Gleichung (1,9) bestimmt wird, gegenüber der potentiellen Komponente vernachlässigen und $\operatorname{rot} \boldsymbol{E} = 0$ setzen. Das kann man besonders dann machen, wenn das elektrische Feld durch ein System konstanter elektrischer Ladungen gebildet wird, oder wenn die Zeit t, in welcher diese Ladungen sich merklich ändern, viel größer ist als $\frac{l}{c_0}$, wo l die Ausdehnung der betrachteten Gasstrecke ist. Dann ist

$$\boldsymbol{E} = -\operatorname{grad} \varphi, \tag{1,12}$$

und die Gleichung (1,8) wird zur POISSONschen Gleichung

$$\operatorname{div} \operatorname{grad} \varphi = \nabla^2 \varphi = -4\pi\varrho. \tag{1,13}$$

In diesem Fall treten die Gleichungen (1,10) und (1,11) für das Magnetfeld in der Elektrodynamik der Gase in den Hintergrund. Sie bleiben jedoch in den Fällen von Bedeutung, bei denen sehr starke Ströme oder hohe Frequenzen auftreten bzw. dann, wenn ein äußeres Magnetfeld angelegt wird.

§ 2. Das Mikrofeld im Gas

Ein anderes, detailliertes Verfahren zur Charakterisierung des elektromagnetischen Feldes im Stoff besteht in der Betrachtung seines mikroskopischen Bildes, das sich aus den Werten der elektrischen ($\boldsymbol{e}$) und magnetischen ($\boldsymbol{h}$) Feldstärke in den einzelnen Punkten ergibt. Diese Größen hängen nicht nur von der allgemeinen Verteilung und Veränderung der elektrischen Ladungen und Felder ab, sondern auch von der konkreten Anordnung und der Bewegung der benachbarten geladenen Teilchen. Sie wechseln bedeutend schneller und auf kompliziertere Art von Punkt zu Punkt und von einem Zeitmoment zum anderen als die gemittelten oder makroskopischen Werte der Feldstärken $\boldsymbol{E}$ und $\boldsymbol{H}$:

$$\left|\frac{\partial \boldsymbol{e}}{\partial x}\right| \gg \left|\frac{\partial \boldsymbol{E}}{\partial x}\right|, \quad \left|\frac{\partial \boldsymbol{e}}{\partial t}\right| \gg \left|\frac{\partial \boldsymbol{E}}{\partial t}\right| \quad \text{usw.}$$

In der klassischen Elektronentheorie, in der von H. A. LORENTZ ausgearbeiteten Form (1—2), wurde vorausgesetzt, daß für die Vektoren $\boldsymbol{e}$ und $\boldsymbol{h}$ die folgenden, den Gleichungen (1,8)—(1,11) ähnlichen Gleichungen streng gültig sind:

$$\operatorname{div} \boldsymbol{e} = 4\pi\varrho, \tag{2,1}$$

$$\operatorname{rot} \boldsymbol{e} = -\frac{1}{c_0}\frac{\partial \boldsymbol{h}}{\partial t}, \tag{2,2}$$

$$\operatorname{div} \boldsymbol{h} = 0, \tag{2,3}$$

$$\operatorname{rot} \boldsymbol{h} = \frac{4\pi \boldsymbol{j}}{c_0} + \frac{1}{c_0}\frac{\partial \boldsymbol{e}}{\partial t}, \tag{2,4}$$

wobei diese nicht nur im Raum *zwischen* den geladenen Teilchen, wo $\varrho = 0$ und $\boldsymbol{j} = 0$ ist, gelten, sondern auch im Innern dieser Teilchen (Elektronen, Atomkerne), wo (und das ist nur hier der Fall) $\varrho \neq 0$ und $\boldsymbol{j} = \varrho \boldsymbol{v}$ ist.

In der modernen Physik ist es nicht zulässig, derart ins einzelne zu gehen. Die Natur und die Eigenschaften der Elementarteilchen und das Feld in den von ihnen eingenommenen Raumteilen sind dazu nicht genügend erforscht; bei der uns interessierenden Frage ist das auch nicht erforderlich. Bei der Bestimmung des elektromagnetischen Mikrofeldes genügt es für unsere Zwecke: a) um jeden Ladungsträger q_i eine Kugel mit dem Halbmesser $r_0 \sim 10^{-8}$ cm zu legen und anzunehmen, daß innerhalb dieser Kugel eine Quelle des elektrischen Feldes existiert mit einer Divergenz des Vektors $\boldsymbol{e}$: $\operatorname{div} \boldsymbol{e} = 4\pi q_i$ und b) auf der Fläche dieser Kugel einen größten Kreis zu ziehen, dessen Fläche senkrecht zur Geschwindigkeit $\boldsymbol{v}_i$ der Ladung q_i steht und anzunehmen, daß die Rotation des Vektors $\boldsymbol{h}$ längs dieses Kreises $\operatorname{rot} \boldsymbol{h} = \frac{4\pi}{c_0} q_i \boldsymbol{v}$ ist. Durch diese Daten ersetzen wir das genauere Bild des Feldes in der Nähe der Ladungen selbst. Im gesamten übrigen Raum gibt es keine Ladungen, ϱ und $\boldsymbol{j}$ fehlen, $\boldsymbol{e}$ und $\boldsymbol{h}$ befriedigen die Gleichungen (2,1)—(2,4), mit $\varrho = 0$ und $\boldsymbol{j} = 0$.

Wenn wir $\boldsymbol{e}$ und $\boldsymbol{h}$ über die physikalisch unendlich kleinen Raumelemente vom Volumen V mitteln, erhalten wir den Zusammenhang zwischen den mikroskopischen Vektoren $\boldsymbol{e}$ und $\boldsymbol{h}$ und den makroskopischen Vektoren

(2,5) $$\boldsymbol{E} = \frac{1}{V}\int \boldsymbol{e}\, dV = (\boldsymbol{e})_{\text{mittel}},$$

(2,6) $$\boldsymbol{B} = \frac{1}{V}\int \boldsymbol{h}\, dV = (\boldsymbol{h})_{\text{mittel}}.$$

Auf Grund der oben (§ 1) angemerkten, angenähert gültigen Gleichung $\boldsymbol{B} = \boldsymbol{H}$ geht die Beziehung (2,6) in

(2,6′) $$\boldsymbol{H} = (\boldsymbol{h})_{\text{mittel}}.$$

über.

In vielen Fällen ist es nützlich, das reale elektrische Feld im Gas mit seiner mikroskopisch komplizierten Struktur als Überlagerung zweier Felder aufzufassen, eines gemittelten Feldes der Stärke $\boldsymbol{E}$, das sich räumlich und zeitlich verhältnismäßig langsam ändert, und des sogenannten *Mikrofeldes* mit der Stärke $\boldsymbol{e}_\mu$, das die Abweichung (Fluktuation) der realen Feldstärke vom Mittelwert $\boldsymbol{E}$ wiedergibt.

(2,7) $$\boldsymbol{e} = \boldsymbol{E} + \boldsymbol{e}_\mu.$$

Aus (2,5) und (2,7) folgt

(2,8) $$(\boldsymbol{e}_\mu)_{\text{mittel}} = 0.$$

Die Mikrofeldstärke $\boldsymbol{e}_\mu$ wird an jedem Ort und in jedem Zeitpunkt im wesentlichen durch die Lage der nächsten geladenen Teilchen bestimmt.[1])

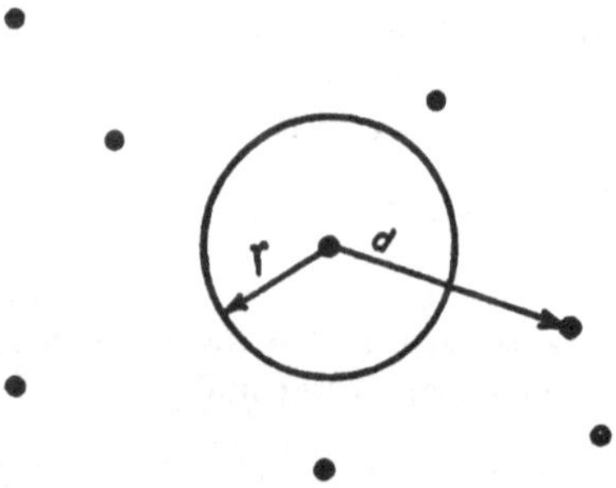

Abb. 1. Abstand zwischen den geladenen Teilchen und auf eine Ladung entfallende Kugel

[1]) Genau gesprochen wird ein elektrisches Mikrofeld gemäß (2,2) auch noch infolge der schnellen Änderungen des magnetischen Mikrofeldes erzeugt, das durch die Bewegung der geladenen Teilchen hervorgerufen wird, das ist der „Induktionsanteil" des Mikrofeldes. Zum „elektrostatischen" Anteil, der durch die Lage der nächstliegenden Ladungen bedingt ist und durch die Gleichung (2,1) festgelegt wird, verhält es sich im Mittel wie $\frac{v^2}{c_0^2}$. Bei den Elektronengeschwindigkeiten, wie sie beim elektrischen Strom im Gas als normal gelten können (10^9—10^8 cm/sec), kann man diese „Induktions"komponente offenbar vernachlässigen.

Ihre absolute Größe kann man daher in folgender Weise abschätzen. Möge die Konzentration der freien Ladungsträger n sein; auf jeden entfällt dann ein Volumen $V_1 = n^{-1}$, und ihr mittlerer Abstand beträgt $\bar{d} = V_1^{\frac{1}{3}} \sim n^{-\frac{1}{3}}$. Schlägt man um die k.-Ladung eine Kugel vom Radius $r = \frac{\bar{d}}{2}$ (Abb. 1), so wird innerhalb dieser Kugel das elektrische Feld hauptsächlich durch die k.-Ladung bedingt sein. Lassen wir die Wirkungen der anderen Ladungen außer acht, so finden wir im Abstand ϱ von der k.-Ladung: $e_\mu = \frac{e}{\varrho^2}$ und für den Mittelwert im Bereich der Kugel

$$\bar{e}_\mu = \left(\frac{4\pi}{3} r^3\right)^{-1} \int^r \frac{e}{\varrho^2} 4\pi\varrho^2 d\varrho = \frac{3e}{r^2},$$

oder, wenn wir setzen: $r = \frac{1}{2}\bar{d} = \frac{1}{2} n^{-\frac{1}{3}}$:

$$\bar{e}_\mu = 12\, e n^{\frac{2}{3}}. \tag{2,9}$$

Die Berücksichtigung der anderen Ladungen ändert den Zahlenfaktor in diesem Ausdruck etwas; er hängt insbesondere davon ab, ob Ladungen nur eines oder beider Vorzeichen vorhanden sind. ENGEL und STEENBECK (0—3, Bd. II, S. 21) schlugen vor $\bar{e}_\mu \cong 20\, e n^{\frac{2}{3}}$ zu setzen, was in praktischen Einheiten

$$\bar{e}_\mu \cong 2{,}9 \cdot 10^{-6} n^{\frac{2}{3}} \left(\frac{\text{V}}{\text{cm}}\right) \tag{2,10}$$

ergibt. Bei $n = 10^9\ \text{cm}^{-3}$ ist $\bar{e}_\mu \cong 3\ \frac{\text{V}}{\text{cm}}$, bei $n = 10^{12}\ \text{cm}^{-3}$ ist $\bar{e}_\mu \cong 300\ \frac{\text{V}}{\text{cm}}$.

Ein Vergleich dieser Größen mit der makroskopischen Feldstärke im Gas zeigt, daß im Plasma bei stationärem oder langsam wechselndem Strom das Mikrofeld gegenüber dem dafür charakteristischen elektrischen Makrofeld $\left(E \sim 1\ \frac{\text{V}}{\text{cm}}\right)$ bedeutend stärker ist; in den Kathodengebieten des Stroms jedoch und beim elektrischen Durchschlag $\left(E \sim 10^2 - 10^4 \frac{\text{V}}{\text{cm}}\right)$ stellt umgekehrt das Mikrofeld eine verhältnismäßig schwache Störung des Hauptfeldes dar.

Kompliziert und nur teilweise geklärt ist die Frage, welche Feldstärke man als die auf die einzelnen Ladungsträger im Gas w i r k e n d e rechnen muß. In der Polarisationstheorie der Dielektrika wird gewöhnlich für die gebundenen Ladungsträger die Formel von LORENTZ

$$\boldsymbol{E}_{\text{eff}} = \boldsymbol{E} + \frac{4\pi}{3}\boldsymbol{P} \tag{2,11}$$ [1]),

angenommen, wobei $\boldsymbol{P}$ der Polarisationsvektor des Dielektrikums ist.

Da

$$\boldsymbol{P} = \frac{\boldsymbol{D} - \boldsymbol{E}}{4\pi} = \frac{\varepsilon - 1}{4\pi}\boldsymbol{E}$$

---

[1]) LORENTZ selbst hat eine Formel allgemeinerer Art vorgeschlagen: $\boldsymbol{E}_{\text{eff}} = \boldsymbol{E} + a\boldsymbol{P}$, wo $a \geqslant \frac{4\pi}{3}$ ist (s. [I—2], § 117).

ist, so ist

$$\boldsymbol{E}_{\text{eff}} = \boldsymbol{E}\,\frac{2+\varepsilon}{3}.$$

In Gasen ist $\varepsilon \cong 1$, deshalb ist $\boldsymbol{E}_{\text{eff}} \cong \boldsymbol{E}$. Ist eine große Anzahl freier Ladungsträger vorhanden, so wird auch diese Frage kompliziert. Im wesentlichen wird die wirkende Kraft durch die mikroskopische (örtliche) Feldstärke $\boldsymbol{e} = \boldsymbol{E} + \boldsymbol{e}_\mu$ bestimmt, von der man allerdings das Feld des gegebenen Teilchens selbst abziehen muß. Das Ergebnis kann man nicht als endgültig ansehen; außerdem muß es sich je nach der konkreten Frage ändern. So wird die momentane Beschleunigung eines jeden geladenen Teilchens durch die resultierende Kraft bestimmt; sie beeinflußt die genaue Form der Flugbahn dieser Teilchen und ihren gegenseitigen Energieaustausch. Gleichzeitig wird die Gesamtzunahme der Geschwindigkeit oder der kinetischen Energie des Teilchens längs eines Weges, der bedeutend größer als $\frac{1}{2}\bar{d} = \frac{1}{2}\,n^{-\frac{1}{3}}$, ist, praktisch nur durch das mittlere Feld $\boldsymbol{E}$ bestimmt, da die Arbeit der Kraft $e_0\,\boldsymbol{e}_\mu$, die auf diesem Wege mehrfach ihre Richtung und Größe ändert, relativ desto kleiner sein wird, je länger der Weg ist.[1]) Deshalb kann man bei der Betrachtung dieser Fragen $\boldsymbol{E}_{\text{eff}}$ durch $\boldsymbol{E}$ ersetzen. In der Theorie der Hochfrequenzfelder im ionisierten Gas kommen die meisten Autoren ebenfalls zu dem Ergebnis, daß man $\boldsymbol{E}_{\text{eff}} = \boldsymbol{E}$ setzen kann (siehe z. B. [I—4, 5, 6]). Dieser Standpunkt wird auch fast bei allen theoretischen Untersuchungen der Elektrodynamik der Gase eingenommen, mit Ausnahme gewisser spezieller Probleme, wie z. B. der Frage nach der Einstellgeschwindigkeit der Geschwindigkeitsverteilung der Elektronen.

Es wird ebenfalls angenommen, daß als auf die Elementarladung wirkende magnetische Feldstärke die makroskopische (mittlere) Feldstärke $\boldsymbol{H}$ zu setzen ist. Deshalb werden wir die Kraft, die auf ein geladenes Teilchen im Gas wirkt, einfach schreiben:

$$\boldsymbol{F} = e_0\left\{\boldsymbol{E} + \left[\frac{\boldsymbol{c}}{c_0}\boldsymbol{H}\right]\right\}. \tag{2,12}$$

Die in allen Formeln der beiden letzten Paragraphen auftretende makroskopische Feldstärke $\boldsymbol{E}$ hängt, wie man aus (1,8) entnimmt, von der Verteilung der Ladungen im Gas ab. Ist die Ladungsdichte ϱ irgendwelchen starken räumlichen oder zeitlichen Änderungen unterworfen (beispielsweise örtlichen Hochfrequenzschwingungen), so ändert sich die Größe $\boldsymbol{E}$ ebenfalls entsprechend. Nicht allein, daß $\boldsymbol{E}$ sogar in einer stationären Entladung nicht nur durch die Elektroden und die an ihnen liegende Spannung bestimmt wird, fällt es auch nicht immer mit den Werten

[1]) Wir setzen der Einfachheit halber voraus, daß das Teilchen den Weg L in Richtung von $\boldsymbol{E}$ durchläuft und daß das Mikrofeld $\boldsymbol{e}$ in Bereichen von der Größenordnung $r = \frac{1}{2}d$ entweder seine Richtung umkehrt oder unverändert bleibt, wobei die Änderungen des Mikrofeldes nach dem Gesetz des Zufalls verteilt seien. Auf dem Wege L liegen insgesamt $\frac{L}{r}$ derartige Intervalle, dann ist ein Überwiegen von $\sqrt{\frac{L}{r}}$ Intervallen einer Richtung am wahrscheinlichsten. Daher ist die Arbeit des Makrofeldes $A = e_0 \cdot EL$ und die des Mikrofeldes $A_\mu = e_0 e_\mu \sqrt{\frac{L}{r}}$; das Verhältnis $\frac{A_\mu}{A} = \frac{e_\mu}{E}\frac{1}{\sqrt{Lr}}$ ist desto kleiner, je länger der Weg L ist.

zusammen, die mit Hilfe statischer Sondenmessungen gefunden werden, da diese schnelle zeitliche Schwankungen von $\boldsymbol{E}$ und ϱ nicht registrieren. So vermittelt beispielsweise die Potentialverteilung, die im Bereich des Anoden- und Kathodenfalls auf diese Weise gemessen wird, keine Vorstellung von den hier vor sich gehenden Schwingungen, und daher kann die aus den Ergebnissen dieser Messungen bestimmte Feldstärke stark von der tatsächlichen Feldstärke abweichen, und zwar sowohl in ihrem Absolutwert als auch darin, daß die veränderliche Komponente fehlt.

§ 3. *Ladungsdichte und Stromdichte*

In das Gleichungssystem des elektromagnetischen Feldes im Gas (1,8)—(1,11) gehen außer den Feldstärken $\boldsymbol{E}$ und $\boldsymbol{H}$ noch die elektrische Ladungsdichte ϱ und die Dichte des Leitungsstroms $\boldsymbol{j}$ ein. Diese Größen lassen sich durch Konzentration, Ladung und Geschwindigkeitsverteilung der Ladungsträger ausdrücken. Dadurch gehen in die Theorie des Stroms im Gas die Atomistik der Elektrizität und die Kinetik der Elementarladungen ein.

Das Gas möge mehrere verschiedene Arten von Ladungsträgern enthalten. Wir bezeichnen die Ladung von Trägern der i-Art mit q_i[1]), ihre Konzentration mit $n_i\,(x,\,y,\,z,\,t)$ und die Geschwindigkeitsverteilungsfunktion mit $f_i\,(u,\,v,\,w)$; wobei f_i ebenfalls von den Koordinaten und von der Zeit abhängen kann, aber immer so normiert sein muß, daß

$$(3,1)\qquad \int\limits_{-\infty}^{+\infty}\int\limits_{-\infty}^{+\infty}\int\limits_{-\infty}^{+\infty} f_i\,du\,dv\,dw = 1\ ^{2)}$$

ist.

Mit diesen Bezeichnungen ist die elektrische Ladungsdichte

$$(3,2)\qquad \varrho\,(x,\,y,\,z,\,t) = \sum_i q_i n_i\,(x,\,y,\,z,\,t),$$

und die Leitungsstromdichte

$$(3,3)\qquad \boldsymbol{j}\,(x,\,y,\,z,\,t) = \sum_i q_i n_i \int\limits_{-\infty}^{+\infty}\int\limits_{-\infty}^{+\infty}\int\limits_{-\infty}^{+\infty} \mathbf{c} f_i\,du\,dv\,dw = \sum_i q_i n_i \overline{u}_i,$$

wo

$$(3,4)\qquad \overline{u}_i = \int\limits_{-\infty}^{+\infty}\int\limits_{-\infty}^{+\infty}\int\limits_{-\infty}^{+\infty} \mathbf{c} f_i\,du\,dv\,dw$$

die mittlere gerichtete Geschwindigkeit der Teilchen der i-Art ist.[3]) Die Strom-

---

[1]) q_i kann beide Vorzeichen besitzen: + und —.

[2]) Oft benutzt man in der statistischen Physik eine Verteilungsfunktion nach Koordinaten und Geschwindigkeiten $F\,(x,\,y,\,z,\,u,\,v,\,w,\,t)$. Von der Geschwindigkeitsverteilungsfunktion f, die von den gleichen Argumenten abhängt, unterscheidet sich F durch die Normierung: $\int\limits_{-\infty}^{+\infty}\int\limits_{-\infty}^{+\infty}\int\limits_{-\infty}^{+\infty} F\,du\,dv\,dw = n$; folglich ist

$$F\,(x,\,y,\,z,\,u,\,v,\,w,\,t) = n\,(x,\,y,\,z,\,t)\; f(x,\,y,\,z,\,u,\,v,\,w,\,t).$$

Diese Aufteilung von F in zwei Faktoren n und f ist in der Praxis bequem.

[3]) Die Bezeichnung dieser Geschwindigkeit mit $\overline{u}$ setzt voraus, daß die X-Achse in die Richtung des Teilchenstroms gelegt wurde.

stärke in einen willkürlichen Querschnitt S des Mediums senkrecht zur X-Achse ist:

(3,5) $$I = \int j\,dS = \sum q_i \int n_i \bar{u}_i\,dS.$$

Ladungsträger im Gas können sein: Elektronen, positive Ionen der verschiedenen Atome und Moleküle in verschiedenen Ionisierungsstufen, verschiedene negative Ionen und kompliziertere Gebilde (Molekülkomplexe, „schwere Ionen", geladene Stäubchen). In den uns interessierenden Strömen im Gas bei niedrigem Druck kann man in den meisten Fällen zwei Arten von Ladungsträgern beobachten: Elektronen und positive, einfach geladene Ionen. Folglich fordert eine vollständige Theorie des Stroms im verdünnten Gas die Kenntnis wenigstens zweier Verteilungsfunktionen: der der Elektronen f_e und der der positiven Ionen f_p.

Praktisch genügt es in vielen Fällen in Gleichung (3,3) nur $\boldsymbol{j}_e = e_0 n_e \int \boldsymbol{c} f_e\,d\Omega$ (den Elektronenstrom) zu berücksichtigen, da die mittlere Geschwindigkeit der positiven Ionen einige hundertmal kleiner ist als die Elektronengeschwindigkeit im gleichen Feld und deshalb $\boldsymbol{j}_p = e_0 n_p \int \boldsymbol{c} f_p\,d\Omega$ sehr klein gegenüber $\boldsymbol{j}_e$ ist und unberücksichtigt bleiben kann. In diesen Fällen ist die Kenntnis von f_p nicht unbedingt erforderlich. Um auf die wichtigsten Fragen antworten zu können, genügt es, die Ionenkonzentration $n_p\,(x, y, z, t)$ und die Elektronenkonzentration $n_e\,(x, y, z, t)$ sowie die Geschwindigkeitsverteilungsfunktion der Elektronen $f_e\,(n, v, w, t)$ zu kennen. In einer Reihe wichtiger Fälle jedoch (beispielweise in der Theorie der Kathodenteile der Entladung, in der Theorie des Stroms zu den Wänden) spielt der Ionenstrom eine wichtige Rolle, und die Unkenntnis von f_p führt zu Schwierigkeiten.

Die Dichte des elektrischen Stroms genügt dem Gesetz der Geschlossenheit des Stroms. Der Gesamtstrom (die Summe der Leitungs- und Verschiebungsströme) bildet ein quellenfreies Vektorfeld; die Linien des Gesamtstroms sind geschlossen (der Vektor des Gesamtstroms bildet einen Wirbel)

(3,6) $$\operatorname{div}\left(\boldsymbol{j} + \frac{1}{4\pi}\frac{\partial \boldsymbol{D}}{\partial t}\right) = 0\,^{1)};$$

hieraus folgt

$$\operatorname{div}\boldsymbol{j} + \frac{1}{4\pi}\operatorname{div}\left(\frac{\partial \boldsymbol{D}}{\partial t}\right) = \operatorname{div}\boldsymbol{j} + \frac{1}{4\pi}\frac{\partial}{\partial t}(\operatorname{div}\boldsymbol{D}) = 0.$$

Ersetzen wir gemäß (1,1) div $\boldsymbol{D}$ durch $4\pi\varrho$, so finden wir

(3,7) $$\operatorname{div}\boldsymbol{j} + \frac{\partial \varrho}{\partial t} = 0.$$

Diese Gleichung drückt den Erhaltungssatz der elektrischen Ladung aus: die Divergenz der Ströme ist in jedem Punkt der Abnahme der elektrischen Ladungsdichte gleich. Bei stationären Strömen $\left(\frac{\partial}{\partial t} = 0\right)$ fehlen Verschiebungsströme und (3,7) geht in

(3,8) $$\operatorname{div}\boldsymbol{j} = 0$$

über (Quellenfreiheit des Vektors $\boldsymbol{j}$).

---

[1]) Geht aus (1,4) hervor.

§ 4. Die kinetische Gleichung

Die Koordinaten- und Geschwindigkeitsverteilungsfunktion aufzufinden, ist eine der Hauptaufgaben nicht nur in der Theorie des elektrischen Stroms, sondern auch in der gesamten physikalischen Kinetik. Zu ihrer Lösung wurden mehrere verschiedenartige Methoden entwickelt; die wichtigste Methode besteht in der Lösung (oder wenigstens in der Untersuchung) einer gewissen Integrodifferentialgleichung, welche alle räumlichen und zeitlichen Änderungen der Verteilungsfunktion unter der Wirkung verschiedener Ursachen beschreibt. Diese Gleichung, die kurz als *kinetische Gleichung* bezeichnet wird, ist eine Bilanzgleichung der Punkte, welche die betrachteten Teilchen im sechsdimensionalen Raum x, y, z, n, v, w darstellen (im „G-Raum").[1])

Diese Gleichung, die von BOLTZMANN (I—7) in der kinetischen Gastheorie aufgestellt und von LORENTZ (I—2) in die Elektronentheorie der Metalle übernommen wurde, ist auch eine der Grundgleichungen der Theorie des elektrischen Stroms in Gasen. Vorläufig sind in dieser Richtung nur die ersten Schritte unternommen worden.[2]) Hier soll die Gleichung durch neue Glieder vervollständigt werden. Daher geben wir kurz ihre Ableitung an.

Wir nehmen ein Raumelement dV. Die Koordinaten seiner Punkte sollen zwischen x und $x + dx$, y und dy sowie z und $z + dz$ liegen und die Radiusvektoren zwischen $\mathbf{r}$ und $\mathbf{r} + d\mathbf{r}$ (Abb. 2); $dV = dx\, dy\, dz$. In diesem Element befinden sich im Mittel $n_i\ (x, y, z, t) dx dy dz = n_i(\mathbf{r}, t) dV$ Teilchen der i-Art. Wir wählen davon die Teilchen aus, deren Geschwindigkeiten zwischen $\mathbf{c}$ und $\mathbf{c} + d\mathbf{c}$ oder deren Geschwindigkeitskomponenten zwischen u und $u + du$, v und $c + dv$ sowie w und $w + dw$ liegen, d. h. in dem Element $d\Omega = du\,dv\,dw$ des Geschwindigkeitsraumes. Die Gesamtheit dieser Teilchen werden wir „Gruppe A" nennen; ihre Anzahl ist im Mittel

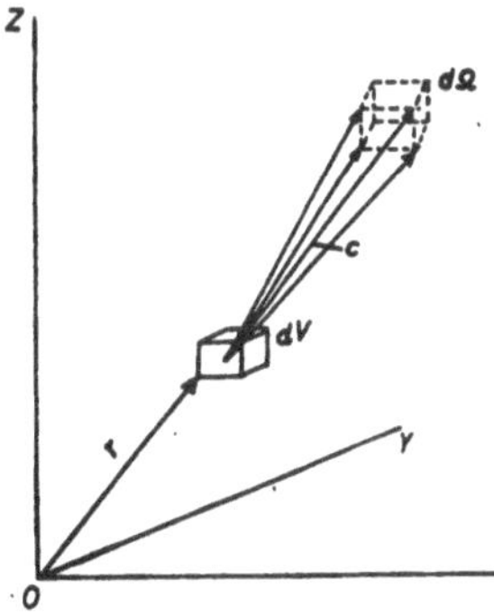

Abb. 2. Volumenelemente im Koordinaten- und Geschwindigkeitsraum

$$n_i(x, y, z, t) dx dy dz \cdot f_i(u, v, w, x, y, z, t) du dv dw$$
$$= n_i(\mathbf{r}, t) \cdot f_i(\mathbf{c}, \mathbf{r}, t) dV d\Omega = (nf)_i d\Gamma,$$

wobei $d\Gamma = dV d\Omega$ ist. Die Änderung dieser Zahl in der Zeit dt

$$\frac{\partial (nf)_i}{\partial t} d\Gamma dt$$

---

[1]) Neben der kinetischen Gleichung gibt es mehrere Methoden zum Auffinden der Verteilungsfunktion, die sich auf unterschiedliche Hypothesen der statistischen Mechanik stützen und deshalb nur für Verteilungen im Gleichgewichtszustand anwendbar sind. Einige davon sind beim stationären Strom im Gas anwendbar (s. § 6).

[2]) MORSE, ALLIS und LAMAR [VIII—1], DAWYDOW [VIII—2], PEKAR [VIII—3] und andere zeigten, wie mit Hilfe der kinetischen Gleichung die Geschwindigkeitsverteilung der Elektronen im Gas bei vorgegebenem elektrischen (und magnetischen) Feld gefunden werden kann (s. die §§ 47—48). Auf den wechselseitigen Einfluß zwischen elektrischem Feld im Gas und Geschwindigkeitsverteilung der Elektronen und auf die daraus hervorgehende Notwendigkeit, die Feldgleichungen und die kinetische Gleichung in der Elektrodynamik der Gase gleichzeitig zu lösen, hat WLASSOW hingewiesen [I—9].

kann aus unterschiedlichen, voneinander unabhängigen Ursachen erfolgen und setzt sich deshalb aus mehreren Komponenten zusammen.

a) Infolge der Eigenbewegung wird eine Anzahl von Teilchen in der Zeit dt aus dem vorgegebenen Volumen dV ausscheiden. An ihre Stelle werden in der gleichen Zeit dt Teilchen treten, die um $\boldsymbol{c}\,dt$ gegen ihre alte Lage verschoben sind. Ihre frühere Lage wurde durch den Radiusvektor $\boldsymbol{r} - \boldsymbol{c}\,dt$ bestimmt. Ihre Zahl ist gleich $n_i\,(\boldsymbol{r} - \boldsymbol{c}\cdot dt, t)\cdot f;\ (\boldsymbol{c}, \boldsymbol{r}, t)\,d\Gamma$. Entwickelt man diesen Ausdruck in eine TAYLORreihe nach $(-\boldsymbol{c}\,dt)$ und begnügt sich mit den ersten beiden Gliedern, so erhält man:

$$(nf)_i(\boldsymbol{r} - \boldsymbol{c}\,dt, \boldsymbol{c}, t) = (nf)_i(\boldsymbol{r}, \boldsymbol{c}, t) - \boldsymbol{c}\,\mathrm{grad}_r\,(nf)_i\,dt + \cdots$$

Folglich ändert sich die Anzahl der Teilchen in der Gruppe A auf Grund dieser Ursache um

$$-\boldsymbol{c}\,\mathrm{grad}\,(nf)_i\,dt\,d\Gamma.$$

b) Unter der Wirkung des elektromagnetischen Feldes ändern die Teilchen ihre Geschwindigkeit und scheiden deshalb aus der Gruppe A aus. An ihre Stelle treten andere Teilchen, deren Geschwindigkeit in der Zeit dt sich um $\frac{\boldsymbol{F}}{m_i}\,dt$ geändert hat [$\boldsymbol{F}$ ist die durch Gleichung (2,12) bestimmte Kraft] und am Anfang gleich $\boldsymbol{c} - \frac{\boldsymbol{F}}{m_i}\,dt$ war. Die Anzahl dieser Teilchen beträgt

$$(nf)_i\left(\boldsymbol{r}, \boldsymbol{c} - \frac{\boldsymbol{F}}{m}\,dt, t\right)d\Gamma \cong \left[(nf)_i(\boldsymbol{r}, \boldsymbol{c}, t) - \frac{\boldsymbol{F}}{m}\,\mathrm{grad}_c(nf)_i\,dt\right]d\Gamma,$$

wobei $\mathrm{grad}_c = i\,\frac{\partial}{\partial u} + j\,\frac{\partial}{\partial v} + k\,\frac{\partial}{\partial w}$ der Gradient im Geschwindigkeitsraum ist. Die Änderung der Teilchenzahl in der Gruppe A aus diesem Grunde ist

$$-\frac{\boldsymbol{F}}{m}\,\mathrm{grad}_c\,(nf)_i\,d\Gamma\,dt.$$

c) In der Zeit dt erfahren gewisse Teilchen aus der Gruppe A Zusammenstöße mit anderen Teilchen, in deren Folge sie ihre Geschwindigkeit ändern (wenigstens der Richtung nach), wodurch sie aus der Gruppe A ausscheiden. Ihre Zahl ist proportional zu $d\Gamma$ und kann deshalb

$$-a\,d\Gamma\,dt$$

geschrieben werden.

d) In der gleichen Zeit wird eine gewisse Anzahl von Teilchen aus anderen Gruppen infolge von Stößen die Geschwindigkeit in der Weise ändern, daß die Teilchen in die Gruppe A kommen. Weiter unten (§ 5) wird gezeigt, daß die Zahl dieser Teilchen ebenfalls proportional zu $d\Gamma$ ist. Man kann sie daher gleich

$$+b\,d\Gamma\,dt$$

setzen.

e) Bisher haben wir die verschiedenen Fälle für den Übergang von Teilchen der i-Art aus einem Element des Γ-Raums in ein anderes betrachtet. Es kann jedoch auch eine gewisse Zahl neuer Teilchen in der Gruppe A während der Zeit dt durch

Ionisation neutraler Moleküle in Erscheinung treten.[1]) Die Ionisation erfolgt an verschiedenen Orten, und im Ergebnis entstehen Elektronen und Ionen verschiedener Geschwindigkeiten. Die Zahl der Teilchen, welche entstehen und zur Gruppe A gehören, kann man wiederum proportional zu $d\Gamma$ ansetzen:

$$+i\, d\Gamma\, dt\,.$$

f) Schließlich kann eine gewisse Zahl von Teilchen der Gruppe A infolge von Rekombination verschwinden.[2]) Da diese Zahl zu $(nf)_i\, d\Gamma$ proportional ist, sind wir berechtigt, sie gleich

$$-r\, d\Gamma\, dt$$

zu setzen.

Somit ist

$$\frac{\partial (nf)_i}{\partial t}\, d\Gamma\, dt = -\,\boldsymbol{c}\,\mathrm{grad}_r\,(nf)_i\, d\Gamma\, dt - \frac{\boldsymbol{F}}{m}\,\mathrm{grad}_c\,(nf)_i\, d\Gamma\, dt - a\, d\Gamma\, dt + \\ + b\, d\Gamma\, dt + i\, d\Gamma\, dt - r\, d\Gamma\, dt,$$

und man erhält die gesuchte kinetische Gleichung in der Form

$$(4{,}1)\quad \frac{\partial (nf)_i}{\partial t} + \boldsymbol{c}\,\mathrm{grad}_r\,(nf)_i + \frac{e}{m}\left\{\boldsymbol{E} + \left[\frac{\boldsymbol{c}}{c_0}\boldsymbol{H}\right]\right\}\mathrm{grad}_c\,(nf)_i + (a-b) + (r-i) = 0\,.$$

Die letzten beiden Glieder (i und r) sind für die Theorie des elektrischen Stroms im Gas spezifisch, sie fehlen beispielsweise in der Elektronentheorie der Metalle. Die Gleichung (4,1) kann auch auf neutrale Moleküle übertragen werden; in diesem Fall ist $\boldsymbol{F} = 0$, und die Größen i und r erhalten die umgekehrte Bedeutung: i steht für die Rekombination und r für die Ionisation. In ihrer vollständigen Form ist die Gleichung (4,1) kompliziert und wurde noch wenig angewandt. Je nach der konkreten Aufgabe fallen in ihr einzelne Glieder heraus: das erste Glied im Fall der stationären Entladung $\left(\frac{\partial}{\partial t} = 0\right)$, das zweite Glied im homogenen Plasma ($\mathrm{grad}_r = 0$), das vierte Glied, wenn kein starkes Magnetfeld vorhanden ist ($\boldsymbol{H} \approx 0$), die letzten Glieder (a, b, r, i) in der Theorie des Stroms im Vakuum und bei den auf sie zurückführenden Aufgaben (beispielsweise bei der Sondentheorie).

Die Größen a, b, i und r müssen noch genauer berechnet werden; das geschieht teilweise weiter unten (§ 5). Jedoch auch ohne weitere Präzisierung gestattet die kinetische Gleichung in der Form (4,1) eine Reihe Schlußfolgerungen zu ziehen.

Erste Folgerung. Wir multiplizieren Gleichung (4,1) gliedweise mit $d\Omega$ und integrieren über den gesamten Geschwindigkeitsraum:

$$\int\limits_{(\Omega)} \frac{\partial (nf)_i}{\partial t}\, d\Omega + \int\limits_{(\Omega)} \boldsymbol{c}\,\mathrm{grad}\,(nf)_i\, d\Omega + \frac{e_0}{m}\int\limits_{(\Omega)} \boldsymbol{E}\,\mathrm{grad}_c\,(nf)_i\, d\Omega + \frac{e_0}{m c_0}\int\limits_{(\Omega)} [\boldsymbol{c}\boldsymbol{H}]\,\mathrm{grad}_c\,(nf)_i\, d\Omega \\ + \int\limits_{(\Omega)} (a-b)\, d\Omega - \int\limits_{(\Omega)} i\, d\Omega + \int r\, d\Omega = 0\,.$$

---

[1]) Sind die betrachteten Teilchen negative Ionen, so gehen in die Ionengruppe $i d\Gamma dt$ vor allem neue Ionen ein, die durch Anlagerung von Elektronen an neutrale Moleküle entstanden sind.

[2]) Die negativen Ionen können auch infolge Zerfall in neutrale Moleküle und freie Elektronen verschwinden.

Betrachten wir nacheinander alle Glieder dieses Ausdrucks:

Das erste Glied:

$$\int \frac{\partial (nf)_i}{\partial t} d\Omega = \frac{\partial}{\partial t} n_i \int f_i d\Omega = \frac{\partial n_i}{\partial t},$$

das zweite Glied

$$\int \mathbf{c} \operatorname{grad}_r (nf)_i \, d\Omega = \int \operatorname{div} (\mathbf{c} \cdot n_i f_i) \, d\Omega = \operatorname{div} n_i \int \mathbf{c} f_i \, d\Omega = \operatorname{div} (n_i \bar{u}_i),$$

das dritte Glied

$$\int \mathbf{E} \operatorname{grad}_c (nf)_i \cdot d\Omega = n_i \int \left(E_x \frac{\partial f}{\partial u} + E_y \frac{\partial f}{\partial v} + E_z \frac{\partial f}{\partial w} \right) d\Omega =$$

$$= n_i \left[E_x \int_{-\infty}^{+\infty} \int_{-\infty}^{+\infty} dv dw \int_{-\infty}^{+\infty} \frac{\partial f}{\partial u} du + E_y \int_{-\infty}^{+\infty} \int_{-\infty}^{+\infty} dw du \int_{-\infty}^{+\infty} \frac{\partial f}{\partial v} dv + E_z \int_{-\infty}^{+\infty} \int_{-\infty}^{+\infty} du \, dv \int_{-\infty}^{+\infty} \frac{\partial f}{\partial w} dw \right].$$

Da bei jedem möglichen Gesetz für die Geschwindigkeitsverteilung $f = 0$ ist, wenn irgendeine der Geschwindigkeitskomponenten $\pm \infty$ wird, so ist

$$\int_{-\infty}^{+\infty} \frac{\partial f}{\partial \xi} d\xi = \int_{-\infty}^{+\infty} \frac{\partial f}{\partial \eta} d\eta = \int_{-\infty}^{+\infty} \frac{\partial f}{\partial \zeta} d\zeta = 0,$$

und das dritte Glied wird insgesamt gleich Null. Das gleiche gilt auch für das vierte und fünfte Glied.[1]) Das sechste Glied

$$\int i \, d\Omega = I_i$$

bedeutet die Gesamtzahl der Teilchen der i-Art, die in der Volumeneinheit durch Ionisation in der Zeiteinheit entstehen. Das siebente Glied

$$\int r d\Omega = R_i$$

bedeutet entsprechend die Anzahl von Teilchen der i-Art, die durch Rekombination unter den gleichen Bedingungen verschwindet. Im Endergebnis finden wir

(4,2) $$\frac{\partial n_i}{\partial t} + \operatorname{div} (n_i \bar{u}_i) - I_i + R_i = 0$$

— die Bilanzgleichung für die Teilchen der i-Art.

Bei vielen Fragen der Theorie des Stroms im Gas gehen wir unmittelbar von dieser Gleichung aus.

---

[1]) Dieses Ergebnis ist auch ohne den analytischen Beweis einzusehen. In der Tat stellt der Ausdruck unter dem Integral im dritten Glied die Teilchenzahl im Volumenelement dV dar, die unter der Wirkung des elektrischen Feldes aus einem Element des Geschwindigkeitsraumes in ein anderes ($d\Omega$) überwechselt. Es ist offensichtlich, daß wir Null erhalten, wenn wir derartige Ausdrücke über alle Elemente des Geschwindigkeitsraums summieren (die Gesamtzahl der Teilchen ändert sich bei der Beschleunigung nicht). Aus einer vollkommen analogen Ursache ist auch das vierte Glied der Gleichung Null, das den Übergang der Teilchen aus einem Element des Geschwindigkeitsraums in das andere unter der Wirkung des Magnetfeldes erfaßt, ebenso das fünfte Glied $\left[\int (a - b) \, d\Omega\right]$, das entsprechend die Wirkung der Stöße erfaßt.

Zweite Folgerung. Wir multiplizieren Gleichung (4,2) gliedweise mit q_i und addieren diese Ausdrücke für alle i. Wenn wir beachten, daß $\sum_i q_i n_i = \varrho$, $\sum q_i \bar{u}_i n_i = \boldsymbol{j}$, $\sum q_i I_i = 0$, $\sum q_i R_i = 0$ ist (bei der Ionisation und bei der Rekombination entstehen und verschwinden Ladungen beider Vorzeichen in gleicher Menge), finden wir

$$\frac{\partial \varrho}{\partial t} + \operatorname{div} \boldsymbol{j} = 0, \tag{3,7}$$

die Gleichung für die Erhaltung der elektrischen Ladung. Eben diese Gleichung erhält man, wie wir sahen, auch aus den Maxwellschen Gleichungen (1,1) und (1,4).

§ 5. Präzisierung der kinetischen Gleichung; Erfassung der Stöße

1. Die Gleichung (4,1) enthält die Größen a, b, i und r, die genauer entwickelt werden müssen, da sonst eine weitere Untersuchung und Lösung dieser Gleichung unmöglich ist. Wir wollen vorzugsweise bei den Gliedern a und b verweilen, die den Einfluß der Stöße auf die Verteilungsfunktion ausdrücken.

Als Stöße kann man alle Arten von Wechselwirkungen zwischen den Teilchen beschreiben, die mit der Entfernung genügend schnell abnehmen und deshalb durch definierte Wirkungsquerschnitte charakterisiert werden können (s. § 12). Hierzu gehören: die gegenseitige Abstoßung zwischen den neutralen Molekülen auf kleine Entfernungen, die gewöhnlich als elastischer Stoß behandelt wird sowie die verschiedenen Arten der Wechselwirkung geladener Teilchen (Elektronen, Ionen) mit den Molekülen: Elastische Streuung, Stöße erster und zweiter Art, Umladung, unelastische Wechselwirkung der Elektronen mit den Ionen (Rekombination).

Die COULOMBsche Wechselwirkung zwischen den geladenen Teilchen (Elektron — Elektron, Elektron — Ion, Ion — Ion) kann nicht auf diese Art behandelt werden, da sie mit der Entfernung relativ langsam abnimmt (wie r^{-2}) und das Integral für den Wirkungsquerschnitt $S = \int_0^\pi \sigma(c,\vartheta) \sin\vartheta \, d\vartheta$ in diesem Falle divergiert (s. § 12). Dieser Fall der Wechselwirkung muß theoretisch anders behandelt werden, nämlich durch die Ermittlung des mikroskopischen Feldes, das von der Gesamtheit der geladenen Teilchen gebildet wird, und durch Ermittlung der Kraft, die auf ein gegebenes Teilchen wirkt (§ 2). Da ein derartiges Vorgehen recht kompliziert ist, ist es zweckmäßig, die betrachtete Aufgabe durch folgende von WLASSOW angegebene (I—9) Näherungsmethode zu lösen. Alle Fälle der Wechselwirkung zwischen geladenen Teilchen werden in nahe und ferne Wechselwirkungen unterteilt. Zu den ersten gehören diejenigen Fälle, in denen die Teilchen sich einander auf einen Abstand nähern, der kleiner ist als ein gewisser definierter Abstand r_{max}. Als r_{max} kann man den mittleren Abstand zwischen den gegebenen Teilchen wählen[1]): $d = n^{-\frac{1}{3}}$. Die Anzahl dieser nahen Wechselwirkungen ist im

---

[1]) Oft wird als r_{max} der sogenannte *DEBYEsche Radius* (Abschirmradius) $r_D = \sqrt{\frac{K_e}{6\pi e_0^2 n}}$ genommen. Diese Größe ist jedoch gewöhnlich größer als d; folglich gelangt in die Kugel vom Radius r_D eine gewisse (manchmal große) Zahl geladener Teilchen. Wie WLASSOW bemerkte, würde eine Betrachtung der Wechselwirkung als Zweierstoß in diesem Fall den Sinn verlieren.

Verhältnis zu den weiten Wechselwirkungen sehr klein. Der Ablenkwinkel ϑ ist dabei nicht kleiner als ein gewisses $\vartheta_{\min}$, wobei $\sin\frac{\vartheta_{\min}}{2}=\frac{\Lambda}{r_{\max}-\Lambda}$, wobei $\Lambda=\frac{e_0^2}{m_e c^2}$ ist [siehe § 16, Formel (16,12)], oder da für gewöhnlich $\Lambda \cong 10^{-7}$ cm und $r_{\max} \cong d \cong 10^{-4}-10^{-3}$ cm:

$$\sin\frac{\vartheta_{\min}}{2} \cong \frac{\Lambda}{r_{\max}} = \frac{n^{\frac{1}{3}} e_0^2}{m_e c^2}. \tag{5,1}$$

Der Wirkungsquerschnitt der Streuung $S=\int\limits_{\vartheta_{\min}}^{\pi}\sigma(c,\vartheta)\sin\vartheta\,d\vartheta$ ist bei diesen Wechselwirkungen endlich, und daher kann man sie als Stöße betrachten. Da hier auch die Wechselwirkungen von Elektronen, die sich einander auf einen Abstand $r < r_{\max}$ nähern, eingeschlossen sind, so ist $S \cong \pi r^2_{\max}$.[1])

Wesentlicher für die Kinetik der Elektronen ist der sogenannte *Bremsquerschnitt* s (siehe §§ 12 und 47 und die Anmerkung XI). Im Fall der Wechselwirkung eines Ions mit einem Elektron folgt aus (12,6) und (16,13):

$$s^* = 2\pi\left(\frac{e_0^2}{m_e c_e^2}\right)^2 \int\limits_{\vartheta_{\min}}^{\pi} \frac{(1-\cos\vartheta)\cos\frac{\vartheta}{2}\,d\vartheta}{\sin^3\frac{\vartheta}{2}} = 4\pi\left(\frac{e_0^2}{m_e c_e^2}\right)^2 \ln\left(\sin^{-1}\frac{\vartheta_{\min}}{2}\right) = \tag{5,2}$$

$$= 4\pi\left(\frac{e_0^2}{m_e c_e^2}\right)^2 \ln\left(\frac{m_e c_e^2}{n^{\frac{1}{3}} e_0^2}\right)$$

oder in praktischen Einheiten

$$s^* = 0{,}65\cdot 10^{-13}\cdot K_e^{-2}\ln\left(1{,}4\cdot 10^{7}\cdot K_e n_e^{-\frac{1}{3}}\right), \tag{5,2'}$$

wo $K_e=\frac{1}{2}m_e\cdot c_e^2$ in eV ausgedrückt ist. Bei einem K_e von der Größenordnung 1 eV ist $s^* \sim 10^{-13}-10^{-12}\,\text{cm}^2$, d. h. um 2—3 Größenordnungen größer als der Querschnitt der Gasmoleküle. Im Falle der Wechselwirkung von Teilchen gleicher Masse (Elektron — Elektron, Ion — Ion) ist in die Formel (5,2) anstatt m_e die reduzierte Teilchenmasse $\mu=\frac{m\cdot m}{m+m}=\frac{m}{2}$ einzusetzen und anstatt c_e die Relativgeschwindigkeit (siehe § 16b) c_r; das Ergebnis für Elektronen bleibt das gleiche.

Was die fernen Wechselwirkungen anbelangt, derentwegen der Ausdruck für den totalen Wirkungsquerschnitt divergiert, so werden sie anders erfaßt, und zwar als Wirkung eines elektromagnetischen Feldes, das durch ein System kontinuierlich angeordneter Ladungen gebildet wird. Deshalb gehen sie in der kinetischen Gleichung nicht ins vierte Glied $(a-b)$, sondern in das dritte Glied $\left(\frac{\boldsymbol{F}}{m}\operatorname{grad}_c(nf)_i\right)$ ein.

Damit haben wir die Wechselwirkungen präzisiert, die wir zu den Stößen rechnen.

---

[1]) Das kann man auch aus der Formel (16,13) schließen, wenn man von $\vartheta_{\min}$ bis π integriert und sodann $\sin\frac{\vartheta_{\min}}{2}$ durch $\frac{\Lambda}{r_{\max}}$ ersetzt.

Wir wenden uns der Berechnung des Gliedes $(a - b)$ in Gleichung (4,1) zu. Betrachten wir die Kollision von Teilchen der i-Art mit Teilchen der j-Art! Für die Berechnung der Größe a nehmen wir als Teilchen der i-Art solche aus der Gruppe A (d. h. von den im Element des Γ-Raumes $d\Gamma = dV\,d\Omega$ vorhandenen) und als Teilchen der j-Art solche, die sich im gleichen Volumenelement befinden, jedoch Geschwindigkeiten im Element $d\Omega_1$ besitzen; die Gesamtheit dieser zweiten Teilchen werden wir Gruppe B nennen. Ein zwischen einem Teilchen der Gruppe A und einem Teilchen der Gruppe B erfolgter Zusammenstoß wird die Geschwindigkeiten der beiden Teilchen ändern; die Größen und Richtungen der Geschwindigkeiten können nach dem Stoß verschieden sein.[1])

Einen Stoß zwischen einem Teilchen der Gruppe A und einem Teilchen der Gruppe B, in dessen Ergebnis die Teilchengeschwindigkeit $\mathbf{c}$ und $\mathbf{c}_1$ und die zu ihnen gehörigen Elemente des Geschwindigkeitsraums $d\Omega$ und $d\Omega_1$ sich in $\mathbf{c}'$ und $\mathbf{c}_1'$ $d\Omega'$ und $d\Omega_1'$ verwandeln, wollen wir einen α-Stoß nennen. Wir bezeichnen den Winkel zwischen $\mathbf{c}$ und $\mathbf{c}'$ mit ϑ und führen die Raumwinkel im Geschwindigkeitsraum ein: $dO = \frac{d\Omega}{c^2 dc}$ und $dO' = \frac{d\Omega'}{c'^2 dc'}$. Der differentielle Wirkungsquerschnitt eines Teilchens der Gruppe A für den α-Stoß ist gleich $\sigma_{ij}(c_r, \vartheta)\,dO'$ [vgl. Formel (12,3)], wo $c_r = |\mathbf{c} - \mathbf{c}_1|$ der absolute Betrag der Relativgeschwindigkeit beider Teilchen ist. Die Wahrscheinlichkeit für das Teilchen der Gruppe A, einen α-Stoß im Verlaufe von 1 sec zu erleiden, ist gleich

$$\sigma_{ij}(c_r, \vartheta) \cdot c_r n_j f_j(\mathbf{c}_1)\,dO'\,d\Omega = dn_j(\mathbf{c}_1)\,\sigma_{ij}(c_r, \vartheta)\,dO'\,c_r,$$

und die Gesamtzahl der α-Stöße im cm³ pro sec ist gleich

$$(5,3)\quad d\nu_\alpha = dn_i(\mathbf{c})\,dn_j(\mathbf{c}_1)\,\sigma_{ij}(c_r, \vartheta)\,dO'\,c_r = \sigma_{ij}(c_r, \vartheta)\,c_r n_i f_i(\mathbf{c})\,n_j f_j(\mathbf{c}_1)\,dO'\,d\Omega\,d\Omega_1.$$

Um hieraus a zu finden, muß man die Gesamtzahl der Stöße bestimmen, welche die Teilchen der Gruppe A erleiden, und dazu muß man den gefundenen Ausdruck nach $d\Omega_1$ und dO' integrieren, über alle Arten der Teilchen j summieren und das Ergebnis gleich $a\,d\Omega$ setzen. Wenn wir mit $d\Omega$ kürzen, finden wir

$$(5,3')\qquad a = n_i f_i(\mathbf{c}) \sum_j n_j \int\limits_{(\Omega_1)} \int\limits_{(O')} \sigma_{ij}(c_r, \vartheta)\,c_r f_j(\mathbf{c}_1) \cdot d\Omega_1\,dO'.$$

In diesem Ausdruck können wir zunächst nach dO' integrieren. Da $\int \sigma_{ij}(c_r, \vartheta)\,dO' = s_{ij}(c_r)$ ist [genauer s. (12,5)], so wird

$$(5,4)\qquad a = n_i f_i(\mathbf{c}) \sum \int\limits_{(\Omega_1)} s_{ij}(c_r)\,c_r n_j f_j(\mathbf{c}_1)\,d\Omega_1.$$

Wir merken an, daß das Integral unter dem Summenzeichen gleich $\nu_{ij}(\mathbf{c})$, der mittleren Zahl der Zusammenstöße eines Teilchens der Gruppe A mit Teilchen der j-Art pro sec ist. Folglich ist

$$(5,5)\qquad a = n_i f_i \sum_j \nu_{ij}(\mathbf{c}).$$

---

[1]) In der klassischen Physik hängen die Richtungen und Größen der Geschwindigkeiten nach dem Stoß $\mathbf{c}'$ und $\mathbf{c}_1'$ nicht nur von $\mathbf{c}$ und $\mathbf{c}_1$ ab, sondern auch von den Stoßparametern: dem kürzesten Abstand p und dem Stoßwinkel φ (s. §§ 12 und 16).

Wenn insbesondere die Teilchen der i-Art Elektronen und die der j-Art neutrale Moleküle sind, so ist $c \gg c_1$ und

$$\nu_{eg} = c s_{eg}(c)\, n_g \int f_g(\mathbf{c}_1)\, d\Omega_1 = c s_{eg}(c) n_g,$$

da

(5,6) $$\int f_g(c_1) d\Omega_1 = 1 \quad \text{und} \quad a = n_e n_g c s_{eg}(c) f_e(\mathbf{c}) \quad \text{ist.}$$

Wir gehen zu der Größe b über. Um sie zu berechnen, müssen wir sämtliche Stöße berücksichtigen, in denen ein Teilchen der i-Art die Geschwindigkeit $\mathbf{c}$ oder nahezu $\mathbf{c}$ erwirbt (im Bereich des Elements $d\Omega$). Das geschieht insbesondere, wenn ein Teilchen der i-Art mit einer Geschwindigkeit, die zum Element $d\Omega'$ gehört (d. h. nahezu $\mathbf{c}'$), und ein Teilchen der j-Art mit einer Geschwindigkeit, die zum Element $d\Omega_1'$ gehört (nahezu $\mathbf{c}_1$), so zusammenstoßen, daß sie Geschwindigkeiten erwerben, die zu den Elementen $d\Omega$ bzw. $d\Omega_1$ gehören (d. h. nahezu $\mathbf{c}$ und $\mathbf{c}_1$). Diesen Fall wollen wir β-Stoß nennen; er ist der Umkehrprozeß zum α-Stoß. Der differentielle Wirkungsquerschnitt eines Teilchens der i-Art für den β-Stoß ist $\sigma_{ij}(c_1', \vartheta')\, dO$[1]), die Zahl solcher Stöße in cm³ und pro sec ist

(5,7) $$d\nu_\beta = \sigma_{ij}(c_r' \vartheta) c_r' n_i f_i(\mathbf{c}') n_j f_j(\mathbf{c}) d\Omega_1' d\Omega_1' dO.$$

Um $b \cdot d\Omega$ zu finden, muß man diesen Ausdruck nach $d\Omega'$ und $d\Omega_1'$ integrieren, über alle j summieren und gleich $b \cdot d\Omega$ setzen. Das ergibt nach Kürzen mit dO:

(5,8) $$b c^2 dc = n_i \sum_j n_j \int_{(\Omega_1')} \int_{(\Omega')} \sigma_{ij}(c_r', \vartheta) c_r' f_i(\mathbf{c}') f_j(\mathbf{c}_1') d\Omega_1' d\Omega_1':$$

Praktisch ist es zweckmäßiger, sofort die Differenz $(a - b)$ zu berechnen, indem man von einem Vergleich der Ausdrücke (5,3) und (5,7) für die sekundliche Zahl von α-Stößen und β-Stößen ausgeht. Wir bemerken, daß auf Grund der Regel über die gleiche Wahrscheinlichkeit der direkten Prozesse und Umkehrprozesse [siehe § 14, Formel (14,4)] die Wahrscheinlichkeit für einen α-Stoß bei Annäherung eines i-Teilchens der Geschwindigkeit $\mathbf{c}$ und eines j-Teilchens der Geschwindigkeit $\mathbf{c}_1$ gleich groß ist wie für den umgekehrten β-Stoß.

(5,9) $$c_r \sigma_{ij}(c_r, \vartheta) dO' = c_r' \sigma_{ij}(c_r' \vartheta) dO.$$

Nach dem aus der statistischen Mechanik bekannten Liouvillschen Satz sind die Volumenelemente des Geschwindigkeitsraums $d\Omega$, $d\Omega_1$, $d\Omega'$ und $d\Omega_1'$ untereinander durch die Beziehung verbunden[2]):

(5,10) $$d\Omega \cdot d\Omega_1 = d\Omega' \cdot d\Omega_1',$$

---

[1]) Der Winkel $\vartheta' = -\vartheta$. Wegen der Symmetrie von $\sigma(c_r, \vartheta)$ in bezug auf das Vorzeichen des Winkels ϑ gilt: $\sigma_{ij}(c_r', \vartheta') = \sigma_{ij}(c_r', \vartheta)$, deshalb kann im folgenden der Index ' bei ϑ wegfallen.

[2]) Der Beweis dieser Behauptung stützt sich auf den linearen Zusammenhang der Geschwindigkeiten $\mathbf{c}$, $\mathbf{c}_1$, $\mathbf{c}'$ und $\mathbf{c}_1'$ der aus der Erhaltung der Bewegungsgröße folgt und auf die Eigenschaften der Jakobischen Funktionaldeterminante $\frac{\partial(u, v, w, v_1, v_1, w_1)}{\partial(u', v', w', u_1', v_1', w_1')}$ in diesem Falle gleich ± 1 zu werden, infolgedessen ist $du \cdot dv \cdot dw \cdot du_1 \cdot dv_1 \cdot dw_1 = du' \cdot dv' \cdot dw' \cdot du_1' \cdot dv_1' \cdot dw_1'$ (siehe beispielsweise [I—8], [I—13], [III — 12]).

deshalb kann man den Ausdruck (5,7) so umschreiben:

$$d\nu_\beta = n_i \sigma_{ij}(c_r, \vartheta)\, c_r\, dO' f_i(\mathbf{c}')\, n_j f_i(\mathbf{c}'_1)\, d\Omega\, d\Omega_1 .$$

Die Differenz der Anzahl von α-Stößen und β-Stößen in 1 sec beträgt

$$d\nu_\alpha - d\nu_\beta = n_i [f_i(\mathbf{c}) f_j(\mathbf{c}_1) - f_i(\mathbf{c}') f_j(\mathbf{c}'_1)]\, n_j \sigma_{ij}(c_r, \vartheta)\, c_r\, dO'\, d\Omega\, d\Omega_1 .$$

Nachdem wir diesen Ausdruck wie oben nach dO' und $d\Omega_1$ integriert, über j summiert und durch $d\Omega$ geteilt haben, finden wir

(5,11) $$a - b = n_i \sum_{(j)} n_j \int_{(\Omega_1)} (f_i f_j - f'_i f'_j) c_r\, d\Omega_1 \int_{(O')} \sigma_{ij}(c_r, \vartheta)\, dO' =$$

$$= n_i \sum_{(j)} n_j \int_{(\Omega_1)} (f_i f_j - f'_i f'_j) s_{ij}(c_r) c_r\, d\Omega_1 .$$

2. Gehen wir zum letzten Glied der kinetischen Gleichung $(r - i)$ über! Die Ausdrücke für die Größen i und r hängen vor allem von der Art der betrachteten Teilchen ab sowie davon, ob im gegebenen Fall die Ionisations- oder die Rekombinationsprozesse überwiegen. Wir begnügen uns hier mit Näherungsausdrücken für die Größen i und r für Elektronen und positive Ionen. Bei der Berechnung der Größe i machen wir folgende vereinfachenden Voraussetzungen. Wir nehmen an, daß die Elektronen und positiven Ionen im Gas hauptsächlich infolge Ionisation der Moleküle durch Elektronenstöße entstehen; daß nur Einfachionisation stattfindet; daß die Geschwindigkeiten der entstehenden Sekundärelektronen und positiven Ionen auf alle Richtungen gleichmäßig verteilt und folglich von der Stoßrichtung des primären Elektrons unabhängig sind.

Jedes Elektron, das sich mit der Geschwindigkeit c_1 bewegt, erleidet in der Zeit dt im Mittel $c_1 dt \cdot n_g s_i(c_1)$ ionisierende Zusammenstöße, wobei $s_i(c_1)$ der Wirkungsquerschnitt für die Ionisation von Molekülen des gegebenen Gases gegenüber Elektronen der Geschwindigkeit c_1 ist (§ 27). Aus der Zahl dieser Stöße entsteht im Mittel in $c_1 dt \cdot n_g s_i(c_1, c) dc$ Fällen eines der uns interessierenden Teilchen (Elektron, Ion) mit einer Geschwindigkeit zwischen c und $c + dc$ (Genaueres siehe §§ 27—28). Da im Mittel im cm³ $n_e \cdot 4 \cdot \pi \cdot c_1^2 f_e(c_1) dc_1$ Elektronen eine Geschwindigkeit zwischen c und $c + dc$ besitzen, so kommen insgesamt im cm³ in der Zeit dt: $4 \cdot \pi \cdot n_e \cdot n_g \cdot s_i(c_1, c) c_1^3 f_e(c_1)\, dc\, dc\, dt$ Stöße der vorliegenden Art zustande. Dividieren wir diese Größe durch $4 \cdot \pi \cdot c^2\, dc$ und durch dt und integrieren über alle für eine Ionisation ausreichenden Elektronengeschwindigkeiten c_1, so erhalten wir i, d. h. die Gesamtzahl der Teilchen, welche in cm³ in 1 sec entstehen, bezogen auf die Volumeneinheit des Geschwindigkeitsraums:

(5,12) $$i = \frac{n_g n_e}{c_2} \int_{\sqrt{2 \frac{e_0}{m} U_i}}^{\infty} s_i(c_1, c)\, c_1^3 f_e(c_1)\, dc_1 .$$

Die Größe r, die die Abnahme an Teilchen einer gegebenen Geschwindigkeit infolge Rekombination, Anlagerung an neutrale Moleküle, wenn es sich um Elektronen, oder Umladung, wenn es sich um positive Ionen handelt (§ 20), ausdrückt, muß verschieden umgeschrieben werden, je nachdem, ob die Rekombination und Anlagerung öfter bei einem Zweierstoß oder bei Dreierstößen erfolgt (im Falle der Umladung tritt die letzte Variante nicht auf).

Bezeichnet man den Rekombinationsquerschnitt eines Ions mit einem Elektron im Zweierstoß mit s_r, den Rekombinationsquerschnitt eines Ions mit einem Elektron im Dreierstoß ($M^+ + 2e$) mit Q_r^{tr}, den Anlagerungsquerschnitt eines Elektrons im Zweierstoß mit s_A und den Umladungsquerschnitt eines Moleküls mit s_u und beschränkt sich allein auf die Hauptprozesse, so müssen wir schreiben: im Falle von Elektronen:

$$r \cong [n_p s_r(c) + n_p n_e Q_r^{tr}(c) + n_g s_A(c)]\, c f_e(c), \tag{5,13}$$

im Falle von Ionen:

$$r \cong [n_e s_r(c) + n_e^2 Q_r^{tr}(c) + n_g s_u(c)]\, c f_p(c). \tag{5,13'}$$

Wir bemerken, daß, wenn allein die Wechselwirkungen zweier Partner berücksichtigt werden, der Ausdruck für r analog dem Ausdruck für α ist (s. oben) und in diesen einbegriffen werden könnte, wenn man zu den Stößen, die durch die Größe α erfaßt werden, auch solche Stöße rechnete, die zum Verschwinden von Teilchen der gegebenen Art führen.

Setzen wir in dem Ausdruck (4,1) ($a - b$), i und r aus (5,11), (5,12) und (5,13) ein, so erhalten wir die kinetische Gleichung für Elektronen in der Form:

$$\frac{\partial(n_e f_e)}{\partial t} + c\,\mathrm{grad}\,(n_e f_e) + \frac{e_0}{m}\left\{\boldsymbol{E} + \left[\frac{\mathbf{c}}{c_0}\boldsymbol{H}\right]\right\} n_e\,\mathrm{grad}\, f_e + \tag{5,14}$$

$$+ n_e \sum n_j \int (f_e f_j - f_e' f_j')\, s_{ij}(c_r)\, \mathbf{c}_r\, d\Omega_1 - \frac{n_e n_g}{c^2} \int\limits_{\sqrt{2\frac{e_0}{m}U_i}}^{\infty} s_i(c_1, c)\, c_1^3 f_e(c_1)\, dc +$$

$$+ [n_p s_r(c) + n_p n_e Q_r^{tr}(c) + n_g s_u(c)]\, c f_e(c) = 0.$$

Für Ionen gilt im wesentlichen auch Gleichung (5,14), die genaue Gleichung unterscheidet sich lediglich ein wenig im letzten Glied.

Die weitere Konkretisierung und Lösung der kinetischen Gleichung erfordert, wie man aus (5,14) sieht, daß man die Elementarprozesse im Gas sowie deren Merkmale, die sich im differentiellen und totalen Querschnitt ausdrücken, kennt.[1]

§ 6. Eine andere Methode zur Berechnung der Verteilungsfunktion

Neben der kinetischen Gleichung (4,1) oder (5,14) gibt es noch andere Methoden zur Berechnung der Verteilungsfunktion einer beliebigen Teilchengesamtheit, und zwar Methoden der statistischen Mechanik (s. beispielsweise [I — 11, 12, 13]). Sie beruhen auf einer Reihe allgemeiner Gesetze, denen die Verteilungsfunktionen von Teilchen in jedem beliebigen System unterworfen sind und erfordern keine ins einzelne gehende Berechnung der Veränderungen der Koordination und Geschwindigkeiten der einzelnen Teilchengruppen, sondern operieren mit der ganzen Teilchengesamtheit. Diese Vorteile, große Allgemeinheit im Vorgehen und weniger schwerfällige Rechnungen, erkauft man jedoch durch die starke Beschränkung auf

---

[1]) Die weitere Umwandlung und Lösung der kinetischen Gleichung für Elektronen im Gas s. Kap. VIII.

diejenigen Systemzustände, auf welche die bis heute entwickelten Methoden der statistischen Mechanik anwendbar sind. Sie sind beispielsweise nicht anwendbar auf zeitlich veränderliche Prozesse. In den klassischen Arbeiten und Handbüchern über statistische Mechanik ist der Kreis noch mehr eingeengt. Die Methoden beschränken sich auf die thermodynamischen Gleichgewichtszustände von Teilchengesamtheiten, die unbeweglich sind oder sich im ganzen bewegen. Deshalb wurde die statistische Mechanik auf den Strom in Gasen nicht angewandt, bei dem, sogar im stationären Fall $\left(\frac{\partial}{\partial t} = 0\right)$, die Gesamtheit der geladenen Teilchen (Elektronen, Ionen) nicht im Gleichgewichtszustand ist.

In einer vor einiger Zeit erschienenen Arbeit von SPIWAK und WAINRIB [I — 14] ist eine Methode entwickelt worden, die in einer Reihe vorhergehender Arbeiten von EPSTEIN, E. EINSTEIN (s. [I — 12, S. 181]) und A. K. TIMIRJASEW (siehe [I — 13]) skizziert worden ist. Sie stellt eine Weiterentwicklung der Methoden der statistischen Mechanik dar und gestattet die Ermittlung der Verteilungsfunktion für eine stationäre, jedoch nicht im Gleichgewicht befindliche Teilchengesamtheit. Diese Methode kann auch auf den stationären Strom im Gas angewandt werden, deshalb wollen wir sie kurz darlegen.

Die Verteilungsfunktion f wurde in den Arbeiten von GIBBS und seiner Schule als nur von den bekannten additiven[1]) Bewegungsintegralen des Systems abhängig angenommen: als abhängig nur von der Energie $W = K + \Pi$, der Bewegungsgröße $\boldsymbol{P} = \sum m\boldsymbol{c}$, dem Moment der Bewegungsgröße $\boldsymbol{G} = \sum m\boldsymbol{c} \cdot \boldsymbol{r}$. Ist f nur von W abhängig, so kann man sie lediglich bei unbeweglichen Gleichgewichtssystemen anwenden, wenn f aber auch von der Bewegungsgröße und ihrem Moment abhängt, so ist sie auch bei Gleichgewichtssystemen, die sich (vorwärtsschreitend und rotierend) als Ganzes bewegen, anwendbar. Den letzten Fall kann man auf den vorhergehenden zurückführen, wenn man ein entsprechendes Bezugssystem wählt, das sich mit der Teilchengesamtheit bewegt. In einem stationären, jedoch nicht im Gleichgewicht befindlichen System können, außer der Bewegung des Systems im ganzen, die durch die Energie, die Bewegungsgröße sowie durch das Moment der Bewegungsgröße gekennzeichnet wird, auch verschiedene Größen durch das System „hindurchströmen": Massestrom, Strom elektrischer Ladungen, Energiestrom, Strom der Bewegungsgröße, Strom des Moments der Bewegungsgröße. Interessiert uns der Strom in einer bestimmten Richtung[2]), und bezeichnen wir die Geschwindigkeitskomponente in dieser Richtung mit u, so kann man für ein einzelnes k-Teilchen schreiben:

Masse	— m_k,	Energiestrom	— $\psi_w = W_k u_k$,
Energie	— W_k,	Strom der Bewegungsgröße	— $\psi_{pk} = \boldsymbol{P}_k \cdot u_k$
Bewegungsgröße	— $\boldsymbol{p}_k = m_k \cdot \boldsymbol{c}$,	Strom des Moments der Bewegungsgröße	— $\psi_{gk} = g_k u_k$
Moment der Bewegungsgröße	— $g_k = \boldsymbol{p}_k \cdot \boldsymbol{r}_k$,		
Massenstrom	— $\psi_{mk} = m_k u_k$[1])		

[1]) Größen, die sich auf das Gesamtsystem beziehen. Sie sind die Summen der entsprechenden, sich auf die einzelnen Teilchen des Systems beziehenden Größen.

[2]) Der Strom elektrischer Ladungen unterscheidet sich lediglich durch einen konstanten Faktor vom Massenstrom.

All diese Größen kann man als additiv ansehen, d. h. man erhält für die Masse des Systems $M = \sum_k m_k$, für seine Bewegungsgröße $\boldsymbol{P} = \sum_k m_k \boldsymbol{c}_k$, für die Energie $W_0 = \sum_k \left(\frac{1}{2} m_k c_k^2 + e\varphi_k\right)$[1], den Energiefluß $\Psi_w = \sum_k \left(\frac{1}{2} m_k c_k^2 + e\varphi_k\right) u_k$ usw. Man kann versuchen, sie als Argumente der Verteilungsfunktion einzuführen, d. h.

$$f = f(W, \boldsymbol{p}, \boldsymbol{g}, \psi_p, \psi_g, \psi_w) \tag{6,1}$$

zu setzen.

In der statistischen Mechanik wird nachgewiesen, daß im stationären Zustand eines Systems die Größe H, die aus der Verteilungsfunktion in der Form

$$H = \iint_{V\Omega} nf \ln (nf)\, d\Omega\, dV \tag{6,2}$$

gebildet wird, ein Extremum hat, d. h.

$$\delta H = \delta \iint nf \ln (nf)\, d\Omega\, dV = 0. \tag{6,2'}$$

Das ist eine der Bedingungen, denen die Verteilungsfunktion unterworfen ist. Hinzu kommen andere Bedingungen: Die Konstanz der Teilchenzahl

$$\iint nf\, d\Omega\, dV = N = \text{const.}, \tag{6,3}$$

aus der folgt:

$$\delta \iint nf\, d\Omega\, dV = 0, \tag{6,3'}$$

die Konstanz der Energie des Systems

$$\iint W nf\, d\Omega\, dV = \text{const.}, \tag{6,4}$$

woraus folgt:

$$\delta \iint W nf\, d\Omega\, dV = 0; \tag{6,4'}$$

die Konstanz der Bewegungsgröße des Systems

$$\boldsymbol{P} = \iint \boldsymbol{p} nf\, d\Omega\, dV = \text{const.}, \tag{6,5}$$

aus dieser folgt:

$$\delta \iint m\boldsymbol{c} nf\, d\Omega\, dV = 0. \tag{6,5'}$$

Das sind drei skalare Gleichungen. Die Konstanz des Moments der Bewegungsgröße

$$\boldsymbol{G} = \iint g nf\, d\Omega\, dV = \text{const.}, \tag{6,6}$$

[1]) Die Voraussetzung der Additivität der Energie bedeutet, daß wir die Wechselwirkungsenergie der Teilchen außer acht lassen.

woraus folgt:

$$\delta \iint m(\mathbf{c} \cdot \mathbf{r})\, nf\, d\Omega\, dV = 0 \tag{6,6'}$$

(ebenfalls drei Gleichungen); die Konstanz des Energiestroms in Richtung der X-Achse

$$(\Psi_W)_X = \iint W u n f\, d\Omega\, dV = \text{const.}, \tag{6,7}$$

und daraus

$$\delta \iint W u n f\, d\Omega\, dV = 0 \tag{6,7'}$$

und entsprechend in Richtung der zwei anderen Achsen; die Konstanz des Stroms der Bewegungsgröße in Richtung der X-Achse

$$(\Psi_P)_X = \iint m\mathbf{c} u n f\, d\Omega\, dV = \text{const.}, \tag{6,8}$$

daraus

$$\delta \iint m\mathbf{c} u n f\, d\Omega\, dV = 0 \tag{6,8'}$$

und entsprechend längs der Y- und Z-Achse; endlich führt die Konstanz des Stroms des Moments der Bewegungsgröße zu noch drei Gleichungen. Die aufgezählten Bedingungen führen so insgesamt auf 18 Gleichungen (6,2), (6,3), (6,4) usw., die es im Prinzip gestatten, die Verteilungsfunktion f zu ermitteln. Dafür ist es notwendig, daß die auf den linken Seiten dieser Gleichungen stehenden Größen N, W_0, P_x, P_y, ..., $(\Psi_w)_x$, $(\Psi_w)_y$, ..., die das System als Ganzes charakterisieren, sowie dessen Zustand bekannt sind. Sie können entweder aus Versuchen an Modellen solcher Systeme bekannt sein oder theoretisch aus irgendwelchen allgemeinen Erwägungen oder aus einem konkreten Modell der Erscheinung abgeschätzt werden. Sind diese Größen gegeben, so kann man (nf) am leichtesten finden, indem man die Beziehungen (6,2'), (6,3),' (6,4') usw., denen alle möglichen Variationen von nf gehorchen müssen, und die Methode der unbestimmten Faktoren benutzen. Dazu ist es notwenidg, nachdem die Gleichungen in skalarer Form angeschrieben sind, nf zu variieren und alle diese Gleichungen, außer (6,12), mit unbestimmten Faktoren $\lambda_1, \lambda_2, \ldots, \lambda_{17}$ zu multiplizieren. Wir addieren und bemerken, daß die Summe aller Variationen gleich Null und die Variation der Verteilungsfunktion willkürlich ist. Daraus folgt, daß der Koeffizient bei $\delta(nf)$ gleich Null ist:

$$\ln(nf) + 1 + \lambda_1 + \lambda_2 W + \lambda_3 p_x + \lambda_4 p_y + \lambda_5 p_z + \lambda_6 g_x + \lambda_7 g_y + \\ + \lambda_8 g_z + \lambda_9 W u + \lambda_{10} W v + \cdots = 0$$

oder

$$nf = \exp[1 - \lambda_1 - \lambda_2 W - \lambda_3 p_z - \lambda_4 p_y - \cdots - \lambda_2 W u - \lambda_{10} W v \cdots]. \tag{6,9}$$

Setzen wir diesen Ausdruck nacheinander in (6,3) und (6,4) ein und integrieren nach den Koordinaten, von denen die Größe W abhängt, sowie nach den Geschwindigkeiten, die in p, g, ψ_w, ψ_p und ψ_g auftreten, so erhalten wir siebzehn Gleichungen zur Bestimmung der Koeffizienten $\lambda_1, \lambda_2, \ldots, \lambda_{17}$ durch die Größen N, W_0, P_x,

$P_y, \ldots, (\Psi_w)_x, (\Psi_w)_y, \ldots$ Das Einsetzen der hieraus gefundenen Ausdrücke für $\lambda_1, \lambda_2, \ldots, \lambda_{17}$ in (6,9) löst schließlich die Aufgabe, im besonderen erweist sich die Größe $e^{(1-\lambda_1)}$ als normierender Faktor bei nf.

Auf die Theorie des elektrischen Stroms im Gas ist diese Methode bisher nur bei einer Aufgabe angewandt worden: Bei der Ermittlung der Geschwindigkeitsverteilung von Elektronen im Magnetfeld (I — 14). Es ist anzunehmen, daß sie in Zukunft in breiterem Maße auf diesem Gebiet Anwendung finden wird. Bei der Einschätzung der Perspektiven dieser Methode sind jedoch die bereits angeführten Einschränkungen zu beachten. Es können lediglich stationäre Prozesse betrachtet werden, und die Wechselwirkungsenergie der Teilchen wird nicht berücksichtigt.

KAPITEL II

Die Randbedingungen

In der mathematischen Physik im allgemeinen und insbesondere in der Elektrodynamik unterscheidet man:

a) Eigentliche Randbedingungen, das sind Gleichungen, die den Wert der veränderlichen Größen oder ihrer Ableitungen auf den Flächen festlegen, die das betrachtete Randgebiet begrenzen.

b) Bedingungen an Sprungflächen, das sind Beziehungen zwischen den Werten der veränderlichen Größe auf den beiden Seiten einer Fläche, an der sich irgendeine Größe sprunghaft ändert, die die Eigenschaften des Mediums kennzeichnet (siehe zum Beispiel [I — 1, § 91]).

In der Elektrodynamik der Gase beziehen sich beide Arten von Bedingungen auf die Flächen der Körper, die das betrachtete Gas begrenzen (Elektroden, Gefäßwandungen), da es im Gas selbst keine physikalischen Bedingungen gibt, die es gestatteten, diesen oder jenen Größen bestimmte Werte vorzuschreiben und da keinerlei Sprungflächen irgendwelcher Konstanten des Mediums existieren.

Die Bedingungen an den Grenzflächen spielen in der Physik des elektrischen Stroms im Gas eine sehr wesentliche Rolle. Nur bei gewissen allgemeinen theoretischen Fragen der ionisierten Medien, insbesondere in der Ionosphäre und in der Sternatmosphäre kann man von den Randbedingungen absehen. Dagegen besitzen diese Bedingungen in der Theorie des Stroms im Gas, sowohl des selbständigen als auch des unselbständigen, große Bedeutung. Wie auch auf anderen Gebieten der Physik wird von ihnen jede konkrete Aufgabe bestimmt, und der Maßstab sowie die räumliche Konfiguration der vorkommenden Erscheinungen werden durch sie festgelegt. In einem verdünnten Gas hängt sogar die Form des Stroms (Bogen, Glimm-, TOWNSENDstrom usw.) in hohem Grade von den Randbedingungen ab. Im Extremfall eines vollkommenen Vakuums bestimmen sie schließlich, ob irgendein Strom mit Ausnahme des Verschiebungsstroms hindurchgehen kann.

Die Hauptgleichungen der Elektrodynamik des Gases enthalten folgende Unbekannte: Die Vektoren $\boldsymbol{E}$ und $\boldsymbol{H}$, welche durch die Gleichungen (1,8)—(1,11) bestimmt werden, und die Verteilungsfunktionen nach Koordinaten n_i und nach Geschwindigkeiten f_i aller Teilchenarten, die eine wesentliche Rolle für den Strommechanismus spielen; diese Funktionen werden durch Gleichungen der Form (4,1) bestimmt. Die Ladungsdichte ϱ und die Stromdichte $\boldsymbol{j}$ werden durch n_i und f_i mit Hilfe der Gleichungen (3,2) und (3,3) ausgedrückt. Deshalb ist es für eine konsequente Entwicklung der Theorie notwendig, die Randbedingungen für $\boldsymbol{E}$ und $\boldsymbol{H}$ und sämtliche n_i und f_i aufzustellen und zu verwerten. Hierbei sind auf den Elektroden sowohl Randbedingungen im eigentlichen Sinne als auch Bedingungen an Sprungflächen festzulegen. An den Gefäßwandungen sind gewöhnlich nur Bedingungen der letzten Art vorgegeben.

§ 7. *Die Randbedingungen für das elektromagnetische Feld*

Die allgemeinen Bedingungen, denen das elektrische Feld an der Grenze zweier Medien 1 und 2 unterworfen ist, sind

(7,1) $$D_{1n} - D_{2n} = 4\pi\sigma$$

und

(7,2) $$E_{1t} - E_{2t} = 0,$$

wobei σ die elektrische Flächenladungsdichte ist; die Bedingungen, denen das Magnetfeld unterworfen ist, sind

(7,3) $$B_{1n} - B_{2n} = 0$$

und

(7,4) $$H_{1t} - H_{2t} = \frac{4\pi}{c_0} j_{fl},$$

wobei die Flächendichte der elektrischen Ströme j_{fl} aus den allgemeinen Lehrbüchern der Elektrodynamik (siehe zum Beispiel [I — 1, 2]) bekannt ist. Diese Bedingungen müssen in den einzelnen uns interessierenden Fällen spezialisiert werden.

1. An den Elektroden. Ist ein elektrischer Strom im Gas vorhanden, so ist $|E|$ selten kleiner als 10^{-1} V/cm. In einem Metall hat man es, umgekehrt, selten mit einem $|E| > 10^{-3}$ V/cm zu tun. Deshalb ist an der Grenze Gas (1)-Metall (2) $|E_1| \gg |E_2|$. Wenn wir das elektrische Feld im Metall vernachlässigen und berücksichtigen, daß im Gas $\boldsymbol{D} \cong \boldsymbol{E}$ ist, dann kann man die Bedingungen an der Oberfläche jeder Elektrode in der Form

(7,5) $$E_n = 4\pi\sigma,$$

(7,6) $$E_t = 0$$

schreiben. Läßt man Hoch- und Ultrahochfrequenzfelder außer acht und beschränkt sich auf das durch die Gleichungen (1,12) und (1,13) ausgedrückte Potentialfeld, so führt die Gleichung (7,6) zu dem Ergebnis, daß auf der Elektrodenoberfläche

(7,7) $$\varphi = \text{const.}$$

gilt. Was die Randbedingung selbst angeht, so nimmt sie im Falle eines Potentialfeldes die einfache Form:

(7,8) $$\varphi_{\text{Anode}} - \varphi_{\text{Kathode}} = U \text{ an,}$$

wobei U die an der Entladungsstrecke von dem äußeren Stromkreis aufrechterhaltene Spannung ist. Wenn man $\varphi_{\text{Kathode}} = 0$ setzt, so ist $\varphi_{\text{Anode}} = U$, das ist die gewohnte Form, die Randbedingung für das elektrische Feld beim Strom im Gas zu schreiben. Die Bedingungen (7,3) und (7,4), welche die Form des Magnetfeldes in der Nähe der Elektroden bestimmen, sind ebenfalls gewissen Änderungen unterworfen. Im Gas ist $\boldsymbol{B} \cong \boldsymbol{H}$, das gilt in den Elektroden ebenso, wenn sie nicht aus ferromagnetischem Material bestehen. In diesem Fall ist $\mu_1 = \mu_2 \cong 1$ und (7,3) geht in

(7,9) $$H_{1n} = H_{2n}$$

über. Die Beziehung (7,4) vereinfacht sich, wenn das elektrische Feld an der Elektrode durch die Bedingung $\varphi = \text{const.}$ (7,7) bestimmt wird. Dann ist $j_{fl} = 0$ und es gilt

(7,10) $$H_{1t} = H_{2t},$$

aus (7,9) und (7.10) folgt

(7,11) $$\boldsymbol{H}_1 = \boldsymbol{H}_2.$$

2. An den Wänden. Unter einer Wand verstehen wir alle beliebigen festen Körper, die an das Gas grenzen und nicht Elektroden sind. Die hier auftretenden Bedingungen sind verschieden im Falle leitender Stoffe und im Fall von Dielektriken.

Bei nicht leitenden Wänden bleiben die Bedingungen (7,1) und (7,2) unverändert. Zu ihnen kommt noch eine Bedingung, welche das Fehlen der Leitfähigkeit an den Wänden kennzeichnet: $j_n = 0$. Wie im nächsten Paragraphen (S. 38) eingehender gezeigt werden wird, folgt daraus das Auftreten 1. eines örtlichen elektrischen Feldes in der Gasschicht an den Wänden, dessen Feldstärke E_w vom Gas zur Wand gerichtet ist, 2. einer positiven Raumladung in dieser Gasschicht und einer ihr gleichen negativen Oberflächenladung mit der Ladungsdichte $(-\sigma_w)$ auf der Wand selbst. Die Bedingung (7.1) ist insbesondere auf dieses Feld anzuwenden, d. h. unter D_{1n} ist E_w zu verstehen und die Ladungsschicht $(-\sigma_w)$ auf der Wandung selbst ist zu berücksichtigen. Man kann sie jedoch auch auf ein elektrisches Feld anwenden, das an den Grenzen der Schicht wirksam ist. In diesem Fall ist der GAUSZsche Satz auf ein Parallelepiped mit der Grundfläche *abcd* anzuwenden (s. Abb. 3 auf S. 38), das über die Grenzen der Schicht verläuft. Da die Gesamtladung innerhalb dieses Parallelepipeds 0 ist und die Dicke der Schicht als klein angenommen werden kann, so sind die Ströme durch die Seiten *ad* und *bc* gleich, woraus folgt:

(7,12) $$D_{1n} \cong E_{1n} = D_{2n}.$$

Das erhält man auch unmittelbar aus (7,1), wenn man beachtet, daß die Wirkung der Ladungsdichte auf den Wänden $(-\sigma)$ im Gas jenseits der positiven Schicht durch die Wirkung der Ladungen eben dieser Schicht kompensiert wird.

Andere Bedingungen existieren bei leitenden Wänden. Sie sind in vielem identisch mit den Bedingungen an der Oberfläche der Elektroden. Die Formel (7,2) geht in $E_{1t} = 0$ (7,6) oder $\varphi = \text{const.}$ (7,7) über; ähnlich wie bei den Elektroden ist die Oberfläche der leitenden Wand eine Äquipotentialfläche. Ihr Potential ist vor allem davon abhängig, ob die Wand von irgendeiner der Elektroden isoliert oder mit ihr verbunden ist. Im ersten Falle (der isolierten Wand) wird die Bedingung $j_n = 0$ durch die folgende ersetzt: Der Gesamtstrom zur gesamten Wandung ist gleich Null, d. h.

(7,13) $$\int j_n dS = \sum_k \int j_{kn}\, dS = 0,$$

wobei das Integral über die gesamte Oberfläche der Wand zu nehmen ist. Diese Gleichung bestimmt in jedem konkreten Fall das Wandpotential φ_w. Im zweiten Fall wird φ_w durch das Potential derjenigen Elektrode bestimmt, die leitend mit der Wand verbunden ist. Die beiden Potentiale fallen entweder zusammen oder, wenn zur Wand große Ströme fließen, unterscheiden sie sich um das durch diese Ströme bedingte Potentialgefälle.

§ 8. Die Randbedingungen für geladene Teilchen

Die Bedingungen, welche die Verteilungsfunktion der Teilchen nach Koordinaten und Geschwindigkeiten an den Grenzen des Gasmediums bestimmen, müssen für jede Teilchenart, die für den Durchgang der Elektrizität durch das Gas wesentlich ist, ermittelt werden, und zwar gesondert an den Oberflächen von Kathode, Anode und Wandungen. Wir betrachten diese Bedingungen für Elektronen, für positive Ionen und angeregte Atome, insoweit sie als geklärt angesehen werden können.

(Oft werden anstatt der Randbedingungen für die Konzentrationen n_e, n_p und die Verteilungsfunktionen nach Geschwindigkeiten f_e, f_p usw. Bedingungen vorgegeben, die sich auf die Stromdichte $n\overline{u}$ dieser oder jener Teilchen beziehen.)

1. Die Bedingungen an der Kathode. Bei niedrigem Gasdruck dient die Kathode immer als Haupt- oder Hilfsquelle der Elektronenemission.[1] Ihr Mechanismus kann unterschiedlich sein, je nach den Bedingungen an der Kathode, der Temperatur T_k, der Feldstärke E_k und der Austrittsarbeit φ_k; die thermische Elektronenemission überwiegt, wenn $T_k \geqslant \frac{e_0}{K}\frac{\varphi_k}{20}$ ist, die Feldemission herrscht vor, wenn $E_k \geqslant 10^7$ V/cm bei reiner Metalloberfläche ist oder wenn $E_k \geqslant 10^6$ V/cm ist, sobald Teilchen oder ein Film aus schlecht leitendem Material an der Oberfläche des Metalls vorhanden sind,[2] die Sekundäremission auf Grund der Stöße von positiven Ionen, in den übrigen Fällen. Gewöhnlich wird die Randbedingung für Elektronen an der Kathode einfach in Form des Ausdrucks für die Emissionsstromdichte j_e (Elektronenstromdichte) festgelegt, im ersten Fall in der Form (40,3)

$$j_e = A T_k^2 \exp\left(-\frac{e_0\varphi_k}{kT_k}\right),$$

im zweiten Fall in der Form [vergleiche Formel (41,5)]

$$j_e = c_1 E_k^2 \exp\left(-\frac{c_2}{E_k}\right),$$

im dritten Fall (s. § 44) in der Form

$$j_e = \gamma j_p. \tag{8,1}$$

Was die Geschwindigkeitsverteilung der Elektronen angeht, so ist sie in allen Fällen einseitig: die Elektronen fliegen von der Kathode[3] weg:

$$j_e = 0 \text{ bei } u < 0. \tag{8,2}$$

---

[1]) Wir beachten zunächst nicht gewisse Theorien, die den Versuch unternehmen, der Kathode nur die Rolle eines Kollektors der positiven Ionen zuzuweisen.

[2]) Diese Werte von E_k stellen Maximalwerte dar, die irgendwo auf der Kathodenoberfläche beispielsweise an irgendwelchen Mikrospitzen auftreten; der Mittelwert von E_k ist dabei gewöhnlich um eine Größenordnung kleiner (10^6 bzw. 10^5 V/cm).

[3]) Hier und auch im weiteren nehmen wir die X-Achse als von der Kathode zur Anode gerichtet und als positiv in eben dieser Richtung an.

Dabei ist sie im Fall der thermischen Elektronenemission eine MAXWELLverteilung mit der Temperatur T_k:

$$f_e = C \exp\left(-\frac{mc^2}{2kT_k}\right),\ u \geqslant 0.$$

Im Fall der Feldelektronenemission wird die Verteilung durch ein scharfes Maximum bei der größten Geschwindigkeit gekennzeichnet (s. § 41 und Abb. 157).

Bei der Sekundäremission unter der Wirkung von positiven Ionen schließlich ist es zur Zeit schwer, ein bestimmtes Gesetz der Geschwindigkeitsverteilung anzugeben (s. § 44, Punkt 1); in einer ersten sehr groben Näherung kann man sie als MAXWELLverteilung mit einer Temperatur von der Größenordnung 10^4° K, d. h. mit einem U von der Größenordnung einiger eV ansetzen. Eine genaue Approximation hat in diesem Fall jedoch keine große Bedeutung, da bei den Bedingungen, unter denen diese Emissionsart vorherrscht, die Anfangsgeschwindigkeiten der Elektronen im Vergleich mit der Geschwindigkeit, die sie im elektrischen Feld erhalten, vollständig vernachlässigt werden können.

Sind j_e und f_e wenigstens annähernd bekannt, so kann man (mit dem gleichen Genauigkeitsgrad) die Elektronenkonzentration an der Kathode nach (3,3) bestimmen:

$$n_e = \frac{j_e}{e_0 \int\limits_{-\infty}^{+\infty}\int\limits_{-\infty}^{+\infty}\int\limits_{-\infty}^{+\infty} c f_e \, du\, dv\, dw}$$

Somit erfordert die Festlegung der Randbedingungen für j_e, f_e und n_e an der Kathode eine vorherige Abschätzung von T_k und E_k.

Die Geschwindigkeitsverteilung der positiven Ionen an der Kathode wird gewöhnlich ebenfalls als einseitig angenommen, ist jedoch entgegengesetzt zu der an der Kathode gerichtet:

(8,3) $$f_p = 0 \text{ bei } u > 0.$$

Damit wird vorausgesetzt, daß die Ionen von der Kathode nicht reflektiert werden. In § 43 wird gezeigt werden, daß diese Voraussetzung in den meisten Fällen gerechtfertigt ist; die Reflexion von Ionen übersteigt nicht einige Prozent. Bei den Ionen der Alkalimetalle, besonders bei Rb^+ und Cs^+ und bei sauberen Metallkathoden wird die Bedingung (8,3) jedoch offenkundig nicht erfüllt; der Koeffizient der Ionenreflexion von der Oberfläche der heißen Kathode R_p kann sogar nahezu 1 werden, wenn die Austrittsarbeit der Elektronen aus ihr $\varphi_m < U_i$ für die gegebenen Ionen ist. In diesem Fall ist es notwendig (8,3) durch die Beziehung

(8,4) $$f_p(u, v, w) = R_p f_p(-u, v, w)$$

zu ersetzen bei $u > 0$ und willkürlichem v und w; $R_p < 1$. Der Ausdruck (8,3) folgt daraus bei $R_p = 0$. Die Absolutwerte des Ionenstroms j_p und die Ionenkonzentration n_p an der Kathode sind keinen Bedingungen unterworfen.

2. Die Bedingungen an der Anode. Die Anode besitzt gewöhnlich das höchste Potential im Gasraum, deshalb muß sie die Elektronen anziehen und die positiven Ionen abstoßen. Zum Unterschied von der Kathode sendet sie keinerlei geladene Teilchen aus. Also muß die Geschwindigkeitsverteilung der Elektronen an der

Anode Bedingungen unterworfen sein, die denen für f_p an der Kathode ähnlich sind; läßt man die Reflexion der Elektronen an der Anode außer acht, so muß die Verteilung einseitig, zur Anode gerichtet, sein

$$f_e \cong 0 \text{ bei } u < 0.$$

Da bei dem gewöhnlichen Entgasungsgrad der Elektroden die Elektronenreflexion $R_e \sim 10-20\%$ beträgt (s. § 42), so wäre eine Randbedingung vom Typus (8,4) genauer

$$f_e(-u, v, w) = R_e f_e(u, v, w) \tag{8,5}$$

bei $u > 0$. Der Konzentration n_e und dem Elektronenstrom j_e werden keinerlei Bedingungen auferlegt. Die positiven Ionen können gewöhnlich nicht die Grenze zwischen Gas und Anode überschreiten, zum Gas hin nicht, weil die Anode sie nicht emittiert, zur Anode nicht, weil diese sie abstößt und die Anfangsgeschwindigkeiten der im Gas entstehenden Ionen klein sind. Deshalb ist hier

$$j_p = 0. \tag{8,6}$$

Jedoch bei negativem Anodenfall ΔU_A werden die in der Nähe entstandenen positiven Ionen von ihr angezogen, darum entfällt hierbei die Bedingung (8,6). Die Größe R_e ändert sich in diesem Fall ebenfalls: $R_e = 1$ bei $u < \sqrt{-2\frac{e_0}{m}\cdot\Delta U_A}$.

3. Die Bedingungen an den Wänden. Die geladenen Teilchen sind an den Wänden verschiedenen Bedingungen unterworfen, je nachdem ob die Wand den Strom leitet oder nicht.

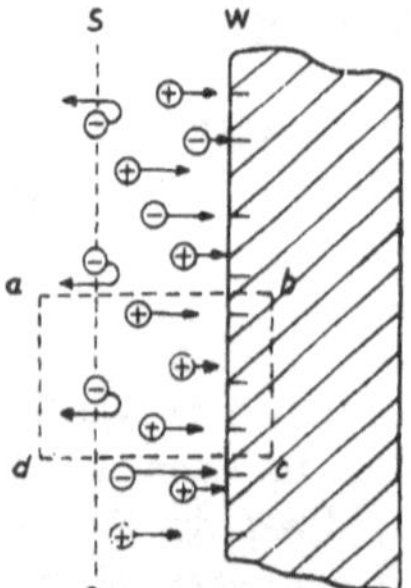

Abb. 3. Ladungen an einer nichtleitenden Wandung

Bei nichtleitender Wand muß die zu ihr normale Komponente des Leitungsstroms im Gas verschwinden:

$$j_n = \sum j_{kn} = 0. \tag{8,7}$$

Infolge dieser Bedingung tritt auf der Wandung gewöhnlich eine negative Oberflächenladung auf und im Gas vor der Wand eine gleich große positive Raumladungsschicht. Tatsächlich besitzen die Hauptträger der negativen Ladung, die Elektronen, zu Anfang der Entladung größere Geschwindigkeiten als die positiven Ionen. Da mehr Elektronen als positive Ionen zur Wand gelangen, laden sie die Wand in bezug auf das Gas negativ auf. Deshalb werden die positiven Ionen in Richtung zur Wand beschleunigt; umgekehrt werden die Elektronen von ihr gebremst und die langsamsten erreichen sie überhaupt nicht, da sie in das Gas reflektiert werden (Abb. 3).[1]

[1]) Aus dieser Überlegung folgt, daß ein Strom zur Wand bei der Entstehung des Stroms im Gas oder bei einer starken Änderung der Bedingungen während einer Zeit $\sim \frac{l}{c}$ (l ist der Gefäßdurchmesser) auftritt, d. h. während 10^{-7}—10^{-8} sec. Deshalb ist die Bedingung (8,7) nur auf stationäre oder Wechselströme mit einer Frequenz unter $\sim 10^{-6}$ Hz anwendbar. Auf Prozesse, die Bruchteile einer Mikrosekunde dauern, oder auf Ströme mit hoher Frequenz ($f \gg 10^7$ Hz) ist diese Bedingung nicht anwendbar.

Wenn in Wandferne die Konzentrationen der Träger beider Vorzeichen gleich sind (Plasma) — in gewissen Fällen kann die negative Ladung sogar überwiegen (im Bereich des normalen Kathodenfalls) —, so entsteht in der Nähe der Wand unbedingt eine Schicht, in der die positive Ladung überwiegt. In ihr entsteht ein elektrisches Feld, das vom Gas zur Wand gerichtet ist. Auf diese Weise führen die Bedingungen an der Grenze der nichtleitenden Wand zum Auftreten eines elektrischen Feldes in der Gasschicht, die an die Wand grenzt. Dieses überlagert sich dem elektrischen Hauptfeld, das den Strom in Gas bestimmt.

Wir berechnen die Grundgrößen, die die Oberflächenladung und das örtliche Feld an den Wänden kennzeichnen. Möge zur äußeren Grenze der positiven Ladungsschicht der Wand SS_1 (Abb. 3) ein Elektronenstrom von der Dichte $j_e = n_e \int_0^\infty u f_e(u)\, du$ ($u \perp$ zur Wandung) gelangen und ein Strom positiver Ionen von der Dichte $j_p = n_p \int_0^\infty u f_p(u)\, du$. Das Feld in der Schicht ändert die Ionenstromdichte nicht, vermindert aber die Elektronenstromdichte, da es den größten Teil der Elektronen zur Rückkehr in das Gas zwingt. Bezeichnet man das Potentialgefälle in der Schicht $\int_{ss'}^{ww'} E\, dx$ mit $\Delta\varphi_w$, so gelangen bis zur Wand nur die Elektronen, bei denen zu Beginn der Schicht $u \geqslant \sqrt{2 \frac{e_0}{m} \Delta\varphi_u}$ ist. Deshalb ist die Dichte des Elektronenstroms, der die Wand erreicht

$$j'_e = n_e e_0 \int_{\sqrt{2 \frac{e_0}{m} \Delta\varphi_w}}^{\infty} u f_e(u)\, du.$$

Auf Grund der Bedingung (8,7) ist $|j_e| = |j_p|$, deshalb ist

$$\frac{j_p}{j_e} = \frac{\int_{\sqrt{2 \frac{e_0}{m} \Delta\varphi_w}}^{\infty} u f_e(u)\, du}{\int_0^\infty u f_e(u)\, du} \tag{8,8}$$

die Gleichung, die $\Delta\varphi$ in der Schicht bestimmt.[1]) Sie erweist sich als abhängig von der Funktion $f_e(u)$ und von dem Verhältnis $\frac{j_p}{j_e}$.

Die Dicke der positiven Ladungsschicht δ wird dadurch bestimmt, daß ein Ionenstrom j_p durch diese Schicht bei einer Potentialdifferenz $\Delta\varphi_w$ fließt und daß die mittlere Anfangsenergie der Ionen gegenüber $\Delta\varphi_w$ klein ist. Den Zusammenhang zwischen j_p, $\Delta\varphi_w$ und δ stellt die Gleichung:

$$j_p = A \frac{\Delta\varphi_w^m}{\delta^k} \tag{8,9}$$

[1]) Ihre Lösung führt im Falle einer MAXWELLverteilung der Elektronengeschwindigkeiten direkt zu dem Ergebnis: $\Delta\varphi = \frac{kT_e}{e} \cdot \ln\left(\frac{j_e}{j_p}\right)$.

her, wo m und k je nach der Gasdichte verschiedene Werte annehmen können: $m = 1{,}5$ ($\delta \ll \lambda_p$ und $\delta \cong \lambda_p$) und $m = 2$ ($\delta \gg \lambda_p$); $k = 2$ ($\delta \ll \lambda_p$), $k = 2{,}5$ ($\delta \cong \lambda_p$) und $k = 3$ ($\delta \gg \lambda_p$) (s. beispielsweise [0—8]). Hieraus folgt, daß

$$\delta = A^{\frac{1}{k}} \cdot \Delta\varphi_w^{\frac{m}{k}} \cdot j_p^{-\frac{1}{k}} \quad \text{ist.} \tag{8,10}$$

Weiterhin ist aus der Theorie der Raumladung leicht zu entnehmen, daß die Feldstärke an der Wand

$$E_w = \left[\frac{d\,(\Delta\varphi_w)}{d\delta}\right]_{j=\text{const}} = \frac{k}{m}\frac{\Delta\varphi_w}{\delta} = \frac{k}{m} A^{-\frac{1}{k}} \Delta\varphi_w^{\left(1-\frac{m}{k}\right)} j_p^{\frac{1}{k}} \text{ [1]} \tag{8,11}$$

ist.

Endlich ist die Flächendichte der negativen Ladungen auf der Wand:

$$\sigma_w = \frac{E_w}{4\pi} = \frac{k}{4\pi m} A^{-\frac{1}{k}} \Delta\varphi_w^{\left(1-\frac{m}{k}\right)} j_p^{\frac{1}{k}}. \tag{8,12}$$

Aus diesen Vorstellungen folgen auch bestimmte Randbedingungen für die Verteilungsfunktionen f_p und f_e. Die positiven Ionen werden von der Wand nicht reflektiert, sondern im Gegenteil durch die negative Ladung der Wand angezogen ($-\sigma_w$) und durch Polarisationskräfte hier neutralisiert. Sie wandern als neutrale Moleküle ab oder werden an den Wänden adsorbiert. Wenn daher u_p die Geschwindigkeitskomponente normal zur Wand bedeutet und $u_p > 0$ ist (zur Wandung gerichtet) so gilt

$$f_p = 0 \text{ bei } u_p < 0. \tag{8,13}$$

Was die Elektronen betrifft, so werden, wie schon bemerkt, lediglich die schnellsten Elektronen von der Wandung reflektiert, bei denen $u \gg \sqrt{2\frac{e_0}{m}\Delta\varphi_w}$ ist, deshalb ist f_e durch die Bedingung

$$f_e = 0 \text{ bei } u_p < -\sqrt{2\frac{e_0}{m}\Delta\varphi_w} \tag{8,14}$$

beschränkt.

Jedoch nur ein kleiner Bruchteil aller Elektronen hat diese Eigenschaft, darum kann man in erster Näherung f_e als an der Wand vollkommen beliebig ansehen.

Die Konzentrationen n_e und n_p an den Wänden sind manchmal einer recht komplizierten Bedingung unterworfen. Oft wird in den Arbeiten zur Plasmatheorie als Bedingung an der Gefäßwand angesetzt: $n = 0$ (beispielsweise in der Theorie der positiven Säule von SCHOTTKY [II — 1] und ihren späteren Abänderungen). Diese Festsetzung ist keineswegs begründet; wenn sie auch bei hohen und mittleren Gasdrucken näherungsweise richtig ist, so ist sie desto weiter von der Wirklichkeit entfernt, je stärker das Gas verdünnt ist (je niedriger der Druck ist). Eine genaue

[1] Dieser Ausdruck folgt aus Formel (8,9), die nicht nur einen Zusammenhang zwischen j_p und den vorgegebenen $\Delta\varphi$ und δ herstellt, sondern auch einen Zusammenhang zwischen der laufenden Koordinate des Punktes (seinem Abstand von der Ionenquelle) δ und dem Potential dieses Punktes in bezug auf die Ionenquelle bei vorgegebenem j_p.

Einschätzung und Kritik dieser in einer Reihe von Arbeiten [II — 2, 3, 4] erörterten Annahme werden wir in der Theorie der positiven Säule geben (Bd. II).

4. Bei leitenden Wänden entfällt die Bedingung (8,7), bei einem beliebigen Strom im Gas kann zu den Wänden ein Leitungsstrom fließen. Wie schon in § 7 bemerkt wurde, ist es notwendig, zwischen isolierten Wänden und dem Fall zu unterscheiden, wo die Elektroden mit den Wänden verbunden sind. Im Fall einer isolierten, leitenden Wand wird (8,7) durch die Bedingung: Es fließt kein Leitungsstrom zur Wand oder

$$\int j_n \, dS = \sum_k \int j_{kn} \, dS = 0 \tag{8,15}$$

ersetzt. Die Größen j_{en} und j_{pn} selbst jedoch sind wenigstens auf einzelnen Abschnitten der Wand nicht gleich Null. Gewöhnlich ist ein Teil der Wand in bezug auf das angrenzende Gas positiv geladen und nimmt einen Elektronenstrom auf: $j_{en} \neq 0$, während $j_{pn} = 0$ ist; zur übrigen Wandoberfläche, die negativ in bezug auf das Gas ist, fließt ein Ionenstrom: $j_p \neq 0$.

Das auf der gesamten Wand konstante Potential wird aus der Bedingung (8,15) bestimmt. In bezug auf die angrenzende Gasschicht, deren Potential sich von Ort zu Ort ändern kann, ist $\Delta\varphi_w$ veränderlich sowohl seinem Absolutwert als auch dem Vorzeichen nach. Das ist ein Unterschied zu dem $\Delta\varphi_w$ der nichtleitenden Wand. Das gleiche gilt von den Größen E_w und σ_w; die Dicke der Schicht δ ändert sich ebenfalls längs der Wandung.

Die Geschwindigkeitsverteilungsfunktionen der Elektronen und Ionen sind auf den verschiedenen Teilen der Wand verschiedenen Bedingungen unterworfen. Von den (in bezug auf das Gas) positiv geladenen Teilen der Wand werden die positiven Ionen reflektiert, die Elektronen werden hingegen wenig reflektiert (s. S. 36—38) und deshalb ist hier $f_e \cong 0$ bei $u_e < 0$, und f_p beliebig. Die Teile der Wände mit (in bezug auf das Gas) negativem Potential dagegen, reflektieren die Elektronen mit Geschwindigkeiten $u_e < \sqrt{2 \frac{e_0}{m} \Delta\varphi_w}$ und ziehen positive Ionen beliebiger Geschwindigkeit an, deshalb ist hier $f_p = 0$ bei $c_{pn} < 0$ und $f_e = 0$ bei $0 > c_{en} > -\sqrt{2 \frac{e_0}{m} \Delta_w\varphi}$.

Was die mit irgendeiner der Elektroden verbundenen Wände angeht, so sind die auf ihnen vorgegebenen Randbedingungen davon abhängig, mit welcher Elektrode sie verbunden sind (mit der Kathode oder mit der Anode) und entsprechen diesen (s. S. 36—38). Hierbei muß man jedoch die Unterschiede in der Temperatur und den anderen physikalischen Parametern berücksichtigen, die gewöhnlich zwischen der Wand und der Elektrode existieren.

5. Die Randbedingung für die angeregten (metastabilen) Atome. In theoretischen Untersuchungen, die der Anregung des Gases beim Durchgang des Stroms gewidmet sind, nimmt man gewöhnlich an, daß die Konzentration der angeregten Atome an den Wänden, ebenso wie die Konzentration der geladenen Teilchen, gleich Null ist: $n_a = 0$ (s. beispielsweise [II — 5]). Fabrikant führte in einer späteren Arbeit [II — 6] ausgehend von dem Ergebnis von de Groot [II — 2] eine andere Bedingung ein, welche sich auf die Hypothese stützt, daß die angeregten Atome von den Wänden nicht reflektiert, sondern an ihnen „ausgelöscht“

werden. Das bedeutet, daß die Verteilungsfunktion solcher Atome f_a an der Wand der Bedingung

(8,16) $$f_a = 0 \text{ bei } c_{an} < 0$$

unterworfen ist. Inwiefern ist diese Annahme begründet? Urteilt man nach den Daten von OLIPHANT (s. § 46), so wird ein bedeutender Teil (bis zu 50%) der angeregten Atome von den Wänden im gleichen Zustand reflektiert; dabei ist es unbekannt, auf welchem Wege die übrigen Atome „ausgelöscht" werden. Richtiger würde auch hier eine Bedingung vom Typus (8,4) sein:

(8,17) $$f_a(-c_n) = R_a(c) f_a(c_n),$$

wo $R_a(c)$ der Reflektionskoeffizient der angeregten Atome mit der Geschwindigkeit c ist. Diese Frage harrt noch ihrer Klärung. Wir merken an, daß sich die Elektroden gegenüber angeregten Atomen nicht wesentlich von den Wandungen unterscheiden; man kann für sie die gleichen Randbedingungen ansetzen.

§ 9. *Die Randbedingungen und die Ähnlichkeitsgesetze.*

Die Hauptgleichungen der Elektrodynamik des Gases (s. §§ 1, 2, 3, 5) bieten zusammen mit den Randbedingungen (§ 7, 8) und den Anfangsbedingungen (bei nichtstationären Prozessen) grundsätzlich die Möglichkeit, das Gesamtbild des elektrischen Stroms im Gas in jedem konkreten Fall vollkommen zu bestimmen und quantitativ zu berechnen. Diese Aufgabe ist jedoch so kompliziert, daß selbst die Versuche sich einer Lösung zu nähern, bisher vereinzelt dastehen (II — 15 — 18; I — 9). Im Wesentlichen entwickelte sich die Theorie des elektrischen Stroms im Gas bis heute in der Richtung des Studiums der darin vorhandenen einzelnen Prozesse oder der einzelnen charakteristischen Stromgebiete. Je größere Schwierigkeiten die allgemeine Lösung einer Aufgabe macht, desto größeren Wert bekommen die Methoden, die die neuen speziellen Aufgaben auf Fälle zurückzuführen gestatten, die aus der Theorie oder dem Experiment schon bekannt sind. Zu diesen Methoden gehören auch die sogenannten Ähnlichkeitsgesetze (oder besser -regeln). Sie sind nicht nur eine Methode zur rationellen Darstellung unserer Kenntnisse von den Erscheinungen, sondern (in gewissen Grenzen) auch eine Berechnungsmethode für neue Fälle.

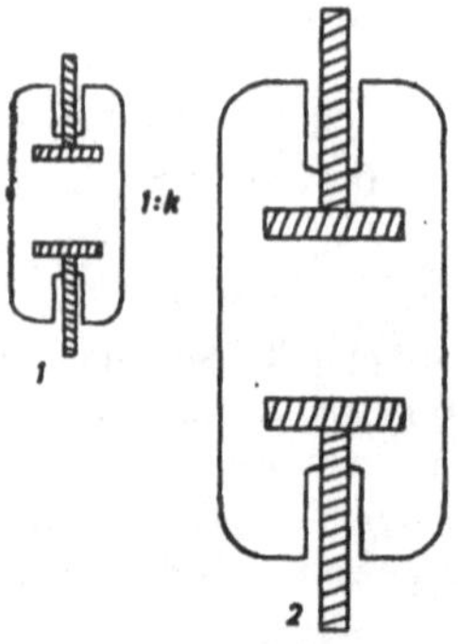

Abb. 4. Zwei ähnliche Entladungsröhren

1. Ähnlich heißen elektrische Ströme im Gas, die bei Gefäßen mit geometrisch ähnlicher Gestalt gleiche Stärke (J) bei gleicher Spannung (U) haben; anders ausgedrückt, sind die Stromspannungscharakteristiken $F(U, J) = 0$ bei ähnlichen Strömen gleich. Unter welchen Bedingungen sind dann aber zwei Ströme im Gas ähnlich?

Betrachten wir zwei Gefäße, deren sämtliche Teile (Elektroden, Wände) geometrisch ähnlich und ebenfalls ähnlich zueinander angeordnet sind, die linearen Abmessungen im zweiten seien jedoch k-mal größer als im ersten (Abb. 4). Wir beweisen den folgenden Satz: *Sind bei zwei Strömen, die in geometrisch ähnlichen*

Gefäßen fließen, die Geschwindigkeitsverteilungen der Teilchen jeder Art in entsprechenden Punkten gleich, so sind die Ströme ähnlich.[1])

Die elektrischen Prozesse, die in jedem Gefäß vorkommen und durch die Größen $\boldsymbol{E}$ und $\boldsymbol{H}$ (oder φ und $\boldsymbol{A}$), n_e, n_p, n_n, f_e, f_p, f_n (oder ϱ und $\boldsymbol{j}$) gekennzeichnet werden, sind den Gleichungen (1,8)—(1,11), (3,2), (3,3) und (5,14) unterworfen sowie den in den §§ 7 und 8 dargelegten Randbedingungen. Die Abmessungen der Gefäße (die Abmessungen der Elektroden und der Wände sowie der Abstand zwischen ihnen) sind nur in den Randbedingungen enthalten. Wir legen in beiden Gefäßen den Koordinatenursprung in entsprechende Punkte (beispielsweise in die Kathodenzentren) und geben den Koordinatenachsen gleiche Richtungen (z. B. X-Achse von der Kathode zur Anode). In diesem Falle unterscheiden sich die Koordinaten beider Gefäße nur durch den Faktor k. Der Übergang von einem Rohr zum anderen äußert sich analytisch in einer einfachen Koordinatentransformation.[2])

$$x_2 = kx_1,\; y_2 = ky_1,\; z_2 = kz_1;\; r_2 = kr_1\,. \tag{9,1}$$

Hieraus folgt weiter, daß der ∇-Operator im zweiten Gefäß

$$\nabla_2 = i\,\frac{\partial}{\partial x_2} + j\,\frac{\partial}{\partial y_2} + k\,\frac{\partial}{\partial z_2} = \frac{1}{k}\,\nabla_1 \tag{9,2}$$

und

$$\Delta_2 = \frac{1}{k^2}\,\Delta_1 \tag{9,2'}$$

ist. Sind die Elektroden und die Wandungen beider Gefäße entsprechend aus gleichem Material gefertigt und befinden sich auf gleicher Temperatur, so entsprechen den Randbedingungen in irgendeinem Punkt (x, y, z) der Elektrodenoberfläche oder der Wandungen des ersten Rohrs dieselben Randbedingungen im entsprechenden Punkt des zweiten Rohrs.[3]) In diesem Fall ändern sich die Randbedingungen bei der oben angegebenen Koordinatentransformation nicht.

Nehmen wir weiterhin an, daß man $\boldsymbol{E} = -\nabla\varphi$ setzen kann (s. S. 13). Dann ist die Spannung zwischen den Elektroden $U = \varphi_A - \varphi_K = \int_0^l E_x\,dx$. Da für ähnliche Ströme gefordert wird, daß $U_2 = U_1$ ist, so muß gelten:

$$\int_0^{l_1} E_{1x}\,dx_1 = \int_0^{l_2} E_{2x}\,dx_2 = \int_0^{kl_1} kE_{2x}\,d\left(\frac{x_2}{k}\right).$$

Diese Bedingung wird befriedigt, wenn

$$E_2\,(x_2) = \frac{1}{k}\,E_1\left(\frac{x_2}{k}\right), \tag{9,3}$$

---

[1]) Durch diese strengere Formulierung ist die frühere zu ersetzen, in der man von der Gleichheit der Teilchengeschwindigkeiten in entsprechenden Punkten sprach (0—3, Bd. II; II—8).

[2]) Hier und in weiterem sind die Größen, die sich auf das erste oder zweite Gefäß beziehen, durch die Indizes 1 bzw. 2 bezeichnet.

[3]) Die Gleichung der Randbedingungen in ähnlichen Fällen bezieht sich nicht auf die Feldelektronenemission, die durch die Größe E bestimmt wird. Diese ist in Gefäßen verschiedener Abmessungen ungleich.

d. h. wenn sich in entsprechenden Punkten beider Gefäße die elektrischen Feldstärken wie $1 : \frac{1}{k}$ verhalten. Wenn wir dieses Ergebnis in der Form $\nabla_2 \varphi_2 = \frac{1}{k} \nabla_1 \varphi_1$ schreiben und (9,2) berücksichtigen, finden wir

$$\varphi_2 = \varphi_1; \tag{9,4}$$

die Potentiale in entsprechenden Punkten sind gleich. Nach (1,8) ist $\varrho = -\frac{1}{4\pi} \Delta \varphi = \frac{1}{4\pi} \nabla E$, und auf Grund von (9,2) und (9,3) oder (9,2') und (9,4) ist

$$\varrho_2 = \frac{1}{k^2} \varrho_1; \tag{9,5}$$

die Ladungsdichten in entsprechenden Punkten verhalten sich wie $1 : \frac{1}{k^2}$. Da $\varrho = \varrho_+ - \varrho_- = (n_p - n_e - n_n)\, e_0$ ist, so wird die Bedingung (9,5) sicher erfüllt, wenn

$$n_{p2} = \frac{1}{k^2} n_{p1}, \quad n_{e2} = \frac{1}{k^2} n_{e1}, \quad n_{n2} = \frac{1}{k^2} n_{n1} \quad \text{ist.} \tag{9,6}$$

Nach Voraussetzung ist $f_{e2}(\mathbf{c}) = f_{e1}(\mathbf{c}), f_{p2}(\mathbf{c}) = f_{p1}(\mathbf{c}), f_{n2}(\mathbf{c}) = f_{n1}(\mathbf{c})$. In diesem Falle ist nach (3,3) und nach dem soeben bewiesenen (9,6)

$$\boldsymbol{j}_{e2} = e_0 n_{e2} \int \mathbf{c} f_{e2}(\mathbf{c})\, d\Omega = e_0 \frac{1}{k^2} n_{e1} \int \mathbf{c} f_{e1}(\mathbf{c})\, d\Omega = \frac{1}{k^2} \boldsymbol{j}_{e1}$$

und analog

$$j_{p2} = \frac{1}{k^2} j_{p1}, \quad j_{n2} = \frac{1}{k^2} j_{n1}.$$

Da $\boldsymbol{j} = \boldsymbol{j}_p + \boldsymbol{j}_e + \boldsymbol{j}_n$ ist, so gilt

$$\boldsymbol{j}_2 = \frac{1}{k^2} j_1. \tag{9,7}$$

Hieraus folgt, daß

$$I_2 = \iint j_2\, dy_2\, dz_2 = \iint \frac{1}{k^2} j_1 k\, dy_1\, k\, dz_1 = \iint j_1\, dy_1\, dz_1 = I_1 \text{ [1]} \quad \text{ist.}$$

Folglich entsprechen unter den oben gegebenen Voraussetzungen gleichen Spannungen U auch gleiche Stromstärken I, d. h. die Ströme sind ähnlich, q. e. d.

Aus (9,4) folgt, daß bei ähnlichen Strömen die Potentialdifferenzen zwischen zwei beliebigen entsprechenden Punkten gleich sind; insbesondere sind sämtliche charakteristischen Potentialdifferenzen: der Kathodenfall, der Anodenfall usw. in ähnlichen Strömen gleich.

2. Eine auf diese Weise festgelegte Ähnlichkeitsbedingung der Ströme (Gleichheit der Geschwindigkeitsverteilung der geladenen Teilchen in entsprechenden Punkten)

[1] Die Variationsbereiche von y_2 und z_2, die den Begrenzungen des Stroms im Gas entsprechen (den Gefäßwänden), entsprechen diesen auch beim Übergang zu den Veränderlichen y_1 und z_1 (s. auch die Anmerkung auf S. 43 über die Unveränderlichkeit der Randbedingungen bei Ähnlichkeitstransformationen).

ist in der Praxis nicht unmittelbar vorzugeben und nicht leicht zu kontrollieren. Deshalb ist es zweckmäßig zu klären, welche einfacheren Bedingungen die Gleichheit der Verteilungsfunktionen und damit die Ähnlichkeit der Ströme sichern. Insofern die Verteilungsfunktionen der Geschwindigkeiten durch kinetische Gleichungen vom Typus (5,14) bestimmt werden, kann man diese Bedingungen aus der Analyse der genannten Gleichungen erhalten; hierbei werden die weiteren Eigenschaften ähnlicher Ströme geklärt.

Die Lösung einer beliebigen Gleichung, darunter auch der kinetischen (5,14), ändert sich nicht, wenn bei einer Koordinatentransformation in allen Gliedern der Gleichung derselbe Faktor auftritt. Wir bemerken, daß sich das zweite Glied der kinetischen Gleichung $c \cdot \nabla (nf)$ bei Änderung der Linearabmessungen um k mit k^{-3} multipliziert[1]), $\left(\nabla_2 = \frac{1}{k} \nabla_1 \text{ und } n_2 = \frac{1}{k^3} n_1\right)$. Das gleiche gilt für das Glied $\frac{e_0 E}{m} \nabla_c (nf)$ $\left(E_2 = \frac{1}{k} E_1 \text{ und } n_2 = \frac{1}{k^3} n_1\right)$. Folglich müssen sich auch die übrigen Glieder der Gleichung (5,14) beim Übergang zu ähnlichen Strömen mit k^{-3} multiplizieren. Das erste Glied der Gleichung $\frac{\partial (nf)}{\partial t}$ wird sich mit k^{-3} multiplizieren, wenn

$$t_2 = k t_1 \tag{9,8}$$

gilt. Das bedeutet, daß sich in ähnlichen Strömen alle Zeitabschnitte so verhalten, wie die Lineardimensionen (wie $1 : k$); insbesondere bezieht sich das auf die Dauer der Stromentwicklung, die Entionisierungszeit, die Periode von Schwingungsvorgängen usw. Das vierte Glied der Gleichung $\frac{e_0}{m}\left[\frac{\mathbf{c}}{c_0}\boldsymbol{H}\right] \nabla_c (nf)$ wird sich ebenfalls mit k^{-3} multiplizieren, wenn

$$\boldsymbol{H}_2 = \frac{1}{k}\boldsymbol{H}_1 \tag{9,9}$$

ist; folglich muß sich das Magnetfeld bei Aufrechterhaltung der Ähnlichkeit ebenso wie das elektrische, proportional zu k^{-1} ändern.

Das fünfte Glied der kinetischen Gleichung

$$a - b = n_i \sum n_j \int_{\Omega_1} (f_i f_j - f_i' f_j')\, s_{ij}(c_r)\, c_r\, d\Omega_1$$

fordert eine eingehendere Betrachtung. Geht es um Zusammenstöße geladener Teilchen mit den Gasmolekülen ($n_i = n_e$ oder $= n_p$, $n_j = n_g$), so kann sich das Glied $(a - b)$ ändern, wie k^{-3}, unter der Bedingung, daß:

a) in beiden Gefäßen sich ein und dasselbe Gas befindet und dessen Temperatur gleich ist (dann sind s_g und f_g gleich),

b) $$n_{g2} = \frac{1}{k} n_{g1}\,, \tag{9,10}$$

d. h. die Konzentration der Moleküle (und folglich auch der Gasdruck p) umgekehrt proportional zu k ist. Das bedeutet, daß λ_e und λ_p zu k proportional sind; die Elektronen und Ionen auf ihrem Wege in beiden Gefäßen die gleiche Anzahl von Stößen erleiden. Wenn jedoch die elektrostatischen Wechselwirkungen der

---

[1]) Das heißt umgekehrt proportional zum Gefäßvolumen ist.

geladenen Teilchen eine wesentliche Rolle spielen, so wird sich das Glied $(a - b)$ transformieren wie $(k^{-2})^2 = k^{-4}$. Da sich die anderen Glieder der Gleichung wie k^{-3} transformieren, kann die Lösung für f nicht ungeändert bleiben, folglich kann auch die Ähnlichkeit der Ströme nicht aufrechterhalten werden. Das Glied

$$i = \frac{n_g n_e}{c^2} \int\limits_{\sqrt{2\frac{e_0}{m} U_i}}^{\infty} \sigma_i (c_i, c)\, c_1^3 f_e (c_1)\, dc_1,$$

das die direkte Ionisation durch Elektronenstoß erfaßt, wird sich (unter den bereits gemachten Voraussetzungen $\left(\text{das für gleiches Gas } n_{g2} = \frac{1}{k} n_{g1} \text{ ist}\right)$ transformieren, wie k^{-3} $\left(\sigma_i \text{ und } U_i \text{ sind gleich, } n_{e2} = \frac{1}{k^2} \cdot n_{e1}\right)$.
Wenn jedoch die Stufenionisation die Hauptrolle spielt, so tritt in dem Ausdruck i an die Stelle von n_g die Konzentration der angeregten Atome n_a, die nicht proportional zu $\frac{1}{k}$ ist, da sich nicht nur n_g, sondern auch das Verhältnis $\frac{n_a}{n_g}$ beim Übergang zu einem Gefäß anderer Dimensionen ändert; die Ähnlichkeitsbedingung der Ströme wird durchbrochen.

Im letzten Glied, $r = [n_p s_r (c) + n_p n_e Q_r^{tr} (c) + n_g s_A (c)]\, n_e c f_e (c)$, das die Rekombination und die Anlagerung von Elektronen erfaßt, transformiert sich nur der letzte Summand $n_e n_g s_A c f$, der die Elektronenanlagerung an neutrale Moleküle erfaßt, wie k^{-3}. Er ist deshalb vereinbar mit den Ähnlichkeitsgesetzen. Was jedoch die Rekombination im Zweier- oder Dreierstoß angeht, so transformieren sich die Größen, die sie ausdrücken, wie k^{-4} oder k^{-6}, deshalb sind diese Prozesse mit der Ähnlichkeit von Strömen unvereinbar.

Somit sind zwei Ströme im Gas unter folgenden Bedingungen ähnlich: a) Wenn die Gefäße geometrisch ähnlich sind und aus Stoffen mit gleichen Eigenschaften bestehen; b) wenn das Füllgas ein und dasselbe ist; c) wenn der Gasdruck umgekehrt proportional zu den Gefäßdimensionen und die Temperatur des Gases in beiden Gefäßen gleich ist; d) wenn „quadratische" Prozesse, wie Stufenionisation, Volumenrekombination und auch die Erwärmung des Gases keine merkliche Rolle spielen. Die Beschleunigung geladener Teilchen durch elektrische Felder und Magnetfelder, Stöße mit den Gasmolekülen, die direkte Ionisierung, die Diffusion, die Anlagerung von Elektronen durch die Moleküle sind mit der Ähnlichkeit der Ströme vereinbar (0—3, Bd. II, § 42).

Für ähnliche Ströme, deren Lineardimensionen mit k multipliziert sind, gelten folgende Beziehungen:

a) die Stromstärke (I) und die Spannung (U) sind gleich;

b) das skalare Potential (φ), das Vektorpotential ($\boldsymbol{A}$), die mittlere ungeordnete Geschwindigkeit ($\bar{c}$), die mittlere gerichtete Geschwindigkeit ($\bar{u}$), die Geschwindigkeitsverteilungsfunktion $f(\boldsymbol{c})$ und ihre sämtlichen Funktionen für Elektronen und Ionen in entsprechenden Punkten sind gleich;

c) alle Zeitabschnitt (t) und sämtliche Längen (l), einschließlich der freien Weglänge der Teilchen (λ) transformieren sich wie k;

d) die elektrische Feldstärke ($\boldsymbol{E}$) und die magnetische Feldstärke ($\boldsymbol{H}$), der Gasdruck (p), die Flächenladungsdichte auf den Elektroden und den Wänden (σ) transformieren sich wie k^{-1};

e) Die Raumladungsdichte (ϱ), die Konzentration der Elektronen (n_e) und der Ionen (n_p, n_n), die Dichte des resultierenden Stroms (j) und der Ströme der einzelnen Arten geladener Teilchen (j_e, j_p, j_n) transformieren sich wie k^{-2}.

Die gefundenen Resultate gestatten es, noch auf eine Reihe Größen hinzuweisen, welche in ähnlichen Entladungen gleich sein müssen, oder anders gesagt unveränderlich (invariant) gegenüber der Transformation $\mathfrak{r}_2 = k\mathfrak{r}_1$ sind. Die wichtigsten davon sind die Größen pl, $E\lambda$, $\frac{E}{p}$, $\frac{j}{p^2}$ $N_e = \int n_e\, dS$. Unter der Bedingung, daß die Ähnlichkeitsregeln anwendbar sind, *können invariante Größen nur von anderen Invarianten abhängen*, beispielsweise muß die Zündspannung, die von der Länge der Strecke l und vom p Gasdruck abhängt, von pl abhängen (PASCHENsches Gesetz [II — 7]), die Geschwindigkeitsverteilung der Elektronen muß von $E\lambda$ oder $\frac{E}{p}$ abhängen usw. Die Richtigkeit derartiger Behauptungen wird weiter unten in einer Reihe von Fällen geprüft.

3. Die Fülle der in der Einführung erwähnten verschiedenartigen Prozesse, welche den elektrischen Strom im Gas begleiten, zwingt zu einer systematischen experimentellen Nachprüfung aller theoretischen Folgerungen. Deshalb müssen wir in bezug auf die Ähnlichkeitsregeln (wie auch auf alle weiteren wichtigen Folgerungen) die Versuchsdaten betrachten, die sie bestätigen.

Inwieweit ist durch das Experiment gesichert, daß in entsprechenden Punkten ähnlicher Ströme die Geschwindigkeitsverteilungen der geladenen Teilchen gleich sind? Diese Behauptung ist für die homogene positive Säule bei Gleichstrom nachgeprüft worden. Eine derartige Säule ist auf unserem Gebiet das einfachste Untersuchungsobjekt, da in ihr die elektrischen und kinetischen Parameter (E, j, $\overline{u}_e$, n_e usw.) weder von der Zeit, noch von der längs der Stromachse verlaufenden Koordinate abhängen und die Verteilungsfunktion der Elektronen f_e überhaupt nicht von den Koordinaten abhängt. Deshalb sind die genannten Größen im Bereich der positiven Säule bei vorgegebener Stromstärke nicht von der Rohrlänge abhängig; für die Prüfung der Ähnlichkeitsregeln genügt es darum, die Daten miteinander zu vergleichen, welche sich auf die positive Säule in Rohren mit verschiedenem Durchmesser beziehen.

Der Verfasser untersuchte mit der Sondenmethode (§ 52) die Geschwindigkeitsverteilung der Elektronen in der homogenen positiven Quecksilberdampfsäule [II — 11] bei Säulendurchmessern von 65 mm und 105 mm und verglich [II — 12] die erhaltenen Daten miteinander und mit den Ergebnissen von KLARFELD [II — 13] an einer Säule von 32 mm Durchmesser.

Die Geschwindigkeiten der Elektronen in der positiven Niederdrucksäule befolgen annähernd eine MAXWELLverteilung $f_e(c) \cong A \exp\left(-\frac{m_e \cdot c^2}{2kT_e}\right)$ (s. § 52, P. 1), daher kann man diese Verteilung durch eine Größe, und zwar durch die Elektronentemperatur T_e charakterisieren. In Abb. 5 sind die Werte von T_e für die stationäre homogene positive Säule in Hg-Dampf bei verschiedenem Druck p und Rohrdurchmessern d angeführt; in Abb. 6 sind die gleichen Daten als Funktion von pd aufgetragen. Die Kurve in Abb. 6 zeigt deutlich, daß unter ähnlichen Bedingungen (bei gleichem pd) die Elektronentemperaturen und folglich auch die Geschwindigkeitsverteilung der Elektronen in Rohren verschiedenen Durchmessers gleich sind (die Streuung der einzelnen Punkte, bis zu 10%, liegt im Bereich der üblichen Meßgenauigkeit von T_e).

Die mittlere Geschwindigkeit der gerichteten Elektronenbewegung (Triftgeschwindigkeit) $\overline{u}_e$, muß nach den Ähnlichkeitsregeln unter ähnlichen Bedingungen

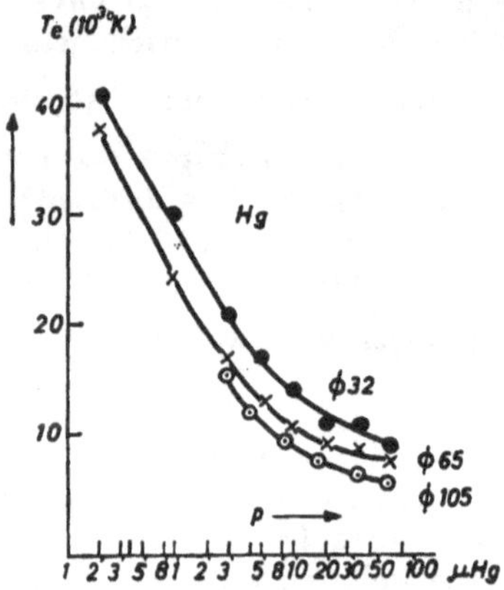

Abb. 5. Die Elektronentemperatur T_e in der positiven Hg-Dampfsäule bei verschiedenen Werten von p; Röhrendurchmesser als Parameter [II—5,7]

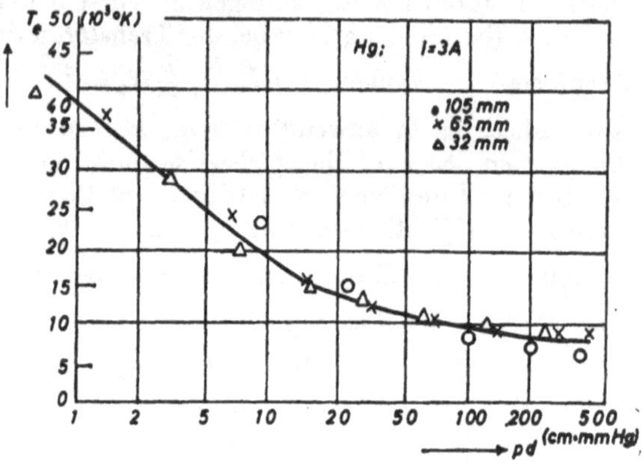

Abb. 6. Das gleiche wie in Abb. 5, als Funktion von $p \cdot d$ [II—6]; △ — 32 mm Durchmesser, × — 65 mm Durchmesser, ○ — 105 mm Durchmesser

gleich sein.[1]) Werte für die Größe $\overline{u}_e$ unter den Bedingungen der selbständigen Entladung kann man aus der Arbeit [II — 11] entnehmen. Die Stromstärke im Rohr beträgt

$$I = \int j\, dS \cong \int e_0 n_e \overline{u}_e\, dS = e_0 \overline{u}_e \int n_e\, dS.$$

Setzen wir $\int n_e\, dS = N_e$ (Zahl der freien Elektronen pro Einheit der Rohrlänge), so finden wir: $\overline{u}_e = \dfrac{I}{e_0 N_e}$.

Die Elektronenkonzentration n_e und ihr Integral über den Querschnitt des Rohres ermittelt man aus Sondenmessungen (§ 51). Den Wert dieser Größe in der positiven Säule in Quecksilberdampf siehe [II — 11, 13]. Die hieraus berechneten Werte $\overline{u}_e$ bei verschiedenen p und d sind in Abb. 7 angeführt; $\overline{u}_e$ erweist sich ähnlich T_e als fallende Funktion der beiden Größen p und d. Ermittelt man für die gleichen Werte von $\overline{u}_e$ graphisch $\overline{u}_e$ als Funktion von pd (Abb. 8), so zeigt sich, daß die Werte von $\overline{u}_e$ unter ähnlichen Bedingungen gleich sind.

Bedeutend zahlreicher sind die Mitteilungen über die Größe $\overline{u}_e$ unter den Bedingungen von schwachen unselbständigen Strömen (s. [0 — 6, II — 14]). In Abb. 9 sind die Werte von $\overline{u}_e$ für Wasserstoff bei verschiedenen E und p nach den Versuchsdaten von TOWNSEND [II — 14] angeführt (über die Methodik dieser Versuche s. § 56, P. 1). Sie sind nur in einer Apparatur gemessen, und deshalb stehen die

---

[1]) HOLM hat [II—8] vorgeschlagen, die Gleichheit insbesondere dieser Größe als Ähnlichkeitskriterium für Ströme zu werten.

Ähnlichkeitsregeln nicht direkt in Verbindung mit ihnen. Auf die Messungen kann jedoch die auf S. 47 angeführte Folgerung der Ähnlichkeitsregeln angewandt werden, nach der im Fall der Ähnlichkeit $\overline{u}_e$ eine Funktion von invarianten Größen sein darf; zu diesen gehört die Größe $\frac{E}{p}$. Tatsächlich zeigen die Daten der Abb. 9, wenn man sie in Abhängigkeit von dem Argument $\frac{E}{p}$ (Abb. 10) zeichnet, daß die $\overline{u}_e$ bei einem vorgegebenen Wert von $\frac{E}{p}$ einen ganz bestimmten Wert bei verschiedenen E

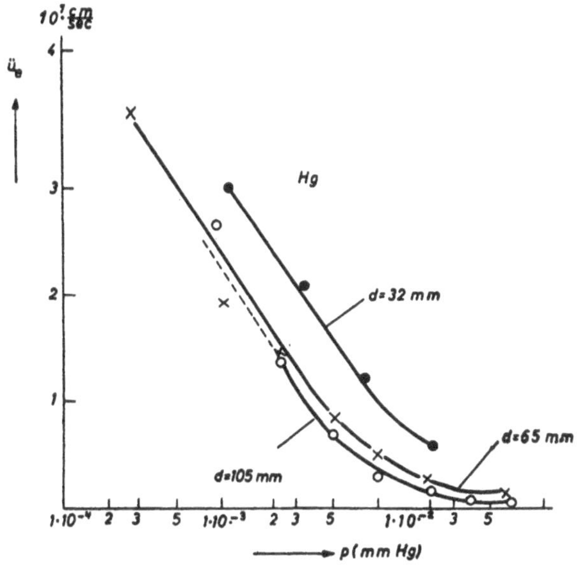

Abb. 7. Gerichtete Elektronengeschwindigkeit $\overline{u}_e$ in der positiven Hg-Dampfsäule bei verschiedenen p und d

und verschiedenen p annehmen. Folglich bestätigt der Versuch die Folgerung aus den Ähnlichkeitsregeln, daß $\overline{u}_e = f\left(\frac{E}{p}\right)$ ist. In den Arbeiten über die elektrischen Erscheinungen in Gasen ist es weitgehend üblich, $\overline{u}_e$ und eine Reihe anderer Größen, beispielsweise $\overline{c}_e$ (s. Kap. X) usw., als Funktion von $\frac{E}{p}$ darzustellen.

Wenn man die Folgerungen der hier betrachteten Arbeiten gegenüberstellt, so bemerkt man, daß es leichtfertig wäre, auf Grund der Daten von TOWNSEND [II—14] und der anderen Arbeiten in dieser Richtung, die sich ohne Ausnahme auf schwache unselbständige Ströme (zum Beispiel Photoströme) beziehen, zu schließen, die Ähnlichkeitsregeln für die Größe $\overline{u}_e$ müßten auch bei selbständigen Strömen (beispielsweise im Bogen) erfüllt sein. Tatsächlich fehlen die quadratischen Prozesse (Stufenionisation, Volumenrekombination, COULOMBsche Wechselwirkung usw.), die zum Durchbrechen der Ähnlichkeitsregeln führen, praktisch bei Photoströmen und bei anderen schwachen Strömen; gleichzeitig spielen einige derartige Prozesse (Stufenionisation) zweifellos eine große Rolle im elektrischen Bogen [II—13]. Deshalb sind Daten über die Einhaltung der Ähnlichkeitsregeln bei starken Strömen (in der Art der in Abb. 7 und 8 angeführten) wesentlich. Die

Anwendbarkeit der Ähnlichkeitsregeln auf T_e und $\overline{u}_e$ beim Vorhandensein des „störenden" Prozesses der Stufenionisation zeugt von der relativ kleinen Empfindlichkeit dieser Größen für diese Art von Ionisationsprozessen. Andere Größen, zum Beispiel E_x, die Entionisierungszeit τ usw., sind gegenüber diesen Prozessen

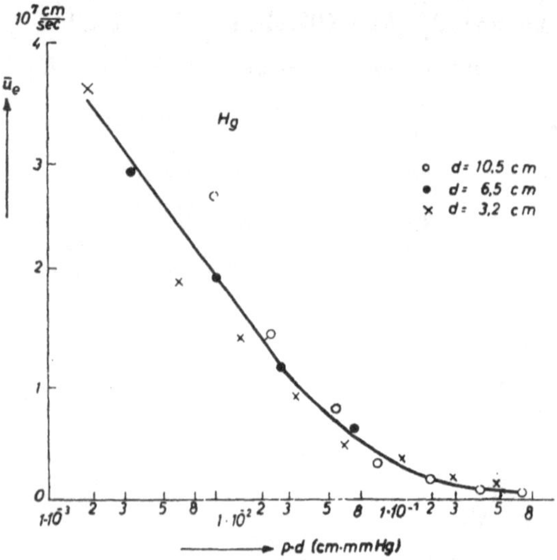

Abb. 8. Das gleiche wie in Abb. 7 als Funktion von $p \cdot d$

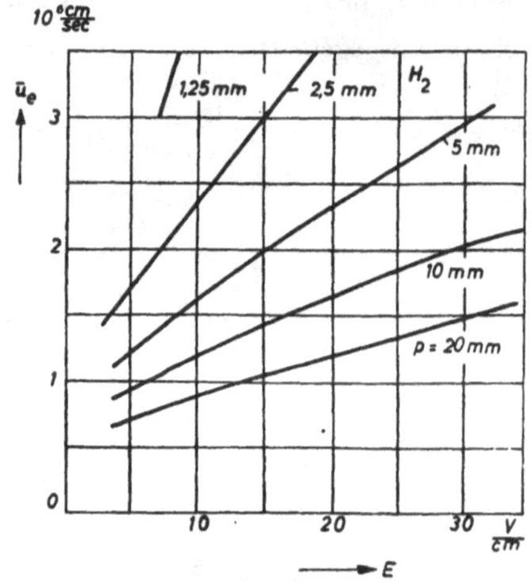

Abb. 9. Gerichtete Elektronengeschwindigkeit $\overline{u}_e$ in H_2 bei verschiedenen E und p [IX—7]

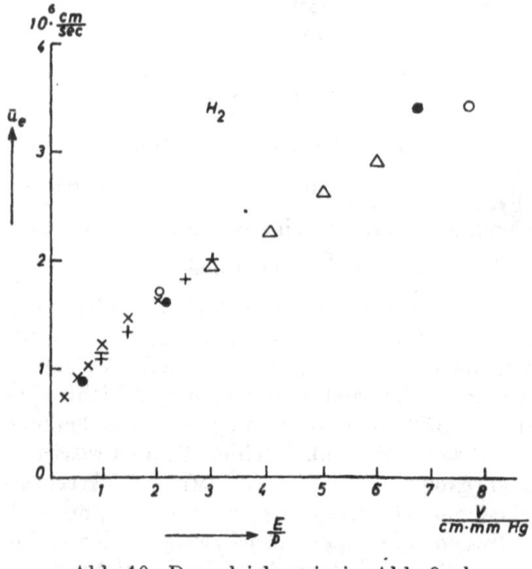

Abb. 10. Das gleiche wie in Abb. 9 als Funktion von $\frac{E}{p}$

bedeutend empfindlicher und ordnen sich beim Vorhandensein von Stufenionisation schlecht den Ähnlichkeitsregeln unter [II — 12].

Die besten Bedingungen für die genaue Einhaltung der Ähnlichkeit kann man beim elektrischen Durchbruch eines nichtionisierten Gases erwarten, da sich hier noch keine angeregten und ionisierten Moleküle in merklicher Menge angesammelt haben und quadratische Prozesse praktisch fehlen. Tatsächlich wird die Durchbruchspannung einer Strecke der Länge l bis zu relativ niedrigen Gasdrucken p durch das Produkt $p \cdot l$ bestimmt. Das war die erste experimentell ermittelte Ähnlichkeitsregel (PASCHENsches Gesetz [II-7]). Sie wird in dem entsprechenden Kapitel im zweiten Band dieses Werkes eingehend betrachtet werden:

ZWEITER TEIL

Die Elementarprozesse, die mit dem elektrischen Strom im Gas verbunden sind

KAPITEL III

Allgemeine Fragen der Theorie der Elementarprozesse

§ 10. Atomare Größen, die in der Elektrodynamik der Gase zu berücksichtigen sind

Die Elementarprozesse[1]), die unmittelbar den elektrischen Strom im Gas ebenso wie in beliebigen anderen Medien hervorrufen, sind einfach Bewegungen von Ladungsträgern — Elektronen und Ionen. Zu diesen Bewegungen kommt die Bildung der einen und das Verschwinden anderer Ladungsträger, sowohl im Gas selbst als auch an der Oberfläche der an das Gas grenzenden Festkörper (Elektroden, Wände). Außerdem wird der Strom im Gas von einer Reihe thermodynamischer, optischer und mechanischer Erscheinungen begleitet, die sich jeweils aus einer Vielzahl verschiedener Elementarprozesse zusammensetzen. Wir finden darunter:

a) die Wechselwirkungen der geladenen Teilchen untereinander,
b) die Wechselwirkungen der geladenen Teilchen mit den ungeladenen,
c) die Wechselwirkungen der ungeladenen Teilchen untereinander,
d) die Wechselwirkungen der ungeladenen Teilchen mit der Strahlung,
e) die Wechselwirkungen von Teilchen aller Art (einschl. der Photonen) mit dem Kristallgitter des festen Körpers.

Das Resultat eines jeden derartigen Prozesses ist die Änderung der Bewegung der an ihm beteiligten Teilchen und manchmal außerdem die Änderung ihrer Zahl sowie ihres inneren Zustandes oder ihrer Struktur (Anregung, Ionisation, Dissoziation, Neutralisation, Ausleuchten). Von diesen Elementarprozessen sind die Konzentration der geladenen Teilchen n_e, n_p, n_n und ihre Geschwindigkeitsverteilungsfunktionen f_e, f_p, f_n und folglich im Endergebnis die Ladungsdichte ϱ und die Stromdichte j (§ 4 und 5) abhängig. Sie gehen unmittelbar in die kinetische Gleichung (5,14) ein, welche die Konzentration und die Geschwindigkeits-

[1]) Der Ausdruck „Elementarprozesse" wird in diesem Buch auf Prozesse angewandt, an denen eine kleine Anzahl (selten mehr als drei) stoffliche Teilchen (einfache: Elektronen, Protonen oder auch zusammengesetzte: Atomkerne, Atome, Moleküle) oder Photonen teilnehmen, und ebenso auf Wechselwirkungsprozesse solcher Teilchen mit dem Kristallgitter.

verteilung der Elektronen bestimmt, sowie in die Randbedingungen, denen diese Größen unterliegen (§ 8).

Bezüglich der einzelnen Arten von Elementarprozessen verfügen wir über folgende Angaben:

a) Über die Geschwindigkeiten der am Prozeß beteiligten Teilchen vor und nach dem Prozeß;

b) über die möglichen Anfangs- und Endzustände der Atome und der anderen zusammengesetzten Teilchen[1]);

c) für Photonen über die Frequenz und Bewegungsrichtung;

d) über die Beziehungen zwischen den Anfangs- und Endzuständen und den Geschwindigkeiten der am Prozeß beteiligten Teilchen. Diese gehen aus den allgemeinen Gesetzen der Erhaltung der Energie der Bewegungsgröße und des Moments der Bewegungsgröße hervor;

e) über die Übergangswahrscheinlichkeit des Systems aus dem gegebenen Anfangszustand in den gegebenen Endzustand.

Die verschiedenen Zustände der Teilchen in der Theorie des Stroms in Gasen charakterisiert man hauptsächlich durch ihre Energie W und ihr statistisches Gewicht (a-priori-Wahrscheinlichkeit) g. Die Übergangswahrscheinlichkeit des Teilchensystems aus einem vorgegebenen Zustand in einen anderen bestimmt man gewöhnlich durch den Wirkungsquerschnitt s eines solchen Prozesses (s. § 12). Alle diese Kenntnisse werden benötigt, um die Konzentration und die Geschwindigkeitsverteilung der Ladungsträger zu ermitteln; in der kinetischen Gleichung (4,1) oder (5,14) kann das Glied $(a-b)$ nicht konkretisiert werden ohne Kenntnisse über die Geschwindigkeitsänderungen der Teilchen bei ihrer Wechselwirkung und das Glied $(r-i)$ nicht ohne Daten über die Energien der Teilchenzustände und die Wirkungsquerschnitte s. Die erste können wir aus den klassischen Gesetzen von der Erhaltung der Energie und der Bewegungsgröße berechnen; die Kenntnis der Größen W und s müssen uns das Experiment und die Quantenmechanik verschaffen. Bedauerlicherweise sind diese Kenntnisse heute (1951) noch viel zu gering. Während die Energien und die Gewichte der verschiedenen Atom- und Molekülzustände ausreichend bekannt sind (siehe die Tabellen der Spektralterme und die Spektrensystematik, die das Gewicht der einzelnen Zustände zu bestimmen gestattet), sind die Wirkungsquerschnitte der verschiedenen Prozesse verhältnismäßig wenig studiert worden.

In der Elektrodynamik der Gase spielen die Kenntnisse von Elementarprozessen eine große Rolle, die mit ihrem Wert in der Elektrodynamik anderer leitender Medien in keiner Weise zu vergleichen ist. Nicht nur eine quantitative Theorie, sondern sogar eine prinzipielle qualitative Erklärung vieler Erscheinungen des elektrischen Stroms in Gasen ist unmöglich ohne Vorstellungen über die dabei vorkommenden Elementarprozesse und ihre Gesetzmäßigkeiten. Obgleich die Angaben darüber dem Wesen nach nicht zur Elektrodynamik gehören, sondern zur Lehre vom Atom- und Molekülbau, erfordert die Konkretisierung der allgemeinen

[1]) Den Zustand des atomaren Systems (des Atoms, Moleküls, Ions) charakterisieren wir durch die Anzahl, die Anordnung und Bewegung seiner Bestandteile sowie durch die Rotation des ganzen Teilchens. Die Vorwärtsbewegung eines zusammengesetzten Teilchens berücksichtigen wir nicht bei der Kennzeichnung seines Zustands. Mit anderen Worten, charakterisieren wir einen Teilchenzustand durch die Gesamtheit aller Quantenzahlen des Teilchens und seiner Bestandteile, wenn diese am Prozeß beteiligt sind.

Sätze der Dynamik des elektrischen Stroms in Gasen eine eingehende Beschäftigung mit den Elementarprozessen in Gasen. Wir werden nicht bei der Diskussion der stationären Zustände der Atome und Moleküle verweilen, da diese eingehend in den Lehrbüchern der Atomphysik und der Spektroskopie behandelt werden, müssen aber die Resultate der Anwendung der allgemeinen Grundsätze auf die Elementarprozesse darlegen und von den Kenntnissen über die Wirkungsquerschnitte der Prozesse berichten, die aus Experiment und Theorie gewonnen wurden.

§ 11. Die Wechselwirkung zweier Teilchen und die Erhaltungssätze

Trotz der großen Vielfalt der Elementarprozesse gibt es allgemeine Gesetze bezüglich der Ergebnisse der Elementarprozesse, die nicht von der Art der Wechselwirkung abhängen. Sie folgen unmittelbar aus den allgemeinen Gesetzen der Erhaltung der Energie und der Bewegungsgröße, deren Anwendbarkeit auf Elementarprozesse vielfach durch Experimente sichergestellt worden ist (bei Kernprozessen, bei den Comptonvorgängen).

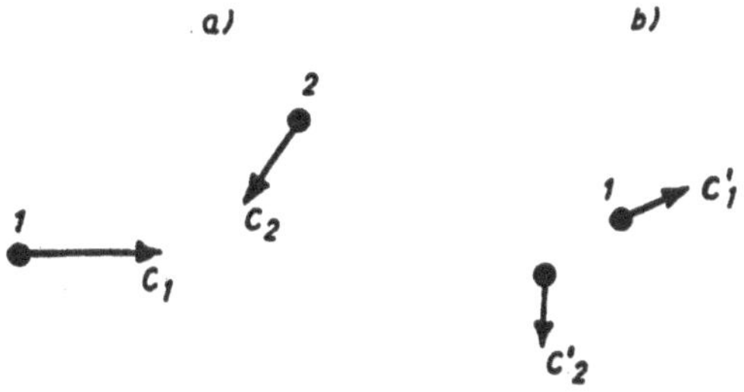

Abb. 11. Teilchengeschwindigkeiten: a) bis zur Wechselwirkung, b) nach der Wechselwirkung

1. Möge das Teilchen *1*, das die Masse m_1 und die Geschwindigkeit $\mathbf{c}_1$ bezüglich des vorgegebenen Koordinatensystems S besitzt, sich dem Teilchen *2* nähern, dessen Masse und Geschwindigkeit gleich m_2 und $\mathbf{c}_2$ sei (Abb. 11a). Infolge der Wechselwirkung der Teilchen werden sich ihre Geschwindigkeiten ändern und die Werte $\mathbf{c}_1'$ und $\mathbf{c}_2'$ annehmen (Abb. 11b).

Wir schreiben die Gleichungen für die beiden Erhaltungssätze an:

$$m_1\mathbf{c}_1 + m_2\mathbf{c}_2 = m_1\mathbf{c}_1' + m_2\mathbf{c}_2', \tag{11,1}$$

$$\frac{1}{2}m_1c_1^2 + \frac{1}{2}m_2c_2^2 = \frac{1}{2}m_1c_1'^2 + \frac{1}{2}m_2c_2'^2 + A. \tag{11,2}$$

Hierbei ist A der Verlust (bei einem Stoß erster Art $A > 0$) oder die Zunahme (bei einem Stoß zweiter Art $A < 0$) der gesamten kinetischen Energie der Vorwärtsbewegung der Teilchen infolge Anregung, Ionisation oder eines anderen Prozesses, der mit einer Änderung des Quantenzustandes der Teilchen (des einen oder beider) bei ihrer Wechselwirkung verbunden ist:

$$A = W' - W,$$

wobei W und W' die Summen der inneren (gequantelten) Energien vor und nach der Wechselwirkung sind.[1]) Das Gleichungssystem (11,1) und (11,2) stellt ein System von vier Gleichungen für die sechs Vektorkomponenten von $\mathbf{c}_1'$ und $\mathbf{c}_2'$ dar. Somit bleiben zwei Größen willkürlich. Man wählt dafür oft die zwei Winkel,

[1]) In der Theorie des Stoßes unelastischer Kugeln, die sich ebenfalls auf die Gleichungen (11,1) und (11,2) stützt, ist die Größe A die Arbeit der irreversiblen Deformation.

welche die Flugrichtung des einen Teilchens (zum Beispiel des Teilchens *1*) nach dem Stoß charakterisieren.

Betrachten wir zuerst einen spezielleren Fall der Wechselwirkung: Die Anfangsgeschwindigkeiten $\mathbf{c}_1$ und $\mathbf{c}_2$ seien parallel zu einer Geraden (Abb. 12).[1]) Wir wählen diese Gerade als X-Achse. Die Gleichung (11,1) zerfällt in zwei Gleichungen:

$$m_1 c_1 + m_2 c_2 = m_1 c_1' \cos\vartheta + m_2 c_2' \cos\eta,$$

$$(11,3) \qquad 0 = m_1 c_1' \sin\vartheta - m_2 c_2 \sin\eta.$$

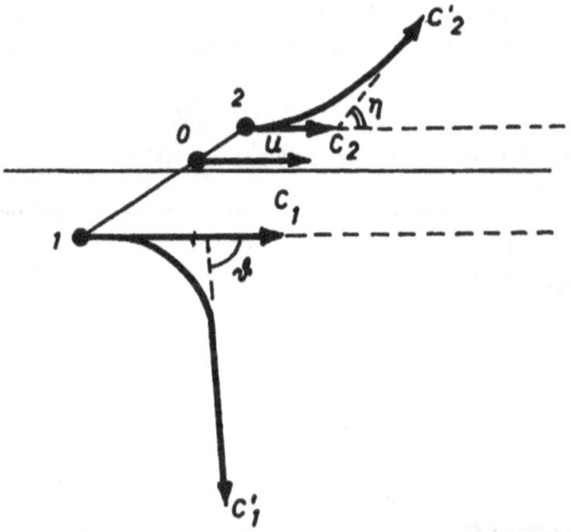

Abb. 12. Die Anfangsgeschwindigkeiten der Teilchen ($\mathbf{c}_1$ und $\mathbf{c}_2$) sind parallel; *O* ist der Schwerpunkt, ϑ und η sind die Ablenkwinkel

Aus diesen Gleichungen kann man zusammen mit (11,2) drei Größen gewinnen, beispielsweise c_1', c_2' und η. Dabei ist es notwendig, nicht nur die Anfangsgeschwindigkeiten als bekannt vorauszusetzen, sondern ebenso A und ϑ. Die Lösungen können in der Form

$$c_1' = \Phi_1(c_1, c_2, A, \vartheta),$$
$$c_2' = \Phi_2(c_1, c_2, A, \vartheta),$$
$$\eta = \Phi_3(c_1, c_2, A, \vartheta)$$

ausgedrückt werden. Sie bestimmen die Geschwindigkeiten nach der Wechselwirkung unter zwei Bedingungen:

1. Die „Deformationsarbeit" A ist beendet, und
2. das Teilchen *1* ist um den Winkel ϑ abgelenkt.

Im Hinblick auf das Kommende formen wir diese Formeln etwas um. Wir gehen zu einem Koordinatensystem $\tilde{S}$ über, das mit dem Schwerpunkt der Teilchen *O* verbunden ist und sich mit der Geschwindigkeit $\mathbf{u} = \frac{m_1\mathbf{c}_1 + m_2\mathbf{c}_2}{m_1 + m_2}$ bewegt (die Richtung der X-Achse sei ungeändert). Alle zu diesem Koordinatensystem gehörigen Größen markieren wir durch den Index $\sim$ darüber. Wir finden zunächst:

$$(11,4) \qquad \tilde{\mathbf{c}} = \mathbf{c}_1 - \mathbf{u} = \frac{m_2(\mathbf{c}_1 - \mathbf{c}_2)}{m_1 + m_2}; \; \tilde{\mathbf{c}}_2 = \mathbf{c}_2 - \mathbf{u} = -\frac{m_1(\mathbf{c}_1 - \mathbf{c}_2)}{m_1 + m_2},$$

indem wir die relative Geschwindigkeit der Teilchen $\mathbf{c}_r = \mathbf{c}_1 - \mathbf{c}_2$ und die „reduzierte Masse" μ einführen, die durch die Beziehung

$$(11,5) \qquad \frac{1}{\mu} = \frac{1}{m_1} + \frac{1}{m_2}, \quad \mu = \frac{m_1 m_2}{m_1 + m_2}$$

definiert ist, schreiben wir

$$(11,4') \qquad \tilde{\mathbf{c}}_1 = \mu\frac{\mathbf{c}_r}{m_1}, \quad \tilde{\mathbf{c}}_2 = -\mu\frac{\mathbf{c}_r}{m_2}.$$

[1]) Hierher gehört auch der Fall, daß das eine Teilchen bis zur Wechselwirkung in Ruhe war, z. B. der Fall $c_2 = 0$.

Nach der Wechselwirkung haben sich die Geschwindigkeiten der beiden Teilchen geändert (Abb. 13) und sind nach ihrem Absolutwert

$$(11,6) \qquad \tilde{c}_1' = \frac{\mu}{m_1}\sqrt{c_r^2 - \frac{2A}{\mu}}\,; \quad \tilde{c}_2' = \frac{\mu}{m_2}\sqrt{c_r^2 - \frac{2A}{\mu}}$$

(siehe Anmerkung 1 auf S. 445). Diese Größen hängen nicht vom Ablenkwinkel ab.

Wenn wir zu dem ursprünglichen Koordinatensystem S zurückkehren (Abb. 13b), finden wir für die gesuchten Größen $\boldsymbol{c}_1'$, $\boldsymbol{c}_2'$ und η die Ausdrücke

$$(11,7) \qquad c_1' = u\left[\cos\vartheta \pm \sqrt{\frac{\mu^2}{m_1^2 u^2}\left(c_r^2 - \frac{2A}{\mu}\right) - \sin^2\vartheta}\,\right],$$

$$c_2'^2 = u^2\left[1 + 2\frac{m_1}{m_2}\sin^2\vartheta + \frac{\mu^2}{m_2^2 u^2}\left(c_r^2 - \frac{2A}{\mu}\right) \mp 2\frac{m_1}{m_2}\cos\vartheta\sqrt{\frac{\mu^2}{m_1^2 u^2}\left(c_r^2 - \frac{2A}{\mu}\right) - \sin^2\vartheta}\,\right],$$

$$(11,8) \qquad \operatorname{tg}\eta = \frac{\sin\vartheta\left[1 - \frac{\mu^2}{m_1^2 u^2}\left(c_r^2 - \frac{2A}{\mu}\right)\right]}{\cos\vartheta\left[\frac{m_2}{m_1} + \frac{\mu^2}{m_1^2 u^2}\left(c_r^2 - \frac{2A}{\mu}\right)\right] \mp \left(1 + \frac{m_2}{m_1}\right)\sqrt{\frac{\mu^2}{m_1^2 u^2}\left(c_r^2 - \frac{2A}{\mu}\right) - \sin^2\vartheta}}.$$

Die Formeln (11,7)—(11,8) haben vor der Wurzel zwei Vorzeichen ($\pm$); zu einem physikalisch sinnvollen Ergebnis führt manchmal nur ein Vorzeichen, in gewissen Fällen jedoch haben beide Wurzeln der Gleichungen einen reellen Wert.

Mit einer analogen Methode kann man den allgemeinen Fall betrachten, wenn die Anfangsgeschwindigkeiten $\boldsymbol{c}_1$ und $\boldsymbol{c}_2$ der Teilchen miteinander einen willkürlichen Winkel χ bilden. Die Rechenmethode bleibt gleich: Wir führen ein Koordinatensystem $\tilde{S}$ ein, daß sich gemeinsam mit dem Schwerpunkt mit der Geschwindigkeit $\boldsymbol{u}$ bewegt (Abb. 14). Relativ zu ihm sind die Teilchengeschwindigkeiten $\tilde{\boldsymbol{c}}_1$ und $\tilde{\boldsymbol{c}}_2$ antiparallel gerichtet, und alle weiteren Ausführungen und Betrachtungen unterscheiden sich nicht von dem vorhergehenden Fall. Die Richtung von $\boldsymbol{u}$ fällt jedoch nun nicht mehr mit der von $\boldsymbol{c}_1$ und $\boldsymbol{c}_2$ zusammen, deswegen wird in die endgültigen Formeln für $\boldsymbol{c}_1'$, $\boldsymbol{c}_2'$ und η außer den obigen Größen noch der Winkel χ zwischen $\boldsymbol{c}_1$ und $\boldsymbol{c}_2$ eingehen. Diese Formeln schreiben wir wegen ihres großen Umfangs nicht an.

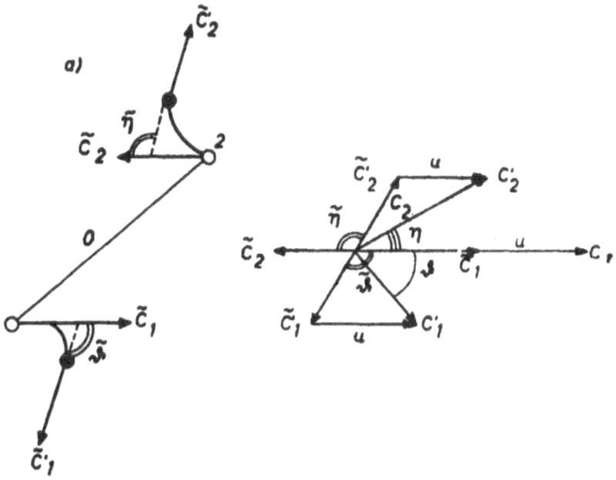

Abb. 13. a) Derselbe Fall wie in Abb. 12 in einem mit dem Schwerpunkt O verbundenen Koordinatensystem $\tilde{S}$, b) Rückkehr zum Koordinatensystem S

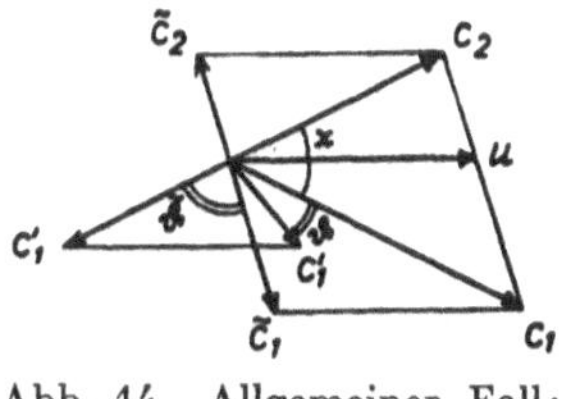

Abb. 14. Allgemeiner Fall: $\boldsymbol{c}_1 \nparallel \boldsymbol{c}_2$

2. Aus den Formeln (11,7) und (11,8) ergibt sich folgendes wichtige Resultat: Da $\boldsymbol{c}_1'$, $\boldsymbol{c}_2'$ und η unter beliebigen Bedingungen reelle Größen sind, so kann die unter der Wurzel stehende Größe nicht negativ

sein:

$$\frac{\mu^2}{m_1^2 u^2}\left(c_r^2 - \frac{2A}{\mu}\right) - \sin^2\vartheta \geqslant 0;$$

daraus folgt, daß bei gegebenem Streuwinkel ϑ die Arbeit A nicht größer als

(11,9) $$A = \frac{\mu \mathbf{c}_r^2}{2} - \frac{m_1 u^2}{2\mu}\sin^2\vartheta$$

werden kann. Den größtmöglichen Wert besitzt A bei zentraler Wechselwirkung ($\sin\vartheta = 0$):

(11,10) $$A_{\max} = \frac{\mu \mathbf{c}_r^2}{2} = \frac{1}{2}\frac{m_1 m_2}{m_1 + m_2}|\mathbf{c}_1 - \mathbf{c}_2|^2 .$$

Da die kinetische Anfangsenergie des Systems in der Form

$$K = \frac{\mu \mathbf{c}_r^2}{2} + \frac{m_1 + m_2}{2}u^2$$

dargestellt werden kann (s. Anmerkung 1, Formel b), so folgt hieraus, daß nur ein Teil der kinetischen Energie zu „Deformationsarbeit" A werden kann. Er hängt von der Relativbewegung der Teilchen ab; der andere Teil, der durch die Bewegung des Systemschwerpunkts bestimmt wird, kann hierfür nicht genutzt werden.

3. In vielen wichtigen Fällen können die Formeln (11,7) und (11,8) vereinfacht werden. So kann man bei der Betrachtung der Wechselwirkung eines geladenen Teilchens (Elektron, Ion) mit einem neutralen Molekül in vielen Fällen die Anfangsgeschwindigkeit des zweiten Teilchens praktisch vernachlässigen und $c_2 = 0$ setzen. Dann finden wir an Stelle von (11,7)

(11,11) $$c_1' = c_1 \frac{\cos\vartheta \pm \sqrt{\frac{m_2^2}{m_1^2}\left(1 - \frac{2A}{\mu c_1^2}\right) - \sin^2\vartheta}}{1 + \frac{m_2}{m_1}},$$

und an Stelle von (11,8)

(11,12) $$\operatorname{tg}\eta = \frac{\sin\vartheta\left[1 - \frac{m_2}{m_1}\left(1 - \frac{A}{m_1 c_1^2}\right)\right]}{\cos\vartheta \frac{m_2}{m_1}\left(1 - \frac{A}{m_1 c_1^2}\right) \mp \sqrt{\frac{m_2^2}{m_1^2}\left(1 - \frac{2A}{\mu c_1^2}\right) - \sin^2\vartheta}}.$$

Ist das sich bewegende Teilchen ein Elektron und das andere Teilchen ein schweres Teilchen, so bekommt man eine weitere Vereinfachung der Formeln. In diesem Falle ist $\frac{m_2}{m_1} \gg 1$ und $\mu \cong m_1$. Die maximale „Deformationsarbeit" wird anstatt durch (11,10) durch

(11,13) $$A_{\max} = \frac{m_1 c_1^2}{2}$$

ausgedrückt, d. h. die gesamte kinetische Energie des Elektrons kann für die Änderung des Quantenzustands des Teilchens *2* verbraucht werden. Ist jedoch die tatsächlich verbrauchte Energie A merklich kleiner als diese maximale Energie, so daß $\left(1 - \frac{2A}{m_2 c_1^2}\right)$ keine sehr kleine Größe ist, so kann man mit einer Genauigkeit bis auf Größen der Ordnung $\left(\frac{m_1}{m_2}\right)^2$ in den Formeln (11,11) und (11,12) $\sin^2\vartheta$ unter der Wurzel vernachlässigen. Bei kleinerer Genauigkeit finden wir, wenn wir ebenfalls Glieder der Größenordnung $\frac{m_1}{m_2}$ vernachlässigen:

$$c_1' \cong c_1 \sqrt{1 - \frac{2A}{m_1 c_1^2}}, \tag{11,14}$$

$$\operatorname{tg}\eta \cong \frac{\sin\vartheta\left(1 - \frac{A}{m_1 c_1^2}\right)}{\sqrt{1 - \frac{2A}{m_1 c_1^2}} + \cos\vartheta\left(1 - \frac{A}{m_1 c_1^2}\right)} \tag{11,15}$$

§ 12. Statistik der Wechselwirkungen der Teilchen; die Wirkungsquerschnitte

1. Paarweise Wechselwirkungen. In jeder wirklich beobachteten elektrischen Erscheinung im Gas ereignen sich eine Menge verschiedenartiger paarweiser Wechselwirkungen zwischen den Teilchen. Unter ihnen begegnet man auch vielen gleichartigen Wechselwirkungen, zum Beispiel: Wechselwirkung zwischen einem Teilchen einer bestimmten Art und einem Teilchen einer anderen bestimmten Art, das sich in einem bestimmten i-Zustand befindet, wobei das zweite Teilchen im Ergebnis der Wechselwirkung in einen anderen Zustand (j) übergeht. Infolge solcher Wechselwirkungen können die Geschwindigkeiten beider Teilchen auf verschiedene Weise geändert werden. Sind diese Fälle zahlreich, so kann man sie mit den Methoden der Statistik untersuchen.

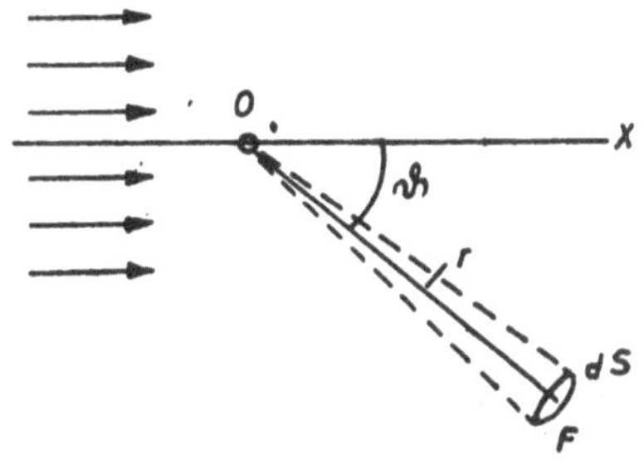

Abb. 15. Zur Berechnung des differentiellen Wirkungsquerschnitts

Hierzu stellen wir uns vor, daß eine große Zahl Teilchen der l-Art einzeln in Wechselwirkung mit je einem Teilchen der m-Art getreten ist; der Kürze halber nennen wir sie l-Teilchen und m-Teilchen. Die letzten wollen wir in Gedanken räumlich vereinen und unter Vorbehalt durch ein Teilchen ersetzen. Sämtliche einfallende l-Teilchen stellen wir uns als parallel zur Richtung der X-Achse fliegend vor. Sie sollen also ein paralleles Bündel bilden.[1]) Möge im Punkt O (Abb. 15) das Zentrum des m-Teilchens sein. Bis zur Wechselwirkung ist dieses Teilchen unbeweglich: $c_m = 0$. Auf dieses Teilchen zu bewegt sich ein Strom von l-Teilchen mit gleichen und parallelen Geschwindigkeiten c_l. Die Dichte dieses Stromes, d. h. die Zahl der Teilchen, welche eine Fläche von 1 cm² senkrecht zum Strom in 1 sec passiert, ist $\nu_l = n_l c_l$, wo n_l die Konzentration der l-Teilchen ist.

---

[1]) Das kann man sich folgendermaßen vorstellen. Jeden Fall der Wechselwirkung betrachtet man in seinem Koordinatensystem; den Koordinatenanfang wählen wir im Zentrum des m-Teilchens und die X-Achse parallel zur Anfangsgeschwindigkeit des l-Teilchens. Alle auf diese Weise erhaltenen Bilder der Wechselwirkung legen wir so, daß alle *Koordinatensysteme miteinander zusammenfallen.*

Nach der Wechselwirkung mit dem m-Teilchen wird der Strom streuen, d. h., die l-Teilchen werden sich in verschiedene Richtungen bewegen, und das m-Teilchen wird aus dem Zustand i in den Zustand j übergegangen sein. In der Entfernung r, die viel größer sein möge als alle Dimensionen, die die gegebenen Teilchen charakterisieren, wählen wir die Fläche dS, senkrecht zu r, mit dem Zentrum in F. Den Winkel FOX, den Ablenkwinkel, bezeichnen wir mit ϑ, den Raumwinkel, der sich auf die Fläche dS stützt, mit $d\omega$, wobei $d\omega = \frac{dS}{r^2} = \sin\vartheta\, d\vartheta\, d\psi$ ist, wo ψ das Azimut des Punktes F bezüglich einer gewissen konstanten Fläche durch OX ist. Der Strom der abgelenkten Teilchen dN, die sich innerhalb des Raumwinkels $d\omega$ bewegen und in 1 sec durch die Fläche dS gehen, ist proportional zu dS und $\frac{1}{r^2}$, folglich proportional zu $d\omega = \frac{dS}{r^2}$; außerdem ist er offensichtlich zur Dichte des ursprünglichen Stroms ν_l proportional. Man kann schreiben

(12,1) $$dN = \sigma \nu_l\, d\omega = \sigma n_l c_l \sin\vartheta\, d\vartheta\, d\psi.$$

Ist die Konzentration der m-Teilchen gleich n_m, so ist die Gesamtzahl derartiger Elementarprozesse in 1 cm^3 und 1 sec

(12,2) $$n_m\, dN = n_m n_l c_l \sigma\, d\omega.$$

Wenn, endlich, die m-Teilchen sich mit der Geschwindigkeit c_m bewegen, so wird in Formel (12,2) an Stelle von c_l die Relativgeschwindigkeit $c_r = |c_l - c_m|$ treten und

(12,2') $$n_m\, dN = n_l n_m\, |c_l - c_m|\, \sigma\, d\omega.$$

Hieraus ist zu sehen, daß $\sigma\, d\omega$ proportional der Wahrscheinlichkeit ist, daß ein l-Teilchen in eine Richtung abgelenkt wird, die innerhalb des Raumwinkels $d\omega$ liegt. Da dN die Dimension sec^{-1} und $\nu_l = n_l c_l$ die Dimension cm^{-2} sec^{-1} hat, so hat $\sigma\, d\omega$ die Dimension einer Fläche. Diese Größe kann von den Winkeln ϑ und ψ abhängen und außerdem von c_l und von den Eigenschaften beider Teilchen, insbesondere von den Zuständen i und j. Wir bezeichnen sie haber mit $ds_{ij}(\vartheta, \psi)$.

(12,3) $$ds_{ij}(\vartheta, \psi) = \sigma_{ij} \sin\vartheta\, d\vartheta\, d\psi.$$

Wir wollen diese Größe den *differentiellen Wirkungsquerschnitt* des m-Teilchens für den Übergang $i \rightarrow j$ *bei Streuung* der l-Teilchen *in der gegebenen Richtung* (ϑ, ψ) nennen. Ist $i = j$, d. h. ändert sich der Quantenzustand des Teilchens i nicht, so spricht man von *elastischer Streuung* der l-Teilchen. Die Größe $ds_{ij}(\vartheta, \psi)$ stellt in diesem Fall den differentiellen Wirkungsquerschnitt des m-Teilchens im i-Zustand für elastische Streuung in gegebener Richtung dar.

Der in den Formeln (12,1) und (12,2) auftretende Koeffizient σ besitzt ebenfalls die Dimension einer Fläche. Man kann ihn als differentiellen Wirkungsquerschnitt, bezogen auf die Raumwinkeleinheit, ansehen; $\sigma = \frac{ds}{d\omega}$ nennt man den *differentiellen Streuquerschnitt in der Raumwinkeleinheit*. Die Größe σ ist eine Funktion der gleichen Parameter (ϑ, ψ, c_2) und Indizes (i und j).

Integrieren wir $ds_{ij}(\vartheta, \psi)$ über ψ von 0 bis 2π, so erhalten wir eine neue Größe, die ebenfalls die Dimension einer Fläche besitzt:

(12,4) $$ds_{ij}(\vartheta) = \int_{\psi=0}^{2\pi} ds_{ij}(\vartheta, \psi) = \sin\vartheta\, d\vartheta \int_{\psi=0}^{2\pi} (\sigma)_{ij}\, d\psi\,.$$

Sie bestimmt die Wahrscheinlichkeit für die Ablenkung eines l-Teilchens in einem beliebigen Azimut um einen Winkel zwischen ϑ und $\vartheta + d\vartheta$ für den gleichen Übergang $i \rightarrow j$ am m-Teilchen. Man nennt sie *differentiellen Querschnitt* des m-Teilchens *für den Übergang* $i \rightarrow j$ bei *Streuung unter gegebenem Winkel* (ϑ).

Schließlich kann man das $ds_{ij}(\vartheta)$ über den Winkel ϑ integrieren:

$$s_{ij} = \int_0^{\pi} ds_{ij}(\vartheta) = \int_0^{\pi} \sin\vartheta \, d\vartheta \int_{\psi=0}^{2\pi} (\sigma)_{ij} \, d\psi. \tag{12,5}$$

Diese Größe nennt man *Gesamtquerschnitt* des m-Teilchens *für den Übergang* $i \rightarrow j$ *bei Stoß* des l-Teilchens. Ist $j = i$, so ergibt (12,5) s_{ii}, den Gesamtquerschnitt für elastische Streuung der l-Teilchen durch ein m-Teilchen im i-Zustand.

In der Kinetik der Elektronen im Gas spielt der sogenannte *Bremsquerschnitt* s^* der Moleküle oder *Wirkungsquerschnitt der Impulsübertragung* eine wichtige Rolle (s. § 47 und die Anmerkungen 11 und 12). Er wird auf folgende Weise durch den differentiellen Streuquerschnitt σ für die einzelnen Winkel bestimmt:

$$s^* = \int_0^{\pi} (1 - \cos\vartheta) \sin\vartheta \, d\vartheta \int_0^{2\pi} \sigma(\vartheta, \psi) \, d\psi \tag{12,6}$$

(s. [III—15; VIII—1, 2, 3, 22; IX—3]). Eine zahlenmäßige Abschätzung des Unterschieds zwischen s und s^* findet sich in der Arbeit [III—17].

In der klassischen Physik wurde der Wirkungsquerschnitt mit Hilfe detaillierter Betrachtungen des Wechselwirkungsprozesses der Teilchen berechnet. Das klassische Vorgehen bei der Berechnung der Wirkungsquerschnitte besteht in folgendem. Das Zentrum des Teilchens m sei bis zur Wechselwirkung im Punkt O (Abb. 16); wir nehmen an $c_m = 0$. Das Zentrum des Teilchens l bewege sich fern von dem Teilchen m längs der Geraden BB', der *Visierlinie*, mit der Geschwindigkeit $\mathbf{c}_l$. Die Wechselwirkung der beiden Teilchen kann man durch ihre gegenseitige potentielle Energie charakterisieren, die gewöhnlich eine monoton abnehmende Funktion ihres Abstands r ist:

$$\Pi = \Pi(r).$$

Die gegenseitige Wechselwirkung wird merklich, wenn $\Pi(r)$ mit der kinetischen Energie des l-Teilchens $\frac{m_l c_l^2}{2}$ vergleichbar wird. Das ist bei einem gewissen Wert $r = r_0$

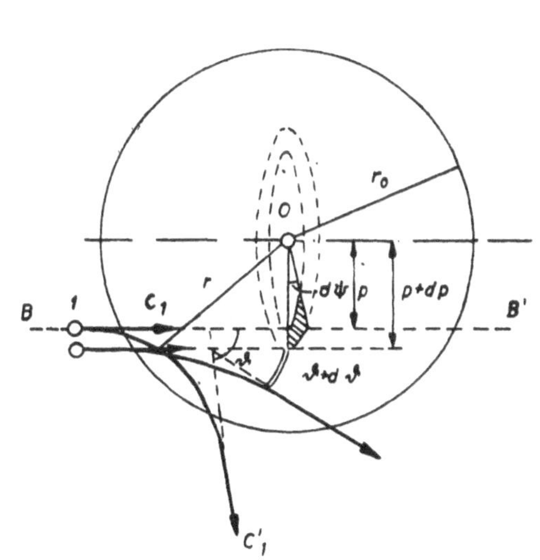

Abb. 16. Ablenkung eines bewegten Teilchens durch ein Kraftzentrum im Punkt O; r_0 ist der Wirkungsradius des Zentrums, p der Stoßparameter, r der Radiusvektor des Teilchens

der Fall; r_0 heißt *Wirkungsradius.* Er hängt von c_l ab. Bei $r < r_0$ krümmt sich die Flugbahn des Teilchens l und das Teilchen l fliegt in einer anderen Richtung, die mit der ursprünglichen den Winkel ϑ bildet, ins Unendliche. Da die Wechselwirkungskraft $F = \frac{\partial \Pi}{\partial r}$ eine Zentralkraft ist und in einer Ebene durch $\mathbf{c}_l$ und 0 liegt, so liegt die gesamte Flugbahn des l-Teilchens in eben dieser Ebene. Der Ablenkwinkel ϑ hängt bei gegebenem Wechselwirkungsgesetz von $\mathbf{c}_l$ und von der Länge der Senkrechten p von 0 auf die Visierlinie BB' ab (p heißt Stoßparameter). Diese Abhängigkeit ($\vartheta = f_1(p)$ oder umgekehrt, $p = f_2(\vartheta)$) kann aus dem Wechselwirkungsgesetz $\Pi = \Pi(r)$ gefunden werden; in jedem Falle ist $\frac{\partial \vartheta}{\partial p} < 0$, d. h. ein Teilchen mit größerem Stoßparameter, $p + dp$ wird um einen kleineren Winkel $\vartheta + d\vartheta$ abgelenkt (in diesem Fall ist $d\vartheta < 0$).

Nimmt man die Gerade, welche durch 0 parallel zu $\mathbf{c}_l$ geht, als Polarachse und bestimmt die Flugrichtung des l-Teilchens nach der Wechselwirkung durch die Polarkoordinaten ϑ und ψ (Azimut), so hängt für ein gegebenes Teilchen ϑ nur von p ab und $\psi = \text{const.}$ ist auf dem gesamten Weg von p unabhängig. Daraus folgt, daß die Flugrichtung des Teilchens nach der Wechselwirkung einfach durch sein Azimut und durch den Stoßparameter bestimmt wird, und zwar:

a) In den Raumwinkel $d\omega$ (von ϑ bis $\vartheta + d\vartheta$ und von ψ bis $\psi + d\psi$) werden diejenigen Teilchen gestreut, deren Visierlinien durch die Ebene $p\, dp\, d\psi$ gehen (auf Abb. 16 schraffiert); folglich stellt diese Ebene im gegebenen Fall den differentiellen Querschnitt dar:

$$(12{,}7) \qquad ds(\vartheta, \psi) = p\, dp\, d\psi = f_2(\vartheta)\, f_2'(\vartheta)\, d\vartheta\, d\psi\ ^{1)}.$$

b) In den Winkel von ϑ bis $\vartheta + d\vartheta$ werden alle Teilchen gestreut, deren Stoßparameter zwischen p und $p + dp$ liegt; folglich ist hier der differentielle Querschnitt der Ring, welcher durch den genannten Bereich für p begrenzt ist (auf Abb. 16 schraffiert gezeichnet):

$$(12{,}8) \qquad ds(\vartheta) = \int_{\psi=0}^{2\pi} p\, dp\, d\psi = 2\pi p\, dp = 2\pi f_2(\vartheta)\, f'_2(\vartheta)\, d\vartheta = \pi d\, [f_2(\vartheta)]^2.$$

c) Den Gesamtquerschnitt erhalten wir, wenn wir den Ausdruck (12,8) über ϑ von 0 bis π integrieren:

$$(12{,}9) \qquad s = 2\pi \int_0^{\pi} f_2(\vartheta)\, f'_2(\vartheta)\, d\vartheta = \pi \int_0^{\pi} d\, [f_2(\vartheta)]^2 = \pi\, [f^2{}_2(\pi) - f_2^2(0)].$$

Ablenkung um einen Winkel $\vartheta = \pi$ erhält man bei einem zentralen Stoß, wenn $p = 0$ ist, folglich ist $f_2(\pi) = 0$. Der Wert von $f_2(0)$ ist von dem Gesetz der zwischen den Teilchen wirkenden Kräfte abhängig.

In gewissen Fällen ergibt sich, daß $f_2(0) = \infty$ ist, d. h., daß die Wechselwirkungskräfte asymptotisch mit der Entfernung verschwinden und ihre Wirkung nur im

[1]) Da bei $dp > 0$, $d\vartheta < 0$ ist, so definieren, streng gesprochen, die Formeln (12,3) und (12,7) zwei verschiedene Größen ds, die sich voneinander durch das Vorzeichen unterscheiden. Bei allen konkreten Problemen werden ds, σ und s immer als positive Größen betrachtet.

Unendlichen verschwindend klein wird. In diesen Fällen ist der Gesamtquerschnitt $s = \infty$ [das Integral (12,9) divergiert], wenn man nicht aus irgendwelchen Überlegungen sehr große Stoßparameter (kleine Ablenkungen) verwirft und in (12,9) einen engeren Integrationsbereich wählt. Solche Beispiele sind weiter unten angeführt (§ 16).

Ein Beispiel entgegengesetzter Art, bei dem man eine scharfe Grenze findet, jenseits der eine Wechselwirkung fehlt, ist der Stoß zweier ideal elastischer Kugeln, mit dem in der klassischen kinetischen Gastheorie oft die Wechselwirkung der Gasmoleküle verglichen wird. Im Augenblick des Stoßes zweier Kugeln (Abb. 17), die sich im Punkt Q berührt haben, ist die Linie O_1E, welche zur gemeinsamen Tangente beider Kugeln tt' parallel ist, die Halbierende des Ablenkwinkels ϑ. Der Winkel zwischen dem Stoßparameter p und der die Zentren verbindenen Linie O_1O_2 beträgt $\frac{\vartheta}{2}$. Da $O_1O_2 = r_1 + r_2$ ist, wo r_1 und r_2 die Halbmesser der beiden Moleküle sind, so gilt

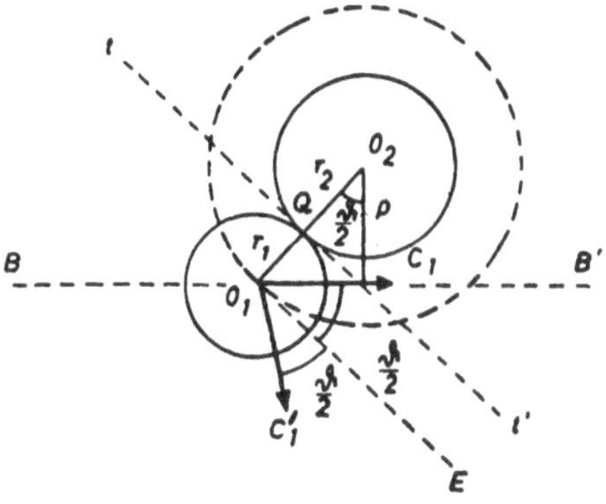

Abb. 17. Stoß elastischer Kugeln

(12,10) $$p = (r_1 + r_2) \cos \frac{\vartheta}{2}.$$

Hieraus und aus (12,7) folgt

$$ds(\vartheta,\psi) = \frac{1}{2}(r_1 + r_2)^2 \cos\frac{\vartheta}{2} \sin\frac{\vartheta}{2} d\vartheta\, d\psi = \frac{1}{4}(r_1 + r_2)^2 \sin\vartheta\, d\vartheta\, d\psi = \frac{1}{4}(r_1 + r_2)^2\, d\omega,$$

und folglich ist für beliebige ϑ und ψ

(12,11) $$\sigma = \frac{1}{4}(r_1 + r_2)^2 = \text{const.},$$

(12,12) $$ds(\vartheta) = \frac{\pi}{2}(r_1 + r_2)^2 \sin\vartheta\, d\vartheta,$$

(12,13) $$s = \frac{\pi}{2}\int_0^\pi (r_1 + r_2)^2 \sin\vartheta\, d\vartheta = \pi(r_1 + r_2)^2 = \pi r^2,$$

wo $r_0 = r_1 + r_2$ ist. Der Gesamtwirkungsquerschnitt beim Stoß elastischer Kugeln ist gleich der Fläche eines Kreises, dessen Halbmesser $r_0 = r_1 + r_2$ ist. Dieses auch unmittelbar einleuchtende Ergebnis[1]) zeigt, daß im gegebenen Fall s eine endliche Größe ist.

Dieser Umstand (endliche Größe von s) dient als Kriterium für die Anwendbarkeit des Begriffs „*Stoß*" auf die Wechselwirkung zwischen Elementarteilchen. Eine

---

[1]) Der größte Stoßparameter, bei dem noch eine Wechselwirkung zwischen den Kugeln vorkommt, ist $p_{max} = r_1 + r_2$; folglich ist die Fläche des Wirkungsquerschnitts gleich $\pi(r_1 + r_2)^2$. Dieser Schluß bezieht sich nicht nur auf den elastischen Stoß von Kugeln, sondern auch auf den unelastischen Stoß.

Wechselwirkung zweier Teilchen kann als Stoß betrachtet werden, *wenn der Gesamtwirkungsquerschnitt der Teilchen für diese Wechselwirkung endlich ist.*

2. Die Dreierwechselwirkungen. Für eine Reihe von Prozessen, die beim elektrischen Strom in Gasen vorkommen, spielen die Wechselwirkungen zwischen drei Teilchen eine wesentliche Rolle. Gewöhnlich ist das bei der Vereinigung zweier wechselwirkender Teilchen zu einem der Fall. Das dritte Teilchen fördert diese Vereinigung, indem es den Energieüberschuß der ersten beiden Teilchen übernimmt. Zu diesen Prozessen gehören: die Rekombination eines Elektrons mit einem Ion oder zweier Ionen in Anwesenheit eines dritten Teilchens, die Anlagerung eines Elektrons an ein neutrales Molekül im Dreierstoß usw. Bei vielen wichtigen Prozessen spielt die Gefäßwand die Rolle des dritten Partners (s. § 43, P. b.). Die Statistik der Dreierwechselwirkungen baut auf dem gleichen Grundsatz auf wie bei paarweiser Wechselwirkung, es gibt hier jedoch eine Reihe wesentlicher Besonderheiten.

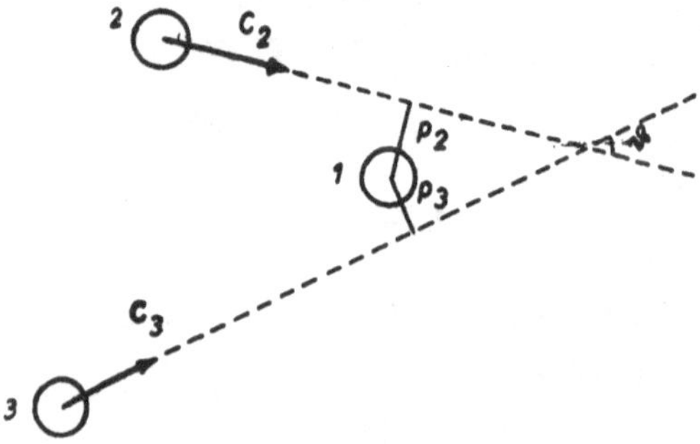

Abb. 18. Dreierwechselwirkung

Wir betrachten den Dreierstoß zwischen den Teilchen *1*, *2* und *3* nach der klassischen Methode (Abb. 18). Wir wollen annehmen, das Teilchen *1* ruhe bis zum Stoß: $c_1 = 0$. Die Geschwindigkeiten und die Stoßparameter der Teilchen *2* und *3* bezüglich des ersten bezeichnen wir mit c_2, c_3 und p_2, p_3. Damit eine Wechselwirkung zwischen allen drei Teilchen wirklich erfolgt, ist es notwendig, daß die Zeitpunkte, in denen die Teilchen *2* und *3* in nächster Entfernung vom Teilchen *1* vorbeifliegen, durch einen sehr kleinen Zeitraum τ getrennt sind. Wir nehmen analog dem Fall der paarweisen Stöße an, daß sich zwei gerichtete Ströme von Teilchen *2* und *3* auf das Teilchen *1* zu bewegen. Sie sollen miteinander den Winkel ϑ bilden. Die Zahl der Teilchen der 2. Art, die einen Stoßparameter zwischen p_2 und $p_2 + dp_2$ besitzen und an einem Teilchen *1* pro sec vorbeifliegen, beträgt

$$n_2 c_2 \, 2\pi p_2 \, dp_2 \, . \tag{12,14}$$

Die Zahl der Teilchen der 3. Art, deren Stoßparameter bezüglich desselben Teilchens *1* zwischen p_3 und $p_3 + dp_3$ liegen und die an diesem Teilchen im Zeitraum von τ bis $\tau + d\tau$ vorbeifliegen, ist

$$n_3 c_3 \, 2\pi p_3 \, dp_3 \, d\tau \, . \tag{12,15}$$

Das Produkt der Ausdrücke (12,14) und (12,15) stellt die Zahl derjenigen Dreierstöße dar, denen das Teilchen *1* pro sec ausgesetzt ist, bei denen die Teilchen *2* und *3* die obengenannten Stoßparameter besitzen und bei denen ihre Passagen am Teilchen *1* durch einen Zeitraum getrennt sind, der zwischen τ und $\tau + d\tau$ liegt. Wir wollen einen solchen Stoß (p_2, p_3, τ)-Stoß nennen. Die Gesamtzahl von (p_2, p_3, τ)-Stößen im cm^3 und pro sec beträgt:

$$n_1 n_2 n_3 c_2 c_3 \, 4\pi^2 p_2 p_3 \, dp_2 \, dp_3 \, d\tau \, . \tag{12,16}$$

Das Ergebnis eines solchen Stoßes kann eine bestimmte Änderung des Teilchenzustands sein (beispielsweise die Anlagerung des Teilchens *2* an das Teilchen *1*). Besitzen die Teilchen räumliche Symmetrie, so hängt die Wahrscheinlichkeit eines derartigen Resultats außer von c_2, c_3, p_2, p_3 und τ nur noch von dem Winkel zwischen den Vektoren $\mathbf{c}_2$ und $\mathbf{c}_3$ ab. Wenn wir diese Wahrscheinlichkeit durch $w(c_2, c_3, p_2, p_3, \vartheta, \tau)$ bezeichnen, finden wir, daß die Zahl derjenigen (p_2, p_3, τ)-Stöße im cm^3 und pro sec, die zu dem betrachteten Resultat führen,

$$dN^{tr} = n_1 n_2 n_3 c_2 c_3 \, 4\pi^2 p_2 p_3 w(c_2, c_3, p_2, p_3, \vartheta, \tau)\, dp_2\, dp_3\, d\tau \tag{12,17}$$

ist. Diesen Ausdruck kann man in der Form

$$n_1 n_2 n_3 c_2 c_3 \, ds^{tr}(c_2, c_3, p_2, p_3, \vartheta, \tau) \tag{12,18}$$

schreiben, wo

$$ds^{tr}(c_2, c_3, p_2, p_3, \tau, \vartheta) = 4\pi^2 p_2 p_3 w(c_2, c_3, p_2, p_3, \vartheta, \tau)\, dp_2\, dp_3\, d\tau \tag{12,19}$$

der differentielle Wirkungsquerschnitt für $(p_2, p_3, \tau, \vartheta)$-Stöße ist. Wenn wir diesen Ausdruck nach p_2, p_3 und τ integrieren, finden wir den Wert

$$s^{tr}(c_2, c_3, \vartheta) = 4\pi^2 \int\limits_{p_2=0}^{\infty} p_2 dp_2 \int\limits_{p_3=0}^{\infty} p_3\, dp_3 \int\limits_{-\infty}^{+\infty} w(c_2, c_3, p_2, p_3, \vartheta, \tau)\, d\tau, \tag{12,20}$$

den Gesamtquerschnitt des betrachteten Dreierstoß-Prozesses.

Zum Unterschied von den Querschnitten bei paarweisen Stößen, die von der Geschwindigkeit nur eines Teilchens abhängen (wenn das zweite Teilchen in Ruhe ist), hängt der Wirkungsquerschnitt beim Dreierstoß von den Geschwindigkeiten zweier Teilchen (c_2 und c_3) und von dem Winkel zwischen ihnen ab. Die Dimension der Größen ds und s unterscheidet sich ebenfalls von der Dimension des Querschnitts bei paarweisen Stößen; wie die Formeln (12,19) und (12,20) zeigen, ist sie $[L^4T]$ an Stelle von $[L^2]$.

In vielen Fällen bilden die Teilchen *2* und *3* keine gerichteten Ströme, sondern bewegen sich nach allen Richtungen mit gleichen Wahrscheinlichkeiten. In diesem Fall kann man die Zahl der Dreierstöße ermitteln, bei denen der Winkel zwischen $\mathbf{c}_2$ und $\mathbf{c}_3$ zwischen ϑ und $\vartheta + d\vartheta$ liegt

$$dN^{tr}(c_2, c_3, \vartheta) = n_1 n_2 n_3 c_2 c_3 s^{tr}(c_2, c_3, \vartheta) \frac{2\pi \sin\vartheta\, d\vartheta}{4\pi}.$$

Die Gesamtzahl der Dreierstöße unter beliebigen Winkeln beträgt:

$$N^{tr}(c_2, c_3) = \frac{1}{2} n_1 n_2 n_3 c_2 c_3 \int\limits_0^{\pi} s^{tr}(c_2, c_3, \vartheta) \sin\vartheta\, d\vartheta = n_1 n_2 n_3 c_2 c_3 s^{tr}(c_2, c_3), \tag{12,21}$$

wobei

$$s^{tr}(c_2, c_3) = \frac{1}{2} \int\limits_0^{\pi} s^{tr}(c_2, c_3, \vartheta) \sin\vartheta\, d\vartheta = \tag{12,22}$$

$$= 2\pi^2 \int\limits_0^{\pi} \sin\vartheta\, d\vartheta \int\limits_0^{\infty} p_2\, dp_2 \int\limits_0^{\infty} p_3\, dp_3 \int\limits_{-\infty}^{+\infty} w(c_1, c_2, p_2, p_3, \vartheta, \tau)\, d\tau$$

der Mittelwert von $s^{tr}(c_2, c_3, \vartheta)$ über alle Richtungen gemittelt ist.

Oft wird anstatt $s^{tr}(c_2, c_3)$ die Größe $Q^{tr} = c_3 s^{tr}$ betrachtet. Wenn man an Stelle von τ eine neue Veränderliche $x = c_3 \tau$ einführt, kann man nach (12,22) schreiben:

$$(12,23) \qquad Q^{tr} = c_3 s^{tr} = 2\pi^2 \int_0^{\pi} \sin \vartheta \, d\vartheta \int_0^{\infty} p_2 \, dp_2 \int_0^{\infty} p_3 \, dp_3 \int_{-\infty}^{+\infty} w\left(c_2, c_3, p_2, p_3, \vartheta, \frac{x}{c_3}\right) dx.$$

Läßt man die Geschwindigkeitsänderung des Teilchens *3* während der Wechselwirkung außer acht, so ist x die Weglänge, die das Teilchen *3* in der Zeitspanne zwischen seiner größten Annäherung und der des Teilchens *2* an das Teilchen *1* durchlaufen hat.

Zur groben Abschätzung der Größe des Wirkungsquerschnitts für einen Dreierstoß verfährt man manchmal folgendermaßen: Man nimmt an, das $w\left(c_2, c_3, p_2, p_3, \vartheta, \frac{x}{c_3}\right) = 1$ ist, wenn $p_2 < p_{2\max}$, $p_3 < p_{3\max}$ und $|x| < x_{\max}$ ist und umgekehrt $w = 0$ ist, wenn auch nur eine der Größen p_2, p_3 oder x jenseits dieser Schranken liegt. Dann ist

$$(12,24) \qquad Q^{tr} = 2\pi^2 p_{2\max}^2 \, p_{3\max}^2 \, x_{\max}.$$

Ein derartiges Vorgehen entspricht der Betrachtung der stoßenden Teilchen als feste Kugeln; die Formel (12,24) ist analog der Formel (12,13) für paarweise Stöße.

Kann man die Bewegung der Teilchen *1* nicht unberücksichtigt lassen ($c_1 \neq 0$), so treten in sämtlichen Formeln an Stelle von c_2 und c_3 die relativen Geschwindigkeiten $c_{2r} = |\mathbf{c}_2 - \mathbf{c}_1|$ und $c_{3r} = |\mathbf{c}_3 - \mathbf{c}_1|$. Beispielsweise nimmt dann die Formel (12,21) folgende Gestalt an:

$$(12,21') \qquad N(c_{2r}, c_{3r}) = n_1 n_2 n_3 \cdot |\mathbf{c}_2 - \mathbf{c}_1| \cdot |\mathbf{c}_3 - \mathbf{c}_1| \cdot s^{tr}(|\mathbf{c}_2 - \mathbf{c}_1|, |\mathbf{c}_3 - \mathbf{c}_1|).$$

§ 13. Die quantenmechanische Methode zur Berechnung der Wirkungsquerschnitte

Die Wellenmechanik, die auf eine detaillierte Beschreibung der Wechselwirkungsprozesse zwischen den Teilchen verzichtet, zeigt einen anderen Weg zur Berechnung der Wirkungsquerschnitte der Teilchen für die verschiedenen Prozesse. Dieser Weg besteht in der Untersuchung der Wellengleichung des Systems der wechselwirkenden Teilchen und der Bestimmung der Amplitude der mit den gegebenen Teilchen verbundenen Wellen, fern von dem Ort ihrer Wechselwirkung.

1. Die Wechselwirkung leichter Teilchen mit Atomen; erste Näherung. Betrachten wir den für die Elektrodynamik der Gase wichtigsten Fall: die Wechselwirkung eines leichten, bewegten, geladenen Teilchens, eines Elektrons oder leichten Ions, mit einem Atom. Da $m_g \gg m$ ist, wollen wir das Atom als in Ruhe betrachten. Bis zur Einwirkung des Teilchens befand sich das Atom im Zustand i (der nicht unbedingt ein unangeregter Zustand zu sein braucht). Das gesamte System wird durch den Operator der Energie gekennzeichnet, die aus drei Komponenten besteht:

1. Aus der Energie des Atoms, die durch die Kernladungszahl Z und die Anordnung (die Radiusvektoren $\mathbf{r}_1, \mathbf{r}_2, \ldots, \mathbf{r}_Z$) aller Z-Elektronen des Atoms bestimmt wird; diesen Operator bezeichnen wir mit $H^a(\mathbf{r}_1, \mathbf{r}_2, \ldots, \mathbf{r}_g)$, seine Eigenwerte mit W_i^a ($i = 0, 1, 2, \ldots$);

2. aus der kinetischen Energie des bewegten Teilchens $K_1 = \frac{1}{2} m c_1^2$; die Wellenzahl ist $k_1 = \frac{2\pi}{h} m c_1 = \frac{2\pi\sqrt{2mK_1}}{h}$ der Energieoperator $H^e = -\frac{h^2}{8\pi^2 m}\nabla_e^2$;

3. aus der Wechselwirkungsenergie des Teilchens mit dem Atom $\Pi(\boldsymbol{r}_e, \boldsymbol{r}_1, \boldsymbol{r}_2, \ldots, \boldsymbol{r}_Z)$.[1])

Die Gesamtenergie W des gesamten Systems bleibt unverändert. Die Wellengleichung des Systems Atom + äußeres Teilchen schreiben wir in der Form

(13,1)
$$\left(H^a - \frac{h^2}{8\pi^2 m}\nabla_e^2 + \Pi\right)\Psi = W\Psi.$$

Die Wellenfunktion Ψ des Systems wollen wir aufsuchen als Summe der Produkte der Wellenfunktionen des Atoms ψ_j^a und des geladenen Teilchens ψ_{ij}^e, die den verschiedenen Zuständen des Atoms nach dem Stoß entsprechen.[2])

(13,2)
$$\Psi = \sum_j \psi_j^a \psi_{ij}^e$$

Physikalisch entspricht das j-Glied dieser Summe der Gesamtheit des Atoms, das in den j-Zustand übergegangen ist und des Teilchens, welches diesen Übergang hervorgerufen hat und dabei die Energie $W_j^a - W_i^a$ verbrauchte und daher eine neue Wellenzahl k_{ij} besitzt. Das Glied der betrachteten Summe, $\psi_i^a \psi_{ij}^e$, für welches $j = i$ ist, beschreibt den Fall, bei welchem weder das Atom noch das Teilchen seine Energie geändert hat; das kann das Ergebnis einer elastischen Wechselwirkung des Teilchens mit dem Atom oder des Fehlens jeglicher Wechselwirkung sein. Die restlichen Glieder der Summe entsprechen den verschiedenen Arten unelastischer Wechselwirkungen. Es ist offenbar, daß die Funktion ψ_{ii}^e in genügend großem Abstand vom Atom die Summe zweier Teilchenströme darstellen muß:

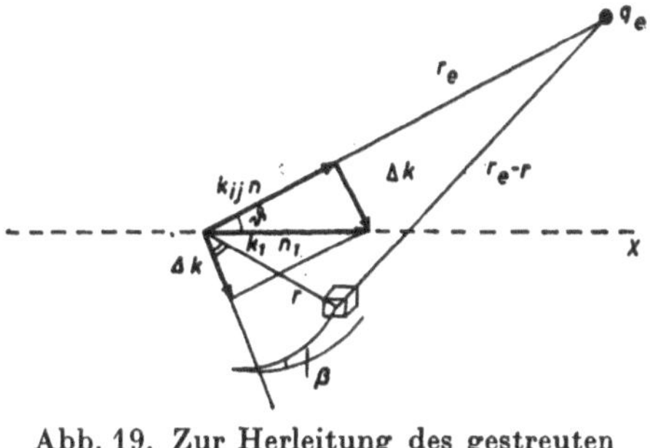

Abb. 19. Zur Herleitung des gestreuten Teilchenstroms

1. des ursprünglichen Stroms, der parallel zur X-Achse (Abb. 19) liegt und durch die ebene Welle $e^{ik_1 x_e} = e^{ik_1 \boldsymbol{n}_1 \boldsymbol{r}_e}$ gekennzeichnet wird ($\boldsymbol{n}_1$ ist der Einheitsvektor in Richtung der X-Achse; die auffallende Welle ist so normiert, daß die Teilchendichte in ihr gleich 1 cm^{-3} ist, und darum ist die Amplitude gleich 1 gewählt);

2. des Stroms der elastisch gestreuten Teilchen, die durch eine auseinanderlaufende Kugelwelle der Form: $f_{ii}(\vartheta, \psi)\frac{e^{ik_1 r_e}}{r_e}$ dargestellt wird, wobei $\frac{1}{r_e} f_{ii}(\vartheta, \psi)$

[1]) Der Index e an den Größen ψ, q, $\boldsymbol{r}$ und anderen in diesem und den folgenden Kapiteln deutet ihre Beziehung zum äußeren Teilchen, das auf das Atom zufliegt, an.

[2]) Erfaßt man neben dem diskreten Eigenwertspektrum der Energie des Atoms auch das kontinuierliche Spektrum, so ist zu der Summe (13,2) noch das Integral über dieses kontinuierliche Spektrum hinzuzufügen.

die Wellenamplitude im Abstand r_e von dem Atom, in der durch die Winkel ϑ und ψ bestimmten Richtung ist

$$(\psi_{ii}^e)_{r\to\infty} \to e^{ik_1 x_e} + f_{ii}(\vartheta, \psi)\frac{1}{r_e}e^{ik_1 r_e}. \tag{13,3}$$

Die restlichen Funktionen $\psi_{ij}^e\,(j \neq i)$ bestimmen die Wahrscheinlichkeit, ein Teilchen mit veränderter Energie anzutreffen; sie fehlen im primären Bündel und erscheinen nur im Ergebnis der unelastischen Streuung. Daher muß $\psi_{ij}^e\,(j \neq i)$ fern vom Atom gänzlich zu einer auseinanderlaufenden Kugelwelle werden

$$(\psi_{ij}^e)_{r\to\infty} \to \frac{1}{r_e} f_{ij}\,(\vartheta, \psi)\, e^{ik_{ij} r_e}. \tag{13,3'}$$

Die Größe $[(\psi_{ij}^e)(\psi_{ij}^e)^*] = \frac{1}{r_e^2}|f_{ij}\,(\vartheta, \psi)|^2$ ist die Dichte $n_{ij}\,(r, \vartheta, \psi)$ der Teilchen, die den Übergang des Atoms aus dem i-Zustand in den j-Zustand in der Nähe des Punktes mit den Koordinaten (r, ϑ, ψ) hervorgerufen haben. Die Stromdichte der Teilchen beträgt $\nu = nc = \frac{hk}{2\pi m}\cdot n$. Deshalb ist in der primären Welle $\nu_1 = \frac{hk_1}{2\pi m}$, in der gestreuten Welle $\nu = \frac{hk_{ij}}{2\pi m r_e^2}|f_{ij}|^2$.

Zufolge der Definition des Wirkungsquerschnitts der Streuung in die Raumwinkeleinheit σ (s. [12,1]) finden wir

$$\sigma_{ij}\,(\vartheta, \psi) = \frac{\nu r_e^2}{\nu_1} = \frac{k_{ij}}{k_1}|f_{ij}|^2. \tag{13,4}$$

Darum erfordert die Berechnung des Wirkungsquerschnitts der Wechselwirkung die Bestimmung von $f_{ij}\,(\vartheta, \psi)$.

Eine strenge Lösung der Form (13,2) zu finden, welche die Gleichung (13,1) und die Bedingungen (13,3) befriedigt, ist schwierig; diese Aufgabe wird vielmehr durch Näherungsmethoden gelöst. Eine eingehende Darlegung dieser Methode geht über den Rahmen dieses Buches hinaus. Es gibt darüber eine umfangreiche Literatur, u. a. eine Reihe Übersichten [III — 2, 3, 5] und eine spezielle Monographie [III — 4]; deshalb beschränken wir uns lediglich auf eine flüchtige Skizzierung einiger Methoden. In erster Linie verweilen wir bei der Methode von Born [III — 1] in der Form, die sie im weiteren [III — 6, 7] erhalten hat.

Wir setzen die vermutete Lösung (13,2) in Gleichung (13,1) ein. Da die Eigenfunktionen des Atoms ψ_j^a die Gleichung

$$H^a \psi_j^a = W_j^a \psi_j^a \tag{13,4'}$$

befriedigen, so finden wir nach dem Einsetzen, unter Berücksichtigung der letzten Gleichung:

$$\sum_j \psi_j^a\left[\frac{h^2}{8\pi^2 m}\nabla_e^2 + W - W_j^a\right]\psi_{ij}^e = \Pi\Psi. \tag{13,5}$$

Wir multiplizieren diese Gleichung mit $(\psi_k^a)^*$ und integrieren nach den Koordinaten aller Z-Elektronen des gegebenen Atoms $x_1, y_1, z_1, x_2, \ldots, x_z, y_z, z_z$, die den Zustand des Atoms bestimmen (bezeichnen wir diese Operation abgekürzt mit $\int\limits_a dV_a$). Auf Grund der Orthogonalität und der Normierung der Funktion ψ_j^a ist

$$\int\limits_{(a)} (\psi_k^a)^* \psi_j^a \, dV_a = \delta_{kj} = \begin{cases} 1 & \text{für } j = k\,, \\ 0 & \text{für } j \neq k\,. \end{cases}$$

Deshalb führt (13,5) nach der dargelegten Operation auf das Gleichungssystem

(13,6) $$\left(\frac{h^2}{8\pi^2 m} \nabla_e^2 + W - W_j^a\right) \psi_{ij}^e = + \int \Pi \Psi \, (\psi_j^a)^* \, dV_a \; (j = 0, 1, 2, \ldots).$$ [1]

Da $\Pi(\infty) = 0$ ist, so verschwindet der erste Teil von (13,6) für $r_e \to \infty$. Folglich befriedigt ψ_{ij}^e fern vom Atom die Gleichung

$$\left(\frac{h^2}{8\pi^2 m} \nabla_e^2 + W - W_j^a\right) \psi_{ij}^e = 0.$$

Das ist die Gleichung freier bewegter Teilchen mit der kinetischen Energie $K = W - W_j^a$, dem Impuls $\sqrt{2\,\mathrm{m}\,(W - W_j^a)}$ und der Wellenzahl

$$k = 2\,\pi \frac{\sqrt{(2m(W - W_j^a)}}{h}.$$

Da in ψ die gesuchte Funktion ψ_{ij}^e eingeht, ist (13,6) eine Integrodifferntialgleichung. Um ihre angenäherte Lösung zu finden, ersetzt man nach der Methode von BORN im rechten Teil die Funktion Ψ durch ihre nullte Näherung, welche dem Fehlen einer Wechselwirkung zwischen Atom und Teilchen entspricht

(13,7) $$\Psi \cong \psi_i^a \, e^{ik_1 n_1 r_e}.$$

Dann geht (13,6) über in

(13,8) $$\nabla_e^2 \psi_{ij}^e + k_{ij}^2 \psi_{ij}^e = + \frac{8\pi^2 m}{h^2} e^{ik_1 n_1 r_e} \int\limits_{(a)} (\psi_j^a)^* \, \Pi \psi_i^a \, dV_a = \frac{8\pi^2 m}{h^2} \Pi_{ij}(r_e) \, e^{ik_1 n_1 r_e},$$

wobei

(13,9) $$\Pi_{ij} = \int\limits_{(a)} (\psi_j^a)^* \, \Pi \psi_i^a \, dV_a$$

das Element der Wechselwirkungsmatrix $\|\Pi\|$ ist, welches dem Übergang des Atoms aus dem i-Zustand in den j-Zustand bei der Wechselwirkung mit dem betrachteten Teilchen entspricht.

Gleichungen der Form (13,8) sind gut bekannt. Zu ihnen gehört beispielsweise die aus der allgemeinen Elektrodynamik bekannte Gleichung für die Amplitude des skalaren Potentials φ_0 im elektromagnetischen Wechselfeld

$$\nabla^2 \varphi_0 + k^2 \varphi_0 = -4\pi \varrho_0\,,$$

[1]) Wir können zu der ursprünglichen Bezeichnung des Index mit j zurückkehren, da in Formel (13,6) ein Index übrigbleibt.

wo ϱ_0 die Amplitude der elektrischen Ladungsdichte ist. Die Gleichung hat eine die Bedingung (13,3) befriedigende Lösung der Form

$$\varphi_0 = \int\limits_{V'} \frac{\varrho_0(r')\, e^{ik|r-r'|}}{r - r'}\, dV'.$$

Das Integral ist über den gesamten Raum, in dem die Ladung $\varrho_0(\boldsymbol{r}')$ angeordnet ist, zu erstrecken. Physikalisch ist die Lösung eine Anwendung des Satzes von der Superposition der Wellen: ϱ_0 stellt die Superposition einer großen Anzahl von Elementarwellen dar, die von den einzelnen Ladungselementen $\varrho_0(r')\, dV'$ ausgehen. Die analoge Lösung der Gleichung (13,8) kann geschrieben werden:

(13,10) $$\psi_{ij}^e = -\frac{2\pi m}{h^2} \int\limits_{(a')} \frac{e^{ik_{ij}|r_e - r'|}}{|\boldsymbol{r}_e - \boldsymbol{r}'|}\, e^{ik_1 n_1 r'}\, \Pi_{ij}(\boldsymbol{r}')\, dV'_a .$$

wobei das neue Integral über den ganzen Raum zu erstrecken ist, in dem Π_i einen merklichen Wert besitzt.

Unmittelbar durch das Experiment können nur Lösungen geprüft werden, welche die Elektronenbewegungen in Abständen charakterisieren, die mehrfach größer sind als die Abmessungen der streuenden Atome. Deshalb wollen wir uns mit der Bestimmung des asymptotischen Ausdrucks von ψ für $r_e \to \infty$ begnügen.

Wenn wir den Einheitsvektor in der Richtung $\boldsymbol{r}_e$ (wir bezeichnen ihn mit $\boldsymbol{n}$) einführen, können wir schreiben, wenn $r \gg r'$, so ist $|\boldsymbol{r}_e - \boldsymbol{r}'| \cong \boldsymbol{r}_e - \boldsymbol{r}'\boldsymbol{n}$. Wir vernachlässigen das Glied $\boldsymbol{r}'\boldsymbol{n}$ im Nenner, das im Vergleich zu $\boldsymbol{r}_e$ sehr klein ist und finden

(13,10') $$\psi_{ij}^e = -\frac{2\pi m}{h^2} \cdot \frac{e^{ik_{ij} r_e}}{r_e} \int\limits_{(a')} e^{i(k_1 n_1 - k_{ij} n) r'}\, \Pi_{ij}(\boldsymbol{r}')\, dV'_a,$$

wo

(13,11) $$\Delta k = k_1 \boldsymbol{n}_1 - k_{ij} \boldsymbol{n}$$

die Änderung (Abnahme) der Bewegungsgröße des auffallenden Teilchens charakterisiert (vgl. Abb. 19).

Vergleichen wir (13,10) mit (13,3'), so finden wir

(13,12) $$f_{ij}(\vartheta, \psi) = -\frac{2\pi m}{h^2} \int\limits_{(a')} \Pi_{ij}(\boldsymbol{r}')\, e^{i\Delta k r'} dV'_a .$$

Sind die Kräfte, welche zwischen dem Atom und dem sich bewegenden Teilchen wirken Zentralkräfte, so sind die $\Pi_{ij}(\boldsymbol{r})$ nur Funktionen des Abstands (r). Dann kann man (13,12) auf folgende Form bringen (s. Anmerkung 2 am Ende des Buches)

(13,13) $$f_{ij}(\vartheta, \psi) = -\frac{8\pi^2 m}{h^2} \int\limits_0^\infty \Pi_{ij}(r)\, \frac{\sin(\Delta k r)}{\Delta k r}\, r^2\, dr.$$

Diese Formeln lösen auch die gestellte Aufgabe in erster Näherung und genügend allgemeiner Form.

Eine weitere Analyse erfordert die Ermittlung der Form der Funktion $\Pi_{ij}(r)$. Um dieses Matrixelement zu berechnen, ist es notwendig, ein bestimmtes Gesetz für die Wechselwirkung vorzugeben. Da hier die Wechselwirkung eines Atoms mit einem geladenen Teilchen betrachtet wird, so ist $\Pi = q_e \varphi(\boldsymbol{r}_e)$, wo q_e die Ladung des Teilchens $\varphi(\boldsymbol{r}_e)$ das Potential des Feldes des Atoms im Punkt $(\boldsymbol{r}_e)$ ist:

$$\varphi(\boldsymbol{r}_e) = \frac{Z \cdot e_0}{r_e} - e_0 \sum_{k=1}^{Z} \frac{1}{|\boldsymbol{r}_e - \boldsymbol{r}_k|}. \tag{13,14}$$

Hier drückt das erste Glied das Potential des Atomkernfeldes aus, das zweite das Potential des Feldes der Elektronenhülle des Atoms, das sich aus den Feldern aller Z-Elektronen zusammensetzt. Wenn wir (13,14) in (13,9) einsetzen, finden wir nach Umformung:

$$\Pi_{ij} = \frac{Z e_0 q_e}{r_e} \delta_{ij} - e_0 q_e \int\limits_{(a'')} \frac{G_{ij}(\boldsymbol{r}'')\, dV''_a}{|\boldsymbol{r} - \boldsymbol{r}''|}, \tag{13,15}$$

wo $e_0 G_{ij}$ das Matrixelement der Ladungsdichte ist, das dem Übergang $i \to j$ entspricht (s. Anmerkung 2).

Weiterhin ergibt sich, wenn man dieses Ergebnis in (13,13) einsetzt,

$$f_{ij}(\vartheta, \psi) = -\frac{8\pi^2 m}{h^2} \frac{e_0 q_e}{|\Delta k|^2} \left[Z\delta_{ij} - 4\pi \int\limits_0^\infty G_{ij}(r) \frac{\sin(\Delta k r)}{\Delta k r} r^2\, dr \right]. \tag{13,16}$$

Die Größe

$$F_{ij} = 4\pi \int\limits_0^\infty G_{ij}(r) \frac{\sin(\Delta k r)}{\Delta k r} r^2\, dr \tag{13,17}$$

nennt man den *Atomfaktor;* sie hängt sowohl von der betrachteten Änderung des Atomzustands (d. h. von dem Übergang $i \to j$), als auch von der Änderung des Teilchenimpulses ab.

Kehren wir zu dem Ausdruck für den Wirkungsquerschnitt (13,4) zurück, setzen in ihn (13,16) ein und ersetzen k_{ij} und k durch ihre Werte, so finden wir endgültig

$$[\sigma(\vartheta, \psi)]_{ij} = \left(\frac{2 e_0 q_e}{m |\boldsymbol{c}_1 - \boldsymbol{c}_{ij}|^2} \right) \frac{c_{ij}}{c_1} (Z\delta_{ij} - F_{ij})^2. \tag{13,18}$$

Diese Formel für den Wirkungsquerschnitt der Wechselwirkung beim Übergang des Atoms aus dem i-Zustand in den j-Zustand ist als erste Näherung zu betrachten, da bei der Berechnung die Vereinfachung (13,7) gemacht wurde. Sie entspricht der Annahme, daß die einfallende Welle durch das streuende Atom nur schwach gestört wird. Ungeachtet ihres sehr angenäherten Charakters, gestatten die oben gemachten Ausführungen doch einige Folgerungen von allgemeinem Wert.

Eine dieser Folgerungen ergibt sich aus Formel (13,13). Betrachten wir den Fall $\Delta k \to 0$, der die Ablenkung des streuenden Teilchens um einen kleinen Winkel mit geringem Geschwindigkeitsverlust bedeutet. Damit der Wirkungsquerschnitt hierbei endlich bleibt, genügt es, wie die Formel (13,13) zeigt, daß Π_{ij} für $r \to \infty$ rascher gegen Null geht als $\frac{1}{r^3}$; für $r \to 0$ muß Π_{ij} endlich bleiben.

2. **Eine strengere Lösung („Methode der verzerrten Wellen“).** Die oben gefundenen Formeln (13,10)—(13,13) und (13,16)—(1318) stellen lediglich eine erste Näherung an die strenge Lösung der Aufgabe, die Wechselwirkung eines leichten Teilchens mit einem Atom zu berechnen, dar. Um höhere Grade der

Näherung nach der Methode von BORN zu finden, muß man in die Ausgangsgleichungen (13,6) für Ψ den Ausdruck (13,2) einsetzen, wo alle ψ^e_{ij} durch ihre ersten Näherungen (13,10′) ersetzt sind. Die Lösung des erhaltenen Gleichungssystems ergibt die zweite Näherung für ψ^e_{ij}, welche ihrerseits in (13,2) und (13,6) eingesetzt werden kann, um die dritte Näherung zu erhalten usw. (s. beispielsweise [III – 8, 9]).

Es wurde gezeigt [III – 9], daß die erste Näherung anwendbar ist im Falle schneller Teilchen, deren Geschwindigkeit viel größer ist, als die Geschwindigkeit der mit ihnen wechselwirkenden Atomelektronen. Die weiteren Rechnungen, schon für die zweite Näherung, werden sehr umfangreich. Deshalb ist es bequemer, eine andere Methode zur Lösung der Aufgabe zu benutzen, die darauf beruht, daß (13,7) durch eine bessere Näherung (III – 10) ersetzt wird. Die Gleichungen (13,6)

$$\nabla^2_e \psi^e_{ij} + k^2_{ij} \psi^e_{ij} = \frac{8\pi^2 m}{h^2} \int\limits_{(a)} \Pi \Psi (\psi^a_j)^* \, dV_a$$

nehmen, wenn man in ihnen $\Psi = \sum_k \psi^a_k \psi^e_{ik}$ setzt, die Form

$$\nabla^2_e \psi^e_{ij} + k^2_{ij} \psi^e_{ij} = \frac{8\pi^2 m}{h^2} \sum_k \psi^e_{ik} \Pi_{kj}(\boldsymbol{r}_e) \tag{13,19}$$

an. Setzt man im rechten Teil $\psi^e_{ii} = e^{ik_1 n_1 r_e}$ (ungestört einfallende Welle) und alle übrigen $\psi^e_{ik} = 0$ $(i \neq k)$, so erhält man die erste Näherung von BORN. Eine bessere Näherung kann man finden, wenn man im rechten Teil außer $\psi^e_{ii} \Pi_{ij}(r_e)$ auch die Diagonalglieder berücksichtigt; dann geht das Gleichungssystem (13,6) über in

$$\left[\nabla^2_e + k^2_{ii} - \frac{8\pi^2 m}{h^2} \Pi_{ii}\right] \psi^e_{ii} = 0 . \tag{13,20}$$

$$\left[\nabla^2_e + k^2_{ij} - \frac{8\pi^2 m}{h^2} \Pi_{jj}\right] \psi^e_{ij} = \frac{8\pi^2 m}{h^2} \Pi_{ij} \psi^e_{ij} . \tag{13,21}$$

Die Gleichung (13,21) ist für sämtliche Werte von j richtig, außer für $j = i$. Die Funktion ψ^e_{ii}, die durch Gleichung (13,20) bestimmt wird und bei $r \rightarrow \infty$ die asymptotische Form (13,3) annimmt, charakterisiert die elastische Streuung der Teilchen durch ein Atom im i-Zustand. Eine Methode, diese Funktion zu finden, die strenger ist als die Methode von BORN, ist im § 17,2 beschrieben. Wir bezeichnen diese Funktion mit $F_{ii}(r, \vartheta)$[1]) und setzen sie in den rechten Teil der Gleichung (13,21) ein. Eine analoge Lösung der Gleichung (13,21) ohne den rechten Teil bezeichnen wir mit $F_{ij}(r, \vartheta)$. Dann nimmt die Lösung der gesamten Gleichung (13,21), welche im unendlichen ebenfalls die Bedingung (13,3) befriedigt, die asymptotische Form

$$(\psi_{ij})_{r\to\infty} = -\frac{2\pi m}{h^2} \cdot \frac{e^{ik_{ij}r}}{r} \int\limits_{(a')} \Pi_{ij}(r') \, F_{ii}(r', \vartheta') \, F_{ij}(r', \pi - \Theta) \, dV'_a \tag{13,22}$$

---

[1]) Hier und in den weiteren Formeln ist der Index e, der das streuende Teilchen kennzeichnet, weggelassen.

an, wo

$$\cos\Theta = \cos\vartheta\cos\vartheta' + \sin\vartheta\sin\vartheta'\cos(\psi - \psi')$$

ist. Folglich ist

$$(13{,}23)\qquad f_{ij}(\vartheta) = -\frac{2\pi m}{h^2}\int\limits_{(a')} \Pi_{ij}(r')\,F_{ii}(r',\vartheta')\,F_{ij}(r',\pi-\Theta)\,dV'_a.$$

Hieraus finden wir für den Querschnitt in der Raumwinkeleinheit

$$(13{,}24)\qquad \sigma_{ij}(\vartheta) = \frac{k_{ij}}{k_1}\cdot\frac{4\pi^2 m^2}{h^4}\left[\int\limits_{(a')} \Pi_{ij}(r')\,F_{ii}(r',\vartheta')\,F_{ij}(r',\pi-\Theta)\,dV'_a\right]^2.$$

Diese Formel, die genauer ist als die Formel (13,18), ist auf die Streuung schneller wie auch langsamer Teilchen anwendbar. Ersetzt man $F_{ii}(r,\vartheta)$ und $F_{ij}(r,\vartheta)$ in (13,22)—(13,24) durch die Ausdrücke unverzerrter ebener Wellen $e^{ik_1 n_1 r}$ und $e^{ik_{ij} n r}$, so führt das auf die Formel (13,18). Folglich besteht die Besonderheit der beschriebenen Methode darin, daß sie die Verzerrung sowohl der einfallenden als auch der durch das Atomfeld gestreuten Welle mit erfaßt, weshalb sie auch die Bezeichnung „Methode der verzerrten Wellen" erhalten hat.

3. Die Wechselwirkung zweier Teilchen mit vergleichbarer Masse. Bei der Wechselwirkung zweier Atome oder eines Atoms und eines Ions mit Massen, die miteinander vergleichbar sind, darf man keines der Teilchen als während des gesamten Wechselwirkungsprozesses ruhend betrachten, wie es oben vorausgesetzt worden ist. Die oben erhaltenen Formeln und der gesamte Rechnungsgang können erhalten bleiben, wenn man von dem einen Teilchen (dem Ion, dem anderen Atom) annimmt, daß es seinen inneren Zustand im Wechselwirkungsprozeß nicht verändert (d. h., daß man es als Elementarteilchen betrachtet) und wenn man, wie im § 11, die gesamten Ausführungen auf ein Koordinatensystem $\tilde{S}$ bezieht, das mit dem Schwerpunkt beider Teilchen verbunden ist. In diesem Koordinatensystem wird $\tilde{f}_{ij}(\vartheta,\psi)$ wie früher durch die Formel (13,12) ausgedrückt, wo m durch $\mu = \frac{m_1 m_2}{m_1 + m_2}$, k_1 durch $\tilde{k}_1 = \frac{2\pi\mu c_r}{h}$, k_{ij} durch $\frac{2\pi}{h}\sqrt{2\mu\left(\frac{1}{2}\mu\, c_r^2 + W_i - W_j\right)}$ ersetzt ist. Ist das unveränderliche Teilchen ein Ion und kann man das Wechselwirkungsgesetz (13,14) darauf anwenden, so bleibt die Formel (13,18) für den Wirkungsquerschnitt ebenfalls mit einer entsprechenden Änderung

$$(13{,}25)\qquad \tilde{\sigma}_{ij}(\tilde{\vartheta}) = \frac{2e_0 q_e}{\mu\,|\mathbf{c}_{r1} - \mathbf{c}_{rij}|^2}\cdot\frac{c_{rij}}{c_{r1}}\,(Z\delta_{ij} - \tilde{F})^2$$

erhalten. Der Übergang von diesem Koordinatensystem zum System S, relativ zu dem das eine Teilchen am Anfang ruhte ($c_2 = 0$), kann auf Grund der Beziehung

$$(13{,}26)\qquad \tilde{\sigma}(\tilde{\vartheta})\sin\tilde{\vartheta}\,d\tilde{\vartheta} = \sigma(\vartheta)\sin\vartheta\,d\vartheta$$

vollzogen werden. Die Winkel $\tilde{\vartheta}$ und ϑ sind miteinander durch die Formel (h) der Anmerkung 1 verbunden.

§ 14. Direkte Prozesse und Umkehrprozesse; das detaillierte Gleichgewicht

1. Jedem Elementarprozeß in den von uns betrachteten Erscheinungen kann ein umgekehrter Elementarprozeß gegenübergestellt werden, der folgendermaßen

definiert wird. Am direkten Prozeß ($i \to j$) seien die Teilchen $A_1, A_2, \ldots, A_m$ mit Anfangsgeschwindigkeiten zwischen $\mathbf{c}_1$ und $\mathbf{c}_1 + d\mathbf{c}_1$, $\mathbf{c}_2$ und $d\mathbf{c}_2 + d\mathbf{c}_2$, ..., $\mathbf{c}_m$ und $\mathbf{c}_m + d\mathbf{c}_m$ und Quantenenergien $W_1, W_2, \ldots, W_m$ beteiligt; diese Teilchengesamtheit mit vorgegebenen Geschwindigkeiten und Energien wollen wir das System i nennen. Im Ergebnis eines Elementarprozesses (elastischer Stoß, Anregung, Ionisation, Dissoziation usw.) entsteht ein neues Teilchensystem (System j), welches aus den Teilchen $B_1, B_2, \ldots, B_n$ mit Geschwindigkeiten zwischen $\mathbf{c}'_1$ und $\mathbf{c}'_1 + d\mathbf{c}'_1$, $\mathbf{c}'_2$ und $\mathbf{c}'_2 + d\mathbf{c}'_2, \ldots, \mathbf{c}'_n$ und $\mathbf{c}'_n + d\mathbf{c}'_n$ und den Quantenenergien W'_1, $W'_2, \ldots, W'_n$ besteht. Einige dieser Teilchen B oder sogar alle Teilchen können sich von den Teilchen A nur durch die Energie und die Bewegungsrichtung unterscheiden; im allgemeinen aber können sich bei dem Elementarprozeß auch die Art und die Zahl der Teilchen verändern (Ionisation, Dissoziation).[1]

Als *Umkehrprozeß* ($j \to i$) bezeichnen wir einen Elementarprozeß, bei dem das Teilchensystem j in das System i übergeht. Wir bezeichnen das statistische Gewicht (die a-priori-Wahrscheinlichkeiten) der gegebenen Zustände der Teilchen A durch $g_1, g_2, \ldots, g_m$, das Gewicht der Zustände der Teilchen B durch $g'_1, g'_2, \ldots, g'_n$. Endlich bezeichnen wir die Wahrscheinlichkeit für den direkten Prozeß ($i \to j$) mit w_{ij}, die für den Umkehrprozeß mit w_{ji}. Zwischen diesen Größen besteht die Beziehung

$$g_1 g_2 \cdots g_m \cdot w_{ij} = g'_1 g'_2 \cdots g'_n \cdot w_{ji}. \tag{14,1}$$

Sind speziell die statistischen Gewichte der Systeme i ($g_1, g_2, \ldots, g_m$) und j ($g'_1, g'_2, \cdots$ $\cdots, g'_n$) gleich, so geht (14,1) in

$$w_{ij} = w_{ji} \tag{14,2}$$

über. Diese wichtige Beziehung zwischen den Funktionen w_{ij} ($W_i, \mathbf{c}_i, W_j, \mathbf{c}_j$) und w_{ji} ($W_j, \mathbf{c}_j, W_i, \mathbf{c}_i$), die charakteristisch für die Atome und die anderen am Elementarprozeß beteiligten Teilchen sind, beweist man auf verschiedene Weise.

In der klassischen Theorie der Wechselwirkung zweier Teilchen durch Zentralkräfte ist $w_{ij} = c_r\, ds$, wo $ds = p\, dp\, d\psi$ ist (siehe § 12). Wendet man die Gesetze der Erhaltung der Energie und des Moments der Bewegungsgröße an und beachtet, daß eine Bewegung unter der Wirkung von Zentralkräften eben und symmetrisch ist (siehe die §§ 12 und 16), so ist leicht zu finden, daß c_r, p, ψ sich bei der Bewegung nicht ändern, folglich ist $c_r p\, dp\, d\psi = c_r p'\, dp'\, d\psi'$ oder

$$w_{ij} = w_{ji}.$$ [2]

Dieser Beweis stammt von BOLTZMANN [I—7, T. I, § 16].

In der Quantentheorie der Wechselwirkung zwischen den Teilchen folgt Gleichung (14,2) aus vollkommen anderen Überlegungen [III—12, §§ 7—11]. Die Wahrscheinlichkeit des Übergangs $i \to j$ wird durch das Quadrat des absoluten

---

[1] Hier wird vorausgesetzt, daß unter den Teilchen A und B keine Photonen sind. Den Fall eines Elementarprozesses unter Beteiligung von Photonen s. unter 2.

[2] Das ist richtig, unabhängig davon, ob wir eines der Teilchen als in Ruhe oder beide als bewegt ansehen, da der letzte Fall auf den ersten zurückgeführt werden kann (s. § 16, P. b und die Anmerkung 5).

Betrags des Elements Π_{ij} der Wechselwirkungsmatrix $\|\Pi\|$ bestimmt. Da die Matrizen, die den mechanischen Größen in der Quantenmechanik entsprechen, selbstadjungiert (hermitisch) sind, d. h. $\Pi_{ij} = \Pi_{ji}$, so gilt

$$w_{ij} = w_{ji}.$$ [1])

Oft begründet man die Beziehung (14,1) durch das Prinzip des detaillierten Gleichgewichts. Bezeichnen wir die Konzentrationen der Teilchen $A_1, A_2, \ldots, A_m$ in den betrachteten Anfangszuständen mit $n_1, n_2, \ldots, n_m$, die Konzentration der Teilchen $B_1, B_2, \ldots, B_m$ entsprechend mit $n'_1, n'_2, \ldots, n'_n$. Die mittlere Zahl direkter Prozesse $(i \rightarrow j)$ im cm^3 und pro sec ist gleich $n_1 \cdot n_2 \ldots n_m \cdot w_{ij}$, die mittlere Zahl der Umkehrprozesse $j \rightarrow i$ ist gleich $n'_1, n'_2, \ldots, n'_n \cdot w_{ji}$. Die Änderung der Teilchenkonzentration irgendeiner Teilchenart z. B. pro sec, infolge aller möglichen Wechselwirkungen mit anderen Teilchen ist

$$\frac{dn_1}{dt} = \sum{}' (n_1 n_2 \ldots n_m \cdot w_{ij} - n'_1 n'_2 \ldots n'_n \cdot w_{ji}), \tag{14,3}$$

wo durch das Zeichen $\sum'$ die Gesamtheit folgender Operationen bezeichnet ist: Summation über alle möglichen Energiewerte der übrigen Teilchen (außer A_1), Integration über alle möglichen Geschwindigkeiten derselben Teilchen, Summation über alle möglichen Arten von Elementarprozessen. Im statistischen Gleichgewicht ändert sich die Teilchenkonzentration und ihre Energie- und Geschwindigkeitsverteilung nicht:

$$\frac{dn_1}{dt} = 0.$$

Dafür ist hinreichend, daß

$$n_1 n_2 \ldots n_m \cdot w_{ij} = n'_1 n'_2 \ldots n'_n \cdot w_{ji}. \tag{14,4}$$

Das H-Theorem von BOLTZMANN zeigt, daß die Bedingung (14,4) für die Erhaltung des statistischen Gleichgewichts auch notwendig ist [III—12, § 17,3].

Die Gleichung (14,4) drückt das Prinzip des detaillierten Gleichgewichts aus: In einem System im statistischen Gleichgewicht steht jeder Elementarprozeß im Gleichgewicht mit einem umgekehrten Prozeß, der ebensooft vorkommt. Anders gesagt, das Gleichgewicht zwischen beliebigen Elementarprozessen wird nach dem Schema $i \leftrightarrows j$ aufrechterhalten, nicht aber nach irgendeinem anderen, beispielsweise nach dem Schema $i \rightarrow j \rightarrow k \rightarrow i$.[2])

Um aus diesem Prinzip die Gleichung (14,1) zu gewinnen, führt man gewöhnlich einige einschränkende Voraussetzungen ein. Wir nehmen beispielsweise an, daß die Verteilung der Teilchen $A_1, \ldots, A_m, B_1, \ldots, B_n$ durch die klassische Statistik bestimmt wird, und schreiben

$$n_1 = n_{10}\, g_1 \exp\left(-\frac{W_1 + \frac{1}{2} m_1 c_1^2}{kT}\right) \tag{14,5}$$

---

[1]) Kritische Bemerkungen zu diesem Weg sind von BLOCHINZEW gemacht worden [III—11]. Nach ihm bleibt die Beziehung $w_{ij} = w_{ji}$ gewahrt, wenn zwischen den Teilchen Zentralkräfte wirken; sie kann aber durchbrochen werden, wenn die Kräfte von den Winkeln abhängen, beispielsweise wenn die Teilchen ein elektrisches oder magnetisches Moment besitzen.

[2]) Eine allgemeinere Behandlung des Prinzips des detaillierten Gleichgewichts s. [III—13].

und entsprechend für die anderen Teilchen. Auf Grund des Energieerhaltungssatzes gilt

$$W_1 + W_2 + \cdots + W_m + \frac{1}{2} m_1 c_1^2 + \frac{1}{2} m_2 c_2^2 + \cdots + \frac{1}{2} m_m c_m^2 =$$

$$= W_1' + W_2' + \cdots + W_n' + \frac{1}{2} m_1' c_1'^2 + \frac{1}{2} m_2' c_2'^2 + \cdots + \frac{1}{2} m_n' c_n'^2 . \tag{14,6}$$

Weiter lassen wir zu, daß die Zahl der Teilchen bei dem betrachteten Prozeß unverändert bleibt, d. h. $m = n$, und die Teilchen $B_1, B_2, \ldots, B_n$ Modifikationen der Teilchen $A_1, A_2, \ldots, A_m$ sind. Dann ist

$$n_{10} n_{20} \ldots n_{m_0} = n_{10}' n_{20}' \ldots n_{n_0}' . \tag{14,7}$$

Setzt man (14,5) in (14,4) ein und beachtet (14,6) und (14,7), so erhält man Formel (14,1).

Wir unterstreichen nochmals, daß die Gleichung (14,1) nicht dem Prinzip des detaillierten Gleichgewichts (14,4) gleichzusetzen ist. Dieses stellt einen Satz dar, der sich auf Systeme im statistischen Gleichgewicht bezieht, zum Beispiel auf ein stark erwärmtes Gas. Die Gleichung (14,1) ist eine Beziehung zwischen den charakteristischen Größen von Atomen und Elementarteilchen und kann vollkommen anders begründet worden. Man kann nur sagen, daß das Bestehen einer Gleichung der Form (14,1) das detaillierte Gleichgewicht in einem System im thermodynamischen Gleichgewicht sicherstellt.

2. Die oben betrachtete Beziehung (14,1) bezieht sich auf Elementarprozesse, an denen keine Photonen beteiligt sind. Jedoch im Mechanismus des elektrischen Stroms im Gas können Prozesse, an denen Photonen beteiligt sind, ebenfalls eine merkliche Rolle spielen. Zu ihnen gehören:

Direkte Prozesse	Umkehrprozesse
1. Die optische Anregung eines Moleküls ($M + h\nu \rightarrow M'$),	1'. Ausstrahlung eines Photons durch ein angeregtes Molekül ($M' \rightarrow M + h\nu$),
2. die Photoionisation eines Moleküls ($M + h\nu \rightarrow M^+ + e$),	2'. die Elektronenrekombination mit Strahlung ($M^+ + e \rightarrow M + h\nu$),
3. die Photodissoziation eines negativen Ions ($M^- + h\nu \rightarrow M + e$);	3'. die Anlagerung eines Elektrons an ein neutrales Molekül mit Strahlung ($M + e \rightarrow M^- + h\nu$).

Bezüglich der Umkehrprozesse, die von Photonenemission begleitet sind, nimmt man an, daß außer dem selbständig vor sich gehenden Prozeß (spontane Emission, spontane Rekombination usw.) der sogenannte *erzwungene Prozeß* existiert (erzwungene Emission oder negative Absorption, erzwungene Rekombination usw.), der hervorgerufen wird durch die Existenz einer Emission, deren Wahrscheinlichkeit zur Strahlungsdichte proportional ist. Eine derartige Hypothese, die anfangs in bezug auf die Emission angeregter Atome gemacht (EINSTEIN) und danach auf die Elektronenrekombination ausgedehnt wurde [VI — 7], ist notwendig, um die Folgerungen aus der Photonentheorie im Einklang mit den Versuchsergebnissen zu bringen.

Die Wahrscheinlichkeit des direkten Prozesses, der verbunden ist mit der Absorption eines Photons, bestimmt man oft durch den Absorptionskoeffizienten (k_ν) des Atoms für Strahlung einer bestimmten Frequenz ν; das ist der Koeffizient, der im Ausdruck für die Energiemenge auftritt, die pro sec absorbiert wird, wenn ein Strahlungsstrom mit Frequenzen zwischen ν und $\nu+d\nu$, der Intensität $J_\nu d\nu$ und unter dem Winkel $d\omega$ auf eine Substanzschicht der Dicke dz mit einer Molekülkonzentration n trifft:

$$dW = -k_\nu I_\nu \, n \, d\nu \, d\omega \, dz .$$

Man kann zeigen, daß die Größe k_ν dem Wirkungsquerschnitt des Moleküls für diesen Prozeß entspricht (siehe § 32, S. 185).

Die Wahrscheinlichkeit der Umkehrprozesse 2'. und 3'. wird wie bei den strahlungslosen Prozessen charakterisiert durch einen Wirkungsquerschnitt s_r^r oder s_a^r.

Die Größe k_ν (oder s_i^r), die sich auf die Photoionisation bezieht, und s_r^r (Querschnitt der Strahlungsrekombination) sind miteinander durch eine Beziehung verbunden, die von MILNE diskutiert wurde [VI — 7],

$$s_i^r = \frac{1}{2}\left(\frac{m_e c_e c_0}{h\nu}\right)^2 s_r^r \qquad (14,8)$$

[s. Anmerkung 8, Formel (1)]. Die Beziehung (14,8) tritt für Prozesse, die mit Strahlung verbunden sind, an Stelle der Formel (14,1). Sie ist auch auf die Größen s_A^r und s_d^r anwendbar, die sich auf die Prozesse der Bildung negativer Ionen mit Strahlung (3') und ihrem Zerfall (3) beziehen (s. [VI—12]).

KAPITEL IV

Elastische Wechselwirkungen der Teilchen

§ 15. Anwendung der Erhaltungssätze auf die elastischen Wechselwirkungen

Die elastische Wechselwirkung der Stoffteilchen wird gekennzeichnet durch die Konstanz der Zahl der am Prozeß beteiligten unabhängigen Teilchen, durch das Fehlen einer Veränderung der inneren Struktur dieser Teilchen und durch die Konstanz aller gequantelten Energieformen der Teilchen, und zwar: Der Energie der inneratomaren Elektronen, der Schwingungsenergie der Atome in den Molekülen, der Rotationsenergie der Moleküle. Einer Änderung bei elastischer Wechselwirkung sind lediglich die nichtgequantelten Bewegungen unterworfen, d. h. die vorwärtsschreitende Bewegung der Teilchen. Die Wechselwirkung von Teilchen ist unbedingt elastisch, wenn Elementarteilchen aufeinander wirken, die sich gegenseitig nicht anziehen (Elektron und Elektron, Proton und Proton), oder wenn die kinetische Energie der Relativbewegung der wechselwirkenden Teilchen $\left(\frac{1}{2}\mu c_r^2\right)$ kleiner ist als die kleinste Arbeit $(e_0 U_a)_{\min}$, die für die Änderung des Quantenzustandes auch nur eines Teilchens notwendig ist:

$$\frac{1}{2}\mu c_r^2 \equiv \frac{1}{2}\frac{m_1 m_2}{m_1 + m_2}|\boldsymbol{c}_1 - \boldsymbol{c}_2| < (e_0 U_a)_{\min} \tag{15,1}$$

[siehe die Beziehung (11,10)].

Jedoch auch in anderen Fällen kann sich die Wechselwirkung als elastisch erweisen. Zum Beispiel ist beim Stoß schneller Elektronen mit den Molekülen irgendeines Gases immer eine gewisse Wahrscheinlichkeit für elastischen Stoß vorhanden, selbst wenn die kinetische Energie der Elektronen für die Anregung oder Ionisation der Moleküle ausreicht (s. Kap. V). Die Ionisation von Atomen durch sehr schnelle Ionen (z. B. durch α-Teilchen) kann man als elastische Wechselwirkung des Ions mit den Elektronen des Atoms betrachten, wenn die Bindungsenergie der Elektronen im Vergleich zur kinetischen Energie des Ions klein ist.[1])

Im Resultat der elastischen Wechselwirkung zweier Teilchen ändern sich ihre Geschwindigkeiten, allgemein gesprochen, sowohl der Größe als auch der Richtung nach. Die Gesetze von der Erhaltung der Energie und der Bewegungsgröße gestatten es, den Zusammenhang zwischen den Größen und Richtungen der Geschwindigkeiten beider Teilchen vor und nach der Wechselwirkung festzustellen. Man kann diese Ergebnisse aus den allgemeinen Formeln des § 11 erhalten, wenn man in ihnen die „Deformationsarbeit“ $A = 0$ setzt. Nehmen wir an, daß das

[1]) Bei einem solchen Vorgehen ist es angebracht, das Atom als Gruppe freier Teilchen zu betrachten.

Teilchen 2 bis zur Wechselwirkung in Ruhe relativ zu dem von uns gewählten Koordinatensystem ist ($c_2 = 0$), so finden wir nach (11,7) und (11,8), daß

$$(15,2)\qquad c_1' = \frac{\cos\vartheta \pm \sqrt{\frac{m_2^2}{m_1^2} - \sin^2\vartheta}}{1 + \frac{m_2}{m_1}}\, c_1 = \frac{\frac{m_1}{m_2} - 1}{\frac{m_1}{m_2}\cos\vartheta \mp \sqrt{1 - \frac{m_1^2}{m_2^2}\sin^2\vartheta}}\, c_1;$$

$$(15,3)\qquad \operatorname{tg}\eta = \frac{\sin\vartheta\left(1 - \frac{m_2}{m_1}\right)}{\frac{m_2}{m_1}\cos\vartheta \mp \sqrt{\frac{m_2^2}{m_1^2} - \sin^2\vartheta}} = \frac{\sin\vartheta}{\frac{m_2}{m_1 - m_2}\operatorname{sos}\vartheta \mp \frac{m_1}{m_1 - m_2}\sqrt{\frac{m_2^2}{m_1^2} - \sin^2\vartheta}};$$

$$(15,4)\qquad c_2'^2 = \frac{m_1(c_1^2 - c_1'^2)}{m_2} = 2\frac{m_1}{m_2}c_1^2\, \frac{\frac{m_2}{m_1} + \sin^2\vartheta \mp \cos\vartheta\sqrt{\frac{m_2^2}{m_1^2} - \sin^2\vartheta}}{\left(1 + \frac{m_2}{m_1}\right)^2}\ ^{1)}.$$

Aus (15,4) kann man einen Ausdruck gewinnen, der angibt, welcher Teil der kinetischen Energie des Teilchens *1* $\left(K_1 = \frac{m_1 c_1^2}{2}\right)$ auf das Teilchen *2* übergegangen ist. Wenn wir $\varkappa = \frac{K_2'}{K_1}$ setzen, finden wir

$$(15,5)\qquad \varkappa \equiv \frac{K_2'}{K_1} = 2\,\frac{\frac{m_2}{m_1} + \sin^2\vartheta \mp \sqrt{\frac{m_2^2}{m_1^2} - \sin^2\vartheta}\cdot\cos\vartheta}{\left(1 + \frac{m_2}{m_1}\right)^2}$$

Der maximale Energieverlust des Teilchens *1* erfolgt bei $\vartheta = \pi$ (zentraler Stoß); dann ist

$$\varkappa = \frac{4\frac{m_2}{m_1}}{\left(1 + \frac{m_2}{m_1}\right)^2}.$$

Wir betrachten die wesentlichsten Spezialfälle.

1. $m_1 \ll m_2$; Beispiel: die elastische Wechselwirkung eines Elektrons mit einem Atom oder einem Molekül. Die Formeln (15,2)—(15,5) vereinfachen sich und nehmen die Form

$$(15,6)\qquad c_1' \cong c_1\left[1 - \frac{m_1}{m_2}(1 - \cos\vartheta)\right],$$

$$(15,7)\qquad \operatorname{tg}\eta = \frac{\sin\vartheta}{1 + \cos\vartheta} = \operatorname{tg}\frac{\vartheta}{2},$$

$$(15,8)\qquad c_2' = c_1\frac{m_1}{m_2}\sqrt{2(1 - \cos\vartheta)},$$

$$(15,9)\qquad \varkappa = \frac{K_2'}{K_1} = 2\frac{m_1}{m_2}(1 - \cos\vartheta)$$

---

1) Bezüglich der Wahl des Vorzeichens vor der Wurzel siehe die Bemerkungen zu den Formeln (11,7) und (11,8).

an. Diese Formeln zeigen, daß der relative Geschwindigkeitsverlust des Teilchens *1*

$$\frac{c_1 - c_1'}{c_1} = \frac{m_1}{m_2}(1 - \cos\vartheta)$$

ist und der relative Energieverlust

$$\varkappa = 2\frac{m_1}{m_2}(1 - \cos\vartheta)$$

in Abhängigkeit von der Streurichtung zwischen 0 (bei $\vartheta = 0$) und $2\frac{m_1}{m_2}$ bzw. $4\frac{m_1}{m_2}$ (bei $\vartheta = \pi$) liegen kann.

2. $m_1 = m_2$; Beispiele: die Wechselwirkung von zwei gleichen Teilchen, die Wechselwirkung eines normalen Atoms mit einem angeregten oder ionisierten Atom desselben Stoffs usw. In diesem Fall folgt aus den Formeln (15,2), (15,4) und (15,5)

(15,10) $$c_1' = c_1 \cos\vartheta,$$

(15,11) $$c_2' = c_1 \sin\vartheta,$$

(15,12) $$\varkappa = \sin^2\vartheta$$ [1].

Die Formel (15,3) führt auf einen unbestimmten Wert; die direkte Lösung der Ausgangsgleichungen (11,2) und (11,3) ergibt jedoch mit der Voraussetzung $A = 0$ und $m_1 = m_2$:

(15,13) $$\vartheta + \eta = \frac{\pi}{2},$$

d. h. beide Teilchen fliegen im rechten Winkel auseinander. Für die Winkel ϑ und $\tilde{\vartheta}$ (siehe § 11) gilt in diesem Fall eine besonders einfache Beziehung; aus der letzten Formel der Anmerkung 1 (S. 446) folgt: $\operatorname{tg}\vartheta = \operatorname{tg}\frac{\tilde{\vartheta}}{2}$ oder $\tilde{\vartheta} = 2\vartheta$. Bei $\vartheta = \frac{\pi}{2}$ ist $c_1' = 0$; die gesamte Energie des Teilchens *1* geht auf das Teilchen *2* über: $c_2 = c_1$ und $\varkappa = 1$.

3. $m_1 \gg m_2$; Beispiel: die Wechselwirkung eines Ions großer Energie mit freien Elektronen oder solchen, deren Bindungsenergie im Vergleich mit der kinetischen Energie des Ions klein ist. Die Formel (15,2) zeigt, daß in diesem Fall das stoßende Teilchen nur um einen Winkel abgelenkt werden kann, der kleiner ist als der durch die Bedingung $\frac{m_2^2}{m_1^2} - \sin^2\vartheta = 0$ festgelegte Winkel, d. h.

(15,14) $$\vartheta_{\max} = \arcsin\frac{m_2}{m_1}.$$

Da $\frac{m_2}{m_1} \ll 1$ ist, ist der Ablenkwinkel ϑ klein, und folglich bewegt sich das Teilchen *1* fast unabgelenkt:

(15,14') $$\vartheta \lessdot \frac{m_2}{m_1}.$$

---

[1]) Außer der im Text angegebenen gibt es eine andere Lösung: $c_1' = 0$, $c_2' = c_2$; $\varkappa = 1$. Man erhält sie für das andere Vorzeichen vor der Wurzel, sie fällt jedoch mit der ersten zusammen für $\vartheta = \frac{\pi}{2}$.

An Stelle von (15,2) finden wir, wenn wir Größen zweiter Ordnung vernachlässigen,

$$c_1' = c_1\left[1 - \frac{m_2}{m_1}\left(1 \mp \sqrt{1 - \left(\frac{m_1}{m_2}\vartheta\right)^2}\right)\right]. \tag{15,15}$$

Hier haben beide Vorzeichen vor der Wurzel einen Sinn. So kann man sich leicht überzeugen, daß für $\vartheta = 0$ das Minuszeichen einer verschwindend kleinen Wechselwirkung entspricht (das Teilchen *1* hat das Teilchen *2* „kaum berührt"), das Pluszeichen aber entspricht dem „zentralen Stoß", d. h. der maximalen Wechselwirkung. Formel (15,4) geht über in

$$c_2'^2 = 2c_1^2\left[1 \mp \sqrt{1 - \left(\frac{m_1}{m_2}\vartheta\right)^2}\right]. \tag{15,16}$$

Der größtmögliche Wert von c_2' ist $= 2c_1$ (zentraler Stoß). Endlich folgt aus (15,5)

$$\varkappa = 2\frac{m_2}{m_1}\left[1 \mp \sqrt{1 - \left(\frac{m_1}{m_2}\vartheta\right)^2}\right]. \tag{15,17}$$

Was die Bewegungsrichtung des Teilchens *2* anbelangt, so wird die Formel (15,3) in diesem Fall nicht wesentlich einfacher, und der Winkel η kann einen beliebigen Wert zwischen 0 und $\frac{\pi}{2}$ annehmen.

§ 16. Die klassische Theorie der elastischen Wechselwirkungen

Wie schon oben bemerkt (§ 12), beruht die klassische Methode zur Berechnung von Wirkungsquerschnitten auf der Ermittlung des Zusammenhangs zwischen dem Ablenkwinkel ϑ und dem Stoßparameter p. Dazu ist es notwendig, ausgehend von dem Wechselwirkungsgesetz zwischen den Teilchen, das beispielsweise in der Form $\Pi = \Pi(r)$ gegeben sei, die Bewegung der Teilchen zu bestimmen.[1]) Wir betrachten diese Aufgabe für zwei Fälle: Wenn man das Teilchen *2* als ruhend betrachten kann $\left(\frac{m_2}{m_1} = \infty\right)$ und wenn sich beide Teilchen bewegen können (wenn ihre Massen miteinander vergleichbar sind).

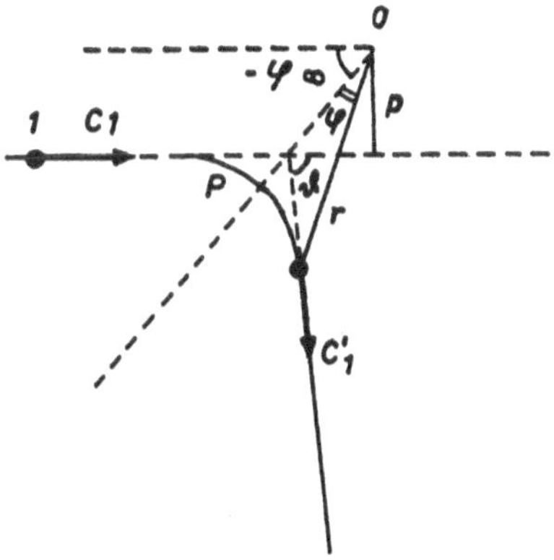

Abb. 20. Ablenkung eines bewegten Teilchens durch ein ruhendes Zentrum

a) Das streuende Teilchen ruht $\left(\frac{m_2}{m_1} = \infty\right)$. In diesem Fall kann man das streuende Teilchen einfach als das Kraftzentrum betrachten. Das Wechselwirkungsgesetz zwischen ihm und dem vorbeifliegenden Teilchen sei durch den Ausdruck der potentiellen Wechselwirkungsenergie gegeben. Im Falle von Zentralkräften besitzt dieses Gesetz die Form

$$\Pi = \Pi(r),$$

wobei man gewöhnlich $\Pi(\infty) = 0$ annimmt.

---

[1]) In der kinetischen Gastheorie wurde dieser Weg in einer Arbeit von MAXWELL [IV—3] (siehe auch [I—3,13]) beschritten. MAXWELL ging von der Voraussetzung $F \div r^{-s}$ aus oder $\Pi \div r^{-(s-1)}$, insbesondere wurde die Hypothese $s = 5$ betrachtet.

Das Problem der Bewegung des Teilchens *1* ist in diesem Falle ein Einkörperproblem. Sind die Anfangsgeschwindigkeiten des Teilchens c_1 und der Stoßparameter p (Abb. 20) bekannt, so kann man die Flugbahn der Bewegung und den Ablenkwinkel ϑ ermitteln. Die Flugbahn ist in einem Zentralkraftfeld eine ebene Kurve. Führt man Polarkoordinaten (r und φ) in der Flugbahnebene ein und nimmt das Zentrum des streuenden Teilchens O als Koordinatenursprung, so kann man zwei Bewegungsintegrale in folgender Form niederschreiben:

$$\frac{m\dot{r}^2}{2} + mr^2\frac{\dot{\varphi}^2}{2} + \Pi(r) = W = \text{const} \quad \text{(Integral der Energie)}, \tag{16,1}$$

$$mr^2\dot{\varphi} = mc_1p = I = \text{const} \quad \text{(Integral des Moments der Bewegungsgröße)}. \tag{16,2}$$

Aus diesen zwei Gleichungen finden wir die Gleichung der Flugbahn in der Form (siehe Anmerkung 3, S. 448).

$$\varphi = I\int\frac{dr}{r^2\sqrt{2m(W-\Pi)-\frac{I^2}{r^2}}} + \text{const.} \tag{16,3}$$

Legt man eine Achse des Polarkoordinatensystems durch den dem Punkt O nächstliegenden Punkt p der Flugbahn (Gerade PO), rechnet den Winkel φ von dieser Achse aus und erstreckt das Integral in (16,3) von $r_0 = PO$ bis r, so verschwindet die Integrationskonstante in (16,3), und die Gleichung der Flugbahn nimmt die Form

$$\varphi = I\int\limits_{r_0}^{r}\frac{dr}{r^2\sqrt{2m(W-\Pi)-\frac{I^2}{r^2}}} \tag{16,3'}$$

an. Dem unendlich fernen Punkt der Flugbahn entspricht folgender Wert des Winkels φ:

$$\varphi_\infty = I\int\limits_{r_0}^{\infty}\frac{dr}{r^2\sqrt{2m(W-\Pi)-\frac{I^2}{r^2}}}.$$

Es gilt aber $\vartheta = \pi - 2\varphi_\infty$, folglich ist

$$\frac{\vartheta}{2} = \frac{\pi}{2} + I\int\limits_{r_0}^{\infty}\frac{dr}{r^2\sqrt{2m(W-\Pi)-\frac{I^2}{r^2}}}. \tag{16,4}$$

Da $I = mc_1p$ ist und $W = \frac{1}{2}mc_1^2$, so ergibt (16,4) die gesuchte Abhängigkeit des Ablenkwinkels von c_1 und p. Den Streuquerschnitt kann man von (12,3) und (12,7) ausgehend, schreiben:

$$ds(\vartheta, \psi) = \sigma(\vartheta, \psi)\sin\vartheta\, d\vartheta\, d\psi = p\, dp\, d\psi\,^{1)}.$$

[1]) Unter der oben gemachten Annahme von Zentralkräften, d. h. $\Pi = \Pi(r)$, hängt $\sigma(\vartheta, \psi)$ faktisch nicht von dem Winkel ψ ab; deshalb werden wir im weiteren einfach $\sigma(\vartheta)$ schreiben.

Ersetzen wir in diesem Ausdruck p durch $\frac{I}{mc_1}$ und dp durch $\frac{dI}{mc_1}$, so können wir schreiben

$$\sigma(\vartheta)\sin\vartheta\, d\vartheta\, d\psi = \frac{I}{m^2c_1^2}\, dI\, d\psi,$$

und daraus folgt

(16,5) $$\sigma(\vartheta) = \frac{I}{m^2c_1^2\sin\vartheta}\frac{dI}{d\vartheta}.$$

In dem letzten Ausdruck müssen I und $\frac{dI}{d\vartheta}$ durch ϑ mit Hilfe der nach I aufgelösten Gleichung (16,4) ausgedrückt werden.

Wir wenden diese allgemeinen Formeln auf den Fall zweier geladener Teilchen an, welche nach dem COULOMBschen Gesetz aufeinander wirken: In diesem Spezialfall ist

(16,6) $$\Pi = \frac{q_1q_2}{r}.$$

Setzen wir (16,6) in (16,3′) ein und führen die notwendigen Umformungen aus, so finden wir die Gleichung der Flugbahn in der Form

(16,7) $$r = \frac{a}{\varepsilon\cos\varphi - 1},$$

wobei

(16,8) $$a = \frac{I^2}{mq_1q_2} = \frac{mc_1^2p^2}{q_1q_2},$$

(16,9) $$\varepsilon = \sqrt{1+\frac{2WI^2}{mq_1^2q_2^2}} = \sqrt{1+\left(\frac{mc_1^2p}{q_1q_2}\right)^2}$$ ist

(s. Anmerkung 4, S. 449). (16,7) ist die Gleichung einer Hyperbel, a ist ihr Halbparameter, ε die Exzentrizität ($\varepsilon > 1$).

Für den Abweichwinkel ϑ finden wir den Ausdruck[1])

(16,10) $$\operatorname{tg}\frac{\vartheta}{2} = \frac{q_1q_2}{m_1c_1^2p} \quad \text{oder} \quad p = \frac{q_1q_2}{m_1c_1^2}\operatorname{ctg}\frac{\vartheta}{2},$$

der von RUTHERFORD in der Theorie der Streuung von a-Teilchen durch Atome [IV—1] ermittelt wurde.

---

[1]) Er kann aus der allgemeinen Formel (16,4) ermittelt werden oder einfacher aus der Beziehung $\vartheta = \pi - 2\varphi_\infty$;

$$\operatorname{tg}\frac{\vartheta}{2} = \operatorname{tg}\left(\frac{\pi}{2}-\varphi_\infty\right) = \operatorname{ctg}\varphi_\infty = \frac{\cos\varphi_\infty}{\sqrt{1-\cos^2\varphi_\infty}}.$$

Aus (16,7) folgt: $\cos\varphi_\infty = \frac{1}{\varepsilon}$, folglich ist $\operatorname{tg}\frac{\vartheta}{2} = (\varepsilon^2-1)^{-\frac{1}{2}}$; setzt man hier den Wert ε aus (16,9) ein, so erhält man als Ergebnis (16,10).

Den Streuquerschnitt für die Raumwinkeleinheit finden wir nach (12,3) und (12,7):

$$\sigma(\vartheta) = \left|\frac{p\,dp}{\sin\vartheta\,d\vartheta}\right| = \left(\frac{q_1 q_2}{m_1 c_1^2}\right)^2 \frac{\operatorname{ctg}\frac{\vartheta}{2}}{2\sin\vartheta\sin^2\frac{\vartheta}{2}} = \left(\frac{q_1 q_2}{2 m_1 c_1^2}\right)^2 \operatorname{cosec}^4\frac{\vartheta}{2} \tag{16,11}$$

(RUTHERFORDsche Streuformel [IV — 1]).

Der in den Formeln (16,10) und in anderen Formeln auftretende Koeffizient

$$\Lambda = \frac{q_1 q_2}{m_1 c_1^2} \tag{16,12}$$

ist gleich der Hälfte des kleinsten Abstands, auf den sich das geladene Teilchen dem es abstoßenden Zentrum bei zentraler Annäherung ($\vartheta = \pi$) nähern kann.

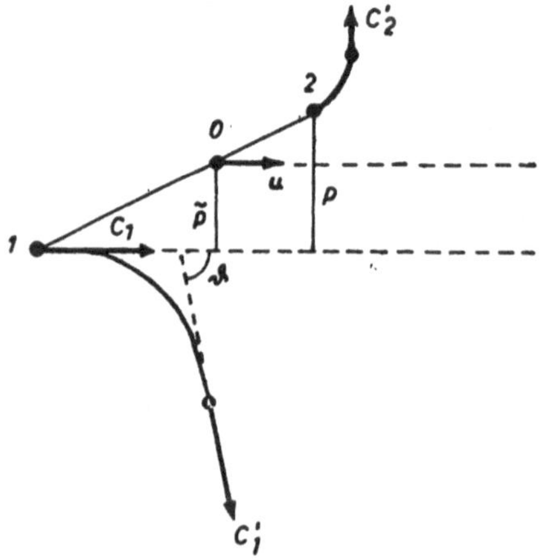

Abb. 21. Abstoßung zwischen Teilchen vergleichbarer Masse; O — Schwerpunkt. Das Teilchen *2* ist bis zur Wechselwirkung mit dem Teilchen *1* in Ruhe

Der differentielle Streuquerschnitt unter dem Winkel ϑ hat die Form:

$$ds(\vartheta) = \pi \left(\frac{q_1 q_2}{m c_1^2}\right)^2 \frac{\cos\frac{\vartheta}{2}}{\sin^3\frac{\vartheta}{2}}\,d\vartheta. \tag{16,13}$$

Der Gesamt-Streuquerschnitt ist

$$s = \pi \left(\frac{q_1 q_2}{m c_1^2}\right)^2 \int_0^\pi \frac{\cos\frac{\vartheta}{2}}{\sin^3\frac{\vartheta}{2}}\,d\vartheta = \infty.$$

Das ist einer der im § 12 erwähnten Fälle, auf die man den Stoßbegriff nicht anwenden kann. Die COULOMBsche Wechselwirkung zwischen den Teilchen darf man nicht als Stoß betrachten, da der Gesamtquerschnitt dieser Wechselwirkung keinen endlichen Wert besitzt.

b) Die Massen beider Teilchen sind miteinander vergleichbar. Wir betrachten jetzt die elastische Wechselwirkung zweier Teilchen, deren Massen die gleiche Größenordnung haben. Wir beschränken uns auf den Fall COULOMBscher Wechselwirkung; außerdem setzen wir voraus, daß das Teilchen *2* anfänglich in Ruhe ist: $c_2 = 0$. Im Resultat der Wechselwirkung (Abb. 21) wird das Teilchen *2* ebenfalls in Bewegung kommen und die Geschwindigkeit c'_2 annehmen. Die Analyse dieses Falles kann man auf den vorhergehenden Fall zurückführen. Dazu müssen zunächst alle Bewegungen auf ein Koordinatensystem $\tilde{S}$ bezogen werden, das mit dem Schwerpunkt beider Teilchen O verbunden ist, wie das im § 11 getan worden ist. Der Punkt O bewegt sich hier mit konstanter Geschwindigkeit

$$\boldsymbol{u} = \frac{m_1}{m_1 + m_2}\boldsymbol{c}_1 = \frac{\mu \boldsymbol{c}_1}{m_2}.$$

In diesem Koordinatensystem bewegt sich das Teilchen *1* so, als ob die mit ihm wechselwirkende Ladung in Ruhe wäre, sich in O befände und die Größe

$$\tilde{q}_2 = q_2 \left(\frac{m_2}{m_1 + m_2}\right)^2 = q_2 \left(\frac{\mu}{m_1}\right)^2 \tag{16,14}$$

hätte (s. Anmerkung 5, S. 449). Der Stoßparameter ändert sich ebenfalls und ist

$$\tilde{p} = p \frac{\mu}{m_1}. \tag{16,15}$$

Da aber das Bewegungsgesetz bezüglich dieses Koordinatensystems das gleiche ist wie im oben betrachteten Fall $\left(\text{Fall } a; \frac{m_2}{m_1} = \infty\right)$, so kann man für die Ermittlung des Zusammenhangs zwischen ϑ und p die oben gefundene Formel (16,10) benutzen, die wir jetzt so schreiben:

$$\operatorname{tg} \frac{\tilde{\vartheta}}{2} = \frac{q_1 \tilde{q}_2}{m_1 \tilde{c}_1^2 \tilde{p}};$$

Im gegebenen Fall ist $\tilde{c}_1 = \frac{\mu c_1}{m_1}$ und deshalb ist

$$\operatorname{tg} \frac{\tilde{\vartheta}}{2} = \frac{q_1 q_2}{\mu c_1^2 p}. \tag{16,16}$$

Wir bemerken, daß die absoluten Beträge der Geschwindigkeiten beider Teilchen relativ zu O bei der elastischen Wechselwirkung unverändert bleiben [vgl. Formel (11,6)], d. h. $\tilde{c}_1' = \tilde{c}_1 = \frac{\mu c_1}{m_1}$, $\tilde{c}_2' = \tilde{c}_2 = \frac{\mu c_1}{m_2} = u$. Den Winkel ϑ finden wir nach der letzten Formel der Anmerkung 1 (S. 446): $\operatorname{tg} \vartheta = \frac{\tilde{c}_1' \sin \tilde{\vartheta}}{\tilde{c}_1' \cos \tilde{\vartheta} + u}$. Drücken wir hier $\tilde{c}_1'$ und u durch c_1 aus; $\sin \tilde{\vartheta}$ und $\cos \tilde{\vartheta}$, durch $\operatorname{tg} \frac{\tilde{\vartheta}}{2}$, und ersetzen dieses nach Formel (16,16), erhalten wir als Ergebnis

$$\operatorname{tg} \vartheta = \frac{2 \cdot \frac{\Lambda}{p}}{1 - \frac{\Lambda^2}{p^2} + \frac{m_1}{m_2}\left(1 + \frac{\Lambda^2}{p^2}\right)}, \quad \Lambda = \frac{q_1 \cdot q_2}{\mu \cdot c_1^2}. \tag{16,17}$$

Hieraus kann man p als Funktion von ϑ erhalten:

$$p = \frac{q_1 q_2}{m_1 c_1^2}\left[\operatorname{ctg} \vartheta \pm \sqrt{\operatorname{cosec}^2 \vartheta - \frac{m_1^2}{m_2^2}}\right]. \tag{16,18}$$

Setzen wir das in den Ausdruck (12,7) ein und berücksichtigen (12,3), so finden wir den Wirkungsquerschnitt der Streuung

$$\sigma = \left|\frac{p}{\sin \vartheta} \cdot \frac{dp}{d\vartheta}\right| = \frac{q_1^2 q_2^2}{4 m_1^2 c_1^4} \operatorname{cosec}^3 \vartheta \frac{\left[\operatorname{ctg} \vartheta \pm \sqrt{\operatorname{cosec}^2 \vartheta - \frac{m_1^2}{m_2^2}}\right]^2}{\sqrt{\operatorname{cosec}^2 \vartheta - \frac{m_1^2}{m_2^2}}} \tag{16,19}$$

Diese Formel wurde von DARWIN [IV—2] für die Streuung von α-Teilchen an leichten Kernen berechnet. Bei $\frac{m}{m_1} \to \infty$ und ebenso bei kleinem ϑ geht sie in die RUTHERFORDsche Formel (16,11) über.

Wir berechnen die vom Teilchen *2* aufgenommene Energie. Die Formel (*e*) Anmerkung *1* (S. 446) gibt in diesem Fall

$$c'^2_2 = \tilde{c}'^2_2 + u^2 - 2u\tilde{c}_2 \cos\tilde{\vartheta} = 2\tilde{c}'^2_2 (1 - \cos\vartheta) = 4c_1^2 \left(\frac{\mu}{m_2}\right)^2 \sin^2\frac{\tilde{\vartheta}}{2} =$$

$$= 4c_1^2 \left(\frac{\mu}{m_2}\right)^2 \frac{\operatorname{tg}^2\frac{\tilde{\vartheta}}{2}}{1 + \operatorname{tg}^2\frac{\tilde{\vartheta}}{2}},$$

wo man $\operatorname{tg}\frac{\tilde{\vartheta}}{2}$ nach (16,16) einsetzen muß. Folglich ist

$$K'_2 = \frac{1}{2} m_2 c'^2_2 = 2\mu c_1^2 \frac{\mu}{m_2} \cdot \frac{1}{1 + \frac{p^2}{\Lambda^2}}. \tag{16,20}$$

Der Teil der kinetischen Energie K_1, welcher an das Teilchen *2* abgegeben wurde, ist:

$$\varkappa = \frac{K'_2}{K_1} = \frac{4m_1 m_2}{(m_1 + m_2)^2} \cdot \frac{1}{1 + \frac{p^2}{\Lambda^2}}. \tag{16,21}$$

Sind die wechselwirkenden Teilchen gleich (z. B. zwei Elektronen), so daß $q_1 = q_2 = q$ und $m_1 = m_2 = m$ ist, so vereinfachen sich die Formeln (16,17)—(16,21) stark. In diesem Fall ist

$$\operatorname{tg}\vartheta = \frac{2q^2}{mc_1^2 p} = \frac{q^2}{K_1 p}, \tag{16,22}$$

$$\sigma = \left(\frac{q^2}{mc_1^2}\right)^2 \frac{\cos\vartheta}{\sin^4\vartheta}, \tag{16,23}$$

$$\varkappa = \frac{1}{1 + \left(\frac{K_1 p}{q^2}\right)^2}. \tag{16,24}$$

§ 17. *Die wellenmechanische Theorie der elastischen Wechselwirkungen der Teilchen*

1. Die Methode von Born (erste Näherung). Die im § 13 gefundenen Ausdrücke (13,12), (13,16) und (13,18), die die Wirkungsquerschnitte der Atome bestimmen, können auch auf die elastischen Wechselwirkungen von Elektronen mit Atomen angewendet werden. Bei der elastischen Wechselwirkung ändert sich der Quantenzustand des Atoms nicht, deshalb ist in den Formeln des § 13 $j = i$ und $\delta_{ij} = 1$ zu setzen. Die Elektronengeschwindigkeit ändert sich hierbei ihrem absoluten Betrag nach wenig; mit einer Genauigkeit von der Größenordnung $\frac{m_e}{m_g}$ kann man voraussetzen, daß die Elektronengeschwindigkeit c ungeändert und gleich ihrem Anfangswert c_1 bleibt, so daß

$$\Delta c \equiv |\mathbf{c}_1 - \mathbf{c}| \cong 2c_1 \sin\frac{\vartheta}{2}. \tag{17,1}$$

(Abb. 22). Die Größe Δk hat in diesem Fall einen Wert, der durch die Formel

$$\Delta k = \frac{2\pi m}{h}|\mathbf{c}_1 - \mathbf{c}| = \frac{4\pi m}{h} c_1 \sin\frac{\vartheta}{2} = 2k_1 \sin\frac{\vartheta}{2} \tag{17,2}$$

bestimmt wird. Der Atomfaktor F_{ij}, der durch die Formel (13,17) gegeben ist, geht in diesem Fall in

$$F_{ii} = 4\pi \int_0^\infty G_{ii}(r) \frac{\sin\left(2k_1 r \sin\frac{\vartheta}{2}\right)}{2k_1 r \sin\frac{\vartheta}{2}} r^2\, dr \tag{17,3}$$

über, wo $G_{ii}(r)$ die Wahrscheinlichkeitsdichte dafür ist, das Elektron im Punkt r des Atoms, das sich im i-Zustand befindet, anzutreffen.

Im Ergebnis geht der allgemeine Ausdruck (13,13) für die Amplitude der gestreuten Welle bei einem willkürlichen Wechselwirkungsgesetz in

$$f_{ii}(\vartheta) = -\frac{8\pi^2 m}{h^2} \int_0^\infty \Pi_{ii}(r) \frac{\sin\left(2k_1 r \sin\frac{\vartheta}{2}\right)}{2k_1 r \sin\frac{\vartheta}{2}} r^2\, dr \tag{17,4}$$

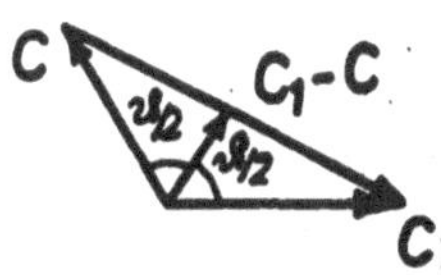

Abb. 22. Änderung des Geschwindigkeitsvektors eines Elektrons bei elastischer Streuung durch ein Atom

über. Wird das Gesetz für die Wechselwirkung des Elektrons mit dem Atom durch Formel (13,14) dargestellt, so folgt aus (13,16)

$$f_{ii}(\vartheta) = \frac{e_0^2}{2mc_1^2}\left[Z - F_{ii}(c_1, \vartheta)\right] \operatorname{cosec}^2\frac{\vartheta}{2}, \tag{17,5}$$

und der Wirkungsquerschnitt für die Winkeleinheit ist:

$$\sigma_{ii}(\vartheta) = \left(\frac{e^2}{2mc_1^2}\right)^2 \left[Z - F_{ii}(c_1, \vartheta)\right]^2 \operatorname{cosec}^4\frac{\vartheta}{2}. \tag{17,6}$$

Die Formeln (17,6) und (17,3) ergeben bei $i = 0$ den Wirkungsquerschnitt des normalen (unangeregten) Atoms, das durch die normale Anordnung der Ladung ϱ_0 definiert ist. Die Formel (17,4) sowie der Ausdruck (13,13) zeigen, daß der Wirkungsquerschnitt bei kleinen Ablenkwinkeln ϑ endlich bleibt, wenn $\Pi_{ii}(r)$ für $r \to \infty$ genügend schnell abnimmt. Nur in diesem Fall kann man die elastische Wechselwirkung der gegebenen Teilchen als elastischen Stoß betrachten. Die weitere Entwicklung der Formel (17,6) erfordert die Kenntnis der Ladungsverteilung $\varrho(r)$ im Atom. Im einfachsten Fall, der der Ladungsverteilung im Grundzustand des Wasserstoff- und des Heliumatoms entspricht, nimmt die Ladungsdichte nach einem Exponentialgesetz ab:

$$\varrho = \varrho_0 e^{-\frac{r}{a}}, \quad \varrho_0 = \frac{Z}{8\pi a^3}\,[1] \tag{17,7}$$

(Den Ausdruck für ϱ_0 leitet man aus der Bedingung $\int_0^\infty \varrho\, dV = 4\pi \int_0^\infty \varrho r^2\, dr = Z$ ab.)

---

[1]) Bei Wasserstoff ist $a = \frac{a_0}{2}$, $Z_{eff} = 1$; bei Helium ist $a = \frac{a_0}{2Z_{eff}}$, $Z_{eff} \approx 1{,}69$ [III—4,14].

In diesem Fall ergibt sich für den Wirkungsquerschnitt

$$(17,8) \qquad \sigma(\vartheta) = \left(\frac{16\pi^2 e_0^2 m Z a^2}{h^2}\right)^2 \cdot \frac{\left(1 + 2a^2k_1^2 \sin^2\frac{\vartheta}{2}\right)^2}{\left(1 + 4a^2k_1^2 \sin^2\frac{\vartheta}{2}\right)^4}\,^{2)}.$$

Wir betrachten den Fall $k_1 a \gg 1$, oder $mc_1 a \gg \frac{h}{2\pi}$. Da für Atomelektronen $mca \sim \frac{h}{2\pi}$ ist, so ist das äquivalent der Bedingung, daß die Geschwindigkeit des stoßenden Elektrons viel größer sein soll als die Geschwindigkeit der Atomelektronen. Ist außerdem $\sin\frac{\vartheta}{2}$ nicht sehr klein, so daß $2ak_1 \cdot \sin\frac{\vartheta}{2} \gg 1$ ist, so nimmt (17,8) die Form

$$(17,9) \qquad \sigma(\vartheta) = \left(\frac{e_0^2 Z}{2mc_1^2}\right)^2 \cdot \frac{1}{\sin^4\frac{\vartheta}{2}}$$

an, d. h. geht in die RUTHERFORDsche Formel für die Streuung leichter Teilchen im Coulombfeld des Kerns über. Dieses Ergebnis zeigt, daß die Streuung schneller Elektronen durch Atome in große Winkel durch das Feld des Atomkerns bewirkt wird. Bei kleinen Ablenkwinkeln erhält man ein völlig anderes Ergebnis. Zum Unterschied von der RUTHERFORDschen Formel, ergibt die Formel (17,8) für $\vartheta \to 0$ einen endlichen Wert für $\sigma(\vartheta)$. Tatsächlich strebt der Ausdruck (17,8) für $\vartheta \to 0$ zu einem endlichen Grenzwert

$$(17,10) \qquad \sigma(0) = \left(\frac{16\pi^2 e_0^2 m Z a^2}{h^2}\right)^2,$$

während (16,11) $\sigma(0) = \infty$ gibt. Die Ursache dieser Verschiedenheit beruht nicht auf dem Unterschied zwischen der Wellenmechanik und der klassischen Mechanik; für die Streuung im Feld eines nackten Kerns (d. h. bei COULOMBschem Wechselwirkungsgesetz) führt die Wellenmechanik ebenfalls auf die RUTHER-

---

[1]) Der Atomfaktor ist hierbei

$$F = \frac{4\pi Z}{8\pi a^3}\int_0^\infty e^{-\frac{r}{a}} \frac{\sin(\Delta k r)}{2a^3(\Delta k r)} r^2 dr = \frac{Z}{2a^3(\Delta k)^3}\int_0^\infty e^{-\frac{x}{a\Delta k}} x \sin x\, dx =$$

$$= \frac{Z}{2a^3(\Delta k)^3} \cdot \frac{2a^3(\Delta k)^3}{[1 + a^2(\Delta k)^2]^2}$$

oder

$$F(\vartheta) = \frac{Z}{\left(1 + 4a^2k_1^2 \sin^2\frac{\vartheta}{2}\right)^2}.$$

Setzen wir das in (17,6) ein, so finden wir

$$\sigma(\vartheta) = \left(\frac{e_0 Z}{2mc_1^2}\right)^2 \times \left[1 - \frac{1}{\left(1 + 4a^2k_1^2 \sin^2\frac{\vartheta}{2}\right)^2}\right]^2 \cdot \frac{1}{\sin^4\frac{\vartheta}{2}},$$

woraus (17,8) folgt.

FORDsche Formel (16,11) [s. (IV — 18)]. Der Unterschied in der Streuung von Elektronen durch ein Atom und durch einen nackten Kern unter kleinen Winkeln, ist dadurch bedingt, daß das Kernfeld im Atom von den Atom-Elektronen abgeschirmt wird, infolgedessen nimmt das resultierende Atomfeld auf große Entfernungen bedeutend schneller ab als das COULOMBfeld; aber besonders in großer Entfernung vom Atomkern entstehen kleine Ablenkwinkel. Wie im § 12 gezeigt wurde, kann man diejenigen Wechselwirkungen als Stöße bezeichnen, deren Wirkungsquerschnitte endlich sind. Deshalb ist der Vergleich der elastischen Streuung der Elektronen durch ein Atom dem mit elastischen Stoß berechtigt.

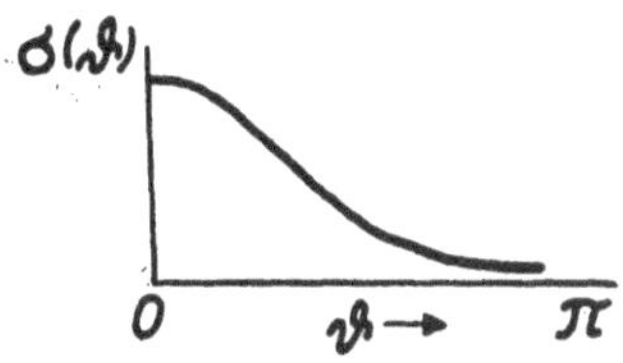

Abb. 23. $\sigma(\vartheta)$ bei elastischer Elektronenstreuung durch Wasserstoffatome; erste Näherung nach BORN

Die Beziehung

$$\frac{\sigma(0)}{\sigma(\pi)} = (8a^2k_1^2)^2 \tag{17,11}$$

zeigt, daß die Streuung unter sehr kleinen Winkeln viel wahrscheinlicher ist als unter Winkeln in der Nähe von 180°. Zwischen $\vartheta = 0$ und $\vartheta = \pi$ nimmt $\sigma(\vartheta)$ mit zunehmenden ϑ monoton ab (Abb. 23).

Nun berechnen wir den Gesamtquerschnitt der elastischen Elektronenstreuung, indem wir (17,8) über alle Streuwinkel integrieren; das ergibt

$$s = 2\pi \int_0^\pi \sigma(\vartheta) \sin\vartheta \, d\vartheta = \frac{2^{12}\pi^5 a^4 m^2 e_0^4 Z^2}{3h^4} \cdot \frac{3 + 18a^2k_1^2 + 4a^4k_1^4}{(1 + 4a^2k_1^2)^3} \text{ [1]}. \tag{17,12}$$

Der Gesamtquerschnitt s erweist sich als monoton abnehmende Funktion der Elektronengeschwindigkeit; bei großen Geschwindigkeiten ist s proportional zu k_1^{-2}, d. h. proportional zu c_1^{-2}. Die auf diesem Wege berechneten Werte der differentiellen Querschnitte für elastische Streuung in Wasserstoff und Helium sind als Funktionen von $c_1 \sin\frac{\vartheta}{2}$ in [III — 4, Kap. IX, Tab. 1] angegeben. Für komplizierte Atome wird die Ladungsverteilung der Elektronen im Atom nach einer der Näherungsmethoden von HARTREE [IV — 6], FOCK [IV — 7] oder FERMI [IV — 9] berechnet, siehe auch [IV — 8, 10]. Die Ergebnisse dieser Berechnungen müssen anstatt $\varrho(r)$ in (17,3) und danach in (17,6) eingesetzt werden. Näherungsformeln und Tabellen für die differentiellen Querschnitte von Atomen verschiedener Elemente (Li bis Ar) für verschiedene Werte von $c_1 \sin\frac{\vartheta}{2}$ sind ebenfalls in [III — 4, Kap. IX §§ 4 und 4,1] angeführt. Die Wirkungsquerschnitte der zusammengesetzten Atome erweisen sich ebenfalls als monoton abnehmende Funktionen der Geschwindigkeit und des Ablenkwinkels. Die experimentelle Prüfung dieser Ergebnisse wird weiter unten, in den §§ 18 und 19 behandelt.

2. Die Methode der Zerlegung in Kugelwellen. Es wurde schon in § 13 erwähnt, daß die erste Näherung von BORN, welche weiter oben bereits betrachtet worden ist, nur für schnelle Elektronen berechtigt ist. FAXÈN und HOLSTMARK

---

[1]) Beim Vergleich dieser Formel mit der Formel (10) Kap. IX in [III—4] ist zu beachten, daß die Größe a_0 in [III—4] gleich $2a$ in unserer Bezeichnungsweise ist.

[IV — 11] haben eine andere Berechnungsmethode für Wirkungsquerschnitte entwickelt, die für langsame Elektronen geeignet ist. Während die Lösung von BORN eine Anwendung des HUYGENSschen Prinzips auf das Problem der Streuung von Elementarteilchen darstellt, entspricht die Lösung von FAXEN-HOLSTMARK einer anderen Methode zur Lösung der Diffraktionsaufgabe, wie sie von RAYLEIGH [IV — 12] auf die Schalldiffraktion und von MIE und DEBYE auf die Lichtstreuung durch kleine Partikel angewendet wurde.

Der Ausgangspunkt ist auch hier die SCHRÖDINGERsche Wellengleichung (13,1); ihre assymptotische Lösung suchen wir wiederum in der Form einer Summe der einfallenden und gestreuten Welle (13,3). Die einfallende ebene Welle e^{ik_1x} muß die Gleichung

$$\nabla^2\psi + k_1^2\psi = 0, \tag{17,13}$$

befriedigen, wo $k_1 = \frac{2\pi}{h}\sqrt{2mK}$ ist. Die Lösung dieser Gleichung kann aber in Form einer Reihe von Kugelwellen dargestellt werden; insbesondere ist eine spezielle Lösung von (17,13)

$$\psi_n = P_n(\cos\vartheta)\frac{1}{r}g_n(r), \tag{17,14}$$

wo $P_n(\cos\vartheta)$ das LEGENDREsche Polynom n. Grades von $\cos\vartheta$ (die zonale Kugelfunktion n. Grades von ϑ) und $g_n(r)$ die Lösung der Gleichung

$$\frac{d^2g_n}{dr^2} + \left[k_1^2 - \frac{n(n+1)}{r^2}\right]g_n = 0 \qquad (n = 0, 1, 2, \ldots) \tag{17,15}$$

ist. Die allgemeine Lösung von (17,15) ist gut bekannt:

$$g_n(r) = \sqrt{\frac{r}{k_1}}\,Z_{n+\frac{1}{2}}(k_1, r);$$

hier ist $Z_{n+\frac{1}{2}} = A_n \cdot J_{n+\frac{1}{2}} + B_n N_{n+\frac{1}{2}}$ und J und N sind BESSELfunktionen erster und zweiter Art. Die Forderung, daß die Lösung von (17,14) bei $r \to 0$ endlich bleiben muß, führt dazu, in dem Ausdruck für $Z_{n+\frac{1}{2}}$ — $B_n = 0$ zu setzen; dann kann man $g_n(r)$ in der Form

$$\frac{1}{r}g_n(r) = A_n\sqrt{\frac{\pi}{2k_1r}}\,J_{n+\frac{1}{2}}(k_1, r) \tag{17,16}$$

schreiben. Bei großen Werten von k_1r ($\gg 1$) besitzt (17,16) die Form

$$\left[\frac{1}{r}g_n(r)\right]_{r\to\infty} \cong \frac{A_n}{k_1r}\sin\left(k_1r - n\frac{\pi}{2}\right). \tag{17,17}$$

Das ist eine monochromatische Kugelwelle, die sich vom Zentrum ($r = 0$) ausbreitet.

Wir stellen die einfallende (primäre) Welle e^{ik_1x} in Form einer Summe mit Gliedern von der Gestalt (17,14) dar

$$e^{ik_1x} = e^{ik_1r\cos\vartheta} = \sum_{n=0}^{\infty} A_nP_n(\cos\vartheta)\frac{1}{r}g(r). \tag{17,18}$$

Das bedeutet, daß die primäre ebene Welle in eine Reihe auseinanderlaufender Kugelwellen (Partialwellen oder Harmonische) mit gleicher Wellenlänge zerlegt wird, die eine verschiedene, durch die Koeffizienten von $P_n(\cos\vartheta)$ bestimmte Winkelverteilung haben. Wenn man den asymptotischen Ausdruck für $g_n(r)$ (17,17) benutzt, kann man die Koeffizienten A_n berechnen. Man benutzt dazu die Methode, die für die Berechnung der Koeffizienten bei einer Reihenentwicklung nach orthogonalen Funktionen üblich ist; wir finden[1]) $A_n = (2n+1)\, i^n$ und

$$e^{ik_1x} = \sum_{n=0}^{\infty} (2n+1)\, i^n \frac{1}{r} g_n(r)\, P_n(\cos\vartheta). \tag{17,19}$$

Die gestörte Welle kann ähnlich dargestellt werden. Sie muß die Gleichung

$$\nabla^2 \psi + \left[k_1^2 - \frac{8\pi^2 m}{h^2} \Pi(r)\right]\psi = 0 \tag{17,20}$$

befriedigen und kann in der Form

$$\psi = \sum_{n=0}^{\infty} A_n \frac{1}{r} G_n(r)\, P_n(\cos\vartheta) \tag{17,21}$$

dargestellt werden. Hier ist $G_n(r)$ die Lösung der Gleichung

$$\frac{d}{dr}\left(\frac{dG_n}{dr}\right) + \left[k_1^2 - \frac{8\pi^2 m}{h^2} \Pi(r) - \frac{n(n+1)}{r^2}\right] G_n = 0. \tag{17,22}$$

Der Wert $\frac{1}{r} G_n(r)$, wie auch $\frac{1}{r} g_n(r)$ muß im gesamten Raum einschließlich $r = 0$ endlich bleiben. Außerdem muß der Ausdruck in genügend großer Entfernung $(k_1 r \gg 1)$ eine monochromatische, divergierende Welle darstellen und bei $\Pi(r) = 0$ (fehlender Streuung) in (17,17) übergehen. Diesen Forderungen genügt $\frac{1}{r} G_n(r)$, wenn sein asymptotischer Wert folgende Form hat:

$$\left[\frac{1}{r} G_n(r)\right]_{r\to\infty} \cong \frac{A_n}{k_1 r} \sin\left(k_1 r - n\frac{\pi}{2} - \eta_n\right). \tag{17,23}$$

Hier ist η_n die Phasenverschiebung der resultierenden Welle relativ zur einfallenden; bei $\Pi(r) \to 0$ geht $\eta_n \to 0$. Die Amplitude jeder Harmonischen der gestörten Welle (17,21) hängt von ihrer Phase ab. Für A_n folgt der Ausdruck [III—4]:

$$A_n = (2n+1)\, i^n e^{i\eta_n}. \tag{17,24}$$

Deshalb wird die gestörte Welle durch die Formel

$$\psi = \sum_{n=0}^{\infty} (2n+1)\, i^n e^{i\eta_n} \frac{1}{r} G_n(r)\, P_n(\cos\vartheta) \tag{17,25}$$

dargestellt. Ihr asymptotischer Ausdruck stellt die Summe der primären Welle und der gestreuten Welle dar. Deshalb finden wir für den asymptotischen Ausdruck der gestreuten Welle $[(\psi)_{r\to\infty} + e^{ik_1x})$, wo $(\psi)_{r\to\infty}$ und e^{ik_1x} mit Hilfe von

[1]) Genaueres siehe [III—4, Kap. II, § 1].

(17,17), (17,19), (17,23) und (17,25) einzusetzen sind. Nach kleinen Umrechnungen finden wir die Funktion der gestreuten Elektronen:

$$\psi = \frac{e^{ik_1 r}}{r} f(\vartheta) = \frac{e^{ik_1 r}}{2ik_1 r} \sum_{n=0}^{\infty} (2n+1)(e^{2i\eta_n} - 1) P_n(\cos\vartheta) \tag{17,26}$$

und hieraus den Wirkungsquerschnitt der Streuung in die Winkeleinheit

$$\left.\begin{aligned} &\sigma(\vartheta) = |f(\vartheta)|^2 = \frac{1}{4k_1^2}(a^2 + b^2), \qquad \text{wo} \\ &a = \sum_{n=0}^{\infty} (2n+1)(\cos 2\eta_n - 1) P_n(\cos\vartheta), \\ &b = \sum_{n=0}^{\infty} (2n+1) \sin 2\eta_n \cdot P_n(\cos\vartheta) \quad \text{ist.} \end{aligned}\right\} \tag{17,27}$$

Auf diese Weise wird die Berechnung der Wirkungsquerschnitte auf die Berechnung der Phasenverschiebung η_n zwischen den sphärischen Komponenten der primären und der gestörten Welle zurückgeführt.

Wir ermitteln jetzt den Ausdruck für den Gesamtquerschnitt s eines Atoms:

$$\begin{aligned} s &= 2\pi \int_0^\pi \sigma \sin\vartheta \, d\vartheta = \sigma \frac{2\pi}{4k_1^2} \int_0^\pi (a^2 + b^2) \sin\vartheta \, d\vartheta = \\ &= \frac{\pi}{2k_1^2} \int_0^\pi \Big\{\Big[\sum_{n=0}^{\infty} (2n+1)(\cos 2\eta_n - 1) P_n(\cos\vartheta)\Big]^2 + \\ &+ \Big[\sum_{n=0}^{\infty} (2n+1)(\sin 2\eta_n P_n(\cos\vartheta)\Big]^2\Big\} \sin\vartheta \, d\vartheta = \\ &= \frac{\pi}{2k_1^2} \sum_{n=0}^{\infty} (2n+1)^2 \, 4 \sin^2\eta_n \int_0^\pi P_n^2(\cos\vartheta) \sin\vartheta \, d\vartheta + \\ &+ \frac{\pi}{2k_1^2} \sum_{m=0}^{\infty} \sum_{n=0}^{\infty} (2m+1)(2n+1) \big[(\cos 2\eta_m - 1)(\cos 2\eta_n - 1) + \\ &\qquad + \sin 2\eta_m \sin 2\eta_n\big] \int_0^\pi P_m P_n \sin\vartheta \, d\vartheta. \end{aligned}$$

Das letzte Integral ist wegen der Orthogonalität der Kugelfunktionen gleich Null; deshalb verschwindet die Doppelsumme. Das erste Integral ist

$$\int_0^\pi P_n^2(\cos\vartheta) \sin\vartheta \, d\vartheta = \frac{2}{2n+1}$$

(siehe die Tabellen der Kugelfunktionen); deshalb ist

$$s = \frac{4\pi}{k_1^2} \sum_{n=0}^{\infty} (2n+1) \sin^2\eta_n = \sum_{n=0}^{\infty} s_n \tag{17,28}$$

Die Größe

$$s_n = \frac{4(2n+1)\pi}{k_1^2} \sin^2\eta_n$$

heißt *n. Partialquerschnitt des Atoms.*

Bezüglich des physikalischen Sinns der Methode der Zerlegung in Kugelwellen kann man folgendes bemerken [IV — 13]. Die Zahl n ist nicht nur der Index einer der primären Wellenkomponenten, sondern auch die azimutale Quantenzahl für die Elektronen des primären Bündels, die zu der gegebenen Welle gehören; das Impulsmoment der Elektronen ist $I = \sqrt{n(n+1)}\,\frac{2\pi}{h}$, während in der klassischen Theorie $I = mc_1 p$ ist. Bei vorgegebener Geschwindigkeit c_1 bedeutet das, daß die Größe n in der Quantentheorie dem Stoßparameter p der klassischen Theorie entspricht; die n.-Harmonische der Primärwelle ist in der Wellentheorie der Gesamtheit der Primärelektronen mit einem Stoßparameter zwischen p und $p + \Delta p$ äquivalent. Diese Welle gibt die Streuintensität für jeden Winkel ϑ. Sie wird durch die Größe P_n^2 (cos ϑ) bestimmt. Könnte man aus dem primären Elektronenstrom ein Elektronenbündel mit einem bestimmten n-Wert aussondern, z. B. mit $n = 2$ (d. h. im klassischen Bild, mit einem bestimmten Stoßparameter), so würde die Winkelverteilung der Elektronen nach der Streuung durch die Kurve P_2^2 (cos ϑ) (zwei Minima) bestimmt werden; bei $n = 4$ würde die Winkelverteilung der gestreuten Elektronen durch P_4^2 (cos ϑ) (vier Minima) dargestellt (Abb. 24).

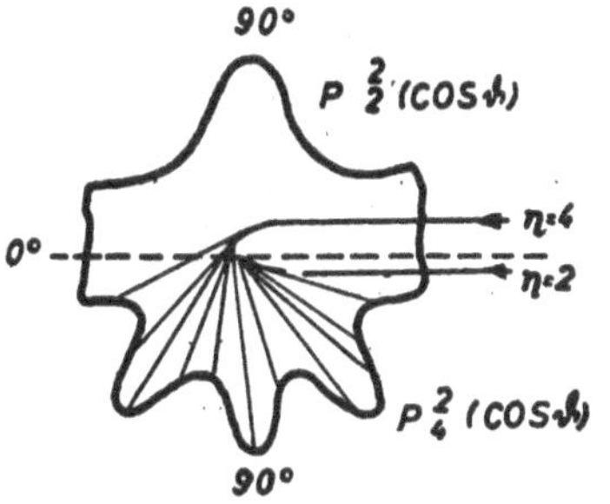

Abb. 24. Zerlegung eines einfallenden Bündels in Kugelwellen. Die zweite Harmonische P_2^2 (oben) entspricht $n = 2$; die vierte Harmonische P_4^2 (unten) entspricht $n = 4$

Hier stellen wir einen völligen Gegensatz zum klassischen Streubild fest, in ihm entspricht einem bestimmten Stoßparameter p ein bestimmter Streuwinkel ϑ. Die Werte η_n werden durch die Anfangsenergie der Elektronen und durch das Wechselwirkungsgesetz $\Pi(r)$ bestimmt. Für die Berechnung von η_n gilt die Formel

$$\eta_n = \int_{r_1}^{\infty}\left[k_1^2 - \frac{8\pi^2 m}{h^2}\,\Pi(r) - \frac{n(n+1)}{r^2}\right]^{\frac{1}{2}} dr - \int_{r_2}^{\infty}\left[k_1^2 - \frac{n(n+1)}{r^2}\right]^{\frac{1}{2}} dr, \tag{17,29}$$

wobei r_1 und r_2 die Wurzeln der Ausdrücke unter den Integralen sind (r_1 die des ersten, r_2 die des zweiten Integral) (s. [IV — 13])[1]. Die Diskussion der Formel

[1]) Es ist leicht, zu zeigen, daß r_1 der kleinste Abstand vom Kern ist, den das Elektron mit einem vorgegebenen k_1 und n nach der klassischen Theorie erreichen kann. Tatsächlich steht im Punkt $r = r_{\min}$ der Geschwindigkeitsvektor $\mathbf{c} = \mathbf{c}_{\max}$ senkrecht zu $\mathbf{r}$; $I = mcr = \sqrt{n(n+1)}\,\frac{h}{2\pi}$. Weiter setzen wir im Energieintegral $\frac{mc^2}{2} + \Pi(r) = W$; $\frac{mc^2}{2}$ durch $\frac{I^2}{2mr^2} = \frac{n(n+1)\,h^2}{8\pi^2 m^2 r_{\min}}$ und W durch $\frac{h^2 k_1^2}{8\pi^2 m}$; wir finden $\frac{n(n+1)\,h^2}{8\pi^2 m r^2} + \Pi(r) = \frac{h^2 k_1^2}{8\pi^2 m}$. Hieraus gewinnen wir nach der Multiplikation mit $\frac{8\pi^2 m}{h^2}$ die Beziehung: $k_1^2 - \frac{8\pi^2 m}{h^2}\cdot\Pi(r) - \frac{n(n+1)}{r^2} = 0$, eine Gleichung mit der Wurzel r_1. Ebenso leicht kann man sich überzeugen, daß r_2 dem klassischen Stoßparameter (p) der Elektronen mit den vorgegebenen Werten k_1 und n gleich ist.

(17,29) zeigt, daß die η_n eine abnehmende Folge bilden. So wurden beispielsweise in Argon bei einer Energie der Primärelektronen von 30 eV folgende Werte für η gefunden [III — 4, Kap. X, § 5): $\eta_0 = 7{,}168 = 2\pi + 0{,}885$, $\eta_1 = 4{,}831 = \pi + 1{,}689$, $\eta_2 = 1{,}983$, $\eta_3 = 0{,}374$, $\eta_4 = 0{,}159$.

Weiter ergibt sich nach Formel (17,29), daß η_n mit wachsender Elektronengeschwindigkeit abnimmt. Als Beispiel führen wir die graphischen Darstellungen der Funktionen $g_0(r)$ und $g_0(r)$ für Helium an, die für drei verschiedene Werte der Elektronenenergie berechnet wurden [IV–14]: für 10 eV, 50 eV und 216 eV (Abb. 25). In der Abbildung sind auch die Werte von η_0 der Phasenverschiebung zwischen den Grundharmonischen der einfallenden und der gestörten Wellen.

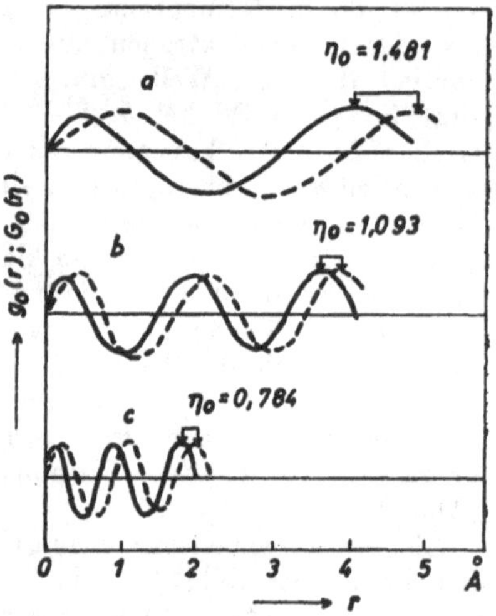

Abb. 25. Amplituden $g_0(r)$ und $G_0(r)$; ——— $G_0(r)$, — — — $g_0(r)$, a — 10 V, b — 50 V, c — 216 V

Schließlich nehmen, wie schon bemerkt wurde, sämtliche η_n mit kleiner werdender Wechselwirkungsfunktion $\Pi(r)$ ab, d. h. beim Übergang zu leichteren Atomen.

Um η_n zu berechnen, entweder unter Benutzung von (17,29) oder auf eine andere Art, muß man die Funktion $\Pi(r)$ kennen. Zu ihrer Bestimmung geht man, ebenso wie bei der BORNschen Methode, von einem bestimmten Gesetz für die Ladungsverteilung der Elektronen im Atom aus, das entweder nach der FOCK-HARTREE-Methode oder nach der FERMI-Methode gefunden werden muß. So sind beispielsweise die Kurven der Abb. 25 [IV — 13], ausgehend von der Ladungsverteilung im Heliumatom nach FOCK-HARTREE, berechnet worden.

In einer Reihe von Fällen kann man zu Ergebnissen gelangen, die gut mit dem Versuch übereinstimmen, wenn man ein außerordentlich vereinfachtes Atommodell annimmt [IV — 15]: Ein Kern der Ladung $+Ze_0$ ist von einer Kugelhülle mit dem Radius r_0 und der Ladung $-Ze_0$ umgeben. Die Funktion $\Pi(r)$ nimmt dann folgende einfache Form an:

$$\Pi(r) = Ze_0^2 \left(\frac{1}{r} - \frac{1}{r_0}\right) \text{ für } r < r_0 \text{ und } \Pi(r) = 0 \text{ für } r \geqslant r_0.$$

Die verschiedenen Methoden sind in der Arbeit [IV — 19] miteinander verglichen worden.

Wie schon bemerkt, sind für große Werte von n die η_n klein und für leichte Atome und schnelle Elektronen sind alle η_n klein. Für die Berechnung kleiner η geben MOTT und MASSEY [III — 4] die Näherungsformel

$$\eta_n \cong -\frac{4\pi^2 m}{h^2} \int_0^\infty \Pi(r) \left[J_{n+\frac{1}{2}}(k_1 r)\right]^2 r \, dr \tag{17,30}$$

an.

Ist $\eta_n \ll 1$ bei beliebigem n, so ist (17,30) für alle η brauchbar. Die Formel (17,26) ergibt in diesem Fall

$$f(\vartheta) = \frac{1}{k_1} \sum_{n=0}^{\infty} (2n+1)\, \eta_n P_n (\cos \vartheta). \tag{17,31}$$

Es wurde bewiesen [III — 4], daß dieser Ausdruck mit der Formel von BORN (17,4) identisch ist. Folglich kann diese als Grenzwert der genaueren Formel (17,26) für kleine Phasenverschiebungen η_n betrachtet werden. Hieraus ist zu entnehmen, daß die Formel (17,4) für leichte Atome und schnelle Elektronen anwendbar ist. Als allgemeines Kriterium für ihre Anwendbarkeit kann die Beziehung der Wellenlänge des Elektrons $\lambda_1 = \frac{h}{m c_1}$ zum Radius der Wirkungsphäre des Atoms r_0 dienen, die in § 12 herausgearbeitet wurde. Ist $\frac{\lambda_1}{r_0} \gg 1$, so ist die Formel (17,4) richtig[1]; im anderen Fall sind die genaueren Formeln (17,26)—(17,28) zu benutzen.

Die Diskussion der Formel (17,28) zeigt, daß in ihr diejenigen Glieder den größten Wert haben, in denen $\sin^2 \eta_n \approx 1$, $\eta_n = (2k+1)\frac{\pi}{2}$ ist (k ist eine ganze Zahl). Die Anzahl derartiger Glieder kann nicht groß sein, da die η_n eine abnehmende Folge bilden. In dem oben angeführten Beispiel (Ar, 30 eV) sind zwei Glieder wesentlich: $n = 1$ und $n = 2$, insbesondere das zweite, da bei ihm der Gewichtsfaktor $2n + 1$ größer ist. Die Winkelverteilung der gestreuten Elektronen muß in diesem Fall hauptsächlich von der Größe P_2^2 (cos ϑ) abhängen, d. h. zwei Minima haben (Abb. 24, obere Hälfte). Deshalb ergeben die genauen Formeln (17,26)—(17,28), zum Unterschied von der Formel nach BORN allgemein gesagt, keine monotone Abhängigkeit der Streuintensität vom Winkel, sondern das für Diffraktionserscheinungen charakteristische Bild mit Maxima und Minima.

3. Der Elektronenaustausch. Bei den oben betrachteten zwei Berechnungsmethoden für die Wirkungsquerschnitte wurde angenommen, daß lediglich die auf das Atom auffallenden Elektronen gestreut werden; die Rolle der Elektronen im Atom wurde lediglich auf ihren Einfluß auf das elektrische Feld des Atoms, d. h. auf die Wechselwirkungsfunktion $\Pi(r)$ reduziert. Außerdem wurde vorausgesetzt, daß bei der elastischen Wechselwirkung mit den gestreuten Elektronen die Atome vollkommen unverändert bleiben. Diese beiden Annahmen müssen abgeändert werden.

Vor allem kann neben der einfachen Streuung, d. h. der seitlichen Ablenkung des auf das Atom fallenden Elektrons noch ein *Austausch von Elektronen* erfolgen: Ein Atomelektron wird gegen ein stoßendes Elektron ausgewechselt und fliegt selbst in willkürlicher Richtung mit der Geschwindigkeit des auftreffenden Elektrons fort. In Wirklichkeit führt die Wechselwirkung des einfallenden Elektrons mit dem Atom für kurze Zeit zur Bildung eines Atoms mit einem überzähligen Elektron (negatives Ion), das dann in ein normales Atom und ein Elektron, das in irgend einer Richtung gestreut wird, zerfällt. Gerade dieser Prozeß wird durch die Gleichung (13,1) beschrieben. Es ist augenscheinlich, daß bei der Abspaltung des überzähligen

[1]) MORSE gab eine grobe Abschätzung der Anwendungsgrenze der Formel (17,6): Die Elektronenenergie müsse $50\, Z^2$ eV übersteigen. Das ergibt für Wasserstoff 50 eV, für Helium 200 eV, für Neon 5000 eV usw.

Elektrons vom Atom entweder das angelagerte äußere Elektron oder eines der Atomelektronen wegfliegt. Experimentell sind diese Prozesse nicht zu unterscheiden, weil das Atomelektron sich in keiner Weise von dem angelagerten Elektron unterscheidet. Deshalb muß die gestreute Welle in Wirklichkeit beide Arten von Elektronen enthalten: die unmittelbar gestreuten und die aus den Atomen infolge des Austauschs herausgeschlagenen. Die Theorie dieser Erscheinung wurde in einer Reihe von Arbeiten entwickelt [IV — 20, 21, 22, 23]; siehe auch [III — IV, Kap. V].

Bezeichnet man die Amplitude der gestreuten Welle wie vorher mit $\frac{1}{r} f(\vartheta)$, so ist es jetzt nötig zu unterscheiden zwischen $f^e(\vartheta)$ für die gestreuten Primärelektronen und $f^a(\vartheta)$ für die Elektronen, welche von den Atomen infolge des Austauschs emittiert worden sind. Nehmen wir der Einfachheit halber an, daß mit dem auffallenden Elektron nur ein Atomelektron in Wechselwirkung getreten ist; seinen Radiusvektor bezeichnen wir mit $\boldsymbol{r}_a$, den des ersten Elektrons mit $\boldsymbol{r}_e$. Die Wellenfunktionen beider Elektronen befriedigen ähnliche Gleichungen, die sich lediglich durch das Auftreten einmal von $\boldsymbol{r}_a$ und das andere Mal von $\boldsymbol{r}_e$ unterscheiden. Insbesondere gilt für ψ_j^e an Stelle der Gleichung (13,6)

$$(13,6) \qquad (\nabla_e^2 + k_j^2)\, \psi_j^e = \int_{(a)} \Pi(\boldsymbol{r}_e, \boldsymbol{r}_a)\, (\psi_j^a)^*\, dV_a.$$

Für ψ_j^a schreiben wir ähnlich

$$(17,32) \qquad (\nabla_a^2 + k_j^2)\, \psi_j^a = \int_{(e)} \Pi(\boldsymbol{r}_a, \boldsymbol{r}_e)\, (\psi_j^e)^*\, dV_e\,^{1)},$$

wobei für $r \to \infty$ die Funktion ψ_j^a die Form

$$(17,33) \qquad (\psi_j^a)_{r\to\infty} = \frac{e^{ik_j r_a}}{r_a} f_j^e(\vartheta)$$

annehmen muß. Die asymptotischen Lösungen dieser Gleichungen kann man entweder in erster Näherung nach der Methode von BORN finden, oder nach einer der genaueren Methoden, z. B. nach der Methode der verzerrten Wellen. In erster Näherung nach BORN finden wir für $f_j^e(\vartheta)$

$$(17,34) \qquad f_j^e(\vartheta) = -\frac{2\pi m}{h^2} \int_{(a)}\int_{(e)} \Pi(\boldsymbol{r}_a, \boldsymbol{r}_e)\, e^{i(k_1 n_1 r_e - k_1 n_j r_a)}\, (\psi_j^e)^*\, \psi_i^a\, dV_a\, dV_e$$

und für f_j^a einen analogen Ausdruck, wo an Stelle von a der Index e steht. Die Methode der verzerrten Wellen führt zu genaueren Formeln (s. [III — 4] und [IV — 22]).

Die Gesamtmenge der Elektronen, die sich im Winkel ϑ bewegen, kann man keineswegs finden durch Addition der Zahl gestreuter Primärelektronen, die zu $(f^e)^2$ proportional ist und der Zahl der von den Atomen emittierten Elektronen, die zu $(f^a)^2$ proportional ist. Um die Interferenz der beiden Wellen zu erfassen ist es notwendig, die resultierende Funktion zu berechnen. Nach dem PAULI-Prinzip in der wellenmechanischen Behandlung muß die Amplitude der resultierenden Welle eine

[1]) Mit $\int_{(e)} dV_e$ ist die Integration über die Koordinaten x_e, y_e, z_e des auffallenden Teilchens bezeichnet.

lineare Kombination von f^e und f^a sein, außerdem muß sie antisymmetrisch bezüglich beider wechselwirkender Elektronen, des äußeren und des Atomelektrons sein.

Für Wasserstoff ist der effektive Streuquerschnitt

$$\sigma(\vartheta) = \frac{3}{4}|f^e + f^a|^2 + \frac{1}{4}|f^e - f^a|^2, \tag{17,35}$$

für Helium

$$\sigma(\vartheta) = |f^e - f^a|^2. \tag{17,36}$$

Fehlt ein Austausch ($f^a = 0$), so gehen diese Formeln in die vorigen über

$$\sigma(\vartheta) = |f^e(\vartheta)|^2.$$

Die Berechnungen wurden für Wasserstoff und Helium durchgeführt (s. [IV—22, 23]).

Es erweist sich, daß der Einfluß des Elektronenaustauschs zu einer Steigerung der beobachteten Streuung führt (die Querschnitte, welche unter Berücksichtigung des Austauschs ermittelt worden sind, sind größer als ohne Berücksichtigung dieses Effekts). So sind in Abb. 26 zwei Kurven für den effektiven Streuquerschnitt in Abhängigkeit vom Winkel $\sigma(\vartheta)$ für Helium angegeben [IV—21], die mit Berücksichtigung (a) und ohne Berücksichtigung (b) des Elektronenaustauschs berechnet wurden. Die Berücksichtigung des Austauschs führt zu einer merklichen Vergrößerung des Querschnitts besonders für Winkel $\geqslant 90°$. Das ist leicht zu verstehen, da für die auffallenden Elektronen die Beibehaltung der ursprünglichen Bewegungsrichtung eine wesentliche Rolle spielt, besonders bei großen Stoßparametern und deshalb kleine Ablenkwinkel wahrscheinlicher sind; für das Austauschelektron hat dieser Umstand keine derartige Bedeutung, und kleine Ablenkwinkel werden in keiner Weise vor den großen Winkeln bevorzugt. Der Einfluß des Austauscheffekts macht sich stark bei der Streuung langsamer Elektronen bemerkbar; mit größer werdender Elektronengeschwindigkeit geht die Rolle des Elektronenaustauschs zurück (Abb. 27).

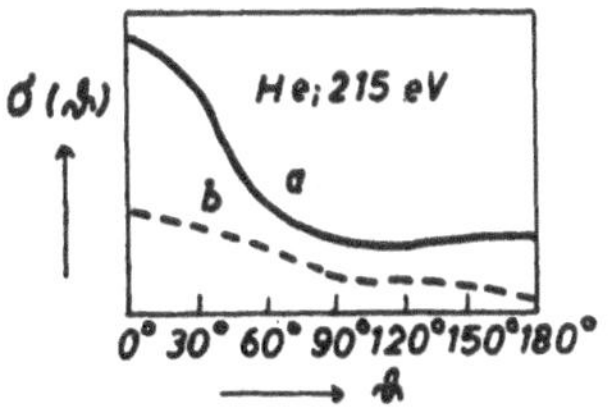

Abb. 26. $\sigma(\vartheta)$ in He bei $K_0 = 215$ eV, berechnet: a — unter Berücksichtigung des Elektronenaustauschs, b — ohne Berücksichtigung des Austauschs [IV—21]

4. Der Polarisationseffekt. Ein anderer oben unberücksichtigt gelassener Faktor ist die Veränderung der Ladungsverteilung im streuenden Atom unter der Wirkung des gestreuten Elektrons. In der oben dargelegten Theorie wurde die Ladungsverteilung $\varrho(r)$ und ihr Potential $\varphi(r)$ als statisch betrachtet. In Wirklichkeit aber ändern sich $\varrho(r)$ und $\varphi(r)$ bei der Wechselwirkung des Atoms mit dem gestreuten Elektron. Nach HOLTZMARK [IV—24] wird diese Wechselwirkung als *Polarisation des Atoms* durch das Feld des gestreuten Elektrons betrachtet. Die Berücksichtigung einer derartigen Polarisation führt zum Auftreten eines zusätzlichen, zu r^{-4} proportionalen Glieds in dem Ausdruck für $\varrho(r)$. Dieses Glied ist vom klassischen Standpunkt aus leicht zu interpretieren. Die elektrische Feldstärke des auf das Atom wirkenden Elektrons ist proportional zu r^{-2}; das elektrische Moment des Atoms, welches im Ergebnis der Polarisation entsteht, ist proportional zu

dem polarisierenden Feld, d. h. zu r^{-2}, das Potential des Dipolfelds ist proportional zu seinem Moment, geteilt durch r^2, d. h. proportional zu r^{-4}. MASSEY und MOHR [IV—25] gaben eine andere Beschreibung des gleichen Effekts, indem sie ihn als Ergebnis der Wechselwirkung der elastisch gestreuten Elektronenwellen mit den unelastisch gestreuten darstellten.

Wir kehren zu der Lösung der Aufgabe zurück, die elastische Streuung der Elektronen nach der Methode von BORN (§ 13) zu berechnen. Um die Gleichung (13,6) in erster Näherung, die im Fall elastischer Streuung durch normale Atome die Form

$$\nabla_e^2 \psi^e + k_1^2 \psi = \frac{8\pi^2 m}{h^2} \int_a \Pi \Psi (\psi_0^a)^* \, dV_a \tag{17,37}$$

hat, setzen wir im rechten Teil an Stelle von ψ das Produkt $\psi_0^a e^{ik_1 n_1 r}$. Auf diese Weise erfaßt man die Wechselwirkung der ungestörten Elektronenwelle mit der normalen Ladungsverteilung im Atom. Um eine bessere Näherung zu bekommen ist es jedoch notwendig, wie im § 13, P. 1 gezeigt wurde, ψ durch seine vollständige Zerlegung zu ersetzen $\psi = \sum_{j=0}^{\infty} \psi_j^a \psi_{0j}^e$. Sie enthält außer den elastisch gestreuten Wellen ψ_{00}^e auch die unelastisch gestreuten Wellen ψ_{0j}^e und die Wellenfunktionen der verschiedenen gestörten Atomzustände ψ_j^a, die verschiedenen veränderten Ladungsverteilungen im Atom entsprechen. Hierbei nimmt die Gleichung (17,37) die Form

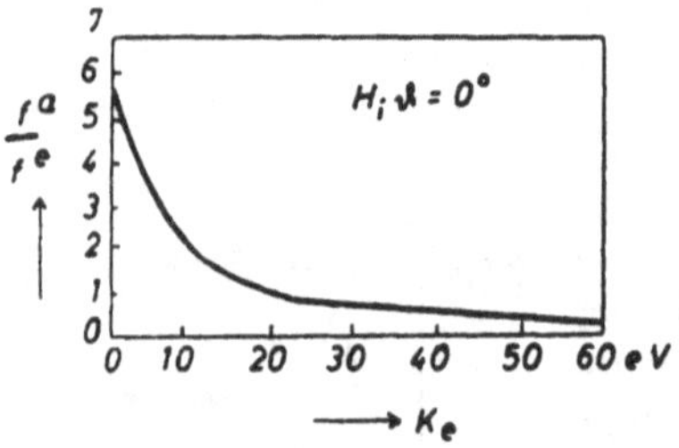

Abb. 27.

$$\left(\nabla_e^2 + k_1^2 - \frac{8\pi^2 m}{h^2} \Pi_{00}\right) \psi_{00}^e = \sum_{j=1}^{\infty} \frac{8\pi^2 m}{h^2} \Pi_{0j} \psi_{0j}^e \tag{17,38}$$

an. Das bedeutet jedoch, daß der Einfluß der Umordnung der Ladung im streuenden Atom unter Wirkung der Elektronenwelle der Wechselwirkung mit den unelastisch gestreuten Wellen äquivalent ist.

Diese Wechselwirkung interpretieren MASSEY und MOHR folgendermaßen: Das Elektron erfährt bei der Annäherung an das Atom in einem Abstand, wo die Wechselwirkung merklich ist, einen Stoß erster Art, d. h. es regt im Atom den Übergang $0 \rightarrow j$ an und verlangsamt seine Bewegung. Während der Zeit seiner Bewegung im Atomfeld existiert eine endliche Wahrscheinlichkeit dafür, daß das angeregte Atom seine Energie an dasselbe Elektron wieder abgibt (Stoß zweiter Art des Atoms mit dem gleichen Elektron). Im Ergebnis verläßt das Elektron das Kraftfeld des Atoms fast mit seiner gesamten ursprünglichen Energie, doch, allgemein gesagt, in anderer Richtung. Die Gleichung (17,38) gestattet diese Wechselwirkung zu berechnen und sie durch ein gewisses zusätzliches Feld Π_{00} (Polarisationsfeld) darzustellen; weiter kann man ihren Einfluß auf die Elektronenstreuung berechnen.

Die Berechnungen zeigen [IV—25], daß sich der Polarisationseffekt vorzüglich in einer Vergrößerung der Streuung unter kleinen Winkeln bemerkbar macht. Dieses Ergebnis ergibt sich einfach daraus, daß das Feld des polarisierten Atoms mit der Entfernung langsamer abnimmt $\left(\text{wie } \frac{1}{r^5} \text{ oder } \frac{1}{r^4}\right)$, als das Feld des normalen Atoms $\left(\text{wie } e^{-\frac{r}{r_0}}\right)$, deshalb muß die Ablenkung in einem vorgegebenen Winkel bei Vorhandensein des Polarisationseffekts schon in größeren Abständen vom Atom erfolgen, als wenn dieser nicht vorhanden ist, d. h. der differentielle Streuquerschnitt wächst infolge der Polarisation des Atoms.

5. Die Streuung der Elektronen durch Moleküle. Die Theorie der elastischen Elektronenstreuung durch zwei- und mehratomige Moleküle stellt eine Weiterentwicklung der in der Theorie der Elektronenstreuung durch Atome angewendeten Methode dar. Die Methode von BORN wurde im weiteren für zwei- und mehratomige Moleküle verallgemeinert [IV—19 und III—IV, Kap. XII §§ 2—4]. Hierbei muß man von einer schon vorher vorgegebenen Potentialverteilung im elektrischen Feld des Moleküls ausgehen. Für das Wasserstoffmolekül H_2 ist diese Verteilung genügend genau bekannt. In anderen Fällen wird das Feld nach der statistischen Näherungsmethode von FERMI berechnet. Wir verweilen nicht bei der Darstellung des Rechnungsgangs, sondern geben unmittelbar das Endergebnis an. Der Wirkungsquerschnitt zweiatomiger Moleküle für schnelle Elektronen kann in erster (BORNscher) Näherung durch die Formel

$$[\sigma(\vartheta)]^{(2)} = 2\,[\sigma(\vartheta)]^{(1)} \cdot \left(1 + \frac{\sin x}{x}\right) \tag{17,39}$$

ausgedrückt werden, wo $[\sigma(\vartheta)]^1$ der Wirkungsquerschnitt eines einzelnen Atoms, $x = \frac{4\pi r \sin\frac{\vartheta}{2}}{\lambda}$, — r der Abstand zwischen den Kernen, λ die Wellenlänge der gestreuten Elektronen ist. Hierbei wird die Umordnung der Ladung in jedem Atom, die durch die molekulare Bindung hervorgerufen wird, vernachlässigt.

Die Formel (17,39) zeigt, daß die Abhängigkeit des *Molekülquerschnitts* $[\sigma(\vartheta)]^2$ vom Winkel nicht monoton sein kann, während für das einzelne Atom $[\sigma(\vartheta)]^{(1)}$ in der BORNschen Näherung eine monoton abnehmende Funktion des Winkels ϑ ist. Tatsächlich ist $\left(1 + \frac{\sin x}{x}\right)$, der Diffraktionsfaktor, der durch das Vorhandensein zweier Zentren auftritt, eine oszillierende Funktion von ϑ bei gegebenen r und λ (Abb. 28). Um wenigstens eine Periode dieser Funktion zu finden, ist es notwendig, daß für den Maximalwert $\vartheta = \pi$ $x = \frac{4\pi r \sin\frac{\vartheta}{2}}{\lambda} = 2\pi$ ist, woraus $\lambda = 2r$ oder, da $\lambda = \frac{h}{mc} = \frac{12{,}25}{\sqrt{K\,\mathrm{eV}}}$ ist, $K = \frac{37{,}5}{r^2}$ eV folgt. Je höher die kinetische Energie der Elektronen ist, eine desto größere Anzahl von Maxima und Minima kann man für σ erwarten.

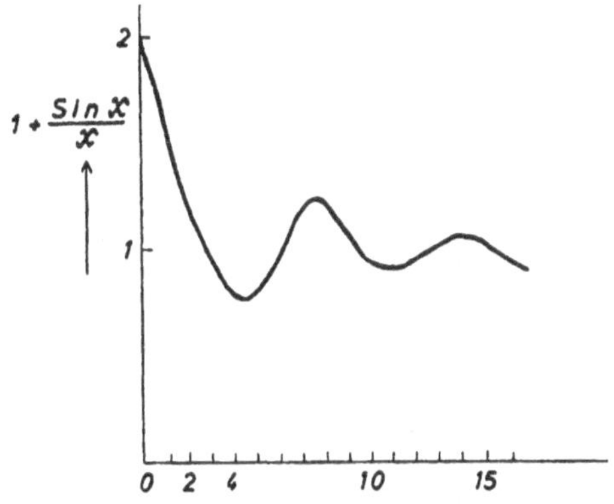

Abb. 28.

Für ein mehratomiges Molekül kann man (17,39) folgendermaßen verallgemeinern:

$$[\sigma(\vartheta)]^{(m)} = \sum_{i=1}^{m} \sum_{j=1}^{m} f_i(\vartheta) f_j^*(\vartheta) \frac{\sin x_{ij}}{x_{ij}}, \tag{17,40}$$

wo f_i und f_j^* die Amplituden der Wellen sind, welche vom i- und j-Atom einzeln gestreut worden sind, $x_{ij} = \frac{4\pi r_{ij} \sin \frac{\vartheta}{2}}{\lambda}$ (s. Anmerkung 6, S. 450)[1].

Für das Wasserstoffmolekül wurde eine genauere Formel ermittelt. Vergleicht man sie mit der Formel von BORN für das Wasserstoffatom, so zeigt sich, daß die Streuung durch molekularen Wasserstoff ein wenig kleiner ist als die Streuung durch 2 Atome. Die oben angemerkte oszillierende Abhängigkeit des σ von ϑ macht sich hier wenig bemerkbar.

Die angenäherten Ausdrücke der Wirkungsquerschnitte für Stöße mehratomiger Moleküle mit langsamen Elektronen sind auch nach der strengeren Methode der Kugelwellen berechnet worden [IV—26]; die Ergebnisse sind mit dem Versuch bei Stickstoff (N_2) verglichen worden [siehe auch in [III—4], Kap. XII, § 5]. Eine Übersicht über die Arbeiten zur Streuung schneller Elektronen durch mehratomige Moleküle gibt [IV—35].

§ 18. Die Winkelverteilung der elastisch gestreuten Elektronen

a) *Die Versuchsmethodik.* Der Methodik aller Untersuchungen auf diesem Gebiet liegt die Beobachtung der Streuung eines schmalen Elektronenbündels im untersuchten Gas unter Bedingungen, die eine einmalige Streuung sicherstellen, zugrunde. (Die Wahrscheinlichkeit für wiederholte Stöße ein und desselben Elektrons muß viel kleiner sein als die Wahrscheinlichkeit für einen Stoß.) Unter diesen Bedingungen wird der Ablenkwinkel der Elektronen gemessen durch den Ablenkwinkel zwischen der Bewegungsrichtung des Primärbündels (des „Strahls") und der Richtung, in welcher die gestreuten Elektronen zum Empfänger (Kollektor) gelangen. Die Wahrscheinlichkeit für eine Streuung in der gegebenen Richtung wird durch die relative Stromstärke der gestreuten Elektronen bestimmt, die im Empfängerkreis gemessen wird, oder durch die Wirkung des Elektronenbündels auf die photographische Platte. Eine quantitative Untersuchung erfordert außerdem eine Geschwindigkeitsanalyse der gestreuten Elektronen, um die elastisch gestreuten Elektronen von den unelastisch gestreuten unterscheiden zu können.

Die Elektronenquelle besteht gewöhnlich aus einer Glühkathode, den Beschleunigungselektroden mit engen Öffnungen oder Spalten, deren Zahl und Anordnung sich ändern kann, und manchmal aus zusätzlichen Elektroden für die Konzentration des Bündels. Die Elektronen werden entweder in einem Spezialgefäß, das mit dem untersuchten Gas gefüllt ist („Streukammer") oder an einem Molekülstrahl dieses Gases gestreut. Als Auffänger für die gestreuten Elektronen dient eine spezielle Elektrode (Kollektor), die mit einem Elektrometer oder über eine Verstärkerröhre mit einem Galvanometer verbunden ist, oder es wird eine Photoplatte benutzt, deren Schwärzungsgrad ein Maß für die auffallende Intensität des Elektronen-

[1]) Ein ähnlicher Ausdruck bestimmt auch die Intensität von Röntgenstrahlen, welche von Gasmolekülen gestreut worden sind.

stroms ist. Eine Photoplatte gestattet es, gleichzeitig die Elektronenstreuung in vielen Richtungen zu registrieren. Die Methode der photographischen Aufzeichnung besitzt jedoch auch eine Reihe Unzulänglichkeiten, und zwar: Die Photoplatte kann nur schnelle Elektronen registrieren (10^4 eV und höher); die elastisch und unelastisch gestreuten Elektronen werden nicht getrennt; die Genauigkeit der Intensitätsmessung ist gering. Diese Unzulänglichkeiten weisen die elektrischen Verfahren zur Registrierung nicht auf. Daher sind sie auch bei allen quantitativen Untersuchungen der Streuung angewandt worden. Die Apparatur selbst ist jedoch bedeutend komplizierter; so muß man, um die Abhängigkeit des σ von ϑ zu ermitteln, entweder eine Vielzahl von Kollektoren anwenden oder den Kollektor bzw. die Elektronenquelle räumlich verschieben.

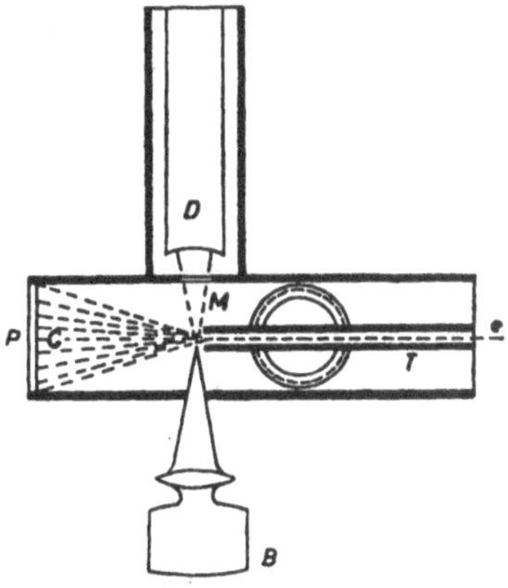

Abb. 29. Vorrichtung zur photographischen Registrierung der Elektronenstreuung an einem Molekülstrahl [IV—27]

In Abb. 29 ist das Schema eines Geräts zur photographischen Untersuchung der Elektronenstreuung im Gas wiedergegeben [IV—27]. Das untersuchte Gas strömt aus dem Ballon B als dünner Strahl M durch eine Düse und kondensiert sich am Boden des DEWARgefäßes D, das mit flüssiger Luft gekühlt wird. Der Elektronenstrahl e (von der Elektronenquelle, die auf dem Bild nicht gezeigt wird) geht durch das Führungsrohr T mit Blenden an den Enden und wird, nachdem er aus T ausgetreten ist, am Molekülstrahl M gestreut. Sowohl die direkt hindurchgegangenen als auch die gestreuten Elektronen werden von der Photoplatte P registriert. Auf der Platte erhält man eine Schwärzung, die bezüglich des Punktes C axialsymmetrisch ist. Photometriert man sie aus, so kann man genau die Richtung der Photomaxima bestimmen und daraus auf den Bau der streuenden Moleküle schließen.

In Abb. 30 ist das Schema eines Geräts von RAMSAUER und KOLLATH [IV—28] gezeigt. Das primäre Elektronenbündel durchläuft von der Elektronenquelle P in der Streukammer S eine kurze Wegstrecke und wird vom Kollektor C_0 eingefangen. Die gestreuten Elektronen gelangen auf elf ringförmige Kollektoren, die selbständig aus dem Gerät herausgeführt sind. Deshalb kann man die Verteilung der gestreuten Elektronen in elf Winkelzonen bestimmen. Irgendeine Sortierung der eingefangenen Elektronen nach der Geschwindigkeit fehlt hier. Messungen an schnellen Elektronen können nicht vorgenommen werden, da keine Schutzmaßnahmen gegen die dabei unvermeidliche Sekundärelektronenmission von den Kollektoren getroffen sind. Für sehr langsame Elektronen aber spielt das keine Rolle und den Autoren ist es gelungen, mit diesem Gerät die Streudaten für Elektronen mit einer Energie von einem Volt und sogar weniger zu ermitteln. Das Auflösungsvermögen eines derartigen Geräts ist nicht groß, wenn man nicht die Zahl der Kollektoren sehr stark vermehren will.

Die vollkommenere Untersuchungsmethodik zur Ermittlung der Winkelverteilung elastisch gestreuter Elektronen erfordert eine Geschwindigkeitsanalyse der gestreuten Elektronen. Eine solche Analyse führt man mit Hilfe eines elektrischen oder magnetischen Feldes durch. Eine Analyse mit Hilfe eines elektrischen Längsfeldes wurde in dem in Abb. 31 gezeigten Gerät durchgeführt [IV — 29]. Dabei wird ein Kollektor in Form eines FARADAY-Käfigs und ein System davor liegender Blenden mit engen Öffnungen verwendet. Das Feld zwischen den ersten

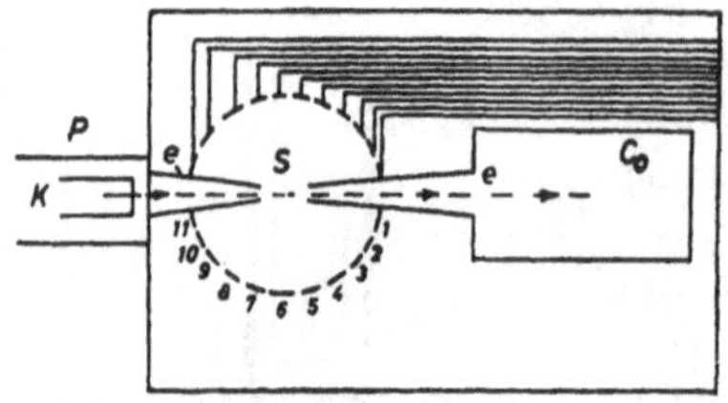

Abb. 30. Schema einer Vorrichtung mit unbeweglichem Ringkollektor [IV—28]

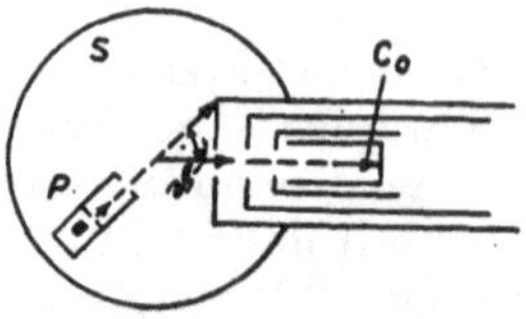

Abb. 31. Schema einer Vorrichtung mit beweglicher Elektronenquelle und Bremsfeld [IV—29]

beiden Blenden hält alle positiven Ionen zurück, die in der Kammer entstanden sind, das Feld der dritten Blende alle im Gas gestreuten Elektronen, die in der Kammer einen merklichen Teil ihrer Geschwindigkeit verloren haben, sowie alle Sekundärelektronen; deshalb gelangt in den Zylinder nur ein sehr schmales Bündel elastisch gestreuter Elektronen. Den Wert bei einer derartigen Sortierung der Elektronen entnimmt man der Abb. 32, in der der Kollektorstrom J_c für die Streuung von 80 eV-Elektronen in Quecksilber unter einem Winkel $\vartheta = 10°$ dargestellt ist [IV — 43]; die Kollektorstromstärke ist proportional zu $\int_{u_s}^{u_0} F(U)\,dU$, dabei sind $F(U)$ die Verteilungsfunktion der Elektronen im gestreuten Bündel, U_s die Sperrspannung, U_0 die Spannung, welche die Energie der Primärelektronen bestimmt. Es zeigt sich, daß unter diesen Bedingungen 50% Elektronen unelastisch gestreut werden. Die Messung der Streuung unter verschiedenen Winkeln wird durch Drehen der Elektronenquelle um die Achse der Streukammer mit Hilfe eines Schliffes möglich; dabei durchläuft das Elektronenbündel immer ein und dasselbe Gebiet im Zentrum der Kammer, von dem auch die vom Kollektor eingefangenen gestreuten Elektronen ausgehen. Bei einer anderen Form der Apparatur ist die Elektronenquelle unbeweglich, und der Auffänger mit dem Analysator kann um die Achse des Geräts gedreht werden [IV — 31].

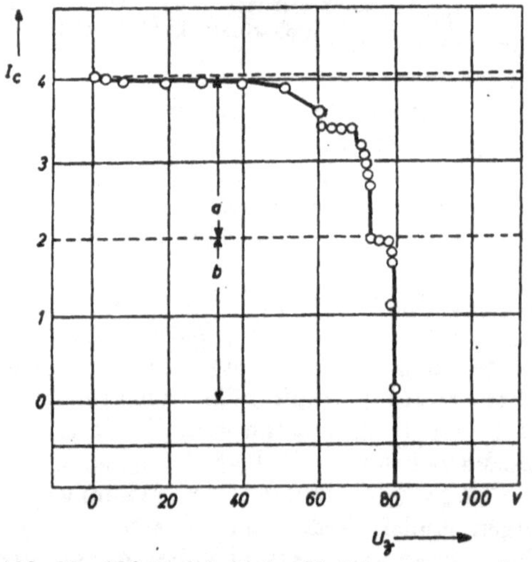

Abb. 32. Abhängigkeit des Kollektorstroms J_c vom Sperrpotential; *a* — unelastisch gestreute Elektronen, *b* — elastisch gestreute Elektronen

In Abb. 33 ist ein Gerät gezeigt, bei dem die Geschwindigkeitsanalyse der Elektronen durch ein elektrisches Querfeld realisiert wird [IV—32,33]. Das Bündel der gestreuten Elektronen bewegt sich nach dem Durchgang durch die Blende B in dem elektrischen Radialfeld zwischen zwei koaxialen, zylindrischen Platten M und N. Die Feldstärke zwischen ihnen beträgt $E = \frac{E_1}{r}$ (r ist der Abstand von der Zylinderachse, E_1 eine Konstante des Geräts). Die Elektronen, die der Bedingung $\frac{m_e c_e^2}{r} = \frac{e_e E_1}{r}$ oder $c_e = \sqrt{\frac{e}{m_e} E_1}$ gehorchen und unter verschiedensten Winkeln in diesen Analysator eintreten, werden am Ausgang fokussiert, besonders wenn die Platten M und N Bögen von annähernd 127° bilden. Bei einer anderen

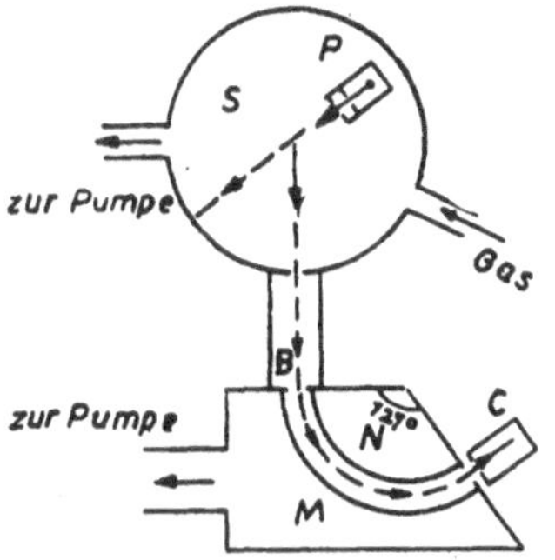

Abb. 33. Schema einer Vorrichtung mit beweglicher Elektronenquelle und elektrostatischem Analysator [IV—32, 33]

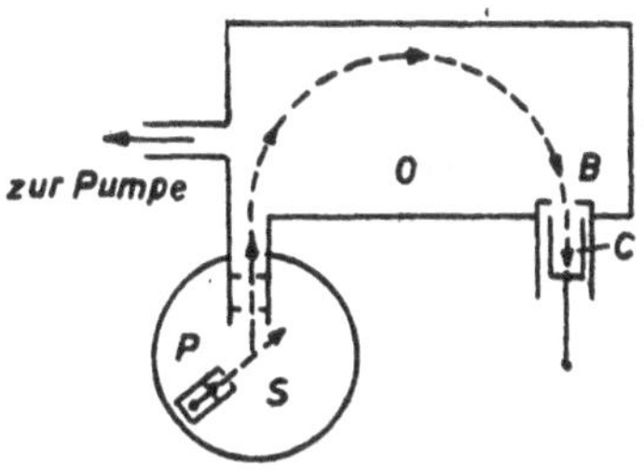

Abb. 34. Schema einer Vorrichtung mit beweglicher Elektronenquelle und magnetischem Analysator [IV—30]

Form [IV—40], die zur Messung der Streuung unter kleinen Winkeln vorgesehen ist, ist die Elektronenquelle in einem besonderen Rohr untergebracht, das mit der Streukammer durch einen dünnen gewellten Metallschlauch verbunden ist. Biegt man diesen, so kann man den Winkel ϑ im Bereich von 0 bis $\pm$ 6° ändern.

Mit Hilfe eines homogenen Magnetfeldes wird die Elektronenanalyse in dem in Abb. 34 dargestellten Gerät ausgeführt [IV—30]. In einer Analysatorkammer O zwingt ein zur Bildfläche senkrechtes Magnetfeld die gestreuten Elektronen auf Kreisbögen. Bei gegebener Magnetfeldstärke werden nur Elektronen mit einer ganz bestimmten Geschwindigkeit in den Spalt B vor dem Kollektor C gelangen; man kann das Feld so wählen, daß zum Kollektor nur die Elektronen gelangen, deren Geschwindigkeit nicht wesentlich kleiner ist als die Geschwindigkeit der Elektronen im Primärstrahl.

In sämtlichen oben angeführten Arbeiten wurde die relative Streuintensität der Elektronen unter verschiedenen Winkeln und bei verschiedenen Geschwindigkeiten bestimmt. Absolutwerte für den Wirkungsquerschnitt der elastischen Streuung wurden in der Arbeit [IV—45] ermittelt. Hier wurden zwei ringförmige Hohlkollektoren mit schmalen Eingangsspalten verwendet sowie ein System zusätzlicher Blenden, die die notwendigen Verzögerungsfelder erzeugten (Abb. 35). Die Geometrie des Geräts gestattet es, den Wirkungsquerschnitt der Atome aus der

Kollektorstromstärke zu berechnen. Messungen sind jedoch nur in den beiden Richtungen möglich, in denen Kollektoren eingebaut sind (45° und 90°).

Untersuchungen der Streuung in Metalldämpfen bringen für den größten Teil der Metalle noch die zusätzliche Schwierigkeit mit sich, daß sie die Einführung eines Ofens in das Innere des Geräts erfordern, um eine Dampfatmosphäre der notwendigen Dichte zu erzeugen; gleichzeitig muß verhindert werden, daß die Dämpfe an unerwünschten Stellen kondensieren (an den Rändern der Blendenöffnungen, an Isolatoren usw.). Der untersuchte Dampf bildet entweder einen Molekülstrahl, ähnlich wie in Abb. 29 (beispielsweise [IV—42]) oder er erfüllt die gesamte Streukammer [IV—48].

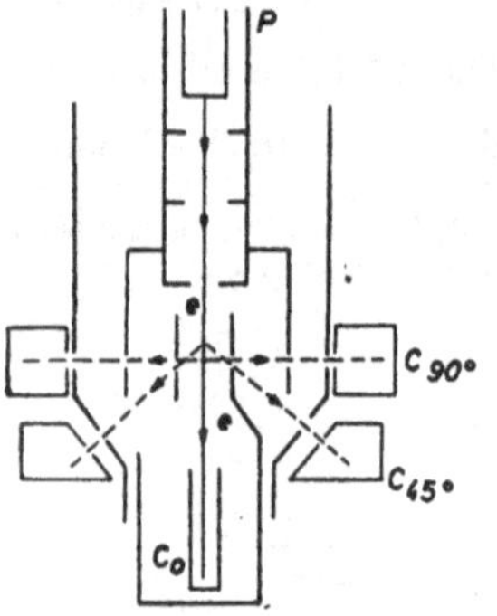

Abb. 35. Gerät zur absoluten Messung der Streuung unter vorgegebenen Winkeln [IV—45]

b) *Die Winkelverteilung elastisch gestreuter Elektronen, Versuchsergebnisse.* Wir führen einige Meßergebnisse der Winkelverteilung elastisch gestreuter Elektronen in verschiedenen Gasen an. Eingehendere Mitteilungen entnimmt man den Originalarbeiten sowie der Monographie [IV—71] und den Übersichten [IV—34, 13].

Wasserstoff. Die Mehrzahl der Untersuchungen wurde in molekularem Wasserstoff H_2 durchgeführt [IV—28, 29, 39]. Es wurde jedoch darauf hingewiesen [IV—46], daß sich die Winkelverteilung der elastisch gestreuten Elektronen in H_2 und in Wasserstoff, der bei 60° in Atome dissoziiert, kaum unterscheidet. Zu den gleichen Ergebnissen führten auch die Rechnungen (s. § 17,5). Deshalb werden die Versuchsergebnisse in H_2 gewöhnlich mit den theoretischen Kurven für H verglichen.

In Abb. 36 sind die von ARNOT [IV—29] gemessenen Werte angegeben. Sie zeigen die Winkelverteilung gestreuter Elektronen zwischen 20° und 100°, bei einer Elektronenenergie von 29,83 und 205 eV. Die Versuchsdaten (Punkte) zeigen, daß die Streuung mit zunehmendem Winkel ϑ und ebenso mit zunehmender Elektronengeschwindigkeit steil abfällt. Ein Vergleich mit den Rechnungen zeigt, daß die Formel (17,6) bei großer Elektronenenergie (200 eV und mehr) gut mit dem Versuch übereinstimmt. Bei kleineren Geschwindigkeiten differieren die nach dieser Formel berechneten Kurven (in Abb. 36 gestrichelt) und die aus dem Versuch gewonnenen stark. Wird bei der Rechnung dagegen der Polarisationseffekt (§ 17, P. 4) berücksichtigt (ausgezogene Kurven), so stimmen die Ergebnisse ausgezeichnet mit dem Experiment überein.

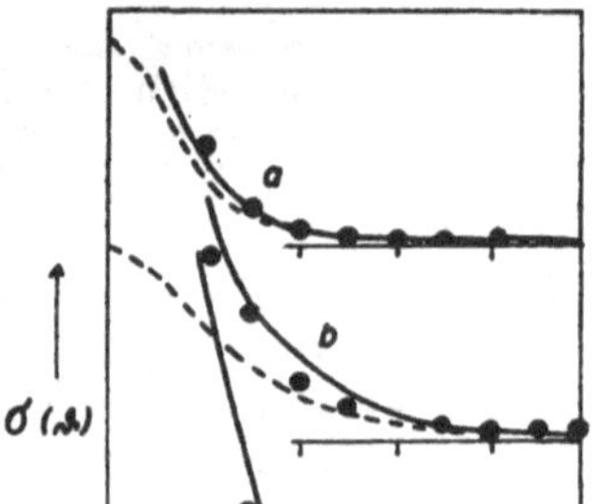

Abb. 36. Elektronenstreuung in Wasserstoff: Punkte — gemessen [IV—29]. — — — berechnet nach Formel (17,6), ——— berechnet nach der Methode der Kugelwellen unter Berücksichtigung der Polarisation; *a* — 205 V, *b* — 83 V, *c* — 29 V

Bei sehr kleinen Geschwindigkeiten wächst die Streuung bei Winkeln $\vartheta > 90°$ (sogenannte „Rückwärtsstreuung") stark. Nach RAMSAUER und

KOLLATH [IV — 28] (Abb. 37) sind bei 2 eV die *direkte und Rückwärtsstreuung* ungefähr gleich; bei 1,7 eV übertrifft die Rückwärtsstreuung die direkte um 80 %. Darin zeigt sich der Einfluß eines neuen Faktors, des Elektronenaustauschs, auf die Streuung (§ 17, P. 3).

Helium. Helium wurde von vielen Autoren studiert [IV — 28, 30, 36, 40 u. a.], da es das einfachste einatomige Gas ist und man an ihm die theoretischen Folgerungen unter sauberen Bedingungen prüfen kann. Das allgemeine Erscheinungsbild in Helium steht dem im Wasserstoff beobachteten sehr nahe. Bei allen Energien über 50 eV nimmt die Streuung mit zunehmendem Winkel ϑ und zunehmender Elektronengeschwindigkeit (Abb. 38) schnell ab. Die BORNsche Formel (17,6) stimmt mit dem Versuch für alle Winkel, außer für ganz kleine Winkel, bei einer Geschwindigkeit über 350 eV gut überein. Darüber hinaus wird für Winkel $>60°$ die Winkelverteilung der Streuung durch die einfache Formel von RUTHERFORD (16,11) zufriedenstellend beschrieben. Das zeigt die überwiegende Rolle des Kerns für die Streuung unter diesen Bedingungen. Bei Winkeln $< 30°$ gibt der Versuch eine größere Streuung als aus Formel (17,6) folgt. Die Differenz erklärt sich durch den Polarisationseffekt (§ 17, P. 4). Sehr langsame

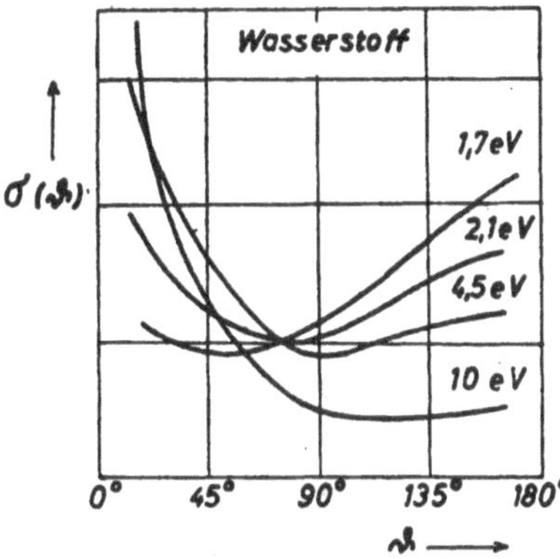

Abb. 37. Streuung langsamer Elektronen in Wasserstoff [IV—28]

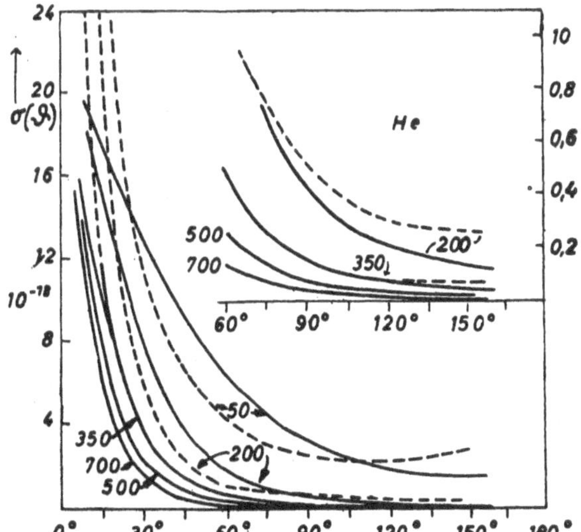

Abb. 38. Elektronenstreuung im Helium [IV—38]: ——— Experiment, — — — berechnet nach der Formel (17,6)

Elektronen (10 eV und weniger) zeigen die gleiche Anomalie wie in Wasserstoff (Abb. 39), nämlich das Auftreten eines zweiten Streumaximums bei großen Winkeln, das durch den Effekt des Elektronenaustauschs bedingt ist.

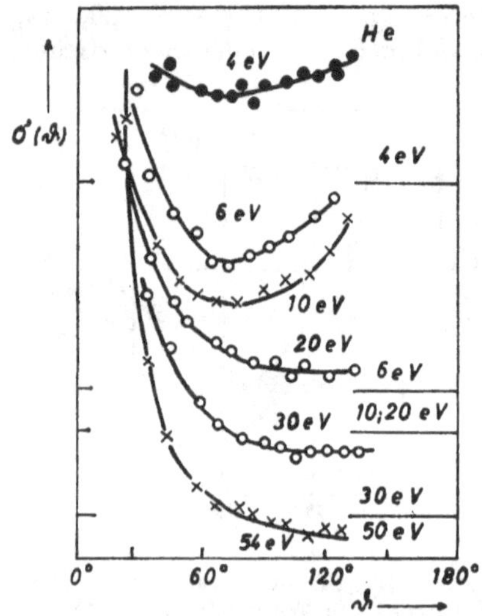

Abb. 39. Streuung langsamer Elektronen in Helium [IV—39]

Andere Edelgase. Die Kurven der Winkelverteilung von Elektronen mit Energien von 10^1—10^2 eV, bei Streuung in schweren Edelgasen, insbesondere in Ar, Kr, Xe, sind sehr ähnlich denen der Lichtstreuung durch ein Medium aus feinsuspendierten kugelförmigen Teilchen. Es sind typische Diffraktionsbilder mit ihren abwechselnden Maxima und Minima, deren Lage und Größe von der Elektronengeschwindigkeit abhängt (d. h. von der Wellenlänge).

Die Hauptdaten der Streuung im Neon, wie sie in der Arbeit [IV—41] gefunden wurden, sind in den Abb. 40 und 41 dargestellt. Bei $K_e > 400$ eV nimmt die Streuung mit wachsendem Ablenkwinkel und steigender Elektronengeschwindigkeit monoton ab (Abb. 40). Die Formel (17,6) ist jedoch selbst bei 800 eV nicht richtig. Gute Übereinstimmung mit dieser Formel erhält man nur bei bedeutend größeren Geschwindigkeiten (50 keV und darüber [IV—40]). Zufolge der Fußnote auf S. 93 müßte Formel (17,6) bei Neon nur für $K_e > 5000$ eV richtig sein, das widerspricht nicht den oben genannten Werten. Bei diesen Geschwindigkeiten wurde lediglich bei $\vartheta < 1°$ eine größere Streuung gefunden, als aus (17,6) folgt.

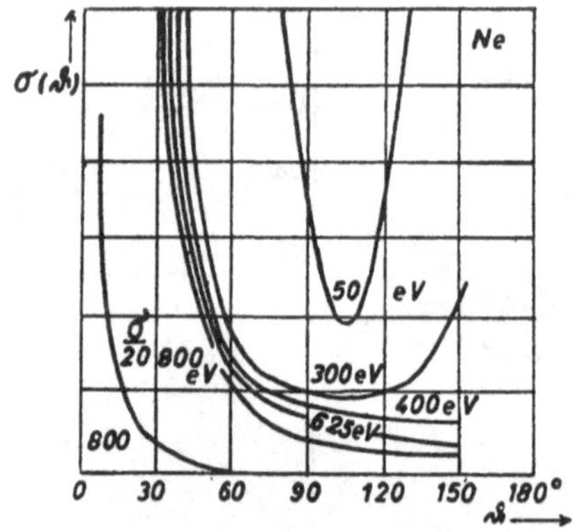

Abb. 40. Elastische Streuung von Elektronen in Neon bei $K = 50$—800 eV [IV—41]

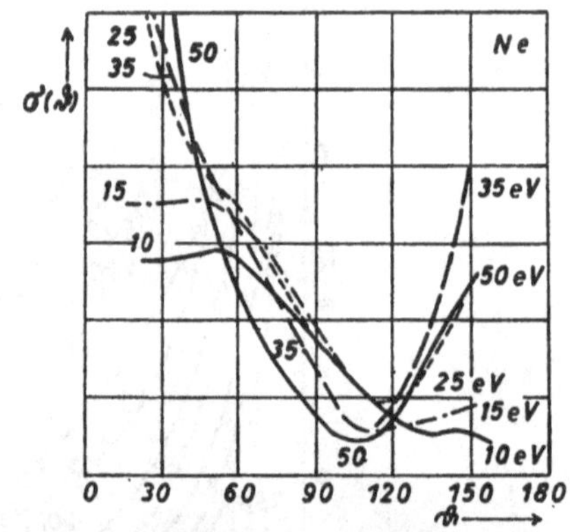

Abb. 41. Elastische Streuung langsamer Elektronen in Neon bei $K \leqslant 50$ eV [IV—41]

Diese Divergenz wird befriedigend durch den Polarisationseffekt erklärt. Bei 300 eV $\geqslant K_e \geqslant$ 25 eV besitzt die Kurve der Winkelverteilung zwischen 90° und 120° ein tiefes Minimum. Der Kurvenverlauf entspricht nicht der Formel (17,6), sondern der genaueren Formel (17,28), d. h. der Funktion P_1^2 (cos ϑ). Der größte Anstieg der Rückwärtsstreuung ($\vartheta > 90°$) wurde bei $K_e = 35$ eV beobachtet (Abb. 41). Die Lage des Streuminimums verschiebt sich mit kleiner werdendem K_e nach größeren Winkeln hin. Nimmt die Elektronenenergie weiter ab ($K_e \leqslant 15$ eV), so senkt sich die gesamte Streukurve und wird flacher; die Streuung in allen

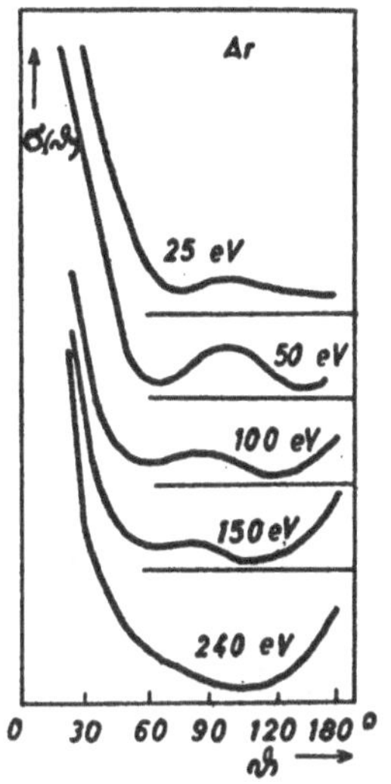

Abb. 42. Elektronenstreuung in Argon [IV—47]

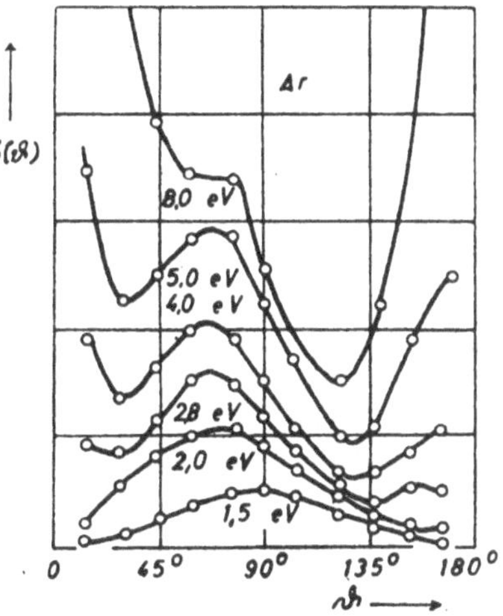

Abb. 43. Streuung langsamer Elektronen in Argon

Richtungen nimmt ab, besonders wird sie aber für die kleinsten und größten Winkel herabgesetzt. Dieser Effekt, der sich schon beim Helium zeigt, ist bei den schweren Edelgasen (Ar, Kr, Xe) noch stärker ausgeprägt und trägt den Namen RAMSAUEReffekt (s. § 19).

In Abb. 42 sind die Meßergebnisse im Argon für Energien von 25—240 eV gezeigt [IV—47]. Wie bei H, He und Ne liegt das absolute Streumaximum bei kleinen Winkeln, eine monotone Abhängigkeit des σ von ϑ wird jedoch nicht beobachtet. Im Gegenteil zeigen alle Kurven (außer der für 240 eV) zwei Minima, was darauf hinweist, daß die dritte Kugelharmonische mit der Winkelverteilung P_2^2(cos ϑ) in der gestreuten Welle dominiert. Von der Anwendbarkeit der Formel (17,6) kann hier keine Rede sein. Sie beginnt erst bei bedeutend größeren Geschwindigkeiten anwendbar zu werden (beispielsweise bei $K_e > 50$ keV, [IV—40]). Bei geringen Geschwindigkeiten

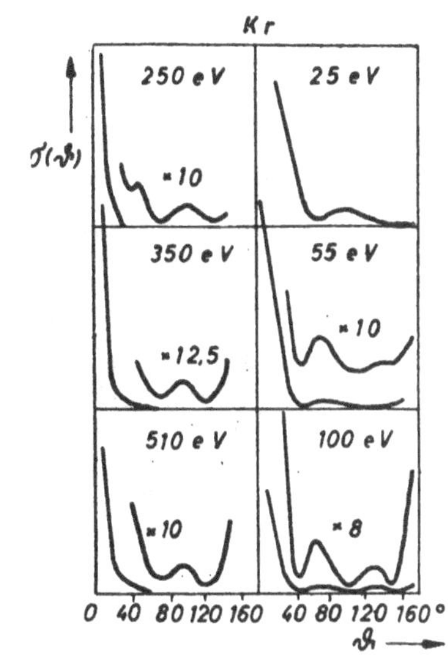

Abb. 44. Elektronenstreuung in Krypton [IV—47]

nimmt die Streuung schnell ab, insbesondere für $\vartheta = 0$ und $\vartheta = \pi$ (Abb. 43). An Stelle der direkten und Rückwärtsstreuung überwiegt bei 3 eV und darunter die *Seitwärts*streuung (unter Winkeln von nahezu 90°). Aber auch die Gesamtstreuung und die Streuung in der Richtung des Maximums nimmt im Vergleich zur Streuung bei 20—30 eV um ein Vielfaches ab.

Die Streukurven in Krypton, nach den Daten von [IV—47], sind in Abb. 44 dargestellt. Hier beobachtet man bis zu drei Minima, was der vierten Harmonischen in der gestreuten Welle und einer Winkelverteilung P_3^2 (cos ϑ) entspricht. Der Verlauf dieser Kurven in Krypton wurde in der Arbeit [IV—24] berechnet, wobei die Ladungsverteilung und das Feld im Kryptonatom nach der FOCK-HARTREE-Methode berechnet worden sind. Der Vergleich der berechneten Kurven mit den Meßdaten [IV—47] zeigt eine hervorragende Übereinstimmung. Bei langsamen Elektronen nimmt die Streuung ab und die Winkelverteilung ändert sich mit abnehmender Geschwindigkeit ebenso wie bei Argon, d. h. es tritt „Seitwärtsstreuung" bei $K_e = 1{,}5$ eV auf.

Daten für Xenon findet man in der Arbeit [IV—29], wir entnehmen daraus Abb. 45. Bei allen Kurven, die bei Elektronengeschwindigkeiten zwischen 42 eV und 810 eV ermittelt worden sind, zeigt sich eine Reihe von Maxima und Minima, und zwar bis zu drei zwischen 20° und 120° (die Messungen wurden in diesem Winkelbereich vorgenommen). Es ist sehr wahrscheinlich, daß noch ein Minimum zwischen 120 und 180° liegt, und somit wäre die Gesamtzahl gleich vier. In diesem Fall muß in der gestreuten Elektronenwelle die fünfte Kugelharmonische mit einer Winkelverteilung P_4^2 (cos ϑ) dominieren.

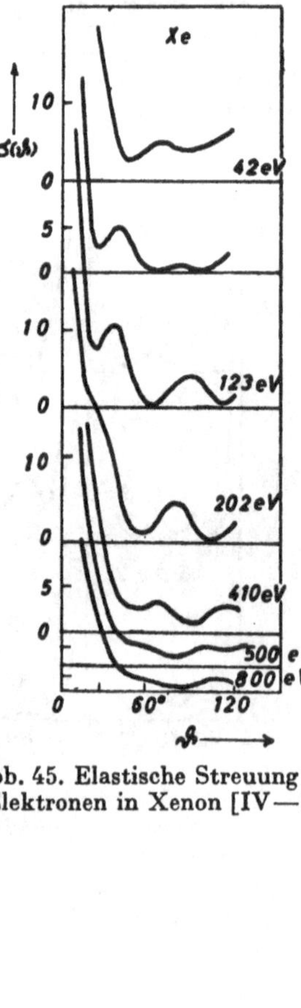

Abb. 45. Elastische Streuung von Elektronen in Xenon [IV—29]

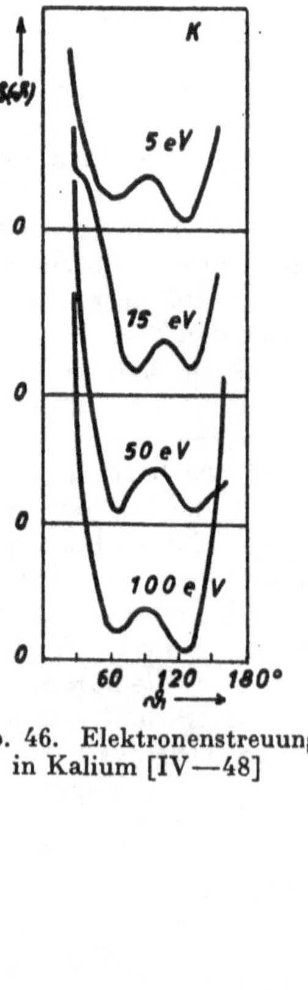

Abb. 46. Elektronenstreuung in Kalium [IV—48]

Die gesetzmäßige Veränderung der Streukurven beim Übergang von einem Edelgas zum nächsten ist augenfällig. Mit zunehmender Ordnungszahl des Gases vergrößert sich die Zahl der maximal auftretenden Diffraktionsmaxima und -minima, und zwar jeweils um eins.

Kalium. Von den Elementen der ersten Gruppe des periodischen Systems wurde Kalium untersucht. In der Arbeit [IV—48] diente die Streukammer gleichzeitig als Ofen zur Erzeugung der Kaliumdämpfe; in ihrem Inneren wurde die

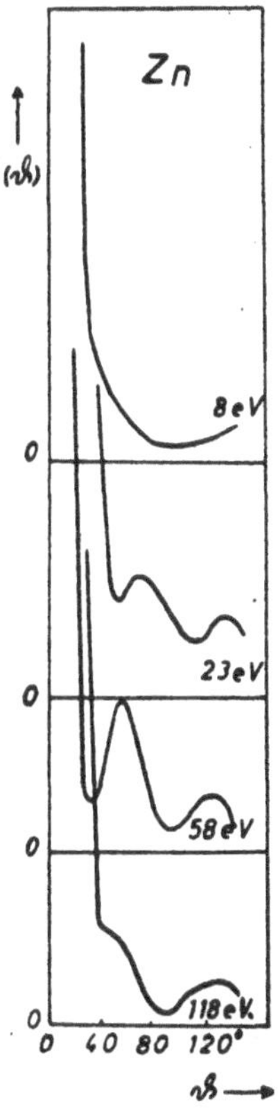

Abb. 47. Elastische Streuung von Elektronen in Zink [IV—49]

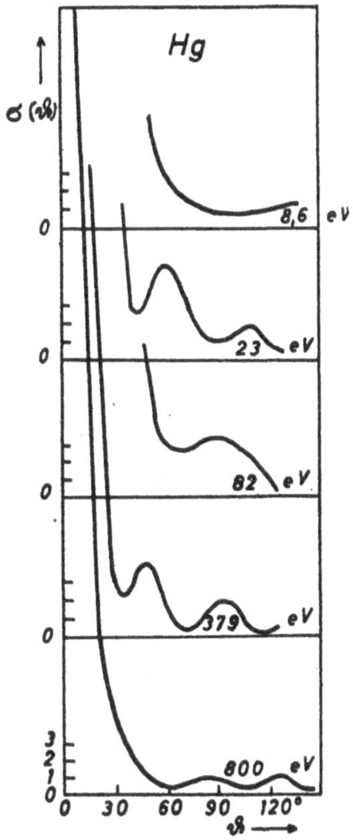

Abb. 48. Elastische Streuung von Elektronen in Quecksilber [IV—42]

Elektronenquelle gedreht. Die Kurven, die dabei gefunden wurden, sind in Abb. 46 dargestellt. Sie alle zeigen eine Verteilung mit zwei Minima: bei $\vartheta = 60-70°$ und bei $\vartheta = 120-130°$. Ihr Verlauf erinnert stark an den Kurvenverlauf in Argon (Abb. 42), dessen Ordnungszahl sich von der des Kaliums um eins unterscheidet (Kalium $Z = 19$, Argon $Z = 18$); besonders groß ist die Ähnlichkeit der Kurven bei $K \geqslant {}_e 50$ eV.

Ein Vergleich dieser Meßergebnisse mit der Berechnung nach der Methode der Kugelwellen, in welcher der Phasenwert η_n aus den entsprechenden Werten von η_n für Quecksilber errechnet wurde, zeigt gute Übereinstimmung der Theorie mit dem

Experiment bei 5 und 15 eV, ausgezeichnete bei 50 eV und durchschnittliche bei 100 eV. [IV—13].

Zink, Kadmium, Quecksilber. Diese Metallgruppe ist gut erforscht. Die Kurven der Elektronenstreuung in Zink und Kadmium sind einander ähnlich [IV—49], deshalb beschränken wir uns hier auf die Wiedergabe der Ergebnisse für Zink (Abb. 47). Es sind die charakteristischen Diffraktionsbilder mit bis zu drei

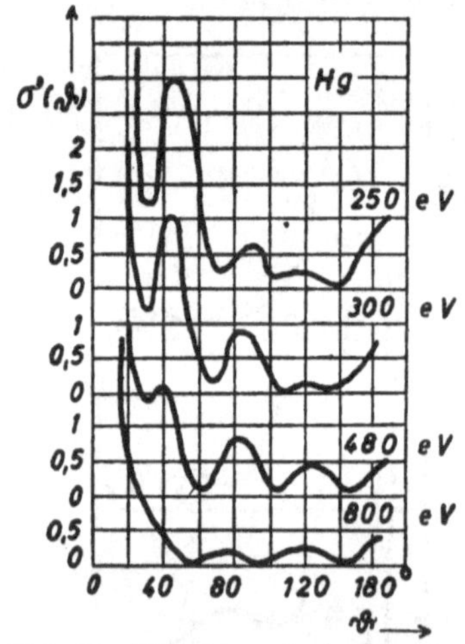

Abb. 49. Elastische Streuung von Elektronen in Quecksilber [IV—44]

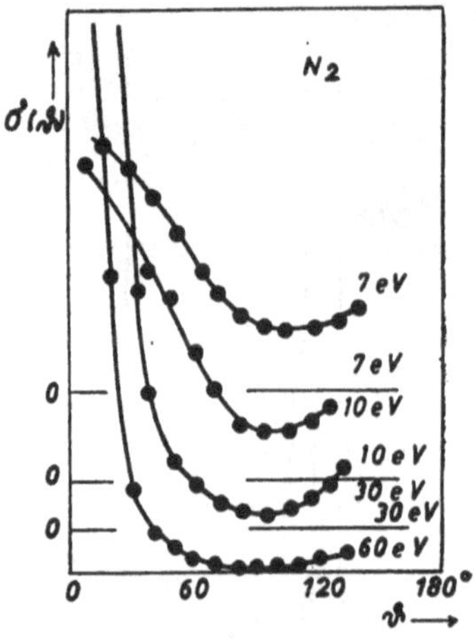

Abb. 50. Streuung in Stickstoff [IV—39]

Intensitätsminima in Abhängigkeit von der Wellenlänge der auffallenden Elektronen.

Die elastische Elektronenstreuung in Quecksilber wurde vielfach untersucht [IV—42, 43, 44 und andere]; in Abb. 48 sind die Ergebnisse der sehr genauen Messungen von Arnot [IV—42] wiedergegeben. In den Kurven der Abb. 49, die in einem größeren Winkelbereich erhalten wurden [IV—44], ist deutlich das vierte Minimum bei annähernd $\vartheta = 150°$ zu sehen.

Mit fallender Elektronengeschwindigkeit ändert sich die Kurvenform (Abb. 48); bei kleinen Geschwindigkeiten besitzen die Kurven ein tiefes Minimum bei annähernd 90°. Bei allen Geschwindigkeiten erhält man das absolute Streumaximum bei 0°.

Ein Vergleich der Abb. 47 und 48 zeigt, daß ungeachtet der großen Unterschiede in den Ordnungszahlen von Zn ($Z = 30$) und Hg ($Z = 80$) die Streukurven der langsamen Elektrone eine große Ähnlichkeit zeigen (besonders bei 8 eV und 23 eV). Das erklärt sich aus der ähnlichen Struktur der äußeren Elektronenhüllen von Zn und Hg und dem infolgedessen gleichartigen elektrischen Feld dieser Atome in nicht zu kleinen Entfernungen vom Kern, in denen die langsamen Elektronen gestreut werden [IV—49]. Das gleiche läßt sich auch vom Kadmium sagen.

Stickstoff. In Abb. 50 sind die Meßergebnisse der Elektronenstreuung in molekularem Stickstoff N_2 angeführt [IV—39]. Bemerkenswert ist die Existenz eines Minimums bei allen Geschwindigkeiten und die starke Verminderung der

Streuung unter kleinen Winkeln bei Geschwindigkeiten von 10 eV und weniger. Der allgemeine Kurvenverlauf erinnert sehr an die Kurven für Neon.

Von den anderen zweiatomigen Gasen wurden CO, Br_2 und J_2 untersucht; von den mehratomigen CO_2, H_2S, PH_3, CH_4, CCl_4, C_2H_4 und eine Reihe anderer. Diese Untersuchungen führten zu wichtigen Ergebnissen für die Aufklärung der Struktur der streuenden Moleküle; die Literatur siehe in der Übersicht [IV — 13] und in dem Buch [IV — 27].

Zusammenfassend ist die außergewöhnliche Verschiedenartigkeit der Winkelverteilungskurven von elastisch gestreuten Elektronen zu erwähnen. Die Kurven ändern sogar bei ein und demselben Stoff vollkommen ihre Gestalt bei verschiedener Elektronengeschwindigkeit. Bei größeren Geschwindigkeiten nähern sie sich einem monotonen Verlauf $\left(\frac{d\sigma}{d\vartheta} < 0\right)$; bei kleineren Geschwindigkeiten handelt es sich dagegen um Kurven mit abwechselnden Maxima und Minima. Einfache, allgemeine und gleichzeitig genaue Gesetzmäßigkeiten für die Form dieser Kurven können einstweilen nicht angegeben werden. Für Geschwindigkeiten von 30 eV bis zu einigen hundert eV kann man die Abhängigkeit der Form der Verteilungskurve von der Ordnungszahl des Stoffs hervorheben: Die Kurven von Stoffen mit benachbarten Ordnungszahlen (H—He, N—Ne, Ar—K) ähneln sich und mit zunehmender Ordnungszahl werden die Kurven komplizierter. Diese Tatsachen zeigen, daß die Elektronen mit diesen Geschwindigkeiten in Kernnähe gestreut werden und infolgedessen die inneren Elektronenhüllen der Atome in Erscheinung treten. Hingegen bemerkt man bei langsamen Elektronen (langsamer als 30 eV) eine Ähnlichkeit der Streukurven bei chemisch ähnlichen Elementen, d. h. bei ähnlicher Struktur der äußeren Elektronenhülle (Zn, Cd, Hg).

Angaben über die absolute Größe des differentiellen Wirkungsquerschnitts der verschiedenen Atome und Moleküle gibt es kaum (einzelne Punkte für He, Ne, Ar [IV — 15]). Einige Kurven können durch Berechnung des Gesamtquerschnitts der elastischen Streuung und Vergleich mit Messungen der Gesamtquerschnitte geeicht werden (s. § 19). In den meisten Fällen verfügen wir einstweilen allein über Daten für die relative Verteilung elastisch gestreuter Elektronen.

§ 19. Die totalen Querschnitte und die Streuquerschnitte der Atome und Moleküle

1. Die Untersuchungsmethodik. Die totalen Querschnitte der Atome und Moleküle gegenüber Elektronen wurden nach verschiedenen Methoden gemessen.[1]

a) *Die Schwächung eines Primär-Elektronenstrahls (-stroms)*, der in einem Gas bei einem Druck p und t °C den Weg x durchlaufen hat, wird durch die bekannte Formel der kinetischen Gastheorie

$$I = I_0 e^{-n_1 s p x} \tag{19,1}$$

gegeben, wo $n_1 = 3{,}43 \cdot 10^6\ \mathrm{cm}^{-3}$ die Zahl der Moleküle im cm^3 bei einem Druck von 1 mm Hg und p der Gasdruck in mm Hg ist. Diese Formel setzt voraus, daß auf dem Wege x der Elektronenstrahl nur durch Stöße mit den Gasmolekülen

[1]) Eine kritische Übersicht über diese Methoden sowie eine Diskussion des Problems, welche Rolle der Öffnungswinkel der Blende spielt, enthält das Buch [IV—17].

geschwächt wird. Da gewöhnlich auch andere Ursachen vorhanden sind, die einen Einfluß auf das Verhältnis $\frac{I}{I_0}$ haben (beispielsweise die Divergenz des Elektronenstrahls, das Vorhandensein von Feldern)[1]), so erfordert die Bestimmung des Molekülquerschnitts s nach dieser Methode neben der Messung von I und I_0 in einem Gas von gegebenen Druck, eine Messung der Werte von I' und I'_0 im Vakuum, oder bei einem anderen Druck p'. Dann ist

$$\frac{I}{I'} = \frac{I_0}{I'_0} e^{-n_1 s(p-p')x},$$

wobei der Einfluß fremder Ursachen ausgeschlossen ist; hieraus ergibt sich

$$s = \frac{1}{n_1(p-p')x}\left[\ln\left(\frac{I}{I'}\right) - \ln\left(\frac{I_0}{I}\right)\right]. \tag{19,2}$$

Bei der von RAMSAUER [IV—50, 51] entwickelten Methodik werden die Elektronen, die von der Kathode K (Photokathode oder thermische Kathode) emittiert werden, in dem elektrischen Feld zwischen der Kathode und der ersten Blende D_1 beschleunigt (Abb. 51). Das homogene Magnetfeld H, in dem sich das ganze Gerät befindet, zwingt die Elektronen auf Kreisbahnen. Auf einer solchen liegen die Zentren der Blendenöffnungen (D_1 — D_5); dadurch erreicht man eine Aussonderung von Elektronen einer bestimmten Geschwindigkeit $c_e = \frac{e_0}{m_e} Hr$. Die Summe der Stromstärken von den Auffängern C_1 und C_2 (I_0) wird gemessen, d. h. der Strom der Elektronen, die D_1 passiert haben und die Stromstärke vom Kollektor C_2 (I) allein. Nach der Formel (19,2) wird der Molekülquerschnitt bei der vorgegebenen Elektronengeschwindigkeit s (c) ermittelt. Mit dieser Methode in ihren verschiedenen Abarten wurden die Hauptdaten für die totalen Querschnitte verschiedener Atome und Moleküle ermittelt [IV—50, 51, 52, 53, 54 u. a.] Eine Übersicht über diese Arbeiten siehe [IV—34, 55].

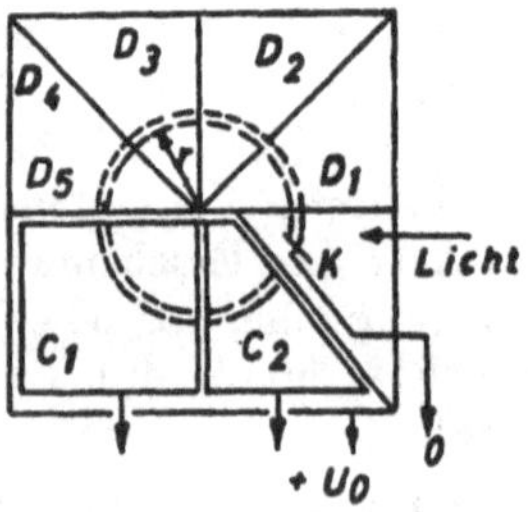

Abb. 51. Methode zur Ermittlung des totalen Querschnitts durch Schwächung des Primärbündels mit magnetischer Geschwindigkeitsanalyse [IV—51, 52]

Es ist leicht zu sehen, daß es diese Methode gestattet, den *totalen Querschnitt s der Moleküle* des untersuchten Gases zu bestimmen, in dem sowohl der Querschnitt der elastischen Streuung, als auch der Querschnitt der unelastischen Stöße aller Art enthalten ist. Tatsächlich scheiden Elektronen, die einen Stoß beliebiger Art erfahren haben und Größe oder Richtung ihrer Geschwindigkeit geändert haben, aus dem monokinetischen[2]) Elektronenbündel aus, weichen von der vorgegebenen Kreisbewegung ab und gelangen nicht in den Auffänger C_2, wenn dessen Eintrittsöffnung genügend eng ist. Die Bestimmung der Querschnitte für die einzelnen Prozesse, insbesondere des Querschnitts der elastischen Streuung, erfordert eine andere Methodik.

---

[1]) Deshalb müßte anstatt (19,1) allgemein $I = I_0 f(x) e^{-n_1 spx}$ sein, wo $f(x)$ nicht von dem Gasdruck abhängt, wohl aber von der Geometrie des Geräts, den in ihm existierenden Feldern usw.

[2]) Es wurde vorgeschlagen, einen Teilchenstrahl als „monokinetisch" zu bezeichnen, wenn die Teilchen in ihm alle die gleiche Geschwindigkeit besitzen [IV—17].

b) *Der Strom der in allen Richtungen gestreuten Elektronen* kann mit dem Gerät gemessen werden, das in Abb. 52 dargestellt ist [IV—56]. Die von der Elektronenquelle P emittierten Elektronen gelangen in den zylindrischen Raum innerhalb des Gitters g_1, wo sie mit den Gasmolekülen zusammenstoßen. Die nicht gestreuten Elektronen gelangen in den Käfig B; die gestreuten und sekundären Elektronen dringen durch das Gitter g_1 in den umliegenden Raum. Eine positive Spannung U_p zwischen g_1 und g_2 hält die positiven Ionen ab, die durch Ionisation des Gases entstehen können. Dem dritten Gitter g_3 drückt man verschiedene Potentiale in bezug auf die Kathode auf: ist U_3 sehr klein gegenüber der negativen Spannung g_1 (beispielsweise $+4$ V), so gelangen zum Kollektor C nur die elastisch gestreuten Elektronen; ist $U_3 = \frac{1}{2}(U_0 - U_i)$, d.h. $U_3 - U_0 = -\frac{1}{2}(U_0 - U_i)$, so gehen durch g_3 zum Kollektor alle Elektronen, sowohl die elastisch gestreuten, als auch diejenigen, die Moleküle angeregt oder ionisiert haben.[1]) Endlich hält eine Spannung von 20 V zwischen g_3 und C alle Sekundärelektronen und Photoelektronen, die von dem Kollektor emittiert werden könnten, ab.

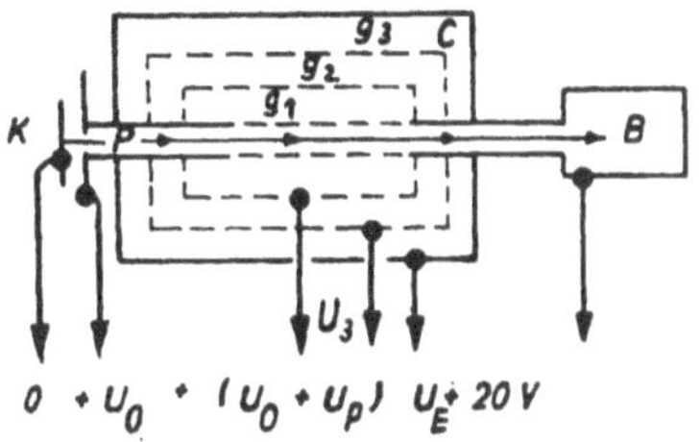

Abb. 52. Schema eines Gerätes zur Messung des nach allen Richtungen gestreuten Elektronenstroms mit elektrostatischer Geschwindigkeitsanalyse [IV—56]

Zum Unterschied zu Geräten vom RAMSAUER-Typ ist der Elektronenstrahl hier nicht streng monokinetisch; deshalb eignet sich dieses Gerät nicht für Messungen bei kleiner Elektronenenergie, bei der die Anfangsgeschwindigkeiten bei der Emission aus der Kathode merkbar werden; dafür bietet es die Möglichkeit einer Geschwindigkeitsanalyse der gestreuten Elektronen.

c) *Die Diffusion der Elektronen im untersuchten Gas im elektrischen und magnetischen Feld* wird bei der Methode von TOWSEND zur Bestimmung des Wirkungsquerschnitts langsamer Elektronen ausgenutzt [IV—57]. Zum Unterschied von den vorhergehenden Methoden, die sich auf einmalige Zusammenstöße der Elektronen mit den Molekülen bezogen, wird hier das Ergebnis vielfacher, wiederholter Stöße beobachtet. Der Zusammenhang zwischen den unmittelbaren Beobachtungsergebnissen und der zu messenden Größe s ist hier bedeutend komplizierter als bei den vorhergehenden Methoden, und die Ergebnisse, die mit diesen Methoden erhalten worden sind, stimmen nicht immer überein.

2. **Der totale Querschnitt von Molekülen gegenüber langsamen Elektronen.** In den Abb. 53—59 sind die totalen Querschnitte von Molekülen einer

---

[1]) Bei Ionisation können anstatt einem zwei Elektronen, das primäre und das sekundäre, zum Kollektor gelangen. Da aber nur eines von ihnen eine Energie $> \frac{1}{2}(U_0 - U_i)$ besitzt, so läßt die Spannung $U_3 - U_0 = -\frac{1}{2}(U_0 - U_i)$ nur ein Elektron je Ionisationsvorgang zum Kollektor durch (welches das ist, ist gleichgültig).
Dieses geistreiche Verfahren stellt sicher, daß die Zahl der Elektronen, die vom Kollektor aufgefangen werden, gleich der Zahl der Elektronen ist, die aus dem Primärstrahl ausgeschieden sind.

Reihe der in der Technik am meisten verwendeten Gase dargestellt, wie sie von verschiedenen Verfassern nach der Methode der Schwächung eines Elektronenstrahls gefunden wurden.

In Abb. 53 sind die Daten für molekularen Wasserstoff angeführt (Angaben über den Querschnitt von atomarem Wasserstoff fehlen). Zwischen 1 und 4 eV sind die voneinander abweichenden Ergebnisse von BRÜCHE [IV — 52] und von NORMAND

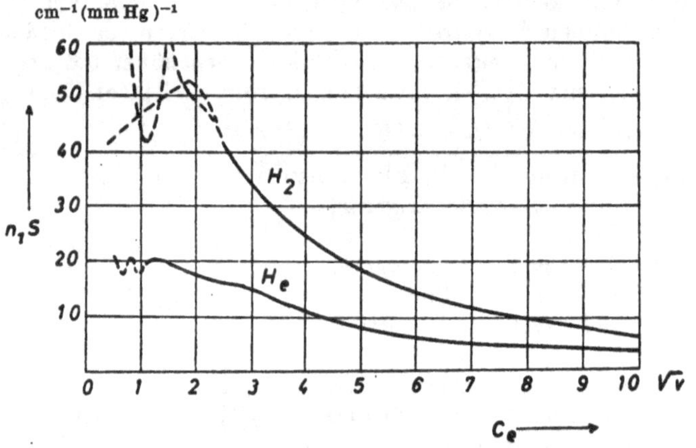

Abb. 53. Totaler Querschnitt des H_2-Moleküls und des He-Atoms

[IV — 54[(Kurve mit zwei Maxima) angegeben. In dieser Abbildung ist auch s als Funktion von c_e für Helium angegeben. Die beiden Kurven verlaufen offensichtlich ähnlich; diese Ähnlichkeit wurde schon oben in bezug auf die Winkelverteilungen der gestreuten Elektronen (§ 18, 6) erwähnt.

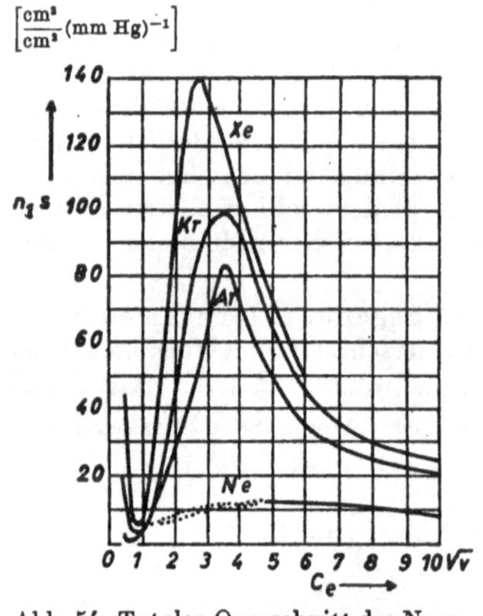

Abb. 54. Totaler Querschnitt des Neon-, Argon-, Krypton- und Xenonatoms

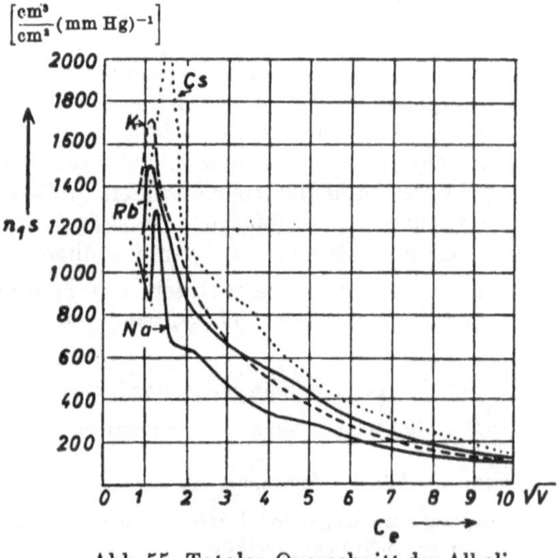

Abb. 55. Totaler Querschnitt der Alkaliatome

Ein vollkommen anderer Verlauf von s (c_e) wurde bei Neon und besonders bei den schweren Edelgasen Ar, Kr, Xe beobachtet [IV — 50] (s. Abb. 54). Hier wird bei Geschwindigkeiten $\leqq 1$ eV ein Sinken des Wirkungsquerschnitts bis auf einige Zehntel des Querschnitts bei höheren Geschwindigkeiten beobachtet. Bei sehr kleinen Geschwindigkeiten steigt s wieder an. Dieses tiefe Minimum des Wirkungsquerschnitts, d. h. die hohe Durchlässigkeit der Edelgase für langsame Elektronen (RAMSAUEReffekt), wurde nach verschiedenen Methoden[1]) zuverlässig festgestellt — der Effekt ist sogar als Vorlesungsversuch brauchbar [IV — 59] — und ist eine Folge der Wellennatur der Elektronen[2]). Die Berechnung dieser Erscheinung nach der Methode der Kugelwellen [IV — 24] ergibt eine hervorragende Übereinstimmung mit den Versuchsdaten.

In Abb. 55 sind die totalen Querschnitte von Alkaliatomen — Natrium, Kalium, Rubidium und Cäsium [IV — 53] — dargestellt. Die ungeheuere Größe des Querschnitts fällt ins Auge; er übersteigt den Querschnitt der (im periodischen System) benachbarten Edelgasatome um einige zehnmal. Das hat seine Ursache in dem Vorhandensein eines im Vergleich zum benachbarten Edelgas überzähligen Elektrons im Alkaliatom. Der Abstand dieses Elektrons vom Kern ist viel größer als der mittlere Abstand der übrigen Elektronen. Genau wie bei den schweren Edelgasen führt die ähnliche Struktur der Elektronenhüllen der Alkaliatome und die daraus resultierende ähnliche Konfiguration der elektrischen Felder zu, der Größenordnung und der Form nach, gleichartigen Kurven für die Abhängigkeit des Wirkungsquerschnitts von der Elektronengeschwindigkeit. Ausgehend von dem schon erwähnten vereinfachten Atommodell (S. 92), wurde für Natrium die Kurve s (c_e) berechnet [IV — 15]; sie verläuft der Größenordnung und der Form nach nahezu wie die experimentelle Kurve (Abb. 55). Daher ist eine Hypothese [IV — 60], die den großen Querschnitt der Alkaliatome bei niedrigen Geschwindigkeiten daraus erklärt, daß unter den Versuchsbedingungen der Dampf des Alkalimetalls in gewissem Grad thermisch ionisiert sei und die in ihm enthaltenen positiven Ionen die Elektronenstreuung erhöhten völlig überflüssig vergrößerten.

Die Abb. 56 enthält Angaben über die totalen Querschnitte von Metallatomen der Zinkgruppe (Zn, Cd, Hg). Es zeigt sich, daß die Kurven für diese drei Metalle ebenfalls einander sehr ähnlich sind. Die Querschnitte nehmen mit wachsender Elektronengeschwindigkeit nahezu monoton ab (ein unbedeutendes Maximum beobachtet man bei annähernd 36 eV für Cd und Hg und bei annähernd 60 eV für Zn). Dem absoluten Wert nach liegen sie zwischen denen der Alkalimetalle und denen der Edelgase. In Anbetracht der besonderen Wichtigkeit der Quecksilberdämpfe als klassisches Versuchsobjekt für die Entladung in verdünntem Gas führen wir genauere Daten für den Querschnitt von Hg-Atomen gegenüber langsamen Elektronen an. Sie sind der Arbeit [IV — 60] entnommen (Abb. 57).

Die Kurve für Tl (Abb. 58) erinnert in der Größenordnung der Querschnitte und in ihrem Verlauf an die Kurven der Edelgase; das Minimum des Wirkungsquerschnitts von Tl liegt jedoch bedeutend höher als bei den Edelgasen.

---

[1]) BAILEY [IV—58] hat das gleiche Ergebnis mit der Diffusionsmethode erhalten und fand ein Minimum für den Querschnitt von Argonatomen bei 0,39 eV.

[2]) Die Durchlässigkeit der Atome für schnelle Elektronen erklärt sich leicht klassisch (§ 16).

Die Wirkungsquerschnitte der zweiatomigen Gase O_2, N_2 und CO sind in Abb. 59 angegeben. Folgendes fällt auf: erstens die relativ kleinen Werte, die (bei gleichen Elektronengeschwindigkeiten) kleiner sind als bei den atomaren Dämpfen der Alkalimetalle und sogar kleiner als bei den Dämpfen der Zinkgruppe; zweitens die völlige Analogie der Kurven für N_2 und CO mit zwei Maxima (das sehr steile Hauptmaximum bei $\sim 2{,}5$ eV). Das erklärt sich, ebenso wie bei den einatomigen Gasen, durch die analoge Struktur der Elektronenhüllen der N_2- und CO-Moleküle. Eine weitere Bestätigung dieses Gesetzes ergeben Beobachtungen an mehratomigen Molekülen. Siehe dazu die bereits erwähnten Übersichten [IV — 34 und 55].

Daten für die Wirkungsquerschnitte der Halogenmoleküle Cl_2, Br_2, J_2, die nach der Methode der Vielfachstöße erhalten wurden [IV — 58], sind in Abb. 60 angegeben. Vergleicht man sie mit den vorhergehenden Kurven, so muß man daran denken, daß hier die mittlere Geschwindigkeit der ungeordneten Elektronenbewegung das Argument bildet.

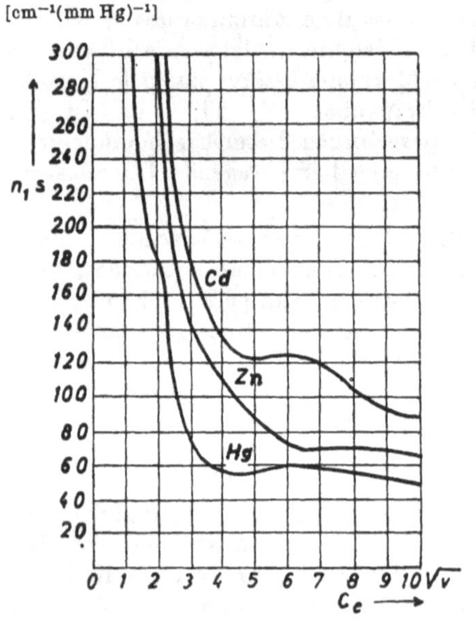

Abb. 56. Totaler Querschnitt des Kadmium-, Quecksilber- und Zinkatoms

3. Der Querschnitt bei der elastischen Streuung von Elektronen. Oben wurde schon bemerkt (S. 110), daß die Ergebnisse, die nach der Methode der Schwächung eines Primärstrahls gefunden worden sind, d. h. alle Daten, die in den Abb. 53—59 zusammengestellt sind, den totalen Querschnitt der Atome oder Moleküle des

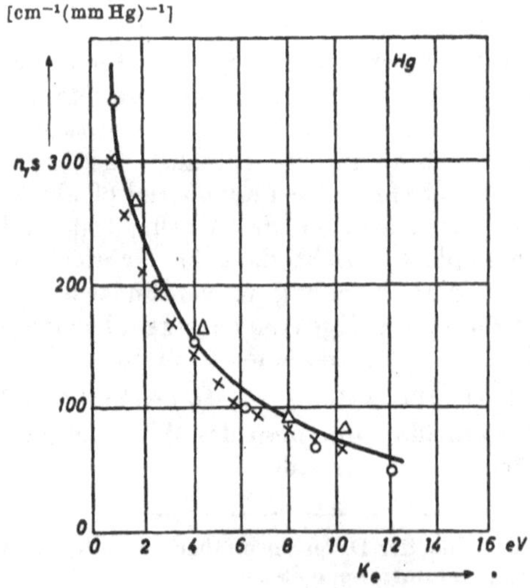

Abb. 57. Totaler Querschnitt des Quecksilberatoms

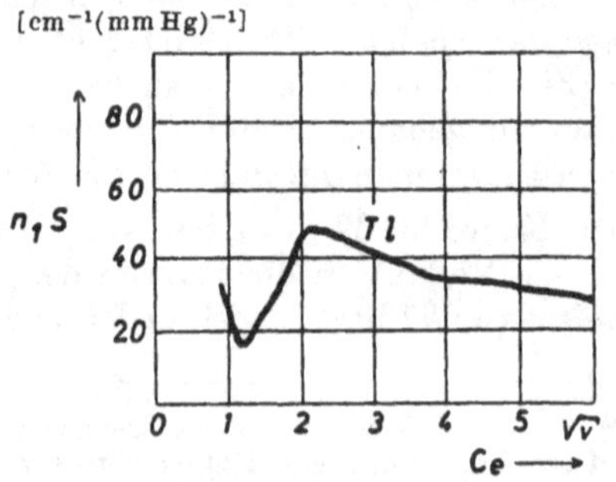

Abb. 58. Totaler Querschnitt des Thalliumatoms

Gases charakterisieren, d. h. die Summe der Wahrscheinlichkeiten für eine ganze Reihe von Prozessen: für die elastische Streuung der Elektronen, die Anregung, die Ionisation, die Dissoziation (im Falle von zwei- oder mehratomigen Molekülen), für die Anlagerung eines Elektrons an ein Molekül unter Bildung eines negativen Ions oder an ein Ion, wobei dieses neutralisiert wird. Anregungs-, Ionisations- und Dissoziationsprozesse können stattfinden (und finden auch statt) bei einer Elektronenenergie, die größer oder gleich dem kritischen Potential des entsprechenden Prozesses ist. Daher fehlen bei einer Energie, die kleiner als das niedrigste kritische Potential des gegebenen Gases ist, diese Prozesse, und der Gesamtquerschnitt ist die Summe des Querschnitts für die elastische

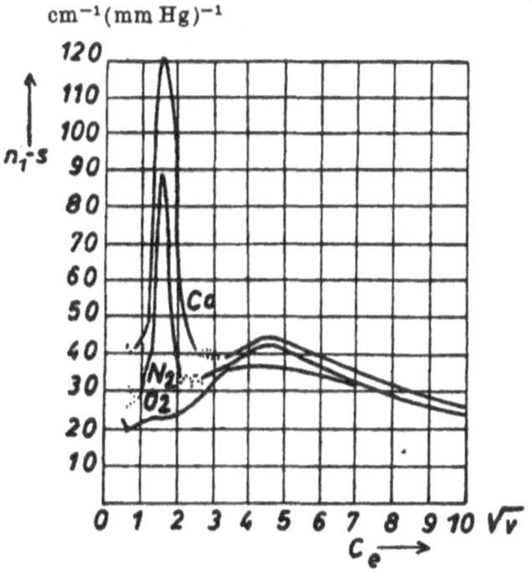

Abb. 59. Totaler Querschnitt des CO-, N_2- und O_2-Moleküls.

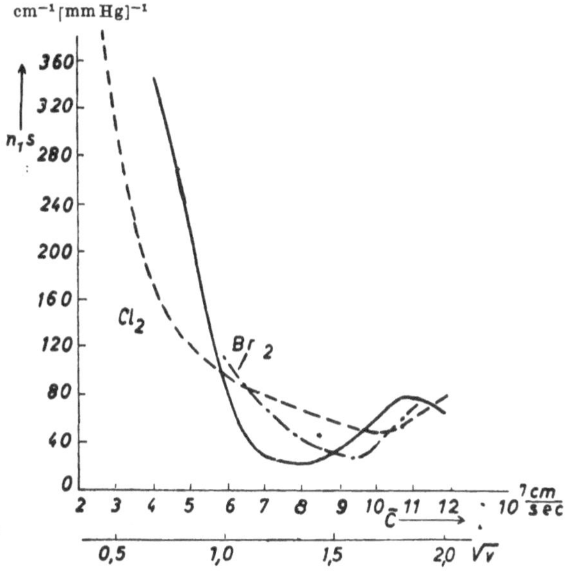

Abb. 60. Totaler Querschnitt der Halogenatome: Chlor, Brom und Jod [IV—58]

Streuung s_{el} und des Querschnitts für die Elektronenanlagerung an Moleküle s_A. Kann man die Wahrscheinlichkeit für die Anlagerung von Elektronen an ein Molekül als klein gegenüber der Wahrscheinlichkeit für die elastische Streuung ansehen, so ist es möglich, den totalen Querschnitt des Moleküls gegenüber langsamen Elektronen als Querschnitt der elastischen Streuung zu nehmen. Das ist der Fall bei den Edelgasen und Metalldämpfen (s. §§ 36, 37). Das ist in bezug auf Quecksilber nur bis 4,86 eV, auf Natrium bis 2,10 eV, auf Cäsium bis 1,38 eV richtig. Für Elektronen mit größerer Energie muß der Wirkungsquerschnitt für elastische Streuung anders bestimmt werden. Man kann zwei Methoden nennen, die benutzt worden sind.

a) Ausgehend von den experimentell gefundenen Kurven der Winkelverteilung elastisch gestreuter Elektronen $\sigma(\vartheta, c_e)$, bestimmt man durch numerische oder graphische Integration $s_{el}(c_e) = 2\pi \int_0^\pi \sigma(\vartheta, c_e) \sin\vartheta \cdot d\vartheta$. Wie im § 18 bemerkt wurde, sind diese Kurven jedoch in den meisten Fällen nur in relativen Einheiten bekannt. Außerdem wurden sie in einem Bereich ermittelt, der kleiner als 0 bis π ist (im Maximum von 5° bis 170°), während in den meisten Fällen die größte Streuung bei Winkeln in der Nähe von 0° erfolgt. Deshalb können die Werte von s_{el}, die durch Integration dieser Kurven gefunden wurden, sogar in einem relativem Maßstab nicht genau sein.

Als Beispiel ist in Abb. 61 die Kurve *a* angeführt, die nach diesem Verfahren auf Grund der Meßdaten für $\sigma(\vartheta, c_e)$ in Neon ermittelt wurde [IV—41]. Die auf diese Weise gefundene Kurve von $s_{el}(c_e)$ wurde mit der Kurve *b* verglichen, die durch Subtraktion der Kurve des Ionisationsquerschnitts in Neon [V—67] von der Kurve des totalen Querschnitts von Neon [IV—54] ermittelt worden ist. Wenn auch die Wahl des relativen Maßstabs der Kurven *a* und *b* Zweifel hervorruft (die Kurve *a* kann nicht höher liegen als die Kurve *b*, da diese noch den Anregungsquerschnitt enthält), so stimmt der allgemeine Verlauf der Kurve und die Lage der Maxima doch völlig zufriedenstellend überein.[1]) Nach dem gleichen Verfahren wurde die Kurve $s_{el}(c_e)$ für Zinkdämpfe in der Arbeit [IV—49] berechnet.

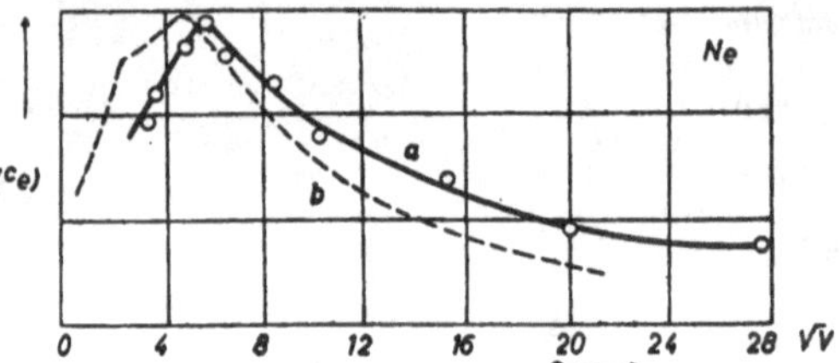

Abb. 61. Querschnitt der elastischen Streuung für Neon: *a* — berechnet aus den Kurven der Winkelverteilung [IV—41], *b* — berechnet aus den Kurven des totalen Querschnitts *s* [IV—54] und der Ionisierungsquerschnitte s_i [V—67]; $s_{el} = s - s_i$

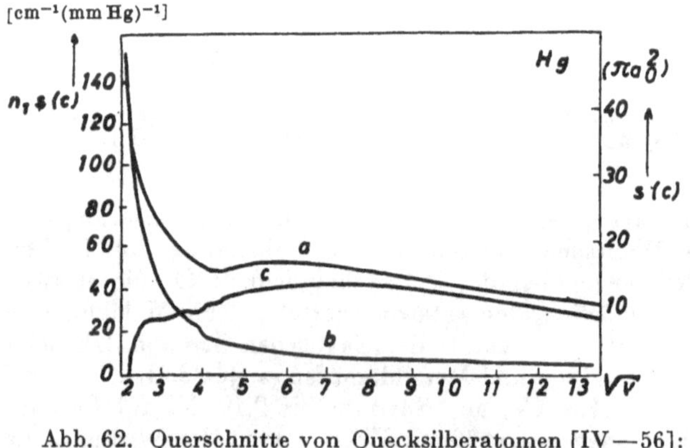

Abb. 62. Querschnitte von Quecksilberatomen [IV—56]: *a* — totaler, *b* — elastischer, *c* — unelastischer

b) ARNOT und BAINES [IV—56] ermittelten nach der auf Seite 111 beschriebenen Methode die Gesamtmenge gestreuter Elektronen und zugleich damit die Menge der elastisch gestreuten Elektronen in Quecksilberdampf.

[1]) Absolutwerte werden von den Verfassern bedauerlicherweise nicht angegeben.

Deshalb vermittelten ihre Messungen die Kenntnis der absoluten Größe des Querschnitts der elastischen Streuung s_{el} von Hg-Atomen. Sie sind in Abb. 62 (Kurve *b*) angeführt. In derselben Abbildung ist auch die Kurve des Gesamtquerschnitts s (Kurve *a*) nach den Daten von BRODE [IV—53, 55] angegeben. Diese sehen die Verfasser als genauer an als die eigene Kurve. Die Differenz zwischen s und s_{el} ergibt den unelastischen Querschnitt von Hg (Kurve *c*). Die Kurven zeigen, daß der elastische Querschnitt monoton und schnell mit wachsender Elektronengeschwindigkeit fällt; von $K_e \cong 12$ eV an ist s_{el} bedeutend kleiner als s. Ein erneuter Anstieg und ein langsamer Abfall von s erfolgt infolge der großen Wahrscheinlichkeit der verschiedenen unelastischen Stöße, die von 12 eV an insgesamt wahrscheinlicher werden als die elastischen Stöße.

Zusammenfassend ist festzustellen, daß die Gesamtquerschnitte s_{el} für elastischen Stoß nur in einzelnen Fällen bekannt sind; die Winkelverteilung der elastisch gestreuten Elektronen $\sigma(\vartheta, c_e)$ ist für viele Gase bekannt, jedoch nur in relativen Werten. Dagegen sind die totalen Querschnitte s absolut für viele ein-, zwei- und mehratomige Moleküle bekannt.

§ 20. Die elastischen Stöße zwischen Ionen und Molekülen; die Ionenumladung

Die elastischen Stöße der Ionen und Elektronen mit Molekülen besitzen viel Gemeinsames: sie sind den gleichen Erhaltungssätzen unterworfen (§ 15), in beiden Fällen wirken dieselben Kräfte, das elektrische Feld des ungestörten Moleküls und das zusätzliche Feld, das durch die Polarisation des Moleküls durch das geladene Teilchen hervorgerufen wird. Deshalb tragen auch die in beiden Fällen beobachteten Gesetzmäßigkeiten eine Reihe gemeinsamer Züge.

Indessen gibt es auch wesentliche Unterschiede zwischen den Ionen- und Elektronenstößen.

1. Die elastischen Stöße der Elektronen erfolgen mit geringem Verlust der Geschwindigkeit. Bei dem elastischen Zusammenstoß eines Ions mit einem Molekül kann eine bedeutende und im Falle gleicher Massen sogar vollständiger Austausch der kinetischen Energie vor sich gehen. Daher ist im Falle des Ionenstoßes der elastische Stoß nicht mit der Streuung bei unbedeutendem Energieverlust gleichzusetzen.

2. Das ungestörte elektrische Feld des Atoms zieht ein Elektron an und stößt das positive Ion ab. Daraus folgt die Unmöglichkeit eines RAMSAUEReffekts für positive Ionen [IV—61].

3. Bei der Wechselwirkung eines Moleküls mit einem Ion tritt eine Erscheinung auf, die bei Elektronenstößen fehlt, die Umladung, die im Falle eines Moleküls und eines Ions des gleichen Stoffs eine Abart der elastischen Wechselwirkung ist und nur bedingt von der Streuung abgegrenzt werden kann.[1])

Die Zahl der zu untersuchenden Fälle ist bei den Ionenstößen bedeutend größer als bei den Elektronenstößen, da es viele verschiedene Arten von Ionen gibt, und der Querschnitt ein und desselben Moleküls gegenüber verschiedenen Ionen nicht

[1]) Die Umladung eines Ions bei der Wechselwirkung mit dem Molekül eines anderen Stoffs ($X^+ + Y \rightarrow X + Y^+$) gehört zu den unelastischen Stößen, da hierbei ein Teil der kinetischen Energie der Teilchen zu innerer Energie wird und umgekehrt.

nur der absoluten Größe nach verschieden ist, sondern auch in bezug auf die Abhängigkeit von der Geschwindigkeit und dem Streuwinkel; auch die Wahrscheinlichkeiten für die einzelnen Arten von Elementarprozessen sind verschieden. Daher ist es hier noch schwerer, allgemeine Gesetze aufzustellen als bei der Elektronenstreuung. Die wichtigsten Fälle sind die Zusammenstöße von Ionen mit Molekülen des gleichen Stoffs; auch diese Fälle sind jedoch bei weitem nicht vollständig untersucht.

Die Wahrscheinlichkeit für die verschiedenen Prozesse wird bei dem Stoß eines Ions mit einem Molekül ebenso wie im Falle des Elektronenstoßes durch einen Wirkungsquerschnitt charakterisiert. Man vergleicht diesen oft mit dem sogenannten „gaskinetischen" Querschnitt. Man versteht darunter die Größe $s = \pi\ (r_g + r_p)^2$; hier ist r_g der gaskinetische Radius des Moleküls, der beispielsweise aus der Viskosität des gegebenen Gases unter Berücksichtigung der SUTHERLANDschen Korrektur bestimmt wird, r_p ist der Ionenradius, den man gewöhnlich aus den Daten der Röntgenstrukturanalyse des Salzes ermittelt. Sowohl r_g als auch r_p sind bis zu einem gewissen Grad relative Größen, weil sie davon abhängen, auf welche Art und aus welcher Erscheinung sie bestimmt worden sind. Einige Daten für die gaskinetischen Abmessungen der Moleküle und Ionen sind in Tabelle 1 angeführt.

1. Die Theorie der elastischen Streuung von Ionen durch neutrale Moleküle. Die wellenmechanische Theorie der elastischen Wechselwirkung der positiven Ionen mit den Gasmolekülen ist im wesentlichen in der allgemeinen Theorie enthalten, wie sie kurz in den §§ 13 und 17 dargelegt wurde. Die große Masse eines Ions führt jedoch zu einer Reihe wesentlicher Änderungen gegenüber der elastischen Streuung von Elektronen. Die Methode der Kugelwellen und die Formeln (17,26) und (17,27) sind grundsätzlich auch auf die positiven Ionen anwendbar. Doch ist es schwer, sie praktisch zu benutzen, da η_n mit wachsendem n nur langsam abnimmt; die Reihen (17,27) konvergieren in diesem Fall ungewöhnlich schlecht und man ist genötigt, sogar für eine annähernde Bestimmung von $n\,\sigma_{el}$ (ϑ) einige hundert Glieder zu berechnen [IV — 61]. Die BORNsche Näherung ist erst recht nicht anwendbar, da sie fordert, daß die Phasendifferenzen η_n selbst in den ersten Gliedern der Reihen (17,27) klein sind. Dafür zeigt es sich, daß man die klassische Näherung benutzen und die Streuung der positiven Ionen durch die Atome nach den Formeln (16,4) und (16,5) berechnen kann. Die Länge der DE BROGLIEwelle, die mit dem Proton bei $K_p \cong 10^1$ eV verbunden ist, beträgt $\lambda = \frac{6{,}5 \cdot 10^{-27}}{1{,}66 \cdot 10^{-24} \cdot 10^7} = 4 \cdot 10^{-10}$ cm, d. h. sie ist um zwei Größenordnungen kleiner als die Atomdimensionen und bei schwereren und schnelleren Ionen noch kleiner. Folglich spielen hier die Welleneffekte (Beugungseffekte) keine merkliche Rolle.

MASSAY und SMITH [IV — 61] haben, indem sie sich für He und Ar die Ladungsanordnung und das Potential nach FOCK-HARTREE vorgaben, die Streuung von Protonen mit einer Energie von 110 eV in He und von Protonen mit einer Energie von 72 eV in Ar berechnet. In der folgenden Tabelle sind die Streuquerschnitte pro Raumwinkeleinheit angeführt (in Einheiten $\pi a^2_0 = 0{,}875$ Å^2), die unter zwei Voraussetzungen berechnet wurden: 1. die Protonen werden von einem Feld gestreut, das nach FOCK-HARTREE berechnet wurde; 2. die Protonen werden von einem COULOMBfeld gestreut (d. h. reine Kernabstoßung). Die σ-Werte sind auf ein Koordinatensystem bezogen, das mit dem Schwerpunkt des Systems verbunden ist.

Gas; Protonen-energie	Feld	Streuwinkel								
		0°	12°	28°	34°	57°	80°	114°	137°	167°
Argon 72 eV	FOCK-HARTREE	$16 \cdot 10^4$	22,0	7,20	2,76	0,93	0,48	0,14	0,08	0,05
	COULOMB	∞	$1{,}58 \cdot 10^4$	770	365	51	15	5,3	3,5	2,6
Helium 110 eV	FOCK-HARTREE	$9 \cdot 10^3$	7,85	2,0	0,72	0,21	0,08	0,04	—	—
	COULOMB	∞	124	6,10	2,85	0,40	0,12	0,04	0,03	0,02

$\sigma_{el}(\tilde{\vartheta})$ erweist sich sowohl für He als auch für Ar als eine schnell abnehmende Funktion.

Die Berechnungen des Gesamt-Streuquerschnitts sind entweder durch numerische Integration nach Tabellen, die der vorliegenden ähneln, oder nach der Formel (17,28) vorzunehmen:

$$\sigma_{el} = \frac{4\pi}{k_1^2} \sum_{n=0}^{n=\infty} (2n+1) \sin^2 \eta_n .$$

In der folgenden Tabelle sind die berechneten Näherungswerte des Gesamtquerschnitts der elastischen Streuung s_{el} von Protonen in Helium und Argon angeführt; zum Vergleich sind die gaskinetischen Querschnitte von He- und Ar-Atomen angegeben (in Klammern neuere Zahlen). In allen diesen Rechnungen wurde nur das ungestörte Feld der He- und Ar-Atome erfaßt; der Polarisationseffekt wurde nicht berücksichtigt.

H^+ in He	90 eV	800 eV	Gaskin.	H^+ in Ar	73 eV	650 eV	Gaskin.
s_{el} (Å^2)	3,3	1,7	2,3 (2,8)	s_{el} (Å^2)	14,3	9,4	6,4 (6,2)

In der Arbeit [IV—85] wird der Wirkungsquerschnitt des Ions auch klassisch berechnet, jedoch ausgehend von der entgegengesetzten Hypothese: die Polarisationskräfte sind wesentlich und das Atomfeld selbst kann man vernachlässigen. Die Wechselwirkungskraft ist dabei nach LANGEVIN berechnet worden: das Ionenfeld $E = \frac{q}{r^2}$ ruft im Molekül eine Polarisation mit dem Moment

$$M = E \frac{\varepsilon - 1}{4\pi n_1} = \frac{q(\varepsilon - 1)}{4\pi n_1 r^2}$$

hervor; (n_1 ist die Anzahl der Moleküle im cm^3), und das polarisierte Molekül wirkt auf das Ion mit der Kraft

$$F_{\text{polar.}} = \frac{2M}{r^3} q = \frac{q^2(\varepsilon - 1)}{2\pi n_1 r^5} . \tag{10,1}$$

Eine sehr angenäherte Lösung der Aufgabe, die Ablenkung des sich bewegenden Ions durch eine solche Kraft zu bestimmen, führt zu dem Ergebnis

$$\vartheta = \frac{3(\varepsilon - 1) q^2}{p^4 m_p c_p^2 n_1} .$$

Da sich dabei der Ausdruck für den Gesamtquerschnitt als divergent erweist, so wird die Berechnung des Streuquerschnitts zwischen $\vartheta_{\min}$ und π durchgeführt und ergibt

$$s_{el} = \pi p^2 = \pi \sqrt{\frac{0{,}094\,(\varepsilon - 1)\, q}{n_1 K_p\, \vartheta_{\min}}}\,. \tag{20,2}$$

Wie schon auf S. 69 bemerkt wurde, führen Kräfte, die mit der Entfernung schneller abnehmen als r^{-4}, bei der wellenmechanischen Behandlung zu einem endlichen Wirkungsquerschnitt bei $\vartheta \rightarrow 0$.

Wir bemerken noch, daß in vielen Arbeiten zur Theorie der Beweglichkeit der positiven Ionen die elastische Wechselwirkung der Ionen mit den Molekülen einfach als Stoß elastischer Kugeln betrachtet wird (s. Übersicht [IV—16]). In diesem Fall muß σ überhaupt nicht von ϑ abhängig sein (vgl. weiter unten Abb. 66).

Bei der Streuung verhältnismäßig schneller und leichter Ionen (H^+, He^{++}) unter großen Winkeln vereinfacht sich das Erscheinungsbild. Wie schon im § 17 (8,83) klargestellt wurde, wird die Streuung in diesem Fall allein vom Kernfeld bestimmt und folglich durch die Formel von RUTHERFORD (16,11) (im System $\tilde{S}$) oder durch die Formel (16,19) (im System S) dargestellt. Eine gewisse Komplikation tritt dann ein, wenn der Kern des streuenden Atoms mit dem gestreuten Teilchen identisch ist (beispielsweise Streuung von H^+ in Wasserstoff, He^{++} in Helium usw.). In diesem Falle kann man das gestreute Primärteilchen nicht von dem Kern unterscheiden, von dem es beim Zusammenstoß reflektiert wurde, deshalb kommen zu den unter dem Winkel ϑ gestreuten Teilchen noch die Kerne, die durch Stöße von unter dem Winkel $\frac{\pi}{2} - \vartheta$ gestreuten Teilchen reflektiert wurden. Nach der klassischen Theorie wird die Gesamtstreuung einfach durch die Summe von $\sigma(\vartheta) + \sigma\left(\frac{\pi}{2} - \vartheta\right)$ bestimmt. Die Wellenmechanik fordert nicht die Summation der Intensitäten, sondern der Amplituden der beiden Wellen. Das führt [IV—62] auf eine komplizierte Abhängigkeit des σ von ϑ und c_p. Insbesondere findet man im Falle der Streuung von Protonen durch Wasserstoff einen Streuquerschnitt, der bei mittleren Winkeln etwas größer und bei großen Winkeln kleiner ist als nach Formel (16,19); der allgemeine Verlauf der Kurve $\sigma(\vartheta)$ ändert sich nicht stark. Weitere Einzelheiten zu dieser Frage siehe in den Originalarbeiten, im Buch [III—4] und auch in [IV—4].

2. Die Winkelverteilung elastisch gestreuter Ionen[1]). Im Gegensatz zu der Winkelverteilung von elastisch gestreuten Elektronen, die experimentell in vielen Arbeiten untersucht worden ist (s. § 18), sind die Gesetze der Winkelverteilung von Ionen experimentell bedeutend weniger untersucht worden.

G. P. THOMSON [IV—63] studierte die Streuung schneller Protonen mit Energien von 5000—25000 eV in Wasserstoff, Helium und Argon unter Winkeln bis zu 2°. Ein Bündel von Wasserstoff-Kanalstrahlen wurde mit Hilfe eines elektrischen Querfelds und eines engen Spalts (0,5 mm) zerlegt und monochromatisiert; nach Durchlaufen einer Strecke von 10 cm in der Streukammer, gelangte das

---

[1]) Entsprechend dem Zweck dieses Buches werden hier nur Ionen mit Energien betrachtet, wie sie in den normalen Fällen des Stroms in Gasen vorkommen, d. h. bis zu 10^5 eV. Daten über das Verhalten von Ionen mit Energien $\geqslant 10^5$ eV sind in Büchern über Kernphysik zu finden.

Protonenbündel dann auf eine Photoplatte, deren Schwärzung ausphotometriert wurde. Der Vérfasser fand, daß die Verteilung der gestreuten Protonen bei kleinen Winkeln durch das Gesetz $ds(\vartheta) = \text{const.}\ \vartheta^{-n} \,.\, d\vartheta$ wiedergegeben werden kann, wobei für Wasserstoff $n = 2$, für Helium und Argon $n = 1{,}35$ ist. Sie nimmt folglich steiler mit dem Streuwinkel ab, als das aus dem COULOMBschen Gesetz folgt, nach dem $ds(\vartheta) \cong \text{const.} \cdot \vartheta^{-3} \cdot d\vartheta$ sein sollte.

Ein anderes Ergebnis wurde in der Arbeit [IV — 64] erhalten, in der mit einem Thermoelement die Streuintensität der Protonen in Wasserstoff bei Winkeln $\leqq 2° 20'$ gemessen wurde, wobei man fand, daß die Winkelverteilung der gestreuten Protonen dem COULOMBschen Gesetz entspricht.

Wie schon bemerkt, ist die Streuung leichter Ionen in große Winkel fast ausnahmslos durch die Kernabstoßung bedingt und wird nach Formel (16,11) (in relativen Koordinaten) oder durch Formel (16,19) bestimmt. Deshalb darf man hier keinerlei spezifischen Einfluß der Atomstruktur erwarten; die Streuung hängt einfach von der Ordnungszahl ab. Die Untersuchungen der Protonenstreuung in Gasen unter großen Winkeln, die mit Hilfe eines Geigerzählers durchgeführt wurden, zeigte [IV — 65], daß die Protonenstreuung in Sauerstoff mit der RUTHERFORD-Formel (16,11) übereinstimmt. Die Erscheinungen werden kompliziert bei der Wechselwirkung gleichartiger Teilchen (s. S. 120). Die Beobachtungen über die Streuung von Protonen in Wasserstoff [IV — 65] und von α-Teilchen (He^{++}) in Helium [IV — 68,69] bestätigten die von MOTT für diesen Fall gezogenen Folgerungen [IV — 62]

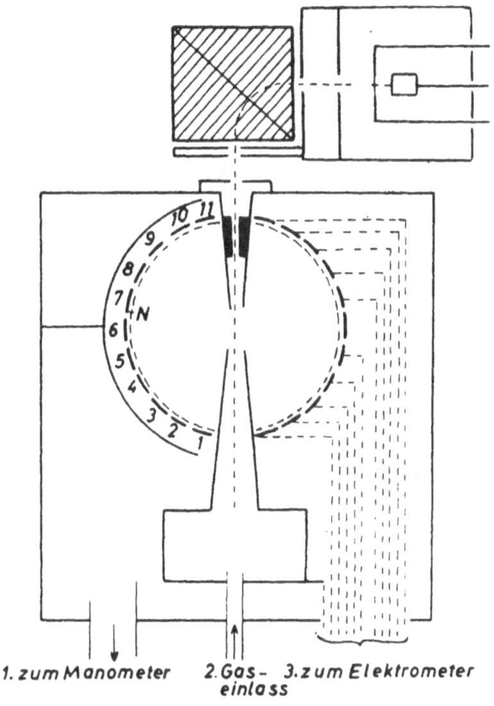

Abb. 63. Schema zur Untersuchung der Winkelverteilung gestreuter Ionen [IV—66]

RAMSAUER und KOLLATH [IV — 66] untersuchten die Streuung langsamer Protonen in He, Ar, H_2 und CH_4 mit einem Gerät mit elf ringförmigen Empfängern (Abb. 63). Es ist eine weitere Vervollkommnung ihres Geräts zur Untersuchung der Elektronenstreuung, das in Abb. 30 dargestellt ist. Für die Geschwindigkeitsanalyse der gestreuten Teilchen ist in das Gerät ein kugelförmiges Gitter N eingebracht, das sich in 1 mm Abstand vor allen Empfängersegmenten hinzieht. Durch eine spezielle Untersuchung wurde gezeigt, daß Protonen kleiner Geschwindigkeit (bis zu 150 eV) praktisch vollständig von der Metalloberfläche eingefangen werden, insbesondere, wenn diese mit Ruß geschwärzt ist. Die Versuche wurden bei Protonengeschwindigkeiten von 30—150 eV durchgeführt; die Streuung wurde unter Winkeln von 15—167° gemessen.

Die Kurven des Sperrfeldes zeigten die Existenz einer bedeutenden elastischen Streuung der Protonen in He und Ar; in Wasserstoff ist nur eine elastische Streuung unter kleinen Winkeln zu bemerken. In Methan (CH_4) wurden nur unelastisch gestreute Ionen gefunden. Die Geschwindigkeit der elastisch gestreuten Protonen muß, nach der Theorie des elastischen Stoßes, mit wachsendem Ablenkwinkel nach der Formel (15,2) abnehmen. Die Messungen in He und Ar bestätigten diese Erwartung.

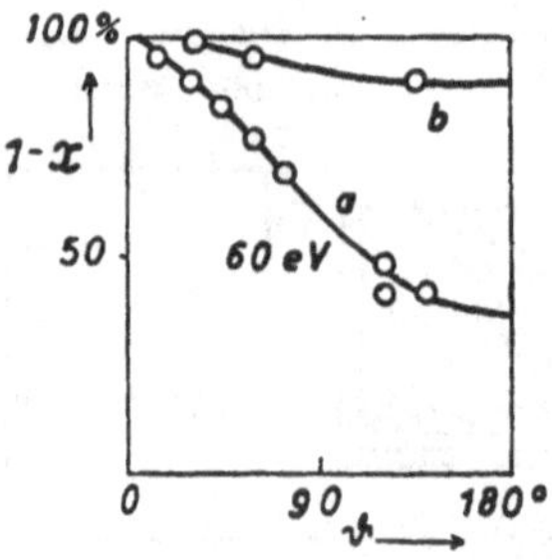

Abb. 64
Die Energie elastisch gestreuter Protonen als Funktion des Streuwinkels: *a* — in Helium, *b* — in Argon; ——— berechnet aus den Erhaltungssätzen, OOOO — gemessen [IV—66]

In Abb. 64 ist das Verhältnis der mittleren Energie der in Helium und Argon gestreuten Protonen zur Energie der primären Protonen als Funktion des Streuwinkels dargestellt. Die experimentellen Ergebnisse stimmen für beide Gase gut mit der theoretischen Kurve überein. Die relative Intensität der elastischen Streuung in die Raumwinkeleinheit als Funktion des Streuwinkels ist für die gleichen Gase in Abb. 65 dargestellt. Die Streuintensität nimmt mit dem Ablenkwinkel in Helium schneller ab als im Argon. Aber selbst für Helium fällt die Kurve nicht so steil, wie es das COULOMBsche Gesetz fordert. Das sieht man aus Abb. 66, in der die experimentelle Streukurve von Protonen im He, bezogen auf den Schwerpunkt des Systems $H^+ + He$ (s. § 16, b) und die theoretische RUTHERFORDkurve $\left(\operatorname{cosec}^4 \frac{\vartheta}{2}\right)$ gezeichnet sind.

Auf diese Weise bestätigen die Ergebnisse von RAMSAUER und KOLLATH qualitativ die Folgerungen aus der Theorie (S. 120). Bezüglich der quantitativen Übereinstimmung ist zu bemerken, daß die Streuung bei kleinen Winkeln schneller steigt als es aus der Theorie folgt [IV—61]. Die Verfasser führen dieses Ergebnis richtig auf die Vernachlässigung des Polarisationseffekts zurück.

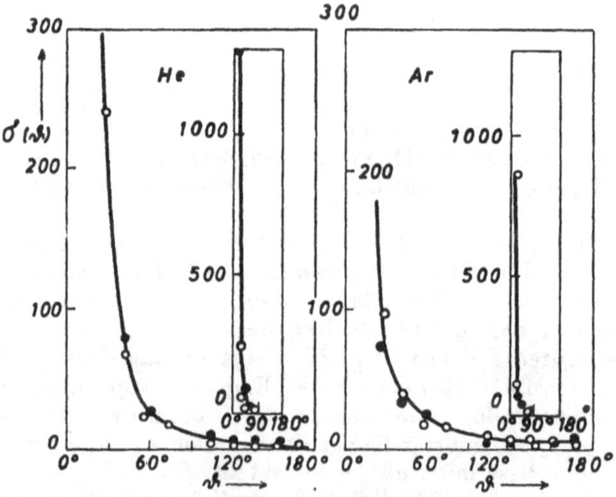

Abb. 65. Relative Intensität der Protonenstreuung in verschiedenen Richtungen in He und Ar [IV—66]

Über die Winkelverteilung bei der Streuung schwererer Ionen gibt es wenige Angaben. Die Streuung von Lithiumionen in Natriumdämpfen unter kleinen Winkeln wurde bei Energien von 150—300 eV beobachtet [IV—67]. Um das Auflösungsvermögen der Apparatur zu vergrößern, wurden die gestreuten Ionen beschleunigt und dann mit einer elektrostatischen Linse abgelenkt, die eine Winkelvergrößerung des Bildes ergab, dieses aber nicht verzerrte. Die Registrierung der gestreuten Ionen mit einer Photoplatte gestattete durch Vergrößerung der Empfindlichkeit der Platte und längere Belichtungszeiten feine Primärstrahlen zu benutzen. Man fand ein unerwartetes Ergebnis: Eine gleichmäßige Streuung bis 0,5°, einen darauffolgenden Intensitätsabfall und schließlich ein schmales zweites Maximum. Zur Beurteilung der Ergebnisse dieser Arbeit bietet die kurze Mitteilung [IV—67] jedoch zu wenig Anhaltspunkte.

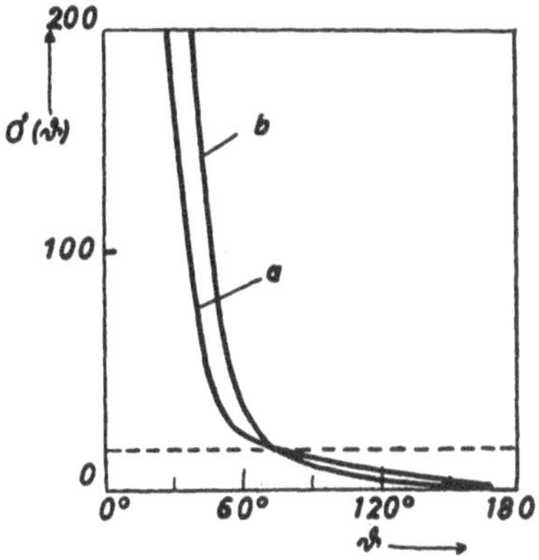

Abb. 66. Winkelverteilung von in Helium gestreuten Protonen [IV—66]: a — experimentelle Kurve, b — berechnet nach der RUTHERFORD-Formel (16,11), c — berechnet für den Stoß elastischer Kugeln

Die Untersuchung der Streuung von K^+-Ionen in Quecksilberdämpfen ist in einer ebenfalls sehr kurzen Mitteilung [IV—87] beschrieben. Die Streuintensität, die bei kleinen Winkeln am größten ist, fällt bis zu einem Minimum bei 110° und wächst dann wieder. Mit steigender Ionengeschwindigkeit nimmt die Streuung unter großen Winkeln wie $\frac{1}{c_p}$ ab.

Zusammenfassend kann man feststellen, daß die Kurve der Winkelverteilung elastisch gestreuter Ionen in allen Fällen in der Bewegungsrichtung des Primärstrahls sehr steil wächst.

3. Streuquerschnitt von Molekülen gegenüber positiven Ionen. Direkte Messungen der Querschnitte für elastische Streuung von Ionen durch die verschiedenen Moleküle sind dem Verfasser nicht bekannt. In zahlreichen Arbeiten, die dem Studium der Zusammenstöße von Ionen mit Molekülen gewidmet sind [IV—70, 86], wurde der totale Querschnitt eines Moleküls s gegenüber einem bestimmten Ion ermittelt:

$$s = s_{el} + s_a + s_i + s_u + s_d \,, \tag{20,3}$$

wobei s_u der Umladungsquerschnitt ist. Die Querschnitte für Anregung s_a und für Ionisation s_i sind für Ionen mit kleiner Energie gering (das bezieht sich nicht auf schnelle Ionen, s. §§ 24 und 29), der Dissoziationsquerschnitt s_d ist bei einatomigen Molekülen gleich Null, deshalb setzt sich der Gesamtquerschnitt des Moleküls s, gegenüber Ionen kleiner Geschwindigkeit im wesentlichen aus dem Querschnitt der elastischen Streuung s_{el} und dem Umladungsquerschnitt s_u zusammen. Die Aufteilung von s in s_{el} und s_u erfordert zusätzliche Versuche.

Die Untersuchnungsmethodik. Die Bestimmung des Gesamtquerschnitts von Molekülen gegenüber Ionen wurde hauptsächlich nach der Methode der

Schwächung des Primärstrahls, d. h. auf der Grundlage von Formel (19,1) oder (19,2) durchgeführt. In älteren Arbeiten [IV—70, 71, 72, 76] wurde eine Apparatur mit einem Kollektor (einem Käfig) verwendet. DEMPSTER benutzte das in Abb. 67 dargestellte Gerät. Der Ionenstrahl gelangt nach Durchlaufen der Blenden B_1 und B_2 in die Streukammer O, wo er gleichzeitig durch ein Magnetfeld zerlegt wird; danach gelangt der übriggebliebene Teil des Strahls durch die Blende B_3 zu dem Kollektor C. Der Kollektorstrom wird bei zwei verschiedenen Drücken p_1 und p_2 gemessen und der Molekülquerschnitt nach einer Formel von der Form (19,2) berechnet. Eine ähnliche Apparatur benutzten auch die anderen Verfasser [IV—71, 72, 76 und 84].

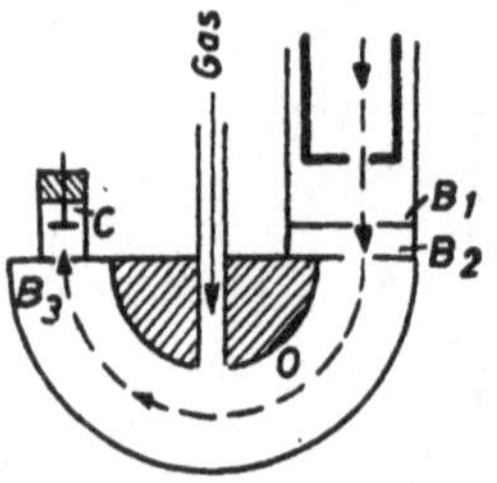

Abb. 67. Massenspektrograph für die Bestimmung des Molekülquerschnitts gegenüber Ionen [IV—70]

KENNARD [IV—72] schlug eine Methode vor, die es gestattet, mit Hilfe des DEMPSTERschen Massenpektrographen nicht nur den Gesamtquerschnitt des Moleküls zu messen, sondern auch festzustellen, welche der obengenannten Elementarprozesse beim Stoß der untersuchten Teilchen überwiegen. Dafür werden die Kurven der Kollektorstromstärke in Abhängigkeit vom Magnetfeld H bei niedrigem und höherem Gasdruck in der Streukammer aufgenommen; die erhaltenen Kurven sind im wesentlichen die Kurven der Geschwindigkeitsverteilung der Ionen, die zum Kollektor gelangen. Aus der Veränderung der Verteilungskurve (Abb. 68), kann man beurteilen, welche Art von Stößen vorherrscht. Im Fall *a* (Verbreiterung der Kurve ohne Verkleinerung der Fläche zwischen Kurve und H-Achse, ohne seitliche Verschiebung des Maximums) liegt Ionenstreuung ohne Geschwindigkeitsverlust vor. Im

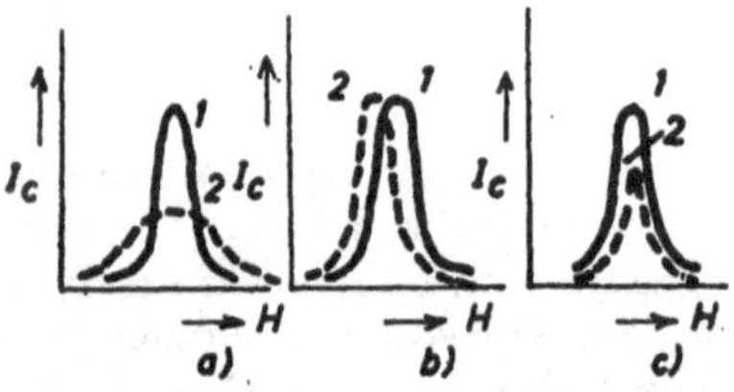

Abb. 68. Verteilung der Ionengeschwindigkeiten bei zwei verschiedenen Drukken und bei den verschiedenen im Gas vorkommenden Erscheinungen: a) Streuung ohne Geschwindigkeitsverlust, b) Geschwindigkeitsverlust, c) Neutralisation (Umladung)

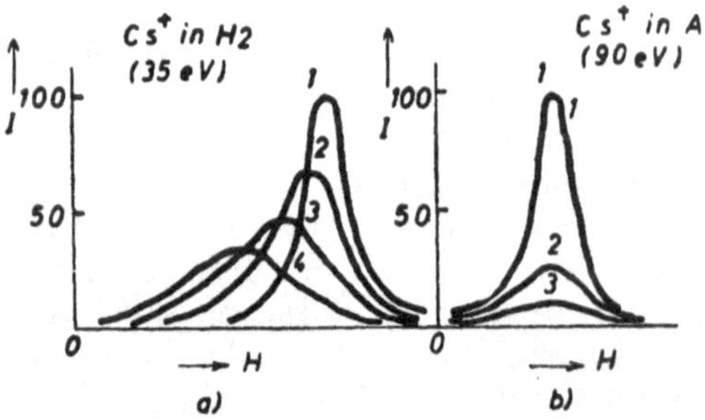

Abb. 69. Geschwindigkeitsverteilungskurven von Caesiumionen [IV—72]: a) in Wasserstoff (vorherrschende Prozesse sind die Streuung und Bremsung), b) in Argon (der vorherrschende Prozeß ist die Neutralisation)

Fall *b* (Verschiebung des Maximums nach links bei unveränderter Breite und Fläche der Kurve) verlieren die Ionen an Geschwindigkeit. Im Fall *c* schließlich (Verkleinerung der Fläche unter der Kurve ohne Verschiebung und Verbreiterung) findet eine Neutralisation eines Teils der Ionen statt, beispielsweise durch Abgabe ihrer Ladung an Moleküle. Das sind die Extremfälle; ihre Kombination ist möglich. So ist beispielsweise bei der Bewegung von

Caesiumionen im Wasserstoff eine starke Streuung und Bremsung gefunden worden (Abb. 69, a), während im Argon (Abb. 69, b) hauptsächlich eine Umladung der Cs^+-Ionen erfolgt. In diesem Fall nimmt die Fläche unter der Kurve exponentiell mit dem Druck ab, wobei im Exponenten der Wirkungsquerschnitt der Umladung s_u enthalten ist. Aus diesem Umstand ergibt sich ein Meßverfahren für den Umladungsquerschnitt s_u. Bei den meisten späteren Untersuchungen [IV—73, 74, 75, 78 und andere] wurden eine magnetische Zerlegung des Ionenstrahls und zwei aufeinanderfolgende Käfige verwendet (die Anordnung ist schematisch in Abb. 70 dargestellt). Einige Autoren [IV—75, 77] untersuchten den Zusammenstoß der Ionen mit Molekülen nach der Methode des Sperrpotentials; das gestattet es, die elastische und die unelastische Streuung der Ionen zu trennen.

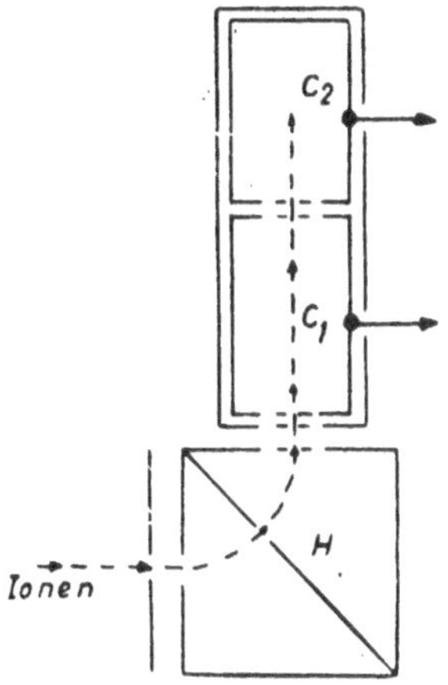

Abb. 70. Schema eines Gerätes mit zwei Auffängern

Für die Messung der Umladungswahrscheinlichkeit hat man in einer Reihe von Arbeiten [IV—76, 80, 81, 83, 86] in die Streukammer zusätzliche Elektroden in Form von Platten oder Drähten eingeführt, die seitlich vom Ionenstrahl so angeordnet waren, daß die Primärionen oder die Ionen, die unter kleinen Winkeln gestreut wurden, nicht zu ihnen gelangten (Abb. 71). Legt man zwischen Kammer und zusätzlicher Elektrode P ein schwaches elektrisches Feld, so kann man, je nach der Feldrichtung, auf der Elektrode die langsamen Elektronen oder die langsamen Ionen einfangen, die in der Streukammer entstanden sind. So fand beispielsweise GOLDMANN [IV—86] beim Durchgang von Protonen durch Wasserstoff und Argon, daß zur Elektrode P bei $U_p = -10$ V (relativ zur Kammer) ein Ionenstrom fließt, der mit dem Druck linear ansteigt (Abb. 72, Kurve a), während bei $U_p = +10$ V ein schwacher Elektronenstrom auftritt, der bei allen Drucken bis zu den niedrigsten konstant ist (Kurve b, Abb. 72). Aus dieser Beobachtung folgt,

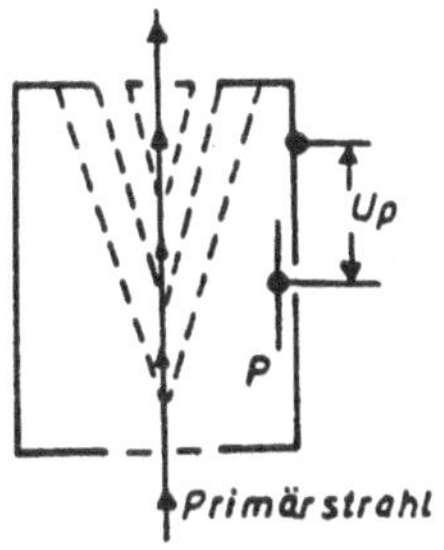

Abb. 71. Schema der Messung der Umladungswahrscheinlichkeit von Ionen

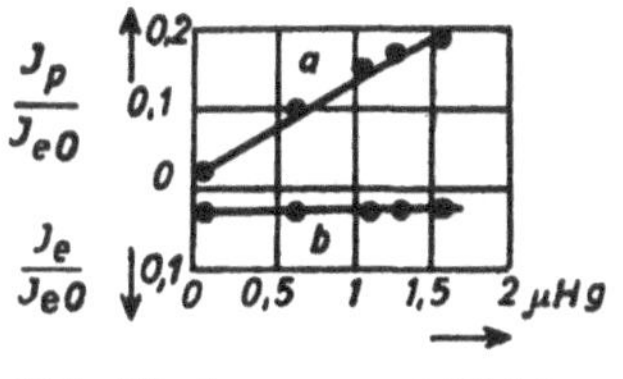

Abb. 72. Ionen- und Elektronenströme zur Hilfselektrode [IV—86]

daß eine merkliche Ionisation des Gases durch die Protonen nicht erfolgt ist (die Geschwindigkeiten der Protonen wurden variiert zwischen 400 eV und 4000 eV) — folglich entstanden die langsamen Ionen im Gas durch Umladung primärer Ionen (eine elastische Ionenstreuung unter derart großen Winkeln ist, wie oben gezeigt wurde, sehr wenig wahrscheinlich). In allen diesen Versuchen muß das untersuchte Gas einen niedrigen Druck haben, damit die gestreuten Ionen im Mittel nicht mehr als einen Stoß erleiden; im anderen Fall wird die Deutung der Ergebnisse erschwert.[1])

Nach den Angaben mehrerer Autoren erweist sich die Größe des Wirkungsquerschnitts als abhängig von der Meßmethode. So erhielt man nach der Methode der Verteilungskurven im Magnetfeld einen Umladungsquerschnitt von Li^+ in Hg, der größer war als der Gesamtquerschnitt von Hg gegenüber Li^+, wie er nach der Methode der Schwächung des Primärstrahls gemessen wurde [IV—74]. Bei einer völlig richtigen Meßmethode könnte ein derartiges Ergebnis offensichtlich nicht auftreten. Bei den Versuchen von ROSTAGNI [IV—80] hat es sich gezeigt, daß der gemessene Molekülquerschnitt wesentlich von den Abmessungen der Käfigblende abhängt. Auf diesen Umstand wurde auch von anderen Autoren hingewiesen [IV—34]. Tatsächlich werden bei endlicher Öffnung des Käfigs diejenigen Ionen, die in kleinen Winkeln gestreut wurden, in den Käfig gelangen und von ihm genauso wie die ungestreuten aufgenommen werden. Da aber die größte Streuung gerade unter kleinen Winkeln erfolgt, kann der gemessene Molekülquerschnitt bedeutend kleiner sein als der tatsächliche. Die Diskussion dieser Frage zeigte [IV—85], daß die Verwendung von zwei Käfigen mit gleichen Eingangsöffnungen diesen Fehler ebensowenig beseitigt wie die Methode des Sperrpotentials. Das Problem, wie dieser Fehler zu vermeiden ist, ist faktisch ungeklärt geblieben.

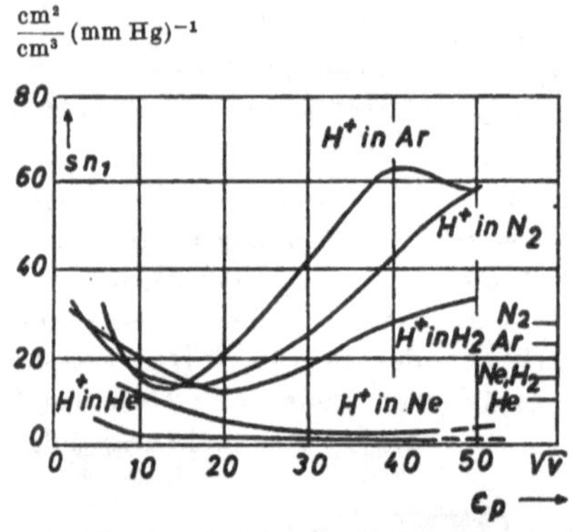

Abb. 73. Totaler Querschnitt von He, Ne, Ar, N_2, H_2 gegenüber Protonen [IV—78]; rechts „gaskinetische" Querschnitte

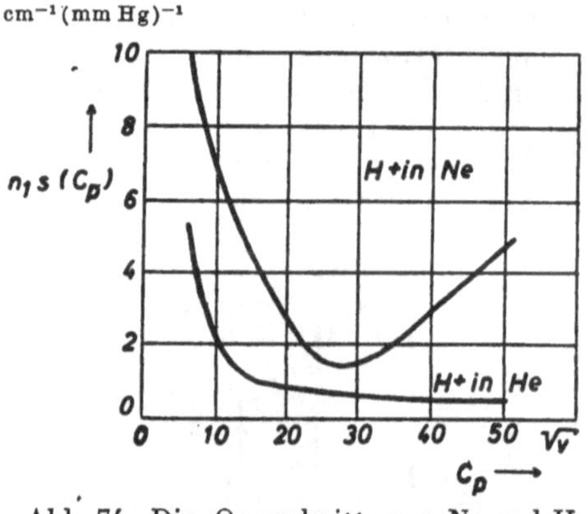

Abb. 74. Die Querschnitte von Ne und He gegenüber Protonen [IV—78]

Es wurde die Meinung geäußert [IV—85, 87], daß die Daten für den Umladungsquerschnitt s_u, die durch Messung der Menge der langsamen Ionen in der Streukammer erhalten wurden, nur einen Teil des Umladungsquerschnitts geben. Sie beziehen sich nur auf die Wahrscheinlichkeit des Prozesses der Ladungsabgabe ohne merkliche Abgabe kinetischer Energie („reine Umladung"). Streuung unter Abgabe des Impulses und der kinetischen Energie kann sich ebenfalls mit Um-

[1]) So können bei Vielfachstößen langsame Ionen nicht nur infolge Umladung, sondern auch infolge Geschwindigkeitsverlust bei wiederholten Stößen auftreten.

ladung vollziehen; setzt man in diesem Fall die Wahrscheinlichkeit für die Ladungsabgabe $\cong$ 0,5, so ist der Gesamtquerschnitt der Umladung

$$s_u' = s_u + \frac{s_{el}}{2} = \frac{s + s_u}{2}.^{1)} \qquad (20,4)$$

Experimentelle Daten für totale und Streuquerschnitte von Molekülen gegenüber Ionen. Das Studium der Streuung von Protonen mit Energien von 30—2500 eV in verschiedenen Gasen (He, Ne, Ar, N_2 und H_2) zeigte [IV—78], daß für alle Gase außer für Helium die Kurven $s(c_p)$ nicht monoton verlaufen (Abb. 73 und 74). In jeder Kurve tritt ein Minimum auf, das sich nach rechts in der Reihenfolge Ar, N_2, H_2, Ne verschiebt und annähernd wie die Ionisierungsspannungen ansteigt. Man kann deshalb beim Helium (größte Ionisierungsspannung) das Auftreten eines Minimums der Kurve außerhalb des Meßbereichs postulieren. Außerdem ist in der Kurve des Querschnitts für Ar vorhanden und deutet sich in den übrigen Kurven an ein Maximum im Gebiet großer Geschwindigkeiten. Bis zu einem gewissen Grad kann man die Versuche von G. P. THOMSON als Fortsetzung dieser Untersuchung bei größeren Protonengeschwindigkeiten betrachten. Er untersuchte die Streuung von Protonen mit Energien von 5000 bis 25000 eV, in H_2, Ar und He [IV—63]. In dieser Arbeit ist nur die relative Streuintensität unter bestimmtem Winkel als Funktion der Geschwindigkeit angeführt (Abb. 75); deshalb kann man sie nicht quantitativ mit den Daten der Abb. 73 und 74 vergleichen [IV—78]. Ein Vergleich des Verlaufs der Kurven in diesen Abbildungen zeigt jedoch, daß die Protonenstreuung in Wasserstoff und Helium ebenfalls ein Maximum besitzt und ebenso wie in Argon bei großen Geschwindigkeiten wieder abnimmt. Das Maximum der Protonenstreuung in Helium liegt ungefähr bei der gleichen Geschwindigkeit, bei der auch das Maximum der Elektronenstreuung im selben Gas liegt (Protonen: $c_{max} = 1{,}3 \cdot 10^8$ cm/sec oder 8900 eV; Elektronen: $c_{max} = 1{,}0 \cdot 10^8$ cm/sec oder 1,7 eV); im Argon ist die Übereinstimmung schlechter (Protonen: $c_{max} = 0{,}7 \cdot 10^8$ cm/sec; Elektronen: $c_{max} = 1{,}8 \cdot 10^8$ cm/sec).

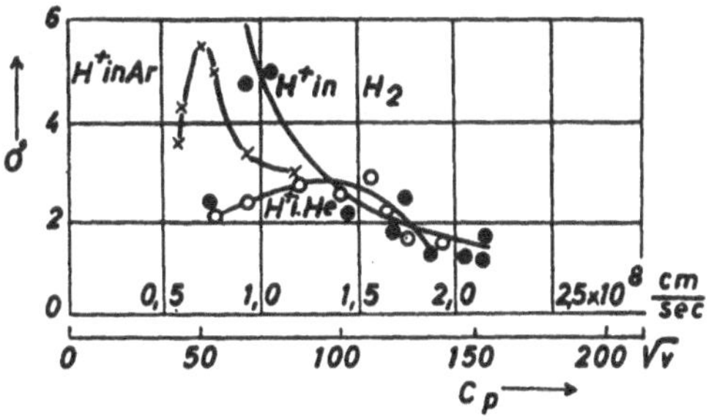

Abb. 75. Relative Intensität der Protonenstreuung als Funktion der Geschwindigkeit in H_2, He und Ar [IV—63]

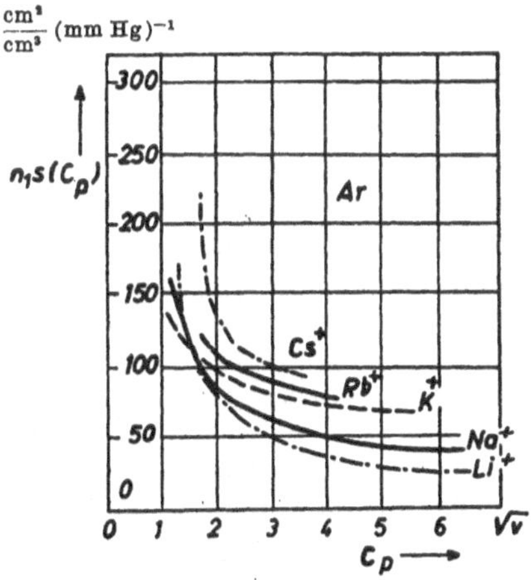

Abb. 76. Querschnitt von Argon gegenüber langsamen Alkaliionen [IV—73]

1) In den Arbeiten [IV—17, 85, 87] bezieht sich das Zeichen ′ umgekehrt auf den Querschnitt der „reinen Umladung".

Verhältnismäßig vollständig sind die Molekülquerschnitte verschiedener Gase gegenüber Alkaliionen untersucht worden. RAMSAUER und BEEK [IV — 73] untersuchten den Gesamtquerschnitt von He-, Ne-, Ar-, H_2-, O_2- und N_2-Molekülen gegenüber L^+-, Na^+-, K^+-, Rb^+- und Cs^+-Ionen bei einer Ionenenergie von 1 bis 36 eV. In Abb. 76 sind als Beispiel die totalen Querschnitte von Argonatomen gegenüber Alkaliionen angeführt. Sie nehmen alle zunächst mit wachsender Geschwindigkeit sehr schnell, dann aber weniger stark ab und nähern sich einem bestimmten Grenzwert. Mit zunehmender Ordnungszahl des Ions und folglich mit wachsender Masse wächst der Querschnitt des Argonatoms (außer bei ganz kleinen Geschwindigkeiten). Einen ähnlichen Gang haben die Kurven für den Querschnitt aller übrigen untersuchten Moleküle. Berechnet man, ausgehend von dem Grenzwert von s für große Geschwindigkeiten $r_g + r_p$ und vergleicht mit der Summe der gaskinetischen Radien des Moleküls und des Ions, so erhält man bei ein und demselben Ion die beste Übereinstimmung für das Molekül mit den kleinsten gaskinetischen Dimensionen; je größer das Molekül, desto mehr überwiegt $(r_g + r_p)_{\text{exper.}}$ gegenüber $(r_g + r_p)_{\text{gaskin.}}$ Weiter oben (S. 125) wurden schon die Versuche über die Streuung von Caesiumionen erwähnt. Sie ergaben Streuung vornehmlich in leichteren Gasen (H_2 und He) und Umladung im schwereren Argon [IV — 72]. Dieses Ergebnis wurde angezweifelt [IV — 76] wegen der äußerst kleinen Umladungswahrscheinlichkeit der Cs^+-Ionen (Neutralisationsenergie 3,88 eV) in Argon (Ionisierungsspannung U_2 = 15,7 V) bei einer Differenz der Ionisationsenergie von ΔW = 11,82 eV.

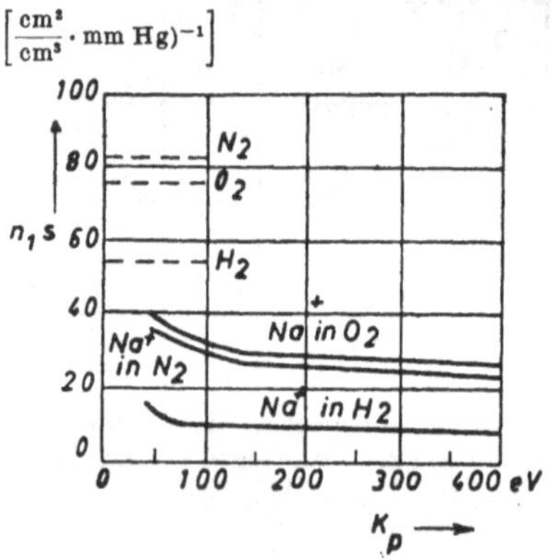

Abb. 77. Querschnitt von Na^+ in Sauerstoff, Stickstoff und Wasserstoff [IV—84]

Neuere Untersuchungen des Wirkungsquerschnitts von H_2, N_2 und O_2 gegenüber Na^+-Ionen [IV — 84], die bei Ionenenergien von 40—400 eV nach der Methode von KENNARD (s. S. 124) durchgeführt wurden, zeigten, daß in Wasserstoff eine Umladung von Na^+ und eine schwache Streuung (fast ohne Bremsung) vorhanden ist. In Stickstoff und in Sauerstoff weisen die Kurven der Geschwindigkeitsverteilung nur auf eine Umladung von Na^+ hin. Die Querschnitte von H_2, N_2 und O_2 gegenüber Na^+ sind in Abb. 77 angeführt; sie ergänzen erfolgreich die Kurven, die in Abb. 76 angeführt sind (obgleich sie sich auf andere Gase beziehen), da sie sich an diese nach großen Geschwindigkeiten hin anschließen. Der Kurvenverlauf bleibt im Bereich von 40—400 eV derselbe wie bei niedrigeren Geschwindigkeiten. In der gleichen Abb. 77 sind die gaskinetischen Querschnitte angeführt, bei denen für die Berechnung des Natriumionenradius (Na^+) der Radius von Ne gleich 1,17 Å angenommen wurde (das übersteigt den angenommenen Radius von Na^+, der 0,95 Å beträgt).

Im Vergleich zu den oben angeführten Daten für die Streuung von Protonen wird in den Arbeiten [IV — 73, 84] nur ein kleines Intervall relativ geringer Geschwindigkeiten (bis 400 eV) erfaßt; deshalb entsprechen die hier erhaltenen Daten über den Molekülquerschnitt bezüglich Na^+ den linken Teilen der Kurven in

Abb. 73; in beiden Fällen beobachtet man eine Abnahme von s mit größerwerdender Ionengeschwindigkeit. Um das Maximum der Kurve $s(c_p)$ bei Alkaliionen zu beobachten, muß man zu Ionengeschwindigkeiten der Größenordnung $1 \cdot 10^8$cm/sec übergehen, d. h. bis zu Energien der Größenordnung 10^4—10^5 eV.

Eine große Anzahl der verschiedenen Fälle der Wechselwirkung von Ionen mit Molekülen untersuchten KALMAN und ROSEN [IV—76] mit der Methode der Schwächung des Primärstrahls (in den meisten Fällen bei einer Ionenenergie von 400 eV); die Ionen wurden durch Ionisation des entsprechenden Gases durch Elektronenstöße erhalten. Es wurden folgende Kombinationen untersucht:

Moleküle	He	Ne	Ar	Hg	N_2	O_2	CO	CO_2	NH_3
Ionen	He^+	Ne^+	Ar^+	Hg^+	N_2^+	O_2^+	CO^+	CO_2^+	C^+
	Ar^+	—	He^+	Hg^{++}	Ar^+	O^+	C^+	O^+	CO^+
	Ar^{++}	—	Ne^+	—	N^+	N^+	—	C^+	—
	—	—	N^+	—	Hg^+	N_2^+	—	CO^+	—
	—	—	N^+_2	—	Hg^{++}	—	—	H_2O^+	

Die Genauigkeit dieser Versuche war klein. Sie ergaben jedoch folgendes wichtige Gesetz: Der Wirkungsquerschnitt des Moleküls gegenüber einem vorgegebenen Ion ist desto größer, je näher die Neutralisationsenergie bei der Ionisationsenergie des Moleküls liegt, d. h. je weniger sich die Summe der inneren Energien beider Teilchen ΔW ändert.

Für Ar^+ in Ar, Ne^+ in Ne, He^+ in He, N^+ und N_2^+ in N_2, O^+ und O_2^+ in O_2 wurden die Kurven der Geschwindigkeitsverteilung der Ionen nach der Methode von KENNARD ermittelt; es wurde ein Absinken der Kurven mit größerwerdendem Gasdruck gefunden, ohne daß sich die Kurven verschieben (in einzelnen Fällen) mit einer kleinen Verbreiterung. Das entspricht dem Überwiegen des Prozesses der Ionenumladung. In Stickstoff ist die Schwächung eines N_2^+-Ionenstrahls viel stärker als die eines N^+- Ionenstrahls, in Sauerstoff gilt das gleiche für O_2^+- und O^+-Ionen, diese Ergebnisse sind durch direkte Messung der Umladung verschiedener Ionen bestätigt worden und stimmen mit der Bedingung eines Minimums der Größe ΔW überein [IV—76, zweiter Artikel].

So ist bei einem Stoß eines Ions mäßiger Geschwindigkeit mit einem Molekül im Gas das wahrscheinlichste Ergebnis die Umladung, und ihre Wahrscheinlichkeit ist am größten, wenn sich im Ergebnis der Umladung die Energie des Teilchensystems nicht ändert, d. h. wenn der Prozeß zwischen einem Ion und einem Molekül des gleichen Gases vor sich geht.

Es ist notwendig, zu bemerken, daß im Falle des Zusammenstoßes eines Ions mit einem Molekül des gleichen Gases eine Aufteilung der Zusammenstöße in elastische Stöße und Stöße mit Umladung sowie die entsprechende Aufteilung des totalen Querschnitts s in s_{el} und s_u vereinbart werden muß. In den anderen Fällen, d. h., bei der Wechselwirkung von X^+ mit Y kann der Unterschied zwischen diesen Stößen experimentell festgestellt werden: nach dem elastischen Stoß bleibt das

Ion X^+ und das Molekül Y übrig, nach einer Umladung das Ion Y^+ und das Molekül X. Der Versuch zeigt in Übereinstimmung mit der Theorie, daß die Ionen X^+ (primäre, elastisch gestreute) vor allem unter kleinen Winkeln zur Richtung der ursprünglichen Bewegung auftreten und den größten Teil ihrer Anfangsenergie bewahren. Die Ionen Y^+ treten vor allem unter großen Winkeln auf und haben eine geringe Geschwindigkeit (das kann grundsätzlich ebenfalls durch Versuche bewiesen werden).

Bei den Zusammenstößen von Ionen mit Molekülen des gleichen Gases ($Y = X$) kann man nicht mehr experimentell die gestreuten Ionen von den sekundären unterscheiden: streng genommen ist es nur möglich, die Verteilung der Ionen X^+ nach Winkeln und nach Geschwindigkeiten festzustellen. Man kann aber auch in diesem Fall die allgemeine Vorstellung von zwei Formen der Wechselwirkung aufrechterhalten, wenn man wie vorhin die Ionen mit kleiner Geschwindigkeit als durch Umladung entstanden ansieht und die Ionen mit Geschwindigkeiten in der Nähe der Anfangsgeschwindigkeit als elastisch gestreut betrachtet. In diesem Sinn sind die Behauptungen über die maximale Umladungswahrscheinlichkeit bei einem Stoß $X^+ + X$ auch zu verstehen.

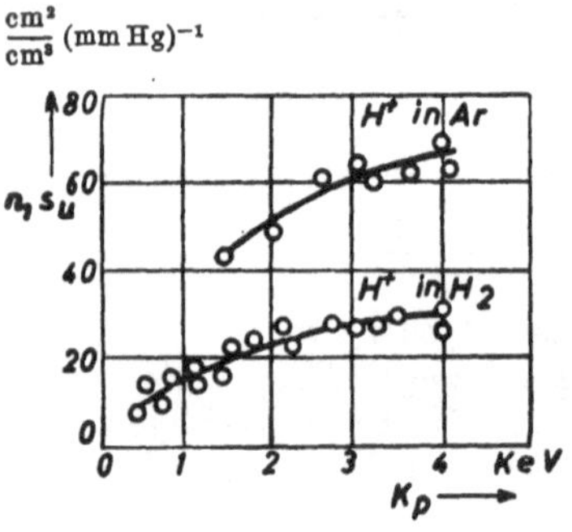

Abb. 78. Umladungsquerschnitt von Protonen in Argon und Wasserstoff [IV—86]

Wir gehen zu den Versuchen über, die sich mit der direkten Messung der Ionenumladung beschäftigen. Der Querschnitt der Protonenumladung wurde in einer Streukammer mit Hilfselektrode in Wasserstoff bei 0,4—30 keV [IV—79, 86] und in Argon bis 4 keV [IV—86] gemessen. Durch die schon auf S. 125 erwähnten Versuche [IV—86] wurde bewiesen, daß die langsamen Ionen bei der Protonenstreuung gerade infolge Umladung entstehen. Die bei diesen Versuchen erhaltenen Daten für den Umladungsquerschnitt von H^+ in H_2 und Ar bis 4 keV siehe in Abb. 78. Die Fortführung der Messungen der Umladung von H^+ in H_2 bis zu 30 keV [IV—79] zeigte, daß $s_u = f(c_p)$ bis zu einem Wert $n_1 s_u = 50$ cm²/cm³ bei 7 keV wächst und sodann zu fallen beginnt. Ein Vergleich der Meßergebnisse von s_u (Abb. 78) mit der weiter oben angeführten Kurve des totalen Wirkungsquerschnitts von H^+ in H_2 (Abb. 73) zeigt, daß s_u ungefähr 75% von s ausmacht, d. h. annähernd drei Viertel aller Stöße führen zur Umladung.

Das Studium der Bewegung von Ar^+- und K^+-Ionen in Argon nach der Gegenfeldmethode [IV—77] bestätigte die große Wahrscheinlichkeit der Ionenumladung und ihre Abhängigkeit von der Größe ΔW. Es zeigte sich, daß bei einer Energie der Ar^+-Ionen von 200 eV und einem Druck $p = 29\ \mu$ Hg die Mehrzahl der Ionen auf einem Wege von 6 mm einmal umgeladen wird. K^+-Ionen gleicher Energie haben unter denselben Bedingungen bedeutend größere Geschwindigkeiten und geben infolgedessen in kleinerer Anzahl ihre Ladung ab.

Wolf [IV—81] hat den Umladungsquerschnitt als Funktion der Ionengeschwindigkeit zwischen 30 und 1020 eV in elf verschiedenen Wechselwirkungsfällen zwischen Ionen und Wasserstoff-, Stickstoff- und Edelgasmolekülen gemessen: Die Ergebnisse sind in Abb. 79 in Form einer Zusammenstellung der Umladungsquerschnitte dargestellt. Sie sind nach steigender Abweichung von der Bedingung größter Prozeßwahrscheinlichkeit geordnet; diese charakterisiert man durch die Größe $\Delta W = W_1 - W_2$ (W_1 ist die innere Energie des Teilchensystems bis zur Umladung W_2 nach der Umladung). Die allgemeine Gesetzmäßigkeit ist zweifellos: die fünf oberen Kurven, für welche $|\Delta W| < 0{,}5$ eV ist, zeigen bedeutend größere Umladungsquerschnitte als die übrigen Kurven, wo $|\Delta W| > 0{,}9$ eV ist. Gewisse Abweichungen bemerkt man nur bei H_2^+ in N_2 und H_2^+ in Ar. Ist $\Delta W = 0$ (Stöße $X^+ + X$), so erweisen sich die Umladungsquerschnitte als noch größer (Abb. 80). Dieser wichtigste Fall (Stoß zwischen Molekül und Ion des gleichen Stoffs) wurde an vielen Beispielen studiert: Ar^+ in Ar, Ne^+ in Ne, He^+ in He [IV—80], Ar^+ in Ar, Ne^+ in Ne, He^+ in He, H_2^+ in H_2 und N_2^+ in N_2 [IV—82], Hg^+ in Hg [IV—89].

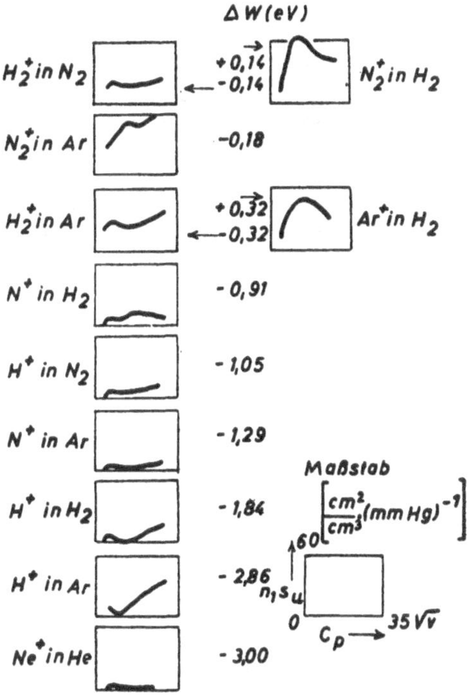

Abb. 79. Umladungsquerschnitte und Differenz der Ionisierungsenergien ΔW [IV—81]. In allen Kurven sind die Koordinaten: Querschnitt — von 0 bis 60 cm²/cm³, Ionengeschwindigkeit von 0 bis 35 $\sqrt{V}$

Wir führen die Daten für die totalen Querschnitte von Ar, Ne, He, H_2 und N_2 [IV—82] gegenüber ihren eigenen Ionen an (Abb. 81). In allen diesen Fällen, außer bei H_2, nimmt der totale Querschnitt s monoton mit wachsender Ionengeschwindigkeit ab; bei H_2^+ in H_2 wird von 400 eV ab ein kleiner Anstieg von s beobachtet. Ein Vergleich der Abb. 81 mit Abb. 80 zeigt, daß der *Umladungsquerschnitt* einen bedeutenden Teil und bei $K_p \geqslant 100$ eV den überwiegenden Teil des Gesamtquerschnitts ausmacht (bis zu 70%).

Läßt man sich von der Vorstellung eines Unterschieds der Umladung mit Abgabe und ohne Abgabe der kinetischen Energie (s. S. 126—127) leiten, so kann man [IV—85] die Daten von Rostagni [IV—80] für den Umladungsquerschnitt s_u in Edelgasen umrechnen; man erhält die in Abb. 82 dargestellten Werte s_u'. Die Abhängigkeit des s_u' von der Ionenenergie erweist sich bei einer solchen Deutung des Umladungsquerschnitts als monoton abnehmende Funktion der Ionenenergie, die durch die Gleichung

$$\sqrt{s_u'} = A - B \ln \sqrt{K_p} \tag{20,5}$$

beschrieben wird.

Ein Vergleich der Umladungsquerschnitte verschiedener Gase zeigt, daß mit zunehmender Ionisierungsspannung dieser Querschnitt schnell abnimmt; man fand [IV—85], daß s'_u bei großer Ionengeschwindigkeit gut durch die einfache Formel

$$n_1 s'_u = \frac{8\pi e_0^2}{U_i^2} n_1 = \frac{1{,}8 \cdot 10^4}{U_i^2}, \quad s'_u = \frac{5{,}1 \cdot 10^{-12}}{U_i^2} \tag{20,6}$$

wiedergegeben wird. Sie ist graphisch in Abb. 83 dargestellt. Hier sind zum Vergleich auch die Daten von WOLF und ROSTAGNI für Ar^+-, Ne^+-, He^+-Ionen und die Daten von SENA für Hg^+ bei einer Ionenenergie von 900 eV eingetragen. Nach dieser Formel könnte man sehr große Umladungsquerschnitte für Alkaliionen in Alkalidämpfen erwarten; derartige Daten fehlen jedoch noch.

Im Grunde genommen ist das Berechnungsverfahren für den Umladungsquerschnitt, wie es in den Arbeiten [IV—85, 17] vorgeschlagen wird, im Falle $\Delta W = 0$ noch besser begründet als die ihm zugrundeliegende

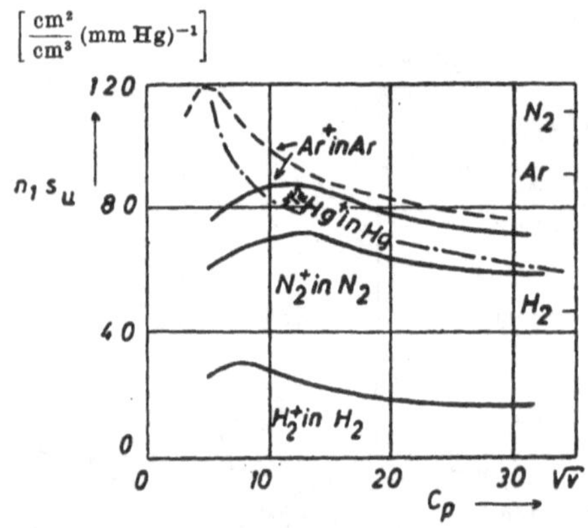

Abb. 80. Umladungsquerschnitt von Ar^+-, H_2^+- und N_2^+-Ionen [IV—82]

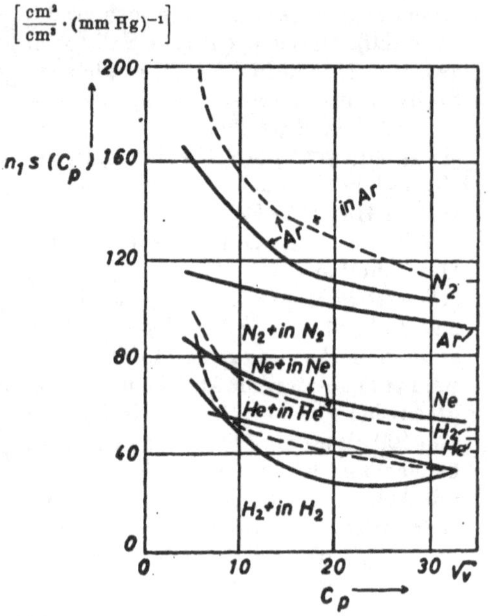

Abb. 81. Totaler Querschnitt von He-, Ne-, Ar-, H_2-, N_2-Molekülen gegenüber ihren eigenen Ionen; ——— Daten der Arbeit [IV—82], – – – Daten der Arbeit [IV—80], rechts — die „gaskinetischen" Querschnitte

Aufteilung der Ionenstöße in Streuung und Umladung.

Subtrahiert man vom totalen Querschnitt s den Umladungsquerschnitt s_u, so findet man den Streuquerschnitt s_{el}. Die so berechneten Querschnitte der elastischen Streuung von Ar, Ne, H_2 und N_2 gegenüber ihren eigenen Ionen sind in Abb. 84 angeführt. Bei einatomigen Gasen nimmt der elastische Querschnitt mit zunehmender Ionengeschwindigkeit monoton ab. Bei den zweiatomigen Molekülen H_2 und N_2 beginnen die Kurven nach dem Durchlaufen des Minimums wieder zu steigen. Es wurde die Vermutung ausgesprochen [IV—83], daß dieser Anstieg von s_{el} nur scheinbar ist; tatsächlich sei dieser Anstieg dadurch bedingt, daß bei Geschwindigkeiten $\cong 10^2$ eV ein neuer Elementarprozeß auftritt: die Dissoziation des Moleküls oder Ions, deshalb ist hier $s = s_u + s_{el} + s_d$. Bei der Bestimmung von s_{el} als $s - s_u$ wird irrtümlich s_d zu s_{el} gerechnet.

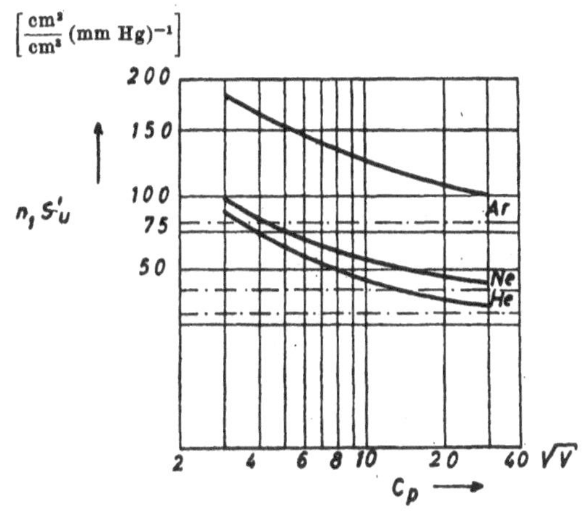

Abb. 82. Umladungsquerschnitte von Ar, Ne, He umgerechnet nach den Daten von ROSTAGNI

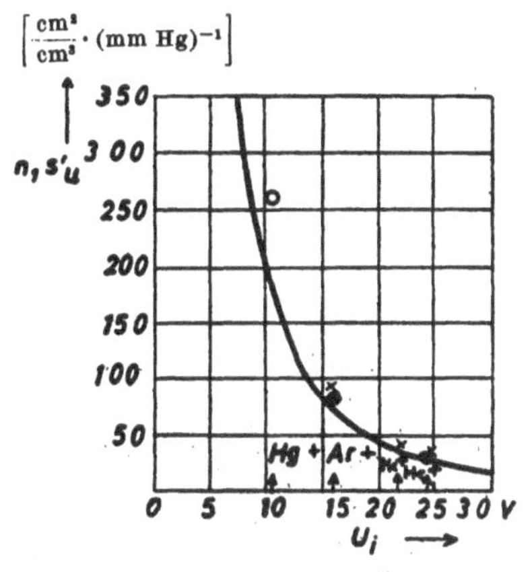

Abb. 83. Umladungsquerschnitt in Abhängigkeit vom Ionisierungspotential

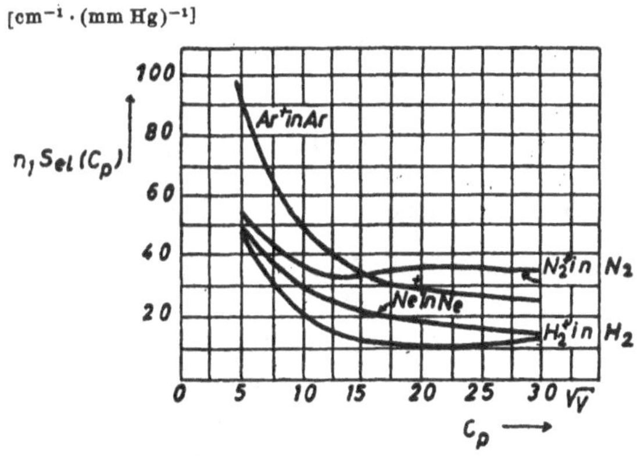

Abb. 84. Streuquerschnitte von Molekülen für eigene Ionen; Ar, H_2, N_2 nach den Daten von [IV—82]. Ne — nach den Daten von [IV—80]

Diesen Abschnitt zusammenfassend, stellen wir fest, daß der totale Querschnitt der Moleküle gegenüber ihren eigenen Ionen von der Größenordnung des gaskinetischen Querschnitts ist und daß ein bedeutender Teil davon (bei einer Ionengeschwindigkeit von 10^2 eV bis zu 70%) dem Umladungsquerschnitt, der restliche Querschnitt der elastischen Streuung zuzuschreiben ist.

KAPITEL V

Die Anregung und Ionisation der Atome

Unelastische Wechselwirkungen von Teilchen heißen solche Wechselwirkungen, in deren Ergebnis sich die Summe der kinetischen Energien der mitwirkenden Teilchen auf Kosten ihrer inneren Energie (aller oder einiger Teilchen) ändert. Zu den unelastischen Wechselwirkungen von Teilchen gehören die meisten Elementarprozesse: Anregung, Ionisation, Dissoziation durch Stoß, Rekombination, Elektronenanlagerung an ein Molekül, die verschiedenen Stöße zweiter Art usw. Am einfachsten sind dabei die Prozesse, bei denen sich die Anzahl der beteiligten Teilchen nicht ändert, sondern nur eine Umwandlung der einen Energieform in eine andere erfolgt; das ist der Fall bei der Anregung von Molekülen durch Stöße erster Art und bei der „Löschung" der angeregten Moleküle durch Stöße zweiter Art; diese Erscheinungen werden im Teil A dieses Kapitels untersucht (§§ 21—25). Komplizierter, aber auch wichtiger für den Mechanismus des elektrischen Stroms im Gas sind die Ionisierungsprozesse, bei denen sich die Anzahl der beteiligten unabhängigen Teilchen ändert, sie werden weiter unten, im Abschnitt B erörtert (§§ 26—32). Die Rekombination und die Elektronenanlagerung an neutrale Moleküle werden in einem besonderen Kapitel (Kapitel VI) behandelt.

A. Die Anregung von Atomen und die „Löschung" angeregter Atome durch Teilchenstöße.[1]

Die Anregung der Atome oder Moleküle des Gases ist kein Grundprozeß, sondern eine Begleiterscheinung des elektrischen Stroms im Gas. Sie spielt jedoch im Strommechanismus eine wesentliche Rolle: a) die Elektronenstöße, die zu einer Anregung von Molekülen führen, sind ein bedeutender Teil aller Stöße zwischen Elektronen und Molekülen; deshalb nimmt die Anregung der Moleküle sowohl in der Kinetik der Elektronen als auch in der Leistungsbilanz einen bedeutenden Platz ein; b) das Vorhandensein einer großen Anzahl angeregter Moleküle ändert viele Eigenschaften des Gases, durch das der Strom fließt. Es setzt beispielsweise ihr effektives Ionisierungspotential herab usw., und c) die Folge der Anregung von Gasmolekülen ist eine Strahlung, die ihrerseits auf die Entwicklung des Stroms im Gas und seinen Charakter wesentlichen Einfluß haben kann. Außerdem ist die Strahlung der Entladung eine ihrer wichtigsten Äußerungen, die Quelle eines bedeutenden Teils unseres Wissens über sie und in einer Reihe von Fällen der Zweck ihrer praktischen Anwendung. Darum kann man beim Studium der Dynamik des elektrischen Stroms im Gas die Anregungsprozesse der Gasmoleküle nicht unbeachtet lassen.

Die Stöße zweiter Art sind ebenfalls Begleiterscheinungen des elektrischen Stroms im Gas, sie sind jedoch nicht minder wichtig. Wir werden die Stöße erster und

[1]) Die Anregung von Schwingungen und Rotation vielatomiger Moleküle ist in die Betrachtung nicht einbezogen worden.

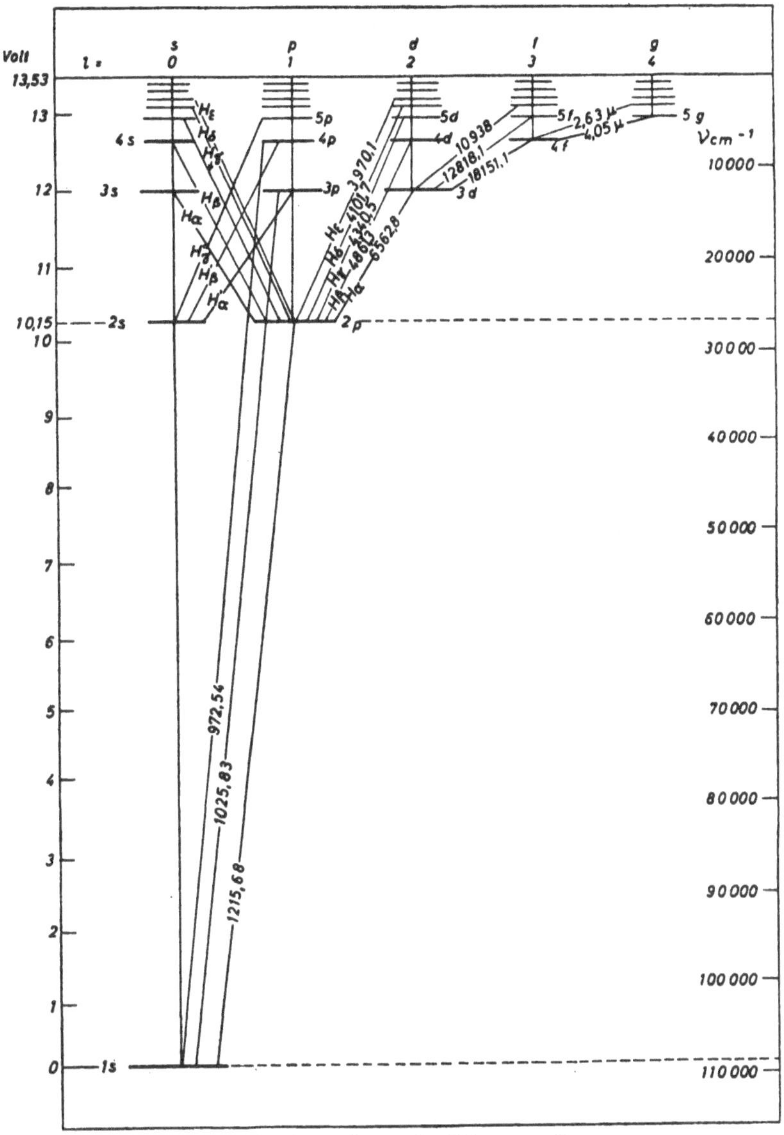

Abb. 85. Termschema des Wasserstoffatoms

zweiter Art betrachten, doch nur insoweit, als sie sich in den elektrischen Prozessen im Gas widerspiegeln.

§ 21. Energieniveaus und Anregungsspannungen

Die Anregung eines Atoms oder Moleküls, d. h. der Übergang vom Grundzustand mit der kleinsten Energie W_0 in einen Zustand mit größerer Energie W_i, kann unter der Wirkung eines anderen Atoms (Moleküls), eines Elektrons, Ions oder Lichtquants erfolgen. Dazu muß auf das anzuregende Atom die innere Energie

$$\Delta W_{0i} = W_i - W_0 \quad (21,1)$$ [1])

übertragen werden.

Die Berechnung der Werte W_i, die für ein bestimmtes Atom möglich sind, ist die Aufgabe der Atomtheorie; über die Lösungsmethoden dieser Aufgabe sehe man die entsprechenden Lehrbücher ein, zum Beispiel [V—1, III—14]. Experi-

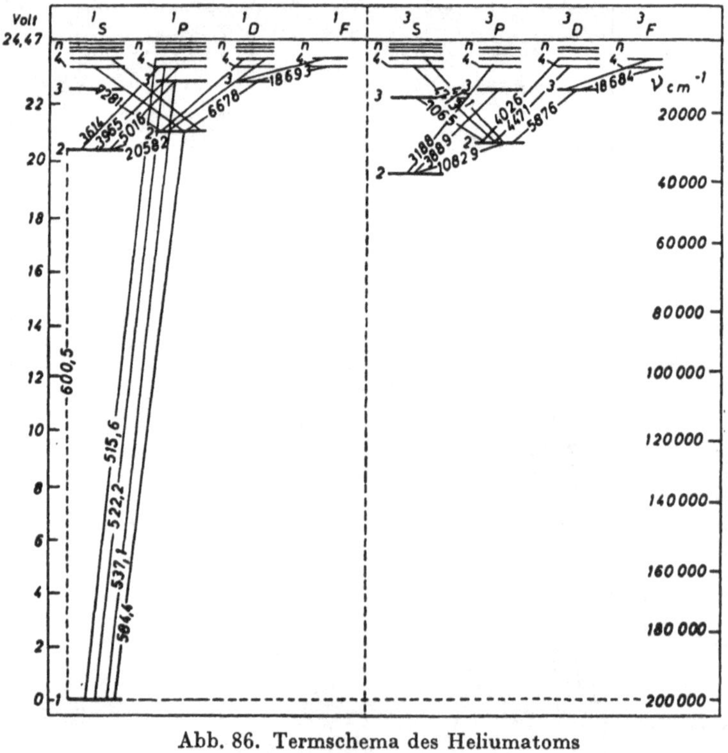

Abb. 86. Termschema des Heliumatoms

mentell werden die möglichen Werte von W_i auf zweifache Weise bestimmt: optisch durch die Analyse des Spektrums des betreffenden Stoffs oder elektrisch durch Messung der kleinsten (kritischen) Elektroenergie, die ausreicht, um das Atom bis zu einem bestimmten Energieniveau anzuregen.

Die optische Methode zur Bestimmung von W_i beruht bekanntlich auf dem Kombinationsprinzip (Ritz), nach dem die Frequenz ν_{ij} einer jeden Spektrallinie dargestellt werden kann als

$$\nu_{ij} = \frac{W_i}{h} - \frac{W_j}{h} \equiv T_j - T_i, \quad (21,2)$$

[1]) Die kinetische Energie, die das angeregte Atom erwirbt und die beim Stoß eines schweren Teilchens sehr groß sein kann, wird hier nicht betrachtet.

wobei $T_i = \frac{-W_i}{h}$ und $T_j = \frac{-W_j}{h}$ der i.- bzw. j.- Term des vorgegebenen Atoms ist. Die Anregungsarbeit des i-Niveaus ΔW_{0i} wird gewöhnlich durch die Anregungs-

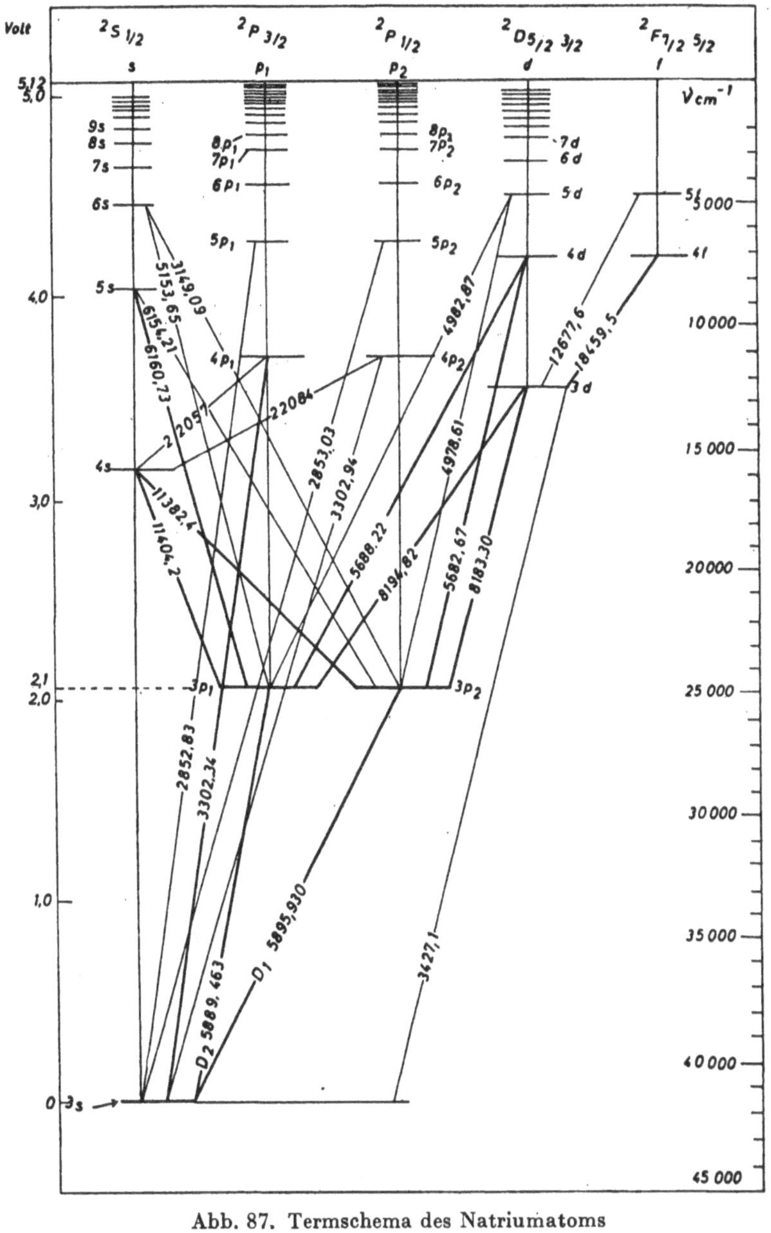

Abb. 87. Termschema des Natriumatoms

spannung $(U_a)_i$ gemessen:

$$(21,3) \qquad (U_a)_i \equiv \frac{\Delta W_{0i}}{e_0} = \frac{h}{e_0} T_0 - \frac{h}{e_0} T_i.$$

Hierbei wird als Nullpunkt oft ein Term gewählt, der einem Elektron im Unendlichen ohne kinetische Energie entspricht. Die Aufgabe, die Terme eines vorgegebenen Stoffs aus seinem Spektrum zu bestimmen, löst die Spektroskopie. Der Darlegung ihrer Methoden und Ergebnisse sind eine ganze Reihe von Lehrbüchern [V—3, 4, 5, 6] und Monographien [V—2, 7] gewidmet.

Durch die Arbeiten, welche die elektrische Methode benutzen, wurde, angefangen von [V—9], die Existenz verschiedener für jedes Atom und Molekül charakteristischer Anregungspotentiale festgestellt und die Gleichheit der auf elektrischem und optischem Wege bestimmten Energieniveaus bewiesen (siehe Übersicht [V—8], die Monographien [V—10, 11, 12] und die Lehrbücher über den elektrischen Strom in Gasen [0—1, 2]). Die Genauigkeit der Bestimmung der Energieniveaus von Atomen und Molekülen nach der Methode des Elektronenstoßes ist jedoch wegen mehrerer Ursachen bedeutend kleiner als die Genauigkeit der spektroskopischen Bestimmung: a) Es ist schwierig, die Elektronengeschwindigkeit, bei welcher die Anregung beginnt, genau zu ermitteln, da die Anregung bei einer Geschwindigkeit, die nur wenig die kritische übertrifft, nicht sehr wirksam ist (die Anregungsfunktion ist im Anregungspotential praktisch gleich Null und steigt dann ununterbrochen); b) es ist schwierig, einen Elektronenstrahl zu erzeugen, in dem die Elektronengeschwindigkeiten sich um weniger als einige hundertstel Volt unterscheiden, wohingegen die von dem untersuchten Stoff emittierten einzelnen Spektrallinien in weit höherem Maße monochromatisch sind. Deshalb werden heute die genauesten Werte für die Anregungsspannungen aus den spektroskopisch gemessenen Termen des vorgegebenen Stoffs nach Formel (21,3) gewonnen.

Wir bringen die aus [V—7] entnommenen Termschemata von Wasserstoff (Abb. 85), Helium (Abb. 86), Natrium (Abb. 87) und Quecksilber (Abb. 88), in denen auch die Anregungsspannungen der verschiedenen Niveaus eingetragen sind (Voltskala). Die Werte einiger Anregungsspannungen verschiedener Gase und Dämpfe, die besonders oft bei Untersuchungen und Anwendungen des Stroms in verdünnten Gasen angewendet werden, sind am Ende dieses Buchs (S. 479) in Tabelle 2 angegeben.

§ 22. Anregung durch Elektronenstoß; die Winkelverteilung der gestreuten Elektronen

Die theoretischen Grundlagen der Wechselwirkung von Elektronen mit Atomen, die in § 13 dargelegt sind, können auch auf das Problem der Anregung von Atomen und Molekülen durch Elektronenstoß angewandt werden.[1]) Für genügend schnelle Elektronen löst man das Problem mit Hilfe der ersten Näherung der Bornschen Theorie (S. 67—69). Die Formel von BORN (13,18) nimmt bei anregenden Stößen $i \neq j$, $\delta_{ij} = 0$ die Form

$$(22,1) \qquad \sigma_{ij}(\vartheta) = |f^e_{ij}(\vartheta)|^2 = \left(\frac{2e_0^2\cdot}{m|\mathbf{c}_1 - \mathbf{c}|^2}\right)^2 \cdot \frac{c}{c_1} F^2_{ij}(\vartheta)$$

[1]) Ist $i = 0$, $j \neq 0$, so haben wird es mit der Anregung eines Atoms im Grundzustand bis zum j-Niveau zu tun; ist $0 < i < j$, so handelt es sich um die sogenannte „stufenweise" Anregung, d. h. um die Erhöhung des Energieniveaus eines schon angeregten Atoms.

an. Dabei ist $F_{ij}(\vartheta)$ der Atomfaktor; nach (13,17) ist

$$F_{ij}(\vartheta) = \int_{(a)} G_{ij}(r) \cdot e^{i\Delta k r} dV_a = 4\pi \int_0^\infty G_{ij} \frac{\sin \Delta k r}{\Delta k r} r^2 \, dr,$$

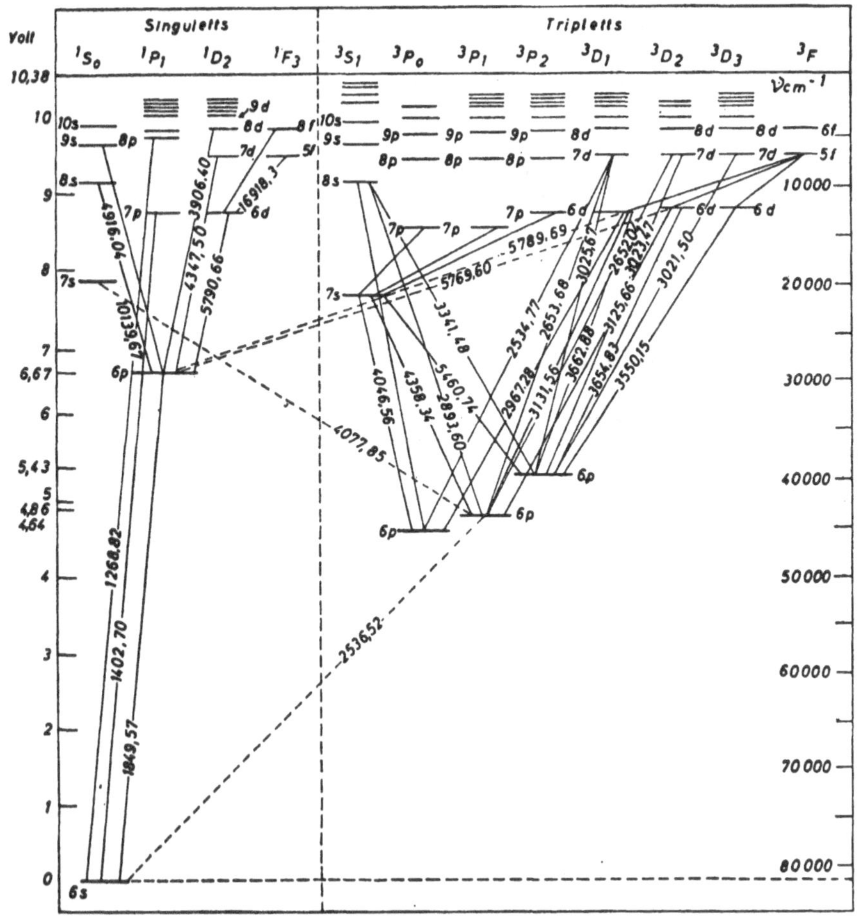

Abb. 88. Termschema des Quecksilberatoms

und

$$G_{ij}(r) = \sum_{k=1}^{z} \int\int \cdots \int \psi_j^* \psi_i \, dx_1 \ldots dz_{k-1} \, dx_{k+1} \ldots dz_z,$$

wobei die Summierung über alle Atomelektronen zu erstrecken ist.[1]) Hat man die Eigenfunktionen des Atoms im Zustand i und j gefunden, beispielsweise nach der FOCK-HARTREE-Methode, so kann man den differentiellen Anregungsquerschnitt

[1]) Bei einem Elektron läuft der Ausdruck des Matrixelements einfach auf $\psi_j^* \cdot \psi_i$ hinaus.

bei Streuung der Elektronen unter dem Winkel ϑ berechnen und daraus auch den Gesamt-Anregungsquerschnitt des vorgegebenen Niveaus

$$s_{ij} = 2\pi \int_0^\pi \sigma_{ij} \sin \vartheta \, d\vartheta$$

finden. Diese Formeln erfassen nicht den Elektronenaustausch. Bei den Geschwindigkeiten, bei welchen die erste BORNsche Näherung anwendbar ist, ist in einer Reihe von Fällen die Austauschamplitude $f^a \ll f^e$ (s. S. 93—95), und man kann den Einfluß des Austauschs unbeachtet lassen. Andernfalls muß man die Amplituden beider Wellen ermitteln (f^e und f^a) und σ dem PAULI-Prinzip zufolge als lineare Kombination von $|f^e \pm f^a|^2$ berechnen.

Als einfachstes Beispiel ist in der ersten BORNschen Näherung die Winkelverteilung der Elektronen bei Anregung der verschiedenen Niveaus von Wasserstoffatomen berechnet worden [V — 13, 14]. Es ergeben sich monoton fallende Funktionen des Streuwinkels, die denen der Verteilung elastisch gestreuter Elektronen (berechnet in gleicher Näherung) ähneln, jedoch noch viel steiler sind; der größte Teil der Elektronen, die Atome angeregt haben, wird um kleine Winkel abgelenkt.

Man kann folgenden wichtigen Satz beweisen: Bei kleinen Ablenkwinkeln *ist die Wahrscheinlichkeit für die Anregung des j-Niveaus proportional dem Quadrat des Dipolmoments M_{ij}, welches dem Übergang $i \to j$ entspricht.* Da M_{ij}^2 die Wahrscheinlichkeit für den Übergang $j \to i$ mit Strahlung bestimmt, so ergibt sich hieraus ein Zusammenhang zwischen der Wahrscheinlichkeit für die Anregung irgendeines Übergangs $i \to j$ durch Elektronenstoß und der Wahrscheinlichkeit für den spontanen Übergang (mit Strahlung) in umgekehrter Richtung $j \to i$. Der im Fall des Wasserstoffatoms sehr einfache Beweis verläuft folgendermaßen: Der Atomfaktor wird in diesem Fall durch den Ausdruck

$$F_{ij}(\vartheta) = \int_{(a)} \psi_j^*(r_a) \, \psi_i(r_a) \, e^{i\Delta k r} \, dV_a$$

bestimmt. Bei kleinen Ablenkwinkeln ist $\Delta k = \frac{2\pi}{h} \cdot \frac{e_0 U_a}{c_1}$, d. h. Δk ist proportional zu c_1^{-1}. Deshalb kann man für schnelle Elektronen, bei denen $\Delta \mathbf{k r} \ll 1$ ist, $e^{i\Delta k r}$ in eine Reihe entwickeln und sich auf die ersten zwei Glieder beschränken. Führen wir die Koordinaten α und β ein (siehe Anmerkung 2), so finden wir

$$F_{ij}(\vartheta) = \int_{(a)} \psi_j^*(r_a) \, \psi_i(r_a) \, dV_a + \Delta k \int_{(a)} \cos \alpha \, r_a \psi_j^* \psi_i \, dV_a + \ldots.$$

Das erste Integral ist wegen der Orthogonalität der Funktion ψ_j gleich Null. Das zweite Integral stellt das Matrixelement $\frac{M_{ij}}{e_0}$ dar. Folglich ist, bis auf Glieder höherer Ordnungen,

$$\sigma_{ij}(\vartheta) = \frac{16\pi^2 e_0^2}{h^2 |\mathbf{c}_1 - \mathbf{c}|^2} \frac{c}{c_1} M_{ij}^2 + \ldots \tag{22,2}$$

Hieraus folgt insbesondere, daß die sogenannten „verbotenen" Übergänge, für die das Dipolmoment gleich Null ist und nur höhere Momente existieren (Quadrupol-, Oktopolmomente usw.), bei der Elektronenanregung im Verhältnis zu den „erlaubten" Übergängen auch wenig wahrscheinlich sind.

Die Intensität der unelastischen Elektronenstreuung durch Wasserstoff in verschiedenen Richtungen wurde auch unter Berücksichtigung des Elektronenaustauschs berechnet ([IV — 10, § 52], [V — 14]). Für die Größe $\sum_{j=1}^{\infty} \sigma_{0j}(\vartheta)$ (Summe aller Niveaus des diskreten und des kontinuierlichen Spektrums[1]) ist der Ausdruck

$$(22,3) \qquad 2\pi \sum_{j=1}^{\infty} \sigma_{0j}(\vartheta) \sin\vartheta\, d\vartheta = \pi \left(\frac{8\pi^2 m e_0^2}{k^2 h^2}\right)^2 \frac{4 - 3\sin^2 2\vartheta}{\sin^2 2\vartheta}$$

gefunden worden. Ein Vergleich dieser Formel mit der Formel für die elastische Streuung schneller Elektronen zeigt, daß bei $\vartheta = 0$ und $\vartheta = \frac{\pi}{2}$ die unelastische Streuung die elastische stark übertreffen muß, was aus der folgenden Tabelle, die [V — 14] entnommen ist, deutlich wird:

ϑ	0°	10°	20°	30°	40°	45°	50°	60°	70°	80°	90°
$\frac{\sum \sigma_{\text{unelast.}}}{\sum \sigma_{\text{elast.}}}$	∞	0,97	0,88	0,77	0,77	0,97	1,52	6,2	38	500	∞

Das Überwiegen der unelastischen Streuung bei sehr kleinen Winkeln bedeutet, daß beim Vorbeifliegen eines schnellen Elektrons in verhältnismäßig großen Abständen vom Kern die Anregung des Atoms wahrscheinlicher ist als der elastische Stoß. Der zweite Anstieg der Funktion $\frac{\sum \sigma_{\text{unelast.}}}{\sum \sigma_{\text{elast.}}} = F(\vartheta)$ (bei $\vartheta \cong 90°$) erfolgt auf Kosten der langsamen Sekundärelektronen, die von den Atomen bei der Ionisation abgegeben wurden und deren Winkelverteilung viel gleichmäßiger ist als die der gestreuten Primärelektronen (s. S. 168).

MASSAY und MOHR [V — 15] berechneten in BORNscher Näherung die differentiellen Anregungsquerschnitte von fünfzehn Niveaus des Heliumatoms ($2s^1S$, $3s^1S$, $2s^3S$, $2p^1P$, $3p^1P$, $4p^1P$, $5p^1P$, $2p^3P$, $3p^3P$, $4p^3P$, $3d^1D$, $4d^1D$, $5d^1D$, $3d^3D$, $4f^1F$) für verschiedene Winkel (0°, 5°, 10°, 30°, 40°) bei einer Elektronengeschwindigkeit von 100 bis 400 eV und die totalen Anregungsquerschnitte derselben Niveaus. Für die Wellenfunktionen des Heliums ψ_j wurden die Ausdrücke von HYLLERAAS und ECKART benutzt (siehe [IV — 10, § 18]). Bei der Berechnung der Singulettniveaus erwies es sich als möglich, den Einfluß des Austauschs nicht zu berücksichtigen. Die Winkelverteilung der Elektronen mit einer Energie von 200 eV, die verschiedene He-Niveaus anregten, sind in Abb. 89 gezeigt. Ebenso wie im Falle des Wasserstoffs nimmt die Streuintensität mit wachsendem Winkel monoton ab, bei kleinen Winkeln ist $\sigma_{\text{unelast.}} > \sigma_{\text{elast.}}$; für „erlaubte" Übergänge (beispielsweise $1s^1S \to 2p^1P$, $1s^1S \to 3p^1P$) ist die Streuintensität viel größer als für „verbotene".

Auf die unelastische Streuung langsamer Elektronen (< 100 eV) kann man die BORNsche Methode und die aus ihr entspringenden Formeln (22,1) und (22,2)

---

[1]) Summe, die sowohl die Anregung auf die verschiedenen Niveaus (diskretes Spektrum) als auch die Ionisation (kontinuierliches Spektrum) umfaßt.

nicht anwenden. In diesem Fall ist es notwendig, eine genauere Methode zu benutzen, beispielsweise die Methode der verzerrten Wellen (s. S. 69 — 71), wobei, allgemein gesagt, der Einfluß des Elektronenaustauschs berücksichtigt werden muß (s. S. 93—95).

Dieselben Autoren [III — 10] und [IV — 25] berechneten die unelastische Streuung der langsamen Elektronen in Helium, Neon und Argon, wobei sie die Wellenverzerrung berücksichtigten (nach der auf S. 69—71 angegebenen Methode), den Austausch jedoch unberücksichtigt ließen. Diese Berechnungsmethode führt zu einer Winkelverteilung, die der Verteilung elastisch gestreuter Elektronen gleicher Geschwindigkeit ähnlich ist. Insbesondere bei mäßigen Elektronengeschwindigkeiten erhält man anstatt einer monotonen Abhängigkeit $f(\vartheta)$ ein Diffraktionsbild mit Maxima und Minima. Überdies werden bei $K_{e1} > 40$ eV[1]) die Verteilungskurven bei elastischen und unelastischen Stößen sehr ähnlich (Abb. 92). Das Hauptmaximum entspricht auch hier kleinen Winkeln, es treten jedoch auch Nebenmaxima auf.

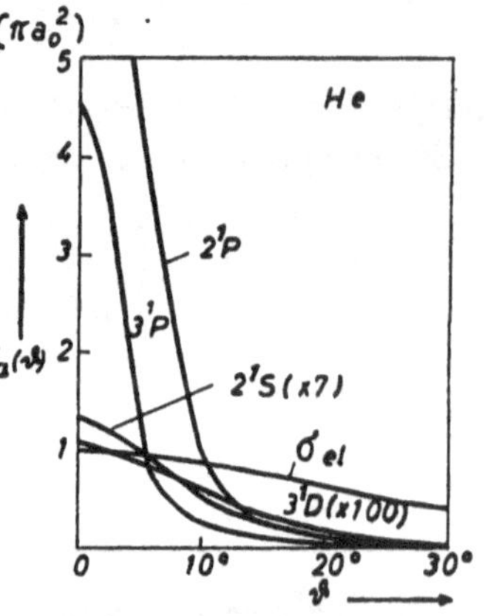

Abb. 89. Streuquerschnitt von Elektronen unter verschiedenen Winkeln bei Anregung verschiedener Heliumniveaus, berechnet aus der Theorie [V—15] für den Fall $K_1 = 200$ eV. Zum Vergleich ist die Kurve des Querschnitts der elastischen Streuung (σ_{el}) unter gleichen Bedingungen angeführt

Experimentelle Angaben über die Winkelverteilung unelastisch gestreuter Elektronen sind in einer Reihe von Arbeiten enthalten: [IV — 46] für Wasserstoff, [IV — 33] für Argon, [V — 16] für Helium, Neon, Argon, Quecksilber, Wasserstoff, Stickstoff und Kohlendioxdy. Die Apparatur, die in der letzten Arbeit benutzt wurde, ist der in Abb. 33 dargestellten ähnlich: Eine drehbare Elektronenquelle, elektrostatische Ablenkung der gestreuten Elektronen und ein FARADAYkäfig als Kollektor. Die Messungen wurden bei Ablenkwinkeln zwischen 20° und 160° vorgenommen. Die Geschwindigkeitsanalyse der gestreuten Elektronen erfolgte durch Veränderung des Ablenkfeldes in den Analysatoren. Die hierbei erhaltenen Verteilungskurven $I = F(K_e) = F(K_{e1} - \Delta K_e)$, wo K_{e1} die Energie der Primärelektronen und ΔK_e der Energieverlust ist, enthielten mehrere Maxima: bei $K_e = K_{e1}$, d. h. $\Delta K_e = 0$, infolge der elastischen Elektronenstreuung; bei $K_e < K_{e1}$, d. h. $\Delta K_e > 0$, infolge der unelastischen Stöße erster Art. Beispiele derartiger Kurven, die in Abhängigkeit von dem Energieverlust ΔK_e umgezeichnet wurden, sind in Abb. 90 gebracht. Die obere Kurve, die in Quecksilberdampf bei $\vartheta = 90°$ und $K_{e1} = 42$ eV gemessen wurde, zeigt, daß unter diesen Bedingungen die elastische Streuung überwiegt. Unter den unelastischen Stößen besitzt die Anregung des Niveaus $6p\,^1P_1$ ($\Delta K_e = 6{,}7$ eV) die größte Wahrscheinlichkeit, dann folgt eine Gruppe von Niveaus bei 10,4 eV, d. h. in der Nähe der Ionisierungsspannung. Dagegen ist die Anregung des niedrigsten Anregungsniveaus ($6p\,^3P_{0,1,2}$) mit Anregungsspannungen $\cong$ 4,9 eV bei der gegebenen Elektronengeschwindigkeit

[1]) K_{e1} ist die Energie der Primärelektronen.

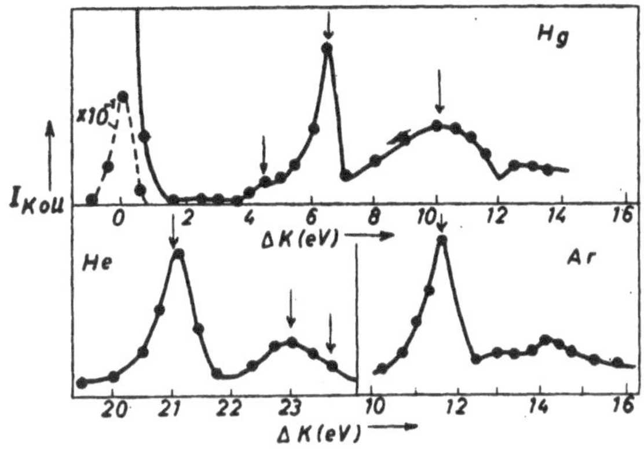

Abb. 90. Verteilung der gestreuten Elektronen in Abhängigkeit vom Energieverlust [V—16] in Quecksilber ($\vartheta = 90°$, $K_1 = 42$ eV), Helium ($\vartheta = 30°$, $K_1 = 42$ eV) und Argon ($\vartheta = 20°$, $K_1 = 42$ eV). Die gestrichelte Linie gibt die Verteilung der elastisch gestreuten Elektronen (10mal verkleinert)

(42 eV) unwahrscheinlich; in der Verteilungskurve ist sie durch eine unbedeutende Krümmung gekennzeichnet. In Helium erweist sich die Anregung des Niveaus $2p^1P$ (21,12 eV) am wahrscheinlichsten, sodann die des Niveaus $3p^1P$ (22,97 eV), schwach gekennzeichnet ist das Niveau $4p^2P$ (23,6 eV). In Argon treten die Hauptverluste bei Anregung des Niveaus $4p^3P_{0,1,2}$ (11,6 eV) auf.

Die Winkelverteilung der unelastisch in Helium gestreuten Elektronen ist in Abb. 91 dargestellt. Bei einer Geschwindigkeit von 83 eV und höher nimmt die Intensität der unelastischen Streuung mit wachsendem Winkel monoton ab; die BORNsche Formel wird gut erfüllt. Bei 54 eV tritt ein zweites Maximum auf. In allen Fällen steigt im Gebiet kleiner Winkel die unelastische Streuung mit abnehmendem Winkel steiler als die elastische. Die analogen Daten für Argon sind in Abb. 92 und für Quecksilber in Abb. 93 angeführt.

Es fällt ins Auge, daß die Kurven für elastische und unelastische Streuung bei $K_{el} \geqslant 55$ eV ähnlich sind. Die Daten für Argon sind den theoretisch berechneten Winkelverteilungskurven gegenübergestellt worden [V—15]. Die Theorie ergibt eine viel größere Ähnlichkeit für elastische und unelastische Streuung als der Versuch; auch hier wächst jedoch die Ähnlichkeit der Kurven mit wachsender Geschwindigkeit. Die Übereinstimmung zwischen Theorie und Experiment ist für die elastische Streuung besser als für die unelastische, jedoch gibt die Theorie den allgemeinen Charakter der Erscheinung auch im zweiten Fall zweifellos richtig wieder.

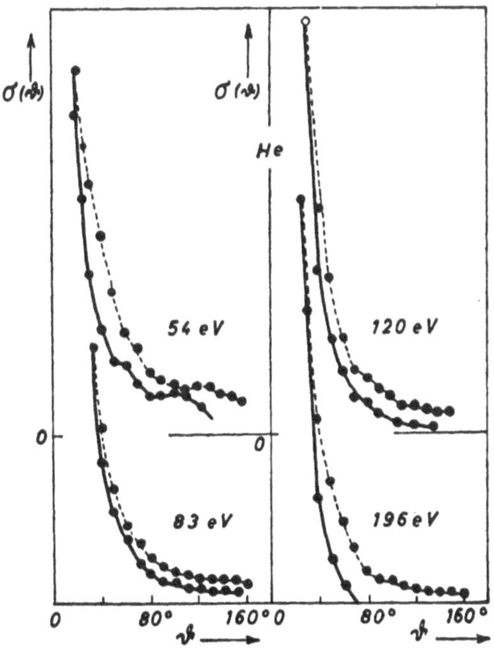

Abb. 91. Streuquerschnitt von Elektronen in Helium unter verschiedenen Winkeln [V—16]. Die punktierten Kurven geben die elastische Streuung, die ausgezogenen Kurven die unelastische

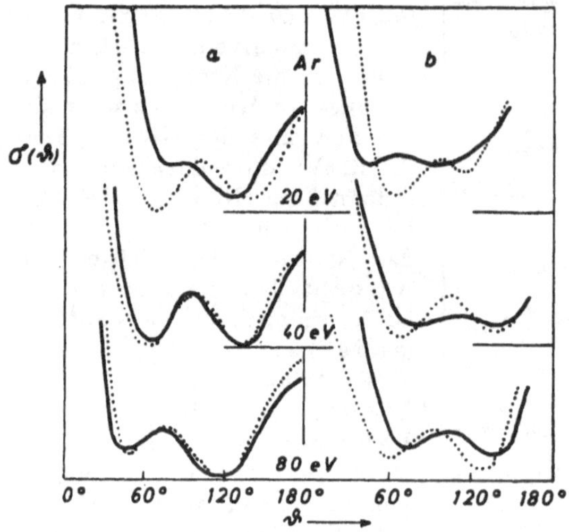

Abb. 92. Streuquerschnitt von Elektronen in Argon unter verschiedenen Winkeln; *a* — berechnet [V—15], *b* — gemessen [V—16]. Die punktierten Kurven geben die elastische Streuung, die ausgezogenen Kurven die unelastische

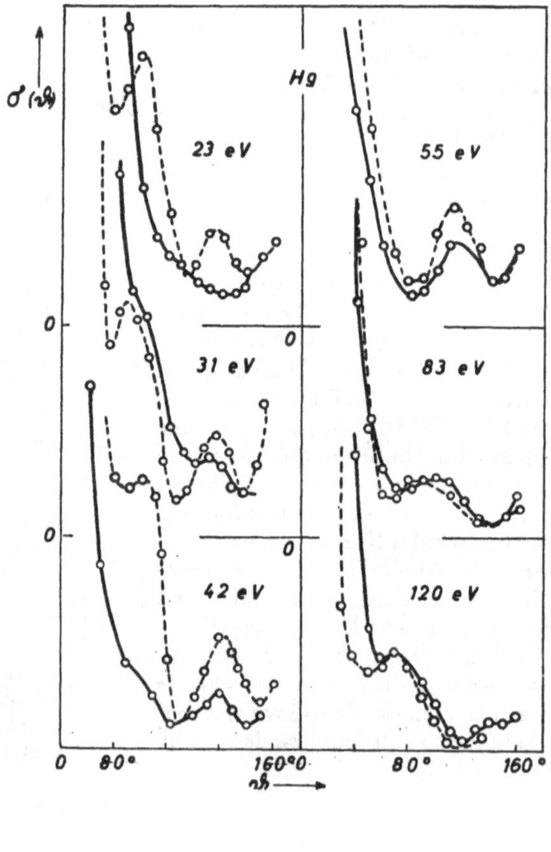

Abb. 93. Streuquerschnitt von Elektronen in Quecksilberdampf unter verschiedenen Winkeln [V—16]. Die gestrichelten Kurven geben die elastische Streuung, die ausgezogenen Kurven die unelastische

§ 23. *Anregung durch Elektronenstoß; der Gesamtanregungsquerschnitt*

Die Wahrscheinlichkeit für die Anregung aus dem Grundzustand des Atoms in irgendein Niveau j durch Elektronenstoß wird durch den Gesamtanregungsquerschnitt des betreffenden Niveaus s_{0j} charakterisiert. Diese Größe hängt von dem angeregten Atom und dem Niveau j ab sowie von der Elektronengeschwindigkeit c_{e1}. Neben dem Begriff des Anregungsquerschnitts ist auch der Begriff der *Anregungsfunktion* verbreitet [V — 18]; so wird der Teil aller Stöße bezeichnet, der zur Anregung des vorgegebenen Niveaus führt. Augenscheinlich ist

$$f_{0j}(c_{e1}) = \frac{s_{0j}(c_{e1})}{s(c_{e1})}. \quad (23,1)$$ [1]

Für konkrete Rechnungen ist es bequemer, an Stelle von f_{0j} die Größe s_{0j} mit der Dimension cm^{-1} zu benutzen, die die Anzahl von Anregungsvorgängen des vorgegebenen Niveaus durch ein Elektron, das im gegebenen Gas einen Weg von 1 cm mit der konstanten Geschwindigkeit c_{e1} zurücklegt, angibt.

Eine einfache Formel für den Gesamtanregungsquerschnitt beim Stoß schneller Elektronen —

$$s_{ij} = \frac{16\pi^3 m e_0}{h^2} M_{ij}^2 \frac{1}{U_1} \ln \frac{4 U_1}{U_a} \quad (23,2)$$

(U_1 ist die Energie des Elektrons in Volt) kann man aus (22,2) herleiten (die Herleitung siehe in Anmerkung 7, S. 451). Aus der Formel (23,2) ist zu sehen, daß der Querschnitt des unelastischen Stoßes mit steigender Elektronengeschwindigkeit langsamer abnimmt als c_{e1}^{-2}. Ein Vergleich dieses Ergebnisses mit (17,12) zeigt, daß unelastische Stöße bei genügend großer Geschwindigkeit wahrscheinlicher werden als elastische. Dieser Satz wird ebenso wie die Proportionalität zwischen s_{ij} und M_{ij}^2 (d. h. zwischen den Wahrscheinlichkeiten des elektrischen und des optischen Übergangs) durch die Versuche an schnellen Elektronen bestätigt. Was hingegen die langsamen Elektronen betrifft, so ist bei ihnen die Formel (23,2), die aus der ersten BORNschen Näherung gefunden wurde, überhaupt nicht anwendbar. Das erkennt man daraus, daß, obwohl die Formel (23,2) den allgemeinen Gang der Anregungsfunktion qualitativ richtig wiedergibt (vgl. Abb. 94), doch nach Formel (23,2) $s_{ij} > 0$ ist bei $\frac{U_a}{4} < U_1 < U_2$ und erst bei $U_1 = \frac{1}{4} U_a$ zu Null wird, anstatt bei $U_1 = U_a$. Die Formel (23,2) ist gleichfalls nicht auf die Anregung von Niveaus anwendbar, auf die der Übergang aus dem Grundniveau optisch verboten ist ($M_{ij}^2 = 0$); bei diesen Niveaus müssen bei der Berechnung von (22,2) die höheren Glieder bei der Entwicklung von $e^{i\Delta k r}$ berücksichtigt werden. Sie führen auf Momente höherer Ordnung.

Der genaueren Berechnung der Anregungsquerschnitte verschiedener Gase ist eine ganze Reihe von Arbeiten gewidmet: [V — 14] für Wasserstoff, [V — 15] für

---

[1] In früheren Arbeiten wurde die Anregungsfunktion oft als Verhältnis von s_{0j} zu $s_{\text{gaskinetisch}}$ definiert. Das hatte einen Sinn, solange die wirklichen Molekülquerschnitte unbekannt waren. Der auf diese Art berechnete Wert von s_{0j} fällt oft mit dem wirklichen zusammen.

Im weiteren verwenden wir den Ausdruck „Anregungsfunktion" im Sinne der funktionellen Abhängigkeit des Anregungsquerschnitts (s_{0j}) von der Energie des anregenden Teilchens.

Helium, [V — 17, 19] für Quecksilber. In einer Reihe von Fällen mußten die Verfasser den Einfluß des Elektronenaustauschs berücksichtigen. Insbesondere ist das notwendig bei der Berechnung der Anregungswahrscheinlichkeit von Niveaus mit anderer Multiplizität als der des Hauptniveaus. Bei der Anregung eines solchen Niveaus muß die Orientierung des Spins eines Atomelektrons durch die umgekehrte Orientierung ersetzt werden. Das ist aber den Auswahlregeln zufolge bekanntlich ein verbotener, d. h. kaum wahrscheinlicher Prozeß (es sind nur Übergänge erlaubt, bei denen sich die Quantenzahl S nicht ändert: $\Delta S = 0$). Deswegen ist der Elementarprozeß wahrscheinlicher, bei welchem eines der Atomelektronen emittiert und durch ein einfallendes Elektron ersetzt wird, das auf das betrachtete Niveau mit gegensätzlicher Spinorientierung eingefangen wird. (Im einfallenden Strahl befinden sich Elektronen mit verschiedenen Spinrichtungen.) In Abb. 94 sind die von JAWORSKI [V – 19] berechneten Anregungsquerschnitte des Quecksilbers dargestellt. Gemäß dieser Berechnung verhalten sich die Anregungsquerschnitte der Niveaus $6p^3P_0$, $6p^3P_1$, $6p^3P_2$ zueinander wie die statistischen Gewichte dieser Niveaus $(2j+1)$, d. h. wie $1:3:5$.

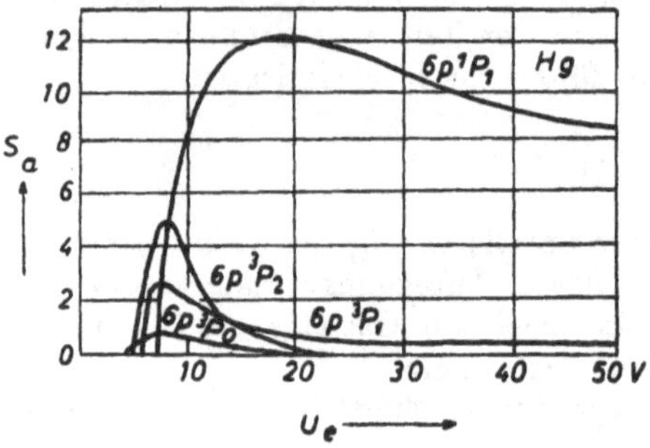

Abb. 94. Anregungsquerschnitte einiger Quecksilberniveaus durch Elektronenstoß [V—19]

Experimentell werden die Anregungsquerschnitte nach elektrischen und optischen Methoden untersucht.

Wird die elektrische Methode des einfachen Stoßes angewendet, so wird durch das stark verdünnte Gas ein Strahl von Elektronen der untersuchten Geschwindigkeit geschickt. Die in alle Richtung gestreuten Elektronen sammeln sich auf dem Auffänger, nachdem sie vorher ein Sperrfeld passiert haben. Durch die übliche Methode der Geschwindigkeitsanalyse im Bremsfeld wird die Gesamtzahl derjenigen gestreuten Elektronen bestimmt, die die Energie $\Delta K_e = W_j - W_0$ verloren haben. Nach diesem Verfahren wurde [IV — 56] der Anregungsquerschnitt der Quecksilberniveaus $6p^1P$, $6p^3P$ und $7d^1D_2$ bestimmt; die Apparatur und die Methodik wurden in § 19 auf S. 110 beschrieben.

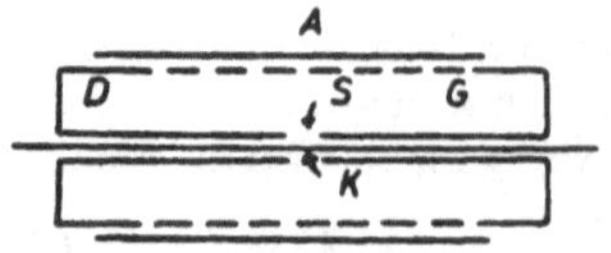

Abb. 95. Schema eines Gerätes für die Bestimmung des Anregungsquerschnitts nach der Methode der Vielfachstöße [V—20]

Die Methode der Vielfachstöße erfordert die Anwendung bedeutend höherer Drucke. Ein Gerät zur Untersuchung der unelastischen Stöße in Edelgasen nach der Methode der Vielfachstöße ist in Abb. 95 dargestellt [V — 20]. Die Elektronen, die die Kathode K emittiert, werden durch eine Spannung beschleunigt, die zwischen der Kathode und dem Innenzylinder der Kammer D liegt; ein Teil von ihnen tritt durch den ringförmigen Spalt S in den Äquipotentialraum innerhalb der Kammer. Die Elektronen, die in die Kammer D gelangt sind, erfahren viele Zusammenstöße und diffundieren in alle Richtungen. Der Teil der Elektronen, der das Gitter G erreicht hat, kann zum Kollektor A passieren, nachdem er das

Sperrfeld zwischen G und A überwunden hat. Die Geschwindigkeitsanalyse der vom Kollektor eingefangenen Elektronen und der Ausdruck für die Stoßzahl eines Elektrons auf dem Wege S—G gestattet es, den Querschnitt des unelastischen Stoßes eines Gasmoleküls zu bestimmen; dieser aber zerfällt seinerseits in den Ionisierungsquerschnitt und den Anregungsquerschnitt der verschiedenen Niveaus. Die Aufspaltung ist jedoch recht willkürlich, und deshalb ist die Genauigkeit des erwähnten Verfahrens nicht sehr groß.

Eine Unzulänglichkeit, die den beiden elektrischen Methoden zur Bestimmung des Querschnitts gemeinsam ist, ist die Unmöglichkeit, die Anregungsquerschnitte für nahegelegene Niveaus aufzuteilen. Der Grund dafür wurde schon auf Seite 138 erwähnt.

Die optische Untersuchungsmethode mit Anregung des Gases durch einen Elektronenstrahl [V—24] wird in stark verdünntem Gas angewendet und besteht in folgendem: Ein schmaler Elektronenstrahl aus der Elektronenquelle K, A_1, A_2 (Abb. 96) regt das Gas im Äquipotentialraum A_2, A_3 zum Leuchten an; die Strahlung des Gases wird von einem Monochromator spektral zerlegt, und die Intensität der einzelnen Spektrallinien wird als Funktion der Energie der Primärelektronen K_{e1} gemessen. Um bei kleinen Beschleunigungspotentialen einen genügenden starken Elektronenstrom zu erhalten, werden zwei Anoden A_1 und A_2 verwendet; an die erste (A_1) wird ein verhältnismäßig hohes Potential zur Überwindung des Raumladungsfeldes an der Kathode gelegt, an die zweite (A_2) ein Potential, das der gewünschten Elektronenenergie entspricht. Bei der Arbeit ist zu berücksichtigen, daß sich die Fokussierung des Elektronenstrahls mit dem Beschleunigungsfeld zusammen ändert. Die optische Apparatur wird mit einer Quelle bekannter Intensität geeicht. Aus der Intensität der Spektrallinien und der Stärke des primären Elektronenstroms bei Kenntnis der geometrischen Abmessungen des Geräts (Länge und Durchmesser des Strahls, Aperturwinkel des Objektivs usw.) kann man die Strahlungsausbeute für eine vorgegebene Wellenlänge auf 1 cm Elektronenweg bestimmen.

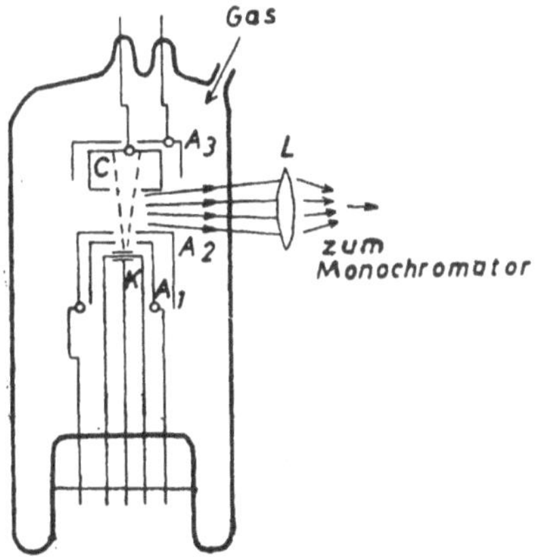

Abb. 96. Schema eines Gerätes für die Messung des Anregungsquerschnitts nach der optischen Methode [V—24]

Eine auf diese Weise bestimmte Größe ist jedoch der Anregungsquerschnitt einer bestimmten Linie $j \to j-k$ und nicht der Anregungsquerschnitt ihres Ausgangsniveaus j[1]; das Niveau j kann aber als Ausgangsniveau für eine ganze Linienfolge dienen: $j \to j-1$, $j \to j-2$ usw. Erfolgt der Versuch tatsächlich unter solchen Bedingungen, daß Sekundärprozesse (Stufenanregung, Stöße zweiter Art, Übergang auf ein vorgegebenes Niveau von höheren Niveaus usw.) keine merkliche Rolle spielen (und das wird bei den Messungen der Anregungsfunktionen vorausgesetzt und durch Prüfung der Proportionalität zwischen Leuchtintensität

[1]) Hier ist j ebenso wie vorher keine bestimmte Quantenzahl, sondern stellt einfach die Ordnungszahl des Niveaus dar, beispielsweise in der Reihenfolge steigender Energie.

und Stärke des Elektronenstroms kontrolliert), so existiert zwischen dem Anregungsquerschnitt des j-Niveaus s_{0j} und dem Anregungsquerschnitt der Linien, die von diesem Niveau ausgehen, $s_{j\to j-k}$ $(k = 1, 2, 3\ldots)$ offenbar die Beziehung

$$s_{0j} = \sum_k s_{j\to j-k}. \tag{23,3}$$

Um daher aus der emittierten Spektralintensität s_{0j} zu bestimmen, ist es notwendig, die Anregungsquerschnitte aller stärkeren Linien, die von dem gegebenen Niveau ausgehen, zu ermitteln. Im allgemeinen gilt die Beziehung

$$s_{j\to j-k} = s_{0j}\, w_{j\to j-k},$$

wo $w_{j\to j-k}$ die Wahrscheinlichkeit für den Übergang $j \to j - k$ eines Atoms im j-Zustand ist. Da $w_{j\to j-k}$ von der Geschwindigkeit der Anregungselektronen unabhängig ist, so kann man behaupten, daß die Anregungsquerschnitte $s_{0j}(c_e)$ und $s_{j\to j-k}(c_e)$ einander proportional sind. Hieraus folgt, daß die Anregungsfunktionen verschiedener Linien mit gemeinsamem Ausgangsterm einander proportional sind.

Die Wahrscheinlichkeit $w_{j\to j-k}$ kann jedoch nicht durch die Messung der Strahlungsausbeute einer Linie bestimmt werden; zu ihrer Bestimmung muß man außer $s_{j\to j-k}$ auch noch die Anregungsquerschnitte aller übrigen Linien messen, die vom vorgegebenen Niveau ausgehen. Nur wenn das gegebene Niveau Anfangsniveau für eine einzige Spektrallinie ist, fällt der Anregungsquerschnitt dieser Linie unter den obengenannten Bedingungen der Abwesenheit von Sekundärprozessen mit dem Anregungsquerschnitt des Niveaus zusammen. Es ist auch offensichtlich, daß der Querschnitt des Übergangs in ein metastabiles Niveau überhaupt nicht auf diesem Wege bestimmt werden kann. Der Vorteil der beschriebenen optischen Methode ist es, daß es möglich ist, die Anregungswahrscheinlichkeit naheliegender Niveaus im einzelnen zu bestimmen. Eine direkte Bestimmung des Anregungsquerschnitts eines vorgegebenen Niveaus ist möglich, wenn man nicht die Strahlung mißt, sondern umgekehrt die Absorption derjenigen Linien im angeregten Gas, für welche das gegebene Niveau das untere ist [V — 41].

FABRIKANT [V — 33, 39, 40] hat Methoden zur Abschätzung des Anregungsquerschnitts von Atomen vorgeschlagen, die auf optischen Merkmalen der positiven Entladungssäule beruhen. Bei niedrigem Druck und geringer Stromdichte, wo Sekundärprozesse eine unbedeutende Rolle spielen, kommt jedes angeregte Atom dazu, ein Quant zu emittieren. Mißt man die Strahlungsleistung und teilt sie durch $h\nu$, so kann man die Zahl der pro Sekunde emittierten Quanten bestimmen, d. h. die Zahl der pro Sekunde angeregten Atome. Diese Zahl kann durch die Elektronenkonzentration n_e und ihre Geschwindigkeitsverteilung $F_e(c_{e1})$ sowie die Konzentration und den Anregungsquerschnitt der normalen Atome, n_g und $s_a(c_{e1})$ ausgedrückt werden:

$$n_g n_e \int_0^\infty s_a(c_{e1})\, F_e(c_{e1})\, c_{e1}\, dc_{e1}.$$

Kennt man n_e und $F_e(c_{e1})$ in der Entladung aus Sondenmessungen und macht gewisse Voraussetzungen über die Form der Funktion $s_a(c_{e1})$, nimmt z. B. die empirische Formel (23,4), (s. S. 151) und nimmt schließlich einen gewissen hypotetischen Wert U_{max} an, so kann man s_{max} bestimmen [V — 33]. Diese Methode ist ihrem Wesen nach die Methode des Elektronenstrahls, aber mit einem nicht monochromatischen Elektronenstrom; deshalb ergibt sie nicht unmittelbar die Anregungsfunktion und erfordert entweder zusätzliche Hypothesen oder eine komplizierte Bearbeitung der Ergebnisse. Der Wert der Methode liegt darin, daß sie technisch einfach ist.

Eine andere Methode stützt sich auf Messungen der Konzentration und Lebensdauer angeregter Atome im stationären Strom, s. [V — 40]. Bei niedrigem Druck und schwachem Strom ist die Zahl der anregenden Stöße gleich der Konzentration der angeregten Atome n_a, geteilt durch ihre mittlere Lebensdauer τ; kennt man n_a,

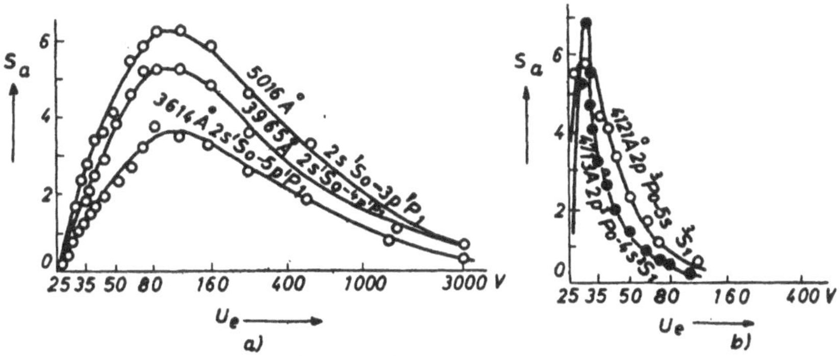

Abb. 97. Anregungsquerschnitt einiger Heliumlinien [V—26]; auf optischem Wege gemessen: a) Serie $2^1S — n^1P$ (Singuletts), b) zweite Nebenserie des Orthoheliums (Tripletts)

Linie	Maßstabseinheit
5016 Å	$1{,}5 \cdot 10^{-19}$ cm²
3965 Å	$6{,}0 \cdot 10^{-20}$ cm²
3614 Å	$1{,}5 \cdot 10^{-20}$ cm²
4713 Å	$3{,}0 \cdot 10^{-20}$ cm²
4121 Å	$7{,}5 \cdot 10^{-21}$ cm²

τ_a, n_e und T und unter der Voraussetzung, daß der Anregungsquerschnitt durch die Formel (23,4) ausgedrückt wird, kann man daraus den maximalen Anregungsquerschnitt bestimmen. Dabei ist die Bestimmung der Anregungsfunktion ebenfalls mit einer Hypothese über ihre Form verbunden.

Die experimentellen Daten für die Anregungswahrscheinlichkeit. Zunächst ist zu bemerken, daß die meisten Arbeiten nach der optischen Methode durchgeführt wurden und deshalb die Kenntnis der Anregungswahrscheinlichkeit von Linien und nicht von Niveaus vermitteln. Die Angaben über die Anregung bestimmter Niveaus in den verschiedenen Gasen sind vorerst sehr unvollständig und unsystematisch.

Die Anregungsquerschnitte der Edelgase (hauptsächlich von Helium) wurden in vielen Arbeiten untersucht, von denen wir einige erwähnen [V — 20 — 27, 41]. Als Beispiel sind in Abb. 97 die Kurven der Anregungsquerschnitte zweier Spektralserien des Heliums angeführt: der Singulett-Serie $2^1 S — n^1 P$ (a) und der 2. Triplett-Nebenserie (b) [V — 26]. Diese Kurven sind für die meisten bekannten Anregungsfunktionen kennzeichnend: $s_a = 0$ bei $U_1 < U_a$; dann, angefangen von $U_1 = U_a$, steigt die Kurve allmählich bis zu einem Maximum bei einem gewissen Wert $U_1 = U_m$ und fällt schließlich monoton.[1]) Die Linien einer Serie besitzen ähnliche Anregungsfunktionen mit dem Maximum bei ein und demselben Wert U_1. Während jedoch bei den Singulett-Linien $2s^1S - np^1P$ (und folglich den Singulett-Niveaus np^1P) U_m bedeutend größer ist als U_a, liegt bei den Triplett-Linien $2p\,^3P - ns\,^3S$ und den Niveaus $ns\,^3S$, die im wesentlichen nur durch Elektronenaustausch angeregt werden können, U_{max} sehr nahe bei U_a. Weiter zeigt sich: je größer U_m ist, desto flacher fällt und steigt die Anregungsfunktion. Das bedeutet, daß die langsamen Elektronen, deren Energie in der Nähe der kritischen liegt, verschiedene Niveaus gut anregen, die schnellen Elektronen aber,

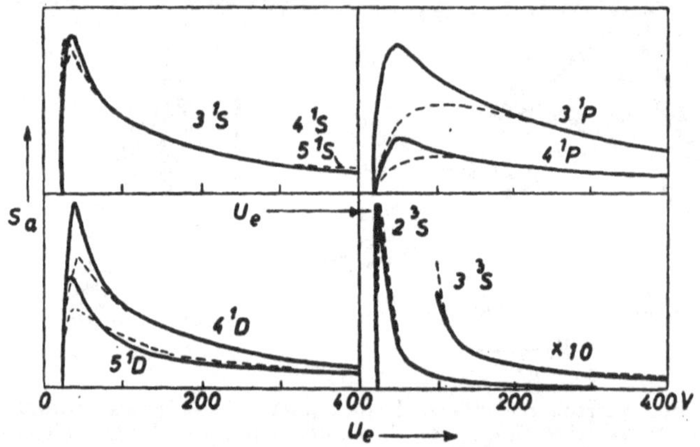

Abb. 98. Anregungsquerschnitte der Heliumniveaus; willkürlicher Ordinatenmaßstab; berechnet [V—15], beobachtet [V—25]; die beobachteten und die berechneten Kurven sind so gezeichnet, daß sie bei $U_1 = 200$ V zusammenfallen

deren Austausch kaum wahrscheinlich ist, regen die Niveaus ^1P bedeutend öfter an als die Niveaus ^3P. Dieser Sachverhalt zeigt sich nicht nur bei den Edelgasatomen, sondern auch bei den Metalldampfatomen mit zwei Elektronen, beispielsweise bei Quecksilber [V—35—36], Kadmium und Zink [V—37].

Verhältnismäßig niedrige U_m-Werte und ein schmales Maximum der Anregungsfunktion findet man außer bei den Triplett-Niveaus auch bei den Niveaus $ns\,^1S$, zu denen der Übergang vom Grundzustand des Heliums ($1s\,^1S$) gleichfalls optisch verboten ist. Offenbar sind ein niedriger Wert von U_m und ein relativ schmales Maximum der Anregungsfunktion Kennzeichen derjenigen Niveaus, auf die der Übergang vom Grundniveau optisch verboten ist. Das erkennt man gut aus Abb. 98, die eine qualitative Vorstellung vom Verlauf der Anregungsfunktionen verschiedener Heliumniveaus nach MASSEY und MOHR [V—15] gibt (die Maßstäbe der theoretischen und experimentellen Kurven sind so gewählt, daß die Kurven für 200 eV zusammenfallen).

[1]) Dem widersprechen die Ergebnisse einiger Arbeiten, beispielsweise [V—23] — alle Anregungsfunktionen besitzen in der Nähe der Anregungsspannung ein Maximum [V—25] — bei der Quecksilberserie $6p\,^1P_2 - ns\,^2S_0$ treten zwei Maxima der Anregungsfunktion (das eine in der Nähe von U_a) auf. Dieses Ergebnis wurde jedoch in den anderen Arbeiten nicht bestätigt.

Die angeführten Kurven (Abb. 94, 97 und 98) zeigen, daß die Abhängigkeit des Anregungsquerschnitts von der Elektronenenergie hauptsächlich durch drei Größen charakterisiert wird: U_a, U_m, deren Differenz die Breite des Kurvenmaximums bestimmt, und s_m, das die Höhe der Kurve bestimmt. Da bequeme analytische Ausdrücke für die Funktion $s_a(U_1)$ fehlen, hat FABRIKANT [V—33] eine empirische Formel:

$$s_a (U_1) = 2{,}72\, s_a (U_m) \frac{U_1 - U_a}{U_m - U_a} \exp \left[- \frac{U_1 - U_a}{Um - U_a} \right] \tag{23,4}$$

vorgeschlagen, die die experimentell bestimmten Kurven genügend gut wiedergibt. Sie ist für die Anwendung in der Theorie des elektrischen Stroms im Gas sehr geeignet. Diese empirische Formel bestimmt die Anregungsfunktionen nur durch die obengenannten Konstanten U_a, U_m und s_m. Die Werte dieser Konstanten für Helium und andere Atome sind in Tabelle 3 angeführt (S. 480). Sämtliche Daten der Tabelle, mit Ausnahme der Serie $2s^1S—np^1P$, stellen annähernd die Anregungsquerschnitte der oberen Niveaus der entsprechenden Linien dar, da die in der Tabelle angeführten Linien den wahrscheinlichsten Übergängen von diesen Niveaus entsprechen.

Für die Kinetik der Elektronen im Gas ist die Summe aller Anregungsquerschnitte besonders wichtig, da sie als einer der Hauptsummanden in den Gesamtquerschnitt der Moleküle oder Atome des gegebenen Gases eingeht. Die Summe der unelastischen Querschnitte des Heliums ist in [V—20] mit der in Abb. 95 dargestellten Apparatur gemessen worden. Subtrahiert man davon den Ionisierungsquerschnitt, der nach einer unabhängigen Methode [V—67] gemessen werden kann, so kann man die Summe der Anregungsquerschnitte bestimmen. Die Summe der unelastischen Querschnitte des Heliums, die auf diese Art gefunden wurde, ist in Abb. 99 angeführt. Die daraus ermittelten Anregungsquerschnitte der einzelnen Niveaus siehe in Abb. 100a.

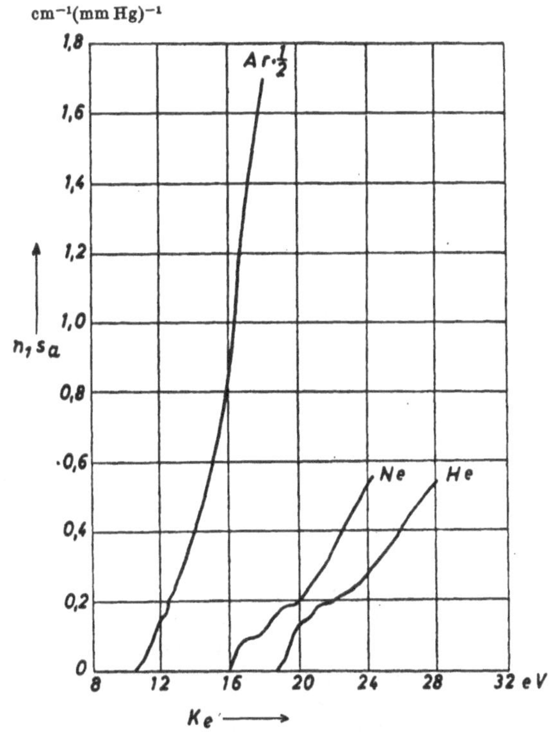

Abb. 99. Summe der unelastischen Querschnitte von Helium, Neon und Argon [V—20]; gemessen nach der Methode der Vielfachstöße

Einige Angaben über die Absolutwerte der Anregungsquerschnitte einzelner Neonlinien enthält die Arbeit [IV—27]. Die absolute Strahlungsausbeute wurde nach der Methode der Anregung durch einen Elektronenstrahl gemessen, und hieraus wurde der Anregungsquerschnitt für zehn Neonlinien im Sichtbaren und nahen Ultraviolett bestimmt. Die größte Anregungswahrscheinlichkeit wurde für die Linie 5852 Å gefunden, deren Anregungsquerschnitt $4{,}2 \cdot 10^{-3}$ cm^{-1} ausmacht, was einer Ausbeute $f_a = 0{,}36‰$ entspricht. FABRIKANT und PANEWKIN [V — 39] fanden aus der Bearbeitung der experimentellen Daten über die Konzentration der an-

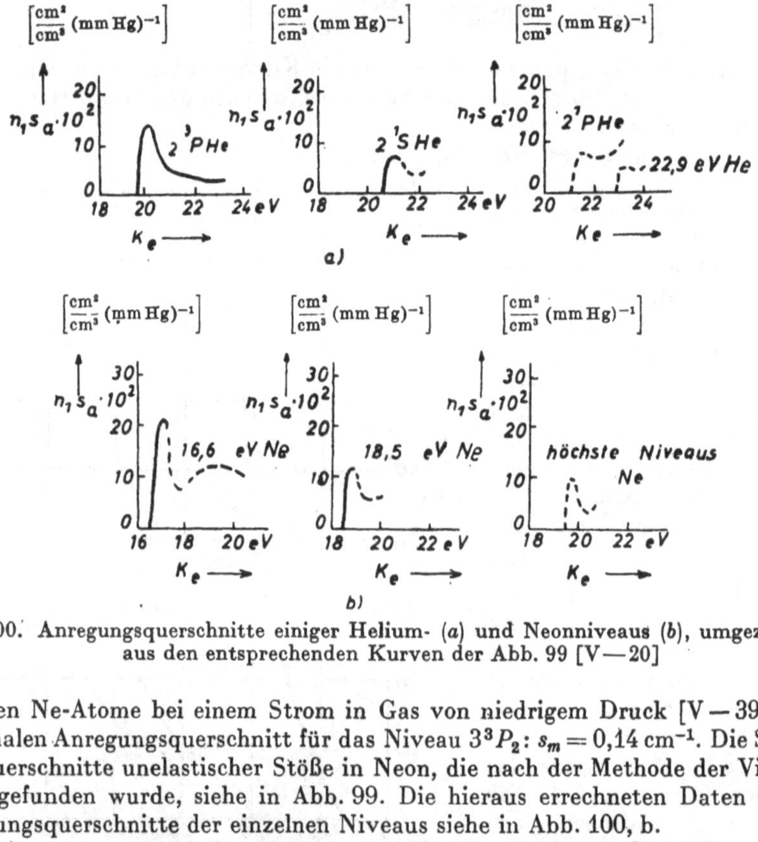

Abb. 100. Anregungsquerschnitte einiger Helium- (*a*) und Neonniveaus (*b*), umgezeichnet aus den entsprechenden Kurven der Abb. 99 [V—20]

geregten Ne-Atome bei einem Strom in Gas von niedrigem Druck [V — 39a] den maximalen Anregungsquerschnitt für das Niveau 3^3P_2: $s_m = 0{,}14$ cm^{-1}. Die Summe der Querschnitte unelastischer Stöße in Neon, die nach der Methode der Vielfachstöße gefunden wurde, siehe in Abb. 99. Die hieraus errechneten Daten für die Anregungsquerschnitte der einzelnen Niveaus siehe in Abb. 100, b.

Die Anregungsquerschnitte des Argons sind in der Arbeit [5 — 24] angeführt (Angaben bis 1932); neuere Daten über 54 Linien des Ar siehe in der Arbeit [V — 27]. Den größten Anregungsquerschnitt besitzt die Linie 7635 Å, bei der $s_m = 0{,}62$ cm^{-1} ist, d. h. die Ausbeute $f_a = 1{,}6\%$. Der maximale Anregungsquerschnitt des Argonniveaus 4^3P_2 ist nach den Angaben über die Konzentration der angeregten Atome in der Entladung [V — 39b] berechnet worden und ergab sich zu $0{,}53$ cm^{-1} [V — 39] Den Gesamtquerschnitt der unelastischen Stöße für Argon nach den Angaben von [V — 20] siehe in Abb. 99.

Über die Anregungsquerschnitte von Alkalimetallen ist weit weniger bekannt als über die Querschnitte der Edelgase. Natrium wurde in den Arbeiten [V — 29, 30 und 31] untersucht; die Daten der zwei letzten Arbeiten sind in Tabelle 3 angeführt. Der außerordentlich große Anregungsquerschnitt des gelben Na-Dubletts (der Niveaus $3p^2P_{\frac{1}{2},\frac{3}{2}}$) fällt ins Auge. Er hat die Größenordnung von 120 cm^{-1}, d. h. er beträgt etwa 25% des Gesamtatomquerschnitts von Natrium. Die Anregungsquerschnitte der S- und D-Niveaus sind, wie auch zu erwarten, viel kleiner, auch sie sind jedoch bedeutend größer als die Querschnitte der analogen Niveaus der Edelgase. Über die anderen Alkalimetalle gibt es keine zuverlässigen Angaben. Einige Daten für den Anregungsquerschnitt des Kaliums siehe [V — 32]. FABRIKANT [V — 33] schätzte die Anregungsquerschnitte der Resonanzlinien von Kalium 7645 Å und 7699 Å (d. h. der Niveaus $4p^2P_{\frac{1}{2},\frac{3}{2}}$), indem er von der von KLARFELD aufgestellten Leistungsbilanz der positiven Niederdrucksäule in Kaliumdämpfen bei schwachem Strom ausging. Nimmt man für das Resonanzdublett des Kaliums in Analogie zum gelben Na-Resonanzdublett eine Differenz $U_m - U_a = 5$ V an, so ist $s_m = 720$ cm^{-1}, d. h. man erhält die Größenordnung des Gesamtquerschnitts der Atome, bei einer Elektronengeschwindigkeit von 7 eV (s. Abb. 55). Es ist möglich, daß diese Werte ein wenig zu groß sind.

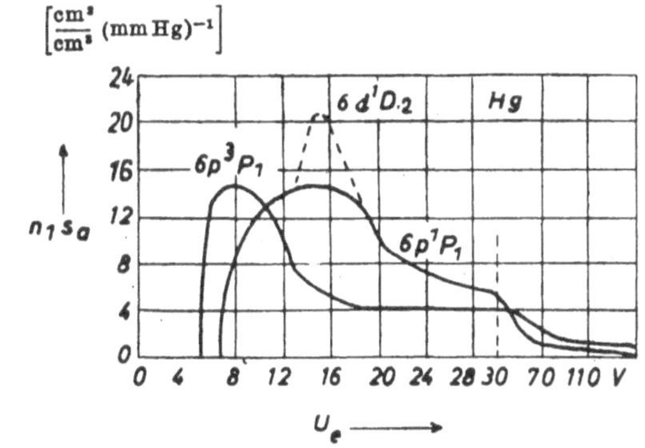

Abb. 101. Anregungsquerschnitte der Quecksilberniveaus $6p\,^3P_1$, $6p\,^1P_1$, $6d\,^1D_2$ [IV—56]. Gemessen nach der Methode der Einfachstöße

Eingehend sind [IV — 56, V — 25, 34 — 38] die Anregungsfunktionen der Metalle der Zinkgruppe Zn, Cd, Hg studiert worden.[1]) Wir führen die Ergebnisse für Quecksilber an. In Abb. 101 sind die Kurven von $s_a(U_e)$ für die wichtigsten Niveaus des Quecksilberatoms $6p^3P_1$, $6p^1P_1$ und $6d^1D_2$ angeführt, die nach einer elektrischen Methode [IV — 56] erhalten wurden. Bezüglich der Kurve, die mit dem Term $6p^3P_1$ bezeichnet ist, muß bemerkt werden, daß die elektrische Methode wegen der ungenügenden Homogenität der Elektronengeschwindigkeit keine Aufteilung auf die Anregungsniveaus $^3P_0$, $^3P_1$, $^3P_2$ gestattet. Deshalb bezieht sich die Kurve zweifellos auf die Summe der Niveaus $6p^3P_{0,1,2}$. Die Messung des Anregungsquerschnitts des mittleren Niveaus $6p^3P_1$ [V — 34] allein nach der optischen

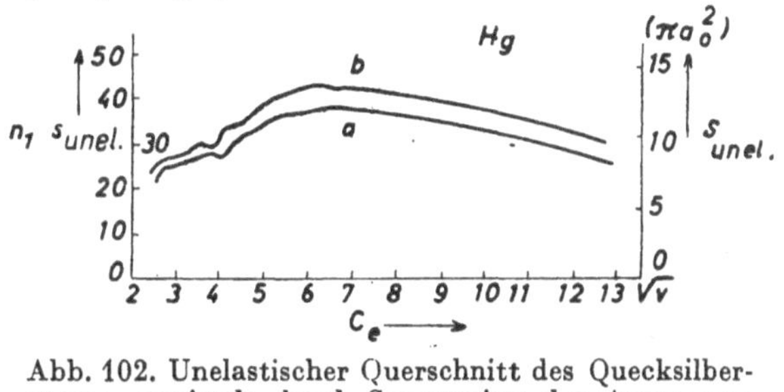

Abb. 102. Unelastischer Querschnitt des Quecksilberatoms, ermittelt durch Summation der Anregungsquerschnitte der Niveaus $6p\,^3P$, $6p\,^1P_1$, $6d\,^1D_2$ und des Ionisationsquerschnitts (Kurve a) und durch Subtraktion des elastischen Querschnitts [IV—56] vom totalen Querschnitt [IV—55] (Kurve b)

[1]) Offenbar wurde die erste Untersuchung der Anregungsfunktion des Quecksilbers von LEIPUNSKI und PAWLOW [V — 35] durchgeführt.

Methode ergab $s_m = 6\ \mathrm{cm}^{-1}$. Berücksichtigt man, daß die Querschnitte der Niveaus P_0, P_1, P_2 sich in den Maxima annähernd wie 1 : 3 : 5 verhalten müssen und folglich $\frac{s_{P_1}}{s_{P_0} + s_{P_1} + s_{P_2}} = \frac{3}{9}$ sein muß, so ist die Übereinstimmung zwischen den Ergebnissen der beiden Arbeiten als gut zu bezeichnen. Diese Ergebnisse stimmen auch gut mit den Berechnungen von [V — 17, 19] überein (Abb. 94). Die Summe der unelastischen Querschnitte des Quecksilberatoms wurde in [IV — 56] auf zweierlei Art bestimmt (Abb. 102): als Summe des Anregungsquerschnitts der drei genannten wichtigsten Niveaus und des Ionisierungsquerschnitts $\sum s_a + s_i)$ und als Differenz des Gesamtquerschnitts und des elastischen Querschnitts $(s - s_{el})$. Die Ergebnisse beider Bestimmungen fallen gut zusammen.

§ 24. Anregung durch Stöße von Ionen und neutralen Molekülen

Ein positives Ion, das sich in der Nähe eines normalen Moleküls bewegt, wirkt ähnlich einem Elektron durch sein elektrisches Feld auf die Elektronenhülle des Moleküls. Im Ergebnis einer derartigen Einwirkung kann das Molekül angeregt oder sogar ionisiert werden. Eine notwendige, aber selbstverständlich nicht hinreichende Bedingung für die Anregung eines Niveaus mit dem Anregungspotential U_a ist es, daß das Ion die Energie U_p besitzt, die aus (15,1) mit $\frac{1}{2} m_1 c_1^2 = \frac{1}{2} m_p c_p^2 = e_0 U_p$, $m_2 = m_g$, $c_2 = c_g = 0$ zu bestimmen ist, d. h.

$$U_p \geqslant \left(1 + \frac{m_p}{m_g} U_a\right), \tag{24,1}$$

wo m_p — die Ionenmasse, m_g — die Molekülmasse ist. Beim Stoß eines Ions mit einem Molekül gleicher Masse $(m_p = m_g)$ ist es notwendig, daß $U_p \geqslant 2 U_a$ ist; folglich ist die kritische Anregungsenergie des Gases durch eigene Ionen zweimal größer als die kritische Anregungsenergie durch Elektronen. Für die kritischen Geschwindigkeiten ergibt das

$$(c_p)_{\text{krit}} = \sqrt{2 \frac{m_e}{m_p}}\, (c_e)_{\text{krit}}, \tag{24,2}$$

d. h. $(c_p)_{\text{krit}} \ll (c_e)_{\text{krit}}$. Zum Beispiel ist für die Anregung des Niveaus $6p\,^3P_1$ des Quecksilberatoms die kritische Geschwindigkeit des Elektrons $1{,}3 \cdot 10^8$ cm/sec, aber die kritische Geschwindigkeit eines Hg^+-Ions $3{,}6 \cdot 10^5$ cm/sec.

Die Anregungswahrscheinlichkeit von Molekülen durch Ionen derart geringer Geschwindigkeiten ist jedoch, wie die Versuche zeigen, sehr klein. Die durch Ionen angeregte Leuchtintensität wird nur bei Geschwindigkeiten merklich, die bedeutend größer sind als die kritische Geschwindigkeit. So wurde bei der Untersuchung der Anregung von Quecksilberdämpfen durch Na^+-Ionen eine merkliche Emission der Resonanzlinie 2537 Å erst bei $U_p \geqslant 35$ V [V — 42] und bei einem anderen ähnlichen Versuch [V — 43] bei $U_p \geqslant 100$ V gefunden.

Eine Anregung von Ne-, Na-, K- und Hg-Atomen durch Protonen ist sogar bei bedeutend größeren Geschwindigkeiten nicht festzustellen und um viele Male schwächer als die Anregung der gleichen Atome durch neutrale Wasserstoffatome [V — 44]. Bei Stößen von Li^+-, K^+- und Cs^+-Ionen mit He-Atomen bemerkt man eine Anregung beider Teilchen, des Heliumatoms und des Alkaliions (es tritt das Funkenspektrum des Alkalimetalls auf). Bei Li^+ bemerkt man auch Linien des Lithium-Bogenspektrums, die im Ergebnis einer Umladung entstehen: $Li^+ + He \rightarrow Li' + He^+$ mit Anlagerung des Elektrons an das Lithiumion auf einem der oberen Niveaus [V—45]. Die Funkenlinien des Cs^+-Ions werden bei einer Ionenenergie von mindestens 7 keV angeregt, die des K^+-Ions bei mindestens 1100 eV, dagegen die des Li^+ schon bei 200 eV. He-Linien werden durch Cs^+-Ionen von annähernd 1 keV angeregt, aber auch von Li^+-Ionen, die eine Energie von 200 eV besitzen (die untere Grenze ist im letzten Fall nicht untersucht worden). Somit ist für die Stoßanregung von Heliumatomen durch Alkaliionen die kleinste Energie bei Li^+ notwendig, das die gleiche Anzahl von Elektronen besitzt wie das He-Atom. Die Anregung von verschiedenen Linien des Quecksilberspektrums durch seine eigenen Ionen wurde in einem Energieintervall von 150—5000 eV untersucht [V—46]. Es wurde eine andere Intensitätsverteilung gefunden als bei der Elektronenanregung; am intensivsten erwies sich die Linie 2537 Å. Das Potential, bei dem eine merkliche Anregung beginnt, wurde nicht festgestellt; ein bedeutender Intensitätsanstieg erfolgt zwischen 1000 eV und 3000 eV. Ebenso wie bei der Elektronenanregung wachsen die Anregungsquerschnitte der Triplettlinien schneller als die der Singulettlinien, obwohl keine Maxima der Funktionen im untersuchten Energiebereich beobachtet wurden. So beträgt das Intensitätsverhältnis der Triplett- (1047 Å) zur Singulett- (4077 Å) Linie 8% bei 350 eV und 75% bei 4200 eV.

Den außerordentlich großen Unterschied in der Anregungswahrscheinlichkeit des Moleküls durch das Elektron und das Ion bei vergleichbaren Energien kann man durch folgende elementare Überlegung erklären. Die Einwirkung des vorbeifliegenden Elektrons auf das Atom dauert eine Zeit, die kürzer ist als die Umlaufperiode um den Kern (nach BOHR). Ein positives Ion von der gleichen Energie bewegt sich 10^1—10^2 mal langsamer und wirkt deshalb auf das Atom während einiger zehn oder hundert Perioden. Im ersten Fall wirkt auf das Atomelektron ein schnell veränderliches elektrisches Feld; die Wechselwirkung trägt den Charakter eines Stoßes. Im zweiten Fall nimmt das Feld, welches auf das Atomelektron wirkt, langsam zu und ebenso langsam wieder ab. Dabei ändern sich die Energieniveaus der Elektronen langsam; jedes Elektron bleibt die ganze Zeit über auf seinem Niveau, das sich im äußeren elektrischen Feld allmählich verändert. Nach dem Aufhören einer derartigen Störung befinden sich die Atomelektronen auf ihren früheren Niveaus. Aus dieser Überlegung folgt, daß die Anregungswahrscheinlichkeit eher von der *Geschwindigkeit* des stoßenden Teilchens abhängt als von seiner Energie. Bei gleichen Geschwindigkeiten und Ladungen des Ions und des Elektrons muß ihre Anregungswahrscheinlichkeit annähernd dieselbe sein. Die optimalen Geschwindigkeiten liegen in beiden Fällen um 10^8—10^9 cm/sec. Die optimalen Energien liegen für Elektronen bei 10 bis 100 eV und für Ionen bei 10^4—10^6 eV.

Als Beispiel führen wir Vergleichsdaten für die Anregungsquerschnitte von He durch Elektronen und Protonen an (Abb. 103) [V—44].

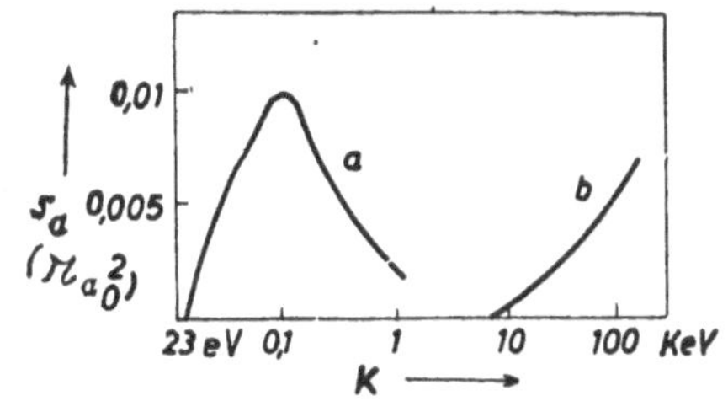

Abb. 103. Anregungswahrscheinlichkeit des He-Niveaus $4\,p\,^1P_1$ durch Elektronenstoß (*a*) und durch Protonenstoß (*b*) [V—44]

Aus der allgemeinen Stoßtheorie, die in § 13 dargelegt wurde, kann man ein einfaches Kriterium für die Geschwindigkeit des anfliegenden Teilchens ableiten, bei der die Anregungswahrscheinlichkeit beträchtlich wird [IV—61]. Die Wechselwirkung eines sich schnell bewegenden Ions mit einem Molekül kann durch die Formeln (13,13) und (13,18) ausgedrückt werden, wenn man m durch μ, c durch c_r usw. ersetzt (s. § 13, P. 3). Die Formel (13,13) zeigt, daß die Anregungswahrscheinlichkeit nur beträchtlich werden kann, wenn sich das Ion und das Molekül auf einen Abstand r nähern, der der Bedingung $\Delta kr \ll 1$ entspricht. Der kleinste Wert ist $\Delta k = k_1 - k$; bezeichnet man den kleinsten Wert von r mit $r_{\min}$ (er ist annähernd gleich der Summe der gaskinetischen Radien des Ions und des Moleküls), kann man schreiben $(k_1 - k) r_{\min} \ll 1$ oder $(k_1^2 - k^2) r_{\min} \ll k_1 + k$. Für schnelle Ionen ist $k_1 + k \cong 2k_1 = \frac{4\pi\mu c_r}{h}$; es ist aber $k_1^2 - k^2 = \frac{8\pi^2}{h^2}\,\mu\,\Delta W$, daher nimmt die Bedingung $\Delta kr \ll 1$ die Form

$$c_r \gg \frac{2\pi}{h}\,\Delta W r_{\min} \quad \text{an;} \tag{24,3}$$

Folglich muß bei beträchtlicher Anregungswahrscheinlichkeit die Geschwindigkeit des anregenden Teilchens eine bestimmte Bedingung erfüllen. Daraus folgt für seine Energie

$$K_p \gg \frac{2\pi^2\mu}{h^2}(\Delta W)^2 r_{\min}^2. \tag{24,4}$$

Ist $\Delta W \cong 3$ eV, $r_{\min} \cong 10^{-8}$ cm, $\mu \cong 10^{-23}$ g (Ion mittlerer Masse), so muß K_p größer sein als 10^5 eV und c_r, unabhängig von der Masse des Teilchens, mehr als 10^8 cm/sec betragen.

Die oben erörterten Überlegungen über die Geschwindigkeit, mit der der Anregungsvorgang abläuft, erklären in gewissem Maße die experimentell [V—44] beobachtete, im Vergleich zum Ionenstoß größere Wirkung von Stößen neutraler Atome. Tatsächlich nimmt das Feld eines neutralen Atoms mit der Entfernung viel schneller ab als das Feld eines Ions. Bei der Annäherung zweier neutraler Teilchen zeigt sich die Wechselwirkung zwischen ihnen auf bedeutend kleinere Entfernungen, wächst jedoch zeitlich viel steiler an. Deshalb trägt sie nicht mehr den Charakter einer langsamen Störung bei kleineren Geschwindigkeiten wie die Wechselwirkung des Ions mit dem Molekül.

Wir bemerken, daß in allen diesen Überlegungen das Ion, im Grunde genommen, als ein geladenes Elementarteilchen großer Masse betrachtet wurde. In Wirklichkeit ist eine solche Betrachtung streng richtig nur für Ionen, die Atomkerne sind (Protonen, α-Teilchen usw.). Der Stoß eines Ions, das einen Teil seiner Elektronen behalten hat, mit einem Atom ist eine Wechselwirkung zweier Atomsysteme, bei der die Wechselwirkung der Elektronenhüllen eine wesentliche Rolle spielen kann. Die strenge Theorie eines solchen Stoßes erfordert eine Analyse der Struktur der Elektronenhülle eines Moleküls mit veränderlichem Abstand zwischen den Kernen, welches bei dem Aufeinandertreffen der stoßenden Systeme entsteht und am Ende wiederum in Atom und Ion dissoziiert. Deren Quantenzustand muß ebenfalls bestimmt werden. Beim Stoß eines langsamen Ions ist eine derartige Betrachtung offenbar die einzig berechtigte; sie stellt jedoch sehr große Ansprüche und ist nur näherungsweise durchzuführen (s. § 29). Von diesem Standpunkt aus kann man auch die Beobachtungen erklären, die auf S. 155 beschrieben wurden und als Abhängigkeit des Anregungspotentials des He-Atoms bei Ionenstoß von der Anzahl der Elektronen im anregenden Ion gedeutet wurden, obwohl diese Erklärung nicht die einzig mögliche ist. Jedenfalls ist es unzweifelhaft, daß die Anregung von

Molekülen durch Stöße schwerer Teilchen nur bei sehr beträchtlichen Energien ($> 10^3$ eV) eine Rolle zu spielen beginnt.

§ 25. Stöße zweiter Art zwischen Elektronen und angeregten Atomen

Stöße zweiter Art werden im allgemeinen alle die Stöße zwischen angeregten Molekülen und anderen Teilchen genannt, bei denen die Anregungsenergie des Moleküls auf das andere Teilchen ohne Strahlung übertragen wird; das angeregte Molekül geht hierbei in einen Zustand mit kleinerer Energie über (insbesondere in den Grundzustand). Infolge eines solchen Stoßes kann die Energie des angeregten Moleküls übergehen: a) in kinetische Energie des anderen Teilchens, des Elektrons oder Moleküls, b) in Anregungsenergie des anderen Moleküls, c) in Ionisierungsenergie eines Moleküls mit kleinerer Ionisierungsspannung (dieser Fall wird im § 31 betrachtet), d) in Dissoziationsenergie eines mehratomigen Moleküls, e) in Schwingungsenergie eines festen Körpers (Gefäßwandungen) oder der an ihm adsorbierten Gasmoleküle. Eine Übersicht über derartige Prozesse siehe [V—49a]. Wir betrachten den Stoß zweiter Art zwischen einem angeregten Molekül und einem Elektron. In diesem Fall kann die Energie $W_j - W_i = e_0 U_a$, welche das Molekül verliert, nur zu kinetischer Energie des Elektrons werden. Ist diese bis zum Stoß gleich $e_0 U$ gewesen, so ist nach dem Stoß $U_1 > U$, wobei

$$U_1 = U + U_a \tag{25,1}$$

ist; daher kommt der andere Name für derartige Stöße: überelastische Stöße.

Die Theorie der Elektronenstöße zweiter Art ist ein Sonderfall der in § 13 dargestellten allgemeinen Theorie der Stöße zwischen Elektronen und einem Molekül. Die im § 13 dargelegten allgemeinen Methoden, die Methode von Born für schnelle Elektronen und die Methode der verzerrten Wellen für langsame Elektronen, gestatten es, den Wirkungsquerschnitt des überelastischen Stoßes zu berechnen, wenn die notwendigen Wellenfunktionen des Moleküls bekannt sind.

Eine wesentliche Rolle spielen beim Strom im Gas die überelastischen Stöße vorzüglich der langsamen Elektronen, für welche die verhältnismäßig einfache Methode von Born untauglich ist und die bedeutend kompliziertere Methode der verzerrten Wellen angewendet werden muß. Man kann jedoch die quantenmechanische Berechnung der Querschnitte von Stößen zweiter Art vermeiden, wenn man auf Grund der allgemeinen Beziehung zwischen den Wahrscheinlichkeiten des direkten und des Umkehrprozesses (14,1) die Berechnung des Querschnitts überelastischer Stöße auf die des Querschnitts unelastischer Stöße erster Art zurückführt. Als direkten Prozeß wählen wir den Stoß erster Art eines Elektrons mit einer kinetischen Energie zwischen U_1 und $U_1 + dU_1$ und eines Atoms mit der Energie W_i. Nach dem Stoß soll die Energie des Atoms auf W_j gestiegen sein, während die kinetische Energie des Elektrons zwischen U und dU liege, wobei U_1 und U durch die Formel (25,1) verbunden sind. Wir wollen das kurz so schreiben:

$$e(U_1) + a(W_i) \rightarrow e(U) + a(W_j). \tag{25,2}$$

Umkehrprozeß ist der Stoß zweiter Art:

$$e(U) + a(W_j) \rightarrow e(U_1) + a(W_i). \tag{25,3}$$

Die Wahrscheinlichkeit für den ersten Prozeß ist

$$w_{ij} = c_e s_{ij} = \sqrt{\frac{2e_0}{m_e}U_1} s_{ij};$$

die Wahrscheinlichkeit des zweiten Prozesses beträgt

$$w_{ji} = \sqrt{\frac{2e_0}{m_e}U} s_{ji},$$

wo s_{ij} und s_{ji} die entsprechenden Wirkungsquerschnitte sind. Die statistischen Gewichte der Atome g_i und g_j werden durch die Multiplizität der entsprechenden Zustände bestimmt; ist J die innere Quantenzahl des Atoms im j-Zustand, so ist $g_j = 2J + 1$. Anders werden die statistischen Gewichte der Zustände der freien Elektronen (g_e) bestimmt, da diese ein kontinuierliches Energiespektrum besitzen (siehe beispielsweise [I — 12, III — 12]), gilt:

$$g_e = \frac{2m_e^3}{h^3} d\Gamma,$$

wo h^3 das Volumen der Elementarzelle des Phasenraums ist und der Faktor 2 durch die Anzahl der möglichen Spinrichtungen des Elektrons auftritt. Im vorgegebenen Fall ist $d\Gamma = 4\pi c_e^2 \, dc_e$ (das im Koordinatenraum abgeteilte Volumen nehmen wir gleich 1 cm³ an), deshalb ist

(25,4) $$g_e = \frac{8\pi m_e^3 c_e^2}{h^3} dc_e = \frac{8\pi m e_0}{h^3} \sqrt{2m_e e_0 U} \, dU.$$

Setzen wir den Wert von w und g in die Beziehung (14,1) ein:

$$g_i g_e w_{ji}(U) = g_i g_e w_{ij}(U_1),$$

so finden wir nach Kürzen mit $\frac{16\pi m e_0^2}{h^3}$ und Ersetzen von U_1 durch $U + U_a$:

(25,5) $$g_i U s_{ji}(U) = g_i (U + U_a) \, s_{ij} (U + U_a).$$

Diese Formel nennt man KLEIN-ROSSELAND-Formel [V — 47] und betrachtet sie manchmal als Gleichung für das detaillierte Gleichgewicht; das ist, wie in § 14 gezeigt wurde, nicht völlig zutreffend.

Im § 23 wurde gezeigt, daß einfache theoretische Ausdrücke für den Querschnitt des Stoßes erster Art nicht existieren, es gibt jedoch eine geeignete empirische Formel (23,4). FABRIKANT wandte auf sie die Beziehung (25,5) an und erhielt dadurch [V — 48] eine Formel für den Wirkungsquerschnitt der Stöße zweiter Art:

(25,6) $$s_{ji}(U) = 2{,}72 \frac{g_i}{g_j} s_{ij}(U_m) \times \frac{U + U_a}{U_m - U_a} \exp\left(-\frac{U}{U_m - U_a}\right),$$

wobei U_m die Spannung ist, die dem Maximum des Anregungsquerschnitts s_{ij} entspricht. Diese Formel gestattet es, die gesamte Kurve des überelastischen Stoßquerschnitts zu ermitteln, wenn U_a, U_m und $s_{ij}(U_m)$ für ihre Umkehrprozesse, d. h. die unelastischen Stöße, bekannt sind. Wie in § 23 bemerkt wurde, ist bei Anregung der Singulettniveaus vom Grundzustand aus gewöhnlich $U_m \gg U_a$, während für die Triplettniveaus eine geringe Differenz $U_m - U_a$ charakteristisch ist, deshalb folgt aus der Formel (25,6), daß im ersten Fall die Kurven der Stöße zweiter Art ein Maximum besitzen werden, während sie im zweiten monoton und ziemlich schnell fallen (Abb. 104).

Unter Benutzung der Daten verschiedener Autoren für die unelastischen Querschnitte von Quecksilber- und Natriumatomen stellte FABRIKANT folgende Tabelle für die Querschnitte überelastischer Stöße bei $U = 0$ zusammen:

	Quecksilber							Natrium
Übergang	$7s\,^3S_1 \to$ $\to 6p\,^3P_{0,1,2}$	$7s\,^3S_1 \to$ $\to 6s\,^1S_0$	$6p\,^3P_{0,1,2} \to$ $\to 6s\,^1S_0$	$6p\,^1P_1 \to$ $\to 6s\,^1S_0$	$7s\,^3S_1 \to$ $\to 6s\,^1S_0$	$6d\,^1D_2 \to$ $\to 6s\,^1S_0$		$3p\,^2P_{\frac{1}{2},\frac{3}{2}} \to$ $\to 3s\,^3S_{\frac{1}{2}}$
Querschnitt (Å) bei $U = 0$	7,0	1,6	3,4	2,6	1,6	0,03		~ 20

Die überelastischen Elektronenstöße in Quecksilberdämpfen wurden experimentell von LATYSCHEW und LEIPUNSKI [V—49] in einem Gerät, dessen Schema in Abb. 105 dargestellt ist, gefunden. Die Elektronen, die von der Kathode K emittiert wurden, werden in dem engen Raum KG_1 beschleunigt (Abstand 0,5 mm); sie gelangen weiter durch das Gitter G_1 in den Äquipotentialraum G_1G_2 (65 mm), wo sie mit den Quecksilberatomen stoßen, und dringen schließlich durch das Gitter G_2 zur Anode A. Liegt zwischen G_2 und A eine Bremsspannung, die größer ist als die beschleunigende Spannung im Abschnitt KG_1, so erreicht kein Elektron A. Beleuchtet man die Quecksilberdämpfe zwischen G_1 und G_2 mit der Strahlung der Resonanzlinie 2537 Å, so treten hier angeregte Quecksilberatome auf, die durch Stöße zweiter Art die Elektronenenergie erhöhen, und ein gewisser Teil der Elektronen erreicht die Anode.

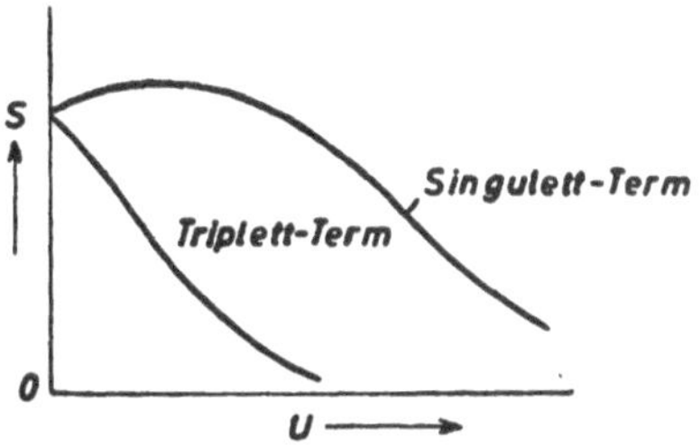

Abb. 104. Schematischer Verlauf der Abhängigkeit des Querschnitts von Stößen zweiter Art für verschiedene Niveaus (nach FABRIKANT)

Die Versuchsergebnisse werden kompliziert durch die anfängliche Geschwindigkeitsverteilung der thermischen Elektronen und den Photostrom von der Anode

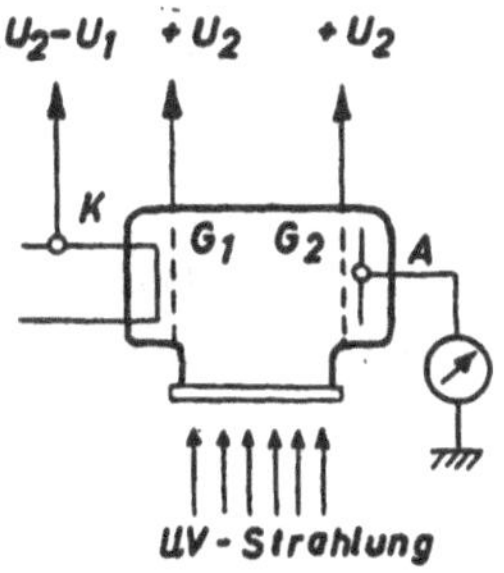

Abb. 105. Versuchsschema zur Untersuchung der überelastischen Elektronenstöße [V—49] (U_1 — Beschleunigungsspannung, U_2 — Bremsspannung)

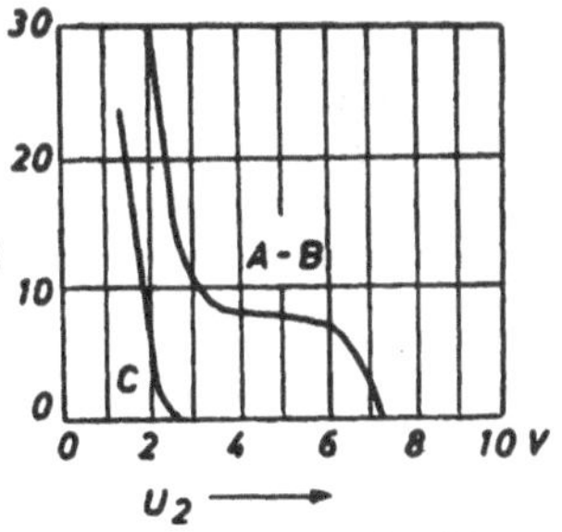

Abb. 106. Anodenstrom in den Versuchen von LATYSCHEW und LEIPUNSKI [V—49]: A—B — bei Beleuchtung, C — ohne Beleuchtung

bei Beleuchtung des Geräts mit ultravioletter Strahlung. Um diese Einflüsse auszuschließen, nahmen die Verfasser bei einem bestimmten U_1 je drei Kurven $I_A = f(U_2)$ auf: A — mit Beleuchtung, doch ohne daß die Kathode glüht (Photostrom), B — mit Beleuchtung und glühender Kathode (resultierender Strom), C — glühende Kathode, jedoch ohne Beleuchtung (Emissionsstrom).

Die Differenz der Kurven B und A ergibt den Elektronenstrom zur Anode bei Beleuchtung des Dampfes, d. h. beim Auftreten von Stößen zweiter Art; die Kurve C ergibt das gleiche, jedoch ohne Stöße zweiter Art (Abb. 106). Fehlte die Beleuchtung, so besaßen die Elektronen Geschwindigkeiten unterhalb 2,5 eV; mit Beleuchtung erreichte die maximale Geschwindigkeit 7,2 eV; die Differenz von 4,7 eV ist gerade die Anregungsenergie des Quecksilberatoms, die die Elektronen durch überelastische Stöße erhalten können. Bei Wegfilterung der Linie 2537 Å oder bei Beleuchtung mit sichtbarem Licht verschwand der Effekt. Daher haben LATYSCHEW und LEIPUNSKI zweifellos tatsächlich die Existenz von Stößen zweiter Art zwischen Quecksilberatomen und Elektronen entdeckt.

Was die Querschnitte der Quecksilberatome für solche Stöße anbelangt, so unterscheiden sich die von den Verfassern angegebenen Werte einer maximalen Ergiebigkeit von 0,7 % bei 3 eV offenbar von den tatsächlichen Werten wenigstens um eine Größenordnung. Andere direkte Versuche zur Bestimmung des Querschnitts überelastischer Stöße von Elektronen sind dem Verfasser nicht bekannt.

B. Die Ionisation der Atome

Ionisation eines neutralen Moleküls nennt man seine Spaltung in ein positives Ion und ein oder mehrere freie Elektronen. Die Ursache dieser Erscheinung können sein: 1. Elektronenstoß, 2. Ionenstoß, 3. Stoß eines Moleküls im Grundzustand, 4. Stoß eines angeregten Moleküls (Stoß zweiter Art), 5. Absorption eines Photons (Photoionisierung) und andere Prozesse, bei denen wir hier nicht verweilen werden. Auf eine beliebige der aufgezählten Arten kann ein normales Molekül ionisiert werden (direkte Ionisation), aber auch ein angeregtes (Stufenionisation). Je nach der Zahl der abgespaltenen Elektronen unterscheidet man Einfachionisation und Mehrfachionisation. Im Ergebnis der Ionisation der Gasmoleküle tauchen somit im Gas Ladungsträger auf, Elektronen und Ionen.

Neue Ionen werden im Gas auch bei anderen Elementarprozessen gebildet: bei der Dissoziation eines mehratomigen Moleküls in ein positives und ein negatives Ion (§ 37), der Ionisation eines Moleküls durch ein Ion mit Anlagerung des freigewordenen Elektrons an das Ion (Umladung des Ions s. § 20), der Anlagerung eines Elektrons an ein neutrales Molekül unter Bildung eines negativen Ions (§ 37). Deshalb versteht man manchmal unter dem Ausdruck „Ionisation des Gases" alle Elementarprozesse, die zur Entstehung von Ladungsträgern im Gas führen.

Der Dissoziationsprozeß eines mehratomigen Moleküls in Ionen spielt selten eine wesentliche Rolle beim Durchgang des elektrischen Stroms durch ein Gas. Die Umladungsprozesse der Ionen und die Anlagerung von Elektronen an Moleküle sind wesentlicher, doch ändern sie, zum Unterschied von den Prozessen 1—5 nicht die Gesamtzahl der Ladungsträger und vergrößern keineswegs die elektrische Leitfähigkeit des Gases, sondern setzen sie sogar herab. In diesem Kapitel werden lediglich die Elementarprozesse 1—5 betrachtet, die mit einer Abspaltung von Elektronen von einem neutralen Molekül verbunden sind.

§ 26. Die Ionisierungsspannungen

Erlangt ein Molekülelektron eine Energie, die mindestens der potentiellen Energie eines unendlich fernen Elektrons gleich ist, so wird es frei, d. h. es kann das Molekül in der Richtung der von ihm erlangten Bewegung verlassen. Der verbliebene Teil des Moleküls, das positive Ion, kann ebenfalls seine Bewegung ändern; außerdem kann es sich zeigen, daß das Ion auf eines seiner oberen Energieniveaus angeregt ist. Ist die Ionisation durch den Stoß irgendeines Teilchens hervorgerufen, so vermindert sich dessen Geschwindigkeit. Um das Ergebnis des Elementarprozesses der Ionisation vollständig zu charakterisieren, muß man daher den Quantenzustand des entstandenen Ions (sein Energieniveau W_i) und den Geschwindigkeitsvektor des Ions ($\mathbf{c}_p$), des sekundären Elektrons ($\mathbf{c}_2$) und des ionisierenden Teilchens ($\mathbf{c}'$) kennen; die Anfangsdaten sind: das Quantenniveau des Moleküls bis zur Ionisation (W_0), seine Geschwindigkeit ($\mathbf{c}_g$) und die Geschwindigkeit des ionisierenden Teilchens ($\mathbf{c}_1$). Man beschränkt sich jedoch gewöhnlich auf eine weniger detaillierte Beschreibung des Prozesses (s. § 27).

Kann man die Geschwindigkeit des Moleküls bis zur Ionisation vernachlässigen, so ist die Ionisierungsarbeit

$$A_i = W_i - W_0 + \frac{m_e c_2^2}{2} + \frac{m_p c_p^2}{2}; \tag{26,1}$$

Durch die untere Grenze dieser Größe, die $c_p = c_2 = 0$ und $W_i = (W_i)_{\min}$ (unangeregtes Ion) entspricht, wird die *Ionisierungsspannung* U_i definiert:

$$e_0 U_i \equiv (A_i)_{\min} = (W_i)_{\min} - W_0. \tag{26,2}$$

Ist $W_i > (W_i)_{\min}$, d. h. ist das Ion angeregt, so nennt man $U_0 = \frac{1}{e_0}(W_i - W_0)$ *Ultraionisierungsspannung*. Zum Unterschied von der Anregungsarbeit (21,1), die mit einer Genauigkeit bis zu der sogenannten natürlichen Breite der entsprechenden Spektrallinien bestimmbar ist, besitzt die Ionisierungsarbeit keine obere Grenze. Darüber hinaus ist die mittlere Ionisierungsarbeit gewöhnlich merklich höher als (26,2).

Experimentell wird die Ionisierungsspannung nach elektrischen und optischen Methoden bestimmt.

Die elektrischen Methoden laufen auf den Durchgang von Elektronen mit einstellbarer Geschwindigkeit durch das untersuchte Gas und die Bestimmung der kleinsten Elektronengeschwindigkeit hinaus, bei der im Gas positive Ionen auftreten. Diese werden entweder durch die Neutralisation der Elektronenraumladung nachgewiesen, die zu einem steilen Anstieg des Elektronenstroms zur Anode führt [V — 53] oder durch den Ionenstrom zu einem speziellen Kollektor (Abb. 107). Um den Ionenstrom zum Kollektor C von dem Photostrom trennen zu können, der vom Kollektor ausgeht und durch die Strahlung angeregter Gasatome im Rohr hervorgerufen wird, bringt man zwischen dem Beschleunigungsgitter G_1 und dem Sammler C ein zweites Gitter G_2 an [V — 50, 51]. Zwischen G_1 und G_2 wird ein Feld gelegt, das die Elektronen bremst (G_2 ist gegenüber der Kathode negativ); das Vorzeichen des Feldes zwischen C und G_2 kann geändert werden. Bei $\varphi_C > \varphi_{G_2}$ kehren die Photoelektronen vom Kollektor zu diesem zurück; der Strom zum Kollektor setzt sich aus dem Photostrom von G_2 und dem Strom derjenigen Ionen zusammen, deren Geschwindigkeit zur Überwindung des Feldes zwischen G_2 und C

genügt. Bei $\varphi_C < \varphi_{G2}$ erreicht der gesamte Ionenstrom den Kollektor; außerdem tritt ein Photostrom vom Kollektor zu G_2 auf. Die Kurven $J_C = f(U_1)$, die an Quecksilberdämpfen gewonnen wurden (Abb. 108), zeigen, daß bei 4,9 eV ein Photostrom entsteht (erste Anregungsspannung), bei 6,7 V verstärkt er sich (zweite Anregungsspannung), bei 10,4 V tritt ein Ionenstrom auf (Ionisierungspotential).

Genauere Ergebnisse erhält man, wenn man das Gebiet der Gasionisation durch Elektronen von dem Bremsgebiet der Elektronen durch ein drittes Gitter G_3 zwischen G_1 und G_2 trennt und an dieses eine Spannung legt, die nahe bei φ_{G1} liegt

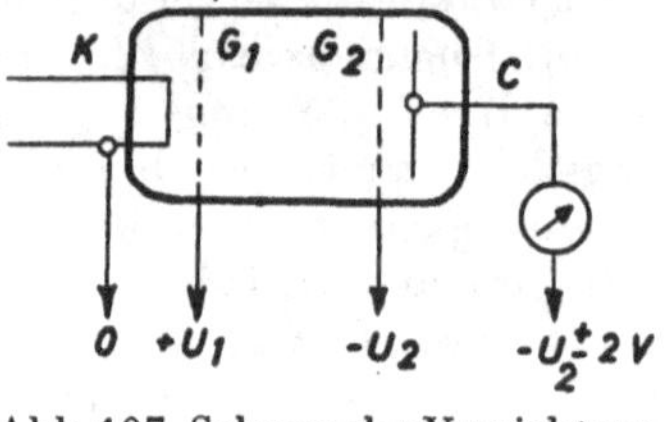

Abb. 107. Schema der Vorrichtung zur Bestimmung der Ionisationsspannung

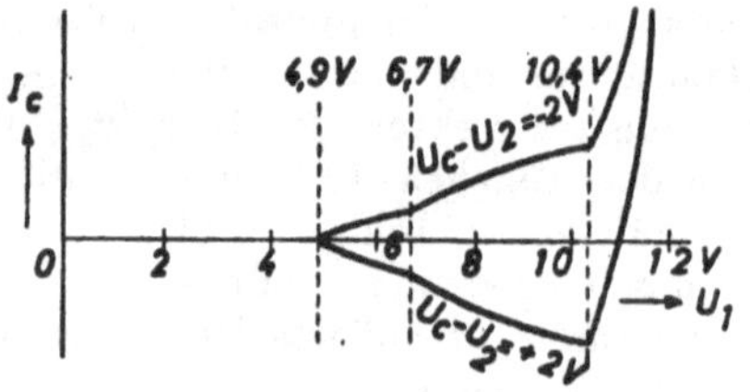

Abb. 108. Ergebnisse der Versuche zur Bestimmung der Ionisationsspannung in Quecksilberdampf [V—50]

[V—52]. Dann ist das Ionisationsgebiet G_1G_3 nahezu äquipotentiell, und die Ionisation kommt in diesem gesamten Gebiet durch Stöße von Elektronen annähernd gleicher Geschwindigkeiten zustande.

Die Bestimmung der Spannungen der Vielfachionisation erfordert eine vollkommen andere Methodik; man muß die Möglichkeit haben, die Ionen, welche im Gas auftreten, nach der Größe ihrer Ladung zu analysieren. Zu diesem Zweck werden die Ionen durch ein elektrisches Feld aus dem Gas gezogen, ein Teil von ihnen wird als schmaler Strahl zu einem Massenspektrographen von beispielsweise der in Abb. 67 dargestellten Form geleitet, wo er nach der Größe $\frac{q}{m}$ analysiert wird. Daß das Potential der n-fach-Ionisation erreicht wurde, geht daraus hervor, daß Ionen mit dem n-fachen Verhältnis $\frac{e_0}{m}$ im Massenspektrum auftreten. Eine vollkommenere Form des Massenspektrographen, die ebenfalls für diesen Zweck benutzt wurde [V—77], wird weiter unten (S. 173) beschrieben.

Die optische Methode zur Bestimmung der Ionisierungsspannungen ist der optischen Methode zur Bestimmung von Anregungsspannungen analog. Sie beruht auf der Messung der Linienfrequenz, die beim Übergang eines unendlich fernen, langsamen Elektrons auf das Grundniveau des vorgegebenen Moleküls emittiert wird. Diese Linie ist die Seriengrenze des Bogenspektrums, der den Übergängen auf das Grundniveau entsprechenden Serie (meistens der Hauptserie). Die Ionisierungsspannung wird nach der Formel

$$U_i = \frac{h}{e_0} T_0, \tag{26,3}$$

bestimmt, die aus (21,3) für $T_i = 0$ hervorgeht.

Die Spannungen der Vielfachionisation werden in ähnlicher Weise durch die Untersuchung der Funkenspektren, die dem Leuchten angeregter Ionen entsprechen, bestimmt.

Eine eingehendere Darlegung der Methoden und Ergebnisse bei der Bestimmung von Ionisierungsspannungen siehe in den im § 21 erwähnten Übersichten und Monographien [V — 8, 10, 11]. Einige Daten der Ionisierungsspannungen für die Abspaltung des ersten und des zweiten Elektrons sind in Tabelle 2 gebracht.

§ 27. *Die Ionisation durch Elektronenstoß (Theorie)*

1. Definitionen. Der Elementarprozeß der Ionisation durch Elektronenstoß wird im allgemeinen Fall durch die Gleichung

$$M + e \rightarrow M^{(n)+} + (n+1)\,e \tag{27,1}$$

ausgedrückt, wo M das neutrale Molekül und $M^{(n)+}$ das n-fach positive Ion ist. Der häufigste und deshalb wichtigste Fall ist die Einfachionisation ($n = 1$). Vernachlässigen wir die Bewegung des zu ionisierenden Moleküls bis zum Stoß und beziehen den Index 1 auf das primäre Elektron, den Index 2 auf das sekundäre, so schreiben sich für diesen Fall die Gleichungen der Erhaltung von Energie und Impuls (Abb. 109):

$$\frac{1}{2} m_e c_1^2 = e_0 U_i + \frac{1}{2} m_e c_1'^2 + \frac{1}{2} m_e c_2^2 + \frac{1}{2} m_p c_p^2, \tag{27,2}$$

$$m_e \mathbf{c}_1 = m_e \mathbf{c}_1' + m_e \mathbf{c}_2 + m_p \mathbf{c}_p. \tag{27,3}$$

Die Vektoren $\mathbf{c}_1$, $\mathbf{c}_1'$, $\mathbf{c}_2$ und $\mathbf{c}_p$ liegen streng genommen nicht in einer Ebene.[1]) Sind $\mathbf{c}_1$ und U_i gegeben, so verbinden die vier in (27,2) enthaltenen Beziehungen neun Unbekannte (die Geschwindigkeitskomponenten von $\mathbf{c}_1'$, $\mathbf{c}_2$, $\mathbf{c}_p$). Als die fünf unabhängigen Variabeln wählt man gewöhnlich den Betrag c_2, die Geschwindigkeitsrichtung des sekundären Elektrons, die durch die Winkel ϑ_2 und ψ_2 charakterisiert wird sowie die Geschwindigkeitsrichtung des primären Elektrons nach dem Stoß (die Winkel ϑ_1, ψ_1); seine Geschwindigkeit und ebenfalls die Geschwindigkeitskomponenten des Ions werden durch c_2, ϑ_2, ψ_2, ϑ_1, ψ_2 bestimmt.

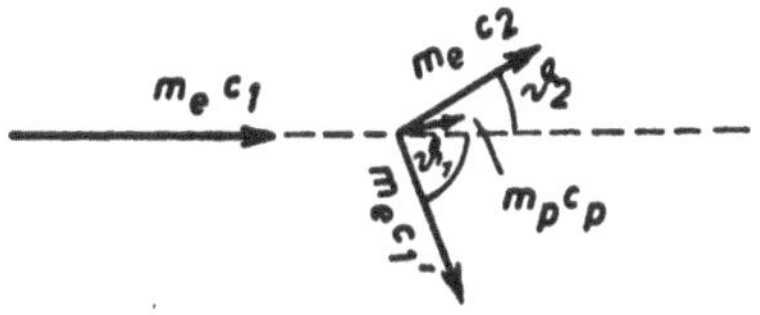

Abb. 109. Erhaltung des Impulses bei Ionisation durch Elektronenstoß (die Vektoren $m_e\mathbf{c}_1$, $m_e\mathbf{c}_2$, $m_p\mathbf{c}_p$ und $m_e\mathbf{c}_1'$ sind nahezu komplanar)

Die Wahrscheinlichkeit dafür, daß bei dem Stoß eines Elektrons mit der Anfangsgeschwindigkeit c_1 eine Ionisation erfolgt, wobei das sekundäre Elektron eine Geschwindigkeit zwischen c_2 und $c_2 + dc_2$ in der Richtung (ϑ_2, ψ_2) innerhalb des Raumwinkels $d\omega_2$ erhält und das primäre Elektron in der Richtung (ϑ_1, ψ_1) innerhalb des Raumwinkels $d\omega_1$ abgelenkt wird, kann mit den Bezeichnungen des § 12 durch einen entsprechenden differentiellen Querschnitt ausgedrückt werden:

$$ds(c_1, c_2, \vartheta_1, \vartheta_2, \psi_1, \psi_2) = \sigma_1(c_1, c_2, \vartheta_1, \vartheta_2)\, dc_2\, d\omega_1\, d\omega_2. \tag{27,4}$$

Die Funktion σ_1 ist eine der charakteristischen Funktionen des Moleküls; sie hängt außer von den genannten Argumenten von der Art des Moleküls, seinem Ausgangszustand und dem Zustand des entstehenden Ions ab. Als Funktion von ϑ_1 oder ϑ_2

[1]) Da jedoch $m_p \gg m_e$ ist und deshalb $m_p c_p \ll m_e c_1$, so ist $m_e\mathbf{c}_1 \cong m_e\mathbf{c}_1' + m_e\mathbf{c}_2$, und die Vektoren sind nahezu komplanar.

angesehen, ergibt sie die Winkelverteilung der gestreuten oder sekundären Elektronen bei den vorgegebenen Geschwindigkeiten c_1 und c_2.

Setzen wir in (27,4)

$$d\omega_1 = \sin\vartheta_1\, d\vartheta_1\, d\psi_1 \quad \text{und} \quad d\omega_2 = \sin\vartheta_2\, d\vartheta_2\, d\psi_2$$

ein und integrieren $ds(c_1, c_2, \vartheta_1, \vartheta_2, \psi_1, \psi_2)$ über alle Veränderlichen außer ϑ_2, so finden wir den Ausdruck

$$ds(c_1, \vartheta_2) = \sin\vartheta_2\, d\vartheta_2 \int dc_2 \int d\psi_1 \int d\psi_2 \int \sigma_1 \sin\vartheta_1\, d\vartheta_1, \tag{27,5}$$

der die Winkelverteilung der Sekundärelektronen widergibt. Analog dazu gibt der Ausdruck

$$ds(c_1, \vartheta_1) = \sin\vartheta_1\, d\vartheta_1 \int dc_2 \int d\psi_1 \int d\psi_2 \int \sigma_1 \sin\vartheta_2\, d\vartheta_2 \tag{27,6}$$

die Winkelverteilung der Primärelektronen wider. Weiter gibt

$$ds(c_1, c_2) = dc_2 \int d\psi_1 \int d\psi_2 \int \sin\vartheta_2\, d\vartheta_2 \int \sigma_1 \sin\vartheta_1\, d\vartheta_1 = s_i(c_1, c_2)\, dc_2 \tag{27,7}$$

die Geschwindigkeitsverteilung der Sekundärelektronen. Um dieselbe Verteilung für die gestreuten Elektronen zu finden, darf man nicht von $\sigma_1(c_1, c_2, \vartheta_1, \vartheta_2)$ ausgehen, sondern von einer anderen Funktion $\sigma_2(c_1, c_1', \vartheta_1, \vartheta_2)$, die nicht von c_2, sondern von c_1' abhängt. Schließlich kann man durch Integration von σ_1 oder σ_2 nach allen Veränderlichen ($c_2, \vartheta_1, \vartheta_2, \psi_1, \psi_2$ oder $c_1, \vartheta_1, \vartheta_2, \psi_1, \psi_2$) den Gesamt-Ionisationsquerschnitt s_i als Funktion der Geschwindigkeit des Primärelektrons ermitteln:

$$s_i(c_1) = \int dc_2 \int d\psi_1 \int d\psi_2 \int \sin\vartheta_2\, d\vartheta_2 \int \sigma_1 \sin\vartheta_1\, d\vartheta_1. \tag{27,8}$$

Konkrete Ausdrücke für die Ionisationsfunktion $s_i(c_1)$ und für die Geschwindigkeitsverteilung der Sekundärelektronen erhielt man sowohl in der klassischen als auch in der Quantentheorie der Ionisation.

2. Die klassische Theorie der Stoßionisation von J. J. THOMSOM [V—55] berechnet die Stoßionisation als Spezialfall. Das geladene Teilchen mit der Ladung q_1 und der Masse m_1 befindet sich, wenn es durch das Atom fliegt, nach dem COULOMBschen Gesetz in Wechselwirkung mit den Elektronen des Atoms und gibt an jedes von ihnen nach der Formel (16,20) die Energie

$$K_2' \equiv e_0 U_2' = 2\mu c_1^2 \frac{\mu}{m_e} \cdot \frac{1}{1 + \frac{p^2}{\Lambda^2}} = \frac{K_0}{1 + \frac{p^2}{\Lambda^2}},$$

ab. Dabei sind: p der Stoßparameter relativ zu einem bestimmten Atomelektron; $\mu = \frac{m_1 m_e}{m_1 + m_e}$; $\Lambda = \frac{e_0 q_1}{\mu c_1^2}$ und $K_0 = \frac{2\mu^2 c_1^2}{m_e}$ — die maximale kinetische Energie, die an das Elektron von dem vorgegebenen Teilchen (bei $p = 0$) abgegeben werden kann. Ist $U_2' \geqslant U_i$, so wird das Elektron das Atom verlassen; es wird eine Ionisation erfolgen. Wir schreiben $K_0 = e_0 U_0$ und die Bedingung für das Wegfliegen des gegebenen Elektrons in der Form

$$\frac{U_0}{1 + \frac{p^2}{\Lambda^2}} \geqslant U_i$$

oder

(27,9) $$p^2 < \Lambda^2 \left(\frac{U_0}{U_i} - 1\right).$$

Möge der betrachtete Stoff n_g Atome im cm^3 enthalten und in jedem Atom Z-Elektronen, mit den Ionisierungsspannungen $U_{i1}, U_{i2}, \ldots, U_{ij}, \ldots, U_{iz}$. Wenn das vorgegebene Teilchen in diesem Stoff eine Schicht dl durchfliegt, wird es dn Elektronen eine Energie zuteilen, die größer oder gleich $e_0 U_2'$ ist, wobei $dn = n_g \pi^2 dl$ ist. Da nach (16,20) $p^2 = \Lambda^2 \left(\frac{U_0}{U_2'} - 1\right)$ ist, wird

(27,10) $$dn = \pi n_g \Lambda^2 \left(\frac{U_0}{U_2'} - 1\right) dl.$$

Wir ersetzen U_2' durch $U_i + U_2$, wobei U_2 die Energie des Sekundärelektrons nach der Abspaltung vom Atom ist, und summieren den Ausdruck (27,10) über alle z-Atomelektronen, schließlich beziehen wir den erhaltenen Ausdruck auf 1 cm Weg des ionisierenden Teilchens. Im Ergebnis der genannten Operationen erhalten wir die Anzahl der Sekundärelektronen mit einer Energie größer oder gleich U_2 in der Form:

(27,11) $$n(U^2) = \pi n_g \Lambda^2 \sum_{j=1}^{z} \left(\frac{U_0}{U_2 + (U_i)_j} - 1\right).$$

Die Zahl der Sekundärelektronen mit einer Energie zwischen U_2 und $U_2 + dU_2$ finden wir zu $-\frac{\partial n}{\partial U_2} dU_2$. Diesen Ausdruck kann man als $n_g \sigma'(U_1, U_2)\, dU_2$ darstellen, wobei $\sigma'(U_1, U_2)\, dU_2$ der differentielle Ionisationsquerschnitt des Moleküls für ein Teilchen mit der Energie U_1 ist, wenn ein Sekundärelektron mit der Energie U_2 entsteht. Aus (27,11) finden wir:

(27,12) $$\sigma'(U_1, U_2) = \pi \Lambda^2 \sum_{j=1}^{z} \frac{U_0}{(U_2 + (U_i)_j)^2}.$$

Die Gesamtzahl der Sekundärelektronen, die pro cm vom ionisierenden Teilchen entstehen, die differentielle Ionisation, erhalten wir aus (27,11), wenn wir $U_2 = 0$ setzen. Vernachlässigt man die Fälle von Vielfachionisation, so ist diese Größe gleich der Summe der Ionisationsquerschnitte im cm^3 $(n_g s_i)$, und daher gilt

(27,13) $$s_i = \pi \Lambda^2 \sum_{j=1}^{z} \left(\frac{U_0}{(U_i)_j} - 1\right).$$

Ist das primäre Teilchen ein Elektron, so ist $U_0 = U_1$, $\Lambda = \frac{e_0}{U_1}$:

(27,12') $$\sigma'(U_1, U_2) = \frac{\pi e_0^2}{U_1} \sum_{j=1}^{z} \frac{1}{(U_2 + (U_i)_j)^2},$$

und

(27,13') $$s_i(U_1) = \frac{\pi e_0^2}{U_1^2} \sum_{j=1}^{z} \left(\frac{U_1}{(U_i)_j} - 1\right).$$

Wenn in dem betrachteten Wertebereich von U_1 nur eins der Atomelektronen eine merkliche Abspaltwahrscheinlichkeit besitzt, so bleibt in (27,12') und (27,13') nur je ein Glied zurück. Das Verhältnis $s_i(U_1)$ nimmt die in Abb. 110 dargestellte Form an; das Maximum von s_i tritt bei $U_1 = 2\,U_i$ auf.

Die Quantentheorie der Stoßionisation wird im wesentlichen ebenso aufgebaut wie die in den §§ 13 und 22 dargelegte Theorie der Stoßanregung durch ein geladenes Teilchen, jedoch mit einem bedeutsamen Unterschied: Der Endzustand des Atomelektrons bezieht sich im Falle der Ionisation auf das Gebiet des kontinuierlichen Energiespektrums ($W_j > 0$) und nicht auf das des diskreten Spektrums ($W_j < 0$) wie bei der Anregung. Den Elektronenzuständen mit $W_j > 0$ entspricht eine andere Form der Wellenfunktionen (siehe beispielsweise [V—56]), insofern sie nicht durch diskrete Werte der Quantenzahlen, sondern durch kontinuierlich veränderliche Größen charakterisiert werden, zum Beispiel durch K_2, ϑ_2, ψ_2 oder (was auf das gleiche hinausläuft) durch einen kontinuierlich veränderlichen Vektor $\boldsymbol{K}$. Diese Funktionen muß man in die allgemeinen Formeln der Stoßtheorie einsetzen oder, wenn man sich auf die erste BORNsche Näherung beschränkt, in die Formeln (13,5), (13,10) und (13,12).

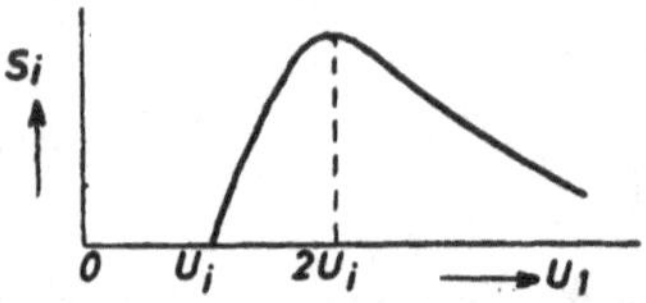

Abb. 110. Die Ionisierungsfunktion nach der klassischen Theorie [V—55]

Hierbei erhalten wir den differentiellen Ionisationsquerschnitt σ_1 (oder σ_2), der am Anfang dieses Paragraphen definiert wurde. Eine derartige Berechnung wurde für Wasserstoff [III—11, V—14, 15] und für Helium bei direkter [V—15] und stufenweiser [V—58] Ionisation durchgeführt. Die Ausdrücke für σ, die von den Autoren gefunden worden sind, führen wir, in Anbetracht ihrer Sperrigkeit, nicht an. Es erweist sich, daß σ am größten ist, wenn die Summe des Bewegungsimpulses des gestreuten und des sekundären Elektrons dem Bewegungsimpuls des primären Elektrons gleich ist, d. h. wenn das entstehende Ion in Ruhe bleibt (in Abb. 109, die den allgemeinen Fall darstellt, ist $c_p = 0$ anzunehmen).

Benutzt man das gefundene σ, so kann man die Verteilung der Elektronen nach Winkeln und Geschwindigkeiten bestimmen, wie es oben gezeigt wurde (siehe Formel (27,5) und (27,7)), sowie den totalen Ionisierungsquerschnitt. Hierbei wird in der Quantentheorie der Ionisation, zum Unterschied von der klassischen Theorie, die Nichtunterscheidbarkeit des Sekundärelektrons von dem gestreuten Primärelektron berücksichtigt und die Intensität des resultierenden Elektronenstroms in einer bestimmten Richtung betrachtet. Da diese Intensität durch die Summe der Quadrate der Wellenamplituden der gestreuten und sekundären Elektronen bestimmt wird, ist sie nicht gleich der Summe der Intensität des einen und anderen Elektronenstroms, sondern berücksichtigt die Interferenz beider Ströme (vgl. § 17, P. 3, und § 20, P. 1). Wie wir gleich sehen werden, spielen jedoch Interferenzerscheinungen hier und in den meisten Fällen keine wesentliche Rolle. Läßt man sie unberücksichtigt, so kann man, wenigstens bedingt, die gestreuten und sekundären Elektronen trennen, sie sollten ja auch vollkommen verschiedene Winkel- und Geschwindigkeitsverteilungen zeigen. Die Primärelektronen sollten in kleine Winkel abgelenkt werden und ihre Winkelverteilung sollte eine monotone, steil fallende Funktion sein wie bei der Streuung mit Anregung des Atoms. Die sekundären Elektronen sollten nach allen Winkeln annähernd homogen emittiert werden. Die Geschwindigkeitsverteilung der sekundären Elektronen (Abb. 111) sollte ein Maximum bei kleinen Geschwindigkeiten besitzen und beim Übergang zu großen Geschwindigkeiten schroff abfallen; umgekehrt sollte die Verteilung der gestreuten Elektronen ein Maximum bei einer Geschwindigkeit haben, die in der Nähe der Geschwindigkeit der Primärelektronen liegt (Abb. 111, b, Kurve B). Da bei jedem ionisierenden Stoß ein gestreutes und ein sekundäres Elektron entsteht, deren Energiesumme der Energie des Primärelektrons gleich ist, so müssen beide Kurven spiegelsymmetrisch sein (vgl. in Abb. 111 die Kurven A und B). Merkliche Interferenzerscheinungen kann man nur unter Bedingungen erwarten, wo die Mengen dieser und jener Elektronen miteinander zu vergleichen sind, d. h. bei kleinen Ablenkwinkeln und mittleren Geschwindigkeiten. In allen anderen Fällen überwiegen entweder die sekundären oder die gestreuten Elektronen stark, und man darf eine bedeutende Interferenz zwischen ihnen nicht erwarten.

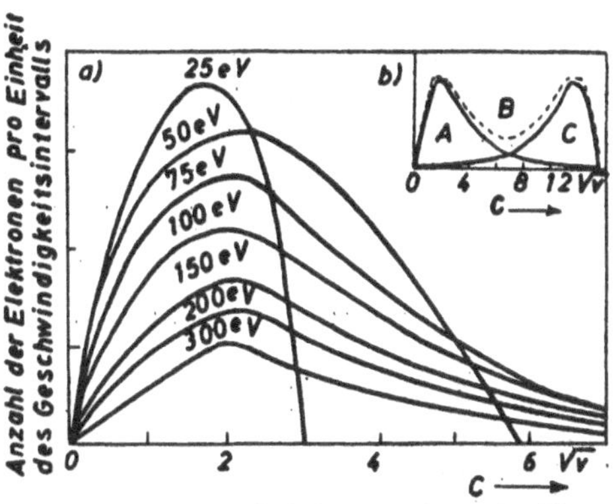

Abb. 111. Geschwindigkeitsverteilung der Elektronen bei der Ionisation von Wasserstoff durch Elektronenstoß (berechnet [V—15]): a) die Geschwindigkeitsverteilung der Sekundärelektronen (Parameter ist die Energie der Primärelektronen); b) Geschwindigkeitsverteilung der gestreuten und Sekundärelektronen: Kurve A, Sekundärelektronen, Kurve B, gestreute Elektronen, Kurve C, Gesamtelektronenstrom

Die Versuche zeigen tatsächlich Winkel- und Geschwindigkeitsverteilungen, die man als einfache Überlagerung der Ströme der gestreuten und sekundären Elektronen deuten kann, so daß man diese bedingt zu trennen vermag (§ 28, P. 1). Deshalb ist es möglich, aus den experimentellen Daten Schlüsse über die Verteilung beider Elektronenströme zu ziehen.

Der Gesamt-Ionisierungsquerschnitt durch Elektronenstoß s_i wurde in erster BORNscher Näherung berechnet [III—10, V—14]. Der gefundene Ausdruck für den Ionisierungsquerschnitt eines Atoms, das sich im k-angeregten Zustand befindet, unterscheidet sich seinem Wesen nach wenig von der Formel (23,2) für den totalen Anregungsquerschnitt:

$$(s_i)_k = \frac{2\pi e_0 b_k (Z_{\mathrm{eff}})_k}{m_e c_1^2 (U_i)_k} \ln\left(\frac{2 m_e c_1^2}{B_k}\right). \tag{27,14}$$

Hier ist $(Z_{\mathrm{eff}})_k$ die effektive Ordnungszahl des ionisierten Atoms

$$B_k = \frac{(Z_{\mathrm{eff}})_k^2}{k^2 a_0^2} \int \left| \frac{M_{k\varkappa}}{e_0} \right|^2 d\varkappa,$$

$M_{k\varkappa}$ ist das elektrische Moment, das dem Übergang vom $\varkappa$-Niveau des kontinuierlichen Spektrums auf das diskrete k-Niveau entspricht, B_k ist von der Größenordnung der Ionisierungsarbeit des Atoms im k-Zustand ($B_i \sim e_0(U_i)_k$[1]). Die Formel (27,14) gibt bei $U_1 \gg (U_i)_k$ zufriedenstellende Resultate, sie weist ebenfalls auf die Existenz eines Maximums der Funktion $s_i(U_i)$ hin, deckt sich jedoch bei kleinem U_i ebensowenig mit dem Versuch wie die Formel (23,2). Genauere

[1]) Der Unterschied zwischen B_k und $e_0(U_i)_k$ ist nicht sehr wesentlich, da B_k logarithmisch eingeht.

Berechnungen der Ionisationsquerschnitte normaler Wasserstoff- und Heliumatome sind in [V—15] angegeben.
Der *Querschnitt der Stufenionisation* des Heliumatoms (vom Niveau 2^1S) wurde von JAWORSKI berechnet [V—58], er fand, daß dieser den maximalen Querschnitt der direkten Ionisation (vom Niveau 1^1S) um das 4—5fache übertrifft. Ein Vergleich der Ergebnisse der klassischen Theorie und der Quantentheorie der Ionisation zeigt eine große qualitative Ähnlichkeit in den Winkel- und Geschwindigkeits-Verteilungskurven der gestreuten und der sekundären Elektronen und in der Abhängigkeit der Ionisierungsfunktion von der Geschwindigkeit der Primärelektronen. Die qualitativen Ergebnisse beider Theorien sind natürlich verschieden.

§ 28. *Die Ionisation durch Elektronenstoß*

(Experimentelle Daten)

1. Über die Winkelverteilung der Elektronen bei ionisierenden Stößen ist verhältnismäßig wenig bekannt. Die Streuung bei anregenden und ionisierenden Stößen mit Quecksilberatomen wurde zusammen mit der elastischen Elektronenstreuung in einem Gerät untersucht, das dem in Abb. 31 dargestellten ähnlich ist [IV—43]. Hierbei zählte man die Elektronen, mit Energien über $U_1 - U_{a1}$ zu den elastisch gestreuten; die Elektronen mit Energien größer als $U_1 - U_i$, jedoch kleiner als $U_1 - U_a$ zu den mit Anregung gestreuten; die Elektronen mit Energien unter $U_1 - U_i$ zu den mit Ionisation gestreuten. Die letzte Gruppe wurde in zwei Untergruppen aufgeteilt: Diejenigen Elektronen, bei welchen $U > \frac{U_1 - U_i}{2}$ war, wurden als gestreute Primärelektronen betrachtet, die aber, bei denen $U < \frac{U_1 - U_i}{2}$ war, sah man als Sekundärelektronen an. Es zeigte sich, daß die gestreuten Primärelektronen $\left(U > \frac{U_1 - U_i}{2}\right)$ bei kleinen Streuwinkeln überwiegen, die Sekundärelektronen $\left(U < \frac{U_1 - U_i}{2}\right)$ bei großen Winkeln. Die numerische Integration beider Untergruppen ergab ein Verhältnis der Sekundärelektronen zur Zahl der gestreuten, von 1,0 : 1,1. Eine weitere Unterteilung nach Geschwindigkeiten zeigte, daß unter den gestreuten Primärelektronen diejenigen überwiegen, deren Energie $U = \frac{3}{4}(U_1 - U_i)$ ist; unter den Sekundärelektronen diejenigen mit einem $U < \frac{1}{4}(U_1 - U_i)$. Alle diese Ergebnisse stimmen gut mit den Folgerungen aus der Theorie überein.

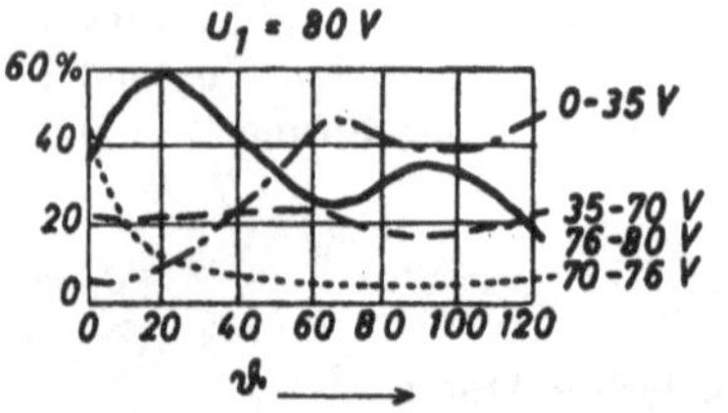

Abb. 112. Die Rolle der verschiedenen Prozesse bei der Elektronenstreuung unter Winkeln von 0—120° in Quecksilberdampf [IV—43]. Auf der Ordinate ist der Teil des Elektronenstroms abgetragen, der auf das vorgegebene Energieintervall entfällt; Parameter ist das Energieintervall der gestreuten Elektronen, ——— elastisch gestreute Elektronen, ... Elektronen, die mit Anregung gestreut sind, — — — Elektronen, die mit Ionisation gestreut sind, —·—·—·— Sekundärelektronen

GOODRICH [V—59] untersuchte eingehend mit einer ähnlichen Methodik die Winkelverteilung der Elektronen mit einer Energie von 100 eV, die bei Ionisation von Helium gestreut wurden. Die Winkelverteilungskurven, die die Größe $2\pi\sigma(\vartheta)\sin\vartheta$ bezogen auf 1° des Streuwinkels darstellen, wurden für verschiedene Werte der Elektronenenergie von 3 eV bis 74 eV aufgenommen (die maximale Energie bei diesen Versuchen betrug $U_1 - U_i = 100 - 24{,}5 = 75{,}5$ eV). Diese Kurven sind in Abb. 113 ($U \leqslant 32{,}5$ eV, Sekundärelektronen) und 114 ($U \geqslant 47{,}5$ eV, gestreute Elektronen) wiedergegeben; in den gleichen Abbildungen sind durch gestrichelte Linien die Werte angegeben, welche

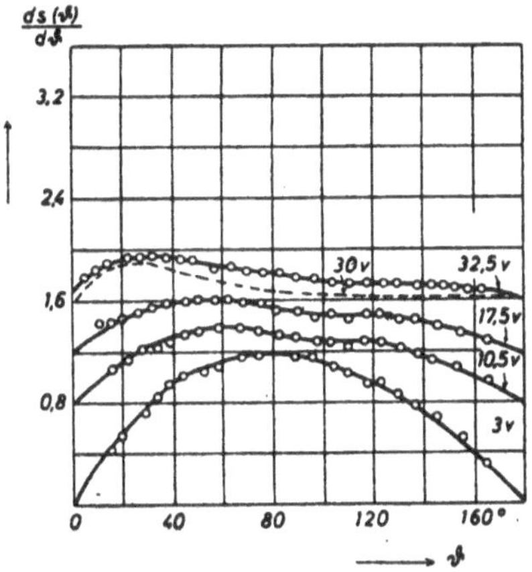

Abb. 113. Winkelverteilung der Sekundärelektronen (auf 1° des Streuwinkels) in Helium ($U_1 = 100$ V) [V—59]. Parameter ist die Energie der Elektronen, die vom Kollektor aufgefangen werden

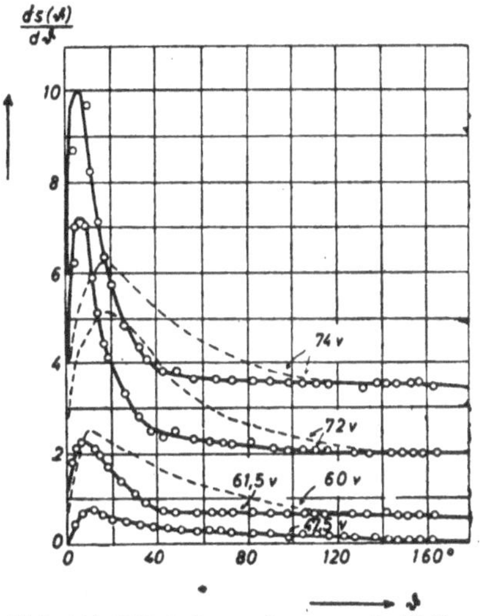

Abb. 114. Winkelverteilung von in Helium gestreuten Elektronen (auf 1° des Streuwinkels) ($U_1 = 100$ V) [V—59]. Parameter ist die Energie der Elektronen, die vom Kollektor aufgefangen werden. Die gestrichelten Kurven sind die theoretischen Werte

aus der Theorie berechnet wurden [V — 57]. Eine genaue Übereinstimmung zwischen Rechnung und Experiment fehlt[1]): die qualitative Übereinstimmung ist jedoch außer Zweifel: das Maximum der bei der Ionisation gestreuten Elektronen fällt auf die kleinen Winkel, während die Sekundärelektronen viel gleichmäßiger verteilt sind.

Die Beziehung zwischen den Wahrscheinlichkeiten für die verschiedenen Prozesse bei verschiedenen Streuwinkeln ist der Abb. 112 zu entnehmen. Sie bezieht sich auf die Streuung von Elektronen mit einer Energie von 80 eV in Quecksilberdämpfen [IV — 43].

2. Daten für die Geschwindigkeitsverteilung der Elektronen bei ionisierenden Stößen sind in Abb. 115 dargestellt (Helium, $U_1 = 100$ V). Sie wurden in der bereits zitierten Arbeit [V — 59] angegeben. Der Kurvenverlauf stimmt mit der Theorie überein (vgl. die Kurve B der Abb. 111, b)[2]). Es wurde ebenfalls die

---

[1]) Nach den Angaben von Goodrich zu schließen, enthalten seine Ergebnisse einen systematischen Fehler (die Kurven $J_{Koll} = f(p)$ sind keine Geraden). Sie sind wahrscheinlich zu niedrig angesetzt.

[2]) Bei einem Vergleich der Kurven der Abb. 115, 116 und 111 ist zu beachten, daß die ersten beiden die Geschwindigkeitsverteilung der Elektronen, die in einer Richtung zum Kollektor fliegen darstellen, während die dritte die Verteilung nach der absoluten Geschwindigkeit gibt, und deshalb den Faktor $4\pi c^2$ enthält, der den anfänglichen Anstieg der Kurven vom Wert 0 bei $c = 0$ zum Maximum bestimmt.

Geschwindigkeitsverteilung der Elektronen in Luft (ν) [V — 60] bei niedrigem, jedoch nicht genau bezeichnetem Druck untersucht. Aufgefangen und nach Geschwindigkeiten analysiert wurden die Elektronen, die sich in Winkeln von $\sim 90°$ zum primären Strahl bewegten, d. h. praktisch nur Sekundärelektronen. Die Geschwindigkeitsverteilung dieser Elektronen bei verschiedenen U_1 (von 100 V bis 500 V) war zum Unterschied von den Folgerungen aus der klassischen wie aus der Quantentheorie konstant (Abb. 116) [vgl. Abb. 11 und die Formel (27,11)].

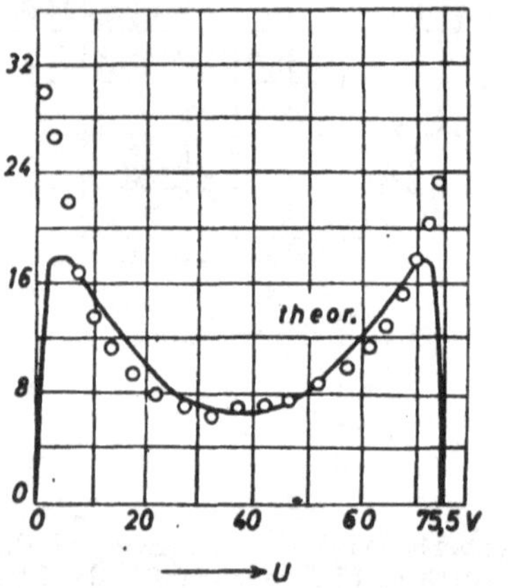

Abb. 115. Geschwindigkeitsverteilung der Elektronen bei ionisierenden Stößen in Helium (U_1 = 100 V) [V—59]

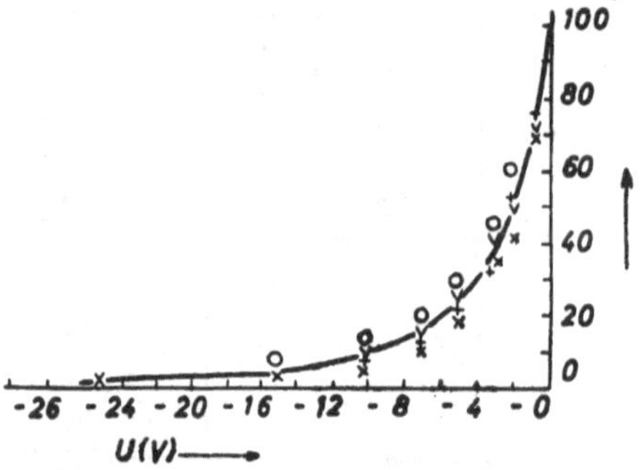

Abb. 116. Geschwindigkeitsverteilung der Sekundärelektronen, bei Ionisation von Luft durch Elektronen mit einer Energie von 100 V (×), 150 V (O), 250 V (v) und 500 V (+) [V—60]

Doch die Form der mit steigender Geschwindigkeit monoton fallenden Kurve selbst stimmt qualitativ mit der Theorie überein.

3. Eine bedeutende Anzahl von Arbeiten ist der Messung der sogenannten differentiellen Ionisation s_i' in verschiedenen Gasen gewidmet, d. h. der Bestimmung der Anzahl von Elementarladungspaaren (eine positive und eine negative Ladung), die im Gas beim Durchlaufen eines 1 cm langen Weges durch ein Elektron gebildet werden. Diese Größe kann vom Ionisierungsquerschnitt s_i abweichen, wenn bei einigen Stößen Vielfachionisation und Ionisation durch Sekundärelektronen auftritt. Bei $U_{i1} < U_1 < U_{i2}$ fehlt die Vielfachionisation, und die Sekundärionisation ist nicht merklich, darum ist $s_i' \approx s_i$. Bei $U_1 > U_{i2}$ erfordert eine Bestimmung des Ionisierungsquerschnitts s_i aus der gemessenen differentiellen Ionisation s_i' den Ausschluß der Vielfachionisation. Die allgemeine Meßmethode für s_i' besteht darin, daß man einen monochromatischen Elektronenstrahl durch das verdünnte Gas laufen läßt unter Bedingungen, die eine geringe Wahrscheinlichkeit für wiederholte Ionisation durch ein Elektron gewährleisten und den Strom der Primärelektronen und der gebildeten Ionen mißt.

Die Methodik älterer Arbeiten [V — 65, 67] ist beispielsweise in [0 — 1] beschrieben. Eine sehr sorgfältige Untersuchung von s_i' führte Nottingham [V — 62] aus. Das Schema seiner Apparatur ist in Abb. 117 wiedergegeben. Die von dem feinen Faden F emittierten Elektronen werden im Raum zwischen F und dem Spalt S_1

beschleunigt, durch ein Magnetfeld zwischen S_1 und S_2 monochromatisiert und treten durch den Spalt S_3 in die Ionisationskammer B; nachdem sie in dieser den Weg $S_3 S_4$ zurückgelegt haben, gelangen sie in den Kollektor EC. Die in der Kammer B entstandenen Ionen werden von einem fadenförmigen Ionenkollektor J_C eingefangen, der gegen die gestreuten Elektronen und gegen den Einfluß der Photoelektronenemission durch die Gitter G_1 und G_2 geschützt ist. Zur Nachprüfung der Meßgenauigkeit von U_1 wurde in diesem Gerät der Wert von $\frac{e_0}{m_e}$ bestimmt; er fiel genau mit dem allgemein angenommenen zusammen.

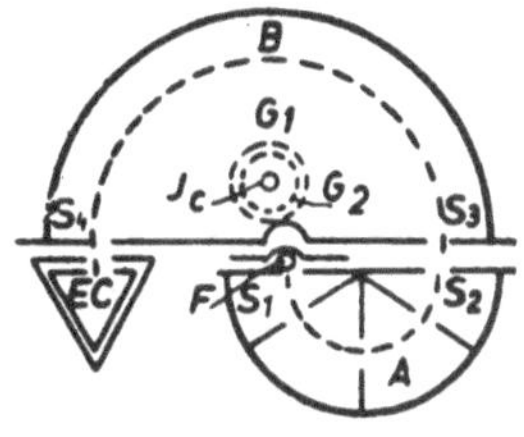

Abb. 117. Schema des Geräts für die Messung der differentiellen Ionisation [V—62]

In Abb. 118 sind die Meßergebnisse der differentiellen Ionisation s_i' in Helium, Neon und Argon einander gegenübergestellt. Die Unstimmigkeit zwischen den Daten verschiedener Autoren sind recht bedeutend; die Größenordnung, der allgemeine Verlauf von $s_i' = f(U_1)$ mit einem Maximum bei $U_1 \sim 1 \cdot 10^2$ V und auch der Anstieg von s_i' mit zunehmender Ordnungszahl des Edelgases unterliegen jedoch keinem Zweifel.

Besonders eingehend ist die Ionisation in Quecksilberdämpfen studiert worden [IV — 56, V — 62, 65, 70, 71]. Einige Daten dieser Autoren sind in Abb. 119 gegenübergestellt. Als die zuverlässigsten sind die Angaben von NOTTINGHAM anzusehen [V — 62]. Die Kurve $a - 1$ gibt die differentielle Ionisation in Hg bei $p = 1$ mm Hg; $n_1 (s_i')_{max} = 19{,}2$ cm^{-1} [mm Hg]$^{-1}$ wird bei 42 V erreicht. Der nicht glatte Verlauf der Kurve, am Anfang, der in Abb. 120 deutlicher hervortritt, lenkte die Aufmerksamkeit auf sich (s. auch [V—61]). Bei $U_1 > 30$ V führt ein gewisser Teil der ionisierenden Stöße zur Bildung von Vielfachionen. Wenn sie nach den Angaben über die relative Frequenz solcher Stöße [V — 77] aus der Kurve $a - 1$, Abb. 119, eliminiert werden, so erhält man die Kurve $a - 2$, die den Querschnitt der Einfachionisation kennzeichnet. Diese Kurve hat ein Maximum $n_i (s_i)_{max} = 18{,}2$ cm^{-1} [mm Hg]$^{-1}$, bei einer gegenüber den Kurven anderer Autoren bedeutend niedrigeren Spannung ($U_1 = 32$ V); auch dieser Wert von U_{max} übersteigt jedoch den von der klassischen Theorie geforderten Wert $U_{max} = 2 U_i$ ($2 \cdot 10{,}4 = 20{,}8$ V; s. S. 166). Zu der gleichen Frage s. [V — 63].

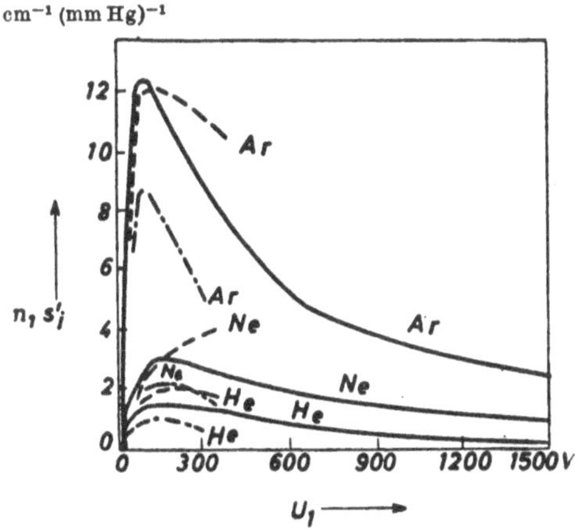

Abb. 118. Differentielle Ionisation in Edelgasen (He, Ne, Ar). ——— Daten nach [V—67], — — — Daten nach [V—65], —·—·— Daten nach [V—66]

Es wurde auch die differentielle Ionisation von mehratomigen Gasen studiert: von Wasserstoff (H_2) [V — 64], von Wasserdampf (H_2O) [V — 73], von Stickstoff (N_2) [V — 74] sowie die Ionisation von N_2, O_2, CO_2, C_3H_8, SO_2 [V — 75] durch Elektronen mit Geschwindigkeiten von 10—40 keV. Die Kurven der Wirkungsquerschnitte der Ionisation verschiedener Gase sind in Abb. 121 angeführt.

Für Rechenzwecke wurden **empirische Formeln** vorgeschlagen, die den Ionisierungsquerschnitt in Abhängigkeit von der Energie der Primärelektronen U_1

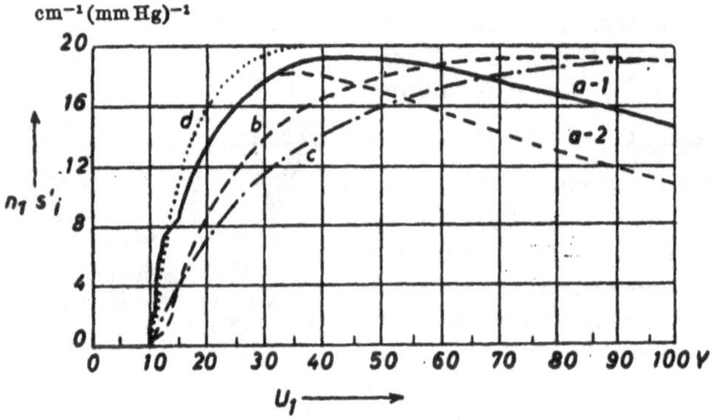

Abb. 119. Differentielle Ionisation in Quecksilberdampf. Die Kurve *a*—1 ist nach den Daten [V—62] gezeichnet, *b* nach den Daten [V—71], *c* nach den Daten [V—65], Kurve *d* gibt den nach Formel (28,2) berechneten Ionisationsquerschnitt, Kurve *a*—*2* gibt den Ionisationsquerschnitt ($n_1 s_i'$) nach den Angaben von [V—62], berichtigt unter Berücksichtigung der Zweifachionisation [V—77]

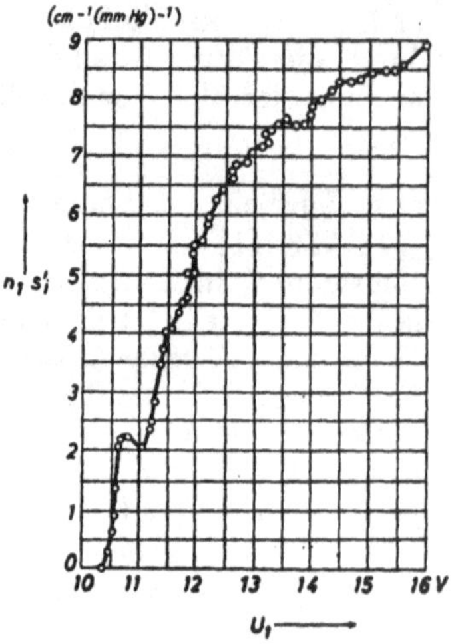

Abb. 120. Anfangsteil der Kurve $n_1 s_i'$ in Quecksilberdampf [V—62]

angeben. COMPTON und VAN VOORHIS [V — 65] schlugen für den Anfangsteil der Kurve, wo U_1 ein wenig größer ist als U_i eine lineare Approximation

(28,1) $$s_i = C_1 (U_1 - U_i),$$

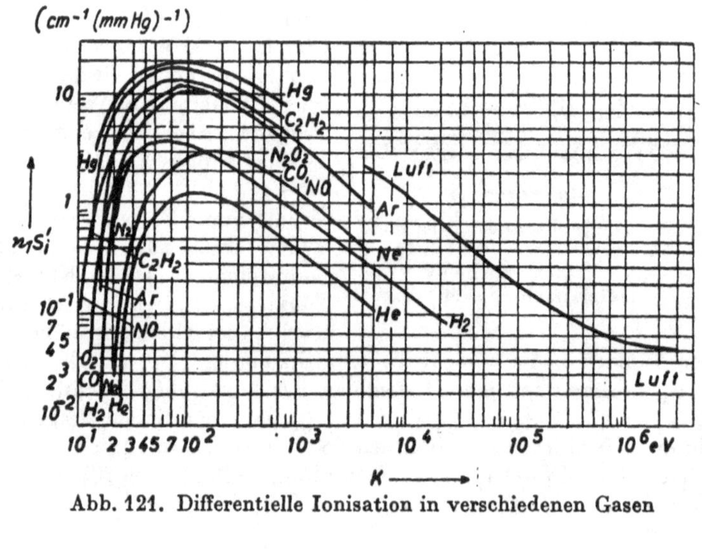

Abb. 121. Differentielle Ionisation in verschiedenen Gasen

vor, die weitgehend in der Theorie des Stroms im Gas benutzt wird. Angenäherte Werte der Konstanten C_1 und ihr Anwendungsgebiet sind in Tab. 4 (S. 482) angeführt. Wir bemerken, daß die wahre Abhängigkeit $s_i = f(U_1)$ nicht linear ist sogar in einem kleinen Wertintervall von U_1 (Abb. 120), deshalb hängt der Wert C_1 für ein bestimmtes Gas von dem gewählten U_1-Intervall ab. Die Formel (28,1) kann nur bei relativ kleinen Werten der Elektronengeschwindigkeiten im Gas benutzt werden.

KLARFELD schlug eine Formel der Form

$$s_i = s_0 \left[1 - e^{\gamma(U_i - U_1)}\right] \tag{28,2}$$

vor; für Quecksilber ist $n_i s_0 = 20\ \mathrm{cm}^{-1}\ [\mathrm{mm\ Hg}]^{-1}$; $\gamma = 0{,}15\ \mathrm{V}^{-1}$ (siehe Kurve d in Abb. 119). MORGULIS [V — 69] gab eine Formel an, die sowohl den steigenden, als auch den fallenden Teil der Kurve umfaßt

$$s_i = a\,(U_1 - U_i)\,e^{-b(U_1 - U_i)}. \tag{28,3}$$

Diese Formel kommt der wirklichen Abhängigkeit $s_i(U_1)$ sehr nahe und kann auf verschiedene Entladungsfälle angewendet werden, sowohl auf solche mit hoher, als auch auf solche mit niedriger Elektronentemperatur. Es wurden auch kompliziertere Formeln vorgeschlagen [V — 8]. Alle vorgeschlagenen Formeln glätten verständlicherweise die Form der Funktion $s_i(U_1)$ und geben ihre feine Struktur, die man auf der Kurve in Abb. 120 bemerkt, nicht wieder. Fehlen Sekundärprozesse, so ist s_i eine additive Größe und wird daher in Gasgemischen durch die Formel $s_i = c_1 s_1 + C_2 s_2 + \ldots$ bestimmt, wo $s_1, s_2 \ldots$ die Ionisierungsquerschnitte und $c_1, c_2 \ldots$ die relativen Konzentrationen der Gemischkomponenten sind [V — 75].[1])

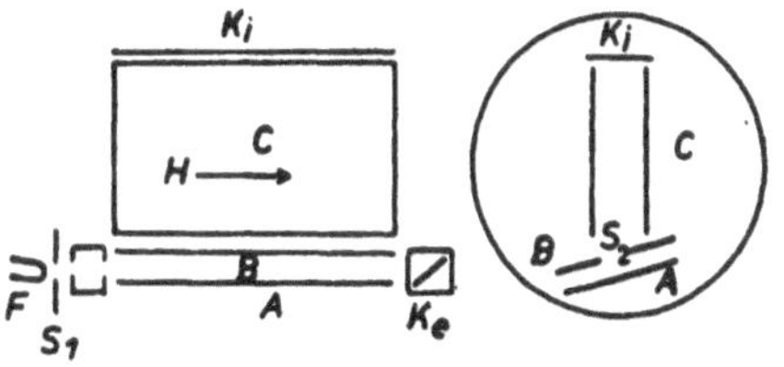

Abb. 122. Schema eines Geräts zum Studium der Vielfachionisation [V—77]

4. Die Methodik zur Bestimmung der Wahrscheinlichkeit der Vielfachionisierung fußt auf der Trennung der Ionen mit verschiedener Ladung. Die entstehenden Ionen werden durch ein elektrisches Feld beschleunigt und sodann im Massenspektrographen mit einem magnetischen oder elektrischen oder beiden Arten von Feldern analysiert. So wurde bei Untersuchung der Entstehung der verschiedenen Ionen im Stickstoff [V — 76] ein Massenspektrograph mit magnetischer Ablenkung benutzt. Eine genauere Methodik benutzte BLEAKNEY [V — 77] (Abb. 122). Die Elektronen, die von der Kathode F emittiert und zwischen F und der Blende S_1 beschleunigt werden, ionisieren im Raum zwischen den Platten B und A das Gas. Die hier auftauchenden Ionen zieht ein schwaches Querfeld durch den Spalt S_2 und sie gelangen in einen zweiten Kondensator C, wo sie sich in Richtung auf K_i bewegen. Die ablenkende Wirkung des elektrischen Felds des zweiten Kondensators kann durch das im gesamten Gerät wirkende homogene Magnetfeld H ausgeglichen werden unter der Bedingung, daß $E = \frac{c_p}{c_0} H$ ist, wobei

[1]) Von den Sekundärprozessen, die die Additivität der Ionisation in Gasgemischen durchbrechen, erwähnen wir die Stufenionisation durch Elektronen sowie die Ionisation durch Stöße zweiter Art von angeregten Atomen (s. § 31 und § 61, P. 3).

c_p die Geschwindigkeit ist, die die Ionen im ersten Kondensator erworben haben. Da $c_p = \sqrt{2 \frac{q}{m} U}$ ist (U ist die Beschleunigungsspannung), so kann man, kennt man E, H und U, $\frac{q}{m}$ bestimmen. Wenn man das Verhältnis von I_+ (Ionenstrom zum Kollektor K_i) zu I_- (Elektronenstrom zum Kollektor K_e) bei einem bestimmten $\frac{q}{m}$ bestimmt, so findet man den Querschnitt für die Bildung von Ionen der vorgegebenen Art. Auf diese Weise wurden die Querschnitte von Quecksilber- (Abb. 123), Neon- und Argonatomen (Abb. 124) bestimmt, welche sich auf die Bildung von Ionen verschiedener Vielfachheit beziehen (bis zu 5fachen).

Aus diesen Daten ist zu sehen, daß die Vielfachionisation in Quecksilber im Vergleich zur einfachen unbedeutend ist bei Elektronengeschwindigkeiten, die kleiner als 10^2 eV sind. Bei $U_1 = 200$ V und höher jedoch wird die Wahrscheinlichkeit von gleicher Größenordnung $\left(\sum_{u=2}^{5} n \cdot s_{in} \cong \frac{1}{2} s_{i1}\right)$. In Argon bleibt der Unterschied in den Wahrscheinlichkeiten der Einfach- und Vielfachionisation bis zu höheren Energien erhalten.

Bei großen Elektronengeschwindigkeiten ($U_1 \gg U_i$) hängt die Ionisationswahrscheinlichkeit der verschiedenen Moleküle nicht mehr von den Besonderheiten ihrer Struktur ab. Sie wird einfach proportional zu der Elektronenzahl im Molekül. Das sieht man beispielsweise aus folgender Tabelle, die nach den Daten [V — 72, 78] zusammengestellt wurde.

Gas	$(s_i)_{rel.}$	$\sum Z$	$\frac{s_i}{\Sigma Z}$
Luft	1,00	14,4	$7{,}0 \cdot 10^{-2}$
O_2	1,17	16,0	$7{,}3 \cdot 10^{-2}$
CO_2	1,60	22,0	$7{,}3 \cdot 10^{-2}$
(CN_2)	1,86	26,0	$7{,}2 \cdot 10^{-2}$
N_2O	1,55	22,0	$7{,}1 \cdot 10^{-2}$
SO_2	2,25	32,0	$7{,}0 \cdot 10^{-2}$
NH_3	0,89	10,0	$8{,}9 \cdot 10^{-2}$
H_2	0,165	2,0	$8{,}4 \cdot 10^{-2}$

In der Tabelle ist die relative Ionisation verschiedener Gase durch Elektronen bei $U_1 > 5 \cdot 10^3$ V angeführt, wobei für Luft $s_i = 1{,}00$ gesetzt ist; in der dritten Spalte ist die Anzahl der Elektronen im Molekül angegeben, in der vierten das Verhältnis $\frac{s_i}{\Sigma Z}$. Aus den angeführten Daten ist zu sehen, daß, während s_i sich um das 13fache ändert, das Verhältnis $\frac{s_i}{\Sigma Z}$ um nicht mehr als 30% variiert. Deshalb kann man sich für Elektronen dieser Geschwindigkeiten auf eine Kurve von s_i (U_1) für irgendein Gas beschränken, beispielsweise auf die gut untersuchte Kurve für Luft (Abb. 121); der Wert von s_i für ein beliebiges anderes Gas kann durch einfache Umrechnung gefunden werden.

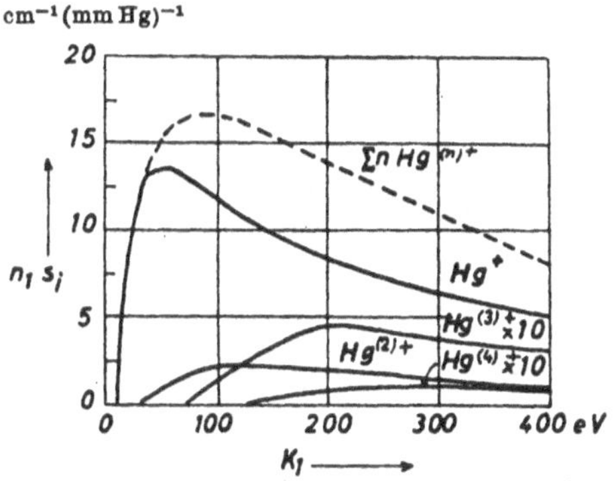

Abb. 123. Querschnitt der Einfach- und der Vielfachionisation von Quecksilber [V—77]

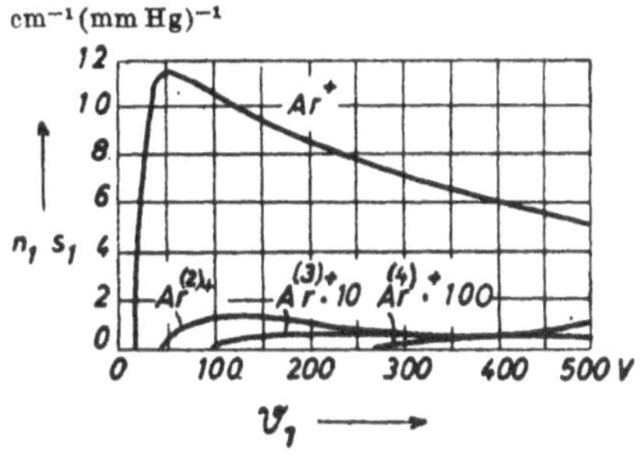

Abb. 124. Querschnitt der Einfach- und der Vielfachionisation von Argon [V—77]

Eine Übersicht über ältere Daten zur Ionisation von Gasen durch Elektronenstoß siehe in [V — 82]. Einige Daten für U_{max} und $(s_i)_{max}$ sind in Tabelle 4 auf S. 482 angeführt.

§ 29. *Ionisation durch Stoß positiver Ionen*

Als Ionisation eines Moleküls M durch den Stoß eines positiven Ions L^+ bezeichnet man im allgemeinen einen Prozeß, der durch die Gleichung

$$M + L^+ \rightarrow M^{(n)+} + n \cdot e + L^+, \tag{29,1}$$

wiedergegeben wird, im Sonderfall der einfachen Ionisation durch die Gleichung

$$M + L^+ \rightarrow M^+ + e + L^+. \tag{29,2}$$

Die Ionisierungsarbeit geht hier auf Kosten der kinetischen Energie des Ions L^+. Von diesem Prozeß ist die Ionenumladung (s. § 20) zu unterscheiden:

$$M + L^+ \rightarrow M^+ + L, \tag{29,3}$$

bei welcher wenigstens ein Teil der Ionisierungsarbeit des Moleküls M auf Kosten der bei der Neutralisation des Ions L^+ freigesetzten Energie geht. Das Auftreten der Ionisation durch Ionenstoß ist gut aus Beobachtungen an α-Teilchen, Kanalstrahlen und kosmische Strahlen in Gasen bekannt; auf ihr beruht die Beobachtung dieser Teilchen mittels Geigerzähler, Wilsonkammer usw. Die Rolle dieses Prozesses für den Mechanismus des elektrischen Stroms im Gas ist bisher jedoch nicht klargestellt, er ist offenbar in den meisten Fällen recht unwesentlich. Deshalb verweilen wir nur kurz bei dieser Frage.

Die Ionisation durch Ionenstoß ist der Grenzfall der Anregung durch Ionenstoß, die oben in § 24 betrachtet wurde; deshalb können viele Ausführungen dieses Paragraphen hierher übertragen werden. Die minimale kinetische Energie, welche für die Ionisation durch Ionenstoß notwendig ist, wird in Analogie zu (24,1) durch die Bedingung

$$U_1 \gg \left(1 + \frac{m_p}{m_g}\right) U_i \tag{29,4}$$

bestimmt, wo m_p die Masse des primären, stoßenden Ions ist; sind die Massen des Ions und des Moleküls gleich, so ergibt das ein $U_1 \gg 2U_i$. Die Ionisation bei Stößen derart langsamer Ionen praktisch zu beobachten, ist infolge ihrer äußerst geringen Größe sehr schwierig.

Eine ganze Reihe von Experimentatoren hat die Ionisation von Gasen durch langsame positive Ionen untersucht (s. [V—85—90]). Der größte Teil der Arbeiten ist dem Studium der Ionisation der Edelgase durch Alkalimetallionen gewidmet. Als Beispiel ist ein derartiges Versuchsschema in Abb. 125 angegeben.

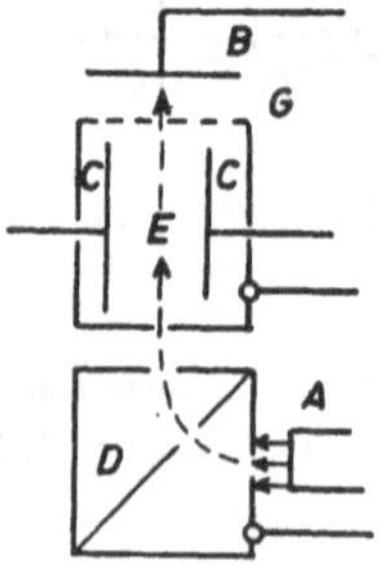

Abb. 125. Versuchsanordnung zur Messung der Ionisation durch positive Ionen

Dabei ist A, eine KUNSMANanode (ein Glühkörper, der mit Fe_2O_3-Paste unter Zufügung des Oxyds des untersuchten Alkalimetalls überzogen ist), der Ionenemitter; zwischen A und D liegt ein beschleunigendes Feld; in D werden die Ionen mittels eines Magnetfeldes analysiert (nicht bei allen Arbeiten angewandt); E ist die Ionisationskammer, C der Kollektor für die Sekundärelektronen (oder Ionen), B ist der Kollektor für die Elektronen des Primärstrahls, G ein Gitter, das die Sekundärelektronen reflektiert, die von den Ionen aus B herausgeschlagen worden sind. Um die Empfindlichkeit der Apparatur zu steigern und schwache Ionisation nachzuweisen, bedient man sich manchmal der Methode der Streuung an der Raumladung [V—89]. Hierzu wird in die Ionisations-Meßkammer eine Glühkathode und eine Anode eingebracht, zwischen sie wird eine geringe Spannung gelegt, so daß der Strom zwischen ihnen durch die Raumladung der Elektronenwolke an der Kathode begrenzt wird. Jedes hier auftauchende positive Ion befreit aus der Wolke eine Menge Elektronen, welche die Anode erreichen; auf diese Weise wird der Ionisationsstrom tausendfach verstärkt. Einige kritische Bemerkungen zu dieser Methodik s. [V—95].

Die in diesen Versuchen gefundenen Daten für die Spannungen (in Volt), bei denen eine merkliche Ionisation von Edelgasen durch Alkalimetallionen einsetzt, sind in der folgenden Tabelle angeführt[1]: (Tab. s. S. 177)

Es wurden keinerlei Hinweise dafür gefunden, daß die Ionisation schon bei einer Ionenenergie von $\left(1 + \frac{m_p}{m_g}\right) U_i$ einsetzt (siehe oben die Formel [29,4]); falls sie dort schon vorhanden sein sollte, so blieb sie bei allen Versuchen unter der Empfindlichkeitsschwelle der Apparatur. Eine merkliche Ionisation wurde erst bei einer bedeutend höheren Spannung gefunden (vgl. die ähnlichen Beobachtungen bei der Anregung durch Ionenstoß). Aus der Tabelle ist zu entnehmen, daß man bei jedem Edelgas die niedrigste Spannung für den Beginn einer merklichen Ionisation beim Stoß eines Ions erhält, dessen Ordnungszahl möglichst nahe bei der des

[1]) Die obere Zahl in jedem Feld entspricht den Angaben von BEECK und MOUZON [V—85], die untere Zahl den Angaben von VARNEY [V—89].

Ion	Atom			
	Ne	Ar	Kr	Xe
Li^+	307 >400	100 >400	420? >400	250 >400[1])
Na^+	175 130	105	400?	360?
K^+	320	95 82 75 [V—88]	80 69	120 114
Rb^+	423	180 135	100 97,5	145 150
Cs^+	437	365 338	143 200	105 77

Gases liegt (die einzige Ausnahme ist der Fall K^+ in Kr). Aber auch diese kleinsten Werte übersteigen noch mehrfach die Größen, welche aus (29,4) errechnet werden. Die Ionisation anderer Gase durch Alkaliionen ist kaum untersucht worden; nach gewissen Beobachtungen ist sie bedeutend weniger wahrscheinlich, als die Ionisation der Edelgase [V—89].

Über die Ionisation von Atomen durch Stoß der eigenen Ionen von geringer Geschwindigkeit gibt es nur vereinzelte Angaben. Nach einigen Angaben beginnt die Ionisation von Argon durch eigene Ionen bei einer Ionenenergie > 300 V. [IV—83, V—87]. In den Arbeiten von ROSTAGNI [V—96] wurde jedoch eine merkliche Ionisation von Ar, Ne und He durch eigene Ionen schon bei einer Ionenenergie ~ 200 V beobachtet (Abb. 126).

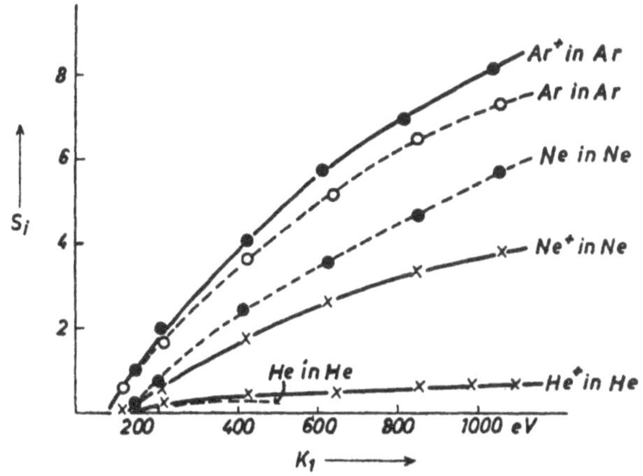

Abb. 126. Ionisation von Edelgasen (He, Ne, Ar) durch Stöße der eigenen Ionen (ausgezogene Kurven) und Atome (gestrichelte Kurven) [V—96a]

Die Spannungen, bei denen eine merkliche Ionisation einsetzt, werden von einer Reihe von Verfassern nicht nur als Werte betrachtet, die die Empfindlichkeit der Untersuchungsmethodik charakterisieren, sondern ihnen wird eine objektive

[1]) VARNEY hat keine Ionisation der Edelgase durch Li^+-Ionen unterhalb 400 V beobachtet. Es ist zu vermuten, daß der Li^+-Emitter in den Arbeiten von BEECK und MOUZON durch Kalium verunreinigt war.

Bedeutung beigemessen [V—85, 9, 92]: Sie charakterisieren die Bedingungen, unter denen sich der Ionisationsprozeß mit steigender Ionengeschwindigkeit plötzlich ändert und ein gewisser neuer Ionisationsmechanismus in Kraft tritt.

Steigert man U_1, bis auf ein Potential, das höher ist als die Spannung, bei der eine merkliche Ionisation einsetzt, so wächst die Ionisation beständig (Abb. 127) und wird sehr groß, wenn die Ionengeschwindigkeit zufolge (24,3) die Größenordnung der der Elektronen erreicht, die das vorgegebene Gas ionisieren. Bei einer Ionengeschwindigkeit, die gleich der optimalen Geschwindigkeit für Ionisation durch Elektronen ist, übertreffen die Ionisationsquerschnitte der Moleküle bei der Ionisation durch Ionenstoß, sogar den Ionisationsquerschnitt durch Elektronenstoß mehrfach. Das ist deutlich aus der Abb. 128 zu entnehmen, sie zeigt den Ionisierungsquerschnitt der Luft durch Elektronen-, Protonen- und α-Teilchen-Stoß. Ähnlich liegen die Verhältnisse auch in anderen Gasen; so ist der maximale Ionisationsquerschnitt des Wasserstoffs durch Protonenstoß $(s_i)_{max} = 3{,}4$ cm^{-1} gegenüber $(s_i)_{max} = 3{,}7$ cm^{-1} bei

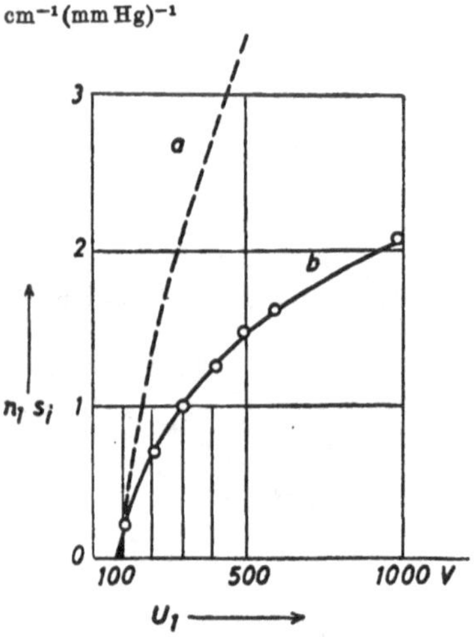

Abb. 127. Ionisationsquerschnitt von Argon durch Kaliumionenstoß bei kleinen Geschwindigkeiten: *a* nach den Angaben von [V—85], *b* nach den Angaben von [V—88]

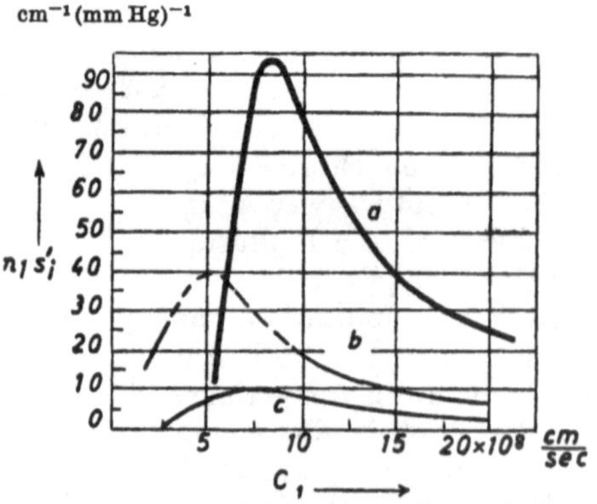

Abb. 128. Ionisationsquerschnitt der Luft durch Elektronen- (Kurve *c*), Protonen- (Kurve *b*) und α-Teilchenstoß (Kurve *a*) [0—3]

Elektronenstoß [V—93]. Den optimalen Ionengeschwindigkeiten entspricht eine Energie von etwa 10^4—10^6 eV.

Das letzte Ergebnis stimmt sowohl mit der Quantentheorie als auch mit der klassischen Theorie überein. Nach der Formel (27,13), die aus der klassischen Theorie von THOMSON folgt, wird der Ionisationsquerschnitt eines Moleküls gegenüber einem Ion mit der Ladung Ze_0 und der Masse m_p:

$$s_i = \pi \left(\frac{Ze_0}{2U_1}\frac{m_p}{m_e}\right)^2 \left(\frac{4m_e}{m_p}\frac{U_1}{U_i} - 1\right). \tag{29,5}$$

Hieraus ist zu sehen, daß s_i ein Maximum bei $U_1 = \frac{1}{2}\frac{m_p}{m_e} \cdot U_i$ hat, d. h. bei $U_1 \sim 10^4 - 10^6$ eV besitzt. Ein ähnliches Ergebnis gibt die Quantentheorie, siehe oben S. 167.

Bezüglich der Quantentheorie dieser Erscheinung, wurde die Meinung ausgesprochen ([III—4], Kap. XIII, § 2—1), daß die für Elektronenstoß ermittelte Formel (27,14) auch auf die Ionisation durch Ionenstoß anwendbar ist, wobei unter c_1 die Geschwindigkeit des Ions und unter m die Masse des Elektrons zu verstehen ist. Dieses Ergebnis erhält man unter der Voraussetzung, daß die Wechselwirkung zwischen dem Ion als Elementarteilchen und einem der Atomelektronen stattfindet. Dann folgt aus (27,14), daß ein einfach geladenes Ion und ein Elektron bei gleicher Geschwindigkeit c_1 ungefähr mit der gleichen Wahrscheinlichkeit ionisieren.

Die Gegenüberstellung der Versuchsergebnisse mit den in § 27 dargestellten theoretischen Überlegungen zeigte jedoch im weiteren, daß sowohl die klassische Theorie, die eine Wechselwirkung des vorbeifliegenden Ions (als ganzem) mit einem der Elektronen des ionisierten Atoms betrachtet als auch die Wellentheorie, die sich im wesentlichen auf das gleiche stützt, nur angewendet werden können auf Ionen sehr großer Geschwindigkeit, für die Bedingung (24,3) befriedigt wird. Langsame Ionen ($U_1 = 10^1 - 10^2$ eV) sollten nach den Formeln (29,5) und (27,14) überhaupt keine Ionisation hervorrufen. Nach Formel (29,5) beginnt die Ionisation durch Ionen erst bei einer Ionenenergie $U_1 = \frac{1}{4} \frac{m_i}{m_e} U_i$, d. h. bei einem Potential, das die Ionisierungsspannung der Elektronen um ein Vielfaches übersteigt. So sollten die Protonen den Wasserstoff erst bei einer Energie ~ 6900 eV ionisieren; He^+-Ionen Helium bei $U_1 > 46000$ eV usw. Wie wir aber inzwischen gesehen haben, findet eine Ionisation durch viel langsamere Ionen zweifellos statt. Augenscheinlich ist sie durch einen anderen Wechselwirkungsmechanismus bedingt.

Nach LOEB [V—94] darf man das langsame Ion nicht nur als schweres Elementarteilchen betrachten, sondern man muß die Wechselwirkung seiner Elektronen mit den Elektronen des ionisierten Atoms analysieren. Der allgemeine Weg solch einer Analyse ist im § 24 angegeben. Der Stoß des Ions L^+ und des Atoms M wird als kurzfristige Bildung eines Molekülions $(LM)^+$ betrachtet, das die zwei Kerne und alle Elektronen der beiden Teilchen enthält [V—91]. Der Abstand zwischen den Kernen r nimmt anfangs bis zum Werte $r_{\min}$ ab, dann steigt er bis zum Unendlichen, das bedeutet die erneute Dissoziation des Molekülatoms $(LM)^+$. Dissoziiert es in zwei Ionen L^+ und M^+ und ein freies Elektron, so charakterisiert man das Ergebnis als Ionisation von M unter der Wirkung von L^+.

Die Energieniveaus des Ions $(LM)^+$ entstehen durch gegenseitige Störung der Niveaus in L^+ und M. Es kann sich jedoch herausstellen, daß der Term des Ions $(LM)^+$, der aus den stabilen Termen von L^+ und M entsteht, instabil ist. So besitzen zum Beispiel bei dem Stoß eines Li^+-Ions mit einem He-Atom beide Teilchen die gleiche Elektronenhülle, nämlich zwei Elektronen im $1s$-Niveau; bei ihrer Vereinigung bildet sich ein Ion $(Li\,He)^+$ mit einer Elektronenhülle, die der des He_2-Moleküls ähnelt. In diesem sind folgende Elektronenfigurationen möglich: (1)—$(1s)^2\,(2p)^2$, (2)—$(1s)^2\,2p\,2s$, (3)—$(1s)^2\,(2s)^2$ [1]). Die Energie eines jeden dieser Zustände hängt von dem Abstand zwischen den Kernen ab. wie das in Abb. 129 dargestellt ist. Bei großer Entfernung besitzt der Zustand (*1*), der am Anfang entsteht, die kleinste Energie. Bei der weiteren Annäherung der Kerne jedoch wird dieser Zustand, wie aus der Abb. 129 zu sehen ist, ein angeregter und der Zustand (*3*) wird Grundzustand (diese Elektronenkonfiguration besitzt das

---

[1]) Daß alle vier Elektronen im $1s$-Niveau bleiben, ist nach dem Pauliprinzip unmöglich.

B^+-Ion, das man bei vollständigem Zusammenfließen beider Kerne erhält). Es existiert eine endliche Wahrscheinlichkeit für den Übergang des betrachteten Ions (Li He)$^+$ in diesem Zustand. Bei der darauffolgenden gegenseitigen Entfernung der Kerne wird sich das Ion (Li He)$^+$ unter Aufrechterhaltung der Elektronenkonfiguration (*3*) als angeregt erweisen und kann daher in ein Li^+-Ion und ein angeregtes He-Atom dissoziieren. Es können sich einige Elektronen als angeregt erweisen; auf Kosten ihrer gemeinsamen Energie kann eines nach außen wegfliegen (ein eigenartiger AUGER-Effekt)[1]). Damit all das geschehen kann, müssen sich die Kerne beider Teilchen auf einen Abstand nähern, bei dem ihre Elektronenhüllen stark gestört werden. Dafür wird eine bedeutende kinetische Energie benötigt, deren Minimalwert eben der Spannung entspricht, bei der eine merkliche Ionisation einsetzt.[2])

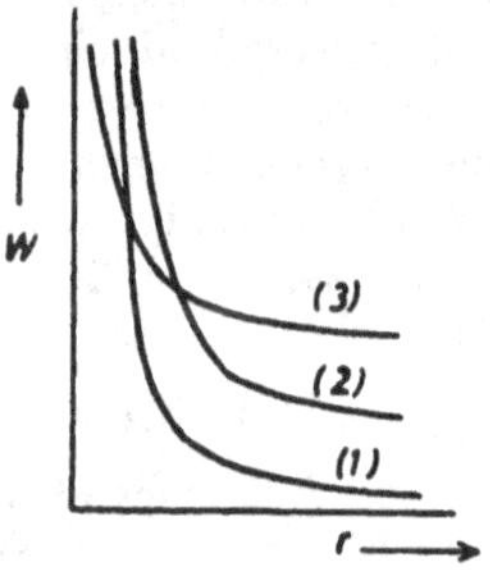

Abb. 129. Energie der Zustände (*1*), (*2*) und (*3*) des (LiHe)$^+$-Ions in Abhängigkeit vom Abstand zwischen den Kernen

Augenscheinlich hängt dieser Ionisationsmechanismus im wesentlichen von der Struktur des Ions und des Atoms ab; er kann gar nicht vorliegen bei der Einwirkung eines nackten Kerns auf ein Atom. Ebenso kann man verstehen, daß die Wechselwirkung der beiden Teilchen bei Resonanz ihrer Wellenfunktionen verstärkt wird; damit erklärt sich die verhältnismäßig leichte Ionisation der Edelgase durch die Ionen der darauffolgenden Alkalimetalle. Auch in diesem Fall sind jedoch Mindestenergien von 70—80 eV und in den meisten Fällen einige hundert eV nötig.[3])

Zusammenfassend muß man zugeben, daß die Ionisation durch Stoß positiver Ionen unter den Bedingungen des elektrischen Stroms im Gas (kleine Ionenenergie) viel weniger wirkungsvoll ist, als die Ionisation durch Elektronenstoß, da sie erst bei Energien merklich zu werden beginnt, bei denen die Ionisationswahrscheinlichkeit durch Elektronen ihr Maximum besitzt.

§ 30. Die Ionisation durch Stoß normaler Atome

Daß es möglich ist, Gase durch Stoß normaler (nicht ionisierter und nicht angeregter) Atome zu ionisieren, ist in einer Reihe von Arbeiten experimentell festgestellt worden [V — 87, 96, 99]. In diesen Arbeiten erzeugte man schnelle Atome durch Umladung von Ionen im eigenen Gas, wobei die Ionen, die ihre Ladung behielten und die zufälligen Elektronen durch ein elektrisches Feld zur Seite abgelenkt wurden. Der auf diese Weise von geladenen Teilchen befreite Strahl schneller Atome gelangte in die Ionisationskammer, wo er das untersuchte Gas

---

[1]) Der AUGER-Effekt besteht in der sekundären Ionisation eines Atoms, das bereits eines seiner inneren Elektronen verloren hat, auf Kosten der Energie, die bei der Auffüllung des freien inneren Niveaus durch ein Elektron von einem der höherliegenden Niveaus frei geworden ist. Das hierbei emittierte Quant kann dabei in einer der inneren Elektronenhüllen absorbiert werden und aus dieser ein Elektron durch Photoeffekt befreien. Auf diese Art wird die Anregungsenergie einer inneren Hülle verbraucht zum Abreißen eines Elektrons aus einer äußeren Hülle.

[2]) Diese Vorstellungen sind auch mathematisch in [V—92] entwickelt.

[3]) Von diesem Standpunkt aus müßten sich die Gase am leichtesten durch ihre eigenen Ionen ionisieren lassen; experimentelle Beweise für eine derartige Behauptung fehlen bisher.

ionisierte. Die hierbei entstehenden Elektronen und Ionen werden gewöhnlich durch Kollektoren gesammelt. VARNEY [V — 89] untersuchte die Ionisation von Edelgasen durch Stoß ihrer eigenen Atome bei Energien bis zu 400 eV. Hierbei wurde die im § 29 beschriebene Methode der Raumladungskompensation benutzt. Es wurde gefunden, daß die Ionisation im Ne, Ar, Kr und Xe bei folgenden Minimalenergien stattfindet:

Stoß	Ne in Ne	Ar in Ar	Kr in Kr	Xe in Xe
Energie, bei der eine merkliche Ionisation einsetzt (eV).	74	48	40	35
$2U_i$ (eV)	43	31,4	28	24

Das absolute Minimum, der für die Ionisation bei einem solchen Stoß erforderlichen Energie beträgt $2U_i$; die entsprechenden Werte sind in der dritten Zeile angeführt. Es fällt ins Auge, daß die gefundenen Spannungen, bei denen eine merkliche Ionisation einsetzt, bedeutend niedriger sind, als bei der Ionisation durch Ionen und nur wenig das absolute Minimum, das durch die Erhaltungssätze gefordert wird, übersteigen. In He und N_2 wurde in dieser Arbeit bis zu 400 eV keine merkbare Ionisation festgestellt. Spätere Untersuchungen der Ionisation von Helium durch Stöße seiner eigenen Atome [V — 99], die mit einer neuen Apparatur, welche die Messung von Ionisationsströmen bis zu 10^{-15} A gestattete, zeigten jedoch, daß die Ionisation bei einer Energie der He-Atome von 49 eV beginnt, d. h. bei einer Energie, die gerade gleich $2U_ie_0$ ist. Man kann offenbar annehmen, daß eine Ionisation durch neutrale Atome bei einer Energie der ionisierenden Atome $\geqslant 2U_ie_0$ auftritt. Daß es möglich ist, ein Gas durch Atome eines anderen Gases zu ionisieren, wurde in der Arbeit [V — 98] festgestellt.

Über die Wirkungsquerschnitte der Ionisation durch Atome gibt es sehr wenige Angaben. ROSTAGNI hat die Ionisierungsquerschnitte von Ar in Ar und He in He gemessen [V — 96]. Die Intensität des Strahls ionisierender Atome wurde aus der Sekundärelektronenemission aus einer Prallscheibe, die in den Weg des Strahls gebracht wurde, geschätzt; der Sekundäremissionskoeffizient bei Stoß von Edelgasatomen wurde vorher bestimmt. Es ergab sich

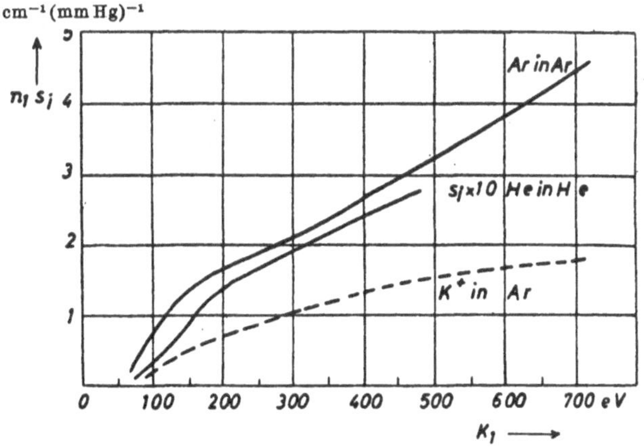

Abb. 130. Ionisation von Argon und Helium durch Stöße der eigenen Atome [V—96]. Zum Vergleich ist die Kurve der Ionisation von Argon durch Kaliumionen angeführt [V—88]

ein Ionisierungsquerschnitt der Ar-Atome für schnelle Atome des gleichen Gases mit Energien bis zu 700 eV von der Größenordnung 10^0 cm^{-1}. Er übertrifft den Ionisierungsquerschnitt von K^+ im Ar um das Zwei- bis Dreifache [V — 88] (Abb. 130). Bei Helium fand man Querschnitte von ungefähr 10^{-1} cm^{-1}. Dieses Ergebnis wurde angezweifelt [V — 96] und die Vermutung ausgesprochen, daß selbst die von ROSTAGNI in He beobachtete kleine Ionisation durch Argonbeimischung bedingt ist.

In einer anderen Arbeit [IV — 84] wurden tatsächlich s_i-Werte in Helium bezüglich der eigenen Ionen von der Größenordnung 10^{-2} cm^{-1} gemessen. Dagegen bei Argon dreimal größere Querschnitte gefunden, als die in der Abb. 130 angeführten und um eine Größenordnung größere als bei der Ionisation des Argons durch die eigenen Ionen.

Ein Vergleich der oben angeführten Daten zeigt, daß die neutralen Atome sowohl in bezug auf die Ionisation als auch in bezug auf die Anregung wirkungsvoller sind als die Ionen. Es wurde gezeigt, daß eine der Ursachen dafür ist, daß bei der Ionisation durch Ionenstoß das Sekundärelektron, bei dem Wegfliegen ins Unendliche die Anziehung zweier Ionen zu überwinden hat, bei der Ionisation durch Atomstoß aber lediglich die Anziehung eines Ions. Es ist möglich, daß hier auch der im § 24 angemerkte Umstand eine Rolle spielt: Die Wechselwirkung steigt bei der Annäherung zweier Atome stärker an als bei der Annäherung eines Atoms und eines Ions.

§ 31. Die Ionisation durch Stoß zweiter Art

Befindet sich ein Molekül L in angeregtem Zustand (wir bezeichnen es mit L′) und ist die Anregungsenergie von L′ größer als die Energie, welche für die Ionisation eines anderen Moleküls M notwendig ist, so kann bei dem Stoß von L′ und M der Prozeß

$$M + L' \rightarrow M^+ + L + e \qquad (31;1)$$

auftreten; er wird Ionisation durch Stoß zweiter Art genannt (für das Molekül M ist es ein Stoß erster Art). Der Anfangszustand des Moleküls M kann sowohl der Grundzustand als auch ein angeregter Zustand sein. Im Zwischenstadium kann kurzfristig ein angeregtes Molekül (LM)′ existieren. Daß derartige Prozesse stattfinden, erschließt man aus Beobachtungen, die wesentlich indirekter als in allen vorherigen Fällen sind. Zu ihnen rechnet man gewöhnlich die Photoionisation von Caesiumdampf durch die erste Linie der Cs-Hauptserie 8521 Å [V — 100] und die Photoionisation von Quecksilberdampf durch die Resonanzlinie 2537 Å [V — 101, 102].

Im ersten Fall ist $U_i = 3{,}88$ V und die Energie eines Strahlungsquants $\lambda = 8521$ Å beträgt 1,45 eV; die Stärke des beobachteten Photostroms erweist sich hierbei als proportional zu dem Quadrat der Intensität des einfallenden Lichts. Dieser Umstand zwingt zu der Annahme, daß die Ionisation eines jeden Atoms durch zwei voneinander unabhängige Absorptionsvorgänge von Lichtquanten bedingt ist, da die Wahrscheinlichkeit für den Absorptionsvorgang eines jeden Quants zur Lichtintensität proportional ist. Gleichzeitig ist dieser Prozeß jedoch keine Stufenphotoionisation des Cs-Atoms nach dem Schema $Cs + h\nu \rightarrow Cs'$; $Cs' + h\nu \rightarrow Cs^+ + e$, da die Energie zweier Quanten $\lambda = 8521$ Å ($2 \times 1{,}45 = 2{,}9$ eV) kleiner als die Ionisationsarbeit von Cs ist. Es wird angenommen, daß die beobachtete Photoionisation das Ergebnis des Zusammenstoßes zweier angeregter Cs-Atome ist, wobei ein ionisiertes Cs_2^+-Molekül entsteht, dessen Ionisierungsarbeit kleiner ist als die des Cs-Atoms [V — 130, S. 226]:

$$\text{(31,2)} \qquad Cs' + Cs' \rightarrow Cs_2^+ + e.$$

Auf ähnliche Weise erklärt sich auch die Photoionisation von Quecksilberdampf durch die Resonanzlinie 2537 Å. HOUTERMANS [V — 102] stellte fest, daß dieser Effekt, der nur durch den mittleren Teil der Linie 2537 Å bedingt und dem Quadrat der Strahlungsintensität proportional ist, auf das Siebzehnfache ansteigt, wenn man zu dem Quecksilberdampf von $p_1 = 1\,\mu$ Hg Druck, Argon bis zum Druck $p_2 = 60$ mm Hg zusetzt und bei Zusatz von Wasserstoff anstatt des Argons mehrfach kleiner wird. Diese Tatsachen werden erklärbar, wenn man folgendes Schema für die Elementarprozesse annimmt

$$2\,Hg + 2\,h\nu \rightarrow 2\,Hg'\,(6p\,^3P_1),$$
$$Hg'\,(6p\,^3P_1) \rightarrow Hg'\,(6p\,^3P_0) + 0{,}2\text{ eV},$$
$$Hg'\,(6p\,^3P_0) + Hg'\,(6p\,^3P_1) \rightarrow Hg^+_2 + e\,^{1)}.$$

Tatsächlich fördert der Zusatz von Argon den Übergang der Quecksilberatome aus dem Zustand $6p\,^3P_1$ in den Zustand $6p\,^3P_0$ unter Abgabe der freiwerdenden Energie (0,2 eV) an die Argonatome in Form kinetischer Energie und steigert deshalb die Konzentration der metastabilen Atome ($6p\,^3P_0$). Umgekehrt vernichtet ein Wasserstoffzusatz die Metastabilen durch Stöße zweiter Art nach dem Schema

$$Hg' + H_2 \rightarrow Hg + H + H.$$

Da die Anregungsenergie der zwei Atome im Zustand $6p\,^3P_0$ (4,7 eV) und $6p\,^3P_1$ (4,9 eV) für die Ionisation eines Atoms im Grundzustand nicht genügt ($4{,}7 + 4{,}9 = 9{,}6$ eV anstatt der notwendigen 10,4 eV), so kann man annehmen, daß auch hier, wie im Falle des Caesiums, ein Molekülion Hg^+_2 entsteht, mit einer kleineren Ionisierungsarbeit, als der des Hg-Atoms.

Die anderen Versuche, die als ein Beweis für die Existenz der Ionisierung durch Stöße zweiter Art angesehen werden, tragen noch mehr indirekten Charakter. Gut bekannt ist die von PENNING [V — 104] beschriebene Herabsetzung der Zündspannung einer Neonentladung, bei Zusatz einer geringen Menge von Argon oder Quecksilber. Durch Bestrahlung dieses Gemischs mit der gelben Neonlinie kann jedoch der Einfluß der Beimischung zunichte gemacht werden. Die Wirkung der Beimischung von Argon oder Quecksilber erklärt sich daraus, daß Ionen schon durch Stöße langsamerer Elektronen entstehen können, als das im reinen Ne der Fall ist. Dieser Vorgang läuft nicht über die direkte Ionisation der Beimischung (Ar oder Hg) durch Elektronenstoß, da die Wahrscheinlichkeit derartiger Stöße infolge der geringen Konzentration der Beimischung klein ist, sondern er erfolgt im Ergebnis der Stöße zweiter Art. Tatsächlich ist U_i [Ne] = 21,5 V, U_{a1} [Ne] =

---

1) Bei niedrigem Druck ($p \leqq 1\,\mu$ Hg) ist der Photostrom, nach BIBERMANN und GUREWITSCH [V—129] direkt proportional der Bestrahlungsintensität. Deshalb erklären diese Verfasser den Photostrom anders, und zwar als Abreißen von Elektronen aus der Kathode durch Metastabile (s. § 46).

$= 16{,}5$ V, U_i [Ar] $= 15{,}7$ V; deshalb können Elektronen mit einer Energie von 16,5 eV eine Ionisation der Ar-Atome nach dem Schema

$$\mathrm{Ne} + 16{,}5\ \mathrm{eV} \rightarrow \mathrm{Ne}'\ ^{1)}; \quad \mathrm{Ne}' + \mathrm{Ar} \rightarrow \mathrm{Ne} + \mathrm{Ar}^+ + e$$

hervorrufen. Bei Bestrahlung des Entladungsraums mit der gelben Ne-Linie wird diese von den metastabilen Ne-Atomen absorbiert und überführt sie in einen Zustand, von dem sie durch Strahlung in den Grundzustand übergehen können. Dieses übliche Verfahren zur Herabsetzung der Konzentration von metastabilen Atomen führt in diesem Falle zu einer Steigerung der Zündspannung. Das beweist einen Zusammenhang zwischen den beiden Fakten. Ähnliche Erscheinungen beobachtete KLARFELD [V — 104a] in Helium und Argon bei Anwesenheit von Quecksilberdämpfen.

Es wurden auch andere Erscheinungen beim elektrischen Strom durch Neon mit einer Beimischung gefunden, die durch die Ionisation der Beimischung infolge von Stößen zweiter Art ihrer Atome mit den metastabilen Neonatomen erklärt werden können: eine Herabsetzung der elektrischen Feldstärke in der positiven Säule der Glimmentladung in Neon bei Quecksilberzusatz und eine Herabsetzung der Elektronentemperatur im Neon bei Argonzusatz[2]). Eine Zusammensetellung der Angaben über diese Erscheinungen siehe in der Übersicht von SAIZEW und REICHRUDEL [V — 83].

KRUITHOFF und PENNING [X — 12] bestimmten bei der Untersuchung des unselbständigen Stromes in einem Ne + Ar-Gemisch den Ionisierungskoeffizienten $\eta = \frac{\alpha}{E}$ und berechneten hieraus die Übergangswahrscheinlichkeit des angeregten Neonatoms in den metastabilen Zustand mit darauffolgender Ionisation des Beimischungsatoms unter den gegebenen Strombedingungen. Es stellte sich heraus, daß diese Wahrscheinlichkeit nicht nur von den Atomfunktionen bestimmt wird, sondern auch von der Konzentration der Beimischung, der relativen Atomgeschwindigkeit u. a. (eingehender siehe Kapitel X).

Irgendwelche Angaben über den Wirkungsquerschnitt des Ionisationsprozesses durch Stöße zweiter Art sind uns nicht bekannt. Aus allgemeinen Überlegungen heraus kann man nur behaupten, daß er groß sein muß, wenn die Anregungsenergie des Moleküls und die Ionisierungsenergie des anderen etwa den gleichen Wert haben (Resonanzfall; vgl. die Erscheinung der Ionenumladung, die in § 20 besprochen wurden).

§ 32. Die Photoionisation

Die Ionisation von Molekülen bei der Absorption eines Strahlungsquants, die Photoionisation, kann auf direktem Wege, nach der Gleichung

(32,1) $$\mathrm{M} + h\nu \rightarrow \mathrm{M}^+ + e$$

vor sich gehen oder stufenweise in zwei aufeinanderfolgenden Prozessen:

(32,2) $$\mathrm{M} + h\nu \rightarrow \mathrm{M}', \quad \mathrm{M}' + h\nu \rightarrow \mathrm{M}^+ + e.$$

---

[1]) Der Elektronenstoß kann unmittelbar zur Anregung eines instabilen Niveaus führen, von welchem das Atom durch einen geringen Energieverlust auf ein metastabiles Niveau übergeht; darum kann dieser Prozeß in zwei Stadien vor sich gehen.

[2]) Diese Erscheinungen werden im zweiten Band, in dem Abschnitt, der dem stationären Strom gewidmet ist, betrachtet.

Die minimale (kritische) Frequenz ν_0 der Strahlung, bei der noch eine direkte Photoionisation möglich ist, wird durch die Bedingung

$$h\nu_0 = e_0 U_i, \tag{32,3}$$

bestimmt, woraus $\lambda_0 = \frac{c_0 h}{e_0 U_i}$ oder $\lambda_0\,(\text{Å}) = \frac{12350}{U_i\,(\text{V})}$ folgt. Die Werte λ_0 sind für einige Moleküle in der Tabelle 5 (S. 483) angeführt. Für alle Gase, mit Ausnahme der Alkalidämpfe, liegt die Grenze der Photoionisation im fernen Ultraviolett des Spektrums.

Bei der Photoionisation wird zum Unterschied von der Photoionenstreuung durch freie Elektronen das einfallende Strahlungsquant ganz absorbiert, deshalb verteilt sich seine Energie und sein Impuls zwischen den Photoelektronen und Ionen:

$$h\nu = \frac{1}{2} m_e c_e^2 + \frac{1}{2} m_p c_p^2, \tag{32,4}$$

$$\frac{h\nu}{c_0^2}\mathbf{c}_0 = m_e\mathbf{c}_e + m_p\mathbf{c}_p. \tag{32,5}$$

Hierbei sind die Bewegungsrichtungen des Elektrons und des Ions beinahe entgegengesetzt, und die Energie $h\nu$ geht fast vollständig auf das Elektron über. Eliminiert man nämlich $h\nu$, so findet man im Fall $\mathbf{c}_e \uparrow\downarrow \mathbf{c}_p$:

$$\frac{m_p c_p}{m_e c_e} = \frac{c_0 - \frac{1}{2} c_e}{c_0 - \frac{1}{2} c_p}$$

und das ist von der Größenordnung 0,5 — 1, d. h. $m_p c_p \cong m_e c_e$; hieraus folgt, daß

$$\frac{1}{2} m_p c_p^2 \ll \frac{1}{2} m_e c_e^2 \text{ und}$$

$$\frac{1}{2} m_e c_e^2 \cong h\nu. \tag{32,4'}$$

Wir bestimmen die Wahrscheinlichkeit für die Photoionisation eines Atoms. Der Strahlungsfluß mit Frequenzen von ν bis $\nu + d\nu$ und der Intensität $I_\nu\, d\nu\, d\omega$ durchlaufe eine Stoffschicht der Dicke dz mit einer Konzentration n_g von Atomen im Grundzustand. Hierbei ist die Energiemenge, die in 1 sec absorbiert wird, gleich $k_\nu I_\nu\, n_g d\nu\, d\omega\, dz$, wo k_ν der monochromatische Absorptionskoeffizient des Atoms ist. Ist $\nu > \nu_0$, so ruft jedes absorbierte Quant die Ionisation eines Atoms hervor. Die Anzahl solcher Vorgänge in 1 sec ist gleich $\frac{k_\nu I_\nu n_g\, d\nu\, d\omega\, dz}{h\nu}$. Teilt man diese Zahl der Ionisationsakte durch die Zahl der Atome in der betrachteten Schicht ($n_g\, dz$) und durch die Zahl der Quanten, die 1 cm² pro sec passieren: $\frac{I_\nu d\nu\, d\omega}{h\nu}$, so findet man, daß k_ν die Ionisierungswahrscheinlichkeit für ein Atom durch den Strahlungsfluß der Frequenz ν und der Intensität 1 Quant/cm² · sec · steradian ist.[1])

---

[1]) Die Ionisierungswahrscheinlichkeit für ein Atom bei einer Strahlungsintensität $I_\nu d\nu = 1$ ist $B_\nu = \frac{k_\nu}{h\nu}$. Diesen Koeffizienten B_ν bezieht man oft nicht auf die Einheit der Intensität, sondern auf die Einheit der Strahlungsdichte.

Die Richtung des Elektronenflusses zur Richtung des Lichtstroms werde wie üblich durch die Winkel ϑ und ψ bestimmt. Die Wahrscheinlichkeit für die Emission eines Photoelektrons innerhalb des Raumwinkels $d\omega = \sin\vartheta\, d\vartheta\, d\psi$ kann man schreiben: $\varkappa_\nu(\vartheta, \psi)\, d\omega$, hierbei ist

$$(32,6) \qquad \int_{\vartheta=0}^{\pi} \int_{\psi=0}^{2\pi} \varkappa_\nu(\vartheta, \psi) \sin\vartheta\, d\vartheta\, d\psi = k_\nu .$$

Es ist offensichtlich, daß $\varkappa_\nu(\vartheta, \psi)$ dieselbe Rolle spielt wie $\sigma(c, \vartheta, \psi)$ bei dem Stoß geladener Teilchen und k_ν die von $s(c)$. Man kann $\varkappa_\nu(\vartheta, \psi)$ den differentiellen Querschnitt für die Photoionisation eines Atoms nennen und k_ν den Gesamtquerschnitt für Photoionisation.

Die Form der Funktion $\varkappa_\nu(\vartheta, \psi)$, die die Winkelverteilung der Photoelektronen ausdrückt, muß sich von der für die Verteilung der Sekundärelektronen bei der Stoßionisation durch geladene Teilchen stark unterscheiden: Die Sekundärelektronen sind homogen über alle ψ bezüglich des Primärstrahls verteilt und annähernd homogen über die Winkel ϑ (s. § 27). Für die Photoelektronen spielt die Flugrichtung der Photonen keine wesentliche Rolle, solange $h\nu \lessdot 10^4$ eV ist, da hierbei $\frac{h\nu}{c_0} \ll m_e c_e$ ist, eine große Rolle aber spielt die Polarisationsrichtung der ionisierenden Strahlung. Wie die quantenmechanische Theorie der Erscheinung zeigt, ist die Emissionswahrscheinlichkeit der Photoelektronen in einer Richtung, die mit der Richtung des elektrischen Vektors der einfallenden Strahlung den Winkel Θ bildet, proportional zu $\cos^2\Theta$ [III—5, IV—10, V—105, 106, 107, 108]; folglich muß das Emissionsmaximum der Photoelektronen in der Richtung des elektrischen Vektors liegen.[1]) Bei unpolarisierter Strahlung muß die Photoelektronenverteilung bezüglich der Richtung des Lichtstroms symmetrisch sein mit einem Maximum in der Schwingungsebene.

Für den Gesamtquerschnitt der Photoionisation (k_ν) führt die Theorie im Falle des Wasserstoffatoms zu dem Ausdruck

$$(32,7) \qquad k_\nu = \frac{2^8 \pi e_0^2}{3 m_e c_0} \frac{\nu_0^3}{\nu^4} \frac{\exp\left(-4\sqrt{\frac{\nu_0}{\nu-\nu_0}} \operatorname{arcctg} \sqrt{\frac{\nu_0}{\nu-\nu_0}}\right)^{2)}}{1-\exp\left(-2\pi\sqrt{\frac{\nu_0}{\nu-\nu_0}}\right)} .$$

Seinen Maximalwert erreicht k_ν bei $\nu = \nu_0$:

$$(32,8) \qquad (k_\nu)_{\max} = \frac{2^8 \pi e_0^2}{3 m_e c_0} e^{-4} \frac{1}{\nu_0} = \frac{4{,}2 \cdot 10^{-2}}{\nu_0} .$$

Da $\nu_0 \sim 10^{15}\ \mathrm{sec}^{-1}$ ist, ist $(k_\nu)_{\max} \sim 10^{-17} - 10^{-16}\ \mathrm{cm}^2$. Mit wachsender Frequenz muß k_ν schnell abnehmen; unter Benutzung verschiedener Näherungen der

---

[1]) Beim Übergang zu sehr großen Photonenenergien verschiebt sich dieses Maximum in der Strahlungsrichtung [V—108]; dieser Fall überschreitet jedoch die thematischen Grenzen dieses Buches.

[2]) Es fällt nicht schwer, sich zu überzeugen, daß $\sqrt{\frac{\nu_0}{\nu-\nu_0}} = \frac{c_H}{c}$ ist, wo c_H die Geschwindigkeit eines Elektrons ist, dessen Energie gleich $h\nu_0$ ist und c die Geschwindigkeit des Photoelektrons, das durch das Quant $h\nu$ befreit wurde.

Formel (32,7) kann man zeigen, daß nahe bei der Absorptionsgrenze $(\nu - \nu_0 \ll \nu_0)$ $k_\nu \div \nu^{-\frac{8}{3}}$ ist; weiterhin bei $(\nu - \nu_0 \sim \nu_0)$ ist $k_\nu \div \nu^{-3}$; schließlich, wenn $(\nu - \nu_0 \gg \nu_0)$ ist, ist $k_\nu \div \nu^{-\frac{7}{2}}$.

In der Literatur wird über experimentelle Untersuchungen der Photoionisation von Gasen durch Strahlung mit einer Frequenz nahe bei der Ionisierungsgrenze (durch ultraviolette Strahlen), durch Röntgenstrahlen und α-Strahlen berichtet. Wir verweilen bei der ersten Gruppe dieser Arbeiten. Die hier angewendete Untersuchungsmethodik ist recht verschiedenartig. Das untersuchte Gas kann entweder die gesamte Ionisierungskammer füllen oder sie in Form eines Molekularstrahls durchlaufen. Die Beleuchtung kann entweder mit einer äußeren Strahlungsquelle durch ein transparentes Fenster (Quarz, SiO_2, Fluorit, CaF_2) erfolgen, oder mit der Strahlung eines Teils desselben Gases, das sich in einem anderen Gebiet des Gefäßes befindet und in einem Bogen oder mit einem Elektronenstrahl angeregt wird. Im zweiten Fall befinden sich zwischen dem anregenden und ionisierten Volumen keine Wandungen, und es sind spezielle Maßnahmen notwendig, um das Eindringen von Ionen aus dem ersten Volumen in das zweite zu verhindern (ein elektrisches Feld, ein entgegengerichteter Gasstrom). Die durch Photoionisation entstehenden Ionen können unmittelbar von einer Elektrode der Ionisationskammer eingefangen werden; man kann jedoch auch die Methode der Kompensation der Elektronenraumladung (siehe § 29) benutzen, die eine große Verstärkung des zu messenden Stroms ergibt. Eine Übersicht über die Methoden und die Untersuchungsergebnisse verschiedener Verfasser findet man in den Arbeiten [V — 109, 110] und in dem Buch [V — 111, Kap. VII].

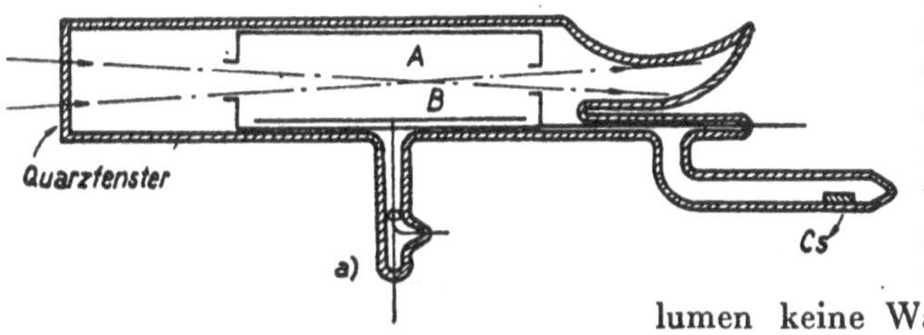

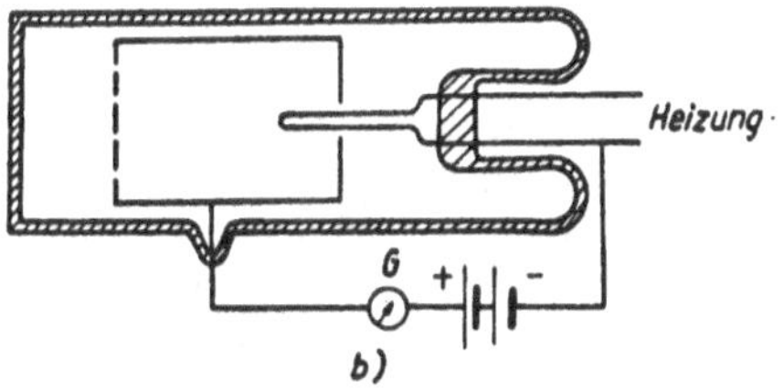

Abb. 131. Geräte zur Messung der Photoionisation in Alkalimetalldämpfen: a) zur absoluten Messung [V—124], b) zur Messung nach der Methode der Raumladungskompensation [V—112]

Die Winkelverteilung der Photoelektronen wurde bei der Ionisation eines Kaliumatomstrahls durch polarisiertes Licht $\lambda = 2400$ Å untersucht [V — 119]. Eine Drehung der Polarisationsebene des Lichtes bezüglich des Elektronenkollektors zeigte, daß die maximale Photoelektronenemission in Richtung des elektrischen Vektors des einfallenden Lichts erfolgt; die Intensität des Photoeffekts in anderen Richtungen (von $-90°$ bis $+90°$) ist in vollem Einvernehmen mit der Theorie proportional zu cos Θ. Ähnliche Ergebnisse erhielt man auch mit Röntgenstrahlen.

Die Wahrscheinlichkeit der Photoionisation als Funktion der Frequenz des einfallenden Lichtes ist von einer Reihe von Verfassern in Alkalidämpfen (K, Rb, Cs) untersucht worden [V — 112, 113, 124]. Relative Messungen der Ionisation wurden nach der Methode der Raumladungskompensation vorgenommen (das Schema der Apparatur siehe in Abb. 131 b). Absolutmessungen der k_ν-Werte für bestimmte Frequenzen wurden von MOHLER und anderen Forschern durchgeführt, und zwar mit dem in Abb. 131 a dargestellten Gerät [V — 124]. Das schmale Lichtbündel einer Quecksilberlampe wird durch ein möglichst monochromatisches Filter geschickt und im Zentrum der Ionisierungskammer A fokussiert; die positiven Ionen werden von der Platte B eingefangen, an die eine Spannung bis zu — 10 V bezüglich der Kammer gelegt werden kann. Die Intensität der einfallenden Strahlung wird mit einer Thermosäule gemessen. In Abb. 132 sind die $k\,(\lambda)$-Kurven für Rubidium angeführt, in Abb. 133 diejenigen für Caesium. Die Maximalwerte von

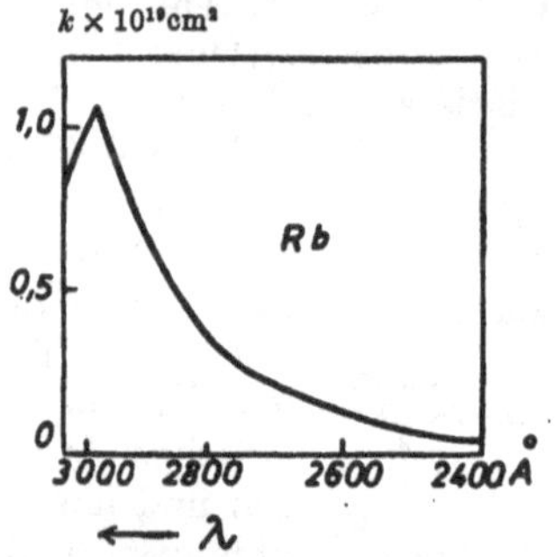

Abb. 132. Photoionisation von Rubidiumdampf jenseits der Seriengrenze [V—113]

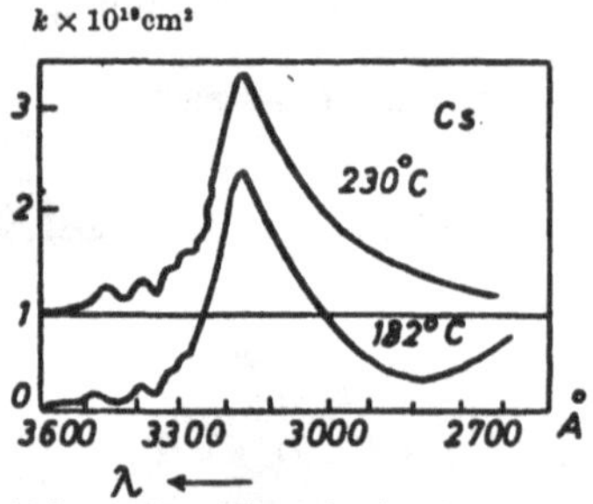

Abb. 133. Photoionisation von Caesiumdampf [V—100]

k bei $\nu = \nu_0$ sind: bei Caesium $k_{max} = 2{,}3 \cdot 10^{-19}$ cm², bei Rubidium $k_{max} = 1{,}1 \cdot$ $\cdot\, 10^{-19}$ cm². Diese Werte sind um zwei Größenordnungen kleiner als die theoretischen Werte (32,8), die für ein wasserstoffähnliches Atom errechnet werden. Die Abhängigkeit des k von ν bei $\nu > \nu_0$ entspricht ebenfalls nicht der Theorie. Die Funktion fällt bedeutend steiler; man kann sie nach [V — 111] befriedigend durch die halbempirische Formel

$$k_\nu = \frac{\text{const.}}{\nu^2\,(\nu - \nu_0)} \tag{32,9}$$

darstellen. Die Existenz des Minimums für Cs bei $\lambda \sim 2800$ Å, das auf der Abb. 133 zu bemerken ist, wurde im Schrifttum bestritten [V — 115], bestätigte sich aber bei anderen Versuchen [V — 116, 117].

Wie man der Abb. 133 entnimmt, wird Photoionisation bei Caesium auch bei Bestrahlung mit Licht der Frequenz ν_0 beobachtet[1]) [V — 100]. Es hat sich gezeigt, daß die Photoionisation durch Absorption der Spektrallinien hervorgerufen wird, die der Hauptserie des Caesiums $6s\,^2S_{\frac{1}{2}} - np^2\,P_{\frac{1}{2},\frac{3}{2}}$ bei $n = 6, 7, \dots 18$ entsprechen. Die Unabhängigkeit der Ionisierungsausbeute von der Gastemperatur und dem angelegten elektrischen Feld sowie die lineare Abhängigkeit der Ausbeute von der Lichtintensität und dem Druck können als Ergebnis eines zweistufigen Prozesses erklärt werden: zu Beginn findet eine Photoanregung statt, dann ein Zusammenstoß des angeregten Atoms mit einem normalen. Er führt zur Ionisation

[1]) Bei Caesium entspricht die Seriengrenze einem $\lambda_0 = 3184$ A.

entweder auf Kosten der kinetischen Energie oder infolge der Bildung eines Molekülions Cs_2^+ mit herabgesetzter Ionisierungsspannung.

In Kaliumdampf wurden vollkommen andere Gesetzmäßigkeiten gefunden (Abb. 134). Die Angaben verschiedener Experimentatoren widersprechen sich. Nach [V—113, 126] steigt k_ν monoton, angefangen von der Seriengrenze, nach anderen [V—115, 118] besitzt es im Gegenteil zwei Maxima, ein kleineres an der Seriengrenze (2856 Å) und ein größeres bei 2340 Å. Zweifellos steigt jedoch im Gebiet von 2700 bis 2400 Å die Ionisationsausbeute um ein Vielfaches an. Absolutwerte liegen für Kalium nicht vor.

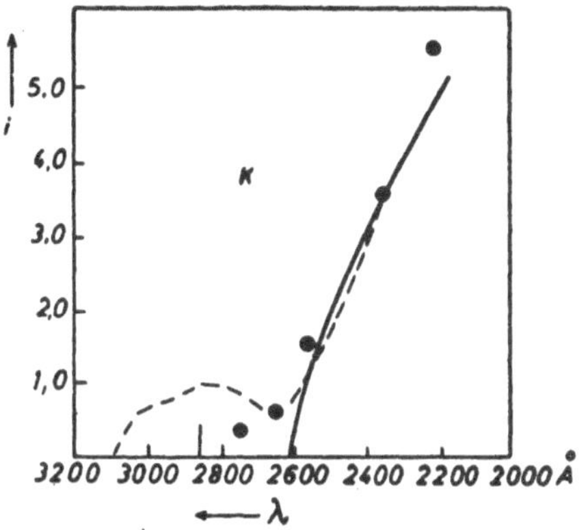

Abb. 134. Photoionisation von Kaliumdampf; ausgezogene Kurve nach Angaben von [V—126], gestrichelte Kurve nach Angabe von [V—118], Punkte nach den Angaben von [V—113]

Für andere Gase fehlen nicht nur Absolutwerte für die Photoionisationswahrscheinlichkeit, sondern auch der Verlauf der Abhängigkeit $k(\nu)$ ist unbekannt. Darüber hinaus ist sogar die Frequenzgrenze für die Photoionisation nur in den wenigsten Fällen ermittelt worden. So fanden mehrere Autoren besonders [V—127], die Grenze für die Photoionisation von Luft durch ultraviolette Strahlen zwischen 1250 Å und 1450 Å[1]); hierbei wird offenbar hauptsächlich Stickstoff ionisiert. Die erwartete Ionisierungsgrenze von O_2 liegt bei viel kleineren Wellenlängen (900 Å) und die von N_2 noch tiefer (760 Å). Man ist deshalb versucht anzunehmen, daß die beobachtete Photoionisation der Luft ein Stufenprozeß ist, seine Form ist jedoch nicht bekannt.

MOHLER [V—120] beobachtete die Photoionisation einer Reihe Gase (Ne, Ar, Cs, K) durch die eigene Strahlung, die bei der Anregung eines verdünnten Gases durch Elektronenstöße am anderen Rohrende entsteht. Hierbei hat sich gezeigt, daß eine Strahlung mit Bogenspektrum (die Energie der anregenden Elektronen ist kleiner als $e_0 U_i$) eine schwache Ionisation hervorruft, während eine Strahlung mit Funkenspektrum (die Elektronenenergie ist größer als $e_0 U_i$) viel stärker wirkt. Das ist auch zu erwarten, da beim Bogenspektrum nur Quanten mit einer Energie $< h\nu_0$ emittiert werden können und die Photoionisation nur stufenweise vor sich gehen kann; beim Funkenspektrum sind angeregte Ionen vorhanden, die Quanten $> h\nu_0$ ausstrahlen können, und daher ist eine direkte Ionisation möglich.

Es ist ebenfalls zu verstehen, weshalb MOHLER in Wasserstoff, wo keine Funkenlinien auftreten können, mit dieser Methode keinerlei Photoionisation gefunden hat. Die Ionisation von Wasserstoff durch seine eigene Strahlung konnte man nur unter Bedingungen beobachten, die sich sehr von den Bedingungen der Mohlerschen Versuche unterscheiden [V—121]: Gasdruck $p = 1$ atm, die Strahlung kommt von einer Entladung zwischen Spitzen bei einer Stromstärke von einigen mA. Unter diesen Bedingungen ist eine Strahlung durch das Gas mit Rekombinations-

[1]) S. hierüber [0—2, Kap. VII] und [V—111, Kap. VII, § 10].

leuchten möglich, dessen Quantenenergie $\geqslant h\nu_0$ ist; außerdem sind kumulative Prozesse im bestrahlten Teil des Gases denkbar.

Die Bedeutung der Ionisation des Gases durch die eigene Strahlung für den Zündprozeß der Hochdruckentladung ist durch viele Versuche nachgewiesen worden. Dazu gehören auch die schönen Versuche von RAETHER mit der Wilsonkamera [V—128] (s. auch [0—2, Kap. VII]). Daten für ν_0 und k_ν haben diese Versuche nicht ergeben.

Unbestreitbare Daten für die Existenz der Photoionisation und für die Grenzfrequenz bei einer Reihe von Molekülen fand TERENIN [V—122] (TlJ, TlBr, TlCl, AgJ, PbJ_2, $PbCl_2$, BiJ_3-Dampf). Doch auch hier fehlen Angaben über die Wahrscheinlichkeit der Photoionisation. Somit sind die oben angeführten Daten für k_ν bei Cs und Rb vorerst die einzigen in dem uns bekannten Schrifttum.

KAPITEL VI

Die Rekombination. Die Bildung negativer Ionen

§ 33. Die Arten der Rekombinationsprozesse

Die Neutralisation von Ladungsträgern geschieht im Gas selbst und an den angrenzenden Oberflächen der festen und flüssigen Körper. Bei niedrigem Druck spielt die Neutralisation an den Elektroden und Wandungen des Gefäßes die überwiegende Rolle; sie wird weiter unten betrachtet (Kap. VII, § 45). In diesem Kapitel behandeln wir die Neutralisation der Ladungen im Gas selbst. Sie erfolgt durch die Vereinigung von Ladungsträgern verschiedenen Vorzeichens zu neutralen Molekülen und wird allgemein als *Rekombination* bezeichnet. Man kann folgende wichtigsten Arten der Rekombination unterscheiden: 1. Die Rekombination eines positiven Ions mit einem Elektron, die mit Strahlung verbunden ist oder im Dreierstoß erfolgt (mit einem zweiten Elektron, mit einem zweiten Ion, mit einem neutralen Molekül); 2. die Rekombination eines positiven Ions mit einem negativen Ion unter Bildung eines angeregten Moleküls, mit Strahlung, im Dreierstoß.

Jeder von diesen Prozessen stellt die Umkehrung des entsprechenden Ionisationsprozesses dar. Zum Unterschied von der Ionisation erfolgt die Rekombination unter Energieabgabe; das resultierende System besitzt eine kleinere innere Energie als das Ausgangssystem. Deshalb können die Prozesse bei einer beliebig kleinen kinetischen Energie der wechselwirkenden Teilchen auftreten; sie sind sogar am wahrscheinlichsten gerade bei der allerlangsamsten Bewegung dieser Teilchen. Die Wahrscheinlichkeit für diese Prozesse kann man in einer Reihe von Fällen auf Grund der Beziehung zwischen den Wahrscheinlichkeiten der direkten und Umkehrprozesse oder des Prinzips des detaillierten Gleichgewichts (§ 14) abschätzen.

Ein Vergleich der Angaben über die Wahrscheinlichkeit für die verschiedenen Rekombinationsarten zeigt, daß die Rekombination zwischen Ionen in vielen Gasen bedeutend wahrscheinlicher ist als die Elektronenrekombination. Deshalb betrachten wir in den §§ 36, 37 eingehend die Vorgänge der Bildung negativer Ionen, im § 38 ihren Zerfall.

Die experimentellen Angaben über die Elementarprozesse der Rekombination und der Bildung negativer Ionen sind sehr dürftig.

§ 34. Die Rekombination positiver Ionen mit Elektronen

Ein Elektron, daß in kleinem Abstand an einem positiven Ion vorbeifliegt, wird von diesem angezogen und kann von ihm eingefangen werden. Je nachdem, auf welchem Energieniveau das von dem Ion eingefangene Elektron sich befindet,[1])

[1]) Hier und im weiteren werden einfach geladene Ionen vorausgesetzt.

bildet sich entweder ein normales oder ein angeregtes Molekül. Beim Einfang des Elektrons auf das Niveau U_a vermindert sich die Quantenenergie des Systems um $e_0(U_i - U_a)$. Aus dem Energieerhaltungs- und dem Impulssatz folgt, daß diese Energie nicht als kinetische Energie des entstandenen neutralen Moleküls auftreten kann. Unter der Voraussetzung, daß die Rekombination nach dem allereinfachsten Schema

$$M^+ + e \rightarrow M \tag{34,1}$$

erfolgt, müssen wir zwei Gleichungen (in Komponenten vier Gleichungen)

$$\frac{1}{2} m_i c_i^2 + \frac{1}{2} m_e c_e^2 + e_0 U_i = \frac{1}{2}(m_i + m_e)\, c_g^2 + e_0 U_a, \tag{34,2}$$

$$m_i \mathbf{c}_i + m_e \mathbf{c}_e = (m_i + m_e)\, \mathbf{c}_g, \tag{34,3}$$

für die Geschwindigkeit $\mathbf{c}_g$ des Moleküls schreiben. Da die Zahl der Gleichungen größer ist als die Zahl der Unbekannten, so haben sie im allgemeinen keine Lösung. Wir bemerken noch hierzu, daß der Prozeß (34,1), wenn er überhaupt existierte, die Umkehrung eines vollkommen unrealen Prozesses wäre, nämlich der spontanen Ionisation eines Moleküls auf Kosten seiner eigenen kinetischen Energie. In Wirklichkeit geht die bei der Rekombination frei werdende Energie entweder in die Energie eines Lichtquants über (Strahlungsrekombination), oder sie wird bei einem Dreierstoß auf ein fremdes Teilchen übertragen.

1. Strahlungsrekombination. *Die Strahlungsrekombination* ist der Umkehrprozeß der Photoionisation, sie erfolgt nach dem Schema:

$$M^+ + e \rightarrow M + h\nu. \tag{34,4}$$

Die Energiebilanz wird in diesem Prozeß durch die Gleichung

$$\frac{1}{2} m_i c_i^2 + \frac{1}{2} m_e c_e^2 + e_0 U_i = \frac{1}{2}(m_i + m_e) \cdot c_g^2 + e_0 U_a + h\nu \tag{34,5}$$

ausgedrückt.

Wenn wir die Differenz $\frac{1}{2} m_g c_g^2 - \frac{1}{2} m_i c_i^2 \cong \frac{1}{2} m_g (c_g^2 - c_i^2)$ gegenüber den anderen Gliedern vernachlässigen, finden wir für die Energie des Quants

$$h\nu \cong e_0 (U_i - U_a) + \frac{1}{2} m_e c_e^2. \tag{34,6}$$

Da $\frac{1}{2} m_e c_e^2$ beliebige Werte haben kann, so bestimmt (34,6) eine kontinuierliche Frequenzfolge, die sich an die Frequenz $\frac{e_0}{h}(U_i - U_a)$ anschließt, d. h. an die Grenze der Serie mit dem unteren Niveau U_a.

Ein derartiges Spektralband bildet das sogenannte *Grenzkontinuum*, das sich an die Grenze jeder Serie anschließt; die Gesamtheit aller derartigen Bänder ergibt das gesamte Spektrum des Rekombinationsleuchtens.

Die durch die Gleichung (34,3) ausgedrückte Impulsbilanz bleibt praktisch unverändert, da man den Impuls des Quants unberücksichtigt lassen kann. Da $m_e c_e \ll m_i c_i$ ist, reduziert sich die Gleichung (34,3) auf $\mathbf{c}_g \cong \mathbf{c}_i$; das Molekül bewegt sich nach der Anlagerung des Elektrons annähernd ebenso, wie bis zur Rekombination. Damit ist die oben gemachte Vernachlässigung der Größe $\frac{1}{2} m_i (c_g^2 - c_i^2)$ gerechtfertigt.

Die Wahrscheinlichkeit für den Strahlungseinfang eines schnellen Elektrons durch ein Ion $\left(\frac{1}{2} m c_e^2 \gg e_0 U_i\right)$ wurde nach den Methoden der Wellenmechanik berechnet [IV — 3]; der Fall langsamer Elektronen ist ebenfalls in einer Reihe von Arbeiten betrachtet worden [VI — 2, 4, 5 und IV — 10 (§ 48 c)]. Unter den Bedingungen des Stroms im Gas ist vornehmlich der zweite Fall von Interesse. Wird das langsame Elektron auf ein Niveau eingefangen, dessen Ionisationsenergie $h\nu_0$ beträgt, so ist der Wirkungsquerschnitt eines solchen Prozesses

(34,7) $$s_r^{rad} = \frac{2^7 \pi e_0^2 h}{3 m^2 c_0^3} \frac{\nu_0^3}{\nu^2 (\nu - \nu_0)} \frac{\exp\left[-4\sqrt{\frac{\nu_0}{\nu - \nu_0}} \operatorname{arctg} \sqrt{\frac{\nu - \nu_0}{\nu_0}}\right]}{1 - \exp\left[-2\pi \sqrt{\frac{\nu_0}{\nu - \nu_0}}\right]}.$$

Vergleichen wir diesen Ausdruck mit der Formel (32,7) für den Querschnitt der Photoionisation k_ν, so finden wir, daß die beiden proportional sind:

(34,8) $$k_\nu = C s_r^r \frac{\nu - \nu_0}{\nu^3}, \quad C = \frac{2 m c_0^2}{h};$$

Für $B_\nu = \frac{k_\nu}{h\nu}$ [1]) finden wir eine ähnliche Beziehung:

(34,9) $$B_\nu = C' s_r^r \frac{\nu - \nu_0}{\nu^3}, \quad C' = \frac{2 m c_0^2}{h^2}.$$

Es wurde auch gezeigt, daß die Existenz einer ähnlichen Beziehung für jedes Atom und nicht nur für das Wasserstoffatom, aus dem Prinzip des detaillierten Gleichgewichts (§ 14) folgt, wenn man annimmt, daß außer der spontanen Rekombination noch eine *erzwungene Rekombination* existiert, die durch die Gegenwart der Rekombinationsstrahlung bedingt und deren Dichte proportional ist [VI — 7] (s. Anmerkung 8).

Für sehr langsame Elektronen $\nu - \nu_0 \ll \nu_0$ ist $\nu \approx$ const.; die Formel (34,7) zeigt, daß in diesem Fall $s_r^r \div (\nu - \nu_0)^{-1}$, d. h. der kinetischen Energie des eingefangenen Elektrons umgekehrt proportional ist. Die absoluten Werte des Rekombinationsquerschnitts eines Ions für den Einfang eines Elektrons auf verschiedene Niveaus sind folgende:

Querschnitt für den Einfang eines Elektrons durch ein H^+-Ion (10^{-5} Å^2) mit Strahlung

K_e (eV)	0,13	0,28	0,54	0,85	1,5	3,4	13,5
$n = 1$	16,6	8,10	4,04	2,58	1,41	0,59	0,10
$n = 2$	8,9	4,24	2,05	1,22	0,614	0,21	0,022
$n = 3$	5,9	2,70	1,22	0,67	0,309	0,088	0,007
Alle Niveaus	53,7	23,0	(≈10)	(≈6)	(≈3)	(≈1)	0,13

[1]) Siehe die Fußnote auf S. 185.

Die ersten beiden Spalten der Tabelle sind [VI — 2] entnommen, die übrigen [IV — 6]. Der Querschnitt des Einfangs mit Strahlung nimmt mit zunehmenden n und k_e schnell ab. Bei Einfang auf das Niveau $n = 1$ ist s_r^r (Å²) $= 2{,}15 \cdot 10^{-1} K_e^{-1}$ (eV). Für höhere Niveaus nimmt K_e schneller ab als K_e^{-1}; deshalb wächst die relative Rolle der höheren Niveaus bei Verminderung der Elektronengeschwindigkeit, und der Gesamtquerschnitt der Rekombination wächst schneller als K_e^{-1} (Abb. 135). Hieraus folgt, daß bei der Rekombination sehr langsamer Elektronen das abgestrahlte Spektrum reich an Linien sein muß, welche den Übergängen zwischen hohen Niveaus entsprechen. In den Arbeiten [VI — 1,2] ist auch der Querschnitt der spontanen Rekombination des O^+-Ions berechnet worden. Hierbei wurde s_r^r für das Grundniveau neu berechnet; es wurde gefunden $s_{r(n=1)}^r = 0{,}86 \cdot 10^{-5} K_e^{-1}$ (eV); für hohe Niveaus wurde angenommen, daß s_r^r der gleiche ist wie beim H^+-Ion.

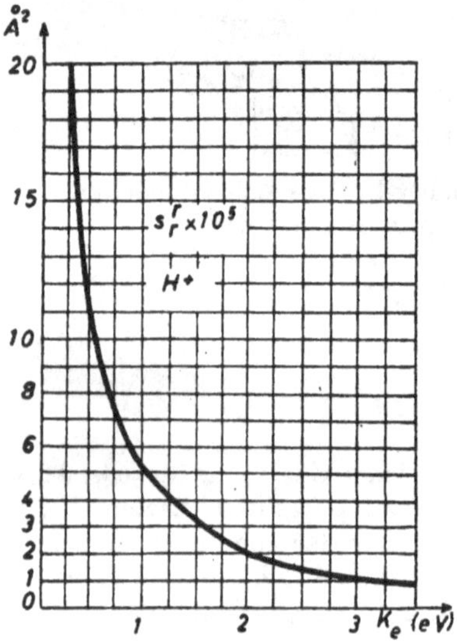

Abb. 135. Querschnitt für die spontane Rekombination (mit Strahlung) eines Ions und eines Elektrons

Die experimentellen Angaben zu dieser Frage sind äußerst spärlich. Für die Bestimmung von s_r^r können nur die Absolutmessungen der Intensität des Rekombinationsleuchtens herangezogen werden, die durch Daten über die Konzentration und die Geschwindigkeitsverteilung der Elektronen vervollständigt werden müssen, da Messungen der Entionisierungsgeschwindigkeit und andere Bestimmungsarten des Koeffizienten der Elektronenrekombination keine Möglichkeiten bieten, den Strahlungseinfang eines Elektrons durch ein Ion von der Rekombination im Dreierstoß zuverlässig zu unterscheiden.

Mohler [VI — 8] hat die Intensität der Rekombinationsstrahlung eines elektrischen Bogens in Caesiumdampf bei einem Druck von 0,78 μ bis 290 μ Hg gemessen. Das Spektrum der in Richtung der Bogenachse emittierten Strahlung wurde photographiert und die kontinuierlichen Bereiche, die den Niveaus 6 P und 5 P entsprechen, ausphotometriert. Gleichzeitig wurden nach der Sondenmethode die Konzentration und die Elektronentemperatur in der Bogenachse (n_e und U_e) gemessen. Zwischen diesen Größen s_r^r und der Strahlungsintensität besteht eine einfache Beziehung. Der von 1 cm³ Gas emittierte Rekombinationsstrahlungsfluß im Frequenzintervall $d\nu$ beträgt

$$\Phi(\nu)\, d\nu = h\nu n_e n_p s_r^r(c)\, c\, F(c)\, dc.$$

Ist $n_e = n_p$ und gehorchen die Elektronengeschwindigkeiten einer Maxwellverteilung, so ist

$$\frac{1}{\nu}\,\Phi(\nu) = b n_e^2 \exp\left(-\frac{U}{U_e}\right) U_e^{\frac{3}{2}}\, U s_r^r(U); \quad U = \frac{1}{2}\,\frac{mc^2}{e_0}.$$

Nach (34,7) kann man bei $\nu = \nu_0$ annehmen $s_r^r \div \nu^{-2}(\nu - \nu_0)^{-1} \div \nu^{-2} U^{-1}$.

Wenn wir die Variable ν durch λ ersetzen finden wir

$$\lambda \Phi(\lambda) = b' n^2 e^{-\frac{U}{U_e}} U_e^{\frac{3}{2}}. \qquad (34{,}10)$$

Für zwei Wellenlängen λ_1 und λ_2, die den Energien U_1 und U_2 entsprechen, finden wir aus (34,10) die Beziehung

$$\frac{U_2 - U_1}{\ln(\lambda_1 \Phi_1) - \ln(\lambda_2 \Phi_2)} = U_e. \qquad (34{,}11)$$

Diese Beziehung gestattet es, die Elektronentemperatur aus einer Messung der Strahlungsintensität bei zwei Frequenzen innerhalb eines kontinuierlichen Bereichs zu bestimmen. Die Ergebnisse derartiger Messungen, die in Cs-Dampf durchgeführt wurden, stimmten mit den Ergebnissen der Sondenmessungen überein. Hieraus folgt, daß s_r^r tatsächlich proportional $\nu^{-2} \cdot (\nu - \nu_0)^{-1}$ ist. Weiterhin zeigte die Untersuchung der Abhängigkeit des $\Phi(\lambda)$ von den Bedingungen im Gas (der Stromstärke, dem Gasdruck), daß bei $p \leqslant 3\,\mu$ Hg $\Phi(\lambda) \div n_e^2$ und in Übereinstimmung mit (34,10) von p fast unabhängig ist. Das berechtigt wiederum zu der Annahme, daß tatsächlich die spontane Rekombination beobachtet wird und die erhaltenen Daten zur Bestimmung der absoluten Werte von s_r^r benutzt werden können. Bei dem Strahlungseinfang von Elektronen mit einer Energie von 0,3 eV beträgt $s_r^r = 1{,}7 \cdot 10^{-21}$ cm^2. Beim Vergleich mit der oben angeführten Tabelle, die sich auf den Einfang eines Elektrons durch ein H^+-Ion bezieht, muß berücksichtigt werden, daß die „effektive" Quantenzahl des $6P$-Niveaus von Calium $n^* = 2{,}35$ ist; man kann eine Übereinstimmung in der Größenordnung feststellen (sie unterscheiden sich annähernd um das Zweifache).

Bei $p > 3\,\mu$ Hg steigt die Lichtintensität stark mit dem Druck; zu gleicher Zeit wird die Abhängigkeit von n_e schwächer als n_e^2. Man kann diese Ergebnisse durch die Annahme des Auftretens einer erzwungenen Strahlungsrekombination bei Dreierstoß mit einem neutralen Atom erklären. Den Wirkungsradius eines solchen Stoßes kann man auf $6 \cdot 10^{-8}$ cm schätzen. Diese Hypothese darf man jedoch nicht als die einzig mögliche Erklärung der Versuchsergebnisse bei großem Druck betrachten.[1])

2. Die Rekombination im Dreierstoß. Im Rekombinationsprozeß kann das Ion und das Elektron mit einem dritten Teilchen in Wechselwirkung treten und ihm den Energieüberschuß übergeben. In diesem Fall erfolgt die Rekombination strahlungslos. Dieser Prozeß, die *Rekombination im Dreierstoß*, ist die Umkehrung der Stoßionisation. Das dritte Teilchen kann ein Elektron sein (ein zweites); dann verläuft der Prozeß nach dem Schema

$$M^+ + 2e \rightarrow M + e_0 \qquad (34{,}12)$$

und stellt den Umkehrprozeß der Ionisation durch Elektronenstoß dar. Wir bezeichnen die kinetische Energie der beiden Elektronen bis zur Rekombination mit U_1 und U_2, ausgedrückt in Elektronenvolt; die Energie des nach der Rekom-

[1]) Bedauerlicherweise gibt der Aufsatz von MOHLER kein genügendes Material für die Beurteilung der Genauigkeit aller Ergebnisse dieser Arbeit; insbesondere werden keine Angaben über die Strahlungsintensität gemacht; in der Methodik der Sondenmessungen kann man einen systematischen Fehler infolge der ungeeignet gewählten Sondenform (s. S. 308) vermuten.

bination übrig gebliebenen Elektrons mit U_0. Bei Vernachlässigung der Änderung der kinetischen Energie des Ions bei der Rekombination kann man schreiben

$$U_0 = U_1 + U_2 + U_i. \tag{34,13}$$

Zur Bestimmung der Wahrscheinlichkeit eines solchen Prozesses kann man die allgemeine Beziehung zwischen den Wahrscheinlichkeiten der direkten und Umkehrprozesse (14,1) benutzen. Als direkten Prozeß wählen wir die Ionisation eines Moleküls durch den Stoß eines Elektrons mit einer Energie zwischen U_0 und $U_0 + dU_0$, wobei ein Sekundärelektron mit einer Energie zwischen U_2 und $U_2 + dU_2$ entsteht. Die Wahrscheinlichkeit dieses Prozesses ist $w_i = c_0 s_i (U_0; U_2)\, dU_2$. Der Umkehrprozeß, die Rekombination im Dreierstoß wird durch die Gleichungen (34,12) und (34,13) bestimmt, d. h. das Ion rekombiniert mit einem Elektron, das eine Energie zwischen U_2 und $U_2 + dU_2$ besitzt, in Gegenwart eines Elektrons mit einer Energie zwischen U_1 und $U_1 + dU_1$, wo $U_1 = U_0 - U_2 - U_i$ ist. Infolgedessen wächst die Energie des Elektrons 1 auf einen Wert zwischen U_0 und $U_0 + dU_0$. Die Wahrscheinlichkeit für diesen Umkehrprozeß kann man nach (12,18) in der Form $c_1 c_2 s_r^{tr} (U_1; U_2)$ schreiben, wo $c_1 = \sqrt{2 \frac{e_0}{m} U_1}$ und $c_2 = \sqrt{2 \frac{e_0}{m} U_2}$ ist. Bezeichnen wir die statistischen Gewichte des Moleküls und des Ions mit g und g_p, die statistischen Gewichte der Elektronen nach der Formel (25,4) mit $g_e = \frac{8\pi m e_0}{h^3} \sqrt{2 m e_0 U}$ und setzen alle diese Ausdrücke in die allgemeine Beziehung (14,1) ein, so erhalten wir:

$$g \frac{8\pi m e_0}{h^3} \sqrt{2 m e_0 U_0}\, dU_0 \sqrt{2 \frac{e_0}{m} U_0}\, s_i (U_0; U_2)\, dU_2 =$$

$$= g_p \left(\frac{8\pi m e_0}{h^3}\right)^2 \sqrt{2 m e_0 U_1}\, dU_1 \cdot \sqrt{2 m e_0 U_2}\, dU_2 \cdot \sqrt{2 \frac{e_0}{m} U_1} \sqrt{2 \frac{e_0}{m} U_2}\, s_r^{tr} (U_1; U_2).$$

Wir notieren, daß bei vorgegebenem U_2, $dU_0 = dU_1$ ist, kürzen und finden schließlich

$$s_r^{tr} (U_1; U_2) = \frac{h^3}{16\pi m e_0^2} \frac{g}{g_p} \frac{U_0}{U_1, U_2} s_i (U_0; U_2). \tag{34,14}$$

Bedauerlicherweise ist die Größe $s_i (U_0; U_2)$ nur in Einzelfällen bekannt und die Formel (34,14) hat vorerst keinen großen praktischen Wert. Setzt man in diese Formel den Ausdruck für $s_i (U_0; U_2)$ ein, der aus der klassischen Ionisationstheorie folgt [V – 55] (s. § 27), $s_i (U_0; U_2) = \frac{\pi e_0^2}{U_0} \frac{1}{(U_2 + U_1)^2}$ (man erhält ihn aus (27,12′) bei $Z = 1$, so findet man

$$s_r^{tr} (U_1; U_2) = \frac{h^3}{16 m_{e_0}} \frac{g}{g_p} \frac{1}{U_1 U_2 (U_2 + U_i)^2}. \tag{34,15}$$

Diese Formel zeigt, daß die Wahrscheinlichkeit für Rekombination im Dreierstoß bei Verminderung der Energie beider Elektronen, sowohl des angelagerten als auch des die Anlagerung unterstützenden, ansteigt.

Eine grobe Schätzung des Wirkungsquerschnitts der Rekombination im Dreierstoß kann man, von dem Ausdruck (12,23) ausgehend, durchzuführen versuchen. Stößt ein Ion mit zwei Elektronen zusammen, so kann man $p_{1m} \cong p_{2m} \cong x_m \cong$

$\cong 10\ \text{cm}^{-8}$ setzen. Dann ist $Q_r^{tr} \cong 10^{-39} - 10^{-40}\ \text{cm}^5$. Eine derartige Schätzung ergibt jedoch offenbar einen zu niedrigen Wert. Wir können einen anderen geschätzten Wert erhalten, wenn wir von dem Prinzip des detaillierten Gleichgewichts und von den Angaben über die Wahrscheinlichkeit des Umkehrprozesses der Ionisation durch Elektronenstoß ausgehen. Als Beispiel nehmen wir Hg bei $p = 0{,}1$ mm. Unter diesen Umständen ist, wie der Versuch zeigt, $T_e = 8 - 10 \cdot 10^3\ {}^\circ\text{K}$, $\bar{c}_e \sim 0{,}8 \cdot 10^8$ cm/sec und pro Elektron bilden sich im Mittel in der sec $z \sim 10^4$ neue Elektronen (s. Abb. 6 und die Tabelle auf S. 376, § 62). Erhitzt man dieses Gas insgesamt bis zu $T = 10000°$ K, so werden die dem Elektronengas zugehörigen Größen, darunter auch T_e, $\bar{c}_e$ und z, im Gleichgewichtszustand dieselben bleiben, wie im angeführten Beispiel. Doch jetzt wird mit der gleichen Frequenz der Umkehrprozeß, die Rekombination im Dreierstoß erfolgen ($Hg^+ + + 2e$). Nach dem Prinzip des detaillierten Gleichgewichts ist $z n_e = n_e^2 n_p \bar{c}_e Q_r^{tr}$, woraus

$$Q_r^{tr} = \frac{z}{n_e n_p \bar{c}_e} = \frac{z}{n_e^2 \bar{c}_e}$$

folgt (das gilt bei $n_e = n_p$). Die Größe n_e kann man in diesem Fall aus der Sahaformel (66,1) finden. Unter Benützung der Nomogramme der Abb. 243 und 244 (§ 66) und unter Vorgabe eines $U_i = 10$ V, $T_e = 1 \cdot 10^4$ (°K) und $\frac{g_g}{g_p} = \frac{1}{2}$, finden wir den Ionisationsgrad des Gases $x \cong 1$ und $n \cong 3{,}5 \times 10^{15}\ \text{cm}^{-3}$, woraus

$$Q_r^{tr} \cong \frac{10^4}{12 \cdot 10^{30} \cdot 10^8} \cong 10^{-35}\ \text{cm}^5; \quad s_r^{tr} \sim \frac{Q_r^{tr}}{\bar{c}_e} = 10^{-43}\ \text{cm}^4 \cdot \text{sec}$$

folgt.

Der dritte Partner kann auch ein zweites Ion sein. Dieser Prozeß wird durch die Gleichung

$$M^+ + e + N^+ \rightarrow M + N^+ \qquad (34{,}16)$$

beschrieben und stellt die Umkehrung der Ionisation durch Stoß eines positiven Ions dar. Die bei der Rekombination frei gesetzte Energie $e\,(U_i - U_a)$, verteilt sich in diesem Fall auf die kinetische Energie des N^+-Ions und des neuen Moleküls M, da ihre Massen untereinander vergleichbar sind.

Den Wirkungsquerschnitt dieses Prozesses könnte man ebenfalls, ausgehend von dem Querschnitt des Umkehrprozesses, unter Berücksichtigung der Gleichung (14,1) berechnen. Wie wir jedoch im § 24 sahen, ist über diesen Querschnitt sehr wenig bekannt. Zwei Umstände zwingen zu der Annahme, daß die Rekombination im Dreierstoß mit einem zusätzlichen Ion viel seltener vorkommt, als die Rekombination im Dreierstoß mit einem zusätzlichen Elektron: 1. Der Umkehrprozeß der Ionisation durch den Stoß eines langsamen Ions ist viel weniger wahrscheinlich, als die Ionisation durch den Stoß eines Elektrons von gleicher Energie; 2. die Rekombinationswahrscheinlichkeit im Dreierstoß ist unter sonst gleichen Bedingungen der Geschwindigkeit des dritten Teilchens proportional, die Ionengeschwindigkeiten sind jedoch gewöhnlich kleiner als die Elektronengeschwindigkeiten.

Endlich kann den dritten Partner ein neutrales Molekül bilden; dieser Prozeß kann durch die Formel

(34,17) $$M^+ + e + N \rightarrow M + N$$

dargestellt werden.

Hier sind zwei Fälle zu unterscheiden: a) Die freiwerdende Energie $e_0 (U_i - U_a)$ verteilt sich auf die Moleküle M und N als kinetische Energie; b) die freiwerdende Energie geht größtenteils oder vollständig in Anregungsenergie des Moleküls N über. Der Fall a) stellt die Umkehrung der Ionisation durch den Stoß eines neutralen Moleküls dar, der Fall b) die Umkehrung der Ionisation durch einen Stoß zweiter Art. Besitzt das Molekül N ein Niveau, dessen Anregungsenergie der Energie nahesteht, die bei der Rekombination des Moleküls M abgegeben wird, so wird der Fall b) recht wahrscheinlich (vgl. § 20, S. 129). Dieser Prozeß kann bei der Begegnung sowohl mit dem Molekül eines anderen Gases, als auch mit einem gleichartigen Molekül ($N \equiv M$) vor sich gehen, wenn das Elektron nicht auf das Grundniveau, sondern auf ein höheres Niveau angelagert wird.

Über irgendwelche quantitativen Angaben für die Wirkungsquerschnitte der Prozesse (34,16) und (34,17) verfügen wir nicht. Von allen Rekombinationsarten der Elektronen mit den Ionen im Gasvolumen ist die Rekombination im Dreierstoß mit einem neutralen Molekül dann am wahrscheinlichsten, wenn das Gas verhältnismäßig schwach ionisiert und sein Druck hoch ist. Bei niedrigem Druck ist die Strahlungsrekombination wahrscheinlicher (s. § 63), und im isothermen Plasma, bei hohem p und T die Rekombination im Dreierstoß eines Ions mit zwei Elektronen.

§ 35. Die Ionenrekombination

Existieren im Gas negative Ionen (die Bildungsbedingungen und Formen werden weiter unten in den §§ 36, 37 betrachtet), so ist eine Rekombination zwischen ihnen und den positiven Ionen möglich. Dieser Prozeß besteht in dem Übergang eines Elektrons vom negativen Ion M^- zum positiven Ion N^+ unter Bildung eines oder zweier neutraler Moleküle (MN oder M und N). Die bei der Neutralisation des positiven Ions U_i freiwerdende Energie ist stets größer als die Abtrennarbeit des Elektrons vom negativen Ion U_A (s. § 36). Der Energieüberschuß $U_i - U_A$ kann bei den rekombinierenden Teilchen in Form von Anregungsenergie verbleiben; dann schreibt man den Prozeß in der Form

(35,1) $$M^- + N^+ \rightarrow M' + N''.$$

Das Wesen des Prozesses besteht in Folgendem. Im Ion M^- ist das überschüssige Elektron an das Molekül M durch ein bestimmtes Kraftfeld gebunden, das man in der Form einer gewissen „Potentialmulde“ a darstellen kann (Abb. 136). Das Elektron nimmt darin eines der möglichen Energieniveaus des Ions M^- (gewöhnlich das niedrigste) ein. Bei der Annäherung der Ionen M^- und N^+ beginnt auf das Elektron das neue Kraftfeld von N^+ zu wirken, das eine breitere und tiefere „Mulde“ b bildet. In diesem Gebiet könnte sich das Elektron auf einem der Niveaus des Moleküls N einordnen. Beide Gebiete sind durch einen Potentialwall getrennt, dessen Kuppe (im Punkt c) mit wachsender Annäherung der Ionen sinkt. Bei einem gewissen Abstand zwischen den Zentren beider Ionen verschwindet der zwischenliegende Wall völlig; das Elektron geht frei von einem Ion zum anderen über. Es existiert jedoch eine gewisse von Null verschiedene Wahrscheinlichkeit dafür, daß das Elektron zum Ion N^+ auch bei größeren Abständen übergeht, wenn der Potentialwall zwischen den Ionen noch nicht verschwunden ist (Tunneleffekt). Am wahrscheinlichsten ist der Übergang des Elektrons zum Ion N^+ auf ein Niveau, das seinem Niveau im Ion M^- nahesteht. Der Gesamtprozeß ähnelt dem Vorgang der Ionenumladung (§ 20), nur mit dem Unterschied, daß im Falle der Umladung das Elektron vom neutralen Atom zum positiven Ion übergeht und sich folglich im Kraftfeld zweier positiver Ionen bewegt.

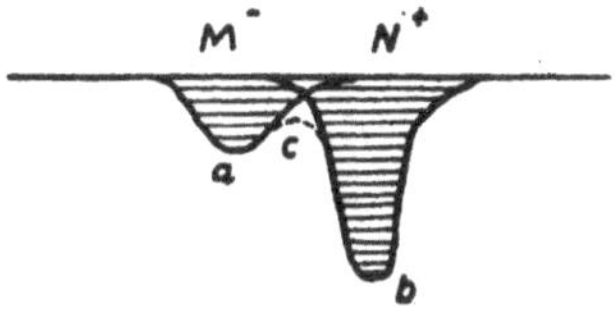

Abb. 136. Die Energieniveaus eines Elektrons in zwei sich einander nähernden Ionen von verschiedenem Vorzeichen

Die Wahrscheinlichkeit für diesen Prozeß kann als Funktion des Abstandes zwischen den Ionen, ausgehend von der allgemeinen Theorie des Tunneleffekts, berechnet werden, wenn die Kraftfelder der beiden Ionen bekannt sind (die Form der Potentialmulden und des dazwischenliegenden Walls). Es ist offenbar, daß die Wahrscheinlichkeit für den Übergang des Elektrons nur dann merklich wird, wenn die Potentialmulden merklich ineinanderfließen, d. h. wenn der Abstand zwischen den Ionenzentren nicht größer ist als die Summe ihrer Radien.

Der beschriebene Rekombinationsmechanismus ist nicht der einzig mögliche. Es ist ein Fall möglich, der dem der Elektronenrekombination mit Strahlung ähnelt, wobei der gesamte Energieüberschuß als Photon abgegeben wird:

$$M^- + N^+ \rightarrow MN + h\nu. \tag{35,2}$$

Diesen Prozeß hält man für sehr wenig wahrscheinlich (nicht mehr als 10^{-6} je Stoß). Bedeutend wahrscheinlicher ist die Rekombination im Dreierstoß:

$$M^- + N^+ + L \rightarrow MN + L \text{ (oder } L'). \tag{35,3}$$

Bei diesem Prozeß geht die freiwerdende Energie $U_i - U_a$ auf das dritte Teilchen L in Form von kinetischer oder innerer Energie über. Ebenso wie in den anderen Fällen ist die Ausbeute dieses Prozesses am größten, wenn die Anregungs- oder Dissoziationsarbeit des Moleküls L nahezu $U_i - U_a$ beträgt.

Die von J. J. THOMSON [VI—11] entwickelte klassische Theorie der Ionenrekombination im Dreierstoß mit Gasmolekülen beruht auf folgenden Annahmen: a) beim Stoß mit den Gasmolekülen nehmen die Ionen die durch die Gastemperatur festgelegte kinetische Energie an $\left(\frac{3}{2} k T_g\right)$; b) die Rekombination hat stattgefunden, wenn das Ion eine geschlossene Bahn um das andere Ion beschrieben hat und sie auf diese Weise ein neutrales System bilden. Nach der klassischen Theorie fliegt ein Ion, das von einem anderen Ion mit der Kraft $F = \frac{e_0^2}{r^2}$ angezogen wird, an diesem in einer Hyperbel vorüber (s. § 16); damit die Flugbahn geschlossen wird (Ellipse), muß das Ion einen Teil seiner Energie einbüßen, beispielsweise infolge eines Zusammenstoßes mit dem Gasmolekül. Dabei wird die kinetische Energie des Ions:

$$\frac{1}{2} m_1 \overline{c_1^2} = \frac{3}{2} k T_g. \tag{35,4}$$

Ähnlich gilt für das andere Ion:

$$\frac{1}{2} m_2 \bar{c}_2^2 = \frac{3}{2} k T_g. \tag{35,4'}$$

Die Bahn des Ions wird geschlossen sein, wenn die kinetische Energie der Relativbewegung des Ions kleiner ist als die wechselseitige potentielle Energie im Augenblick des Stoßes, d. h.

$$\frac{1}{2} \mu \bar{c}_r^2 < \frac{e_0^2}{b}, \tag{35,5}$$

wo b der Abstand zwischen den Ionenzentren im Augenblick des Stoßes mit dem Molekül ist. Da $\bar{c}_r^2 = \bar{c}_1^2 + \bar{c}_2^2$ ist, so ist nach (35,4) und (35,4')

$$\frac{1}{2} \mu c_r^2 = \frac{1}{2} \left(\frac{1}{m_1} + \frac{1}{m_2}\right)^{-1} (\bar{c}_1^2 + \bar{c}_2^2) = \frac{1}{2} \left(\frac{1}{m_1} + \frac{1}{m_2}\right)^{-1} 3k T_g \left(\frac{1}{m_1} + \frac{1}{m_2}\right) = \frac{3}{2} k T_g;$$

Folglich ist

$$b = \frac{2 e_0^2}{3 k T_g} = \frac{1{,}12 \cdot 10^{-3}}{T_g} \text{ (cm)}. \tag{35,6}$$

(Das ist der Abstand, bei dem die wechselseitige potentielle Energie der Ionen der mittleren kinetischen Energie der Wärmebewegung gleich ist. Man begegnet ihm bei verschiedenen Problemen der Theorie des Stroms im Gas.)

Die Wahrscheinlichkeit w dafür, daß irgendein Ion mit dem Molekül im Abstand von einem anderen Ion, der kleiner ist als b, stößt, wird näherungsweise durch die Gleichung

$$w \cong \frac{8}{3} \frac{b}{\lambda} = \frac{8}{3} b n_g s_g \tag{35,7}$$

wiedergegeben, wo s_g der Stoßquerschnitt des Gasmoleküls mit einem Ion ist (s. [VI—11]). Die Anzahl der Ionen, die pro sec aneinander in einem Abstand vorbeifliegen, der kleiner ist als b, beträgt $\pi b^2 n_1 n_2 c_r$; multiplizieren wir diese Zahl mit w, so erhalten wir die Zahl der Dreierstöße, die zur Rekombination führen:

$$\nu_r^{tr} = \frac{8}{3} \pi b^3 n_1 n_2 n_g s_g c_r. \tag{35,8}$$

Vergleicht man diesen Ausdruck mit (12,21) und dem folgenden, so sieht man, daß der Querschnitt der Rekombination im Dreierstoß

$$Q_A^{tr} = \frac{4\pi}{3} s_g b^3 = 5{,}9 \cdot 10^{-9} \frac{s_g}{T_g^3} \tag{35,9}$$

ist. Bei $T_g \cong 5 \cdot 10^2$ (°K) und $s_g \cong 10^{-15}$ cm² finden wir $b \cong 2{,}10^{-6}$ cm, $Q_A^{tr} \cong 5 \cdot 10^{-32}$ cm⁵. Dieser Querschnitt ist um viele Größenordnungen größer, als der Querschnitt der Elektronenrekombination im Dreierstoß. Jedoch ist die Voraussetzung für eine Rekombination zwischen den Ionen die Existenz negativer Ionen im Gas. Hieraus folgt, daß die Volumenrekombination um ein Vielfaches anwächst, wenn Prozesse auftreten, die zur Bildung negativer Ionen führen. Diesen Prozessen sind die folgenden Seiten gewidmet.

§ 36. *Negative Ionen; die Elektronenaffinität der Moleküle*

Die Existenz von negativen Ionen in Gasen ist zuverlässig nachgewiesen. Davon, daß sie in Gasen bei *üblichen* Drucken¹) existieren, zeugt vor allem die annähernde Gleichheit der Beweglichkeit der Ladungsträger beider Vorzeichen in der Mehrzahl der Gase. Wären die negativen Träger Elektronen, so müßte ihre Beweglichkeit 2—3mal die Beweglichkeit der positiven Ionen übersteigen (§ 57), wie es von FRANCK in reinem He, Ne und Stickstoff [IX — 33] auch gefunden wurde.

Das Auftreten von negativen Ionen bei dem Strom in verdünntem Gas wurde durch die Massenanalyse der Ladungsträger festgestellt [VI — 13, 32, 37]. In [VI — 13] gingen die negativen Ionen, die in der Glimmentladung entstanden, zusammen mit den Elektronen durch eine Öffnung in der Anode A (Abb. 137) mit einem Durchmesser von 10μ (!), sie wurden bis zu 10 kV beschleunigt, durch ein Magnetfeld (NS) analysiert und durch eine Photoplatte (G) registriert. Die an Helium, Neon, Argon, Wasserstoff, Sauerstoff und trockener Luft bei einem Druck von 0,1—10 mm Hg durchgeführten Versuche zeigten, daß bei diesem Druck die Ionen O^-, O_2^-, H^-, OH^-, NO_2^- und NO_3^- entstehen können. Es wurden nicht ein einziges Mal negative Ionen von Stickstoff (N^-, N_2^-) He, Ar und Ne beobachtet, obwohl die Empfindlichkeit der Apparatur so groß war, daß sie Ionen der Beimischungen sogar in sorgfältigst gereinigten Edelgasen nachzuweisen gestattete. Eine Reihe von Forschern wies auf das Auftreten negativer Ionen in Quecksilberdampf hin. In der Arbeit [VI — 14] wurde festgestellt, daß in reinem Quecksilberdampf keine negativen Ionen entstehen; in Gegenwart von Wasserstoff- oder H_2O-Spuren entstehen jedoch HgH^--Ionen. In einer späteren Arbeit [VI — 32] wurde jedoch wiederum das Auftreten von Hg^--Ionen in reinem Quecksilberdampf bestätigt und ihr Bildungsprozeß studiert (s. unten § 44, P. 4). Mit dem Massenspektrographen wurde nachgewiesen, daß negative Ionen auch in Alkalidämpfen entstehen [VI — 37].

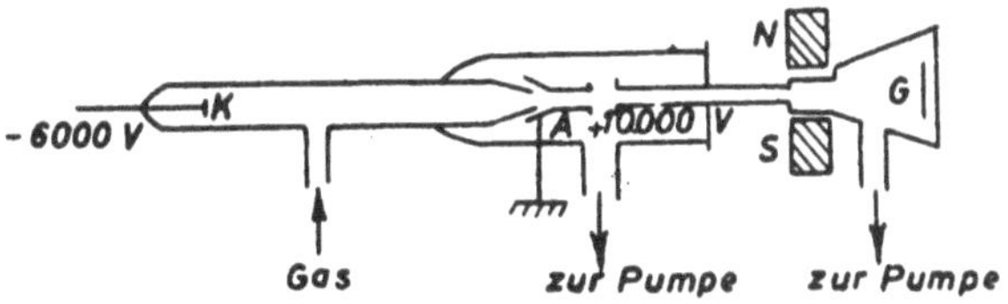

Abb. 137. Massenspektrograph für die Untersuchung negativer Ionen in einer Entladung [VI—13]

Negative Ionen können mit einer recht hohen Wahrscheinlichkeit in allen den Gasen erwartet werden, in denen die Bildungsenergie eines negativen Ions aus einem neutralen Molekül (*Elektronenaffinität*) U_A positiv ist. Diese Größe kann mit den Methoden der Wellenmechanik als Energiedifferenz zwischen dem normalen Atom (oder Molekül) und dem Atom mit einem zusätzlichen Elektron errechnet werden; in Anbetracht der Schwierigkeit einer Berechnung genügender Genauigkeit ist die Aufgabe jedoch für nur H^- und Li^- gelöst worden. Experimentelle Daten für die Elektronenaffinität wurden ebenfalls nur für wenige Elemente ermittelt.

Die experimentelle Bestimmung der Elektronenaffinität U_A wurde nach verschiedenen Methoden durchgeführt, insbesondere durch Messung der

¹) Wir meinen einen Druck, der etwas mehr als einige Millimeter Quecksilbersäule beträgt.

minimalen Ionisationsarbeit eines mehratomigen Moleküls bei Elektronenstoß. In diesem Fall wird der Dissoziationsprozeß eines zwei- oder mehratomigen Moleküls bei Elektronenstoß mit Anlagerung des Elektrons durch eines der Dissoziationsprodukte und Bildung eines negativen Ions untersucht, beispielsweise (s. unten § 37) die Bildung von O^--Ionen in Sauerstoff unter der Wirkung eines Elektronenstrahls [IV—15] nach dem Schema

$$O_2 + e \rightarrow O + O^-. \tag{36,1}$$

Die kleinste Elektronenenergie, bei der ein Prozeß von der Art (36,1) möglich ist, findet man unter der Voraussetzung, daß die entstehenden Teilchen nicht angeregt sind und ihre kinetische Energie gleich Null ist. Läßt man die kinetische Energie des O_2-Moleküls unberücksichtigt, so ist die Minimalenergie des Elektrons gleich $U_D - U_A$ (U_D ist die Dissoziationsarbeit).

Die Elektronenaffinität wurde auch aus Messungen der Gleichgewichtskonstante zwischen den Elektronen und den negativen Ionen bestimmt. Bei der Anwendung dieser Methode wird die Tatsache benutzt, daß in der Nähe eines Glühfadens, der Elektronen in das Gas emittiert, ein Gleichgewicht zwischen dem Bildungsprozeß und des Zerfallsprozesses der negativen Ionen möglich ist:

$$M + e \rightleftarrows M^-. \tag{36,2}$$

Die Gleichgewichtskonzentration der Moleküle n_g, Elektronen n_e und negativen Ionen n_n sind miteinander durch die Beziehung

$$\frac{n_g n_e}{n_n} = K = \left(\frac{g_g g_e}{g_n}\right)\left(\frac{2\pi m k T}{h^2}\right)^{\frac{3}{2}} e^{-\frac{U_A}{kT}} \tag{36,3}$$

verbunden, die aus der allgemeinen Theorie des Gleichgewichts in der Gasphase (s. beispielsweise [III—12, IV—27]) hervorgeht und der Sahagleichung analog ist. Die Konzentrationen der geladenen Teilchen können aus Messungen der Stromdichte der Teilchen jeder Art nach den Formeln: $j = \frac{1}{4} en\bar{c}$, $\bar{c} = \sqrt{\frac{8kT}{\pi m}}$ bestimmt werden; die Konzentration der neutralen Moleküle wird aus Druck und Gastemperatur bestimmt: $n_g = \frac{p}{kT}$; die statistischen Gewichte g_e, g_g und g_n sind aus der Theorie oder aus den Spektren bekannt. Mit diesen Daten kann man aus der Formel (36,3) U_A bestimmen [VI—16,17].

Schließlich wurde in [VI—17] eine empirische Methode zur Schätzung von U_A für einatomige negative Ionen vorgeschlagen. Sie beruht auf einem Vergleich dieser Ionen mit positiven Ionen, die die gleiche Anzahl Elektronen besitzen.[1]) Man nahm an, daß für eine Reihe derartiger Isoelektronensysteme die Abtrennarbeit des inneren Elektrons mit der Ordnungszahl Z durch die Beziehung

$$U_i = aZ^2 + bZ + c \tag{36,4}$$

verbunden ist. Die Konstanten a, b, c wurden aus den bekannten Ionisationspotentialen der normalen Atome und positiven Ionen bestimmt und nach dieser

[1]) Ein negatives Ion mit der Ordnungszahl Z enthält ebensoviel Elektronen wie ein normales Atom mit der Ordnungszahl $(Z + 1)$, ein einfach positiv geladenes Ion mit der Ordnungszahl $(Z + 2)$ usw. Die Anordnung der Elektronen auf den einzelnen Niveaus ist in diesen Systemen ebenfalls gleichartig.

Formel U_i bis zu dem Z-Wert extrapoliert, der dem negativen Ion entspricht. So bestimmte man die Werte von U_A für eine Reihe Elemente. Eine theoretische Begründung für diese Methode zur Berechnung von U_A gibt es nicht, und die Werte von U_A, welche auf diesem Wege erhalten wurden, sind in einigen Fällen zweifelhaft.

MASSEY [VI—19] stellte folgende Tabelle der Elektronenaffinität für verschiedene Elemente zusammen (sie wird hier mit einigen Kürzungen angeführt).

Element		H	He	Li	Be	N	O	F	Ne	Na	Mg	P	S	Cl	Br	J	Hg
U_A (eV)	gemessen	—	—	—	—	—	2,2	4,13	—	—	—	—	—	3,75 3,83	3,54 3,82	3,14 3,24	—
	wellenmechanisch berechnet	0,70	<0	0,54	—	—	—	—	—	—	—	—	—	—	—	—	—
	extrapoliert nach (36,4)	0,76	−0,53	0,34	0,57	0,04	3,8	3,94	−1,20	0,08	−0,87	0,15	2,06	3,70	—	—	1,79

Bemerkenswert sind die negativen Werte von U_A bei den Edelgasen und den Metallen der 2. Gruppe, sowie die sehr kleinen positiven Werte von U_A bei den Stoffen der Stickstoffgruppe und bei den Alkalimetallen. Bei der ersten Stoffgruppe können keine negativen Ionen existieren, bei der zweiten ist ihr Vorhandensein wenig wahrscheinlich; die entstehenden Ionen dissoziieren leicht in ein Atom und ein Elektron. Umgekehrt, nach der Tabelle zu urteilen, müssen negative Ionen in Halogenen, Sauerstoff sowie Schwefel- und Quecksilberdampf sehr lebensfähig sein; in kleinerem Maße in Wasserstoff.

§ 37. Die Bildung negativer Ionen im Gas

1. Ein negatives Ion kann im Gas im Ergebnis eines der folgenden Elementarprozesse entstehen: Ein neutrales Molekül lagert ein freies Elektron an. Ein neutrales Molekül dissoziiert in ein positives und ein negatives Ion; ein positives Ion lagert zwei Elektronen an. Diese Prozesse können sowohl im Gas selbst (Volumenprozesse) fern von festen Körpern, als auch an der Oberfläche metallischer Körper, die mit dem Gas in Berührung kommen, vor sich gehen. Wir betrachten

hier die Volumenprozesse.[1]) Die Bildung eines negativen Ions durch Anlagerung eines Elektrons an ein neutrales Molekül ist auf verschiedene Arten möglich. Sie sind den oben (§34) beschriebenen Arten der Anlagerung eines Elektrons durch ein positives Ion in vielem ähnlich.

Bei der *Strahlungsanlagerung eines Elektrons* geht der Prozeß nach dem Schema

$$\text{(37,1)} \qquad M + e \rightarrow M^- + h\nu.$$

vor sich. Die Wahrscheinlichkeit für diesen Prozeß wurde für eine Reihe von Atomen berechnet [VI—19]. Einige der berechneten Kurven des Wirkungsquerschnitts der Strahlungsanlagerung eines Elektrons durch neutrale Atome s_A^r sind in Abb. 138 (H und Na; das Elektron wird im s-Niveau angelagert) und

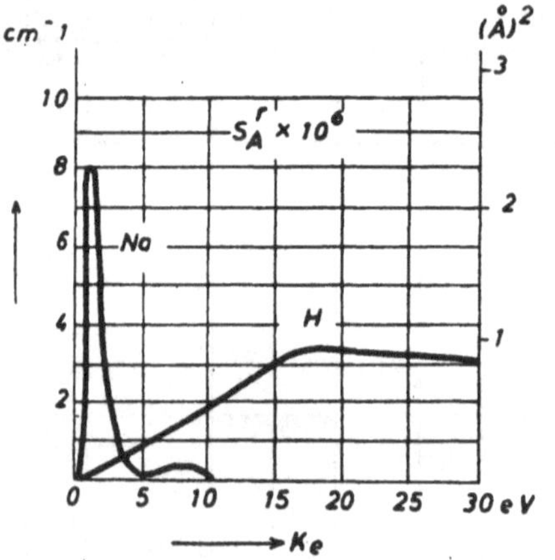

Abb. 138. Querschnitt für die Strahlungsanlagerung eines Elektrons durch neutrale Na- und H-Atome [VI—19]

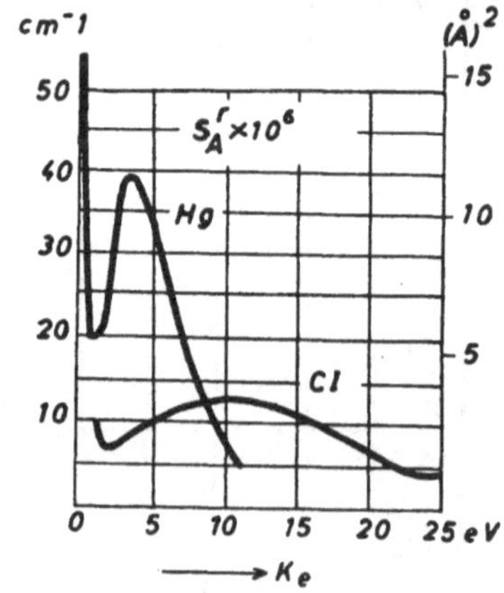

Abb. 139. Querschnitt für die Strahlungsanlagerung eines Elektrons durch neutrale Hg- und Cl-Atome [VI—19]

Abb. 139 (Hg und Cl; das Elektron wird im p-Niveau angelagert). Ein Vergleich der Kurven zeigt, daß der Einfang eines Elektrons auf das p-Niveau einige Male wahrscheinlicher ist als der auf das s-Niveau; weiterhin, daß mit abnehmender Elektronenenergie der Anlagerungsquerschnitt bei Anlagerung im s-Niveau wie c_e gegen O und umgekehrt bei Anlagerung im p-Niveau wie c_e^{-1} gegen ∞ strebt. Im Vergleich zur Strahlungsanlagerung eines Elektrons durch ein positives Ion erweist sich der Prozeß (37,1) bei einer Energie $\leqq 5$ eV als weniger wahrscheinlich (vgl. die Abb. 135). Vergleicht man jedoch den Querschnitt der Strahlungsanlagerung s_A^r mit dem totalen Stoßquerschnitt s_t (§ 19), so zeigt sich, daß sogar beim Quecksilberatom, bei dem s_A^r verhältnismäßig groß ist, das Verhältnis dieser Größen $h_A = \frac{s_A^r}{s_t}$ ($s_A^r \cong 10^{-5}$ Å^2, $s_t \cong 10^1 - 10^2$ Å^2), das die Wahrscheinlichkeit für die Anlagerung eines Elektrons bei einem Stoß mit einem Molekül darstellt, bestenfalls 10^{-6} beträgt. Folglich erfolgt die Bildung eines negativen Ions durch Strahlungsanlagerung eines Elektrons durch Atome der genannten Stoffe nicht öfter, als einmal bei 10^6 Stößen.

[1]) Über die Bildung negativer Ionen an Metalloberflächen siehe § 44, P. 4.

Ein experimenteller Beweis für die Existenz dieses Prozesses wäre es, wenn man die begleitende Strahlung fände, deren Spektrum, ebenso wie bei der spontanen Strahlungsrekombination, einen kontinuierlichen Bereich darstellen müßte, der sich an die Frequenz $\frac{e_0 U_A}{h}$ anschließt. Die bei einem Strom in Joddämpfen durchgeführten Versuche, diese Erscheinung zu entdecken, führten zu keinem Erfolg [VI — 20, 21].

Bei der *Elektronenanlagerung im Dreierstoß* sind grundsätzlich die gleichen Sonderfälle möglich wie bei der Elektronenanlagerung durch ein Ion; die Rolle des dritten Teilchens kann ein Elektron, Ion oder neutrales Molekül spielen. Massey [VI — 12] schätzte den Wirkungsquerschnitt dieser Prozesse nach der im § 34 beschriebenen Methode ab; die Formel (12,23) erhält die gleiche Form

$$Q_A^{tr} \cong \pi r_0^3 s, \tag{37,2}$$

wobei s der Stoßquerschnitt des Atoms gegenüber dem dritten Teilchen ist; πr_0^3 ist von der Größenordnung 10^{-24} cm³.

Ist das dritte Teilchen ein Elektron, so ist $s \cong 10^{-16}$ cm² und $Q_A^{tr} \cong 10^{-40}$ cm⁵. Damit die Wahrscheinlichkeit dieses Prozesses mit der Wahrscheinlichkeit der Strahlungsanlagerung eines Elektrons vergleichbar wäre, wäre es notwendig, daß $s_A^r \cong n_e Q_A^{tr}$ ist, woraus $n_e \cong \frac{s_A^2}{Q_A^{tr}} = \frac{10^{-22}}{10^{-40}} = 10^{18}$ cm^{-3} folgt. Eine solche Konzentration ist selbst im Hochdruckbogen wenig wahrscheinlich und bei Niederdruck unmöglich; daher kann dieser Prozeß keine merkliche Rolle spielen. Genaueres hierüber siehe [VI — 22].

Wahrscheinlicher ist die Anlagerung eines Elektrons im Dreierstoß, wenn als drittes Teilchen ein neutrales Molekül auftritt und insbesondere, wenn die Elektronenaffinität U_A nahezu gleich der Anregungs-, Ionisations- oder Dissozionsenergie des dritten Teilchens ist und die Anlagerungsenergie des Elektrons in eine dieser Energieformen übergeht. In diesem Fall ist $s \cong 10^{-14}$ cm² und $Q_A^{tr} \cong 10^{-38}$ cm⁵ [VI — 12, 19]. Die Wahrscheinlichkeit für diesen Prozeß ist mit der Wahrscheinlichkeit für die Strahlungsanlagerung vergleichbar, wenn

$$n_g \cong \frac{s_A^r}{Q_A^{tr}} = \frac{10^{-22}}{10^{-38}} = 10^{16} \text{ cm}^{-3}$$

ist. Das entspricht einem Gasdruck $p \cong 1$ mm Hg.

Kann umgekehrt die Energie, die bei der Elektronenlagerung frei wird, nur in kinetischer Energie des Moleküls übergehen, so ist die Wahrscheinlichkeit um 4 Größenordnungen kleiner. Hieraus folgt, daß einatomige Moleküle als dritte Körper bei der Elektronenanlagerung wenig wirkungsvoll sind, da ihre Anregungsenergie gewöhnlich bedeutend größer als U_A ist. Viel wirkungsvoller sind in dieser Beziehung mehratomige Moleküle, die ein verhältnismäßig niedriges Anregungspotential besitzen.

Außer der Anlagerung mit Strahlung und im Dreierstoß kann die Bildung eines negativen Ions durch *Anlagerung eines Elektrons durch ein mehratomiges Molekül unter Anregung oder Dissoziation dieses Moleküls* erfolgen. Die bei der Elektronenanlagerung freiwerdende Energie kann zur Anregung von Kernschwingungen im Molekül dienen. Das ist um so wahrscheinlicher, als die Anregungspotentiale der

Schwingungsniveaus nahe bei U_A liegen können. Das angeregte negative Ion, das dabei nach der Gleichung

$$MN + e \rightarrow (MN^-)' \tag{37,3}$$

entsteht, kann in gewissen Fällen instabil sein und seinerseits zerfallen, beispielsweise in ein einatomiges Ion und ein neutrales Atom

$$(MN^-)' \rightarrow M + N^-. \tag{37,4}$$

Von den eben beschriebenen Fällen der Anlagerung ist der folgende Prozeß zu unterscheiden, der auch zur Bildung negativer Ionen führt: *Die Dissoziation eines Moleküls in Ionen durch Elektronenstoß* [V—68, 125]. Das stoßende Elektron wird dabei nicht angelagert.

$$MN + e \rightarrow M^+ + N^- + e. \tag{37,5}$$

Wie CHARITON [VI—18] zeigte, verläuft dieser Prozeß im Falle von $HgCl_2$ faktisch in zwei Stufen: die übliche Ionisation des Moleküls durch Elektronenstoß ($MN + e \rightarrow MN^+ + 2e$) und ein Sekundärprozeß, der zur Bildung des negativen Ions führt (s. auch [V—125]).

Offenbar finden beim Durchgang des elektrischen Stromes durch ein Gas alle aufgezählten Prozesse der Bildung negativer Ionen im Volumen tatsächlich in gewissem Umfange statt.

2. Experimentell wurde die Anlagerung von Elektronen durch mehratomige Moleküle nach verschiedenen Methoden studiert. Man kann in *Elektronenstrahlmethoden* und in „*Elektronenschwarmmethoden*" unterteilen.

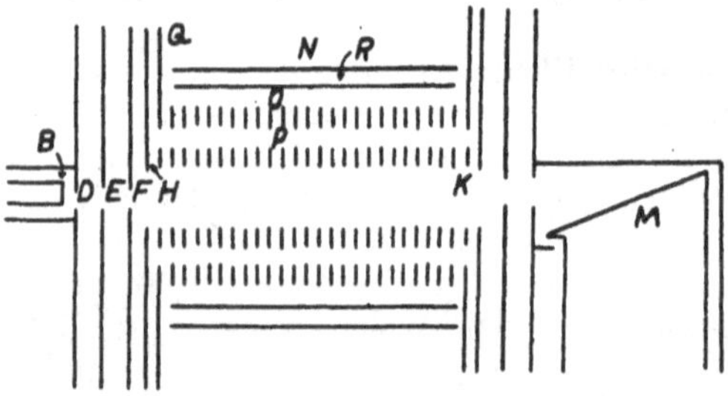

Abb. 140. Schema des Geräts zur Messung der Bildungswahrscheinlichkeit negativer Ionen nach der Elektronenstrahlmethode [VI—23]

In dem Gerät, das in den Arbeiten [VI—15, 23] (Abb. 140) angewendet wurde, bewegt sich ein schmaler Elektronenstrahl, der aus der Elektronenquelle *BDEF* emittiert wird, in einer mit dem untersuchten Gas bei einem Druck von 10^{-4} bis 10^{-5} mm gefüllten Kammer zwischen *H* und *K*; der Rest des Strahls wird von dem Kollektor *M* gesammelt. Die Ionen, die auf dem Weg der Elektronen von *H* bis *K* entstanden sind und radial wegfliegen, gehen zwischen zwei Reihen dünner Ringe *P* und *O*, die mit den Platten *H* bzw. *Q* verbunden sind, hindurch und werden vom Kollektor *R* gesammelt. (*N* ist ein Schutzzylinder, der von *R* isoliert ist.) Werden verschiedene Spannungen an die Ringe *P* und *O* gelegt, so kann man die Ionen, die zum Kollektor *R* gehen, nach Vorzeichen und Energie analysieren. Die Bildung negativer Ionen wurde in O_2 und CO [VI—15] sowie in J_2 [VI—24] untersucht. Es wurde zum Beispiel gefunden, daß die Bildung negativer Ionen in Sauerstoff in einer der folgenden Weisen geschehen kann:

$O_2 + e \rightarrow O_2^-$ bei $K_e = 0—1{,}5$ eV,

$O_2 + e \rightarrow (O_2^-)' \rightleftarrows O + O^-$ bei $K_e = 5—18$ eV,

$O_2 + e \rightarrow O^+ + O^- + e$ bei $K_e \geqslant 21$ eV.

Eine andere Methode, die in zwei Varianten entwickelt wurde, aber eine größere Gasdichte erfordert, als die Methode des Elektronenstrahls ($p \geqslant 10^{-1}$ mm), besteht in der Untersuchung des Elektronenstroms im Gas in verschiedenen Abständen von der Kathode beim Vorhandensein eines elektrischen Feldes im Gas [VI—25, 26 und VI—28, 29, 30]. In diesem Fall entsteht anstatt eines Elektronenstrahls mit streng gerichteter Bewegung ein „Schwarm" sich chaotisch bewegender Elektronen, der in der Richtung der elektrischen Feldstärke „triftet" (s. § 54).

Bezeichnet man die Wahrscheinlichkeit für die Elektronenanlagerung bei einem Stoß mit h_A, so ist bei der Fortbewegung auf einer Strecke dx in Triftrichtung die Anlagerungswahrscheinlichkeit

$$h_A \frac{dx}{\lambda} \frac{\bar{c}}{\bar{u}},$$

wobei λ die mittlere freie Weglänge, c die mittlere Geschwindigkeit, $\bar{u}$ die mittlere Geschwindigkeitskomponente in Triftrichtung, $dx \frac{\bar{c}}{\bar{u}}$ — der tatsächliche Weg ist, den das Elektron in der Zeit $\frac{dx}{\bar{u}}$ zurückgelegt hat $\left(\frac{\bar{c}}{\bar{u}}\right.$ — ist der Umwegfaktor$\left.\right)$. Bezeichnet man die Stärke des gerichteten Elektronenstroms in den Abständen x_1 und x_2 von der Kathode mit I_1 und I_2, so kann man schreiben

$$\frac{I_2}{I_1} = \exp\left[-\frac{h_A}{\lambda} \frac{\bar{c}}{\bar{u}} (x_2 - x_1)\right].$$

Die Größen $\bar{c}$ und $\bar{u}$ sind miteinander und mit der Feldstärke E durch die Gleichung der Beweglichkeit (s. § 54) verbunden, λ ist eine Funktion von $\bar{c}$ (s. § 19). Deshalb erfordert die Bestimmung von h_A die Messung von I_1, I_2, $\bar{u}$ und E. Zur Trennung der freien Elektronen von den negativen Ionen werden elektrische „Filter" in Form von elektrischen Hochfrequenzquerfeldern verwendet. Diese lenken alle Elektronen zur Seite, üben aber auf den Ionenstrom keinen Einfluß aus.

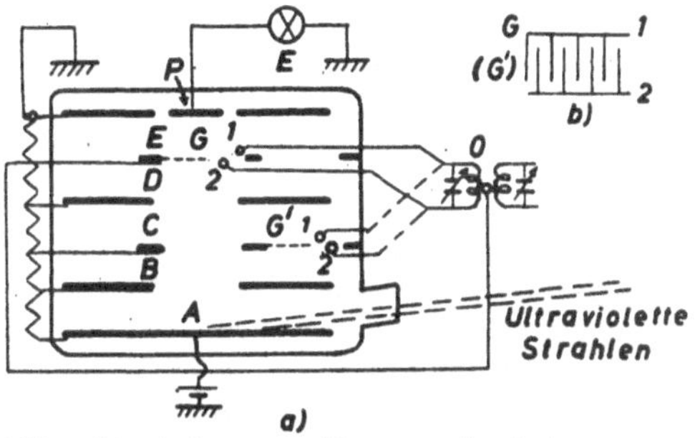

Abb. 141. a) Gerät zur Messung der Anlagerungswahrscheinlichkeit von Elektronen an Moleküle [VI—26]; b) Gitterfilter $G(G')$

Eine Variante dieser Methode ist schematisch in der Abb. 141 dargestellt. Die Platte A, die mit ultravioletten Strahlen beleuchtet wird, dient als Elektronenquelle. Die Elektronen werden zwischen A und P durch ein elektrisches Feld, das durch die Schutzringe B, C, D, E homogen gehalten wird, beschleunigt. Zur Platte P, die mit dem Elektrometer E verbunden ist, gelangen sowohl die Elektronen als auch die unterwegs entstandenen negativen Ionen. Zur Abtrennung der Elektronen dienen die Filter G und G' (ihre Konstruktion siehe in Abb. 141, b), die mit einer Wechselspannung von 10^6—10^7 Hz über Verbindungsringe gespeist werden und mit einem Elektromagneten verschoben werden können (auf der Abbildung ist das Filter G' zur Seite geschoben).

Eine kompliziertere Methodik der TOWNSENDschen Schule beruht auf einem weiter unten beschriebenen Prinzip (§ 56 und Abb. 219); ihre eingehende Schilderung siehe [0 — 5], (0 — 6, Kap. VI, P. 4] und die Originalarbeit [VI — 25].

Mit den Methoden des „Elektronenschwarms" ist der Elektroneneinfang in Halogenen (Cl_2, Br_2, I_2) in HCl, NO, CO, CO_2, NH_3, H_2O und anderen Gasen untersucht worden. Vergleichen wir die Ergebnisse, welche mit diesen Methoden und der Elektronenstrahlmethode erhalten wurden, so ist daran zu denken, daß wir es im zweiten Falle mit Elektronen einer bestimmten Geschwindigkeit c zu tun haben und den Anlagerungsquerschnitt $h_A(c)$ bestimmen; hingegen ist bei der „Elektronenschwarmmethode" der gemessene h_A-Wert über die ganze Elektronengesamtheit mit ihrer Geschwindigkeitsverteilung gemittelt, und die Abhängigkeit $h_A(c)$ kann nur rechnerisch ermittelt werden. Oft werden die Meßergebnisse dieser Methode als Funktion des Arguments $\frac{E}{p}$ dargestellt. Eine Zusammenstellung der Ergebnisse siehe [0 — 6, Kap. VI]. Als Beispiel wollen wir neuere Angaben [VI — 30] für die Wahrscheinlichkeit der Elektronenanlagerung durch Halogenmoleküle anführen (Abb. 142). Der Wert h_A hat ein Maximum bei $K_e \cong 2$ eV, wobei in Cl_2 und Br_2, $(h_A)_{max} \cong 10^{-3}$ und in J_2 $(h_A)_{max} \cong 5 \cdot 10^{-3}$ ist. Folglich ist die Bildung von negativen Ionen in Halogenen 10^3—10^4mal wahrscheinlicher als in den oben betrachteten einatomigen Gasen. Von gleicher Größenordnung (10^{-3}) ist h_A in HCl und NH_3; in N_2O, SO_2 und O_2 ist $h_A \cong 10^{-4}$; in H_2, NO, H_2S und in Luft ist $h_A \cong 10^{-5}$.

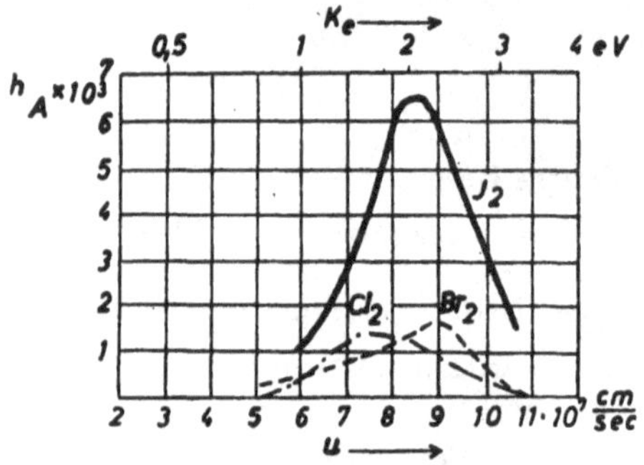

Abb. 142. Anlagerungswahrscheinlichkeit von Elektronen an Moleküle der Halogene [VI—30]

§ 38. *Der Zerfall (die Dissoziation) von negativen Ionen*

Der Umkehrprozeß zur Elektronenanlagerung durch ein Molekül unter Bildung eines negativen Ions ist der Zerfall eines negativen Ions in ein neutrales Molekül und ein freies Elektron. Ebenso wie die Elektronenanlagerung kann der Zerfallprozeß negativer Ionen auf verschiedenen Wegen vor sich gehen; jedem oben betrachteten Elektronenanlagerungsprozeß (§ 37) entspricht eine umgekehrte Zerfallsform der negativen Ionen. Diese Prozesse spielen in elektronegativen Gasen eine wichtige Rolle, da sie die relativen Konzentrationen der freien Elektronen und der negativen Ionen bestimmen (§ 64). Zahlenmäßige Angaben darüber gibt es sehr wenige, und es handelt sich fast immer um theoretische Abschätzungen der Größenordnung; eine kurze Zusammenstellung dieser, nicht in allen Fällen motivierten Abschätzungen enthält die Monographie von MASSEY [VI — 12].

Die folgenden Formen des Zerfallsprozesses negativer Ionen sind die wichtigsten (geordnet nach abnehmender Bedeutung beim selbständigen Strom im Gas):

a) Die Neutralisation des negativen Ions an einer Metalloberfläche (s. § 43, S. 241).

b) Die Dissoziation des negativen Ions bei einem Stoß zweiter Art mit einem angeregten Atom oder Molekül:

(38,1) $$M^- + N' \rightarrow M + N + e.$$

Dieser Prozeß ist besonders wahrscheinlich, wenn die Anregungsenergie des Moleküls N' nahezu gleich der Energie ist, die für die Abspaltung des Elektrons vom Ion M^- notwendig ist (d. h. der Elektronenaffinität des Moleküls M). Eine Abschätzung des Wirkungsquerschnitts dieses Prozesses kann man vornehmen, indem man ihn auf Grund der Beziehung (14,1) mit dem umgekehrten Prozeß der Elektronenanlagerung im Dreierstoß vergleicht. Diese erfolgt nach dem Schema $M + N + e \rightarrow M^- + N'$ (s. § 37, S. 206) und für Q_A^{tr} nimmt man einen geschätzten Wert $\cong 10^{-38}$ cm^5 an, folglich ist:

$$s_A^{tr} = \frac{Q_A^{tr}}{c_e} \cong \frac{10^{-38}\,\text{cm}^5}{10^8\,\frac{\text{cm}}{\text{sec}}} = 10^{-46}\,\text{cm}^4\,\text{sec}.$$

Dann ist der Querschnitt des betrachteten Dissoziationsprozesses des negativen Ions $s_d \cong 10^{-13}$–10^{-14} cm^2, eine Größe, die den gaskinetischen Querschnitt der Ionen übersteigt.

c) Die Dissoziation durch Stoß eines schnellen Elektrons ($M^- + e \rightarrow M + 2e$) oder eines schweren Teilchens ($M^- + N \rightarrow M + N + e$) stellt die Umkehrung der Elektronenanlagerung im Dreierstoß dar. Die Berechnung der Querschnitte dieses Prozesses ist prinzipiell auf Grund der Grundbeziehung (14,1) möglich, wenn die Querschnitte für die Anlagerung im Dreierstoß bekannt sind; die Berechnungsmethode ist ähnlich der in § 34 (S. 196) beschriebenen, die zu der Formel (34,14) führt. Bedauerlicherweise gibt es auch fast keine Angaben über den Querschnitt s_A^{tr} des Umkehrprozesses.

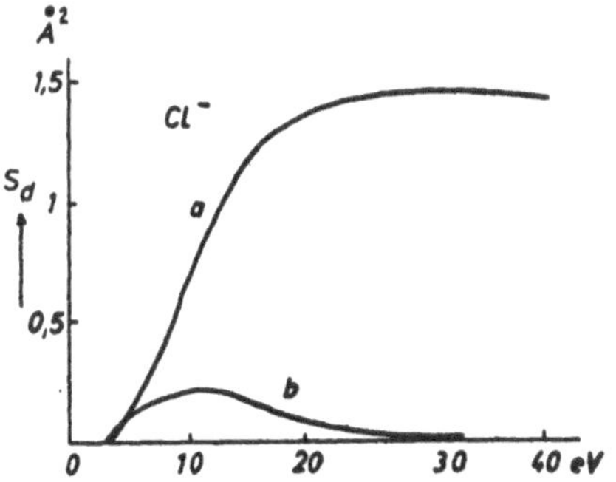

Abb. 143. Wirkungsquerschnitt für die Dissoziation von Cl⁻-Ionen; Kurve *a* bei Elektronenstoß [VI—19], Kurve *b* unter der Einwirkung von Photonen (s_d^r) [VI—12]

In der Arbeit [IV — 19] wurde auf wellenmechanischem Wege der Wirkungsquerschnitt der Dissoziation von Cl⁻-Ionen bei Elektronenstoß berechnet. In der Abb. 143 sind die auf diese Weise gefundenen Werte von s_d, in Abhängigkeit von der Energie der Primärelektronen (Kurve *a*) dargestellt; $U_a = 3{,}7$ V. Die maximale Ausbeute entspricht einem $K_e \cong 30$ eV, d. h. einer 8mal größeren Energie; dabei ist $s_d = 1{,}5$ Å^2, $n_1 s_d = 5{,}1$ cm^{-1} (mm Hg)$^{-1}$ (der gaskinetische Querschnitt von Cl⁻ beträgt $s = 10{,}2$ Å^2; siehe Tabelle 1 auf S. 478). Somit führt der größte Teil der Stöße zwischen Elektronen und negativen Ionen nur bei optimaler Energie zur Dissoziation der negativen Ionen; bei anderen Elektronengeschwindigkeiten ist $s_d < s_{\text{gaskin}}$.

d) Die Photodissoziation, d. h. der Zerfall eines negativen Ions bei Absorption eines Photons nach dem Schema

(38,2) $$M^- + h\nu \rightarrow M + e$$

ist der zur Strahlungsanlagerung eines Elektrons durch ein neutrales Molekül umgekehrte Prozeß. Den Wirkungsquerschnitt der Photodissoziation eines negativen Ions s_d^r kann man berechnen, indem man von dem Querschnitt der Strahlungsanlagerung s_A^r ausgeht und die Beziehung (14,8) benutzt:

$$s_d^r = \frac{1}{2}\left(\frac{m_e c_e c_0}{h\nu}\right)^2 s_A^r = 2\left(\frac{c_0}{c_e}\right)^2 \cdot s_A^r,$$

wo c_e die Geschwindigkeit des Elektrons, das bei der Dissoziation des Ions frei wird, ist. Da $c_e \cong 10^8 \frac{cm}{sec}$ ist, ist $\frac{s_d^r}{s_A^r} \cong 10^5$. Nach den Daten, die in den Abb. 138 und 139 angeführt sind, ist der Querschnitt der Strahlungsanlagerung s_A^r eines Elektrons von der Größenordnung 10^{-5}—10^{-6} Å²; deshalb ist $s_d^r \cong 10^0$—10^{-1} Å². In der Abb. 143 gibt die Kurve *b* die von MASSEY gefundenen s_d^r-Werte des Cl^--Ions bei verschiedenen Photonenenergien wider (in eV). Ein Vergleich mit der Kurve *a* derselben Abbildung zeigt, daß bei Energien der primären Teilchen, die nahe bei U_A liegen, beide Prozesse ungefähr gleiche Ausbeute haben. Bei großen Energien ist die Photodissoziation eines Cl^--Ions ein weniger wirkungsvoller Prozeß als die Dissoziation durch Elektronenstoß.[1])

MASSEY weist noch auf gewisse Prozesse hin, die zur Dissoziation negativer Ionen führen, bei denen wir aber wegen ihrer geringen Wahrscheinlichkeit nicht verweilen.

Einen Versuch, die Dissoziation negativer O^--Ionen durch Anwendung elektrischer Filter experimentell zu finden, enthält die Arbeit [VI — 36] von LOEB; siehe auch [0 — 6, Kap. VI, S. 291—294]. Die Kompliziertheit der Ergebnisse macht ihre Bedeutung wenig überzeugend; es ist sogar schwer festzustellen, welcher Prozeß in diesen Versuchen vor sich gegangen ist.

---

[1]) MASSEY [VI — 12] setzt die Photodissoziation der negativen Ionen ihrer Ausbeute nach vor die Dissoziation durch Elektronenstoß. Ein Vergleich der von ihm berechneten Kurven, der hier in der Abb. 143 durchgeführt wird, bestätigt jedoch diese Abschätzung nicht, wenigstens nicht für den Fall von Cl^--Ionen.

KAPITEL VII

Die Elementarprozesse an Grenzflächen

Ein Gas, durch das der Strom fließt, grenzt gewöhnlich an feste oder flüssige Körper: an Elektroden, Gefäßwände usw. Während des Stromdurchgangs gehen an der Grenze zwischen dem Gas und dem damit in Berührung kommenden festen oder flüssigen Körper eine Reihe von Elementarprozessen vor sich. Bei niedrigem Druck spielen diese *Oberflächenprozesse* keine kleinere Rolle als die Volumenprozesse. Die wichtigsten Oberflächenprozesse sind: *Elektronenemission*, thermische und Feldemission sowie durch positive Ionen und metastabile Atome hervorgerufene Sekundäremission; *Elektronenabsorption* (durch die Anode); *Neutralisation von positiven Ionen* an den Elektroden und an den Oberflächen von Dielektriken; *Abgabe der Anregungsenergie metastabiler Atome.*

Viele andere Oberflächenprozesse spielen in einzelnen Sonderfällen des Stroms in Gasen eine Rolle; hierher gehören: die Photoelektronenemission, die Sekundärelektronenemission durch Elektronenstoß, die Emission positiver Ionen (beispielsweise aus *zusammengesetzten* Anoden mit Alkalisalzen), die Ionisation von Molekülen an der Oberfläche einer glühenden Kathode, die Röntgenstrahlung und andere Prozesse. Wir behandeln diese Prozesse nicht und beschränken uns nur auf die Prozesse, die für den Mechanismus ausgedehnter Klassen des Stroms im Gas wichtig sind. Wir betrachten auch nicht die Kathodenzerstäubung, die bei einer Glimmentladung unvermeidlich und in technologischer Hinsicht sehr wichtig ist, da sie keine wesentliche Rolle im Mechanismus des elektrischen Stroms spielt.

Die Mehrzahl der Erscheinungen, die in diesem Kapitel betrachtet werden, treten an Metalloberflächen auf und an ihnen nehmen auf irgendeine Weise die Leitungselektronen des Metalls teil. Wir beginnen daher mit einer sehr kurzen Rekapitulation der für unsere Aufgabe wichtigen Sätze der Elektronentheorie der Metalle.[1])

§ 39. Die Elektronen im Metall und an seiner Oberfläche

1. Das Elektronengas im Metall. In einem homogenen Metall bewegen sich die Leitungselektronen, die nicht an bestimmte Atome gebunden sind, in dem durch die Gesamtheit der positiven Ionen und Elektronen des Metalls bedingten Kraftfeld. Die potentielle Energie Π eines Leitungselektrons im Inneren eines jeden Metallkristalls ändert sich periodisch mit dem Abstand x bis zur Kristallgrenze (Abb. 144). In erster Näherung läßt man gewöhnlich dieses periodische Feld unberücksichtigt und stellt die potentielle Energie eines Elektrons im Inneren eines Metalls durch

[1]) Eine eingehende Darstellung der Elektronentheorie der Metalle enthalten die Spezialmonographien von FRENKEL [VII—1], WILSON [VII—2], BETHE und SOMMERFELD [VII—3] und andere.

eine konstante Größe dar, die man oft gleich Null setzt. Man nimmt weiter an, daß die Elektronengeschwindigkeiten im Inneren des Metalls eine FERMIverteilung besitzen

$$f(u, v, w)\, du\, dv\, dw = 2\left(\frac{m}{h}\right)^3 \frac{du\, dv\, dw}{e^{\frac{K-\zeta}{kT}} + 1}, \tag{39,1}$$

wobei

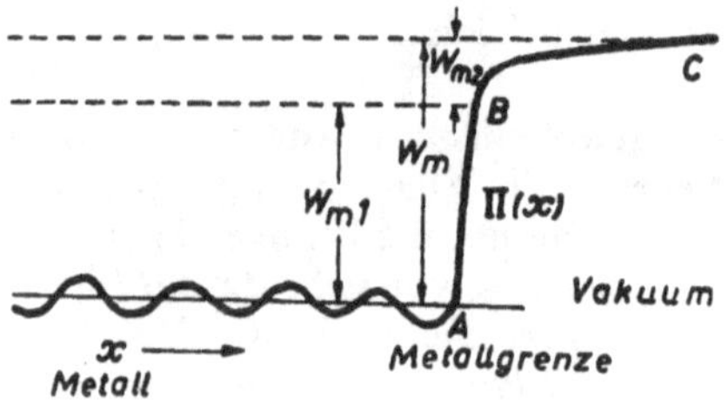

Abb. 144. Spannungsverlauf in der Nähe der Grenze Metall-Vakuum

$$\zeta = \zeta_0\left[1 - \frac{\pi^2}{12}\left(\frac{kT}{\zeta_0}\right)^2 + \ldots\right], \tag{39,2}$$

$$\zeta_0 = \frac{h^2}{8m}\left(\frac{3n_0}{\pi}\right)^{\frac{2}{3}}, \tag{39,3}$$

und n_0 die Konzentration der Leitungselektronen ist.

Bei $T = 0$ ist $\zeta = \zeta_0$ und $f(u, v, w) = 0$ für jedes K, das $> \zeta_0$ ist; folglich beträgt bei $T = 0$ die größte kinetische Energie der Elektronen im Metall ζ_0 (*kritische Energie* der Fermiverteilung). Sie wird durch die Konzentration der freien Elektronen bestimmt. Jedoch auch bei jeder beliebigen anderen praktisch vorkommenden Temperatur besitzt nur ein kleiner Teil der Elektronen eine Energie, die bedeutend größer ist als ζ_0, da $f(u, v, w)$ bei $K > \zeta$ schnell abnimmt. Tatsächlich ist $\zeta_0 \cong 10$ eV (s. Tab. 6, S. 483), deshalb ist $\frac{\zeta_0}{kT}$ bei den kleinen Metalltemperaturen, die praktische Bedeutung haben ($\sim 3000°$ K), $\cong 30°$, d. h. $\zeta_0 \gg kT$ und $\zeta \cong \zeta_0$. Wenn K also ζ um wenigstens 10% übersteigt, so ist $e^{\frac{K-\zeta}{kT}} \gg 1$ und $f(u, v, w)$ viel kleiner als bei $K = \zeta_0$, wo $e^{\frac{K-\zeta}{kT}} = 1$ ist. Bei $K > \zeta$ kann man im Nenner von (39,1) 1 gegenüber dem ersten Glied vernachlässigen. Dann gilt

$$f(u, v, w) = 2\left(\frac{m}{h}\right)^3 e^{\frac{\zeta}{kT}} e^{-\frac{K}{kT}} = \text{const.}\, e^{-\frac{K}{kT}},$$

und das entspricht der Maxwellverteilung. Folglich besitzen in einem Metall die schnellsten Elektronen ihrer Geschwindigkeit nach eine Maxwellverteilung.

Die Energieverteilung gibt der Ausdruck

$$F(K)\, dK = \frac{4\pi}{h^3}(2m)^{\frac{3}{2}} \frac{K^{\frac{1}{2}}\, dK}{e^{\frac{K-\zeta}{kT}} + 1}. \tag{39,4}$$

Zur Illustration führen wir in Abb. 145 die Kurven der Energieverteilung der Leitungselektronen in Nickel bei $T = 0$ (Kurve *a*) und bei $T = 1500°$ K (Kurve *b*) an.

Einige für das Elektronengas in einzelnen Metallen charakteristische Daten sind in Tab. 6 (S. 483) angeführt.

2. Der Potentialwall an der Metalloberfläche. Beim Übergang eines Elektrons aus dem Metall in das Gas oder umgekehrt, ändert sich die Dichte des umgebenden Mediums und insbesondere die Konzentration der geladenen Teilchen um einige Größenordnungen, deshalb kann man bei der theoretischen Erörterung der Frage das Gas näherungsweise durch das Vakuum ersetzen. In der folgenden Darlegung werden wir das Metall als homogenen Körper ohne Makrostruktur betrachten, der an das Vakuum grenzt.

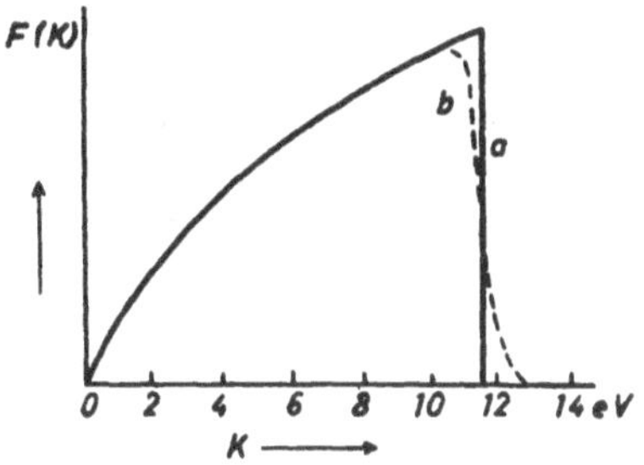

Abb. 145. Energieverteilung der Leitungselektronen in Ni: *a* bei $T = 0°$ K, *b* bei $T = 1500°$ K

In der Grenzschicht zwischen Metall und Vakuum wirkt auf die Elektronen eine in das Innere des Metalls gerichtete Kraft F; daher wächst beim Austritt aus dem Metall die potentielle Energie des Elektrons $\Pi(x)$ steil an (Abb. 144, Kurve AC). Die Differenz der potentiellen Energien des Elektrons im Vakuum $\Pi(C)$ und im Metall $\Pi(A)$

$$W_m = \Pi(C) - \Pi(A) = \int_0^\infty F(x)\,dx$$

stellt die Gesamtaustrittsarbeit des Elektrons aus dem Metall dar.

Nach der z. Z. verbreiteten Anschauung kann man die Kraft F in zwei Teile zerlegen: eine Kraft, die auf Grund der elektrischen Doppelschicht wirkt, die an der Metalloberfläche existiert, F_1 und eine elektrische Bildkraft F_2. Die Oberfläche eines festen Körpers, insbesondere eines Metalls ist als elektrische Doppelschicht zu betrachten [VII — 4]. Die äußere negative Schicht besteht aus Elektronen, die auf Grund ihrer kinetischen Energie die Randschicht der positiven Ionen *überfliegen* und eine Art Elektronenatmosphäre an der Metalloberfläche bilden. Die von den äußersten positiven Ionen gebildete Schicht besitzt ihrerseits einen Überschuß an positiver Ladung. Die Dicke dieser Doppelschicht, deren negativer Teil sich theoretisch unbeschränkt weit hinzieht, ist praktisch nicht größer als eine Periode des Kristallgitters, d. h. sie beträgt einige Å. So fällt beim Na das Potential auf die Hälfte in einer Doppelschicht von nur einem Å (s. [VII — 3, § 14]). In Abb. 144 ist der Anstieg der potentiellen Energie des Elektrons im Bereich der Doppelschicht durch den Abschnitt AB der Potentialkurve dargestellt; nach Tamm und Blochinzew [VII — 6] wird er durch die kritische Energie der Fermiverteilung bestimmt:

$$W_{m1} = \Pi(B) - \Pi(A) = \zeta_0. \tag{39,5}$$

Diese Größe hat die Größenordnung 10 eV; folglich ist die mittlere Feldstärke der Doppelschicht an der Metalloberfläche von der Größenordnung $\frac{10}{10^{-8}} = 10^9 \frac{\text{V}}{\text{cm}}$.

Ein sich in der Nähe der Leiteroberfläche bewegendes Elektron polarisiert den Leiter durch sein elektrisches Feld, indem es eine Umordnung der Ladungsdichte in ihm und eine Verzerrung des elektrischen Feldes im anliegenden Raumgebiet hervorruft. Infolgedessen entsteht die gut bekannte „Bildkraft" F_2, die auf das

Elektron wirkt (SCHOTTKY [VII—5]). Im Abstand x von der Metalloberfläche ist

(39,6) $$F_2 = \frac{e^2}{(2x)^2},$$

was einer elektrischen Feldstärke

$$F_2 = \frac{e}{4x^2} = \frac{3{,}6 \cdot 10^8}{[x\,(\text{Å})]^2}\left(\frac{\text{V}}{\text{cm}}\right)$$

entspricht.

Der Ausdruck (39,6) hat einen Sinn, wenn x größer ist als die Abstände zwischen den Atomen; bei $x = 0$ geht $F_2 \to \infty$ (Abb. 146, Kurve a). Deshalb muß bei kleinen Abständen von der Metalloberfläche das Gesetz für die Bildkraft abgeändert werden. SCHOTTKY hat vorgeschlagen, von einem gewissen x_0 an $F_2 = \text{const.} = \frac{e^2}{4x_0^2}$ (Kurve b) zu setzen; LANGMUIR [VII—7] schlug eine parabelförmige Abhängigkeit der Größe F_2 von x vor, die kontinuierlich in (39,6) (Kurve c) übergehen soll. Die Arbeit zur Überwindung der Bildkraft wird unter beiden Voraussetzungen gleich

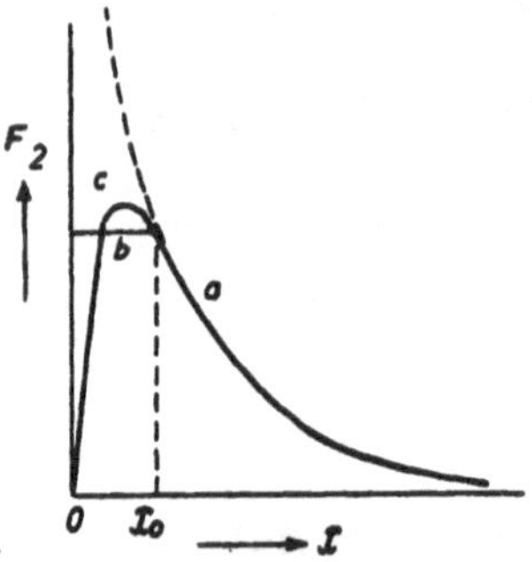

Abb. 146. Abhängigkeit der elektrischen Bildkraft vom Abstand; a nach dem elementaren Gesetz, b nach SCHOTTKY c, nach LANGMUIR

(39,7) $$W_{m2} = \int_0^\infty F_2\,(x)\,dx = \frac{e^2}{2x_0}.$$

In einem Abstand $= 1$ Å entspricht die Bildkraft einem Feld von ungefähr $3 \cdot 10^8\ \frac{\text{V}}{\text{cm}}$, ist also bedeutend kleiner als die Kraft der Doppelschicht F_1. Doch schon im Abstand von einigen Å wirkt praktisch nur die Bildkraft. Dementsprechend ist der Abschnitt BC der Potentialkurve in Abb. 144 hauptsächlich durch die Bildkraft F_2 bedingt. Die Kurve AC stellt insgesamt einen *Potentialwall* dar, der von einem Elektron, welches das Metall verläßt, überwunden werden muß. Seine Höhe, d. h. die Gesamtaustrittsenergie, kann nach (39,5) und (39,7) geschrieben werden:

(39,8) $$W_m = W_{m1} + W_{m2} = \zeta_0 + \frac{e^2}{2x_0}.$$

Unter den Bedingungen des Stroms in Gasen findet man neben reinen Metallelektroden und -wänden oft Elektroden und Wände, die von dünnen Filmen adsorbierter Stoffe überzogen sind.[1]) Besonders wichtig ist die Adsorption von Alkalien und Erdalkalien, von Wasserstoff, Sauerstoff, Wasserdampf, Quecksilber u. a. Ist ein Film von adsorbiertem Material vorhanden, so tritt eine neue elektrische Doppelschicht an der Metalloberfläche auf und beeinflußt die Potentialschwelle an der Oberfläche, insbesondere ihre Höhe, also W_m. Tatsächlich werden verschiedene Stoffe entweder in Form neutraler Moleküle oder als positive (Metalle, Wasserstoff) oder negative Ionen (Sauerstoff, Halogene) adsorbiert. Die positiven Ionen bilden zusammen mit ihren negativen Bildern im Metall eine

---

[1]) Eine wesentliche Bedeutung haben auch die Fälle, bei denen die Elektroden mit Nichtleiterschichten von größerer Dicke überzogen sind. Dieser Fall wird im § 41, P. 2 betrachtet werden.

Dipolschicht, die mit der positiven Seite nach außen liegt. Ist p das elektrische Moment eines solchen Dipols und n die Anzahl der Dipole pro cm^2, so beträgt die Potentialdifferenz auf beiden Seiten der Dipolschicht $4\pi np$ und die dadurch bedingte Herabsetzung der Austrittsenergie des Elektrons aus dem Metall beträgt $\Delta W_m = 4\pi e_0 n p$.

Die Dipolschicht ändert nicht nur die Höhe, sondern auch die Form der Schwelle. Die durch die Doppelschicht bedingte Herabsetzung der potentiellen Energie erfolgt in einem Abstand, der ungefähr gleich dem Durchmesser der adsorbierten Ionen ist (2—3 Å), die Wirkung der Bildkraft F_2 macht sich jedoch auf größere Entfernungen bemerkbar. Deshalb wird die Potentialschwelle im vorliegenden Fall eine Form annehmen, wie sie schematisch in Abb. 147 durch die Kurve *ABDE* dargestellt ist. (Der Abschnitt *BD* stellt die Herabsetzung, welche durch den adsorbierten Stoff bedingt ist, dar; der Abschnitt *DE* ist durch die Bildkraft bedingt.) Im Ergebnis zeigt sich, daß die Austrittsenergie nicht den Wert W_m hat, sondern auf den Wert $W'_m = W_m - \Delta W_m$ herabgesetzt ist.

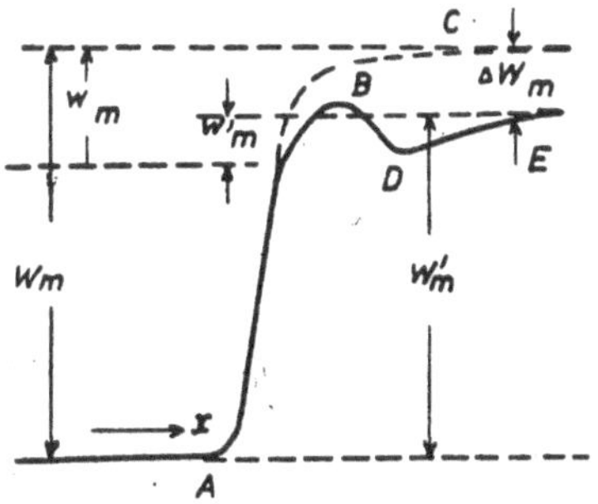

Abb. 147. Einfluß einer adsorbierten monomolekularen Schicht auf die Form der Potentialschwelle; Kurve *AC* — Schwelle bei reinem Metall, Kurve *ABDE* — Schwelle bei Vorhandensein adsorbierter positiver Ionen oder polarer Moleküle

In ähnlicher Weise wirken auch an der Metalloberfläche adsorbierte neutrale Moleküle. Polare Moleküle richten sich mit ihren positiven Enden, wenn sie in das Feld der oben beschriebenen Doppelschicht an der Metalloberfläche gelangt sind, nach außen; unpolare Moleküle (die Atome der Metalle H_2, O_2 usw.) werden in diesem Feld in eben dieser Richtung polarisiert. In beiden Fällen entsteht eine Dipolschicht, die den Austritt der Elektronen aus dem Metall erleichtert. Die umgekehrte Wirkung hat eine am Metall adsorbierte Schicht negativer Ionen. Zusammen mit ihrem positiven elektrischen Bild erzeugt sie eine Doppelschicht, die mit ihrer negativen Seite nach außen gekehrt ist. Darum behindert ihr elektrisches Feld den Austritt der Elektronen aus dem Metall und erhöht die Austrittsarbeit.

Eine eingehende Darlegung der Frage siehe [VII — 8, 14, 27].

3. Der Durchgang der Elektronen durch den Potentialwall. Diejenigen Elektronen, die das Metall verlassen, müssen die Oberflächenschicht passieren und die hier auf sie wirkenden Kräfte überwinden. Unter welchen Bedingungen ist dieser Austritt möglich?

Nach der klassischen Theorie ist die Antwort eindeutig. Ist u die zur Metallgrenze normale Geschwindigkeitskomponente des Elektrons und u_0 ihr Anfangswert, so ist für die Abtrennung des Elektrons notwendig und hinreichend, daß

$$W_x = \frac{mu_0^2}{2} \geqslant W_m \quad (39{,}9)$$[1]

[1]) Hier und weiterhin in diesem Paragraphen wird unter W_x der Teil der Gesamtenergie des Elektrons verstanden, welcher der zur Metalloberfläche normalen Richtung entspricht.

$$W_x = \frac{1}{2} mu^2 + \Pi(x).$$

ist, *unabhängig* von der Form der Schwelle (d. h. von der Gestalt der Kurve $\Pi[x]$). Anders ausgedrückt, wenn die Bedingung (39,9) befriedigt ist, so ist die Austrittswahrscheinlichkeit des Elektrons gleich 1; ist sie nicht erfüllt, so ist die Wahrscheinlichkeit gleich Null; das Elektron wird vom Wall in das Metall reflektiert.

Nach der Wellenmechanik kann die Form der Schwelle eine bestimmte Rolle spielen. Betrachten wir zu Anfang eine Schwelle mit monoton ansteigender potentieller Energie, ähnlich der in Abb. 144 dargestellten. Für den Elektronendurchgang durch solch eine Schwelle ist die Bedingung (39,9) notwendig (bei $u_0 < \sqrt{\frac{2\,W_m}{m}}$ kann das Elektron nicht aus dem Metall heraus), aber nicht hinreichend (nicht jedes Elektron, das die Metallgrenze mit einem $u_0 > \sqrt{\frac{2\,W_m}{m}}$ erreicht, wird das Metall verlassen). Eine Reflexion der Elektronen von der Grenze Metall-Vakuum erfolgt bei Geschwindigkeiten, die die Bedingung (39,9) befriedigen.

Der Bruch

$$D = \frac{\text{Zahl der Elektronen, welche die Schwelle in 1 sec passieren}}{\text{Zahl der Elektronen, welche die Schwelle in 1 sec erreichen}},$$

ist gleich der Wahrscheinlichkeit dafür, daß ein Elektron durch den Wall tritt und heißt die *Durchlässigkeit* oder die *Permeabilität der Schwelle*. Die Größe $R = (1 - D)$ heißt *Reflexionskoeffizient* der Schwelle. Bei $W_x < W_m$ ist $D = 0$; bei $W_x \geqslant W_m$ ist $0 < D < 1$. Die Wahrscheinlichkeit für den Durchgang oder die Reflexion eines Elektrons berechnet sich einfach bei einer schematisierten Schwellenform: Man nimmt einen Sprung der potentiellen Energie von dem Wert 0 auf den Wert W_m an (s. Anmerkung 9, S. 453). In diesem Fall ist

$$D = \begin{cases} 0 & \text{bei } W_x < W_m \\ \dfrac{4\sqrt{W_x - W_m}\cdot\sqrt{W_x}}{(\sqrt{W_x} + \sqrt{W_x - W_m})^2} & \text{bei } W_x \geqslant W_m \end{cases}. \tag{39,10}$$

Die Abhängigkeit D von $\frac{W_x}{W_m}$, welche durch diese Formel ausgedrückt wird, ist in Abb. 148 als Kurve *a* dargestellt. Bei einer realen, durch die Bildkraft bedingten Schwelle kann die Lösung nicht durch die einfache Formel (39,10) dargestellt werden. Bei $W_x \to W_m$ nähert sich D einem Wert, der wenig kleiner ist als 1: z. B. bei $W_x = W_m = 12{,}6$ eV ist $D = 0{,}93$ (siehe Kurve *b* in der gleichen Abb. 148). Folglich erhält man praktisch ein Ergebnis, das sich wenig vom klassischen unterscheidet: Fast alle Elektronen, welche die Bedingung (39,9) befriedigen, können durch die Metalloberfläche nach außen fliegen.

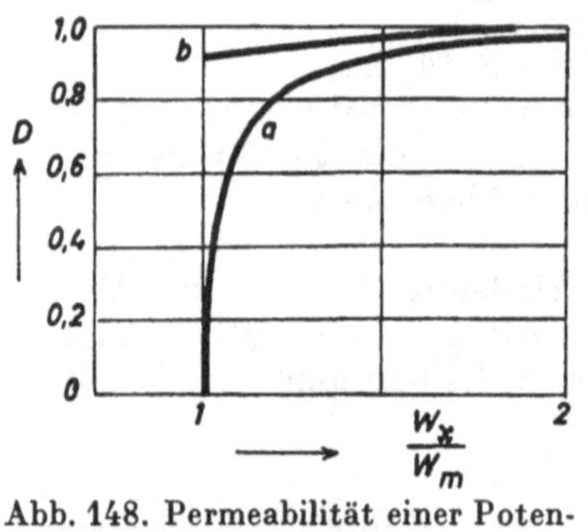

Abb. 148. Permeabilität einer Potentialschwelle in Abhängigkeit von der Elektronenenergie: *a* — im Fall einer kastenförmigen Schwelle, *b* — im Fall der durch die Bildkraft bedingten Schwelle

Vollkommen anders ist die Sachlage bei einer Schwellenform, wie sie in Abb. 147 dargestellt ist (zusätzliche Doppelschicht an der Metalloberfläche). Nach der klassischen Theorie muß ein Elektron zur Überwindung einer solchen Schwelle mit dem Potential-Maximum Π_B ein $W_x \geqslant \Pi_B$ besitzen. Gleichzeitig ist Π_B nicht gleich der Austrittsenergie W_m, welche durch die potentielle Energie Π_E in unendlich großer Entfernung von der Grenze bestimmt wird. Deshalb müssen sich die langsamsten emittierten Elektronen, welche den Gipfel des Walls B mit einer normalen Geschwindigkeitskomponente $u \cong 0$ passieren, im Vakuum mit der Energie $\frac{mu^2}{2} = \Pi_B - \Pi_E$ bewegen. Die Geschwindigkeitsverteilung der emittierten Elektronen muß eine scharfe untere Grenze besitzen. Experimentell wurde eine solche Geschwindigkeitsverteilung bei der normalen thermischen Elektronenemission nicht beobachtet.

Die Wellenmechanik kommt zu anderen Folgerungen. Die Elektronen können das Metall nicht nur bei $W_x \geqslant \Pi_B$ verlassen, sondern auch bei $\Pi_B > W_x \geqslant \Pi_E$ (Emission durch die Schwelle „*Tunneleffekt*"). Die Wahrscheinlichkeit für einen solchen Austritt, die die Permeabilität der Schranke bestimmt, berechnet sich verhältnismäßig einfach bei einer schematisierten rechtwinkligen Form des Walls, wie sie in Abb. 149 dargestellt ist (siehe Anmerkung 9, S. 453); als genäherten Ausdruck erhalten wir:

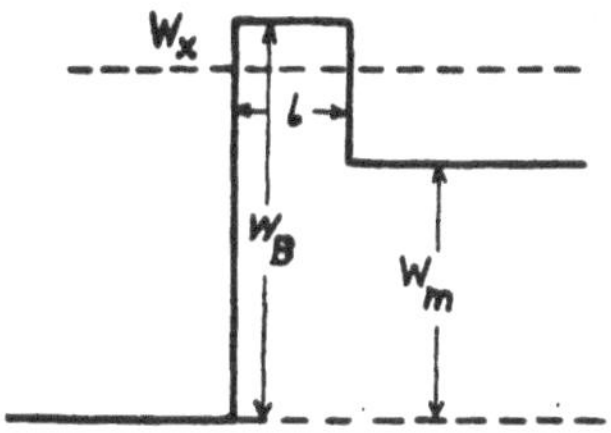

Abb. 149. Vereinfachte (kastenförmige) Schwelle mit herabgesetztem Potential

$$(39{,}11)\qquad D \cong 4\,\frac{\sqrt{W_x(W_x - W_m)}\;(W_B - W_x)}{W_B(W_B - W_m)}\exp\left(-\frac{4\pi}{h}\sqrt{2m\,(W_B - W_x)}\;l\right)$$

unter der Bedingung, daß $\frac{4\pi}{h}\sqrt{2m\,(W_B - W_x)}\;l > 1$ ist. Hierbei stellt es sich heraus, daß $D \ll 1$ ist. Die Formel (39,11) zeigt, daß D desto kleiner ist, je größer die Schwellenbreite l ist und je weniger die Elektronenenergie zum Übertritt „über die Schwelle" ausreicht. So ist bei $l = 2$ Å $W_B = 10$ eV, $W_m = 6$ eV, $W_x = 8$ eV (es fehlen 2 eV) $D = 0{,}045$; unter den gleichen Bedingungen aber $W_x = 7$ eV (es fehlen 3 eV) ist $D = 0{,}0022$.

Die Existenz des Tunneleffektes für Elektronen, die aus dem Metall in das Vakuum gehen, wird durch gewisse Versuche im Bereich der Feldelektronenemission bestätigt (s. unten § 41).

Im Falle eines abgerundeten Walls, ähnlich dem in Abb. 147 dargestellten, kann die Formel (39,11) verallgemeinert werden und führt auf

$$(39{,}12)\qquad D \cong D_0 \exp\left[-\frac{4\pi}{h}\int_0^l \sqrt{2m\,[\Pi(x) - W_x]}\,dx\right],$$

wo l (K) den Ort des „Austritts aus der Schwelle" nach der Bedingung $\Pi(l) = W_x$ bestimmt.

Der Koeffizient der Reflexion R und der Permeabilität D der Potentialschranke hängt bei vorgegebener Gesamtenergie des Teilchens nicht von der Richtung seiner Bewegung ab. Das bedeutet, daß die Wahrscheinlichkeit für den Übertritt eines Elektrons mit der kinetischen Anfangsenergie K_{x0} aus dem Metall in das Vakuum ebenso groß ist, wie die Wahrscheinlichkeit für den Übertritt eines Elektrons mit der gleichen Gesamtenergie, d. h. einer kinetischen Energie $(K_{x0} - W_m)$ aus dem Vakuum in das Metall. Den Beweis dieses allgemeinen Satzes für den Sonderfall einer einfachen rechteckigen Schranke siehe in Anmerkung 9 (S. 453).

§ 40. Die thermische Elektronenemission

Diese einfachste und wichtigste Art der Elektronenemission wird in allen Lehrbüchern der Elektronik und des Stroms in Gasen, sowie in einer ganzen Reihe von Monographien beschrieben [VII — 8, 12, 13, 14, 27], daher ist es nicht erforderlich, in diesem Buch eingehend dabei zu verweilen. Wir beschränken uns auch in dieser Frage nur auf eine flüchtige Rekapitulation der wichtigsten Ergebnisse.

Die thermische Elektronenemission ist darauf zurückzuführen, daß im Metall Elektronen mit Geschwindigkeiten vorhanden sind, die zur Überwindung des Potentialwalls an der Oberfläche des Metalls ausreichen. Die Anzahl derartiger Elektronen wird durch das FERMIsche Geschwindigkeitsverteilungsgesetz (39,1) bestimmt. Sie wächst mit der Temperatur des Metalls. 1 cm² der Metalloberfläche erreichen in 1 sec

$$uf\,(u, v, w) \cdot du \cdot dv \cdot dw$$

Elektronen, mit Geschwindigkeiten im Intervall du, dv, dw. Die Gesamtzahl der durch 1 cm² der Metalloberfläche in 1 sec hindurchgehenden Elektronen beträgt:

$$\nu = \int\limits_{\sqrt{\frac{2W_m}{m}}}^{\infty} u \cdot D\,(u)\, du \int\limits_{-\infty}^{+\infty} dv \int\limits_{-\infty}^{+\infty} f\,(u, v, w)\, dw, \tag{40,1}$$

wobei für $f\,(u, v, w)$ der Ausdruck (39,1) einzusetzen ist. Tut man das und integriert, ersetzt $D\,(u)$ durch seinen Mittelwert $\overline{D}$, der sich wenig von eins unterscheidet (s. Abb. 148, Kurve b) und berücksichtigt schließlich, daß bei allen praktisch auftretenden Temperaturen für die meisten Elektronen, welche das Metall verlassen können $\frac{mu^2}{2} - \zeta \gg kT$ ist, so findet man

$$\nu = \frac{4\pi m (kT)^2}{h^3} \cdot \overline{D} e^{-\frac{W_m - \zeta}{kT}} \tag{40,2}$$

(siehe Anmerkung 10, S. 457). Hieraus finden wir für die Emissionsdichte $j = e\nu$ das bekannte *RICHARDSON-DUSHMANsche Gesetz*

$$j = AT^2 e^{-\frac{w_m}{kT}}, \tag{40,3}$$

wo

$$A = \frac{4\pi m e k^2}{h^3} \cdot \overline{D} = 120\,\overline{D} \left(\frac{A}{\text{cm}^2\,\text{grad}^2}\right) \tag{40,4}$$

und

$$w_m = W_m - \zeta. \tag{40,5}$$

ist. Die Größe w_m, *die effektive Austrittsarbeit*, ist ein Teil der totalen Austrittsarbeit W_m und charakterisiert die Energie, welche den schnellsten Elektronen des Metalls bei $T = 0°$ K zusätzlich erteilt werden muß, damit sie das Metall verlassen können. Nimmt man die im § 39 dargelegte Konzeption an, nach der W_m aus den Energien zur Überwindung der Kraft der Doppelschicht und der Bildkraft zusammengesetzt ist, so folgt aus den Formeln (39,8) und (40,5), daß die effektive Austrittsarbeit $w_m = \frac{e^3}{2x_0}$ ist, d.h. sich auf die Energie zur Überwindung der Bildkraft allein reduziert. Die Werte der Größe w_m sind für einige Metalle in der Tabb. 6 (S. 483) angegeben. Die Konstante A muß, wie aus (40,4) zu sehen ist, für reine Metalle praktisch eine Konstante von der Größenordnung 100 $\frac{A}{\text{cm}^2\text{grad}^2}$ sein, da $\overline{D}$ nahezu 1 ist, die anderen Größen aber, die in den Ausdruck für A eingehen, universelle Konstanten sind. Für die meisten reinen Metalle liegt A zwischen 60 und 120 $\frac{A}{\text{cm}^2\text{grad}^2}$; einzelne bekannte Ausnahmen (Pt) sind möglicherweise durch einen schwer zu entfernenden Oxydfilm auf der Metalloberfläche bedingt und sind nicht charakteristisch für die Eigenschaften reiner Metalle.

Sind Stoffe an der Metalloberfläche adsorbiert, so ändert das deren thermische Elektronenemission stark, da sich dadurch die Höhe und die Form der Potentialschwelle ändert (siehe § 39 und Abb. 147). Insbesondere setzt die Adsorption von Metallen als einatomige Schicht die Austrittsarbeit für Elektronen bedeutend herab und steigert damit die Elektronenemission bei vorgegebener Temperatur. Ein weitgehend bekanntes und in der Praxis genutztes Beispiel sind die einatomigen Metallfilme auf Wolfram (siehe Tabelle 7 auf S. 484), bei denen die Austrittsarbeit kleiner als bei reinem Wolfram und kleiner als bei dem adsorbierten Metall in massiver Form ist. Eine niedrige Austrittsarbeit und folglich eine bedeutend größere Emission als bei reinen Metallen besitzen auch die Oxyde der Erdalkalimetalle, die einer speziellen Bearbeitung unterworfen worden sind („Aktivierung"). Die Kurven der Thermoelektronenemission einiger Stoffe in Abhängigkeit von der Temperatur sind in Abb. 150 dargestellt.

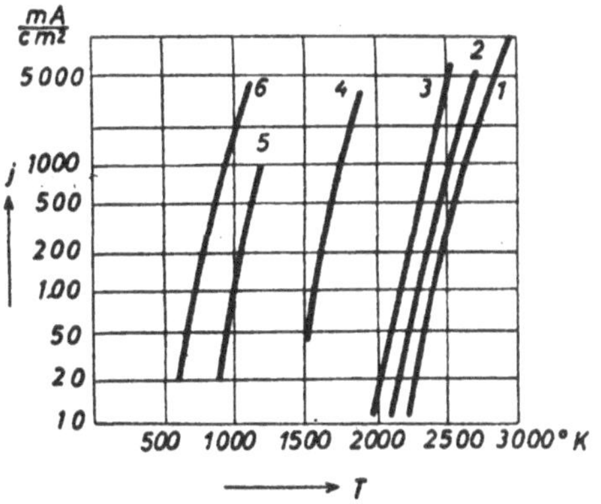

Abb. 150. Thermische Elektronenemission verschiedener Kathoden in Abhängigkeit von der Temperatur: *1* — W, *2* — Mo, *3* — Ta, *4* — Th auf W, *5* — BaO + SrO auf Pt und Ni, *6*. — Ba auf WO_3

Die Elektronen, die von dem erhitzten Metall emittiert werden, müssen eine MAXWELLsche Geschwindigkeitsverteilung besitzen. Dieser Umstand ist bedingt: 1. dadurch, daß diejenigen Metallelektronen, die in das Vakuum austreten können, nahezu eine MAXWELLverteilung besitzen, da ihre Energie größer als ζ ist (s. § 39, S, 213); 2. dadurch, daß der Koeffizient der Schwellenpermeabilität an der Oberfläche des reinen Metalls nahezu konstant ist; 3. durch die bekannte Eigenschaft einer MAXWELLverteilung, sich bei Verrichtung der gleichen Arbeit durch alle

Teilchen nicht zu ändern.[1]) Die experimentellen Untersuchungen haben ebenfalls gezeigt [VII — 15, 16], daß die Geschwindigkeiten der Thermoelektronen eine MAXWELLverteilung besitzen und daß die Verteilungstemperatur mit der Temperatur des Metalls zusammenfällt. Damit wird die schwache Abhängigkeit der Permeabilität der Oberflächen-Potentialschwelle des Metalls von der Elektronengeschwindigkeit bestätigt.

Die Thermoelektronenemission ist, ähnlich der Flüssigkeitsverdampfung, mit einem Wärmeverlust des emittierenden Körpers verbunden. Ist dieser thermisch isoliert, so wird seine Temperatur infolge der Emission herabgesetzt. Die Wärmemenge Q, die man in jeder Sekunde einem Leiter zuführen muß, der den Strom I emittiert, um seine Temperatur konstant zu halten, kann man folgendermaßen berechnen: Der Leiter emittiert bei der Temperatur T pro sec $\nu = \frac{I}{e}$ Elektronen; der Ladungsverlust wird durch den Zufluß der gleichen Elektronenmenge durch die stromzuführenden Leitungen kompensiert. Jedes abfliegende Elektron verrichtet eine Austrittsarbeit W_m und bewahrt einen Rest der kinetischen Energie, die im Mittel $2\,kT$ pro Elektron beträgt[2]); deshalb beträgt die gesamte von den Elektronen fortgetragene Energie: $\nu\,(W_m + 2kT)$. Die Ersatzelektronen bringen die Energie: $\nu \left(\zeta + \int\limits_0^T \sigma\,(T)\,dT\right)$ mit, wo σ die Wärmekapazität des Elektronengases im Metall, bezogen auf ein Elektron, ist. Die FERMIsche Geschwindigkeitsverteilung führt bei den gewohnten Temperaturen auf $\sigma \cong 0$. Deshalb ist der Energieverlust pro emittiertes Elektron:

$$q = W_m + 2kT - \zeta$$

---

[1]) Tatsächlich kann die Zahl der Elektronen mit Geschwindigkeiten im Intervall du, dv, dw, die durch 1 cm² der Metalloberfläche pro Sekunde hindurchgehen (unter Berücksichtigung des im § 39 gesagten) geschrieben werden:

$$dn = Du f\,(u, v, w)\,du \cdot dv \cdot dw = DCe^{-\frac{u^2+v^2+w^2}{2\,kT}}\,u \cdot du \cdot dv \cdot dw.$$

Nach dem Austritt der Elektronen in das Vakuum kann die gleiche Zahl geschrieben werden

$$dn = u' f_1\,(u', v, w)\,du' \cdot dv \cdot dw$$

(u' ist der Wert der Komponente u nach dem Übertritt über die Schwelle; v und w bleiben ungeändert). Folglich ist

$$Du f\,(u, v, w) = u' f_1\,(u', v, w).$$

Da $\frac{mu^2}{2} = \frac{mu'^2}{2} + W_m$ ist, so ist $u\,du = u'\,du'$; deshalb ist

$$dn = Ce^{-\frac{m(u^2+v^2+w^2)}{2kT}}\,Du \cdot du = C \cdot e^{-\frac{m(u'^2+v^2+w^2)}{2kT} - \frac{W_m}{kT}}\,Du' \cdot du' =$$

$$= C' e^{-\frac{m(u'^2+v^2+w^2)}{2kT}}\,Du' \cdot du'.$$

Hängt D nicht von der Elektronengeschwindigkeit ab, so kann man es in C' einbeziehen, und $f_1\,(u', v, w)$ erweist sich gleichfalls als MAXWELLsche Verteilungsfunktion.

[2]) In der kinetischen Gastheorie wird bewiesen, daß die mittlere kinetische Energie von Teilchen, welche durch eine vorgegebene Fläche treten, $2\,kT$ beträgt, wenn die Gastemperatur T ist.

oder nach (40,5)

$$q = w_m + 2kT; \tag{40,6}$$

dann ist die gesuchte Wärmemenge

$$Q = \frac{I}{e}(w_m + 2kT). \tag{40,7}$$

Die Größe Q wird experimentiell nach einer Kompensationsmethode gemessen. Der untersuchte Leiter (Metallfaden), der von der Anode umgeben ist, wird im Vakuum bis zur Emissionstemperatur erhitzt und in eine WHEATSTONE-Brücke, als einer der Brückenarme geschaltet. Die Brücke wird am Anfang, bei fehlender Anodenspannung, also bei einem Emissionsstrom $I \cong 0$, ins Gleichgewicht gebracht; sodann wird eine Anodenspannung eingeschaltet, die ausreicht, um den Sättigungsstrom zur Anode zu erhalten; hierbei kühlt sich der Faden ab, und um die Brücke in die vorherige Gleichgewichtslage zu bringen, muß die Heizleistung gesteigert werden. Die zusätzliche Leistung ΔP gestattet es, wenn man noch Korrekturen für die Umordnung der Fadentemperatur, infolge der Emission usw. einführt, Q zu bestimmen. Solche Messungen [VII — 17, 18, 19] ermöglichten auf Grund der Formel (40,7) die effektive Austrittsarbeit w_m zu bestimmen. Der auf diese Art ermittelte Wert für Wolfram $w_m = 4{,}52 \pm 0{,}05$ eV deckt sich ausgezeichnet mit dem Wert $w_m = 4{,}485$ eV, der durch unmittelbare Messung des Emissionsstroms und Berechnung nach der Formel (40,3) gefunden wurde.

§ 41. Die Feldemission

1. Die Feldemission aus einem Metall in das Vakuum. Ein zur Metalloberfläche normales elektrisches Feld begünstigt die Elektronenemission aus einem Metall, wenn es als Kathode dient. Man hat zwei Fälle zu unterscheiden.

a) Das Metall ist bis zur Temperatur der Thermoelektronenemission erhitzt; das angelegte elektrische Feld verstärkt die Emission. Das macht sich im Verlauf der Stromspannungscharakteristik des Thermoelektronenstroms bemerkbar (Abb. 151). Bei Erhöhung der Spannung zwischen Kathode und Anode bis zu Werten, bei denen das Feld der Elektronenraumladung aufhört eine merkliche Rolle zu spielen, erreichen alle von der Kathode emittierten Elektronen die Anode; die Anodenstromstärke müßte sich auf einem bestimmten Niveau, das gleich dem Emissionsstrom bei Fehlen eines Feldes I_{Em} ist und bei weiterer Spannungssteigerung nicht geändert wird, stabilisieren (*Sättigungsstrom*). In Wirklichkeit steigt der Elektronenstrom, auch wenn der Wert I_{em} erreicht ist, weiter; eine vollständige Sättigung wird nicht festgestellt (*SCHOTTKYeffekt*).

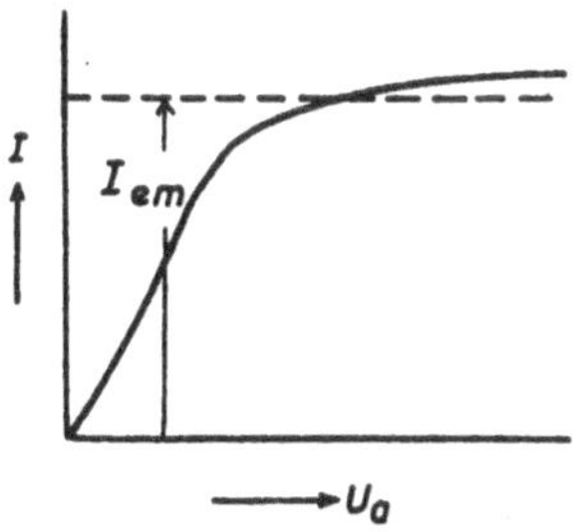

Abb. 151. SCHOTTKYeffekt; I_{em} — Emissionsstrom in einem schwachen elektrischen Feld

b) In noch stärkeren elektrischen Feldern kann eine Elektronenemission bei beliebiger Kathodentemperatur bis zu 0° K auftreten. Darüber hinaus hängt diese Emission in einem weiten Temperaturbereich (von 0° bis ~1000° K) praktisch nicht von der Temperatur ab. Das ist *die Feldemission*. Man beobachtet sie leicht im Vakuum zwischen einer negativ geladenen Spitze und einer gegenüberliegenden Platte oder zwischen einem dünnen Faden und einem ihn umgebenden koaxialen Zylinder, da es in diesen Fällen nicht schwer ist, an der Kathodenoberfläche eine elektrische Feldstärke $E = 10^6 \frac{\mathrm{V}}{\mathrm{cm}}$ und mehr zu realisieren. Die elektrische Feldstärke, bei der die Kaltemission beginnt, hängt von dem Metall und seinem Oberflächenzustand ab. Nach den Angaben von MILLIKAN und Mitarbeitern [VII — 22—25] beginnt bei einer schlecht entgasten Kathode mit rauher Oberfläche die Kaltemission bei einer Feldstärke von $E_{\min} \cong 10^5 \frac{\mathrm{V}}{\mathrm{cm}}$; gute Entgasung oder Polieren der Kathodenoberfläche erhöhen $E_{\min}$ bis $10^6 \frac{\mathrm{V}}{\mathrm{cm}}$ [VII — 22, 26]. Bei umgekehrter Feldrichtung wird selbst bei $E = 10^7 \frac{\mathrm{V}}{\mathrm{cm}}$ kein Strom beobachtet [VII — 23].

Beide Erscheinungen, der SCHOTTKYeffekt und die Feldemission, entstehen infolge einer Veränderung der Oberflächen-Potentialschwelle in Gegenwart eines elektrischen Feldes (Abb. 152). Beim Fehlen eines Feldes hat die Schwelle die Form der Kurve AC, die durch die Gleichung $\Pi = W_m - \frac{e^2}{4x}$ ausgedrückt wird (mit Ausnahme des Anfangsabschnitts); da die Schwellenhöhe W_m die kritische FERMIenergie ζ bedeutend übertrifft, so ist eine Elektronenemission nur bei erhöhter Temperatur möglich. In Gegenwart eines äußeren elektrischen Feldes E wirkt auf das Elektron außer den Kräften der Doppelschicht und des elektrischen Bildes, die die Schwelle AC bedingen, noch eine äußere Kraft eE; die potentielle Energie, ohne Berücksichtigung der Bildkraft, würde durch die Gerade OD dargestellt werden (Gleichung: $\Pi_1 = W_m - eEx$) und unter Berücksichtigung der Bildkraft, durch die Kurve ABD (Gleichung: $\Pi_1 = \frac{e^2}{4x} - W_m - eEx$) deren Gipfel (Potentialmaximum) sich im Punkt B mit der Abszisse $x_m = {}^1/_2 \sqrt{\frac{e}{E}}$ befindet. Infolge der auf diese Weise entstandenen Herabsetzung der Schwelle verkleinert sich die Austrittsarbeit um

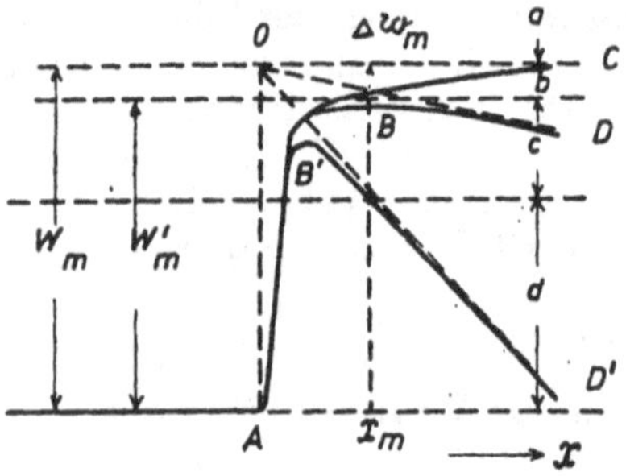

Abb. 152. Zur Theorie der Elektronenemission in einem elektrischen Feld. AC — Schwelle beim Fehlen eines elektrischen Feldes, ABD — bei einem schwachen äußeren Feld, $AB'D'$ — bei einem starken äußeren Feld

$$\Delta w_m = W_m - \Pi(B) = \sqrt{e^3 E}, \tag{41,1}$$

oder in praktischen Einheiten um $\Delta w_m\,(\mathrm{eV}) = 3{,}62 \cdot 10^{-4} \sqrt{E\left(\frac{\mathrm{V}}{\mathrm{cm}}\right)}$. Daher ist es möglich, daß Elektronen mit einer Energie zwischen W'_m und $W'_m + \Delta w_m$, die beim Fehlen des Feldes das Metall nicht verlassen konnten, jetzt emittiert werden. Folglich muß der Emissionsstrom bei vorgegebener Kathodentemperatur ansteigen. Nach Gleichung (40,3) beträgt der Emissionsstrom in Gegenwart eines Feldes

$$j_E = AT^2 e^{-\frac{w_m - \Delta w_m}{kT}}$$

oder, wenn man Δw_m durch seinen Wert (41,1) ersetzt und die Stromdichte bei $E = 0$ mit j_0 bezeichnet

$$j_E = j_0 \exp\left(\frac{e^{\frac{3}{2}} E^{\frac{1}{2}}}{kT}\right) = j_0 e^{\frac{4,39}{T}\sqrt{E}} \tag{41,2}$$

(hier ist E in $\frac{\mathrm{V}}{\mathrm{cm}}$ und T in °K gemessen).

Die Richtigkeit der dargelegten Theorie wurde experimentell bestätigt.

Neben der Herabsetzung der Höhe der Schwelle verändert sich beim Anlegen eines elektrischen Feldes auch deren Form. In genügend großem Abstand vom Metall kann die potentielle Energie der Elektronen gleich einem beliebigen möglichen Energiewert der Metallelektronen werden (BD = fallender Kurvenzweig); darum ist grundsätzlich ein Tunneleffekt für Elektronen möglich, deren Energie kleiner ist als $W_m - \Delta w_m$; bei schwachem Feld ist jedoch die Breite der Schwelle groß (beispielsweise beträgt bei $E = 1 \cdot 10^4 \frac{\mathrm{V}}{\mathrm{cm}}$ für Elektronen, denen 1 eV Energie „fehlt", die Breite der Schwelle zirka $1 \cdot 10^{-4}$ cm $= 1 \cdot 10^4$ Å) und die Durchgangswahrscheinlichkeit für Elektronen durch die Schwelle ist verschwindend klein (im betrachteten Beispiel ist $D \sim e^{-10}$). Bei einem stärkeren Feld jedoch (Kurve $AB'D'$ in Abb. 152) wird der Wall schmaler und seine Permeabilität kann sogar für Elektronen mit einer Energie, gleich oder kleiner als ζ bedeutend werden; in diesem Falle tritt Feldemission auf.

Die möglichen Energieniveaus der Elektronen im Metall kann man in vier Gebiete einteilen, a, b, c und d (in Abb. 152). Bei $T = 0$ liegen alle Elektronen in dem Band d ($W < \zeta$), bei $T > 0$ liegen auch Elektronen in den Bändern a, b und c. Im Band a ist die Elektronenenergie größer als W_m; hieraus entsteht eine reine Thermoelektronenemission. Im Band b übersteigt die Elektronenenergie die durch ein elektrisches Feld herabgesetzte Potentialschwelle B'. In diesem Band beginnt der SCHOTTKY-effekt. Aus dem Band d rührt (bei $T = 0$) die reine Feldelektronenemission her. Endlich bedingen die Elektronen im Band c die Verstärkung der Feldemission bei Temperatursteigerung; das ist, ebenso wie der SCHOTTKY-effekt, ein kombiniertes Ergebnis der Wirkung des Feldes und der Temperatur.

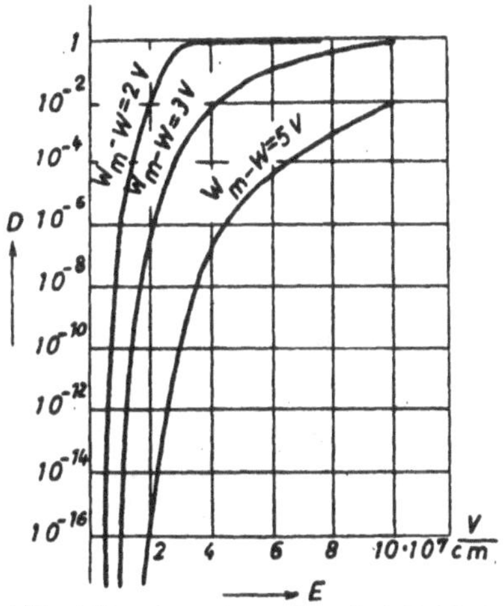

Abb. 153. Austrittswahrscheinlichkeit eines Elektrons aus dem Metall in einem starken elektrischen Feld

FOWLER und NORDHEIM [VII—29] haben, indem sie die Feldemission als Tunneleffekt betrachteten und die reale Potentialschwelle $OB'D'$ (Abb. 152) durch die vereinfachte Form AOD ersetzten, eine Formel für die Austrittswahrscheinlichkeit der Elektronen unter der Wirkung eines Feldes abgeleitet:

$$D(W, E) = \frac{4\sqrt{W(W_m - W)}}{W_m} \exp\left[-\frac{8\pi}{3h} \cdot \frac{\sqrt{2m}}{eE} \cdot (W_m - W)^{\frac{3}{2}}\right] \text{ bei } W < W_m \tag{41,3}$$

[siehe Anmerkung 9, Formel (m)]. Für schnelle Elektronen $(W > W_m)$ bleibt praktisch die Formel (39,10) in Kraft. Bei Berücksichtigung der Bildkraft, d. h. der tatsächlichen Schwellenform, erhält man eine strengere Formel [VII — 30] (siehe auch [VII — 3, § 19]); einige nach dieser Formel berechneten Ergebnisse sind in Abb. 153 angeführt.

Die Stromdichte der Feldemission bei $T = 0$ berechnet sich folgendermaßen:

(41,4) $$j\,(E) = e \int\limits_0^{\sqrt{\frac{2\zeta}{m}}} uD\,(u, E)\, du \int\limits_{-\infty}^{+\infty}\int\limits_{-\infty}^{+\infty} f\,(u, v, w)\, dv\, dw.$$

Führt man anstatt D den Ausdruck ein, welchen man aus (41,3) erhält, wenn man W durch $\frac{mu^2}{2}$ und f durch den Ausdruck (39,1) ersetzt, so erhält man

(41,5) $$j = \frac{e}{2\pi h} \cdot \frac{\zeta^{\frac{1}{2}} \cdot E^2}{(w_m + \zeta)\, w_m^{\frac{1}{2}}} \exp\left(-\frac{32\pi^2}{3} \cdot \frac{m}{h^2} \cdot \frac{w_m^{\frac{3}{2}}}{E}\right) = a E^2 e^{-\frac{b}{E}},$$

oder in praktischen Einheiten

(41,5′) $$j\left(\frac{\mathrm{A}}{\mathrm{cm}^2}\right) = 6{,}2 \cdot 10^{-6} \frac{\zeta^{\frac{1}{2}}}{(\zeta + w_m)\, w_m^{\frac{1}{2}}} E^2 \cdot e^{-6{,}85 \cdot 10^7 \frac{w_m^{\frac{3}{2}}}{E}},$$

wo E in $\frac{\mathrm{V}}{\mathrm{cm}}$, ζ und w_m in eV ausgedrückt sind.

Die Berücksichtigung der Bildkraft [VII — 30] führt zum Auftreten eines Korrektionsgliedes ϑ im Exponenten der Formel (41,5) oder (41,5′), ϑ ist eine Funktion von $\frac{\Delta w_m}{w_m}$ $(\Delta w_m = \sqrt{e^3 E})$, für die folgende Tabelle berechnet wurde:

$\frac{\Delta w}{w}$	0	0,2	0,3	0,4	0,5	0,6	0,7	0,8	0,9	1
ϑ	1,000	0,951	0,904	0,849	0,781	0,696	0,603	0,494	0,345	0

Die so korrigierte Formel (41,5) illustriert die Abb. 154, in der die Abhängigkeit j von E bei $w_m = 2{,}3$ und 5 eV dargestellt ist. Die Feldemission muß bei $E \cong 10^7$ V/cm eintreten und sehr steil mit steigendem E wachsen. Bei den meisten Metallen ist $w_m = 4$—5 eV und bei $E < 1 \cdot 10^7$ V/cm muß die Emission unmeßbar klein sein.

Die Abhängigkeit der Emissionsstromstärke I von E, die aus (41,5) ohne Berücksichtigung der Korrektur ϑ folgt, kann man in der Form

(41,6) $$\lg I - \lg S_K = \lg a - \frac{b}{E} + 2 \lg E$$

darstellen (S_K ist die Fläche der Kathode). Die Änderung des Gliedes $2 \lg E$ kann man vernachlässigen, da E sich in dem gesamten Bereich, in dem Feldemission beobachtet wird, höchstens um das 3—4fache ändert; man kann $\lg I$ als lineare Funktion von $\frac{1}{E}$ betrachten. Diese Annahme ist qualitativ in vollkommener Übereinstimmung mit den Ergebnissen vieler Messungen [VII — 22, 26, 31]. Quantitativ besteht jedoch zwischen diesen Messungen und den theoretischen Formeln ein gewaltiger Unterschied in den Absolutwerten; im Versuch tritt die Emission bei einer Feldstärke von $E \cong 10^6 \frac{\mathrm{V}}{\mathrm{cm}}$ auf, während die Theorie eine um eine Größenordnung höhere Feldstärke fordert $\left(\cong 10^7 \frac{\mathrm{V}}{\mathrm{cm}}\right)$. Die Erklärung für diesen Unterschied liegt in der Inhomogenität des Feldes an der Kathodenoberfläche. Infolge der normalen Rauheit der Metalloberfläche und infolge davon, daß mikroskopische Spitzen und Gruben vorhanden sind, konzentriert sich das elektrische Feld an der Kathode an mikroskopische Spitzen, und seine Stärke kann den Mittelwert, der aus der Gesamtspannung U zwischen den Elektroden und ihrer Geometrie berechnet worden ist, um ein Mehrfaches übersteigen. Bezeichnet man die so berechnete Feldstärke mit E, so ist die an den einzelnen Spitzen wirkende Feldstärke $E' = \beta E$, wo $\beta > 1$ ist. Da j außerordentlich stark von E abhängt, so emittieren praktisch nur diese Spitzen; deshalb wird der totale Emissionsstrom nicht durch die gesamte Kathodenoberfläche S_K bestimmt, sondern nur durch einen gewissen Teil von ihr $S_K' = \alpha S_K$. Darum muß man an Stelle von (41,6) schreiben:

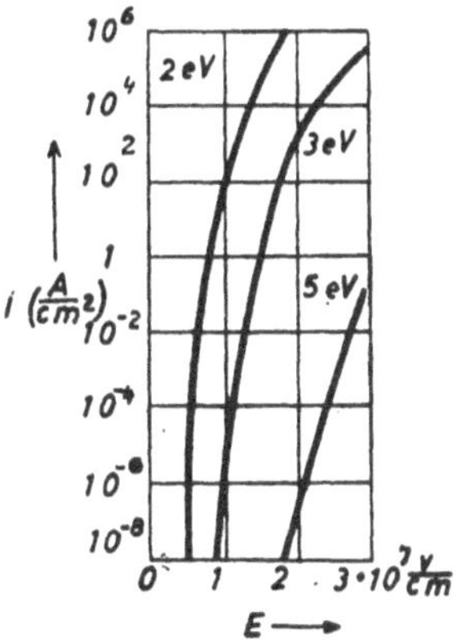

Abb. 154. Feldemissionsstrom nach der Formel (41,5) unter Berücksichtigung der elektrischen Bildkraft

$$\lg I - \lg \alpha S_K = \lg a - \frac{b}{\beta E} + 2 \lg (\beta E). \tag{41,7}$$

Vergleicht man die experimentell gefundene Gerade $\lg I = f\left(\frac{1}{E}\right)$ mit der theoretischen (man kann diese zeichnen, wenn für die vorgegebene Kathode ζ und w_m bekannt sind), so kann man den Wert von β bestimmen, bei dem die Neigungen beider Geraden zusammenfallen und den Wert von α, bei dem die Geraden absolut auf gleicher Höhe liegen. Nach dieser Methode findet man für β unterschiedliche Werte von 10^0 bis 10^2, für α von 10^{-1} bis 10^{-5}. Es ist jedoch möglich, die Kathodenoberfläche in bedeutendem Maße durch Erhitzen bis auf eine Temperatur in der Nähe der Schmelztemperatur, bei der eine intensive Verdampfung erfolgt, zu glätten. Auf diese Weise bereitete HAEFER [VII — 32] zugespitzte Wolframdrähte vor, deren Enden sich bei der Untersuchung mit einem Elektronenmikroskop ($\times$ 18800) als glatt abgerundet ohne merkliche Rauhigkeit erwiesen; die Krümmungsradien der Spitzen betrugen 1,3—16 μ. Die Messungen der Kaltemission von den so abgerundeten Spitzen erwiesen sich als in vollkommener quantitativer Übereinstimmung mit den Formeln (41,5) und (41,6). Für Wolfram betragen die theoretischen Werte von $\lg a = -5{,}10$ und $b = 2{,}76 \cdot 10^8 \frac{\mathrm{V}}{\mathrm{cm}}$; experimentell wurde bei einer Spitze mit 1,3 μ Radius $\lg a = -5{,}40$ und $b = 2{,}6 \cdot 10^8 \frac{\mathrm{V}}{\mathrm{cm}}$ gefunden;

bei einer anderen Spitze von $16\,\mu$ war $\lg a = -5{,}0$ und $b = 2{,}7 \cdot 10^8 \, \frac{\mathrm{V}}{\mathrm{cm}}$; auf diese Art wurde die Richtigkeit der FOWLER-NORDHEIM-Formel experimentell sichergestellt.

Es wurde auch die aus der Theorie folgende Abhängigkeit des Feldemissionsstroms von der Austrittsarbeit w_m des emittierenden Metalls bestätigt. HAEFER fand nach Bestäubung der Wolframspitzen mit dünnen Schichten von Ba, K und Cs und unter Kontrolle der Oberflächenbeschaffenheit (Fehlen von Kristallen merklicher Dimension) eine lineare Abhängigkeit zwischen $\lg I$ und $w_m^{3/2}$; ungefähr das gleiche ist auch nach der Tunneltheorie zu erwarten, da in der Formel (41,6) $\frac{b}{E}$ das ausschlaggebende Glied ist, und $b \div w_m^{3/2}$ ist. Das Ergebnis älterer Versuche [VII—33], nach denen $\lg I$ linear von w^3_m abhängt, muß als fehlerhaft angesehen werden und war, möglicherweise, durch die Bildung größerer Kristalle des aufgestäubten Stoffs bedingt.

Die durchschlagendste Bestätigung der Theorie vom Durchgang der Elektronen durch die Potentialschwelle gaben die Versuche zur Bestimmung des Minimal-

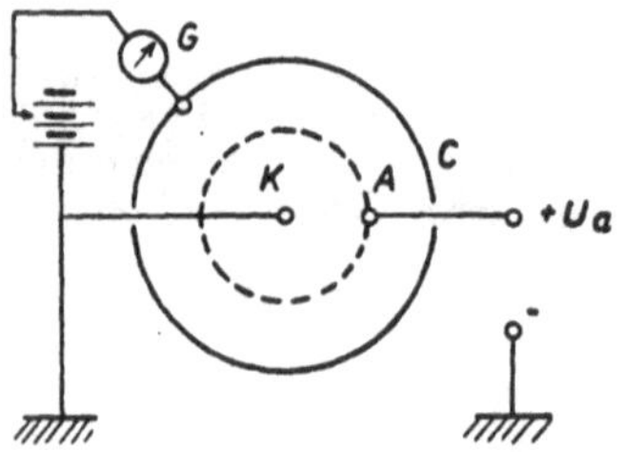

Abb. 155. Anordnung zur Untersuchung der Feldemission nach der Methode des Sperrfeldes

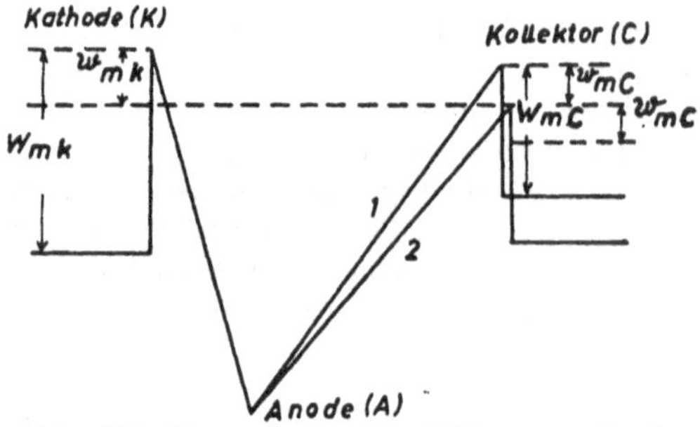

Abb. 156. Termschema der Elektronen in den Sperrfeldversuchen (siehe Abb. 155)

potentials eines Kollektors, der fähig ist, den Feldemissionsstrom aufzufangen [VII—34, 35]. Bei diesen Versuchen (Abb. 155) werden die Elektronen aus der Kathode K durch ein Beschleunigungspotential, das an dem die Kathode umgebenden Gitter A liegt, „herausgezogen" und durch ein Feld zwischen A und dem Kollektor C gebremst. Die Energieniveaus der Elektronen bei diesem Versuch sind in Abb. 156 schematisch dargestellt. Befindet sich die Kathode K und der Kollektor C auf einem gemeinsamen Potential und ist $T = 0$, so ist das kritische Niveau der FERMIverteilung in beiden Elektroden gleich (siehe beispielsweise [VII—3, § 20]). In diesem Fall wird der Gang der Potentialfunktion $\Pi(r)$ durch die gebrochene Linie 1 dargestellt. Die schnellsten Elektronen aus der Kathode, die durch die schmale Potentialschwelle an der Kathode gehen (starkes Feld zwischen K und A), müssen, um in den Kollektor einzudringen, eine viel breitere Schwelle an diesem überwinden (schwaches Feld zwischen A und C).[1])

---

[1]) Der große Unterschied in der Feldstärke an der Kathode K und am Kollektor C ist durch den Unterschied in ihren Radien bedingt: $r_K \ll r_C$.

Die Permeabilität dieser Schwelle ist sehr gering und außerdem ist der Elektronenstrom, der sich im Vakuum auf den Kollektor zu bewegt, schon an sich schwach. Deshalb ist der vom Kollektor aufgenommene Strom in diesem Fall verschwindend klein. Damit er groß wird, muß man die Potentialschwelle am Kollektor beseitigen; dazu muß man das Niveau der maximalen potentiellen Energie der Elektronen im Kollektor herabsetzen und folglich sein Potential bis zu dem w_m des Kollektors erhöhen. Dann wird der Verlauf der Potentialkurve durch die Linie 2 dargestellt. Unter dieser Bedingung wird der Kollektor praktisch den gesamten Feldemissionsstrom auffangen. Ähnliche Versuche wurden mit Platin- und Wolframkathoden und einem Kupferkollektor durchgeführt; es zeigte sich, daß die Elektronen, die von einem starken Feld herausgezogen werden, nur dann zum Kollektor gelangen, wenn dessen Potential in allen Fällen mindestens 4,5 V höher ist als das Potential der Kathode. Das entspricht gerade der Austrittsenergie des Elektrons aus Kupfer.

Die Tunneltheorie der Feldemission wird ebenfalls durch Messungen der Geschwindigkeitsverteilung der emittierten Elektronen bestätigt. Sie ist scharf von der Geschwindigkeitsverteilung bei der Thermoelektronenemission zu unterscheiden. Das zeigen deutlich die Ausdrücke für das Spektrum der Elektronengeschwindigkeiten $d\nu = D(u, E)\, u f(u)\, du$, das Geschwindigkeitsspektrum der Thermoelektronen $d\nu = D(u)\, u f(u, T)\, du$ und die Besonderheiten der Funktionen $D(u)$ und $f(u)$.

Bei $T = 0$ sind im Metall die schnellsten Elektronen mit der Energie ζ (Abb. 145) am häufigsten; diese besitzen im elektrischen Feld auch die größte Austrittswahrscheinlichkeit (§ 39). Kommen daher die Elektronen nach dem Durchlaufen der Schwelle in ein Gebiet, wo ihre potentielle Energie $\Pi < 0$ ist, so wird die Verteilung der fliegenden Elektronen nach der kinetischen Energie eine von $-\Pi$ bis $-\Pi + \zeta$ stark steigende Funktion darstellen (siehe die Kurve *a* in Abb. 157, die für den Fall $\Pi = 0$ berechnet ist). Umgekehrt hat die Verteilungsfunktion des Thermoelektronenstroms nach $K_x = \frac{mu^2}{2}$ bei $K_x = 0$ ein Maximum und nimmt dann schnell ab (Kurve *b*). Das läßt sich qualitativ bestätigen, wenn man die Kurve der Geschwindigkeitsverteilung der Elektronen, die durch das Feld herausgezogen werden, mit der bereits oben beschriebenen Apparatur ermittelt (s. Abb. 155) [VII—35]. Es zeigt sich, daß bei der Feldemission die schnellsten Elektronen am häufigsten auftreten und daß die Anzahl der Elektronen mit der Geschwindigkeit abnimmt. Bei zylindrischer Elektrodenanordnung erhält man jedoch eine verzerrte Kurve (mehr auseinandergezogen als in Wirklichkeit).[1] Die

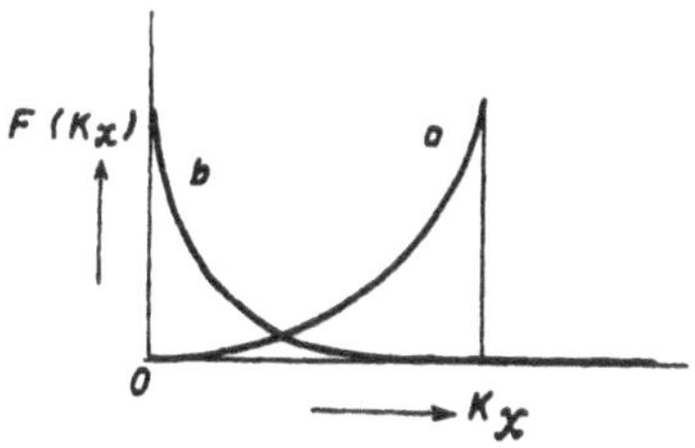

Abb. 157. Energieverteilung (K_x) der Elektronen außerhalb des Metalls: *a* — Feldelektronen, *b* — Thermoelektronen

[1]) Henderson und Dahlstrom [VII—35] fanden, indem sie auf diese Weise die Geschwindigkeitsverteilung der Elektronen, die durch ein Feld aus Wolfram herausgezogen wurden, gemessen haben, ein Maximum der Verteilungsfunktion bei der größten beobachteten Geschwindigkeit und eine Breite des Geschwindigkeitsbereichs von mehr als 10 eV. Das zweite Ergebnis ist offenbar falsch, da nach den vorliegenden Daten ζ in Wolfram $= 5{,}7$ eV beträgt und die Breite des Geschwindigkeitsbereichs der Autoelektronen niemals größer sein kann als ζ, ja sogar praktisch viel kleiner sein muß wegen der raschen Abnahme von D mit sinkender Elektronengeschwindigkeit.

Anwendung einer Apparatur mit kugelförmiger Elektrodenanordnung [VII—36] ergibt ein richtigeres Bild; die Breite des Geschwindigkeitsspektrums der Feldelektronen aus Wolfram erwies sich als verhältnismäßig schmal und betrug annähernd 0,4 eV, in guter Übereinstimmung mit der Berechnung nach der Tunneltheorie.

Zum Unterschied von der Thermoelektronenemission bewirkt die Feldemission keine Abkühlung des emittierenden Metalls. Wenn die Temperatur des Elektronengases im Metall $T = 0$ ist und die Elektronenemission durch Zufluß aus den Leitungen kompensiert wird, so ändert sich die Konzentration und die Geschwindigkeitsverteilung des Elektronengases infolge der Emission nicht. Die ankommenden Elektronen bringen die gleiche Energie mit, die die emittierten haben und folglich nimmt die innere Energie des Metalls nicht ab. Die Richtigkeit dieser Behauptung wird durch den Versuch bestätigt [VII—37].

Bei dem interessanten Problem der Feldelektronenemission durch Einkristalle verweilen wir nicht. Eine Übersicht über die neueren Arbeiten zur Feldemission gab P. J. LUKIRSKI [VII—38].

Wir haben schon bemerkt, daß die Feldemission unterhalb $T = 1000°$ K praktisch von der Temperatur unabhängig ist. Bei höheren Temperaturen verstärkt sich die Emission und wird eine Funktion von E und T. Theoretisch werden unter diesen Bedingungen Elektronen des gesamten Geschwindigkeitsspektrums emittiert von $u = 0$ bis $u = \infty$, d. h. aus allen Gebieten a, b, c und d (Abb. 152); anstatt (41,4) haben wir dann

$$j(E, T) = \int_0^\infty uD(u, E)\, du \int_{-\infty}^{+\infty} \int_{-\infty}^{+\infty} f(u, v, w, T)\, dv\, dw. \tag{41,8}$$

Die Hauptmasse stellen die Elektronen, bei denen $\zeta < K < W'_m$ ist (Gebiet c), da die Anzahl der Elektronen im Metall, die zu den Gebieten a und b gehören, viel kleiner ist als die Anzahl im Gebiet c und für die Elektronen des Gebiets d die Permeabilität der Oberflächenschwelle viel niedriger ist. Das Ergebnis der Berechnungen nach der Formel (41,8) führen wir wegen seiner Sperrigkeit nicht an.

Messungen der Elektronenemission in einem starken Feld bei hoher Temperatur [VII—25] führten zu der empirischen Formel

$$j(E, T) = A(T + cE)^2 e^{-\frac{b}{T+cE}}, \tag{41,9}$$

die bei $T = 0$ in die einfache Formel der Feldemission (41,6), bei $E = 0$ in die Formel der Thermoelektronenemission (40,3) übergeht. Zur Illustration bringen wir in Abb. 158 Daten über die Emission von Wolfram im Feld $E = 1 - 3 \cdot 10^6 \frac{\text{V}}{\text{cm}}$ bei verschiedenen Temperaturen.

2. D i e F e l d e m i s s i o n d u r c h F i l m e v o n D i e l e k t r i k e n. Bei der Entwicklung gewisser Stromformen im Gas und ebenso für die Restwirkungen des Stroms spielt die Feldemission von Elektronen aus Metallen, die mit dünnen Filmen von Dielektriken überzogen, sind eine große Rolle. Ist die äußere Oberfläche solch einer Schicht mit positiven Ionen geladen, so erzeugen diese zusammen mit ihrem elektrischen Bild im Metall an der Oberfläche des Metalls und im Dielektrikum ein elektrisches Feld (Abb. 159), das den Abflug der Elektronen aus dem Metall

und ihren Durchgang durch das Dielektrikum in den dahinter befindlichen Raum fördert. Als Ergebnis kann eine Elektronenemission von der Oberfläche solch eines Films in das Vakuum eintreten (manchmal eine recht bedeutende).

Die Filme mit solchen Eigenschaften können sehr verschiedener Art sein. Es können speziell auf das Metall aufgetragene Schichten verschiedener Isolatoren

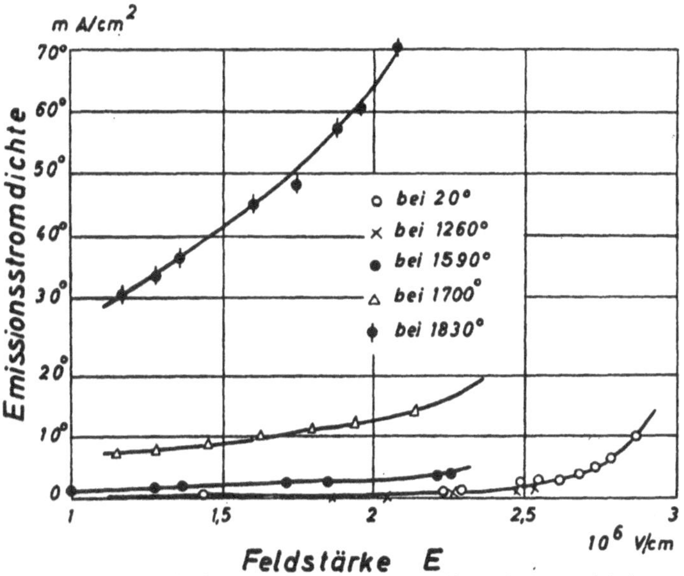

Abb. 158. Feldemissionsstrom aus Wolfram bei verschiedenen Metalltemperaturen

sein (Al_2O_3, MgO, BaO, KCl, SiO_2, Glas, Bakelit, Zelluloid, Schwefel usw.), sowie einfach Oxydschichten, die an der Oberfläche der Metallelektrode entstanden sind. Der Effekt der Feldemission ist besonders eingehend an einer zusammengesetzten Kathode studiert worden, bei der ein Al-Plättchen mit einer Al_2O_3-Schicht überzogen war, wobei auf diese Schicht eine noch dünnere Schicht aus Cs_2O aufgetragen wurde. Die Dicke des Dielektrikum-Films, bei der eine starke Feldemission auftritt, beträgt ca. 10^{-4}—10^{-5} cm. Damit der Effekt dauerhaft ist, muß der Film mehr oder weniger andauernd seine positive Ladung behalten; dazu darf er keinerlei Metalltüpfel oder -äderchen enthalten, die seine Oberfläche mit der Metallunterlage leitend verbinden könnten und dadurch einer Entladung förderlich wären.

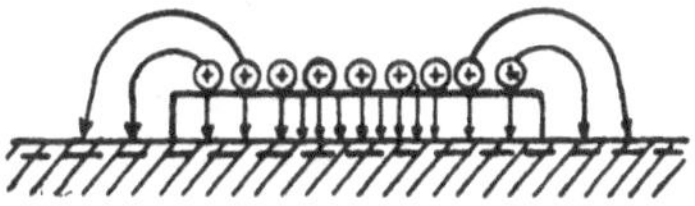

Abb. 159. Ladungsfeld auf einem Nichtleiterfilm an der Metalloberfläche

Eine positive Ionenschicht genügender Festigkeit kann an der Oberfläche dielektrischer Filme im Ergebnis verschiedener Einwirkungen auf derartige Filme auftreten.

a) D a s d i r e k t e A u f t r e f f e n p o s i t i v e r I o n e n a u f d a s D i e l e k t r i k u m. Beim Strom im verdünnten Gas lädt sich die Kathode, wenn Filme auf der Kathode vorhanden sind, oft mit positiven Ionen, die aus dem Gas kommen. Im Vakuum wurde dieser Fall in sauberer Form bei den Versuchen von STARODUBZEW [VII — 39] realisiert. Er trug auf eine Ni-Oberfläche einen B_2O_3-Film auf und bombardierte ihn mit K^+-Ionen. Wenn ein starker Elektronenstrom aus der Scheibe aufgetreten war (seine Größe war nur durch den äußeren Widerstand im Speisekreise beschränkt), konnte man das Ionenbombardement unterbrechen und dennoch hielt die Elektronenemission aus der Scheibe an. Ähnliche Ergebnisse beobachtete man auch mit KCl-, MgO- und BaO-Schichten.

Dem Wesen nach beobachtet man den gleichen Effekt auch dann, wenn sich über dem Dielektrikumfilm ein Gas befindet, welches durch schnelle Elektronen aus irgendeiner fremden Quelle ionisiert wird, wobei die Konfiguration des elektrischen Feldes im Gas so ist, daß sich nur die positiven Ionen auf den Film niederlassen können [VII — 44].

b) Der Photoeffekt an einem Dielektrikum. In einigen Arbeiten [VII — 40] wurde eine starke Feldemission von beleuchteten Dielektrikumfilmen beobachtet. In diesem Fall entsteht die Schicht positiver Ionen auf dem Dielektrikum dadurch, daß die Atome des Dielektrikums durch Photoeffekt Elektronen verlieren.

Bei den Versuchen von PAETOW [VII — 45] erfolgte eine Feldemission von Elektroden, die mit Nichtleiterfilmen oder zufälligen Verschmutzungen überzogen waren und einer vorherigen Stromeinwirkung unterworfen wurden; die Elektrode konnte in dem vorhergehenden Strom entweder als Kathode oder als Anode und auch als außerhalb der Strombahn angeordnete Sonde, dienen. Da eine Aufladung des Films mit aus dem Gas gezogenen positiven Ionen in den letzten beiden Fällen ausgeschlossen ist, so ist auch hier die wahrscheinlichste Erklärung die Einwirkung der Strahlung des Gases, welche einen Photoeffekt an den dielektrischen Filmen auf den Elektroden hervorruft.

c) Beim Bombardement des Dielektrikumfilms auf dem Metall durch Elektronen genügend großer Energie ($\sim 10^2$ eV) können diese eine *Sekundärelektronenemission aus dem Dielektrikum* hervorrufen, wobei der Koeffizient der Sekundäremission (δ) größer als eins sein kann. In diesem Fall ladet sich die Oberfläche des Dielektrikums positiv auf, weil sie mehr Elektronen verliert, als sie in der gleichen Zeit aufnimmt, was ebenso wie in den oben beschriebenen Fällen das Auftreten der Feldemission von Elektronen zur Folge haben kann [VII — 40, 41, 42] (*MALTEReffekt*). Ein einfaches Beobachtungsschema für diesen Effekt ist in Abb. 160 wiedergegeben. Ein Primärelektronenstrahl, der aus der Elektronenquelle P emittiert wird, ladet den Film D auf; die von diesem emittierten Sekundärelektronen und Feldelektronen werden durch den Kollektor C eingefangen. Als Merkmal, um den Feldelektronenstrom von dem überlagerten Sekundärelektronenstrom zu unterscheiden, dient die große Trägheit der Feldemission. Die wirkliche Sekundäremission ist praktisch trägheitslos.

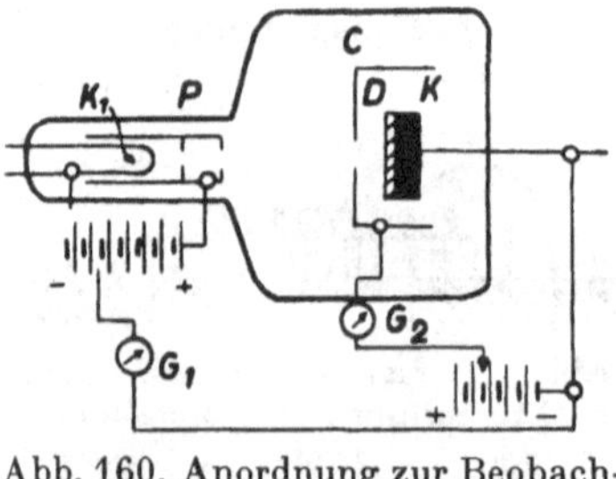

Abb. 160. Anordnung zur Beobachtung der Elektronenemission durch einen Nichtleiterfilm

Die Feldemission wird um ein Vielfaches verstärkt, wenn sich im Untersuchungsrohr ein Gas befindet, dessen Moleküle durch die Primärelektronen ionisiert werden können und wenn sich die hierbei entstehenden positiven Ionen auf den untersuchten Film ablagern können [VII—44]. Besonders interessant ist der Fall, daß die Oberfläche der untersuchten zusammengesetzten Kathode K bezüglich der Primärelektronenquelle K_1 negativ ist, so daß die Primärelektronen das Gas ionisieren können, jedoch den dielektrischen Film D nicht erreichen. Die Feldelektronenemission kann sich hierbei sehr verstärken; als Beispiel kann die Kurve in Abb. 161 [VII—44] dienen, die bei einer kurzdauernden Erhöhung des Gasdrucks (Argon) im Untersuchungsrohr von $p \cong 10^{-7}$ mm auf $p \cong 10^{-5}$ mm erhalten wurde. Diese Erhöhung rief einen Stromanstieg der Feldemission um 6 Größenordnungen hervor. Offenbar tritt in diesem Fall schon nicht mehr der MALTEReffekt auf, sondern der Film wird durch positive Gasionen aufgeladen.

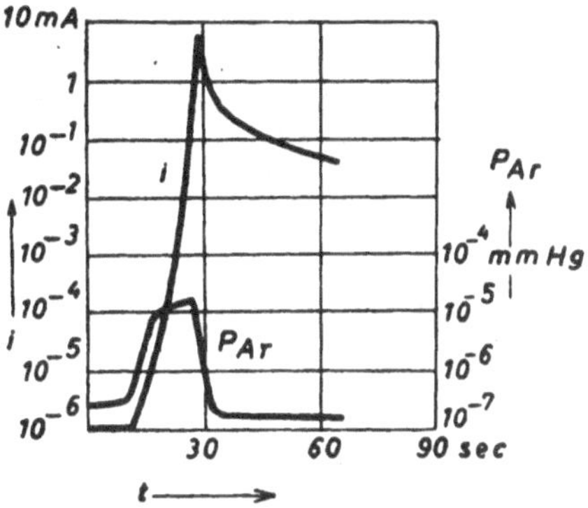

Abb. 161. Einfluß des Gases (Ar) auf die Feldemission einer Al-Al_2O_3-Cs_2O-Kathode [VII—44]

Entscheidende Bedeutung für die Emissionsstromstärke besitzt die elektrische Feldstärke, welche im Film entstanden ist. Ihre Bestimmung wird dadurch erschwert, daß die in der Filmpraxis erzeugten Felder und daher auch die Emission meist inhomogen sind. Das elektronenoptische Bild eines emittierenden dielektrischen Films, das man auf einem Lumineszenzschirm erhält, zeigt tatsächlich, daß die Emission gewöhnlich nicht vom gesamten Film ausgeht, sondern nur von einzelnen Bereichen [VII—40]. Ist der Film jedoch in der Dicke homogen und auf eine glatte Metalloberfläche aufgetragen, so kann man die Potentialdifferenz in der Filmmasse messen, die für die Erzeugung der Feldelektronenemission notwendig ist. In einem Gerät von MAHL [VII—42] (Abb. 162) konnte das Bild eines Netzes N im Primärelektronenstrahl durch die Linse L auf den Schirm S fokussiert werden, wenn dieses Bündel von dem Film D reflektiert wurde. Dafür muß das Potential der vorderen Filmfläche φ_D relativ zu dem Kathodenpotential φ_K der Elektronenquelle P, negativ sein; werden die Potentiale aber gleich ($\varphi_D = \varphi_K$), so verschwindet die Elektronenreflexion von D und das Bild des Netzes N auf dem Schirm wird verschmiert. Kennt man die Spannung ($\varphi_{K_1} - \varphi_K$), welche von dem äußeren Kreis zwischen K_1 und K vorgegeben wird und wählt man diese so, daß die Reflexion des Netzes verschmiert, d. h. daß $\varphi_{K_1} = \varphi_D$ ist, so könnte man $\varphi_D - \varphi_K$, d. h. den Potentialabfall im Film mit einer Genauigkeit bis zu 1—2 V, bestimmen. Nach dieser Methode fand MAHL, daß die Emission aus einem Film von $Al_2O_3 + Cs_2O$ von 0,2 μ Dicke bei einem Spannungsabfall

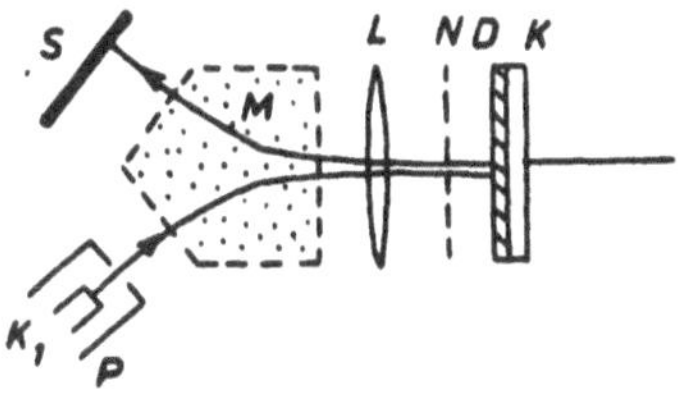

Abb. 162. Schema eines Geräts zur Bestimmung des Potentials der emittierenden Oberfläche des Dielektrikumfilms D: K — Kathode, N — Gitter, L — Elektronenlinse, M — magnetisches Ablenkfeld, P — Elektronenquelle, K_1 — Kathode der Elektronenquelle, S — Schirm [VII—42]

in der Schicht von 10—40 V auftritt. In Abb. 163 ist die Abnahme der Emission von einer solchen Kathode nach Unterbrechung des Primärstroms angeführt und die Spannungen an einem solchen Film sind in verschiedenen Zeitmomenten aufgezeichnet; diese Angaben zeigen überzeugend den Zusammenhang der Feldemission mit der Spannung an dem Film. Ebenso wie Abb. 161 zeigt das noch einmal die große *Trägheit der Feldemission* eines solchen Films.

Diese Trägheit, die bei allen Untersuchungen der Emission dielektrischer Filme bemerkt wurde [VII — 39, 40, 42, 44, 48], ist durch die große Kapazität der Filmoberfläche bezüglich ihrer Metallunterlage bedingt. Bei einer Filmdicke von ca. 10^{-4} — 10^{-5} cm und einer Dielektrizitätskonstante $\varepsilon \cong 5-6$ beträgt diese Kapazität 0,005— 0,05 μF pro Quadratzentimeter Film. Um diese Kapazität auf eine Spannung von ca. 20 V aufzuladen, bei der die Feldemission merklich wird, muß die Aufladung durch einen Strom von ungefähr 1 $\frac{\mu A}{\text{cm}^2}$ ca. 10^{-1} — 1 sec dauern. Bei verschiedenen Versuchen wurde tatsächlich in Abhängigkeit von der Intensität des Ladungsvorgangs eine Verzögerung der Feldemission von 10^{-3} sec bis zu einigen Sekunden beobachtet. Eine viel größere Trägheit beobachtet man, wie wir sehen, bei Unterbrechung der Filmaufladung. Die Zeitdauer, in derem Verlauf die Feldemission vor sich geht, hängt davon ab, wie schnell sich die sie hervorrufende Schicht von positiven Ionen am Dielektrikum neutralisiert. Ihre Neutralisation erfolgt durch einen Teil der aus dem Metall in das Dielektrikum gehenden Elektronen, sowie durch die Leitungselektronen, die das Dielektrikum selbst bei der gegebenen Temperatur besitzen kann. Je höher deshalb die Temperatur ist und mit ihr die Leitfähigkeit des Dielektrikums, desto schneller kommt eine Entladung zustande und um so rascher hört die Feldemission auf. Wenn andererseits die Dicke des Dielektrikumfilms die mittlere freie Weglänge des Elektrons übertrifft und die elektrische Feldstärke im Film genügend groß ist, so kann im Film Stoßionisation auftreten, in deren Folge die positiven Ionen nicht nur an der Oberfläche auftreten, sondern auch in der Masse des Films; die Stoßionisation im Film kann seine Entladung aufhalten und die Feldemission viele Minuten und in gewissen Fällen sogar stundenlang hinziehen [VII — 40].

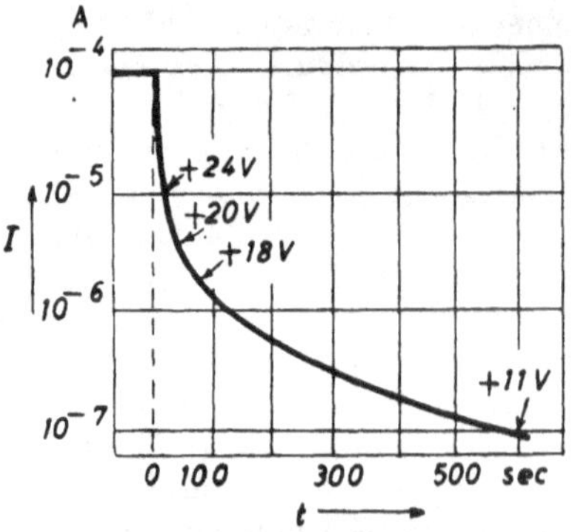

Abb. 163. Die restliche Feldemission und das Potential der Oberfläche des Al_2O_3-Films bezüglich der Aluminiumunterlage [VII—42]

Die in Abb. 163 angeführten Daten, die sich auf einen 0,2 μ-Film beziehen, sowie die Angaben anderer Arbeiten zeigen, daß die Feldstärke E im Dielektrikum, die für das Auftreten einer Feldemission notwendig ist, von der Größenordnung 10^6 V/cm sein muß. Mit wachsendem E steigt der Emissionsstrom; die Abhängigkeit i von E kann angenähert durch die Formel $i = Ae^{-\frac{a}{E}}$ ausgedrückt werden (lg i ändert sich linear mit $\frac{1}{E}$).

Die Geschwindigkeitsverteilung der von dielektrischen Filmen emittierten Elektronen hängt nach den Angaben von Sernow und Kulwarskaja [VII — 49] von der Dicke des dielektrischen Films ab, sowie von der Art der Metallunterlage. Bei einem dünnen Film (ca. $1-2 \cdot 10^{-4}$ mm) sind die Energien der Feldelektronen auf ein enges Intervall konzentriert, welches der kritischen Energie der aus der Metallunterlage herausgeflogenen Elektronen entspricht. Bei größerer Dicke des Dielektrikums verschiebt sich die Geschwindigkeitsverteilung der Autoelektronen nach der Richtung kleinerer Geschwindigkeiten und wird breiter.

Diese Ergebnisse machen die Vorstellung, daß die Metallunterlage als Quelle der vom dielektrischen Film emittierten Feldelektronen dient, sehr wahrscheinlich. Wie schon auf S. 227 bemerkt worden ist, ist die Geschwindigkeitsverteilungsfunktion von Elektronen, die durch ein elektrisches Feld dem Metall entrissen wurden, tatsächlich auf ein enges Geschwindigkeitsintervall konzentriert und besitzt bei $K = \zeta$ ein Maximum. Offenbar gehen die Elektronen durch einen dünnen Dielektrikumfilm, dessen Dicke $d < \lambda_e$ ist, ohne merklichen Energieverlust hindurch. In dickeren Filmen verliert ein Teil der Elektronen einen Teil der Energie durch Stöße, wodurch eine Verbreiterung und Verschiebung der Verteilungskurve der Feldelektronen nach der Richtung kleinerer Energien hervorgerufen wird.

Die Theorie der Feldelektronenemission von Nichtleiterfilmen kann noch nicht als endgültig betrachtet werden. Prinzipiell können einer solchen Theorie die gleichen Vorstellungen zugrunde gelegt werden, wie der Theorie der Elektronenabtrennung aus einem Metall durch ein Feld, unmittelbar in das Vakuum. Am verbreitetsten ist eine Theorie, die sich auf den Tunneleffekt und das sogenannte *Bändermodell der Dielektriken* stützt. Nach diesem Modell existieren im Dielektrikum mehrere Bänder mit „erlaubten" Energiewerten, die durch „verbotene" Zonen voneinander getrennt sind; das höchste mit Elektronen gefüllte, erlaubte Band kann einen Teil der Elektronen verlieren, die bei bestimmten Einwirkungen in das nächste erlaubte Band überspringen können, welches normalerweise leer ist. Es heißt *Leitungsband* (siehe beispielsweise [VII—50]). In einem starken elektrischen Feld sind diese Bänder in der dem Feld entgegengesetzten Richtung geneigt. In Abb. 164 ist das Energieniveauschema der Elektronen in drei angrenzenden Medien dargestellt, im Metall, im Dielektrikum und im Vakuum, wobei im Dielektrikum ein starkes Feld wirkt; das kritische Niveau ζ im Metall fällt auf die Mitte des verbotenen Bandes des Dielektrikums. Durch den Pfeil *1* ist der mögliche Tunnelübergang von Elektronen mit der Energie ζ aus dem Metall in das Leitungsband *B* des Dielektrikums gezeigt. Dieser Übergang ist wahrscheinlicher als die Übergänge von allen niedrigen Energieniveaus, sowohl im Metall als auch

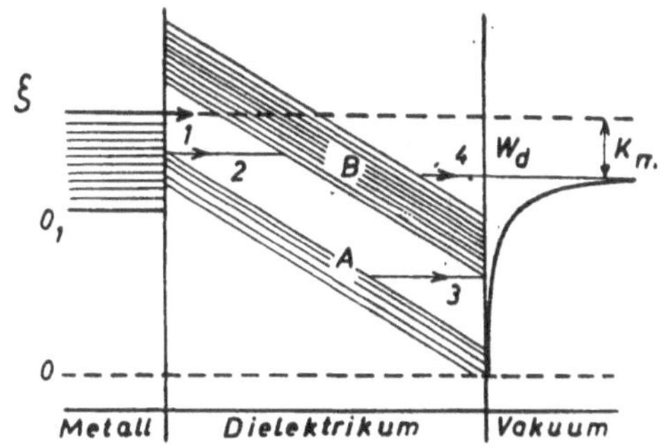

Abb. 164. Bändermodell eines dünnen Dielektrikumfilms in einem starken elektrischen Feld; *A* — Band der im Dielektrikum gebundenen Elektronen, *B* — Leitungsband, ζ — kritisches FERMIniveau im Metall, *O* — Nullniveau der Energie, O_1 — Nullniveau der Energie im Metall, W_d — Nullniveau der Energie im Vakuum

in dem gefüllten Band A des Dielektrikums, aus dem die Übergänge auf den längeren Wegen, die zwischen den Pfeilern *2* und *3* liegen, erfolgen. Durch den Pfeil *4* ist der kürzeste und deshalb wahrscheinlichste Weg eines Tunnelübergangs aus dem Dielektrikum in das Vakuum angegeben; es sind auch Übergänge von höheren Energieniveaus möglich. Aus dem Schema ist leicht zu entnehmen, daß ein Elektron, welches mit der Energie ζ aus dem Metall in das Dielektrikum übergeht und dieses ohne Energieverlust durchquert, in das Vakuum gelangen kann, mit einer kinetischen Energie $K_m = \zeta' + Eed - W_d$, wo ζ' die Höhe des kritischen Niveaus im Metall relativ zum „Boden" des gefüllten Bandes A im Dielektrikum, W_d die Höhe der Schwelle an der Grenze Dielektrikum—Vakuum bezüglich des gleichen „Bodens", E die Feldstärke im Film und d dessen Dicke sind. Von dieser Theorie ausgehend, hat SERNOW [VII—46] die Stromstärke der Elektronen berechnet, die aus dem Metall in das Leitungsband des Dielektrikums übergehen. Sie muß im stationären Fall der Stromstärke der Feldemission aus dem Dielektrikum in das Vakuum gleich sein. Der von ihm gefundene Ausdruck ist angenähert:

$$(41{,}10)\quad I \cong \frac{2e}{\pi h a} E \exp\left(-\frac{\pi^2}{4h^2}\frac{ma}{e}\frac{Q^2}{E}\right) = 1{,}7 \cdot 10^{12}\, E e^{-2{,}3 \cdot 10^6 \frac{Q^2}{E}} \left(\frac{A}{\mathrm{cm}^2}\right).$$

Hier ist Q die Breite des verbotenen Bandes (in Volt) und a die Gitterkonstante des Dielektrikums (bei der zahlenmäßigen Schätzung gleich 3 Å gesetzt). Diese Abhängigkeit des I von E stimmt annähernd mit den obenerwähnten Versuchsdaten überein.

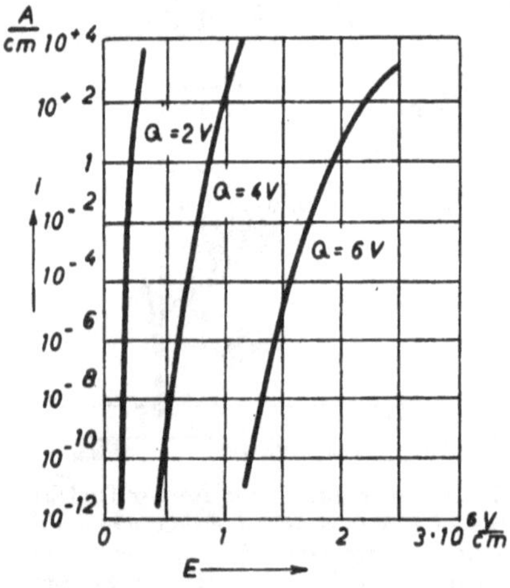

Abb. 165. Feldemission aus einem Metall in ein Dielektrikum (nach der Berechnung von SERNOW [VII—40])

In Abb. 165 sind Kurven dargestellt, die nach dieser Formel bei einer Breite des verbotenen Bandes $Q = 2{,}4$ und 6 V berechnet wurden; eine merkliche Emission durch dielektrische Filme muß schon bei einer Feldstärke von ca. 10^6 V/cm stattfinden, während für eine Emission unmittelbar aus dem Metall in das Vakuum Felder von ungefähr 10^7 V/cm notwendig sind. Dieses Ergebnis ist sehr wichtig zur Klärung des Mechanismus des Kathodenbrennflecks der sogenannten nichtthermischen Bögen.

Neben der Bändertheorie wies SERNOW [VII—47] auf eine andere Betrachtungsmöglichkeit der Elektronenemission durch Nichtleiter hin, nämlich auf die Betrachtung als *Thermoelektronenstrahlung, die durch das elektrische Feld erleichtert wird*, das die Potentialschwelle an der Metall-Nichtleiter-Oberfläche herabsetzt (eine Abart des SCHOTTKYeffekts). Nach dieser Vorstellung muß die Dichte des Emissionsstroms durch die Formel (40,3) ausgedrückt werden

$$j = AT^2 e^{-\frac{w'_m}{kT}},$$

in der die effektive Austrittsarbeit unter der Wirkung des Feldes herabgesetzt ist

(41,11) $$w'_m = w_m - \sqrt{\frac{e^3 E}{\varepsilon}}$$

(ε ist die Dielektrizitätskonstante des Films). Deshalb nimmt die Abhängigkeit des Stroms von der Feldstärke folgende Gestalt an:

(41,12) $$j = C e^{b\sqrt{E}},$$

wo $C = AT^2 e^{-\frac{w_m}{kT}}$, $b = \frac{1}{kT}\sqrt{\frac{e^3}{E}}$ ist. Die Formel (41,12) war früher durch FRENKEL für den Strom in Halbleitern abgeleitet worden, wobei er von ähnlichen Überlegungen ausging.

Die in der Literatur vorhandenen experimentellen Angaben sind bisher noch nicht ausreichend um feststellen zu können, welche von beiden Formeln (41,10) oder (41,12) der Wirklichkeit näher kommt.

§ 42. Die Elektronenerscheinungen an der Anode

1. An einer Elektrodenoberfläche (Anode, Gitter, Sonde), die Elektronen einfängt, treten Erscheinungen auf, die bis zu einem gewissen Grad der Elektronenemission durch die Kathode entgegengesetzt sind. Ein Elektron, welches sich der Oberfläche eines Leiters nähert, wird durch die Wirkung der elektrischen Bildkraft beschleunigt und tritt dann in das Feld der Doppelschicht an der Oberfläche des Leiters. Im Falle eines reinen Metalls und einer Potentialschwelle einfachster Form (Abb. 144) beschleunigt das Feld der Doppelschicht das Elektron in Richtung zur Metalltiefe. Deshalb tritt ein Elektron, das außerhalb des Metalls die kinetische Energie K besaß, in das Metall mit der kinetischen Energie $K + W_m$. Nehmen wir an, daß das hereingeflogene Elektron im Ergebnis der Wechselwirkung mit anderen Teilchen im Metall, schließlich auf das Energieniveau ζ kommt, dann beträgt die Energie, welche von ihm an die anderen Teilchen abgegeben wurde

(42,1) $$\Delta K = K + W_m - \zeta = K + w_m.$$

Wird die Ladung und die Spannung des Leiters konstant gehalten, so ist der Elektronenzufluß von einem Elektronenabfluß aus ihm in den äußeren Kreis auf anderen Leitern, die mit dem gegebenen in Verbindung stehen, begleitet. Den abfließenden Elektronen kann man gleichfalls die Energie ζ zuschreiben und darum stellt (42,1) den Energiezuwachs des Metalls beim Eintritt eines Elektrons in dasselbe dar.

Diese Energie, welche dem Metall von den einfliegenden Elektronen zugetragen wird, geht fast vollständig auf die Elektronen des Metalls über, die freien Leitungselektronen oder die gebundenen Atomelektronen. Auf die Ionen des Gitters wird unmittelbar ein sehr kleiner Teil der Energie übertragen. Wären die Ionen frei, so würde auf sie beim elastischen Stoß im Mittel die Energie $\cong 2\,\frac{m_e}{m_i}\,K$ übertragen, d. h. ein hundertstel oder tausendstel Prozent von K. Da die Ionen untereinander zu einem Gitter verbunden sind, so wird die auf sie bei dem einmaligen Stoß eines Elektrons übertragene Energie entweder gleich Null oder gleich einem Schwingungsquant des Gitters („Phonon") sein. Die Energie eines „Phonons" beträgt $h\nu \cong 6{,}6 \cdot 10^{-27}$ erg sec $\cdot\, 10^{13}$ sec$^{-1} = 7 \cdot 10^{-14}$ erg $= 5 \cdot 10^{-2}$ eV. Die freie Weglänge eines Elektrons im Metall, die durch seine Zusammenstöße mit dem Gitter bestimmt wird, ist verhältnismäßig groß, sie beträgt rund 10^{-5} bis 10^{-4} cm bei gewöhnlicher Temperatur (siehe beispielsweise [VII — 52, § 86, Abb. 182]), d. h. sie ist 10^3—10^4mal größer als der mittlere Abstand zwischen den Leitungselektronen. Deshalb kommt auf einen Zusammenstoß des Elektrons mit dem Gitter eine Vielzahl von Wechselwirkungen mit den Leitungselektronen. Da aber bei jeder elastischen Wechselwirkung von Teilchen gleicher Masse das anfliegende Teilchen im Mittel die Hälfte seiner kinetischen Energie verliert (s. § 15), so erhalten die Leitungselektronen augenscheinlich einen viel größeren Teil der Energie des anfliegenden Elektrons als das Ionengitter. Was aber die gebundenen Elektronen angeht, so können sie nur bestimmte Energiequanten aufnehmen, um so größere, je tiefer das Elektron im Ion (oder Atom) gebunden ist und in jedem Fall nicht weniger als einige eV. Deshalb können langsamere Elektronen die Metallionen weder anregen noch zum zweitenmal ionisieren, und ihre Energie wird praktisch auf die Leitungselektronen übertragen. Schnelle Elektronen können außerdem Anregung, Ionisation und die darauf folgenden Sekundärprozesse hervorrufen. Was jedoch die Schwingungen des Ionengitters angeht, so geht auf sie die Energie der einfliegenden Elektronen nur allmählich bei den nachfolgenden Zusammenstößen der Leitungselektronen mit dem Gitter über. Das hindert nicht, daß bei einer großen Anzahl und großer Geschwindigkeit der auffallenden Elektronen die Gesamtenergie, die von ihnen an die Elektrode abgegeben wird und zu ihrer Erwärmung führt, sehr bedeutend sein kann.

2. Ungeachtet dessen, daß die Bildkraft und die Kraft der Doppelschicht das Eindringen eines Elektrons in das Metall fördern, werden nicht alle Elektronen, die sich in Richtung auf das Metall bewegen, in dieses eindringen. Die Potentialschwelle ruft, wie in Anmerkung 9, S. 453 gezeigt werden wird, eine Reflexion eines Teils der Elektronen hervor; der Reflexionskoeffizient $R_e = (1 - D)$ für die Elektronen der Energie K im Vakuum ist derselbe wie für die Elektronen der Energie $K + W_m$ im Metall. Im Falle der in Abb. 144 dargestellten Schwellenform (reines Metall) ist dieser Koeffizient sehr klein (s. § 39 und Abb. 148). In Gegenwart eines Films von adsorpiertem, elektropositivem oder Dipolgas ist die Schwellenform anders (Abb. 147). Der Reflexionskoeffizient kann in diesem Fall bedeutend höher sein als bei reinem Metall, besonders für langsame Elektronen, deren kinetische Energie die Höhe der Schwelle von der Seite des Vakuums nicht übersteigt, d. h. $\Pi_B - \Pi_E$ (1 — 2 V). Die schnellen Elektronen überschreiten in diesem Fall die Schwelle ohne merkliche Reflexion. Der Reflexion der Elektronen überlagert sich die *Sekundärelektronenemission*, die durch das Elektronenbombardement hervorgerufen wird. Als Unterscheidungsmerkmal für die beiden Erscheinungen dient die kinetische Energie der sich vom Metall entfernenden Elektronen: Die reflektierten Elektronen bewahren fast die gesamte Energie der Primärelektronen, die sekundären besitzen eine bedeutend kleinere Energie. In Abb. 166 sind die Geschwindigkeitsverteilungskurven der sekundären Elektronen aus Molybdän nach den Angaben von HAWORTH [VII — 55] angeführt. Sämtliche Kurven zeigen die scharfe Spitze der Elektronen, deren Geschwindigkeiten fast den primären Geschwindigkeiten gleich sind; das sind die elastisch reflektierten Elektronen. Ihr Anteil ist unter der Gesamtzahl der Sekundärelektronen desto höher, je kleiner

die Energie der Primärelektronen K_1 ist. Bei $K_1 < 4$ eV wurden nur reflektierte Elektronen beobachtet (eine eigentliche Sekundäremission fehlt), bei $K_1 < 1$ eV beobachtete man überhaupt keine Elektronen, weder sekundäre noch reflektierte. Es muß erwähnt werden, daß diese Ergebnisse nach ausnehmend sorgfältiger Entgasung der Metalloberfläche erhalten wurden (Glühen im Vakuum im Verlaufe von 3500 Stunden, darunter mehr als 500 Stunden bei $T > 2100°$ K). Bei geringerer Entgasung des Metalls und infolgedessen möglicher Gegenwart von kleinen Mengen adsorbierten Gases [VII—53, 54] beobachtet man auch bei kleinen Geschwindigkeiten eine recht bedeutende Elektronenreflexion. Von den publizierten quantitativen Angaben (spärlich und zum Teil einander widersprechend) über den bei diesen Geschwindigkeiten beobachteten Sekundäremissionskoeffizienten δ führen wir als Beispiel in Abb. 167 Kurven für δ (K_1) für eine Reihe von Metallen bei $0 < K_1 < 40$ eV an [VII—53]. Bis zu den allerkleinsten Elektronenenergien ($K_1 < 1$ eV) beobachtet man δ-Werte (d. h. faktisch ein R_e) von der Größenordnung 10—20%. Unter den Bedingungen des Stromes im Gas, wo normalerweise ein Gas-Adsorptionsfilm vorhanden ist, ist dieser Fall ($R_e \neq 0$ bei $K_1 \to 0$) offenbar meist charakteristisch.

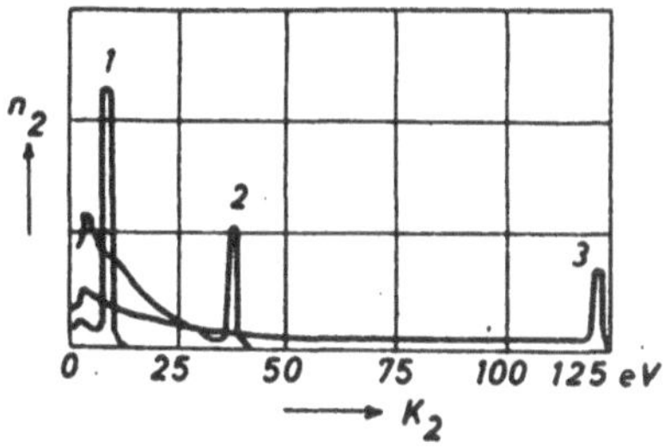

Abb. 166. Geschwindigkeitsverteilung der Sekundärelektronen aus Mo [VII—55]; *1* — $K_1 = 10$ eV, *2* — $K_1 = 37$ eV, *3* — $K_1 = 123$ eV

Mit steigender Geschwindigkeit der Primärelektronen wird die von ihnen hervorgerufene eigentliche Sekundäremission aus reinen Metallen bedeutend größer. Die Kurve δ (K_1) deckt Feinheiten auf, die durch Herausschlagen von tief sitzenden Elektronen aus den Metallionen, durch Anregung von Röntgenstrahlung und den von diesen hervorgerufenen Photoeffekt, erklärt werden. In den Grundzügen wird die Abhängigkeit δ von K_1 jedoch durch einen Anstieg bis zu Werten $\delta \cong 1 - 1{,}5$ bei $K_1 \cong 300-1000$ eV und einen nachfolgenden Abfall charakterisiert. Nach neuen Angaben [VII—57] dauert dieses Fallen von δ mit steigendem K_1 bis zu 300000 eV an. Mit steigendem Einfallwinkel der Primärelektronen zur Metalloberfläche wächst δ.

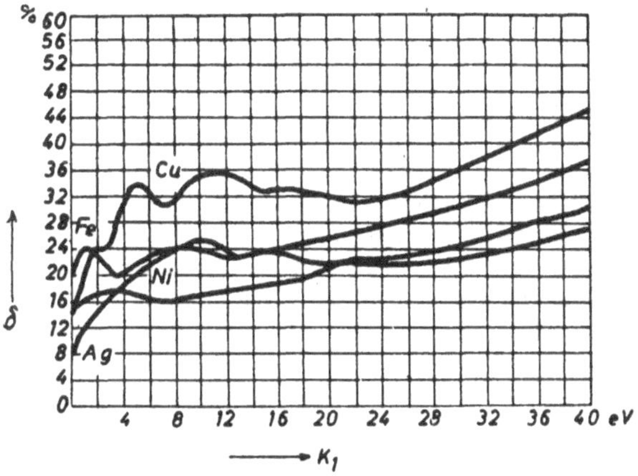

Abb. 167. Sekundäremissionskoeffizient δ von Cu, Fe, Ni und Ag [VII—23]

All diese Erscheinungen können sich nur dann in der Dynamik des Stroms im Gas widerspiegeln, wenn die Elektrode, an der sie vorkommen, bezüglich der anderen Elektroden (Gitter, Sonde) oder bezüglich der anliegenden Gasschicht (Anode bei negativem Anodenfall) negativ ist. Andernfalls kehren die reflektierten und sekundären Elektronen nach Durchlaufen eines gewissen Weges im Gas zur Elektrode zurück, und die Stromstärke auf sie zu bleibt in erster Näherung gleich der beim Fehlen von Elektronenreflexion und Sekundäremission. Deshalb verweilen wir weder bei der weiteren Beschreibung dieser Erscheinungen noch bei ihrer Erklärung und der Theorie. Interessenten seien auf die Werke von KAPZOW [0 — 2] und DOBREZOW [VII — 27] und die anderen erschienenen Spezialübersichten verwiesen, z. B. [VII — 56—58], sowie bezüglich der Theorie auf das Werk von KADYSCHEWITSCH [VII — 58].

3. Ein Bombardement der Elektrode (Anode) durch schnelle Elektronen kann nicht nur bei einem reinen Elektronenstrom im Vakuum vorkommen, sondern auch in verdünntem Gas beim Durchbruch des Gases, in der anomalen Glimmentladung, dem unselbständigen Strom und in anderen Fällen. Es kann, außer der schon erwähnten Sekundärelektronenemission noch mehrere andere Elementarprozesse zur Folge haben.

Beim Auftreffen schneller Elektronen auf die Anode kann, je nach der Geschwindigkeit, ein Herausschlagen von Elektronen aus den verschiedenen Hüllen der Ionenstruktur stattfinden (*Anregung der Metallionen*), worauf ein Quant der charakteristischen Röntgenstrahlung des gegebenen Metalls von der entsprechenden Serie emittiert wird. *Die Bremsung der Primärelektronen* an der Anode führt zur „weißen" Röntgenstrahlung, die durch ein kontinuierliches Spektrum charakterisiert wird. Ihre Frequenz und Intensität steigen mit der Geschwindigkeit der auftreffenden Elektronen und mit der Ordnungszahl des Anodenstoffs. Sowohl die charakteristische als auch die Bremsstrahlung, die von der Anode ausgehen, können eine Elektronenbefreiung aus der Anode selbst (das ist einer der Fälle von Sekundäremission [VII — 54]), aus anderen Elektroden (beispielsweise der Kathode) und aus den Gasmolekülen zur Folge haben.

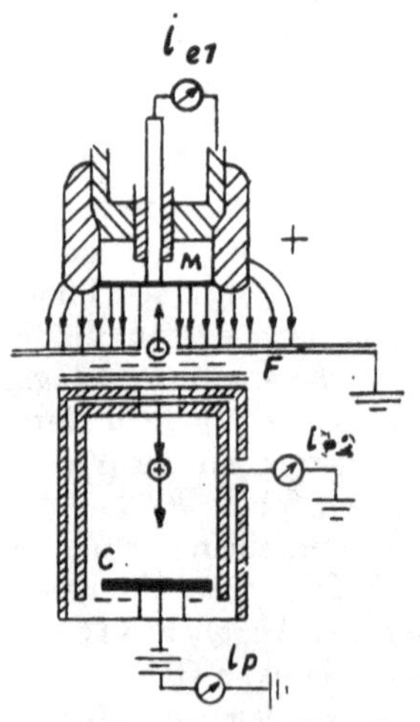

Abb. 168. Schema eines Geräts zur Beobachtung der Sekundäremission positiver Ionen und Elektronen bei großen Spannungen [VII — 63]

Das Auftreten einer kurzwelligen Strahlung beim Strom in verdünntem Gas hat bekanntlich zu ihrer Entdeckung durch RÖNTGEN geführt und war lange Zeit die wichtigste Methode zu ihrer Erzeugung in den sogenannten „Ionen"-Röntgenröhren. Vor relativ kurzer Zeit wurden Versuche zur Erzeugung leistungsstarker Röntgenimpulse im Gas gemacht. Die Rolle der Röntgenstrahlung im eigentlichen Mechanismus des Stroms im Gas ist jedoch noch nicht geklärt, obwohl einzelne Hinweise für das Vorhandensein einer solchen Strahlung in der Entladung und die Möglichkeit ihrer Bedeutung beispielsweise für die Entwicklung des Durchbruchs vorliegen. Genaueres über die Entstehung und die photoelektrischen Wirkungen dieser Strahlung entnehme man den Spezialllehrbüchern z. B. [VII — 60, 61].

Es wurde die Vermutung ausgesprochen, daß noch eine Erscheinung an der Anode auftrete, nämlich *die Sekundäremission von positiven Ionen* bei Stößen schneller Elektronen [VII — 62—63]. VAN DE GRAAF und seine Mitarbeiter [VII — 63] führten Versuche durch, welche sie als Bestätigung dieses Prozesses deuten. In einem Gerät, dessen Schema in Abb. 168 dargestellt ist, werden die Elektronen, welche vom Faden F emittiert werden, in Richtung der in die Anode eingebauten Scheibe M beschleunigt und bombardieren diese. Die aus ihr fliegenden positiven Ionen werden durch den Kollektor C eingefangen, der in einem FARADAYzylinder untergebracht ist. Es wurde für eine Stahlelektrode bei $K_1 \gg 200$ kV eine Ausbeute von etwa 10^{-3} positiven Ionen pro Elektron gefunden (Abb. 169). In der Arbeit fehlen jedoch Angaben über das Verhältnis von I_+ zum Kollektor zu I_- zur Anode. Daher folgt aus ihr nicht, inwiefern die Ausbeute an positiven Ionen auf ein Elektron bezogen werden kann, und man kann dieses Verhalten nicht als charakteristisch für einen Elementarprozeß ansehen.

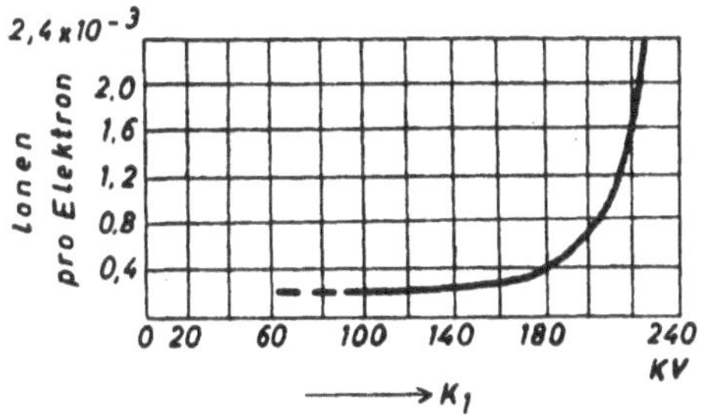

Abb. 169. Ausbeute an positiven Ionen pro Elektron für eine Stahlanode [VII—63]

Theoretisch ist es nicht völlig klar, wie der Mechanismus eines solchen Elementarprozesses beschaffen sein kann. Die Elektronen müssen eine Energie auf die im Kristallgitter gebundenen Ionen übertragen, die für den Abflug genügt. Das Problem wird noch dadurch kompliziert, daß (nach dieser Hypothese) ein Ion sich von dem Gitter absondert, ohne neutralisiert zu werden. Die Möglichkeit einer anderen Erklärung der von VAN DE GRAAF beobachteten Erscheinung ist nicht ausgeschlossen, beispielsweise durch Verdampfen der Atome von einzelnen Bereichen mikroskopischer Anodenhügel, das durch ihre Erwärmung auf Grund des Elektronenbomdardements hervorgerufen werden könnte und eine nachfolgende Ionisation der verdampften Atome durch Elektronenstöße im Raum zwischen den Elektroden. Eine mehr ins einzelne gehende Kenntnis dieser Erscheinung ist erforderlich.

§ 43. Die Neutralisation und die Akkomodation der Ionen

1. An der Metalloberfläche. Kommen die Ionen an eine Leiteroberfläche, so werden sie zu dieser mit der elektrischen Bildkraft $F = \frac{e^2}{4r^2}$ gezogen und bewegen sich mit einer entsprechenden Beschleunigung. An der Oberfläche des Leiters ereignen sich mit den Ionen eine Reihe Prozesse.

a) *Die Neutralisation eines Ions.* Ein positives Ion übergibt seine Ladung an die Elektrode, indem es sich ein Leitungselektron der Elektrode einverleibt. Wenn sich das Ion noch im Abstand r von der Elektrodenoberfläche befindet, erzeugt es an dieser Oberfläche ein elektrisches Feld, das Elektronen mit einer maximalen Feldstärke $E = \frac{2e}{r^2} = \frac{2{,}88.10^9\,V}{[r(\mathring{A})]^2\,cm}$ herauszieht (der Koeffizient 2 erfaßt die Polarisation des Leiters durch das Ion). Da die Austrittswahrscheinlichkeit der Elektronen bei einer Feldstärke von $E = 3$—$5 \cdot 10^7$ V/cm merklich wird (§ 41), so kann bereits im Abstand von $\cong$ 10 Å vom Metall ein Elektron durch ein positives Ion herausgerissen werden. Dieser Prozeß geht ohne Änderung der totalen Elektronenenergie vor sich (Tunnelübergang); deshalb kann das Elektron nur in solch ein Raumgebiet übergehen, wo seine potentielle Energie nicht größer ist als die Anfangsenergie im Metall (Abb. 170; links sind die Niveaus im Metall, rechts die Niveaus im Molekül, das bei der Neutralisation des Ions entsteht, dargestellt). Ein derartiges Gebiet finden wir um das Ion; folglich wird ein Elektron, welches das Metall verläßt, nicht frei, sondern wird von einem positiven Ion gebunden. Hier kann das Elektron irgendein Quanten-Energieniveau besetzen, wobei ein neutrales Molekül in einem bestimmten (angeregten oder Grund-) Zustand entsteht. Da, wie schon erwähnt, der Prozeß die größte Wahrscheinlichkeit besitzt, wenn $\Delta W \cong 0$ (§ 20) ist, ist der Übergang eines Leitungselektrons zum Ion am wahrscheinlichsten, wenn dessen Energie K nahe bei irgendeinem Quanten-Energieniveau im entstehenden Molekül liegt. Setzt man die Energie eines Elektrons im Vakuum gleich Null, so hat die Bedingung die Form

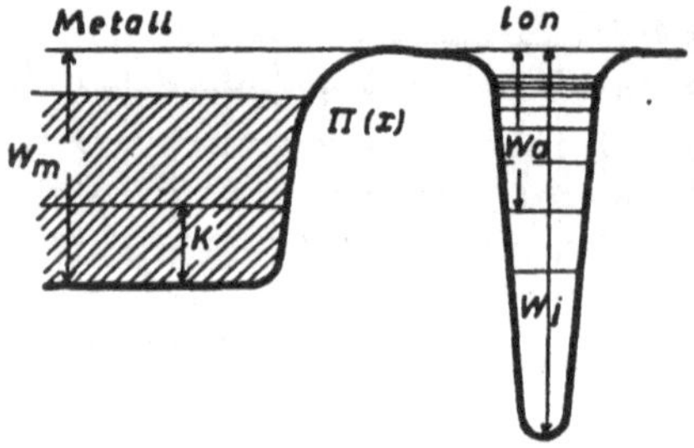

Abb. 170. Energieschema für die Neutralisation eines positiven Ions an einer Metalloberfläche

$$W_m - K \cong U_i - U_a. \tag{43,1}$$

Es können mehrere Niveaus dieser Bedingung entsprechen; am wahrscheinlichsten ist der Übergang auf das höchste entsprechende Niveau.

Bei der Neutralisation eines Ions muß nicht immer ein neutrales Atom entstehen. Wird an einer Metalloberfläche mit der Austrittsarbeit $w_m = 4-5$ eV ein Alkalimetallion neutralisiert, zum Beispiel Na^+ ($U_i = 5{,}12$ V, $U_a = 2{,}12$ V, $U_i - U_a = 3$ V), so können sogar Metallelektronen mit der kritischen Energie ζ ($W_m - \zeta = w_m$) lediglich auf das Grundniveau übergehen; auf ein angeregtes Niveau können nur Elektronen aus dem „Schwanz" der MAXWELLverteilung gelangen. Im Falle von Rb^+-Ionen ($U_i = 4{,}16$ V) und Cs^+-Ionen ($U_i = 3{,}88$ V) kann selbst das Grundniveau nur von solchen Elektronen besetzt werden, deren Energie im Metall ζ_0 übersteigt. Bei $T = 0$ gibt es solche Elektronen nicht, und die Neutralisation von Rb^+ und Cs^+-Ionen ist unmöglich, zumindest auf die obenbeschriebene Art. In diesem Fall erweist sich der entgegengesetzte Prozeß als möglich und sogar sehr wahrscheinlich: Nachdem ein neutrales Rb- oder Cs-Atom an die Metalloberfläche gelangt ist, gibt es an diese ein Elektron ab und wird zum positiven Ion (Oberflächenionisierung). Diese Erscheinung beobachtete LANGMUIR und KINGDON beim Einbringen eines glühenden Wolframfadens in Caesiumdämpfe; genaueres siehe [VII — 8, § 23] und [VII — 27, § 24].

Eine auf diesen Vorstellungen beruhende Theorie der Neutralisation positiver Ionen wurde für den Fall von H^+- und He^+-Ionen quantitativ entwickelt [VII — 64, 65, 66, 68]. Das Energieniveauschema für den Fall der Neutralisation eines He^+-Ions an der Oberfläche von Molybdän ist in Abb. 171 dargestellt. Bei einer Metalltemperatur $T = 0$ ist nur der unmittelbare Übergang eines Elektrons aus dem Molybdän in He auf das metastabile Niveau $2\,^3S$ möglich; für den Übergang auf das Niveau $2\,^1S$ müssen im Metall Elektronen vorhanden sein, deren Energie größer ist als ζ. Im Ergebnis der Neutralisation des He^+-Ions entsteht ein metastabiles He'-Atom mit einer Energie von 19,77 eV. Für die Wahrscheinlichkeit dieses Prozesses (pro sec bei einem unbeweglichen Ion im Abstand r vom Metall) wurde die folgende Näherungsformel gefunden:

$$\lambda(r) = 2{,}39 \cdot 10^{49}\, e^{-2{,}25 \cdot 10^{8} \cdot r} \left(\frac{r a_0}{1{,}19} + \frac{a_0^2}{(1{,}19)^2} + \frac{a_0^3}{(1{,}19)^3}\right)^2 \tag{43,2}$$

($a_0 = 0{,}528$ Å), sie ist brauchbar bei $r > 3a_0$ (siehe auch die obere Kurve in Abb. 172).

In Wirklichkeit nähert sich das Ion dem Metall auf einer gewissen Flugbahn mit endlicher Geschwindigkeit. Nimmt man die Bewegungsrichtung des Ions als

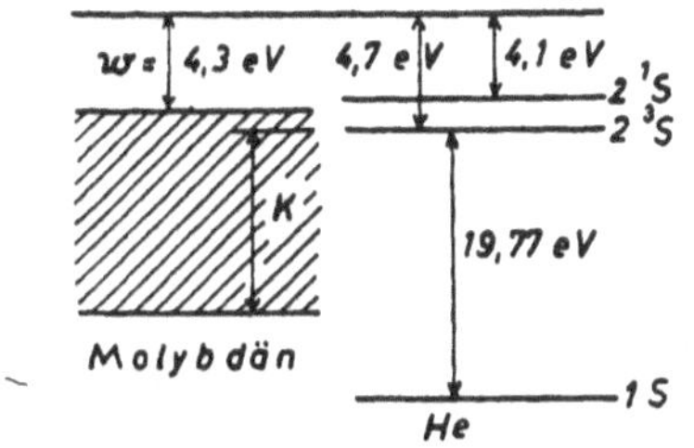

Abb. 171. Termschema der Elektronen im He-Atom an der Oberfläche von metallischem Molybdän

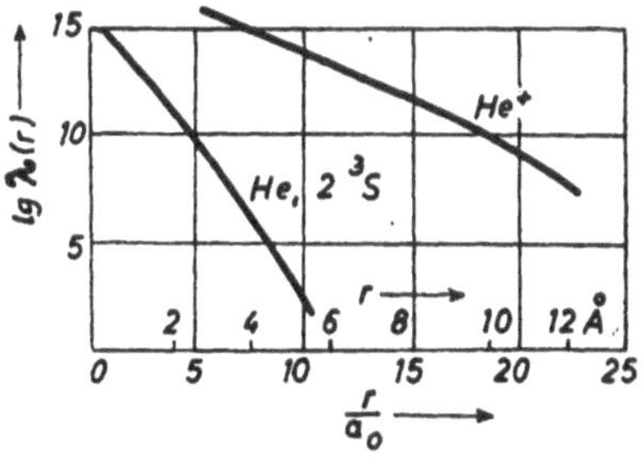

Abb. 172. Wahrscheinlichkeit für das Herausziehen eines Elektrons aus Molybdän durch ein Heliumion und durch ein metastabiles Heliumatom [VII—66]

senkrecht zur Metalloberfläche und seine Geschwindigkeit v als konstant an (gleich v_0), so kann man die Wahrscheinlichkeit $P(r, v_0)\,dr$ dafür berechnen, daß die Neutralisation im Abstand r bis $r + dr$ von der Oberfläche erfolgt. Die Wahrscheinlichkeit $P(r)\,dr$ ist gleich dem Produkt der Wahrscheinlichkeiten zweier Ereignisse: 1. Muß es dem Ion gelingen, bis auf den Abstand r unter Bewahrung seiner Ladung zu gelangen, die Wahrscheinlichkeit dafür beträgt $[1 - \int_r^\infty P(r,v_0)\,dr]$ 2. Muß das Ion während der Zeit $dt = \frac{dr}{v_0}$ neutralisiert werden; die Wahrscheinlichkeit dafür ist $\frac{dr}{v_0}\lambda(r)$. Folglich ist P

$$P(r, v_0)\,dr = \frac{\lambda(r)\,dr}{v_0}\left[1 - \int_r^\infty P(r, v_0)\,dr\right],$$

oder

$$P(r, v_0) = \frac{\lambda(r)}{v_0}\left[1 - \int_r^\infty P(r, v_0)\,dr\right]. \tag{43,3}$$

Diese Integralgleichung kann man nach $P(r, v_0)$ auflösen, indem man in sie den Wert von $\lambda(r)$ einsetzt. Schließlich kann man den mittleren Abstand r berechnen, bei dem die Neutralisation erfolgt:

$$\bar{r} = \int_0^\infty r \cdot P(r, v_0) \cdot dr^{1)}.$$

COBAS und LAMB [VII—66] finden $\bar{r} = 11{,}5$, $a_0 = 6{,}1$ Å bei $v_0 = 1 \cdot 10^5$ cm/sec $= 0{,}02$ eV und $\bar{r} = 6{,}0$, $a_0 = 3{,}16$ Å bei $v_0 = 3 \cdot 10^7$ cm/sec $= 1800$ eV. Somit erfolgt die Neutralisation der Ionen, die sich dem Metall langsam nähern, im wesentlichen bereits im Abstand einiger Ionendurchmesser (Abb. 173). Die Entstehung von angeregten (metastabilen) He′-Atomen bei der Neutralisation von He^+-Ionen ist durch Versuche von OLIPHANT bestätigt worden [VII—116] (s. unten § 46).

Die Neutralisation von Alkalimetallionen (Na^+, K^+, Cs^+) an einer zusammengesetzten Oberfläche (thoriertes Wolfram) ist in speziellen Arbeiten von MORGULIS und seinen Mitarbeitern betrachtet worden [VII—79].

Die Neutralisation negativer Ionen kann auf folgende Weise erfolgen; das negative Ion übergibt, nachdem es die Metalloberfläche erreicht hat, sein überzähliges Elektron an das Metall und dieses Elektron wird zum Leitungselektron. Für diesen Prozeß ist notwendig, daß die Austrittsarbeit des Elektrons aus dem Metall w_m die Abtrennarbeit des Elektrons vom negativen Ion übertrifft, d. h. größer ist als die Elektronenaffinität U_A des Gases. Da U_A sogar bei den Halogenen nicht größer als 3,5 V ist (bei den anderen Gasen ist U_A kleiner), und w_m bei vielen Metallen 4—4,5 V beträgt, so kann dieser Prozeß bei den meisten elektronegativen Gasen leicht vorkommen. Das Energieschema des Neutralisationsprozesses eines negativen Ions kann ebenfalls durch Abb. 170 dargestellt werden. Zum Unterschied von den positiven Ionen ist jedoch hier im negativen Ion das anfängliche Energieniveau des Elektrons höher als im Metall, wenn auch niedriger als im Vakuum. Deshalb neutralisieren sich die negativen Ionen ebenso wie die positiven Ionen, durch einen Tunnelübergang der Elektronen, jedoch in umgekehrter Richtung, vom Ion zum Metall.

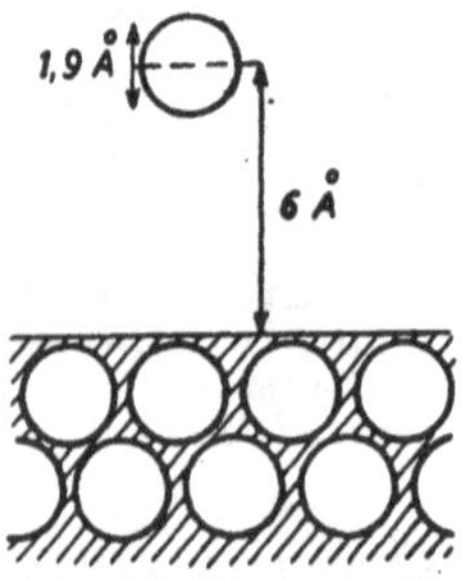

Abb. 173. Mittlerer Abstand bei der Neutralisation eines He^+-Ions an einer Molybdänoberfläche

Bei gleichen Abständen des positiven und des negativen Ions vom Metall ist die Übergangswahrscheinlichkeit des Elektrons (die Permeabilität der Schwelle) im Fall des negativen Ions höher als im Fall des positiven Ions, da das übertretende Elektron im ersten Fall eine höhere Energie besitzt. Darum kann man annehmen, daß die negativen Ionen im Durchschnitt in etwas größeren Abständen vom Metall neutralisiert werden als die positiven Ionen.

Ebenso wie im flüssigen Elektrolyt erfolgt die Neutralisation der negativen Ionen im Gas vor allem an der Anode. Sie kann jedoch auch an einem beliebigen anderen Metallgegenstand vor sich gehen, wenn dessen Potential gegenüber dem Gas die negativen Ionen nicht hindert, seine Oberfläche zu erreichen.

---

1) Hier werden die Erscheinungen betrachtet, welche bei der Annäherung des Ions an ein Metall auftreten; die Möglichkeit der Reflexion bleibt unberücksichtigt (s. unten, S. 243).

b) An einer Leiteroberfläche können die Ionen nicht nur neutralisiert, sondern auch *reflektiert* werden. Das Integral $\int_0^\infty P(r)\,dr$ drückt die Neutralisationswahrscheinlichkeit des Ions auf dem gesamten Weg bis zur eigentlichen Oberfläche der Elektrode aus. Ist diese Größe kleiner als eins, so kommt ein Teil der Ionen auf dem Wege zur Elektrode nicht zur Neutralisation. Erreichen sie die Elektrode, so können die Ionen entweder adsorbiert oder auch reflektiert werden.[1]) Im ersten Fall ist die Zeit, welche dem Ion zur Neutralisation bleibt, unendlich und mit Ausnahme des oben erwähnten Falls der Alkalimetallionen, nähert sich die Neutralisationswahrscheinlichkeit praktisch eins. Im zweiten Fall kann ein Teil der reflektierten Ionen noch auf dem Rückwege neutralisiert werden. Die Wahrscheinlichkeit dafür, daß das Ion seine Ladung behält, oder anders ausgedrückt, der *Reflexionskoeffizient der Ionen* beträgt

$$R = 1 - \int_0^\infty P(r)\,dr - \int_0^\infty P_1(r)\,dr, \tag{43,4}$$

wo P_1 eine P ähnliche Größe ist, die sich jedoch auf die Bewegung des Ions nach der Reflexion bezieht.

Die experimentellen Daten über den Reflexionskoeffizienten sind dürftig und gehen stark auseinander. Der Reflexionskoeffizient kann beispielsweise nach dem Schema der Abb. 174 gemessen werden. Ein Ionenstrom fällt auf die Scheibe M; die reflektierten Ionen werden vom Kollektor C eingefangen, der bezüglich M negativ ist; $R = \frac{i_C}{i_M + i_C}$. Mit steigender Ionengeschwindigkeit werden die Ionen in der Regel stärker reflektiert. So fanden PAWLOW und STARODUBZEW [VII — 70], daß R zwischen $K_p = 100$ eV und $K_p = 1000$ eV bei Cu, Sn, Te, Al, Zn, C (Ruß), CuO, ZnO, Cu_2O wächst und sich bei Pt praktisch nicht ändert (Abb. 175). Bei $K_p < 1$ kV beträgt R einige

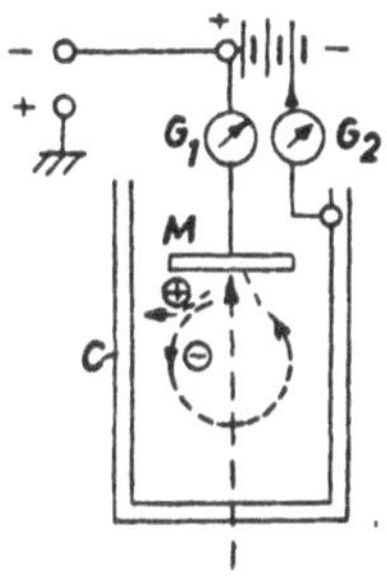

Abb. 174. Schema des Geräts zur Messung des Reflexionskoeffizienten von Ionen

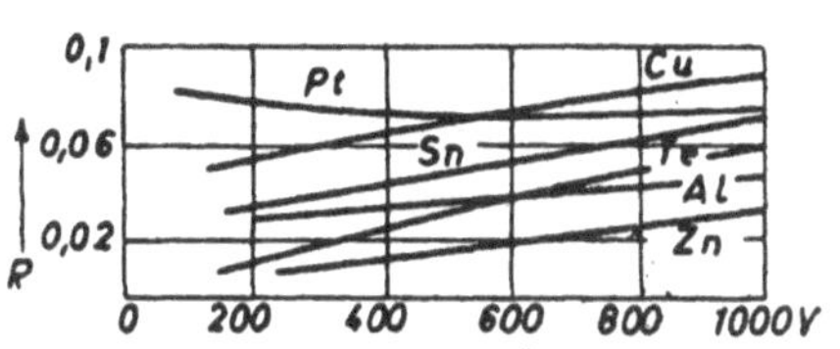

Abb. 175. Reflexionskoeffizient von Li^+-Ionen für verschiedene Metalle (PAWLOW und STARODUBZEW [VII—70])

Prozent. Bei großen Energien kann R bis zu 0,1 wachsen [VII — 69, 92]. Gas-Adsorptionsfilme verstärken die Reflexion der Ionen um ein Mehrfaches.

[1]) Einige Autoren nehmen an, daß neben der Reflexion der Ionen auch eine Sekundärelektronenemission wie bei den Elektronen stattfindet [VII—27,90].

Einen Sonderfall stellen, wie schon oben bemerkt, die Ionen der Alkalimetalle dar, die auf ein Metall treffen, dessen Austrittsarbeit größer als die Neutralisationsenergie der Ionen ist (Na^+ und K^+-Ionen auf Platin, Rb^+- und Cs^+-Ionen auf die meisten Metalle). In diesem Fall ist zu erwarten, daß die Ionenreflexion nahezu 100% wird. In Wirklichkeit wird diese Erscheinung durch die Adsorption der Ionen an der Oberfläche des kalten Metalls kompliziert. Das setzt die Austrittsarbeit aus dem Metall herab und der Effekt tritt u. U. nicht auf. Man kann jedoch die Adsorption verhindern, indem man die Zielscheibe anwärmt. Lenkt man ein Bündel von Cs^+-Ionen auf eine heiße Nickelscheibe, so zeigt sich, daß die Caesiumionen die Scheibe unter Erhaltung ihrer Ladung verlassen [VII — 67, 68]. Dieses Ergebnis ist mit der bekannten und schon erwähnten Tatsache der thermischen Ionisation von Caesiumatomen an einer glühenden Wolframoberfläche eng verwandt. Tatsächlich existiert in einem erwärmten Metall immer eine gewisse Menge von Elektronen mit einer Energie $K = W_m - (U_i)_{Cs}$ (im gegebenen Fall ist $K > \zeta$), die auf das Cs^+-Ion übergeht und zu dessen Neutralisation ausreichend ist. Dieser Prozeß wird jedoch durch den entgegengesetzten Ionisationsprozeß bereits gebildeter neutraler Cs-Atome kompensiert; im Ergebnis verläßt das Caesium die Wolframoberfläche wieder in Gestalt positiver Ionen. Ihre Winkelverteilung entspricht einem Kosinusgesetz [VII — 90].

c) Stößt ein Ion an die Oberfläche eines festen Körpers, der an das Gas grenzt, so bleibt es entweder (unter Erhaltung seiner Ladung oder neutralisiert) adsorbiert an der Oberfläche, oder es wird reflektiert unter Erhaltung eines Teils seiner kinetischen Energie. Der Mittelwert des Verhältnisses der an die Wand abgegebenen Energie zu der kinetischen Anfangsenergie des Teilchens wird gewöhnlich *Akkomodationskoeffizient des Teilchens* genannt:[1])

$$a = \frac{K - K'}{K} \tag{43,5}$$

(K und K' sind die kinetische Energie des Teilchens vor und nach der Reflexion.[2])

Der Adsorption eines Teilchens entspricht $a = 1$; bei elastischer Reflexion ist $a = 0$. In der klassischen Theorie betrachtet man den Akkomodationskoeffizienten als Ergebnis des elastischen Zusammenstoßes des auftreffenden Teilchens mit einem Atom der festen Wand, das bis zum Stoß als unbeweglich angesehen wird und im Prinzip mit den nächsten Atomen nicht verbunden ist. Unter diesen Voraussetzungen erhält man für a den Ausdruck

$$a = 1 - \frac{m^2 + m_s^2}{(m + m_s)^2} = \frac{2\frac{m}{m_s}}{\left(1 + \frac{m}{m_s}\right)^2}, \tag{43,6}$$

---

[1]) Es wäre angebracht, ihn als *Akkomodationskoeffizient der Teilchenenergie* zu bezeichnen, zum Unterschied von einer anderen Größe, welche die Akkomodation der Bewegungsgröße des Teilchens charakterisiert.

[2]) Die Definition des Akkomodationskoeffizienten verallgemeinert man oft, indem man annimmt, daß die zur Wand fliegenden Teilchen nicht nur eine bestimmte Energie besitzen, sondern eine Energieverteilung mit der Temperatur T (vor dem Stoß) und T' (nach dem Stoß), während die Wandteilchen die Temperatur T'_s besitzen; in diesem Fall ist $a = \frac{T' - T}{T_s - T}$.

wo m die Masse des anfliegenden Teilchens, m_s die Masse des Wandmoleküls ist [VII – 71, 72].

Die Quantentheorie des Akkomodationskoeffizienten [VII – 73] ist unter etwas wirklichkeitsnäheren Voraussetzungen entwickelt worden: Der feste Körper stellt ein Gitter aus gleichen Atomen mit der Masse m_s dar, das durch eine bestimmte Frequenz ν_0 und die charakteristische Temperatur $\Theta = \frac{h\nu_0}{k}$ charakterisiert wird; die Gasteilchen besitzen eine bestimmte Temperatur T und eine entsprechende Wellenlänge λ; sie treten mit den Wandatomen in Wechselwirkung mit der Energie $\Pi(r) = C \cdot \exp\left(-\frac{r}{d}\right)$, wo d ein gewisser Abstand von ca. 10^{-1} Å ist. Wenn man, die Aufgabe vereinfachend, annimmt, daß der Gitterzustand nur allein von einer gequantelten Koordinate bestimmt wird, so beträgt der Akkomodationskoeffizient

$$a = \pi^2 \frac{m}{m_s} \chi\left(\frac{\Theta}{T}\right) \Omega\left(\frac{d}{\lambda}\right), \tag{43,7}$$

wo χ eine durch die Formel

$$\chi(y) = \frac{3}{y^3} \int_0^y \frac{x^3\,dx}{e^x - 1} \quad (\chi(0) = 1,\ \chi(\infty) = 0),$$

bestimmte Funktion und Ω eine andere Funktion ist, die durch die Formel

$$\Omega(y) = \int_0^\infty e^{-x} x \left(\frac{x}{x + z_0}\right)^\eta dx,$$

bestimmt wird, wo seinerseits $\eta = \sqrt{y^2 + \frac{1}{4}} - \frac{1}{2}$, sowie $z_0 = y$ bei $y < 3$ und $z_0 = 0$ bei $y > 3$ ist. Die Formel (43,7) ergibt fast eine lineare Abhängigkeit zwischen a und $\frac{m}{m_s}$, während nach (43,6) a bei $\frac{m}{m_s} = 1$ zuerst bis 0,5 ansteigt, um dann wieder abzunehmen.

Die Angaben über die Akkomodationskoeffizienten sind dürftig und in nur einer Arbeit [VII – 74] enthalten, wo a bei Stößen von He^+-Ionen an eine Platinoberfläche und von Ne^+-, Ar^+-Ionen an eine Molybdänoberfläche gemessen wurde. Die Meßmethode bestand in der Bestimmung der Wärmemenge, welche in 1 sec an einer negativen Sonde, die in eine elektrische Entladung eingeführt wurde, ausgeschieden wird. Sie erweist sich als kleiner, als die Leistung $i_{\text{Sonde}} \cdot (\varphi_{\text{Plasma}} - \varphi_{\text{Sonde}})$, welche zur Sonde durch den Ionenstrom i_{Sonde}, der die Potentialdifferenz $(\varphi_{\text{Plasma}} - \varphi_{\text{Sonde}})$ durchquert hat, transportiert wird. Nach Einführung einer notwendigen Korrektion kann man den Teil der Ionenenergie bestimmen, der tatsächlich an die Sonde übergeben wird und hieraus a finden. Die Verfasser fanden die Werte der oberen Tabelle auf Seite 246. Der Anstieg von a mit wachsendem Atomgewicht der Ionen ist in qualitativer Übereinstimmung mit der Theorie.

Da direkte Messungen der Größe a an positiven Ionen fehlen, kann man (wenn man berücksichtigt, daß das Ion in den meisten Fällen die Metalloberfläche bereits in Gestalt eines neutralen Moleküls erreicht) die Angaben über die Akkomodationskoeffizienten von Molekülen benutzen. Dieser Vorgang wurde in einer Reihe von Arbeiten untersucht [VII – 75, 76, 77]. Besonderes Interesse hat eine Arbeit von

Ionen	Energie-intervall in eV	Metall	a
He^+	21—51 111—141	Pt	$0{,}35 \pm 0{,}05$ $0{,}55 \pm 0{,}05$
Ne^+	21—141	Mo	$0{,}65 \pm 0{,}05$
Ar^+	21—141	Mo	$0{,}75 \pm 0{,}05$

Saizew und Spiwak [VII — 77], in der in weitem Bereich sowohl die Masse der Gasmoleküle m (von $A_{Ne} = 20{,}2$ bis $A_{Hg} = 200{,}6$), als auch die Masse der Wandmoleküle m_1 (Wolfram, $A_W = 184$; auf Wolfram adsorbierter Sauerstoff, $M_{O_2} = 32$; CO_2 auf Wolfram, $M_{CO_2} = 44$) geändert wurde.

Die Verfasser erhielten die folgenden Ergebnisse:

Gas	Akkomodationskoeffizient a		
	auf W	auf W + O_2	auf W + CO_2
Ne	0,05	0,33	0,15
Ar	0,1	0,63	0,24
Hg	0,58	—	—

Die Werte von a, welche sich auf reines W und auf O_2 an W beziehen, können näherungsweise durch $a \cong \frac{1}{2}\frac{m}{m_1}$ dargestellt werden (im Fall CO_2 an W werden Abweichungen bemerkt, die die Verfasser nicht als echt betrachten). Diese Ergebnisse stimmen besser mit der quantenmechanischen Formel (43,7) als mit der klassischen (43,6) überein.

2. An der Oberfläche eines Dielektrikums. Die Prozesse, die mit Elektronen und Ionen an einer Dielektrikumoberfläche vor sich gehen, spielen in der elektrischen Entladung eine wichtige Rolle, wenn diese in einem nichtleitenden (z. B. Glas-) Gefäß stattfindet. Sie sind jedoch viel weniger untersucht als die Erscheinungen an Metalloberflächen; deshalb sind wir gezwungen, uns hier auf einige kurze Bemerkungen zu beschränken.

Nähern sich die Ionen und Elektronen dem ungeladenen Dielektrikum, so werden sie von diesem angezogen. Das ist durch die Polarisation des Dielektrikums durch das Feld des Ions oder Elektrons bedingt. In einem Abstand r, der größer ist als einige Atomdurchmesser, kann die Anziehungskraft des geladenen Teilchens zum Dielektrikum mit der Dielektrizitätskonstante ε klassisch berechnet werden als Anziehung zum homogenen Nichtleitermedium:

(43,8) $$F = \frac{e^2}{4 r^2}\frac{\varepsilon - 1}{\varepsilon + 1}.$$

Die Arbeit, die von dieser Kraft bei Annäherung der Ladung von $r = \infty$ bis $r = r_0$ vollbracht wird, ist

$$A = \frac{e^2}{4\,r_0}\,\frac{\varepsilon - 1}{\varepsilon + 1} = 3{,}6\,\frac{\varepsilon - 1}{\varepsilon + 1}\,\frac{1}{r_0\,(\text{Å})}\ \text{eV}. \tag{43,9}$$

Ist beispielsweise $\varepsilon = 5$ und $r_0 = 5$ Å, so beträgt $A \cong 0{,}5$ eV. Für kleinere Abstände sind die Formeln (43,8) und (43,9) nicht anwendbar, da die atomare Struktur des Dielektrikums berücksichtigt werden muß. Im Falle eines Dielektrikums mit Ionenstruktur ist der durch die Polarisation bedingten Anziehungskraft die Wirkung des elektrischen Feldes der Ionen der obersten Schicht hinzuzufügen. Dieses Feld nimmt mit wachsender Entfernung vom Gitter schnell ab, wird jedoch in kleinen Abständen sehr bedeutend. Infolgedessen kann die Kraft, welche das Ion (oder Elektron) in unmittelbarer Nähe der Dielektrikumoberfläche erfährt, der Größe und dem Vorzeichen nach verschieden sein je nachdem, ob es sich einem gleichnamigen oder ungleichnamigen Gitterion nähert. Deshalb werden Ionen und Elektronen mit einer geringen kinetischen Energie, wenn sie sich dem Dielektrikum nähern, vorzüglich auf die Ionen des Dielektrikums mit entgegengesetztem Vorzeichen zufliegen. Hierbei vollbringen die Anziehungskräfte an den elementaren Ladungsträgern eine Arbeit von einigen eV. Der hierbei hervorgerufene Zuwachs an kinetischer Energie des Trägers wird durch Stoß teilweise an die Gitterionen des Dielektrikums abgegeben. Deshalb werden die Ionen und Elektronen mit kleiner Energie, nachdem sie an die Oberfläche des Dielektrikums gelangt sind, von diesem adsorbiert und bleiben an seiner Oberfläche. Der Akkomodationskoeffizient der Energie ist bei langsamen Elektronen an der Oberfläche des Dielektrikums klein, bei Ionen kann er recht bedeutend werden. Infolgedessen wird der Temperaturausgleich zwischen adsorbierten Ladungsträgern und Wänden mit verschiedener Geschwindigkeit vor sich gehen: Bei Ionen bedeutend schneller als bei Elektronen.

Zum Unterschied von den Leitern absorbieren die Dielektriken keine Elektronen und entladen die Ionen nicht sofort. An einem idealen Dielektrikum könnten solche Erscheinungen überhaupt nicht auftreten. Umgekehrt ladet sich ein Dielektrikum, auf dem sich die Ladungsträger absetzen, allmählich mit diesen auf und in ihm entsteht ein elektrisches Feld. Im realen Dielektrikum entsteht infolgedessen ein Leitungsstrom, der auf seine Oberfläche hin gerichtet ist, und die an ihr adsorbierten Ionen werden allmählich entladen. Dieser Strom beschränkt die Ionenkonzentration an der Oberfläche des Dielektrikums.

Treffen auf die Oberfläche des Dielektrikums gleichzeitig Ionen und Elektronen, so folgt nach der Adsorption ihre Rekombination. Wegen der beschränkten Bewegungsmöglichkeit der adsorbierten Ionen und Elektronen und da diese lange in verhältnismäßig kleinen Abständen voneinander bleiben, ist ihre Rekombination viel wahrscheinlicher als im freien Zustand. Die Energie, welche bei der Rekombination abgegeben wird, kann in diesem Fall irgendeinem dritten adsorbierten Teilchen (Ion, Elektron, Molekül) übergeben werden oder einem der Ionen bzw. Atome des Dielektrikums. Die Energie verteilt sich dann im Dielektrikum. Formell wird eine derartige Rekombination gewöhnlich als Rekombination im Dreierstoß angesehen; die Rolle des dritten Teilchens überträgt man dem Dielektrikum (der Wand) im ganzen.

Die bei der Rekombination frei gesetzte Energie (*Rekombinationswärme*) wird auf die Wand und die an ihr adsorbierten Teilchen übertragen. Infolgedessen erwärmt sich die Wand (bei starker Rekombination bis zum sichtbaren Leuchten und Schmelzen). Die Erwärmung des adsorbierten Stoffs ruft seine Desorption hervor, dadurch führt die Rekombination an den Wänden nicht zu einer kontinuierlichen Gasansammlung auf ihnen.

Die schnellen Elektronen und Ionen, die das Dielektrikum bombardieren, können in ihm eine Reihe anderer Erscheinungen hervorrufen: Eindringen der Ionen in die Masse des Dielektrikums und ihre Absorption, Sekundärelektronenemission [VII—80], Lumineszenz [VII—131]. Die Betrachtung dieser Fragen gehört nicht in den Rahmen dieses Buches.

§ 44. Von positiven Ionen hervorgerufene Elektronenemission, die Bildung negativer Ionen

1. Metalle, welche einem Ionenbombardement ausgesetzt sind, emittieren Sekundärelektronen[1]):

Daß Metalle unter Ionenanprall Elektronen emittieren, ist bei beliebigem Zustand des Metalls unzweifelhaft. Die Vermutung, daß die Sekundäremission vollkommen durch einen Gasfilm bedingt ist, der an der Metalloberfläche adsorbiert ist und an reinem Metall nicht auftritt, konnte nicht bestätigt werden.

Eine Sekundäremission kann auch aus nichtmetallischen Elektronenhalbleitern stattfinden. PAWLOW und STARODUBZEW [VII—87] haben die Ausbeute der Sekundäremission von C (Ruß), CuO, ZnO und Cu_2O beobachtet und gemessen. Von einem Ionenleiter (NaCl), der bis zu einer Temperatur von 100—500° C erwärmt wurde, bei der seine Leitfähigkeit merklich wird, haben diese Verfasser keine Sekundäremission entdeckt; in einer anderen Arbeit wurde jedoch die Emission von Elektronen aus KCl durch K^+-Ionen gefunden und untersucht [VII—134].

Die Menge der Sekundärelektronen sowie ihre Verteilung nach Geschwindigkeiten und Richtungen hängen von der Art der Ionen, ihrer Geschwindigkeit und dem Einfallwinkel, sowie von der Art des Metalls und dessen Oberflächenzustand ab.

Obwohl der Untersuchung der Sekundärelektronenemission bei Ionenbombardement und ihrer Abhängigkeit von verschiedenen Bedingungen mehrere Arbeiten gewidmet sind [VII—81—111], kann man bis heute das Problem weder von der experimentellen noch von der theoretischen Seite als geklärt ansehen. Weiter unten werden die Hauptergebnisse der experimentellen Untersuchungen und ihre Interpretationen dargelegt.

Die Ausbeute an Sekundärelektronen auf ein Ion, das an die Metalloberfläche gelangt, nennt man den *Sekundäremissionskoeffizient.* Er wird mit γ bezeichnet.[2]) Diese Größe kann ja nach den Versuchsbedingungen zwischen 10^{-4} und 10^{+1} liegen. Sie hängt vor allem von der kinetischen Energie der Ionen, der Ionenart, dem Metall und seinem Zustand ab. Der Einfluß der Ionenart ist besonders

---

1) Wir betrachten ausschließlich die Emission von Sekundärelektronen unter der Wirkung positiver Ionen. In einer interessanten Arbeit von DUKELSKI und SANDBERG [VII—91] wurde die durch negative Ionen hervorgerufene Emission untersucht; für den Mechanismus des elektrischen Stroms im Gas ist dieses Problem jedoch kaum wesentlich.

2) Die Größe γ ist vollkommen verschieden von dem Sekundäremissionskoeffizienten unter Elektronenanprall δ (§ 42, P. 2).

bei verhältnismäßig kleinen Energien zu merken. Als Beispiel wollen wir die Kurven betrachten, welche in Abb. 176 (Emission aus Kupfer), Abb. 177 (aus Nickel) und Abb. 178 (aus Molybdän) angeführt sind.

Mit kleiner werdender kinetischer Energie der Ionen vermindert sich der Sekundäremissionskoeffizient; der Verlauf der γ (K_p)-Kurve ist jedoch bei verschiedenen Ionen verschieden. Bei den Ionen von Alkalimetallen fällt γ bei geringen Geschwindigkeiten auf 10^{-3}—10^{-4} und man kann annehmen, daß bei $K_p \to 0$ auch $\gamma \to 0$ geht (nur die Ergebnisse von OLIPHANT, welche sich auf den Fall K^+ — Ni beziehen, Abb. 177, sind nicht ganz klar). Bei anderen Ionen nähert sich γ umgekehrt bei $K_p \to 0$ einem gewissen Grenzwert von der Größenordnung 10^{-2}—10^{-1}. Folglich können Alkaliionen Elektronen aus Metallen nur bei einer gewissen kinetischen Energie befreien, während andere Ionen auch dann eine Elektronenemission hervorrufen können, wenn sie sich dem Metall beliebig langsam nähern.

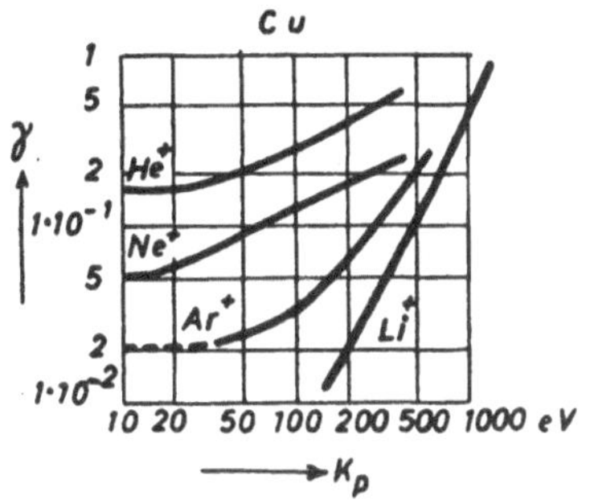

Abb. 176. Sekundäremission aus Kupfer unter Bombardement von Edelgas- [VII—104] und Lithiumionen [VII—87)]

Mit wachsendem K_p steigt γ gewöhnlich an; bei $K_p \cong 10^4$ eV und höher kann γ größer als 1 werden. So sind seit langem Sekundärelektronen bekannt, die von α-Strahlen radioaktiver Stoffe aus Metallen herausgeschlagen werden (d. h. von He^{++}-Ionen mit einer Energie $\cong 10^6$ eV), sie werden δ-Strahlen genannt; ihre

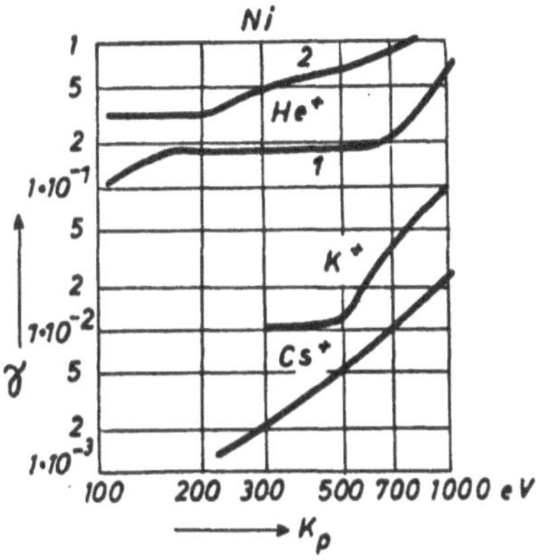

Abb. 177. Sekundäremission aus Nickel unter Bombardement von He^+-[VII—102], K^+-[VII—101] und Cs^+-Ionen [VII—100] (He^+-Kurve *1* — glühendes Nickel, *2* — kaltes Nickel)

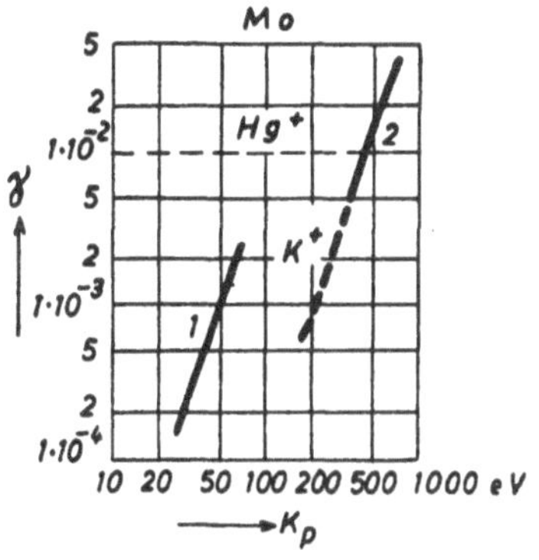

Abb. 178. Sekundäremission aus Molybdän unter Bombardement von Quecksilberionen [VII—82] und Kaliumionen (Kurve *1* — [VII—87], Kurve *2* — [VII—96])

Ausbeute erreicht 10—20 pro α-Teilchen. In einem breiten Variationsbereich von K_p ist die Sekundäremission durch Hg^+-Ionen untersucht worden; sie wächst monoton von $\gamma = 10^{-2}$—10^{-3} bei $K_p \cong 10^2$ eV bis $\gamma = 7$—9 bei $K_p \cong 10^6$ eV [VII—99].

Andere Ergebnisse fand man bei den allerleichtesten Ionen (H^+, H^+_2, He^+). Nach den Angaben mehrerer Verfasser [VII — 92, 93, 98] durchläuft die Sekundäremission mit wachsendem K_p ein Maximum (H^+ bei $K_p \cong 40$ keV [VII — 92],

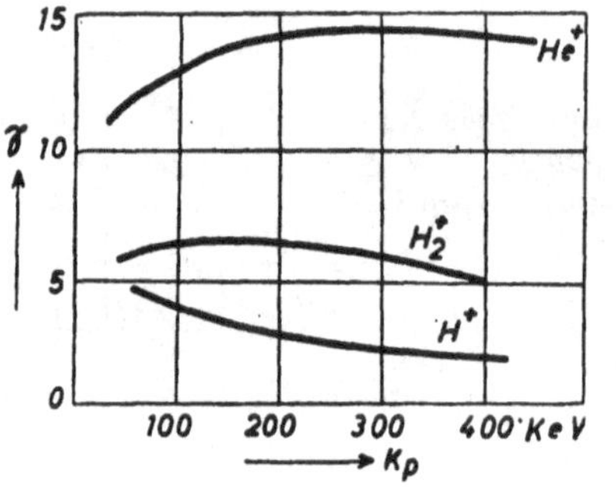

Abb. 179. Verlauf der Funktion γ (K_p) in der Nähe des Maximums bei leichten Ionen [VII—92, 93, 98]

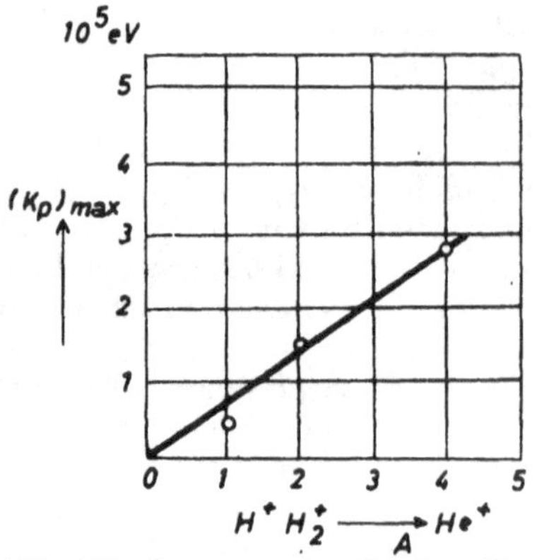

Abb. 180. Ionenenergie, die dem Maximum von γ entspricht

H^+_2 bei $K_p \cong 100$ keV [VII — 93], He^+ bei $K_p \cong 300$ keV [VII — 98]). Später nimmt γ langsam ab (Abb. 179). Urteilt man nach diesen Angaben, so steigt der Wert von γ, der dem Maximum der Sekundäremission entspricht, mit der Ionen-

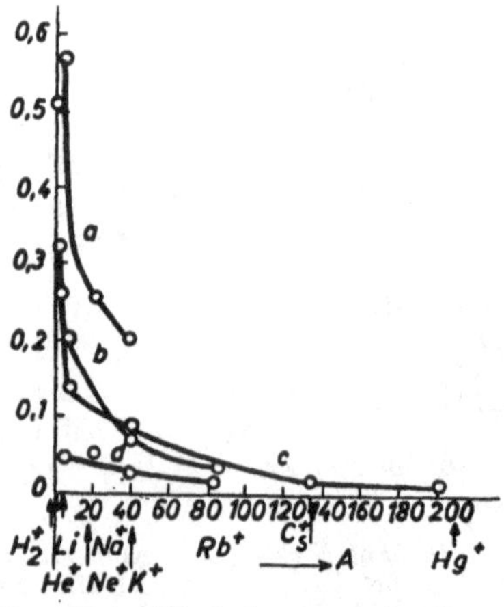

Abb. 181. Abhängigkeit des γ von der Ionenmasse

Kurve *a* bezieht sich auf Cu-Elektroden K_p = 0,4 keV [VII—104],
„ *b* „ „ „ Al- „ „ = 0,5 „ [VII—94],
„ *c* „ „ „ Ni- „ „ = 1,0 „ [VII—93, 97, 100, 101, 108],
„ *d* „ „ „ Pt- „ „ = 0,5 „ [VII—91, 94].

masse; in erster Näherung ist $(U_p)_{max} \div m_p$, d. h. $(c_p)_{max}$ hängt nicht von der Ionenmasse ab (Abb. 180). Dem widerspricht nicht der monotone Anstieg von γ mit wachsendem K_p, der bei den schwereren Ionen beobachtet wurde, da es möglich ist, daß das Kleinerwerden von γ erst bei höheren Werten von K_p beginnt, als bei denen, die bis jetzt untersucht wurden.

Mit zunehmendem Einfallwinkel der Ionen auf das Metall steigt die Ausbeute an Sekundärelektronen. Quantitativ ist die Abhängigkeit der Größe γ vom Einfallwinkel ϑ nicht endgültig festgestellt; nach der einen Version [VII — 89] ist $\gamma \div \div \sec \vartheta$, nach einer anderen [VII — 102] ist $\gamma \div 1 - \cos \vartheta$. Bestimmte Aussagen über die Abhängigkeit der Größe γ von der Ionenart bei großen Ionengeschwindigkeiten kann man bisher nicht machen. Nach den Ergebnissen einiger Arbeiten [VII — 94, 97, 104] nimmt γ bei mäßiger Ionenenergie (10^2—10^3 eV) mit steigender Ionenmasse ab (Abb. 181); bei größerer Energie (10^4—10^5 eV) wurde dagegen in einer Arbeit [VII — 98] ein Anstieg von γ mit wachsendem m_p gefunden.

Es gibt auch nur wenige Mitteilungen über die Abhängigkeit des γ vom bombardierten Metall. Es ist aber unzweifelhaft, daß Alkalimetalle, die eine kleine Austrittsarbeit besitzen, eine bedeutend größere Sekundäremission ergeben, als andere Metalle [VII — 99]. Die Ergebnisse einiger Arbeiten kann man als Zusammenhang zwischen γ und der Flüchtigkeit des Metalls deuten: Je höher der Siedepunkt und die kritische Temperatur des Metalls liegt, um so niedriger liegt γ. So fand OLIPHANT [VII — 102], daß bei einem Bombardement mit K^+-Ionen $\gamma_{Pt} < \gamma_{Ni} < \gamma_{Al}$ ist; die Ergebnisse von PAWLOW und STARODUBZEW [VII — 70] stimmen mit dieser Behauptung jedoch nicht überein.

Eine Gas-Adsorptionsschicht am Metall vergrößert bedeutend die Sekundärelektronenausbeute. Deshalb setzt eine sorgfältige Entgasung des Metalls den beobachteten Wert von γ mehrfach herab. Auf den gleichen Effekt ist auch die von einigen Verfassern [VII — 80, 101] beobachtete Herabsetzung von γ bei Erwärmung des bombardierten Metalls auf 600—800° C zurückzuführen. In Wirklichkeit beeinflußt hier nicht die Temperatur unmittelbar die Größe γ, sondern die Säuberung der Oberfläche der untersuchten Scheibe vom Gasfilm ist ausschlaggebend. Erhöht man die Temperatur bis 1450° C, so steigt γ wieder schwach an [VII — 87].

Die kinetische Energie der Sekundärelektronen, die durch positive Ionen befreit werden, ist klein. Der größte Teil von ihnen besitzt eine Energie, welche nicht größer als 3—5 V ist; und auch die Maximalenergie ist nicht größer als einige Volt oder im äußersten Fall einige 10 Volt. Eine eingehende Untersuchung der Geschwindigkeitsverteilung der Sekundärelektronen, die von OLIPHANT durchgeführt wurde [VII — 102], zeigte, daß zwei Fälle zu unterscheiden sind: Das Losreißen durch langsame Ionen mit großer Ionisierungsenergie (beispielsweise He^+) und das Losreißen durch Ionen mit kleiner Ionisierungsenergie (durch Alkalimetallionen) aber mit großer kinetischer Energie. Im ersten Fall besitzt die Geschwindigkeitsverteilungskurve eine Reihe von Maxima. So beobachtet man im Fall des Losreißens von Elektronen durch He^+-Ionen aus Mo Maxima bei $U_{e2} = 2{,}5$ eV (Hauptmaximum) 6,8 eV, 17 eV und 20 eV (schwache Maxima). Im zweiten Fall wird eine monoton fallende Geschwindigkeitsverteilung beobachtet, die ungefähr dem MAXWELLschen Gesetz entspricht. Aus dieser Verteilung kann man eine effektive Temperatur der Sekundärelektronen T_{e2} entnehmen. Das auf diese Weise ermittelte T_{e2} unter Wirkung von K^+-Ionen mit einer Energie von 600 eV auf verschiedene Scheiben betrug bei Al $T_{e2} = 14500°$ K, bei Ni 34800° K, bei Pt 66700° K.

Bei $K_p = 8 \cdot 10^3$ eV erreicht K_{e2} bis 10 eV und bei $K_p = 3 \cdot 10^4$ eV bis 20 eV [VII—105].

Über die Winkelverteilung der Sekundärelektronen ist fast nichts bekannt. In einer Arbeit [VII—106] wurde der Abflug von Sekundärelektronen aus einer sehr dünnen Scheibe (20 mμ) in der Bewegungsrichtung der einfallenden Ionen untersucht. Die an Al, Cu und Au durchgeführten Versuche unter der Wirkung von H^+-Kanalstrahlen mit einer Energie von 23—53 kV, zeigten, daß die Ausbeute an Elektronen, die in dieser Richtung fliegen, auf ein Ion 1 : (10^8—10^9) ausmacht; die Geschwindigkeitsverteilung besitzt ein Maximum bei 10—40 V, was der Energieabgabe beim elastischen Stoß zwischen H^+ und einem Elektron entspricht. Die unbedeutende Elektronenausbeute zeigt, daß der Hauptanteil von der Seite der Scheibe emittiert wird, die dem einfallenden Bündel entgegengesetzt ist.

2. Die Analyse des Versuchsmaterials, das sich auf das Losreißen von Elektronen aus Metall durch positive Ionen bezieht, deutet auf das Vorhandensein von zwei verschiedenen Prozessen hin: a) das Herausziehen von Elektronen durch Ionen auf Kosten eines Teils ihrer gegenseitigen potentiellen Energie, die bei ihrer Rekombination in Neutralmoleküle frei gesetzt wird, das sogenannte *potentielle Herausziehen*; b) das Herausziehen von Elektronen durch Ionen auf Kosten der kinetischen Energie der Ionen, das sogenannte *kinetische Herausziehen.*

Damit das potentielle Herausziehen erfolgen kann, ist es notwendig, daß die Neutralisationsenergie des Ions (U_i) ausreichend ist, um das Elektron aus dem Metall zu befreien, d. h. W_i muß $\gg w_m$ sein. Wenn das Ion außerhalb des Metalls neutralisiert werden soll, so muß es aus dem Metall zwei Elektronen befreien und daher muß $U_i \gg 2w_m$ sein. Da bei der Mehrzahl der Metalle $w_m = 4$—5 V ist, so kann man auf Grund der Daten aus der Tabelle der Ionisationspotentiale der Elemente (Tab. 2, S. 479) schließen, daß die Ionen der Alkalimetalle, besonders K, Rb, Cs für ein potentielles Herausziehen von Elektronen aus den meisten Metallen nicht geeignet sind und nur ein kinetisches Herausziehen bewerkstelligen können. Bei anderen Ionen ist $U_i > w_m$ und sogar größer als $2w_m$, deshalb ist ein potentielles Herausziehen der Elektronen durch solche Ionen möglich. Das wird durch die in den Abb. 176, 177 und 178 gemachten Angaben bestätigt, wo, wie wir gesehen haben, bei Alkaliionen bei $K_p \to 0$ auch $\gamma \to 0$ geht, während γ bei Hg- und Edelgas-Ionen sogar bei $K_p \to 0$ ungleich Null ist.

Qualitativ besteht die Erscheinung in folgendem [VII—66]. Das positive Ion, das sich dem Metall nähert, kann schon in einem Abstand von einigen Å von diesem neutralisiert werden und das Metall als angeregtes Atom mit der Energie $\cong U_i - w_m$ erreichen (s. § 43). Es ist wenig wahrscheinlich, daß dieses Atom während seines Fluges bis zur Metalloberfläche, der bei einer Geschwindigkeit $c \cong 10^5$ cm/sec insgesamt 10^{-12} sec dauert, die Energie als Quant emittieren kann. Sehr wahrscheinlich ist es jedoch, daß das Atom in der Elektronenatmosphäre an der Metalloberfläche einen Stoß zweiter Art mit einem der Metallelektronen erleidet. War dessen Energie bis zum Stoß gleich K und ist sie nach dem Stoß $K' = K + U_i - w_m$ geworden, so kann es aus dem Metall herausfliegen unter der Bedingung, daß $K' > W_m$ ist oder $K + U_i - w_m \geqslant \zeta + w_m$ ist. Die Energie, mit der das Elektron aus dem Metall fliegen wird, ist

$$K_2 = K' - W_m = K + U_i - \zeta - 2w_m. \tag{44,1}$$

Die Wahrscheinlichkeit dafür, daß das Metallelektron einen Stoß zweiter Art erfährt, ist bei den langsamsten Elektronen ($K \cong 0$) besonders groß; für sie ist $K_2 \cong U_i - \zeta - 2w_m$. Die größte Zahl der Elektronen im Metall besitzt jedoch eine Energie $K = \zeta$. Diese werden nach dem Austritt die Energie $K_2 = U_i - 2w_m$ besitzen. Deshalb müssen unter den Sekundärelektronen mehr solche sein, die eine Anfangsenergie $K = 0$ und $K = \zeta$ besaßen, als Elektronen mit anderen Anfangsenergien. Es ist auch der Fall möglich, daß die Ionen auf dem Wege zur Metalloberfläche nicht neutralisiert werden und in die Elektronenatmosphäre des Metalls als Ion eintreten. In diesem Fall wird zum Herausziehen des ersten Elektrons keine Energie verbraucht und deshalb wird das Sekundärelektron die Energie

$$K_z = K + U_i - \zeta - w_m \tag{44,2}$$

besitzen.

Die größte Zahl ähnlicher Stöße werden wir, wie auch oben, bei den Elektronen mit der Anfangsenergie $K = 0$ und $K = \zeta$ finden (d. h. $K_2 = U_i - \zeta - w_m$ und $K_2 = U_i - w_m$). Somit kann die resultierende Geschwindigkeitsverteilungsfunktion der Sekundärelektronen vier Maxima besitzen: bei $K_2 = U_i - \zeta - 2w_m$; $(U_i - \zeta - w_m)$; $(U_i - 2w_m)$; und $(U_i - w_m)$. Diese Folgerung befindet sich nicht nur qualitativ, sondern auch quantitativ in voller Übereinstimmung mit den Ergebnissen der oben zitierten Experimente von OLIPHANT [VII — 102]. Die quantitative Theorie des potentiellen Herausziehens ist in einer Reihe von Arbeiten behandelt worden [VII — 65, 66, 88].

Nicht so eindeutig ist die Theorie des kinetischen Herausziehens. Am weitesten bekannt ist die Theorie von KAPIZA [VII — 85], nach der das schnell fliegende Ion, wenn es an das Metallgitter stößt, an dessen Oberfläche einen mikroskopischen Herd hervorruft (mit einem Durchmesser der Größenordnung 10^{-7} cm), der auf eine sehr hohe Temperatur kommt. Infolge der Wärmeleitfähigkeit wird solch ein Herd schnell abkühlen (während 10^{-11}—10^{-12} sec); doch für die Dauer dieser kurzen Zeit ist er das Zentrum einer Thermoelektronenemission. Somit läuft das kinetische Herausziehen von Elektronen durch positive Ionen auf die Thermoelektronenemission mikroskopischer Metallbereiche, die durch Ionenstöße erwärmt wurden, hinaus. Nach dieser Theorie muß γ mit der kinetischen Energie des Ions und der Emissionsfähigkeit des Metalls wachsen und mit steigender Wärmekapazität und Wärmeleitfähigkeit des Metalls abnehmen; die Sekundärelektronen müssen eine MAXWELLsche Geschwindigkeitsverteilung und eine Temperatur von ca. einigen zehntausend Grad besitzen. Der Haupteinwand gegen diese Theorie besteht darin, daß das Ion bei dem Stoß seine kinetische Energie an das Metallgitter abgibt und nur von ihm können die Elektronen die Energie erhalten, die sie zum Wegfliegen benötigen. Der Wärmeaustausch zwischen Gitter und Elektronen erfolgt jedoch langsam, da die freie Weglänge des Elektrons im Metall sehr groß ist (10^{-6}—10^{-5} cm), und bei jedem Stoß an das Gitter, gibt dieses an das Elektron ein „Phonon" ab (der Energie $h\nu$, wo ν die Schwingungsfrequenz des Gitters ist, d. h. $\cong 10^{-2}$ eV). In den räumlich ($d \cong 10^{-7}$ cm) und zeitlich ($\tau \cong 10^{-11}$ sec) sehr eng lokalisierten Erwärmungsgebieten können die Elektronen nicht schnell genug vom Gitter eine Energie, die für den Flug aus dem Metall genügt, entnehmen. Die unbedeutenden quantitativen Präzisierungen dieser Theorie [VII — 84, 109] beseitigen die gezeigten Schwierigkeiten nicht.

MORGULIS betrachtete [VII — 86] eine Variante der Theorie von KAPIZA, die jedes lokale Erwärmungsgebiet als eine „Pfütze“ von flüssigem Metall darstellt, in der die Ordnung der Metallatome gestört ist. Daher kommen öfter Zusammenstöße mit den Elektronen vor. Auch in dieser Variante fand MORGULIS aber die obengenannte Schwierigkeit der Theorie von KAPIZA nicht gelöst. Er wies deshalb die von ihm vorgeschlagene Variante der Theorie zurück. SOMMERMEYER [VII — 107] lenkte die Aufmerksamkeit auf die hohe Temperatur, bis zu der sich die lokalen Erwärmungsgebiete erhitzen müßten. Sie soll bis 10^4 °K erreichen und höher liegen als die kritische Temperatur des Metalls; deshalb schlug er vor, ein jedes derartiges Gebiet als Gaswölkchen zu betrachten. Gemäß dieser Theorie erfolgt die kinetische Emission der Sekundärelektronen im wesentlichen nach der Umwandlung des vorgegebenen Metallbereichs in Gas. Von diesem Standpunkt aus muß die kritische Metalltemperatur T_K die entscheidende Rolle spielen; je höher T_K ist, desto niedriger muß γ sein, aber desto höher muß auch die Temperatur im Sekundärelektronenstrom sein. Die oben angeführten Ergebnisse von OLIPHANT, die sich auf Pt, Ni und Al beziehen, bei welchen, wie bekannt, $(T_K)_{Pt} > (T_K)_{Ni} > (T_K)_{Al}$, $\gamma_{Pt} < \gamma_{Ni} < \gamma_{Al}$ und $(T_{e2})_{Pt} > (T_{e2})_{Ni} > (T_{e2})_{Al}$ ist, befinden sich in Übereinstimmung mit dieser Behauptung.

Von den Theorien, die sich von den Theorien der lokalen Erhitzung grundlegend unterscheiden, ist die Theorie von MORGULIS und GURTOWOI [VII — 83] zu erwähnen, nach der das kinetische Ausziehen von Elektronen das Ergebnis der Ionisation der obersten Atomschicht der Scheibe durch Ionenstöße ist, sowie die Theorie von FRENKEL [VII — 110], die den beobachteten Vorgang als Ergebnis eines „Abschüttelns“ von Elektronen, durch die zusammenstoßenden Atomsysteme, darunter auch des anfliegenden Ions, ansieht. Beiden Theorien widerspricht das von PAWLOW und STARODUBZEW beobachtete Nichtauftreten einer Elektronenemission beim Ionenbombardement eines Ionenleiters (NaCl). Denn nach diesen beiden Theorien muß das kinetische Herausziehen von Elektronen durch Ionenstöße an einem beliebigen Körper stattfinden; diese Beobachtung wurde bisher jedoch nicht bestätigt. Andererseits erklärt die Theorie von MORGULIS ganz natürlich die Existenz des Maximums der Funktion $\gamma = F(K_p)$ bei leichten Ionen, die Proportionalität zwischen $(K_p)_{max}$ und der Ionenmasse und die durch mehrere Autoren beobachtete Abnahme von γ mit wachsendem m_p (s. S. 251). Diese Tatsachen entsprechen voll und ganz den beobachteten Gesetzmäßigkeiten der Ionisation von Atomen durch Ionenstoß (§ 29), und insbesondere dem, daß die Wahrscheinlichkeit einer solchen Ionisation von der Ionengeschwindigkeit c_p linear abhängt und ein Maximum bei ungefähr denselben Geschwindigkeiten durchläuft wie γ. Für die Theorie der lokalen Erhitzung ist die Erklärung dieser Tatsachen hingegen schwierig.

Somit gibt es bisher (1951) keine allgemein anerkannte Theorie des kinetischen Herausziehens von Elektronen durch positive Ionen. Den größten Teil der hierher gehörenden Tatsachen erklärt die Theorie der Ionisation der atomaren Oberflächenschicht [VII — 83]. Es ist jedoch nicht ausgeschlossen, daß wir es in Wirklichkeit bei diesen Vorgängen mit einer Überlagerung beider Prozesse, der Oberflächenionisation und der lokalen Thermoelektronenemission zu tun haben.

3. Die interessante Frage nach dem Einfluß des elektrischen Feldes auf das Herausziehen von Elektronen durch positive Ionen ist vorerst nur gestellt, jedoch nicht gelöst worden. In einer unlängst erschienenen Arbeit [VII — 111]

wird gezeigt, auf welche Art das elektrische Feld das potentielle Herausziehen zu verstärken vermag. Der Potentialwall an der Metalloberfläche erhält, wenn ein äußeres elektrisches Zugfeld vorhanden ist, das die Form eines spitzen Winkels hat, in Gegenwart des positiven Ions noch eine Vertiefung (Abb. 182). Bei Abwesenheit eines äußeren Feldes läuft das potentielle Herausziehen auf einen Stoß zweiter Art zwischen dem angeregten Atom und dem Metallelektron hinaus. Bei Anwesenheit eines äußeren Feldes tritt noch die Möglichkeit eines „Tunnelaustritts" aus dem Metall in das Vakuum auf und zwar für die Elektronen, deren Energieniveau zwischen OO' (kritisches Niveau ζ) und PQ (Abb. 182) liegt. Hierbei kann die vom Elektron zu überwindende Schwellenbreite herabgesetzt werden (beispielsweise bis zur Breite LM, anstatt LN) und daher kann die Emissionswahrscheinlichkeit, im Vergleich zur Feldemission in einem gleichartigen Feld beim Fehlen von Ionen, ansteigen. Eine quantitative Berechnung ist für den Fall $W_m = 10\,\text{eV}$, $w_m = 4{,}2\,\text{eV}$, $E_{\text{äuß.}} = 2{,}5 \cdot 10^7 \frac{\text{V}}{\text{cm}}$ durchgeführt worden. Im Ergebnis der Berechnung zeigte sich, daß Ionen, die sich mit der Geschwindigkeit $c = 10^6$ cm/sec bewegen und sich auf den Abstand 6 Å nähern, um sich dann von neuem zu entfernen, im Mittel 1,2 Elektronen befreien müssen. Mit größer werdender Anfangsgeschwindigkeit des Ions verkürzt sich die Zeit seines Aufenthalts in der Nähe des Metalls und deshalb muß der von ihm hervorgerufene Tunnelaustritt der Elektronen in das Vakuum im Gegensatz zur kinetischen Elektronenemission abnehmen. Diese Schlußfolgerungen harren der experimentellen Überprüfung.

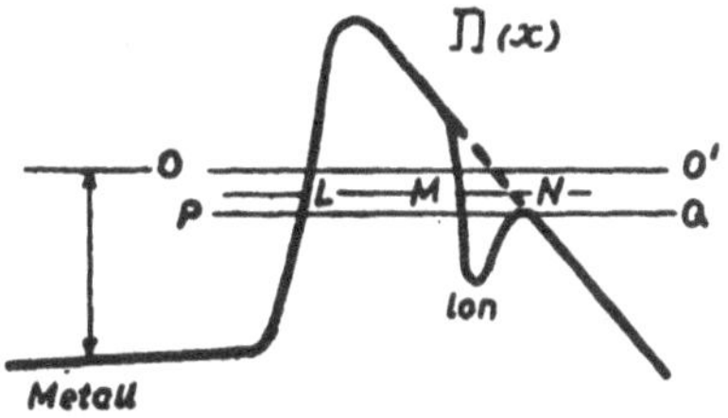

Abb. 182. Potentialschwelle an einer Metalloberfläche in einem elektrischen Feld bei Gegenwart eines positiven Ions in der Nähe der Oberfläche

4. Die Bildung von negativen Ionen an der Metalloberfläche. Die Entstehung eines negativen Ions im Gas an der Grenze Gas—Metall erfolgt durch Herausziehen eines Elektrons aus dem Metall durch ein Molekül oder Ion des Gases. Damit ein Elektron aus dem Metall austritt, ist die Investition der Arbeit φ erforderlich; diese Arbeit kann entweder auf Kosten der Anfangsenergie des Moleküls gehen oder auf Kosten der Energie $e_0 U_A$, die bei der Bildung des negativen Ions frei wird. Daher kann man sich folgende Fälle der Bildung eines negativen Ions an der Metalloberfläche vorstellen:

a) beim Stoß eines normalen Moleküls mit großer kinetischer Energie; dazu ist notwendig, daß

$$U_A + \frac{mc^2}{2e_0} \geqslant \varphi \tag{44,3}$$

ist;

b) beim Stoß eines angeregten Moleküls; ist dessen Anregungspotential U_a, so ist notwendig, daß

$$U_A + U_a + \frac{mc^2}{2e_0} \geqslant \varphi \tag{44,4}$$

ist;

c) bei dem Stoß eines positiven Ions; in diesem Fall müssen aus dem Metall zwei Elektronen herausgezogen und durch das Ion eingefangen werden. Diesen Prozeß kann man sich in zwei Stufen ablaufend vorstellen. Zu Anfang zieht das Ion aus dem Metall ein Elektron heraus und bildet mit ihm ein angeregtes Molekül. Dazu ist notwendig, daß $U_i - U_a + \frac{mc^2}{2e_0} \geqslant \varphi$ ist; dann geht der vorherige Fall vor sich, das Herausziehen und das Einfangen des zweiten Elektrons durch das angeregte Molekül. Das erfordert, daß die Bedingung (44,4) erfüllt wird. Addiert man diese zwei Ungleichungen[1]), so findet man

$$U_i + U_A + \frac{mc^2}{2e_0} \geqslant 2\varphi \tag{44,5}$$

als Bedingung für die Umwandlung eines positiven in ein negatives Ion an der Metalloberfläche.

Für die meisten Metalle ist $\varphi \cong 4{,}5$ eV; die Arbeit des Elektroneneinfangs ist, wie wir gesehen haben, nur bei den Halogenen größer als 3 eV (bei anderen Gasen ist sie noch kleiner). Deshalb kann der erste Fall (das Herausziehen eines Elektrons durch ein normales Molekül) nur bei einer großen kinetischen Energie von mindestens einigen eV des Moleküls auftreten; diejenigen Moleküle, die sich mit den normalen thermischen Geschwindigkeiten bewegen (10^{-2}—10^{-1} eV), werden diese Wirkung nicht hervorrufen. Dagegen besitzen die angeregten Moleküle bei beliebiger Bewegungsgeschwindigkeit eine dafür ausreichende Energie. Das gleiche gilt auch für die positiven Ionen, bei denen in den meisten Fällen $U_i > 10$ V ist und die Bedingung (44,5) infolgedessen sogar bei $c = 0$ als erfüllt angesehen werden kann.

Der letzte Fall (die Umwandlung eines positiven in ein negatives Ion durch Herausziehen zweier Elektronen aus dem Metall) wurde experimentell untersucht [VI—31, 32, 33, 34]. Es wurde gefunden, daß sich Hg^+-Ionen, wenn sie auf die Oberfläche einer Nickel- oder Wolframelektrode stoßen, gleichgültig ob diese glühend oder kalt ist, teilweise in negative Ionen umwandeln [VI—31]. Die Wahrscheinlichkeit für diesen Prozeß steigt mit wachsender kinetischer Energie der Ionen; so beträgt sie an der Oberfläche von Nickel bei $K = 10$ eV nur $1{,}7 \cdot 10^{-5}$ bei $K = 180$ eV erreicht sie $6{,}4 \cdot 10^{-4}$. Ähnliche Erscheinungen sind auch in anderen Gasen gefunden worden. In Wasserstoff entstehen an der Nickeloberfläche H^--Ionen, in Sauerstoff O^- und O_2^-, in Kohlensäure CO_2^-, CO^-, O_2^-, O^- und Spuren von C^--Ionen; in reinem Stickstoff entstehen keine negativen Ionen. In einigen Fällen ist die Umladung von einer Dissoziation des Molekülions begleitet. Die Wahrscheinlichkeit für diese Prozesse kann man nach der folgenden Tabelle beurteilen, auf der die Ausbeute der verschiedenen negativen Ionen pro positives Ion bei $K = 180$ eV angeführt ist.

Theorie dieses Prozesses siehe [VI—35].

§ 45. Einiges über den Photoeffekt an den Elektroden

Die Photoelektronenemission, ein besonders wichtiger, der modernen Elektronik zugrunde liegender Prozeß, ist in einer sehr großen Anzahl von Arbeiten untersucht worden, und zwar sowohl experimentell als auch theoretisch, beginnend mit

[1]) Die kinetische Energie des Ions, das auf das Metall gestoßen ist, braucht nur einmal berücksichtigt zu werden.

Pos. Ausgangs-Ion	Hg^+	H_2^+	O_2^+	O_2^+	CO_2^+	CO_2^+	CO_2^+(75%) + CO^+(25%)		
Entstehen des neg. Ion	Hg^-	H^-	O^-	O^-_2	CO^-_2	O^-_2	CO^-	O^-	C^-
Ausbeute pro pos. Ion bei $K = 180$ eV	$6{,}4 \cdot 10^{-4}$	$0{,}10 \cdot 10^{-4}$	$1{,}1 \cdot 10^{-4}$	$0{,}42 \cdot 10^{-4}$	$2{,}31 \cdot 10^{-4}$	$2{,}51 \cdot 10^{-4}$	$10{,}8 \cdot 10^{-4}$	$3{,}37 \cdot 10^{-4}$	$0{,}1 \cdot 10^{-4}$

den klassischen Arbeiten von A. G. STOLETOW [VII—125] und W. HALLWACHS. Eine Übersicht findet man, außer in den allgemeinen Handbüchern der Elektronik [0—1,2] in einer ganzen Reihe von Spezialmonographien [VII—126, 127, 128, 129].

Der ungeheure praktische Wert der Photoelektronenemission rief ein besonderes Interesse für die Stoffe mit hoher photoelektrischer Empfindlichkeit hervor, für die Alkalimetalle und zusammengesetzte Systeme, welche diese Metalle enthalten. Beim selbständigen Strom im Gas werden selten Elektroden aus diesen Stoffen angewendet; als Hauptstoffe für Elektroden dienen schwere schmelzbare Metalle (Fe, Mo, W, Ni u. a., sowie Quecksilber, Graphit und Erdalkali-Oxyde). Die Photoelektronenemission dieser Stoffe ist weniger untersucht worden, jedoch ist sie in jedem Fall bedeutend schwächer als bei den Alkalimetallen. Infolge der hohen Austrittsarbeit der Elektronen bei den meisten Metallen ($w_m > 4$ eV) sind diese gegenüber Photonen mit einer Energie unterhalb 4 eV, d. h. gegenüber Strahlung einer Wellenlänge von mehr als $\lambda \cong 3000$ Å unempfindlich. Sogar bei der Wirkung von Ultraviolettstrahlung mit $3000\,\text{Å} > \lambda > 2000$ Å ist die Photoelektronenausbeute η pro Quant Strahlungsenergie (Quantenausbeute) bei Nichtalkalimetallen unbedeutend. Als Beispiel können die Kurven der Quantenausbeute von Pt, Au, Ag (Abb. 183) dienen, die nach den Angaben von SUHRMANN berechnet wurden. Bei diesen Metallen beträgt die Quantenausbeute bei Wellenlängen zwischen 2000 und 2500 Å ca. 10^{-4}; bei der Wirkung

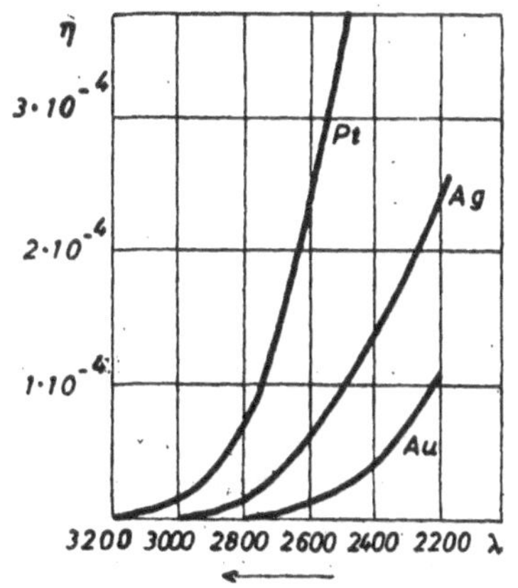

Abb. 183. Spektralverteilung der Quantenausbeute beim Photoeffekt aus *Pt*, *Ag*, *Au* [VII—128]

kürzerer Wellen muß sie jedoch steigen. Tatsächlich fand KENTY [VII—130] folgende Photoelektronenausbeute (pro 1 auf die Metalloberfläche auffallendes Quant):

λ (Å) \ Metall	1060	740	584
Mg	0,25%	0,14%	0,6%
Ni	0,6	1,6	4,4
W	0,7	2	5

Vergleicht man diese Angaben mit den oben angeführten (§ 44) Daten über das potentielle Herausziehen von Elektronen durch positive Ionen und mit den sehr spärlichen Angaben über die Emission unter der Wirkung von Metastabilen (§ 46), so können wir schließen, daß die Photoelektronenemission beim selbständigen Strom im verdünnten Gas eine zweitrangige Rolle im Vergleich zu den anderen Emissionsarten spielt. Eine Ausnahme können Fälle des Stroms bilden, bei denen eine sehr kurzwellige ultraviolette Strahlung von bedeutender Dichte auftritt, beispielsweise die Resonanzstrahlung von He und Ne.

§ 46. Die metastabilen Atome an der Oberfläche fester Körper

In der Theorie des elektrischen Stroms und der optischen Erscheinungen in Gasen wird angenommen, daß die metastabilen Atome, nachdem sie die Elektrode oder die Wand der Entladungsstrecke berührt haben, „gelöscht werden", d. h. ihre Anregungsenergie verlieren und in den Grundzustand übergehen. Es wurden zwei damit verbundene Fragen untersucht: 1. Wie erfolgt das „Auslöschen" der metastabilen Zustände der Atome an den Wänden und 2. welcher Bruchteil der metastabilen Atome, die an die Elektrode oder an die Wand stoßen, wird tatsächlich „ausgelöscht", d. h. geht in den Grundzustand über.

Die Vernichtung metastabiler Atome erfolgt allgemein entweder durch Stöße erster Art, die diese Atome in ein höheres Energieniveau überführen. aus dem der Übergang in den Grundzustand mit Strahlung möglich ist, oder durch Stöße zweiter Art, d. h. Übergabe der Anregungsenergie an ein drittes Teilchen. An den Wänden findet vor allem der zweite Fall statt. Die Rolle des dritten Teilchens kann man formell einfach der Wand zuschreiben, indem man annimmt, daß sie die Anregungsenergie des metastabilen Moleküls aufnimmt (ohne den weiteren Umwandlungen dieser Energie nachzugehen). Dem Wesen nach sind jedoch folgende Fälle der Übergabe der Energie zu unterscheiden: a) An ein Atom oder Ion der Wand in Form kinetischer Energie, die dann auf andere Atome übergeht (lokale Erwärmung); b) an ein freies Elektron der Wand, wenn die Wand ein Elektronenleiter ist, wobei das Elektron auf Kosten dieser Energie aus dem Leiter in das Gas einfliegt; c) an ein an der Wand adsorbiertes Gasmolekül, wobei das übergehende Energiequant je nach den Umständen eine Desorption, Anregung, Dissoziation oder Ionisation des adsorbierten Moleküls hervorrufen kann. (Bei einer Reihe anderer möglicher Fälle verweilen wir nicht.)

Von den aufgezählten Erscheinungen wurde nur das Herausziehen von Elektronen aus einem Metall durch metastabile Atome (Fall b) eingehend in einer ganzen Reihe von Arbeiten [VII—112—125] untersucht. Die Methodik zur Beobachtung dieses Effekts wurde in weiten Grenzen geändert. Auf das Metall gerichtete metastabile Atome erzeugte man: durch kontrollierte Elektronenanregung der Gasatome [VII—115, 121]; durch optische Anregung des Gases von der Strahlung eines Stroms in einem abgelegenen Teil des Gefäßes [VII—118, 119, 120] oder von einer speziellen äußeren Quelle [VII—122]; durch die unkontrollierbare Anregung des Gases beim selbständigen Strom [VII—117, 120]; durch Neutralisation und Reflexion von Ionen, die auf eine speziell eingeführte Metallelektrode fallen [VII—116]. Bei den meisten derartigen Versuchen gelangten die metastabilen Atome auf das untersuchte Metall durch Diffusion im Gas, d. h. durch die Wärmebewegung; in einer Arbeit von OLIPHANT [VII—116] wurde ein gerichteter Ionenstrahl angewendet. Das Herausziehen der Elektronen wurde entweder aus dem Strom zu einer speziellen Auffangelektrode (einen Kollektor) in Form eines Gitters [VII—115, 117, 121, 122], oder eines FARADAYzylinders [VII—116] gefolgert, oder aus der Form der Strom-Spannungscharakteristik der bombardierten Elektrode, die als Sonde im Entladungsrohr benutzt wurde [VII—117, 119, 120]. Die Hauptschwierigkeit dieser Untersuchungen besteht in der genauen Ermittlung der Ursachen der Elektronenemission durch die gegebene Elektrode. Die Sekundäremission durch die auf das Metall treffenden Elektronen oder Ionen kann man ausschließen durch Errichtung äußerer elektrischer Schranken, die verhindern, daß geladene Teilchen das Metall erreichen (diese Maßnahme wurde in einem Teil der oben angeführten Arbeiten angewendet). Es bleibt jedoch immer noch die Frage: Wie unterscheidet man die Emission unter der Wirkung von Metastabilen vom Photostrom, der hervorgerufen wird durch die Photonen, die auf das Metall aus den gleichen Gasgebieten gelangen können, in denen die auf das Metall wirkenden metastabilen Atome entstehen und die auch gegenüber den elektrischen Schranken unempfindlich sind? Die ersten Forscher bemühten sich, beide Wirkungen zu trennen, indem sie zwischen der Quelle (dem angeregten Gas und dem geprüften Metall) Quarz- oder Fluoritplatten einführten, die für ultraviolette Strahlen durchlässig sind, nicht aber für metastabile Atome. Die hierbei beobachtete Differenz der Sekundäremission wurde als Beweis dafür angesehen, daß sie von metastabilen Atomen herrührt. Für die Resonanzstrahlung von Helium und Neon, in denen ähnliche Versuche durchgeführt wurden, sind Quarz und Fluorit jedoch undurchlässig[1]), und die

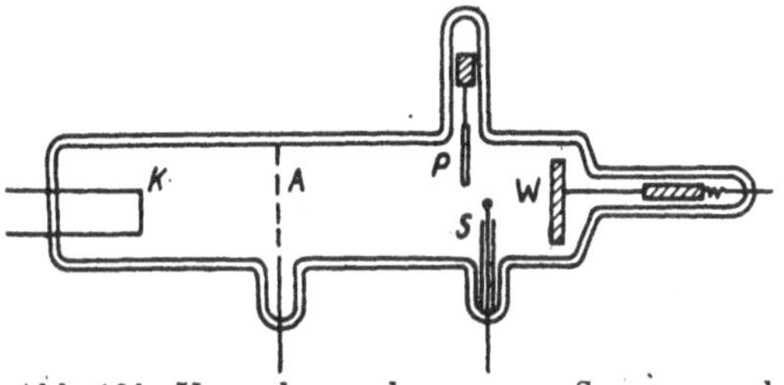

Abb. 184. Versuchsanordnung von SPIWAK und REICHRUDEL zur Untersuchung des Herausziehens von Elektronen aus einer Sonde durch metastabile Atome [VII—120]

[1]) Kristalliner Quarz ist bis $\lambda = 1700$ Å, geschmolzener bis 2100 Å, Fluorit bis 1200 Å durchlässig, während die Resonanzstrahlung von He und Ne eine Wellenlänge < 800 Å besitzt.

Trennung des Photostroms und der Wirkung der Metastabilen ist mit ihrer Hilfe nicht möglich.

Einige Forscher, wie beispielsweise KENTY [VII—119], zogen die Existenz einer merklichen Emission unter der Wirkung von Metastabilen gänzlich in Zweifel und sehen die Emission als Photostrom an. Heute ist die Realität einer durch Metastabile hervorgerufenen Elektronenemission jedoch als bewiesen anzusehen. SPIWAK und REICHRUDEL [VII—120] haben bei der Untersuchung des Elektronenstroms in Neon und Helium von einer weit hinter der Anode angebrachten Sonde (Abb. 184) gezeigt, daß dieser Strom sich nicht nur bei Einführung einer Glas- und Quarzwand P zwischen Anode A und Sonde S vermindert, sondern auch bei Annäherung der Wand W an die Sonde von der der Entladung entgegengesetzten Seite. Diese Tatsache ist schwer aus einer Wirkung der Strahlung der Entladung zu erklären, sie folgt jedoch unmittelbar aus der Hypothese von der Wirkung der Metastabilen, deren Konzentration in der Nähe einer festen Wand sinkt. Eine ähnliche Wirkung (Verminderung der Elektronenemission von der Sonde) hat es, wenn man ein schmales Strahlenbündel in der Nähe der Sondenoberfläche von einer fremden Lampe indiziert, die mit dem gleichen Gas gefüllt ist. Das erklärt sich ebenfalls ganz natürlich aus der Verminderung der Konzentration der Metastabilen, weil sie Quanten entsprechender Frequenzen absorbieren und auf höhere Energieniveaus übergehen, um dann unter Strahlung auf das Grundniveau überzugehen.

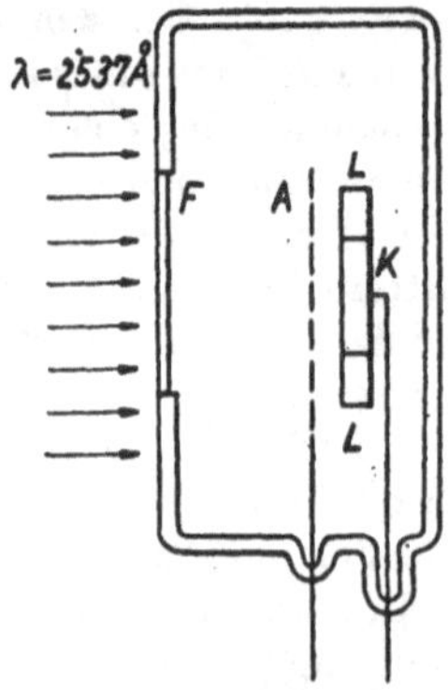

Abb. 185. Versuchsschema zum Studium der Elektronenemission in optisch angeregten Hg-Dämpfen [VII—122]

GUREWITSCH [VII—122] regte die metastabilen Zustände von Atomen in Quecksilberdampf an, indem er ihn durch ein Quarzfenster F eines Gefäßes (Abb. 185) mit der Resonanzstrahlung $\lambda = 2537$ Å beleuchtete und auf die Elektronenemission von einer Tantalkathode, die in dieses Gefäß gebracht war, achtete, sowie auf die Lumineszenz eines die Kathode umgebenden Willemitschirms L. Bei Erhöhung der Hg-Dampfdichte wächst die Absorption der Resonanzlinie 2537 Å durch den Dampf stark an, dementsprechend sinkt die von ihr hervorgerufene Lumineszenz des Schirms L (Abb. 186). Die Elektronenemission von der Kathode K sank jedoch nicht, sondern sie stieg vielmehr und erreichte ein Maximum bei einer Hg-Dampfdichte, die 120° C entsprach. Diese Tatsache zeigt, daß die Elektronenemission von einer Tantalkathode kein Photostrom ist; man kann den Strom als Wirkung von Hg-Metastabilen im Zustand 6^3P_0 und 6^3P_2 deuten, die sich im Quecksilberdampf durch folgende Prozesse bilden

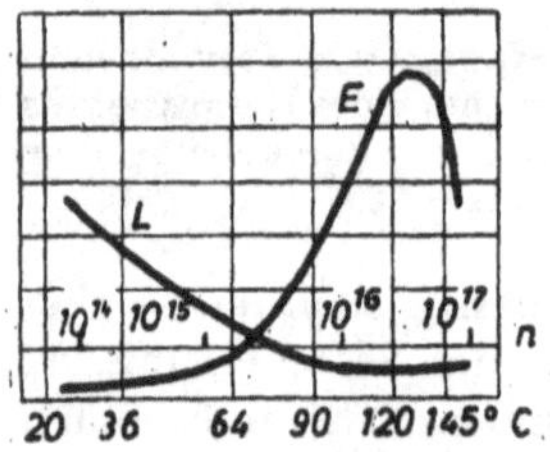

Abb. 186. Temperaturabhängigkeit der Lumineszenz (L) und der Elektronenemission (E) in optisch angeregten Quecksilberdämpfen [VII—122]

$$\mathrm{Hg} + h\nu \rightarrow \mathrm{Hg}'\ (6^3P_1),$$

$$\mathrm{Hg}'\ (6^3P_1) + \mathrm{Hg}'\ (6^3P_1) \rightarrow \mathrm{Hg}'\ (6^3P_2) + \mathrm{Hg}'\ (6^3P_0).$$

Der zweite Prozeß geht beim Zusammenstoß zweier

angeregter Atome vor sich; deshalb wächst seine Wahrscheinlichkeit mit der Konzentration, d. h. mit steigender Dampfdichte. Daraus erklärt sich auch das Ansteigen des „Meta"-Elektronenstroms in den Versuchen von GUREWITSCH bei einem Temperaturanstieg bis 120° C; das darauf folgende schnelle Absinken des „Meta"-Stroms hängt wahrscheinlich mit der Erschwerung der Diffusion der Metastabilen vom Ort ihres Auftauchens (am Fenster F) zur Kathode K zusammen.

Der Austritt des Elektrons aus dem Metall unter der Wirkung metastabiler Atome wird theoretisch als Doppelprozeß angesehen: 1. Als Übergang des Elektrons aus dem Metall auf das Grundniveau des Atoms, wobei die Energie $U_i - (W_m - K_1)$ frei wird, wo U_i die Ionisationsenergie des Atoms, W_m die Potentialschwelle des Metalls und K_1 die Anfangsenergie des Elektrons im Metall ist; 2. als Übergang des Elektrons vom metastabilen Niveau U_a in das Unendliche, wofür die Energie $U_i - U_a$ verbraucht wird. Die Differenz dieser Größen $U_i - (W_m - K_1) - (U_i - U_a) = U_a - W_m + K_1$ wird in kinetische Energie K_2 des abfliegenden Elektrons umgewandelt:

$$K_2 = U_a - (W_m - K_1). \tag{46,1}$$

Die größte kinetische Energie erwerben die Sekundärelektronen bei $K_1 = \zeta$. In diesem Fall beträgt die Differenz

$$W_m - K_1 = W_m - \zeta = w_m,$$

d. h. sie ist gleich der effektiven Austrittsarbeit aus dem Metall; die maximale kinetische Energie beträgt

$$(K_2)_{\max} = U_a - w_m. \tag{46,2}$$

Den kleinsten Wert nimmt K_2 bei $K_1 = 0$ an:

$$(K_2)_{\min} = U_a - W_m. \tag{46,3}$$

Von dieser Vorstellung ausgehend, berechneten COBAS und LAMB [VII—66] wellenmechanisch die Wahrscheinlichkeit für das Herausziehen von Elektronen durch metastabile He (2^3S_1)-Atome. GUREWITSCH und JAWORSKI [VII—123] taten das gleiche für metastabile Hg (6^3P_0)-Atome. Die Berechnungsmethode ist ähnlich der Berechnung der Wahrscheinlichkeit der Ionenneutralisation an einer Metalloberfläche (§ 43). Die Wahrscheinlichkeit für das Herausziehen von Elektronen durch ein ruhendes metastabiles Atom kann näherungsweise durch die Formel $\lambda(r) \cong Ae^{-\alpha r}$ ausgedrückt werden, wo im Falle von He'—Mo [VII—66] $A = 9{,}6 \cdot 10^{16}$ und $\alpha = 7{,}3 \cdot 10^8\,\mathrm{cm}^{-1}$ gefunden wurde und im Fall Hg'—Ta [VII—122] $A = 1{,}43 \cdot 10^9$ und $\alpha = 3{,}3 \cdot 10^8\,\mathrm{cm}^{-1}$.[1]) Das Herausziehen von Elektronen durch Metastabile ist bei bedeutend kleineren Entfernungen wahrscheinlich, als das Herausziehen durch Ionen. Die Wahrscheinlichkeit für das Herausziehen eines Elektrons durch ein bewegtes metastabiles Atom im Abstand r bis $r + dr$, die wir mit $P(r, v_0)\,dr$ bezeichnen wollen, berechnet man aus der bereits gefundenen Funktion $\lambda(r)$ und der Geschwindigkeit des Atoms v_0 durch

---

[1]) Der Unterschied von sieben Größenordnungen im Koeffizienten A beim Exponentialglied, der von verschiedenen Verfassern gefunden wurde [VII—66, 123] ruft Zweifel hervor.

Lösung der Gleichung (43,3). Approximiert man λ durch den Ausdruck Ae^{-ar}, so gilt:

$$P(r, v_0) = \frac{A}{v_0} \exp\left[-\alpha r - \frac{A}{v_0} e^{-ar}\right].$$

Die Kurve $P(r)$ für den Fall des Stoßes von Hg' auf eine Ta-Oberfläche bei $v_0 = 1{,}94 \cdot 10^4$ cm/sec ist in Abb. 187 angeführt.

Man kann das Integral $\int_0^\infty P(r)\,dr$ berechnen, für das GUREWITSCH und JAWORSKI im Fall Hg'—Ta gleich 0,54 fanden, und als die Gesamtwahrscheinlichkeit für das Herausziehen eines Elektrons durch ein metastabiles Atom interpretierten. Hierbei ist jedoch die Möglichkeit des Herausziehens von Elektronen durch die restlichen 46% metastabiler Atome auf dem Rückwege, nach ihrer Reflexion vom Metall, nicht erfaßt. Die Berücksichtigung dieses Umstandes kann die angeführte Zahl erhöhen.

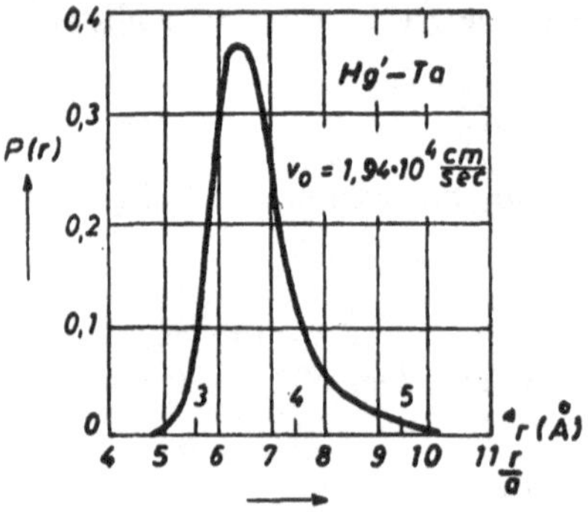

Abb. 187. $P(r)$ beim Stoß von Hg (6^3P_0)-Metastabilen an eine Tantaloberfläche [VII—123]

Der Abstand, bei dem ein metastabiles Atom ein Elektron aus dem Metall befreit, beträgt im Mittel für He'—Mo bei $v_0 = 1 \cdot 10^5$ cm/sec 1,05 Å; er verkleinert sich mit steigender Anfangsgeschwindigkeit des Atoms. Experimentelle Angaben über die Wahrscheinlichkeit für das Herausziehen von Elektronen durch Metastabile, die wenigstens eine grobe quantitative Schätzung zulassen, sind nur in zwei Arbeiten zu finden. Bei der Anregung von Quecksilberdampf durch Elektronenstoß und Untersuchung der hierdurch hervorgerufenen Elektronenemission von einer entfernten Wolframscheibe fand SONKIN [VII—121], daß diese Emission nach der Entgasung des Metalls 20—30mal stärker ist und einen gewissen Normalwert annimmt, der bei jeder Erwärmung des Metalls leicht wieder zu erhalten ist. Daß sich die normale Empfindlichkeit wieder einstellt, kann man dadurch aufhalten, daß man den Hg-Dampf im Gerät ausfriert. Da, wenn man das Gerät wieder mit Hg-Dampf füllt, die normale Empfindlichkeit der Scheibe wieder hergestellt wird, so folgt hieraus die wesentliche Rolle des adsorbierten Quecksilberfilms für diesen Vorgang. Bei einem gewissen bestimmten Entgasungsgrad wurde eine Empfindlichkeit der Scheibe beobachtet, die die normale 50—100mal übertraf. SONKIN interpretierte die von ihm beobachtete Emission als vor allem von den Metastabilen hervorgerufen.[1]) Da die Elektronenausbeute in keinem Fall größer sein kann als 1 Elektron pro 1 Metastabiles Hg' (mit einer Energie von 4,8 eV), so folgt hieraus, daß die normale Ausbeute ca. 1—2% beträgt und bei einem überhaupt nicht entgasten Metall noch kleiner ist. Das kann man mit dem

[1]) Bedauerlicherweise ist in seiner Arbeit [VII—121] gar nicht die Frage behandelt, in welchem Maße die von ihm beobachtete Wirkung ein Photostrom sein kann und inwiefern sie wirklich „Meta"-Strom ist.

oben angeführten theoretischen Ergebnis (Ausbeute bei reinem Metall $\approx 0{,}5-1$) nur vereinbaren, wenn man annimmt, daß die Gasadsorption an der Metalloberfläche von Grund auf die Bedingungen dieses Prozesses ändert.

Oliphant [VII—116] erzeugte einen Strahl metastabiler Heliumatome dadurch, daß er aus dem Strom in He die positiven Ionen herauszog und sie zwang, durch ein enges Metallrohr zu laufen. Bei einem gleitenden Auftreffen auf die Wände des Rohrs wird der größte Teil der Ionen neutralisiert, wobei die Ionen sich in metastabile He (2^3S_1)-Atome verwandeln, die ungehindert mehrere elektrische Längs- und Querfelder durchfliegen, die alle geladenen Teilchen abhalten und schließlich auf die Scheibe T (Abb. 188) treffen. Die von ihr emittierten Sekundärelektronen werden durch den Kollektor N aufgefangen, wenn er gegenüber der Scheibe positiv ist. Hat der Kollektor das umgekehrte Vorzeichen ($\varphi_N > \varphi_T$), so fängt er von der Scheibe keine Elektronen auf; die Scheibe fängt vielmehr die Elektronen auf, die aus dem Kollektor durch von der Scheibe reflektierte Metastabile herausgeschlagen werden.

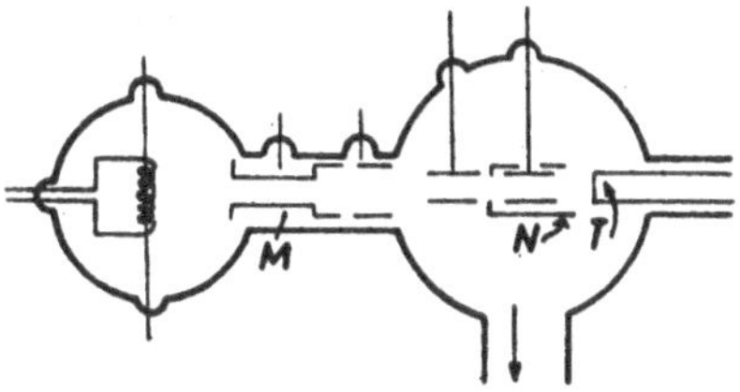

Abb. 188. Gerät zur Bestimmung der Reflexion metastabiler Atome [VII—116]

Somit läßt sich aus der Größe $\dfrac{i_{\text{Koll.}}}{i_{\text{Koll.}} + i_{\text{Scheibe}}}$ der Reflexionskoeffizient R der Metastabilen von der Scheibe bestimmen. Bei einer bis zur Rotglut geheizten Scheibe aus Ni und Mo und normaler Einfallrichtung der Metastabilen fand Oliphant

U_p eV.	120	400	800	2100
R%	> 50	40—50	10—20	< 5

Von einer schlecht entgasten Scheibe, die mit einem adsorbierten Gasfilm überzogen ist, ist die Reflexion viel kleiner. Sie liegt unter 10%.

Die Abhängigkeit des R vom Einfallwinkel der Metastabilen auf das Metall ist aus folgenden Angaben zu entnehmen:

U_p	600 V			200 V		
ϑ	90°	45°	15°	90°	45°	15°
R%	10—30	15—40	40—60	40	40—70	60—90

Oliphant bestimmte, indem er die Kurve der Abhängigkeit des Kollektorstroms von der Spannung aufnahm und sie graphisch differenzierte, die Geschwindigkeitsverteilung der Sekundärelektronen. Er fand, daß die größte Geschwindigkeit der Sekundärelektronen aus einer Molybdänscheibe annähernd 15 eV beträgt und aus einer Magniumscheibe 16,8 eV. Das stimmt vollständig mit der

Formel (46,2) überein, wenn man berücksichtigt, daß W_a (He 2^3P_1) = 19,77 V, φ_m (Mo) = 4,3 V, φ_m (Mg) = 3 V ist. Die meisten Sekundärelektronen besitzen Geschwindigkeiten von annähernd 2—3 eV; es gibt sehr wenig Elektronen mit einer Geschwindigkeit unter 2 eV. Das kann man auch nach Formel (46,3) erwarten.

Stellen wir die Ergebnisse von OLIPHANT, SONKIN und anderen Autoren gegenüber, so kommen wir zu dem Ergebnis, daß Metalloberflächen unter den gewöhnlichen Verhältnissen des Stroms im Gas einen kleineren Teil der Metastabilen unverändert reflektieren und den größten Teil „auslöschen"; nur 1—2% der „Auslöschungs"-Fälle haben jedoch das Herausziehen von Sekundärelektronen zur Folge. Das Problem, auf welche Weise der größte Teil von Metastabilen „gelöscht" wird, blieb bisher ungeklärt.

Über das Herausziehen von Elektronen durch Metastabile aus dielektrischen Wänden wird in einer kurzen Notiz von LANGMUIR und FOUND [VII—124] berichtet. Diese Autoren fanden, daß in einem Glasrohr, das mit He oder Ne von $p = 2$ mm gefüllt war, unter der Wirkung von durch die Strahlung des Stroms in einem entfernten Teil des Rohrs erzeugten Metastabilen eine Elektronenemission aus den Wänden erfolgt. An den Wänden verbleibt eine positive Ladung, deren Feld die Elektronen zurückzieht. Diese stoßen elastisch mit den Gasmolekülen zusammen und kehren zur Wand zurück, wobei sie ihre Energie an diese abgeben. Weitere Einzelheiten über diesen Elementarprozeß enthält die Arbeit nicht.

DRITTER TEIL

Die Kinetik der Elektronen und Ionen im Gas

KAPITEL VIII

Die Geschwindigkeitsverteilung der Elektronen

A. Die Theorie des Problems

§ 47. Die kinetische Gleichung für das Elektronengas; die Lorentzsche Näherung

Oben (§ 3) wurde bereits darauf hingewiesen, daß von allen Teilchen, die eine Rolle im elektrischen Strom spielen, die Elektronen die größte Bedeutung haben, da sie fast die gesamte durch das Gas gehende Ladung tragen und den größten Teil der Anregungs- und Ionisierungsakte an den Gasmolekülen hervorrufen. Diese Vorgänge stellen die Entwicklung und Aufrechterhaltung des Stroms sicher. Deshalb sind Kenntnisse über das Verhalten der Elektronen beim Stromdurchgang und insbesondere über ihre Verteilung nach Koordinaten und Geschwindigkeiten sehr wichtig. Wir wollen untersuchen, welche Kenntnisse man über die Elektronenverteilung in der Entladung aus der kinetischen Gleichung (5,14) gewinnen kann.[1])

1. In der klassischen kinetischen Gastheorie wurde diese Gleichung mehrfach in Anwendung auf ein Gas und ein Gasgemisch diskutiert [I — 7, 3, 8, 13]. Für ein Gemisch ist sie in der Form

$$c\nabla (nf)_i + \frac{F}{m} \nabla_c (nf)_i + n_i \sum_j n_j \int (f_i f_j - f_i' f_j') \, c_r \, s_{ij} \, (c_r) \, d\Omega_1 = 0 \tag{47,1}$$

untersucht worden, die man aus (5,14) für einen stationären Prozeß $\left(\frac{\partial}{\partial t} = 0\right)$ erhält oder auch, wenn keine Prozesse vorkommen, bei denen Teilchen entstehen oder verschwinden. Das letzte Glied der Gleichung (47,1) muß in der Theorie des Elektronenstroms im Gas nicht weniger als drei Summanden enthalten ($j = 1, 2, 3$), die die Stöße der Elektronen untereinander ($n_j = n_e$, $f_j = f_e$, $s_{ij} = s_{ee}$), mit den positiven Ionen ($n_j = n_p$, $f_j = f_p$, $s_{ij} = s_{ep}$) und mit den neutralen

[1]) Bis heute betreffen die Arbeiten, die der Anwendung der kinetischen Gleichung auf den elektrischen Strom im Gas gewidmet sind, insbesondere die Geschwindigkeitsverteilung der Elektronen im Gas; ihre Anwendung auf die Ionenbewegung wurde noch nicht diskutiert. Auch in Anwendung auf das Elektronengas ist diese Aufgabe jedoch bei weitem noch nicht gelöst.

Molekülen ($n_j = n_g$, $f_j = f_g$, $s_{ij} = s_{eg}$) erfassen. Folglich ist ein Gemisch aus drei Gasen zu betrachten. Die Stöße zwischen den Teilchen werden, wie immer in der kinetischer Gastheorie, als elastisch angenommen. Es sind zwei spezielle Lösungen der Gleichung (47,1) bekannt.

a) Wenn keine äußeren Kräfte auf die Teilchen wirken ($\boldsymbol{F} = 0$) und kein Gradient im Gas existiert ($\nabla = 0$), so besitzen alle Träger des Gases eine MAXWELLverteilung:

$$f_i = \exp\left\{-\frac{m_i}{2kT}[(u-u_0)^2 + (v-v_0)^2 + (w-w_0)^2],\right\}, \tag{47,2}$$

wo u_0, v_0, w_0 die Komponenten der Wanderungsgeschwindigkeit sind. Hierbei sind die Konstanten T, u_0, v_0, w_0 willkürlich, jedoch für alle Komponenten des Gemisches gleich. In diesem Falle ist

$$f_i f_j - f_i' f_j' = 0.$$

Das befriedigt unter den oben gemachten Voraussetzungen ($\nabla (nf) = 0$ und $\boldsymbol{F} = 0$) die Gleichung (47,1).[1] Da T, u_0, v_0, w_0 willkürliche Konstanten sind, so können sie nicht aus der vorgegebenen Gleichung bestimmt werden.

b) Ist eine äußere Kraft bestimmter Richtung (beispielsweise $\boldsymbol{F} \parallel X$) vorhanden, so ist die Lösung (47,2) unbrauchbar. Besitzt jedoch die Kraft $\boldsymbol{F}$ ein Potential (z. B. $F = -e_0 \cdot \nabla\varphi$), so ist eine Lösung bekannt:

$$n_i f_i = n_0 \cdot \exp\left\{-\frac{mc^2 + 2e_0\varphi}{2kT}\right\}. \tag{47,3}$$

Diese Lösung charakterisiert ein ruhendes Gas (fehlende Trägerbewegung). Die Geschwindigkeiten seiner Teilchen besitzen eine MAXWELLverteilung, und die Konzentration hängt von der potentiellen Energie ab:

$$n_i = n_0 \cdot \exp\left(-\frac{e_0\varphi}{kT}\right).$$

In der Theorie des elektrischen Stroms im Gas kann die erste Lösung auf die Bewegung von Elektronen und Ionen in Gebieten, in denen kein elektrisches Feld vorhanden ist, angewendet werden, sowie auf die Bewegung neutraler Moleküle, wenn das Gas in irgendeiner Richtung strömt. Die zweite Lösung ist anwendbar auf die Elektronenverteilung in denjenigen Richtungen, in denen ein Elektronenstrom fehlt, z. B. in radialer Richtung bei zylindrischen Rohren mit nichtleitenden Wänden. Auf das Grundproblem, die Elektronenbewegung unter der Wirkung eines angelegten elektrischen Feldes, die den Strom im Gas bildet, ist diese Lösung jedoch offenbar nicht anwendbar (sie schließt einen Strom überhaupt nicht ein, da die Geschwindigkeitsverteilung bei ihr sphärisch isotrop ist). Hingegen wird die erste Lösung oft auch für den Elektronenstrom angewendet, wobei die Größe u_0, die Geschwindigkeit der Ladungsträgerbewegung unter der Wirkung eines Feldes, als eine bestimmte Funktion der Feldstärke betrachtet wird; die Elektronentemperatur T_e ist dabei bedeutend höher als T_g (s. §§ 50 und 53). Irgendein Beweis dafür, daß man die Gleichung (47,1) bei $F \neq 0$ in der Form (47,2) mit verschiedenen Temperaturen der Gemischkomponenten lösen kann, ist dem Verfasser nicht bekannt.

---

[1]) Die Lösung (47,2) befriedigt die Gleichung $f_i f_j - f_i' f_j' = 0$ auf Grund der Sätze von der Erhaltung der kinetischen Energie und des Impulses bei elastischen Stößen.

2. Da strenge Lösungen der kinetischen Gleichung, die auf einen gerichteten Teilchenstrom in einem Kraftfeld anwendbar wären, fehlen, wurden in der kinetischen Theorie schon vor langer Zeit Näherungsmethoden entwickelt, die auf der Entwicklung der gesuchten Lösung in eine Reihe nach irgendeinem Parameter und der sich daraus ergebenden Linearisierung der kinetischen Gleichung beruhen [I — 7]. Wir wollen die am weitesten entwickelte Methode betrachten, die es gestattet, die Integro-Differentialgleichung (5,14) auf ein System von partiellen Differentialgleichungen zurückzuführen.

Zunächst müssen wir in dieser Gleichung (5,14) die Größe $(a - b)$ präzisieren, welche die Zusammenstöße der Elektronen mit anderen Teilchen erfaßt und in allgemeiner Form durch die Formel (5,11) gegeben ist. Der Kreis derjenigen Erscheinungen, die als Stoß angesehen werden können, wurde bereits in § 5 betrachtet; dazu gehören: die Zusammenstöße der Elektronen mit Molekülen (elastische sowie unelastische), „die nahen Wechselwirkungen" mit Ionen, die als elastische Stöße betrachtet werden, und schließlich die analogen Stöße der Elektronen untereinander. Es wurde ein Ausdruck für den Bremsquerschnitt der geladenen Teilchen gegenüber Elektronen abgeleitet [VIII — 22]:

$$s^* = 4\pi \left(\frac{e_0^2}{m_e c_e^2}\right)^2 \ln \left(\frac{m_e c_e^2}{n^{\frac{1}{3}} e_0^2}\right)$$

Weiter unten wird die konkrete Form betrachtet, welche die kinetische Gleichung bei Erfassung allein der elastischen Stöße von Elektronen mit schweren Teilchen, Molekülen und Ionen, annimmt.[1]) Die freie Weglänge des Elektrons wird hierbei ausgedrückt durch die Gleichung

$$\frac{1}{\lambda^*} = n_g s_g^* + n_p s_p^*.$$

Daß die unelastischen Stöße nicht berücksichtigt werden, kann nur als erste Näherung betrachtet werden. Die Begründung für diese Annahme liegt darin, daß die elastischen Stöße der Elektronen mit Molekülen und Ionen bei beliebigen Elektronengeschwindigkeiten vorkommen und die Mehrheit der Stöße zwischen ihnen ausmachen; über die Genauigkeit dieser Näherung s. § 53, P. 2, S. 319 bis 323.

Bei elastischen Stößen kann sich die Bewegungsrichtung des Elektrons nach dem Stoß in beliebiger Weise ändern; seine absolute Geschwindigkeit ändert sich jedoch wenig. Wären die Gasmoleküle und -ionen in Ruhe, so könnte sich die Geschwindigkeit des Elektrons beim Stoß nur etwa um $\frac{m_e}{m_g} c_e \cong (10^{-4} - 10^{-5})\, c_e$ vermindern. Beim Stoß auf ein bewegtes Molekül kann die Größe der Elektronengeschwindigkeit geringer werden oder wachsen (wenn sich die Teilchen bis zum Stoß aufeinander zu bewegt haben); im letzten Fall entspricht die Änderung des Absolutwertes der Elektronengeschwindigkeit ungefähr der Geschwindigkeit des Moleküls (die maximale Zunahme beim zentralen Stoß beträgt $(|c_e'| - |c_e| \cong 2c_g)$, d. h. auch in diesem Fall ist die relative Geschwindigkeitsänderung des Elektrons klein: $\frac{|c_e'| - |c_e|}{|c_e|} \ll 1$. Deshalb erscheint es zweckmäßig, die Änderung des

[1]) Wir betonen nochmals, daß die „weiten Wechselwirkungen" der Elektronen mit den Ionen und mit anderen Elektronen nicht als Stöße angesehen werden können und durch das auf die Elektronen wirkende elektrische Feld E erfaßt werden (drittes Glied in der kinetischen Gleichung (4,1) [I—9,10].

Geschwindigkeitsvektors des Elektrons beim Stoß $|\mathbf{c}' - \mathbf{c}|$ in zwei Teile zu zerlegen: eine Drehung um einen gewissen Winkel ϑ $(0 < \vartheta < \pi)$ und eine Änderung des Absolutwertes der Geschwindigkeit um einen verhältnismäßig kleinen Betrag Δc. In der klassischen Elektronentheorie der Metalle läßt man den zweiten Umstand unberücksichtigt, indem man annimmt, daß die Elektronen nur in allen Richtungen durch die Metallionen ohne Energieverlust gestreut werden ([I—2], Anmerkung 29); das entspricht der Voraussetzung $\frac{m_e}{m_g} = 0$. Die kinetische Gleichung wird dadurch stark vereinfacht. Bei diesem Verfahren kann man jedoch nicht nur keinen vollständigen Ausdruck für die Verteilungsfunktion der Elektronen f_e finden, sondern auch keinen Ausdruck für ihre Durchschnittsenergie. Beides muß man durch spezielle Hypothesen vorgeben. Die kinetische Gleichung gestattet hierbei lediglich kleine, durch ein elektrisches Feld oder Inhomogenitäten im Medium hervorgerufene Abweichungen der Verteilungsfunktion von ihrer vorgegebenen Gleichgewichtsform zu ermitteln.[1]) In der Elektrodynamik der Gase ist es notwendig, nicht nur die Änderung der Geschwindigkeitsrichtung des Elektrons beim Stoß mit einem Molekül zu berücksichtigen, sondern auch die Änderung des Absolutwertes der Geschwindigkeit. Es zeigt sich dann, daß es prinzipiell möglich ist, die Geschwindigkeitsverteilungsfunktion der Elektronen f_e vollständig zu ermitteln. Die hierbei angewendete Methode stellt eine Weiterentwicklung der bereits erwähnten Methode von LORENTZ [I—2] in der Elektronentheorie der Metalle dar. Sie besteht in folgendem.

Setzen wir voraus, daß die Elektronenbewegung symmetrisch bezüglich einer gewissen Achse erfolgt, die durch die Stromrichtung bestimmt wird. Wir nehmen sie als X-Achse. Weiter setzen wir voraus, daß die Verteilungsfunktion f_e aus einer kugelsymmetrischen Verteilung (d. h. einer in allen Richtungen) völlig chaotischen und einer ihr überlagerten schwächeren Bewegung in Richtung der X-Achse besteht. Analytisch bedeutet das, daß f_e eine Funktion des Absolutwerts der Geschwindigkeit c und ihrer Komponente $c_x = u$ oder anders, von c und dem Winkel $\varphi = \arccos \frac{u}{c}$ ist, d. h. $f_e(\mathbf{c}) = f_e(c, \varphi)$. Wir stellen die Abhängigkeit der Verteilungsfunktion f_e von der Richtung (vom Winkel φ) durch Entwicklung von f_e in eine Reihe nach zonalen Kugelfunktionen von $\cos \varphi = \frac{u}{c}$ dar, deren Koeffizienten nur von $|c|$ abhängen:

(47,4) $$f_e(\mathbf{c}) = f_0(c) + \frac{u}{c} f_1(c) + \left(\frac{3}{2}\frac{u^2}{c^2} - \frac{1}{2}\right) f_2(c) + \cdots{}^{2)}.$$

---

[1]) Ein derartig eingeschränktes Herangehen erweist sich jedoch auch bei einer Reihe Fragen der Theorie des elektrischen Stroms in Gasen als nützlich: gerichtete Elektronenbewegung (§ 54), örtliche Hochfrequenzschwingungen [I—9] und andere Fragen.

[2]) Wie eine derartige Zerlegung möglich ist, betrachten wir an dem Beispiel eines Elektronenstroms mit MAXWELLscher Geschwindigkeitsverteilung, dem eine Trägerbewegung („Trift") der Geschwindigkeit u_0 überlagert ist:

$$f(u, v, w) = A e^{-\frac{m[(u-u_0)^2 + v^2 + w^2]}{2kT}} = A e^{-\frac{(u-u_0)^2 + v^2 + w^2}{c_H^2}}$$

[siehe (47,2)]. Diese Verteilung kann man in der Form

$$f = A \cdot e^{-\frac{u_0^2}{c_H^2}} \cdot e^{-\frac{c^2}{c_H^2}} \cdot e^{\frac{2uu_0}{c_H^2}} = a_1 f_{\text{MAXW}}\, e^{\frac{2uu_0}{c_H^2}}$$

Fehlt ein gerichteter Elektronenstrom, so ist die Geschwindigkeitsverteilung der Elektronen kugelsymmetrisch:

$$f_e(\mathbf{c}) = f_0(c); \quad f_1 = f_2 = \ldots = 0.$$

Ist ein Strom vorhanden, so wird angenommen, daß eine — jedoch sehr kleine — Asymmetrie existiert: $f_0 \gg f_1$, $f_1 \gg f_2$ usw. Die Reihe (47,4) wird gewöhnlich nach dem zweiten Glied abgebrochen[1]):

$$(47,5) \qquad f(u, v, w) = f_0(c) + \frac{u}{c} f_1(c) = f_0(c) + f_1(c)\cos\varphi$$

Fortsetzung der Fußnote von Seite 268

darstellen, wo

$$a_1 = e^{-\frac{u_0^2}{c_H^2}},$$

oder wenn man

$$e^{\frac{2uu_0}{c_H^2}}$$

in eine Reihe entwickelt

$$f = a_1 f_{\text{MAXW}}\left(1 + \frac{2u_0}{c_H^2}u + \frac{2u_0^2}{c_H^4}u^2 + \frac{4}{3}\frac{u_0^3}{c_H^6}u^3 + \ldots\right).$$

Offensichtlich kann man diese Reihe auf die Form (47,4) bringen; beschränkt man sich auf die ersten vier Glieder in beiden Reihen, so ist

$$f_0 = A\cdot e^{-\frac{c^2+u_0^2}{c_H^2}}\left(1 + \frac{2}{3}\frac{u_0^2}{c_H^4}c^2\right); \qquad f_1 = A\cdot e^{-\frac{u_0^2+c^2}{c_H^2}}\cdot 2\frac{cu_0}{c_H^2}\left(1 + \frac{2}{5}\frac{u_0^2c^2}{c_H^4}\right);$$

$$f_2 = A\cdot e^{-\frac{u_0^2+c^2}{c_H^2}}\cdot\frac{4\,u_0^2\,c^2}{3\,c_H^4}; \qquad f_3 = A\cdot e^{-\frac{u_0^2+c^2}{c_H^2}}\cdot\frac{8}{15}\frac{u_0^3c^3}{c_H^6}.$$

Der Relativwert der Koeffizienten $f_0, f_1, f_2, f_3\ldots$ hängt von dem Bruch $\frac{u_0}{c_H}$, der die Bewegungsrichtung charakterisiert und von der betrachteten Geschwindigkeit c ab. So ist bei $\frac{u_0}{c_H} = \frac{1}{2}$ und $c = c_H$ $f_0 : f_1 : f_2 : f_3 = 1{,}16 : 1{,}10 : 0{,}33 : 0{,}06$; doch schon bei $\frac{u_0}{c_H} = 1$ ist $f_1 > f_0$.

[1]) Die Berechtigung einer derartigen Näherung in der Theorie des Stroms in Gasen unter alleiniger Berücksichtigung der elastischen Stöße der Elektronen mit Molekülen ist daran gebunden, daß das Verhältnis $\frac{m_e}{m_g}$ klein ist, sowie daran, daß ein relativ nicht zu hohes Vakuum vorhanden ist, d. h., daß $\frac{\lambda_e}{l}$ klein ist (l ist die kürzeste Ausdehnung des betrachteten Gasvolumens). Wie DAWYDOW [VIII—2] gezeigt hat, müssen sich unter diesen Bedingungen beim stationären Strom der Impulsverlust in Stromrichtung ($m_e\,\Delta u$) und die Energieverluste (ΔK) der Elektronen beim Stoß im Durchschnitt durch ihren Zuwachs auf einer freien Weglänge λ_e unter der Wirkung des elektrischen Feldes kompensieren:

$$-m_e\,\Delta\bar{u} \sim m_e\bar{u} \sim eE\frac{\lambda}{c} \quad\text{und}\quad \Delta\overline{K} = \varkappa K \sim eE\lambda\frac{\bar{u}}{\bar{c}},$$

oder in vektorieller Form

$$(47,5') \qquad f(\mathbf{c}) = f_0(c) + \frac{\mathbf{c}}{c} f_1(c).$$

Hier wird f_1 als Vektor betrachtet, der die Richtung des Teilchenstroms hat (im gegebenen Fall $f_1 \parallel X$). Unter den von uns gemachten Annahmen ist $\frac{\mathbf{c}}{c} f_1$ eine kleine Korrektur zu f_0; doch ist sie sehr wichtig, da gerade durch sie der Strom im Gas bestimmt wird.

Berechnen wir nun das Glied $(a - b)$ der kinetischen Gleichung, das von den Stößen der Elektronen mit den Molekülen abhängt, in dem wir das Verhältnis $\frac{m_e}{m_g}$ als endlich annehmen. Unter der Voraussetzung, daß die Moleküle bis zum Stoß mit dem Elektron in Ruhe sind, d. h. die Gastemperatur $T_g = 0$ ist, fanden MORSE und andere [VIII — 1] folgenden Ausdruck für $(a - b)$:

$$(47,6) \qquad a - b = -\frac{m_e}{m_g} n_e \frac{1}{c^2} \frac{\partial}{\partial c}\left[\frac{c^4}{\lambda^*} f_0(c)\right] + \frac{n_e}{\lambda^*} \mathbf{c} f_1(c)$$

(s. Anmerkung 11, S. 458).

DAWYDOW erfaßte in einer ausgedehnteren Untersuchung [VIII — 2] die Anfangsgeschwindigkeiten der Gasmoleküle (d. h. die Gastemperatur T_g), sowie die Existenz eines Magnetfeldes. In diesem Fall erhält man anstatt (47,6) den Ausdruck

$$(47,7) \qquad a - b = -\frac{m_e}{m_g} n_e \frac{1}{c^2} \frac{\partial}{\partial c}\left[\frac{c^3 k T_g}{m_e \lambda^*} \frac{\partial f_0}{\partial c} + \frac{c^4 f_0}{\lambda^*}\right] + \frac{n_e}{\lambda^*} \mathbf{c} f_1(c)$$

(s. Anmerkung 12, S. 460).

Die Ausdrücke für die letzten Glieder i und r der kinetischen Gleichung (4,1), die die Ionisation und die Rekombination erfassen, sind schon in § 5 angegeben (die Formeln [5,12] und [5,13]). Daß die Bewegung der Elektronen gerichtet ist, spielt weder für die Größe i eine Rolle (da die Wahrscheinlichkeit der Stoßionisation sowie der Geschwindigkeitsvektor eines Sekundärelektrons $\mathbf{c}$ von der Richtung der Geschwindigkeit des Primärelektrons $\mathbf{c}_1$ wenig abhängen)[1]) noch für die Größe r (solange nicht die Dreierstöße die Hauptrolle im Rekombinationsprozeß spielen). Deshalb können wir in den Ausdrücken für i und r $f(\mathbf{c})$ näherungsweise durch $f_0(c)$ ersetzen.

Fortsetzung der Fußnote von Seite 269

wobei $\varkappa = 2\frac{m_e}{m_g}$ ist (s. § 15). Hieraus folgt, daß

$$\varkappa \overline{K} = \varkappa \frac{1}{2} m\overline{c^2} \sim m_e \overline{u}^2 \quad \text{und} \quad \frac{\bar{u}}{\bar{c}} \sim \sqrt{\varkappa}, \text{ d. h. } \bar{u} \ll \bar{c}.$$

Das eben weist darauf hin, daß die Elektronenbewegung nur schwach gerichtet ist und es möglich ist, die Näherung (47,5) zu benutzen. Dieses Ergebnis hängt nicht von der Feldstärke ab; es ist auch bei starken Feldern gültig, wo $e E \bar{\lambda} \sim \overline{K}$ ist. Es ist jedoch nicht anwendbar bei sehr kleinen Gasdrucken und auch nicht auf schnell veränderliche Prozesse.

[1]) Das bezieht sich nicht auf die Geschwindigkeit des Primärelektrons nach dem Stoß, dessen Richtung in einer gewissen Korrelation mit der Richtung bis zum Stoß bleibt (s. § 28). Soweit man jedoch die „gestreuten" Primärelektronen von den sekundären zu unterscheiden vermag, müssen die „gestreuten" Elektronen in der kinetischen Gleichung in dem Glied $(a-b)$ erfaßt werden, da dieses Glied, allgemein gesagt, die Ergebnisse der unelastischen Stöße neben denen der elastischen einbeziehen muß.

Setzen wir in Gleichung (5,14) anstatt $f(\boldsymbol{c})$ Gleichung (47,5') bei den ersten drei Gliedern ein und $f_0(c)$ bei den zwei letzten Gliedern, sowie anstatt $(a - b)$ den Ausdruck (47,7), so ergibt sich, daß die kinetische Gleichung in zwei Gleichungen zerfällt:

$$(47{,}8)\quad \frac{\partial (n_e f_0)}{\partial t} + \frac{c}{3}\nabla (n_e f_1) + \frac{1}{3}\frac{e_0}{m_e}\boldsymbol{E} n_e \frac{1}{c^2}\frac{\partial}{\partial c}(c^2 f_1) - \frac{n_e}{c^2}\frac{m_e}{m_g}\frac{\partial}{\partial c}\left[\frac{c^3 k T_g}{m_e \lambda^*}\frac{\partial f_0}{\partial c} + \frac{c^4 f_0}{\lambda^*}\right] -$$

$$- \frac{n_e n_g}{c^2} \int\limits_{\sqrt{2\frac{e_0}{m_e}U_i}}^{\infty} s_i(c_1, c)\, c_1^3 f_0(c_1) dc_1 - m_e\,[n_p s_r(c) +$$

$$+ n_p n_e Q_r^{tr}(c) + n_g s_A(c)]\, c f_0(c) = 0$$

und

$$(47{,}9)\quad \frac{\partial (n_e f_1)}{\partial t} + c\,\nabla (n_e f_0) + \frac{e_0}{m_e}\boldsymbol{E} n_e \frac{\partial f_0}{\partial c} + \frac{e_0}{m_e c_0} n_e [\boldsymbol{H} f_1] + \frac{n_e}{\lambda^*} c f_1 = 0$$

(s. Anmerkung 13, S. 461).

Lassen wir in (47,8) die letzten zwei Glieder fort, so erhalten wir die DAWYDOWschen Gleichungen [VIII — 2], die die Volumenionisation und -rekombination vernachlässigen. Die Gleichungen von MORSE [VIII — 1] erhält man, wenn man daneben $H = 0$, $T_g = 0$ und $\nabla (nf) = 0$ setzt (räumlich homogene Verteilung). Schließlich gehen wir zu den Gleichungen von LORENTZ über, wenn wir noch $\frac{\partial}{\partial t} = 0$ (Gleichstrom) setzen und f_0 als bekannt und gleich Ae^{-hc^2} annehmen (MAXWELLverteilung). In diesem Fall gestattet es die Gleichung (47,9), die gerichtete Komponente der Verteilungsfunktion f_1 eindeutig zu bestimmen.

3. Wie (47,8) und (47,9) zeigen, hängt die Geschwindigkeitsverteilung der Elektronen im allgemeinen Fall von einer Vielzahl verschiedener Elementarprozesse ab. Um ihren relativen Wert abschätzen zu können, vergleichen wir die verschiedenen Glieder der Gleichung (47,8) miteinander. Wir nehmen

$$f_0 = Ae^{-hc^2} = \frac{1}{\pi^{\frac{3}{2}} c_H^2}\, e^{-\frac{c^2}{c_H^2}}$$

— eine typische Verteilungsform, die man oft bei Elektronen im Gas antrifft (§ 53, P. 1). Wir setzen $c_H \cong 10^8$ cm/sec, $n_e \cong 10^{12}$ cm^{-3}, $n_p \cong 10^{12}$ cm^{-3}, $n_g \cong 10^{16}$ cm^{-3}, $\lambda_e^* \cong 10^{-1}$ cm, $\frac{m_e}{m_g} \cong 10^{-5}$ und betrachten Elektronengeschwindigkeiten, die nicht sehr weit von der wahrscheinlichsten liegen ($c \cong c_H$). Dann ist $f \cong 10^{-25}$ cm^{-3} sec^{+3}. Weiterhin kann man wegen der Voraussetzung $f_1 \ll f_0$, $f_1 \cong 10^{-1}$, $f_0 \cong 10^{-26}$ cm^{-3} sec^{+3} setzen; wenn hierbei $f_0(c) = Ae^{-hc^2}$ ist, so besitzt auch $f_1(c)$ eine ähnliche Gestalt (s. § 54).

Das erste Glied von (47,8), — $\frac{\partial (nf_0)}{\partial t}$ hängt von der Geschwindigkeit des im Gas vor sich gehenden Prozesses ab; verläuft der Prozeß in der Zeit T oder ist es ein periodischer Prozeß mit der Periode T, so gilt

$$\frac{\partial (nf_0)}{dt} \cong \frac{10^{-18}}{T_{(\mathrm{sec})}}\,\mathrm{cm}^{-6}\,\mathrm{sec}^2\,.$$

Das zweite Glied, $\frac{c}{3} \nabla (n_e f_1)$, wird durch die Gradienten der Elektronenkonzentration und -temperatur bestimmt, die gewöhnlich mit der Struktur der einzelnen Bereiche des Stroms im Gas zusammenhängen; ist die kleinste lineare Abmessung irgendeines Gebietes l, so ist in ihm

$$\frac{c}{3} \nabla(n_e f_1) \sim 10^7 \cdot 10^{-14} \, l^{-1} \sim \frac{10^{-7}}{l_{(\mathrm{cm})}} .$$

Das dritte Glied

$$\frac{1}{3} \frac{e_0}{m_e} n_e \boldsymbol{E} \nabla_c f_1 = \frac{1}{3} \frac{e_0}{m_e} n_e E \frac{1}{c^2} \frac{\partial}{\partial c} (c^2 f_1) =$$

$$= \frac{1}{3} \frac{e_0}{m_e} n_e E \frac{2}{\pi^{\frac{3}{2}} c_H^3} e^{-\frac{c^2}{c_H^2}} \left(1 - \frac{c^2}{c_H^2}\right) \cong 10^{-7} \left(1 - \frac{c^2}{c_H^2}\right) E \frac{\mathrm{V}}{\mathrm{cm}} .$$

Seine Größe und sein Vorzeichen ändern sich beim Übergang von $c < c_H$ zu $c > c_H$; das elektrische Feld vermindert die Zahl der langsamen Elektronen und vergrößert die Zahl der schnellen.

Das vierte Glied führt unter der Voraussetzung $T_g \cong 0$ und $\lambda^* = \mathrm{const}$ auf

$$-\frac{m_e}{m_g} n_e \frac{1}{c^2} \frac{\partial}{\partial c} \left(\frac{c^4}{\lambda^*} f_0\right) = \frac{m_e}{m_g} \frac{n_e}{\lambda^*} \frac{4c}{\pi^{\frac{3}{2}} c_H^3} e^{-\frac{c^2}{c_H^2}} \left(1 - \frac{1}{2} \frac{c^2}{c_H^2}\right) \cong 10^{-8} \left(1 - \frac{1}{2} \frac{c^2}{c_H^2}\right) .$$

Im Gegensatz zum dritten Glied drückt es die Abnahme der Zahl der schnellen Elektronen ($c > c_H$) aus und das Anwachsen der Zahl der langsamen ($c < c_H$), infolge von Stößen aus.

Das fünfte Glied. Für die angenäherte Abschätzung des fünften Gliedes, das die Ionisation erfaßt, setzen wir voraus, daß der differentielle Ionisationsquerschnitt $s_i(c_1, c) = s_i(c_1)\, \alpha(c)$ ist, wo $\alpha(c)\, dc$ die Wahrscheinlichkeit für die Bildung eines Sekundärelektrons im Geschwindigkeitsintervall $(c, c + dc)$ ist,

$$\int_0^{c_1} \alpha(c)\, dc = 1.$$

Dann ist

$$-\frac{n_g n_e}{c^2} \int_{\sqrt{2 \frac{e_0}{m_e} U_i}}^{\infty} s_i(c_1, c)\, c_1^3 f_0(c_1)\, dc_1 = \frac{n_g n_e}{c^2} \alpha(c) \int_{\sqrt{2 \frac{e_0}{m_e} U_i}}^{\infty} s_i(c_1)\, c_1^3 f_0(c_1)\, dc_1 = \frac{n_e}{4 \pi e_0^2} \alpha(c)\, z ,$$

wobei

$$z = 4\pi \int_{\sqrt{2 \frac{e_0}{m_e} U_i}}^{\infty} n_g s_i(c_1)\, c_1^3 f_0(c_1) dc_1 = \int_{\sqrt{2 \frac{e_0}{m_e} U_i}}^{\infty} n_g s_i(c_1)\, F(c_1)\, c_1\, dc_1$$

die mittlere Anzahl der von einem Elektron pro sec neugebildeten Elektronen ist. Diese Anzahl ist $z = \frac{1}{\tau}$, wo τ die mittlere Lebensdauer eines Elektrons im Gas ist und zu gleicher Zeit Anfangswert der Zeitkonstante der Entionisierung des Gases nach

Unterbrechung des Stroms (§ 60, P. 3). Es gilt $\tau \cong 10^{-3}$—10^{-6} sec, daher beträgt z beim selbständigen Strom die Größenordnung 10^{+3}—10^{+6} sec^{-1}; α (c) hat auf Grund der Normierungsbedingung die Größenordnung 10^{-8} cm^{-1} sec; nehmen wir an, daß $z \cong 10^4$ sec^{-1} ist, so finden wir für die Größenordnung des fünften Gliedes: 10^{-9} cm^{-6} sec^2.

Das sechste (letzte) Glied der Gleichung (47,8), welches die Rekombination erfaßt, schätzen wir nach den Angaben des Kap. VI ab. Man kann annehmen $s_r \cong 10^{-21}$ cm^2, $Q_r^{tr} \cong 10^{-35}$ cm^5, weiterhin für Edelgase und Metalldämpfe $s_A < 10^{-21}$ cm^2; hieraus ergibt sich $n_p s_r$ (c) $\cong 10^{12} \cdot 10^{-21} = 10^{-9}$ cm^{-1}, $n_p n_e Q_r^{tr} \cong 10^{12} \cdot 10^{12} \cdot 10^{-26} = 10^{-12}$, $n_g s_A = 10^{16} \cdot 10^{-21} = 10^{-5}$ cm^{-1}. Von den hier erfaßten drei Prozessen der Elektronenanlagerung ist ihre Anlagerung durch neutrale Moleküle am wahrscheinlichsten; doch auch bei diesem Prozeß ist die Größe des sechsten Gliedes in (47,8) klein:

$$n_e n_g s_A c f_0 \cong 10^{12} \cdot 10^{-5} \cdot 10^8 \cdot 10^{-25} = 10^{-10} \text{cm}^{-6} \text{sec}^2.$$

Ein Vergleich zeigt, daß unter den oben gemachten Voraussetzungen über die im Gas vorhandenen Bedingungen die Hauptrolle in der kinetischen Gleichung das zweite, dritte und vierte Glied spielen, deren Größenordnung 10^{-8} cm^{-6}s sec beträgt. Im Vergleich zu ihnen kann man das fünfte Glied (i) außer acht lassen, solange man nicht von der Gesamtmasse der Elektronen im vorgegebenen Volumelement spricht, d. h. von der Größe $\int_\Omega n_e f \, d\Omega dV = n_e dV$, in deren Ausdruck, wie schon im § 4 bemerkt wurde, die Glieder $\left(\int \frac{e_0}{m_e} E \nabla_c f d\Omega\right)$ und $[(a - b) \, d\Omega]$ (das dritte und vierte) verschwinden und $\int i d\Omega$ bleibt. Das sechste Glied ist in elektropositiven Gasen um eine Größenordnung kleiner als das fünfte und deswegen kann man es nicht nur in der kinetischen Gleichung sondern auch in der Elektronenbilanzgleichung (4,2) unberücksichtigt lassen. In elektronegativen Gasen kann es jedoch um 2—3 Größenordnungen größer werden; in diesem Fall darf man es auch in der kinetischen Gleichung nicht unberücksichtigt lassen. Das bedeutet, daß in stark elektronegativen Gasen (Halogene, HCl, NH_3 usw.) die Elektronenanlagerung nicht nur die Anzahl der Elektronen, sondern auch ihre Geschwindigkeitsverteilung beeinflußt.

§ 48. Die Geschwindigkeitsverteilung der Elektronen im Gas bei vorgegebenem elektrischen Feld

Die Elektronen im Gas erhalten ihre kinetische Energie hauptsächlich vom elektrischen Feld, in geringerem Grad von den angeregten Molekülen bei Stößen zweiter Art und noch weniger von den normalen Molekülen auf Kosten der Energie ihrer Wärmebewegung (das letzte auch dann, wenn ein elektrisches Feld und ein Strom im Gas fehlen). Sie verbrauchen ihre Energie bei elastischen und besonders bei unelastischen Stößen mit den Molekülen. Die elastischen Stöße und die COULOMBschen Wechselwirkungen streuen die Elektronen nach allen Seiten, wobei ihre Bewegung völlig chaotisch wird. Je nach dem Verhältnis dieser Faktoren kann man verschiedene Geschwindigkeitsverteilungen der Elektronen ermitteln, von der streng gerichteten Bewegung mit kleinen Geschwindigkeitsfluktuationen bis zur vollkommen ungeordneten Elektronenbewegung, allseitig, ohne jegliche ausgezeichnete Richtung. Die so entstehende Geschwindigkeitsverteilung der Elektronen muß aus der kinetischen Gleichung berechnet werden. In einigermaßen allgemeiner Form ist diese Aufgabe noch nicht gelöst worden, da große Schwierigkeiten bei der Erfassung der unelastischen Stöße und der COULOMBschen Wechselwirkungen auftauchen. Es ist lediglich eine Reihe von Spezialfällen diskutiert worden, bei denen man diese Faktoren unberücksichtigt lassen kann: Der unselbständige stationäre Strom von geringer Stromdichte, das sich abbauende Plasma (Entionisation eines Gases), sowie der Hochfrequenzstrom. Deshalb haben die Näherungsmethoden für die Berechnung der mittleren Energie oder der Elektronentemperatur großen Wert; im wesentlichen haben gerade sie es erlaubt, die Theorie des Stroms im Gas bis zu konkreten Ergebnissen zu führen.

Wir betrachten zunächst die Ergebnisse, die aus der kinetischen Gleichung gewonnen worden sind.

Relativ streng und eingehend ist die stationäre Geschwindigkeitsverteilung der Elektronen in einem konstanten, schwachen elektrischen Feld[1]) bei geringer Elektronenkonzentration, untersucht worden. Dieser Fall, bei dem eine schwach gerichtete Geschwindigkeitsverteilung entsteht, kann mit der im vorigen Paragraphen dargelegten Methode betrachtet werden (s. [VIII — 1,2]). Die Verteilungsfunktion, die durch den Ausdruck $f_e(c) = f_0(c) + \frac{u}{c} f_1(c)$ approximiert wird, muß, wenn man nur die elastischen Stöße der Elektronen mit den Molekülen berücksichtigt, die Gleichungen (47,8) und (47,9) befriedigen.

Betrachten wir eine Verteilung, die weder von der Zeit $\left(\frac{\partial f}{\partial t} = 0\right)$ noch von den Koordinaten ($\nabla f = 0$) abhängt, wie sie in einem konstanten homogenen elektrischen Feld ($E = \text{const.}$) bei Abwesenheit eines Magnetfeldes ($H = 0$) vorhanden ist. Dann werden f_0 und f_1 durch die Gleichungen

$$\frac{e_0 E}{3c^2 m_e} \frac{d}{dc}(c^2 f_1) - \frac{1}{c^2}\frac{d}{dc}\left[\frac{c^3 k T_g}{\lambda_e^* m_g}\frac{df_0}{dc} + \frac{c^4 m_e}{\lambda_e^* m_g} f_0\right] = 0 \tag{48,1}$$

und

$$\frac{e_0 E}{m_e}\frac{df_0}{dc} = -\frac{c}{\lambda^*} f_1 \tag{48,2}$$

bestimmt. Wir nehmen an, daß die Elektronenkonzentration derartig klein ist, daß man die COULOMBsche Wechselwirkung zwischen den Elektronen vernachlässigen kann. Dann ist unter E die außen angelegte Feldstärke zu verstehen. Aus (48,1) folgt

$$\frac{1}{c^2}\frac{d(c^2 j_c)}{dc} = 0,$$

wo

$$j_c = \frac{1}{3}\frac{e_0}{m_e} E f_1 - \frac{c k T_g}{\lambda_e^* m_g}\frac{df_0}{dc} - \frac{c^2 m_e}{\lambda_e^* m_g} f_0$$

die Stromdichte der Bildpunkte im Geschwindigkeitsraum ist. Hieraus folgt $c^2 j_c = \text{const.}$ oder $j_c = \frac{\text{const.}}{c^2}$. Da bei einem beliebigen c, einschließlich $c = 0$,

[1]) Die Geschwindigkeitsverteilung der Elektronen im elektrischen Ultrahochfrequenzfeld, die ebenfalls recht eingehend untersucht wurde, wird im II. Band betrachtet.

j_e endlich sein muß, so ist const. $= 0$, folglich $j_e = 0$ oder

(48,3) $$\frac{1}{3}\frac{e_0}{m_e}Ef_1 = \frac{kT_g}{\lambda_e^* m_g}c\frac{df_0}{dc} + \frac{m_e}{m_g}\frac{c^2}{\lambda_e^*}f_0 .$$

Setzen wir hier f_1 aus (48,2) ein, so finden wir:

(48,4) $$\frac{m_e}{m_g}c^3 f_0 = -\left[\frac{1}{3}\left(\frac{e_0 E\lambda_e^*}{m_e}\right)^2 + \frac{c^2 k T_g}{m_g}\right]\frac{df_0}{dc},$$

woraus

(48,5) $$\ln f_0 = \left[-\frac{m_e c^2}{2kT_g} + \frac{1}{3}\left(\frac{e_0 E}{m_e}\right)^2 \frac{m_g}{kT_g}\int \frac{\lambda_e^* c\, dc}{\frac{kT_g}{m_e}c^2 + \frac{1}{3}\left(\frac{e_0 E\lambda^*}{m_e}\right)^2 \frac{m_g}{m_e}}\right] + \ln C$$

folgt. (Der gerichtete Teil der Verteilungsfunktion $f_1(c)$ wird weiter unten im § 54 betrachtet). Es ist offensichtlich, daß bei $E \to 0$ die Verteilung zu einer MAXWELLverteilung

$$f_0 = C\exp\left(-\frac{me\, c^2}{2kT_g}\right)$$

mit der Temperatur T_g wird. In Gegenwart eines Feldes $E \neq 0$ hängt die Verteilung von der Form der Funktion $\lambda_e^*(c)$ oder $s_{el}(c)$ ab. In vielen Fällen ist $e_0 E\lambda_e^* \gg kT_g$, deshalb kann man $T_g = 0$ setzen.[1]) Nehmen wir $T_g = 0$ an, so finden wir unmittelbar aus (48,4)

(48,6) $$f_0 = C\exp\left(-\frac{3m_e^3}{m_g(e_0 E)^2}\int\frac{c^3\,dc}{\lambda_e^{*2}}\right).$$

Die weitere Präzisierung der Funktion f_0 erfordert die Untersuchung der Abhängigkeit λ^*_e von c, d. h. s_{el} von c. Wir betrachten drei Fälle.

1. $s_{el} =$ const., d. h. $\lambda_e^* =$ const., — diesem Fall entspricht annähernd Ne (s. Abb. 54). Dann gilt

(48,7) $$f_0 = C\exp\left[-\frac{3m_e}{m_g}\left(\frac{m_e c^2}{2e_0 E\lambda_e^*}\right)^2\right].$$

Das ist die von DRUYVESTEIN [VIII—4] gefundene Verteilungsfunktion (siehe auch [VIII—1, 2]). Aus der Bedingung

$$\int f_0\, d\Omega = 4\pi\int_0^\infty c^2 f_0(c)\, dc = 1$$

finden wir

$$C = \frac{1}{4\pi}\left\{\int_0^\infty c^2\exp\left[-\frac{3m_e}{m_g}\left(\frac{m_e c^2}{2e_0 E\lambda_e^*}\right)^2\right]dc\right\}^{-1} = \frac{1}{4\pi}\left(\frac{3m_e}{m_g}\right)^{\frac{3}{4}}\left(\frac{m_e}{2e_0 E\lambda_e^*}\right)^{\frac{3}{2}}\cdot\left\{\int_0^\infty e^{-x}x^{-\frac{1}{4}}dx\right\}^{-1} =$$

(48,8) $$= \frac{1}{\pi\Gamma\left(\frac{3}{4}\right)}\left(\frac{3m_e}{m_g}\right)^{\frac{3}{4}}\left(\frac{me_0}{2e_0 E\lambda_e^*}\right)^{\frac{3}{2}}.$$

---

[1]) Das ist zulässig bezüglich der selbständigen Ströme in verdünnten Gasen, jedoch nicht für Hochdruckströme und ebenso nicht für das sich abbauende Plasma (völlige Entionisation des Gases).

Die Verteilung der Geschwindigkeit nach Absolutwerten ist

$$F(c) = 4\pi c^2 f_0(c) = \frac{4}{\Gamma\left(\frac{3}{4}\right)} \left(\frac{3m_e}{m_g}\right)^{\frac{3}{4}} \left(\frac{m_e}{2e_0 E \lambda_e^*}\right)^{\frac{3}{2}} c^2 \exp\left[-\frac{3m_e}{m_g}\left(\frac{m_e c^2}{2e_0 E \lambda_e^*}\right)^2\right]. \tag{48,9}$$

Hieraus ist es möglich, die mittlere arithmetische ($\bar{c}$) und die wahrscheinlichste Geschwindigkeit (c_H) zu ermitteln

$$\bar{c} = \frac{1}{\Gamma\left(\frac{3}{4}\right)} \left(\frac{m_g}{3m_e}\right)^{\frac{1}{4}} \left(\frac{2e_0 E \lambda_e^*}{m_e}\right)^{\frac{1}{2}}, \quad c_H = \left(\frac{m_g}{6m_e}\right)^{\frac{1}{4}} \cdot \left(\frac{2e_0 E \lambda_e^*}{m_e}\right)^{\frac{1}{2}}. \tag{48,10}$$

Den Ausdruck (48,9) kann man auf die Form

$$F(c)\,dc = \frac{2^{\frac{5}{4}}}{\Gamma\left(\frac{3}{4}\right)} e^{-\frac{1}{2}\left(\frac{c}{c_H}\right)^4} \left(\frac{c}{c_H}\right)^2 \cdot d\left(\frac{c}{c_H}\right) \tag{48,11}$$

bringen. (Der Koeffizient ist $\frac{2^{\frac{5}{4}}}{\Gamma\left(\frac{3}{4}\right)} \cong 1{,}94$).

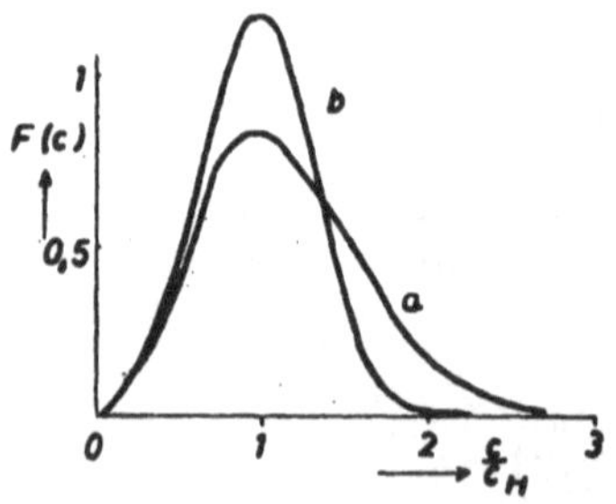

Abb. 189. Geschwindigkeitsverteilungsfunktion a — nach MAXWELL, b — nach DRUYVESTEIN

Bei dieser Verteilung liegen die Geschwindigkeiten näher bei c_H als bei der MAXWELL-verteilung; hier gibt es weniger Teilchen mit großen Geschwindigkeiten (s. Abb. 189), und die Werte c_H, c, $\bar{c}$ unterscheiden sich sehr wenig voneinander; so ist $\bar{c} \cong 0{,}97\, c$. Die mittlere Elektronenenergie beträgt in diesem Fall.

$$\overline{K}_e = \frac{m_e \overline{c^2}}{2} = \frac{m_e}{2} \int_0^\infty c^2 F(c)\,dc = \frac{\Gamma\left(\frac{5}{4}\right)}{\Gamma\left(\frac{3}{4}\right)} \cdot \left(\frac{m_g}{m_e}\right)^{\frac{1}{2}} e_0 E \lambda_e^* = 0{,}427 \sqrt{\frac{m_g}{m_e}}\, e_0 E \lambda_e^*. \tag{48,12}$$

Da $\sqrt{\frac{m_g}{m_e}} \cong 10^2$ ist, so übertrifft $\overline{K}_e$ die von dem Elektron auf einer freien Weglänge erworbene Energie um zwei Größenordnungen.

2. $s_{el} \div c^{-1}$, d. h. λ_e^* ist proportional zu c^{+1} (in einem gewissen Bereich auf Zn-, Cd-, und Hg-Dämpfe anzuwenden, schlechter auf H_2 und He) (s. Abb. 53 und 56). Setzen wir

$$\lambda_e^* = \Lambda c, \quad \Lambda = \text{const.}, \tag{48,13}$$

wo Λ die Größe und die Dimension einer mittleren freien Flugdauer besitzt (bei den genannten Gasen hängt nämlich diese Größe in bestimmten Grenzen nicht von der Elektronengeschwindigkeit ab), so finden wir aus (48,6)

$$f_0 = C \exp\left[-\frac{3}{2}\frac{m_e}{m_g}\left(\frac{m_e}{e_0 E \Lambda}\right)^2 c^2\right]. \tag{48,14}$$

Das ist die MAXWELLverteilung, d. h. eine Verteilung der Form $C \exp\left(-\frac{mc^2}{2kT}\right)$; die entsprechende Temperatur des Elektronengases ist

$$T_e = \frac{m_g}{3k}\left(\frac{e_0 E \Lambda}{m_e}\right)^2, \tag{48,15}$$

Die mittlere Elektronenenergie beträgt $\overline{K}_e = \frac{1}{2} m_g \left(\frac{e_0 E \Lambda}{m_e}\right)^2$,

die wahrscheinlichste Geschwindigkeit ist $c_H = \sqrt{\frac{2}{3}\frac{m_g}{m_e}} \cdot \frac{e_0 E \Lambda}{m_e}$,

das arithmetische Mittel der Geschwindigkeiten $\bar{c} = \frac{2}{\sqrt{\pi}} c_m \cong 1{,}13\, c_m$,

das quadratische Mittel der Geschwindigkeiten $\bar{\bar{c}} = \sqrt{\frac{3}{2}}\, c_m \cong 1{,}22\, c_m$.

Wir bemerken, daß im betrachteten Fall ($\lambda_e^* \div c$) die Geschwindigkeitsverteilung der Elektronen bei beliebiger Beziehung zwischen $e_0 E \lambda_e^*$ und kT_g eine MAXWELLverteilung ist; davon überzeugen wir uns unmittelbar aus (48,5), indem wir dort $\lambda_e^* = \Lambda c$ einsetzen. Hierbei zeigt sich, daß allgemein

$$T_e = \frac{m_g}{3k}\left(\frac{e_0 E \Lambda}{m_e}\right)^2 + T_g \tag{48,15'}$$

ist, woraus man die oben gefundenen Ergebnisse als Sonderfälle erhalten kann: bei $T_g \to 0$ die Formel (48,15) und bei $E \to 0$ die Gleichung $T_e = T_g$.

3. In einer Reihe von Gasen (beispielsweise in den schweren Edelgasen Ar, Kr, Xe) steigt der Wirkungsquerschnitt s_{el} mit zunehmendem c in dem uns interessierenden Geschwindigkeitsbereich (s. Abb. 54). In diesem Fall enthält die Verteilungsfunktion, wie aus (48,6) folgt, im Exponenten c^n, wobei $n > 4$ ist. Die Verteilung ist relativ noch ärmer an schnellen Elektronen als die Verteilung von DRUYVESTEIN.

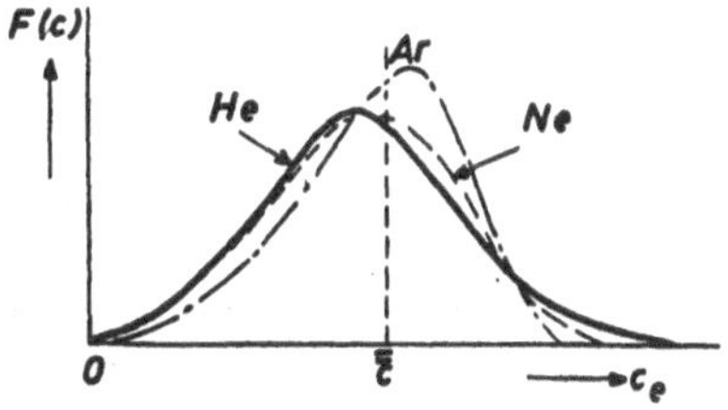

Abb. 190. Verteilungsfunktion $F(c)$ in den Edelgasen He, Ne und Ar unter alleiniger Berücksichtigung der elastischen Stöße; die $\bar{\bar{c}}$ fallen zusammen [VIII—10]

Die konkrete Berechnung der Verteilungsfunktion $F(c)$ in Edelgasen (He, Ne, Ar) wurde von ALLEN [VIII—10] unter Berücksichtigung des genaueren Verlaufs der Funktion $\lambda_e^*(c)$ durchgeführt. Die Abb. 190 zeigt, daß die meisten schnellen Elektronen in He vorhanden sind, wo die Verteilungsfunktion der MAXWELLfunktion relativ ähnlich sein muß, da λ_e^* mit wachsendem c steigt; weniger schnelle Elektronen gibt es im Ne, wo $\lambda_e^* \approx$ const ist (nahezu der Fall von DRUYVESTEIN) und noch weniger im Ar, wo λ_e^* auf einen bedeutenden Abschnitt des Geschwindigkeitsbereichs mit steigendem c_e fällt.

In allen Fällen ergibt sich, daß die ungerichtete Elektronenbewegung (gerade sie wird ja von der Funktion f_0 beschrieben) eine desto größere mittlere Energie besitzt, je größer die Feldstärke E und das Molekulargewicht des Gases M und je kleiner die Molekülenkonzentration des Gases n sind (siehe auch § 50). Die Verteilungsfunktionen f_e, die aus der kinetischen Gleichung gewonnen wurde, wurden von einer Reihe anderer Verfasser [VIII — 4, 5, 6, 21] auch mit anderen Methoden erhalten.

Die Frage nach dem Einfluß der unelastischen Stöße auf die Geschwindigkeitsverteilung der Elektronen wurde in wenigen Arbeiten betrachtet [VIII — 2, 6. 11]. In Anbetracht der analytischen Kompliziertheit der Aufgabe wurde ihre Lösung nur für He zu Ende geführt, für das SMITH [VIII — 6] die Verteilungskurven bei verschiedenen Werten von $\frac{E}{p}$ (Abb. 191) berechnete. Aus den Kurven der Abb. 191 kann man feststellen, daß die mittlere Energie der Elektronen mit zunehmender Feldstärke E schwach wächst (bei Änderung von $\frac{E}{p}$ zwischen 3 und 10 V/cm · mm Hg ändert sich $\overline{K}$ von 3,1 eV bis 4,0 eV), während die wahrscheinlichste Energie K_H deutlich kleiner wird (von 2,9 bis 2,2 eV); bei der MAXWELLschen Geschwindigkeitsverteilung sind $\overline{K}$ und K_H einander proportional und müßten beide mit wachsendem E ansteigen.

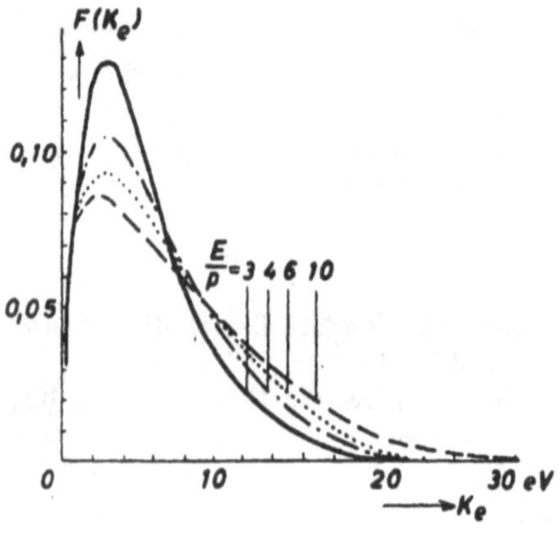

Abb. 191. Die Energieverteilung der Elektronen ($dn_e = F(K_e)\,dK_e$) in Helium [VIII—6] unter Berücksichtigung der unelastischen Stöße

Da $\overline{K}$ und K_H hier viel kleiner sind als die erste Anregungsspannung des He (19,77 V), so zeigt dieses Ergebnis, daß die unelastischen Stöße nicht nur bei $c > c_{krit}$ auf die Geschwindigkeitsverteilung wesentlichen Einfluß ausüben, sondern auch bei kleinen Geschwindigkeiten, da die unelastischen Stöße ständig schnelle Elektronen in die Gruppe der langsamen überführen. Folglich muß eine Vergrößerung der Feldstärke nach [VIII — 6] vorzüglich die „Ausdehnung" der Verteilungsfunktion auf einen größeren Geschwindigkeitsbereich zur Folge haben (es vergrößert sich die relative Zahl der schnellsten und der langsamsten Elektronen) bei bedeutend kleinerer Zunahme ihrer mittleren und besonders ihrer wahrscheinlichsten Energie.

Ein Magnetfeld beeinflußt die Geschwindigkeitsverteilung der Elektronen ganz anders als ein elektrisches Feld. Das ist durch den Unterschied in der Wirkung auf eine bewegte Ladung [Formel (2,12)] bedingt: Das elektrische Feld kann sie beschleunigen, das Magnetfeld kann sie nur zur Seite lenken. Die freien Flugstrecken der Elektronen werden in einem schwachen Magnetfeld leicht gekrümmt; bei starkem Magnetfeld kann das Elektron während der Flugdauer einige Schraubenwindungen um die Richtung des Feldes beschreiben. Deshalb beeinflußt das Magnetfeld vor allem die gerichtete Elektronenbewegung: die Trägergeschwindigkeit (u_0) in (47,2) oder den gerichteten Teil der Verteilungsfunktion f_1 in (47,5). Auf den Haupt-(isotropen)-teil der Geschwindigkeitsverteilung f_0 und auf die mittlere Energie der Elektronen $\overline{K_e}$ übt das Magnetfeld einen indirekten Einfluß aus: indem es das durch das elektrische Feld beschleunigte Elektron ablenkt, vermindert das Magnetfeld die Energie, die von den Elektronen im elektrischen Feld auf einer freien Weglänge erworben wird und setzt damit $\overline{K_e}$ herab. Bei schwachem H ist diese Wirkung nicht zu beobachten.

Die Theorie der Geschwindigkeitsverteilung wurde in den Arbeiten [VIII — 29, VIII — 2] und in [I — 8, §§ 18, 2—4] nach der Methode der kinetischen Gleichung und auch in [I — 14[nach der im § 6 dargelegten Methode betrachtet. Über den Einfluß des Magnetfeldes auf die gerichtete Elektronenbewegung siehe § 54.

§ 49. Der Einstellprozeß einer stationären Geschwindigkeitsverteilung der Elektronen

Ein Elektronenstrom, der aus der Kathode in das Gas tritt oder aus einem Stromgebiet in ein anderes mit vom ersten verschiedenen Bedingungen übergeht, erwirbt nicht sofort eine stationäre Geschwindigkeitsverteilung. Es erfordert eine gewisse Zeit Θ, bis sie sich einstellt, und die Einstellung erfolgt auf einer gewissen Länge L (diese Größen nennt man gewöhnlich die *Relaxationszeit und -länge der Geschwindigkeitsverteilung*). Es wurden mehrere theoretische Vermutungen darüber aufgestellt, wie sich die stationäre Geschwindigkeitsverteilung der Elektronen einstellt; sie führen auf verschiedene Abschätzungen der Relaxationslänge L.

Üblicherweise wird die Hauptrolle in diesen Prozessen den paarweisen Stößen zwischen Elektronen und anderen Teilchen zugeschrieben denen die Elektronen ihre Energie und ihren Impuls übergeben. Die einfachste Abschätzung der Relaxationslänge läuft darauf hinaus, daß man L gleich demjenigen Abstand in der Bewegungsrichtung des Elektronenstroms setzt, auf dessen Ausdehnung die Elektronen mehrere Stöße erleiden. Da die mittlere freie Weglänge, die von dem Elektron zwischen den Stößen durchlaufen wird, gleich λ ist, so ist L von der Größenordnung λ; nun ist $\lambda = \frac{1}{n_g s_g + n_p s_p}$, deshalb ist

$$L \sim \frac{1}{n_g s_g + n_p s_p}. \tag{49,1}$$

Diese Art der Abschätzung ist jedoch sogar bei der oben dargelegten Vorstellung über die bestimmende Rolle der Stöße zwischen den Elektronen und den anderen Teilchen sehr grob. Eine präzisere Abschätzung von L muß von der kinetischen Gleichung (5,14) ausgehen oder wenigstens von einer ihrer Näherungen in die Form (47,8) und (47,9). Die elektrische und magnetische Feldstärke, die in die kinetische Gleichung eingehen, müssen dabei als vorgegeben angenommen werden. Der einfachste Fall ist die Änderung der Geschwindigkeitsverteilung in einem Gebiet, in dem kein Feld vorhanden ist: $E = H = 0$, eine merkliche Rekombination fehlt $\frac{\partial}{\partial t} = 0$ und $\nabla n_e = 0$. In diesem Fall folgt aus (47,8)

$$\frac{c}{3}\frac{\partial f_1}{\partial x} = \frac{m_e}{m_g}\frac{1}{c^2}\frac{\partial}{\partial c}\left(\frac{c^4 f_0}{\lambda_e^*}\right),$$

und aus (47,9)

$$\frac{\partial f_0}{\partial x} + \frac{1}{\lambda_e^*} f_1 = 0.$$

Hieraus folgt, wenn man λ_e^* als von der Geschwindigkeit unabhängig annimmt (Ne):

$$-\frac{\lambda_e^* c}{3}\frac{\partial^2 f_0}{\partial x^2} - \frac{1}{\lambda_e^*}\frac{m_e}{m_g}\frac{1}{c^2}\frac{\partial}{\partial c}(c^4 f_0) = 0 \quad \text{oder} \quad \frac{\partial^2 f_0}{\partial\left(\dfrac{x}{\lambda_e^*\sqrt{\dfrac{m_g}{m_e}}}\right)^2} - \frac{3}{c^3}\frac{\partial}{\partial c}(c^4 f_0) = 0.$$

Diese Gleichung zeigt, daß ein Maß für die Länge, auf der sich die Geschwindigkeitsverteilung wesentlich ändert, die Größe

$$L \cong \lambda_e^* \sqrt{\frac{m_g}{m_e}} = \sqrt{\frac{m_g}{m_e}} \frac{1}{n_g s_g^* + n_p s_p^*}. \tag{49,2}$$

ist. Zu einem ähnlichen Ergebnis kann man aus der unten betrachteten Energiebilanz des Elektronengases kommen (§ 50, Gleichung (50,3)). Das Ergebnis der Berechnung von L nach (49,2) ist um zwei Größenordnungen größer, als das nach (49,1). Das ist dadurch bedingt, daß bei einem elastischen Zusammenstoß mit dem schweren Teilchen, die Energie des Elektrons sich relativ sehr wenig ändert $\left(\text{um einen Wert von der Größenordnung } \frac{2m_e}{m_g}\right)$. Ein gerichteter Elektronenstrom mit einheitlicher Geschwindigkeit $\mathbf{c}$ kann auf einem Wege von der Größenordnung λ, in einen nach allen Richtungen gestreuten umgewandelt werden, der fast isotrop ist, der Betrag der Geschwindigkeit $|c|$ wird jedoch fast unverändert bleiben. Aker eine Änderung $f_0(c)$ erfordert, daß gerade der Betrag der Geschwindigkeit $|c|$ bei einem großen Teil von Elektronen merklich geändert wird. Dazu sind viele Stöße notwendig.

Die oben angeführte Berechnung berücksichtigt nur die elastischen Stöße der Elektronen mit den schweren Teilchen, den Molekülen und Ionen. Erfaßt man jedoch auch die paarweisen Stöße der Elektronen untereinander, deren Zahl $\sqrt{2}$ mal größer ist als die Zahl ihrer Stöße mit den Ionen, so zeigt sich, daß die Stöße $(e + e)$ viel wirkungsvoller sind als die Stöße $(e + p)$, da bei den ersten im Mittel die Hälfte der Energie des anfliegenden Elektrons übergeben wird, bei den zweiten aber nur ein Bruchteil der Energie von der Größenordnung $\frac{2m_e}{m_g}$. Eine strenge Erfassung der Stöße der Elektronen untereinander ist nach der Näherungsmethode (§ 47) nicht möglich und man muß von der vollständigen kinetischen Gleichung (5,14) ausgehen. Benutzt man jedoch, wie es oben getan wurde, ihre angenäherte Form (47,8) und (47,9), so werden in den Ausdruck für L alle drei Stoßarten eingehen und deshalb wird

$$L^{-1} \cong \sqrt{\frac{m_e}{m_g}} \cdot (n_g s_g^* + n_p s_p^*) + \sqrt{2}\, n_e s_e^{*} \text{[1]} \tag{49,3}$$

Da $s_e^* = s_p^*$, $n_e \cong n_p$ und $\sqrt{\frac{m_e}{m_g}} \ll 1$ sind, so ist $\sqrt{\frac{m_e}{m_g}}\, n p s_p^* \ll n_e s_e^*$ und

$$L^{-1} \cong \sqrt{\frac{m_e}{m_g}}\, n_g s_g^* + \sqrt{2} n_e s_e^*; \tag{49,3'}$$

folglich müssen nur die Stöße der Elektronen untereinander und mit den Gasmolekülen eine merkliche Rolle spielen. Die Stöße $(e + e)$ sind am wichtigsten, wenn $\frac{n_e}{n_g}\frac{s_e^*}{s_g^*}\sqrt{\frac{2m_g}{m_e}} > 1$ oder $\frac{n_e}{n_g} > 10^{-4} - 10^{-5}$ ist, da $\frac{s_e^*}{s_g^*} \cong 10^2$, $\sqrt{\frac{m_g}{m_e}} \cong 10^2 - 10^3$ beträgt. Somit müssen schon bei einem verhältnismäßig kleinen Ionisierungsgrad

[1]) Der Faktor $\sqrt{2}$ tritt deshalb auf, weil die Stoßfrequenz der Teilchen ihrer mittleren Relativgeschwindigkeit $\bar{c}_r$ proportional ist; bei den Stößen $(e + p)$ ist $\bar{c}_r \cong \bar{c}_e$, bei den Stößen $(e + e)$ aber ist $\bar{c}_r \cong \sqrt{2} \cdot \bar{c}_e$.

bei der Einstellung der Geschwindigkeitsverteilung von den drei genannten Arten elastischer Stöße die Wechselwirkungen zwischen den Elektronen die wichtigste Rolle spielen:

$$L \cong \frac{1}{\sqrt{2}\, n_e s_e^*}.$$

Nach (5,2) beträgt der Mittelwert von s^* bei MAXWELLscher Geschwindigkeitsverteilung der Elektronen

$$\bar{s}^* = \frac{4\pi}{9} \frac{e^4}{(kT_e)^2} \ln\left(\frac{3kT_e}{n^{\frac{1}{3}} e^2}\right), \tag{49,4}$$

und deshalb ist

$$L \cong \frac{9}{4\pi\sqrt{2}} \frac{(kT_e)^2}{n e^4 \ln\left(\frac{3kT_e}{n^{\frac{1}{3}} e^2}\right)} = 0{,}25 \cdot 10^{14} \cdot n_e^{-1} U_e^2 \ln^{-1}(2 \cdot 10^7 \cdot U_e n_e^{-\frac{1}{3}}). \tag{49,5}$$

Nach (49,5) ist die Relaxationslänge der Geschwindigkeitsverteilung desto kürzer, je größer n_e ist und folglich, je größer die Stromdichte j und der Gasdruck p sind[1]) und je niedriger die Elektronentemperatur U_e ist. Formeln von der Art (49,5), die sich voneinander nur durch die Zahlenkoeffizienten unterscheiden, sind von vielen Verfassern angeführt worden, z. B. [0—3], [VIII—13], VIII—2], [VIII—7], [VIII—22, VIII—8] (eine Zusammenstellung siehe in der Übersicht [VIII—15]). Es wurde gezeigt [IV—17, § 26], daß die Formel (49,5) noch einen Korrekturfaktor $\frac{\overline{u_e}}{c_e}$ ($\overline{u_e}$ ist die mittlere gerichtete Geschwindigkeit des Elektronenstroms) erhalten muß; dieser Faktor ist gewöhnlich kleiner als eins.

Von einem vollkommen anderen Standpunkt [VIII—12, 13] wird die Neuverteilung der Elektronengeschwindigkeiten durch im Gas auftretende *örtliche Hochfrequenzschwingungen* der Raumladung und des elektrischen Feldes erklärt, deren Existenz später experimentell festgestellt wurde [VIII—62]. Diese Wechselfelder beschleunigen und verlangsamen abwechselnd die durchfliegenden Elektronen in verschiedenen Zeitabständen, wodurch sie ihre Geschwindigkeiten ändern. Die Theorie der Hochfrequenzschwingungen im Plasma zeigt [VIII—13], daß Wechselfelder mit der Frequenz $\omega_0 = \sqrt{\frac{4\pi n_e e_0^2}{m_e}} = 5{,}6 \cdot 10^4 \cdot \sqrt{n_e}$ infolge von Schwingungen der Elektronengesamtheit relativ zu den positiven Ionen in jedem Volumelement entstehen; das führt zu einer Änderung des resultierenden elektrischen Feldes in jedem Punkt mit einer der Schwingfrequenz der Elektronen gleichen Frequenz.[2]) Die Neuverteilung der Elektronengeschwindigkeiten geht ebenfalls, von diesem Standpunkt aus, dem Wesen nach auf die Wechselwirkung zwischen den Elektronen zurück, allein nicht auf die paarweisen Wechselwirkungen, sondern auf die „fernen Wechselwirkungen" zwischen vielen Elektronen; diese werden nicht als Stöße aufgefaßt, sondern als Schwankungen des elektromagnetischen Feldes (§ 5).

---

[1]) Unter sonst gleichbleibenden Bedingungen steigt n_e mit zunehmendem p.

[2]) Die Theorie dieser Schwingungen und die experimentellen Angaben darüber werden in dem entsprechenden Kapitel des II. Bandes betrachtet.

Diese Vorstellung wurde analytisch durch die Untersuchung der kinetischen Gleichung (4,1) zusammen mit den Gleichungen (1,8)—(1,11), die das Feld bestimmen, von WLASSOW entwickelt [I—9]. Da die Schwingungsfrequenz die Stoßfrequenz der Teilchen im verdünnten Gas übertreffen kann, schlug WLASSOW vor, die Elektronenstöße bei der Betrachtung dieser und einer Reihe anderer Aufgaben überhaupt nicht zu berücksichtigen; in der kinetischen Gleichung fallen dann a, b, i und r fort. Es wird weiter vorausgesetzt, daß die Elektronenverteilung $n_e f_e$ kleine Abweichungen von ihrer stationären Form erfährt, d. h. $n_e f_e = n_0 f_0 + n' f'$, wo $n' f' \ll n_0 f_0$ ist und daß die mittlere Dichte der Elektronenladung durch die Ladung der positiven Ionen, die sich zeitlich nicht ändert, neutralisiert wird, so daß die resultierende elektrische Ladungsdichte $\varrho = \varrho_p - \varrho_e = e \int n' f' \, d\Omega$ ist. Unter diesen Voraussetzungen verwandelt sich das Hauptgleichungssystem (1,8)—(1,11) und (4,1) (durch Einsetzen der oben angeführten Ausdrücke anstatt $n_e f_e$ und ϱ und Vernachlässigung von Gliedern, die von zweiter und höherer Ordnung klein sind) in ein lineares System

$$\left\{\begin{aligned} &\frac{\partial (n' f')}{\partial t} + \mathbf{c} \nabla_r (n' f') + \frac{e_0}{m_e} n_0 \left(\boldsymbol{E} + \left[\frac{\mathbf{c}}{c_0} \boldsymbol{H}\right]\right) \nabla_c f_0 = 0, \\ &\operatorname{div} \boldsymbol{E} = 4\pi e_0 \int n' f' \, d\Omega, \quad \operatorname{rot} \boldsymbol{E} = - \frac{\partial \boldsymbol{H}}{\partial t}, \\ &\operatorname{div} \boldsymbol{H} = 0, \quad \operatorname{rot} \boldsymbol{H} = \frac{1}{c_0} \frac{\partial \boldsymbol{E}}{\partial t} + \frac{4\pi e_0}{c_0} n' \int \mathbf{c} f' \, d\Omega. \end{aligned}\right. \tag{49,6}$$

Die Schwingungen des Feldes und der Ladung, die durch das Gleichungssystem (49,6) beschrieben werden, kann man in Longitudinal- und Transversalwellen aufteilen, wenn man das Feld in eine rotationsfreie- ($\operatorname{rot} \boldsymbol{E} = \boldsymbol{H} = 0$) und eine reine Rotationskomponente ($\operatorname{div} \boldsymbol{E} = 0$) teilt und entsprechend die Funktion f' in zwei Teile $f' = f'^{(l)} + f'^{(t)}$ zerlegt. Die Longitudinalwellen, mit denen Schwingungen der Ladungsdichte verbunden sind, werden durch die Gleichungen

$$\left\{\begin{aligned} &\frac{\partial (n' f')}{\partial t} + \mathbf{c} \nabla_r (n' f') + \frac{e_0}{m_e} n_0 \boldsymbol{E} \nabla_c f_0 = 0, \\ &\operatorname{div} \boldsymbol{E} = 4\pi e_0 \int n' f' \, d\Omega, \\ &- \frac{\partial \boldsymbol{E}}{\partial t} = 4\pi e_0 n' \int \mathbf{c} f' \, d\Omega. \end{aligned}\right. \tag{49,7}$$

dargestellt. WLASSOW berechnete, indem er diese Gleichungen analysierte, die Energie, die von dem Elektronenstrahl zur Anfachung der Longitudinalschwingungen im ionisierten Gas abgegeben wird, und folgerte hieraus einen Ausdruck für die Relaxationslänge L.

LANGMUIR [VIII—13] fand durch eine nur sehr angenäherte Abschätzung für L einen Ausdruck von der Form (49,5). Die Abschätzung beruht auf der Betrachtung der genannten Schwingungen als Oszillatoren, die dem Gleichverteilungssatz gehorchen und einer wenig begründeten Berechnung der Anzahl derartiger Oszillatoren und der Energie, die von ihnen auf das Elektron übertragen wird. Auch WLASSOW erhielt mit der oben dargelegten Methode für L einen Ausdruck von der Form (49,5), d. h. beide erhielten Ausdrücke, wie man sie in der Theorie für paarweise Wechselwirkungen erhält. Eine strenge Lösung für die Aufgabe, zu ermitteln, wie schnell sich die Geschwindigkeitsverteilung von Elektronen einstellt, die ebenfalls auf der Untersuchung des linearisierten Gleichungssystems (49,7) beruht, gab LANDAU [VIII — 14]; sie ist jedoch nicht bis zu dem Stadium geführt, wo ein unmittelbarer Vergleich mit dem Versuch möglich ist.

Eine bedeutend größere Streuung der Energie des Elektronenstroms und deshalb eine kleinere Relaxationslänge fand WLASSOW [I — 9], indem er an der Grenze des betrachteten ionisierten Gasgebiets eine elektrische Doppelschicht annahm, die von der Fluktuation herrührt. Die Potentialdifferenz in ihr soll veränderlich sein und den Mittelwert $\sim \frac{kT_e}{e}$ besitzen, d. h. die Größenordnung 1 V. Die von einer derartigen Doppelschicht bewirkte „Phasenfokussierung" der Elektronen muß, nach WLASSOW, starke Schwingungen (eine periodische Polarisation) im Gas hervorrufen, die den Elektronenstrom streuen. Die Relaxationslänge kann einfach aus dem Phasen-„Fokusabstand" L_Φ abgeschätzt werden, welcher im vorgegebenen Fall geschrieben wird:

$$L_\Phi = \frac{c_1}{\omega_0} \frac{m c_1^2}{k T_e} = 2{,}07 \cdot 10^3 \cdot \frac{U_0^{\frac{3}{2}}}{n_e^{\frac{1}{2}} U_e} . \tag{49,8}$$

Hier ist ω_0 die Eigenfrequenz der Schwingungen des Elektronengases, c_1 die Anfangsgeschwindigkeit des Elektronenstrahls, U_0 desgl. ausgedrückt in eV. Eine derartige Erklärung verwandelt den Einstellprozeß der Geschwindigkeitsverteilung in einen Randeffekt.

Ein Vergleich der Formeln (49,2), (49,5), (49,1) und (49,8) zeigt, daß sie auf Werte für L führen, die in eben dieser Reihenfolge abnehmen. Nehmen wir als Beispiel ein Quecksilberdampfplasma mit den folgenden Daten: $p = 0{,}01$ mm Hg ($n_g = 3{,}5 \cdot 10^{14}$ cm^{-3}), $n_e = n_p = 10^{11}$ cm^{-3}, $U_e = 1$ eV ($T_e = 11600°$ K) und einen Elektronenstrahl mit der Anfangsgeschwindigkeit $c_1 \cong 1 \cdot 10^8$ cm/sec ($U_0 \cong 2{,}8$ eV) und berücksichtigen, daß in diesem Fall $\frac{m_g}{m_e} = 3{,}7 \cdot 10^5$, $n_g s_g \cong$ $\cong 0{,}8$ cm^{-1} (siehe Abb. 56), $s_e^* = s_p^* \cong 2{,}1 \cdot 10^{-13}$ cm^2, $n_p s_p^* = 2{,}4 \cdot 10^{-2}$ cm^{-1} und $\omega_0 = 1{,}8 \cdot 10^{10}$ sec^{-1} ist, so finden wir nach der Formel:

(49,1), welche die Stöße der Elektronen mit den Molekülen erfaßt, $L \cong 1{,}2$ cm
(49,2), welche die Stöße der Elektronen mit den Molekülen erfaßt, $L \cong 730$ cm
(49,5), welche die Wechselwirkungen der Elektronen untereinander erfaßt $L \cong 30$ cm[1])
(49,8), welche die Phasenfokusierung der Elektronen untereinander erfaßt, $L \cong 0{,}03$ cm.

Die Extrema der angeführten Ergebnisse unterscheiden sich um vier Größenordnungen. Es bleibt die Lösung des Problems von experimenteller Seite abzuwarten (s. § 53).

Es wurde auch eine Meinung geäußert, die dahin geht, daß der Faktor, der die Einstellung der MAXWELLschen Geschwindigkeitsverteilung der Elektronen sichert, das radiale elektrische Feld im Entladungsrohr ist, das die Bewegung der Elek-

---

[1]) In verschiedenen Varianten der Formel (49,5) ergeben sich Werte, die sich von den angeführten um das Zwei- bis Dreifache nach beiden Richtungen unterscheiden, d. h. von 10—100 cm.

tronen zu den Rohrwänden bremst [VIII — 2]. Man erhält tatsächlich die MAXWELL-verteilung, wenn man beispielsweise ein zylindrisches Plasma betrachtet (die positive Säule des Stroms im Gas in einem zylindrischen Rohr) und annimmt, daß die Radialkomponente des Elektronenstroms $(j_e)_r = e_0 n_e (u_e)_r \cong 0$ ist. Dem Wesen nach führt dieser Hinweis darauf, daß das Plasma in solch einem Rohr in radialer Richtung im Gleichgewicht ist. In solchen Systemen muß sich aber, falls sie der klassischen Statistik gehorchen, stets eine MAXWELLverteilung einstellen, unabhängig von jedem beliebigen konkreten Wechselwirkungsmechanismus (siehe [III — 12]). Deshalb entscheidet der Hinweis auf die Rolle des radialen Feldes die Frage nach dem Mechanismus der Einstellung einer MAXWELLverteilung tatsächlich nicht.

§ 50. Die mittlere Energie der Elektronen

Wie schon bemerkt wurde, treten die im § 48 ermittelten Verteilungsfunktionen auf, wenn die hauptsächliche Form der Wechselwirkung elastische Stöße von Elektronen mit Molekülen sind, d. h. bei einem unselbständigen Elektronenstrom. Da die COULOMBkräfte hierbei nicht berücksichtigt werden und der Bremsquerschnitt der geladenen Teilchen um 2—3 Größenordnungen den Querschnitt der Gasmoleküle übertrifft (siehe 5,2) und außerdem die Wechselwirkungen $(e + e)$ $\sqrt{\frac{m_g}{m_e}}$ mal wirkungsvoller sind als die Stöße $(e + g)$, können die Ergebnisse des § 48 nur auf einem beschränkten Bereich Anwendung finden, solange nämlich der Ionisationsgrad des Gases 10^{-4}—10^{-5} nicht überschreitet. Der Versuch zeigt jedoch, daß die stationäre Geschwindigkeitsverteilung der Elektronen bei dem selbständigen Strom in einem beliebigen Gas der MAXWELLverteilung nahekommt. Das charakteristischste Beispiel dafür ist das Plasma des Stroms in Ar und Kr, wo bei ausschließlicher Berücksichtigung der elastischen Stöße der Elektronen mit den Molekülen eine Verteilung auftreten müßte, die von der MAXWELLverteilung stark abweicht und wo in Wirklichkeit bei normaler Stromdichte eine MAXWELLverteilung der Elektronengeschwindigkeiten beobachtet wird (s. § 53, P. 1). Offensichtlich existiert irgendein Faktor, der die Einstellung gerade dieser Verteilung fördert. Hiervon zeugen auch die Beobachtungen einiger Autoren, nach denen sich die MAXWELLsche Geschwindigkeitsverteilung auch in den Gasen, wo sie auf Grund der elastischen Stöße mit den Molekülen (beispielsweise Hg) auftreten müßte, rascher einstellt, als das allein infolge dieser Stöße der Fall sein kann (s. § 53, P. 2).

Die Theorie der Frage hat noch nicht einen Zustand erreicht, der es gestattet, die Geschwindigkeitsverteilung der Elektronen im selbständigen Strom in konkreten Fällen zu berechnen. Da jedoch die Geschwindigkeitsverteilung der Elektronen in einem stark ionisierten Gas eine MAXWELLverteilung ist, wird die Aufgabe f_0 in Abhängigkeit von den Strombedingungen im Gas zu ermitteln, auf die Bestimmung der Elektronentemperatur T_e zurückgeführt. Diese kann einfach durch Berechnung der Energiebilanz des Elektronengases ermittelt werden. Eine solche angenäherte Berechnungsweise von T_e hat, im Vergleich mit der strengen Methode der Lösung der kinetischen Gleichung, den Vorteil, daß sie dank ihrer Einfachheit bis zum Ende geführt werden kann und zwar nicht nur in Anwendung auf den stationären Strom (z. B. [0 — 3, B. I, § 59] und [VIII — 23], sondern auch in dem allgemeineren Fall eines nichtstationären Stroms niedriger oder mittlerer Frequenz [VIII—16].

Das Verfahren besteht in folgendem. Die Elektronen erhalten kinetische Energie vom elektrischen Feld und von den angeregten Gasatomen (durch Stöße zweiter Art). In der Zeit dt erwirbt das Elektron, wenn es ein elektrisches Feld durchfliegt, im Mittel auf dem Wege $dx = \bar{u}\, dt$ die Energie

$$(dK)_1 = e_0 E\, \bar{u}_e\, dt,$$

wo $\bar{u}_e$ die Komponente der mittleren Elektronengeschwindigkeit in Feldrichtung ist. Nach der Gleichung für die Beweglichkeit (siehe unten § 54) ist

$$\bar{u}_e = b_e E \cong \frac{e_0 \bar{\lambda}_e^*}{m_e \bar{c}} E = \frac{e_0 E}{n_g \bar{s} \sqrt{8 m_e U_e}}.$$

Hier sind $\bar{\lambda}_e^*$ und $\bar{s}^*$ die mittlere freie Weglänge der Elektronen und der Wirkungsquerschnitt der Moleküle, gemittelt über alle Elektronen bei vorgegebener Geschwindigkeitsverteilung und deshalb von U_e abhängig; ist $\lambda_e^* \div c_e^n$, so ist

$$\lambda_e^* \div \frac{4}{\sqrt{\pi}} \left(\frac{m_e}{2kT_e}\right)^{\frac{3}{2}} \int_0^\infty c^n c^2 e^{-\frac{m_e c^2}{2kT_e}} dc \div U e^{\frac{n}{2}}$$

$$\bar{s}^* \div U_e^{-\frac{n}{2}}.$$

Folglich ist

$$(dK)_1 = \frac{\sqrt{\pi}\, e_0^{\frac{3}{2}} E^2}{n_g \bar{s}^* \sqrt{8 m_e U_e}}\, dt.$$

Von den angeregten Atomen erhält das Elektron bei Stößen zweiter Art in derselben Zeit dt die Energie

$$(dK)_2 = \bar{c}_e n_a \bar{s}_a' e_0 \bar{U}_a\, dt\ ^{1)},$$

wo n_a die Konzentration der angeregten Atome, $\bar{s}'_a$ ihr mittlerer Wirkungsquerschnitt für Stöße zweiter Art mit Elektronen bei dem vorgegebenen U_e, und $e_0 \bar{U}_a$ ihre mittlere Energie in der gegebenen Entladung sind.

Die Elektronen verlieren ihre Energie bei elastischen und unelastischen Stößen (erster Art) mit den Gasmolekülen. Der mittlere Energieverlust eines Elektrons bei einem elastischen Stoß auf ein ruhendes Gasmolekül beträgt

$$x = \frac{\Delta K_e}{K_e} = -\, 2 \frac{m_e}{m_g}$$

---

[1]) Da im Gas mehrere Anregungsniveaus vorhanden sein können, müßte man strenger schreiben:

$$(dK)_2 = \bar{c}_e e_0 dt \sum_i n_{ai} \bar{s}_{ai} U_{ai},$$

wo n_{ai}, $\bar{s}_{ai}$ und U_{ai} sich auf das i-Niveau beziehen (vgl. [X—5]). Hier ist jedoch $\sum n_{ai} \bar{s}_{ai} U_{ai}$ der Kürze halber durch $n_a \bar{s}_a \bar{U}_a$ ersetzt; damit sind alle Anregungsniveaus auf ein effektives Niveau zurückgeführt (oft dienen irgendwelche metastabile Niveaus als effektive Niveaus).

(siehe § 15, Formel (15,9)); berücksichtigt man jedoch die Wärmebewegung des Moleküls, so ist

$$\Delta K_e = -\frac{2m_e}{m_g}(K_e - K_g)$$

(siehe [VIII — 16, 19]), und in der Zeit dt ist

$$(dK)_3 = \Delta K_e\left(\frac{\bar{c}_e}{\lambda_e}\right) dt = -\frac{2m_e}{m_g} e_0 (U_e - U_g)\, n_g \bar{s} \sqrt{\frac{8 e_0 U_e}{\pi m_e}}\, dt.$$

Endlich kann man den Energieverlust bei unelastischen Stößen schreiben

$$(dK)_4 = -\bar{c}_e n_g \bar{s}_{in} e_0 \overline{U}_{in}\, dn\,^{1)},$$

wo $\bar{s}_{in}$ und $\overline{U}_{in}$ der mittlere Wirkungsquerschnitt und das mittlere Potential des unelastischen Stoßes erster Art ist.

Die Energiebilanz der Elektronen ist

$$d\left(\frac{3}{2} e_0 U_e\right) =$$

$$= \sum_1^4 (dK)_i = \frac{\sqrt{\pi}\, e_0^{\frac{3}{2}} E^2}{n_g \bar{s} \sqrt{8 m_e U_e}}\, dt - \bar{c}_e n_g s e_0 \left[\frac{2m_e}{m_g}(U_e - U_g) + \frac{\bar{s}_{in}}{\bar{s}} \overline{U}_{in} - \frac{n_a}{n_g}\frac{\bar{s}'_a}{\bar{s}} \overline{U}_a\right] dt$$

oder, wenn man die Zahlenkoeffizienten mit einer Genauigkeit bis zu einigen Prozent abrundet

$$\frac{dU_e}{dt} = G(U_e)\, E^2 - H(U_e) = \frac{\sqrt{\pi}}{3\sqrt{2}} \sqrt{\frac{e_0}{m_e}} \frac{E^2}{n_g s \sqrt{U_e}} -$$

$$(50{,}1) \qquad -\frac{4}{3}\sqrt{\frac{2}{\pi}} \sqrt{\frac{e_0 U_e}{m_e}}\, n_g \bar{s} \left[\frac{2m_e}{m_g}(U_e - U_g) + \frac{\bar{s}_{in}}{\bar{s}} \overline{U}_{in} - \frac{n_a}{n_g}\frac{s'_a}{\bar{s}} U_a\right].$$

in dieser Gleichung ist $\frac{\bar{s}_{in}}{s}$ die Anregungsfunktion (23,1) des gegebenen Gases, gemittelt über alle angeregten Niveaus bei dem vorgegebenen U_e; $\frac{n_a}{n_g}$ ist die relative Konzentration der angeregten Atome, $\frac{dU_e}{dt}$ ist die totale („materielle") Ableitung der Energie der sich im elektrischen Feld bewegenden Elektronen nach der Zeit Nimmt man die Richtung der Kraft $e_0 E$ als Q-Achse, so ist

$$(50{,}2) \qquad \frac{dU_e}{dt} = \frac{\partial U_e}{\partial t} + \bar{u}_e \frac{dU_e}{\delta x}.$$

Bei einem stationären Strom $\left(\frac{\partial U_e}{\partial t} = 0\right)$ in verdünntem Gas kann man außerdem

---

[1]) Hier müßte man ebenfalls strenger schreiben:

$$(dK)_4 = \bar{c}_e n_g e_0 dt \sum_i s_i U_{ai},$$

wo s_i der Anregungsquerschnitt des i-Niveaus ist.

U_g gegenüber U_e vernachlässigen.[1]) Dann geht (50,1) über in

$$\overline{u}_e \frac{dU_e}{dx} = \frac{3}{2} E \overline{u}_e - \frac{2}{3} \frac{c_e}{\lambda_e} \left[\frac{2 m_e}{m_g} U_e + \frac{\overline{s_{in} U_{in}}}{\overline{s}} - \frac{n_a}{n_g} \frac{\overline{s}'_a}{\overline{s}} U_a \right]$$

oder

$$\frac{dU_e}{dx} = \frac{3}{2} E - \frac{16}{3\pi} \frac{U_e^2}{E \lambda^2} \varkappa^* = \frac{2}{3} E \left[1 - \frac{8}{\pi} \varkappa^* \left(\frac{U_e}{E \lambda_e} \right)^2 \right], \tag{50,3}$$

wo

$$\varkappa^* = 2 \frac{m_e}{m_g} + \frac{\overline{s}_{in} U_{in}}{\overline{s} U_e} - \frac{n_a}{n_g} \frac{\overline{s}'_a U_a}{\overline{s} U_e} \tag{50,4}$$

der mittlere Bruchteil der Energie ist, den das Elektron bei einem Stoß verliert; $\varkappa$ ist eine ansteigende Funktion von U_e. Nur bei sehr kleinem U_e, wenn Stöße erster Art fehlen, ist $\varkappa^* = \varkappa = \frac{2 m_e}{m_g} = \text{const.}$

Setzt man in (50,3) $\varkappa^* = f_1(U_e)$, $\lambda_e = f_2(U_e)$ und $E = f_3(x)$ ein, so kann man U_e an verschiedenen Punkten berechnen. Im einfachsten Fall [VIII—23], wenn $\varkappa = \text{const.}$ (nur elastische Stöße), $\lambda_e = \text{const.}$ (d. h. $s = \text{const.}$, wie in Neon) und $E = \text{const.}$ (homogenes Feld) ist, wird die Gleichung (50,3) leicht durch Quadraturen integriert:

$$\frac{1}{2} \ln \frac{1 + 2\sqrt{\frac{2\varkappa}{\pi}} \frac{U_e}{E \lambda_e}}{1 - 2\sqrt{\frac{2\varkappa}{\pi}} \frac{U_e}{E \lambda_e}} = \frac{4}{3\sqrt{\pi}} \sqrt{2\varkappa} \frac{x - x_0}{\lambda}.$$

wo x_0 die Abszisse der Fläche ist, auf der $U_e = 0$ ist (beispielsweise Kathodenoberflächen); hieraus ergibt sich,

$$U_e = \frac{\sqrt{\pi}}{2} \frac{E \lambda_e}{2\varkappa} \frac{e^{\frac{8}{3\sqrt{\pi}} \sqrt{2\varkappa} \frac{x - x_0}{\lambda}} - 1}{e^{\frac{8}{3\sqrt{\pi}} \sqrt{2\varkappa} \frac{x - x_0}{\lambda}} + 1}. \tag{50,5}$$

Für kleine Abstände, wenn $\sqrt{\varkappa} \frac{x - x_0}{\lambda} \ll 1$ ist, finden wir

$$U_e = \frac{2}{3} E (x - x_0).$$

Bei $\sqrt{\varkappa} \frac{x - x_0}{\lambda} \to \infty$ geht

$$U_e \to \sqrt{\frac{\pi}{8}} \frac{E \lambda_e}{\sqrt{\varkappa}};$$

das ist der Übergang zum homogenen Plasma. Man kann ihn untersuchen, wenn man

---

[1]) Diese Vereinfachung ist in verdünntem Gas auch für einen nichtstationären Strom bei Anwesenheit eines elektrischen Feldes anwendbar. Sie ist nicht anzuwenden auf den kontrahierten Strom (d. h. bei höherem Druck) und ebenfalls nicht auf den Prozeß der vollständigen Entionisation (bei $E = 0$). In Anmerkung 17 wird eine Folgerung betrachtet, bei der diese Vereinfachung nicht gemacht wird ($U_g \neq 0$), doch sind dafür nur die elastischen Stöße berücksichtigt. Diese Folgerung ist nicht nur auf Elektronen in relativ schwachen Feldern anwendbar $\left(\text{bei geringen Werten von } \frac{E}{p}\right)$, sondern auch auf Ionen.

unmittelbar in (50,3) $\frac{dU_e}{dx} = 0$ setzt. Wir finden sofort

$$U_e = \sqrt{\frac{\pi}{8}}\frac{E\lambda_e}{\sqrt{\varkappa^*}} = 0{,}63\frac{E\lambda_{e1}}{p\sqrt{\varkappa^*}} \tag{50,6}$$

(λ_{e1} ist der Wert von λ_e bei $p = 1$ mm Hg).

Im Unterschied zum Vorhergehenden ist die letzte Folgerung auch beim Vorkommen unelastischer Stöße anwendbar, d. h. auf das reale Plasma des selbständigen Stroms im Gas. Formeln der Form (50,6), manchmal mit einem etwas abweichenden Zahlenkoeffizientent, wurden unter alleiniger Berücksichtigung der elastischen Stöße von einer Reihe von Autoren untersucht (s. [0 — 3, 7, 2]). (Eine strengere Berechnung, die die unelastischen Stöße erster Art einschließt, siehe [VIII — 23].) Die Formel (50,6) zeigt, daß, wenn nur elastische Stöße vorhanden sind ($\varkappa^* =$ const.) die mittlere Elektronenenergie proportional zu $E\lambda_e$ ist, oder, da unter sonst gleichen Bedingungen λ_e proportional zu p^{-1} ist, U_e proportional zu $\frac{E}{p}$ ist.[1]) Bei einem selbständigen Strom, wo die unelastischen Stöße eine wesentliche Rolle spielen, wächst $\varkappa^*$ mit U_e und deshalb ist U_e nicht mehr proportional zu $\frac{E}{p}$, sondern steigt langsamer als diese Größe. Bei großer Stromdichte j wird auch die Rolle der Stöße zweiter Art merklich, da mit dem Anstieg von j auch die Konzentration der angeregten Atome n_a steigt. Unter diesen Bedingungen ist U_e überhaupt keine eindeutige Funktion von $\frac{E}{p}$ mehr, sondern hängt außerdem von der Stromdichte j und von den anderen Faktoren, die n_a bestimmen, ab. Alle diese Fragen sind wesentlich für das Verständnis der wichtigen äußeren elektrischen Charakteristik des Stroms im Gas, der Abhängigkeit der Größe U von I.

Aus (50,5) folgt, daß die Relaxationslänge der Geschwindigkeitsverteilung L von der Größenordnung $\frac{\lambda}{\sqrt{\varkappa}}$ sein muß, ein Ergebnis, das auch oben auf anderem Wege gefunden worden ist [Formel (49,2)].

B. Die experimentellen Untersuchungen und ihre Ergebnisse

§ 51. Die Theorie des Stroms zu einer kleinen Hilfselektrode (Sonde)

Das Geschwindigkeitsverteilungsgesetz der Elektronen in einem verdünnten Gas wird experimentell hauptsächlich mit elektrischen Methoden bestimmt. Die wichtigste davon ist die *Methode der Sondenmessungen*, die von LANGMUIR und MOTT-SMITH [VIII — 25, 26] entwickelt wurde. Bei schwachen unselbständigen Strömen können gewisse Angaben über die Geschwindigkeitsverteilung der Elektronen durch eine andere, die *Diffusionsmethode* von TOWNSEND [VIII — 51, 52] ermittelt werden[2]). Die Elektronentemperatur wird auch aus

---

[1]) Wir werden uns weiterhin davon überzeugen, daß der Faktor $\frac{E}{p}$ auch bei anderen Problemen der Theorie des Stroms im Gas eine wichtige Rolle spielt (vgl. § 9).

[2]) In einer unlängst erschienenen Arbeit [VIII—72] wurde vorgeschlagen, die Geschwindigkeitsverteilung der Elektronen im Plasma durch eine magnetische Geschwindigkeitsanalyse zu untersuchen.

dem Schwankungsrauschen bestimmt, das beim Einschalten der untersuchten Gasstrecke in einem Hochfrequenzstromkreis entsteht (siehe beispielsweise [VIII — 77]). Die hierbei gemessene Rauschtemperatur fällt mit T_e zusammen [VIII — 78]. In Gasen von hohem oder nicht zu kleinem Druck wird eine *optische Methode* zur Ermittlung von f_e angewendet. Sie besteht in der Messung der relativen Intensität der (verschiedenen) Spektrallinien einer Serie, die bei einem elektrischen Strom im vorgegebenen Gas emittiert werden [VIII — 21]; in verdünnten Gasen wurde diese Methode wenig angewandt. Wir wollen vor allem bei der ersten der genannten Methoden verweilen. Wir beginnen mit der Diskussion der Theorie dieser Methode, deren Bedeutung weit über die Grenzen der Sondenmessungen geht; dem Wesen nach ist es die Theorie des Stroms zu einem beliebigen Leiter kleiner Dimension, der von einem ionisierten Gas umgeben ist. Gewisse Folgerungen dieser Theorie werden in der Praxis auf die Ströme zu den Hilfselektroden, zu den Metallwänden eines Gefäßes usw. angewendet.

Zu den Hauptelektroden rechnen wir die Leiter, deren Anordnung und physikalischer Zustand (einschließlich der elektrischen Parameter, Potential, Leitfähigkeit, Konstanten des äußeren Kreises) den Ionisationszustand und den Strom im Gasmedium bestimmen. Die anderen Elektroden, die den elektrischen Zustand im Gas nicht bestimmen, sind Hilfselektroden. Zu ihnen gehören beispielsweise die Steuergitter und die verschiedenen Zündelektroden, die aus Hauptelektroden zu Hilfselektroden werden, nachdem die Zündung erfolgt ist, sowie die Sonden.

Sonde wird allgemein eine Vorrichtung genannt, die in das Untersuchungsmedium zur Bestimmung des örtlichen Werts irgendeiner physikalischen Größe eingeführt wird. Als elektrische Sonde zur Bestimmung von f_e dient eine in das untersuchte Gas eingeführte Metallelektrode, deren Abmessung im Vergleich zum studierten Gasgebiet derart klein ist, daß um sie herum das Potential des Gases φ_G, sowie n_e, n_p, T_e usw. überall ungefähr gleich sind. Eine solche Sonde gestattet es nicht nur f_e zu bestimmen, sondern auch andere Größen — φ_G, j_e, j_p, n_e.[1]) Der Sonde gibt man gewöhnlich die Form einer Kugel (Kugelsonde), eines Zylinders (Zylindersonde) oder einer Scheibe (Ebene Sonde). Typische Sondenformen sind in Abb. 192 dargestellt.

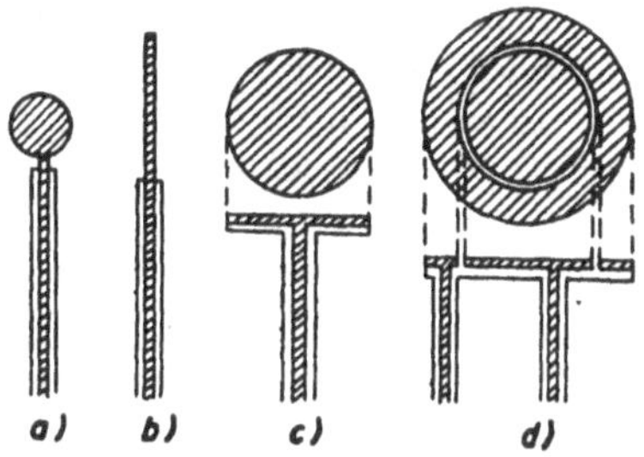

Abb. 192. Typische Sondenformen: *a* — Kugel-, *b* — Zylinder-, *c* — ebene Sonde, *d* — ebene Sonde mit Schutzring, ▭ Isolation

Wir nehmen an, daß sich das Sondenpotential φ_p stark von φ_G unterscheidet. In diesem Fall tritt zwischen der Sondenoberfläche und dem umgebenden Gas ein elektrisches Feld auf, das die Ladungen des einen Vorzeichens in Richtung zur Sonde beschleunigt und die Ladungen des anderen Vorzeichens abstößt. Um die Sonde bildet sich ein Gebiet O (Abb. 193), das gewöhnlich *Schicht* oder *Hülle*

---

[1]) SEMJONOW und WALTER haben eine andere Untersuchungsmethode in Gasen entwickelt, die es gestattet, das Potential φ_G in verschiedenen Punkten mit einem dünnen Draht, der bis zu einer Temperatur merklicher Elektronenemission erhitzt wird, zu messen [VIII—47]. GORSCHKOW und MASLAKOWEZ schlugen eine Methode zur Untersuchung der Elektronenenergie im Gas mit einer Thermosonde vor [VIII—52].

genannt wird und in dem sich die Raumladungsdichte ϱ und die anderen Größen von ihren Werten in den von der Sonde entfernteren Gasgebieten unterscheiden. Die Schicht ist das Gebiet, *in dem die Sonde die Vorgänge im Gas stört*. Die Aufgabe der Sondenmessungen besteht in der Bestimmung der elektrischen und kinetischen Größen (φ, f_e, n_e usw.) außerhalb der Schichtgrenze, wo die Störung der Sonde keinen Einfluß mehr hat.

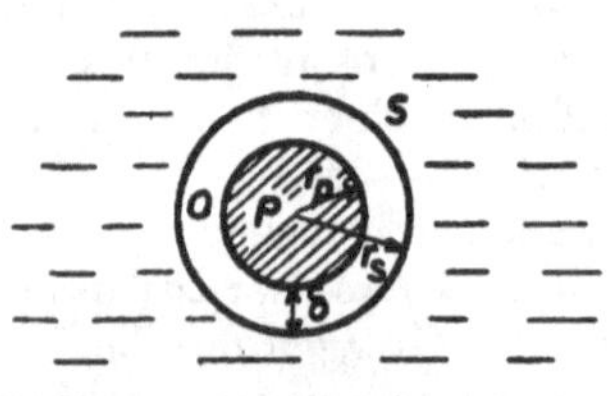

Abb. 193. Die Sonde P und die sie umgebende Schicht O; S ist die äußere Grenze der Schicht; r_S und r_P sind die Radien der Sonde und der Schicht; $\delta = r_P - r_S$ ist die Schichtdicke

Die Theorie der Ströme zur Sonde wurde unter folgenden Voraussetzungen genügend genau entwickelt: a) Außerhalb der Sondenschicht sind die Raumladungsdichte ϱ und die Feldstärke E klein, d. h. das Gas besitzt Plasmaeigenschaften; b) die Schichtdicke δ ist gegenüber λ_e und λ_p klein, d. h. die Teilchen werden in der Schicht nicht merklich gestreut; c) Ionen- und Elektronenstrom sind voneinander unabhängig; d) die Sonde emittiert nicht.

Die Voraussetzung c) gestattet es, den Strom jeder Teilchenart getrennt zu berechnen; das wird auch im weiteren getan. Das Ergebnis hängt noch davon ab, ob die Sonde nur von einem elektrischen Feld oder auch von einem Magnetfeld umgeben ist. Wir betrachten beide Fälle getrennt.

1. Die Sonde ist nur von einem elektrischen Feld umgeben.

Aus dem umgebenden Gas treten die geladenen Teilchen infolge ihrer Bewegung im Gas in die Schicht O. Außerhalb des Gebiets O wirkt das elektrische Feld der Sonde nicht und deshalb hängt die Anzahl der Teilchen, die die äußere Grenze S der Schicht O in der Zeiteinheit erreichen, nicht von dem Sondenfeld ab (bei vorgegebener Größe der Fläche S). Doch nicht alle diese Teilchen werden die Sonde auch tatsächlich erreichen; ein Teil von ihnen kann an der Sonde auf einer zur Sonde hin gekrümmten Flugbahn vorbeifliegen (wenn das Teilchen zur Sonde angezogen wird) oder auf einer entgegengesetzt gekrümmten Bahn (wenn es von der Sonde abgestoßen wird) und wieder aus dem Bereich der Schicht O entweichen. Das Ergebnis hängt von der Anfangsgeschwindigkeit des Teilchens, seinem Stoßparameter und von dem Sondenpotential ab. Diese Umstände müssen bei der Berechnung des Sondenstroms berücksichtigt werden.

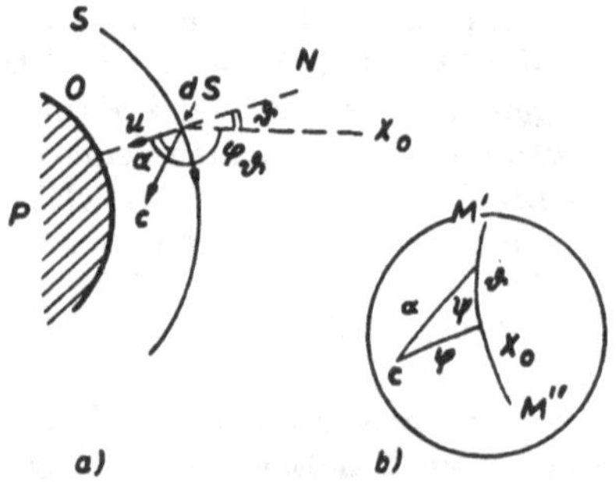

Abb. 194.a) Zur Bestimmung des Ladungsträgerstroms zur Sonde: P Sonde, O Schicht um die Sonde, S äußere Grenze der Schicht, N Normale zum Oberflächenelement dS, X_0 Richtung des Teilchenstroms, c Geschwindigkeit eines anfliegenden Teilchens, $\alpha = \sphericalangle (c, N)$, $\vartheta = \sphericalangle (X_0, N)$, $\varphi_\vartheta = \sphericalangle (c, X_0)$; b) Kugel mit dem Einheitsradius um das Zentrum des Elements dS; $M' M''$ die Spur dieser Kugel beim Schnitt mit der Fläche M

Wir betrachten (Abb. 194, a) den Schnitt der Sonde P und der Schicht O mit einer Fläche M (liegt in der Bildfläche), die zur Sonde (im Falle einer ebenen Sonde) oder zur Sondenachse (im Falle einer Zylindersonde) senkrecht steht oder durch ihr Zentrum geht (im Falle einer Kugelsonde). Wir betrachten ein Oberflächenelement dS der Schicht, dessen Normale wir mit N bezeichnen. Die Geschwindigkeit eines Teilchens, das durch dS in das Schichtinnere tritt, kann man charakterisieren: in cartesischen Koordinaten durch die Komponente u in Richtung der Normalen N ($u > 0$ in Richtung zur Sonde) und durch die Komponenten v und w (für einen Zylinder ist die Komponente w parallel zur Zylinderachse gerichtet); in Polarkoordinaten durch den Absolutwert von $\mathbf{c}$, den Winkel α zwischen $\mathbf{c}$ und der Normalen N (Polarwinkel) und durch den Winkel ψ zwischen $\mathbf{c}$ und der Fläche M (Azimut).

Die Zahl der Teilchen, die durch dS in der Zeit dt eintreten mit Geschwindigkeitskomponenten zwischen u und $u + du$, v und $v + dv$, w und $w + dw$, beträgt $d\nu = nuf(u, v, w)\, du\, dv\, dw\, dt\, dS$ und die Stärke des von ihnen durch das Element dS getragenen Stroms beträgt:

$$di = e_0 \frac{d\nu}{dt} = e_0 nuf(u, v, w)\, du\, dv\, dw\, dS.$$

Die Stromstärke zur Sonde i_p wird durch eine Summe ähnlicher Ausdrücke für alle Teilchen bestimmt, die die Sondenoberfläche erreichen. Allgemein gesagt, müssen die Komponenten u, v, w in bestimmten Grenzen zwischen u_1 und u_2, v_1 und v_2, w_1 und w_2 liegen; darum ist

$$i_P = e_0 n \int dS \int_{u_1}^{u_2} u\, du \int_{v_1}^{v_2} dv \int_{w_1}^{w_2} f(u, v, w)\, dw. \tag{51,1}$$

Kann man die gerichtete Komponente der Geschwindigkeitsverteilung $\mathbf{f}_1$ unberücksichtigt lassen, d. h. die Geschwindigkeitsverteilung als isotrop ($f[\mathbf{c}] = f[c]$) ansetzen und berücksichtigt man nicht die Randeffekte an der Peripherie der ebenen Sonde oder am Ende der Zylindersonde, so ist die Stromstärke durch jedes Element dS der Sondenoberfläche gleich und deshalb ist

$$i_P = e_0 n S \int_{u_1}^{u_2} u\, du \int_{v_1}^{v_2} dv \int_{w_1}^{w_2} f(u, v, w)\, dw. \tag{51,2}$$

Im Falle einer ebenen Sonde erhält man dieses Ergebnis auch bei anisotroper Geschwindigkeitsverteilung ($\mathbf{f}_1 \neq 0$), da alle Elemente dS gleich orientiert sind und der Winkel zwischen $\mathbf{f}_1$ und N für alle dS gleich ist.

Ob ein Teilchen auf die Oberfläche der Zylindersonde auftrifft, hängt nicht von der Komponente w ab, die parallel zur Zylinderachse liegt; das bedeutet, daß $w_1 = -\infty$, $w_2 = +\infty$ ist, und (51,2) geht über in

$$i_P = e_0 n S \int_{u_1}^{u_2} u\, du \int_{v_1}^{v_2} f^{(2)}(u, v)\, dv, \tag{51,3}$$

wo

$$f^{(2)}(u, v) = \int_{-\infty}^{+\infty} f(u, v, w)\, dw \quad \text{ist.}$$

Es ist zweckmäßig, u und v durch die resultierende Teilchengeschwindigkeit $y = \sqrt{u^2 + v^2}$ in der Fläche M und den Winkel $\alpha = \sphericalangle(\mathbf{c}, N)$ zu ersetzen; dann ist $u = y \cos \alpha$, $v = y \sin \alpha$, $du\, dv = y\, dy\, d\alpha$; schließlich kann man $f^{(2)}(u, v)$ einfach als $f^{(2)}(y)$ schreiben, da $f^{(2)}(u, v)$ bei vorgegebenem y nicht von α abhängt. Mit diesen Variablen (y, α) ist

$$(51{,}4) \qquad i_P = e_0 n S \int_{y_1}^{y_2} f_{(y)}^{(2)} y^2\, dy \int_{\alpha_1}^{\alpha_2} \cos \alpha\, d\alpha = e_0 n S \int_{y_1}^{y_2} f_{(y)}^{(2)} y^2\, dy\, (\sin \alpha_2 - \sin \alpha_1).$$

Bei der ebenen und der Kugelsonde sind die Komponenten v und w gleichberechtigt und physikalisch indifferent. Deshalb ist es hier besser, zu räumlichen Polarkoordinaten überzugehen, d. h. die Winkel α und ψ zu benutzen. In den Variablen (c, α, ψ) hängt die Verteilungsfunktion nur von c ab: $f(u, v, w)\, du\, dv\, dw = f(c)\, c^2 \sin \alpha\, d\alpha\, d\psi\, dc$. Ob ein Teilchen auf eine ebene oder Kugelsonde trifft, hängt nicht von ψ ab; deshalb sind O und 2π die Grenzen für die Integration nach ψ und es ist

$$i_P = e_0 n S \int_{c_1}^{c_2} c^3 f(c)\, dc \int_{\alpha_1}^{\alpha_2} \sin \alpha \cos \alpha\, d\alpha \int_0^{2\pi} d\psi = \pi e_0 n S \int_{c_1}^{c_2} c^3 f(c)\, dc\, (\sin^2 \alpha_2 - \sin^2 \alpha_1)$$

(51,5)

oder, da bei isotroper Geschwindigkeitsverteilung $4\pi c^2 f(c) = F(c)$ die Verteilungsfunktion nach dem Betrag der Geschwindigkeiten ist, so ist

$$i_P = \frac{1}{4} e_0 n S \int_{c_1}^{c_2} c F(c)\, dc\, (\sin^2 \alpha_2 - \sin^2 \alpha_1).$$

Kann man die gerichtete Bewegung nicht außer acht lassen, so erhalten diese Formeln eine Korrektur. Wir nehmen an, daß die Verteilung durch die Formel (47,5) ausgedrückt werden kann:

$$f(\mathbf{c}) = f_0(c) + \cos \varphi \cdot f_1(c),$$

wo φ der Winkel zwischen $\mathbf{c}$ und der Richtung des Teilchenstroms X_0 ist. Wir betrachten eine ebene Sonde, bei der die Normale N mit der Stromrichtung den Winkel ϑ bildet. Bei einer willkürlichen, durch die Winkel α, ψ in bezug zur Normalen N und durch den Winkel φ in bezug auf den Strom bestimmten Richtung von $\mathbf{c}$, existiert zwischen α, ψ, φ und ϑ die Beziehung: $\cos \varphi = \cos \alpha \cos \vartheta + \sin \alpha \sin \vartheta \cos \psi$ (s. Abb. 194, b). Setzen wir diesen Ausdruck in (47,5) ein und diese in die Formel, aus der oben (51,5) berechnet wurde, so erhalten wir:

$$i_P = e_0 n S \int_{c_1}^{c_2} c^3\, dc \int_{\alpha_1}^{\alpha_2} \cos \alpha \sin \alpha\, d\alpha \int_0^{2\pi} [f_0(c) + (\cos \alpha \cos \vartheta + \sin \alpha \sin \vartheta \cos \psi) f_1(c)]\, d\psi =$$

$$= \pi e_0 n S \left\{ \int_{c_1}^{c_2} c^3 f_0(c)\, dc\, (\sin^2 \alpha_2 - \sin^2 \alpha_1) + \frac{2}{3} \cos \vartheta \int_{c_1}^{c_2} c^3 f_1(c)\, dc\, (\cos^3 \alpha_1 - \cos^3 \alpha_2) \right\} =$$

$$(51{,}6) \qquad = (i_P)_0 + (i_P)_1 \cos \vartheta,$$

wo $(i_p)_0$ der durch die symmetrische Komponente der Verteilungsfunktion (f_0) bestimmte Strom zur Sonde ist. $(i_p)_1$ ist der durch die gerichtete Komponente (f_1) bestimmte Strom zur Sonde.

Diese Formel zeigt, daß bei $\vartheta = \frac{\pi}{2}$ (die Sondenoberfläche ist zum Teilchenstrom parallel) Formel (51,6) in (51,5) übergeht; folglich hat die gerichtete Teilchenbewegung auf den Strom zu einer ebenen Sonde, deren Fläche zu dieser Bewegung parallel ist, keinen Einfluß. Unter anderen Winkeln ϑ wächst der Sondenstrom, wenn die Sonde dem Teilchenstrom entgegengedreht wird und nimmt ab bei einer Drehung der Sonde nach der anderen Seite. Ähnliche Berechnungen für Sonden anderer Form führen wir nicht an, da sie komplizierter sind und praktisch wenig Bedeutung haben.[1])

Wir gehen zur Berechnung der Grenzen der Integration nach c und α über. Sie werden durch die Bedingungen der Teilchenbewegung der Schicht O bestimmt. Nach der oben gemachten Voraussetzung b) erfahren die Teilchen in der Schicht keine Stöße, und ihre Bewegung kann als Problem der Dynamik berechnet werden. Der Rechengang und das Ergebnis sind von der Beschleunigungsrichtung des Teilchens in der Schicht abhängig.

a) Die Teilchen werden von der Sonde angezogen, d. h. $q\,(\varphi_P - \varphi_G) < 0$. Hierher gehören die Elektronen und die negativen Ionen $(q = -e_0)$, wenn die Sonde positiv relativ zu dem umgebenden Gas $(\varphi_P > \varphi_G)$ ist, sowie die positiven Ionen $(q = +e_0)$, wenn die Sonde negativ ist $(\varphi_P < \varphi_G)$. Wir setzen voraus, daß die Dichte des Stroms zur Sonde genügend klein ist, so daß die ihn bildenden Teilchen nicht merklich in Wechselwirkung untereinander treten. In diesem Fall hängt die Bewegung eines jeden Teilchens im Sondenfeld nicht von den anderen Teilchen ab und kann als Bewegung eines Körpers in einem vorgegebenen äußeren Feld berechnet werden.

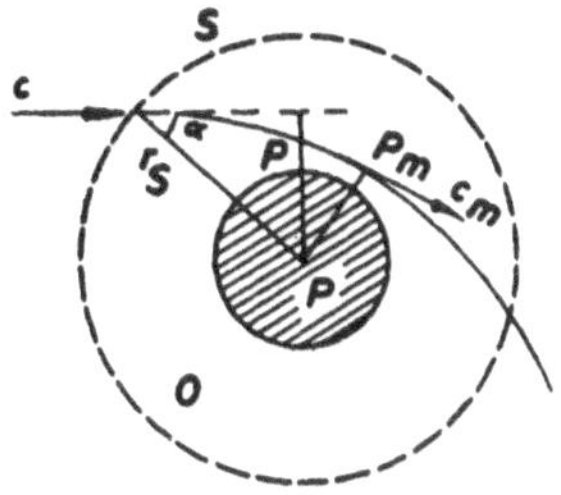

Abb. 195. Die Bewegung negativer Teilchen im Feld einer positiven Sonde mit Rotationssymmetrie

Betrachten wir zuerst die Sonden, die drehsymmetrisch sind, die Kugel- oder Zylindersonde (Abb. 195)! Den Sondenradius bezeichnen wir mit r_p. Das Sondenfeld ist in der Schicht O konzentriert, die von der Sondenoberfläche und außen von der mit S bezeichneten Fläche mit dem Radius r_s begrenzt wird. Es wirkt auf eine sich in ihm bewegende Ladung mit einer während der ganzen Zeit zum Zentrum (oder zur Achse) der Sonde gerichteten Kraft. Deshalb muß die Bewegung eines beliebigen Teilchens A, das von einer Kugelsonde angezogen wird (oder die Projektion der Bewegung des Teilchens auf die Fläche M, die senkrecht zur Achse der Zylindersonde liegt) nach den Bewegungsgesetzen im Zentralkraftfeld erfolgen, insbesondere nach dem Flächensatz. Wir bezeichnen mit c und p die Anfangsgeschwindigkeit und den anfänglichen Stoßparameter des Teilchens und mit c_m und p_m die entsprechenden

[1]) Die Zylindersonde und die Kugelsonde haben Oberflächenelemente mit entgegengesetzter Richtung, und deshalb müßte sich der Einfluß des gerichteten Stroms auf i_p kompensieren. In Wirklichkeit wird ein gewisser „Schatteneffekt" der Sonde im Gas beobachtet; seine Untersuchung überschreitet jedoch die Grenzen der eigentlichen Theorie der Sondenmessung.

Größen im Punkt der größten Annäherung an die Sonde.[1]) Nach dem Flächensatz ist:

$$cp \equiv cr_S \sin\alpha = c_m p_m; \tag{51,7}$$

nach dem Energieerhaltungssatz ist

$$\frac{1}{2} m c^2 + e_0 (\varphi_G - \varphi_m) = \frac{1}{2} m c_m^2 \; ^{2)}. \tag{51,8}$$

Das Teilchen kann zur Sonde gelangen, wenn $p < r_s$ ist (sonst wird es überhaupt nicht in die Schicht O treten) und $p_m < r_p$. Nach (51,7) nimmt die letzte Bedingung die Form $p \equiv r_s \sin\alpha < \frac{c_m}{c_0} r_p$ an.

Aus (51,8) folgt, daß die Geschwindigkeit eines Teilchens, das zur Sondenoberfläche gelangt,

$$c_m = \sqrt{c^2 - 2\frac{e_0}{m}(\varphi_P - \varphi_G)} = \sqrt{c^2 - 2\frac{e_0}{m} U_p},$$

ist, wo $U_p = \varphi_p - \varphi_G$ die Sondenspannung relativ zu dem umgebenden Gas ist. Es gilt $e_0 U_p < 0$, und deshalb ist

$$r_S \sin\alpha < r_P \sqrt{1 - \frac{2 e_0 U_p}{m c^2}} \; ^{3)}. \tag{51,9}$$

Somit erhält man für den Stoßparameter p_0 zwei obere Grenzen:

$$p < r_S \quad \text{und} \quad p < r_P \sqrt{1 - \frac{2 e_0 U_P}{m c^2}}.$$

Dementsprechend finden wir für x ebenfalls zwei obere Grenzen

$$\sin\alpha < \frac{r_P}{r_S} \sqrt{1 - \frac{2 e_0 U_p}{m c^2}}$$

und schließlich $\sin\alpha \leqslant 1$.

---

[1]) Im Fall einer Zylindersonde müssen an die Stelle von c, c_m die Projektionen y, y_m dieser Größen auf die senkrecht zur Sondenachse liegenden Fläche M treten. In den weiteren Formeln (51,7) bis (51,9) ist im Falle einer Zylindersonde an die Stelle von c die Größe y zu setzen.

[2]) In den weiteren Formeln dieses Paragraphen ist das Vorzeichen der Teilchenladung in der Größe e_0 enthalten.

[3]) Diesen Ausdruck kann man auf die folgende Form bringen (in Komponenten u und v):

$$u^2 \geqslant v^2 \left[\left(\frac{r_S}{r_P}\right)^2 - 1\right] + 2\frac{e}{m} U_p;$$

hieraus sind bei vorgegebenem u die Grenzen für v folgende:

$$v_{1,2} = \pm \sqrt{\frac{u^2 - 2\frac{e_0}{m} U_P}{\left(\frac{r_S}{r_P}\right)^2 - 1}}.$$

Das bedeutet, wenn

$$\frac{r_P}{r_S}\sqrt{1-\frac{2e_0U_P}{mc^2}}>1 \quad \text{oder} \quad -\frac{2e_0U_P}{mc^2}>\left(\frac{r_S}{r_P}\right)^2-1$$

ist, so werden Teilchen, die in die Schicht unter beliebigen Winkeln einfliegen, zur Sonde gezogen. Offensichtlich ist in diesem Fall $\alpha_2 = \frac{\pi}{2}$. Folglich hängt die obere Grenze α_2 bei vorgegebenem Sondenpotential von der Teilchengeschwindigkeit ab:

$$(51{,}10) \quad \begin{cases} \text{bei } c < \sqrt{\dfrac{-2e_0U_P}{m\left[\left(\frac{r_S}{r_P}\right)^2-1\right]}} & \sin\alpha_2 = 1, \quad \alpha_2 = \dfrac{\pi}{2}; \\ \text{bei } c > \sqrt{\dfrac{-2e_0U_P}{m\left[\left(\frac{r_S}{r_P}\right)^2-1\right]}} & \sin\alpha_2 = \dfrac{r_P}{r_S}\sqrt{1-\dfrac{2e_0U_P}{mc^2}}. \end{cases}$$

Die unteren Grenzen der Größen p und α sind bei der Kugelsonde $p = 0$, $\alpha = 0$; bei einer Zylindersonde und dem von uns gewählten Koordinatensystem ist die untere Grenze $\alpha_1 = -\alpha_2$. Was die Anfangsgeschwindigkeit c (oder y) angeht, so ist sie im Fall einer anziehenden Sonde ($e_0 U_p < 0$) in keiner Weise beschränkt; bei einem beliebigen Wert von c, von 0 bis ∞, sind Winkel α möglich, die ein Auftreffen des Teilchens auf die Sonde sicherstellen; deshalb ist $c_1 = 0$, $c_2 = \infty$ (analog für y). Setzen wir diese Grenzen in die Formel für die Zylindersonde (51,2) ein, so ergibt sich:

$$(51{,}11) \quad I_P = 2e_0 nS \int_0^\infty y^2 f^{(2)}(y) \sin\alpha_2\, dy;$$

ähnlich erhalten wir aus der Formel für die Kugelsonde (51,5)

$$(51{,}12) \quad I_P = \pi e_0 nS \int_0^\infty c^3 f(c) \sin^2\alpha_2\, dc = \frac{1}{4} e_0 nS \int_0^\infty cF(c) \sin^2\alpha_2\, dc,$$

wo α_2 durch die Bedingungen (51,10) bestimmt wird, oder in entwickelterer Form

$$I_P = \frac{1}{4} enS \int_0^{\sqrt{-\frac{2e_0U_P}{m\left[\left(\frac{r_S}{r_P}\right)^2-1\right]}}} cF(c)\, dc +$$

$$(51{,}12') \quad +\frac{1}{4} enS \int_{\sqrt{-\frac{2e_0U_P}{m\left[\left(\frac{r_S}{r_P}\right)^2-1\right]}}}^{\infty} cF(c) \left(\frac{r_P}{r_S}\right)^2 \left(1-\frac{2e_0U_P}{mc^2}\right) dc.$$

In diese Formeln muß man für S im Falle einer Kugelsonde $4\pi r_S^2$, im Fall einer Zylindersonde $2\pi r_S l$ einsetzen. Ist $\sqrt{-\frac{2e_0U_P}{m\left[\left(\frac{r_S}{r_P}\right)^2-1\right]}} \gg c$, so ist nach (51,10) fast bei allen Geschwindigkeiten (außer den allergrößten, die bei einer unbedeutenden Anzahl von Teilchen vorhanden sind) $\sin \alpha_2 = 1$. Das ist auch in (51,11) und (51,12) einzusetzen. Das ist der Vernachlässigung des zweiten Integrals in (51,12') gegenüber dem ersten äquivalent. Das erste Integral umfaßt dann die Mehrzahl der Teilchen, und man ersetzt die obere Grenze durch ∞. Dann ist

$$I_P = 2e_0 nS \int_0^\infty y^2 f^{(2)}(y)\, dy$$

(Zylindersonde) und entsprechend

$$i_P = \pi e_0 nS \int_0^\infty c^3 f(c)\, dc = \frac{1}{4} enS \int_0^\infty cF(c)\, dc$$

(ebene oder Kugelsonde).
Da

$$\frac{1}{4} n \int_0^\infty cF(c)\, dc = \frac{1}{4} n\bar{c} = \nu$$

die Anzahl der Teilchen ist, die pro sec durch eine willkürlich gewählte Fläche von 1 cm² treten[1]) und $e\nu = j_r$ die Dichte des ungerichteten (chaotischen) Stroms dieser Teilchen ist, so ist

$$I_P = j_r S. \tag{51,13}$$

Die Sonde wirkt in diesem Fall einfach als Teilchenkollektor mit der effektiven Fläche S, die größer ist als ihre wahre Fläche S_p; daß Teilchen, die in die Schicht 0 getreten sind, an der Sonde vorbeifliegen, kommt in diesem Fall nicht vor.

Ist jedoch $\sqrt{\frac{-2e_0 U_P}{m\left[\left(\frac{r_S}{r_P}\right)^2 - 1\right]}} \lesssim c_H$, was dann der Fall ist, wenn $r_S \gg r_p$ ist, so darf nicht mehr $\sin \alpha = 1$ gesetzt oder das zweite Glied in Formel (51,12') vernachlässigt werden. In diesem Fall fliegt ein bedeutender Teil der Teilchen innerhalb der Schicht an der Sonde vorbei.[2]) LANGMUIR und MOTT-SMITH [VIII—26] haben das Problem für MAXWELLsche Geschwindigkeitsverteilung gelöst. Bezeichnet man die Temperatur dieser Verteilung mit T, so fanden sie für eine Kugelsonde:

$$I_P = j_r S\left[1 - \left(1 - \frac{r_P^2}{r_S^2}\right) \exp\left(+\frac{e_0 U_P}{kT\left(\frac{r^2}{r_P^2} - 1\right)}\right)\right], \tag{51,14}$$

für eine Zylindersonde

---

[1]) Das gleiche gilt für $2n\int_0^\infty y^2 f^{(2)}(y)dy$.

[2]) Dieser Fall wird *bahnbegrenzter Strom* genannt.

$$I_P = j_r S \left\{ P\left(\sqrt{\frac{e_0 U_P}{kT} \frac{1}{\frac{r_S^2}{r_P^2} - 1}}\right) + \right.$$

(51,15)
$$\left. + \frac{r_P}{r_S} e^{-\frac{e_0 U_P}{kT}} \left[1 - P\left(\sqrt{\frac{e_0 U_P}{kT}\left(1 + \frac{1}{\frac{r_S^2}{r_P^2} - 1}\right)}\right)\right]\right\},$$

wo P die Fehlerfunktion ist;

$$P(y) = \frac{2}{\sqrt{\pi}} \int_0^y e^{-\eta^2} d\eta$$ [1].

Eine Abschätzung zeigt, daß eine Kugelsonde mindestens 95% der Teilchen einfängt, die in die Schicht eingetreten sind, wenn $\left(\frac{r_S}{r_P}\right)^2 < 1 - \frac{1}{3} \frac{e_0 U_P}{kT}$ ist; bei einer Zylindersonde erfolgt das gleiche, wenn $\left(\frac{r_S}{r_P}\right)^2 < 1 - \frac{1}{2} \frac{e_0 U_P}{kT}$ ist.

Für den Sonderfall $r_S \gg r_p$, bei dem man 1 gegenüber $\frac{r_S^2}{r_P^2}$ vernachlässigen und $e^x = 1 + x$ setzen kann, läßt sich die Formel der Kugelsonde (51,14) angenähert schreiben:

(51,16)
$$I_P = \cong 4\pi \cdot r_P^2 j_r \left(1 - \frac{e_0 U_P}{kT}\right).$$

Das ist ein linearer Zusammenhang zwischen i_p und U_p. Ähnlich kann man die Formel für die Zylindersonde (51,15) bei $-\frac{e_0 U_P}{kT} > 1$ und $r_S \gg r_P$ gut durch den Ausdruck

$$I_P = 4\sqrt{\pi} \cdot l r_P j_r \sqrt{1 - \frac{e_0 U_P}{kT}}$$

(51,17) oder

$$I_P^2 = 16\pi l^2 r_P^2 j_r^2 \left(1 - \frac{e_0 U_P}{kT}\right),$$

approximieren, der einen linearen Zusammenhang zwischen J_P^2 und U_p darstellt.

Die oben dargelegte Theorie kann auch auf die ebene Sonde angewendet werden, wenn man die Sonde als Teil einer Kugelsonde bei $r_P = \infty$ betrachtet. Der Schichtradius ist ebenfalls ∞ und die Bedingung $\sin\alpha \leq \frac{r_P}{r_S}\sqrt{1 - \frac{e_0 U_P}{mc^2}}$ ist für ein beliebiges α erfüllt; jedes Teilchen gelangt zur Sonde, eine Bahnbegrenzung fehlt hier.[2]) Die Formel (51,12) ergibt in diesem Fall sofort:

$$I_P = \frac{1}{4} e_0 n S \int_0^\infty c F(c)\, dc = \frac{1}{4} e_0 n S \bar{c} = j_r S.$$

---

[1]) Eine verhältnismäßig eingehende Untersuchung der Formeln (51,14) und (51,15) s. [0—3] Bd. II § 15, S. 46—49.

[2]) Wir lassen hierbei die Vorgänge am Sondenrand beiseite.

Die Formeln (51,12)—(51,17) sind Gleichungen für die Stromspannungscharakteristik der Sonde: $J_p = f(U_p)$. An der Formel (51,13) ist das nicht sofort zu sehen. Man kann sich jedoch leicht davon überzeugen, indem man berücksichtigt, daß mit wachsender Sondenspannung U_p die Schichtdicke δ und folglich auch die Oberfläche der Schicht größer werden müssen. In Wirklichkeit bezieht sich (51,13) auf den durch die Raumladung der Schicht begrenzten Sondenstrom. Dieser Strom muß außer (51,13) auch die Gleichung der Raumladungstheorie (das „3/2-Gesetz") befriedigen, und zwar:
bei der Kugelsonde

$$I_P = \frac{4\sqrt{2}}{9}\sqrt{\frac{e_0}{m}} \cdot \frac{U_P^{\frac{3}{2}}}{\varrho^2\left(\frac{r_S}{r_P}\right)} \quad (51,18)$$ [1],

bei der Zylindersonde

$$I_P = \frac{2\sqrt{2}}{9}\sqrt{\frac{e_0}{m}}\, l \frac{U_P^{\frac{3}{2}}}{r_S \beta^2\left(\frac{r_S}{r_P}\right)} \quad (51,19)$$ [1],

bei der ebenen Sonde

$$I_P = \frac{\sqrt{2}}{9\pi}\sqrt{\frac{e_0}{m}}\, S \frac{U_P^{\frac{3}{2}}}{\delta^2}. \quad (51,20)$$

Eine Gegenüberstellung dieser Gleichungen mit (51,13) führt dazu, daß
bei der Kugelsonde

$$4\pi r_S^2 j_r = \frac{4\sqrt{2}}{9}\sqrt{\frac{e_0}{m}} \frac{U_P^{\frac{3}{2}}}{\varrho^2\left(\frac{r_S}{r_P}\right)},$$

Abb. 196. Raumladungsschicht um eine ebene Sonde endlicher Abmessung bei verschiedenen Werten von U_P; $(U_P)_2 > (U_P)_1$

bei der Zylindersonde

$$2\pi r_S j_r = \frac{2\sqrt{2}}{9}\sqrt{\frac{e_0}{m}} \frac{U_P^{\frac{3}{2}}}{r_S \beta^2\left(\frac{r_S}{r_P}\right)},$$

bei der ebenen Sonde

$$j_r = \frac{\sqrt{2}}{9\pi}\sqrt{\frac{e_0}{m}} \frac{U_P^{\frac{3}{2}}}{\delta^2}.$$

ist.

Aus diesen Formeln ist zu entnehmen, daß durch die an der Sonde liegende Spannung U_p vor allem die Dicke der die Sonde umgebenden Schicht bestimmt wird. Die Sondenstromstärke hingegen hängt im Fall einer ebenen Sonde nicht von der Schichtdicke δ ab, und darum hängt sie auch nicht von der Spannung U_p ab.[2]

---

[1]) Bei Benutzung dieser Formeln in der Sondentheorie darf nicht vergessen werden, daß hier das Gas die Quelle der Teilchen und die Sonde der Kollektor ist. Deshalb sind die Werte der Funktionen ϱ^2 und β^2 für den äußeren Strahler zu benutzen [VIII—48].

[2]) Praktisch besitzt die ebene Sonde eine endliche Ausdehnung und, wenn kein Schutzring (Abb. 196) vorhanden ist, so wird die Fläche der umgebenden Schicht S mit zunehmender Schichtdicke etwas wachsen. In erster Näherung kann man S als schwach lineare Funktion von δ ansetzen. Dann muß auch J_p mit steigendem U_p schwach anwachsen.

Bei der Zylindersonde oder bei der Kugelsonde steigt die Stromstärke J_p langsam mit der Spannung U_p, da sich mit steigendem U_p die Schichtdicke δ und ihre äußere Oberfläche S vergrößern.

Wir nehmen an, daß bei $U_G = 0$ ($\varphi_p = \varphi_G$) eine Schicht um die Sonde fehlt; die auffangende Fläche ist in diesem Fall die Sondenoberfläche $S = S_P$ selbst. Aus Messung des Sondenstroms unter diesen Bedingungen können wir j_r im Gas bestimmen:

$$j_r = \frac{(I_P)_{U_P=0}}{S_P}\,^{1)}.$$

b) **Die Teilchen werden von der Sonde abgestoßen**, d. h. $e_0(\varphi_p - \varphi_G) > 0$. Genauso wie im beschleunigenden Sondenfeld ist die Teilchenbewegung hier eine Bewegung im Zentralkraftfeld, deshalb bleiben die Gleichungen (51,7), (51,8) und die aus ihnen entspringende Bedingung (51,9) in Kraft.

$$\sin\alpha \leqslant \frac{r_P}{r_S}\sqrt{1 - \frac{2e_0U_P}{mc^2}}$$

Jedoch ist bei dem verlangsamenden Sondenfeld $e_0\,U_p > 0$; deshalb kann, wenn $1 - \frac{2e_0U_P}{mc^2} < 0$, oder $c < \sqrt{\frac{2e_0}{m}U_p}$ ist, kein einziges Teilchen unter einem Winkel α die Sonde erreichen. Folglich sind die Grenzen für die Geschwindigkeit c in (51,12): $c_1 = \sqrt{\frac{2e_0U_P}{m}}$, $c_2 = \infty$. Im Ergebnis erhalten wir:

Bei einer Kugelsonde und einer ebenen Sonde

$$(51{,}21)\qquad I_P = \frac{1}{4}e_0 n S_P \int\limits_{\sqrt{\frac{2e_0U_P}{m}}}^{\infty} cF(c)\left(1 - \frac{2e_0U_P}{mc^2}\right)dc,$$

bei einer Zylindersonde

$$(51{,}22)\qquad I_P = 2e_0 n S_P \int\limits_{\sqrt{\frac{2e_0U_P}{m}}}^{\infty} y^2 f^{(2)}(y)\sqrt{1 - \frac{2e_0U_P}{my^2}}\,dy.$$

Gehorchen die Geschwindigkeiten einer MAXWELLverteilung, d. h. ist

$$f(u,v,w) = \left(\frac{m}{2\pi kT}\right)^{\frac{3}{2}} e^{-\frac{m(u^2+v^2+w^2)}{2kT}},$$

$$F(c) = \frac{4}{\sqrt{\pi}}\left(\frac{m}{2kT}\right)^{\frac{3}{2}} e^{-\frac{mc^2}{2kT}}\,c^2,$$

---

1) In Wirklichkeit treffen bei $U_p = 0$ sowohl Elektronen als auch positive Ionen auf die Sonde. Deshalb ist $\frac{(J_P)_{U_P=0}}{s_P} = j_{er} + j_{pr}$. Da jedoch $j_{er} \gg j_{pr}$, so wird mit dieser Methode die Dichte des ungerichteten Elektronenstroms gemessen.

so erhalten wir aus den beiden Formeln (51,21) und (51,22) das bekannte Ergebnis [VIII – 25]:

$$I_P = \frac{1}{4} e_0 n \bar{c} S_P e^{-\frac{e_0 U_P}{kT}} = j_r S_P e^{-\frac{e_0 U_P}{kT}}$$

(51,23) $$\ln I_P = \ln (j_r S_P) - \frac{e_0 U_P}{kT}$$

eine lineare Abhängigkeit der Größe $\ln I_P$ von U_P. *Die Linearität der halblogarithmischen gezeichneten Sondencharakteristik* ($\ln I_P = f[U_P]$), *bei einem bremsenden Sondenfeld und beliebiger Form des Feldes ist das Charakteristikum für eine* MAXWELL*sche Geschwindigkeitsverteilung der Teilchen.* Die Neigung dieser Charakteristik $\frac{d(\ln I_P)}{dU_P} = -\frac{e_0}{kT}$ gestattet es, die Verteilungstemperatur T zu bestimmen.

Hat die Sondencharakteristik eine andere Form, so kann man aus Formel (51,21) eine Methode zur Bestimmung der Verteilungsfunktion $F(c)$ aus der Sondencharakteristik ableiten, die von DRUYVESTEIN [VIII – 27] vorgeschlagen wurde. Differenziert man nämlich (51,21) nach U_P, so findet man

$$\frac{dI}{dU_P} = -\frac{e_0^2 n S_P}{2m} \int\limits_{\sqrt{2\frac{e_0}{m}U_P}}^{\infty} \frac{1}{c} F(c)\, dc \quad \text{und} \quad \frac{d^2 I}{dU_P^2} = \frac{e_0^2 S_P n}{4m} \frac{1}{U_P} F\left(\sqrt{2\frac{e_0}{m}U_P}\right),$$

daraus folgt, daß

(51,24) $$F\left(\sqrt{2\frac{e_0}{m}U_P}\right) = \frac{4m}{e_0^2 S_P n} U_P \frac{d^2 I}{dU_P^2}.$$

ist. Folglich kann man aus der Größe $\frac{d^2 I}{dU_P^2}$ bei einem beliebigen Wert von U_P den Wert der Verteilungsfunktion für die entsprechende Teilchengeschwindigkeit berechnen $c = \sqrt{2\frac{e_0}{m}U_P}$. Führt man ähnliche Berechnungen bei verschiedenen Werten von U_P durch, so kann man den gesamten Verlauf der Funktion $F(c)$ ermitteln. Dieses Ergebnis ist ebenfalls für Sonden verschiedener Form anwendbar, für ebene, zylindrische und Kugelsonden. Man darf es nicht bei sehr niedrigem Gasdruck benutzen, da man hier die gerichtete Bewegung der Elektronen nicht außer acht lassen kann.

2. Die Sonde ist von einem elektrischen und einem Magnetfeld umgeben. Alle oben dargelegten theoretischen Gesetze der Sondenmessungen beziehen sich auf eine Sonde, die lediglich von einem elektrischen Feld umgeben ist. Bei Anlegen eines Magnetfeldes, das die Bewegung der geladenen Teilchen, insbesondere die der Elektronen beeinflußt, kann man erwarten, daß sich die Sondencharakteristiken verändern, selbst wenn die Bedingungen im Gas (n_e, n_p, T_e, φ_G) in beiden Fällen gleich sind. Es tauchen zwei Fragen auf: 1. Welchen Einfluß hat das Magnetfeld auf die Sondencharakteristiken, anders gesagt, wie sind sie in Gegenwart eines Magnetfeldes zu bearbeiten? Die Frage ist wichtig, nicht nur für das Studium des Stroms in einem Gas, das sich in einem äußeren Magnetfeld befindet, sondern auch wenn ein derartiges Feld fehlt, da jeder

Strom von einem eigenen Magnetfeld begleitet wird; 2. kann man durch Aufnahme die Sondencharakteristiken bei Anlegen eines äußeren Magnetfeldes neue Daten erhalten, die die gewöhnliche Methodik nicht gibt, beispielsweise I_p von I_e trennen und die Geschwindigkeitsverteilung der Ionen f_p bestimmen?

Dem Problem der Sondenmessungen in einem Megnetfeld ist eine Reihe Arbeiten von SPIWAK und REICHRUDEL [VIII — 28] gewidmet, von denen wir hier nur einige Ergebnisse anführen wollen.

Wir betrachten eine Zylindersonde mit dem Radius r_p und der Länge l, welche in das Gas eingeführt ist; sie sei von einem Magnetfeld umgeben, dessen Feldstärke $\boldsymbol{H}$ parallel zur Sondenachse liegt und in einem gewissen Gebiet vom Radius R_0 konstant ist, außerhalb dieses Bereiches wird sie Null. Es wird vorausgesetzt, daß das Gebiet des Magnetfeldes größer ist als die Raumladungsschicht um die Sonde, d. h. $R_0 > r_s$ (in diesem Fall spielt die äußere Fläche dieses Gebietes die Rolle, die bei fehlendem Magnetfeld die Oberfläche S der Raumladungsschicht 0 spielt: in sie tritt der ungestörte Teilchenstrom ein), daß außerhalb dieses Gebietes die Geschwindigkeitsverteilung kugelsymmetrisch ist, d. h. $f(\boldsymbol{c}) = f(c)$ und $E = H = 0$ sowie daß $R_0 < \overline{\lambda}$ ist. Im übrigen sind die Voraussetzungen die gleichen wie oben (S. 290).

Mit den Bezeichnungen u, v, w, entsprechend der radialen, azimutalen und axialen Geschwindigkeitskomponente des Teilchens, kann man nach (51,3) die Stromstärke zur Sonde schreiben:

$$I_P = 2\pi \cdot R_0 l n e_0 \int\limits_{u_1}^{u_2} u\, du \int\limits_{v_1}^{v_2} f^{(2)}(u, v)\, dv\ ^{1)}. \tag{51,25}$$

Die Grenzen für die Integration nach u, v, w findet man ebenso wie oben aus der Analyse der Teilchenbewegung zwischen der Oberfläche des Störgebietes und der Sondenoberfläche. Als Bedingung dafür, daß ein Teilchen auf die Sonde auftrifft, ergibt sich:

$$u^2 \geqslant \left(\frac{R_0^2}{r_P^2} - 1\right) \frac{e_0^2}{4m^2} \left[\left(H R_0 - \frac{2mv}{e_0}\right)^2 - H^2 r_P^2\right] + 2\frac{e_0}{m} U_P \tag{51,26}$$

(vgl. die Formel in der Anmerkung zu S. 294). Hieraus erhält man die Grenzen für v bei vorgegebenem u

$$v_{1,2} = \frac{e_0 H R_0}{2m} \pm \sqrt{\frac{u^2 - 2\frac{e_0}{m} U_P}{\frac{R_0^2}{r_P^2} - 1} + \frac{e_0^2 r_P^2 H^2}{4m^2}}\,.$$

Die Grenzen für u sind die gleichen wie bei fehlendem Magnetfeld: $u_1 = 0$ bei beschleunigendem Sondenpotential, $u_1 = -\sqrt{\frac{2 e_0 U_P}{m}}$ bei einem Bremspotential, $u_2 = \infty$ in allen Fällen.

SPIWAK und REICHRUDEL wenden diese Theorie auf den Elektronenstrom zur Sonde an. Für die Geschwindigkeitsverteilungsfunktion geben sie das

---

1) Ebenso wie im Fall eines rein elektrischen Feldes hängt es nicht von der axialen Geschwindigkeitskomponente (w) ab, ob ein Teilchen auf die Zylindersonde trifft.

MAXWELLgesetz vor:

$$f^{(2)}(u,v) = \frac{m}{2\pi kT} e^{-\frac{m}{2kT}(u^2+v^2)}.$$

Nachdem die Autoren die gefundenen Ausdrücke für u_1, u_2, v_1, v_2, $f^{(2)}(u,v)$ in (51,25) eingesetzt haben, finden sie den Zusammenhang zwischen I_P, U_P und H in Form eines recht langen und wenig anschaulichen Ausdrucks, der hier nicht angeführt zu werden braucht. U_P und H treten in ihm in der Form $\eta = \frac{e_0 U_P}{kT}$ und $\zeta = \frac{e_0 H}{\sqrt{2mkT}}$ auf. Bedeutend klarer sind die Folgerungen dieser Theorie aus einem von den Autoren bis zu Ende gerechneten, konkreten Beispiel zu entnehmen: $T = 10000°K$ $r_P = 0{,}005$ cm; $R_0 = 0{,}35$ cm; die Ergebnisse siehe in Abb. 197, wo der Zusammenhang zwischen $\ln I_e$ und U_P bei verschiedenen H-Werten dargestellt ist; bei genügend hohem negativem Sondenpotential hängt der Elektronenstrom zur Sonde nicht von H ab; der linke Teil der Charakteristik $\ln I_e = f(U_P)$ ändert sich beim Anlegen eines Magnetfeldes nicht, und deshalb kann man aus ihm nach der üblichen Methode T_e bestimmen. In der Nähe des Raumpotentials (bei kleinen $|U_P|$) zeigt sich der Einfluß des Magnetfeldes in einer Verminderung des Stroms zur Sonde, je größer H ist; bei einem desto stärker negativen U_P beginnt sich der Einfluß des Magnetfeldes zu zeigen. Deshalb zeigt die Abweichung der Charakteristik von der Geraden hier nicht das Raumpotential an. Man darf auch nicht nach den oben angeführten Methoden j_e und n_e bestimmen.

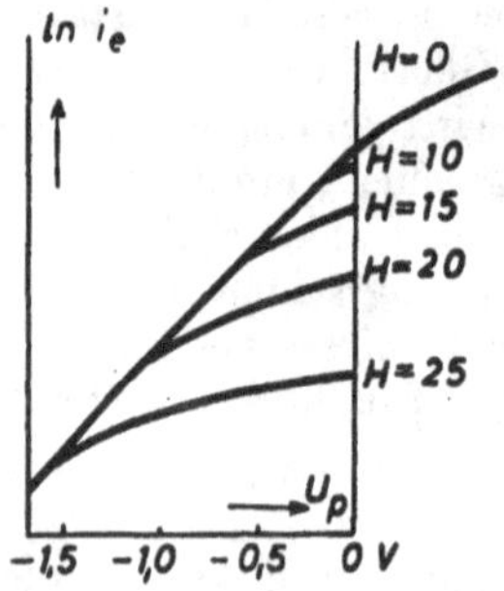

Abb. 197. Halblogarithmische Charakteristiken einer Zylindersonde im Magnetfeld [VIII—29]

In einer anderen Arbeit betrachteten dieselben Autoren die Theorie der ebenen Sonde in einem Magnetfeld für zwei Fälle: $\boldsymbol{H}$ parallel zur Sonde und $\boldsymbol{H}$ senkrecht zur Sonde. Im ersten Fall fanden sie, daß das Magnetfeld den Sondenstrom bei einem beliebigen negativen Sondenpotential U_P herabsetzt, doch ist sein Einfluß bei positiven U_P gering (Abb. 198). Im zweiten Fall soll das Magnetfeld überhaupt keinen Einfluß auf die Sondencharakteristik ausüben.

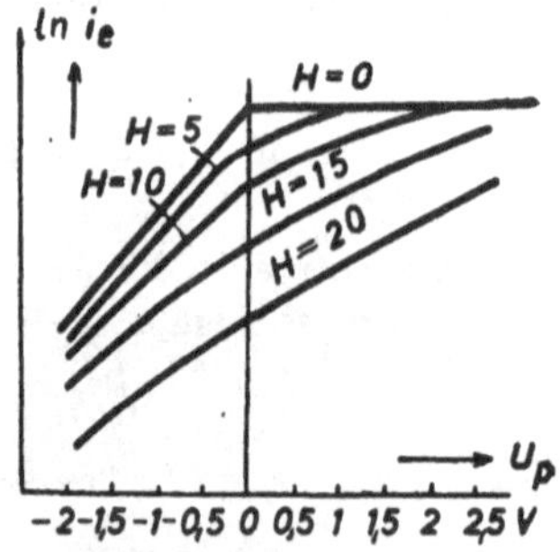

Abb. 198. Halblogarithmische Charakteristiken einer ebenen Sonde in einem zu ihr senkrechten Magnetfeld [VIII—29]

Es wurde oben bereits gezeigt, daß der Sondenstrom im Magnetfeld von $\frac{e_0 H}{\sqrt{2mkT}}$ abhängt. Das bedeutet, daß das Magnetfeld auf den Ionenstrom zur Sonde viel weniger wirkt als auf den Elektronenstrom, da $m_P \gg m_e$ ist.[1]) Hieraus entspringt die

[1]) Diese Folgerung ist sofort einzusehen, man wenn berücksichtigt, daß die Beschleunigung, welche das geladene Teilchen im Magnetfeld erfährt, $\frac{e_0 c \boldsymbol{H}}{m c_0}$ beträgt.

Frage: Könnte man vielleicht durch Anlegen eines Magnetfeldes den Elektronenstrom von dem Ionenstrom zur Sonde trennen und dadurch die Ergebnisse der Sondenmessungen präzisieren? Auf diese Frage muß vorerst eine negative Antwort gegeben werden. Das Magnetfeld um die Sonde kann nicht auf ein enges Gebiet beschränkt werden; es wird unvermeidlich auf den eigentlichen Strom im Gas einwirken, wodurch es die Größen φ_G, n_e, n_p usw. ändert. Folglich ist der experimentell gefundene Unterschied der Sondencharakteristiken beim Fehlen und in Gegenwart eines Magnetfeldes immer das Ergebnis der Wirkungen des Magnetfeldes sowohl auf den Strom im Gas als auch auf die Sondenmessungen. Man kann die beiden Wirkungen trennen, wenn man die Formeln der Theorie der Sondenmessungen in einem Magnetfeld als endgültig betrachtet und jede Abweichung der experimentell gefundenen Abhängigkeit $I_P = F(H)$ von dem theoretischen Zusammenhang als Ergebnis der Wirkung des Magnetfeldes auf den eigentlichen Strom im Gas betrachtet.

§ 52. Die Methodik der Sondenmessungen und ihre Hauptfehler

1. Der allgemeine Verlauf der Sondencharakteristik und ihre Auswertung. Oben wurde die Theorie eines Stroms zur Sonde betrachtet, der aus Teilchen eines Vorzeichens besteht. Bei einem selbständigen Strom im Gas sind immer Träger beider Vorzeichen vorhanden, im einfachsten Fall Elektronen und positive Ionen. Deshalb besteht der Strom zur Sonde im allgemeinen Fall aus zwei Komponenten: $I_P = I_e + I_p$. Bei der experimentellen Bestimmung der Sondencharakteristik $I_P = f(\varphi_P)$ erhält man immer eine Kurve, die die φ-Achse bei einem gewissen $\varphi_P \doteq \varphi_0$ schneidet; bei $\varphi_p > \varphi_0$ ist der Strom von der Sonde zum Gas gerichtet, bei $\varphi_p < \varphi_0$ umgekehrt vom Gas zur Sonde. Die erste Richtung, die dem Auftreffen von Elektronen aus dem Gas auf die Sonde entspricht, nimmt man gewöhnlich als positive Richtung des Sondenstroms; die positiven Sondenströme sind mitunter wesentlich größer (um zwei Größenordnungen) als die negativen. φ_0 ist das Potential, bei dem der resultierende Strom zur Sonde gleich Null ist; dieses Potential nimmt am vorgegebenen Ort ein isolierter Leiter oder ein Dielektrikum an.

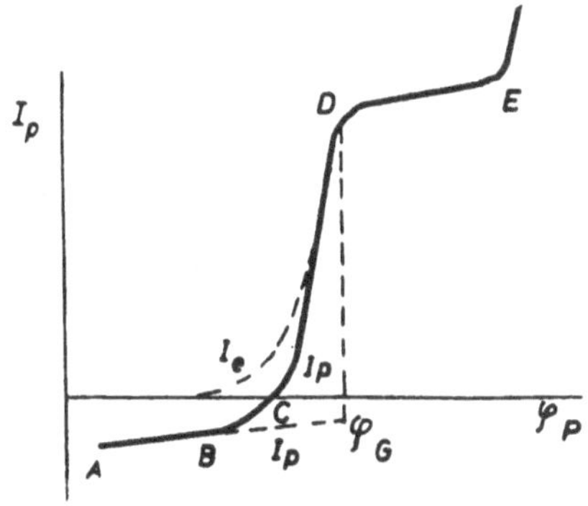

Abb. 199. Typischer Verlauf einer Sondencharakteristik. Die Kurve *ABCDE* stellt $I_P = f(\varphi_P)$ dar; I_e und I_P ist die Elektronen- bzw. die Ionenkomponente des Sondenstroms

Den charakteristischen *Verlauf einer Sondencharakteristik* zeigt Abb. 199. Bei $\varphi_p \ll \varphi_0$ ist $I_P < 0$ (positiver Ionenstrom zur Sonde); bei Annäherung an φ_0 wird I_P dem Betrage nach kleiner (Abschnitt *AB* der Charakteristik). Von einem gewissen Punkt *B* an fällt $|I_P|$ schneller und bei $\varphi_p = \varphi_0$ ist $I_P = 0$ (Punkt *C*). Dem Ionenstrom I_P überlagert sich der Elektronenstrom I_e. Im weiteren ($\varphi_P > \varphi_0$) ändert I_P das Vorzeichen und steigt steil an, indem es Werte erreicht, die dem Betrage nach um zwei Größenordnungen größer sind als bei φ . Sodann verlangsamt sich der Anstieg von I_P wiederum stark; der Knick der Kurve am Punkt *D* entspricht $\varphi_P \cong \varphi_G$. Bei $\varphi_P > \varphi_G$ (Abschnitt *DE* der Charakteristik) zieht die

Sonde die Elektronen an und stößt die positiven Ionen ab. Da $\bar{c}_p \ll \bar{c}_e$ ist, so ist $j_p \ll j_e$, und deshalb kann man den Ionenstrom bei $\varphi_S \gg \varphi_G$ vernachlässigen und den Sondenstrom als reinen Elektronenstrom betrachten. Bei einem gewissen $\varphi_S = \varphi'$ (Punkt E) entsteht zur Sonde ein selbständiger Strom; aus der Sonde wird eine Anode.

Die Auswertung der Stromspannungscharakteristik der Sonde vermittelt die Kenntnis des Potentials des Gases in Sondennähe φ_G, der Elektronenstromdichte j_e und der Ionenstromdichte j_p, der Geschwindigkeitsverteilung der Elektronen $F_e(c)$ und der Elektronenkonzentration n_e.

Zweckmäßig ist folgende Bearbeitungsweise. Zuerst bestimmt man angenähert das Gaspotential in Sondennähe („das Raumpotential") φ_G aus dem Knick der Charakteristik (am Punkt D). Dann bestimmt man die Ionenkomponente des Sondenstroms I_P bis zum Raumpotential φ_G, wozu man den linken Teil der Charakteristik AB, der den reinen Ionenstrom darstellt, nach rechts vom Punkt B extrapoliert (zum Extrapolationsverfahren siehe Anmerkung 14, S. 463). Teilen wir den Wert von I_P bei $\varphi_p = \varphi_G$ durch S_p, so finden wir die Ionenstromdichte im Gas j_p. Weiter bestimmen wir die Elektronenkomponente des Sondenstroms I_e als Differenz $(I_P - I_p)$ und konstruieren die Abhängigkeit der Größe lg I_e von φ_P. Bei einer MAXWELLverteilung ist lg $I_e = f(\varphi_P)$ eine Gerade mit der Neigung $\frac{d \ln I_e}{d\varphi_P} = -\frac{e_0}{kT_e}$, woraus man

$$T_e = -\frac{e_0}{k \frac{d \ln I_e}{d\varphi_P}} = \frac{5040}{\frac{d \lg I_e}{d\varphi_P}} \, {}^\circ\mathrm{K} \tag{52,1}$$

bestimmen kann (wenn I_e in Ampere und φ_P in Volt gemessen ist. Bei Konstruktion der Charakteristik in halblogarithmischem Maßstab (lg $I_e = f(\varphi_P)$ ist der Knick am Punkt D immer besser ausgeprägt; einen genaueren Wert von φ_G kann man finden, wenn man die Asymptoten zu den Zweigen BC und DE der Charakteristik lg $I_e = f(\varphi_P)$ zeichnet und ihren Schnittpunkt ermittelt.[1]) Die Abszisse dieses Punktes ergibt den Wert des Raumpotentials φ_G in Sondennähe, die Ordinate den Wert von I_e bei $U_p = 0$, der aufträte, wenn die Sonde die Entladung nicht störte. Teilen wir diesen Wert von I_e durch S_P, so finden wir j_{er}. Endlich finden wir aus j_{er} und T_e auch n_e:

$$n_e = \frac{4 j_{er}}{e_0 \bar{c}_e} = \frac{4 j_{er}}{e_0} \sqrt{\frac{\pi m_e}{8 k T_e}} = 4{,}03 \cdot 10^{13} \frac{j_{er}\left(\frac{\mathrm{A}}{\mathrm{cm}^2}\right)}{\sqrt{T_e(^\circ\mathrm{K})}}. \tag{52,2}$$

---

[1]) LANGMUIR und MOTT-SMITH haben bei Untersuchungen mit einer Zylindersonde eine Methode zur Bestimmung des Raumpotentials empfohlen, die aus der Formel (51,16) folgt. Die Sondencharakteristik $J_P = f(\varphi_P)$ wird bis zum Wert $U_P = \varphi_P - \varphi_G \cong 10$ V aufgenommen; die Gerade $J_P^2 = 4 r_P^2 l^2 j_e^2 \left(1 + \frac{U_P}{U_e}\right)$, wo $U_e = \frac{kT}{e}$ ist, die hierbei im Fall $U_P > 0$ $(\varphi_P > \varphi_G)$ herauskommen muß, ist rückwärts zu extrapolieren, bis $I_P = 0$, was $1 + \frac{\varphi_P - \varphi_G}{U_e} = 0$ oder $\varphi_G = (\varphi_P)_{I_P = 0} + U_e$ entspricht. In der Praxis wird jedoch diese Methode selten angewendet, und oft wird bezweifelt, ob sie überhaupt anwendbar ist ([0—1, S. 226]; [VIII—35]), da die Hülle selten so dick ist, daß eine bedeutende Beschränkung von I_P durch die Bahnbewegung stattfindet, wie das bei der Folgerung aus Formel (51,16) vorausgesetzt wird und der Verlauf der Charakteristik in der Nähe von $U_p = 0$ durch die Reflexion der Teilchen von der Sondenoberfläche merklich verzerrt werden kann (s. unten, P. 2).

Ist die halblogarithmische Charakteristik $\lg I_e = f(\varphi_P)$ nicht gradlinig, so ist die Geschwindigkeitsverteilung der Elektronen keine MAXWELLverteilung und man muß sie beispielsweise nach (51,24) bestimmen.

Die zahlenmäßige Bestimmung der zweiten Ableitung aus den experimentell gefundenen Werten der ursprünglichen Funktion kann zu großen Ungenauigkeiten führen; deshalb wurde [VIII—49] eine Methode vorgeschlagen, um $\frac{d^2 I_P}{d\varphi^2}$ experimentell zu bestimmen. Sie besteht in Folgendem. In den Kreis der Sonde P (Abb. 200) wird außer der Gleichspannungsquelle und dem Gleichstromgalvanometer G eine Stromquelle geschaltet, die eine sinusförmige Wechselspannung $U_1 = U_{10} \cos \omega t$ liefert (z. B. die Sekundärwicklung eines mit Wechselstrom gespeisten Transformators), und zwar derart, daß $U_{10} \ll U_0$ ist. Deshalb ist das Sondenpotential

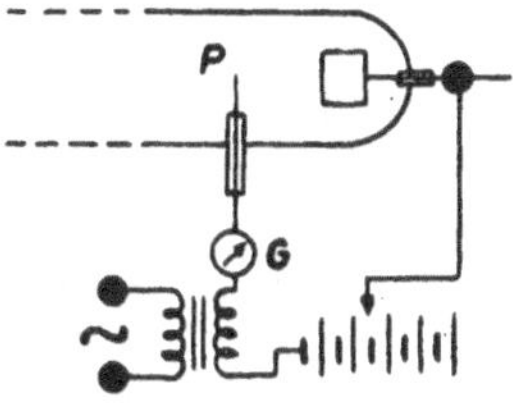

Abb. 200. Anordnung zur Messung der Größe $\frac{d^2 J_P}{d\varphi_P^2}$

$$\varphi_P = \varphi_0 + U_{10} \cos \omega t.$$

Entwickelt man die Gleichung der Sondencharakteristik $I_P = f(\varphi_P)$ in eine TAYLORreihe, so findet man

$$I_P = f(\varphi_0) + f'(\varphi_0)\, U_1 + \frac{1}{2} f''(\varphi_0)\, U_1^2 + \ldots =$$

$$= f(\varphi_0) + f'(\varphi_0)\, U_{10} \cos \omega t + \frac{1}{2} f''(\varphi_0)\, U_{10}^2 \cos^2 \omega t + \ldots =$$

$$= \left[f(\varphi_0) + \frac{1}{4} U_{10}^2 f''(\varphi_0) \right] + U_{10} f'(\varphi_0) \cos \omega t + \frac{1}{4} U_{10}^2 f''(\varphi_0) \cos 2\omega t + \ldots$$

Folglich ändert sich die konstante Komponente des Sondenstroms, die durch das Galvanometer G gemessen wird, beim Einschalten einer Wechselspannung um $\Delta I_P = \frac{1}{4} U_{10}^2 f''(\varphi_0)$. Daraus folgt, daß

$$f''(\varphi_0) = \frac{4 \Delta I_P}{U_{10}^2}$$

ist. Somit kann man beim Einschalten einer vorgegebenen Wechselspannung durch Messung von ΔI_P bei verschiedenen Werten von φ_0, $\frac{d^2 I_P}{d\varphi_P^2}$ auf dem gesamten notwendigen Abschnitt der Charakteristik bestimmen.

Die oben dargelegten Verfahren zur Bestimmung von $F_e(c)$ beruhen auf der Voraussetzung, daß die ungeordnete Elektronenbewegung ($f_1 = 0$) keinerlei Vorzugsrichtung besitzt. In Wirklichkeit ist fast immer eine vorherrschende Bewegungsrichtung vorhanden ($f_1 \neq 0$), die den Verlauf der Sondencharakteristik gegenüber dem oben beschriebenen Verlauf verzerrt. Da es sich um eine MAXWELLverteilung mit überlagerter Trift handelt, ist die Neigung der Sondencharakteristik nach LANGMUIR und MOTT-SMITH kleiner, der daraus gewonnene Wert von T_e aber größer als der wahre; der relative Fehler von T_e beträgt $\frac{1}{4\pi}\left(\frac{j_d}{j_{er}}\right)^2 = \frac{4}{\pi}\left(\frac{\bar{u}}{\bar{c}}\right)^2$, wo j_d und j_{er} die Stromdichten des gerichteten bzw. des ungerichteten

Elektronenstroms sind. Deshalb muß man den Wert von T_e, der aus der Sondencharakteristik gewonnen wurde, mit dem Koeffizienten

$$\left[1 - \frac{1}{4\pi}\left(\frac{j_d}{j_{er}}\right)^2\right] = \left[1 - \frac{4}{\pi}\left(\frac{\bar{u}}{\bar{c}}\right)^2\right]$$

multiplizieren.

Die Bestimmung der gerichteten Elektronenbewegung (der Größe $\bar{u}$ oder f_1) mit einer Sonde siehe unten, § 55.

2. Die wichtigsten Fehlerquellen bei Sondenmessungen. Eine systematische Fehlerquelle bei Untersuchungen der Entladung mit der Sondenmethode ist, ebenso wie bei beliebigen anderen physikalischen Messungen, das Mißverhältnis zwischen den Voraussetzungen der Methode und den realen Anwendungsbedingungen. Eine Diskussion dieser Fehlerquellen ist notwendig, um das Anwendungsgebiet der gegebenen Methode festzustellen und die Genauigkeit der erhaltenen Ergebnisse abzuschätzen. Erste Hinweise auf die möglichen Fehlerquellen bei Sondenmessungen nach der Methode von LANGMUIR und MOTT-SMITH enthalten die Arbeiten dieser Autoren [VIII — 25, 26]; eine weitergehende Analyse der Frage siehe bei LOEB [0 — 6], KLARFELD [VIII — 35] und in einer Reihe anderer Arbeiten.

a) Vor allem wird vorausgesetzt, daß die Sonde, eine in das Glas eingeführte Elektrode, die umliegenden Erscheinungen nicht wesentlich ändert. Um diese Bedingung zu verwirklichen, ist es notwendig, daß die Abmessungen der Sonde selbst, ebenso wie diejenige der sie umgebenden Schicht, klein sind gegenüber den Abmessungen, die das zu untersuchende Gasgebiet charakterisieren. Das erfordert, daß die der Sonde aufgedrückte Spannung nicht sehr groß ist; im anderen Fall kann die Stromstärke I_P merklich werden im Vergleich zur Stärke des untersuchten Stroms I_a, und es kann sogar vorkommen, daß ein selbständiger Strom zur Sonde zündet. Die letzte Bedingung kann bei großen Sondendimensionen und bei $U_P > 0$ (Elektronenstrom zur Sonde) verletzt werden. Sie bedeutet vor allem eine Änderung der Elektronenkonzentration n_e in Sondennähe (nicht nur in der Schicht, sondern auch außerhalb dieser), wenn die Sonde eingeschaltet wird und deshalb auch eine falsche Bestimmung von n_e und ebenso j_{er}. Wenn wir weiter I_P mit dem untersuchten Strom I_a vergleichen, so erfolgt bei Änderung von U_P und damit I_P eine Neuverteilung des Stroms im Entladungsrohr; die Stromstärke zwischen Kathode und Sonde wird größer als die zwischen Sonde und Anode. Da der Längspotentialgradient im Gas bei Vergrößerung der Stromstärke gewöhnlich fällt, so wird mit ansteigendem Sondenstrom auch der Potentialabfall im Gas neu verteilt, er wächst auf dem Abschnitt Sonde—Anode; folglich verschiebt sich das Potential im Gas, wenn sich φ_P ändert, in Sondennähe zur negativen Seite. Das führt manchmal, wie KLARFELD zeigte [VIII — 35] zu sehr großen Verzerrungen der Sondencharakteristiken und macht ihre Bearbeitung unmöglich (Abb. 201).

Deshalb ist die Verwendung einer großen Sonde unzulässig, besonders bei der Bestimmung des Elektronenstroms. Doch auch bei kleinen Sonderabmessungen erfolgt bei Annäherung von φ_P an φ_G eine allmähliche Verarmung des Gases an Ladungen in Sondennähe, die zu einer Verzögerung des Anstiegs von I_P führt. Deshalb vermindert sich die Steilheit der Kurve $I_P = f(\varphi_P)$, und anstatt des scharfen Knicks der Kurve bei $\varphi_P = \varphi_G$ kommt ein allmählicher Übergang des linken Zweiges der Kurve in den rechten heraus, der die Bearbeitung erschwert.

b) Neben ihrer elektrischen Wirkung kann die Sonde einfach als Fremdkörper, der in das Gas eingeführt ist, den Zustand des Gases beeinflussen. Beispielsweise dadurch, daß sie seine Temperatur verändert. Das wird besonders bei relativ hohen Gasdrucken[1]) und großer Stromstärke (kontrahierte Bogenentladung) merklich, wenn das Gas eine hohe Temperatur (10^3 °K) besitzt. In diesem Fall ruft die kalte Metallsonde eine Abkühlung hervor und darum eine Vergrößerung der Dichte der anliegenden Gasschicht, die visuell als dunkler Überzug, der die Sonde im leuchtenden Gas umgibt, wahrgenommen wird (MASON [VIII—30]). Eine dünne Sonde hingegen, die bei U_p merklich größer als Null bis zum sichtbaren Glühen erhitzt wird, kann in einem verhältnismäßig kalten Gas eine örtliche Erwärmung hervorrufen und daher eine Gasverdünnung.[2])

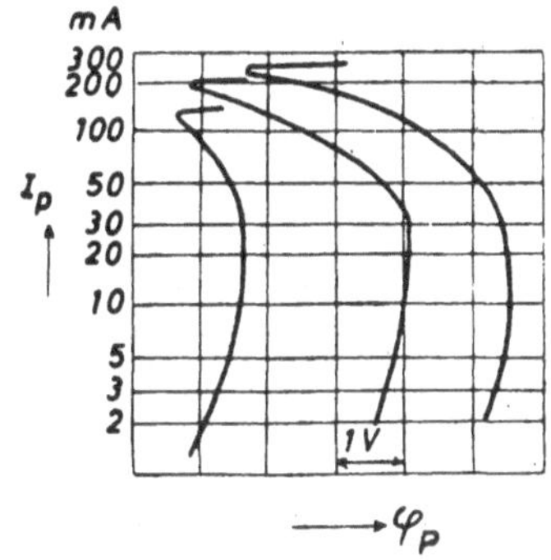

Abb. 201. Sondencharakteristiken in K-Dampf [VIII—35]

c) Die Sondentheorie von LANGMUIR gründet sich im wesentlichen auf die Theorie des Stroms im Vakuum, d. h. es wird vorausgesetzt, daß die zur Sonde gehenden Elektronen und Ionen keine Stöße erfahren. Dieser Umstand beschränkt das Anwendungsgebiet der Methode auf Gasdichten, bei denen die Dicke δ der Raumladungsschicht kleiner ist als λ_i und λ_e. Da $\delta \cong 10^{-2}$—10^{-1} cm ist, so muß $\lambda_i \geqq 10^{-1}$, d. h. $p \leqq 10^0 - 10^{-1}$ mm Hg sein. Es wurden wiederholt Versuche gemacht, die LANGMUIRsche Sondenmeßmethode auf Entladungen bei höheren Drucken bis zu Atmosphärendruck anzuwenden. Diese Versuche führten, wie zu erwarten, unvermeidlich zu falschen Ergebnissen. Das wurde in einem Artikel von KLARFELD, FABRIKANT und dem Verfasser gezeigt [VIII—31]. Der Versuch, die Sondentheorie durch Erfassung der Stöße zu erweitern, wurde in einer Reihe von Arbeiten unternommen [VIII—41, 42, 73, 74].

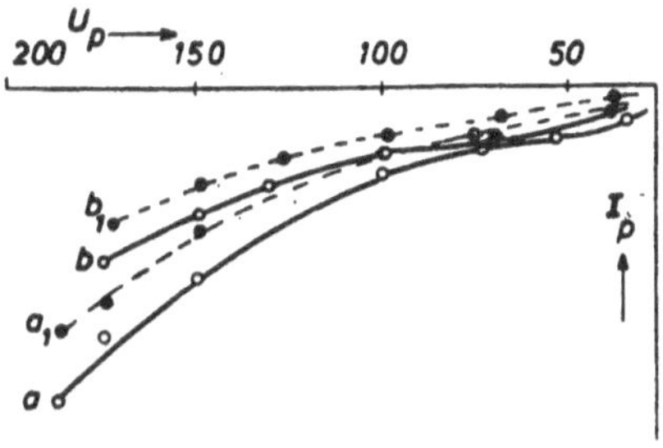

Abb. 202. Ionenstrom zu einer Kugelsonde in *Ne* bei $p = 1$ mm Hg und $I_a = 1{,}5$ mA. —o— ohne Beleuchtung von außen (a, b), ——●—— bei Beleuchtung durch Neonstrahlung (a_1, b_1) [VIII—33]

Eine Theorie der Sondenmessungen, die speziell für den Fall hohen Gasdrucks entwickelt wurde (im Gebiet, wo Beweglichkeit und Diffusion der geladenen Teilchen ausschlaggebend sind, siehe Kap. IX), wurde von SATOH angegeben [VIII—36]; sie wird kurz in [0—2, Kap. XXI, § 5] dargelegt. Sie ist anwendbar

---

1) Sondenmessungen nach der üblichen Methodik bei hohem Gasdruck sind auch wegen anderer Ursachen (s. den folgenden Absatz) fehlerhaft.

2) Bei niedrigem Gasdruck kann die Sonde ebenfalls elektrische Störungen im untersuchten Strom hervorrufen, beispielsweise Änderungen des Anodenfalles, Auftreten lokaler Schichten und anderer.

auf das Studium schwacher, selbständiger Ströme bei Hochdruck, z. B. auf die Untersuchung der Korona.

d) In der oben betrachteten Sondentheorie wird vorausgesetzt, daß die Sonden nur Elektronen und Ionen einfangen, sie aber nicht emittieren; insbesondere wird der Strom zur stark negativen Sonde ($U_P < 0$) als Strom von zur Sonde fliegenden positiven Ionen betrachtet (Abschnitt *AB* der Kurve in Abb. 199). Außerdem muß eine Sonde, die gegenüber dem Gas negativ ist, zwangsläufig aber auch Sekundärelektronen unter der Wirkung der auftreffenden Ionen, angeregten Atome und Photonen emittieren [VIII — 32, 33, 34].

Reichrudel und Spiwak [VIII — 33] haben bewiesen, daß die Rolle der angeregten (metastabilen) Atome, besonders in Edelgasen, sehr groß sein kann. Wie Versuche mit Beleuchtung des Stroms im Gas durch Strahlung desselben Gases, die eine „Dämpfung" eines Teils der metastabilen Atome hervorruft, zeigen, bedingt gerade die Wirkung der Metastabilen eine bedeutende Änderung gegenüber dem formalen Verlauf des negativen Abschnitts der Sondencharakteristik in Edelgasen (Abb. 202). Dieser Umstand erschwert die Extrapolation des Ionenstroms I_p in derartigen Gasen zu Potentialen in der Nähe von φ_G, deshalb werden kleinere Werte des Elektronenstroms berechnet als $I_P - I_p$, und auch die Ionenstromdichte

$$j_p = \frac{(I_P)_{\varphi_P = \varphi_G}}{S_p}$$

wird unzuverlässig.

In Gasen, in denen die Anregungsenergie der Atome kleiner ist als die Austrittsarbeit der Elektronen aus der Sonde (Metalldämpfe) oder nur ein wenig größer als diese, ist die Sekundärelektronenemission aus den Sonden unbedeutend und beeinflußt die Ergebnisse nicht merklich, in Edelgasen jedoch muß man sie berücksichtigen.

e) Die Sondentheorie berücksichtigt nicht, daß ein Teil der Elektronen, die die Sonde erreichen, von ihr reflektiert werden. Bei positiver Sondenspannung wirkt sich das kaum auf die Stromstärke I_P aus, da die von der Sonde reflektierten Elektronen größtenteils zu ihr zurückkehren. Bei $U_P < 0$ jedoch werden die reflektierten Elektronen von der Sonde abgestoßen und kehren nicht zu ihr zurück. Daher führt die Elektronenreflektion zum Absinken des linken (negativen) Zweiges und des Anfangs des rechten Zweiges der Kurve $I_e = f(\varphi_e)$ bei unveränderter Lage des größten Teils des rechten Zweiges. Bestimmt man den Wert des Raumpotentials aus dem Knick der Kurve, so zeigt sich, daß es nach rechts, d. h. in positiver Richtung gegenüber dem tatsächlichen Wert verschoben ist (Abb. 203).

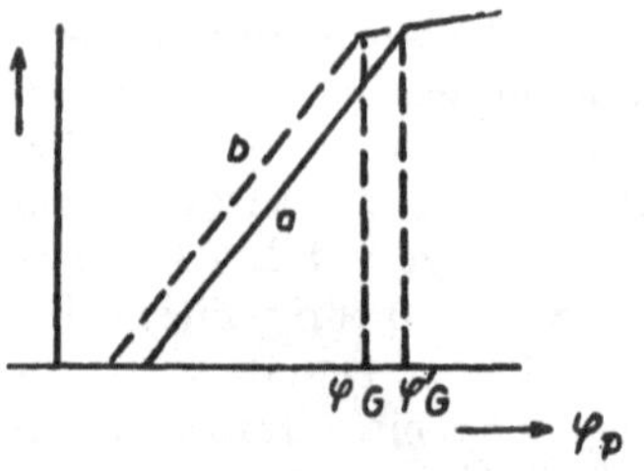

Abb. 203. Einfluß der Elektronenreflexion auf den Gang der Sondencharakteristik; *a*) die beim Vorhandensein von Reflexion beobachtete Kurve; *b*) die beim Fehlen von Reflexion zu erwartende Kurve

f) Der nichtarbeitende Teil der Sonde wird durch eine Isolierschicht *D* (Abb. 204) geschützt. Im Plasma lädt sich diese negativ und wird von einer positiven Raumladungsschicht *O* umgeben. Sie verkleinert faktisch die wirksame Sondenfläche, was zu Fehlern bei der Bestimmung der Stromdichten j_p und j_e und der Konzentration n_e führen kann (Abb. 204, a). Dieser Fehler ist besonders groß, wenn, wie das in einigen Arbeiten der Fall war, die wirksame Oberfläche der Sonde wenig oder überhaupt nicht über die Grenze des isolierenden Zylinders ragt (Abb. 204, b) (beispielsweise in der Arbeit [VI — 8]). Die Rolle des einen Teil der Sonde bedeckenden Isolators oder überhaupt der Abschirmung, wurde speziell untersucht [VIII — 37]; es wurde gezeigt, daß man den größten Fehler bei der Bestimmung der Konzentration der geladenen Teilchen erhält.

g) Wie die Abb. 197 und 198 zeigen, zeigt sich ein merklicher Einfluß eines Magnetfeldes auf die Sondencharakteristik von $H \cong 5—10$ *Oersted* an. Ein derartiges Magnetfeld kann im Gas der darin fließende elektrische Strom hervorrufen, wenn $I_a \cong 10^2$ A und mehr beträgt. Bei solch starken Strömen ist es notwendig, bei der Auswertung der Sondencharakteristiken den Einfluß des Strommagnetfeldes zu berücksichtigen; bei kleineren Strömen ist diese Korrektur nicht notwendig.

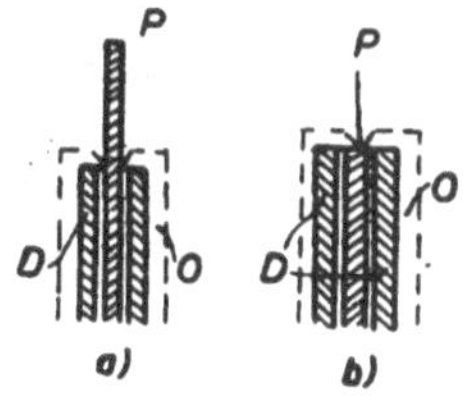

Abb. 204. Raumladungsschicht O um die Isolation D der Sonde P

h) Gewöhnlich setzt man voraus, daß bei stationärem Strom die Konzentration der Elektronen und Ionen und ihre Geschwindigkeitsverteilung ebenfalls stationär sind. Deshalb werden die Sondenmessungen mit Gleichstromgeräten durchgeführt. Wenn aber der Strom von Schwingungsprozessen begleitet wird, so können φ_G, n_e und f_e periodische Funktionen der Zeit sein. Darüber gibt die gewöhnliche Sondenmeßmethode, die mit Gleichstromgeräten arbeitet, keine Auskunft. Derartige Schwingungen treten aber fast immer bei niedrigem Gasdruck auf, beispielsweise in der Form eines sich periodisch ändernden Anodenfalls [XIII — 11]. Ein Fehler, der dadurch bei Sondenmessungen entstehen kann, besteht darin, daß die Spannung in Sondennähe schwankt und folglich auch $U_P = \varphi_P - \varphi_G$ sich mit der gleichen Frequenz ändert. Um das zu vermeiden, ist es zweckmäßig, entweder die Sonde mit der Kathode zu verbinden [VIII — 61] oder die Schwingungen des Anodenfalls durch einen Magneten in der Nähe der Anode zu unterdrücken [VIII — 67].

3. Sondenmessungen bei nichtstationärem Strom. Bei nichtstationärem Strom im Gas, z. B. bei Zünd- oder Dämpfungsprozessen, der Entladung bei Wechselstrom oder kurzen Stromimpulsen ändern sich sämtliche elektrokinetischen Parameter (n_e, T_e, j_{pr}, j_{er} usw.) mit der Zeit. Um ihren Wert in verschiedenen Zeitmomenten durch Sondenmessungen nach der Methode von LANGMUIR zu ermitteln, ist der Verlauf der Sondencharakteristik in denjenigen Zeitmomenten zu bestimmen, in denen die Werte der gesuchten Größen gefunden werden müssen, d. h. es ist notwendig, I_P als Funktion der Sondenspannung und der Zeit zu kennen.

Das kann man erreichen, wenn man die im Gas untersuchte Stromart mehrmals hervorruft, jedoch jedesmal eine andere Spannung auf die Sonde gibt. Die Registrierung des Sondenstroms kann entweder mit einem Oszillographen oder mit einem kommutierenden Gerät (einer Kontaktscheibe, einer Elektronenröhre usw.) und einem Galvanometer durchgeführt werden. Im ersten Fall (Abb. 205) wird in den Sondenkreis P ein induktionsfreier Widerstand R_P geschaltet, und die Spannung $U(t) = I_P(t) R_P$ an ihm wird mit einem Elektronenstrahloszillographen bei verschiedenen Werten von φ_P aufgenommen. Es ist notwendig, den wahren Wert der Sondenspannung zu den Untersuchungszeiten zu kennen. Dazu ist es am besten, eine angenäherte Konstanz von φ_P während der Dauer des ganzen Aufzeichnungsvorgangs sicher zu stellen, indem man nur eine Änderung von φ_P zuläßt, die sich nicht merklich auf den Sondenstrom auswirkt. Das kann man machen, indem man die Sondenspannung φ_P direkt durch eine Spannungsquelle mit konstanter E. M. K. vorgibt (eine Batterie ohne Potentiometer)[1] und die den Widerstand R_P so beschränkt, daß der Spannungsabfall an ihm $I_P R_P$ klein ist (ist er für die Aufzeichnung zu klein, so muß man ihn mit einem Röhrenverstärker verstärken [VIII — 40]). Dann kann man φ_P einfach mit einem Spannungsmesser V_P bestimmen. Werden diese Bedingungen nicht beachtet, so muß die Spannung zwischen der Sonde und der Vergleichselektrode ebenfalls oszillographiert werden. Aus der Schar von Oszillogrammen des Sondenstroms, die bei verschiedenen φ_P (Abb. 206) aufgenommen wurden, muß man Punkte auswählen, die zu den uns interessierenden Zeitmomenten $t_1, t_2, \ldots$ gehören, d. h. die Schnittpunkte der Oszillogrammschar mit den Senkrechten $t = t_1$, $t = t_2, \ldots$ ermitteln; die Punkte, die zu einer Schnittgeraden gehören, bilden die Sondencharakteristik $I_P = f(\varphi_P)$ im entsprechenden Zeitmoment.

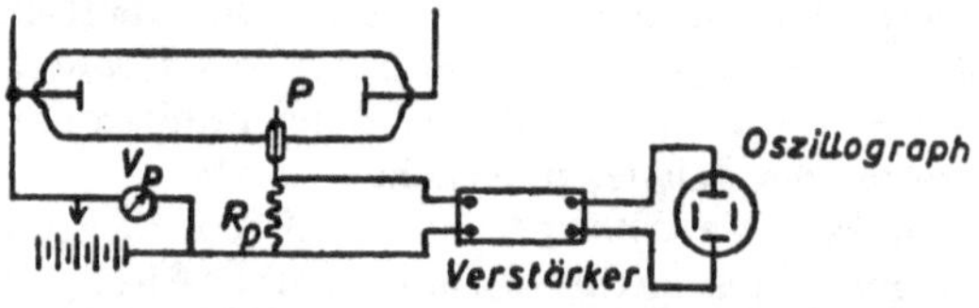

Abb. 205. Oszillographenschaltung zur Bestimmung des Sondenstroms bei nichtstationären Prozessen

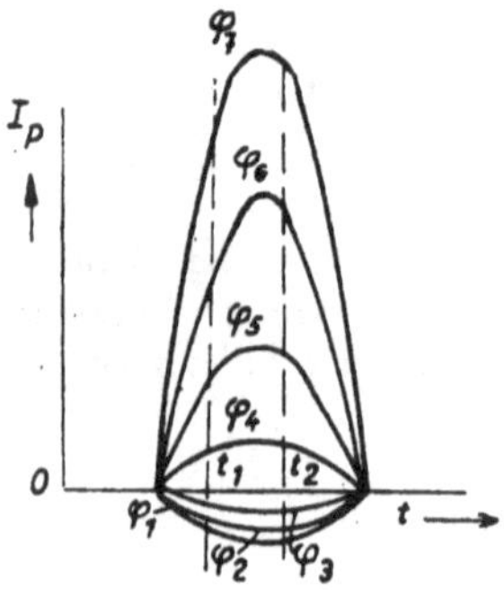

Abb. 206. Beispiel einer Schar von Sondenstromoszillogrammen

Eine andere Methode beruht darauf, daß man den Oszillographen durch ein *elektrisches Stroboskop* ersetzt. Der untersuchte Strom im Gas wird streng periodisch mit bestimmter Frequenz wiederholt. Der Sondenstromkreis wird in jeder Periode geschlossen, beispielsweise mit einer Kontaktscheibe (Abb. 207), für eine Zeitspanne Δt, die bedeutend kleiner als die Stromperiode T und in der Phase gleichmäßig relativ zum Stromanfang verschoben ist (Abb. 208). Die Stromstärke zur Sonde wird mit einem Gleichstromgalvanometer gemessen, dessen Anzeigewerte mit $\frac{T}{\Delta t}$ multipliziert werden; indem man die E. M. K. der Sondenbatterie ändert, nimmt man die Charakteristik auf, die dem gegebenen Zeitmoment entspricht; ändert man das Zeitintervall, in dem der Sondenkreis geschlossen ist, so findet man ähnliche Charakteristiken für die verschiedenen Zeitintervalle. Eine vollkommenere Form der Sonden-

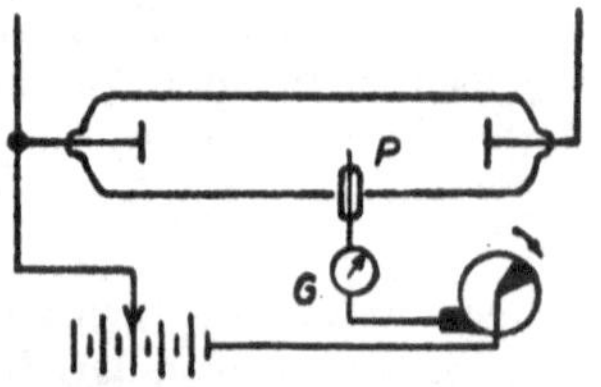

Abb. 207. Anordnung zur Aufnahme der Sondencharakteristik bei Wechselstrom mit Hilfe eines mechanischen Kommutators (Sonden-„Stroboskop")

[1] Das Außerachtlassen dieser Bedingung führte in einigen Arbeiten zu falschen Folgerungen und „Entdeckungen"; die Kritik eines solchen Falles siehe in der Arbeit von Poletajew [VIII—38].

stroboskopie, als die Anwendung einer Kontaktscheibe darstellt, besteht darin, daß man die Spannung an dem Ladewiderstand R_P im Sondenkreis mit einer Mehrgitterelektronenröhre verstärkt, die für kurze Zeit durch entsprechende Spannungsimpulse auf das zweite Gitter geöffnet wird [VIII — 44].

Bei gewissen Formen des nichtstationären Stroms besitzt die Hauptelektrode selbst (Anode oder Kathode), bezüglich der man der Sonde verschiedene Spannungen aufdrücken kann, kein konstantes Potential gegenüber dem Plasma (z. B. beim Abbau eines Plasmas); in anderen Fällen gibt es überhaupt keine Hauptelektrode (beim elektrodenlosen Strom). In diesen Fällen kann man eine Doppelsonde benutzen, das sind zwei gleiche Sonden, zwischen die eine regelbare Spannung gelegt wird. Aus den Charakteristiken einer solchen Doppelsonde kann man T_e bestimmen und unter gewissen zusätzlichen Voraussetzungem (die bedauerlicherweise nicht immer berücksichtigt würden) auch n_e [VIII — 81, 82].

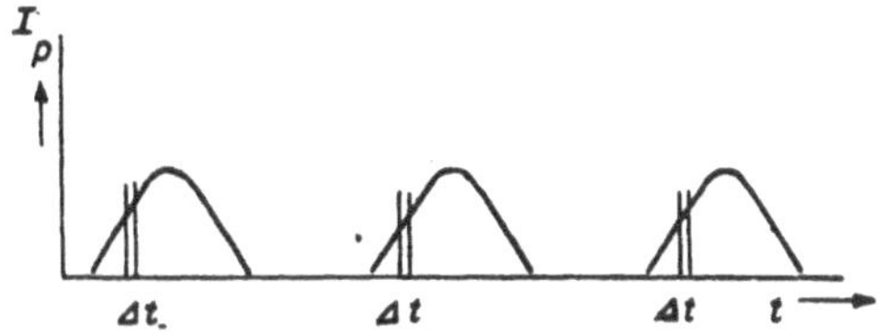

Abb. 208. Zum Arbeiten des Sonden-„Stroboskops"

Die Richtigkeit der Meßergebnisse mit Sonden bei dynamischen Betrieb wird vor allem durch Beachtung der üblichen Bedingungen sichergestellt, die einer Meßapperatur bei Messungen von schnellveränderlichen elektrischen Prozessen auferlegt werden: Durch richtige Wahl der Zeitkonstanten der Kreise, der Frequenz der Charakteristiken usw. Sind diese Bedingungen erfüllt, so kann man die Methode der Sondencharakteristiken für die Untersuchung beliebiger Prozesse im Gas benutzen, wenn die Hauptvoraussetzungen der Sondentheorie gegeben sind. Dazu ist es notwendig, daß während der Zeit t, in der ein Elektron oder Ion die die Sonde umgebende Schicht durchfliegt, sich die Abmessungen der Schicht und das Feld in ihr nicht stark ändern. Da die Schichtdicke $\delta \cong 10^{-2}—10^{-1}$ cm, die Elektronengeschwindigkeit $c_e \cong 10^8$ cm/sec und die Ionengeschwindigkeit $c_p \cong 10^5—10^6$ cm/sec sind, so beträgt die Durchflugzeit $t \cong 10^{-9}$ sec bei Elektronen und $t \cong 10^{-6}$ bis 10^{-7} sec bei Ionen. Folglich muß auch die charakteristische Zeit des Stroms $T \gg 10^{-8}$ sec für die Messung des Elektronenstroms und $10^{-5}—10^{-6}$ sec für die Messung des Ionenstroms sein.

Eine strengere Formulierung der Anwendungsbedingung besteht in der Forderung der Quasistationarität der Raumladung in der Schicht O um die Sonde [VIII — 45]. Um abzuschätzen, ob diese Bedingung erfüllt wird, kann man ein von GRINBERG [VIII — 46] für den Elektronenstrom abgeleitetes Kriterium benutzen. In Anwendung auf unsere Aufgabe hat das Kriterium folgende Form

$$\omega < \frac{10}{3}\left(\frac{2\pi}{3}\frac{e_0}{m}\frac{j}{\delta}\right)^{\frac{1}{3}} \tag{52,3}$$

oder in praktischen Einheiten

$$f\,(\mathrm{Hz}) < 0{,}65 \cdot 10^8 \cdot \left[\frac{j\left(\frac{A}{\mathrm{cm}^2}\right)}{M\delta\,(\mathrm{cm})}\right]^{\frac{1}{3}}$$

(M ist das Molekulargewicht der Ladungsträger). Eine zahlenmäßige Abschätzung nach dieser Formel zeigt, daß man Sondenmessungen bei $U_P > 0$ bis $f \cong 10^8$ Hz und bei $U_P < 0$ bis $f \cong 10^6$ Hz durchführen kann, d. h. bei Prozessen von solcher Geschwindigkeit, daß bei ihrer Entwicklung in eine Fourierreihe die Harmonischen der höheren Frequenzen keine merkliche Rolle spielen. Dieses Ergebnis widerspricht nicht der oben angeführten gröberen Abschätzung.

§ 53. Experimentelle Daten über die Geschwindigkeitsverteilung der Elektronen

1. Die stationäre Geschwindigkeitsverteilung. Die Geschwindigkeitsverteilung der Elektronen ist im allgemeinen Fall von den Koordinaten und von der Zeit abhängig: $f_e = f_e(\mathbf{c}, \mathbf{r}, t)$. Der einfachste Fall ist eine Verteilung, die weder von der Zeit noch von den Koordinaten abhängt. Eine derartige Verteilung kann man in dem homogenen Bereich des konstanten Stroms im Gas erwarten. Ein Beispiel dafür ist die lange positive Säule. Sie ist bekanntlich ein nichtisothermes Elektronenplasma (d. h. ein Gebiet von stark ionisiertem Gas ohne bedeutende Raumladung), in dem die elektrischen und kinetischen Parameter (E, n_e, n_p, $\overline{u}_e$ usw.) über die Säulenlänge konstant sind $\left(\frac{d}{dz} = 0\right)$ und die Verteilungsfunktion f_e nirgendwo von den Koordinaten abhängt, außer in der Raumladungsschicht an den Rohrwänden.

Schon die ersten Untersuchungen von f_e in der positiven Quecksilberdampf-Niederdrucksäule, die von den Begründern der Sondenmethodik durchgeführt wurden [VIII – 25], haben gezeigt, daß die Elektronen unter diesen Bedingungen eine MAXWELLsche Geschwindigkeitsverteilung besitzen, genauer gesagt, daß der symmetrische Teil der Verteilungsfunktion f_0 durch das Gesetz

$$f_0 = A e^{-hc^2} = \left(\frac{m}{2\pi k T_e}\right)^{\frac{3}{2}} \exp\left(-\frac{mc^2}{2kT_e}\right)$$

bestimmt wird und deshalb die Verteilung nach dem Betrag der Geschwindigkeiten

$$F(c) \cong 4\pi\, A e^{-hc^2} c^2 = \frac{4}{\sqrt{\pi}} \left(\frac{m}{2kT_e}\right)^{\frac{3}{2}} c^2 \exp\left(-\frac{mc^2}{2kT_e}\right)$$

ist. Diese Folgerung wurde im weiteren in einer ganzen Reihe von Arbeiten bestätigt, die in Quecksilberdampf (siehe z. B. [VIII – 54, 55, 56]), in den Dämpfen der Alkalimetalle [VIII – 58, 59] und in Edelgasen [VIII – 57] durchgeführt wurden.[1]) Die bisher veröffentlichten Ergebnisse erlauben es anzunehmen, daß die *stationäre Geschwindigkeitsverteilung der Elektronen bei einem selbständigen Strom in verschiedenen Gasen und unter verschiedenen Bedingungen* (verschiedenen Drucken und Säulendurchmessern) eine *MAXWELLverteilung ist; von der Gasart und den Bedingungen des Stromdurchgangs hängt nur die Elektronentemperatur T_e ab.* In Anbetracht der Wichtigkeit dieser Folgerung für die Theorie des Stroms im Gas erläutern wir ihren Inhalt und den Grad, in dem sie gesichert ist, durch Versuchsdaten eingehender.

---

[1]) Zu einem anderen Ergebnis führte eine Untersuchung, die nach der Methode der Magnetspektren durchgeführt wurde [VIII—72]. Es ist jedoch umstritten [VIII—75].

Die im § 48 betrachtete Theorie zeigt, daß in einem konstanten homogenen Feld ($\boldsymbol{E}$ = const.) der symmetrische Teil der Geschwindigkeitsverteilungsfunktion der Elektronen f_0 eine MAXWELLverteilung sein muß, wenn nur die elastischen Stöße der Elektronen mit den Molekülen eine wesentliche Rolle spielen und der Stoßquerschnitt s proportional zu c_e^{-1} ist. In Gasen, bei denen s in anderer Weise von c abhängt, muß f_0 keine MAXWELLverteilung sein; doch auch in den Gasen, bei denen $s \div c_e^{-1}$ ist, muß f_0 durch das Gesetz e^{-hc^2} nur bis zu den Geschwindigkeiten ausgedrückt werden, bei denen die Wahrscheinlichkeit der elastischen und unelastischen Stöße einander vergleichbar werden. Wie schon oben bemerkt wurde (§ 48), gehört Quecksilberdampf zu den Gasen, bei denen s in gewissen Grenzen annähernd proportional zu c_e^{-1} ist. (Bei Hg unter $K_e \leqq 16$ eV.) Doch schon bei bedeutend kleineren Elektronenenergien von 4,9 eV an, kommen in Hg unelastische Stöße vor; bei 12 eV sind die unelastischen und die elastischen Stöße in Hg gleich wahrscheinlich, während bei $K_e > 12$ eV $s_a > s_{el}$ ist (s. Abb. 62). Deshalb könnte man erwarten, daß die MAXWELLformel für f_0 nur bis 10—12 eV erfüllt sein kann.

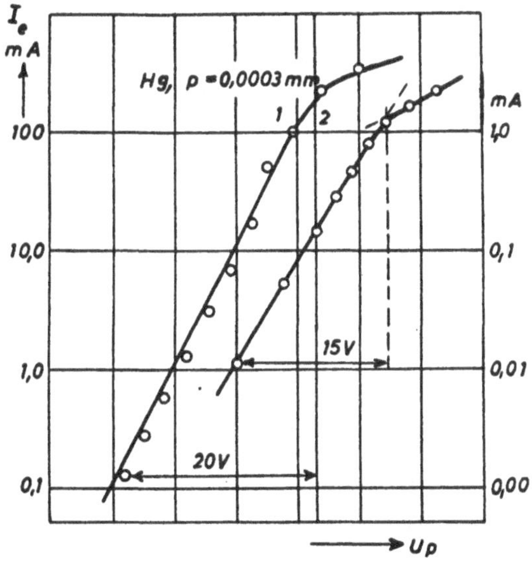

Abb. 209. Sondencharakteristiken in Quecksilberdampf [VIII—60]; *1* — ebene Sonde an der Wand, *2* — Zylindersonde in der Achse

Aber man findet schon in den Arbeiten von LANGMUIR [VIII — 25, 26] logarithmische Charakteristiken des Sondenelektronenstroms (lg $I_e = f(U_p)$), die manchmal bis zu 16 V geradlinig sind (siehe auch [0 — 1] S. 221); das bedeutet, daß die Funktion f_0 bis zu 16 eV eine MAXWELLfunktion ist. In einer unlängst durchgeführten Arbeit von GUSEWA [VIII — 60], bei der besondere Aufmerksamkeit darauf verwandt wurde, unverzerrte Sondencharakteristiken zu erhalten, fand man, daß sich f_0 bis 20 eV dem Gesetz e^{-hc^2} unterordnet (Abb. 209). Somit stören die unelastischen Stöße, wenigstens in diesem Fall, nicht die MAXWELLsche Geschwindigkeitsverteilung. Das gleiche ist nach den Meßergebnissen von POKROWSKAJA [VIII — 79] auch in Wasserstoff der Fall.

Noch interessanter sind Angaben, die sich auf Neon und die schweren Edelgase beziehen, wo s_e nicht fällt, sondern umgekehrt, mit c steigt, deshalb müßte $f_0(c)$ im gesamten Geschwindigkeitsbereich der Elektronen (s. § 48) durch ein nicht-MAXWELLsches Gesetz ausgedrückt werden. SEELIGER und HIRCHERT fanden jedoch [VIII — 57], daß in reinem Ne und Ar in Rohren verschiedener Durchmesser (2 und 4 cm) bei Drucken von 0,1 mm bis 4—10 mm Hg und einer Stromstärke von 50, 100 und 300 mA die Sondencharakteristiken eine MAXWELLsche Geschwindigkeitsverteilung der Elektronen zeigen. Zu einem ähnlichen Ergebnis kam auch

GUSEWA, die eine Geradlinigkeit der Sondencharakteristiken $\lg I_e = f(U_p)$ in Ne bei $p = 0{,}04-0{,}2$ mm und $I = 30-150$ mA zwischen 0 bis 16,20 und sogar 24 V fand (Abb. 210). Offensichtlich ist eine völlig stationäre Geschwindigkeitsverteilung der Elektronen bei einem selbständigen Strom sogar dann gegeben, wenn unelastische Stöße vorhanden sind und der Molekülquerschnitt von der Elektronengeschwindigkeit „nichtentsprechend“ abhängt.[1]) Das bedeutet jedoch nicht, daß f_0 stets bei Gleichstrom im Gas überall eine MAXWELL-verteilung ist, da noch lange nicht in jedem Querschnitt des stationären Stroms die Geschwindigkeitsverteilung völlig stationär ist.[2])

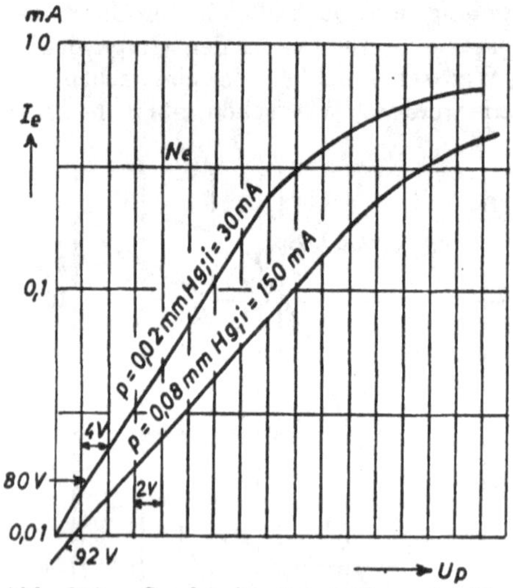

Abb. 210. Sondencharakteristiken in Ne; ebene Sonde [VIII—60]

Die in einer großen Anzahl von Arbeiten, beginnend mit LANGMUIR, krassen Abweichungen der Sondencharakteristiken von einem logarithmisch gradlinigen Verlauf sind offenbar durch einen der folgenden Umstände bedingt: a) durch die nicht stationäre Geschwindigkeitsverteilung der Elektronen, wenn die Sonde in der Nähe der Kathode oder einer Einschnürung der Entladung oder im Gebiet von Schichten angebracht war (siehe unten); b) durch das Vorhandensein einer stark gerichteten Elektronenbewegung (einer Trift), besonders bei niedrigem Gasdruck und ebener, senkrecht zur Stromrichtung im Gas angebrachten Sonde (s. § 55); c) in einer Reihe von Fällen einfach durch Unzulänglichkeiten der angewandten Methodik, meistens durch den Einfluß der Ladungsschicht auf die Isolationsfläche der Sonde.

2. Die Einstelldauer einer stationären Geschwindigkeitsverteilung. Auf welche Weise und in welcher Zeit sich die Geschwindigkeitsverteilung der Elektronen stabilisiert, wurde bisher nicht endgültig festgestellt, obwohl zahlreiche Arbeiten dieser Frage gewidmet sind. Da diese Frage noch ungeklärt ist und die ausgesprochenen Meinungen einander widersprechen, wollen wir die experimentellen Daten, die sich darauf beziehen, anführen und diskutieren.[3])

---

[1]) Zusätzliche Argumente zugunsten dieser Behauptung geben die Berechnungen und Messungen der Ionisationsfrequenzen (s. § 62).

[2]) Sie muß nicht stationär sein, wenn der Beobachtungsort sich in einem kleineren Abstand als L (s. § 49) von der Kathode oder einem anderen Gebiet mit höherer Feldstärke befindet.

[3]) In einem Werk [IV—17] wurde versucht, eine derartige Übersicht zu geben. Es wurde dort jedoch nur ein kleiner Teil des experimentellen Materials benutzt; mit der Form der Auswertung gewisser Daten und mit der grundlegenden Folgerung, daß die MAXWELL-verteilung sich infolge der COULOMBschen Wechselwirkung stabilisiere, können wir uns nicht einverstanden erklären.

Einen sehr einfachen, aber wichtigen Hinweis auf die Wiedereinstellgeschwindigkeit der MAXWELLschen Geschwindigkeitsverteilung der Elektronen nach einer Störung gibt, wie LANGMUIR bemerkte [VIII — 13], gerade die Tatsache, daß die Elektronen im Entladungsrohr besonders in der Nähe der Achse MAXWELLverteilung besitzen. Die nichtleitende oder isolierte Rohrwand bekommt in diesem Fall eine negative Spannung relativ zum Gas

$$\Delta \varphi_w = -\frac{kT_e}{e} \ln \left(\frac{j_e}{j_p}\right) = -U_e \ln \left(\frac{j_e}{j_p}\right)$$

(s. § 8, Anmerkung zu S. 39). Ist beispielsweise $U_e = 1$ eV, $\frac{j_e}{j_p} = 400$ (Quecksilberdampf), so ist $\Delta \varphi_w = 6$ V. Folglich muß die Wand alle Elektronen reflektieren, außer denen, bei denen die Radialkomponente der kinetischen Energie $\frac{1}{2} m\dot{r}^2 \geqslant |\Delta \varphi_w|$ ist, d. h. im vorliegenden Fall 6 eV; diese Elektronen werden von der Wand adsorbiert und müssen in der Geschwindigkeitsverteilung der Elektronen im Gas fehlen. Wenn dennoch Sonden, die sowohl in der Rohrachse als auch an der Rohrwand angeordnet sind, eine MAXWELLverteilung bis zu großen Geschwindigkeiten zeigen (s. S. 313 und Abb. 209), so bedeutet das, daß Störungen der Verteilung auf dem Wege von der gegenüberliegenden Wand zur Sonde ausgeglichen werden; anders gesagt, ist die Relaxationslänge L kleiner als der Rohrdurchmesser (wenn die Sonde an der Wand betrachtet wird) oder kleiner als der Rohrradius (wenn die Sonde in der Achse liegt). LANGMUIR führte aus der Arbeit [VIII — 26, T. IV, Tab. XIV] ein Beispiel an: in einem zylindrischen Glasrohr von 3 cm Durchmesser, das mit Hg-Dampf bei $t = 10°$ C ($p \cong 0{,}8\,\mu$ Hg) gefüllt ist und $I = 0{,}1$ A ($n_e = 3{,}4 \cdot 10^9$ cm^{-3}, $T_e = 36000°$ K) ist eine MAXWELLsche Geschwindigkeitsverteilung vorhanden; folglich ist $L < 1{,}5$ cm. Eine ähnliche Folgerung kann aus beliebigen Versuchen gezogen werden, in denen sich zeigt, daß das e^{-hc^2}-Gesetz bis zu Geschwindigkeiten, die größer sind als $U_e \ln \frac{j_e}{j_p}$, erfüllt ist.

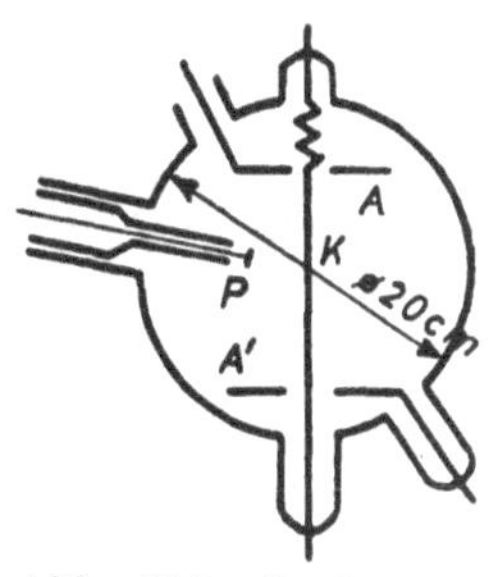

Abb. 211. Gerät zum Studium der Verteilungsfunktion der Elektronen in verschiedenen Abständen von der Kathode [VIII—12]

In den Arbeiten, welche speziell dieser Frage gewidmet sind, wurde die Geschwindigkeitsverteilung der von einer Glühkathode emittierten Elektronen in verschiedenen Abständen von der Kathode untersucht. In einer der ersten Arbeiten [VIII — 12] befand sich die Glühkathode K (Abb. 211), ein dünner Wolframfaden, im Inneren eines kugelförmigen Kolbens; zwei ebene Scheibenanoden (A und A') befanden sich an den Enden des Fadens; eine ebene Sonde P konnte auf verschiedene Abstände an die Kathode herangeschoben werden. Als qualitatives Merkmal für die Neuverteilung der Elektronengeschwindigkeiten im Gas diente es, wenn mit der Sonde Elektronen im Gas gefunden wurden mit einer Energie, die bedeutend größer war als die von ihnen durchlaufene Potentialdifferenz im Gas; die Elektronen gelangten auf die Sonde bei einer Sondenspannung von -25 V und sogar von -40 V relativ zur Kathode. Ein besseres, quantitatives Merkmal der Erscheinung ergab die Untersuchung der Sondencharakteristiken $\ln I_e = F(\varphi_p)$, deren Neigung (die durch die Elektronentemperatur T_e bestimmt wird) als Maß für die Streuung der Elektronengeschwindigkeit diente. Es zeigte sich, daß die Elektronengeschwindigkeiten desto stärker streuen, je höher der Gasdruck und die Stromstärke ist (der größte Anstieg der Streuung mit dem Strom wurde zwischen 10 mA und 100 mA beobachtet) und je kleiner die Elektronengeschwindigkeiten sind. Bei $p = 0{,}17\,\mu$ Hg und einer Anodenspannung $U_a = 20$ V fand die Streuung in einem Abstand von 2,5 cm von der Kathode ihr Ende, bei $U_a = 40$ V in einem Abstand von 4 cm, während λ_e unter diesen Bedingungen nahezu 1 m ist. Quantitative Folgerungen aus dieser Arbeit werden dadurch erschwert, daß Angaben über die Konzentration und Temperatur der Elektronen in ihr fehlen.

In einigen Arbeiten wurde die allmähliche Einstellung der Geschwindigkeitsverteilung von Elektronen beobachtet, die von der Kathode aus in ein langes zylindrisches, mit Quecksilberdampf gefülltes Rohr flogen. In einem Rohr mit flüssiger Quecksilberkathode wurde gefunden [VIII—55], daß die Relaxationslänge bei Druckerhöhung von $0{,}04\,\mu$ [1]) auf 19μ von $L > 60$ cm [1]) auf $L < 1$ cm abnimmt. Die quantitative Deutung der Beobachtungsergebnisse in der Nähe der flüssigen Kathode wird jedoch durch einen gerichteten Dampfstrahl aus dem Kathodenfleck erschwert.

Leichter sind ähnliche Beobachtungen in Glühkathodenrohren zu interpretieren [VIII—64, 65, 67]; die Ergebnisse unterscheiden sich dabei nicht wesentlich von den vorhergehenden. So beobachtete man in einem Hg-Dampf-Rohr mit Oxydkathode bei $p = 8{,}5\mu$ Hg und $I = 10$ mA Sondencharakteristiken mit scharfen Knicken in Abständen bis 4,5 cm von der Kathode [VIII—64]. Das beweist, daß in dieser Entfernung noch eine instabile Geschwindigkeitsverteilung vorhanden ist. Analoge Ergebnisse wurden in der Arbeit [VIII—65] gefunden, wo Versuche in reinem Quecksilber und Hg + Ar-Gemisch durchgeführt wurden. Man fand beispielsweise in Hg bei $p = 5\mu$ Hg und $i = 20$ mA ein $L = 11$—12 cm. In der Arbeit [VIII—67] (siehe auch [IV—17, § 26, Tab. 7]) wurde, ebenso wie in [VIII—12], gefunden, daß L abnimmt nicht nur mit wachsendem p, sondern auch mit wachsendem I, bei $p =$ const.

POLIN und GWOSDOWER [VIII—66] fanden, indem sie in einen Quecksilberbogen ($I = 1$ A) einen Elektronenstrom mit 45 eV Anfangsgeschwindigkeit von einer Hilfskathode aus schickten, daß sich die Geschwindigkeitsverteilung der Elektronen in einem Abstand $L \geqslant 2$ cm zu stabilisieren beginnt (der Dampfdruck ist nicht genau angegeben).

In Neon, bei $p = 6$ mm Hg und $I = 0{,}5$ A, $n_e = 2{,}2 \cdot 10^{12}$ cm^{-3} ist die Geschwindigkeitsverteilung der Elektronen 4 mm von der Kathode entfernt, noch nicht stabil (keine MAXWELLverteilung), in 10 mm Entfernung ist sie es jedoch [VIII—27]. In einer anderen Arbeit [VIII—68] wurde die Geschwindigkeitsverteilung in Ne durch direkte Messung der zweiten Ableitung des Sondenstroms untersucht (s. S. 300 und 305). Die Versuchsbedingungen waren: ein zylindrisches Rohr von 2,8 cm Durchmesser, $l = 35$ cm, Ne, $p = 4{,}76$ mm Hg, $I_a = 1{,}8$ A, $E = 0{,}93$ V/cm. Auf die Zylindersonde mit 0,2 mm Durchmesser, $l = 5{,}3$ mm, wurde außer einer Gleichspannung noch eine Wechselspannung $U_m = 0{,}3$ V, 100 Hz gegeben. In Abb. 212 sind die auf diese Weise aufgenommenen Verteilungskurven der Verteilung in verschiedenen Abständen d von der Kathode angeführt. Erst bei $L = 2$ cm stellt sich eine MAXWELLverteilung ein, mit $U_e = 2{,}65$ eV, $n_e = 9{,}2 \cdot 10^{10}$ cm^{-3}.

[1]) Die Zuverlässigkeit dieser Zahlen ruft Zweifel hervor; s. Anm. 3 zu der Tabelle auf S. 321.

Die Einstellung der Elektronengeschwindigkeitsverteilung kann man nicht nur vor der Kathode studieren, sondern auch in einem beliebigen Gasabschnitt, wo auf einen steilen Potentialanstieg zur Anode hin (Beschleunigungsgebiet der Elektronen) ein mehr oder minder äquipotentieller Raum folgt (Streugebiet der Elektronen). Solche Bedingungen finden sich beispielsweise in der positiven Säule einer geschichteten Entladung; die Geschwindigkeitsverteilung in solch einer Säule wurde in Stickstoff [VIII—69], in Wasserstoff [VIII—76] und in Quecksilber-Wasserstoff-Gemisch [VIII—70] untersucht. Die Versuche in Stickstoff [VIII—69] wurden in einem Rohr von 7,8 cm Durchmesser bei einem Druck $p = 0{,}14$— 0,16 mm Hg und einem Strom von 13—20 mA mit einer ebenen einseitigen Sonde durchgeführt (die Rückseite war abgeschirmt). Die Messungen im Bereich der ersten Schicht und dem daran anschließenden Teil des FARADAYschen Dunkelraums zeigten, daß nichtgradlinigen Charakteristiken mit starker Krümmung in einem 2 cm breiten Gebiet in dem Dunkelraum zwischen den Schichten beobachtet werden. Man beobachtet sie bei Drehung der Sondenfläche sowohl zur Anode als auch zur Kathode. Sie sind folglich nicht eine Folge der Trift, sondern sind tatsächlich ein Ausdruck dafür, daß die Elektronen keine MAXWELLverteilung haben und diese erst in einem Abstand von etwa 2 cm wieder eingestellt ist.

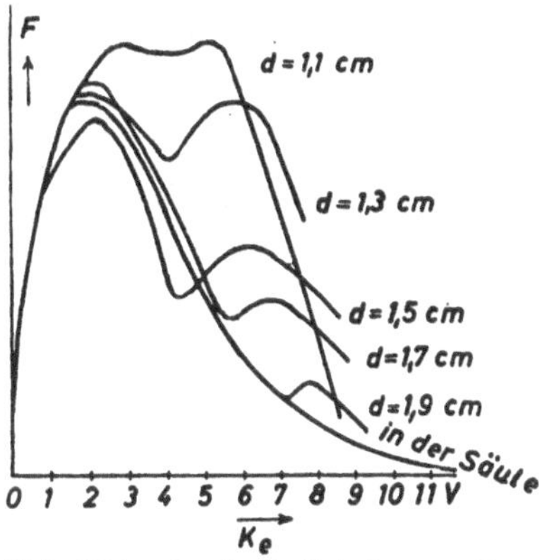

Abb. 212. Geschwindigkeitsverteilung der Elektronen in Ne in verschiedenen Abständen d von der Kathode [VIII—68] bei $p = 4{,}76$ mm Hg und $I_a = 1{,}8$A.

Ein anderes Beispiel derselben Art findet man im Quecksilberniederdruckbogen, wo in einigen Zentimetern Abstand von der Kathode ein zweiter steiler Potentialanstieg erfolgt [VIII—71]. Nach den Angaben, die in Abb. 4 dieser Arbeit angeführt sind, tritt in 4 cm Abstand von der Kathode ein zweiter Potentialanstieg von 5 V auf bei $p = 10\,\mu$ Hg und $I = 2{,}5$ A und die dadurch gestörte MAXWELLverteilung mit $T_e = 5500°$ K stellt sich im Abstand $L = 3$ cm wieder ein, jedoch jetzt mit $T_e = 14000°$ K.

Besonders interessant sind die Versuche von MERILL und WEBB [VIII—63]. Sie verbanden die Untersuchung der Elektronenverteilungsfunktion in einer Quecksilberentladung in verschiedenen Abständen von der Kathode mit dem Nachweis von Hochfrequenzschwingungen in eben diesem Gebiet. Bei diesen Versuchen wurde eine Oxydkathode von einer zylindrischen Blende mit einer Öffnung von 4×6 mm^2 umgeben. Diese beschränkte den austretenden Elektronenstrom auf einen divergierenden Kegel, der auf eine runde Anode von 12 mm Durchmesser traf (Abb. 213). Eine Zylindersonde von 0,05 mm Durchmesser und $l = 6$ mm Länge, deren Achse senkrecht zur Stromrichtung stand, ließ sich sowohl in Stromrichtung als auch senkrecht zum Strom bewegen; die Durchtrittspunkte der Sonde sind in Abb. 213 durch verschiedene Zeichen dargestellt. Die Hochfrequenzschwingungen wurden im Sondenkreis mit einem Kristalldetektor und einem Galvanometer beobachtet; zur Messung der Wellenlänge diente eine Doppelleitung.

In Abb. 214 (A) sind die Energieverteilungskurven der Elektronen angeführt, die in verschiedenen Abständen von der Kathode in Hg bei $p = 3\mu$ und $i_A = 20$ mA beobachtet wurden; dort findet man auch die Anordnung der Beobachtungsorte dieser Kurven relativ zur Kathode (B). Die Verfasser haben gefunden, daß die Verteilung unter diesen Bedingungen an zwei Stellen recht tiefgehenden Änderungen unterworfen ist. Von der Kathode bis zu 4,3 mm Abstand besitzen die Elektronen Energien, die sich nur wenig unterscheiden (Kurven 400—405). In dem kleinen Abschnitt von 4,3 bis 4,5 mm wird die Elektronenenergie merklich gestreut und die Verteilung geht in die Form 406—411 über, die sich bis 6,3 mm Abstand hält. Dort ändert sich die Verteilung abermals stark und nimmt die Form der Kurve 414 an, die auch weiterhin erhalten bleibt. Die hiermit parallel durchgeführten Messungen der Schwingungsintensität (siehe ebd. C) zeigten zwei schmale Maxima in 5,3 mm und 6,8 mm Abstand von der Kathode. Bei gleichem Druck und einer Stromstärke von mehr als 30 mA treten nicht zwei, sondern drei Elektronenstreugebiete und drei Schwingungsmaxima auf. Sie liegen näher zur Kathode. Die diesem Fall entsprechenden Gebiete, praktisch gleicher Verteilungskurven, sind in Abb. 213 gezeigt und mit A, B, C, D bezeichnet; in dem Gebiet E fehlt eine merkliche gerichtete Elektronenbewegung. Je höher p und I sind, desto näher zur Kathode liegen die Gebiete der Elektronenstreuung und der Schwingungsmaxima und desto schwächer ausgeprägt sind diese (Abb. 215). Bei $p = 7\mu$ und $I = 50$ mA ist es bisher nicht gelungen, sie zu beobachten. Die Messung der Schwingungsfrequenz mit Hilfe einer Doppelleitung zeigte, daß die Fre-

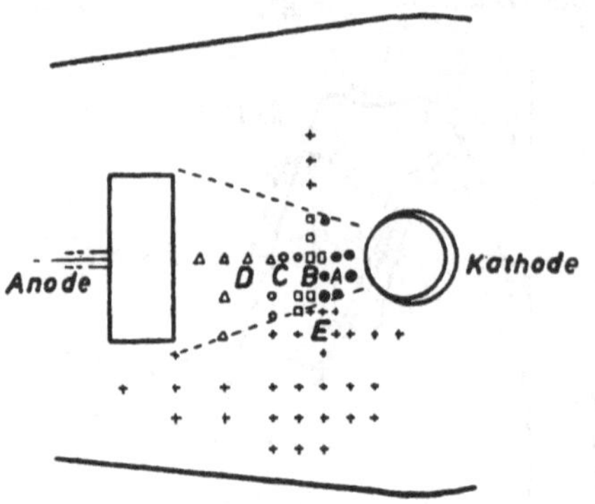

Abb. 213. Anordnung der Elektroden und des Beobachtungspunkts in den Versuchen von MERRILL und WEBB [VIII—63]. Durch die gestrichelte Linie sind die Grenzen des Gebiets gekennzeichnet, in dem ein gerichteter Elektronenstrom vorhanden ist

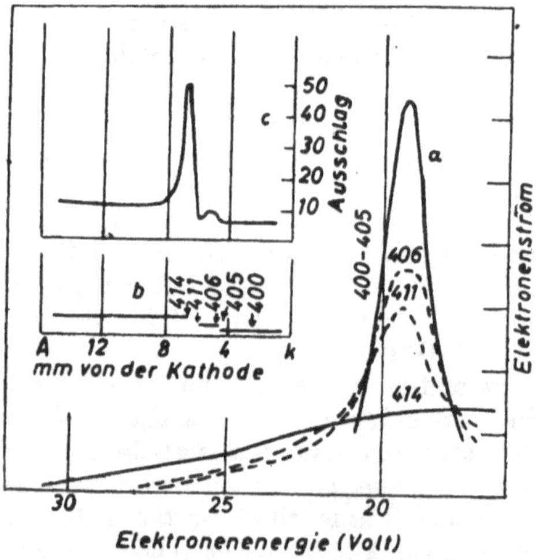

Abb. 214. A — Kurven der Elektronenverteilung, die in verschiedenen Punkten des Entladungsraums beobachtet wurden [VIII—63], die Zahlen sind Kurvennummern; B — Anordnung der Punkte bezüglich der Kathode, an denen diese Verteilungskurven beobachtet wurden; C — die mit einem Galvanometer gemessene Intensität der Hochfrequenzschwingungen in verschiedenen Abständen von der Kathode

quenzen (1,18—1,5 · 10^9 Hz) in Übereinstimmung mit der Formel $f_0 = 8{,}9 \cdot 10^3 \sqrt{n_e}$ sind.[1])

Die Ergebnisse der oben angeführten Arbeiten sind in der Tabelle auf den Seiten 320—321 gegenübergestellt. Die Tabelle enthält: Die Versuchsbedingungen (Gasart, Hinweise auf die Elektrode oder das Stromgebiet, welches als Elektronenquelle dient, Gasdruck, Stromstärke, Form und Abmessungen des Geräts); Hilfsgrößen, die aus den Messungen (n_e, U_e, λ_e) oder aus den Versuchsbedingungen (U_0) ermittelt wurden; gemessene Werte der gesuchten Größe, der Relaxationslänge L; ihre theoretischen Werte unter der Voraussetzung der vorherrschenden Rolle verschiedener Erscheinungen (elastischer Stöße mit Molekülen nach Formel (49,2), COULOMBsche Wechselwirkung zwischen den Elektronen nach Formel (49,5), Phasenfokussierung durch die Doppelschicht an der Oberfläche nach Formel (49,8).

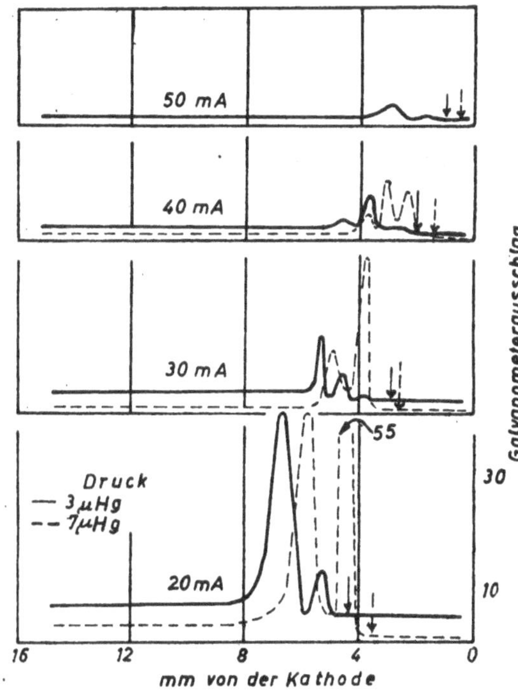

Abb. 215. Die Intensitätsverteilung der Hochfrequenzschwingungen und die Lage des ersten Gebiets der Elektronenstreuung (durch Pfeil angegeben) bei verschiedenen Drucken und Stromstärken [VIII—63]

Die in dieser Tabelle zusammengestellten Daten sind offensichtlich unsystematisch und unvollständig, einige rufen Zweifel hervor (siehe Anmerkungen zur Tabelle). Vergleicht man sie jedoch mit den in § 49 erwähnten Theorien, so kann man dennoch gewisse Schlüsse ziehen.

Keine Theorie ist mit allen vorliegenden Versuchsdaten in Übereinstimmung. Der Grad aber, in dem sie sich vom Versuch unterscheiden, ist verschieden. Die Theorie der paarweisen elektrischen Wechselwirkung zwischen den Elektronen (Formel 49,5) widerspricht klar dem Versuch. Diese Widersprüche kann auch die in dem Buch [IV—17, S. 141] empfohlene Einführung eines Faktors $\frac{\bar{u}}{c}$ nicht beseitigen, da dieser bei einem gerichteten Strom von im elektrischen Feld beschleunigten Elektronen, die noch nicht in alle Richtungen gestreut sind, nicht viel kleiner als eins sein kann.

[1]) Diese Ergebnisse wurden in einer unlängst veröffentlichten Arbeit [VIII—80] bestätigt (einige nur qualitativ).

Gasart	Elektronen-quelle	Gasdruck p in mm Hg	Molekül-konzen-tration n_g in cm^{-3}	Strom-stärke I in A	Rohrform und Durchmesser	Elektronen-konzen-tration n_e in cm^{-3}
Hg-Dampf	Reflexion von der Glaswand	$0{,}85 \cdot 10^{-3}$	$3 \cdot 10^{13}$	0,1	zylindrisch 3 cm	$3{,}4 \cdot 10^{9}$
	Flüssige Quecksilber-kathode	$1{,}9 \cdot 10^{-2}$	$6{,}7 \cdot 10^{14}$	—	zylindrisch	$5 \cdot 10^{11}$
	desgl.	$0{,}73 \cdot 10^{-3}$	$2{,}6 \cdot 10^{13}$	—	,,	$6 \cdot 10^{10}$
	,,	$4 \cdot 10^{-5}$ 3)	$1{,}4 \cdot 10^{12}$	—	,,	$4 \cdot 10^{10}$
	Glühkathode	$1{,}7 \cdot 10^{-4}$ 3)	$6 \cdot 10^{12}$	0,1	kugelförmig, 20 cm	—
	desgl.	$1{,}7 \cdot 10^{-4}$ 3)	$6 \cdot 10^{12}$	0,1	kugelförmig, 20 cm	—
	,,	$1{,}2 \cdot 10^{-3}$	$4{,}2 \cdot 10^{13}$	—	zylindrisch 5 cm	$6 \cdot 10^{10}$
	,,	$2{,}8 \cdot 10^{-3}$	$1 \cdot 10^{14}$	—	,,	$4 \cdot 10^{11}$
	,,	$5{,}2 \cdot 10^{-3}$	$1{,}9 \cdot 10^{14}$	—	,,	$6 \cdot 10^{11}$
	,,	$5 \cdot 10^{-3}$	$1{,}8 \cdot 10^{14}$	0,02	zylindrisch 6 cm	$\approx 1 \cdot 10^{10}$
	,,	$3 \cdot 10^{-3}$	$1{,}1 \cdot 10^{14}$	0,02	—	$1{,}77 \cdot 10^{10}$
	,,	$5 \cdot 10^{-3}$	$1{,}8 \cdot 10^{14}$	0,02	—	$1{,}93 \cdot 10^{10}$
Ne	,,	6	$2{,}1 \cdot 10^{17}$	0,5	zylindrisch	$2{,}2 \cdot 10^{12}$
	,,	4,7	$1{,}7 \cdot 10^{17}$	1,8	zylindrisch 2,8 cm	$9{,}2 \cdot 10^{10}$
N_2	Schichten	0,16	$5{,}7 \cdot 10^{15}$	0,016	zylindrisch 7,8 cm	$\approx 2 \cdot 10^{8}$

1) Berechnet als $(n_g s_g)^{-1}$ nach den Daten von § 19.

2) Als Maß für die gerichtete Elektronengeschwindigkeit wurde hier der von den Elektronen beim Abflug von der Kathode durchlaufene Kathodenfall gewählt; ihre Schätzung aus der „Trift"-Geschwindigkeit im stabilisierten Plasma (IV—17) ist unbegründet.

Elektronentemperatur U_e in eV	Gerichtete Geschwindigkeit u_0 in eV	Freie Weglänge[1]) λ_e in cm	Relaxationsstrecke L (cm)				Literaturquelle
			Berechnet nach Formel			Gemessen	
			(49,2)	(49,5)	(49,8)		
3,1	—	≈ 6	$\approx 3{,}6 \cdot 10^3$	$\approx 7{,}5 \cdot 10^3$	—	≈ 1	[VIII—13]
0,73	≈ 10 [2])	$\approx 0{,}7$	$\approx 4 \cdot 10^2$	$\approx 3{,}5$	$\approx 0{,}12$	< 1	[VIII—55]
1,6	≈ 10 [2])	≈ 17	$\approx 1 \cdot 10^4$	$\approx 1{,}2 \cdot 10^2$	$\approx 0{,}15$	≈ 10	[VIII—55]
3,2	—	$\approx 3 \cdot 10^2$ [3])	$\approx 1{,}8 \cdot 10^5$	$\approx 6{,}5 \cdot 10^2$	$\approx 0{,}1$	> 60	[VIII—55]
—	≈ 20 [2])	$\approx 1 \cdot 10^2$ [3])	$\approx 6 \cdot 10^4$ [3])	—	—	$\approx 2{,}5$	[VIII—12]
—	≈ 40 [2])	$\approx 1 \cdot 10^2$ [3])	$\approx 6 \cdot 10^4$ [3])	—	—	≈ 4	[VIII—12]
1,7	≈ 10 [2])	≈ 10	$\approx 6 \cdot 10^3$	$\approx 1{,}4 \cdot 10^2$	$\approx 0{,}15$	≈ 10	[IV—17]
1,2	—	4,5	$\approx 2{,}7 \cdot 10^3$	$\approx 11{,}4$	$\approx 0{,}08$	$\approx 1{,}5$	[IV—17]
1,0	≈ 10	$\approx 2{,}4$	$\approx 1{,}4 \cdot 10^3$	$\approx 5{,}1$	$\approx 0{,}08$	$< 1{,}5$	[IV—17]
1,3	≈ 10 [2])	$\approx 2{,}5$	$\approx 1{,}5 \cdot 10^3$	$\approx 4 \cdot 10^2$	$\approx 0{,}5$	11—12	[VIII—65]
≈ 3	≈ 20	$\approx 5{,}5$	$\approx 3{,}3 \cdot 10^3$	$\approx 2{,}1 \cdot 10^3$	0,43	0,44 [4])	[VIII—63]
≈ 3	≈ 17	$\approx 3{,}3$	$\approx 2 \cdot 10^3$	$\approx 1{,}2 \cdot 10^3$	0,40	0,36 [4])	[VIII—63]
≈ 2	19 [2])	$\approx 1{,}5 \cdot 10^{-2}$	≈ 3	$\approx 5{,}5$	—	$4 < L < 10$	[VIII—27]
2,65	≈ 20 [2])	$\approx 1{,}8 \cdot 10^{-2}$	$\approx 3{,}5$	$\approx 2 \cdot 10^2$	$\approx 0{,}25$	1,5	[VIII—68]
$\approx 2{,}6$	—	0,16	36	$\approx 7{,}5 \cdot 10^3$	≈ 5	≈ 2	[VIII—69]

[3]) Die Zuverlässigkeit der Angaben bei derartig kleinen Drucken muß in Zweifel gezogen werden; es ist ein Fehler infolge restlicher Fremdgase möglich; in diesem Fall sind die Werte von λ_e zu groß.

[4]) Hier ist für die Größe L der Abstand von der Kathode bis zum ersten Streugebiet der Elektronen angenommen worden.

Die Theorie der elastischen Stöße von Elektronen mit Molekülen, die nach der angenäherten kinetischen Gleichung (Formel [49,2]) berechnet werden, führt ebenfalls zu außergewöhnlich großen Werten von L bei niedrigen Gasdrucken und kann daher auch nicht die Beobachtungen erklären. Bei höheren Gasdrucken (Ne, $p \cong 10^0$ mm Hg) jedoch nähern sich die daraus berechneten Größen von L den beobachteten Werten. Die Voraussetzung der Phasenfokusierung der Elektronen [I — 10] ergibt hingegen in den meisten Fällen stark herabgesetzte L-Werte. Nur bei schwachen Strömen und niedrigem Gasdruck stimmt sie gut mit den Versuchsergebnissen überein [VIII — 63]. Wir bemerken, daß unter diesen Bedingungen spezifische Erscheinungen auftreten; die Elektronenstreugebiete treten räumlich periodisch auf, und es sind Hochfrequenzschwingungen vorhanden, die schon bei $n_e \cong 2-3 \cdot 10^{10}$ cm^{-3} und $p = 0{,}01$ mm Hg verschwinden.

Der Größenordnung nach kommt die freie Weglänge der Elektronen λ_e den bei niedrigem Druck und nicht zu schwachem Strom gemessenen L-Werten am nächsten. Sie wird durch den Gesamtquerschnitt der Moleküle bestimmt. Das kann man verstehen, wenn der Hauptfaktor für die Einstellung der Geschwindigkeitsverteilung unter diesen Bedingungen die unelastischen Stöße der Elektronen mit den Molekülen sind. Jeder Stoß bewirkt eine bedeutende Änderung nicht nur der Richtung, sondern auch des Betrags der Geschwindigkeit. Bei höheren Drucken fällt gewöhnlich die Größe T_e im selbständigen Strom; in Verbindung damit sinkt auch die Wahrscheinlichkeit für unelastische Stöße im Vergleich zur Wahrscheinlichkeit für elastische Stöße, deren Rolle damit wächst.

Somit zeigen die Ergebnisse der durchgeführten Analyse, daß als Hauptfaktor für die Einstellung der stationären Geschwindigkeitsverteilung (wenn auch nicht als einziger) unter normalen Versuchsbedingungen offenbar der Stoß der Elektronen mit den Molekülen anzusehen ist: unelastische Stöße bei sehr kleinen Gasdrucken, elastische bei höheren. Die Phasenfokussierung der Elektronen kann nur unter speziellen Bedingungen eine Rolle spielen (kleine n_e und p, spezielle Maßnahmen zur Sicherung der Homogenität und der Monokinetik des Elektronenstrahls). Die paarweisen elektrostatischen Wechselwirkungen zwischen Elektronen können nur bei Ionisationsgraden des Gases eine wesentliche Rolle spielen, wie man sie in der Praxis selten findet[1]); unter gewöhnlichen Bedingungen spielen sie eine kleinere Rolle als die Stöße der Elektronen mit den Molekülen.

---

[1]) Auf S. 280 wurde die Coulombsche Wechselwirkung $(e + e)$ mit den elastischen Stößen $(e + g)$ verglichen. Vergleichen wir sie nun mit den unelastischen Stößen. Es gilt

$$L_{\mathrm{coul}} \cong \frac{2{,}5 \cdot 10^{13} U_e^2}{n_e \ln\left(\dfrac{2 \cdot 10^7 U_e}{n_e^{\frac{1}{3}}}\right)}, \quad \ln\left(\frac{2 \cdot 10^7 \cdot U_e}{n_e^{\frac{1}{3}}}\right) \cong 10, \text{ und deshalb } \frac{1}{L_{\mathrm{coul}}} \cong \frac{4 \cdot 10^{-13} n_e}{U_e^2}.$$

Andererseits ist $\dfrac{1}{\lambda_e} = n_g s_g$, deshalb ist $\dfrac{e}{L_{\mathrm{coul}}} = \dfrac{4 \cdot 10^{-13}}{s_g U_e^2} \cdot \dfrac{n_e}{n_g}$. Da $s_g \cong 10^{-14}-10^{-15}$ cm^2, $U_e^2 = 10^0-10^1$ ist, so ist $\dfrac{\lambda_e}{L_{\mathrm{coul}}} = 10^1-10^2 \cdot \dfrac{n_e}{n_g}$. Folglich können die elektrostatischen Wechselwirkungen $(e + e)$ die unelastischen Stöße $(e + g)$ überwiegen $(L_{\mathrm{coul}} < \lambda_e)$, wenn der Ionisationsgrad des Gases $\dfrac{n_e}{n_g} \geqslant 10^{-1}$ ist.

Die beobachtete Verkleinerung von L mit wachsender Stromstärke kann man durch die unelastischen Stöße von Elektronen mit angeregten Atomen erklären, deren Querschnitte größer sind als die von normalen Atomen und deren Konzentration mit der Stromstärke wächst, sowie im gewissen Grad durch die Coulombsche Wechselwirkung der Elektronen untereinander, die jedoch nicht als Hauptfaktor, sondern als zusätzliche Ursache anzusehen ist.

Für endgültige Folgerungen sind neue Versuchsdaten erforderlich.

KAPITEL IX

Die gerichtete Bewegung der Elektronen und Ionen

Die Bewegung geladener Teilchen im Gas kann nur völlig ungeordnet, d. h. gleich wahrscheinlich nach allen Richtungen $[f(\mathbf{c}) = f(c)]$ sein, wenn ein Strom fehlt; Beispiele dafür sind: durch hohe Temperatur oder durch Strahlung ionisierte Medien (Flamme, Ionosphäre, Sternatmosphäre), die Restleitfähigkeit im Gas, wenn ein elektrisches Feld fehlt usw. In allen den Fällen, in denen ein Strom durch das Gas fließt, ist die Geschwindigkeitsverteilung der Ladungsträger beider Vorzeichen anisotrop, sie besitzt eine gerichtete Komponente, die auch den eigentlichen Ladungsstrom dieses Vorzeichens bildet. Bezeichnet man die Geschwindigkeitskomponente in Stromrichtung mit u, so beträgt die mittlere Geschwindigkeit der geladenen Teilchen jeder Art in Stromrichtung $\bar{u} = \int u f(\mathbf{c})\, d\Omega \neq 0$. Man kann sie als Verschiebungsgeschwindigkeit der Gesamtmasse der Teilchen der gegebenen Art in Stromrichtung betrachten („Triftgeschwindigkeit"); sie hängt mit der Stromdichte durch die bekannte Beziehung $j = e_0 n \bar{u}$ zusammen.

Die wichtigsten Ursachen für die gerichtete Bewegung der Ladungen sind: das elektrische Feld, die von ihm hervorgerufene Bewegung der Ladungen kann man Feldstrom nennen und die Differenz der Trägerkonzentration, die den Diffusionsstrom hervorruft.

Es ist augenscheinlich, daß eine strenge Theorie des gerichteten Stroms die Bestimmung des asymmetrischen Teils der Verteilungsfunktion $f(\mathbf{c}) - f_0(c)$ erfordert.

§ 54. Der gerichtete Strom und die Elektronenbeweglichkeit (Theorie)

1. Zunächst betrachten wir den gerichteten Elektronenstrom, da er immer die Hauptkomponente des selbständigen Stroms im Gas bildet und in den meisten Fällen fast den gesamten Strom ausmacht. Wie schon in § 47 gezeigt wurde, stellt man die Geschwindigkeitsverteilung der Elektronen, die sich im Gas eingestellt hat, oft als MAXWELLverteilung relativ zum Systemschwerpunkt dar, der sich mit der Geschwindigkeit u_0 verschiebt:

$$f(\mathbf{c}) = A \exp\left\{-\frac{m_e}{2kT_e}\left[(u-u_0)^2 + v^2 + w^2\right]\right\}. \tag{54,0}$$

Hier ist $u_0 = \int_{-\infty}^{+\infty} u f(c)\, d\Omega$ die Triftgeschwindigkeit der Elektronen. Diese Gleichung ist einfach und stimmt offenbar in einigen Fällen nicht schlecht mit den

Sondenmessungen überein (§ 55), jedoch ist ihre Anwendbarkeit auf das betrachtete Problem theoretisch nicht völlig begründet.[1])

Bedeutend besser untersucht wurde die LORENTZsche Näherung (47,5)

$$f(\mathbf{c}) = f_0(c) + f_1(c)\cos\varphi .$$

Unter dieser Voraussetzung beträgt die Triftgeschwindigkeit

$$\bar{u} = \int_0^\infty \int_0^\pi c\,(f_0 + f_1\cos\varphi)\cos\varphi \cdot 2\pi c^2 \sin\varphi\, d\varphi\, dc =$$

$$= 2\pi \int_0^\infty \cos\varphi\sin\varphi\, d\varphi \int_0^\infty f_0 c^3\, dc + 2\pi \int_0^\pi \cos^2\varphi\sin\varphi\, d\varphi \int_0^\infty f_1 c^3\, dc = \frac{4\pi}{3}\int_0^\infty f_1 c^3\, dc,$$

(54,1)

und deshalb ist die Stromdichte

$$j_e = \frac{4\pi}{3} e_0 n_e \int_0^\infty f_1 c^3\, dc . \tag{54,2}$$

Berücksichtigt man, daß für die Geschwindigkeitsverteilung der Elektronen nur die elastischen Stöße mit den Molekülen wesentlich sind, so ist die Verteilungsfunktion $f_0 + f_1\cos\varphi$ aus den Gleichungen (47,7) und (47,8) zu ermitteln. Ist die Hauptkomponente, nämlich die symmetrische Funktion (f_0) bekannt, so vereinfacht sich die Aufgabe: f_1 wird allein durch die Gleichung (47,8) bestimmt. Bei einem stationären Strom $\left(\frac{\partial}{\partial t} = 0\right)$ führt diese Gleichung auf die Beziehung

$$n_e \boldsymbol{f}_1 = -\lambda^* \nabla (n_e f_0) - \frac{e_0}{m_e}\frac{\boldsymbol{E}\lambda^*}{c} n_e \frac{\partial f_0}{\partial c} - \frac{e_0}{m_e c_0} n_e [\boldsymbol{H}\boldsymbol{f}_1]. \tag{54,3}$$

Hierin sind beide Faktoren enthalten, die die Gerichtetheit der Elektronen im Gas bestimmen, die räumliche Inhomogenität des Elektronengases, die sich in einem Konzentrations- oder Bewegungsunterschied der Elektronen an verschiedenen Stellen ausdrückt, und das auf die Elektronen wirkende F e l d (elektrisches- und Magnetfeld).

Beschränken wir uns zunächst allein auf ein elektrisches Feld $(H = 0)$! Die mittlere Geschwindigkeit der Elektronen in Stromrichtung (Triftgeschwindigkeit) ist nach (54,1) und (54,3) bei $H = 0$

$$\bar{u} = -\frac{4\pi}{3 n_e}\int \lambda^* \nabla (n_e f_0)\, c^3\, dc - \frac{4\pi}{3}\frac{e_0 E}{m_e}\int_0^\infty \lambda^* c^2 \frac{\partial f_0}{\partial c}\, dc ; \tag{54,4}$$

---

[1]) Es ist nicht klar, wie sich in einem äußeren Kraftfeld $(F \neq 0)$ die Verteilung (54,0) einstellen soll, die eine Konzentration besitzt, die nicht von den Koordinaten abhängt und eine Temperatur T_e, die sich von der Temperatur des anderen, mit dem gegebenen vermischten Gases (der neutralen Moleküle) unterscheidet.

die Elektronenstromdichte beträgt

$$j = -\frac{4\pi}{3} e_0 \int_0^\infty \lambda^* \nabla (n_e f_0) c^3 \, dc - \frac{4\pi}{3} \frac{e_0^2 \boldsymbol{E}}{m_e} n_e \int_0^\infty \lambda^* c^2 \frac{\partial f_0}{\partial c} dc. \tag{54,5}$$

Wie man aus (54,5) sieht, setzt sich der Elektronenstrom aus einem Diffusionsstrom

$$j_1 = -\frac{4\pi}{3} e_0 \int_0^\infty \lambda^* \nabla (n_e f_0) c^3 \, dc \tag{54,6}$$

(er wird weiter unten in § 59 betrachtet) und einem Strom, welcher durch das elektrische Feld bedingt wird

$$j_2 = -\frac{4\pi}{3} \frac{e_0^2 \boldsymbol{E}}{m_e} n_e \int_0^\infty \lambda^* c^2 \frac{\partial f_0}{\partial c} dc. \quad \text{zusammen.} \tag{54,7}$$

Wir betrachten hier den Strom, der durch das elektrische Feld bedingt ist. Wir nehmen also die Verteilung der Konzentration und der Elektronengeschwindigkeit als räumlich homogen an: $\nabla (n_e f_0) = 0$. In diesem Fall beträgt der gerichtete Teil der Verteilungsfunktion

$$f_1 = -\frac{e_0 \boldsymbol{E} \lambda^*}{m_e c} \cdot \frac{\partial f_0}{\partial c}. \tag{54,8}$$

Wird im besonderen der symmetrische Teil der Verteilungsfunktion durch den Ausdruck

$$f_0 = A e^{-hc^2} = A e^{-\frac{mc^2}{2kT_e}}$$

bestimmt, so ist

$$f_1 = \frac{e_0 \boldsymbol{E} \lambda^*}{kT_e} f_0, \quad f_e = A \left(1 + \frac{e_0 E \lambda}{kT_e} \cos \varphi \right) e^{-\frac{mc^2}{kT_e}} \tag{54,8'}$$

und die Triftgeschwindigkeit der Elektronen beträgt

$$\bar{u} = -\frac{4\pi}{3} \frac{e_0}{m_e} E \int_0^\infty \lambda^* c^2 \frac{\partial f_0}{\partial c} dc. \tag{54,9}$$

Da die freie Weglänge von Elektronen einer bestimmten Geschwindigkeit c unter sonst gleichen Bedingungen dem Druck umgekehrt proportional ist, d. h. $\lambda^* = \frac{\lambda_1^*}{p}$ (wo λ_1^* die freie Weglänge bei $p = 1$ mm Hg und p der auf Normaltemperatur reduzierte Gasdruck ist), so ist

$$\bar{u} = -\frac{4\pi}{3} \frac{e_0}{m_e} \frac{E}{p} \int_0^\infty \lambda_1^* c^2 \frac{\partial f_0}{\partial c} dc. \tag{54,9'}$$

Hieraus folgt, daß in sehr schwachen elektrischen Feldern, wo die Geschwindigkeitsverteilung der Elektronen (f_0) nicht von der Feldstärke abhängt, die Triftgeschwindigkeit proportional $\frac{E}{p}$ sein muß und, insbesondere, proportional der Feldstärke: $\bar{u} = bE$. Der Proportionalitätsfaktor zwischen $\bar{u}$ und E heißt die *Beweglichkeit*. Nach (54,9) beträgt die Elektronenbeweglichkeit

$$b_e = -\frac{4\pi}{3} \cdot \frac{e_0}{m_e p} \int_0^\infty \lambda_1^* c^2 \frac{\partial f_0}{\partial c} dc. \tag{54,10}$$

Wir beschränken uns auf den Fall $\lambda^* = \text{const}$. Dann finden wir, wenn wir die vorhergehenden Ausdrücke partiell integrieren und beachten, daß

$$f_0 = 0 \text{ bei } c = \infty, \text{ und } \int_0^\infty 4\pi c f_0 \, dc = \int_0^\infty \frac{1}{c} f_0 \cdot 4\pi c^2 \, dc = \left(\frac{\overline{1}}{c}\right),$$

ist

$$b_e = -\frac{4\pi}{3} \cdot \frac{c_0}{m_e} \frac{\lambda_1^*}{p} \Big[c^2 f_0\Big]_0^\infty + \frac{4\pi}{3} \frac{e_0}{m_e} \frac{\lambda_1^*}{p} \int_0^\infty 2c f_0 \, dc = \frac{2}{3} \frac{e_0}{m_e} \frac{\lambda_1^*}{p} \left(\frac{\overline{1}}{c}\right).$$

Die Größe $\frac{2}{3}\left(\frac{\overline{1}}{c}\right)$ kann man $\frac{a_1}{\bar{c}}$ schreiben, wobei a_1 ein Zahlenfaktor ist, der von der Geschwindigkeitsverteilung abhängt; deshalb ist endgültig

$$b_e = a_1 \cdot \frac{e_0 \lambda^*}{m_e \bar{c}}. \tag{54,11}$$

Daraus folgt für die gerichtete Geschwindigkeit eines Elektronenstroms

$$\bar{u} = a_1 \cdot \frac{e_0 \lambda_1^*}{m_e \bar{c}} \cdot \frac{E}{p} \tag{54,12}$$

und für die Elektronenstromdichte

$$j_e = a_1 \frac{e_0^2 \lambda_1^*}{m_e \bar{c}} \cdot n_e \cdot \frac{E}{p} \text{ [1]}. \tag{54,13}$$

Der Faktor $a = \frac{2}{3} \bar{c} \left(\frac{\overline{1}}{c}\right)$ ist von der Größenordnung 1. Im Falle einer MAXWELLschen Geschwindigkeitsverteilung ist $\left(\frac{\overline{1}}{c}\right) = \frac{4}{\pi}\bar{c}$, $a_1 = \frac{8}{3\pi} \cong 0{,}85$; im Fall der Verteilung von DRUYVESTEIN ist $a_1 \cong 1{,}19$ (siehe unten). Die Formel (54,12) nennt man oft *LANGEVINsche Beweglichkeitsgleichung*.

Die Beweglichkeitsgleichung (54,12) kann man nur dann als Ausdruck für die Proportionalität zwischen u und E ansehen, wenn $\bar{c}$ nicht vom Feld abhängt. Bei den Elektronen in einem verdünntem Gas ist das jedoch gewöhnlich der Fall.

[1]) In den Formeln (54,9—54,13) wird vorausgesetzt, daß $\lambda^* = (n_g s_g^*)^{-1}$ ist und darum $\lambda^* \div p^{-1}$. Das ist bei schwachem Ionisationsgrad des Gases berechtigt. Bei starker Ionisation beginnt die Streuung der Elektronen durch die Ionen eine merkliche Rolle zu spielen, $\lambda_e^* = (n_g s_g^* + n_p s_p^*)^{-1}$ (S. 267); deshalb wird die Elektronenbeweglichkeit b_e nicht nur mit steigendem Druck sondern auch mit steigender Stromstärke kleiner [VIII—22].

Unter den Bedingungen, unter denen man die kinetische Gleichung in der Form (47,8) benutzen kann (verhältnismäßig schwaches Feld, unselbständiger Strom, kleine Elektronenkonzentration) führt der Fall $\lambda^* = \text{const.}$, wie in § 48 gezeigt wurde, zur Verteilung von DRUYVESTEIN (48,7). In diesem Fall ist $\bar{c}$, nach (48,10) proportional $\sqrt{E \cdot \lambda_e}$ und deshalb folgt aus (54,12), daß die Triftgeschwindigkeit der Elektronen $\bar{u}$ proportional $\sqrt{E}$ und nicht proportional E ist. Den genauen Ausdruck für u erhalten wir, wenn wir in (54,9) an Stelle von f_0 den Ausdruck (48,7) einsetzen; wir finden

$$\bar{u} = \frac{2}{3} \frac{\Gamma\left(\frac{2}{3}\right)}{\Gamma\left(\frac{3}{4}\right)} \left(\frac{3 m_e}{m_g}\right)^{\frac{1}{4}} \left(\frac{2 e E \lambda_e^*}{m_e}\right)^{\frac{1}{2}} = \text{const.}\ (E \lambda_e)^{\frac{1}{2}} = \text{const.} \left(\frac{E}{p}\right)^{\frac{1}{2}} \cdot$$

Einen ähnlichen Ausdruck erhält man bei einem selbständigen Strom. In diesem Fall stellt sich eine MAXWELLsche Geschwindigkeitsverteilung ein (s. § 53), in der nach (50,6)

$$U_e = 0{,}63 \frac{E \lambda_e}{\sqrt{\varkappa^*}}, \quad \bar{c} = \sqrt{\frac{8 e_0 U_e}{\pi m_e}} = 1{,}26 \sqrt{\frac{e_0 E \lambda_e}{m_e \sqrt{\varkappa^*}}}$$

ist. Dann folgt aus (54 12):

$$(54{,}14) \qquad \bar{u} = a_2 \sqrt[4]{\varkappa^*} \cdot \sqrt{\frac{e}{m_e} \lambda E} = a_2 \sqrt[4]{\varkappa^*} \cdot \sqrt{\frac{e}{m_e} \lambda_1 \frac{E}{p}},$$

wo $a_2 = \frac{a_1}{1{,}26} = 1$ ist. Hier wird jedoch die Form des Zusammenhangs zwischen $\bar{u}_2$ und E dadurch kompliziert, daß mit steigendem E (und folglich wachsender Elektronentemperatur T_e) die relative Zahl der unelastischen Stöße wächst und deshalb auch $\varkappa^*$ größer wird. Darum wächst $\bar{c}$ mit E langsamer, als $E^{\frac{1}{2}}$ und $\bar{u}_e$ wächst (nach 54,14) schneller als $E^{\frac{1}{2}}$, doch langsamer als E. [1])

In den betrachteten Fällen (54,12) und (54,14) ist die gerichtete Geschwindigkeit $\bar{u}_e$ eine Funktion von $E \cdot \lambda$ oder $\frac{E}{p}$. Das entspricht den Ähnlichkeitsgesetzen (§ 9): *In ähnlichen Entladungen sind $E\lambda$ oder $\frac{E}{p}$ gleich und daher sind die gerichteten Elektronengeschwindigkeiten auch gleich.* [2]) Die Größenordnung der gerichteten Geschwindigkeit wird in erster Linie durch die Größe der reduzierten Feldstärke $\frac{E}{p}$ bestimmt, in geringerem Grad durch die Gasart. Die Größenordnung von b_e hängt vor allem von λ_e^* ab, d. h. von der Gasdichte (oder dem reduzierten Druck); weiterhin ist sie von $\bar{c}$ abhängig. Ist beispielsweise $\lambda_e^* \cong 10^{-1}$ cm, $c \cong 10^8 \frac{\text{cm}}{\text{sec}}$, so beträgt die Beweglichkeit $b_e \cong 5 \cdot 10^8$ CGSE oder $\cong 10^6 \frac{\text{cm}}{\text{sec}} \Big/ \frac{\text{V}}{\text{cm}}$.

---

[1]) Die Proportionalität zwischen $\bar{u}$ und E kann nicht nur fehlen, wenn $\bar{c}$ von E abhängt, sondern auch wenn die Geschwindigkeit der Ladungsträger auf einer freien Weglänge um ein Δc zunimmt, das mit c vergleichbar ist. Das ist bei großem $\frac{E}{p}$ der Fall.

[2]) Ebenso wie alle Sätze, die sich auf die Ähnlichkeit der Ströme im Gas beziehen, ist dieser Satz richtig, wenn die vorhandenen Bedingungen die Ähnlichkeit sicherstellen (s. § 9).

2. Ein Magnetfeld beeinflußt die gerichtete Elektronenbewegung in Gasen stärker als in anderen Medien. Den gerichteten Teil der Verteilungsfunktion f_1 in einem homogenen ionisierten Gas ($\nabla n_e = 0$) beim Vorhandensein beider Feldarten (**E** und **H**) kann man aus der Gleichung (54,3) ermitteln. Sie nimmt die Form

$$f_1 + \frac{e_0}{m_e c_0}[\boldsymbol{H} f_1] = - \frac{e_0 \lambda^*}{m_e c_0 c} \frac{\partial f_0}{\partial c} \boldsymbol{E} \tag{54,3'}$$

an. Hieraus kann man nach [VIII—2] finden[1])

$$f_1 = - \frac{e\lambda^*}{m_e c} \frac{\partial f_0}{\partial c} \frac{\boldsymbol{E} + \frac{e_0 \lambda^*}{m_e c c_0}[\boldsymbol{E}\boldsymbol{H}] + \left(\frac{e_0 \lambda^*}{m_e c c_0}\right)^2 (\boldsymbol{E}\boldsymbol{H}) \boldsymbol{H}}{1 + \left(\frac{e_0 \lambda^*}{m_e c c_0}\right)^2 H^2} \tag{54,15}$$

einen Ausdruck, der bei $\boldsymbol{H} = 0$ in (54,8) übergeht. Die Elektronenstromdichte kann nach (54,2) und (54,15) folgendermaßen dargestellt werden:

$$j_e = e_0 n_e [b\boldsymbol{E} + g[\boldsymbol{E}\boldsymbol{H}] + d(\boldsymbol{E}\boldsymbol{H})\boldsymbol{H}] = \boldsymbol{j}_{e1} + \boldsymbol{j}_{e2} + \boldsymbol{j}_{e3}. \tag{54,15'}$$

$\boldsymbol{j}_{e1}$ liegt in Richtung des elektrischen Feldes. Das ist der gewöhnliche Leitungsstrom; die Leitfähigkeit b sinkt hier jedoch mit wachsendem Magnetfeld **H**. $\boldsymbol{j}_{e2}$ liegt senkrecht zu **E** und **H**. Das ist der HALLeffekt im Gas. Endlich hat $\boldsymbol{j}_{e3}$ die Richtung von **H**. Das ist der durch das Magnetfeld fokussierte Elektronenstrom.[2])

Sämtliche Formeln dieses Paragraphen, die sich auf den gerichteten Strom und die Elektronenbeweglichkeit beziehen (von (54,3) bis (54,15)) wurden von uns aus den Differentialgleichungen (47,7) und (47,8) gewonnen. Diese bestimmen die Komponenten der Elektronenverteilungsfunktion f_0 und f_1. Die letzten Gleichungen gelten unter den bekannten Einschränkungen, insbesondere bei nicht zu niedriger Gasdichte; es muß die Bedingung $\lambda_e \ll l$ eingehalten werden (siehe Anmerkung zu § 47, S. 269). Dadurch ist auch das Anwendungsgebiet der Gleichungen (54,2) bis (54,15) beschränkt.

3. Eines der wichtigen Kennzeichen der Bewegung von Ladungsträgern ist der *relative Grad, in dem sie gerichtet* ist. Als Maß für das ,,Gerichtetsein" (δ) kann das Verhältnis der Triftgeschwindigkeit ($\bar{u}$) zur mittleren Geschwindigkeit der ungeordneten Bewegung ($\bar{c}$) dienen. Nach (54,2) ist diese Größe bei der Elektronenbewegung

$$\delta_e = \frac{\bar{u}_e}{\bar{c}_e} = \frac{1}{3} \frac{\int_0^\infty f_1 c^3 \, dc}{\int_0^\infty f_0 c^3 \, dc}. \tag{54,16}$$

---

[1]) Dazu ist es notwendig die Gleichung (54,3') vektoriell mit $\frac{e_0}{m_e c_0}$ **H** zu multiplizieren; eben diese Gleichung ist dann zunächst skalar mit $\frac{e_0}{m_e c_0}$ **H** und schließlich noch einmal mit dem gleichen Vektor zu multiplizieren. Die erhaltenen zwei neuen Gleichungen sind zu (54,3') zu addieren, wodurch wir nach einfacher Umrechnung zu (54,15) kommen.

[2]) Eingehender wird die Wirkung des Magnetfeldes auf den Strom im Gas im zweiten Band betrachtet werden. Über den Einfluß des Magnetfeldes auf die Beweglichkeit s. § 57, P. 3. (S. 346) und die Anm. 24 (S. 476).

Folglich wird sie durch eine Beziehung zwischen der gerichteten (f_1) und der isotropen (f_0) Komponente der Verteilungsfunktion bestimmt. Ist die isotrope Komponente eine MAXWELLverteilung, d. h. $f_0 = A e^{-\frac{mc^2}{2kT_e}}$, so folgt aus (54,3)

$$f_1 = \left[\frac{e_0 E \lambda^*}{kT_e} - \lambda^* \nabla (\ln n_e)\right] f_0. \tag{54,17}$$

und

$$\delta_e = \frac{\lambda^*}{3}\left[\frac{e_0 E}{kT_e} - \nabla(\ln n_e)\right]. \tag{54,18}$$

Ebenso wie die absolute Größe $\bar{u}$, wird δ_e von der Feldstärke und dem relativen Gradienten der Elektronenkonzentration bestimmt. Unter sonst gleichen Bedingungen ist δ_e desto größer, je drößer λ^* ist, d. h. je niedriger die Dichte des gegebenen Gases ist.

Das Maß in dem die Elektronenbewegung gerichtet ist, kann man ebenfalls aus dem Verhältnis der Dichte des gerichteten Elektronenstroms (j_e) zur Dichte des ungeordneten Stroms beurteilen (j_{er}) [VIII—25]. Die zweite Größe wird durch die Elektrizitätsmenge bestimmt, die nach einer Seite durch 1 cm^2 einer willkürlichen Fläche im Inneren des Gases hindurchtritt. Wählt man die Richtung senkrecht zu dieser Fläche als Z-Achse, so ist $j_{er} = e_0 n_e \int_0^{+\infty} w f_e(w)\, dw$. Nehmen wir eine MAXWELLverteilung $f_0 = A \cdot e^{-\frac{mc^2}{2kT_e}}$ an und vernachlässigen f_1 gegenüber f_0, so finden wir

$$\bar{j}_{er} = \frac{1}{4} e_0 n_e c_e. \tag{54,19}$$

Folglich ist

$$\frac{\bar{j}_e}{\bar{j}_{er}} = \frac{e_0 n_e \bar{u}_e}{\frac{1}{4} e_0 n_e \bar{c}_e} = 4\frac{\bar{u}_e}{\bar{c}_e} = 4\delta_e, \tag{54,20}$$

wo δ_e durch (54,16) oder (54,18) ersetzt werden kann.

§ 55. Die experimentelle Untersuchung des gerichteten Teils der Elektronenverteilungsfunktion

Eine eingehende Untersuchung des Elektronenstroms im Gas erfordert, wie man aus den §§ 3 und 54 sieht, die Bestimmung des gerichteten Teils der Verteilungsfunktion $f(\mathbf{c}) - f_0(c)$. Diese Bestimmung ist mit der Methode der Sondencharakteristiken (§ 51) unter Benutzung einer ebenen Sonde, welche die Ladungen durch eine ihrer Oberflächen auffängt (Abb. 216) möglich. Stellt man eine derartige einseitige Sonde in verschiedene Winkel relativ zur Stromachse, so beträgt nach (57,6) die Elektronenstromstärke zu dieser Sonde bei $U_p < 0$

$$I_P = (I_P)_0 + \frac{2}{3}\pi e_0 n_e S_P \cos\vartheta \int_{\sqrt{-\frac{2e_0 U_p}{m_e}}}^{\infty} c^3 f_1(c)\, dc \left[1 - \left(\frac{2e_0 U_P}{m_e c^2}\right)^{\frac{3}{2}}\right], \tag{55,1}$$

wo ϑ der Winkel zwischen der Sondennormalen und der Stromrichtung und $(I_P)_0$ der Strom zur Sonde bei $\vartheta = \frac{\pi}{2}$ ist. Um $(I_P)_0$ zu eliminieren (den Teil des Sondenstroms, der durch die angeordnete Elektronenbewegung bestimmt wird), sind Messungen von I_P bei verschiedener Sondenstellung durchzuführen; die Differenz von $I_P(\vartheta)_1 - I_P(\vartheta_2)$ enthält nicht (I_{P0}). Man kann auch, wie das in einer Arbeit von ROSHANSIK und Mitarbeitern [IX — 2] geschehen ist, eine ebene Doppelsonde benutzen, die aus zwei nahe beieinanderliegenden, mechanisch verbundenen und elektrisch voneinander isolierten Scheiben besteht, die je mit einer Seite arbeiten (Abb. 217). Die Differenz der Ströme auf beiden Seiten einer derartigen Doppelsonde

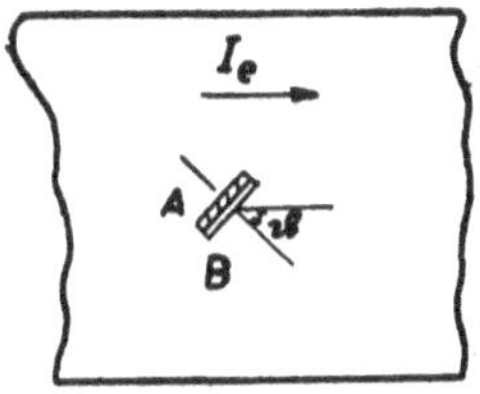

Abb. 216. Ebene, einseitige Sonde im Gas, gedreht um den Winkel ϑ; A — arbeitende (leitende) Seite; B — isolierte Seite

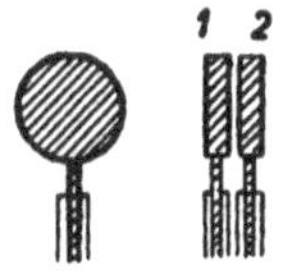

Abb. 217. Ebene Doppelsonde mit voneinander isolierten Seiten [IX—2]

(55,2) $$\Delta I_P = I_{P1} - I_{P2} = \frac{4}{3}\pi e_0 n_e S_P \int\limits_{\sqrt{-\frac{2e_0U_P}{m_e}}}^{\infty} c^3 f_1(c)\,dc\left[1 - \left(\frac{2e_0U_P}{m_e}\right)^{\frac{2}{3}}\right]\cos\vartheta$$

ist proportional dem Cosinus des Drehwinkels der Sonde. Das wird auch annähernd durch den Versuch bestätigt [IX — 2]. Aus der bei $\vartheta = 0$ und verschiedenen U_P gemessenen Größen ΔI_P kann man experimentell $f_1(c)$ bestimmen; indem man beispielsweise das folgende Verfahren benutzt, das dem von DRUYVESTEIN für die Bestimmung von $f_0(c)$ (§ 51, S. 300) vorgeschlagenen ähnlich ist. Man erhält aus (55,2) bei $\vartheta = 0$ durch zweimaliges Differenzieren nach U_P,

(55,3) $$f_1\left(\sqrt{\frac{2e_0U_P}{m_e}}\right) = \frac{m_e^{\frac{3}{2}}}{2\pi\sqrt{2}\,e_0^{\frac{5}{2}}\,n_e S_P}\left[\frac{1}{U_P^{\frac{3}{2}}}\frac{d^2(\Delta I_P)}{dU_P^2} - \frac{1}{2\,U_P^{\frac{3}{2}}}\frac{d(\Delta I_P)}{dU_P}\right].$$

Die Genauigkeit dieser Methode zur Bestimmung von f_1 ist gering, wenn man die Meßwerte I_{P2} und I_{P1} rechnerisch subtrahiert und numerisch (oder graphisch) differenziert. Sie steigt jedoch bedeutend, wenn man die rechnerische Subtraktion $I_{P1} - I_{P2}$ durch die Messung der Stromdifferenz zwischen den beiden Seiten der Doppelsonde ersetzt[1]) und die numerische Differentiation der Größe ΔI_P durch eine elektrische nach der Methode [VIII — 49], indem man nacheinander mit einer Sondenbatterie eine sich ändernde E. M. K. schafft (s. § 52, S. 305).[2])

In Arbeiten von GWOSDOWER [IX — 1; VIII — 66] sowie ROSHANSKI und Mitarbeitern [IX — 2] wurde die Möglichkeit geprüft, die Verteilungsfunktion der

---

[1]) FATALIJEW, SPIWAK und REICHRUDEL [IX—9] haben eine Meßmethode für die Stromdifferenzen zwischen zwei Sonden zur Bestimmung des gerichteten Stroms vorgeschlagen; doch sind in ihrer Arbeit keine Daten angeführt, die mit dieser Methode erhalten wurden.

[2]) Es wäre wünschenswert, die hier vorgeschlagene Methode zur Bestimmung des gerichteten Teils der Verteilungsfunktion experimentell zu prüfen.

Elektronen als MAXWELLverteilung mit überlagerter Trift darzustellen;

$$f(c) = A \exp\left\{-\frac{m_e}{2kT_e}\left[(u-u_0)^2+v^2+w^2\right]\right\}$$

(siehe (47,2) und (54,0)). In diesem Fall drückt sich die Stromstärke zu einer ebenen Sonde, die um den Winkel ϑ geneigt ist, folgendermaßen aus:

$$I_P(\vartheta) = \frac{1}{2} e_0 n_e S_P \sqrt{\frac{2kT_e}{\pi m_e}} \left\{\exp\left[-\frac{m_e}{2kT_e}(u_1 - u_0\cos\vartheta)^2\right] + \right.$$

$$\left. + u_0 \cos\vartheta \sqrt{\frac{\pi m_e}{2kT_e}}\left[1 - \Phi\left(\sqrt{\frac{m_e}{2kT_e}}(u_1 - u_0\cos\vartheta)\right)\right]\right\}, \tag{55,4}$$

wo $u_1 = \sqrt{2\frac{e_0}{m_e}|U_P|}$ — die kritische Geschwindigkeit eines Elektrons ist, das die Sonde gerade zu erreichen vermag und $\Phi(x) = \frac{2}{\sqrt{\pi}}\int\limits_0^x e^{-y^2}dy$[1]). beträgt. Wir erinnern, daß

$$e_0 n_0 \sqrt{\frac{kT_e}{2\pi m_e}} = \frac{1}{4} e_0 n_e \bar{c} = j_{r0} \tag{55,5}$$

die Dichte des ungeordneten Elektronenstroms bei $n_0 = 0$ ist und

$$e_0 n_e u_0 = j_x \tag{55,6}$$

die Dichte des Elektronenstroms in der x-Richtung. Ersetzen wir $\frac{m_e u_0^2}{2e_0}$ durch U_0 und $\frac{kT_e}{e_0}$ durch U_e, so schreibt sich (55,4)

$$I_P(\vartheta) = j_{r0} S_P \exp\left[-\left(\sqrt{\frac{U_P}{U_e}} - \sqrt{\frac{U_0}{U_e}}\cos\vartheta\right)^2\right] +$$

$$+ \frac{1}{2} j_x S_P \cos\vartheta\left[1 - \Phi\left(\sqrt{\frac{U_P}{U_e}} - \sqrt{\frac{U_0}{U_e}}\cos\vartheta\right)\right]^{2)}. \tag{55,4'}$$

Bei $U_P = 0$ erhalten wir

$$j_P(\vartheta) = j_{r0} S_P \exp\left(-\frac{U_0}{U_e}\cos^2\vartheta\right) + \frac{1}{2} j_x S_P \cos\vartheta\left[1 + \Phi\left(\sqrt{\frac{U_0}{U_e}}\cos\vartheta\right)\right]. \tag{55,4''}$$

POLIN und GWOSDOWER [VIII—66] haben mit einer ebenen Sonde den gerichteten Elektronenstrom vor einer Hilfskathode in Hg-Dämpfen bei $p \cong 10^{-3}$ mm Hg (der genaue Wert von p ist nicht angegeben) und $\vartheta = 0$ untersucht. In ihren Versuchen war $U_P \gg U_e$ und $U_0 > U_P$; daher kann man das erste Glied in (55,4') vernachlässigen, dann ist

$$\Phi^{-1}\left(\frac{2i_P}{j_x S_p} - 1\right) = \sqrt{\frac{U_0}{U_e}} - \sqrt{\frac{U_P}{U_e}},$$

---

[1]) Bei Benutzung der Formeln (55,4) und (55,4') im Fall $u_1 - u_0\cos\vartheta < 0$ ist zu beachten, daß $\Phi(-x) = -\Phi(x)$ ist; so ist beispielsweise, wenn $U_P = u_1 = 0$ ist,

$$-\Phi\left(\sqrt{\frac{m_e}{2kT_e}}(u_1 - u_0\cos\vartheta)\right) = +\Phi\left(\sqrt{\frac{m_e}{2kT_e}}u_0\cos\vartheta\right).$$

[2]) In den Arbeiten [IX—1, 2, 3] und [IX—66] sind Spezialfälle der Formeln (55,4) und (55,4') angeführt, die $U_P = 0$ oder $\vartheta = 0$ und $\vartheta = \pi$ entsprechen.

wo Φ^{-1} die zu Φ reziproke Funktion ist. Bei $U_P = 0$ folgt aus (55,4'): $I_P \cong j_x S_P$, da zufolge $\frac{u_0}{u_e} \gg 1$ $\Phi\left(\sqrt{\frac{U_0}{U_e}}\right) \cong 1$ und $\exp\left(-\frac{U_0}{U_e}\right) \cong 0$ ist; folglich kann man den gerichteten Elektronenstrom in der Sondenebene im Versuch als Sättigungsstrom zur Sonde bestimmen (Wert von I_P bei $U_P = 0$). Die Experimentatoren fanden, daß unter ihren Versuchsbedingungen $\Phi^{-1}\left(\frac{2\,I_P}{j_x S_P}\right)$ tatsächlich eine lineare Funktion von $\sqrt{U_P}$ ist, wenn die Sonde nicht mehr als 15 mm von der Elektronenquelle entfernt war; folglich entspricht die Geschwindigkeitsverteilung der Elektronen in diesem Bereich wirklich der Formel (54,0). Die Neigung der Geraden

$$\Phi^{-1}\left(\frac{2I_P}{j_x S_P}\right) = \sqrt{\frac{U_0}{U_e}} - \sqrt{\frac{U_P}{U_e}}$$

gestattet es T_e zu bestimmen, das sich bei diesen Versuchen zu 1000—1500° K ergeben hat. (Der Größenordnung nach ist das die Temperatur der Glühkathode). Die gerichtete Geschwindigkeit u_0 entsprach der Beschleunigungsspannung U_0. In etwa 20 mm Entfernung von der Kathode beginnt sich die Geschwindigkeitsverteilung zu ändern. Konkrete Angaben über ihre weitere Änderung sind in der Arbeit [VIII — 66] nicht enthalten, man kann jedoch annehmen, daß sie sich allmählich der den Entladungsbedingungen entsprechenden Gleichgewichtsverteilung nähert (s. §§ 49 und 53).

ROSHANSKI und Mitarbeiter [IX — 2], die in Hg-Dämpfen bei $p = 1{,}6\,\mu$ Hg ($t = 23°$ C) nur mit einem Hauptelektronenstrom von 50 mA von einer glühenden Wolframkathode experimentierten, fanden ebenfalls für die Elektronen die Geschwindigkeitsverteilung (54,0). Bedauerlicherweise ist in der Arbeit nicht angegeben, in welchem Abstand von der Kathode diese Verteilung beobachtet wurde und wie groß die gerichtete Geschwindigkeit u_0 war. Ein Versuch, die Dichte des gerichteten Stroms j_x zu bestimmen, führte zu keinem klaren Ergebnis. Einige Bemerkungen über die Bestimmungsmöglichkeit von j_x nach dieser Methode siehe [IX — 9].

Man muß feststellen, daß die unmittelbare Untersuchung der gerichteten Bewegungskomponente von Elektronen mit Sonden bedeutend weniger vorangetrieben worden ist als andere Sondenuntersuchungen.

§ 56. Die direkten Messungen der Triftgeschwindigkeit und der Elektronenbeweglichkeit

1. Die Methodik zur direkten Messung der Triftgeschwindigkeit ($\overline{u}$). Während über die genaue Geschwindigkeitsverteilung der Elektronen beim Vorhandensein eines gerichteten Stroms wenig bekannt ist, sind ihre mittlere Geschwindigkeit (Triftgeschwindigkeit) $\overline{u}$ und ihre Beweglichkeit $b = \frac{\overline{u}_e}{E}$ bedeutend besser untersucht.

Zur Messung der gerichteten Geschwindigkeit und der Beweglichkeit von Ladungsträgern bei kleinen unselbständigen Strömen, wurden mehrere Methoden entwickelt, die in den Büchern von ROSHANSKI [0 — 1], KAPZOW [0 — 2] und besonders eingehend bei LOEB [0 — 6] beschrieben werden. Wir verweilen hier nur bei zwei zur Messung von $\overline{u}$ und b bei Elektronen angewandten Verfahren.

Die Methode des „elektrischen Verschlusses“ ist ein elektrisches Analogan zu der Methode zur Bestimmung der Lichtgeschwindigkeit von FIZEAU. Sie wurde ursprünglich für die Untersuchung positiver Ionen entwickelt und besteht in folgendem (Abb. 218). Ionen, die im Raum AG_1 gebildet worden sind, müssen auf ihrem Wege zum Kollektor C durchlaufen: 1. zwei Verschlüsse G_1, G_2 und G_3, G_4, die fast die ganze Zeit über durch eine Spannung entgegengesetzter Richtung verschlossen sind und periodisch für kurze Zeit durch Impulse einer „günstigen“ Spannung vom Schwingungskreis eines Spezialgenerators geöffnet werden; 2. den „Triftraum“ zwischen den beiden Verschlüssen, in dem die Ionen sich unter der Wirkung eines konstanten Feldes bewegen. Damit eine „Ionenportion“, die durch den ersten Verschluß gegangen ist, auch den zweiten passiert, ist es notwendig, daß die Triftzeit der Ionen zwischen den Verschlüssen $\frac{e}{\bar{u}}$ entweder gleich einer Halbperiode der Generatorschwingungen (da sie Spannungen, die den beiden Verschlüssen zugeführt werden, der Phase nach entgegengesetzt sind), oder einer ungeraden Anzahl von Halbperioden ist:

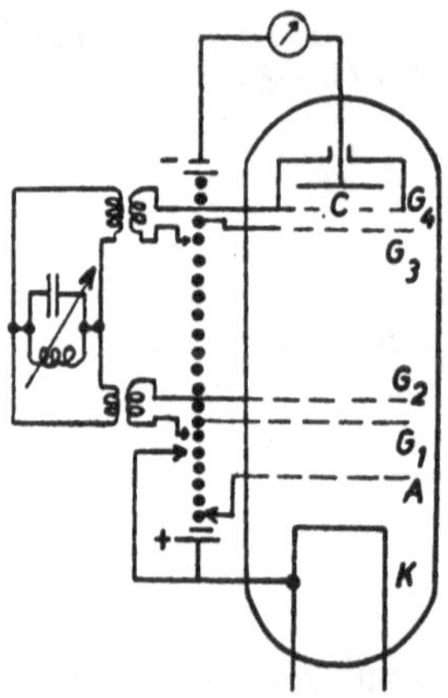

Abb. 218. Anordnung zur Messung der Ionenbeweglichkeit nach der Methode der zwei elektrischen Verschlüsse [IX—5]

$$\frac{l}{\bar{u}} = \frac{2n+1}{2f}$$

(f ist die Generatorfrequenz, n eine ganze Zahl). Deshalb muß bei einer Änderung der Generatorfrequenz und Konstanz der anderen Versuchsbedingungen (Art und Druck des Gases, Feld im Triftraum), der Ionenstrom zum Kollektor bei jeder Frequenz, die dieser Bedingung entspricht, ein Maximum durchlaufen. Somit kann man bei vorgegebenem l aus der gemessenen Frequenz $\bar{u}$ unter den gegebenen Versuchsbedingungen (p, E) bestimmen und daraus auch b.

Eine Abart dieser Methode ist die im § 37 beschriebene Methode [VI — 26; 0—6, Kap. 6], die sich hauptsächlich durch den Aufbau der Verschlüsse unterscheidet (Abb. 141): an die Stelle des hintereinander liegenden Gitterpaares, das den Verschluß bildet und zwischen dem das zur Ionenbewegung logitudinale elektrische Feld liegt, treten bei der Methode von LOEB Gitter, die in der gleichen Ebene liegen und ein Transversalfeld schaffen (Abb. 141, b). Diese Variante wurde mit Erfolg beim Studium der Elektronenbeweglichkeit angewandt.

Eine andere Methode, die sich als bequem gerade für die Messung der Elektronenbeweglichkeit erwiesen hat, wurde von TOWNSEND entwickelt [IX — 5,6]; eine Übersicht über die nach dieser Methode durchgeführten Versuche siehe in dem Buch von TOWNSEND [II — 14]. Das Versuchsschema ist in Abb. 219 dargestellt.

Der Elektronenstrahl aus der Photokathode K (kann durch eine Glühkathode ersetzt werden) bewegt sich, nachdem er durch die rechteckige Öffnung in der Membrane S gegangen ist, durch das Gas in einem homogenen beschleunigenden elektrischen Feld in Richtung zum Kollektor C_1, der gegenüber der Öffnung S angeordnet ist. Ein homogenes Magnetfeld senkrecht zur Zeichenebene lenkt den Elektronenstrom in Richtung eines der seitlichen Kollektoren C_2 oder C_3 ab. Man wählt die Stärke des Magnetfeldes $+H_1$ so, daß der Strom I_3 zum Kollektor C_3 gleich ist der Summe der Ströme $I_1 + I_2$ zu den Kollektoren C_1 und C_2; dabei kann man annehmen, daß die Mitte des Elektronenstrahls auf den Raum zwischen C_3 und C_1 trifft. Dann wechselt man das Vorzeichen des Magnetfeldes und wählt von neuem die Größe $-H_2$ so, daß $I_2 = I_1 + I_3$ wird; das entspricht der Richtung der Strahlmitte auf den Raum zwischen C_2 und C_1.

Hieraus folgt, daß das Magnetfeld $2\,H = H_1 - (-H_2) = H_1 + H_2$ das Elektronenbündel um die Breite 2δ des Kollektors C_1 ablenkt und ein Feld $H = \frac{H_1 + H_2}{2}$ es um δ ablenkt während einer Zeit, in der es im elektrischen Feld E den Weg l zurücklegt. Folglich ist $\left(\frac{He_0\bar{u}}{Ee_0}\right) = \frac{\delta}{l}$, woraus

(56,1) $$\bar{u} = \frac{E}{H}\frac{\delta}{l}$$

folgt. Aus dem gefundenen $\bar{u}$ und dem bekannten E bestimmt man $b = \frac{\bar{u}}{E}$.

Bei starken Strömen wird die Größe $\bar{u}_e$ aus der Stromstärke I und der Größe $N_e = \int n_e\,dS = 2\pi \int_0^R n_e(r)\,r\,dr$ bestimmt, wo S der Querschnitt, R der Radius des Entladungsrohres ist:

$$\bar{u}_e = \frac{I}{e_0 N_e};$$

$n_e(r)$ findet man durch Sondenmessungen in verschiedenen Abständen von der Achse (s. § 52).

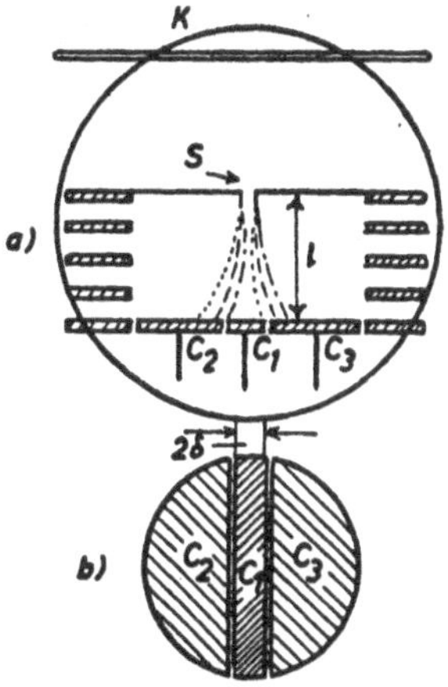

Abb. 219. Schema des Geräts von TOWNSEND zur Messung der gerichteten Geschwindigkeit nach der Methode der magnetischen Ablenkung *a*) Längsschnitt, *b*) die Kollektoren C_1, C_2, C_3 (Aufsicht); *c*) Abstand vom Spalt S bis zum Kollektor C_1, ——— unabgelenkter Elektronenstrahl, —·—·— nach rechts abgelenkter Elektronenstrahl, ... nach links abgelenkter Elektronenstrahl

2. Die Ergebnisse der $\bar{u}_e$-Messungen. Größtenteils wurden die Daten für die Größe $\bar{u}_e$ bei schwachen unselbständigen Strömen ermittelt. Weiter oben, in § 9, wurden bereits die Daten für die gerichtete Elektronengeschwindigkeit $\bar{u}_e$ in Wasserstoff bei verschiedenen Werten von E und p (Abb. 9) angeführt, die mit der TOWNSENDmethode ermittelt worden sind; es zeigt sich, daß $\bar{u}_e$ eine steigende (wenngleich nicht lineare) Funktion von E und eine fallende Funktion von p ist. Bei $\frac{E}{p}$ = const. ist $\bar{u}_e$ ebenfalls konstant (ebendort, Abb. 10); folglich ist $\bar{u}_e$ eine Funktion von $\frac{E}{p}$ oder $E \cdot \lambda$; das Ähnlichkeitsgesetz wird hier eingehalten.

Die Funktion $\bar{u}_e = F\left(\frac{E}{p}\right)$ ist zwischen $\frac{E}{p} \cong 10^{-1}$ V/cm · mm Hg und $\frac{E}{p} \cong 20$ V/cm mm Hg besonders im Anfangsteil offenbar nicht linear, wie in Abb. 10 zu sehen ist; eine Prüfung in logarithmischer Darstellung zeigt, daß man sie approximieren kann

$$\text{bei } \frac{E}{p} \leqslant 1 \text{ V/cm mm Hg, durch } \bar{u} = \text{const.} \left(\frac{E}{p}\right)^{\frac{1}{2}},$$

$$\text{bei } \frac{E}{p} > 1 \text{ V/cm mm Hg, durch } \bar{u} = \text{const.} \left(\frac{E}{p}\right)^{\frac{3}{4}}.$$

Dieses Ergebnis ist in Übereinstimmung mit der Bemerkung auf S. 328 in Verbindung mit der Formel (54,14). Tatsächlich erfahren die Elektronen bei kleinen Werten von $\frac{E}{p}$ (oder $E\lambda$) und deshalb niedrigem T_e vorzugsweise elastische Zusammenstöße; $\varkappa^* \approx$ const. und nach (54,14) ist dann $\bar{u}_e \div \left(\frac{E}{p}\right)^{\frac{1}{2}}$. Bei großen Werten von $\frac{E}{p}$ und daher hohem T_e beginnen die unelastischen Stöße eine zunehmende

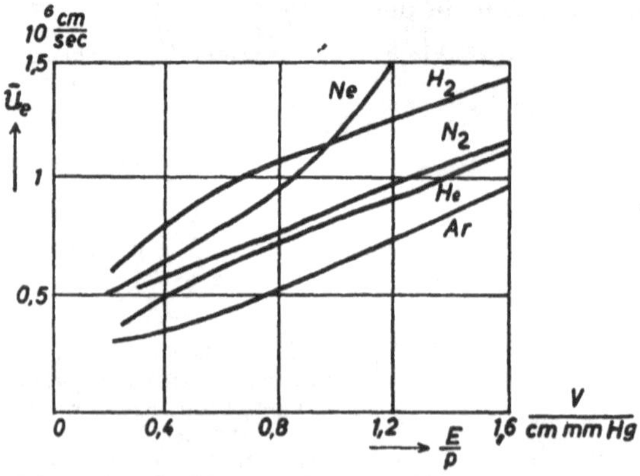

Abb. 220. Gerichtete Geschwindigkeit der Elektronen in verschiedenen Gasen als Funktion von $\frac{E}{p}$ [IX—6]

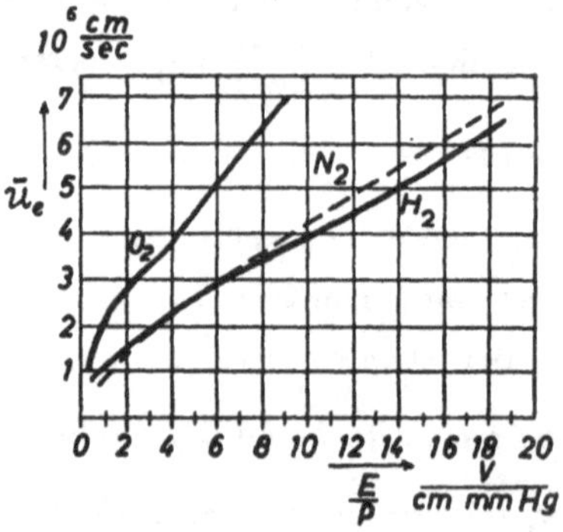

Abb. 221. Werte von $\bar{u}_e = F\left(\frac{E}{p}\right)$ nach den Angaben der Arbeit [IX—8]

Rolle zu spielen; die Größe $\varkappa^*$ wächst zusammen mit T_e und deshalb steigt $\bar{u}_e$ schneller als $\left(\frac{E}{p}\right)^{\frac{1}{2}}$.

Ein Vergleich der in Abb. 220 und 221 angeführten $\bar{u}_e$-Werte, die sich auf verschiedene Gase (He, Ar, Ne, H_2, O_2, N_2) beziehen, zeigt, daß diese Werte bei vorgegebenem $\frac{E}{p}$ verschieden sind, jedoch die gleiche Größenordnung haben. Das ist nicht verwunderlich, wenn man bedenkt, daß obgleich $\bar{u}_e$ nach (54,14) von zwei Größen abhängt, die durch die Gasart bestimmt werden, von λ_1 (oder s) und $\varkappa^*$, doch die erste von diesen unter einer Quadratwurzel und die zweite unter einer 4. Wurzel auftritt. Offenbar kann die Abhängigkeit also nicht stark sein, da $\sqrt{s}$ sich bei den genannten Gasen nur um einen Faktor < 10 und $\sqrt[4]{\varkappa^*}$ um einen Faktor < 2 unterscheiden kann und sich diese Faktoren außerdem bei den verschiedenen Gasen in verschiedener Richtung ändern können.

Eine eingehendere Besprechung des Kurvenverlaufs von $\bar{u}_e = F\left(\frac{E}{p}\right)$ bei verschiedenen Gasen und ein Vergleich der experimentellen, mit den nach verschiedenen Methoden berechneten Kurven siehe [0—6, Kap. 4].

Bedeutend weniger $\bar{u}_e$-Daten sind für den selbständigen Strom veröffentlicht. In Abb. 222 sind $\bar{u}_e$-Werte für die positive Säule eines Quecksilberbogens bei einer Stromstärke von 1—5 A und verschiedenen Säulendurchmessern angeführt, die aus den Angaben verschiedener Arbeiten (KILLIJAN, KLARFELD und Verfasser) nach der Formel $\bar{u}_e = \frac{i}{e_0 N_e}$ berechnet wurden. Ungeachtet des Unterschieds

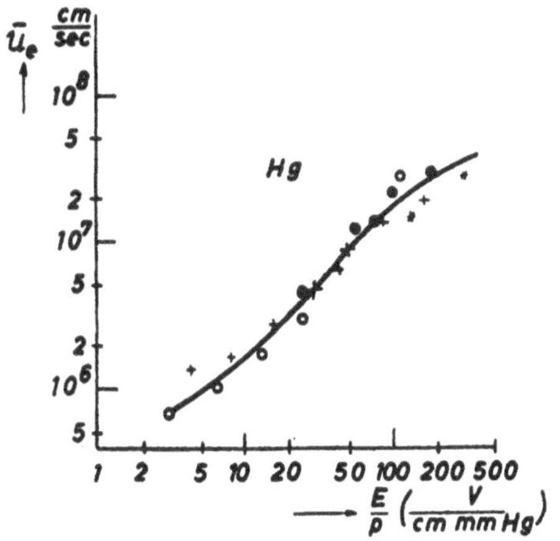

Abb. 222. Gerichtete Elektronengeschwindigkeit im Quecksilberbogen bei $I = 1$ A:

○ bei einem Rohrdurchmesser von 10,5 cm und $I = 1$ A berechnet nach Angaben des Verfassers [II—11,12]

+ bei einem Rohrdurchmesser von 6,5 cm und $I = 1$ A berechnet nach Angaben des Verfassers [II—11,12]

★ bei einem Rohrdurchmesser von 6,2 cm und $I = 5$ A berechnet nach Angaben von KILLIAN [VIII—54]

● bei einem Rohrdurchmesser von 3,2 cm und $I = 1$ A berechnet nach Angaben von KLARFELD [II—13]

in den Bedingungen bei den Abb. 221 und 222 ist die Größenordnung von $\bar{u}_e$ bei gleichen $\frac{E}{p}$ in beiden Fällen gleich; die Form der Funktion $\bar{u}_e = F\left(\frac{E}{p}\right)$ ist ebenfalls annähernd gleich, obwohl die Abhängigkeit $\bar{u}_e$ von $\frac{E}{p}$ bei einem selbständigen Strom und entsprechend größeren Werten von $\frac{E}{p}$ [1]) sich mehr einem linearen Zusammenhang nähert als beim unselbständigen Strom.

Kennt man die Triftgeschwindigkeit der Elektronen $\bar{u}_e$ unter verschiedenen Bedingungen, so kann man auch ihre Beweglichkeit b_e, die als $\frac{\bar{u}_e}{E}$ definiert ist, berechnen. Werte für die Beweglichkeit von Elektronen in Wasserstoff, die auf Grund der Angaben in Abb. 9 berechnet wurden, sind in Abb. 223 angeführt. Wie nach Formel (54,14) zu erwarten ist, ändert sich die Größe b_e nicht nur mit dem

---

[1]) Wie im weiteren, in Kap. X, erläutert wird, entsprechen niedrige Werte von $\frac{E}{p}$ (< 1) dem unselbständigen Strom.

Gasdruck, sondern auch mit der Feldstärke. Man kann sämtliche b_e (E)-Kurven, die sich auf verschiedene Drucke beziehen, in einer Kurve darstellen, wenn man die auf $p = 1$ mm Hg ($b_{e1} = b_e p$) reduzierte Beweglichkeit berechnet und diese Größe als Funktion von $\frac{E}{p}$ darstellt (Abb. 224). In dem eindeutigen Zusammenhang zwischen $b_e p$ und $\frac{E}{p}$ machen sich die Ähnlichkeitsregeln (§ 9) bemerkbar. Auch diese Darstellung führt jedoch nicht auf eine Konstante, die die Eigenschaften des gegebenen Gases charakterisiert.

Zum Unterschied von festen und flüssigen Medien, bei denen die Größe b_e, wenigstens bei konstanter Temperatur, ein Charakteristikum des Mediums ist, ist

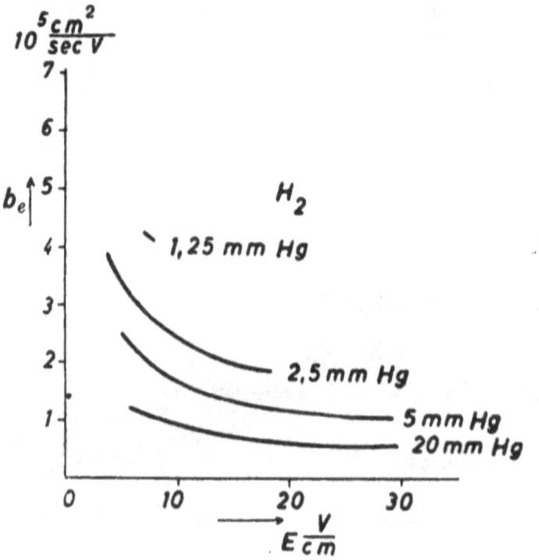

Abb. 223. Elektronenbeweglichkeit in Wasserstoff bei verschiedenen E und p

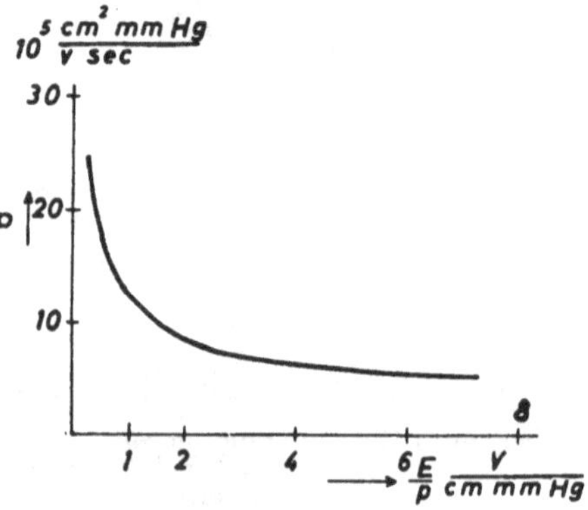

Abb. 224. Elektronenbeweglichkeit in Wasserstoff, reduziert auf $p = 1$ mm Hg (b_{e1}) als Funktion von $\frac{E}{p}$; $b_{e1} = b_e \cdot p$

in einem Gas nicht nur die absolute Größe von b_e, sondern sogar ihre reduzierte Größe $b_{e1} = b_e p$ wenig charakteristisch, da sie nicht nur vom Medium und seinem Zustand, sondern auch vom angelegten elektrischen Feld abhängt.[1]) Daher ist es schwierig, dem Begriff der Elektronenbeweglichkeit in einem Gas irgendeine prinzipielle Bedeutung zuzuschreiben. Sogar der berechnete Wert dieser Größe ist auf die Fälle beschränkt, für die die Proportionalität zwischen $\bar{u}_e$ und E experimentell gesichert ist. Urteilt man nach Abb. 224, so ist das bei $\frac{E}{p} \geqslant 10$ V/cm · · mm Hg der Fall. Im Quecksilberbogen (Abb. 222) ist tatsächlich $b_e \cdot p = $ $= \text{const.} = 1{,}8 \cdot 10^5 \frac{\text{cm}^2 \cdot \text{mm Hg}}{\text{V} \cdot \text{sec}}$. Für die meisten konkreten Fragen ist es jedoch einfacher, unmittelbar die Größe $\bar{u}_e$ zu benutzen.

[1]) In festen Halbleitern kann b_e sich bei großer Feldstärke (10^4—10^5 V/cm und höher) ändern; bei geringeren Feldstärken jedoch ist b_e praktisch konstant und kann als $\frac{\bar{u}_e}{E}$ definiert werden, solange E eine gewisse Grenze nicht übersteigt. Wie dagegen die Abb. 223 und 224 zeigen, ändert sich in einem Gas b_e desto stärker, je kleiner E ist, und deshalb führt selbst eine Definition, die der eben angeführten ähnlich ist, zu keinem konstanten Wert.

Den Grad, in dem die Elektronenbewegung gerichtet ist, kann man, wie im § 54 gezeigt wurde, aus dem Verhältnis $\frac{j_e}{j_{er}}$ beurteilen. Wir führen Angaben aus der Arbeit [II — 11] über das Verhältnis $\frac{j_e}{j_{er}}$ in Hg-Dämpfen an, die in einer homogenen positiven Säule mit 10,5 cm Durchmesser bei $I = 1$ A erhalten wurden.

p (μ Hg), reduziert auf 0° C	0,88	2,3	4,9	9,6	19	36	65
$\frac{j_e}{j_{er}}$	1,0	0,66	0,40	0,18	0,125	0,070	0,054
$\delta = \frac{\bar{u}_e}{\bar{c}_e}$	0,25	0,165	0,10	0,045	0,031	0,018	0,014

Bei großer Stromdichte muß die Elektronenbeweglichkeit, außer von $\frac{E}{p}$, noch von der Stromstärke abhängen; mit steigender Stromstärke nimmt sie wegen der Streuung der Elektronen durch Ionen ab (siehe Anmerkung auf S. 267). Das ist in der Arbeit [IX — 36] experimentell untersucht worden, in der die Formel von GWOSDOWER [VIII — 22] nachgeprüft wurde.

§ 57. Die gerichtete Ionenbewegung; die Ionenbeweglichkeit (Theorie)

1. Die wichtigsten Unterschiede bei der Bewegung von Elektronen und Ionen in einem Gas werden durch das andere Vorzeichen der Ladung, soweit es sich um positive Ionen handelt, und durch die Verschiedenheit ihrer Massen hervorgerufen; eine gewisse (kleinere) Rolle können auch der Unterschied in den Wirkungsquerschnitten der Gasmoleküle gegenüber Elektronen und Ionen sowie Unterschiede in der Größe der Ladung (im Fall von Mehrfach-Ionen) spielen.

Das andere Vorzeichen der Ladung führt dazu, daß die Beschleunigungen, die ein positives Ion und ein Elektron im gleichen elektrischen Feld erfahren, entgegengesetzt gerichtet sind. Die von einem Magnetfeld hervorgerufenen Beschleunigungen sind ebenfalls entgegengesetzt, wenn sich das Elektron und das Ion in gleicher Richtung bewegen. Gewöhnlich bewegen sie sich jedoch bei einem elektrischen Strom im Gas in entgegengesetzten Richtungen und werden deshalb in einem Magnetfeld in gleicher Richtung beschleunigt. Die Richtung des Diffusionsstroms hängt von dem Vorzeichen der Ladung nicht ab; auch die Bildkräfte, die auf die geladenen Teilchen in der Nähe fester Körper wirken, sind die gleichen.

Bei den negativen Ionen ist die Richtung aller Kräfte die gleiche, wie bei den Elektronen.

Der Unterschied in der Masse der Elektronen und Ionen (3—5 Größenordnungen) führt vor allem dazu, daß Beschleunigung, Geschwindigkeit und Flugzeit in einem vorgegebenen Kraftfeld bei ihnen ungleich sind: das Verhältnis der Beschleunigungen beträgt

$$\frac{a_e}{a_i} = \frac{m_i}{m_e} \cong 10^3 - 10^5,$$

das Verhältnis der Geschwindigkeiten beträgt

$$\frac{u_e}{u_i} = \sqrt{\frac{m_i}{m_e}} \cong 10^2 - 10^3,$$

das Verhältnis der Flugzeiten beträgt

$$\frac{t_e}{t_i} = \sqrt{\frac{m_e}{m_i}} \cong 10^{-2} - 10^{-3}.$$

Insbesondere deshalb sind ja auch die Elektronen die Hauptträger des Stroms bei einem selbständigen Strom.

Eine zweite Folge der Verschiedenheit in der Masse der Elektronen und Ionen sind die vollkommen verschiedenen (der Größenordnung nach) Verluste des Bewegungsimpulses und der Energie bei elastischen Stößen mit Molekülen; beim Stoß von Elektronen mit Molekülen $\frac{\overline{\Delta m_e c}}{m_e c} \cong \frac{m_e}{m_g} \ll 1$ [siehe Formel (15,6)]; $\frac{\overline{\Delta K_e}}{K_e} \cong \frac{2m_e}{m_g} \ll 1$ [siehe Formel (15,9)] und beim Zusammenstoß von Ionen mit Molekülen der gleichen Masse $\frac{\overline{\Delta mc}}{mc} \cong 1$ [siehe Formel (15,12)]. Infolgedessen wird ein gerichteter Elektronenstrom bei elastischen Stößen in erster Näherung isotrop in alle Richtungen gestreut; die sich einstellende Elektronenbewegung in einem Gas kann, selbst wenn ein Feld vorhanden ist, nur schwach gerichtet sein (siehe Anmerkung zu S. 268). Im Gegensatz dazu bleibt die Ionenbewegung nach Stößen der Ionen mit Molekülen in einem bedeutenden Maße gerichtet.

Tatsächlich folgt aus den Erhaltungssätzen in Anwendung auf elastische Stöße, daß ein Ion mit der Masse m_1, welches bei einem Zusammenstoß mit einem Molekül mit der Masse m_2 um den Winkel ϑ abgelenkt wird, in Richtung der ursprünglichen Bewegung die Geschwindigkeitskomponente

$$u_1' = c_1' \cos\vartheta = \frac{\left(\cos\vartheta \pm \sqrt{\frac{m_2^2}{m_1^2}\sin^2\vartheta}\right)\cos\vartheta}{1 + \frac{m_2}{m_1}}\, u_1 \quad \text{bewahrt}$$

[siehe Formel (15,2)]. Der Mittelwert dieser Größe, der die Erhaltung der Geschwindigkeit bei elastischen Wechselwirkungen charakterisiert, hängt von der Winkelverteilung der Ionen bei den Stößen ab, die ihrerseits durch den Charakter der Wechselwirkung zwischen dem Ion und einem Gasmolekül bestimmt wird.

Bis zu Ende ist das Modell der Wechselwirkung eines Ions mit einem Molekül in Form des Stoßes zweier glatter elastischer Kugeln diskutiert worden; in diesem Fall ist $\overline{u_1'} = \frac{m_1}{m_1 + m_2}\, u_1$, wenn das Molekül bis zum Stoß in Ruhe war und

$$u_1' - u_2 = \frac{m_1}{m_1 + m_2}(u_1 - u_2),$$

wenn das Molekül bis zum Stoß in einer vorgegebenen Richtung die Geschwindigkeitskomponente u_2 besessen hat (siehe Anmerkung 15). Im Falle eines Ions und eines Moleküls mit gleichen Massen ($m_1 = m_2$) bleibt nach dem Stoß im Mittel die

Hälfte der Geschwindigkeit in der ursprünglichen Richtung erhalten. Eine Folge davon, daß ein Teil der Anfangsgeschwindigkeit erhalten bleibt, ist es, daß die Bewegung der Ionen im Vergleich mit der der Elektronen in bedeutend höherem Maße gerichtet ist und die endgültige Geschwindigkeitsverteilung eine größere Einstellgeschwindigkeit besitzt (die Relaxationsstrecke $\overline{L}$ und die Relaxationszeit $\frac{L}{\overline{u}}$ ist bei den Ionen kleiner als bei den Elektronen). Da die Bewegung der Ionen in hohem Maße gerichtet ist, wird die LORENTZsche Näherung $f(\mathbf{c}) = f(c) + \cos\varphi f_1(c)$ unanwendbar und deshalb ist hier auch die im § 47 dargelegte Methode zum Aufsuchen der Geschwindigkeitsverteilungsfunktion nicht anwendbar. Darum ist die Geschwindigkeitsverteilung der Ionen sogar in den einfachsten Fällen unbekannt; es wurde die Vermutung ausgesprochen, daß man sie als halbsphärische Verteilung nach dem MAXWELLschen Gesetz [VIII — 25] betrachten kann. Zu einer strengen Lösung sind einstweilen nur die ersten Schritte gemacht worden [IX — 7, 16].

Die Wirkungsquerschnitte für elastische Stöße von Molekülen in bezug auf Ionen sind größer als in bezug auf Elektronen.[1]) Der Versuch bestätigt diesen Schluß. So ist der Querschnitt von Edelgasatomen gegenüber den eigenen Ionen bedeutend größer als gegenüber Elektronen, siehe beispielsweise Abb. 54 und [IV — 84].[2]) Dieser Unterschied ist aber bedeutend kleiner als der Unterschied in den Massen der Ionen und Elektronen und spielt deshalb eine viel kleinere Rolle als jener.

2. Die Beweglichkeit der Ionen. Der Theorie der Ionenbewegung im Gas unter der Wirkung eines elektrischen Feldes wurden die meisten Arbeiten in der gesamten Elektrodynamik der Gase gewidmet. Eine sehr ausführliche Darstellung der Arbeiten findet man in den Büchern von LOEB [0 — 6, Kap. III) und [IX — 21]; deshalb beschränken wir uns hier nur auf einen kurzen Abriß.

Die zu verschiedenen Zeiten vorgeschlagenen Theorien der Ionenbeweglichkeit im Gas kann man nach ihren grundsätzlichen Vorstellungen in drei Gruppen unterteilen.

a) Die erste Gruppe von Theorien läßt nur eine Form der Wechselwirkung zwischen Ionen und Molekülen zu, und zwar Stöße zwischen ihnen, die man als Stöße elastischer Kugeln erfaßt. In der Zeit zwischen den Stößen wirken die Moleküle überhaupt nicht auf die Ionen; diese bewegen sich mit einer nur von der Feldstärke bestimmten Beschleunigung. Die einfachste Herleitung einer Beweglichkeitsgleichung für die Ionen im Gas (die in den meisten Lehrbüchern angeführt wird) enthält außerdem noch die einfache Voraussetzung, daß das Ion seine gerichtete Geschwindigkeit u bei jedem Stoß völlig verliert.

Wir setzen voraus, daß $\overline{u} \ll \overline{c}$ ist; das bedeutet, daß die Ionenbewegung im elektrischen Feld fast ebenso ungeordnet ist wie außerhalb des Feldes; die Wirkung

---

[1]) In dem einfachsten Modell stoßender elastischer Kugeln sind diese Querschnitte proportional dem Quadrat der Summe der Radien. Im ersten Fall $s_{gp} \div (r_g + r_p)^2$, im zweiten Fall $s_{ge} \div (r_g + r_e)^2$. Da $r_p \cong r_g$ und $r_e \ll r_g$, so ist $\frac{s_{gp}}{s_{ge}} \cong \frac{4}{1}$.

[2]) Die Querschnitte für unelastische Stöße von Molekülen mit langsamen Ionen sind hingegen bedeutend kleiner als mit Elektronen (Kap. V); für das Problem der Ionenbewegung hat das jedoch keine Bedeutung.

des Feldes führt lediglich zu einer leichten Krümmung der Ionenflugbahnen zwischen den Stößen in Richtung der Kraft $\boldsymbol{F} = q\boldsymbol{E}$. [1])

Die mittlere Zeit zwischen zwei aufeinanderfolgenden Stößen beträgt $\overline{\tau_i} = \frac{\overline{\lambda_i}}{\overline{c_i}}$. In dieser Zeit wird das Ion unter der Wirkung der Kraft F einen Geschwindigkeitszuwachs $\Delta u = \frac{\overline{\tau_i} F}{m_i}$ in Richtung dieser Kraft erhalten. Nach dem Stoß verliert das Ion, nach Voraussetzung, diesen Geschwindigkeitszuwachs völlig und daher ist seine mittlere Geschwindigkeit in Feldrichtung $\overline{u} = \frac{\Delta u + 0}{2} = \frac{1}{2} \frac{qE\lambda_i}{m_i \overline{c_i}}$; die Beweglichkeit des Ions ist

$$b_i = \frac{\overline{u}}{E} = \frac{1}{2} \frac{q\overline{\lambda_i}}{m_i \overline{c_i}}. \tag{57,1}$$

Die dieser Herleitung zugrunde liegende Voraussetzung, daß das Ion seine gerichtete Geschwindigkeit nach jedem Zusammenstoß mit dem Molekül verliert, ist mit einer gewissen Näherung bei Elektronen anwendbar, bei Ionen jedoch, sollte man meinen, ist sie vollkommen unzutreffend, da sie die Erhaltung eines Teils der gerichteten Geschwindigkeit bei dem Stoß vergleichbarer Massen unberücksichtigt läßt (siehe jedoch unten P. c).

Eine strengere Theorie, die sich auf die gleichen Vorstellungen stützt, muß die Erhaltung eines Teils der Ionengeschwindigkeit in der ursprünglichen Richtung beim Stoß mit dem Molekül erfassen. Eine entsprechende Berechnung, welche die Folgerungen aus den Sätzen der Erhaltung von Energie und Impuls berücksichtigt, führt zu der Formel (sie ist von dem von LANGEVIN [IX — 10] gefundenen Typ)

$$b = a \frac{q\lambda_i}{m_i c_i} \sqrt{1 + \frac{m_i}{m_g}}, \tag{57,2}$$

wo a ein dimensionsloser Koeffizient ist, $0{,}5 < a < 1$ (siehe Anmerkung 15). Von dem Ausdruck (57,1) unterscheidet sich dieses Ergebnis außer im Zahlenfaktor auch noch durch den Faktor $\sqrt{1 + \frac{m_i}{m_g}}$; beide durch die Erhaltung eines Teils der gerichteten Bewegung beim Stoß bedingten Korrekturen vergrößern die Beweglichkeit gegenüber (57,1).

Ausgehend von der allgemeinen Beziehung $\frac{D}{b} = U$ (§ 59, P. 3), dem Ausdruck für den wechselseitigen Diffusionskoeffizienten zweier Gase

$$D_{12} = \frac{1}{3} \frac{n_1 \lambda_2 \overline{c}_2 + n_2 \lambda_1 \overline{c}_1}{n_1 + n_2}$$

und dem Ausdruck für den mittleren Weg der Moleküle des einen Gases zwischen zwei Stößen mit Molekülen des andern Gases

$$\lambda_{12} = \left[n_2 s_{12} \left(1 + \frac{T_2 m_1}{T_1 m_2}\right)^{\frac{1}{2}} \right]^{-1}$$

---

[1]) Bei einfach geladenen Ionen ist $q = e_0$ und in allen Formeln dieses Paragraphen ist daher $q = e_0$ zu setzen.

(siehe Anmerkung 16), kann man [IV — 16] zu der Formel

(57,3) $$b = 0{,}85 \frac{e_0 \lambda_i}{m_i \bar{c}_i} \sqrt{1 + \frac{T_g}{T_i} \frac{m_i}{m_g}},$$

gelangen, welche gegenüber (57,2) eine weitere Präzisierung darstellt.

In sämtlichen angeführten Herleitungen bleibt die Frage nach der Größe der Energie der ungeordneten Ionenbewegung $\bar{c}$ offen. Ist die reduzierte elektrische Feldstärke $\frac{E}{p}$ klein, so ist $T_i = T_g$ und (57,3) fällt mit (57,2) zusammen. In Anwendung auf ein Ion, das sich im gleichen Gas bewegt $(m_i = m_g)$, ergibt diese Formel

(57,4) $$b = 1{,}19 \frac{e_0 \lambda_i}{m_i c_i}.$$

Der nächste Schritt besteht darin, daß man die Abhängigkeit der mittleren Ionengeschwindigkeit $\bar{c}$ vom elektrischen Feld erfaßt. Wird c nur durch dieses Feld und die elastischen Stöße mit den Molekülen bestimmt, so ist nach den Formeln (d) und (e) der Anmerkung 17 (S. 468).

$$U = \frac{1}{2} U_g^2 + \left(\frac{1}{2} U_g + \frac{(m_i + m_g)^2}{6{,}8\, m_i m_g} E^2 \lambda_i^2\right)^{\frac{1}{2}},$$

$$\bar{c}_i = \left\{2 \frac{q}{m_i} \left[\frac{1}{2} U_g + \left(\frac{1}{4} U_g^2 + \frac{(m_i + m_g)^2}{6{,}8\, m_i m_g} E^2 \lambda_i^2\right)\right]\right\}^{\frac{1}{2}}.$$

Setzt man diese Werte von U_g und $\bar{c}_i$ in (57,4) ein, so führt das [IX — 18, IV — 16] auf den Ausdruck

(57,5) $$b_i = 0{,}85 \lambda \sqrt{\frac{q}{2 m_i}} \frac{\left\{1 + \frac{m_i}{m_g} \left[\frac{1}{2} + \left(\frac{1}{4} + \frac{(m_i + m_g)^2}{6{,}8\, m_i m_g} \frac{E^2 \lambda_i^2}{U_g^2}\right)^{\frac{1}{2}}\right]^{-1}\right\}^{\frac{1}{2}}}{\left[\frac{U_g}{2} + \left(\frac{U_g^2}{4} + \frac{(m_i + m_g)^2}{6\, m_i m_g} E^2 \lambda_i^2\right)^{\frac{1}{2}}\right]^{\frac{1}{2}}}.$$

Bei $E\lambda_i \ll U_g$ verwandelt er sich in (57,2); die Beweglichkeit in einem schwachen Feld hängt nicht von E ab. Steigt $E\lambda_i$ $\left(\text{oder } \frac{E}{p}\right)$ stark an, so muß die Beweglichkeit monoton fallen.

b) Zum Unterschied von den oben erwähnten Theorien, die die Wechselwirkungen zwischen den Ionen und Molekülen auf Stöße von der Form des Stoßes elastischer Kugeln zurückführen, geht die zweite Gruppe von Theorien [IX — 11, 12, 22, 23, 24] von der Vorstellung aus, daß sich die Ionen und Moleküle in den Zeiten zwischen den Zusammenstößen infolge der Polarisation der Moleküle durch das elektrische Ionenfeld ständig gegenseitig anziehen. Nach (20,1) beträgt die Anziehungskraft zwischen einem Ion und einem neutralen Molekül

(57,6) $$F = \frac{q^2 (\varepsilon_1 - 1)}{2 \pi n_1 r^5};$$

und die gegenseitige potentielle Energie ist

(57,7) $$\Pi = \int_r^\infty F\, dr = -\frac{q^2 (\varepsilon_1 - 1)}{8 \pi n_1 r^4}.$$

Die elektrische Anziehung krümmt die Flugbahn der Ionen und vergrößert die Stoßwahrscheinlichkeit zwischen Ionen und Molekülen, d. h. verkürzt die mittlere freie Weglänge (eine nicht strenge Methode zur Erfassung dieses Effekts siehe in der Anmerkung 18).

Indem LANGEVIN davon ausging, jedoch wie früher die Stöße eines Ions mit einem Molekül als Stoß elastischer Kugeln betrachtete, der bei $r = r_{\text{eff}}$ erfolgt, leitete er [IX — 11] einen Ausdruck für die Größe der Ionenbeweglichkeit ab, der von den oben angeführten vollkommen verschieden ist:

$$b_i = \frac{3}{16\,Y(\chi)} \frac{0{,}462\sqrt{1 + \frac{m_i}{m_g}}}{\frac{\varrho}{\varrho_1}\sqrt{(\varepsilon_1 - 1)\,M}}. \tag{57,8}$$

Hier sind ε_1 und ϱ_1 die Dielektrizitätskonstante und die Gasdichte unter normalen Bedingungen, χ ist ein Parameter, der durch das Verhältnis der potentiellen Wechselwirkungsenergie des Ions und des Moleküls beim Stoß (bei $r = r_{\text{eff.}}$) zur kinetischen Energie der Ionen K_i bestimmt und durch die Formel

$$\chi = \sqrt{\frac{3}{2}\frac{\Pi(r_{\text{eff}})}{K_i}} = \sqrt{\frac{3(\varepsilon_1 - 1)\,q^2}{8\pi n_1 r_{\text{eff}}^4\, m_i \bar{c}_i^2}} \tag{57,9}$$

ausgedrückt wird, endlich ist $Y(\chi)$ eine Funktion, die graphisch in Abb. 225 dargestellt ist. Nach Gleichung (57,8) hängt die Beweglichkeit von durch die Größen m_i und r_{eff} charakterisierten Ionen in einem bestimmten Gas, das durch die Größen ε_1, M, ϱ_1 charakterisiert wird, nur vom Grad der Verdünnung des Gases $\frac{\varrho}{\varrho_1}$ und von der mittleren kinetischen Ionenenergie $\frac{1}{2} m_i \bar{c}_i^2$ ab und ist von der Ladung des Ions (d. h. davon, ob es mehrfach geladen ist) unabhängig.

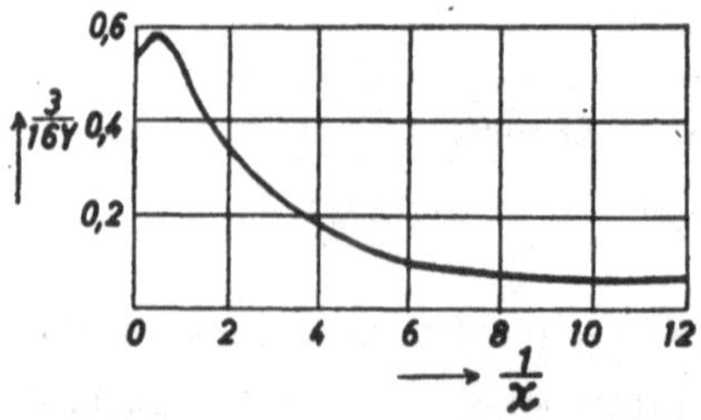

Abb. 225 Die Funktion $\frac{3}{16Y} = F\left(\frac{1}{\chi}\right)$ in der Beweglichkeitsformel von LANGEVIN

Bei der weiteren Entwicklung dieser Theorie [IX — 12] wurde versucht, die Vorstellung von den Kräften, die bei den Stößen der Ionen mit den Molekülen wirken, gleichfalls zu präzisieren; anstatt eines Modells mit elastischen Kugeln wurden Abstoßungskräfte angenommen, die proportional r^{-9} sind.

Die Abhängigkeit der mittleren Ionenenergie von der Feldstärke bei großem $\frac{E}{p}$ kann, ebenso wie bei den Theorien der ersten Gruppe, nach der Methode von COMPTON durch Einführung der Korrektur

$$\left[\frac{1}{2} + \left(\frac{1}{4} + \frac{E^2\lambda^2(m_i + m_g)^2}{6{,}68\, m_i m_g U_g^2}\right)^{\frac{1}{2}}\right]. \tag{57,10}$$

in die Formel (57,8), den Faktor $\sqrt{1 + \frac{m_i}{m_g}}$ und den Faktor χ erfaßt werden.

c) Ein vollkommen anderes Bild der Ionenbewegung im Gas entwerfen diejenigen Theorien, die sich auf die Vorstellung der Ionenumladung stützen [IX – 25, 14].

Dieser Prozeß ist besonders wahrscheinlich bei der Bewegung der eigenen Ionen in einem beliebigen Gas (s. § 20); in diesem Fall kann die Umladung unter gewissen Bedingungen über alle übrigen Elementarprozesse dominieren. Auf dieser Grundlage wurde [IX – 14, IV – 17] eine Theorie der „staffetenartigen" Übertragung der Ladung durch die Ionen im Gas entwickelt. Sie stützt sich auf folgende Ausgangsannahmen: 1. Der einzige Elementarprozeß der Wechselwirkung zwischen Ionen und Molekülen ist die Übergabe der Ladung eines Ions an ein Molekül ohne Übergabe kinetischer Energie („reine Umladung"), 2. die Umladungswahrscheinlichkeit ist von der Ionengeschwindigkeit unabhängig, 3. die Geschwindigkeiten der Wärmebewegung der Moleküle kann man vernachlässigen.

In diesem Fall verliert die elektrische Ladung bei jedem Umladungsvorgang die früher erworbene Geschwindigkeit gänzlich und beginnt die beschleunigte Bewegung aufs neue mit $u_0 = 0$. Damit erhält die einfache Voraussetzung, die in den vorhergehenden Theorien der Beweglichkeit besonders hervorgehoben wurde, einen neuen Sinn. Die andere Voraussetzung der Elementartheorie ($\bar{u}_i \ll \bar{c}$) ist hier jedoch durch das Gegenteil ersetzt worden ($\bar{c}_g \ll \bar{u}_i$); deshalb ändern sich der Rechengang und das Ergebnis.

Die von einem Ion auf seinem ganzen Wege λ_u zwischen zwei Umladungen erworbene Geschwindigkeit bestimmt man durch die Arbeit, welche von der elektrischen Kraft Ee_0 auf diesem Wege verrichtet wird: $\frac{m_i u_{im}^2}{2} = e_0 E \lambda_u$ (nach Voraussetzung ist $(u_i)_0 = 0$). Die mittlere Geschwindigkeit des Ions auf diesem Wege beträgt $\frac{(u_i)_m}{2} = \sqrt{\frac{e_0 \lambda_u}{2 m_i} E}$. Die Wahrscheinlichkeit einer Weglänge zwischen λ_u und $\lambda_u + d\lambda_u$ beträgt $\frac{1}{\bar{\lambda}_u} \cdot e^{-\frac{\lambda_u}{\bar{\lambda}_u}} d\lambda_u$; deshalb ist die mittlere Geschwindigkeit, mit welcher die Ionenladung sich längs des elektrischen Feldes bewegt

$$\bar{u}_i = \int_0^\infty \sqrt{\frac{1}{2} \frac{e_0 \lambda_u}{m_i} E} \frac{1}{\bar{\lambda}_u} e^{-\frac{\lambda_u}{\bar{\lambda}_u}} d\lambda_u = \sqrt{\frac{\pi}{4} \frac{e_0 \bar{\lambda}_u}{m_g} E} = \sqrt{\frac{\pi}{4} \frac{e_0}{m_i n_1 s_u} \cdot \frac{E}{p}}. \tag{57,11}$$

Ersetzt man $n_1 s_u$ durch den Näherungswert (20,6), d. h. $n_1 s_u = \frac{1{,}8 \cdot 10^4}{U_i^2}$, und m_i durch $m_H M$ und drückt man die Zahlenwerte in praktischen Einheiten aus, so findet man

$$\bar{u}_i \cong 4{,}5 \cdot 10^3 \frac{U_i}{\sqrt{M}} \sqrt{\frac{E}{p}} \tag{57,11'}$$

und hieraus für die Beweglichkeit der Ionen

$$b_i = \frac{\bar{u}_i}{E} = \frac{\pi}{4} \frac{e_0}{m_i n_1 s_u} \frac{1}{E} \cong 4{,}5 \cdot 10^3 . \frac{U_i}{\sqrt{MpE}}. \tag{57,12}$$

Ebenso wie nach der Theorie von COMPTON muß die Ionenbeweglichkeit nach dieser Theorie mit steigender Feldstärke kleiner werden.

3. Das Magnetfeld selbst ruft keine gerichtete Bewegung der Ionen (auch nicht der Elektronen) hervor, aber in Gegenwart eines elektrischen Feldes vermindert es die Beweglichkeit. Eine strengere Theorie der Frage muß sich auf die Untersuchung der kinetischen Gleichung stützen (s. § 54). Die elementare Theorie (siehe Anmerkung 24) führt zu der Folgerung, daß die Trift von Ionen oder Elektronen im elektrischen Feld E in Gegenwart eines Magnetfeldes H mit der Geschwindigkeit

$$\bar{u} = \frac{bE}{1 + \frac{b^2}{c_0^2} H^2} = b_H E, \quad b_H = \frac{b}{1 + \frac{b^2}{c_0^2} H^2} \tag{57,13}$$

vor sich geht.

Ein schwaches Magnetfeld hat praktisch keinen Einfluß auf die Beweglichkeit; in starken Feldern ist es anders, die Beweglichkeit nimmt wie H^{-2} ab. Die Feldstärke H, bei der eine merkliche Verminderung der Beweglichkeit beginnt ist um so höher, je kleiner b ist; bei Elektronen tritt die Herabsetzung in bedeutend schwächeren Feldern auf als bei Ionen.

§ 58. *Die Ionenbeweglichkeit (experimentelle Daten)*

1. Die Methoden der Geschwindigkeitsmessung der gerichteten Bewegung der Ionen, aus der die Beweglichkeit berechnet wird, sind außerordentlich verschiedenartig; der größte Teil hat heute nur noch historisches Interesse. Fast alle beziehen sich auf den unselbständigen Strom im Gas. Eine eingehende Übersicht über diese Methoden siehe beispielsweise in [0—5, 0—6]. Wir erwähnen hier nur die präzisesten davon, die Methode des „elektrischen Verschlusses", die in zwei Varianten entwickelt wurde: Die Longitudinalfeld-Methode (auch Viergitter-Methode genannt) und die Transversalfeld-Methode, sowie die Methode des magnetischen Ablenkfeldes. Sie alle wurden oben beschrieben: Die erste im § 56 (S. 334) und in Abb. 218, die zweite im § 37 (S. 207) und in Abb. 141, die dritte im § 56 (S. 334) und in Abb. 219. Die wichtigsten Daten für die Ionenbeweglichkeit beim unselbständigen Strom im Gas, die bis heute als zuverlässig gelten, sind mit diesen Methoden erhalten worden.

Bei einem selbständigem Strom können direkte Geschwindigkeitsmessungen der gerichteten Bewegung von Ionen spektroskopisch, aus der DOPPLERverschiebung der Linien ionisierter Moleküle (der Funkenlinien), durchgeführt werden [IX—15], es gibt jedoch noch wenig Angaben. Indirekt können gewisse Kenntnisse über die Beweglichkeit der positiven Ionen b_p bei niedrigem Gasdruck aus dem Koeffizienten der ambipolaren Diffusion D_{am} und der Elektronentemperatur U_e in einem von isolierenden Wänden umgebenen Plasma auf die folgende Weise erhalten werden. Wie die Theorie zeigt, ist

$$D_{am} = b_p (U_e + U_p)$$

[s. § 60, Formel (60,9')]. Bei einem stationären Strom ist $U_p \ll U_e$ und deshalb ist

$$b_p \cong \frac{D_{am}}{U_e}. \tag{58,1}$$

Diese Methode ist sehr ungenau, da die Bestimmung von D_{am} selbst nicht eindeutig ist und außerdem nicht völlig klar ist, auf welchen E-Wert sich die erhaltenen b_p-Werte beziehen. Sie ist jedoch einstweilen fast die einzige Quelle unserer Kenntnisse über die Beweglichkeit positiver Ionen bei selbständigem Strom.

2. Die experimentellen Ergebnisse. Im folgenden verweilen wir nur bei den Eigenschaften der einfachen Ionen, die aus einem Atom oder einem Molekül bestehen. Bei hohem Gasdruck und insbesondere in der offenen Atmosphäre begegnet man oft überwiegend zusammengesetzten Ionen, die Komplexe aus gleichartigen oder verschiedenartigen Molekülen darstellen. Die Beweglichkeit solcher Ionen ist bedeutend kleiner als die einfacher Ionen, besonders merkwürdig sind in dieser Hinsicht die sogenannten „LANGEVINionen", deren Beweglichkeit um 3—4 Größenordnungen kleiner als die übliche ist und die anscheinend, mit verhältnismäßig großen wägbaren Teilchen, im Gas zusammenhängen. Die Beweglichkeit der zusammengesetzten Ionen hängt weitgehend von der Reinheit des Gases ab (z. B. von seiner Feuchtigkeit). Sie ist außerdem eine Funktion der Lebensdauer des Ions. In verdünntem und gereinigtem Gas treten diese Ionenarten und die mit ihnen verbundenen speziellen Fragen in den Hintergrund. Wir behandeln sie deshalb hier nicht. Wir verweilen auch nicht bei der Frage nach der Ionenbeweglichkeit in Gasgemischen, insbesondere nicht bei der Frage nach der Rolle geringer Beimischungen zum Grundgas; unter dem chemischen Symbol des Ions (beispielsweise He^+, Ne^+ usw.) verstehen wir hier seine wirkliche und nicht seine nominelle Natur.

Um zu klären, ob der Begriff Ionenbeweglichkeit selbst motiviert ist, ist es hier, ebenso wie in § 55 für Elektronen, notwendig, vor allem die Abhängigkeit der Geschwindigkeit der gerichteten Ionenbewegung ($\overline{u}_i$) von der elektrischen Feldstärke zu ermitteln. Die bestimmende Größe ist hier ebenfalls die reduzierte Feldstärke $\left(\frac{E}{p}\right)$. Bei schwachen Feldern ist $\overline{u}_i$ proportional zu E und deshalb ist die Beweglichkeit $b_i = \frac{\overline{u}_i}{E}$ tatsächlich eine Konstante. In Wasserstoff ist das bei einem $\frac{E}{p}$ von 10^{-3} bis 26 $\frac{\text{V}}{\text{cm} \cdot \text{mm Hg}}$ der Fall, und in Luft bis 20 $\frac{\text{V}}{\text{cm} \cdot \text{mm Hg}}$ [0 — 6], ähnlich verhält es sich auch bei den anderen Gasen. Bei großen Feldstärken hört jedoch b_i auf, konstant zu sein. Die Abhängigkeit $\overline{u}_i$ von E ist anscheinend verschieden bei der Bewegung von eigenen und fremden Ionen im Gas.

Die Untersuchung der Bewegung von Alkaliionen in Edelgasen nach der Methode des „elektrischen Verschlusses" (longitudinal) [IX — 26] und die Einzeluntersuchung des Verhaltens von K^+-Ionen in H_2, N_2, Ne und Ar nach der Methode des magnetischen Ablenkfeldes [IX — 13] bei stärkeren Feldern zeigte, daß die bei schwachen Feldern konstante Beweglichkeit dieser Ionen bei Vergrößerung von $\frac{E}{p}$ über 10^1 $\frac{\text{V}}{\text{mm} \cdot \text{cm Hg}}$ zu wachsen beginnt. Der $\frac{E}{p}$-Wert, von dem an die Beweglichkeit zu wachsen beginnt, liegt desto niedriger, je schwerer das Ion ist: bei Li^+ — etwa 50 $\frac{\text{V}}{\text{cm} \cdot \text{mm Hg}}$, bei Na^+ — etwa 15, bei K^+ 10, bei Rb^+ 5, bei Cs^+ nicht merklich. Die gleiche Erscheinung, den Anstieg der Beweglichkeit mit wachsendem $\frac{E}{p}$ fand BALOG [IX — 31] bei negativen Ionen in O_2 und in Luft bei $\frac{E}{p} = 2\text{—}25$ $\frac{\text{V}}{\text{cm} \cdot \text{mm Hg}}$.

Wächst $\frac{E}{p}$ weiter, so beginnt die Ionenbeweglichkeit, nachdem sie ein Maximum durchlaufen hat, wieder zu fallen (Abb. 226). Zum Vergleich sind in demselben Bild die theoretischen Kurven eingetragen: *I*, berechnet nach der Formel (57,5), entspricht dem Modell mit elastischen Kugeln, unter Berücksichtigung der Abhängigkeit der mittleren Ionenenergie vom Feld, doch ohne Erfassung der Anziehungskräfte; *II*, ebenfalls auf Grund des Modells mit elastischen Kugeln berechnet, doch mit Erfassung der Polarisationskräfte; *III*, berechnet auf Grund der Vorstellung von Zentren der Anziehungskräfte, die proportional r^{-5} sind und der Abstoßungskräfte, die proportional r^{-9} sind.

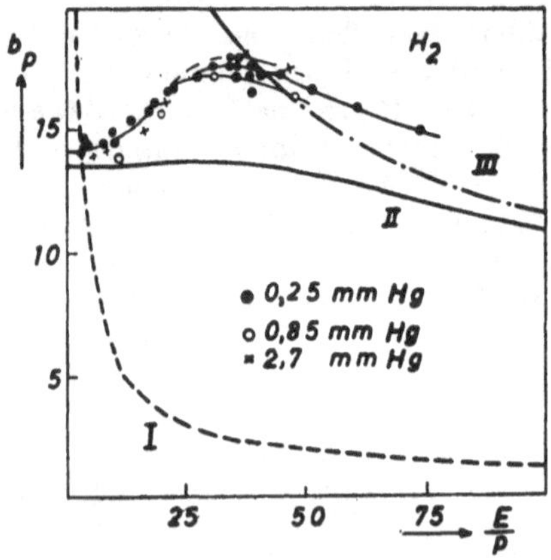

Abb. 226. Beweglichkeit von K^+-Ionen in Wasserstoff bei verschiedenen Drukken: • bei 0,25 mm, o bei 0,85 mm, × bei 2,7 mm Hg [IX—13]

Der Vergleich mit den Versuchsdaten zeigt, daß die Kurve *I* den anfänglichen Anstieg der Beweglichkeiten mit wachsendem $\frac{E}{p}$ überhaupt nicht wiedergibt. Folglich hängt diese Erscheinung mit der gegenseitigen Anziehung der Ionen und Moleküle zusammen. Tatsächlich kann man sie erklären, wenn man berücksichtigt, daß bei größerer Feldstärke und größerer gerichteter Ionengeschwindigkeit die Zeit der Wechselwirkung der Ionen mit den Molekülen verkürzt und die Wirkung der Polarisationskräfte, die die mittlere freie Weglänge der Ionen herabsetzen, abgeschwächt wird; dadurch vergrößert sich die Ionenbeweglichkeit. Ein weiterer Geschwindigkeitsanstieg beim Fehlen einer merklichen Wechselwirkung zwischen den Ionen und Molekülen bewirkt nur eine Verkürzung der freien Flugdauer. Das führt zu einer Verminderung der in dieser Zeit unter der Wirkung des elektrischen Feldes erworbenen Geschwindigkeit der gerichteten Bewegung.

Bei der Bewegung der eigenen positiven Ionen im Gas wurde das anfängliche Wachsen der Beweglichkeit mit dem Feld nicht bemerkt. Bei positiven Hg-Ionen wurde Proportionalität zwischen der gerichteten Geschwindigkeit $\bar{u}$ und $\sqrt{\frac{E}{p}}$ in einem Variationsbereich von $\frac{E}{p}$ von 20 bis 6000 $\frac{\text{V}}{\text{cm} \cdot \text{mm Hg}}$ gefunden [IX—17]. In Kr und Xe wurde gefunden, daß $\bar{u}_p$ anfänglich linear mit $\frac{E}{p}$ wächst und später $\left(\text{bei } \frac{E}{p} > 30\text{—}40 \ \frac{\text{V}}{\text{cm} \cdot \text{mm Hg}}\right)$ linear mit $\sqrt{\frac{E}{p}}$ bis zu 200 $\frac{\text{V}}{\text{cm} \cdot \text{mm Hg}}$ [IX—32] (siehe auch [IV—17]). Folglich nimmt in diesem Fall b_p mit wachsendem $\frac{E}{p}$ ab.

Ähnliche Beobachtungen machte man auch bei dem selbständigen Strom im Gas. FRISCH und KAGAN [IX—15] fanden spektroskopisch (aus der DOPPLER-Verschiebung der Ar II-Linien), daß im Ar-Bogen bei einer Änderung von p sich das $\bar{u}_p$ der Ar^+-Ionen proportional $\sqrt{\frac{E}{p}}$ ändert. Aus den Angaben des Verfassers über die Größen D_{am} und U_e, die sich auf die positive Säule des Hg-Bogens beziehen

[II — 4, 11, 12], kann man den Wert b_p für Hg^+-Ionen nach der Formel $b_p \cong \frac{D_{am}}{U_e}$ berechnen. Die Ergebnisse einiger derartiger Berechnungen sind in Abb. 227 angeführt. Hier ist auf der Abszissenachse die Wurzel aus der reduzierten longitudinalen (Achsen-) Komponente der Feldstärke $\frac{E_z}{p}$[1] aufgetragen worden. Diese Kurve zeigt auch, daß bei Hg^+-Ionen zwischen $\frac{E}{p} \cong 10 \frac{\text{V}}{\text{cm} \cdot \text{mm Hg}}$ und $\frac{E}{p} \cong 200 \frac{\text{V}}{\text{cm} \cdot \text{mm Hg}}$ $\bar{u} \div \sqrt{\frac{E}{p}}$ und folglich $b_p \div \frac{1}{\sqrt{Ep}}$ ist. Alle diese Ergebnisse über die Bewegung der positiven Ionen im eigenen Gas finden ihre Erklärung in dem „Staffeten"-Prozeß der Translokation der positiven Ladung im Gas, der in der schrittweisen Umladung der positiven Ionen besteht. Sie stimmen mit der aus dieser Theorie hervorgehenden Formel (57,11) überein.

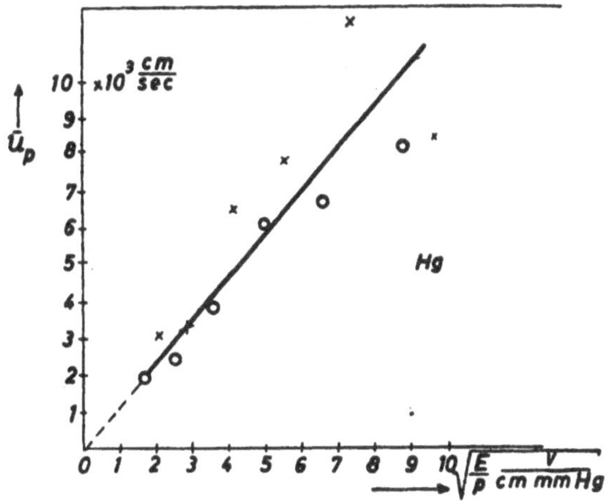

Abb. 227. Die gerichtete Geschwindigkeit von Quecksilberionen als Funktion von $\sqrt{\frac{E}{p}}$ (nach Angaben des Verfassers):
× gemessen in einem Rohr vom Durchmesser 6,5 cm,
o gemessen in einem Rohr vom Durchmesser 10,5 cm

Prinzipiell muß man zugeben, daß der Begriff der Beweglichkeit eines Ions, der bei hohen Gasdrucken und unselbständigen Strömen vollkommen motiviert ist, bei selbständigen Strömen in einem verdünnten Gas ebenso relativ wird wie der Begriff der Elektronenbeweglichkeit.

Die Abhängigkeit der Ionenbeweglichkeit von der Ionenart wird am deutlichsten bei einem Vergleich der Bewegung verschiedener Ionen in ein und demselben Gas unter sonst gänzlich gleichen Bedingungen und bei verhältnismäßig schwachen Feldern. Solche Messungen wurden von A. M. TINDALL und Mitarbeitern nach der „Viergitter-Methode" in Edelgasen und in Stickstoff durchgeführt [IX — 26]; dort findet man auch eine Bibliographie der vorhergehenden Arbeiten. Sie zeigten, daß die Ionenbeweglichkeit mit wachsender Ionenmasse abnimmt. Als Beispiel werden in Abb. 228 Beweglichkeitsdaten verschiedener

[1]) Das ist nicht völlig richtig: $\bar{c}_p$ ist eine Funktion der totalen Feldstärke E, die außer der Achsenkomponente E_z auch noch eine Radialkopmonente E_i besitzt. Diese ist über dem Rohrquerschnitt nicht konstant (in der Achse ist $E_i = 0$); ihr Mittelwert E_r verhält sich zu E_z annähernd wie $\frac{\bar{\lambda}_0}{\sqrt{\varkappa^*}}/a$ (a ist der Rohrradius). Diese Größe kann kleiner oder größer als Eins sein, sie ist dabei desto größer, je niedriger der Druck ist. Deshalb müßte, streng genommen, der Maßstab der Abszissenachse in Abb. 227 mit einem Koeffizienten, der etwas größer als 1 ist, multipliziert werden.

Ionen in Stickstoff angeführt. Alle experimentell gewonnenen Punkte liegen auf einer monoton fallenden Kurve in voller Übereinstimmung mit der Theorie (siehe Formel (57,2)). Eine merkliche Abweichung von der allgemeinen Kurve (in Richtung kleinerer Beweglichkeit) zeigen die Stickstoffionen. Das erklärt sich naturgemäß aus der erhöhten Umladungswahrscheinlichkeit bei der Bewegung gaseigener Ionen im Gas. Das führt zu einer geringeren Geschwindigkeit der resultierenden Ladungsverschiebung.

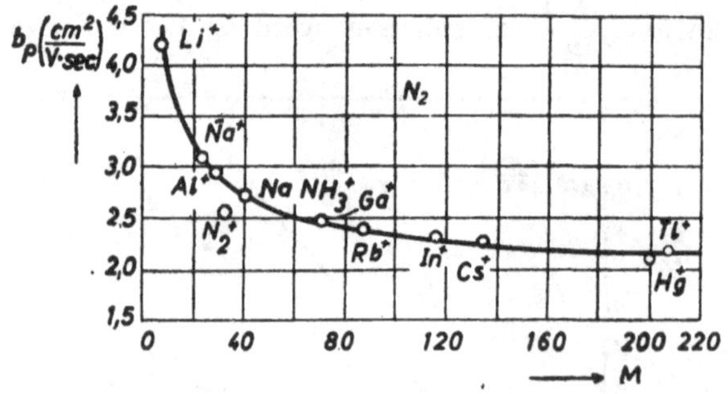

Abb. 228. Die Beweglichkeit verschiedener Ionen in Stickstoff (nach Angaben von TINDALL)

Die Abhängigkeit der Ionenbeweglichkeit von der Gasart muß nach der LANGEVINformel (57,8) durch das Molekulargewicht des Gases und durch seine Polarisierbarkeit (Dielektrizitätskonstante) bestimmt werden. Die Versuchsdaten stimmen mit diesen Folgerungen überein. Das sieht man beispielsweise aus folgenden Zahlen:

Die Beweglichkeit von Alkaliionen

Ionenart / Gas	Na^+		K^+		Rb^+		Cs^+	
	beobachtet	berechnet	beobachtet	berechnet	beobachtet	berechnet	beobachtet	berechnet
H_2	13,6 [IX—4]	10,25	—	—	—	—	—	—
N_2	3,04 [IX—4]	2,72	—	—	—	—	—	—
Kr	2,34 [IX—29]	2,42	1,98 [IX—29]	1,98	1,61 [IX—29]	1,58	1,44 [IX—29]	1,47
Xe	—	—	1,50	1,50	1,12	1,19	0,99	1,01

Die Polarisationstheorie von LANGEVIN entspricht so gut den Tatsachen, daß man sie benutzen kann, um auf Grund der Beweglichkeitsdaten der Ionen in verschiedenen Gasen die Dielektrizitätskonstante dieser Gase zu berechnen [IX — 30]. Dabei stimmen die Ergebnisse der Rechnung in einer Reihe von Fällen nicht schlecht mit dem Versuch überein.

Die aus der Theorie folgende Tatsache, daß die Ionenbeweglichkeit (b_i) der Dichte des vorgegebenen Gases $\left(\frac{\varrho}{\varrho_1}\right)$ umgekehrt proportional ist (siehe Formel (57,8)), führt praktisch auf zwei Abhängigkeiten: b_i ist dem Gasdruck p bei konstanter Temperatur (T) umgekehrt proportional und b_i ist der Gastemperatur bei vorgegebenem p direkt proportional. Unter sonst völlig ungeänderten Bedingungen (insbesondere dürfen sich die Feldstärke E und die Art der Ionen selbst nicht ändern) bestätigt der Versuch diese Sätze in einem breiten Variationsbereich von p und T vollständig. Als Beispiel führen wir die nach der Verschlußmethode mit einem Longitudinalfeld gemessenen Beweglichkeitsdaten bei verschiedenen Temperaturen und Drucken von Na^+- und Cs^+-Ionen in He an [IX — 27] (Abb. 229).

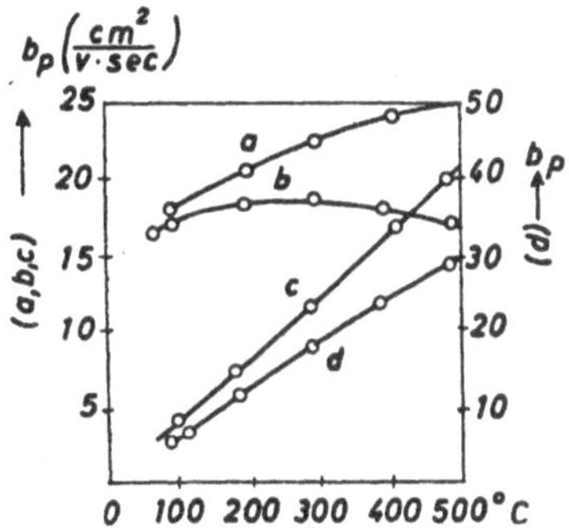

Abb. 229. Die Beweglichkeit von Na^+ und Cs^+-Ionen in He [IX—27]
a — Na^+ in He, konstante Dichte;
b — Cs^+ in He, konstante Dichte;
c — Na^+ in He, konstanter Druck;
d — Cs^+ in He, konstanter Druck

In bezug auf negative Ionen wird die Sache dadurch kompliziert, daß sie im Gas in zwei Formen vorhanden sein können, als freie Elektronen und als Atom- (Molekül-) Ionen; bei Herabsetzung des Drucks sinkt die Wahrscheinlichkeit des Elektroneneinfangs durch Moleküle, die Konzentration der Elektronen wächst im Vergleich mit der der Molekülionen, und infolgedessen muß auch die gemessene Beweglichkeit der negativen Ionen wachsen.

Beim selbständigen Strom ist bei der Untersuchung der Abhängigkeit der Größe b_i vom Gasdruck zu berücksichtigen, daß sich bei Änderung der Gasdichte auch die Feldstärke im Gas ändert. Deshalb muß die in diesem Fall beobachtete Änderung von b_i in Abhängigkeit vom Druck als Abhängigkeit b_i von $\frac{E}{p}$, wie sie oben diskutiert wurde (S. 349), betrachtet und bearbeitet werden.

§ 59. Die Diffusion geladener Teilchen eines Vorzeichens

1. Gleichzeitig mit der Bewegung unter der Wirkung eines elektrischen und magnetischen Feldes können die Elektronen oder Ionen eine Gesamtverschiebung (Trift) infolge inhomogener Verteilung im Raum erfahren. Das Vorhandensein eines Konzentrationsgradienten irgendwelcher Teilchen zieht ihre Diffusion in Richtung abnehmender Konzentration nach sich. Diese Erscheinung tritt bei fast allen Arten des elektrischen Stroms im Gas auf: Die Elektronen oder die Ionen diffundieren sowohl in radialer Richtung (von der Stromachse zum Randgebiet oder zu den Wänden) als auch in longitudinaler Richtung aus einem Stromgebiet in das andere (z. B. aus dem negativen Glimmlicht in den FARADAYschen Dunkelraum in die hinter den Elektroden liegenden Gebiete usw.).

Die Diffusion der geladenen Teilchen erfolgt ebenso wie die Diffusion der neutralen Moleküle infolge ihrer ungeordneten Wärmebewegung. Deshalb wird die Dichte des Diffusionsstroms gegenüber dem durch das Feld bedingten Strom von ganz anderen Faktoren bestimmt: Sie ist desto größer, je höher der Konzentrationsgradient und je größer die mittlere Geschwindigkeit der Wärmebewegung ist.[1]) Eine spezifische Besonderheit der Ladungsträgerdiffusion ist es, daß sie fast niemals in reiner Form ohne jede Teilnahme des elektrischen Feldes erfolgt.

[1]) Die durch das Feld bedingte Stromdichte nimmt hingegen mit steigender mittlerer Geschwindigkeit der Wärmebewegung ab (§ 57).

Dagegen hat eine geordnete Translokation geladener Teilchen in einer bestimmten Richtung an und für sich das Auftreten oder die Änderung des elektrischen Feldes zur Folge. In dem einen Fall fördert es den Diffusionsstrom, in anderen hemmt es ihn. Immer stellt jedoch der resultierende Strom beim Vorhandensein einer Ladungsträgerdiffusion die Summe des Diffusionsstroms und des Feldstroms dar. Darum kann man den Diffusionsstrom selten als selbständige Stromform beobachten; er ist gewöhnlich eine wichtige Komponente in dem gesamten komplizierten Bild des elektrischen Stroms im Gas. In diesem Paragraphen werden wir die Theorie der reinen Diffusion von Elektronen und Ionen betrachten; die gemeinsame Wirkung von Diffusion und Feld wird weiter unten (in § 60) behandelt.

Die Diffusionstheorie der Ionen und Elektronen im Gas wird gewöhnlich auf Grund der Theorie der gegenseitigen Diffusion zweier Gase aufgebaut. Deren eingehende Darstellung findet man beispielsweise in [I — 3, 8].

Nach der allgemeinen Diffusionstheorie tritt in einem Gemisch aus zwei verschiedenen Gasen, deren Molekülkonzentration n_1 und n_2 sich von Punkt zu Punkt ändert, ein Molekülstrom beider Gase auf, der durch ihre Wärmebewegung bedingt wird. Gibt es, außer der Wärmebewegung, keine anderen Ursachen für die Verschiebung der beiden Gase, so ist die Molekülstromdichte für jedes Gas proportional dem Konzentrationsgradienten dieses Gases:

(59,1) $$\Phi_1 = -D_{12} \nabla n_1$$

und analog für das andere Gas.[1]) Die Größe D_{12} nennt man den (*gegenseitigen*) *Diffusionskoeffizienten* der Gase 1 und 2; $D_{12} = D_{21}$. Wegen der Kontinuitätsgleichung ist die Änderungsgeschwindigkeit der Molekülkonzentration $\frac{\partial n_1}{\partial t} = -\nabla \Phi_1$, und wegen (59,1) gilt

(59,2) $$\frac{\partial n_1}{\partial t} = \nabla (D_{12} \nabla n_1).$$

Das ist die allgemeine Diffusionsgleichung. Hängt D_{12} nicht von den Koordinaten ab, so nimmt (59,2) die Form

(59,3) $$\frac{\partial n_1}{\partial t} = D_{12} \Delta n_1.$$

an. Der gegenseitige Diffusionskoeffizient wird seinerseits durch den Ausdruck

(59,4) $$D_{12} = \frac{1}{3} \frac{n_1 \lambda_2 \bar{c}_2 + n_2 \lambda_1 \bar{c}_1}{n_1 + n_2}$$

bestimmt.

Versteht man unter Gas 1 ein Ionengas (oder Elektronengas) und unter Gas 2 ein Gas neutraler Moleküle, so charakterisieren die Gleichungen (59,1)—(59,4) die Diffusion von Elektronen und Ionen im Gas. Setzt man in (59,4) den Näherungsaus-

[1]) Der Ausdruck (59,1) für die Diffusionsstromdichte und die weiteren Formeln dieses Paragraphen sowie die Beweglichkeitsformeln der §§ 54 und 57 können nur auf ein Gas nicht zu geringer Dichte angewendet werden, d. h. wenn $\lambda \ll l$ ist (siehe die Bemerkung am Ende des § 54, P. 1). Den dieser Bedingung entsprechenden Zustand eines Gases nennt man oft *Diffusionszustand*. Ist die umgekehrte Bedingung erfüllt ($\lambda \gg l$), so spricht man vom molekularen Zustand oder vom Hochvakuum.

druck für die freie Weglänge der Moleküle beider Gase in der Form

(59,5) $$\lambda_1 \cong \left[n_2 s_{12} \sqrt{1 + \frac{T_g}{T_1}\frac{m_1}{m_2}}\right]^{-1}$$ ein

(Anmerkung 16), so kann man die Formel (59,4) in Anwendung auf Ionen in der Form

(59,6) $$D_i \cong \frac{1}{3} \lambda_i \bar{c}_i \sqrt{1 + \frac{T_g}{T_i}\frac{m_i}{m_g}}\,^{1)}$$

schreiben.

Für Elektronen ist die Korrektur $\sqrt{1 + \frac{T_g}{T_e}\frac{m_e}{m_g}}$ außerordentlich gering, und man kann einfach schreiben

$$D_e = \frac{1}{3} \lambda_e \bar{c}_e.$$

Auch im Fall von Ionen ist es jedoch nicht klar, ob man sie berücksichtigen muß; gewöhnlich ist nur ein kleiner Teil der Gasmoleküle ionisiert ($n_i \ll n_g$, $n_i + n_g \approx n_g$), in diesem Fall ergibt (59,4) einfach

(59,7) $$D_i \cong \frac{1}{3} \lambda_i \bar{c}_i.$$

Ebenso wie die Beweglichkeit b ist der Diffusionskoeffizient D bei großen Werten von $\frac{E}{p}$ (starkes Feld, niedriger Gasdruck) nicht konstant, sondern vergrößert sich mit wachsendem $\frac{E}{p}$.

Die experimentellen Angaben über den Ionendiffusionskoeffizienten sind so gering, daß man selbst die Formel (59,7) nicht als experimentell geprüft ansehen kann und an einen Vergleich der Formeln (59,7) und (59,6) gar nicht denken kann. Es gibt ein halbes Jahrhundert alte Angaben über die Größe D bei positiven und negativen Ionen in Luft, H_2, N_2, O_2 und CO_2 unter Atmosphärendruck [IX — 35], siehe ebenfalls [0 — 4, Kap. V]. Sie hat eine Größenordnung von $1{,}2$—$2 \cdot 10^{-1}$ cm²/sec in Wasserstoff und von 2—$4 \cdot 10^{-2}$ cm²/sec in den übrigen Gasen. Bei positiven Ionen ist D, ebenso wie die Beweglichkeit, etwas kleiner als bei negativen. Ein Vergleich dieser Zahlen mit den gegenseitigen Diffusionskoeffizienten zeigt, daß die Ionendiffusion mehreremal langsamer vor sich geht als die Diffusion der Gasmoleküle.

---

1) Den Ausdruck (59,6) erhält man aus (59,4) wenn man in ihn

$$\lambda_1 = \left[n_2 s_{12} \sqrt{1 + \frac{T_2}{T_1}\frac{m_1}{m_2}}\right]^{-1}, \qquad \lambda_2 = \left[n_1 s_{12} \sqrt{1 + \frac{T_1}{T_2}\frac{m_2}{m_1}}\right]^{-1}$$

einsetzt und darauf $\frac{T}{m}$ durch $\frac{c^2}{3k}$ und $\sqrt{\bar{c}^2}$ durch $\sqrt{\frac{3\pi}{8}}\,c$ ersetzt. Die vollständigen Ausdrücke für λ_1 und λ_2 unterscheiden sich jedoch von den hier angenommenen (s. Anmerkung 16); in einem Ausdruck der Form (59,5) werden nur die Stöße mit den Molekülen des anderen Gases berücksichtigt und die Stöße mit den gleichartigen Molekülen vernachlässigt. Die Richtigkeit dieser Näherung (59,5) wird in [I—3, IV—16] damit begründet, daß die Stöße zwischen den Molekülen eines vorgegebenen Gases auf seine Diffusionsgeschwindigkeit durch ein anderes Gas keinen Einfluß haben. Ein strenger Beweis dieses Satzes ist dem Verfasser nicht bekannt.

2. Die Theorie der Elektronendiffusion im Gas kann man auch anders entwickeln. Man geht unmittelbar von der kinetischen Gleichung (47,8) und dem aus ihr hervorgehenden Ausdruck für den gerichteten Elektronenstrom (54,5) aus.

Fehlt im betrachteten Gasgebiet ein elektrisches Feld ($E = 0$), so ist nach (54,4) die Triftgeschwindigkeit der Elektronen

(59,8) $$\overline{u}_e = -\frac{4\pi}{3n_e}\int_0^\infty \lambda_e^* \nabla (n_e f_0)\, c^3\, dc.$$

Die Elektronenstromdichte bestimmt man hier aus Formel (54,6)

$$j_e = -\frac{4\pi}{3} e_0 \int_0^\infty \lambda_e^* \nabla(n_e f_0)\, c^3\, dc.$$

Wir behandeln zuerst den Sonderfall, daß nur die Elektronenkonzentration n_e eine Ortsfunktion ist und die Geschwindigkeitsverteilung der Elektronen nicht von den Koordinaten abhängt. Dann ist

$$\overline{u}_e = -\frac{1}{3}\frac{1}{n_e}\nabla n_e \int_0^\infty \lambda_e^* c\, 4\pi f_0\, c^2\, dc$$

und da

$$\int_0^\infty \lambda_e^* c\, 4\pi f_0 c^2\, dc = \int_0^\infty \lambda_e^* c F(c)\, dc$$

gilt

(59,9) $$\overline{u}_e = -\frac{1}{3}\,\overline{\lambda_e^* c}\,\frac{1}{n_e}\nabla n_e = -D_e \cdot \frac{1}{n_e}\nabla n_e,$$

wo der Faktor $\frac{1}{3}\overline{\lambda_e^* c} = D_e$ der Diffusionskoeffizient der Elektronen ist. In dem Spezialfall, daß λ_e^* nicht von der Elektronengeschwindigkeit abhängt, gilt $D_e = \frac{1}{3}\lambda_e^* \overline{c}$.

Die Stromdichte der Elektronendiffusion

(59,10) $$j = -e_0 D_e \nabla n_e = -D_e \nabla \varrho_e$$

ist proportional und parallel dem Vektor des Elektronendichtegradienten.

Bei einem selbständigen Strom in verdünntem Gas ist gewöhnlich $c \cong 10^8$ cm/sec, $\lambda_e^* \cong 10^{-2} - 10^{+1}$ cm und $D_e \cong 10^6 - 10^9$ cm²/sec. Ist, z. B., $\lambda_e^* \cong 10^{-1}$ cm und die Elektronenkonzentration fällt auf 1 cm auf den e. Teil, d. h. $\frac{1}{n}\nabla n \cong 1\ \text{cm}^{-1}$, so beträgt die mittlere Geschwindigkeit des Diffusionsstroms der Elektronen $|\overline{u}| \cong 10^7$ cm/sec.

Mit zunehmender Gasdichte (oder steigendem Druck bei gegebener Temperatur) fällt der Elektronendiffusionskoeffizient.

Im allgemeinen Fall ändert sich nicht nur die Konzentration, sondern auch die Geschwindigkeitsverteilung der Elektronen von Punkt zu Punkt: $\nabla f_0 \neq 0$. Die mittlere Geschwindigkeit des Elektronenstroms $\overline{u}$ beträgt in diesem Fall

$$\overline{u} = -\frac{4\pi}{3n_e}\int_0^\infty \lambda_e^* f_0 \nabla n_e c^3\, dc - \frac{4\pi}{3n_e}\int_0^\infty \lambda_e^* n_e \nabla f_0 c^3\, dc = -\frac{1}{n_e} D_e \nabla n_e - \frac{4\pi}{3}\int_0^\infty \lambda_e^* \nabla f_0 c^3\, dc.$$

Ist die Geschwindigkeitsverteilung der Elektronen in jedem Punkt nahezu eine MAXWELLverteilung, d. h.

$$f_0 = \left(\frac{m_e}{2\pi k T_e}\right)^{\frac{3}{2}} \exp\left(-\frac{m_e c^2}{2kT_e}\right),$$

wo nur T_e eine Funktion der Koordinaten ist, so ist

$$\nabla f_0 = -\frac{3}{2T_e}\left(1 - \frac{m_e c^2}{3kT}\right) f_0 \nabla T_e;$$

$$-\frac{4\pi}{3}\int_0^\infty \lambda_e^* \nabla f_0 c^3\, dc = \frac{1}{2T_e}\nabla T_e \int 4\pi f_0 \lambda_e^* c^3\, dc - \frac{m_e}{6kT_e^2}\nabla T_e \int_0^\infty 4\pi \lambda_e^* f_0 c^5\, dc =$$

$$= \frac{3}{2T_e} D_e \nabla T_e - \frac{m_e}{6kT_e^2}\nabla T_e \overline{\lambda_e^* c^3}.$$

Die Größe $\overline{\lambda_e^* c^3}$ kann man so darstellen:
$\overline{\lambda_e^* c^3} = \overline{\lambda^* c} \cdot \overline{c^2 a} = 3\, D_e a_1 \overline{c^2}$, wo a_1 ein gewisser Zahlenkoeffizient ist, der von der Form der Funktion $\lambda_e^*(\mathbf{c})$ abhängt. Dann ist

$$-\frac{m_e}{6kT_e^2}\nabla T_e \overline{\lambda_e^* c^3} = -\frac{m\overline{c^2}}{2kT_e} a_1 \frac{D_e}{T_e}\nabla T_e = -\frac{3}{2} a_1 \frac{D_e}{T_e}\nabla T_e;$$

weiterhin

(59,11) $$\overline{u} = -\frac{1}{n_e} D_e \nabla n_e - \frac{3}{2}\frac{D_e}{T_e}\nabla T_e (a_1 - 1).$$

Die Elektronenstromdichte ist

(59,11') $$j = -e_0 D_e \nabla n_e - \frac{3}{2} e_0 n_e \frac{D_e}{T_e}\nabla T_e (a_1 - 1).$$

Eine eingehende Untersuchung dieses Falles in Anwendung auf den Strom im Gas ist dem Verfasser nicht bekannt. In der Elektronentheorie der Metalle wurde diese Aufgabe im Zusammenhang mit der Theorie des Stroms in einem ungleichmäßig erwärmten Metall behandelt [I — 2, VII — 2, 3].

Ein Magnetfeld wirkt auf den Diffusionsprozeß der Elektronen und Ionen in gleicher Weise wie auf ihre Beweglichkeit: mit steigendem $\boldsymbol{H}$ nimmt die Diffusionsgeschwindigkeit zunächst schwach, dann stärker ab. Der Diffusionskoeffizient im Magnetfeld beträgt

(59,12) $$D_H = \frac{D}{1 + \frac{b^2}{c_0^2} H^2}.$$

Das ist eine Formel, die (57,13) analog ist (siehe Anmerkung 24).

3. Die Beziehung zwischen der Beweglichkeit und der Diffusion. Zwischen den Koeffizienten der Beweglichkeit und der Diffusion existiert eine einfache Beziehung

(59,13) $$\frac{D}{b} = \frac{kT}{q}.$$

Diese wichtigste Beziehung kann nach einer Methode hergeleitet werden, die nicht von den Absolutwerten D und b abhängt, sondern sich nur auf ihre Definitionen $\left(b = \frac{u}{E},\ D = -\frac{u}{\frac{1}{n}\nabla n}\right)$ und die allgemeinen Eigenschaften der MAXWELLschen Geschwindigkeitsverteilung stützt.

Wir betrachten eine Gasschicht, die an eine nichtleitende Gefäßwand grenzt. Wir setzen voraus, daß das Gas nur eine Art geladener Teilchen (Elektronen oder Ionen) enthält und sich im Gleichgewichtszustand befindet. Die Stromdichte zu der nichtleitenden Wand beträgt im stationären Zustand

$$j = qnbE - qD\nabla n = 0.$$

Das wird garantiert durch das elektrische Feld der Ladungen auf der Wand, die sich neu annähernde Ladungen abstoßen. In einem Teilchensystem im Gleichgewicht, das der klassischen Statistik gehorcht, ist eine MAXWELLverteilung nach Geschwindigkeiten und eine BOLTZMANNverteilung nach Koordinaten vorhanden. Folglich nimmt die Ladungsträgerkonzentration zur Wand hin nach der Gleichung

$$n = n_0 \exp\left(-\frac{q\varphi}{kT}\right)$$

ab, da sich das Potential φ ändert. Daraus folgt

$$\nabla n = n_0 \exp\left(-\frac{q\varphi}{kT}\right)\cdot\left(-\frac{q}{kT}\right)\nabla\varphi = -n\frac{q}{kT}\nabla\varphi = \frac{qn}{kT}E.$$

Setzt man diesen Wert in die vorhergehende Gleichung ein, so findet man

$$qnbE - qD\frac{qn}{kT}E = 0$$

oder, nach Kürzung durch qnE

$$\frac{D}{b} = \frac{kT}{q}.$$

Bei Elektronen und einfach geladenen Ionen ist $q = e_0$ und $\frac{D}{b} = \frac{kT}{e_0} \equiv U$.

Unter Benutzung der Beziehung $p = nkT$ kann man die Formel (59,13) in der Form

$$\frac{D}{b} = \frac{p}{nq} \qquad (59{,}13')$$

darstellen. Dabei ist p der Partialdruck des aus den betrachteten Teilchen bestehenden Gases und n die Teilchenkonzentration.

§ 60. Die ambipolare Diffusion; die Lebensdauer geladener Teilchen

1. Wie schon oben bemerkt wurde, tritt die Ladungsträgerdiffusion in reiner Form (d. h. ausschließlich infolge der ungeordneten Bewegung und des Konzentrationsgradienten) sehr selten auf; gewöhnlich wirkt gleichzeitig immer ein Kraftfeld, meistens ein elektrisches. Sind beide Faktoren, der Konzentrationsgradient und das elektrische Feld, gleichzeitig vorhanden, so setzt sich der Strom geladener

Teilchen, wie schon bemerkt, aus dem Diffusionsstrom und dem Feldstrom zusammen; bei positiven Ionen ist

(60,1) $$j_p = - q D_p \nabla n_p + q b_p n_p E$$

(wenn die Ionen einfach geladen sind, so ist $q = e_0$), bei Elektronen (analog bei negativen Ionen) ist

(60,2) $$j_e = e_0 D_e \nabla n_e + e_0 b_e n_e E.$$

Ist das elektrische Feld von außen angelegt, so wirkt es auf beide Trägerarten verschieden; diese bewegen sich unterschiedlich und $|j_e| \neq |j_p|$.

Spezielles Interesse hat der Fall der gemeinsamen Bewegung von Elektronen und Ionen mit gleichen Triftgeschwindigkeiten bei gleicher Konzentration. Diese Form der Bewegung, die den speziellen Namen ambipolare Diffusion erhielt,[1]) ist sehr verbreitet; sie tritt auf bei jedem Stromdurchgang durch ein Gefäß mit nichtleitenden Wänden oder durch einen engen heißen Gaskanal, der von kaltem, nichtleitendem Gas umgeben ist. Da die ambipolare Diffusion für verschiedene Formen des elektrischen Stroms sehr wichtig ist (sie bestimmt die wahre Konzentration der freien Ladungsträger, ihre Geschwindigkeiten usw.), beschäftigen wir uns eingehend mit ihr.

Wir betrachten ein von nichtleitenden Wänden begrenztes Plasma und setzen voraus, daß: a) das Plasma in der Richtung parallel zur Wand homogen ist, d. h. die Komponente der Stromdichte j_z und der Feldstärke E_z sind in dieser Richtung konstant. $\frac{\partial j_z}{\partial z} = 0$, $\frac{\partial E_z}{\partial z} = 0$; b) das Plasma nur zwei Arten von Ladungsträgern, Elektronen und einfach positiv geladene Ionen enthält, wobei $n_e \cong n_p = n$ ist. An der nichtleitenden Wand ist die Randbedingung: $j_r = j_{er} + j_{pr}$ [2]) erfüllt. Die Kontinuitätsgleichung für einen stationären Strom

$$\nabla j = \nabla (j_e + j_p) = 0$$

führt auf Grund der ersten Voraussetzung über die Homogenität des Plasmas $\left(\frac{\partial j_z}{\partial z} = 0\right)$ dazu, daß $\frac{\partial j_r}{\partial r} = \frac{\partial (j_{er} + j_{pr})}{\partial r} = 0$ ist, nach der Randbedingung ist $j_r = 0$. Hieraus folgt, daß auch im Plasma selbst

(60,3) $$j_r = j_{er} + j_{pr} = 0$$

ist.

Die Konzentration der Elektronen und Ionen nimmt zur Wand hin ab; ihr Gradient (∇n) steht normal zur Wand. Da in allen Punkten des Plasma $n_e \cong n_p$ ist, so ist auch $\nabla n_e \cong \nabla n_p = \nabla n$ (völlig genau können diese Gleichungen nicht erfüllt werden; siehe unten).

Bei gleichen Konzentrationsgradienten übertrifft die Stromdichte der Elektronendiffusion um ein Vielfaches die der Ionendiffusion. Die Gleichung (60,3) kann nur befriedigt werden, wenn außer dem Konzentrationsgradienten noch ein elektrisches Feld vorhanden ist, das die Elektronentrift bremst und die Ionentrift

---

[1]) Der Ausdruck „ambipolare Diffusion" wurde von SCHOTTKY [II—1] vorgeschlagen.

[2]) Der Index r bezeichnet hier die zur Wand normale Richtung.

zur Wand beschleunigt.[1]) In diesem Fall kann man, wenn man die zur Wandung normale Feldstärkekomponente mit E_r bezeichnet und die Gleichungen $n_e = n_p = n$ und $\nabla n_e = \nabla n_p = \nabla n$ berücksichtigt, die Ausdrücke für die Elektronen- und Ionenstromstärke folgendermaßen schreiben:

(60,4) $$j_{er} = e_0 D_e \nabla n + e_0 b_e n E_r,$$

(60,5) $$j_{pr} = -e_0 D_p \nabla n + e_0 b_p n E_r.\,^{2)}$$

Da $j_{pr} = -j_{er}$ ist, so kann man aus (60,4) und (60,5) die Feldstärke bestimmen:

(60,6) $$E_r = -\frac{1}{n} \nabla n \frac{D_e - D_p}{b_e + b_p}.$$

Setzen wir (60,6) in (60,4) oder (60,5) ein, so finden wir

(60,7) $$j_{pr} = -j_{er} = -e_0 \frac{b_p D_e + b_e D_p}{b_e + b_p} \nabla n = -e_0 D_{am} \nabla n$$

und hieraus die Triftgeschwindigkeit der Ionen und Elektronen zur Wand

(60,8) $$\bar{u}_e = \bar{u}_p = -\frac{b_p D_e + b_e D_p}{b_e + b_p} \cdot \frac{1}{n} \nabla n = -D_{am} \frac{1}{n} \nabla n.$$

Diese Ausdrücke stellen ein Diffusionsgesetz dar, die Rolle des Diffusionskoeffizienten spielt hier jedoch die Größe

(60,9) $$D_{am} = \frac{b_p D_e + b_e D_p}{b_e + b_p}.$$

Sie heißt ambipolarer Diffusionskoeffizient.

Da $b_e \gg b_p$ ist, können wir b_p im Nenner von (60,9) vernachlässigen und finden unter Benutzung der Beziehung $\frac{D}{b} = U$,

(60,9') $$D_{am} \cong b_p \frac{D_e}{b_e} + D_p = b_p (U_e + U_g).$$

In der stationären Niederdruckentladung ist $U_e \gg U_g$, und deshalb erhält man mit genügender Genauigkeit einfach

(60,9'') $$D_{am} \cong b_p U_e.$$

Vergleichen wir das mit $D_e = b_e U_e$ und $D_p = b_p U_p$, so sehen wir, daß $D_e \gg D_{am} \gg D_p$ ist. Die Bewegung der positiven Ionen ist in diesem Fall hauptsächlich ein „Feldstrom", d. h. sie wird vorzugsweise durch die Ionenbeweglichkeit und die Feldstärke E_r bestimmt, die infolge der Überflügelung der positiven Ionen

---

[1]) Dieses Feld entsteht zu Beginn des Prozesses. Infolge der im Verhältnis zu der der positiven Ionen großen Diffusionsgeschwindigkeit der Elektronen gelangen diese in größerer Menge auf die Wand und laden sie negativ auf, während im Gas ein positiver Ladungsüberschuß zurückbleibt. Die negative Ladungsdichte auf der Wand und die positive Ladungsdichte im Gas steigen so lange, bis die Triftgeschwindigkeiten der Ladungsträger beider Vorzeichen gleich werden.

[2]) Unter j_{er} und j_{pr} sind die algebraischen Werte der Stromdichten, unter b_e, b_p und e_0 die Absolutwerte der Beweglichkeiten und der Ladung zu verstehen.

durch die Elektronen entstanden ist. Bei $b_p = 10^4 - 10^5\,\text{cm}^2/\text{V sec}$ ist $U_e \cong 1 - 10\,\text{V}$, $D_{am} \cong 10^4 - 10^6\,\text{cm}^2/\text{sec}$ [1]).

Die bei der ambipolaren Diffusion auftretende Feldstärke beträgt nach (60,6) angenähert

$$-\frac{1}{n}\nabla n \frac{D_e}{b_e} = \frac{U_e}{l}, \tag{60,6'}$$

wobei l die Länge ist, auf der sich die Konzentration n um das e-fache ändert. Ist beispielsweise $U_e = 1\,\text{V}$, $l = 1\,\text{cm}$, so ist $E_r = 1\,\text{V/cm}$.

Die Größe des Koeffizienten der ambipolaren Diffusion D_{am} hängt von Gasart und -dichte ab. Bei gleichbleibender Temperatur muß D_{am} mit steigendem Druck nach (60,9') kleiner werden, da b_p mit steigendem p schnell, U_e aber langsam abnimmt.

Aus den Ähnlichkeitsregeln (§ 9) folgt, daß unter Bedingungen, die ihre Anwendbarkeit sicherstellen, $D_{am} = \frac{1}{p} F\left(\frac{E}{p}\right)$ ist. Tätsächlich ist nach (60,8) $D_{am} = -\,\overline{u}_e \frac{n}{\nabla n}$, wobei $\frac{n}{\nabla n}$ eine Größe ist, die proportional den Leardimensionen des Gefäßes ist (proportional dem Umrechnungsfaktor k), während $\overline{u}_e$ eine Funktion von $\frac{E}{p}$ ist und von k nicht abhängt (§§ 9 und 54). Folglich ist $D_{am} \div k$ und $D_{am}\, p = F\left(\frac{E}{p}\right)$ und hängt nicht von k ab, daraus folgt $D_{am} = \frac{1}{p} \cdot F\left(\frac{E}{p}\right)$.

Die Gasart muß sich nach (60,9'') vor allem durch das Molekulargewicht bemerkbar machen; je größer M ist, desto kleiner ist b_p und deshalb D_{am}.

Den Begriff „ambipolare Diffusion“ kann man ebenso wie ganz allgemein den Begriff „Diffusionsprozeß“ nur dann anwenden, wenn die freien Weglängen der beteiligten Teilchen (λ_e, λ_p) viel kleiner sind als die linearen Raumdimensionen, bei denen die betrachteten Erscheinungen auftreten.

2. Die ambipolare Diffusion bestimmt die mittlere „Lebensdauer“ der freien Elektronen und Ionen im Plasma.

Wir betrachten ein Gasgebiet, das durch nichtleitende Wände begrenzt wird, an dem kein äußeres elektrisches oder magnetisches Feld liegt ($E \cong H \cong 0$), in dem keine Ionisation oder Volumenrekombination erfolgt ($I = R = 0$) und in dem eine gerichtete Bewegung der Elektronen und Ionen nur durch ihre ungleichmäßige Konzentration verursacht wird.[2]) Die Gasdichte setzen wir nicht zu niedrig an (Diffusionszustand $\lambda \ll d$).

Die allgemeine Bilanzgleichung für geladene Teilchen (4,2) nimmt in diesem Fall die Form (59,2) an, wobei hier unter D, D_{am} zu verstehen ist. Hängt D_{am} nicht

---

[1]) ENGEL und STEENBECK haben ebenfalls eine Formel für den ambipolaren Diffusionskoeffizienten abgeleitet, und zwar für den Fall, daß das Gas neben den Elektronen und positiven Ionen auch negative Ionen enthält, wobei $n_p = n_e + n_n$ ist. Bezeichnet man $\frac{n_e}{n_p}$ mit x, so daß $\frac{n_n}{n_p} = 1 - x$ ist, so folgt in diesem Fall:

$$D_{am} = \frac{x(b_p D_e + D_p b_e) + (1-x)(b_p D_n + D_p b_n)}{b_p + b_e x + b_n(1-x)}.$$

[2]) Diese Bedingungen sind in einem Gas vorhanden, wenn nach dem Durchgang eines selbständigen Stromes die Spannung abgeschaltet worden ist und die Entionisation erfolgt.

vom Ort ab, so geht (59,2) in die übliche Diffusionsgleichung (59,3) über:

$$\frac{\partial n}{\partial t} = D_{am} \Delta n. \tag{60,10}$$

Differentialgleichungen dieser Art (parabolische Differentialgleichungen) sind ausführlich untersucht worden, besonders in der Wärmeleitungstheorie; die Lösungsmethoden werden in den Lehrbüchern der theoretischen Physik, der Differentialgleichungen der mathematischen Physik und in einer Reihe von Lehrbüchern der mathematischen Analysis dargelegt (beispielsweise in den Büchern von SMIRNOW und von GOURSAT).

In der Theorie des elektrischen Stroms im Gas bestimmen Gleichungen der Form (59,3) nicht nur die Diffusion von Ladungsträgern, sondern auch die der Neutralteilchen, z. B.: der angeregten Atome, der Photonen (bei starker Reabsorption), der Gasmoleküle, die dem Grundgas beigemischt sind usw. Die bei jeder dieser Teilchenarten anwendbare Gleichung (59,3) oder (60,10) unterscheidet sich nur durch den Diffusionskoeffizienten. Daher gehen wir in der unmittelbar folgenden Untersuchung der mittleren Lebensdauer eines Teilchens weder auf die Art der betrachteten Teilchen noch auf ihren Diffusionsmechanismus näher ein; der Diffusionskoeffizient wird einfach mit D bezeichnet. Die Folgerungen und Ausdrücke können dann für die verschiedenen Teilchenarten konkretisiert werden. Wir bestimmen die mittlere Lebensdauer von Teilchen, die in einem Gas diffundieren, das ein Gefäß bestimmter Form erfüllt. Wir nehmen an, daß die Anfangsverteilung der betrachteten Teilchen im Gas $n(\mathbf{r}, 0)$ und die Randbedingungen, die darin bestehen, daß die Teilchen an den Gefäßwänden aufhören frei zu existieren (die Ladungsträger rekombinieren, die angeregten Atome kehren in den Grundzustand zurück usw.), bekannt sind. Eine positive Lösung suchen wir von (60,10) in der Form:

$$n = \Phi(t) \cdot \Psi(r). \tag{60,11}$$

Einsetzen in (60,10) ergibt $\Psi \frac{d\Phi}{dt} = D\Phi \Delta\Psi$ oder

$$\frac{1}{D}\frac{1}{\Phi}\frac{d\Phi}{dt} = \frac{1}{\Psi}\Delta\Psi = \text{const.} \tag{60,12}$$

Da das Gas infolge der Rekombination von Ladungen an den Wänden allmählich entionisiert wird, ist $\frac{dn}{dt} \div \frac{d\Phi}{dt} < 0$; deshalb kann man const. $= -\mu^2$ setzen, wo μ eine Größe ist, deren mögliche Werte μ_i (die sogenannten Eigenwerte der Gleichung) durch die Randbedingungen bestimmt werden. In diesem Fall gilt

$$\Delta\Psi + \mu^2\Psi = 0 \tag{60,12'}$$

und

$$\frac{d\Phi}{dt} + \mu^2 D\Phi = 0. \tag{60,12''}$$

Die Randbedingungen für n siehe [II — 2, 3, 4, 6]. Die Form der Funktion Ψ_i und die Eigenwerte μ_i hängen von der Form der Wände und den Abmessungen des zwischen ihnen eingeschlossenen Gasvolumens ab; die einfachsten charakteristischen Fälle sind in der folgenden Tabelle zusammengestellt:

	Eigenwerte μ_i	Eigenfunktionen Ψ_i
Zwei parallele Flächen im Abstand l	$\mu_i = \frac{\eta_i}{l}$, $\eta_i \leqslant i\pi$	$\Psi_i = \sin \frac{\eta_i x}{l}$
Unendlich langer Zylinder vom Radius a	$\mu_i = \frac{\eta_i'}{a}$, $\eta_i' \leqslant i$ Wurzel der Funktion $J_0(\eta)$ ($\eta_1' \leqslant 2{,}405\ldots$)	$\Psi_i = J_0\left(\frac{\eta_i' r}{a}\right)$
Endlicher Zylinder von der Länge l und dem Radius a	$\mu_i^2 = \frac{\eta_i^2}{l^2} + \frac{\eta_i'^2}{a^2}$ (Werte von η_i und η_i' siehe oben)	$\Psi_i = J_0\left(\frac{\eta_i' r}{a}\right) \sin \frac{\eta_i x}{l}$
Kugel mit dem Radius a	$\mu_i = \frac{\eta_i}{a}$, $\eta_i \leqslant i\pi$	$\Psi_i = \frac{1}{r} \sin \frac{\eta_i r}{a}$

Nach (60,12) gilt $\frac{d(\ln \Phi_i)}{dt} = -\mu_i^2 D$, woraus

(60,13) $$\Phi = \text{const.}\, e^{-\mu_i^2 \int_0^t D\, dt}$$

folgt. Ändert sich D in der betrachtenden Zeit nicht merklich,[1]) so gilt $\Phi_i = \text{const.}\, e^{-\mu_i^2 D t}$. Darum ist der allgemeine Ausdruck für n

(60,14) $$n = \sum_i B_i e^{-\mu_i^2 D t}\, \Psi_i(\boldsymbol{r}).$$

Die Koeffizienten B_i bestimmt man durch Reihenentwicklung der anfänglichen Teilchenverteilung $n_0(\boldsymbol{r})$ nach den Eigenfunktionen Ψ_i. Fällt die anfängliche Verteilung mit der Eigenfunktion Ψ_i, $n_0(\boldsymbol{r}) = B_1 \Psi_i(\boldsymbol{r})$ zusammen, so reduziert sich die Reihe (60,14) auf ein Glied:

(60,15) $$n(\boldsymbol{r}, t) = n(\boldsymbol{r}, 0)\, e^{-\mu_i^2 D t}.$$

In der Zeit dt ändert sich die Konzentration der betrachteten Teilchen um

$$dn = -n_0 \mu_1^2 D e^{-\mu_1^2 D t}\, dt$$

infolge der Abwanderung von $(-dn)$-Teilchen aus jeder Volumeneinheit zu den Wänden und der Vernichtung an den Wandoberflächen. Deshalb beträgt die mittlere Lebensdauer dieser Teilchen im Gas unter den vorgegebenen Bedingungen

(60,16) $$\tau = -\frac{1}{n(0)} \int_0^\infty t \cdot dn = \frac{1}{\mu_1^2 D}.$$

[1]) Eine eingehende Analyse der Gasentionisation und des Verhaltens der Größe D wird im entsprechenden Kapitel des II. Bandes gegeben.

Diese Größe kann man *Diffusionslebensdauer* (τ_D) nennen. Die relative Geschwindigkeit, mit der die Teilchen verschwinden, $-\frac{1}{n}\frac{dn}{dt} = \mu_1^2 D$, ist eine Größe, welche im gegebenen Fall reziprok zu τ_D ist. Führen wir in (60,15) anstatt $\mu_1^2 D$ die Größe $\frac{1}{\tau}$ ein, so finden wir $n(\boldsymbol{r}, t) = n(\boldsymbol{r}, 0)\, e^{-\frac{t}{\tau}}$. Das bedeutet, daß τ die Zeitkonstante des Abfalls der Teilchenkonzentration ist.

Da μ_1^2 dem Quadrat der Leardimensionen (l^2) des gasgefüllten Volumens umgekehrt proportional ist, so ist τ direkt proportional l^2 und ebenso dem Gasdruck p (da D diesem umgekehrt proportional ist).[1]) Nach der Formel (60,16) kann man den Diffusionskoeffizienten D der gegebenen Teilchen bestimmen, wenn ihre mittlere Lebensdauer τ oder die Größe μ bekannt sind.

3. Betrachten wir jetzt den stationären Plasmazustand, der einem konstanten Strom entspricht. Der Zustand kann nur stationär sein, wenn der Teilchenverlust infolge Diffusion zur Wand durch Neubildung im Gasvolumen kompensiert wird. Die Bilanzgleichung der Teilchen nimmt in diesem Fall folgende Form an: $\Delta(n\bar{u}) - I = 0$. Wir behalten die eben gemachte Annahme, daß es sich um den Diffusionszustand handelt, bei ($\lambda \ll l$); dann ist, wie oben $\nabla(n\bar{u}) = -D\Delta n$.

Was die Bildung neuer Teilchen betrifft, so ist es schwer, Annahmen einzuführen, die auf alle Teilchenarten passen. Für den Fall geladener Teilchen (Elektronen, positive Ionen) kann man annehmen, daß die Bildungsgeschwindigkeit neuer freier Elektronen proportional der vorhandenen Elektronenkonzentration ist:

(60,17) $$I = zn.$$

Das bedeutet, daß jedes Elektron die Gasmoleküle im Mittel z mal in 1 sec ionisiert; anders gesagt, den Akt der Ionisation eines neuen Moleküls vollzieht jedes Elektron in der Zeit $\tau = \frac{1}{z}$ nach seiner Entstehung. In diesem Fall nimmt die Bilanzgleichung der geladenen Teilchen die Form:

(60,18) $$D_{am} \cdot \Delta n + zn = 0, \quad \Delta n + \frac{z}{D_{am}} n = 0.$$

an.

Wird (60,18) erfüllt, so ist tatsächlich die Stationarität des Plasmas gesichert, wenn jedes Elektron während seiner Lebensdauer durch Ionisation im Mittel ein neues Elektron bildet (siehe [0—3]). Folglich reduziert sich die Stationaritätsbedingung des Plasmas auf

(60,19) $$\tau z = 1.$$

Die Ladungskonzentration wird jetzt durch die Gleichung (60,18) bestimmt, in der n nur eine Funktion der Koordinaten ist $\left(\frac{\partial n}{\partial t} = 0\right)$.

---

[1]) Nach den Ähnlichkeitsregeln (§ 9) ist die Zeit τ in zwei ähnlichen Entladungsräumen bei gleichen $p \cdot l$ proportional l; anders gesagt, τ vergrößert sich, bei k-facher Vergrößerung von l und gleichzeitiger k-facher Verkleinerung von p, ebenfalls k-fach. Läßt man aber p nach der Vergrößerung von l unverändert, so vergrößert sich τ annähernd k^2-fach, da mit zunehmendem Druck auch τ steigt.

Diese Gleichung fällt mit (60,12′) zusammen, wenn man annimmt, daß

(60,20) $$\frac{z}{D_{am}} = \mu^2 \text{ oder } z = \mu^2 D_{am}$$

ist. Da aber nach (60,19) $z = \frac{1}{\tau}$ ist, so ist $\tau = \frac{1}{\mu^2 D_{am}}$, d. h. wir erhalten wieder die Formel (60,16). Folglich ist die mittlere Lebensdauer eines freien Elektrons in einem stationären Plasma und in einem Plasma, das sich im Entionisationsprozeß abbaut ein und dieselbe; sie fällt mit der Zeitkonstante der Entionisation des Gases zusammen (wenigstens am Anfang des Entionisationsprozesses, solange sich die Größe D_{am} noch nicht geändert hat).

4. Die Bestimmung der mittleren Lebensdauer der freien Elektronen und Ionen im Gas ist sowohl bei stationärem Strom, als auch im Verlauf der Entionisation des Gases nach Stromunterbrechung möglich. Kennt man τ und μ^2, so kann man $D_{am} = \frac{1}{\mu^2 \tau}$ bestimmen.

Die Bestimmung von τ im stationären Plasma wurde vom Verfasser in der homogenen positiven Säule des Hg-Dampfbogens bei konstantem Strom durchgeführt [II – 4, 11].

In diesem Fall läuft die Bestimmung von τ auf die Messung der Ionenstromdichte (j_p) zur Rohrwand und auf die Bestimmung der Anzahl freier Elektronen und Ionen N_e in der Längeneinheit der Säule hinaus. Ist der Rohrradius a, so beträgt die Anzahl der Ionen, die in jeder Sekunde einen Abschnitt der positiven Säule von 1 cm Länge verlassen, $\frac{j_p \cdot 2\pi \cdot a \cdot 1}{e_0}$. Diese Zahl muß gleich der Ionenzahl sein, die infolge der Ionisation des

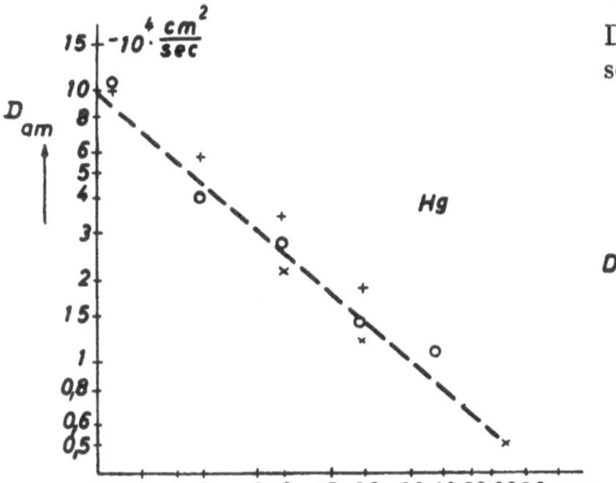

Abb. 230. Ambipolarer Diffusionskoeffizient in Hg-Dampf, bestimmt nach verschiedenen Methoden: × nach Angaben über das stationäre Plasma (berechnet unter Voraussetzung direkter Ionisation), + das gleiche (berechnet unter Voraussetzung von Stufenionisation), o nach Angaben über die Anfangsgeschwindigkeit der Entionisation; Plasmadurchmesser 10,5 cm, Stromstärke 1 A (Messungen des Verfassers)

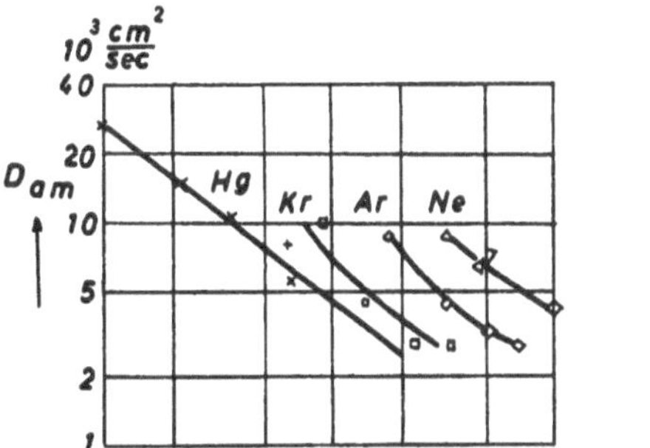

Abb. 231. Ambipolarer Diffusionskoeffizient D_{am} als Funktion des Druckes in verschiedenen Gasen:

△ in Ne nach Angaben von ARDONOWA
▽ in Ne nach Angaben von KONDRATJEW
◇ in Ar nach Angaben von ARDONOWA
□ in Kr nach Angaben von ARDONOWA
+ in Hg nach Angaben von ARDONOWA
× in Hg nach Angaben von GRANOWSKI

Gases im gleichen Abschnitt der positiven Säule neugebildet wird, d. h. der Zahl zN_e. Aus der Gleichung $zN_e = \frac{2\pi a j_p}{e_0}$ finden wir

$$\tau = \frac{1}{z} = \frac{e_0 N_e}{2\pi a j_p}. \tag{60,21}$$

Hieraus finden wir auf Grund von (60,16) $D_{am} = \frac{2\pi a j_p}{\mu_1^2 e_0 N_e}$. Einen etwas anderen Ausdruck für die Berechnung von D_{am} erhält man unter der Voraussetzung, daß die Stufenionisation eine vorherrschende Rolle spielt, die Konzentration der angeregten Atome aber noch nicht groß ist. Die nach diesem Verfahren berechneten D_{am}-Werte unterscheiden sich von den vorigen bis zu 30%.

τ als Zeitkonstante der totalen Entionisation des Gases wurde von mehreren Verfassern gemessen (eingehend wird das im II. Band diskutiert). Systematische Messungen von τ unter Anwendung dieser Methode parallel mit Messungen in der stationären Entladung und ein Vergleich der durch beide Verfahren erhaltenen τ-Werte wurden von dem Verfasser in Hg-Dämpfen durchgeführt [II — 4, 11; VIII — 45]. Gemessen wurde in langen zylindrischen Rohren von 6,5 cm und 10,5 cm Durchmesser bei einem Hg-Dampfdruck von 0,8 bis 65 μ Hg.

Diese Messungen zeigten, daß innerhalb der Fehlergrenzen der Methoden die mittlere Lebensdauer der Ionen im stationären Plasma und im Entionisationsprozeß bei niedrigem Gasdruck tatsächlich einander gleich sind. Die auf Grund der Daten dieser Messungen berechneten Werte von D_{am} in der Säule eines 10,5 cm Rohres sind in Abb. 230 angeführt. Wie die graphische Darstellung zeigt, fällt D_{am}, wenn der Druck von 2μ auf 65μ ansteigt, nahezu wie p^{-1}.

Daten für die Größe D_{am} zum Vergleich bei verschiedenen Gasen wurden von ARDONOWA [IX — 33] ermittelt. Sie sind in Abb. 231 angeführt und zeigen deutlich die Abnahme von D_{am} mit steigendem Molekulargewicht des Gases.

KAPITEL X

Die Kinetik der Volumenionisation und -rekombination

§ 61. *Die mittlere Ionisationsfrequenz durch Elektronen z und der erste* TOWNSEND-*koeffizient α*

1. Für alle Formen des elektrischen Stroms in einem verdünnten Gas (und für den selbständigen Strom in einem Gas von beliebiger Dichte) ist es charakteristisch, daß die Elektronenkomponente des Stroms überwiegt. Die Konzentration der freien Elektronen kann die Größenordnung 10^{14} cm^{-3} und mehr haben. Freie Elektronen entstehen in einem Gas hauptsächlich infolge Ionisation von Gasmolekülen.[1] Eben diese Elektronen sind auch der Hauptfaktor für die Ionisation, d. h. von allen Ionisationsarten überwiegt die Ionisation durch Elektronenstoß. Als Maß für die Intensität dieses Prozesses dient die Größe I_e, die Anzahl von Elementarladungspaaren (Elektron plus positives Ion), die im cm^3 pro sec gebildet werden (s. § 4, 1). Man kann

(61,1) $$I_e = z n_e$$

ansetzen, wo z die mittlere Zahl der Paare von freien Elementarladungen ist, die durch 1 Elektron in 1 sec gebildet wird. Läßt man die verhältnismäßig seltenen Fälle von Mehrfachionisation unberücksichtigt, so ist z auch die mittlere Anzahl von Molekülen, die durch ein Elektron pro sec ionisiert werden;[2] z hat die Dimension sec^{-1}. Der Kürze halber werden wir die Größe z als *mittlere Ionisationsfrequenz* durch Elektronenstoß bezeichnen. Die Formel (61,1) drückt die Proportionalität zwischen I_e und n_e nur im Falle von direkter Ionisation aus; ist Stufenionisation vorhanden, so ist die Größe z selbst eine wachsende Funktion von n_e.

Neben der Größe z wird in der Theorie des Stroms im Gas der sogenannte erste *TOWNSENDkoeffizient α* weitgehend benutzt. Er gibt die mittlere Anzahl von Elementarladungspaaren an, die durch ein Elektron gebildet werden, wenn dieses sich um 1 cm in Feldrichtung bewegt. Da sich ein Elektron in der Zeit Δt in Feldrichtung im Mittel um $\Delta x = \overline{u}_e \Delta t$ fortbewegt, so ist

$$z\,\Delta t = \alpha\,\Delta x = \alpha \overline{u}_e\,\Delta t$$

oder

(61,2) $$z = \alpha \overline{u}_e$$

α hat die Dimension $[\alpha] = \text{cm}^{-1}$.

---

[1]) Eine Ausnahme bildet der Niederdruckbogen bei kleinem Elektrodenabstand ($l \sim \lambda_e$). Hier ist die Kathode die Hauptelektronenquelle.

[2]) In einer Reihe von Arbeiten [X—4, VIII—54, 56, 60) wird diese Größe mit α bezeichnet; das ist aber unbequem, da mit α im Schrifttum allgemein eine andere Größe, nämlich der erste TOWNSENDkoeffizient bezeichnet wird.

Die Größe z wird meist in den Arbeiten zur Theorie des stationären selbständigen Stroms benutzt [X — 1, 3, 4], die Größe α in den Arbeiten, die dem unselbständigen Strom oder dem Bildungsprozeß des selbständigen Stroms (Durchschlag des Gases) gewidmet sind.

Manchmal benutzt man auch die Größe $\eta = \frac{\alpha}{E}$. Sie bedeutet die mittlere Anzahl von Elementarladungspaaren, die durch ein Elektron auf einem Wege gebildet werden, der 1 V Potentialabfall entspricht; $[\eta] = V^{-1}$. ENGEL und STEENBECK [0 — 3] bezeichnen mit η die reziproke Größe. Man kann sie als mittlere Energie interpretieren, die zur Bildung eines Elementarladungspaars verbraucht wird — ausgedrückt in Volt.

Die mittlere Ionisationsfrequenz durch Elektronen z wird folgendermaßen berechnet. Die Wahrscheinlichkeit für einen ionisierenden Stoß eines Elektrons, das sich mit der Geschwindigkeit c bewegt, beträgt im Zeitintervall dt

$$\frac{c\,dt}{\lambda_{ei}} = n_g s_i(c)\, c\, dt.$$

Die Elektronen, die sich mit Geschwindigkeiten zwischen c und $c + dc$ im cm^3 bewegen, stoßen in der Zeit dt

$$n_g s_i(c)\, dt\, n_e F_e(c)\, dc$$

mal in dieser Weise. Die Gesamtzahl von Ionisationsakten in der Zeit dt pro cm^3 Gas beträgt

$$z n_e\, dt = \int_{c_{\min}}^{\infty} n_g s_i(c)\, c\, dt\, n_e F_e(c)\, dc,$$

woraus

$$z = n_g \int_{c_{\min}}^{\infty} s_i(c)\, F_e(c)\, dc = n_g \cdot \overline{s_i(c_e) \cdot c_e}\ ^{1)}. \tag{61,3}$$

folgt.

Die Formel (61,3) bezieht sich unmittelbar auf die Frequenz der Direktionisation von normalen Molekülen. Sie kann auf den Fall der Stufenionisation von angeregten Molekülen verallgemeinert werden:

$$z = \sum_k n_{ak} \int_0^{\infty} c F_e(c)\, s_{ik}(c)\, dc, \tag{61,3'}$$

wo n_{ak} und s_{ik} die Konzentration der angeregten Moleküle und ihr Ionisationsquerschnitt im k-Zustand sind. Die Größen n_{ak} hängen ihrerseits von der Konzentration und der Geschwindigkeitsverteilung der Elektronen ab.

Um den Ausdruck (61,3) zu entwickeln, muß man die Geschwindigkeitsverteilung der Elektronen $F_e(c)$ und die Funktion $s_i(c)$ kennen. Die Funktion $F_e(c)$ hängt selbst von allen Stößen, die die Elektronen erfahren, darunter auch von den

---

1) $\overline{s_i(c_e)\, c_e}$ ist keineswegs gleich $\overline{s_i(c_e)} \cdot \overline{c_e}$. Es ist beim selbständigen Strom vielfach kleiner als diese Größe, da bei Elektronengeschwindigkeiten in der Nähe von $\bar{c}_e s_i$ noch Null ist ($\bar{c}_e$ ist gewöhnlich bedeutend kleiner als die kritische Geschwindigkeit für Ionisation durch Elektronenstoß).

ionisierenden, ab. Deshalb kann eine strenge Lösung der Aufgabe nur durch die kinetische Gleichung (5,41) gegeben werden, in die auch die Bildung von neuen Elektronen infolge Gasionisation eingeht. Diese Aufgabe ist noch nicht gelöst worden; als Näherungslösung macht man irgendwelche Voraussetzungen bezüglich der Form der Funktion $F_e(c)$ oder $f_e(\mathbf{c})$ und wählt die Zahlenkoeffizienten, die diese Funktion bestimmen, im Einvernehmen mit der Energiebilanz des Elektronengases. Den auf diese Weise gefundenen Ausdruck $F_e(c)$ setzt man in (61,3) ein. Es ist zweckmäßig, eine der folgenden Annahmen zu machen:

a) MAXWELLverteilung, d. h.

$$f_e(\mathbf{c}) = C_1 e^{-h_1 c^2},$$

$$h_1 = \frac{m_e}{2kT_e}, \quad C_1 = \left(\frac{h_1}{\pi}\right)^{\frac{3}{2}};$$

dann ist wie bekannt

$$F_e(c) = 4\pi \left(\frac{h_1}{\pi}\right)^{\frac{3}{2}} e^{-h_1 c^2} c^2.$$

T_e findet man auf die in § 50 dargelegte Weise; die Voraussetzung entspricht den Bedingungen im Plasma eines selbständigen Stroms (s. § 53).

b) MAXWELLverteilung plus Trift mit der Geschwindigkeit u_0, d. h.

$$f_e(\mathbf{c}) = \left(\frac{h}{\pi}\right)^{\frac{3}{2}} e^{-h[(u-u_0)^2 + v^2 + w^2]}.$$

In diesem Fall kann gezeigt werden, daß

$$(61,4) \qquad F_e(c) = \sqrt{\frac{h}{\pi}}\,\frac{c}{u_0}\, e^{-h(u^2+c^2)} \left(e^{2hu_0c} - e^{-2hu_0c}\right) = F_{\mathrm{Maxw}}(c)\, e^{-hu_0^2} \frac{e^{2hu_0c} - e^{-2hu_0c}}{4hu_0c}.$$

Diese Voraussetzung wurde im Kathodengebiet des Stroms bei niedrigem Druck angewendet (s. § 62).

c) DRUYVESTEINverteilung, d. h.

$$f_e(\mathbf{c}) = C_2 e^{-hc^4}$$

(s. § 48, P. 1); man kann sie bei unselbständigem Strom anwenden.

Die Größe $s_i(c)$, für die keine einfachen theoretischen Formeln bekannt sind, die für kleine Elektronengeschwindigkeiten taugen, muß durch eine empirische Formel der Form

$$(28,2) \qquad s_i(c) = s_{\max}\left(1 - e^{-b(U-U_i)}\right),$$

approximiert werden, wenn im Gas keine Elektronen mit einer Energie $\gg e_0 U_m$ vorhanden sind (U_m entspricht dem Maximum der Ionisationswahrscheinlichkeit),[1]) oder der Form

$$(28,3) \qquad s_i(c) = a\,(U - U_i)\, e^{-b(U-U_i)}.$$

Wenn solche Elektronen überwiegend vorhanden sind, d. h. $\overline{K}_e > e_0 U_m$.

---

[1]) Bei sehr niedriger mittlerer Elektronenenergie ($\overline{K}_e \ll e_0 U_i$) kann man die lineare Approximation

$$(28,1) \qquad s_i = A_1 (U - U_i)$$

benutzen.

KILLIAN [VIII — 54] nahm eine MAXWELLsche Geschwindigkeitsverteilung der Elektronen und eine lineare Abhängigkeit $s_i\,(U)$ nach der Formel (28,1) an und leitete für die mittlere Ionisationsfrequenz den Ausdruck

$$z = A_1 n_g \sqrt{\frac{8 e_0 U_e}{\pi m}}\, e^{-\frac{U_i}{U_e}} (U_i + U_e) \tag{61,5}$$

ab. Dieser Ausdruck ist bei $\frac{kT_e}{e_0} \ll U_i$ anwendbar. Diese Bedingung ist in dem Plasma eines stationären Stroms (positive Säule, negatives Glimmlicht) bei nicht zu niedrigem Gasdruck erfüllt. Unter diesen Bedingungen ist

$$U_e = \sqrt{\frac{\pi}{8}}\, \frac{E \cdot \lambda_e}{\sqrt{\varkappa^*}}. \tag{50,6}$$

Ersetzen wir in (61,5) U_e durch (50,6), n_g durch $\frac{p}{kT_g}$ und λ_e durch $\frac{\lambda_{1e}}{p}$, so finden wir:

$$z = A_1 n_g \sqrt{\frac{e_0 E \lambda_e}{m_e} \sqrt{\frac{8}{\pi \varkappa^*}}}\, e^{-\sqrt{\frac{8\varkappa^*}{\pi}} \cdot \frac{U_i}{E \lambda_e}} \left(U_i + \sqrt{\frac{\pi}{8\varkappa^*}}\, E \lambda_e\right) \tag{61,6}$$

oder

$$\frac{z}{v} = \frac{A_1}{kT_g} \sqrt{\sqrt{\frac{8}{\pi \varkappa^*}}\, \frac{e_0}{m_e}\, \lambda_{1e} \frac{E}{p}}\, e^{-\sqrt{\frac{8\varkappa^*}{\pi}}\, \frac{U_i}{\lambda_{1e}} \frac{p}{E}} \left(U_i + \sqrt{\frac{\pi}{8\varkappa^*}}\, \frac{E}{p}\, \lambda_{1e}\right). \tag{61,6'}$$

Es zeigt sich, daß $\frac{z}{p}$ eine Funktion von $\frac{E}{p}$, der Gaskonstanten und der Gastemperatur, sowie der Größen λ_{1e} und $\varkappa^*$ ist. λ_{1e} und $\varkappa^*$ hängen wiederum von T_e ab. Folglich ist nach den Ähnlichkeitsregeln (§ 9), die Größe $\frac{z}{p}$ bei ähnlichen Strömen in entsprechenden Abschnitten gleich. Im Anwendungsbereich der Formel (61,6′) wächst $\frac{z}{p}$ mit $\frac{E}{p}$ mehr als linear, folglich vergrößert sich z mit wachsendem E und fallendem p.

Bei hoher Elektronentemperatur $\left(\frac{kT_e}{e_0} > U_m\right)$ muß man $s_i\,(c)$ durch die Approximation von MORGULIS (28,3) ausdrücken. Dann finden wir anstatt (61,5)

$$z = \sqrt{\frac{m_s}{2\pi e_0}}\, n_g \frac{a U_i^2}{U_e^{\frac{3}{2}} \left(\beta U_i + \frac{U_i}{U_e}\right)}\, e^{-\frac{U_i}{U_e}} \left\{1 + \frac{2}{\beta U_i + \frac{U_i}{U_e}}\right\}. \tag{61,7}$$

Im Anwendungsbereich der Formel (61,5) steigt z mit T_e. Hingegen zeigt (61,7), daß z mit steigendem T_e durch ein gewisses Maximum bei $T_e \sim \frac{e_0 U_m}{k}$ geht und danach allmählich wieder fällt. Das ist bei starker Gasverdünnung der Fall unter den Bedingungen der sogenannten *behinderten Entladung*.

Im homogenen Plasma ist z mit der mittleren Lebensdauer τ eines freien Elektrons durch die einfache Beziehung

$$z\tau = 1 \text{ oder } z = \frac{1}{\tau}. \tag{61,8}$$

verbunden. In der Theorie des stationären Plasmas spielt diese Beziehung, die STEENBECK gefunden hat, eine wesentliche Rolle (s. Bd. II). Ist $z\tau > 1$, so wächst die Ionisation im Medium. Gewöhnlich ist das mit einem Anstieg der Stromstärke verbunden. Ist aber hingegen $z\tau < 1$, so nimmt die Ionisation ab; die Stromstärke fällt hierbei.

2. Die Zahl neuer Elektronen, die durch ein Elektron befreit werden, wenn sich dieses in Feldrichtung um 1 cm bewegt, beträgt $\alpha = \frac{z}{\bar{u}}$. Ersetzen wir z und $\bar{u}$ durch ihre Ausdrücke (61,5) und (54,14), so finden wir

$$\alpha = \frac{A_1}{a_2} n_g \sqrt{\frac{8}{\pi} \frac{U_e}{\lambda E}}\, e^{-\frac{U_i}{U_e}} (U_i + U_e). \tag{61,9}$$

Einen ähnlichen Ausdruck leitete MORALJOW [X — 5] ab.

Bei einem stationären homogenen Plasma sind U_e und E miteinander durch die Beziehung (50,6) verbunden. Setzt man sie in das eben gewonnene Ergebnis ein und setzt $n_g = \frac{p}{kT}$ und $\lambda_e = \frac{\lambda_{1e}}{p}$, so findet man

$$\frac{\alpha}{p} = \frac{A_1}{a_2} T_g \sqrt[4]{\frac{8}{8\varkappa^*}}\, e^{-\sqrt{\frac{8\varkappa^*}{\pi}} \frac{U_i}{\lambda_{1e}} \frac{p}{E}} \left[U_i + \sqrt{\frac{\pi}{8\varkappa^*}}\, \lambda_{1e} \frac{E}{p}\right]. \tag{61,10}$$

Ebenso wie $\frac{z}{p}$ ist die Größe $\frac{\alpha}{p}$ eine Funktion von $\frac{E}{p}$:

$$\frac{\alpha}{p} = f\left(\frac{E}{p}\right), \tag{61,11}$$

deshalb muß sie in entsprechenden Abschnitten ähnlicher Ströme ebenfalls gleich sein.

Ist die lineare Approximation (28,1) für $s_i(U)$ anwendbar, wie es bei der Ableitung des Ausdrucks (61,5) für z angenommen wurde, so kann man das zweite Glied in der Klammer der Formeln für z (61,5) und $\frac{\alpha}{p}$ (61,10) vernachlässigen ohne einen großen Fehler zu behehen. Dann weicht (61,10) nur durch die Zahlenfaktoren von der von TOWNSEND vorgeschlagenen Formel ab [0 — 4]:

$$\frac{\alpha}{p} = \frac{1}{\lambda_{1e}} e^{-\frac{U_i}{\lambda_{1e} \frac{E}{p}}}. \tag{61,12}$$

Sowohl aus der allgemeinen Formel (61,11), die die Ähnlichkeitsregel in Anwendung auf α ausdrückt, wie aus den speziellen Ausdrücken (61,10) und (61,12), lassen sich die experimentell von A. G. STOLJETOW [X — 2] gefundenen Sätze herleiten:

a) bei vorgegebenem E besitzt α bei einem bestimmten $p = p_m$ (siehe unten § 62) ein Maximum,

b) p_m ist proportional E oder $\left(\frac{E}{p}\right)_m = \text{const.}$; $\left(\frac{E}{p}\right)_m$ nennt man *STOLJETOWkonstante.*

TOWNSEND gab einen einfachen Beweis für diese Sätze, in dem er von der allgemeinen Formel (61,11) ausging. Das Maximum von α als Funktion von p bei

$E = \text{const.}$ tritt auf, wenn

$$\frac{d\alpha}{dp} = f\left(\frac{E}{p}\right) + pf'\left(\frac{E}{p}\right)\left(-\frac{E}{p^2}\right) = f\left(\frac{E}{p}\right) - \frac{E}{p}f'\left(\frac{E}{p}\right) = 0 \text{ ist.}$$

Aus dieser Gleichung kann man $\left(\frac{E}{p}\right)_m$ analytisch bestimmen, wenn die Form der Funktion $f\left(\frac{E}{p}\right)$ festliegt, oder graphisch, wenn die Abhängigkeit $\frac{\alpha}{p}$ von $\frac{E}{p}$ in Form einer experimentellen Kurve bekannt ist. Im letzten Fall wird zufolge der Bedingung $\frac{f\left(\frac{E}{p}\right)}{\frac{E}{p}} = f'\left(\frac{E}{p}\right)$, der Wert $\left(\frac{E}{p}\right)_m$ graphisch bestimmt als Berührungspunkt einer Geraden, die vom Koordinatenursprung an die Kurve $f\left(\frac{E}{p}\right)$ gelegt wird. Da der Wert $\left(\frac{E}{p}\right)_m = \text{const.}$ damit eindeutig festgelegt wird, folgt hieraus, daß $p_m = \text{const.}\ E$ ist.

Der physikalische Sinn der Abhängigkeit der Größe α von p bei $E = \text{const.}$ besteht darin, daß einerseits mit steigendem Gasdruck die Molekülkonzentration wächst und folglich die Stoßfrequenz mit den Elektronen; andererseits jedoch fällt die Elektronentemperatur und mit ihr die Zahl der Elektronen, deren Energie für eine Ionisation genügt. Die Folge dieser doppelten Rolle des Gasdrucks ist eben die nicht monotone Abhängigkeit der Größe α von p.

Die Abhängigkeit der Größe α von E bei $p = \text{const.}$ ist ein wenig anders: $\frac{d\alpha}{dE} = f'\left(\frac{E}{p}\right)$; folglich tritt das Maximum der Funktion (E) bei $p = \text{const.}$ nur bei so großen $\frac{E}{p}$ auf, bei denen $f'\left(\frac{E}{p}\right)$ ebenfalls ein Maximum durchläuft. In den Formeln (61,10) und (61,12) ist dieser Fall nicht eingeschlossen, da sie unter der Voraussetzung abgeleitet wurden, daß der Ionisationsquerschnitt der Moleküle $s_i\,(U)$ unbegrenzt mit der Elektronenenergie wächst. Bei einer strengeren Approximation von $s_i\,(U)$ durch den Ausdruck (28,3) der den Abfall von s_i bei großen Elektronenenergien erfaßt, erhält man für α einen Ausdruck mit einem Maximum nicht nur in Abhängigkeit von p, sondern auch von E.

Formeln von der Form (61,9) wurden zur Berechnung der Größe α auf konkrete Fälle angewendet, beispielsweise auf Neon [X—5, 16]. Es muß jedoch beachtet werden, daß sich die Formeln (61,9), (61,10), (61,12) auf die Voraussetzung einer MAXWELLschen Geschwindigkeitsverteilung der Elektronen stützen. Es gibt aber keine Beweise, daß bei einem unselbständigen Strom in Edelgasen, insbesondere in Neon, die Geschwindigkeitsverteilung der Elektronen tatsächlich eine MAXWELL-verteilung ist. In einer strengeren Untersuchung berechnete DRUYVESTEIN [X—6] die Geschwindigkeitsverteilung, die sich im Ne einstellen muß und ermittelte hieraus mit der linearen Approximation (28,1) für $s_i\,(U)$ Zahlenwerte von α.

3. Von praktischem Interesse ist die Frage nach der Größe α in einem Gasgemisch besonders in einem Gemisch von zwei Gasen, bei denen wenigstens bei einem die Atome in metastabilem Zustand sein können, wobei die Energie der Metastabilen dieses Gases $U_{met\,1}$ größer ist als die Ionisationsenergie des anderen Gases U_{i2}. In diesem Fall kann, wie PENNING [X—15] zeigte, die Beimischung des anderen Gases in geringer Konzentration zum ersten Gas zu einer starken Herabsetzung

der Zündspannung führen. Das erklärt man durch die Ionisation der Atome des anderen Gases durch Stöße zweiter Art mit den metastabilen Atomen des ersten Gases nach der Gleichung

$$N^* + M \rightarrow N + M^+ + e; \qquad (61,13)$$

daher genügt es, wenn die mit den Gasmolekülen zusammenstoßenden Elektronen die Energie U_{met1} besitzen, anstatt der Energie U_{i2}, die für die direkte Ionisation der Atome des ersten Gases notwendig ist. Deshalb wird der für den Durchschlag notwendige Ionisationsgrad bei geringerem T_e und folglich bei geringerer angelegter Feldstärke erreicht, wenn dem ersten Gas ein entsprechendes anderes Gas beigemischt ist.

MORALJOW [X—5] führte eine Berechnung des Koeffizienten α in den folgenden zwei Fällen durch:

1. $U_{i2} > U_{met\,1}$; ionisierende Stöße zweiter Art kommen nicht vor. In diesem Fall werden die Atome beider Gase direkt durch Elektronenstoß ionisiert; deshalb ist $\alpha = \alpha_1 + \alpha_2$, wo α_1 und α_2 sich auf jedes der gemischten Gase einzeln beziehen und durch den Partialdruck des betreffenden Gases sowie durch die selbstverständlich von beiden Gasen abhängige Geschwindigkeitsverteilung der Elektronen $F_e(c)$ bestimmt werden. Eine derartige Berechnung wurde für das Gemisch $Ar+N_2$ durchgeführt.

2. $U_{i2} < U_{met\,1}$; es können ionisierende Stöße zweiter Art vorkommen. In diesem Fall ist $\alpha = \alpha_1 + \alpha_2 + \alpha_3$, wo α_3 die Anzahl der metastabilen Atome des ersten Gases ist, die durch das erste Elektron gebildet werden, wenn es sich um 1 cm in Feldrichtung bewegt und die Stöße der Form $N^* + M \rightarrow N + M^+ + e$ erfahren haben. Die Größe α_3 hängt außer von p_1, p_2 und T_e, auch noch von der mittleren Lebensdauer des metastabilen Atoms N^* und dem Wirkungsquerschnitt von Stößen der Form (61,13) ab. Diese Berechnung wurde auf den Fall Ne + Ar [X—17] angewendet.

§ 62. Die experimentelle Bestimmung der Ionisationskoeffizienten durch Elektronenstoß (α und z)

1. Die Größe α, der erste TOWNSENDkoeffizient, wurde vor allem bei unselbständigem Strom gemessen, die Größe z im Plasma des selbständigen Stroms. In beiden Fällen sind die unmittelbar gemessenen Größen mit dem gesuchten Koeffizienten durch Beziehungen verbunden, die nur mit einer ganzen Reihe einschränkender Voraussetzungen gültig sind.

Der Koeffizient α wird aus der Photostromstärke in einem mit dem zu untersuchenden Gas gefüllten Plattenkondensator bestimmt. Der Methode liegt die Tatsache zugrunde, daß der Photostrom durch das Gas, das den Kondensator füllt, verstärkt wird, wenn ein genügend starkes elektrisches Feld vorhanden ist. Den ersten Hinweis auf eine derartige Verstärkung, die heute in den gasgefüllten Photozellen in breitem Maße angewendet wird, gaben die Versuche von A. G. STOLJETOW [X—1]. Er zeigte, daß in Gasen (Luft, H_2, CO_2) bei einem Druck von einigen mm Hg, der Photostrom einige Male größer sein kann, als bei der größten erreichbaren Verdünnung. Zum Studium dieser Erscheinungen konstruierte STOLJETOW das im folgenden beschriebene Gerät. In einem Vakuumgefäß befindet sich ein Quarzfenster. Es ist mit einer Silberschicht überzogen, in die parallele Spalte geschnitten sind. Durch diese fällt ultraviolette Strahlung (die Silberschicht diente als Anode). In dem Gefäß befindet sich parallel zum Fenster eine Scheibe, die mit Hilfe einer Schraube bewegt werden kann und als Kathode dient. Dazu kommen Hilfseinrichtungen. Mit diesem Gerät, das faktisch der Prototyp für die Geräte der meisten späteren Forscher war, studierte STOLJETOW [X—2] die Abhängigkeit des Photostroms zur Anode I_A von dem Abstand l Anode-Kathode, wobei der Druck p und die Feldstärke E vorgegeben waren.[1])

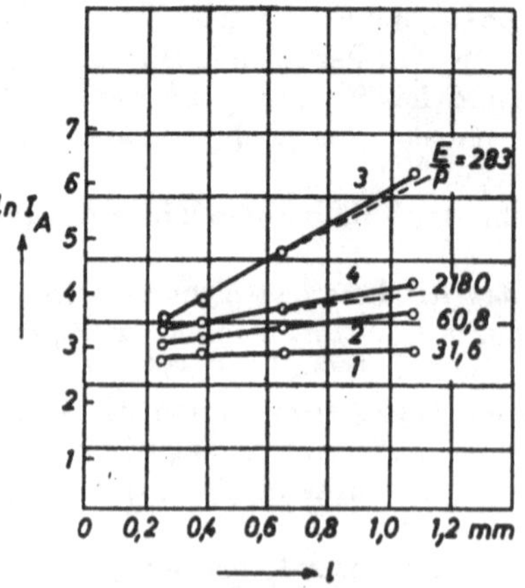

Abb. 232. Die Abhängigkeit des Anodenstroms vom Abstand l bei verschiedenen Luftdrucken in dem Gerät von STOLJETOW [X—2]

$E = 2180$ V/cm, l von 0,26 bis 1,08 mm,

Kurve 1: $p = 69$ mm, $\frac{E}{p} = 31{,}6$ V/cm mm Hg

Kurve 2: $p = 36$ mm, $\frac{E}{p} = 60{,}8$ V/cm mm Hg

Kurve 3: $p = 7{,}7$ mm, $\frac{E}{p} = 283$ V/cm mm Hg

Kurve 4: $p = 1{,}0$ mm, $\frac{E}{p} = 2180$ V/cm mm Hg

Die Abhängigkeit der Größe I_A von l bei einigen Drucken ist, nach den Angaben STOLJETOWS, in Abb. 232 gezeigt. Dabei ist I_A logarithmisch aufgetragen. Die Kurven $\ln I_A = F(l)$ sind nahezu Gerade (nur bei den Kurven, die bei kleinsten Drucken aufgenommen wurden, beobachtet man eine kleine positive Krümmung). Ihre Neigung wächst mit abnehmendem p bis zu einem gewissen Maximum und nimmt dann wieder ab.

Diese Tatsachen erklären sich, wie TOWNSEND zeigte, durch die Ionisation der Gasmoleküle durch Stoß von Elektronen, vor allem von Photoelektronen.[2]) Die einfache, immer wieder zitierte quantitative Theorie dieser Erscheinungen stützt sich jedoch, außer auf die Vorstellung, daß die Ionisation durch Elektronenstoß erfolgt, noch auf eine ganze Reihe Voraussetzungen: auf die Konstanz und die Homogenität des elektrischen Feldes im Gas, auf die Stationarität der Geschwindigkeitsverteilung der Elektronen im gesamten Raum zwischen den Elektroden und daher auf die Konstanz der Größe α, darauf, daß keine Stufenprozesse und keinerlei Elektronenverluste (Rekombination, Anlagerung, Diffusion zur Wand) außer ihrer Absorption durch die Anode vorhanden sind.

Wir bezeichnen mit $\nu(x)$ die Anzahl der Elektronen, die in 1 sec in Richtung zur Anode durch einen Querschnitt treten, der sich im Abstand x von der Kathode

[1]) Um sicherzustellen, daß E konstant ist, muß die Spannung U zwischen den Elektroden (STOLJETOW bezeichnete sie mit E) proportional l sein.

[2]) In der ersten Variante der Theorie (1900) vertrat TOWNSEND die Auffassung, es handle sich um Ionisation durch Stöße negativer Ionen. Diese Terminologie erhielt sich lange Zeit (s. [0—4, Kap. VIII]).

befindet. Im Abschnitt dx ändert sich $\nu(x)$ um die Anzahl der Elektronen, die in der Schicht dx infolge Stoßionisation entstehen: $d\nu(x) = \nu(x)\,\alpha\,dx$, woraus $\frac{\nu_A}{\nu_K} = e^{\alpha l}$ folgt. Ersetzen wir ν durch $\frac{I}{e_0}$, so finden wir

$$I_A = I_K e^{\alpha l}, \tag{62,1}$$

wo I_K der primäre Strom von der Kathode und I_A der Anodenstrom (der resultierende Strom) ist. Ist kein Gas vorhanden, so ist $\alpha = 0$ und $I_A = I_K$.[1]) Infolgedessen kann man aus der Messung von $\mu = \frac{I_A}{I_K}$ des Gasverstärkungskoeffizienten des Elektronenstroms $\alpha = -\frac{1}{l}\ln\mu$ bestimmen. Bei einem Gerät mit veränderlichem Abstand zwischen Kathode und Anode, ähnlich dem Gerät von STOLJETOW (eines der späteren Geräte dieser Art ist in Abb. 233 dargestellt), kann man sich die Bestimmung von I_K ersparen, indem man I_A bei konstanten p und E aber bei verschiedenem l mißt und beachtet, daß

$$\alpha = \frac{d\ln I_A}{dl} \text{ ist;} \tag{62,2}$$

α bestimmt man aus der Neigung der Geraden $\ln I_A = F(l)$.

Behandelt man die in Abb. 232 angeführten Daten von STOLJETOW auf diese Weise (sie beziehen sich auf Luft), so erhält man die in Abb. 234 angegebenen α-Werte; α durchläuft bei $\left(\frac{E}{p}\right)_m = 372$ V/cm mm Hg ein Maximum. Diese Daten sind wenig verschieden von den Ergebnissen späterer Messungen. In den Abb. 235 und 236 sind die Angaben einer späteren Arbeit dargestellt [X — 10], sie beziehen sich ebenfalls auf die Abhängigkeit $\ln I_A$ von $\frac{E}{p}$ in Luft, jedoch bei einem bedeutend größeren Abstand Anode—Kathode. Bei Abständen $l \leqslant 7$ cm steigt $\ln I_A$ bis zu $\frac{E}{p} = 110$ V/cm mm Hg linear mit l. Die Formel (62,1) wird bestätigt. Bei $\frac{E}{p} > 110$ V/cm mm Hg beobachtet man am Ende der Kurve Abweichungen nach oben, die auf das Auftreten eines neuen Ionisationsprozesses hinweisen (Sekundärelektronenemission aus der Kathode infolge der Stöße positiver Ionen). Je kleiner I ist, desto höher muß $\frac{E}{p}$ sein, damit diese Abweichungen bemerkbar werden. Deshalb zeigten die Versuche von STOLJETOW, die bei $l \leqslant 0{,}108$ cm durchgeführt wurden, eine verhältnismäßig schwache Abweichung von der Linearität selbst bei dem sehr großen $\frac{E}{p}$ Wert, bis zu dem diese Versuche ausgedehnt wurden (2180 V/cm mm Hg).

Messungen von α nach dieser Methode wurden mit verschiedenen technischen Vervollkommnungen in Luft [X — 10], Stickstoff [X — 7, 8, 11], Wasserstoff

---

[1]) Eine Verstärkung des Elektronenstroms infolge Ionisation des Gases erfolgt, wenn die elektrische Feldstärke eine gewisse Grenze nicht unterschreitet. Im anderen Falle ist $\alpha = 0$, auch wenn Gas vorhanden ist; dabei ist jedoch $J_A \neq J_K$, und der Elektronenstrom wird durch die Gasfüllung geschwächt ($J_A < J_K$). Die Ursache dieser Schwächung ist die Elektronenstreuung bei elastischen Stößen mit den Gasmolekülen. Infolge dieser Stöße kehrt ein Teil der Elektronen auf Kosten ihrer Anfangsgeschwindigkeiten zur Kathode zurück.

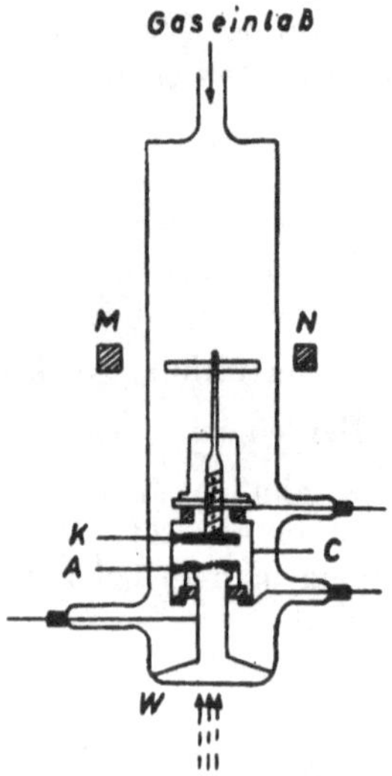

Abb. 233. Gerät zur Messung von α [X—9]: C — Quarzzylinder, K — Kathode, befestigt an einer Schraube, die mit einem äußeren Magneten MN verschoben wird, A — Anode mit eingeschnittenen Spalten zum Durchlaß der auf die Kathodenoberfläche gerichteten Strahlung, W — Quarzfenster

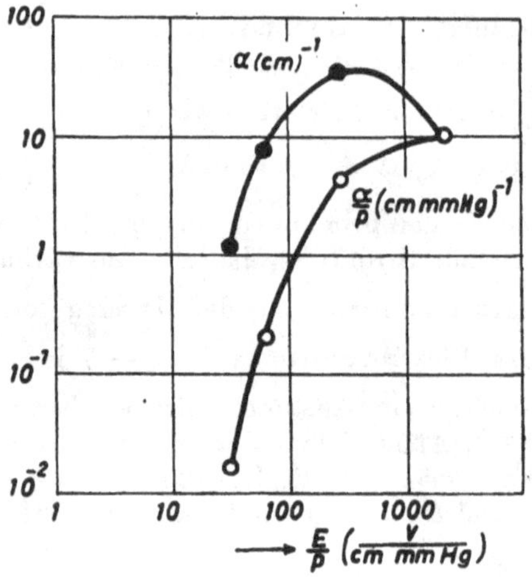

Abb. 234. $\alpha = f\left(\frac{E}{p}\right)$ und $\frac{\alpha}{p} = f\left(\frac{E}{p}\right)$ in Luft, berechnet nach den Angaben der Versuche von STOLJETOW [X—2]

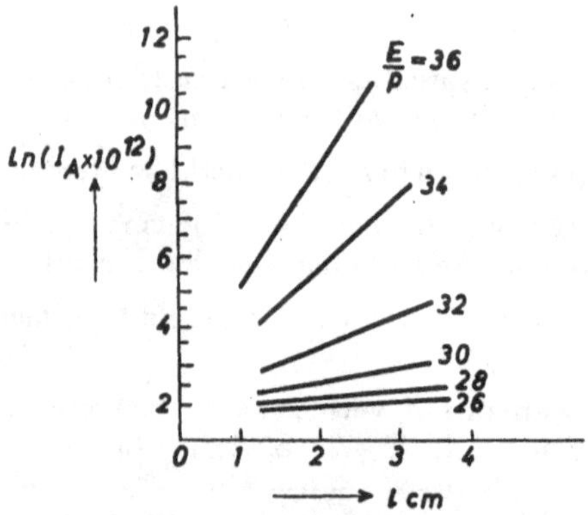

Abb. 235. Abhängigkeit der Größe lnI_A von l nach Angaben von [X—10] bei Entfernungen $l = 1 - 4$ cm, $\frac{E}{p} = 26 - 36 \frac{V}{cm\ mm}$, Gas — Luft

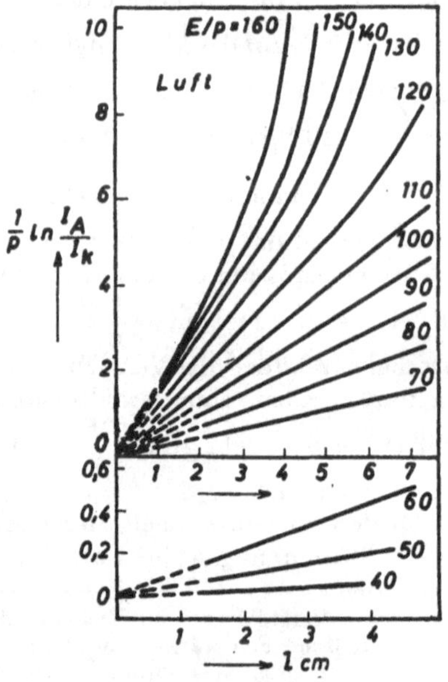

Abb. 236. Abhängigkeit der Größe lnI_A von l in einem großen Bereich von Abständen und elektrischen Feldstärken [X—10]

[X — 14] und in Edelgasen [X — 9, 12, 13] durchgeführt. In den letzten Arbeiten wurde der Reinigung des untersuchten Gases von Quecksilberdampfbeimischungen besondere Aufmerksamkeit geschenkt. Wir führen in Abb. 237 eine Zusammenstellung der Ergebnisse der zuverlässigsten Messungen in N_2, H_2, Ne und Ar an. Eine eingehende Übersicht und Einschätzung der bis zum Jahre 1939 ermittelten α-Werte siehe [0 — 4], Kap. VIII.

Der Wert von α in Gasgemischen wurde experimentell an folgenden Beispielen studiert: Luft [X — 10], Ne + Ar [X — 12, 16], N_2 + Hg und N_2 + Na [X — 8]. Mischt man Argon zu Neon, oder Hg-Dämpfe bzw. Na zu N_2, so erhält man ein Gas, dessen Atome von Metastabilen des Hauptgases durch Stöße zweiter Art ionisiert werden können. Das ist der am Ende des § 61 betrachtete Fall. Die Beimischung eines solchen Gases muß den α-Wert stark vergrößern. Genau das wird im Versuch beobachtet. Als Beispiel können die in Abb. 238 angeführten Angaben von GLOTOW [X — 16] für den Wert von α in Neon bei Beimischungen von Argon in verschiedenen Konzentrationen dienen. Die Rolle der Metastabilen bei diesem Effekt wird, ebenso wie in anderen Fällen, durch einen Versuch bewiesen, bei dem das untersuchte Gas durch ein anderes, mit dem gleichen Gas gefülltes Rohr beleuchtet wird. Dadurch wird ein Teil der Metastabilen bewußt „gelöscht"; es zeigt sich, daß gleichzeitig auch der α-Wert sinkt. Das bestätigt die Bedeutung der Metastabilen für den Anstieg des Koeffizienten α.

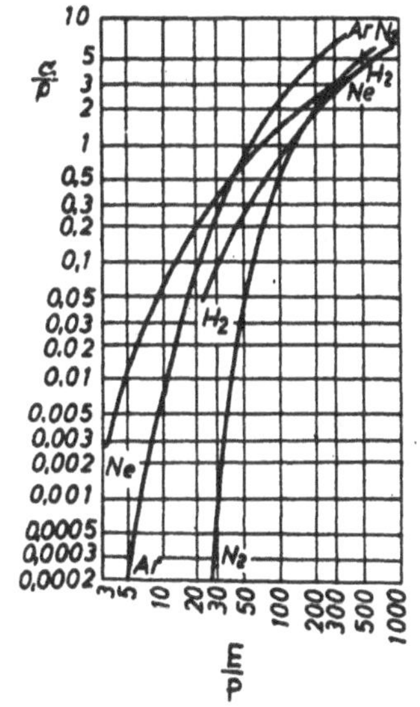

Abb. 237. $\frac{\alpha}{p} = f\left(\frac{E}{p}\right)$ in Ne [X—12], Ar [0—4], H_2 [X—14] und N_2 [X—7,8]

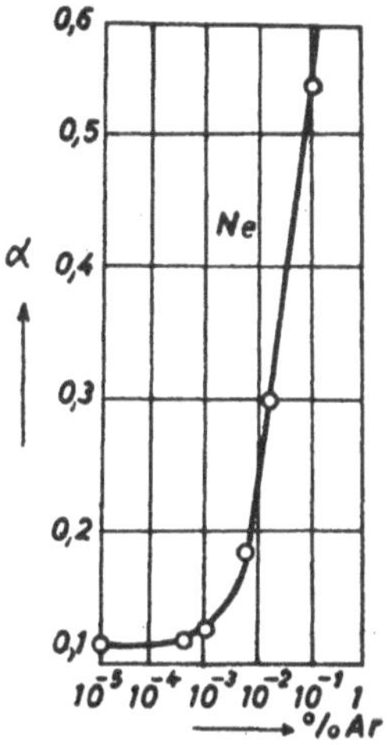

Abb. 238. Abhängigkeit der Größe α von der Konzentration bei Beimischung von Ar zu Ne [X—16]

2. Zum Unterschied von α wurde die mittlere Ionisationsfrequenz z in der positiven Bogensäule in einem verdünnten Gas gemessen [VIII — 54, 56, 60]. Die Bestimmung von z beruht auf Sondenmessungen der Ionenstromdichte zu den Rohrwänden j_{pw} und der Elektronenzahl pro cm Säulenlänge N_e. Hierbei werden folgende Annahmen gemacht: die Geschwindigkeitsverteilung der Elektronen ist über den gesamten Rohrquerschnitt konstant, Stufenionisation fehlt, die Rekombination der Elektronen mit den Ionen erfolgt nur an den Rohrwänden. Auf Grund der zweiten Annahme beträgt die Anzahl der pro sec auf 1 cm Länge der positiven Säule gebildeten Ionen $N_e z$. Auf Grund der dritten Annahme und wegen der Homogenität der positiven Säule fließt die gleiche Zahl von Ionen pro sec zu den Wänden

und rekombiniert dort. Folglich ist $N_e z = \frac{2\pi a j_p}{e_0}$, wo a der Säulenradius ist und es gilt

$$z = \frac{2\pi a j_p}{e_0 N_e}. \tag{62,3}$$

Derartige Messungen wurden in Quecksilberdämpfen durchgeführt. Der gemessene z-Wert wurde mit dem verglichen, der nach Formel (61,5) [VIII—54] oder nach einer genaueren, von KLARFELD [VIII—56] abgeleiteten Formel berechnet wurde. In der Arbeit von GUSEWA (VIII — 60) wurde an dem berechneten z-Wert eine Korrektur angebracht, die die gerichtete Elektronenbewegung nach Formel (61,4) berücksichtigt und am Meßwert eine Korrektur, die die Reflexion der Elektronen von der Sonde berücksichtigt.

Aus dieser Arbeit führen wir die folgende Tabelle an, die sich auf Hg-Dampf in einem Rohr mit 32 mm Durchmesser bei $I = 0{,}3$ A bezieht.

p (μ Hg)	$z_{gem.}$ (sec^{-1})	$z_{ber.}$ (sec^{-1})	$\frac{z_{gem.}}{z_{ber.}}$
0,3	$7{,}0 \cdot 10^4$	$5{,}05 \cdot 10^4$	1,38
1	$6{,}05 \cdot 10^4$	$4{,}12 \cdot 10^4$	1,45
3	$5{,}53 \cdot 10^4$	$3{,}60 \cdot 10^4$	1,50
10	$4{,}38 \cdot 10^4$	$1{,}85 \cdot 10^4$	2,33

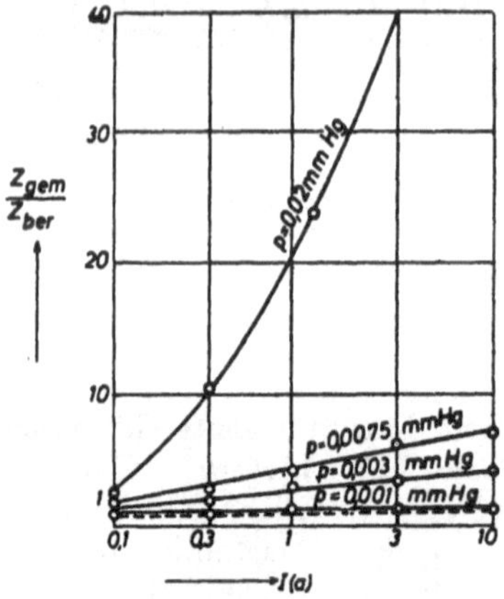

Abb. 239. Das Verhältnis $\frac{z_{gem}}{z_{ber}}$ in Hg-Dampf (Rohrdurchmesser 32 mm) als Funktion der Stromstärke; Gasdruck als Parameter [VIII—56]

Wie stark die gemessenen und die berechneten z-Werte divergieren, hängt nicht nur vom Gasdruck ab, sondern wie KLARFELD zeigte, auch von der Stromstärke im Gas (Abb. 239). Nur bei $p < 1\ \mu$ Hg ist $\frac{z_{gem.}}{z_{ber.}}$ bei allen I-Werten fast gleich, doch bei $p > 1\ \mu$ Hg steigt dieses Verhältnis mit I, und zwar desto schneller, je größer p ist. Da die Formel (61,5) und ihr ähnliche nur die direkte Ionisation normaler Moleküle erfassen, hat KLARFELD die beobachtete Divergenz von $z_{gem.}$ und $z_{ber.}$ zutreffend durch die Stufenionisation der Moleküle erklärt, die desto mehr Bedeutung erhalten muß, je größer die Lebensdauer der angeregten Atome ist (je langsamer sie zu den Wänden diffundieren, d. h. je höher p ist) und je größer die Wahrscheinlichkeit für Stöße mit den Elektronen ist (d. h. je höher I ist).

§ 63. Die Kinetik der Elektronenrekombination

Der Rekombinationsprozeß, d. h. die Neutralisation der Ionen kann sowohl im Gas selbst vor sich gehen (Volumenrekombination, Kap. VI), als auch an den festen oder flüssigen Oberflächen, die den Gasraum begrenzen (Oberflächenrekombination, § 43). Es gibt zwei Hauptformen der Volumenrekombination:

1. die direkte Anlagerung eines Elektrons an ein positives Ion mit Neutralisation des Ions, das ist die sogenannte *Elektronenrekombination*, die sowohl im paarweisen Stoß (Strahlungsrekombination $M^+ + e \rightarrow M + h\nu$) als auch im Dreierstoß ($M^+ + 2e \rightarrow M + e$ oder $M^+ + e + N \rightarrow M + N$) (§ 34) erfolgen kann;

2. den zweistufigen Rekombinationsprozeß. Er besteht in der Anlagerung eines freien Elektrons an ein neutrales Molekül unter Bildung eines negativen Ions und nachfolgender Neutralisation von zwei Ionen verschiedenen Vorzeichens nach dem Schema: $e + M \rightarrow M^-$, $M^- + M^+ \rightarrow 2\,M$. Diesen Prozeß nennt man *Ionenrekombination*, obwohl es sich dabei nicht unbedingt um eine Rekombination (Wiedervereinigung) im eigentlichen Wortsinn handeln muß. Es können sich nämlich auch zwei Ionen gegenseitig neutralisieren und dabei zu einem Molekül vereinigen, das dem vorher dissoziierten nicht gleich ist.

Wir betrachten zunächst die Kinetik der Elektronenrekombination (über die Ionenrekombination siehe § 65).

Die Strahlungsrekombination. Die Wahrscheinlichkeit dafür, daß ein Elektron, welches sich mit der Geschwindigkeit c bewegt, in der Zeit dt auf ein positives Ion trifft und mit diesem ohne Beteiligung irgendeines dritten Körpers rekombiniert, beträgt $n_p s_r(c)\, c\, dt$, wobei s_r die Summe der Rekombinationsquerschnitte ist, die der Anlagerung des Elektrons auf allen möglichen Niveaus entsprechen. Die mittlere Anzahl von Rekombinationsprozessen der Elektronen mit Geschwindigkeiten zwischen c und $c + dc$ im cm^3 pro sec ist $dN_r = n_p s_r(c)\, c n_e F_e(c)\, dc$ und die Gesamtzahl von Elektronenrekombinationsprozessen im paarweisen Stoß (der Strahlungsrekombination) im cm^3 pro sec ist

$$N_r = n_p n_e \int_0^\infty s_r(c)\, c F_e(c)\, dc = \beta n_p n_e, \tag{63,1}$$

wo β der sogenannte *Rekombinationskoeffizient* ist; $[\beta] = cm^3\, sec^{-1}$.

Die mittlere Anzahl von Rekombinationsprozessen pro Elektron in der Zeit dt ist $\frac{N_r dt}{n_e} = \beta n_p dt$; hieraus ergibt sich die mittlere Zeit, in der ein Elektron rekombiniert $\tau_e = \frac{1}{\beta n_p}$. Verschwinden die freien Elektronen nur auf Grund dieses Prozesses, so ist τ_e die mittlere Lebensdauer des freien Elektrons; sie hängt nicht nur von β, sondern auch von der Konzentration der positiven Ionen ab. Sind die Konzentrationen der freien Elektronen und der positiven Ionen annähernd gleich ($n_p \cong n_e$, im Plasma), so ist

$$N_r = \beta n_e^2. \tag{63,2}$$

Die Strahlungsrekombination ist ein „quadratischer“ Prozeß; bei Vergrößerung der Stromstärke (I) im Gas steigt N_r schneller, als I. Mit den Ähnlichkeitsregeln ist der Prozeß nicht zu vereinbaren (§ 9).

Die Formel (63,1) zeigt, daß sich der Koeffizient der Elektronenrekombination mit Strahlung folgendermaßen ausdrücken läßt:

$$\beta = \int_0^\infty s_r(c)\, F_e(c)\, c\, dc = \overline{c s_r(c)}. \tag{63,3}$$

Angaben über den Wirkungsquerschnitt der Strahlungsrekombination $s_r(c)$ siehe § 34. Es wurde gezeigt, daß s_r eine steil fallende Funktion von c ist; in erster Näherung ist $s_r(c) = \frac{s_0}{c^2}$. Ist

$$F_e(c) \doteq 4\pi \left(\frac{h_1}{\pi}\right)^{\frac{3}{2}} c^2 e^{-h_1 c^2}, \quad h_1 = \frac{m}{2kT_e},$$

so ist nach (63,3)

$$\beta = s_0 \sqrt{\frac{2m_e}{kT_e}} = \sqrt{\pi}\, \bar{c}_e s_r(\bar{c}_e) \tag{63,4}$$

(siehe [II — 11]).

Eine genauere Approximation der Größe $s_r(c)$, die aus (34,7) hervorgeht

$$s_r(c) = \frac{s_1}{(U + U_i)^2 U} = \frac{8\left(\frac{e_0}{m_e}\right)^3 s_1}{(c^2 + c_i^2)^2 c^2}, \quad c_i = \sqrt{\frac{2 e_0 U_i}{m_e}},$$

führt zu folgendem Ausdruck für die Größe β:

$$\beta = 2\sqrt{\frac{2}{\pi}} \sqrt{\frac{e_0}{m_e}}\, s_1 U_e^{-\frac{5}{2}} \left[\frac{U_e}{U_i} + e^{\frac{U_i}{U_e}} Ei\left(-\frac{U_i}{U_e}\right)\right], \tag{63,4'}$$

wo $Ei(-y) = \int\limits_y^\infty \frac{e^{-t}}{t} dt$ der Integrallogarithmus ist (siehe [II — 11]).

Wie die Formeln (63,4) und (63,4') zeigen, muß der Koeffizient der Elektronenrekombination mit Strahlung (im Gegensatz zum Koeffizienten der Volumenionisation α) mit steigender Elektronentemperatur kleiner werden. Die Größenordnung finden wir nach den Angaben des § 34; ist $s_r \sim 10^{-20}$ cm^2, $\bar{c} \sim 10^8$ cm/sec, so ist $\beta \sim 10^{-12}$ cm^2.

Die Rekombination im Dreierstoß. Wir betrachten zunächst den Dreierstoß mit einem Elektron als dritten Körper: $M^+ + 2e \rightarrow M + e$. Die mittlere Anzahl von Rekombinationsprozessen im cm^3 pro sec bei solchen Stößen beträgt, wenn das eine Elektron eine Geschwindigkeit zwischen c_1 und $c_1 + dc_1$ und das zweite eine solche zwischen c_2 und $c_2 + dc_2$ hat, nach (12,21)

$$dN_r^{tr} = n_p n_e^2 s_r^{tr}(c_1, c_2)\, c_1 c_2 F_e(c_1) F_e(c_2)\, dc_1 dc_2,$$

und die Gesamtzahl von Rekombinationsprozessen im Dreierstoß im cm^3 pro sec ist:

$$N_r^{tr} = n_p n_e^2 \int\limits_0^\infty F_e(c_2)\, c_2\, dc_2 \int\limits_0^\infty s_r^{tr}(c_1, c_2)\, F_e(c_1)\, c_1\, dc_1. \tag{63,5}$$

Für die Größe s_r^{tr} kann man (da genauere Angaben fehlen) den Ausdruck (34,15) benutzen. Man kann ihn noch vereinfachen, wenn man beachtet, daß für die Rekombination tatsächlich nur die langsamen Elektronen eine merkliche Rolle spielen, deren Energie $\ll e_0 U_i$ ist, weil s_r^{tr} mit steigendem c_1 und c_2 schnell abnimmt. Daher kann man im Nenner von (34,15) U gegenüber U_i vernachlässigen. Dann kann man (34,15) in folgender Form darstellen

$$s_r^{tr}(c_1, c_2) = \frac{A}{c_1^2 c_2^2}, \quad A = \frac{1}{4}\left(\frac{h}{m_e}\right)^3 \frac{g}{g_p}\frac{e_0}{U_i^2}. \tag{63,6}$$

Setzt man eine MAXWELLsche Geschwindigkeitsverteilung der Elektronen voraus:

$$F(c) = 4\pi\left(\frac{h_1}{\pi}\right)^{\frac{3}{2}} c^2 e^{-h_1 c^2}$$

so erhält man aus (63,5) und (63,6):

$$N_r^{tr} = \frac{4}{\pi} A n_p n_e^2 \frac{m_e}{2kT_e}, \tag{63,7}$$

was man schreiben kann:

$$N_r^{tr} = \beta^{tr} n_p n_e^2, \tag{63,7'}$$

wo β^{tr} der Rekombinationskoeffizient im Dreierstoß ist:

$$[\beta^{tr}] = \text{cm}^6 \text{ sec}^{-1}.$$

Die mittlere Lebensdauer eines freien Elektrons ist bei diesem Prozeß $\tau_e = \frac{1}{\beta^{tr} n_p \cdot n_e}$. Ebenso wie bei den paarweisen Stößen, hängt τ_e nicht nur von der Gasart und dem Gasdruck sowie von der Elektronentemperatur ab, sondern auch von dem Ionisationsgrad des Gases. Für die Diffusions-Lebensdauer eines Elektrons oder Ions gilt das hingegen nicht (vgl. § 60, P. 2).

Nach (63,7) und (60,6) ist

$$\beta^{tr} = \frac{4}{\pi} A \frac{m_e}{2kT_e} = \frac{6}{\pi}\frac{A}{\overline{c_e^2}} = \frac{3}{2\pi}\left(\frac{h}{m_e}\right)^2 \frac{g}{g_p}\frac{e_0}{U_i^2}\frac{1}{\overline{c_e^2}}. \tag{63,8}$$

Diese Größe ist der Elektronentemperatur umgekehrt proportional. Bei $n_p \cong n_e$ ist $N_r^{tr} \cong \beta^{tr} n_e^3$. Zum Unterschied von dem üblicherweise betrachteten Rekombinationsgesetz ist die Intensität der Rekombination im Dreierstoß der dritten Potenz der Konzentration der freien Ladungsträger proportional. Die Ähnlichkeitsregeln sind mit diesem Prozeß noch weniger verträglich, als mit der Strahlungsrekombination.

Wir wollen die Rolle, die die beiden Rekombinationsarten in einem Gas spielen können, miteinander vergleichen. Die Wahrscheinlichkeit für beide Prozesse ist gleich, wenn

$$n_e n_p s_r \bar{c}_e = n_e^2 n_p s_r^{tr} \overline{c_e^2}$$

ist, woraus

$$n_e = \frac{s_r}{s_r^{tr} \bar{c}_e}$$

folgt. Setzen wir $\bar{c}_e \cong 10^8$ cm/sec und benutzen die Abschätzungen des § 34:

$$s_r \cong 10^{-20} \text{ cm}^2, \quad s_r^{tr} \sim 10^{-43} \text{ cm}^4 \text{ sec};$$

dann ist

$$n_e \cong 10^{15} \text{ cm}^{-3}.$$

Diese Konzentration kann nicht bei $p < 10^{-1}$ mm Hg vorhanden sein; folglich ist in einem derartig verdünnten Gas die Strahlungsrekombination wahrscheinlicher, als die Rekombination im Dreierstoß. Das wird durch die in stark verdünnten Gasen beobachtete große Intensität der Rekombinationsstrahlung bestätigt [VI—8]. Sie tritt besonders im negativen Glimmlicht auf.

Je höher der Druck und der Ionisationsgrad des Gases ist, desto größere Bedeutung erhält die Rekombination im Dreierstoß.

Die Rolle des dritten Teilchens kann bei der Elektronenrekombination auch ein neutrales Molekül spielen (§ 34). Da an jedem derartigen Elementarprozeß insgesamt zwei geladene Teilchen beteiligt sind, muß die Kinetik dieser Rekombinationsform einer Gleichung vom Typus (63,1) oder (63,2) gehorchen und nicht (63,7'); der Prozeß hängt vom Quadrat und nicht von der dritten Potenz der Ladungsträgerkonzentration ab. Der Unterschied zur Kinetik der Strahlungsrekombination besteht hauptsächlich darin, daß der Rekombinationskoeffizient β bei der Rekombination im Dreierstoß mit Molekülen eine Funktion des Gasdrucks ist: β ist proportional p.

Nach der oben dargestellten Theorie der Elektronenrekombination verläuft dieser Prozeß desto langsamer, je höher die Elektronentemperatur T_e ist (siehe Formel (63,4), (63,4') und (63,8)). Da T_e in einem beliebigen Gas bei zunehmender reduzierter elektrischer Feldstärke $\frac{E}{p}$ steigt, so fällt die Rekombinationsgeschwindigkeit mit steigendem $\frac{E}{p}$. Deshalb kann dieser Prozeß bei dem selbständigen Strom im Gas in denjenigen Gebieten des Entladungsraums eine merkliche Rolle spielen, wo $\frac{E}{p}$ klein ist: Bei einem stark verdünnten Gas — im negativen Glimmlicht — bei Normal- und Hochdruck — außerhalb der Bogensäule oder des Funkenkanals. Er kann noch stärker in dem zurückbleibenden Plasma nach Stromunterbrechung vorkommen, wenn das elektrische Feld ganz weggenommen ist, da unter diesen Bedingungen die Elektronentemperatur im gesamten Gasraum fällt. Hingegen kann die Elektronenrekombination in Kathodengebieten oder in der positiven Säule des stationären Stroms keine merkliche Rolle spielen. Im Entwicklungsstadium des Gasdurchschlags fehlt sie praktisch ganz.

Die ganze oben dargelegte Theorie der Elektronenrekombination gründet sich auf die Vorstellung, daß die Wiedervereinigung eines Elektrons mit jedem beliebigen positiven Ion, das sich in der Nähe befindet, gleich wahrscheinlich ist (deshalb ist $\frac{1}{n_e}\left(\frac{\partial n_e}{\partial t}\right)$ proportional n_p). Das ist richtig, wenn bei der Molekülionisation die abgespaltenen Elektronen ohne Stöße zu erleiden, sich um eine Strecke entfernen können, die gleich dem mittleren Abstand zwischen den Ionen ist. Ist aber die mittlere freie Weglänge der Elektronen λ_e viel kleiner als der mittlere Abstand zwischen den Ionen d_i, so befindet sich das vom Molekül abgetrennte Elektron verhältnismäßig lange näher an dem zurückgebliebenen Ion, als an allen übrigen Ionen. Offenbar ist in diesem Fall die Rekombination des Elektrons mit diesem Ion besonders wahrscheinlich. Eine Rekombination, welche hauptsächlich auf diese Weise erfolgt, nennt man *Vorzugsrekombination.* Sie überwiegt, wenn $\lambda_e \ll d_i$ ist; $n_i \ll (n_g s_g)^3$. So finden wir bei $n_g \cong 10^{16}$ cm^{-3} ($p \sim 1$ mm Hg), unter Berücksichtigung von $s_g \cong 10^{-16}$ cm^2, daß nur bei $n_i \ll 10$ cm^{-3} Vorzugsrekombination der Elektronen auftreten kann. Folglich erfolgt in verdünnten Gasen, sogar bei sehr schwachen Strömen die gewöhnliche Volumenrekombination. Die Vorzugsrekombination der Elektronen kann nur bei hohem Gasdruck und schwacher Ionisation merklich werden.

Experimentelle Bestimmung der Koeffizienten der Elektronenrekombination. Bisher sind wenige Untersuchungen in dieser Richtung veröffentlicht worden [VI — 9, 10]. Sie wurden im sich abbauenden Plasma, das nach der Unterbrechung des Bogens zurückblieb, in verdünnten elektropositiven Gasen durchgeführt.[1]) Sie liefen im wesentlichen hinaus auf die Messung der Konzentration der freien Elektronen und Ionen, während der Entionisation des Gases zu verschiedenen Zeiten. Der Entionisationsprozeß setzt sich hauptsächlich aus der Diffusion der Ladungen zu den Wänden (§ 60) und der Volumenrekombination zusammen und läßt sich durch die Gleichung

$$\frac{\partial n_e}{\partial t} = D_{am} \Delta n_e - \beta n_e^2 - \beta^{tr} n_e^3 \tag{63,9}$$

ausdrücken. In einem verdünnten Gas bei nicht sehr großer Stromdichte spielt das letzte Glied keine merkliche Rolle.

Ist die Entionisation des Gases nur durch die Diffusion und Rekombination an den Wänden bedingt, so entspricht die Konzentrationsverteilung der Elektronen im Entionisationsprozeß entweder von Anfang an oder nach sehr kurzer Zeit einer charakteristischen Funktion, die von der Konfiguration des Entladungsraums abhängt (§ 60, P. 2); deshalb kann man $\Delta n_e = -\mu^2 n_e$ setzen und

$$\frac{\partial n_e}{\partial t} = -\mu^2 D_{am} n_e - \beta n_e^2. \tag{63,9}$$

Wie JAFFÉ [X — 23] gezeigt hat, kann man die Gleichung (63,9) für die mittlere Ionenkonzentration und unter Berücksichtigung der Volumenrekombination in ähnlicher Weise umbilden; die Koeffizienten $\mu^2 D$ und β sind in diesem Fall Funktionen der Zeit.

Hieraus erkennt man, daß namentlich die Volumenrekombination den Entionisationsprozeß nichtlinear macht $\left(\frac{\partial n_e}{\partial t}\text{ ist nicht proportional } n_e(t)\right)$. Anders gesagt ist bei Vorhandensein der Volumenrekombination die relative Entionisationsgeschwindigkeit $\left(-\frac{1}{n_e}\frac{\partial n_e}{\partial t}\right)$ nicht konstant, sondern nimmt mit der Elektronenkonzentration im Gas ab. Deshalb kann man die im Versuch beobachteten Abweichungen der Entionisation von dem linearen Gesetz auf das Konto der Volumenrekombination schreiben und kann, indem man sie βn_e^2 oder $\beta^{tr} n_e^3$ gleichsetzt (je nach dem, welcher Potenz von n_e sie proportional sind), die Koeffizienten β oder β^{tr} bestimmen.

KENTY [VI — 10] hat den Gang der Entionisation in Argon bei $p = 0{,}8$ mm Hg mit einer Sonde untersucht, deren Stromkreis in kurzen Zeitabständen durch einen Synchronkommutator geschlossen wurde (Sondenstroboskop, § 52, P. 3). Mit dieser stroboskopischen Methode wurde die Sondencharakteristik in verschiedenen Zeitintervallen nach der Stromunterbrechung aufgenommen, sowie T_e und n_e bestimmt. Aus der Form der Abhängigkeit der Größe n_e von der Zeit bestimmte

[1]) In solchen Gasen bilden sich, wenn Verunreinigungen fehlen, keine negativen Ionen in merklicher Zahl, und es kann folglich nur Elektronenrekombination stattfinden.

er β. Bei $T_e = 3100°$ K wurde $\beta = 2 \cdot 10^{-10}$ cm^3 sec^{-1} gefunden. Die Genauigkeit dieses Ergebnisses ist sehr gering; der Verfasser schätzt, daß das Ergebnis um einen Faktor von der Größenordnung 5 vom wahren Wert abweichen kann.

MOHLER [VI—9] bestimmte den Wert von β in Cs- und Hg-Dampf. In einem kugelförmigen Kolben mit einem Volumen $V = 500$ cm^3 wurde periodisch ein 4—6 A-Bogen gezündet und gelöscht. Eine ebene Sonde (Scheibe) an der Kolbenwand, die ebenfalls durch einen Synchronkommutator eingeschaltet wurde, gestattete es die Dichte des Ionenstroms j_{pw} zur Wand zu messen; ein Sondendraht im inneren des Kolbens diente zur Bestimmung von $n_e = n_p$. Dazu wurde ein Proportionalitätskoeffizient zwischen n_e und dem Ionenstrom zur Sonde ermittelt: $I_p = A_{ne}$ [1]). Für die Gesamtmenge der Ionen N im Kolben nahm der Verfasser die Gleichung

$$\frac{\Delta N}{\Delta t} = S_w \frac{j_{pw}}{e_0} + V\beta n_e^2 \qquad (63,10)$$

an, in der auf der rechten Seite das erste Glied die Zahl der Ionen angibt, die an den Kolbenwänden in 1 sec rekombinieren, das zweite Glied die Zahl der in der gleichen Zeit im Volumen rekombinierenden Ionen.[2]) Indem der Verfasser auf diese Weise in Wand- und Volumenrekombination unterteilte, fand er: in Cs bei $p = 10{,}15$ und 33 μ Hg und $T_e \cong 1300°$ K, $\beta = (3{,}4 \pm 0{,}5) \cdot 10^{-10}$ cm^3 sec^{-1} [3]), in Hg bei $p = 270\,\mu$ Hg und $T_e \cong 2700°$ K $\beta = (2{,}3 \pm 0{,}4) \cdot 10^{-10}$ cm^3 sec^{-1}.

Die in dieser Arbeit erhaltenen Werte liegen in der Nähe der oben angeführten β-Werte, die KENTY in Argon fand ($2 \cdot 10^{-10}$ cm^3 sec^{-1}). Ihre theoretische Erklärung ist jedoch schwierig. Betrachtet man als hauptsächlichen Elementarprozeß unter diesen Bedingungen die spontane Strahlungsrekombination, so kann man β nach der Formel (63,4) abschätzen: $\beta = \sqrt{\pi}\,\bar{c}_e s_r^r(\bar{c}_e)$. Bezüglich $s_r^r(\bar{c}_e)$ verfügen wir nur über einen experimentellen Wert von s_r^r für das Cs$^+$-Ion [VI—8], nämlich $s_r^r = 1{,}7 \cdot 10^{-21}$ cm^2 bei $K_e = 0{,}3$ eV (s. § 34, S. 195) und über die theoretisch berechnete Tabelle der Rekombinationsquerschnitte des H$^+$-Ions (§ 34, S. 193). Nach ihr ist s_r^r bei $T_e \cong 1300°$ K ($U_e \cong 0{,}12$ eV) $s_r^r = 5{,}5 \cdot 10^{-20}$ cm^2, bei $T_e \cong 2000°$ K ($U_e \cong 0{,}18$ eV) ist $s_r^r \cong 4 \cdot 10^{-20}$ cm^2; in diesem Fall ist $\beta \sim 2 \cdot 10^{-12}$ cm^3 sec. Das liegt um zwei Größenordnungen tiefer als die oben angeführten experimentellen Ergebnisse von KENTY und MOHLER und man kann diese folglich nicht mit der Strahlungsrekombination erklären. Die Rekombination bei Zusammenstößen der Form M$^+$ + 2e ist unter den Bedingungen der betrachteten Versuche weniger wahrscheinlich als die Strahlungsrekombination (siehe oben, S. 380). Es bleibt der Ausweg, daß man voraussetzt, daß die Dreierstöße mit einem neutralen Molekül (der Form M$^+$ + e + M) die Hauptrolle spielen. In diesem Fall müßte β mit dem Gasdruck steigen; die oben zitierten Arbeiten geben hierfür jedoch keinen zuverlässigen Hinweis.

---

[1]) Bei den Versuchen mit Cs wurde der Koeffizient A indirekt, bei den Versuchen mit Hg aus den Sondencharakteristiken für verschiedene Zeitmomente bestimmt.

[2]) Diese Gleichung ist augenscheinlich ungenau, da sie eine gleichmäßige Verteilung der Ionen im gesamten Kolbenvolumen annimmt.

[3]) Bei $p = 70\,\mu$ Hg wurde kein eindeutiges Ergebnis gewonnen; der Verfasser fand, daß β bei diesem Druck $\geqslant 4 \cdot 10^{-10}$ ist, und zwar desto größer, je kleiner n ist. Es ist möglich, daß die Ursache für die Unklarheit in diesem Fall in der aus der Theorie folgenden Veränderlichkeit der scheinbaren Größe β bei gleichzeitiger Diffusion und Rekombination zu suchen ist (siehe die Anmerkung am Ende des § 65).

§ 64. Die Kinetik der Bildung negativer Ionen

In Gasen, welche negative Ionen bilden, vollzieht sich neben der direkten Elektronenrekombination ($M^+ + e \to M$) auch noch der zweistufige Prozeß der Anlagerung eines Elektrons mit nachfolgender Ionenrekombination ($M + e \to M^-$, $M^- + M^+ \to M + M$). Die entsprechenden Elementarprozesse wurden in den §§ 35 und 37 betrachtet. Wir wollen hier die Kinetik der Bildung negativer Ionen in Gasen behandeln; zur Kinetik ihrer Rekombination siehe § 65.

Die Konzentration der negativen Ionen im Gas (n_n) wird durch die Anlagerungsgeschwindigkeit der freien Elektronen an neutrale Moleküle bestimmt. Der Anlagerungsprozeß führt zur Bildung negativer Ionen. Außerdem wird die Konzentration durch die Dissoziations-, Rekombinations- und Diffusionsgeschwindigkeit dieser Ionen bestimmt. Diese Prozesse führen zum Verschwinden der negativen Ionen. Das Endresultat all dieser Prozesse wird durch Gleichung (4,2) gegeben, die man auf die Form

$$\frac{\partial n_n}{\partial t} + \nabla (n_n \bar{u}_n) = \chi n_e - v n_n - \beta_i n_p n_n \tag{64,1}$$

bringen kann. Hierbei ist χ die Wahrscheinlichkeit für Elektronenanlagerung, bezogen auf 1 sec, v die Dissoziationswahrscheinlichkeit des negativen Ions, ebenfalls bezogen auf 1 sec, β_i ist der Rekombinationskoeffizient der Ionen.[1])

Die Größe χ kann ebenso wie alle ähnlichen Größen, die eine mittlere Stoßfrequenz einer bestimmten Art darstellen, durch die Konzentration der Moleküle n_g, ihren Querschnitt für den betrachteten Prozeß s_A und die Geschwindigkeitsverteilung der Elektronen ausgedrückt werden:

$$\chi = \int_0^\infty n_g s_A(c)\, c F_e(c)\, dc = n_g \overline{s_A(c_e)\, c_e}. \tag{64,2}$$

Hieraus erhält man die mittlere Lebensdauer eines Elektrons bis zu seiner Anlagerung an ein Molekül:

$$\tau_A = \frac{1}{\chi} = \frac{1}{n_g \overline{s_A(c_e) c_e}}; \tag{64,3}$$

Die Größen χ und τ_A hängen sehr stark von der Gasart, aber auch vom Druck ab. Ihre quantitative Abschätzung erfordert außerdem, daß man feststellt, welche Art der Elektronenanlagerung vorherrscht. In einem stark verdünnten Gas sind Dreierstöße bedeutend weniger wahrscheinlich als paarweise Wechselwirkungen; dabei wird die bei der Elektronenanlagerung freiwerdende Energie bei einatomigen Gasen vornehmlich zur Energie eines Strahlungsquants, bei mehratomigen Gasen wird sie zur Schwingungsenergie der Atome im Molekül. Wir wollen annehmen, es sei $s_A \cong 10^{-19}\,\mathrm{cm}^2$, was einer Anlagerungswahrscheinlichkeit pro Stoß von $h \cong 10^{-3}$ entspricht (Halogene); weiterhin nehmen wir an, daß $\bar{c}_e \cong 10^7$ cm/sec, $n_g\,(\mathrm{cm}^{-3}) = 3 \cdot 43 \cdot 10^{16}\, p$ (mm Hg) sei, dann wäre $\chi\,(\mathrm{sec}^{-1}) \cong 10^4 - 10^5\, p$ (mm Hg) und $\tau_A\,(\mathrm{sec}) \cong 10^{-4}-10^{-5}\,[p\,(\mathrm{mm\ Hg})]^{-1}$. Bei anderen Gasen ist χ bedeutend

---

[1]) Von den ähnlichen Gleichungen, die die Konzentration der freien Elektronen (n_e) und positiven Ionen (n_p) bestimmen, unterscheidet sich (64,1) dadurch, daß das Glied für die Bildung von Ionen durch Stoßionisation fehlt, da dieser Prozeß für negative Ionen in den meisten Gasen keine Rolle spielt.

kleiner und τ_A größer. Um die verschiedenen Gase in dieser Beziehung qualitativ miteinander zu vergleichen, kann die Tabelle 8, S. 484 benutzt werden, die die h-Werte [X—19, 20] und die daraus berechneten τ_A-Werte [0—3] bei $\bar{c} \cong 2 \cdot 10^7$ cm/sec enthält.

Ein Vergleich der Wahrscheinlichkeit dieses Prozesses mit der Rekombinationswahrscheinlichkeit von Elektronen mit positiven Ionen zeigt, daß in Gasen, die negative Ionen bilden, die Elektronenanlagerung an ein neutrales Molekül wahrscheinlicher ist als die Anlagerung an ein positives Ion. Diese Wahrscheinlichkeiten stehen zueinander im Verhältnis

$$\frac{\chi}{\beta_e n_p} = \frac{n_g \overline{s_A(c)\, c}}{n_p \overline{s_r(c)\, c}}.$$

Dieses Verhältnis ist um so größer, je höher die Elektronenaffinität des Gases, je höher sein Druck und je niedriger sein Ionisationsgrad ist. In elektronegativen Gasen ist $s_A(c) \geqslant s_g(c)$ (vgl. die Angaben der §§ 34 und 37); gewöhnlich gibt es bedeutend mehr neutrale Moleküle als Ionen ($n_g \gg n_p$); deshalb ist $\chi > \beta_e n_p$ und $\tau_A < \tau_r$. Nur in reinen, elektropositiven Gasen spielt die Elektronenanlagerung an neutrale Moleküle keine merkliche Rolle.

Die Beziehung zwischen den Konzentrationen der negativen Ionen und der freien Elektronen im Gleichgewichtszustand wird durch die aus (64,1) hervorgehende Bedingung

$$\chi n_e = v n_n + \nabla (n_n \overline{u}_n) \tag{64,4}$$

bestimmt, in der auf Grund der vorhergehenden Überlegungen das Glied $\beta_i n_p n_n$, das die Rekombination der Ionen untereinander erfaßt, weggelassen ist. Wir beschränken uns auf die Fälle, bei denen die Inhomogenität des gerichteten Ionenstroms nur durch den Gradienten der Ionenkonzentration und die von ihm hervorgerufene Ionendiffusion bedingt ist. Dann kann das Glied $\nabla (n_n \overline{u}_n)$ in der Form

$$-D \Delta n_n = D \mu^2 n_n = \frac{n_n}{\tau_D}$$

geschrieben werden (s. § 60, S. 361) und deshalb geht (64,4) über in

$$\frac{\overline{n}_e}{\overline{n}_n} = \frac{v + D\mu^2}{\chi} = \tau_A \left(\frac{1}{\tau_d} + \frac{1}{\tau_D} \right), \tag{64,5}$$

$\tau_d = \frac{1}{v}$. In einem homogenen, isotrop ionisierten Gas (fern von den begrenzenden Flächen) ist $\nabla n_n = \Delta n_n = 0$, Diffusion tritt nicht auf, $\tau_D \to \infty$ und

$$\frac{n_e}{n_n} = \frac{v}{\chi} = \frac{\tau_A}{\tau_d}. \tag{64,5'}$$

Unter diesen Bedingungen ist τ_d die mittlere Lebensdauer eines negativen Ions; das Verhältnis n_e zu n_n wird durch die sich gegenseitig aufwiegenden Prozesse der Bildung und des Zerfalls der negativen Ionen bestimmt. Um dieses Verhältnis quantitativ abzuschätzen ist es notwendig, auch in bezug auf die Dissoziation der negativen Ionen festzustellen, welche Prozesse überwiegen. Wenn man sich, wie oben, auf niedrige Drucke beschränkt, bei denen Dreierstöße gegenüber der paarweisen Wechselwirkung in den Hintergrund treten, so ist der Zerfall der negativen Ionen bei Stößen mit normalen neutralen Molekülen ($M^- + N \rightarrow M + N + e$) als am wahrscheinlichsten anzusehen (§ 38[1]). Die Wahrscheinlichkeit für den Zerfall eines Ions auf diesem Wege beträgt in 1 sec

$$(64,6) \qquad v = \int_{c_{\min}}^{\infty} n_g s_d(c)\, c F_n(c)\, dc = n_g \overline{s_d(c_n)\, c_n},$$

wo $c_{\min} = \sqrt{2 \frac{e_0}{m_g} U_A}$ die Geschwindigkeit des Ions ist, die gerade für seine Dissoziation bei Stößen mit einem Molekül genügt.

Die Formel (64,6) ähnelt der Formel (61,3) für die Ionisationswahrscheinlichkeit durch Elektronenstoß. Für die Abschätzung der Größenordnung von v nehmen wir eine MAXWELLsche Geschwindigkeitsverteilung der negativen Ionen mit der Temperatur $U_n = \frac{k}{e_0} T_n$ an; außerdem können wir, da $\overline{K_n} = \frac{1}{2} \cdot m_g c_n^2 \ll e_0 U_A$ ist, für $s_d(c_n)$ eine lineare Approximation, ähnlich (28,1) ansetzen: $s_d = A_2 (U - U_A)$ (vgl. den Anfangsteil der Kurve a, Abb. 143). Dann erhält man für v einen Ausdruck ähnlich (61,5):

$$(64,7) \qquad v = A_2 n_g \sqrt{\frac{8 e_0 U_n}{\pi m_n}}\, e^{-\frac{U_A}{U_n}} (U_A + U_n).$$

Die Größe A_2 kann man nicht der Kurve a entnehmen (Abb. 143), da diese sich auf Elektronenstöße bezieht, für uns ist es aber notwendig, die Wahrscheinlichkeit für den Zerfall eines negativen Ions beim Stoß mit einem schweren Teilchen zu berechnen. Versucht man, da direkte Angaben über die Größe s_d fehlen, statt dessen die Daten für den Querschnitt eines verwandten Prozesses anzuwenden, und zwar der Ionisation beim Stoß zwischen Ionen und Molekülen (§§ 29, 30), so kann man $A_2 \sim 10^{-19}-10^{-20}\ \mathrm{cm^2/V}$ setzen. Nehmen wir $U_A \cong 3$ V, $U_n \cong 1$ V, so finden wir $v\ (\mathrm{sec}^{-1}) \cong (10^1-10^2)\, p$ (mm Hg); τ_d (sec) $= 10^{-1}-10^{-2}/p$ (mm Hg). Gleichzeitig ist die Gesamtzahl der Stöße, die ein Ion im Mittel pro sec erleidet, bei $U_n \cong 1$ V von der Größenordnung $10^6\, p$ (mm Hg). Folglich führt unter diesen Bedingungen von 10^5-10^4 Stößen mit Molekülen einer zur Dissoziation des Ions[2]).

Vergleicht man die gefundenen Werte von χ und v, so findet man aus (64,5'), daß die mittlere Lebensdauer eines Elektrons im freien Zustand (τ_A) unter den betrachteten Bedingungen 10^2-10^3mal kürzer ist als die Zeit, die es im Verband des negativen Ions verbleibt (τ_d). Im gleichen Verhältnis stehen auch die Konzentrationen der Elektronen (n_e) und der negativen Ionen (n_n).

In Gasen, die stärker elektropositiv sind, ist v bedeutend größer, und das Verhältnis von n_e zu n_n verschiebt sich bei gleichbleibendem Druck zugunsten der Konzentration der freien Elektronen. Beim Übergang zu hohen Drucken wächst jedoch auch hier die Rolle der negativen Ionen im Vergleich zu der der freien Elektronen, da zur Strahlungsanlagerung von Elektronen an Moleküle die An-

---

[1]) Der Wirkungsquerschnitt des Ionenzerfalls beim Stoß mit einem angeregten Atom ist größer als beim Stoß mit einem Atom im Grundzustand (§ 38), aber die Konzentration der angeregten Atome ist viel kleiner als diejenige der Atome im Grundzustand, und deshalb kommt der zweite Prozeß öfter als der erste vor.

[2]) Dieses Verhältnis wurde teilweise zu 1 : 10^6 geschätzt [X—18].

lagerung im Dreierstoß hinzukommt[1]). Deshalb ist in vielen Gasen die beobachtete Beweglichkeit der negativen Ladungsträger bei hohem Gasdruck nicht verschieden von der Beweglichkeit der positiven Ionen; sie steigt jedoch stark bei sehr niedrigem Gasdruck, da unter diesen Bedingungen ein bedeutender Teil der Träger schon nicht mehr negative Ionen, sondern Elektronen sind.

§ 65. Die Kinetik der Ionenrekombination

Über die Ionenrekombination gibt es eine fast ebenso umfangreiche Literatur wie über die Ionenbeweglichkeit. Da dieser Prozeß ebenfalls sehr ausführlich in dem Buch von LOEB [0—6] behandelt wird, beschränken wir uns hier jedoch auf die notwendigsten Bemerkungen und Daten.

1. Die Geschwindigkeit der normalen Rekombination. Die Elementarprozesse der Ionenrekombination sind oben in § 35 betrachtet worden. Die wichtigsten davon sind: Die Rekombination bei paarweisen Stößen der Ionen von der Form $M^+ + N^- \rightarrow M' + N''$ (M oder N oder beide Moleküle zusammen sind im angeregten Zustand) und die Rekombination im Dreierstoß unter Beteiligung eines neutralen Moleküls:

$$M^+ + N^- + L \rightarrow M + N + L.$$

Wir wollen die Geschwindigkeit des Rekombinationsprozesses in beiden Fällen betrachten.

Die Rekombination der Ionen geschieht hauptsächlich bei paarweisen Stößen. Wir nehmen an, die Rekombinationswahrscheinlichkeit eines einzelnen Ions in der Zeiteinheit sei proportional der Frequenz seiner Begegnungen mit Ionen des anderen Vorzeichens; dadurch ist die normale Volumenrekombination gekennzeichnet, eine Vorzugsrekombination fehlt. Bezeichnen wir die Geschwindigkeitsverteilungsfunktion der positiven bzw. negativen Ionen mit $F(c_p)$ bzw. $F(c_n)$, ihre relative Geschwindigkeit $(\mathbf{c}_p - \mathbf{c}_n)$ mit c_r, so beträgt die Anzahl von Rekombinationsprozessen zwischen positiven Ionen mit einer Geschwindigkeit zwischen c_p und $c_p + dc_p$ und negativen Ionen mit einer Geschwindigkeit zwischen c_n und $c_n + dc_n$ pro cm³ und pro sec:

$$s_r(c_r)\, c_r n_p F(c_p)\, dc_p n_n F(c_n)\, dc_n.$$

Die Gesamtzahl der Rekombinationsakte im cm³ pro sec beträgt

$$(65{,}1)\qquad -\left(\frac{\partial n_p}{\partial t}\right)_r = n_p n_n \iint s_r(c_r)\, c_r F(c_p)\, dc_p F(c_n)\, dc_n = n_p n_n \overline{s_r(c_r)\, c_r} = \beta_i n_p n_n.$$

Folglich ist bei dieser Rekombinationsform

$$(65{,}2)\qquad \beta_i = \overline{s_r(c_r)\, c_r}$$

ein Ausdruck, der (63,3) ähnelt; danach hängt β_i offenbar nicht von der Gasdichte (von n_g) ab. Zur zahlenmäßigen Abschätzung nehmen wir an, daß fast jeder Ionen-

---

[1]) Käme die Elektronenanlagerung ebenso wie der Zerfall der negativen Ionen nur bei paarweisen Stößen vor, so wäre das Verhältnis $\frac{n_e}{n_n}$ bei allen Drucken konstant, da unter diesen Voraussetzungen χ und v proportional dem Gasdruck wären.

stoß zur Rekombination führt (Ausbeute des Prozesses $\cong 1$): $s_r(c_r) \cong s_g$; das ist wahrscheinlich richtig, wenn

$$\Delta W = [U_i(\mathrm{M}^+) - U_A(N^-) - U_a(\mathrm{M}') - U_a(\mathrm{N}'')]\, e_0 \sim 0 \quad \text{ist.}$$

Dann ist nach (65,2) $\beta_i \cong s_g \bar{c}_r$; ist $s_g \cong 10^{-16}\,\mathrm{cm}^2$, $\bar{c}_r \cong 5 \cdot 10^5\,\mathrm{cm/sec}$, so ist $\beta_i \cong 5 \cdot 10^{-11}\,\mathrm{cm}^3\,\mathrm{sec}^{-1}$.

Die Ionenrekombination erfolgt hauptsächlich im Dreierstoß. In diesem Fall führt die klassische Theorie auf den Ausdruck

$$-\left(\frac{\partial n_p}{\partial t}\right)_r = \frac{8}{3}\pi b^3 s_g \bar{c}_p n_g n_p n_n = \beta_i n_p n_n,$$

woraus

(65,3) $$\beta_i = \frac{8}{3}\pi b^3 s_g \bar{c}_p n_g = 2\overset{tr}{Q_p}\,\bar{c}_p n_g \text{ }^{1)}.$$

folgt.

Somit ist die Rekombination dieser Art ebenfalls ein „quadratischer“ und kein „kubischer“ Prozeß (das dritte am Elementarprozeß beteiligte Teilchen ist neutral) und daher ist bei $n_p \cong n_n$ $-\left(\frac{\partial n_p}{\partial t}\right)_r = \beta n^2_p$. Verwendet man für Q_r^{tr} die Abschätzung

$$Q_r^{tr} \cong 5 \cdot 10^{-32}\,\mathrm{cm}^5 \text{ (s. § 35)},$$
$$\bar{c}_r \cong 5 \cdot 10^5\,\mathrm{cm/sec},$$

$n_g \cong 3 \cdot 5 \cdot 10^{16}\, p$ (mm Hg), so findet man $\beta_i \cong 2 \cdot 10^{-9}\, p$ (mm Hg). Folglich muß bei $p \geqslant 10^{-1}$ mm Hg die Ionenrekombination hauptsächlich im Dreierstoß unter Beteiligung eines neutralen Moleküls erfolgen. Der Rekombinationskoeffizient in einem

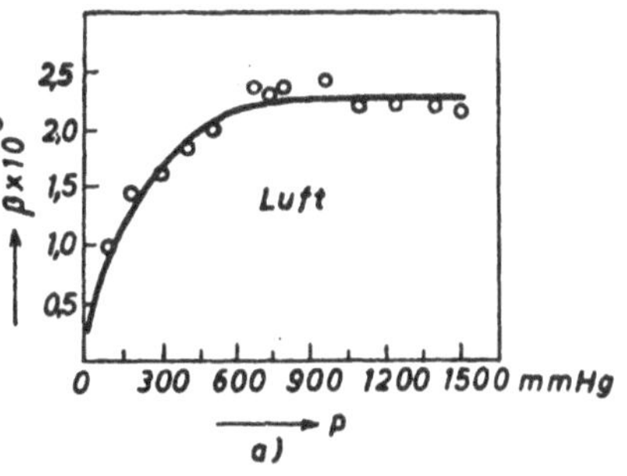

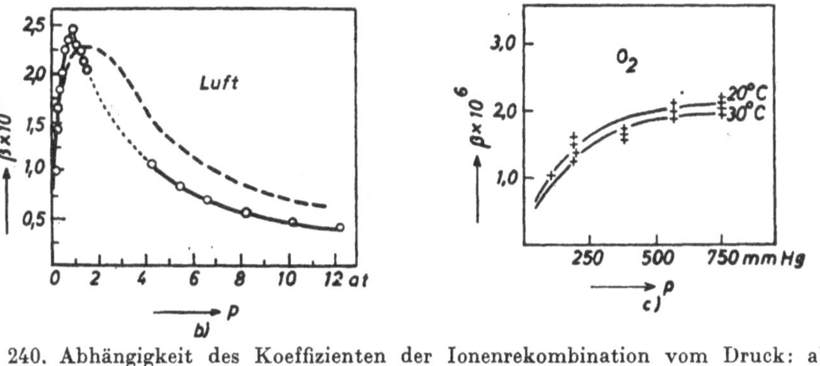

Abb. 240. Abhängigkeit des Koeffizienten der Ionenrekombination vom Druck: a) in reiner Luft, $p = 0{,}2$—2 at, b) das gleiche, $p = 0{,}2$—12 at [X—21,31], c) in Sauerstoff [X—22]

gegebenen Gas muß proportional der Dichte wachsen, d. h. proportional dem Gasdruck bei $T_g = \text{const.}$ Bei Atmosphärendruck muß $\beta_i \cong 10^{-6}\,\mathrm{cm}^3\,\mathrm{sec}^{-1}$ sein.

---

1) Eine strengere Darstellung der Theorie der normalen Volumenrekombination der Ionen siehe [X—25] und [0—6, Kap. IV].

Die letzten Folgerungen werden durch den Versuch bestätigt. Ein Beispiel dafür sind die Angaben über den Ionenrekombinationskoeffizienten in reiner Luft [X—21] und in Sauerstoff [X—22] (Abb. 240 und 241). Sie zeigen, daß β_i mit steigendem Druck fast bis zu Drucken von der Größenordnung 1 atm zunimmt (Abb. 240). Andererseits fällt β_i bei unveränderlichem Druck mit wachsender Gastemperatur (Abb. 241). Bei $p > 1$ atm wächst β_i nicht mehr, sondern nimmt im Gegenteil mit wachsendem p ab. Das hängt mit dem Übergang von der Volumenrekombination zur Vorzugsrekombination zusammen.

2. Spezialfälle der Rekombination. Die normale Volumenrekombination der Ionen, die einfachste Rekombinationsart tritt auf: 1. Wenn die Ionen beider Vorzeichen gleichmäßig und statistisch voneinander unabhängig im Raum verteilt sind, wenigstens im Bereich physikalisch kleiner Volumen, und die Gleichmäßigkeit bei Änderung der Größe der Ionenkonzentration nicht gestört wird und 2. wenn außerdem die Natur und die Eigenschaften der Ionen (ihre Masse usw.) sich nicht mit der Zeit ändern. Solch eine Rekombination wird durch einen zeitlich konstanten Rekombinationskoeffizienten gekennzeichnet.

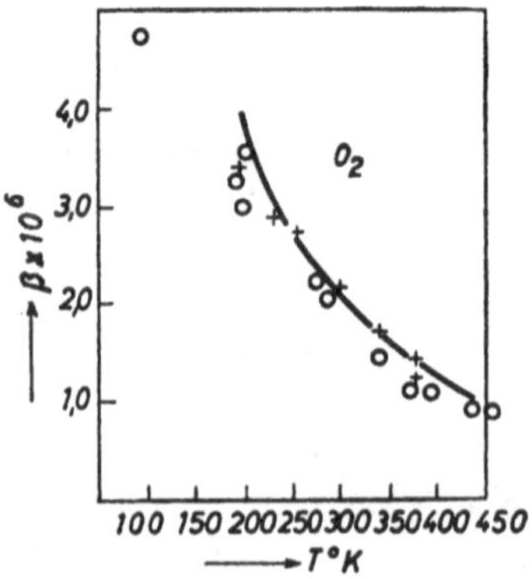

Abb. 241. Abhängigkeit des Koeffizienten der Ionenrekombination in Sauerstoff von der Temperatur bei konstantem Druck [X—22].

Beide Bedingungen der einfachen Volumenrekombination werden keineswegs immer erfüllt. Die erste Bedingung wird beispielsweise bei Ionisation des Gases durch α-Teilchen oder durch andere schnelle schwere Teilchen nicht erfüllt. In diesem Fall entstehen die Ionen und Elektronen im Gas als Ketten oder Säulen („Kolonnen") längs des Flugwegs der ionisierenden Teilchen und diffundieren dann in das umgebende Gas. Die geladenen Teilchen sind anfangs extrem ungleichmäßig im Gasvolumen verteilt (Maximum in den „Kolonnen" Null im gesamten übrigen Gas), und ihre Konzentration gleicht sich allmählich durch die Diffusion in das Gesamtvolumen aus. Folglich nimmt die Ionenkonzentration nicht nur durch Rekombination ab, sondern auch durch Diffusion. Die Rekombinationsgeschwindigkeit nimmt dabei schneller ab als im Fall der einfachen Volumenrekombination, und die scheinbare Größe β verschwindet mit der Zeit. Dieser Fall heißt *Kolonnenrekombination*, er wurde von LANGEVIN geklärt und eingehend von JAFFÉ (X—27) untersucht.

Ein anderer Fall, bei dem die erste Bedingung für die normale Rekombination nicht erfüllt ist, ist die sogenannte *Vorzugsrekombination*. Sie tritt auf, wenn die räumliche Verteilung der Ionen beider Vorzeichen statistisch nicht unabhängig ist, sondern wenn sich in der Nähe jedes positiven Ions ein negatives Ion befindet in einem Abstand, der bedeutend kleiner ist als die mittlere Entfernung d_i bis zu den anderen Ionen (vgl. die Elektronen-Vorzugsrekombination, § 63). Eine derartige Ionenverteilung entsteht bei hohem Gasdruck und schwacher Ionisation. Ein Elektron, das von irgendeinem Molekül bei der Ionisation abgetrennt worden ist, wird von einem anderen neutralen Molekül in einem Abstand von der Größenordnung $\lambda_A = (n_g s_A)^{-1}$ eingefangen; ist $\lambda_A \ll d_p$, so befindet sich das sich bildende negative

Ion im elektrischen Feld des positiven Ions, welches von dem eben ionisierten Molekül übriggeblieben ist. Die weitere Bewegung beider Ionen ist eine BROWNsche Bewegung in einem COULOMBfeld, die mit der gegenseitigen Anziehung und Neutralisation endet. Die Bedingung für eine derartige Vorzugsrekombination zwischen Ionen, die aus der Ionisation ein und desselben Moleküls hervorgegangen sind, wurde oben angeschrieben ($\lambda_A \ll d_p$ oder $(n_g s_A)^{-1} \ll n_p^{-\frac{1}{3}}$), man kann sie auch so darstellen:

$$\varkappa \equiv \frac{n_p}{n_g} \ll n_g^2 s_A^3 .$$

Folglich ist der Ionisationsgrad eines Gases, bei dem gerade noch Vorzugsrekombination auftritt, desto höher, je höher der Gasdruck ist.

Die von LANGEVIN [X—24] aufgestellte Theorie der Vorzugsrekombination führt zu folgender Formel für β:

(65,4) $$\beta = 4\pi e_0 (k_p + k_n)\ ^{1)}.$$

Nach (65,4) muß β mit steigendem Gasdruck bei $T_g = \text{const}$ abnehmen. Die Abb. 240, b zeigt, daß das bei Drucken von der Größenordnung 1 atm und höher tatsächlich der Fall ist. Augenscheinlich tritt die normale Rekombination unter diesen Bedingungen vor der Vorzugsrekombination zurück. In verdünnten Gasen kommt eine Vorzugsrekombination kaum vor.

Die zweite Bedingung für die normale Volumenrekombination wird vor allem dadurch verletzt, daß die negativen Ionen in der Regel nicht primär im Gas entstehen, sondern durch den sekundären Prozeß der Elektronenanlagerung durch neutrale Moleküle. Da die positiven Ionen sowohl mit freien Elektronen als auch mit negativen Ionen rekombinieren können und die Rekombinationskoeffizienten in beiden Fällen verschieden sind, so hängt der Effektivwert von β von dem Verhältnis der Konzentration der Elektronen und negativen Ionen ab. Im allgemeinen Fall gilt

(65,5) $$\left(\frac{\partial n_p}{\partial t}\right)_r = -\beta_e n_p n_e - \beta_i n_p n_n .$$

Führt man

$$\frac{n_e}{n_n + n_e} = \lambda_e, \quad \frac{n_n}{n_n + n_e} = \lambda_n, \quad \lambda_e + \lambda_n = 1,$$

ein, so kann man schreiben:

$$\left(\frac{\partial n_p}{\partial t}\right)_r = -(\lambda_e\beta_e + \lambda_n\beta_n)\, n_p\, (n_n + n_e) = -\beta^*\, n_p n_-,$$

wo $n_- = n_n + n_e$ die Gesamtkonzentration der negativen Ladungen ist,

(65,6) $$\beta^* = \lambda_e\beta_e + (1 - \lambda_e)\,\beta_n$$

ist der effektive Rekombinationskoeffizient, und es gilt

$$\lambda_e = \frac{\frac{n_e}{n_n}}{1 + \frac{n_e}{n_n}} .$$

---

1) Eine weitere Präzisierung dieser Formel siehe (0—6, Kap. II).

Augenscheinlich ist es für die zeitliche Konstanz von β^* notwendig, daß $\lambda_e = \text{const}$ und folglich auch $\frac{n_e}{n_n} = \text{const}$ ist.

Das letzte kann nur dann der Fall sein, wenn die Prozesse der Bildung und des Verschwindens der negativen Ionen im Gleichgewicht sind (§ 64). Wird jedoch ein bis zum Zeitpunkt $t = 0$ nicht ionisiertes Gas von eben diesem Zeitpunkt an ionisiert, so treten darin zu Anfang nur Elektronen auf und erst dann kommen negative Ionen hinzu. Zu Beginn ist $\lambda_e = 1$, später fällt λ_e; nach (65,6) muß β^* mit der Zeit wachsen, da $\beta_n > \beta_e$ ist. Die Rekombination, die erfolgt, ehe sich ein stationäres Verhältnis $\frac{n_e}{n_n}$ einstellt, nennt man *Anfangsrekombination.* Man charakterisiert sie oft durch die Abhängigkeit der Größe β vom Ionenalter. In stark polarisierten Gasen oder wenn ähnliche Beimischungen zum Hauptgas vorhanden sind, kann das „Altern" der negativen Ionen auch nach Anlagerung aller freien Elektronen fortdauern; ein weiterer „Alterungsprozeß" besteht in der Bildung von Molekülkomplexen durch Anlagerung von anderen Molekülen an das einfache negative Ion. Ein Beispiel für die Abhängigkeit der Größe β vom „Alter" des Ions siehe in Abb. 242.

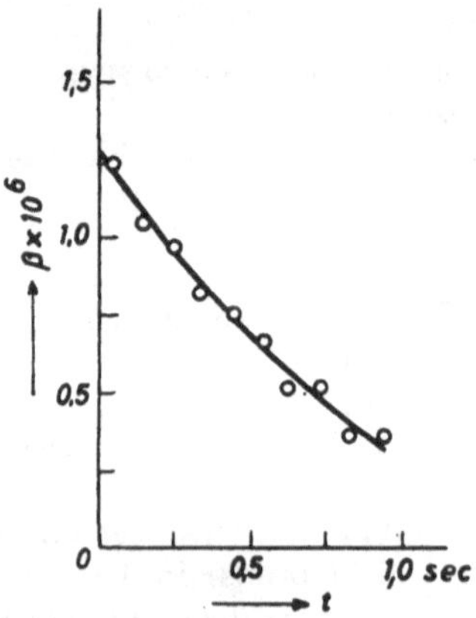

Abb. 242. Abhängigkeit der Ionenrekombination in Luft vom „Alter" der Ionen [X—28]

3. Die mittlere Lebensdauer eines Ions beim Vorhandensein von Volumrekombination wird durch die Geschwindigkeiten von zwei Prozessen bestimmt: die Diffusion und die Rekombination; es gilt nämlich:

(65,7) $$\frac{1}{\tau} \cong \frac{1}{\tau_D} + \frac{1'}{\tau_r},$$

wo $\tau_D = \frac{1}{\mu^2 D}$ „die Diffusions-Lebensdauer" des Ions ist, die im § 60 bestimmt wurde, und $\tau_r = \frac{1}{\beta n_n}$ seine „Rekombinations-Lebensdauer". Der Beweis für diese Feststellung verläuft im einfachsten Fall (ebene Anordnung) folgendermaßen. Es möge ein Raum vorgegeben sein, der durch die Flächen $x = 0$ und $x = 1$ begrenzt ist, und die Konzentration der Ionen möge nur von x abhängen. Sind Diffusion und Rekombination vorhanden, so wird n_p durch die Gleichung

$$\frac{\partial n_p}{\partial t} = D \frac{\partial^2 n}{\partial x^2} - \beta n_p^2$$

bestimmt. Die mittlere Ionenkonzentration beträgt im Gesamtvolumen

$$\bar{n} = \frac{1}{l} \int_0^l n_p(x)\, dx;$$

hieraus kann man die Gleichung

(65,8) $$\frac{d\bar{n}_p}{dt} = -D^*(t)\, \bar{n}_p - \beta^*(t)\, \bar{n}_p^2$$

gewinnen [X — 23] (siehe Anmerkung 19). Hier sind $D^*(t)$ und $\beta^*(t)$ Größen, die sich im allgemeinen mit der Zeit ändern; β^* ist der effektive Rekombinationskoeffizient. Wenn die Ionenkonzentration im Raum dem Gesetz $\sin\frac{\pi x}{l}$ gehorcht, und man einen Entionisationsprozeß betrachtet, der länger als τ_D dauert, so ist $\beta^* \cong \frac{\pi^2}{8}\beta$, $D^* \cong \frac{D\pi^2}{l^2} = \frac{1}{\tau_D}$ (siehe Anmerkung 19). In diesem Fall folgt aus (65,8):

$$-\frac{1}{\bar{n}_p}\frac{d\bar{n}_p}{dt} \equiv \tau^{-1} = \frac{1}{\tau_D} + \frac{\pi^2}{8}\beta\bar{n}_p \cong \frac{1}{\tau_D} + \frac{1}{\tau_r}. \tag{65,9}$$

Die Diffusion, die die erste Komponente in (65,9) bestimmt, spielt bei kleinem Gasdruck und kleiner Gefäßdimension, d. h. bei kleinen Werten von pl die überwiegende Rolle, die Rekombination bei hohem pl.

§ 66. Die thermische Ionisation von Gasen.

1. Die Ionisationsprozesse und die Umkehrprozesse dazu, die Rekombinationsvorgänge, sind beim elektrischen Strom im Gas nicht genau im Gleichgewicht. Sogar im stationären Strom, wo sich die Ladungsträgerkonzentration zeitlich nicht ändert, und die Prozesse, bei denen Ladungsträger gebildet werden und verschwinden, im Gleichgewicht stehen, herrscht gewöhnlich streng genommen kein detailliertes Gleichgewicht in dem in § 14 angegebenen Sinn, daß sich die direkten und die zugehörigen Umkehrprozesse paarweise aufwiegen. Während die Ionisation der Gasmoleküle gewöhnlich im Innern des vom Gas eingenommenen Volumens erfolgt, geht die Neutralisation der Ionen in einem verdünnten Gas hauptsächlich an den Elektroden und Gefäßwänden vor sich.

Es gibt jedoch Bedingungen, unter denen sich die Kinetik der Elementarprozesse im Gas dem detaillierten Gleichgewicht nähert. Das ist in einem Gas der Fall, das bis auf eine sehr hohe Temperatur erhitzt ist und keinem elektrischen Feld bestimmter Richtung unterworfen ist (Flamme von Hochtemperaturreaktionen, Sternatmosphäre); in erster Näherung gilt das auch für den elektrischen Strom großer Dichte bei hohem Gasdruck (Bogen, Funken), wo das Gas ebenfalls eine sehr hohe Temperatur hat. Es gibt Bedingungen, unter denen das auch in gewissen Fällen in verhältnismäßig verdünnten Gasen der Fall ist.

In allen diesen Fällen befindet sich das Gas mehr oder weniger in einem Gleichgewichtszustand bei einer hohen Temperatur, die allen Komponenten, dem Elektronengas, dem Ionengas und dem Molekülgas, gemeinsam ist; $T_e = T_p = T_g$. Ein Gas, das sich in einem derartigen Zustand befindet, nennt man *isothermes Plasma.* Dabei ist die kinetische Energie, zumindest für einen gewissen Teil der Moleküle, groß genug, um neben den Elektronenstößen eine Ionisation des Gases bei Stößen zwischen den Molekülen zu bewirken. Man nennt diesen Prozeß *thermische Ionisation.* Der Ionisationsgrad x des Gases wird durch die SAHAgleichung bestimmt [X — 30], die aus der Gleichgewichtsbedingung zwischen Ionisation und Rekombination hervorgeht:

$$\frac{x^2}{1-x^2} = \frac{2g_p}{g_g}\left(\frac{2\pi m_e}{h^2}\right)^{\frac{3}{2}}\frac{(kT)^{\frac{5}{2}}}{p}\,e^{-\frac{e_0 U_i}{kT}}. \tag{66,1}$$

(siehe Anmerkung 20). Setzt man für die Konstanten die Zahlenwerte ein und drückt p in mm Hg, U_i in Volt und T in °K aus, so gilt

$$(66{,}1') \qquad \frac{x^2}{1-x^2} = 4{,}9 \cdot 10^{-4} \frac{g_p}{g_g} \frac{T^{\frac{5}{2}}}{p} e^{-\frac{11\,600\,U_i}{T}} .$$

Die Formel (66,1) zeigt, daß der Ionisationsgrad mit steigender Gastemperatur und abnehmendem Druck wächst. In der Praxis ist gewöhnlich $x \ll 1$; wenn wir dann x^2 gegenüber 1 vernachlässigen, so finden wir

$$x = 2{,}2 \cdot 10^{-2} \sqrt{\frac{g_p}{g_g}} \frac{T^{\frac{5}{4}}}{p^{\frac{1}{2}}} e^{-\frac{5800\,U_i}{T}} .$$

Die Konzentration der freien Elektronen ist in diesem Fall

$$(66{,}2) \qquad n_e \cong x n_g = x \frac{p}{kT} = 1{,}9 \cdot 10^6 \sqrt{\frac{g_p}{g_g}} n_g T^{\frac{1}{4}} e^{-\frac{5800\,U_i}{T}} .$$

Wie man aus den letzten Formeln sieht, steigt bei vorgegebener Temperatur zwar der Absolutwert der Elektronenkonzentration mit dem Druck, ihr Relativwert aber nimmt ab.

Die Größen g_g und g_p werden durch die Quantenzustände des Atoms und des aus ihm entstandenen Ions bestimmt, und zwar durch den Grad der Entartung (siehe beispielsweise [III — 14]). Die Größe g_p ist von g_g verschieden. Durch den Verlust eines Elektrons ändert sich nämlich der Grad der Entartung des Atomsystems, weil sich die Quantenzahl J des Atoms ändert, die den Grad bestimmt. Deshalb kann es zu einem Fehler bei der Bestimmung von n_e (oder x) führen, wenn man den Faktor $\frac{g_p}{g_g}$ in (66,1) unbeachtet läßt. Dieser Fehler kann ein Vielfaches vom Wert betragen.

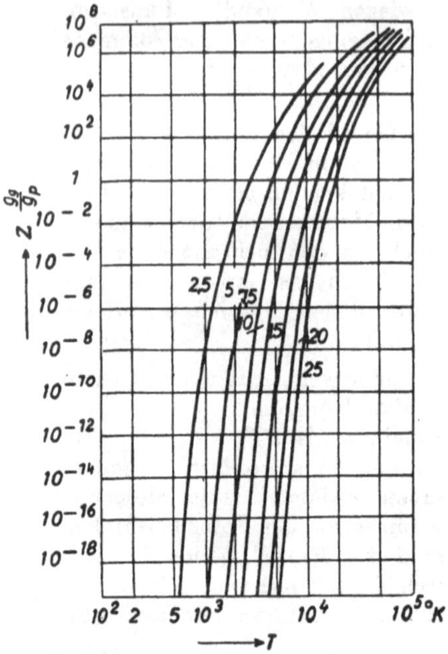

Abb. 243. Zur Berechnung des thermischen Ionisationsgrades (x) eines Gases. Nomogramm für die Hilfsgröße z

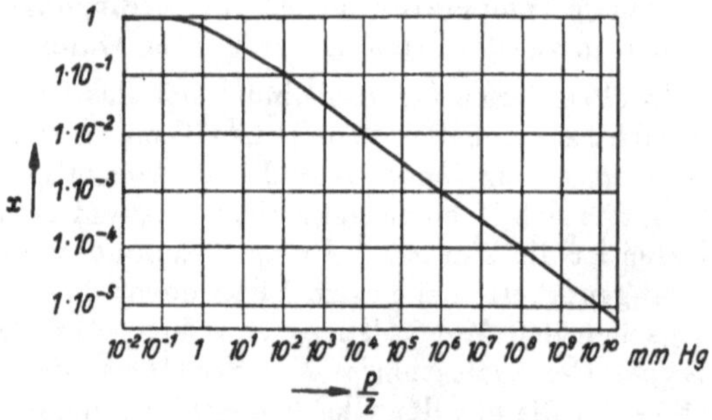

Abb. 244. Nomogramm zur Berechnung des thermischen Ionisationsgrades (x) [0—3]; bei $\frac{p}{z} > 10$ mm Hg ist $x \cong \sqrt{\frac{z}{p}}$

Für die Berechnung des thermischen Ionisationsgrades aus vorgegebenen U_i, p und T sind die graphischen Darstellungen nützlich, die in dem Buch von ENGEL und STEENBECK [0—3, B. I, Abb. 38 und 39] angegeben sind. Man muß dabei aber den Fehler korrigieren, der sich in die Darstellung eingeschlichen hat[1]). Die Kurven sind in den Abb. 243 und 244 reproduziert (die erste korrigiert).

2. Die SAHAgleichung (66,1) gibt einen Ausdruck für den Ionisationsgrad eines erhitzten Gases, der sich im Gleichgewichtszustand einstellt. Sie sagt jedoch nichts darüber aus, wie sich dieser Zustand einstellt und welche Teilchen die Ionisation tatsächlich durchführen. Es ist die Meinung verbreitet, daß sie (wenigstens in der Hauptsache) die Folge von Zusammenstößen neutraler Moleküle untereinander ist (siehe beispielsweise [0—6, Kap. XVIII]). Indessen zeigt eine einfache Rechnung, daß das bei weitem nicht immer der Wahrheit entsprechen kann. Die Gasmoleküle können auch durch Elektronen ionisiert werden, wenn diese schon im Gas vorhanden sind. Die Intensität der Ionisation durch Elektronen beträgt nach (61,3)

$$I_e = z\, n_e = n_e n_g \int\limits_{\sqrt{\frac{2e_0 U_i}{m}}}^{\infty} c s_{ie}(c)\, F_e(c)\, dc$$

oder, wenn man $\overline{s_{ie}}$, den mittleren Ionisationsquerschnitt bei vorgegebener Geschwindigkeitsverteilung der Elektronen einführt[2])

$$I_e = n_e n_g \bar{s}_{ie} \int\limits_{\sqrt{\frac{2e_0 U_i}{m}}}^{\infty} c F_e(c)\, dc = n_e n_g \bar{s}_{ie} \bar{c}_e \left[\left(\frac{e_0 U_i}{kT} + 1\right) e^{-\frac{e_0 U_i}{kT}}\right]^2. \tag{66,3}$$

Die analoge I_g-Größe für Ionisation durch Molekülstöße wird durch die Relativgeschwindigkeiten der Moleküle bestimmt; deshalb ist sie schwerer zu berechnen. Näherungsweise kann man sie nach einer Formel, die (66,3) analog ist, berechnen. Dabei muß man entsprechende Veränderungen vornehmen: die Elektronenkonzentration n_e wird durch die Molekülkonzentration n_g ersetzt, die mittlere Geschwindigkeit der Elektronen $\bar{c}_e$ durch die mittlere Relativgeschwindigkeit der Moleküle $2\bar{c}_g$, das Ionisationspotential durch Elektronenstoß, U_i durch den doppelten Wert $2U_i$ (s. §§ 11 und 30), der mittlere Ionisationsquerschnitt durch Moleküle $\bar{s}_{ig}$. Es gilt dann:

$$I_g = n_g^2\, \bar{s}_{ig} \sqrt{2}\, \bar{c}_g \left[\left(\frac{2e_0 U_i}{kT} + 1\right) e^{-\frac{2e_0 U_i}{kT}}\right].$$

Beim Vergleich der Ausdrücke für I_e und I_g ist zu beachten, daß die mittlere Geschwindigkeit $\bar{c}_g$ bei vorgegebener Temperatur 10^2mal kleiner ist als $\bar{c}_e$. Der mittlere Ionisationsquerschnitt $\bar{s}_{ig}$ ist wenigstens um zwei Größenordnungen kleiner

1) ENGEL und STEENBECK haben bei der Aufstellung der graphischen Darstellung $z \equiv \frac{x^2 p}{1-x^2} = f(T)$ den Faktor $\frac{2g_p}{g_g}$ nicht berücksichtigt; in Abb. 243 ist dieser Fehler berichtigt, der Faktor 2 ist in z enthalten. Durch den Faktor $\frac{g_p}{g_g}$, der besonders berechnet werden muß, ist der aus Abb. 243 abgelesene Wert zu teilen.

2) Man kann auch an Stelle von $\bar{s}_{ie}$ die Näherung (28,1) einführen; dann erhält man anstatt (66,3) einen Ausdruck, der (61,5) entspricht.

als s_{ie} (§ 30), und der letzte Faktor schließlich, der den Teil der Teilchen erfaßt, deren Geschwindigkeit zur Ionisation bei $T \sim 10^3$ °K ausreicht, ist bei den Molekülen um 3—8 Größenordnungen kleiner als bei den Elektronen¹).

Deshalb kann die Ionisation durch Molekülstöße nur dann die Ionisation durch Elektronenstöße überwiegen, wenn n_g mindestens 10^5mal größer ist als n_e. Ist das Gas merklich ionisiert ($x \gtrsim 10^{-5}$, in manchen Gasen schon bei weit kleinerem x), sind die Elektronenstöße der Hauptfaktor für die Ionisation. Daraus folgt, daß die Ionisation bei allmählicher Erwärmung des Gases zunächst infolge von Kollisionen der Moleküle untereinander erfolgt; die als Folge davon entstandenen freien Elektronen ionisieren jedoch viel energischer als die Moleküle, und die weitere Ionisation des Gases geht auf Grund dessen viel schneller vor sich.

Die Konzentration der positiven Ionen ist gleich der Elektronenkonzentration, ihre Geschwindigkeiten und ihre Ionisationsquerschnitte liegen aber im Temperaturgleichgewicht in der gleichen Größenordnung wie diejenigen der neutralen Moleküle; deshalb spielen sie keine wesentliche Rolle bei der thermischen Ionisation.

Neben den genannten Ionisationsarten kann bei der thermischen Ionisation eines Gases die Photoionisation des Gases durch seine eigene Wärmestrahlung eine wesentliche Rolle spielen (ENGEL und STEENBECK [0—3, B. I, § 31]). Im Ergebnis ähnlicher Abschätzungen, die jedoch nicht immer quantitativ präzis sind, fanden diese Verfasser, daß die Photoionisation bei verhältnismäßig niedrigen Temperaturen ($\lessdot$ 1500° K) der Hauptfaktor für die Ionisation sein kann; bei höheren Temperaturen tritt sie hinter der Ionisation durch Elektronenstöße zurück. Die Zusammenstöße zwischen den Molekülen spielen im stationären Zustand immer eine kleine Rolle gegenüber den genannten zwei Hauptprozessen.

Aus dem Prinzip des detaillierten Gleichgewichts und den vorhergehenden Überlegungen folgt, daß die wesentliche Rekombinationsart in einem thermisch ionisierten Gas bei schwachem Ionisationsgrad die Rekombination im Dreierstoß ist. Der Dreierstoß erfolgt zwischen einem Ion, einem Elektron und einem neutralen Molekül ($M^+ + e + M \rightarrow 2\,M$). Bei starker Ionisation überwiegen die Dreierstöße zwischen einem Ion und zwei Elektronen ($M^+ + 2e \rightarrow M + e$; s. § 34, S. 198).

3. Die thermodynamische Berechnung der Konzentration der freien Elektronen und Ionen nach der SAHAformel (66,1) setzt die Kenntnis der Gastemperatur T_g und eine gleiche Temperatur aller Plasmakomponenten voraus $T_e = T_p = T_g$. Unter diesen Bedingungen ist die kinetische Gleichung (5,14) überflüssig. An ihre Stelle tritt eine andere Gleichung, die die Gastemperatur bestimmt; dafür nimmt man gewöhnlich die Gleichung der Leistungsbilanz des Gases (§ 75). Sie enthält einerseits die dem Gas zugeführte Leistung (in Entladungsröhren, die elektrische Leistung $U \cdot I$, in der Flamme, die bei der chemischen Reaktion entstehende Wärmemenge usw.), andererseits alle möglichen Arten von Energieverlusten (Strahlung, Wärmeabgabe an die Gefäßwände durch Wärmeleitung und Konvektion usw.). Im isothermen Plasma werden diese Verluste durch die Gastemperatur

¹) Bei $T \cong 5000$°K ist die mittlere Teilchenenergie $\frac{3}{2}\,kT = 0{,}65$ eV 10—30mal kleiner als die Ionisationsarbeit ($e_0 U_i$), bei Elektronenstoß und 20—60mal kleiner als die bei Molekülstoß. Deshalb ist der Bruchteil von Elektronen, deren Energie zur Ionisation ausreicht, sehr klein ($\lessdot 10^{-3}$—10^{-8}); der entsprechende Bruchteil von Molekülen ist noch kleiner.

bestimmt; deshalb gestattet es die Gleichung der Energiebilanz, aus der bekannten, dem Gas zugeführten Leistung und den vorgegebenen äußeren Bedingungen, die Gastemperatur zu bestimmen und aus ihr die Konzentration und Geschwindigkeitsverteilung der geladenen Teilchen.

Kennt man den Energiestrom im Gas (die in ihm gespeicherte, die zufließende und verbrauchte Energie), so kann man nicht nur bei einem isothermen Plasma, sondern auch in anderen Fällen viele wichtige Schlüsse über die Eigenschaften und die Gesetze dieses Stroms ziehen. Alle Fragen der Physik des Stroms im Gas, die mit seiner Energie zusammenhängen, werden im nächsten Teil dieses Buches dargelegt. Die konkreten Formen der Energiebilanzgleichungen werden in Bd. II im Zusammenhang mit den konkreten Stromformen im Gas behandelt.

VIERTER TEIL

Einige allgemeine Methoden der Dynamik in Anwendung auf den elektrischen Strom im Gas

KAPITEL XI

Die Energieformen des elektrischen Stroms im Gas und ihre Trägheit

Man kann den elektrischen Strom ebenso wie eine beliebige andere physikalische Erscheinung von zwei Standpunkten aus studieren: von dem makroskopischen und dem mikroskopischen. Die makroskopische Behandlung gestattet es, die zu der betrachteten Erscheinung gehörenden Beobachtungsfakten festzulegen und zu beschreiben, den Zusammenhang zwischen ihnen zu ermitteln und sie in der Form von bestimmten Gesetzen auszudrücken. Ihre Erklärung erfordert das Studium und die Ermittlung der Mikroprozesse, aus denen sich eine gegebene Erscheinung zusammensetzt.

Die vorhergehenden Abschnitte sind den wichtigsten Mikroprozessen des elektrischen Stroms im Gas und ihrer Kinetik gewidmet. In diesem Teil hingegen betrachten wir vor allem die Anwendung der allgemeinen Begriffe und Sätze der Makrophysik, die sich auf die Dynamik der physikalischen Erscheinungen beziehen, auf eben dieses Gebiet. Es ist verständlich, daß die Erklärung und die zahlenmäßige Berechnung auch hier die Anwendung der Kinetik der Elementarprozesse erfordert.

Ebenso wie im ersten Teil rufen wir zunächst kurz einige bekannte Begriffe und Sätze ins Gedächtnis zurück.

§ 67. Die dynamischen Eigenschaften und die Energieformen eines Systems

1. Physikalische Systeme können sich im Zustand des Gleichgewichts befinden oder in einem Zustand ohne Gleichgewicht.

Als Gleichgewicht eines Systems wird derjenige Zustand bezeichnet, bei dem im System makroskopische Bewegungen fehlen; nämlich: Verlagerung bedeutender Teile des Systems (Strömung), elektrische Ströme, Wärmeströmung usw. Das Studium des Gleichgewichtszustandes eines Systems ist die Aufgabe der Statik: insbesondere gehört das Gleichgewicht elektrischer Systeme zu den Problemen der Elektrostatik.

Ein leitfähiges Medium befindet sich im Zustand des elektrischen Gleichgewichts, wenn in ihm jeder gerichtete Strom fehlt. Das kann man auch auf ein ionisiertes Gas anwenden, das durch hohe Temperatur oder äußere Strahlung im Gleichgewichtszustand gehalten wird. Auf die elektrischen Parameter eines solchen Mediums sind die Sätze der Elektrostatik anwendbar. Ist jedoch ein beliebiger Strom vorhanden, so ist das Medium nicht im Gleichgewicht. Deshalb ist der elektrische Strom ebenso wie alle Prozesse, die nicht im Gleichgewicht sind, d. h. Prozesse, die mit irgendwelchen makroskopischen Bewegungen verbunden sind, Gegenstand der Dynamik (der Elektrodynamik). Hierher gehört auch der stationäre (Gleich-)Strom, dessen Parameter zeitlich konstant sind, und der nichtstationäre Strom, der sich zeitlich ändert. Die Hauptfragen der Dynamik sind der zeitliche Verlauf der Zustandsänderung des Systems und die Ursachen dieser Veränderungen[1]). Insbesondere klärt die Dynamik auf, welche auf das System wirkenden Faktoren und welche Eigenschaften des Systems selbst die Geschwindigkeit der in ihm ablaufenden Prozesse bestimmen. Diese Eigenschaften des Systems nennt man *dynamische Eigenschaften.*

2. Eine dynamische Eigenschaft mechanischer Systeme ist die Trägheit. Sie bestimmt die Beschleunigung, die das System unter der Wirkung einer vorgegebenen äußeren Kraft erfährt. Bei der fortschreitenden Bewegung wird sie durch die träge Masse m charakterisiert; die Beschleunigung nach der Koordinate i ist

$$\frac{dv_i}{dt} = \frac{1}{m} F_i. \tag{67,1}$$

Je größer die träge Masse ist, eine desto längere Zeit erfordert die Verschiebung um eine vorgegebene Größe unter der Wirkung der gegebenen Kraft. Verallgemeinert man diesen Satz, so kann man unter *Trägheitsfaktor* jede unabhängige Eigenschaft des Systems verstehen, in deren Folge die Änderung irgendeines Parameters des Systems unter der Wirkung äußerer Kräfte nicht unendlich schnell, sondern in einer endlichen Zeit geschieht[2]). Die Anzahl der Trägheitsfaktoren eines Systems ist allgemein gesagt kleiner als die Zahl der dynamischen Eigenschaften: nicht jede dynamische Eigenschaft eines Systems ist ein Trägheitsfaktor.

In vielen Fällen hängen die auf ein System wirkenden Kräfte in bestimmter Weise von seiner Lage oder seinem Bewegungszustand oder von beiden ab. Werden die Kräfte durch die Lage des Systems bestimmt (durch seine Koordinaten x_1, $x_2, \ldots, x_i$) sowie durch die potentielle Energie des Systems Π

$$F_i = -\frac{\partial \Pi}{\partial x_i} \tag{67,2}$$

ausgedrückt, so bildet die Funktion $F_i(x_1, x_2, \ldots)$ eine der dynamischen Eigenschaften des gegebenen Systems.

Wir wollen ein System mit einem Freiheitsgrad voraussetzen, dessen Lage durch die x-Koordinate bestimmt ist, und F möge eine eindeutige Funktion von x

---

[1]) Die einzige Ausnahme von der feststehenden Anwendung der Ausdrücke „Statik" und „Dynamik" ist die Wärmelehre, die traditionsgemäß Thermodynamik genannt wird. Es wäre besser, wie ein Blick in die Literatur lehrt, sie „Thermostatik" zu nennen.

[2]) Diese Definition entspricht der Anwendung des Begriffs „Trägheit" bei komplizierten mechanischen und nichtmechanischen Systemen.

sein. Die Bewegung eines solchen Systems wird durch die Gleichungen

$$(67,3)\qquad \begin{cases} F = m\dfrac{dv}{dt}, \\ v = \dfrac{dx}{dt}, \\ F = F(x) \end{cases}$$

bestimmt. Sie verbinden die drei veränderlichen Größen, die Koordinate, die Geschwindigkeit und die Kraft. Man kann an ihre Stelle auch eine Gleichung zweiter Ordnung setzen:

$$(67,4)\qquad m\frac{d^2x}{dt^2} = F(x).$$

In diesem Fall sind zwei Trägheitsfaktoren vorhanden: Die Kraft F ändert die Geschwindigkeit v der Bewegung nicht sprunghaft, sondern allmählich, andererseits ändert die Bewegung mit der Geschwindigkeit v nur allmählich die Größe der wirkenden Kraft[1]). Analytisch wird das dadurch ausgedrückt, daß die Bewegungsgleichungen des Systems zwei erste Ableitungen nach der Zeit oder eine zweite Ableitung enthält. Die Bewegung des Systems kann dabei sowohl periodisch (beispielsweise entspricht der Fall $F = -kx$, $k > 0$ Sinusschwingungen), als auch aperiodisch sein.

Hängt jedoch die Kraft F nur von der Bewegungsgeschwindigkeit ab ($F = F(v)$, beispielsweise die Reibungskraft), so reduzieren sich die Gleichungen auf eine Gleichung erster Ordnung:

$$(67,5)\qquad F(v) = m\frac{dv}{dt}.$$

In diesem Fall gibt es nur einen Trägheitsfaktor. Sinusschwingungen sind hierbei unmöglich.

Im ersten Fall setzt sich die Gesamtenergie W aus zwei Teilen zusammen: aus der kinetischen Energie (K) und aus der potentiellen Energie (Π): $W = K + \Pi$. Im zweiten Fall gibt es keine potentielle Energie: $W = K$. Folglich *ist* in einem System mit einem Freiheitsgrad *die Anzahl der Trägheitsfaktoren* (*und folglich auch die Ordnung der Differentialgleichungen der Bewegung*) *gleich der Anzahl verschiedener Energieformen, die das gegebene System besitzt.* Die allgemeinen Prinzipien der analytischen Dynamik gestatten es, diesen Satz auf ein System mit beliebig vielen Freiheitsgraden auszudehnen.

Eine Form, in der die allgemeinen Bewegungsgesetze mechanischer Systeme dargestellt werden können, sind die bekannten *kanonischen Gleichungen* (HAMILTONsche Gleichungen; siehe die Lehrbücher der theoretischen Mechanik). Werden die Zustände des Systems durch ihre verallgemeinerten Koordinaten $q_1, q_2, \ldots, q_i, \ldots$ und durch ihre verallgemeinerten Impulse $p_1, p_2, \ldots, p_i, \ldots$, ausgedrückt, wobei $p_i = \frac{\partial K}{\partial q_i}$ ist (K ist die kinetische Energie des Systems), so nehmen die

[1]) Ein Beispiel entgegengesetzter Art ist die bei der trockenen Reibung wirkende Kraft. Sie ändert sich sprunghaft, wenn die Geschwindigkeit durch 0 geht.

Bewegungsgesetze des Systems die Form:

$$\frac{dq_i}{dt} = \frac{\partial H}{\partial p_i}, \quad \frac{dp_i}{dt} = -\frac{\partial H}{\partial q_i} \tag{67,6}$$

an. Hierbei ist $H(q_i, p_i)$ eine charakteristische Funktion des Systems. In konservativen Systemen stellt H die gesamte mechanische Energie des Systems dar:

$$H = K + \Pi. \tag{67,7}$$

Da in den Bewegungsgleichungen (67,6) jede Ableitung nach der Zeit einen Trägheitsfaktor darstellt, wird deren Anzahl durch die Zahl der Veränderlichen bestimmt, von denen die Gesamtenergie des Systems abhängt. In vielen Fällen kann man die Energie H als Summe von Gliedern $H_1, H_2, \ldots$ darstellen, von denen jedes nur von *einer* der Variablen $q_1, q_2, \ldots, p_1, p_2, \ldots$ abhängt. Jeden derartigen Teil der Gesamtenergie des Systems kann man als ein besonderes Energiereservoir betrachten. Die Anzahl der Trägheitsfaktoren des Systems (und die durch diese Anzahl bestimmte Ordnung der die Bewegung des Systems beschreibenden Differentialgleichung) ist in diesem Fall gleich der Anzahl der Energiereservoire des gegebenen Systems.

Zu einem ähnlichen Ergebnis führt auch eine andere Form der Bewegungsgesetze, die sogenannten LAGRANGEschen Gleichungen 2. Art [XI—1]:

$$\frac{d}{dt}\left(\frac{\partial L}{\partial \dot{q}_i}\right) - \frac{\partial L}{\partial q_i} = F_i, \tag{67,8}$$

wobei $\dot{q}_i = \frac{dq_i}{dt}$ und F eine nichtkonservative Kraft ist, die in Richtung der Koordinate i wirkt. Die Eigenschaften des Systems werden durch die Größe $L = K - \Pi$ charakterisiert. L heißt *kinetisches Potential* [XI—2], *freie Energie* [XI—3] oder *LAGRANGE-funktion*. L wird ebenso wie H durch die gleiche Anzahl verallgemeinerter Koordinaten und Geschwindigkeiten bestimmt (die Geschwindigkeiten werden hier durch die Impulse p_i ersetzt) und setzt sich aus den gleichen Energiereservoiren zusammen. Man muß beachten, daß jede Gleichung von der Art (67,8) im allgemeinen Fall zwei Trägheitsfaktoren enthält (es ist im allgemeinen Fall eine Gleichung 2. Ordnung) und ein kanonisches Gleichungspaar von der Art (67,6) ersetzt. Nur wenn L ausschließlich von einer der Variablen q_i bzw. p_i abhängt, ist die Gleichung (67,8) von erster Ordnung.

3. Betrachtet man die Dynamik elektrischer Systeme, so kommt man zu ähnlichen Schlüssen. In elektrischen Stromkreisen mit konzentrierten konstanten Trägheitsfaktoren treten die sogenannten *Reaktanzen* (*Blindwiderstände*): Kapazität (C) und Induktivität (L) auf. Sie sind beide Reservoire bestimmter Energieformen:

Die Kapazität der elektrischen Energie

$$W_E = \frac{1}{2} C U^2 = \frac{1}{8\pi} \iiint \varepsilon E^2 dV,$$

die Induktivität der magnetischen Energie

$$W_H = \frac{1}{2} L I^2 = \frac{1}{8\pi} \iiint \mu H^2 dV.$$

Durch sie werden die wichtigsten dynamischen Eigenschaften des elektrischen Stromkreises bestimmt, insbesondere der Ablauf der Einstellprozesse, die Stabilität der verschiedenen Zustände des Kreises [XI — 5] usw. Enthält ein Stromkreis nur eine Reaktanz und lineare Ohmsche Widerstände, so verlaufen Einstellprozesse in ihm aperiodisch; sie werden durch eine lineare Differentialgleichung 1. Ordnung beschrieben.[1]) Sind in einem Stromkreis zwei Reaktanzen (C und L) vorhanden, so sind auch harmonische Schwingungen möglich (vom Typ der THOMSON-Schwingungen); das System wird durch eine Gleichung 2. Ordnung beschrieben. Führt man in den Kreis zusätzlich eine neue EMK oder weitere Ohmsche Widerstände ein, so ändert das die Ordnungen der Differentialgleichungen nicht. Führt man hingegen neue Induktivitäten oder Kapazitäten in das System ein, so treten neue Trägheitsfaktoren auf und die Ordnung der Gleichungen ändert sich.

Auch hier ist also die Anzahl der Trägheitsfaktoren gleich der Anzahl der Energiereservoire des Systems.

Diesen Satz kann man nicht nur auf rein mechanische oder rein elektrische Systeme anwenden, sondern auch auf gemischte elektromechanische Systeme, auf rotierende elektrische Maschinen und komplizierte elektromechanische Apparate. Die dynamischen Eigenschaften solcher Systeme werden durch die Gesamtheit ihrer Energiereservoire, sowohl der mechanischen, als auch der elektromagnetischen bestimmt.

4. Man muß diese Energiereservoire des Systems aufsuchen, und zwar nicht nur um die Zahl der Faktoren, die die dynamischen Eigenschaften bestimmt zu finden, sondern auch um ihre physikalische Natur festzustellen. Eine sehr große kinetische Energie weist z. B. darauf hin, daß für die Trägheit des Systems das mechanische Beharrungsvermögen eine wesentliche Rolle spielt; ist der magnetische Energievorrat groß, so sind die Erscheinungen der elektromagnetischen Induktion für die Dynamik des Systems wesentlich; eine große elektrostatische Energie zeigt an, daß Verschiebungsströme eine Rolle spielen usw.

Je eingehender und genauer wir ein reales dynamisches System betrachten, eine desto größere Anzahl von Freiheitsgraden und verschiedenen Energiereservoiren finden wir darin. So kann ein Körper, der in erster Näherung als vollkommen starr betrachtet wird, kinetische Energie der Rotation und der fortschreitenden Bewegung, sowie potentielle Energie in einem äußeren Feld besitzen. In zweiter Näherung müssen wir berücksichtigen, daß er elastisch verformt werden kann; damit ist auch eine neue Energieform verbunden: die potentielle Energie der Verformung. Wir können ferner die Bewegung im umgebenden Medium erfassen, die Verschiebung des gegebenen Körpers. Das kann zu einem weiteren Energiereservoir führen (der angelagerten Masse) usw. Um die wichtigsten dynamischen Eigenschaften eines gegebenen Systems zu ermitteln, ist daher nicht nur eine Aufzählung seiner Energiereservoire wichtig, sondern auch deren relative Abschätzung. Je größer der Energianteil ist, der auf eine bestimmte Energieform entfällt, eine desto größere Rolle spielt diese für die dynamischen Eigenschaften des gegebenen Systems.[2])

Die Allgemeinheit dieser Sätze gestattet es, sie auch auf den elektrischen Strom im Gas anzuwenden. Eine entsprechende Analyse wird im weiteren durchgeführt;

---

[1]) Sind nichtlineare Widerstände im Stromkreis vorhanden, so können unter gewissen Bedingungen auch Schwingungen auftreten, jedoch nur vom Typ der Kippschwingungen.

[2]) Das bedeutet jedoch nicht, daß kleine Reservoire unter keinen Umständen eine merkliche Rolle spielen. Es gibt Fälle, wo das Hinzufügen eines kleinen Energiereservoirs dazu führt, daß aus dem stabilen Zustand des Systems ein nicht stabiler wird [XI — 5]. Eine eingehende Diskussion der Frage, welche Bedeutung kleine Parameter für die Stabilität eines Systems haben [siehe XI — 4, § 19].

sie zeigt, daß die Anzahl der beim Strom im Gas möglichen verschiedenen Energieformen bedeutend größer ist als beim Strom in einem Ohmschen Leiter, beispielsweise in einem Metall und daß die wichtigsten Energiereservoire in beiden Medien vollkommen verschieden sind. Daraus erklärt sich auch die vollkommen verschiedene Dynamik des Stroms in Ohmschen Leitern (festen und flüssigen) einerseits, in Gasen andererseits. [XI — 13].

§ 68. Die magnetische Energie des Stroms im Gas

Das Magnetfeld ist die allgemeinste Eigenschaft eines jeden elektrischen Stroms; seine Konfiguration und die quantitativen Gesetze, denen es gehorcht, sind in allen Fällen gleich. Deshalb wird die Energie des Magnetfeldes

(68,1) $$W_H = \frac{1}{8\pi}\iiint \mu H^2\, dV = \frac{1}{2} L I^2$$

in jedem beliebigen Medium in gleicher Weise durch die Stromstärke und ihre räumliche Verteilung ausgedrückt; diese Energieform ist für ein Gas nicht spezifisch.

Das Problem der magnetischen Energie eines Stroms ist bei den Strömen in festen Leitern eingehend erörtert worden (siehe beispielsweise [XI — 6, Kap. XIII]). Bei der Berechnung von W_H zerfällt das Integral (68,1) in zwei Teile: $W_H = W'_H + W''_H$; der erste (W'_H) bezieht sich auf das Magnetfeld innerhalb des Leiters selbst, der zweite (W''_H) auf das Feld außerhalb des Leiters. Sie unterscheiden sich außer durch die Integrationsgebiete durch die Form, in der H von den Koordinaten abhängt (im ersten Fall nimmt H mit der Entfernung von der Leiterachse zu, im zweiten nimmt es ab) und, im allgemeinen Fall, durch die magnetischen Permeabilität μ.

Die Berechnung der magnetischen Energie des Stroms im Gas unterscheidet sich von der gleichen Aufgabe beim Strom in einem metallischen Leiter gleicher Konfiguration nur durch die folgenden zwei Umstände. Erstens ist die Verteilung der Stromdichte über den Durchmesser in einem Gas eine andere, als in einem Metall. So nimmt in einer zylindrischen Säule des Gases die Stromdichte j von der Achse zur Peripherie hin ab. In einem Metall ist sie über den gesamten Querschnitt konstant (bei Niederfrequenz) oder nimmt zur Peripherie hin zu (bei Hochfrequenz). Zweitens verläuft der Strom in einem Metall in den meisten praktisch wichtigsten Fällen (streng oder näherungsweise) in einem Leiter (Spulen, Wicklungen von Maschinen und Transformatoren usw.). In einem Gas ist das dagegen selten der Fall (z. B. im elektrodenlosen Ringstrom); in der Regel wird der Strom im Gas entweder durch Ströme in anderen Leitern geschlossen (in den meisten technischen Anwendungen des Stroms im Gas) oder durch Verschiebungsströme (Funken, Blitz). Der Teil, der den Strom schließt muß jedoch unbedingt bei der Berechnung der magnetischen Energie des Stroms berücksichtigt werden, da man sonst für ein Segment eines in einer Richtung fließenden Stroms eine unendlich große Energie fände.[1])

---

[1]) Das kann man am einfachsten aus einem Beispiel sehen. In einem geraden zylindrischen Leiter mit dem Radius r und der Länge $l = 1$ fließe der Strom I, der homogen über den Leitungsquerschnitt verteilt sei. Dann beträgt die magnetische Energie im äußeren Raum

$$W''_H = \frac{1}{8\pi}\int_{r_0}^{\infty}\left(\frac{2I}{r}\right)^2 2\pi r\, dr = I^2\, [\ln r]_{r_0}^{\infty} = \infty;$$

Folglich ist die Gesamtenergie $W_H = W'_H + W''_H = \infty$.

Wir betrachten den Fall einer geraden zylindrischen Gassäule mit dem Radius r und der Länge l, in welcher der Strom I fließt. Wir setzen der Einfachheit halber voraus, daß der reziproke Strom auf einem Zylinder mit gleichem Radius fließt, dessen Achse parallel zur Achse des gegebenen Zylinders im Abstand d liegt. Die Induktivität einer solchen Doppelleitung berechnet sich unter der Voraussetzung einer homogenen Stromverteilung über den Zylinderquerschnitt zu

$$L = \left(4 \ln \frac{d-r}{r} + 1\right) l$$

(siehe beispielsweise [XI — 7, Bd. I]). Ist $d \gg r$, so ist $L \cong 4l \ln \frac{d}{r}$[1]) und deshalb beträgt die magnetische Energie pro Längeneinheit

(68,2) $$(W_H)_1 = I^2 \left[2 \ln \frac{d-r}{r} + \frac{1}{2}\right] \cong 2 I^2 \ln \frac{d}{r}.$$

Setzen wir zum Beispiel voraus $\frac{d}{r} = 100$, so finden wir nach (68,2):

I (A)	1	10	100	1000
$W_H \left(\frac{\text{erg}}{\text{cm}}\right)$	0,092	9,2	920	$9{,}2 \cdot 10^4$
Größenordnung $\left(\frac{\text{erg}}{\text{cm}}\right)$	$\cong 10^{-1}$	$\cong 10^{+1}$	$\cong 10^3$	$\cong 10^5$

Ändert sich der Abstand zwischen dem direkten und dem reziproken Leiter, so ändert sich die magnetische Energie relativ langsam. Deshalb kann man die oben angeführten Zahlen zur Abschätzung der magnetischen Energie des Stroms im Gas pro Längeneinheit benutzen.

§ 69. Die Energie des elektrischen Feldes im Gas

Als zweite Energieform wird gewöhnlich in elektrischen Systemen die Energie des elektrischen Feldes betrachtet. Die elektrische Energiedichte wird durch die elektrische Feldstärke E bestimmt: $w_E = \frac{1}{8\pi} \varepsilon E^2$. Da diese gewöhnlich ungleichmäßig über den Entladungsraum verteilt ist, so gilt das gleiche auch für die elektrische Energie. Deshalb ist es im allgemeinen notwendig, die elektrische Gesamtenergie

(69,1) $$W_E = \frac{1}{8\pi} \iiint \varepsilon E^2 \, dV$$

für die einzelnen Abschnitte der Gasstrecke besonders zu berechnen. Die Ergebnisse der Rechnung sind unter verschiedenen Bedingungen verschieden.

Eine merkliche elektrische Energiedichte w_E kann im Gas nur bis zum elektrischen Durchschlag oder in dessen Anfangsstadium vorhanden sein. Die Feld-

[1]) Wenn wir hier das 2. Glied (die Eins) vernachlässigen, so entspricht das der Vernachlässigung von W'_H gegenüber W''_H. In diesem Fall spielt die konkrete Voraussetzung über die Stromverteilung über den Querschnitt keine Rolle mehr.

stärke E kann hier die Größenordnung 10^4—10^5 V/cm erreichen (in Luft unter normalen Bedingungen ist $E \lessdot 3 \cdot 10^4$ V/cm = 100 CGSE Einh.) und daher ist $w_E \lessdot 10^2$—10^4 erg. cm^{-3}. Auf die Längeneinheit der Säule entfällt die Energie

$$(W_E)_1 = \frac{E^2}{8\pi}\pi r^2 = \frac{(Er)^2}{8}.$$

Ist $r^2 \sim 10\,\text{cm}^2$, so ist $(W_E)_1 \lessdot 10^4$—10^6 erg · cm^{-1}. In einem verdünnten Gas sind die Größen w_E und $(W_E)_1$ vor dem Durchschlag bedeutend kleiner als die angeführten Zahlen: $E_{\text{Durchschl.}} \sim 10^3$ V · cm^{-1} $\sim 10^1$ CGSE Einh., $w_E \sim 10^0$ erg · cm^{-3}, $(W_E)_1 \sim 10^2$ erg · cm^{-2}. Nach dem Durchschlag des Gases, wenn ein selbständiger Strom auftritt, fallen alle diese Größen außerordentlich rasch. Besonders klein sind sie im Plasma, beispielsweise in der positiven Säule. Hier ist $E \sim 10^0$—10^{-1} V · cm^{-1} und $w_E \sim 10^{-2}$—10^{-4} erg cm^{-3}. Doch auch in den Elektrodengebieten wo die Feldstärke höher ist, ist die elektrische Energiedichte nur klein. Das stärkste Feld liegt bei einem stationären Strom im Kathodenfallgebiet vor. Wir wollen der Einfachheit halber annehmen, daß E in diesem Gebiet mit zunehmendem Abstand x von der Kathode K linear abnimmt (Abb. 245): $E = E_0\left(1 - \frac{x}{l}\right)$, l ist die Dicke des Kathodengebiets [0—3, B. II, § 26). Der Kathodenfall beträgt dann $U_K = \int_0^l E\,dx = \frac{E_0 l}{2}$. Die Energie des elektrischen Feldes $W_E = \frac{S}{8\pi}\int_0^l E^2\,dx = \frac{E_0^2 r^2 l}{24} = \frac{U_K^2 r^2}{6l}$ [1]) (r ist der Radius des Kathodengebiets).

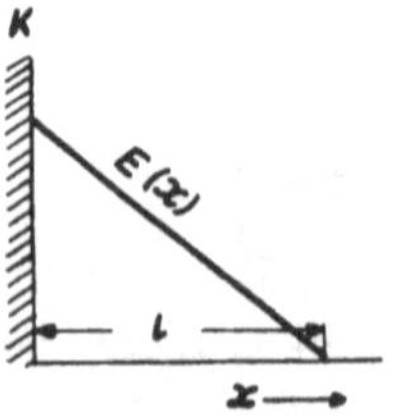

Abb. 245. Die Verteilung des elektrischen Feldes vor der Kathode

Wenn wir die Glimmentladung ins Auge fassen, so können wir $U_K \sim 200$ V, $l \sim 10^{-1}$—10^0 cm und $r^2 \sim 10^{+1}$ cm^2 setzen; dann ist $W_E \cong 1$—10 erg. In einem Bogen mit kalter Kathode (Quecksilber- oder Kupferbogen) ist $U_K \sim 10$ — 20 V, $l \sim 10^{-4}$ cm, $r \lessdot 10^{-1}$ cm und deshalb ist $W_E \lessdot 10^{-1}$—10^0 erg. Die Mikrofeldstärke $\mathfrak{e}_\mu$ (§ 2) ist bei der Berechnung von W_E nicht zu berücksichtigen; die Energie des Mikrofeldes geht in ein anderes Energiereservoir ein, in die Ionisationsenergie des Gases (siehe § 70).

§ 70. *Die Ionisationsenergie*

Ionisationsenergie eines Mediums (W_i) nennen wir den Energiebetrag, der durch das Auftreten freier Ladungsträger im Medium bedingt ist. Zum Unterschied von der Energie des Magnetfeldes W_H und der Energie des elektrischen Feldes W_E, die allen Formen des elektrischen Stroms eigen sind, besitzt nur ein solches stromleitendes Medium Ionisationsenergie, das den Strom normal nicht leitet, beispielsweise ein Gas. In Ionisationsenergie verwandelt sich ein Teil der Arbeit, die für die Umbildung eines nichtleitenden Körpers in einen Leiter verbraucht wird („Umbildungsarbeit", KAUFMANN [XI—11]).

---

[1]) Unter anderen Voraussetzungen über die Feldverteilung im Kathodengebiet unterscheidet sich das Ergebnis von dem im Text angeführten nur durch einen Zahlenfaktor.

Ist n_K die Konzentration der Träger der k.-Art und A_K die mittlere Arbeit zur Bildung eines Trägers der k.-Art, so beträgt die Ionisationsenergie

$$W_i = \sum_k \int n_k A_k \, dV, \tag{70,1}$$

wobei das Integral über das gesamte Gasvolumen zu erstrecken ist, in dem Ladungsträger auftraten.

Die Energiedichte der Ionisation $w_i = \sum_k n_k A_k$ ist im allgemeinen in verschiedenen Abschnitten des Entladungsraumes verschieden, da nicht nur die Konzentrationen n_k der verschiedenen Arten von Ladungsträgern, sondern auch ihre mittlere Bildungsarbeit A_k unterschiedlich sein können, wenn die gegebene Teilchenart im Gas infolge verschiedener Prozesse auftritt. So treten etwa freie Elektronen im Gas sowohl infolge der Ionisation von Gasmolekülen, als auch im Ergebnis der Emission aus den Elektroden auf; negative Ionen, infolge der Anlagerung freier Elektronen durch Gasmoleküle und bei der Umladung positiver Ionen an der Kathode usw.

Wir betrachten als Beispiel die homogene positive Säule in einem einatomigen Gas. Ladungsträger sind hier die Elektronen und positiven Ionen, welche bei der Ionisation der Gasmoleküle entstehen; ihre Konzentrationen sind praktisch gleich: $n_e = n_p$. Für die Bildung eines Paares $e + p$ wird die Arbeit $A_i = e_0 U_i$ verbraucht (U_i ist die Ionisationsspannung des Gases). Deshalb beträgt die Ionisationsenergie pro Längeneinheit der Säule

$$(W_i)_1 = \int n_e e_0 U_i \, dS = e_0 U_i \, (N_e)_1, \tag{70,2}$$

wo $(N_e)_1$ die Zahl der Elektronen (und ebenso der positiven Ionen) pro Längeneinheit der Säule ist.[1]) N_e ist annähernd proportional der Stromstärke (genauer, $(N_e)_1 \div i^n$, $n = 1{,}1-1{,}2$) und steigt mit dem Gasdruck; nach (70,2) verhält sich die Größe $(W_i)_1$ ebenso.

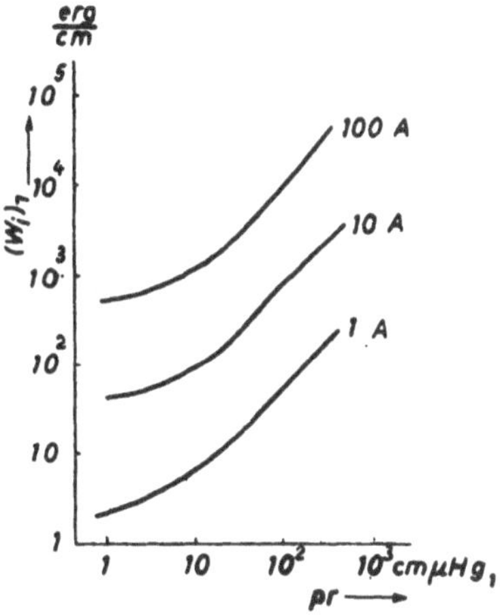

Abb. 246. Ionisationsenergie in einem zylindrischen Quecksilberdampfplasma; Parameter ist die Stromstärke

Um die Größenordnung von $(W_i)_1$ zu beurteilen, berechnen wir ihren Wert in der positiven Quecksilberdampfsäule. Wir benutzen die Angaben über $(N_e)_1$ aus der Arbeit [XI — 8]. $(N_e)_1$ ist nach den Ähnlichkeitsregeln eine Funktion von pr (r ist der Säulenradius) [II — 12]; deshalb hängen die Werte von $(W_i)_1$ ebenfalls von pr ab. Sie sind in der folgenden Tabelle zusammengestellt:

---

[1]) Die so berechnete Ionisationsenergie enthält die Energie des Mikrofeldes (§ 2). Tatsächlich entsteht das Mikrofeld durch die Ionisation des Gases, es stellt in der Nähe einer jeden Elementarladung in der Hauptsache deren Feld dar. Andererseits umfaßt die Ionisationsenergie eines Moleküls $A_i = e_0 U_i$ die potentielle Energie des Ions und des Elektrons, die auf einen Abstand d voneinander entfernt worden sind; diese Energie kann als Differenz der Energie der elektrischen Felder dargestellt werden, die das Ion und das Elektron nach und vor der Entfernung auf den Abstand d bilden.

(W_i) in der positiven Quecksilberdampfsäule (in erg/cm)

I (A) \ pr (cm · μ Hg)	1	5	10	25	50	100	250	500
1	2,3	4,2	6,7	14	34	62	120	230
10	40	60	85	170	420	830	1700	3400
100	~500	~800	$1 \cdot 10^3$	$2 \cdot 10^3$	$5 \cdot 10^3$	$1 \cdot 10^4$	$2 \cdot 10^4$	$4 \cdot 10^4$

(siehe auch Abb. 246).

§ 71. Die kinetische Energie der geladenen Teilchen

Die kinetische Energie der freien Ladungsträger ist dann als Energiereservoir des Stroms anzusehen, wenn diese Energie bedeutend größer ist als die mittlere Energie der Moleküle des Mediums im stromlosen Zustand. In Ohmschen Ionenleitern (festen und flüssigen) und ebenso in Elektronenhalbleitern unterscheidet sich die mittlere kinetische Energie der geladenen Teilchen, selbst wenn ein Strom vorhanden ist, kaum von der mittleren Energie der Wärmebewegung der Moleküle des Mediums ($\overline{K}_g$). In Metallen ist $\overline{K}_e$ bedeutend größer als die Energie der Wärmebewegung der Gitterionen, jedoch auch diese Größe ändert sich praktisch nicht bei Stromdurchgang. Deshalb spielt für die Dynamik des Stromes die kinetische Energie der Stromträger bei Ohmschen Leitern keine merkliche Rolle. In einem Gas kann hingegen die mittlere kinetische Energie der Elektronen $\overline{K}_e$ bedeutend größer sein als die Energie der Wärmebewegung der Moleküle: $\overline{K}_e \gg \overline{K}_g$ obwohl es in einem nichtionisierten Gas überhaupt keine freien Elektronen gibt. Folglich kann die Bewegungsenergie der Elektronen ein Energiereservoir des Stromes im Gas sein, für das ein Teil der „Umbildungsarbeit" bei der Überführung des Gases in den leitenden Zustand verbraucht wird.[1])

Haben die Elektronen nahezu MAXWELLverteilung, so ist $\overline{K}_e = \frac{3}{2} k T_e = \frac{3}{2} e_0 U_e$; dann beträgt die kinetische Energie der Elektronen in der Volumeneinheit

$$w_K = \frac{3}{2} n_e e_0 U_e. \tag{71,1}$$

Die Gesamtenergie dieser Form ist $W_K = \frac{3}{2} e_0 \int n_e U_e \, dV$ und pro Längeneinheit der Gasstrecke $(W_K)_1 = \frac{3}{2} e_0 \int n_e U_e \, dS$, oder, wenn U_e über den Querschnitt der Gasstrecke konstant ist

$$(W_K)_1 = \frac{3}{2} e_0 N_{e1} U_e. \tag{71,2}$$

[1]) Die mittlere kinetische Energie der Ionen $\overline{K}_p$ im verdünnten Gas ist nicht genau bekannt; auf jeden Fall ist sie bedeutend kleiner als die Elektronenenergie, und wir berücksichtigen sie im weiteren nicht.

Vergleicht man (71,2) mit (70,2), so sieht man, daß $\frac{W_K}{W_i} = \frac{U_e}{U_i}$ ist. Da für den stationären Strom in einem Gas gewöhnlich $U_e < U_i$ ist, so ist auch $W_K < W_i$; folglich ist dieses Energiereservoir des Stroms kleiner als das vorhergehende. Ebenso wie W_i steigt W_K ungefähr proportional der Stromstärke und ein wenig langsamer mit dem Druck (besonders bei niedrigem pr); in beiden Fällen wächst W_K langsamer als W_i, da die Elektronentemperatur in einem verdünnten Gas mit steigendem p und I fällt (solange das Gas nicht im thermischen Gleichgewicht ist und der Strom nicht in die kontrahierte eingeschnürte Form übergeht).

Zur Illustration führen wir auch hier Angaben an, die sich auf die homogene positive Quecksilberdampfsäule beziehen[1]):

$(W_K)_1$ *in der positiven Quecksilberdampfsäule (in erg/cm)*

pr (cm μ Hg) / I (A)	1	5	10	25	50	100	250	500
1	1,0	0,9	1,2	2,0	4,0	6,3	11	18
10	13	13	15	24	50	80	160	250
100[2])	$\approx$ 150	$\approx$ 150	$\approx$ 150	$\approx$ 300	$\approx$ 600	$\approx$ 1000	$\approx$ 2000	$\approx$ 3000

§ 72. Die Anregungsenergie und die Strahlungsenergie

1. Die Anregungsenergie. Die Ionisation der Gasmoleküle durch den Stoß von Elektronen und Ionen mit ungeordnet verteilten Geschwindigkeiten ist unvermeidlich von der Anregung eines Teils der Moleküle begleitet. Deshalb ist beim selbständigen Strom im Gas außer der Ionisationsenergie des Gases W_i immer ein gewisses Energiequantum als zusätzliche Energie der angeregten Moleküle vorhanden. Wir nennen diese Energie im weiteren *Anregungsenergie* des Gases W_a. Das ist ebenfalls ein Teil der „Umbildungsarbeit" bei der Überführung eines nichtleitenden Gases in einen Stromleiter.

Ist U_{ak} das Anregungspotential des k.-Niveaus und n_{ak} die Konzentration der Moleküle, die bis zu diesem Niveau angeregt sind, so beträgt die Dichte der Anregungsenergie

$$w_a = e_0 U_{ak} \, n_{ak}, \tag{72,1}$$

und die gesamte vorhandene Anregungsenergie

$$W_a = e_0 \sum_k U_{ak} \int n_{ak} \, dV. \tag{72,2}$$

Somit wird die Anregungsenergie W_a durch die Konzentration der angeregten Moleküle bestimmt. Die Moleküle befinden sich auf verschiedenen Energieniveaus. Die Angaben über diese Größen sind nicht zahlreich. Wie FABRIKANT [XI — 9] zeigte, wird in einatomigen Gasen sowohl die Größe selbst als auch die Verteilung der

---

1) Ebenfalls berechnet aus den Angaben der Arbeit [XI—8].

2) Die Angaben dieser Zeile wurden durch Extrapolation erhalten.

Konzentration der angeregten Atome n_a über den Querschnitt nicht nur durch den Gasdruck (d. h. die Konzentration der normalen Atome n_g), sondern auch durch die Größe $B_a = \mu_1 \beta_a \tau_a$ bestimmt, wo β_a die Wahrscheinlichkeit für einen Stoß zweiter Art eines angeregten Atoms ist, τ_a die mittlere Lebensdauer des angeregten Atoms und $\mu \leqslant 2{,}4$ ist. Die Größe B_a ist proportional der Stromstärke I und dem Druck p; bei metastabilen Atomen ist sie größer als bei strahlenden Atomen. Steigt das Produkt $I \cdot p$ und damit die Größe B_a, so nimmt der Prozentsatz an angeregten Atomen im Gas zu. Er nähert sich bei $B_a \approx 10-100$ und folglich bei genügend großen Werten von $I \cdot p$, einem Grenzwert, der durch die Elektronentemperatur und durch das BOLTZMANNsche Verteilungsgesetz $n_a = n_g \frac{g_a}{g_g} e^{-\frac{U_a}{U_e}}$ bestimmt wird. Ist diese Verteilung erreicht — sie entspricht dem Gleichgewicht zwischen den Stößen erster und zweiter Art der Atome und Elektronen —, so steigt die Konzentration der angeregten Atome bei weiterer Vergrößerung der Stromstärke nicht, sie nimmt jedoch weiter mit dem Gasdruck zu (da n_g proportional p ist).

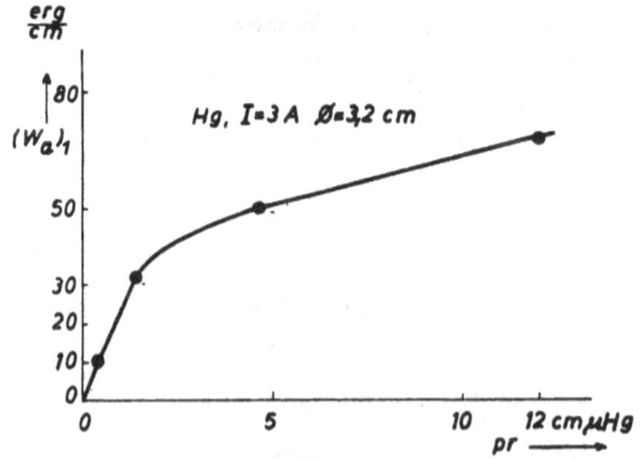

Abb. 247. Anregungsenergie in einem zylindrischen Quecksilberdampfplasma. Durchmesser 3,2 cm, Stromstärke 3 A.

Alles über n_a Gesagte gilt auch für die Anregungsenergie W_a. Als Beispiel führen wir einige W_a-Werte pro Längeneinheit der positiven Hg-Dampfsäule an. Sie beziehen sich auf die Niveaus $6\,^3P_2$, $6\,^3P_1$ und $6\,^3P_0$ und sind nach den Angaben der Arbeit [XI—10] berechnet:

$(W_a)_1$ *in erg/cm (positive Hg-Dampfsäule; Durchmesser 3,2 cm;* $I = 3A$)

pr (cm μ Hg)	Niveau $6\,^3P_2$	Niveau $6\,^3P_1$	Niveau $6\,^3P_0$	$\Sigma\, 6\,^3P_{2,1,0}$
0,4	6,4	<0,8	3,1	10
1,4	22	2,6	6,6	31
4,6	33	4,4	11	49
12	42	12	13	67

(siehe auch Abb. 247).

Im Temperaturgleichgewicht müssen sich die Konzentrationen der in verschiedenen Zuständen angeregten Atome und folglich auch die ihnen proportionalen Energiemengen W_a verhalten, wie die statistischen Gewichte dieser Zustände; in dem betrachteten Beispiel (Zustände P_2, P_1, P_0), wie 5 : 3 : 1. Die Tabelle zeigt, daß die wirkliche Energieverteilung bei niedrigen pr-Werten sehr weit vom Gleichgewicht entfernt ist; insbesondere gilt das von den Atomen auf dem nichtstabilen Niveau $6\,^3P_1$. Ihre relative Konzentration ist um ein mehrfaches kleiner als die Konzentration der Atome auf den beiden metastabilen Niveaus $6\,^3P_2$ und $6\,^3P_0$. Mit zunehmendem pr nähert sich die Verteilung, wie man aus der Tabelle sieht, dem Gleichgewicht; sie erreicht die Gleichgewichts- (BOLTZMANN) Verteilung bei sehr großem pr, d. h. unter den Bedingungen des kontrahierten (eingeschnürten) Stroms.

2. Die Strahlungsenergie. In einem von einem beliebigen Stoff, insbesondere von einem Gas, erfüllten Volumen existiert in jedem Zustand eine elektromagnetische Wärmestrahlung. In Ohmschen Leitern ändert sich diese Wärmestrahlung kaum, wenn ein Strom durch den Leiter fließt, solange der Leiter durch den Strom nicht wesentlich erwärmt wird. In einem Gas aber ändert ein selbständiger Strom das Strahlungsfeld wesentlich, da hierbei ein Teil der Atome (Moleküle) in einen angeregten Zustand übergeht und ein großer Teil von ihnen seine zusätzliche Energie in elektromagnetische Strahlung umwandelt, die als für das vorliegende Gas charakteristisches Linien- oder Bandenspektrum abgegeben wird. Ein im Inneren des Gases emittiertes Photon kann durch ein anderes Molekül absorbiert werden und die Grenze des vom Gas eingenommenen Volumens nicht erreichen (*Reabsorption*). Das zweite Molekül emittiert nach der Zeit τ_a das absorbierte Energiequantum wieder und dieses wird weiter durch ein folgendes Molekül absorbiert usw. Wegen dieses Prozesses ähnelt die Bewegung der Photonen im Inneren des Gases der Diffusion eines Gases durch ein anderes; die Rolle der Stöße zwischen den Molekülen der verschiedenen Gase übernehmen hier die Absorption und die Emission der Photonen. Dieser Prozeß verlängert die mittlere Aufenthaltszeit eines Energiequants in einem Gas stark, verzögert das Austreten der Strahlung nach außen und vergrößert die Dichte der Strahlungsenergie im Gas. Diese Strahlung, die aus Photonen des charakteristischen Spektrums des gegebenen Gases besteht, die noch nicht die Grenzen der Gasstrecke passiert haben, ist ein zusätzliches Energiereservoir des Stroms im Gas.

Die Theorie dieses Prozesses und die strenge Berechnung der sogenannten „*gebundenen Strahlung*“ im Gas ist kompliziert; einige Überlegungen dazu sowie Hinweise auf weitere Literatur findet man in dem Aufsatz [XI—9]. Es ist jedoch leicht zu sehen, daß die gebundene Strahlungsenergie (w_r) bedeutend kleiner ist als die Energie in Form angeregter Atome (w_a). Tatsächlich existiert jedes emittierte Energiequant gleich viele Male in Form von Anregungsenergie und in Form von Photonen. Die Dauer des ersten Zustandes beträgt $\tau_a \cong 10^{-8}$ sec. Die Dauer des zweiten Zustandes beträgt $\tau_{ph} \cong \frac{\lambda_{ph}}{c_0}$, wobei λ_{ph} die „mittlere freie Weglänge“ des Photons von der Emission bis zur Absorption ist; es gilt $\lambda_{ph} \cdot k = 1$, wo k der Absorptionskoeffizient für die Strahlung ist. Beschränkt man sich auf Entladungen großer optischer Dicke, so ist $kr \gg 1$ (r ist der Radius des Entladungsraumes) und $\lambda_{ph} \ll r$. Bei den üblichen Dimensionen des Entladungsraumes ist $\lambda_{ph} < 10^0$ cm und folglich $\tau_{ph} \cong 10^{-10}$ sec $\ll \tau_a$.

Deshalb existiert die Energie, die aus dem Gas nach außen gestrahlt wird, bedeutend länger in der Form von Anregungsenergie als in der Form von Photonen; folglich ist $w_r \ll w_a$ und man kann dieses Energiereservoir (w_r) gewöhnlich vernachlässigen.

§ 73. Nichtelektromagnetische Energieformen des Stroms im Gas

Nicht nur die freien Ladungsträger und die angeregten Moleküle, sondern auch die neutralen, nicht angeregten Moleküle gewinnen beim Stromdurchgang zusätzliche Energie. Unter gewissen Bedingungen kann diese Energie einen bedeutenden Teil der Gesamtenergie des Stroms ausmachen, und die mit ihr verbundenen Prozesse können eine große Rolle in der Dynamik des Stroms spielen.

Eine zusätzliche Energieform des neutralen Molekülgases, die mit dem elektrischen Strom verbunden ist, ist die kinetische Energie der neutralen Moleküle.

Der Leitungsstrom in einem beliebigen Stoff, auch in Gasen, erwärmt diesen Stoff. Die Erwärmung des Gases durch den Strom erfolgt dadurch, daß ein Teil der von den Elektronen und Ionen im elektrischen Feld erworbenen kinetischen Energie auf die Gasmoleküle übertragen wird, und zwar bei Stößen mit diesen. Die Erhöhung der Gastemperatur, die auf diese Weise erfolgt, bewirkt eine Neuverteilung der Gasdichte und diese spiegelt sich in der Stromverteilung wider; wird die Gastemperatur jedoch stark erhöht (bis zu 10^3 °K und höher), so tritt thermische Anregung und thermische Ionisation des Gases auf, und das ändert die Leitfähigkeit im Medium von Grund auf. Es ist offensichtlich, daß in diesem Fall die Erwärmung des Gases der wichtigste Faktor für die Stromdynamik wird.

Ein spezifisches Energiereservoir, das mit der Erwärmung des Gases durch den Strom verbunden ist, besteht darin, daß die Gasmoleküle einen Überschuß an kinetischer Energie besitzen, verglichen mit dem Zustand, der dem Wärmegleichgewicht mit den umgebenden Körpern entspricht.

Die zusätzliche Energiedichte der Wärmebewegung der Moleküle ist

$$w_T \cong \frac{1}{2} n\xi kT - \frac{1}{2} n\xi kT_0 = \frac{1}{2} \xi (p - p_0), \tag{73,1}$$

wo ξ die Zahl der Freiheitsgrade der Moleküle ist,[1]) T_0 und p_0 sind Anfangstemperatur und -druck des Gases. Führen wir zur Kennzeichnung des Gaszustandes den auf 0° C reduzierten Druck p^* ein $\left(\frac{p^*}{p} = \frac{273}{T}\right)$, so können wir (73,1) folgendermaßen schreiben:

$$w_T = \frac{1}{2} \xi \frac{p^* T - p_0^* T_0}{273}. \tag{73,1'}$$

Die Gesamtmenge an zusätzlicher Energie der Molekülbewegung beträgt im gesamten Gasvolumen:

$$W_T = \frac{1}{2} \xi \int (p - p_0)\, dV = \frac{\xi}{2 \cdot 273} \int (p^* T - p_0^* T_0)\, dV, \tag{73,2}$$

und pro Längeneinheit des Stromwegs

$$(W_T)_1 = \frac{1}{2} \xi \int (p - p_0)\, dS = \frac{\xi}{2 \cdot 273} \int (p^* T - p_0^* T_0)\, dS. \tag{73,3}$$

---

[1]) Die Näherungsformel (73,1), die aus der Hypothese der Gleichgewichtsverteilung der Energie auf alle Freiheitsgrade entspringt, ist ausreichend genau bei den hohen, beim Stromdurchgang vorliegenden Temperaturen. Die strengen quantentheoretischen Formeln der Wärmekapazität sind hier nicht erforderlich.

Bei einem stationären (Gleich-) Strom in einem geschlossenen Gefäß ist $p = \text{const}$, $\nabla p = 0$, und daher gilt:

$$W_T = \frac{1}{2}\xi\,(p - p_0)\,V, \tag{73,2'}$$

$$(W_T)_1 = \frac{1}{2}\xi\,(p - p_0)\,S\,^{1)}. \tag{73,3'}$$

Zur zahlenmäßigen Abschätzung setzen wir $\xi = 3$ (einatomiges Gas), $S = \pi r^2 = 1\ \text{cm}^2$, $T_0 = 273°\ \text{K}$; wir finden für verschiedene Anfangsdrucke p_0 und verschieden starke Erwärmung des Gases folgende Werte der Energiedichte w_T in erg/cm³:

$\frac{T - T_0}{T_0}$ \ p_0 (mm Hg)	10^{-3}	10^{-1}	10^{+1}	10^{+3}
0,1	0,2	20	$2 \cdot 10^3$	$2 \cdot 10^5$
0,5	1	$1 \cdot 10^2$	$1 \cdot 10^4$	$1 \cdot 10^6$
1	2	$2 \cdot 10^2$	$2 \cdot 10^4$	$2 \cdot 10^6$
2	4	$4 \cdot 10^2$	$4 \cdot 10^4$	$4 \cdot 10^6$
10	—	—	$2 \cdot 10^5$	$2 \cdot 10^7$

Die Energie ist proportional dem Anfangsdruck des Gases und der Temperaturerhöhung; in stark verdünnten Gasen ist sie klein, bei Drucken jedoch, die sich dem Atmosphärendruck nähern, muß man sie berücksichtigen.

Außerdem kann der durch das Gas fließende elektrische Strom den Druck in starkem Maße neu verteilen. Das hängt damit zusammen, daß zur Kompression des Gases in dem einen Abschnitt und zur Verdünnung im anderen Abschnitt der Gasstrecke Arbeit geleistet werden muß. Dieser Umstand drückt sich in gewissen Fällen in sehr starkem Maße in der Dynamik des Stroms im Gas aus. Schließlich kann außer der Energie, die im Gas selbst gespeichert ist, noch ein bedeutendes Energiereservoir durch die Erwärmung der Elektroden, insbesondere der Kathode auftreten. In der Dynamik des Hochdruckbogens spielt dieses Energiereservoir eine erstrangige Rolle.

§ 74. Vergleich der verschiedenen Energiereservoire des Stroms im Gas

In den §§ 68—73 wurden die wichtigsten Energiereservoire des elektrischen Stroms im Gas behandelt und an gewissen Beispielen, die sich auf den selbständigen Strom beziehen, zahlenmäßig abgeschätzt. Wir wollen sie miteinander unter gleichen Bedingungen vergleichen; dazu betrachten wir die folgende Tabelle, die auf Grund der Angaben in den oben angeführten Beispielen zusammengestellt ist

---

1) In einem offenen Raum (beispielsweise beim Bogen in freier Atmosphäre) erhöht sich der Gasdruck nur zu Anfang; im stationären Zustand ist $p = p_0$ und die Stromarbeit wird nicht zur örtlichen Vergrößerung der inneren Energie des Neutralgases verbraucht, sondern für die Ausdehnung des Gases.

(in der Tabelle sind die Energiewerte pro cm Länge eines zylindrischen Quecksilberdampfplasmas in erg/cm angegeben)[1]):

Energieform	Magnetische Energie $(W_H)_1$	Ionisationsenergie $(W_i)_1$			Kinetische Energie der Elektronen $(W_{ek})_1$			Anregungsenergie $(W_a)_1$ [2])	
pr (cm · μ Hg) / I (Amp.)		1	10	500	1	10	500	1	10
1	$\approx 1 \cdot 10^{-1}$	2,3	6,7	$2{,}3 \cdot 10^2$	1	1,2	$1{,}8 \cdot 10^1$	(9)	$(2{,}3 \cdot 10^1)$
3	≈ 1	(8)	$(2 \cdot 10^1)$	$(8 \cdot 10^2)$	(3)	(4)	$6-7 \cdot 10^2$	$2{,}3 \cdot 10^1$	$6{,}2 \cdot 10^1$
10	$\approx 1 \cdot 10^{+1}$	$4 \cdot 10^1$	$8{,}5 \cdot 10^1$	$3{,}4 \cdot 10^3$	$1{,}3 \cdot 10^1$	$1{,}5 \cdot 10^1$	$2{,}5 \cdot 10^2$	$(7 \cdot 10^1)$	$(2{,}2 \cdot 10^2)$
100	$\approx 1 \cdot 10^{+3}$	$(5 \cdot 10^2)$	$(1 \cdot 10^3)$	$(4 \cdot 10^4)$	$(1{,}5 \cdot 10^2)$	$(1{,}8 \cdot 10^2)$	$(3 \cdot 10^3)$		
1000	$\approx 1 \cdot 10^{+5}$			$(5 \cdot 10^5)$					

Angaben über die Energie W_T der Neutralgasmoleküle sind in der Tabelle nicht enthalten, da sowohl zuverlässige Angaben über die Abhängigkeit der Temperatur des verdünnten Quecksilberdampfes von Strom, Druck und Gefäßdurchmesser als auch über die Energie des elektrischen Feldes W_E fehlen. W_E ist im wesentlichen eine Funktion des Feldes und nicht des Stroms.

Die Tabelle zeigt vor allem, daß die magnetische Energie W_E bei kleinen und mäßigen Stromstärken im Gas nur eine untergeordnete Rolle gegenüber den anderen Energiearten spielt. Wie oben gezeigt wurde, wird nur bei sehr großen Stromstärken (10^2—10^3 A) die magnetische Energie zur Hauptenergieform des Stroms; je höher hierbei pr ist, bei desto größerer Stromstärke beginnen die magnetischen Erscheinungen eine wesentliche Rolle zu spielen.

Ein Vergleich der Ionisationsenergie W_i, der Anregungsenergie W_a und der kinetischen Energie der Elektronen W_K im Plasma zeigt, daß es sich dabei um Größen der gleichen Größenordnung handelt. Bei relativ schwachen Strömen und kleinem pr ist die Anregungsenergie W_a bedeutend größer als die Ionisationsenergie und diese wiederum größer als die kinetische Energie der Elektronen. Steigen Stromstärke, Gasdruck und Gefäßdimensionen, so übertrifft W_a die Größe W_i immer weniger; das erklärt sich einerseits daraus, daß mit wachsender Elektronenkonzentration n_e und Konzentration der angeregten Moleküle n_a die Zahl der Stöße zweiter Art wächst, und diese sind es, die die angeregten Moleküle „auslöschen" (§ 25); andererseits vergrößert sich unter den gleichen Umständen die Frequenz der Stufenionisation (§ 27), und das ist einer Herabsetzung der effektiven Ionisationsspannung des Gases U_i äquivalent. Die Ionisationsenergie W_i überwiegt auch bei wachsender Stromstärke die kinetische Energie der freien Elektronen W_K. Diese Differenz vergrößert sich mit steigendem pr, da die Elektronentemperatur U_e fällt.

Die Zusatzenergie der Wärmebewegung der Neutralmoleküle W_T (siehe Tabelle am Ende des § 73, S. 411) ist nur bei sehr kleinen Drucken und sehr schwachen

[1]) Die Genauigkeit der verschiedenen Werte in dieser Tabelle beträgt 10—20%. Die Zahlen in Klammern sind durch Interpolation oder Extrapolation ermittelt worden.
[2]) Die Angaben beziehen sich auf ein Plasma von 1,6 cm Radius.

Strömen eine unwesentliche Größe. Bei Gasdrucken $\geqslant 10^1$ mm Hg wird diese Energieform sogar bei mäßig starken Strömen die hauptsächliche und bleibt der Größe nach nur bei sehr großen Strömen hinter der magnetischen Energie W_H zurück. Diese Analyse zeigt, daß die Elektrodynamik des selbständigen Stroms im Gas in erster Linie unter Berücksichtigung der Ionisations- und Anregungsprozesse der Neutralgasmoleküle aufgestellt werden muß, ferner muß man die Kinetik des Elektronengases (bei Niederdruck) und die Erwärmung des Gases durch den Strom (bei Hochdruck) berücksichtigen. Der Versuch, eine Theorie aufzustellen, die als Hauptelemente die Selbstinduktion und den Verschiebungsstrom enthält, d. h. Erscheinungen, die mit W_H und W_E verbunden sind, ist von vornherein zum Scheitern verurteilt.[1]) Wie schon oben gezeigt wurde, können die magnetische Energie W_H und die mit ihr zusammenhängenden Erscheinungen bei sehr starken Strömen eine wesentliche Rolle spielen [XI — 22]. Die Energie des elektrischen Feldes W_E spielt nur bei den Zündprozessen und bei den Vorgängen im Kathodengebiet des Stroms eine bedeutende Rolle, das zweite gilt insbesondere für den Hochfrequenzstrom.

Die Energie im Hochdruckbogen wurde in der Arbeit [XI — 20] betrachtet.

§ 75. Die Leistungsbilanz des Stroms im Gas

Bei einem stationären Strom ändert sich der Energievorrat nicht. Deshalb ist die Aufstellung der Leistungsbilanz in diesem Fall ein Problem, das nicht unmittelbar mit dem Energievorrat des Stroms zusammenhängt. Für die Aufrechterhaltung der stationären Bewegung sowohl in elektrischen als auch in mechanischen Systemen spielen die eigentlichen Energiereservoire der Bewegung des Systems keine Rolle. Die Geschwindigkeit der stationären Bewegung irgendeines mechanischen Systems wird, wenn beliebige Widerstände vorhanden sind, durch die äußeren auf das System wirkenden Kräfte bestimmt: Einerseits durch die bewegenden Kräfte, die von irgendeiner Energiequelle herrühren, und andererseits durch die nicht konservativen (dissipativen) Kräfte, die die Bewegung hemmen (Reibung, Wellenwiderstand usw.). Die dem System von der Energiequelle zugeführte Leistung ist bei einer stationären Bewegung gleich der Summe der Verluste durch Reibung, Wellenstrahlung und anderes. Da alle diese Leistungsverluste mit der Geschwindigkeit wachsen, bestimmt bei gegebener Leistung der Quelle die Bilanz der in der Zeiteinheit zugeführten und verbrauchten Energie eindeutig die Bewegungsgeschwindigkeit. Es ist offensichtlich, daß die Masse des Systems, die die Größe der in ihm gespeicherten kinetischen Energie bestimmt, nicht unmittelbar die Größe der stationären Geschwindigkeit beeinflußt.[2])

In ähnlicher Weise existiert bei einem stationären elektrischen Strom in einem beliebigen Leiter eine Bilanz zwischen der dem Leiter zugeführten ($P = IU$) und der zur Erwärmung des Leiters (P_1) und für die Strahlung (P_2) verbrauchten Leistung:

$$P = P_1 + P_2.$$

---

[1]) Das trat auch tatsächlich ein [XI—12].

[2]) Die Geschwindigkeit der stationären Bewegung kann indirekt von der Körpermasse abhängen, wenn eine der folgenden Größen von der Masse abhängt: die bewegende Kraft (beispielsweise das Gewicht des frei fallenden Körpers) oder die Bremskraft (z. B. die trockene Reibung eines Körpers, der auf der Oberfläche eines anderen festen Körpers gleitet, wenn die Reibungskraft proportional dem Gewicht des ersten Körpers ist).

Führt man hier die Werte für P_1 und P_2 ein, so erhält man eine Gleichung, die die Stromstärke I bei gegebener Spannung U am Leiter bestimmt; im einfachsten Fall ($P_1 = I^2R$, $P_2 = 0$) erhält man das normale OHMsche Gesetz.

Ebenso wird auch die Leistungsbilanz für den Strom im Gas aufgestellt [XI — 14, VIII — 59, XI — 15, 16]. Die Größen P_1 und P_2 werden dabei gewöhnlich folgendermaßen zergliedert: Die Leistung P_1 teilt man in vier Komponenten:

1. Die Leistung P_V, die im Gas selbst als Wärme abgegeben wird („Volumenverluste") und die an die Gefäßwände durch Wärmeleitung und Konvektion im Gas gelangt. Gewöhnlich nimmt man an, daß diese Leistung dadurch auftritt, daß die freien Elektronen bei elastischen Stößen mit den Gasmolekülen kinetische Energie an diese übertragen. Daher kann man diesen Posten schreiben:

$$P_V = \int\limits_{(V)} n_e \, dV \int\limits_{c=0}^{\infty} \frac{c}{\lambda_e} \overline{\varkappa} \frac{m_e c^2}{2} F_e(c) \, dc^{1)}, \tag{75,2}$$

wo $\overline{\varkappa} = \frac{2 m_e}{m_g}$ ist [vgl. § 15, Formel (15,9)]. Da diese Größe umgekehrt proportional λ_e ist, muß sie in einem stark verdünnten Gas sehr klein sein und mit dem Gasdruck wachsen.

2. Die Leistung P_K, die an der Kathode abgegeben wird. Ihre Größe hängt von den Prozessen ab, die sich an der Kathode abspielen, d. h. von der Stromform (thermischer Bogen oder Feldbogen, Glimmentladung usw.)[2])

3. Die Leistung P_A, die an der Anode abgegeben wird, ist zusammengesetzt aus der kinetischen Energie der Elektronen, die sich der Anode nähern, und der Eintrittsarbeit der Elektronen:

$$P_A = \frac{I}{e_0} (\overline{K_e} + w_m) \tag{75,3}$$

[vgl. (42,1)]. Bei einem selbständigen Strom, MAXWELLverteilung der Elektronen mit der Temperatur T_e im Plasma und einem Anodenfall U_A ist

$$\overline{K_e} = 2kT_e + e_0 U_A \ (\text{wenn } U_A > 0) \quad \text{und} \quad \overline{K_e} = 2kT_e \ (\text{wenn } U_A < 0) \tag{75,4}$$

und daher

$$\begin{cases} P_A = I(2U_e + U_A + \varphi_m) & \text{bei } U_A > 0 \\ P_A = I(2U_e + \varphi_m) & \text{bei } U_A < 0. \end{cases} \tag{75,4'}$$

4. Die Leistung P_w, die unmittelbar an den Gefäßwänden ausgeschieden wird, ist zusammengesetzt aus der Rekombinationsenergie der Elektronen und Ionen,

---

1) Ein Elektron, das sich mit der Geschwindigkeit c bewegt, erfährt in 1 sec $\frac{c}{\lambda_e}$ Stöße; bei jedem Stoß verliert es die Energie $\overline{\varkappa} \frac{mc^2}{2}$; deshalb beträgt die Gesamtenergie, die die Elektronen im cm^3 verlieren:

$$n_e \int\limits_0^{\infty} \frac{c}{\lambda_e} \overline{\varkappa} \cdot \frac{1}{2} mc^2 F(c) \, dc.$$

2) Das wird eingehend in den entsprechenden Kapiteln des II. Bandes betrachtet.

der kinetischen Energie der Elektronen ($2kTe = 2e_0 U_e$) und der kinetischen Energie der Ionen, die durch den Spannungsabfall an den Wänden $\Delta\varphi = U_e \ln\left(\frac{j_{ew}}{j_{pw}}\right)$ (§ 8, P. 3) bestimmt wird:

$$P_w = \int j_{pw}\left[U_i + 2U_e + U_e \ln\left(\frac{j_{ew}}{j_{pw}}\right)\right] dS. \tag{75,5}$$

Im Gegensatz zu P_V ist die Leistung P_w, die an den Gefäßwänden verlorengeht, in einem stark verdünnten Gas am größten und nimmt mit steigendem Gasdruck ab. Die Leistung P_2, die für die Strahlung verbraucht wird (dabei haben wir die Strahlung im Auge, die aus dem Gas in die Gefäßwände eintritt, unabhängig davon, ob sie durch die Wände dringt oder von ihnen absorbiert wird), wird manchmal in zwei Komponenten zerlegt: die Strahlung $P_{\text{res.}}$ der Resonanzlinien und die Strahlung $P_{\text{nres.}}$ der übrigen Linien [XI — 16]. Diese Komponenten hängen in unterschiedlicher Weise von Strom und Druck ab.

Bei der homogenen positiven Säule stellt man die Leistungsbilanz pro Längeneinheit der Säule auf. Die Leistungen P_A und P_K, die an den Elektroden abgegeben werden, sind darin nicht enthalten; deshalb vereinfacht sich die Bilanzgleichung und reduziert sich auf

$$IE = P_V + P_w + P_{\text{res.}} + P_{\text{nres.}} = N_{e1} \frac{m_e^2}{m_g} \int_0^\infty \frac{c^3}{\lambda(c)} F_e(c)\, dc +$$

$$+ 2\pi r j_{pw}\left[2U_e + U_i + U_e \ln\left(\frac{j_{ew}}{j_{pw}}\right)\right] + P_{\text{res.}} + P_{\text{nres.}} \tag{75,6}$$

Die Ausdrücke für die Größen $P_{\text{res.}}$ und $P_{\text{nres.}}$ sind im allgemeinen Fall kompliziert. Sind Druck und Strom klein, so daß man die Stufenanregung, die Stöße zweiter Art und andere „quadratische" Prozesse und ebenso die Reabsorption der Strahlung im Gas nicht zu berücksichtigen braucht, kann man für $P_{\text{res.}}$ relativ einfache Ausdrücke ableiten [XI — 15, 18]. In diesem Fall ist die Leistung der Resonanzstrahlung gleich der Zahl der anregenden Stöße von Elektronen mit Gasmolekülen, multipliziert mit dem Strahlungsquant:

$$P_{\text{res}} = h\nu n_g N_{e1} \int_{c_{\min}}^{\infty} s_a(c)\, F(c)\, dc. \tag{75,7}$$

Nimmt man für $s_a(c)$ die Näherungsformel (23,4) und für $F(c)$ das MAXWELLgesetz an, so findet man (FABRIKANT [V — 33, XI — 18]):

$$P_{\text{res}} = 1{,}8 \cdot 10^8 n_g N_{e1} (s_a)_{\max}\, U_e^{\frac{1}{2}} \frac{b-1}{b^3}\left(2 + b\frac{U_a}{U_e}\right) \exp\left(-\frac{U_a}{U_e}\right), \tag{75,8}$$

wobei $b = 1 + \frac{n_e}{U_m - U_a}$ ist. Dieser Ausdruck ist in guter Übereinstimmung mit den Versuchsergebnissen bei einem Strom in Natriumdampf.

In Abb. 248 sind Angaben über die Leistungsbilanz in der positiven Säule von einatomigen Gasen bei verschiedenen Gasdrucken nach KLARFELD [XI — 17] zusammengestellt. Die größten Leistungsverluste treten bei Niederdruck (10^{-4}—10^{-3} mm Hg) an den Rohrwänden auf, bei höherem Druck ($p = 10^{-2}$ mm Hg) treten sie in Form von Resonanzstrahlung, dann (bei $p = 1$ bis $p = 10^3$ mm Hg) in Form von Wärmeverlusten im Gasvolumen und schließlich bei den höchsten Drucken in Form von Nichtresonanzstrahlung auf.

In den verschiedenen Gasen unterscheidet sich dieses Diagramm nur in quantitativer Hinsicht, d. h. die Anteile der Gesamtleistung, die auf die einzelnen Verlustarten entfallen können, differieren, und ebenso kann sich der Druck, bei dem jede Verlustart ihr Maximum besitzt, verschieben.[1])

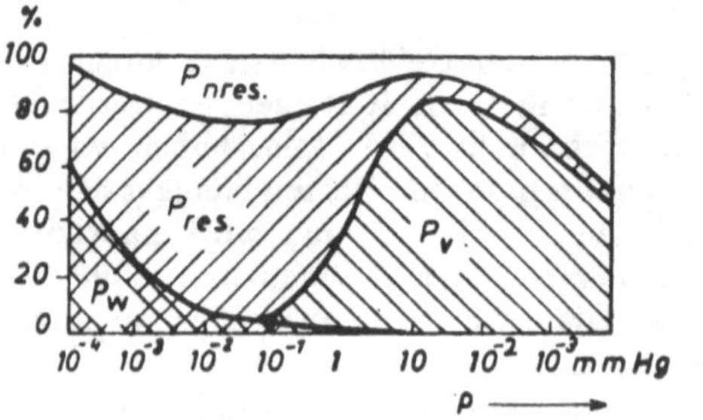

Abb. 248. Leistungsbilanz in der positiven Säule; einatomiges Gas bei verschiedenen Drucken [XI—17]

2. Für den nichtstationären Strom muß die Leistungsbilanz in folgender Weise verallgemeinert werden. Der Gesamtenergievorrat des Stroms $W = W_i + W_K + W_a + W_H + \cdots$ ändert sich mit der Zeit auf Kosten der dem Gas zugeführten Leistung. In der Zeit dt wird die Arbeit $U \cdot I\, dt$, die durch die elektrischen Kräfte auf der Gasstrecke geleistet wird, zur Vergrößerung des Energievorrats des Gases um dW und zur Deckung der Verluste durch Wärmeleitung, Strahlung, Konvektion und mechanische Arbeit verbraucht; bezeichnen wir die letzten Posten mit $\sum P_i\, dt$, so erhalten wir:

$$UI\,dt = dW + \sum P_i\,dt,$$

woraus

$$UI = \frac{dW}{dt} + \sum P_i \tag{75,9}$$

folgt.

Das ist die verallgemeinerte Gleichung der Leistungsbilanz des Stroms. Für den stationären Strom geht sie in (75,6) über. Aus der Gleichung (75,9) folgt, daß der Strom unter gewissen Bedingungen einige Zeit ohne angelegte äußere Spannung fließen kann (bei $U = 0$), dadurch, daß er die Verluste für Wärmeabgabe, Strahlung und äußere Arbeit aus seinem Energievorrat deckt: $\sum P_i = -\frac{dW}{dt}$. Es ist sogar ein Strom möglich, der eine der angelegten Spannung entgegengesetzte Richtung besitzt ($UI < 0$). In diesem Fall wird der Energievorrat des Stroms nicht nur für die äußeren Verluste (Wärmeabgabe, Strahlung usw.) verbraucht, sondern auch für die von den Ladungen, die sich gegen die elektrischen Kräfte bewegen, verrichtete Arbeit. Ein derartiger Stromzustand kann sich natürlich nur kurze Zeit aufrechterhalten.

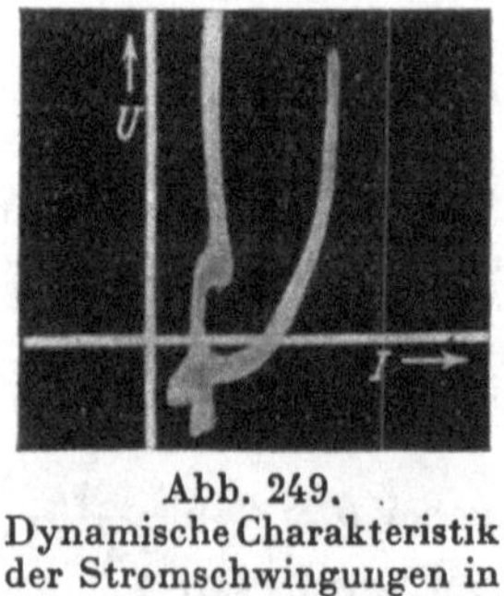

Abb. 249. Dynamische Charakteristik der Stromschwingungen in einem verdünnten Gas bei kleiner Anode [XI—19]

[1]) Eine eingehendere Analyse dieses Diagramms wird im Anschluß an die theoretische Diskussion der positiven Säule im II. Band folgen.

Daß im Gas ein Strom auftreten kann, der der Spannung zwischen den Elektroden entgegengerichtet ist, wurde in der Arbeit von SUJETIN und PALJONOWA [XI — 19] experimentell festgestellt. In dieser Arbeit wurden Stromschwingungen untersucht, die in einem Rohr auftreten, das mit verdünntem Gas gefüllt ist und eine Anode kleiner Oberfläche besitzt. Unter diesen Bedingungen treten sehr große Schwingungen der Stromstärke auf, selbst wenn im äußeren Kreis alle reaktiven Elemente fehlen. In Abb. 249 ist ein Teil der Stromspannungscharakteristik von derartigen Schwingungen dargestellt, die auf die normale Art mit einem Elektronenstrahloszillographen aufgenommen wurde (die Spannung U am Rohr wird an das eine Plattenpaar des Oszillographen gelegt, die Spannung an einem induktionsfreien Widerstand im Stromkreis des Rohrs, die proportional I ist, an das andere). Das Oszillogramm zeigt, daß die Spannung am Rohr für einen Bruchteil der Periode ($\approx 3\,\mu$sec) das Vorzeichen wechselt, während der Strom weiter in der alten Richtung und folglich für einen Bruchteil der Periode in der der Spannung entgegengesetzten Richtung fließt. Aus dieser Beobachtung erkennt man deutlich die Rolle der eigenen Energiereservoire des Stroms im Gas.

KAPITEL XII

Die äußere elektrische Charakteristik des Stroms im Gas

§ 76. Die Methode der Stromspannungscharakteristik

Bei vielen Fragen, die die Bewegung in zusammenhängenden Medien betreffen, ist es nicht notwendig, die Verteilung von Geschwindigkeiten, Kräften, Energien und anderen Größen in den einzelnen Punkten des Mediums zu untersuchen, wenn man die Bewegung des Mediums als Ganzes betrachten kann. Das gilt in jenen Fällen, bei denen sich eine relative Verschiebung oder Formänderung im Medium in Zeiten ausbreitet, die im Verhältnis zu der Zeit einer merklichen Bewegung des ganzen Mediums klein sind und bei denen die Einzelheiten des Bewegungsbildes nicht interessieren. In diesem Fall kann man die Bewegung durch Größen charakterisieren, die sich auf das ganze sich bewegende System beziehen, wie z. B. durch den Stofffluß pro Sekunde, die Druckdifferenz an den Enden des Systems usw.

Bei elektromagnetischen Systemen ist es auch nicht immer notwendig, die Struktur der elektrischen und magnetischen Felder, die Verteilung der Elektronen und Ionen auf die Orts- und Geschwindigkeitskoordinaten oder die Verteilung der Ladungs- und Stromdichte im Raum zu betrachten. Kann man Ausbreitungsvorgänge, die sich als elektromagnetische Störungen innerhalb des Systems ausbreiten, vernachlässigen, so lassen sich die Prozesse, die im Gesamtsystem vor sich gehen, durch solche Größen wie Stromstärke über den Gesamtsystemquerschnitt und Spannung an den Systemenden charakterisieren. Eine solche Vorstellung von dem Prozeß entspricht einer Betrachtung des gegebenen Systems als System mit zusammengefaßten Konstanten. In der Elektrodynamik der Gase bedeutet das einen Verzicht auf ein detailliertes Feld- und Strombild im Gas und eine Betrachtung der Gasstrecke als ein Ganzes.

Eine wichtige Untersuchungs- und Rechenmethode zur Klärung der elektrischen Prozesse in Gasen in dieser Weise ist die Methode der äußeren Stromspannungscharakteristiken. Diese Methode, die in der Theorie nichtlinearer Leiter ganz allgemein weitgehend Anwendung findet, wird auch zur Berechnung des Stroms in Gasen, insbesondere des selbständigen Stroms, benutzt.

Der zu untersuchende Raum wird als Zweipol betrachtet, der durch einen bestimmten Zusammenhang zwischen dem in ihm fließenden Strom I und der Spannung U an seinen Enden charakterisiert wird:

$$\Phi(U, I) = 0 \quad \text{oder} \quad U = \varphi(I). \tag{76,1}$$

Dieser Zusammenhang heißt *äußere elektrische* (*Stromspannungs-*) *Charakteristik des Stroms* im gegebenen Raum. Die Charakteristik hängt von der Geometrie des Raums, von dem Füllgas, der Art und dem Zustand der Elektroden und der Stromform ab. An die Elektroden dieses Raums möge in den Punkten A und B (Abb. 250) ein äußerer Kreis geschaltet sein, der eine EMK-Quelle E und verschiedene Wirk- und Blindwiderstände enthält. Man kann ihn als einen gewissen Generator G betrachten, der zwischen A und B geschaltet ist und auch eine bestimmte Stromspannungscharakteristik besitzt:

$$\Phi_1(U, I) = 0 \quad \text{oder} \quad U = \varphi_1(I), \tag{76,2}$$

die von E und den Elementen des äußeren Kreises abhängt. Beide Charakteristiken drücken ein und dieselbe Spannung U zwischen den Punkten A und B als Funktion ein und desselben Stroms I aus. Setzt man die beiden Ausdrücke für U (76,1) und (76,2) gleich:

$$\varphi(I) = \varphi_1(I), \tag{76,3}$$

so führt das zu einer Gleichung für den Strom I. Er kann auf diese Weise ermittelt werden, wenn die Eigenschaften des Gasraums sowie des äußeren Kreises bekannt sind.

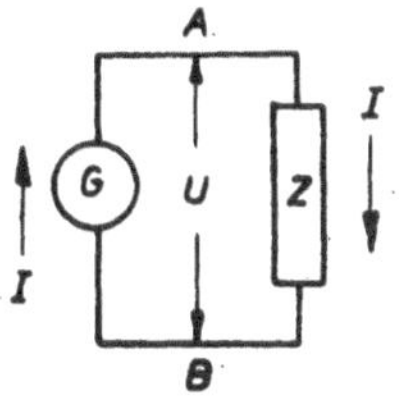

Abb. 250. Ersatzschaltbild für einen Stromkreis mit Gasraum

Daß man den Strom im Gas nach der Methode der Stromspannungscharakteristiken bestimmen kann, zeigt, welche Bedeutung diese Charakteristik besitzt. Sie ist ein Ausdruck für die elektrische Leitfähigkeit des gesamten Gasraums, wenn die Strombedingungen in ihm vorgegeben sind. Tatsächlich stellt das Verhältnis $\frac{U}{I} = R$ seinen Widerstand und $\frac{I}{U} = g$ seine elektrische Leitfähigkeit dar.

Zum Unterschied von den konstanten Leitern sind die Größen R und g in einem Gas nicht konstant, sie ändern sich vielmehr in Abhängigkeit von vielen Bedingungen, vor allem in Abhängigkeit von I [$\Phi(U, I)$ ist eine nichtlineare Funktion]. Deshalb betrachtet man neben R und g oft noch den differentiellen Widerstand

$$R^* = \frac{\partial U}{\partial I} = -\frac{\frac{\partial \Phi}{\partial I}}{\frac{\partial \Phi}{\partial U}} \tag{76,4}$$

und die reziproke Größe, die differentielle Leitfähigkeit

$$g^* = \frac{1}{R^*} = \frac{\partial I}{\partial U}. \tag{76,5}$$

Diese Größen spielen eine Rolle für die Probleme, die mit Abweichungen von Strom und Spannung von vorgegebenen Werten zusammenhängen (Stabilität des Stroms, Schwingungen, Einstellprozesse s. § 80—83). Außerdem hängt die Leitfähigkeit des Gasraums in sehr starkem Maße von zeitlichen Änderungen der Größen U und I ab (§ 78).

Die Stromspannungscharakteristiken werden meist experimentell bestimmt: die statische (§ 77) durch die üblichen Messungen mit Strom- und Spannungsmesser; die dynamische (§ 78) mit Hilfe des Elektronenstrahloszillographen, wobei an ein Ablenkplattenpaar oder an die eine Spule die Spannung am Gasraum (U) oder eine ihr proportionale Größe gelegt wird und an das andere Plattenpaar oder die andere Spule der Strom I oder eine ihm proportionale Größe. In diesem Fall bleibt für die Theorie die Aufgabe, die gefundenen Zusammenhänge zu erklären.

Es ist jedoch auch eine theoretische Herleitung der Stromspannungscharakteristiken erwünscht. Der prinzipielle Weg dazu besteht in der Lösung der Gleichungen der Elektrodynamik des Gases unter Berücksichtigung der Randbedingungen des gegebenen Gasraums. Die Koeffizienten im Ausdruck der Eigenfunktionen der Hauptveränderlichen (n, f, E, H) oder der an ihre Stelle tretenden Hilfsgrößen ($T_e, \bar{u}, z, N_1$ usw.) müssen eliminiert und durch die vorgegebenen Bedingungen (die Gefäßgeometrie und die Gasart) und die zwei Veränderlichen $U = \int_K^A E\,dx$ und $I = \sum q_i \int n_i \bar{u}_i\,dS$ ausgedrückt werden. Es muß eine Gleichung zwischen den beiden letzten Größen übrigbleiben (im allgemeinen Fall eine Integrodifferentialgleichung), eben die gesuchte Charakteristik.

Für den unselbständigen Strom wurde diese Aufgabe in vielen Fällen gelöst; für den selbständigen Strom ist sie nur in einzelnen Fällen gelöst worden, und auch dann nur sehr angenähert [II — 15, 18; XII — 1, 3, 12]. Einige Beispiele für derartige Ableitungen werden weiter unten angeführt (§§ 77, 78, 80).

Das Gebiet der Elektrodynamik der Gase, auf das die Methode der Stromspannungscharakteristiken anwendbar ist, ist durch die Voraussetzung beschränkt, daß die Stromstärke über die gesamte Gasstrecke gleich ist. Folglich ist diese Methode nicht anwendbar auf die Ausbreitung elektromagnetischer Wellen im Gas und auf kurze Impulse, deren Dauer $t < \frac{l}{c_0}$ ist, wobei l die Länge der Gasstrecke darstellt. Sie ist jedoch anwendbar auf alle stationären und sich langsam ändernde Prozesse, bei denen man die Stromstärke über die gesamte Strecke als konstant ansehen kann, d. h. bei außerordentlich vielen theoretisch und praktisch wichtigen Aufgaben.

§ 77. Die statische Charakteristik

1. Ein bestimmter Gasraum, für den sowohl alle Abmessungen als auch alle Stoffe, die ihn anfüllen und begrenzen, und schließlich auch die Dichte und Temperatur vorgegeben sind, hat noch eine unendliche Vielzahl unterschiedlicher Stromspannungscharakteristiken. Der einfachste Grenzfall einer Stromspannungscharakteristik ist die statische Charakteristik $U = \varphi_c(I)$. Sie ist der Ausdruck für einen möglichen stationären Zustand des Stroms im gegebenen Gasraum. Schematische Beispiele solcher Charakteristiken finden sich in Abb. 251 (unselbständiger Strom) und Abb. 252 (selbständiger Strom). Die Koordinaten eines jeden Punkts einer statischen Charakteristik bilden ein Wertepaar U, I eines auf irgendeine Weise stationär gewordenen Zustands des Stroms. Zeitliche Strom- und Spannungsänderungen können durch die statische Charakteristik nur erfaßt werden, wenn sie unendlich langsam erfolgen.[1])

Die statische Charakteristik des u n s e l b s t ä n d i g e n Stroms im Gasraum (z. B. in der Ionisationskammer oder der gasgefüllten Photozelle) besitzt auf ihrer ganzen Länge eine positive Neigung $\frac{dU}{dI} \geqslant 0$, folglich ist $R^* > 0$. Auf dem Teil, der

[1]) Der Ausdruck „statische Charakteristik" kann in Anwendung auf den elektrischen Strom unmöglich als glücklich betrachtet werden, weil der Strom, selbst wenn er stationär ist, keinen Gleichgewichtszustand des Systems darstellt. Richtiger wäre der Name „stationäre Charakteristik". Jedoch ist der Terminus „statische Charakteristik" in der Literatur allgemein verbreitet.

dem Sättigungsstrom entspricht, ist $\frac{dU}{dI} = \infty$, $R^* = \infty$, $g^* = 0$. Demgegenüber hat die statische Charakteristik des selbständigen Stroms in Gasen häufig über eine bedeutende Strecke eine negative Neigung $\frac{dU}{dI} < 0$ („fallende Charakteristik"), wodurch der differentielle Widerstand R^* und die differentielle Leitfähigkeit g^* hier negativ sind. (In Abb. 252 sind das die Abschnitte *BC*, *EF*, *FG*.)

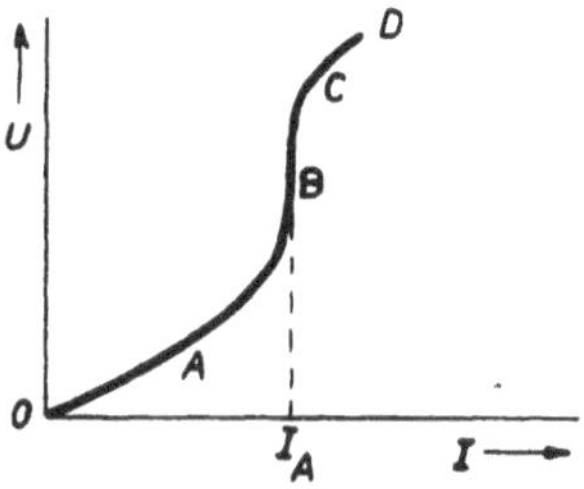

Abb. 251. Beispiel einer statischen Stromspannungscharakteristik des unselbständigen Stroms (Strom in einer Ionisationskammer bei konstanter ionisierender Strahlung). Abschnitt *OA* — lineare Abhängigkeit, *BC* — Sättigungsstrom, *CD* — Auftreten von Stoßionisation im Gas

Zur Erklärung des Verlaufs dieser Charakteristik untersuchen wir den Ausdruck (3,5) für die Stromstärke in einem willkürlichen Querschnitt eines beliebigen Leiters: $I = \sum q_i \int n_i \overline{u}_i \, dS$. Läßt man der Einfachheit halber nur Ladungsträger eines Vorzeichens zu (z. B. Elektronen) und nimmt $\overline{u}$ als konstant über den ganzen Querschnitt an, so wird

(77,1) $$I = e_0 \overline{u} \int n \, dS = e_0 N_1 \overline{u}.$$

In Leitern mit dauernder Leitfähigkeit ist $N = \text{const}$ (im gegebenen Leiterquerschnitt), $\overline{u} = bE$, $b = \text{const}$ und deshalb $I = e_0 N_1 b E = \text{const}\ E$. Wenn die Querschnittsfläche über die ganze Länge des Leiters konstant und das Feld homogen ist, so ist $E = \frac{U}{l}$ und

(77,2) $$I = \frac{e_0 N_1 b}{l} U$$

— der Ausdruck entspricht dem OHMschen Gesetz (Proportionalität von I und U). Eine Verstärkung des Stroms erfolgt hier dadurch, daß die Bewegung stärker gerichtet wird (δ wächst) (§ 54, P. 3) und daher die Triftgeschwindigkeit $\overline{u}$ zunimmt. Beim unselbständigen Strom im Gas, der mit einem ununterbrochenen Entstehen freier Ladungsträger im Gas unter Wirkung äußerer Faktoren verbunden ist, wird ebenfalls Proportionalität zwischen I und U verlangt, damit N_1 bei beliebigem U unverändert bleibt. Das ist möglich, wenn das Entstehen neuer Ladungsträger im wesentlichen durch einen Prozeß kompensiert wird, der nicht vom angelegten elektrischen Feld abhängt, insbesondere durch die Rekombination der Ladungsträger im Gas oder an der Gefäßwand. Dagegen spielt das Absaugen der Träger durch das Feld in Richtung auf die Elektroden und ihre Neutralisation an den Elektroden eine untergeordnete Rolle. Folglich muß auch hier eine Zunahme der Stromstärke bei wachsender Spannung mit einer Steigerung der Geschwindigkeit $\overline{u}$

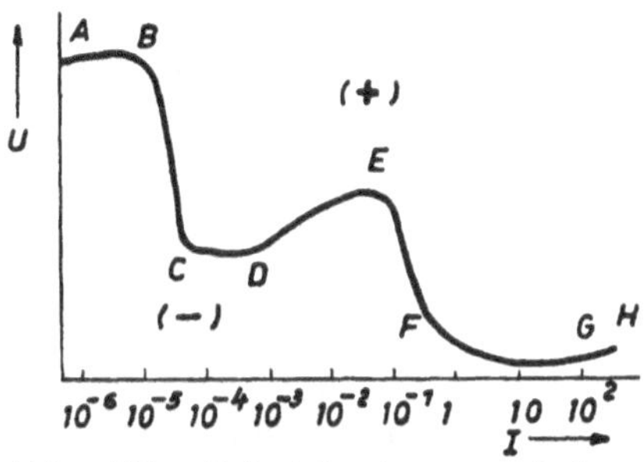

Abb. 252. Beispiel einer statischen Stromspannungscharakteristik des selbständigen Stroms. Abschnitt *AB* — Dunkelstrom, *CD* — normale Glimmentladung, *DE* — anomale Glimmentladung, *FGH* — Bogen; *BC*, *EF* — Übergangsabschnitte

der gerichteten Bewegung verbunden sein. Das gilt für den Abschnitt OA der Abb. 251 (bei relativ schwachen Spannungen).[1]) Erhöht man die Spannung weiter (Abschn. AB), so wird die Wegführung von Trägern durch das Feld merklich, und N_1 nimmt mit wachsendem U ab. Auf dem Abschnitt BC, der dem Sättigungsstrom entspricht, werden alle Träger, die im Gas entstehen, zu den Elektroden abgezogen. Die Rekombination im Gasvolumen oder an den Gefäßwänden spielt keine merkliche Rolle. Die Konzentration der Träger und somit auch ihre Zahl pro cm Länge nimmt wie U^{-1} ab. Schließlich erfolgt auf dem Teil CD Ionisation durch Elektronenstoß im Gas, und mit wachsender Spannung nehmen n und N_1 von neuem zu. Die Triftgeschwindigkeit $\bar{u}$ wächst zusammen mit U längs der gesamten Kurve.

Ganz anders verhält sich die Sache beim **selbständigen** Strom im Gas. Hier wächst in vielen Fällen die Stromstärke I bei unveränderter Spannung (Kurve 252, Abschnitt CD) oder sogar bei sinkender Spannung (Abschnitte BC, EF, FG).[2]) Wächst der Strom bei konstanter Spannung ($dU/dI = 0$) und folglich auch bei konstanter Feldstärke E, so kann das nicht durch ein Anwachsen der gerichteten Geschwindigkeit $\bar{u}$ hervorgerufen werden. Diese Größe ist ja eine Funktion von E/p (§§ 54 und 56) und kann sich bei konstantem E und p nicht ändern. In diesem Falle kann nach (77,1) der Strom nur größer werden, wenn $N_{e1} = \int n_e \, dS$ wächst, d. h. durch eine Vergrößerung entweder der Elektronenkonzentration n_e oder des Stromquerschnitts S. Im Niederdruckplasma geht der erste Vorgang vor sich (Anwachsen von n_e), im Kathodenraum der normalen Glimmentladung der zweite (Anwachsen von S). Noch eigenartiger sind die Verhältnisse, die mit den fallenden Abschnitten der Charakteristik ($dU/dI < 0$) zusammenhängen. Hier fällt die Feldstärke bei wachsendem Strom zumindest in einem Teil der Gasstrecke.[3]) Dabei nimmt auch die Triftgeschwindigkeit der Elektronen ab. Folglich geht die Verstärkung des Stroms, die durch das Wachsen der Konzentration der freien Elektronen hervorgerufen wird, schneller vor sich als die Abnahme ihrer gerichteten Geschwindigkeit.[4])

2. Entsprechend der Definition gibt jeder Punkt der statischen Charakteristik irgendeinen stationären Zustand des Stroms wieder. Beim selbständigen Strom wird der stationäre Zustand durch Leistungsgleichgewicht (§ 75) und Ionengleichgewicht (§ 60, P. 3) charakterisiert. Eine gleiche Anzahl freier Ladungsträger entsteht pro Zeiteinheit durch Ionisation im Gas und verschwindet infolge Rekombination im Gas oder an den Grenzflächen. Die Intensität des Ionisations-

---

[1]) Die eingehende Theorie des unselbständigen Stroms siehe Band II.

[2]) Wir erinnern daran, daß wir von der statischen Charakteristik sprechen, d. h. von der Gesamtheit der stationären Strom- und Spannungswerte oder auch vom Diagramm der unendlich langsamen Stromänderung.

[3]) E kann nicht im ganzen Raum gleichmäßig fallen. Beim Übergang vom Dunkelstrom zur Glimmentladung (Abschnitt BC, Abb. 252) konzentriert sich das Feld im Kathodenraum. Hier wächst seine Intensität im Gegensatz zu allen anderen Abschnitten der Gasstrecke, wo sie fällt. Eine weitere Konzentration des Feldes an der Kathode findet beim Übergang zum Lichtbogen statt (Abschnitt EF).

[4]) n_e vergrößert sich im Kathodenraum dank einer wachsenden Elektronenemission aus der Kathode. Im übrigen Gasraum vergrößert es sich infolge wachsender Ionisation des Gases durch Elektronenstoß.

prozesses, die durch die Größe z (§ 61) charakterisiert wird, hängt von der elektrischen Feldstärke E im Gas ab. Infolgedessen hängt sie aber auch von der Spannung U ab, die an der gesamten Strecke liegt. Daher bedeutet ein Abweichen der Größe U von dem Wert U_c, der der statischen Charakteristik entspricht, eine Störung des Ionisationsgleichgewichts im Gas und folglich auch eine Störung der Stationarität des Stroms. In den meisten praktisch vorkommenden Fällen ist eine Vergrößerung von U und E gegenüber U_c und E_c mit einer Vergrößerung der mittleren Zahl ionisierender Stöße z verbunden. Dadurch steigt die Konzentration der geladenen Teilchen im Gas und folglich auch die Leitfähigkeit des Gases und die Stromstärke. Umgekehrt ruft ein Fallen von U unter den statischen Wert U_c eine Verkleinerung von z hervor, und dadurch wird n_e und g herabgesetzt, und die Stromstärke fällt.[1]) Deshalb wird in einem U, I-Diagramm, das dem der Abb. 252 ähnelt, die Ebene durch die statische Charakteristik in zwei Gebiete geteilt: in dem Gebiet oberhalb überwiegt die Ionisation über die Rekombination, in ihm wächst I (das sogenannte „positive Gebiet"); in dem Gebiet unterhalb überwiegt die Rekombination über die Ionisation, und der Strom in ihm muß fallen („negatives Gebiet").

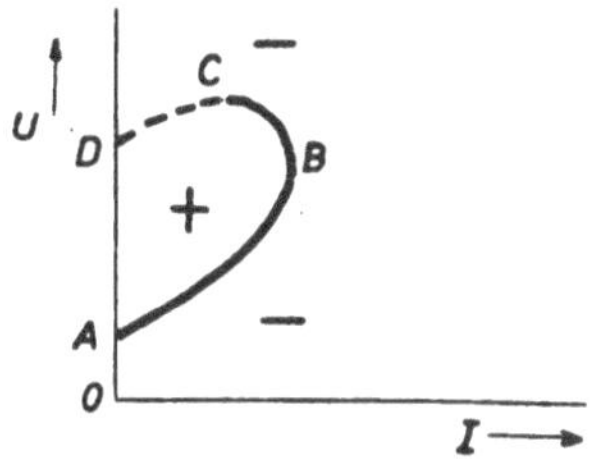

Abb. 253. Charakteristik einer behinderten Entladung

Es gibt jedoch auch Fälle, bei denen positives und negatives Gebiet anomal zueinander liegen. So verhält es sich z. B. bei dem „behinderten Strom" [XII—5]. Er tritt bei kleinem pl und verhältnismäßig großem U auf. Die wahrscheinlichste Elektronengeschwindigkeit liegt hier in der Nähe des Maximums der Ionisationsfunktion (§§ 27—28). Die Charakteristik einer solchen Entladung gibt Abb. 253, Abschn. BCD. Ein Anwachsen der Spannung über U_s hinaus führt hier nicht zu einer Zunahme, sondern zu einer Abnahme der mittleren Ionisationsfrequenz. Die Elektronen, die infolge des kleinen Verhältnisses von l/λ_e keine ionisierenden Zusammenstöße erlitten haben, geben ihre Energie unmittelbar an die Anode ab. Daher liegt hier oberhalb der statischen Charakteristik kein positives, sondern ein negatives Gebiet.

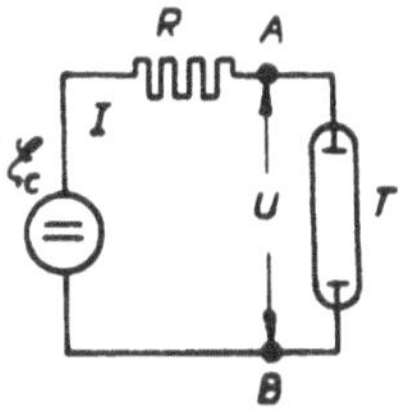

Abb. 254. Einfachster Stromkreis mit Gasraum

Die Stärke des stationären (konstanten) Stroms I_s, der in einer gegebenen Gasstrecke von einem gegebenen äußeren Stromkreis aufrechterhalten wird, wird auf Grund der statischen Kennlinie bestimmt. Die Charakteristik des äußeren Stromkreises bei konstantem Strom muß ebenfalls ermittelt werden. In sie gehen nur die elektromotorischen Kräfte der Stromquellen ($\mathscr{E}$) und die Wirkwiderstände (R_1, R_2, ...) ein. Im einfachsten Falle (Abb. 254) enthält der äußere Stromkreis nur eine EMK-Quelle ($\mathscr{E}_c$) und einen Ohmschen Widerstand R, der mit E_c und der Gasstrecke T in Reihe geschaltet ist. Die Charakteristik kann in diesem Falle durch die Gleichung

$$U = \mathscr{E}_c - IR, \tag{77,3}$$

---

[1]) Diese ganze Überlegung wird durch ein Beispiel illustriert, welches in Anmerkung 21, Seite 472, angeführt ist.

— graphisch durch eine gerade Linie durch den Punkt $(O, \mathcal{E}_e)$ mit negativer Neigung ($\operatorname{tg} x = -R$) dargestellt werden (Abb. 255).[1])

Schneidet diese Gerade die Charakteristik Φ_c (I) (Abb. 255, Gerade *1*), so ist eine stabile Entladung im gegebenen Stromkreis möglich. Vergrößert man den Widerstand R und hält die elektromotorische Kraft $\mathcal{E}_e$ konstant, so kommt man zu dem kritischen Wert $R = R_2$, bei dem gerade noch ein Strom möglich ist $I = I_{\min}$ (Gerade *2*). Eine weitere Erhöhung des Widerstandes R bei gleichem $\mathcal{E}_e$ macht einen Strom in der gegebenen Strecke unmöglich. Der Strom bricht zusammen (Gerade *3*).

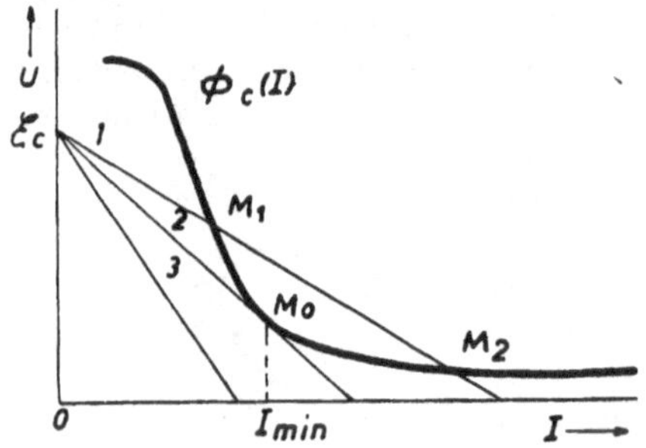

Abb. 255. Zur Bestimmung der stationären Stromstärke; $\Phi_c(I)$ statische Charakteristik des Gasraums; *1*, *2*, *3* Charakteristiken des äußeren Kreises bei den Widerständen R_1, R_2, R_3 $(R_1 < R_2 < R_3)$

Die Werte R_{krit} und $I_{\min}$ hängen von der Größe der elektromotorischen Kraft $\mathcal{E}_e$ ab. Je höher $\mathcal{E}_e$, desto größer ist R_{krit} und desto kleiner ist folglich $I_{\min}$. Ist $\mathcal{E}_e$ kleiner als die Minimalspannung, die mit der gegebenen Stromform verbunden ist, so kann der Strom bei keinem Werte von R aufrechterhalten werden.

Wir merken an, daß alle diese Überlegungen sich auf die Aufrechterhaltung des selbständigen Stroms in einer Gasstrecke beziehen, nicht aber auf sein Entstehen. Um einen selbständigen Strom hervorzurufen („Zündung"), ist gewöhnlich eine bei weitem höhere Spannung erforderlich als für die Aufrechterhaltung. Ein Stromkreis, der einen gegebenen Strom unterhalten kann, ist in den meisten Fällen nicht in der Lage, ihn hervorzurufen. Dafür muß man andere Wege gehen. Die Spannung muß zeitweise erhöht werden oder man muß die Bedingungen in der Gasstrecke ändern.

§ 78. Die dynamischen Charakteristiken

1. Ein sehr wichtiger Unterschied zwischen einem Gas und einem konstanten Leiter besteht darin, daß die elektrische Leitfähigkeit des Gases nicht nur vom Strom oder von der Spannung im gegebenen Moment abhängt, sondern auch von deren zeitlicher Änderung. Deshalb kann die statische Charakteristik, die die Eigenschaften des stationären Stroms im Gas widerspiegelt, auf nichtstationäre Prozesse nicht angewendet werden. An ihre Stelle treten hier die *dynamischen Stromspannungscharakteristiken.* Sie konstatieren die Beziehung zwischen Strom und Spannung, die sich zeitlich ändern, und müssen deshalb drei Veränderliche enthalten: U, I und t. In ihnen wird die Trägheit des Stroms im Gas widergespiegelt; deshalb beeinflussen die diese Trägheit bestimmenden Faktoren (Kap. XI) un-

[1]) Im allgemeineren Falle ist $\Phi_1(I) = \theta_1 \mathcal{E} - \theta_2 I$, wobei θ_1 und θ_2 Funktionen der Widerstände im äußeren Stromkreis sind. Wenn z. B. parallel zur Gasstrecke T (zwischen den Punkten A und B in Abb. 254) der Widerstand R_2 eingeschaltet ist, so wird:

$$\theta_1 = \left(1 + \frac{R_1}{R_2}\right)^{-1}, \quad \theta_2 = R_2 \left(1 + \frac{R_1}{R_2}\right)^{-1}.$$

mittelbar die Form der dynamischen Charakteristiken. Ihr Einfluß besteht darin, daß die Leitfähigkeit des Gases in irgendeinem Zeitpunkt nicht nur durch die Prozesse bestimmt wird, die sich in diesem Zeitpunkt abspielen, sondern auch durch die vorausgegangenen Prozesse. Deshalb kann die allgemeine Gleichung der dynamischen Charakteristik keine endliche algebraische oder transzendente Gleichung sein; sie muß vielmehr neben U und I auch deren Ableitungen nach der Zeit enthalten.[1])

Als Beispiel wollen wir die Charakteristik eines Niederdruckbogens in einem langen, zylindrischen Rohr bei kleinen Stromstärken betrachten.[2]) Die Charakteristik des Bogens ist eine Horizontale:

$$U_c = \text{const.}$$

(siehe Anmerkung 21, S. 407). Die Gleichung der dynamischen Charakteristik, die wir ermitteln wollen, hängt davon ab, welche Trägheitsfaktoren (welche Energiereservoire) wir erfassen. Nehmen wir an, daß die gesamte „Umwandlungsarbeit" des Gases in ein Plasma als Ionisationsenergie W_i (§ 70) auftritt, so kommen wir zu einer Gleichung der dynamischen Charakteristik in der Form:

$$\frac{1}{I}\frac{dI}{dt} - \frac{1}{U}\frac{dU}{dt} - F(U) = 0, \tag{78,1}$$

wo F eine wachsende Funktion von U ist, die bei einem gewissen Wert $U = U_c$ zu Null wird (siehe Anmerkung 22, S. 473). Damit nehmen wir an, daß die Stromträgheit zu einer endlichen Geschwindigkeit führt, mit der die Ladungsträger im Gas entstehen und verschwinden. Erfaßt man in höherer Näherung den zweiten Trägheitsfaktor, die endliche Änderungsgeschwindigkeit der Elektronentemperatur (das zweite Energiereservoir, die kinetische Energie der freien Elektronen, § 71), so erhält man für die dynamische Stromspannungscharakteristik eine Differentialgleichung zweiter Ordnung. Berücksichtigt man außer der direkten Ionisation der Moleküle durch Elektronenstoß auch noch die Stufenionisation, so tritt noch ein Trägheitsfaktor auf, die endliche Geschwindigkeit, mit der angeregte Atome im Gas entstehen und verschwinden. Sie ist mit einem dritten Energiereservoir, der Anregungsenergie des Gases (§ 72), verbunden. Das erhöht die Ordnung der Differentialgleichung der dynamischen Stromspannungscharakteristik erneut um eins.

Wir wollen uns der Einfachheit halber auf eine Gleichung erster Ordnung der Form (78,1) beschränken. Wir sehen dann, daß sie nicht eine bestimmte Charakteristik ausdrückt, sondern eine ganze Charakteristikenschar. Die konkrete Form einer Charakteristik hängt davon ab, wie sich U und I zeitlich ändern. Theoretisch kann das nur dann festgestellt werden, wenn der im äußeren Kreis verlaufende Prozeß bekannt ist. Zwei Grenzfälle können wir aber sofort betrachten. Bei sehr langsamen Stromänderungen ist $\frac{dI}{dt} \cong 0$ und $\frac{dU}{dt} \cong 0$; dann folgt aus (78,1) $F(U - U_K) = 0$ oder $U = U_K + \text{const.} = \text{const.}$; die statische Charakteristik ist

[1]) Im allgemeinen Fall handelt es sich um eine Integro-Differentialgleichung.

[2]) Als erste dynamische Stromspannungscharakteristik wurde die Charakteristik eines Wechselstrombogens in atmosphärischer Luft untersucht. Das geschah theoretisch und experimentell durch SIMON [XII—1]; siehe auch [XII—3].

eine Horizontale. Bei sehr schnellen Prozessen sind die Ableitungen $\frac{dI}{dt}$ und $\frac{dU}{dt}$ hingegen sehr groß, während das dritte Glied ($F(U)$) von der Geschwindigkeit, mit der der Prozeß verläuft, nicht unmittelbar abhängt; bei genügend hoher Schwingungsfrequenz und steiler Spannungsfront kann man es vernachlässigen. Die dann verbleibende Gleichung $\frac{1}{I}\frac{dI}{dt} - \frac{1}{U}\frac{dU}{dt} = 0$ ist leicht zu integrieren und ergibt eine lineare Abhängigkeit $I = \text{const.}\, U$, die dem OHMschen Gesetz entspricht.

2. Die dynamische Stromspannungscharakteristik des äußeren Stromkreises unterscheidet sich ebenfalls von seiner statischen Charakteristik, und zwar in zweierlei Hinsicht. Erstens ist irgendein Element des Stromkreises eine sich zeitlich ändernde Größe, beispielsweise eine Wechsel-EMK: $E(t)$ oder ein veränderlicher Widerstand $R(t)$. Darum ist selbst bei dem einfachsten, in Abb. 254 dargestellten Stromkreis wenigstens ein Koeffizient in der Gleichung der Charakteristik (77,3) $U = E - IR$ eine Funktion der Zeit. In diesem Falle müssen sich auch U und I zeitlich ändern. Zweitens kann die dynamische Charakteristik des äußeren Kreises bei nichtstationären Prozessen Elemente enthalten, die in der statischen Charakteristik fehlen: eine Kapazität (C) oder eine Induktivität (L). In diesem Fall ändert sich ihre Form. So hat beispielsweise für den in Abb. 256 dargestellten Stromkreis die Gleichung der dynamischen Charakteristik die Form

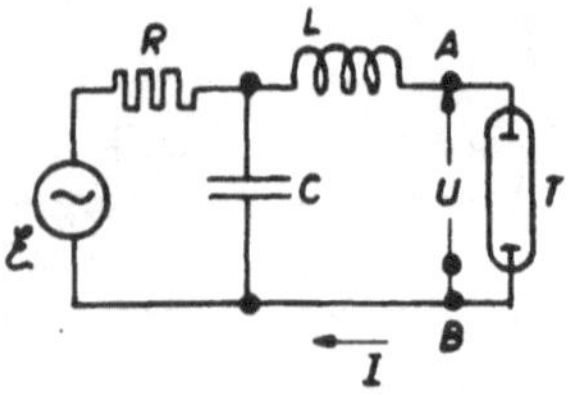

Abb. 256. Der elektrische Stromkreis, allgemeinerer Fall

$$CRL\frac{d^2I}{dt^2} + L\frac{dI}{dt} + RI = \mathcal{E} - CR\frac{dU}{dt} - U. \tag{78,2}$$

Diese Gleichung kann ebenfalls durch eine ganze Schar verschiedener konkreter Charakteristiken befriedigt werden. Bei stationären Prozessen $\left(\frac{d}{dt} = 0\right)$ sowie bei $C = L = 0$ geht diese Gleichung in (77,3) über. Eliminiert man aus beiden Charakteristiken, der des Gasraums und der des äußeren Stromkreises, eine Veränderliche, beispielsweise U, so erhält man für die andere Veränderliche eine Differentialgleichung. Hat die Gleichung der Charakteristik des Gasraums die Ordnung m und die Gleichung der Charakteristik des äußeren Stromkreises die Ordnung n, so hat die für I (oder U) erhaltene Gleichung im allgemeinen Fall die Ordnung $(m+n)$. Irgendein Koeffizient dieser Gleichung (E, R, L, C) ist eine Funktion der Zeit. Ist diese Funktion bekannt und sind die Anfangsbedingungen vorgegeben, so kann die Gleichung grundsätzlich gelöst werden, und es können die zeitlichen Änderungen von Strom und Spannung bestimmt werden.

3. Kennt man die Abhängigkeit wenigstens einer Größe (I oder U) von der Zeit, so kann man die dynamische Stromspannungscharakteristik konkret ermitteln. Ist beispielsweise $U(t)$ bekannt, so kann man durch Einsetzen in eine Gleichung der Charakteristik (beispielsweise in (78,1)) $I(t)$ finden. Eliminiert man dann aus den beiden Gleichungen $U = U(t)$ und $I = I(t)$ die Zeit, so erhält man die Gleichung der dynamischen Stromspannungscharakteristik $U = \varphi(I)$. Gelingt das nicht analytisch, so kann man es punktweise graphisch durchführen, indem man aus den beiden Funktionen $I(t)$ und $U(t)$ Werte nimmt, die sich auf den gleichen

Zeitpunkt beziehen, und diese in eine graphische Darstellung einträgt. Die Kurve, welche die dynamische Charakteristik darstellt, besitzt eine bestimmte Umlaufsrichtung (in den Koordinaten (U, I) wird sie gewöhnlich im Uhrzeigersinn durchlaufen).

Wir wollen einige konkrete Beispiele von dynamischen Stromspannungscharakteristiken betrachten. Wir setzen voraus, daß der einfachste Stromkreis

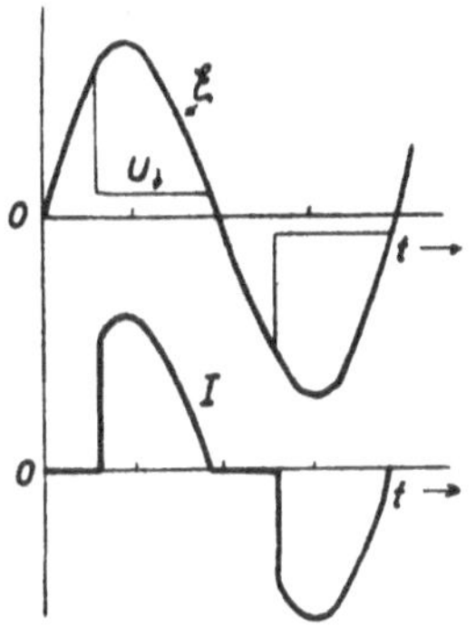

Abb. 257. Oszillogramme der Spannung und des Stroms bei niedrigem Gasdruck

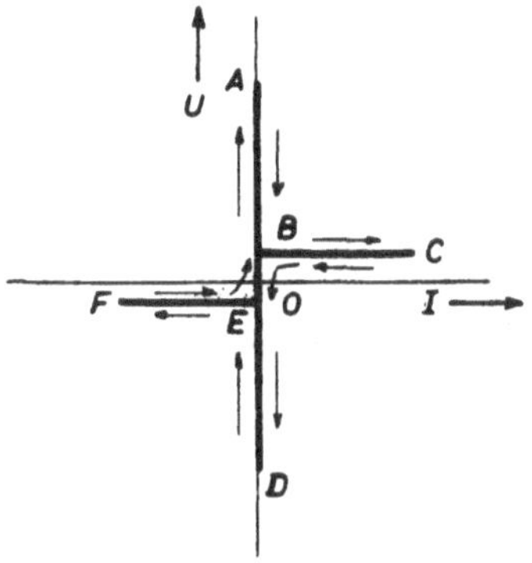

Abb. 258. Schematisierte dynamische Stromspannungscharakteristik nach BARKHAUSEN; die Umlaufrichtung (*OA BCBODEFEO*) ist durch Pfeile gekennzeichnet

von der Art der Abb. 254 vorgegeben sei; die EMK ändere sich im Kreis sinusförmig ($\mathcal{E} = \mathcal{E}_0 \sin \omega t$). Wir setzen ferner voraus, daß der Gasraum in beiden Richtungen symmetrisch ist (keine Ventilwirkung besitzt); seine statische Charakteristik soll eine Horizontale sein ($U_c = \text{const.}$). Die Zündspannung U_z sei $U_z > U_c$. Die Frequenz ω wählen wir anfangs sehr niedrig, so daß eine Periode $T = \frac{2\pi}{\omega}$ die Eigenzeit der Einstellung (Entionisationszeit τ) im Gasraum um ein Vielfaches übertrifft; unter dieser Bedingung erfolgt die Stromänderung nach der Zündung

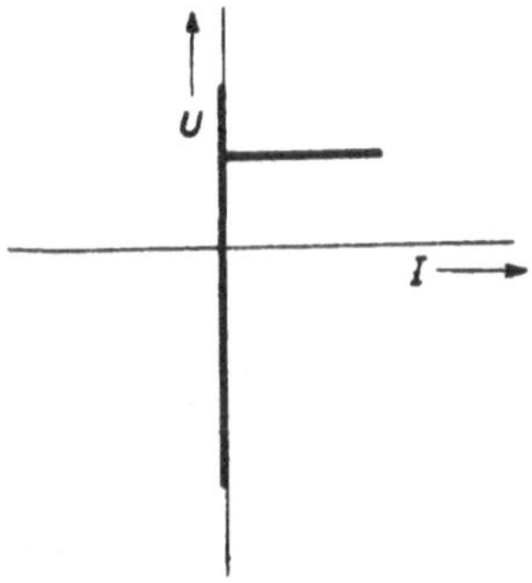

Abb. 259.
Das gleiche wie in Abb. 258 bei einseitiger Leitfähigkeit

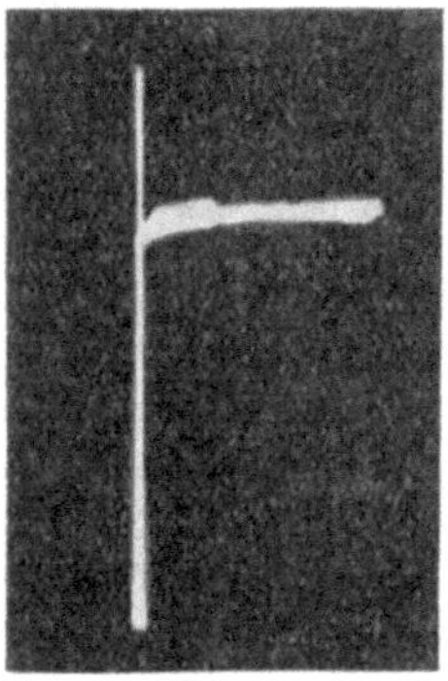

Abb. 260. Experimentelle Stromspannungscharakteristik einer Hg-Dampfröhre, Ø 5,6 cm; $l = 60$ cm

praktisch nach der statischen Charakteristik. Die EMK-Kurve, die Spannungskurve und die Kurve der Stromstärke (die Oszillogramme $\mathcal{E}$, U und I) haben dann die in Abb. 257 dargestellte Form, und die dynamische Charakteristik hat die in Abb. 258 dargestellte Form (Barkhausen-Charakteristik).

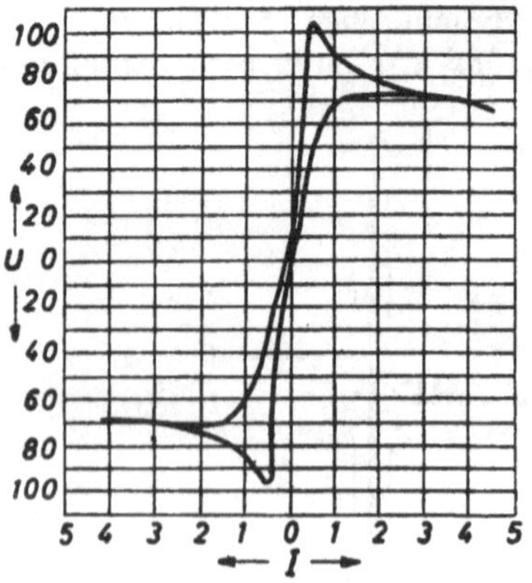

Abb. 261. Dynamische Stromspannungscharakteristik des PETROW-Bogens; Ø 5—7 mm, $l = 3{,}4$ mm, $I = 2{,}5$ A, $f = 50$ Hz (SIMON [XII—1])

Daß wir die Trägheit des ionisierten Gases nicht berücksichtigt haben, zeigt sich darin, daß die Spannung bei steigendem und fallendem Strom gleich ist. Deshalb werden in einer Wechselstromperiode alle Abschnitte der Charakteristik zweifach in entgegengesetzter Richtung durchlaufen.

Bei einseitiger Leitfähigkeit (Ventilwirkung) des Gasraums nimmt die Charakteristik die in Abb. 259 dargestellte Form an. Abb. 260 zeigt die Photographie einer Stromspannungscharakteristik, die in einem Quecksilberdampfrohr mit Glühkathode bei $p \cong 10^{-3}$ mm Hg und einer Frequenz von 50 Hz aufgenommen wurde. Sie ähnelt der schematischen Charakteristik in Abb. 259. Das deutet auf eine im Vergleich mit der Periode der Wechselspannung am Rohr sehr kleine Entionisationszeit hin.

Ist aber die Geschwindigkeit der Ionisations- und Entionisationsprozesse des Gases mit der Geschwindigkeit der Stromänderung im Gas vergleichbar, so unterscheiden sich die dynamischen Charakteristiken stark von den statischen. In Abb. 261 ist eine dynamische Charakteristik des PETROW-Bogens angeführt (in Luft bei Atmosphärendruck) bei $f = 50$ Hz (SIMON [XII—1]). In ihr tritt deutlich die elektrische Trägheit des Bogens hervor: Die Spannung bei gleicher Stromstärke ist größer, wenn der Strom zunimmt, und kleiner, wenn er abnimmt. Das erklärt sich dadurch, daß die Ladungsträgerkonzentration in den vorhergehenden Zeitmomenten bei steigendem Strom niedriger und bei fallendem Strom höher war; deshalb erhält man ein und dieselbe Stromstärke im ersten Fall bei größerer Triftgeschwindigkeit der Träger und folglich größerer Spannung am Raum, im zweiten Fall aber bei kleinerer Triftgeschwindigkeit und kleinerer Spannung. Derartige Resterscheinungen, die

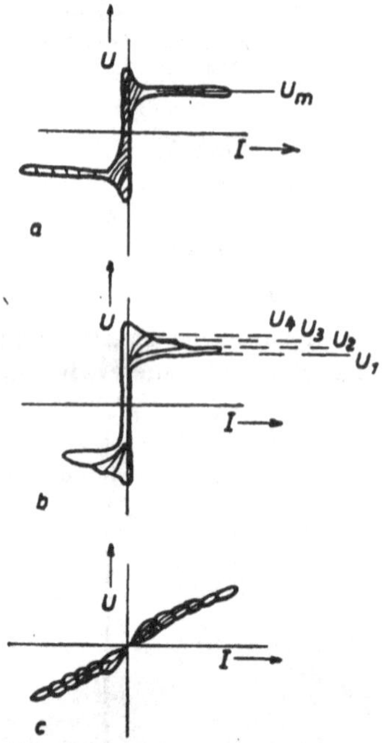

Abb. 262. Dynamische Charakteristik der Funkenentladung eines Kondensators in Luft zwischen Zinkelektroden (ROSHANSKI [XII—2]); a—$f < 10^5$ Hz, b—$f = 10^5$ bis 10^6 Hz, c—$f > 10^6$ Hz

Hysteresis des elektrischen Stroms heißen, bedingen eine schleifenförmige Charakteristik. Ähnliche Erscheinungen sind von D.A. ROSHANSKI [XII—2] an einem Funken bei einer hochfrequenten oszillierenden Entladung eines Kondensators beobachtet worden (Abb. 262). Je höher die Frequenz ist, desto schneller müssen sich Strom und Spannung ändern und desto stärker zeigt sich die Trägheit der Ionisations- und Entionisationsprozesse; deshalb unterscheidet sich die Charakteristik immer mehr von der statischen.[1]) Bei sehr hohen Wechselstromfrequenzen oder sehr steilen kurzen Impulsen, wenn die Zeit des Spannungsanstiegs viel kleiner ist als die Entionisationszeit, ändert sich die Ladungsträgerkonzentration nicht merklich während der Zeit, in der sich die Spannung ändert. Unter diesen Bedingungen wird das Gas einem konstanten Leiter ähnlich: Der Momentanwert der Stromstärke ist proportional der Spannung im gleichen Zeitmoment, d.h. das OHMsche Gesetz wird anwendbar; die dynamische Charakteristik verwandelt sich in eine Gerade durch den Koordinatenursprung. Diese Tatsache ist auf den Oszillogrammen von ROSHANSKI gut zu sehen (Abb. 262, c). Zum gleichen Ergebnis sind wir schon oben gelangt, und zwar bei der Analyse der theoretischen Charakteristik (78,1). Somit stellt die Charakteristik bei sehr hohen Frequenzen den der statischen Charakteristik entgegengesetzten Grenzfall dar. Als ein anderes Beispiel führen wir (Abb. 263) die Stromspannungscharakteristik von einem steilen Impuls in einem Edelgas an; ihr Abschnitt *BO*, der dem ausgebildeten Strom entspricht, unterscheidet sich praktisch nicht von der OHMschen Abhängigkeit [XII—10, 11, 6].[2])

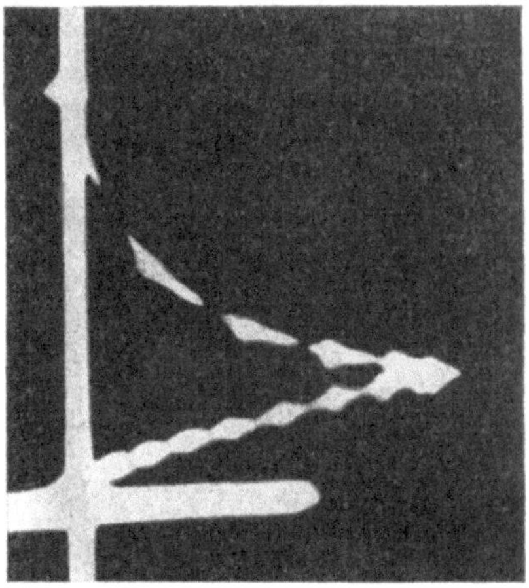

Abb. 263. Stromspannungscharakteristik bei einem Stromimpuls von 10^{-6} sec Dauer [XII—11]. *AB* Zündstadium, *BO* der entwickelte Strom

Es wurde vorgeschlagen, die Konstanz der Ladungsträgerkonzentration in einem Gas bei sehr hohen Frequenzen zur Messung der „wahren" Leitfähigkeit des Gases unter den gegebenen Bedingungen zu benutzen [XII—7].

§ 79. Der Vorgang der Stromstärkeänderung des selbständigen Stroms

Die Ausführungen der §§ 77 und 78 zeigen deutlich, daß die Stromstärkeänderungen eines selbständigen Stroms im Gas, die mit einer endlichen Geschwindigkeit vor sich gehen, grundsätzlich nicht nach der statischen Charakteristik

[1]) Wir merken an, daß bei dem hohen Gasdruck, wie er bei den Versuchen von ROSHANSKI verwendet wurde, der wichtigste Trägheitsfaktor die Erwärmung des Gases ist. Sie bedingt eine thermische Ionisation (§ 73). Bei den Versuchen mit einem Kohlenbogen war es die Erwärmung der Elektroden. Sie ruft eine thermische Elektronenemission hervor.

[2]) Überdies ändert sich der spezifische Widerstand des ionisierten Gases bei kurzen leistungsstarken Impulsen, der aus derartigen Oszillogrammen und nach anderen Methoden ermittelt wurde, selbst wenn sich die meisten Parameter des Gasraums ändern, verhältnismäßig wenig.

erfolgen können, da sie mit Prozessen im Gas verbunden sind, die unvermeidlich den Anwendungsbereich dieser Charakteristik überschreiten. Da man in dieser Frage in der Literatur zahlreiche Mißverständnisse findet, wollen wir sie eingehend an Hand eines einfachen Beispiels betrachten.

Gegeben sei ein einfachster Stromkreis, der den Strom im Gas nach dem Schaltschema der Abb. 254 speist; der Kreis sei über den Widerstand R_1 geschlossen, und in ihm fließe ein konstanter Strom der Stärke I_1. In einem gewissen Moment sinke der Widerstand sprunghaft auf R_2. Die Stromstärke steigt auf $I_2 > I_1$. Wie geschieht das?

Vor allem vergrößert sich infolge der Herabsetzung des Widerstands im Stromkreis die Spannung (U) am Gasraum.[1]) Ein größeres U hat eine Erhöhung der

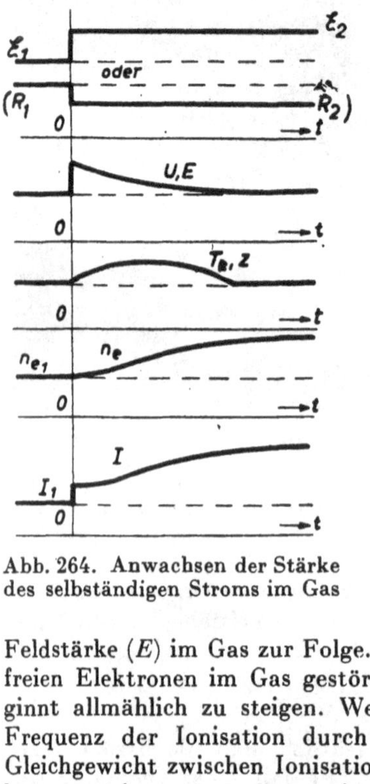

Abb. 264. Anwachsen der Stärke des selbständigen Stroms im Gas

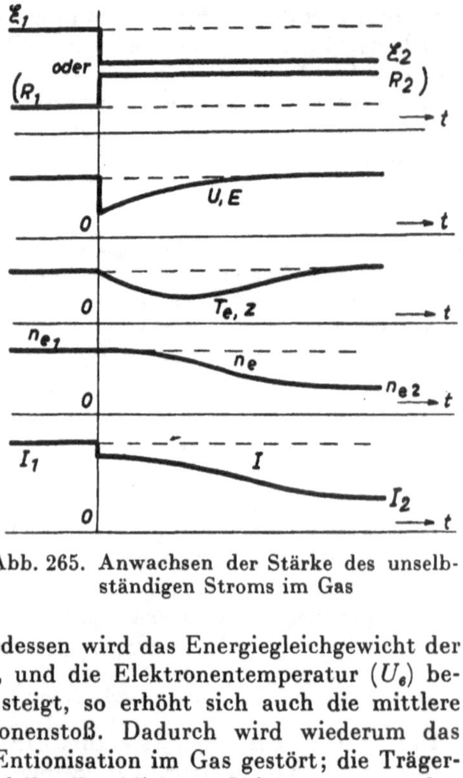

Abb. 265. Anwachsen der Stärke des unselbständigen Stroms im Gas

Feldstärke (E) im Gas zur Folge. Infolgedessen wird das Energiegleichgewicht der freien Elektronen im Gas gestört (§ 50), und die Elektronentemperatur (U_e) beginnt allmählich zu steigen. Wenn U_e steigt, so erhöht sich auch die mittlere Frequenz der Ionisation durch Elektronenstoß. Dadurch wird wiederum das Gleichgewicht zwischen Ionisation und Entionisation im Gas gestört; die Trägerkonzentrationen n_e und n_p steigen gleichfalls allmählich an. Infolgedessen wächst allmählich der Strom (I) im Gas. Die Erhöhung des Stroms führt jedoch dazu, daß der Spannungsabfall am Widerstand R_2 steigt und dadurch die Spannung U am Gasraum wieder abzunehmen beginnt. Demzufolge hört die Elektronentemperatur auf zu wachsen und sinkt sogar allmählich wieder bis zu einem Gleichgewichtswert. Kehrt jedoch U_e in die Gleichgewichtslage zurück, so wird auch das

[1]) Die Ausbreitungszeit der elektromagnetischen Störungen längs des Stromkreises berücksichtigen wir nicht.

Gleichgewicht zwischen Ionisation und Rekombination von neuem hergestellt; die Größen n_e und n_p stabilisieren sich wieder, doch auf einem neuen, höheren Niveau. Folglich stellt sich auch die Stromstärke auf einen neuen, höheren Wert ein. Alle diese Erscheinungen sind graphisch in Abb. 264 dargestellt.[1])

Ein entsprechendes Bild können wir auch für den Fall entwerfen, bei dem eine Vergrößerung des Widerstands oder eine Herabsetzung der EMK $\mathcal{E}$ eine Verminderung der Stromstärke I hervorruft. Ohne die ähnlichen Überlegungen zu wiederholen, beschränken wir uns einfach auf die Abb. 265, die den Verlauf der Erscheinungen in diesem Fall illustriert.

Somit ist eine Stromstärkeänderung des selbständigen Stroms im Gas ebenso wie bei einem konstanten Leiter die Folge einer Spannungsänderung in gleicher Richtung. Während jedoch eine Spannungserhöhung in einem konstanten Leiter eine Vergrößerung der Triftgeschwindigkeit der Ladungsträger hervorruft und die ganze Zeit andauern muß, in der der stärkere Strom fließen soll, ist in einem Gas eine Spannungserhöhung die Ursache für die Verstärkung andersartiger Prozesse und existiert nur kurzfristig. Benutzen wir formal die Beziehung $I = gU$, so können wir sagen, daß die Spannungsänderung U (obschon zeitweilig) eine Änderung der Leitfähigkeit g hervorruft, die von einer entsprechenden Änderung des Stroms I begleitet wird.

Von einigen Autoren wurde eine andere Darstellung vorgeschlagen, nach der die Stromstärkeänderung im Gas die Ursache und die Spannungsänderung die Folge ist [XII — 8, 0 — 7]. Betrachtet man die Stromänderung, die durch Prozesse im elektrischen Stromkreis hervorgerufen wird, und kompliziert die Frage nicht durch Erscheinungen, welche durch Dichte- oder Temperaturänderungen des Mediums bzw. durch äußere Einwirkungen (ionisierende Strahlung, Glühelektroden u. a. m.) hervorgerufen werden, so ist diese Konzeption falsch. Der Unterschied der Stromdynamik im Gas und im Metall besteht nicht darin, daß sich die Ursachen unterscheiden — das eine Mal eine Strom-, das andere Mal eine Spannungsänderung — sondern darin, daß die Folgen einer Spannungsänderung andere sind und diese verschieden lange dauert. Die Neuverteilung der Spannung im Stromkreis bei steigender Stromstärke ist nicht der Anfang, sondern das Ende des Prozesses.

Zur experimentellen Prüfung der dargelegten Vorstellungen wurden von GALKINA und dem Verfasser [XII — 9] Versuche durchgeführt, bei denen Stromänderungen im Gas durch eine plötzliche Änderung der Bedingungen im elektrischen Stromkreis erzielt wurden. Die Schaltschemata der Versuche sind aus den Abb. 266 und 267 zu entnehmen.

Das Untersuchungsrohr wurde aus dem Wechselspannungsnetz über einen induktionsfreien Widerstand gespeist. In der Nähe des Maximums ändert sich der Strom im Rohr langsam, und man kann ihn als stationär betrachten. In diesem Moment wurden die Bedingungen im Stromkreis einschneidend geändert. Für die plötzliche Erhöhung des Stroms im Gas („positive Störung", Abb. 266) wurde ein Teil des Widerstands ($R_1 - R_2$) durch ein Thyratron T_2 kurzgeschlossen, das in diesem Moment durch den Phasenregulator P geöffnet wurde. Zur plötzlichen

[1]) Der Verlauf der Erscheinungen im Gas bleibt auch dann der gleiche, wenn die Änderung der Stromstärke nicht durch eine Änderung des äußeren Widerstandes, sondern durch eine Änderung der elektromotorischen Kraft hervorgerufen worden ist.

Verminderung des Stroms („negative Störung“, Abb. 267) wurde ein Teil des Stroms vom Hauptkreis E, R_1, R_2, T über einen parallelen Zweig R_3, T_2, der ebenfalls mit einem Phasenregulator geöffnet wurde, abgezweigt.

Die Versuche, welche in zylindrischen Rohren von 60 cm Länge, 2,0 und 5,6 cm Durchmesser durchgeführt wurden, die mit Quecksilberdampf bei einem Druck

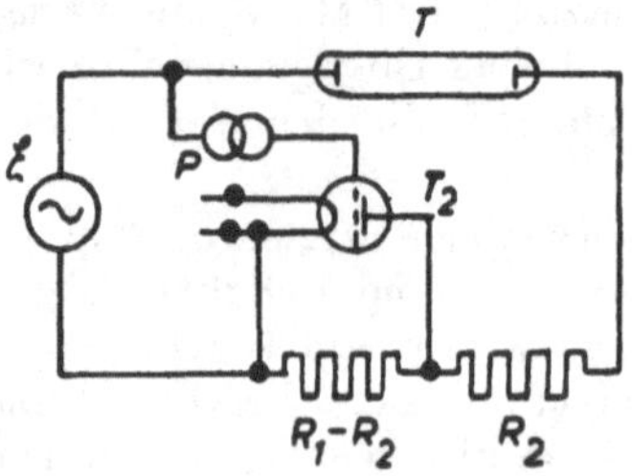

Abb. 266. Schaltbild einer positiven Störung [XII—9]; T Untersuchungsrohr, T_2 Hilfsthyratron, P Phasenregulator, E Spannungsquelle der Wechsel-EMK

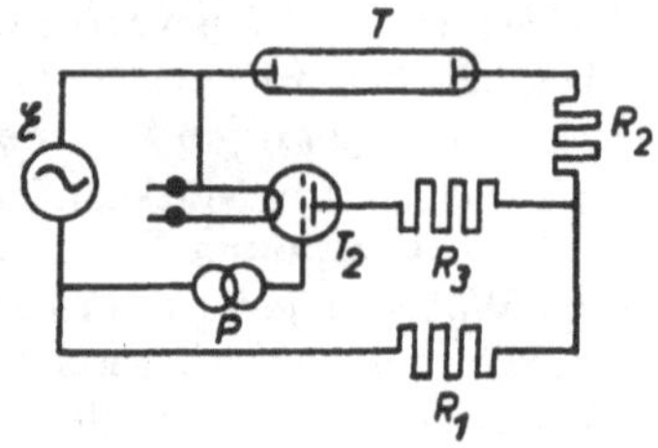

Abb. 267. Schaltbild einer negativen Störung [XII—9]; die Bezeichnungen sind die gleichen wie in Abb. 266

von 0,001—0,064 mm Hg gefüllt waren, zeigten, daß bei der „positiven Störung“, d. h. Stromerhöhung, am Rohr eine positive Spannungsspitze von $\sim 10^{-5}$ sec Dauer und 50 V Höhe auftritt (Abb. 268). Bei größerer Schreibgeschwindigkeit

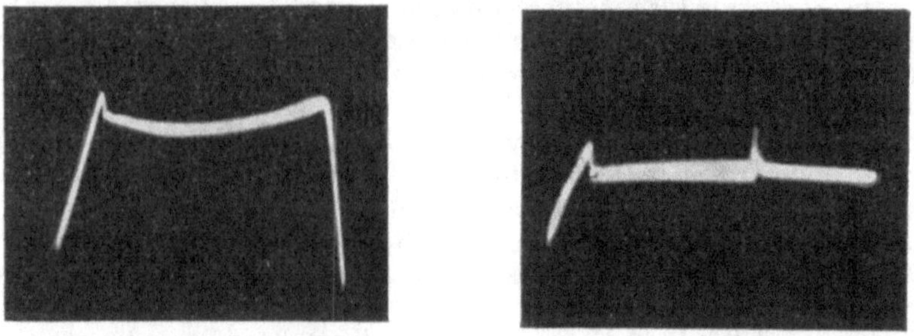

a *b*

Abb. 268. Spannung und Stromstärke bei den Versuchen mit sprunghafter Stromänderung: a) Spannung ohne Störung, b) Spannung bei positiver Störung [XII—9]

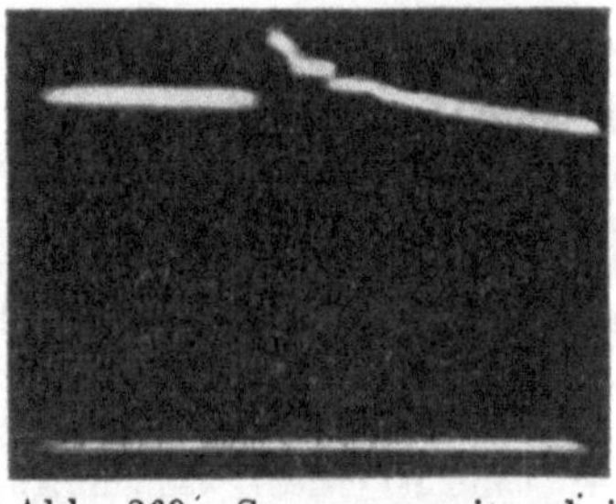

Abb. 269. Spannungsspitze bei positiver Störung [XII—9]

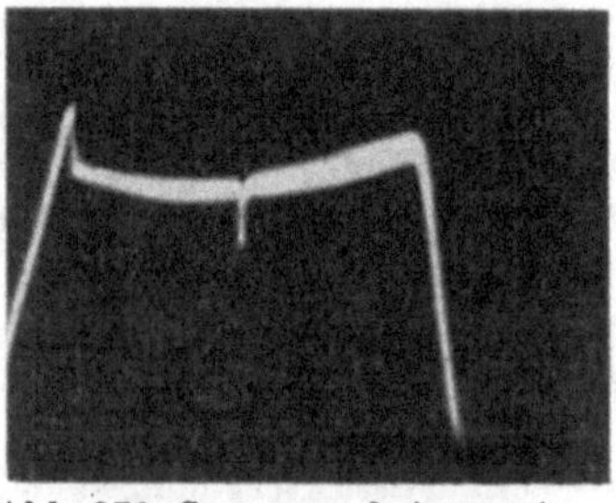

Abb. 270. Spannung bei negativer Störung [XII—9]

sieht man, daß diese Spannungsspitze aus einer plötzlichen Abweichung der Größe U vom ursprünglichen Wert und eine spätere allmähliche Rückkehr zum Gleichgewichtswert U besteht (Abb. 269). Bei „negativer Störung“, d. h. Schwächung des Stroms durch das Rohr, tritt eine kurzdauernde Spannungsspitze nach der anderen Seite auf (Abb. 270). Die Höhe und Dauer der Spitzen kann man theoretisch berechnen, und zwar in befriedigender Übereinstimmung mit dem Versuch. Die Höhe der Spannungsspitzen ΔU ist desto kleiner, je langsamer die Bedingungen im Stromkreis sich ändern; schon bei einer Störungsdauer von $\sim 1 \mu$ sec fällt ΔU auf 30—40%; bei einer Dauer von $\sim 100 \mu$sec sind überhaupt keine Spitzen mehr wahrzunehmen. Das ist nicht verwunderlich, da verhältnismäßig langsame Spannungsänderungen durch die Einstellprozesse im Gas geglättet werden.

Die beschriebenen Versuche zeigen noch einmal, daß die Änderung des elektrischen Zustandes des Gases, die durch elektrische Prozesse im Stromkreis hervorgerufen werden, mit einer zeitweiligen Änderung der angelegten Spannung beginnt, die die Leitfähigkeit des Gases in der gleichen Richtung ändert, in der sich U änderte. Selbstverständlich kann man eine Stromänderung im Gas auch anders hervorrufen, indem man unmittelbar auf die Leitfähigkeit des Gases g einwirkt, beispielsweise das Gas oder die Elektroden erwärmt, sie mit ionisierender Strahlung bestrahlt usw. In diesem Fall ist die Stromänderung jedoch Folge und nicht Ursache der Prozesse. Erst später, wenn die Stromänderung schon erfolgt ist, zieht sie als Sekundärerscheinung eine neue Spannungsänderung nach sich.

KAPITEL XIII

Kleine Störungen des selbständigen Stroms

§ 80. Die Methode der kleinen Störungen

Die Vielfalt der Prozesse, welche den selbständigen elektrischen Strom im Gas ausmachen, spiegelt sich in der Kompliziertheit der Gleichungen wider, die seine Eigenschaften beschreiben, insbesondere der nicht linaren Differentialgleichung der dynamischen Stromspannungscharakteristik (§ 78). Das erschwert alle quantitativen Untersuchungen der Gesetze des selbständigen Stroms im Gas. Ähnliche Schwierigkeiten bei der Untersuchung nicht linearer mechanischer Systeme führten zur Ausarbeitung von zwei Untersuchungsverfahren: der Methode der qualitativen Untersuchung (siehe dazu beispielsweise die Werke [XI — 4] und [XIII — 2] und der Methode der kleinen Störungen [XI — 1], [XIII — 1]. Diese in weitem Maße angewendeten Methoden können nicht nur in der Mechanik gebraucht werden, sondern auch in der Theorie der elektrischen Schwingungen und zum Studium des elektrischen Stroms im Gas. Wir wollen bei der Methode der kleinen Störungen verweilen.

Das Wesen der Methode besteht darin, daß man ein System, welches sich in einem vorgegebenen Gleichgewichtszustand oder im Zustand der stationären Bewegung befindet, aus diesem Zustand bringt, und zwar durch eine unendlich kleine Verrückung seiner Koordinaten oder Geschwindigkeiten aus den ursprünglichen Werten[1]). Da die auferlegte Störung unendlich klein ist, verändern sich die Bewegung des Systems, seine Energie und alle seine Eigenschaften dadurch fast gar nicht. Gleichzeitig ist die Untersuchung dieser kleinen Abweichungen analytisch viel einfacher als die Untersuchung der der Systembewegung zugrunde liegenden Gesetzmäßigkeiten, da sie auf ein System linearer Gleichungen führt und eine Reihe wichtiger Eigenschaften der betreffenden Bewegung festzustellen gestattet: ihre Stabilität, wie sie sich einstellt usw.

In Anwendung auf den selbständigen Strom besteht die Methode in folgendem: Man betrachtet den stationären (konstanten) Strom der interessierenden Form; seine Parameter — sowohl die äußeren (I_c, U_c), als auch die inneren (n_{ec}, T_{ec}, ...) — werden als vorgegeben vorausgesetzt. Der Strom wird von einem äußeren Stromkreis gespeist, dessen Elemente ebenfalls bekannt sind. Dem stationären Strom wird eine gewisse kleine Störung aufgeprägt, deren Relativwert wir mit ι bezeichnen, so daß

(80,1) $$I = I_c\,(1 + \iota), \quad \iota \ll 1\ ^{2)} \quad \text{ist.}$$

[1]) Die Untersuchung der Eigenschaften des elektrischen Stroms nach dieser Methode muß man offenbar mit der Anwendung der Methode kleiner Störungen zur Untersuchung von Bewegungen und nicht von Gleichgewichtszuständen vergleichen.

[2]) In vielen Arbeiten, in denen diese Methode benutzt wird, werden die Störungen ihrem Absolutwert nach vorgegeben, so daß anstatt (80,1) $I = I_c + \iota$ zu schreiben wäre. Für unsere Probleme führt die Benutzung dimensionsloser Relativwerte für die Störungscharakteristik auf einfachere Gleichungen.

Derartige Störungen können spontan auftreten und entstehen auch tatsächlich ständig infolge des statistischen Charakters der Elektronenemission, der Elektronenstöße mit den Molekülen bei der Bewegung im Gas, der Ionisation, Rekombination usw. Das sind die sogenannten *Fluktuationen* des Stroms. Doch kann man Störungen des Stroms auch absichtlich hervorrufen, sei es indem man den Widerstand im Stromkreis nach dem Schaltschema der Abb. 266 oder 267 ändert, sei es durch Veränderung der Größe der elektromotorischen Kraft $\mathcal{E}_c$ im Kreis, indem man eine kleine EMK, die als „Störung" der Haupt-EMK $\mathcal{E}_c$ dient, hinzufügt; das kann beispielsweise nach dem Schaltschema der Abb. 271 erfolgen. In diesem Fall wirkt im Kreis die EMK

$$\mathcal{E} = \mathcal{E}_c(1 + \varepsilon); \quad \varepsilon \ll 1. \tag{80,2}$$

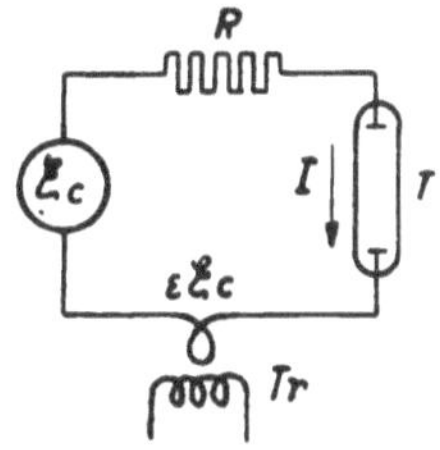

Abb. 271. Einführung einer „Stör"-EMK in den Stromkreis durch einen Transformator

Die Störung der EMK wird ihrerseits eine Störung ι der Stromstärke hervorrufen: Es bleibt die Frage:

1. Wie ändert sich die Größe ι zeitlich?
2. Wie werden die übrigen äußeren und inneren Parameter des Stroms gestört?

Wie in § 79 gezeigt wurde, ist jede Änderung der Stromstärke des selbständigen Stroms im Gas das Ergebnis einer (wenigstens zeitweiligen) Störung der Parameter des Feldes und des ionisierten Gases. Die longitudinale elektrische Feldstärke E_X, die mittlere Ionisationsfrequenz z, die Elektronenkonzentration n_e, die Elektronenverteilungsfunktion $F(c)$ sowie im Fall einer MAXWELL-Verteilung die Elektronentemperatur U_e und schließlich die Spannung am Gasraum, erfahren kleine Störungen [XIII — 3], die man in ähnlicher Weise schreiben kann:

$$E_X = E_{Xc}(1 + \chi), \tag{80,3}$$

$$F(c) = F_c(c)(1 + \varphi), \tag{80,4}$$

$$U_e = U_{ec}(1 + v_e), \tag{80,5}$$

$$n_e = n_{ec}(1 + \nu_e), \tag{80,6}$$

$$z = z_c(1 + \zeta), \tag{80,7}$$

$$U = U_c(1 + u), \tag{80,8}$$

wo χ, φ, v_e, ν_e, ζ, u die relativen Störungen der Größen E_X, F, U_e, n_e, z, U sind. Setzt man die Ausdrücke (80,1)—(80,8) an Stelle von I, U, E, n_e usw. in das Gleichungssystem, das den Strom bestimmt, und vernachlässigt die quadratisch und die von höherer Ordnung kleinen Größen, so kommt man zu einem anderen System von Differentialgleichungen, das bezüglich ι, u, ν, v_e, χ usw. linear ist. Die Untersuchung eines solchen linearisierten Systems ist nicht schwierig. Eliminiert man aus ihm alle Veränderlichen außer ι und u, so kommt man zur differentiellen Stromspannungscharakteristik des Gasraums, d. h. zu einer Gleichung, die die kleinen Störungen des Stroms und der Spannung in der Nähe der betreffenden I- und U-Werte verbindet (§ 81).

Um jedoch auf die oben gestellte Frage zu antworten (wie verlaufen die Störungen der Stromstärke und der anderen Parameter zeitlich), ist es allein mit dieser Charakteristik nicht getan, es sind vielmehr auch Kenntnisse über den äußeren Stromkreis notwendig. Für ihn kann man ebenfalls die Gleichung der differentiellen Charakteristik ermitteln. Sie muß einen Hinweis darauf enthalten, ob irgendein Parameter des äußeren Stromkreises eine Störungsquelle ist, und wenn das der Fall ist, welcher Art diese ist.

Die primäre Störung möge an der EMK $\mathcal{E}$ erfolgen. Für den einfachsten Kreis (Abb. 254), dessen Charakteristik $U = E - RI$ ist, finden wir

$$R\iota = \frac{\mathcal{E}_e}{I_e}\varepsilon - \frac{U_e}{I_e}u. \tag{80,9}$$

Für einen allgemeineren Stromkreis (Abb. 256), dessen Charakteristik durch die Gleichung (78,2) gegeben wird, hat die differentielle Charakteristik die Form

$$CRL\frac{d^2\iota}{dt^2} + L\frac{d\iota}{dt} + R\iota = \frac{\mathcal{E}_e}{I}\varepsilon - CR\frac{U_e}{I_e}\frac{du}{dt} - \frac{U_e}{I_e}u. \tag{80,10}$$

Schließt man die Gleichung (80,9) oder (80,10) an die differentielle Charakteristik des Gasraums an und gibt die Störung ε als Funktion der Zeit vor, so kann man den zeitlichen Verlauf der Störungen des Stroms, der Spannung und der anderen Parameter bestimmen.

Wird kein Parameter des äußeren Stromkreises, auch nicht die EMK, in dem betrachteten Zeitraum gestört, so vereinfachen sich die Gleichungen (80,9) und (80,10); in ihnen ist $\varepsilon = 0$ zu setzen. Auf diese Weise müssen insbesondere die spontanen Stromschwankungen betrachtet werden.

§ 81. Die Stromspannungscharakteristik der kleinen Stromstörungen

Als Beispiel für eine Charakteristik kleiner Stromstörungen betrachten wir die Stromstörungen in einer langen zylindrischen Niederdrucksäule, deren statische und dynamische Charakteristik bereits oben in den §§ 76, 77 und in den Anmerkungen 21 und 22 betrachtet wurden. Die Gleichung, welche die relativen Störungen des Stroms und der Spannung in einer derartigen Säule unter Berücksichtigung von nur einem Trägheitsfaktor (der endlichen Geschwindigkeit der Gasionisation) verbindet, hat die Form

$$\frac{d\iota}{dt} = \frac{du}{dt} + au, \tag{81,1}$$

wobei $a = z_e\left(\frac{U_i}{U_e} - 1\right)$ ist[1]) (siehe Anmerkung 23).

Mit Hilfe einer solchen Beziehung, die wir *differentielle Stromspannungscharakteristik* des Stroms nennen wollen, kann man eine Reihe wesentlicher Eigenschaften der betreffenden Stromform untersuchen. So kann man beispielsweise erklären, wie der Strom sich bei einer vorgegebenen Spannungsänderung ändert und wie die Stromänderung von der Größe und Geschwindigkeit der Spannungsänderung abhängt. Wir wollen annehmen, die Spannungsstörung erfolge periodisch mit der Amplitude u_0 und mit der Kreisfrequenz ω nach der Gleichung

$$u = u_0 e^{i\omega t}. \tag{81,2}$$

---

[1]) Da $z_e = \frac{1}{\tau}$ (τ ist die Entionisationszeit, § 61) ist, so ist a proportional zur Entionisationsgeschwindigkeit in dem betreffenden Gasraum.

Setzen wir (81,2) in (81,1) ein, so können wir uns überzeugen, daß die Störung der Stromstärke ι in diesem Fall ausgedrückt wird durch:

(81,3) $$\iota = \iota_0 e^{i(\omega t + \eta)},$$

wobei

(81,4) $$\iota_0 = u_0 \sqrt{1 + \frac{a^2}{\omega^2}},$$

(81,5) $$\operatorname{tg} \eta = \frac{a}{\omega}$$

ist. Das bedeutet, daß die Stromstörungen auch sinusförmig mit der gleichen Frequenz erfolgen, in der Phase jedoch hinter den Spannungsoszillationen zurückbleiben. Die relativen Stromoszillationen sind der Größe nach desto kleiner und das Zurückbleiben in der Phase ist ebenfalls desto kleiner, je höher die Oszillationsfrequenz ist. Bei niedrigen Frequenzen, wenn $\omega \ll a$ oder T (Periode) viel größer als τ (Zeitkonstante der Entionisation) ist, beträgt $\eta \approx 90°$ und es gilt $\iota_0 \gg u_0$. In diesem Fall hat die differentielle Charakteristik die Form einer Ellipse, deren große Achse zur statischen Charakteristik parallel liegt und die relativ zur kleinen Achse auseinandergezogen ist. Die Absolutwerte der Störungen $(u U_c)$ und (ιI_c) beschreiben eine ähnliche Ellipse in einem anderen Maßstab um den Punkt (I_c, U_c) (Abb. 272). Mit höher werdender Frequenz dreht und deformiert sich diese Ellipse. Das zeigt Abb. 272. Bei sehr hohen Frequenzen zieht sie sich auf eine Gerade durch den Koordinatenursprung zusammen. Ähnliche Erscheinungen kann man im Experiment beobachten, das beispielsweise nach dem Schaltschema der Abb. 271 durchgeführt werden kann, wenn man über einen Transformator in den Stromkreis eine sinusförmige EMK wechselnder Frequenz einführt und die Stromspannungscharakteristik des Rohrs mit einem Elektronenstrahloszillographen beobachtet. Diese Erscheinungen sind die wesentliche Eigenheit des sogenannten *modulierten Stroms*, der sich nur durch die Größe (die Tiefe) der Modulation unterscheidet. Die Theorie des modulierten Stroms im Gas wird ebenso wie die Theorie der periodischen Störung des Gleichstroms aufgebaut [XIII – 3, 4, 7].

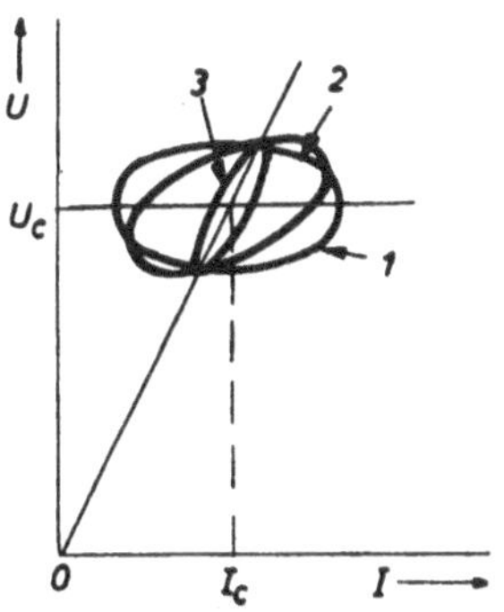

Abb. 272. Kleine Schwankungen des Stroms und der Spannung um den Wert I_c, U_c: *1* Niederfrequenz, *2* Mittelfrequenz, *3* Hochfrequenz

§ 82. Die Stationarität des Stroms im Gas

Die Methode der kleinen Störungen gestattet es, die Frage der Stationarität des Stroms im Gas unter vorgegebenen Bedingungen im Gasraum und im äußeren Stromkreis zu klären. Die Stromstärke, die, da sie gleichzeitig die Charakteristik des Gasraums und die des Speisekreises befriedigen muß, in diesem Kreis auftritt, kann gegenüber kleinen Störungen nichtstationär sein. Sie bleibt in diesem Fall infolge der unvermeidlichen Stromfluktuationen nicht über eine nennenswerte Zeit konstant. Kann die Stromstärke in dem betreffenden Kreis mehrere verschiedene Werte annehmen (s. Abb. 255, Gerade 1), so ist es notwendig, diese Werte auf ihre Stationarität hin zu untersuchen.

Die allgemeine Untersuchungsmethode der Stationarität eines vorgegebenen Zustands besteht darin, daß eine kleine Ablenkung vom untersuchten Zustand zugelassen wird, wobei die weitere zeitliche Änderung ermittelt wird. Geht diese Ablenkung mit der Zeit zurück, so ist der Ausgangszustand stationär, im anderen Falle ist er nichtstationär.

Um die Stationarität irgendeines Stroms in einem vorliegenden Gasraum zu untersuchen, betrachten wir gleichzeitig seine differentielle Charakteristik, die man in allgemeiner Form so schreiben kann:

$$a_n \iota^{(n)} + a_{n-1} \iota^{(n-1)} + \ldots + a_2 \iota'' + a_1 \iota' + a_0 =$$

$$= b_n u^{(n)} + b_{n-1} u^{(n-1)} + \ldots + b_2 u'' + b_1 u' + b_0 \text{ [1]}, \tag{82,1}$$

und die differentielle Charakteristik des äußeren Stromkreises, die man analog schreiben kann:

$$c_m \iota^{(m)} + c_{m-1} \iota^{(m-1)} + \ldots + c_2 \iota'' + c_1 \iota' + c_0 =$$

$$= d_l u^{(l)} + d_{l-1} u^{(l-1)} + \ldots + d_2 u'' + d_1 u' + d_0. \tag{82,2}$$

Dabei sind a_i und b_i Koeffizienten, die durch die Parameter des Gasraums ausgedrückt werden, c_i und d_i aber Koeffizienten, die von den Parametern des äußeren Stromkreises abhängen.

Für die Strom- und Spannungsstörungen schreiben wir:

$$\iota = \iota_0 e^{wt}, \quad u = u_0 e^{wt}; \tag{82,3}$$

ι_0 ist die anfängliche Stromabweichung vom stationären Wert, I_c ist eine reelle Größe (positiv oder negativ), u_0 und w sind im allgemeinen komplexe Größen[2]). In diesem Fall wird die zeitliche Änderung von c und u durch den Koeffizienten w festgelegt. Um w zu bestimmen, setzen wir (82,3) in (82,1) und (82,2) ein. Kürzen wir e^{wt} und rechnen leicht um, so erhalten wir aus (82,1)

$$\frac{u_0}{\iota_0} = \frac{a_n w^n + a_{n-1} w^{n-1} + \cdots + a_1 w + a_0}{b_n w^n + b_{n-1} w^{n-1} + \cdots + b_1 w + b_0},$$

und aus (82,2)

$$\frac{u_0}{\iota_0} = \frac{c_m w^m + c_{m-1} w^{m-1} + \cdots + c_1 w + c_0}{d_l w^l + d_{l-1} w^{l-1} + \cdots + d_1 w + d_0}.$$

Setzen wir die letzten zwei Ausdrücke gleich, so erhalten wir eine Gleichung zur Bestimmung von w. Sie wird *charakteristiche Gleichung* genannt und kann in folgender Form geschrieben werden:

$$g_k w^k + g_{k-1} w^{k-1} + \ldots + g_1 w + g_0 = 0,$$

wo $g_k, g_{k-1}, \ldots, g_0$ Ausdrücke sind, die aus den Koeffizienten a, b, c und d der Gleichungen (82,1) und (82,2) zusammengesetzt sind und k gleich der größeren der Zahlen $(n + m)$ und $(n + l)$ ist.

---

[1]) Die Ordnung der höchsten Ableitung von ι und u muß in dieser Gleichung gleich sein, da nur dann die Leitfähigkeit bei hoher Frequenz konstant ist (Ohmsche Leitfähigkeit).

[2]) Da die Differentialgleichungen (82,1) und (82,2) linear sind, ist es möglich, c und u durch die Ausdrücke (82,3) darzustellen; vgl. § 81.

Damit der Strom stationär ist, ist es notwendig, daß der Realteil aller Wurzeln dieser Gleichung für w negativ ist. Eine notwendige und hinreichende Bedingung dafür ist die Gesamtheit folgender Ungleichungen:

$$(82{,}5)\qquad D_j \equiv \begin{vmatrix} g_{k-1} & g_k & 0 & 0 & \cdot \\ g_{k-3} & g_{k-2} & g_{k-1} & g_k & \cdot \\ g_{k-5} & g_{k-4} & g_{k-3} & g_{k-2} & \cdot \\ \cdot & \cdot & \cdot & \cdot & \cdot \\ \cdot & \cdot & \cdot & \cdot & \cdot \\ g_{k-2j+1} & g_{k-2j+2} & g_{k-2j+3} & g_{k-2j+4} & \end{vmatrix} > 0,$$

wo $j = 1, 2, 3, \ldots, k$ ist (Bedingung von HURWITZ siehe beispielsweise [XIII — 14]).

Oben wurden Beispiele für die differentiellen Charakteristiken des Gasraums und des äußeren Stromkreises bis zur zweiten Ordnung betrachtet. Sie führen auf eine charakteristische Gleichung (82,4) vom Grade $k \leqslant 4$. Die Stationaritätsbedingung (82,5) fordert, daß alle Koeffizienten $g_0, g_1, \ldots, g_k$ positiv sind; tritt auch nur bei einem Koeffizienten ein negatives Vorzeichen auf, so bedeutet das, daß der betrachtete Strom nicht-stationär ist. Um konkrete physikalische Bedingungen abzuleiten, die der Gasraum und der äußere Stromkreis erfüllen müssen, damit der Strom stationär ist, muß man die Koeffizienten $g_0, g_1, \ldots, g_k$ zergliedern, indem man sie durch die Parameter des Gasraums und des Speisekreises ausdrückt.

Die Analyse der Stromstationarität im Gas nach der Methode der kleinen Störungen, die von KAUFMANN [XI — 11] eingeführt wurde und in vielen Lehrbüchern [0 — 2, , 3, 7] und Monographien dargestellt ist, geht von der statischen Charakteristik des Stroms im Gas aus; der äußere Stromkreis wird entweder durch das ganz einfache Schaltschema Abb. 254 und durch die Charakteristik $U = E - IR$, oder durch das Schaltschema Abb. 256, dem die Gleichung der dynamischen Charakteristik (78,2) zugeordnet ist, vorgegeben. Im zweiten Fall besitzt die Störungsgleichung im äußeren Stromkreis (82,2) die Form (80,10), wo $E = 0$ zu setzen ist:

$$(82{,}6)\qquad CRL\frac{d^2\iota}{dt^2} + L\frac{d\iota}{dt} + R\iota = -CR\frac{U_c}{I_c}\frac{du}{dt} - \frac{U_c}{I_c}u.$$

Die statische Charakteristik $U = \varphi_c(I)$ verbindet die Strom- und Spannungsstörungen durch die Beziehung

$$(82{,}7)\qquad u = \frac{\partial U}{\partial I}\frac{I_c}{U_c}\iota = \frac{R^* I_c}{U_c}\iota.$$

Aus (82,6) und (82,7) finden wir, nachdem wir u eliminiert haben,

$$(82{,}8)\qquad CRL\frac{d^2\iota}{dt^2} + (L + CRR^*)\frac{d\iota}{dt} + (R + R^*)\,\iota = 0.$$

Folglich ist die charakteristische Gleichung

$$g_2 w^2 + g_1 w + g \equiv CRLw^2 + (L + CRR^*)\,w + (R + R^*) = 0.$$

Die Stationaritätsbedingungen erfordern, daß

$$(82{,}9)\qquad g_0 = R + R^* > 0 \quad \text{oder} \quad R > -\frac{dU}{dI}$$

und

$$g_1 = L + CRR^* > 0 \quad \text{oder} \quad L > -CR\frac{dU}{dI} \tag{82,10}$$

gilt. Aus (82,9) und (82,10) folgt, daß der Strom bei steigender oder horizontaler statischer Charakteristik $\left(R^* \equiv \frac{dU}{dI} \geqslant 0\right)$ immer stationär ist, unabhängig von den Parametern des äußeren Stromkreises. Bei fallender statischer Charakteristik $\left(R^* \equiv \frac{dU}{dI} < 0\right)$ hingegen ist der Strom nach (82,9) nur dann stationär, wenn der äußere Widerstand größer ist als der mit umgekehrten Vorzeichen genommene differentielle Widerstand des Gasraums; anders gesagt, die Neigung der statischen Charakteristik des äußeren Stromkreises muß größer sein als die Neigung der Tangente an die Charakteristik des Stroms im Gas. Außerdem darf nach (82,10) die Induktivität des äußeren Stromkreises einen gewissen Wert nicht unterschreiten. Die zweite Bedingung fällt formal fort, wenn die Kapazität $C = 0$ ist; dann wird die Ordnung der Gleichung (82,8) um eins vermindert und es bleibt nur die Bedingung (82,9). In Wirklichkeit existieren jedoch immer eine gewisse Kapazität der Elektroden und eine verteilte Kapazität der Leitungen, mit denen man rechnen muß.

Die Bedingung (82,9) zeigt, wenn man sie auf einen Strom mit fallender Charakteristik anwendet, daß von den zwei möglichen Stromstärkewerten I_1 und I_2, die in Abb. 255 den Punkten M_1 und M_2 entsprechen, nur der Strom I_2 stationär sein kann $\left(-\frac{dU}{dI} < R\right)$; der Strom I_1 ist nichtstationär $\left(-\frac{dU}{dI} > R\right)$. Das erklärt man gewöhnlich aus der Lage der Punkte M_1 und M_2 und der Geraden $U = \mathcal{E} - IR$ in bezug auf das „positive" und „negative" Gebiet (§ 77, P. 2). Die Abweichung des Stroms vom Wert I_2 in Richtung der Verstärkung ($\iota > 0$) bedeutet einen Übergang in das negative Gebiet auf der Geraden $U = \mathcal{E} - IR$. Das führt zu einer Herabsetzung der Gasionisation und deshalb zur Abnahme des Stroms bis zum ursprünglichen Wert. Negative Abweichungen vom Wert I_2 ($\iota < 0$) überführen den Strom in das positive Gebiet, infolgedessen verstärkt sich die Gasionisation und der Strom steigt wieder bis zu seinem Anfangswert I_2. Dagegen nehmen irgendwelche Abweichungen vom Wert I_1 (Punkt M_1) nicht ab, sondern wachsen mit der Zeit. Negative Abweichungen führen den Strom auf der Geraden 1 in das negative Gebiet und enden mit dem Erlöschen des Stroms; positive Abweichungen führen dazu, daß er bis zu dem stationären Wert I_2 wächst. In den Grundzügen ist ein derartiges Vorgehen richtig, wenn man die Stationarität des Stroms untersuchen will. Es benutzt die Methode der kleinen Störungen und berücksichtigt die Rolle des äußeren Stromkreises. Eine wesentliche Unzulänglichkeit besteht jedoch darin, daß die statische Charakteristik des Stroms im Gas, anstatt der dynamischen benutzt, d. h. die Eigenträgheit des Stroms im Gas nicht berücksichtigt wird.

Daher kann es in der Praxis vorkommen, daß die Schlußfolgerungen aus einer derartigen Analyse durch den Versuch nicht bestätigt werden. Tatsächlich wurde ein stationärer Strom bei fallender statischer Charakteristik und sehr großem Widerstand im äußeren Stromkreis (Elektronenröhre im Sättigungsgebiet) beobachtet [XIII—5]. Nach (82,10) könnte der Strom unter diesen Bedingungen nur bei einer außerordentlich großen Induktivität im äußeren Stromkreis stationär sein (nach PENNINGs Rechnung müßte sie die Größenordnung 10^3 Henry haben).

Sie war bei den Versuchen nicht vorhanden. Diese Unstimmigkeit zwischen Theorie und Versuch ist darauf zurückzuführen, daß die Faktoren, welche die Eigenträgheit des Stroms im Gas bedingen, nicht erfaßt wurden. Darauf, daß es notwendig ist, nicht nur die magnetische Energie zu berücksichtigen, die in der Induktivität des äußeren Stromkreises gespeichert wird, sondern auch die Energie, welche im Gas selbst gespeichert ist und den Begriff der Strominduktivität zu erweitern, indem man in ihn die „Umwandlungsarbeit" des Mediums (§ 70) einschließt, wurde auch in einer Arbeit von KAUFMANN [XI — 11] hingewiesen. Dieser im Grund richtige Gedanke wurde jedoch gewöhnlich außer acht gelassen und unter L wurde bei der Darlegung der Stationaritätstheorie des Stroms nur die Induktivität des äußeren Stromkreises verstanden. Indessen kann es in der Frage nach der Stationarität eines Systems zu vollkommen irrigen Ergebnissen führen, wenn die Eigenenergiereservoire unberücksichtigt bleiben. Fügt man ein neues, wenn auch kleines Energiereservoir in das System ein, so kann das dazu führen, daß ein stationärer Zustand nichtstationär wird;[1]) umgekehrt kann auch ein nichtstationärer Zustand in einen stationären übergehen, jedoch nur dann, wenn die Zeitkonstante des neuen Reservoirs größer ist als die des vorliegenden [XI — 5; XI — 4, § 19]. Um eine richtige Theorie der Stromstationarität zu entwickeln, ist es erforderlich, die statische Charakteristik durch die dynamische zu ersetzen, wobei es, um eine rationelle Form für diese zu finden, notwendig ist, die hauptsächlichen Energiereservoire des Gases zu betrachten und abzuschätzen (§ 74).[2])

§ 83. Einstellprozesse

In § 82 wurden die Bedingungen betrachtet, unter welchen kleine Störungen des Stroms im Gas im Laufe der Zeit verschwinden oder umgekehrt wachsen. Betrachten wir nun, auf welche Weise dieses Verschwinden oder Wachsen vor sich geht, d. h. wie sich ein konstanter Strom oder Schwingungen gleicher Amplitude einstellen! Wir wollen uns auch bei dieser Frage auf den Fall kleiner Störungen beschränken. Dann wird der Verlauf des Einstellprozesses durch das lineare Gleichungspaar (82,1) und (82,2) beschrieben und das Problem durch die charakteristische Gleichung (82,4) gelöst. Je nach den Wurzeln dieser Gleichung können

---

[1]) Ein Beispiel dafür sind auf unserem Gebiet die Eigenschwingungen, die in einem Stromkreis, der einen Gasentladungsraum enthält, dann auftreten, wenn jegliche reaktive Elemente im äußeren Stromkreis fehlen (§ 84).

[2]) Der erste Versuch, die KAUFMANNsche Theorie zu präzisieren, wurde in einer anderen, falschen Richtung unternommen [XI—12]: als neue Trägheitsfaktoren wurden anstatt der Ionisationsenergie (W_i), der Anregungsenergie (W_a) und der Wärmeenergie des Gases (W_T) (§ 74), die Eigenkapazität des Gases [d. h. ein elektrisches Energiereservoir (W_E)] und die Selbstinduktion [d. h. ein magnetisches Energiereservoir (W_H)] berücksichtigt. Die auf diese Weise abgeleiteten Stationaritätsbedingungen stimmten nicht besser mit dem oben erwähnten Versuch überein als (82,10).

In einer anderen Arbeit ging DÄLLENBACH [XIII—6] bereits von der dynamischen Charakteristik aus; sie wurde formell in Weiterführung der in [XII—3] dargelegten Methode eingeführt; dem Strom im Gas wird ein Energiereservoir zugeschrieben ohne Hinweis auf dessen Natur; die hierbei erhaltenen Stationaritätsbedingungen sind ein gewisser Schritt vorwärts; sie können in Übereinstimmung mit den Ergebnissen des oben angeführten Versuchs von PENNING [XIII—5] gebracht werden. Ihre formelle Herleitung und die in sie eingehenden abstrakten Parameter, deren Zusammenhang mit dem Strommechanismus im Gas in keiner Weise bestimmt ist, gestatten es nicht, etwas darüber auszusagen, wie sie beispielsweise durch die Bedingungen im Gasraum beeinflußt werden.

die Einstellprozesse verschieden verlaufen. Sind alle Wurzeln reell, so stellt sich der stationäre Zustand aperiodisch ein bzw. der Zustand entfernt sich auf diese Weise vom stationären. Sind komplexe Wurzeln vorhanden, so treten Schwingungsprozesse auf.

Die charakteristische Gleichung des Gesamtkreises (82,4) sei vom zweiten Grad. Dann können folgende Fälle vorkommen:

1. Die Wurzeln w sind reell und negativ; Schwingungen treten nicht auf. Der stationäre Zustand stellt sich nach einer monoton fallenden Kurve ein (Abb. 273, a).

2. Die Wurzeln w sind komplex, ihr reeller Teil ist negativ. Der Einstellprozeß stellt eine gedämpfte Schwingung dar (Abb. 273, b).

3. Die Wurzeln sind reell und wenigstens eine ist positiv; der Einstellprozeß verläuft als monoton zunehmende Entfernung aus der Gleichgewichtslage (Abb. 273, c).

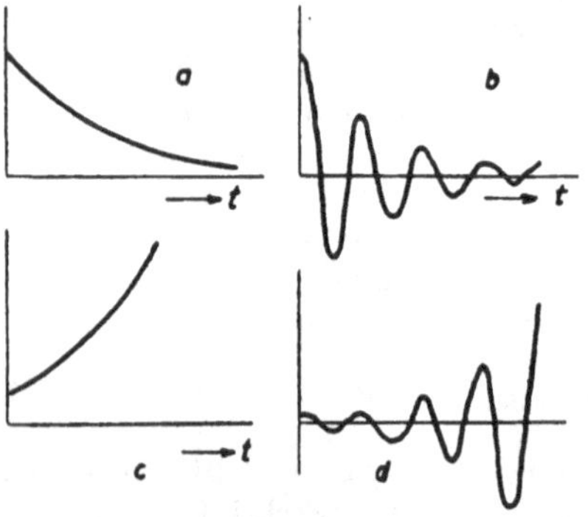

Abb. 273. Einstellprozesse bei einer charakteristischen Gleichung 2. Grades

4. Die Wurzeln sind komplex; ihr reeller Teil ist positiv; im System treten aufklingende Schwingungen auf (Abb. 273, d).

Bei einer charakteristischen Gleichung dritter Ordnung kann außer den diskutierten Fällen noch der Fall eintreten, daß eine Wurzel reell und zwei komplex sind. Ist ihr reeller Teil negativ, so besteht der Einstellprozeß in einer Überlagerung einer gedämpften Schwingung und einer exponentiell fallenden Kurve (Abb. 274).

Die Frage, wie die Einstellprozesse verlaufen, taucht selbst in den einfachsten Fällen der Stromänderung auf, beispielsweise beim plötzlichen Übergang von einer Stromstärke zu einer anderen. Daß dabei gedämpfte Schwingungen der Stromstärke und der Spannung auftreten, ist nicht verwunderlich, wenn der äußere Stromkreis Schwingungselemente enthält (Kapazität und Induktivität). Aber auch wenn diese Elemente fehlen, d. h. bei einem aperiodischen äußeren Stromkreis (Abb. 254), kann man bei dem Übergang zu dem neuen Gleichgewichtszustand gedämpfte Schwingungen erwarten [XIII — 3, 4]. Sie treten dann auf, wenn der Strom im Gas wenigstens zwei Energiereservoire besitzt und wenn die Prozesse, die diese Energie dissipieren, beispielsweise die Kollisionen geladener Teilchen mit Gasmolekülen nicht zu oft vorkommen. Das zweite bedeutet, daß eine große freie Weglänge, d. h. eine niedrige Gasdichte vorhanden sein muß. Folglich ist es bei niedrigem Gasdruck möglich, daß der Übergang von einem stationären Zustand zu einem anderen in der Form gedämpfter Schwingungen erfolgt, daß sich beispielsweise die Elektronen- und Ionenkonzentration n_e zeitlich etwa wie in der Kurve Abb. 275 ändern.

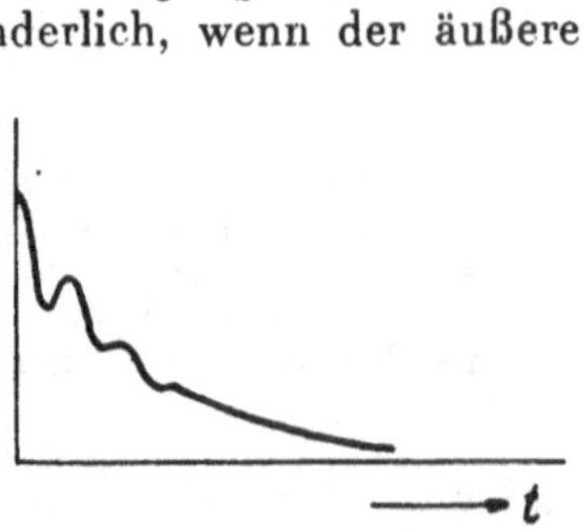

Abb. 274. Eine Form des Einstellprozesses bei einer charakteristischen Gleichung 3. Grades

Versuche von OCHLOPKOW und dem Verfasser [XIII — 8] gaben Hinweise dafür, daß ähnliche Vorgänge tatsächlich stattfinden. Die Stromstärke in einer zylindrischen Röhre, die mit Quecksilberdampf gefüllt war, wurde plötzlich vergrößert oder herabgesetzt, und zwar nach der im § 79 beschriebenen Methodik (Abb. 266 und 267). Der Ionenstrom zu einer negativen Sonde, die in die Achse des Rohres eingebracht war¹), änderte sich bei sehr kleinen Drucken nach Kurven, die der der Abb. 275 ähneln. Bei höheren Drucken verschwanden die Maxima in der Kurve. Das deutet auf einen Übergang zu aperiodischen Einstellprozessen hin. Diese Ergebnisse bedürfen einer weiteren Bestätigung und Präzisierung.

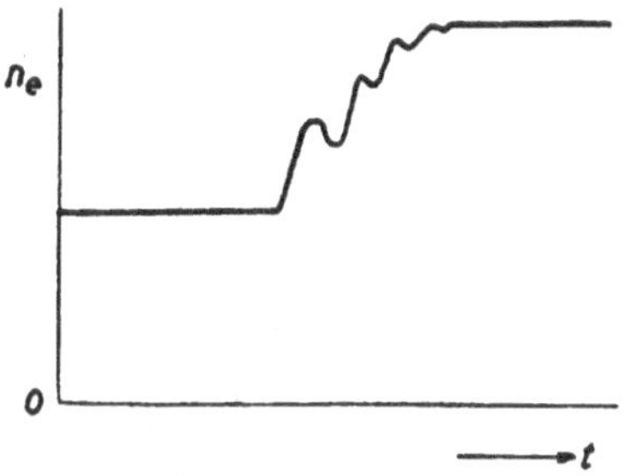

Abb. 275. Änderung der Elektronenkonzentration in einem stark verdünnten Gas beim Übergang von einer Stromstärke zur anderen

§ 11. *Eigenschwingungen des Stroms im Gas*

Der deutlichste Beweis für die Existenz von Eigenenergiereservoirs des Stroms im Gas sind zweifellos die ungedämpften elektrischen Schwingungen in einem Stromkreis, der einen Gasraum, sonst aber weder Kapazitäten noch Induktivitäten enthält (Abb. 254). Offensichtlich ist das Auftreten dieser Schwingungen ganz und gar durch Prozesse bedingt, welche sich im Gasraum abspielen. Es sind zwei große Klassen von Schwingungen bekannt, die in ionisierten Gasen beobachtet werden: 1. Schwingungen mit Schall-, Ultraschall- und niedrigen Radiofrequenzen (bis 10^6 Hz) des selbständigen Stroms im Gas und der Spannung am Gasraum [XIII — 9, 10, 11]; der Gasraum beteiligt sich an ihnen als System mit zusammengefaßten Konstanten, 2. Ultrahochfrequenzschwingungen (10^8—10^{10} Hz), die im ionisierten Gas auftreten, doch nach außen geführt werden können [VIII — 62, 63], [XIII — 12, 13]. Diese Schwingungen stellen Vorgänge vollkommen anderer Art dar. Es handelt sich um einen Prozeß, bei dem positive und negative Raumladungen relativ zueinander verschoben werden und der sich im ionisierten Gas wellenförmig fortpflanzt. Hier ist das ionisierte Gas ein ausgedehntes Medium [I — 10], d. h. ein System mit verteilten Konstanten.

Zu den in diesem Kapitel betrachteten Vorgängen (kleine Stromschwingungen im gesamten Entladungsraum als Ganzes) gehören die Schwingungen mit niedrigen Frequenzen. Ihr Auftreten muß sich aus der charakteristischen Gleichung klären lassen: diese muß komplexe Wurzeln mit einem positiven Realteil enthalten. Der Einstellprozeß muß in diesem Fall so beginnen, wie es auf Abb. 273, d gezeigt wird.

Damit solche Schwingungen entstehen können, müssen im Gas nicht nur Schwingungselemente, d. h. Trägheitsfaktoren (Energiereservoire) vorhanden sein, sondern auch Mechanismen für die Selbsterregung derartiger Schwingungen. Diese Schwingungen können in verdünnten Gasen beobachtet, phasenstabilisiert und

¹) Den Ionenstrom zur negativen Sonde kann man in erster Näherung proportional zur Ionenkonzentration setzen.

photographiert werden [XIII — 111]. Als Beispiel führen wir in Abb. 276 Oszillogramme ähnlicher Schwingungen an, die in Quecksilberbögen mit flüssigen Kathoden und Glühkathoden bei streng aperiodischem Stromkreis aufgenommen wurden.

Die Analyse der Eigenschaften der positiven Säule zeigte, daß es eine Eigenerregung von Schwingungen in ihr nicht gibt. Bei den Versuchen von BYCHOW-

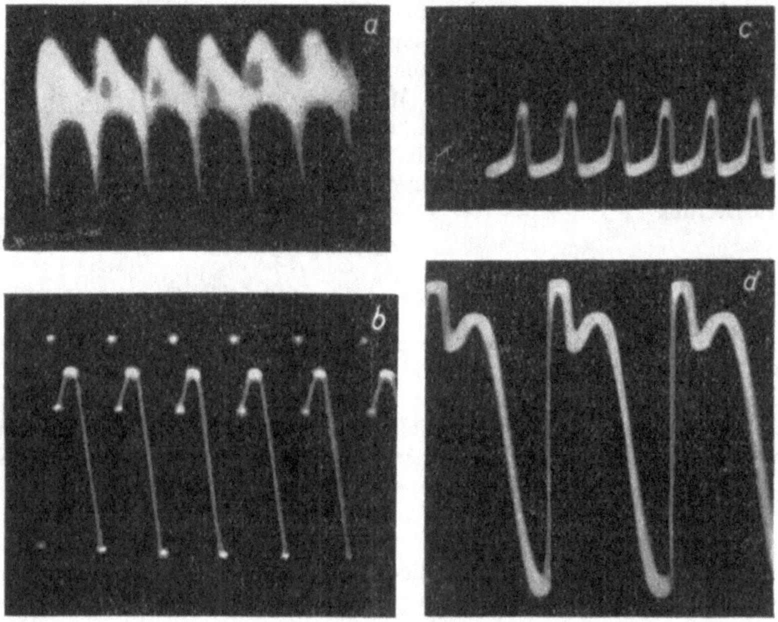

Abb. 276. Schwingungen der Spannung eines Quecksilberniederdruckbogens; der äußere Kreis ist aperiodisch: *a* — flüssige Kathode, $p = 0{,}9\ \mu$ Hg [XIII—11]; *b, c, d* — Glühkathode, $p \cong 100\ \mu$ Hg (aufgenommen von dem Stud. A. B. ALMASOW und dem Verfasser)

SKAJA und dem Verfasser [XIII — 11] wurde gefunden, daß diese Schwingungen im Anodengebiet entstehen. Hier befindet sich folglich ein kleines Energiereservoir, welches das gesamte elektrische System nichtstationär macht (§ 82).

Anmerkungen

1. (§ 11, S. 55).

Wir betrachten zunächst die Bewegung beider Teilchen in dem Koordinatensystem $\tilde{S}$, das sich zusammen mit dem Schwerpunkt O mit der Geschwindigkeit

$$u = \frac{m_1 \mathbf{c}_1 + m_2 \mathbf{c}_2}{m_1 + m_2}$$

bewegt. Die Teilchengeschwindigkeiten in diesem Koordinatensystem betragen, wie im Text (S. 54) gezeigt wurde:

$$\tilde{\mathbf{c}}_1 = \frac{\mu \mathbf{c}_r}{m_1} \text{ und } \tilde{\mathbf{c}}_2 = -\frac{\mu \mathbf{c}_r}{m_2}.$$

Die Bewegungsgrößen beider Teilchen lassen sich folgendermaßen ausdrücken:

$$m_1 \tilde{\mathbf{c}}_1 = \mu \mathbf{c}_r, \quad m_2 \tilde{\mathbf{c}}_2 = -\mu \mathbf{c}_r \quad \text{(vor der Wechselwirkung);}$$
$$m_1 \tilde{\mathbf{c}}_1' = \mu \mathbf{c}_r', \quad m_2 \tilde{\mathbf{c}}_2' = -\mu \mathbf{c}_r' \quad \text{(nach der Wechselwirkung).}$$

Daher wird die Gleichung (11,1) (Impulserhaltungssatz) zu

(a) $$m_1 \tilde{\mathbf{c}}_1 + m_2 \tilde{\mathbf{c}}_2 = m_1 \tilde{\mathbf{c}}_1' + m_2 \tilde{\mathbf{c}}_2' = 0.$$

Die kinetische Energie setzt sich additiv aus zwei Teilen zusammen (der eine rührt von der Schwerpunktsbewegung her, der andere von der Relativbewegung der Teilchen):

(b) $$\frac{m_1 c_1^2}{2} + \frac{m_2 c_2^2}{2} = \frac{m_1 \tilde{c}_1^2}{2} + \frac{m_2 \tilde{c}_2^2}{2} + \frac{m_1 + m_2}{2} u^2 = \frac{\mu c_r^2}{2} + \frac{m_1 + m_2}{2} u^2.$$

Bei der Wechselwirkung ändert sich zwar die Relativgeschwindigkeit der Teilchen, nicht aber die Schwerpunktsgeschwindigkeit, und deshalb nimmt (11,2) die Form

(c) $$\frac{1}{2} \mu c_r^2 + \frac{1}{2} (m_1 + m_2) u^2 = \frac{1}{2} \mu c_r'^2 + \frac{1}{2} (m_1 + m_2) u^2 + A$$

oder

$$\frac{1}{2} \mu c_r^2 = \frac{1}{2} \mu c_r'^2 + A$$

an. Daraus folgt

(d) $$c_r' = \sqrt{c_r^2 - \frac{2A}{\mu}}.$$

Da $\tilde{c}_1' = \frac{\mu c_r}{m_1}$, $\tilde{c}_2' = \frac{\mu c_r'}{m_2}$ ist, so folgt:

(11,6) $$\tilde{c}_r' = \frac{\mu}{m_1} \sqrt{c_r^2 - \frac{2A}{\mu}}, \quad \tilde{c}_2' = \frac{\mu}{m_2} \sqrt{c_r^2 - \frac{2A}{\mu}}.$$

Wir kehren nun zu dem ursprünglichen Koordinatensystem S zurück. Aus dem Dreieck $(\tilde{c}_1', u, c_1')$ der Abb. 13b sieht man, daß

$$\tilde{c}_1'^2 = c_1'^2 + u^2 - 2 u c_1' \cos\vartheta.$$

Setzt man hier für $\tilde{c}_1'^2$ seinen Ausdruck aus (11,6) ein und löst die quadratische Gleichung nach c_1' auf, so erhält man:

$$(11,7) \qquad c_1' = u\left[\cos\vartheta \pm \sqrt{\frac{\mu^2}{m_1^2 u^2}\left(c_r^2 - \frac{2A}{\mu}\right) - \sin^2\vartheta}\right] =$$

$$= \frac{(m_1 c_1 + m_2 c_2)\cdot\left[\cos\vartheta \pm \sqrt{\frac{m_2^2}{(m_1 c_1 + m_2 c_2)^2}\left[(c_1 - c_2)^2 - \frac{2A}{\mu}\right] - \sin^2\vartheta}\right]}{m_1 + m_2}.$$

Berücksichtigen wir, daß $\tilde{\eta} = \tilde{\vartheta}$ ist, was aus Abb. 13b folgt, so erhalten wir weiter:

aus dem Dreieck $(c_2', \tilde{c}_2', u)$ $\quad c_2'^2 = \tilde{c}_2'^2 + u^2 - 2u\tilde{c}_2' \cos\tilde{\vartheta};$ (e)

aus dem Dreieck $(c_1', \tilde{c}_1', u)$ $\quad c_1' \sin\vartheta = \tilde{c}_1' \sin\tilde{\vartheta};$ (f)

aus dem Dreieck $(c_1', \tilde{c}_1', u)$ $\quad c_1' \cos\vartheta = \tilde{c}_1' \cos\tilde{\vartheta} + u.$ (g)

Ersetzen wir in (e) $\tilde{c}_2'^2$ durch den aus (11,6) folgenden Ausdruck und $\tilde{c}_2' \cos\tilde{\vartheta}$ durch $\frac{m_1}{m_2}\tilde{c}_1' \cos\tilde{\vartheta}$ oder nach (g) durch $\frac{m_1}{m_2}(c_1' \cos\vartheta - u)$ und führen die notwendigen Umformungen durch, so erhalten wir für $c_2'^2$ den Ausdruck

$$(11,7') \qquad c_2'^2 = u^2\left[1 + 2\frac{m_1}{m_2}\sin^2\vartheta + \frac{\mu^2}{m_2^2 u^2}\left(c_r^2 - \frac{2A}{\mu}\right) \pm 2\frac{m_1}{m_2}\cos\vartheta \cdot\times\right.$$

$$\left.\times\sqrt{\frac{\mu^2}{m_1^2 u^2}\left(c_r^2 - \frac{2A}{\mu}\right) - \sin^2\vartheta}\right].$$

Endlich finden wir aus den beiden Gleichungen (11,3)

$$\operatorname{tg}\eta = \frac{m_1 c_1' \sin\vartheta}{m_1 c_1 + m_2 c_2 - m_1 c_1' \cos\vartheta}.$$

Setzen wir hier für c_1' seinen Ausdruck (11,7) ein, so finden wir nach entsprechenden Vereinfachungen

$$(11,8) \qquad \operatorname{tg}\eta = \frac{\sin\vartheta\left[1 - \frac{\mu^2}{m_1^2 u^2}\left(c_r^2 - \frac{2A}{\mu}\right)\right]}{\cos\vartheta\left[\frac{m_2}{m_1} + \frac{\mu^2}{m_1^2 u^2}\left(c_r^2 - \frac{2A}{\mu}\right)\right] \mp \left(1 + \frac{m_2}{m_1}\right)\sqrt{\frac{\mu^2}{m_1^2 u^2}\left(c^2 - \frac{2A}{\mu}\right) - \sin^2\vartheta}}.$$

Wir schreiben auch noch die Beziehung zwischen den Winkeln ϑ und $\tilde{\vartheta}$ an; sie geht aus den Formeln (f) und (g) hervor und hat die Form

$$\operatorname{tg}\vartheta = \frac{\tilde{c}_1' \sin\tilde{\vartheta}}{\tilde{c}_1' \cos\tilde{\vartheta} + u}.$$

2. (§ 13, S. 68.)

Einsetzen von Formeln (13,14) in den Ausdruck (13,9) für Π_{ij} ergibt

$$\Pi_{ij} = \frac{Z e_0 q_e}{r_e}\delta_{ij} - e_0 q_e \sum_{k=1}^{Z} \int\cdots\int (\psi_j^a)^* \frac{1}{|\boldsymbol{r}_e - \boldsymbol{r}_k|}\psi_i^a\, dx_1\, dy_1\, dz_1 \ldots dx_Z\, dy_Z\, dz_Z.$$

Wir wollen das zweite Glied auf der rechten Seite berechnen. Für das k-te Atomelektron betrachten wir zuerst den Ausdruck $\int\ldots\int (\psi_j^a)^*\psi_i^a\, dx_1 \ldots dz_{k-1}\, dx_{k+1} \ldots dz_z$ (Integral über die Koordinaten aller Elektronen, außer dem k-ten). Dieser Ausdruck ist ein Matrixelement der Wahrscheinlichkeitsdichte des k-ten Elektrons für den Übergang $i \to j$; man kann es mit G_{ij}^k bezeichnen. Weiterhin ist $e_0 \cdot \iiint G_{ij}^k \frac{dx_k dy_k dz_k}{|\boldsymbol{r}_e - \boldsymbol{r}_k|}$ das elektrostatische Potential dieser Ladung, und

$$e_0 \sum_{k=1}^{Z} \iiint \frac{G_{ij}^k \, dx_k dy_k dz_k}{|\boldsymbol{r}_e - \boldsymbol{r}_k|} = e_0 \iiint \frac{\sum G_{ij}^k \, dx'' \, dy'' \, dz''}{|\boldsymbol{r}_e - \boldsymbol{r}''|} = e_0 \int\limits_{(a'')} \frac{G_{ij} \, dV_a''}{|\boldsymbol{r}_e - \boldsymbol{r}''|}$$

ist das Potential der resultierenden Ladungsverteilung $e_0 G_{ij}(\boldsymbol{r}'') = e_0 \sum_{k=1}^{Z} G_{ij}^k$. Dies ist seinerseits das Matrixelement der Ladungsdichte der Elektronenhülle des Atoms, welches dem entsprechenden Übergang $(i \to j)$ entspricht. Folglich gilt

$$\Pi_{ij} = \frac{Z e_0 q_e}{r_e} \delta_{ij} - e_0 q_e \int\limits_{(a'')} \frac{G_{ij}(\boldsymbol{r}'') \, dV_a''}{|\boldsymbol{r}_e - \boldsymbol{r}''|} . \tag{13,15}$$

Jetzt setzen wir dieses Ergebnis in die Formel (13,12) für $f_{ij}(\vartheta_1, \psi)$ ein:

(a) $f_{ij}(\vartheta, \psi) =$

$$= - \frac{2\pi m e_0 q_e}{h^2} Z \delta_{ij} \int\limits_{(a')} \frac{e^{i \Delta k r_e'}}{r_e'} dV'_e + \frac{2\pi m e_0 q_e}{h^2} \int\limits_{(a')} e^{i \Delta k r_e'} \, dV_a' \int\limits_{(a'')} \frac{G_{ij} \, dV_a''}{|r_e - r''|} ;$$

hier ist

$$\Delta k = k_1 \boldsymbol{n}_1 - k \boldsymbol{n} = \frac{2\pi m}{h} (\boldsymbol{c}_1 - \boldsymbol{c}) \tag{b}$$

ein Vektor, der die Impulsänderung des Teilchens bei der Streuung charakterisiert. Wir wollen die Integrale, die in der Formel (a) enthalten sind, berechnen. Das Integral

$$I_1 = \int\limits_{(a')} \frac{e^{i \Delta k r'}}{r'} dV_a'$$

ist ein Spezialfall des allgemeineren Integrals

$$\varphi = \int \frac{e^{i \Delta k r'}}{|\boldsymbol{R} - \boldsymbol{r}'|} dV'$$

bei $R = 0$. φ aber ist das Potential von Ladungen, die mit der Dichte $e^{i \Delta k r'}$ verteilt sind, berechnet für den Punkt $(\boldsymbol{R})$. Folglich muß φ der POSSIONschen Gleichung genügen: $\nabla^2 \varphi = -4\pi e^{i \Delta k R}$. Die Lösung dieser Gleichung lautet

$$\varphi(R) \equiv \int \frac{e^{i \Delta k r'}}{|\boldsymbol{R} - \boldsymbol{r}'|} dV' = 4\pi \frac{e^{i \Delta k R}}{|\Delta k|^2} \tag{c}$$

(Das kann man direkt dadurch nachprüfen, daß man $\nabla^2 \varphi$ berechnet, wobei man beachten muß, daß $\Delta k \boldsymbol{R} = (\Delta k)_x \cdot x + (\Delta k)_y y + (\Delta k)_z z$ ist.) Es gilt jedoch $I_1 = \varphi(0)$ und folglich

$$I_1 = \int\limits_{(a')} \frac{e^{i \Delta k r'}}{r'} dV_a' = \frac{4\pi}{|\Delta k|^2} . \tag{d}$$

Im zweiten Integral der Formel (a)

$$I_2 = \int\limits_{(a')} e^{i \Delta k r'} \, dV_a' \int\limits_{(a'')} \frac{G_{ij}(r'') \, dV_a''}{|r' - r''|}$$

vertauschen wir zunächst die Reihenfolge der Integration:

$$I_2 = \int\limits_{(a'')} G_{ij}(r'') \, dV_a'' \int\limits_{(a')} \frac{e^{i \Delta k r'}}{|\boldsymbol{r}' - \boldsymbol{r}''|} dV_a';$$

dann finden wir unter Benutzung der Formel (c)

$$\text{(e)} \qquad I_2 = \int\limits_{(a'')} G_{ij}(r'') \frac{4\pi e^{i\Delta k r}}{|\Delta k|^2} dV''_a = \frac{4\pi}{|\Delta k|^2} \int\limits_{(a')} G_{ij}(r) e^{i\Delta k r} dV_a.$$

Hier sind die Indizes ('') weggelassen. Wir führen nun Polarkoordinaten (r, α, β) ein, und zwar so, daß die Achse $\alpha = 0$ in der Richtung des Vektors Δk liegt (Abb. 19). Da es sich um eine kugelsymmetrische Aufgabe handelt, kann man schreiben:

$$dV_a = r^2 \, dr \sin\alpha \, d\alpha \cdot d\beta; \qquad \Delta k \mathbf{r} = \Delta k r \cos\alpha;$$

$$I_2 = \frac{4\pi}{|\Delta k|^2} \int\limits_0^\infty G_{ij}(r) r^2 dr \int\limits_0^\pi e^{i\Delta k r \cos\alpha} \sin\alpha \, d\alpha \int\limits_0^{2\pi} d\beta =$$

$$= \frac{4\pi}{|\Delta k|^2} 2\pi \int\limits_0^\infty G_{ij}(r) r^2 dr \frac{e^{i\Delta k r} - e^{-i\Delta k r}}{i\Delta k r} = \frac{4\pi}{|\Delta k|^2} 4\pi \int\limits_0^\infty G_{ij} \frac{\sin \Delta k r}{\Delta k r} r^2 dr.$$

Setzen wir die Ausdrücke I_1 und I_2 in (a) ein, so finden wir

$$\text{(13,16)} \qquad f_{ij}(\vartheta, \psi) = -\frac{8\pi^2 m}{h^2} \frac{e_0 q_e}{|\Delta k|^2} \left(Z\delta_{ij} - 4\pi \int\limits_0^\infty G_{ij}(r) \frac{\sin(\Delta k r)}{\Delta k r} r^2 dr \right).$$

Durch die gleiche Transformation der Veränderlichen (Einführung von α und β) geht der Ausdruck für $f_{ij}(\vartheta, \psi)$ (13,12) in (13,13) über, da sich das Integral (13,12), von den Koeffizienten abgesehen, nur dadurch von (c) unterscheidet, daß $G_{ij}(r)$ durch $\Pi_{ij}(r)$ ersetzt ist.

3. (§ 16, S. 80.)

Die ersten Bewegungsintegrale sind:

$$\text{(16,1)} \qquad \frac{m\dot{r}^2}{2} + mr^2 \frac{\dot{\varphi}^2}{2} + \Pi(r) = W,$$

$$\text{(16,2)} \qquad mr^2\dot{\varphi} = I.$$

Aus (16,1) finden wir $m^2\dot{r}^2 + m^2r^2\dot{\varphi}^2 = 2m(W - \Pi)$. Aus (16,2) folgt $mr\dot{\varphi} = \frac{I}{r}$, $m^2r^2\dot{\varphi}^2 = \frac{I^2}{r^2}$. Setzen wir diese Formel in die vorhergehende ein, so finden wir:

$$(m\dot{r})^2 = 2m(W - \Pi) - \frac{I^2}{r^2}$$

oder

$$\text{(a)} \qquad m\dot{r} = \sqrt{2m(W - \Pi) - \frac{I^2}{r^2}}.$$

Ersetzen wir $m\dot{r}$ in der Identität $\frac{d\varphi}{dr} = \frac{m\dot{\varphi}}{m\dot{r}}$ durch (a) und $m\dot{\varphi}$ durch seinen Wert aus (16,2), so finden wir

$$\text{(b)} \qquad \frac{d\varphi}{dr} = \frac{I}{r^2\sqrt{2m(W - \Pi) - \frac{I^2}{r^2}}}$$

und daraus

$$\text{(16,3)} \qquad \varphi = I \int \frac{dr}{r^2\sqrt{2m(W - \Pi) - \frac{I^2}{r^2}}} + \text{const.}$$

4. (§ 16, S. 81.)

Ersetzt man Π durch seinen Wert aus (16,6) und setzt $S = \frac{1}{r}$ ein, so nimmt die Gleichung (16,3) die Form

$$\varphi - \text{const.} = -I \int \frac{dS}{\sqrt{2mW - 2mq_1q_2S - I^2S^2}}$$

an. Das letzte Integral ergibt:

$$\frac{1}{I} \arccos \left(\frac{I^2S + mq_1q_2}{\sqrt{m^2q_1^2q_2^2 + 2mWI^2}} \right) = \frac{1}{I} \arccos \left(\frac{1 + \dfrac{I^2S}{mq_1q_2}}{\sqrt{1 + \dfrac{2WI^2}{mq_1^2q_2^2}}} \right).$$

Folglich ist

$$\varphi - \text{const.} = -\arccos \frac{1 + \dfrac{a}{r}}{\varepsilon}, \quad \text{wo} \quad a = \frac{I^2}{mq_1q_2}, \quad \varepsilon = \sqrt{1 + \frac{2WI^2}{mq_1^2q_2^2}}.$$

Daraus folgt:

$$\frac{1 + \dfrac{a}{r}}{\varepsilon} = \cos(\varphi - \text{const.}) \quad \text{und} \quad r = \frac{a}{\varepsilon \cos(\varphi - \text{const.}) - 1}.$$

Dabei wird der Winkel in Abb. 20 so gewählt, daß $\varphi = 0$ bei $r = r_{\min}$ ist; folglich ist const. $= 0$ und

$$r = \frac{a}{\varepsilon \cos \varphi - 1}.$$

5. (§ 16, S. 83.)

Die Bewegungsgleichungen zweier Teilchen 1 und 2, die nach dem COULOMBschen Gesetz wechselwirken, sind

$$\text{(a)} \qquad \frac{d^2\boldsymbol{r}_1}{dt^2} = \frac{1}{m_1} \frac{q_1q_2(\boldsymbol{r}_1 - \boldsymbol{r}_2)}{|\boldsymbol{r}_1 - \boldsymbol{r}_2|^3}; \quad \frac{d^2\boldsymbol{r}_2}{dt^2} = \frac{1}{m_2} \frac{q_1q_2(\boldsymbol{r}_2 - \boldsymbol{r}_1)}{|\boldsymbol{r}_1 - \boldsymbol{r}_2|^3},$$

wo $\boldsymbol{r}_1$ und $\boldsymbol{r}_2$ die Radiusvektoren der beiden Teilchen sind. Subtrahieren wir die zweite Gleichung von der ersten und bezeichnen den Abstand zwischen den Teilchen $(\boldsymbol{r}_1 - \boldsymbol{r}_2)$ mit $\boldsymbol{r}$, so finden wir als Gleichung der Relativbewegung:

$$\text{(b)} \qquad \frac{d^2\boldsymbol{r}}{dt^2} = \left(\frac{1}{m_1} + \frac{1}{m_2}\right) \frac{q_1q_2\boldsymbol{r}}{r^3} = \frac{1}{\mu} \frac{q_1q_2\boldsymbol{r}}{r^3}.$$

Drücken wir $\boldsymbol{r}$ durch ϱ_1 aus, so ist der Abstand zwischen dem Teilchen 1 und dem Schwerpunkt O:

$$\varrho_1 = \frac{m_2}{m_1 + m_2} \boldsymbol{r}; \qquad \boldsymbol{r} = \frac{m_1}{\mu} \varrho_1.$$

Setzen wir in diesen Ausdruck (b) ein, so finden wir:

$$\text{(c)} \qquad m_1 \frac{d^2\varrho_1}{dt^2} = \frac{\mu^2}{m_1^2} \frac{q_1q_2\varrho_1}{\varrho_1^3}.$$

Diese Gleichung entspricht der Bewegung des Teilchens 1 (q_1 ist die Ladung, m_1 die Masse, ϱ_1 der Radiusvektor bezüglich O) unter der Wirkung einer Ladung $q_2 \frac{\mu^2}{m_1^2}$, die sich im Punkt O befindet.

Den Stoßparameter $\tilde{p}$ dieser Bewegung (Abb. 21) finden wir aus der unmittelbar einleuchtenden Proportion $\frac{\tilde{p}}{p} = \frac{\varrho_1}{r} = \frac{\mu}{m_1}$ — d. i. Formel (16,15) im Text (S. 83).

6. (§ 17, S. 83).

Mögen j und k die Indizes zweier beliebiger Atome sein, die in dem betrachteten Molekül enthalten sind, r_j und r_k seien die Radiusvektoren ihrer Zentren bezüglich des Koordinatenursprungs, der im Punkt O liegen möge, und OZ sei die Richtung der einfallenden Welle. Die Welle, die durch das j-Atom im Punkt mit dem Radiusvektor $\boldsymbol{r}$ gestreut wurde, kann so ausgedrückt werden:

$$\text{(a)} \qquad \psi_j = \frac{e^{ik_1|\boldsymbol{r}-\boldsymbol{r}_j|}}{|\boldsymbol{r}-\boldsymbol{r}_j|} e^{ik_1 z_j} f_j(\vartheta).$$

Diese Schreibweise setzt voraus, daß die vom j-Atom gestreute Welle als ungestörte einfallende Welle $e^{ik_1 z_j}$ vorliegt. Dieser Faktor berücksichtigt die Phase der einfallenden Welle und ist notwendig, da von dieser die Phase der gestreuten Welle abhängt und bei verschiedenen Atomen $e^{ik_1 z_j}$ verschieden ist. Somit wird hier die gleiche Voraussetzung gemacht, die der ersten BORNschen Näherung zugrunde liegt. Da $|r| \gg |r_j|$ ist, so finden wir, nachdem wir wie in § 13 (S. 68) im Exponenten $\boldsymbol{r}-\boldsymbol{r}_j$ durch $r - n\boldsymbol{r}_j$ und im Nenner $|\boldsymbol{r}-\boldsymbol{r}_j|$ durch r ersetzt haben:

$$\text{(b)} \qquad \psi_j = \frac{e^{ik_1 r}}{r} e^{ik_1(z_j - n r_j)} f_j(\vartheta) = \frac{e^{ik_1 r}}{r} e^{ik_1(n - n)r_j} f_j(\vartheta).$$

Die Welle, welche durch das ganze Molekül gestreut wurde, ist

$$\text{(c)} \qquad \Psi = \sum_j \psi_j = \frac{e^{ik_1 r}}{r} \sum_{j=1}^{m} e^{i\Delta k r_j} f_j(\vartheta),$$

wo

$$\Delta k = k_1(\boldsymbol{n}_1 - \boldsymbol{n}) = \frac{4\pi}{\lambda} \sin\frac{\vartheta}{2}$$

ist.

Die einzelnen Moleküle sind vollkommen willkürlich orientiert (wir schließen Moleküle mit Dipolen und paramagnetische Moleküle, die durch ein elektrisches oder magnetisches Feld orientiert sind, aus). Daher sind die Phasen der durch sie gestreuten Wellen nicht durch bestimmte Beziehungen untereinander verbunden, und man muß folglich bei der Summierung dieser Wellen die Amplitudenquadrate addieren. Zunächst finden wir

$$\text{(d)} \qquad |\Psi|^2 = \Psi\Psi^* = \frac{1}{r^2} \left| \sum_{j=1}^{m} e^{i\Delta k r_j} f_j(\vartheta) \right|^2 = \frac{1}{r^2} \sum_{j=1}^{m} \sum_{k=1}^{m} f_j f_k^* \, e^{i\Delta k (r_j - r_k)};$$

$r_j - r_k = r_{jk}$ ist der Abstand zwischen den Zentren des j-ten und des k-ten Atoms.

Um den Wirkungsquerschnitt des Moleküls zu ermitteln, müssen wir noch (d) über alle Molekülorientierungen mitteln. Wir wollen die Orientierung eines Moleküls durch den Vektor $\boldsymbol{r}_{jk}$ charakterisieren und seine Richtung bezüglich der Achse Δk durch die Polarkoordinaten α_{jk}, β_{jk} bestimmen, wie wir das schon in der Anmerkung 2 (S. 446) getan haben. Setzen wir $\Delta k(\boldsymbol{r}_j - \boldsymbol{r}_k) = \Delta k r_{jk} \cos\alpha_{jk}$ und mitteln über die α_{jk}, β_{jk}, so können wir schreiben

$$\overline{\Psi\Psi^*} = \frac{1}{r^2} \sum_j \sum_k f_j f_k^* \frac{1}{4\pi} \int_0^{2\pi} d\beta_{jk} \int_0^{\pi} d\alpha_{jk} e^{i\Delta k r_{jk} \cos\alpha_{jk}};$$

nachdem wir die Integration wie in der Anmerkung 2 erledigt haben, erhalten wir

$$\overline{\Psi\Psi^*} = \frac{1}{r^2} \sum_j \sum_k f_j f_k^* \frac{\sin \Delta k r_{jk}}{\Delta k r_{jk}}.$$

Hieraus finden wir den Wirkungsquerschnitt der elastischen Streuung des Moleküls

$$[\sigma(\vartheta)]^{(m)} = \sum_{j=1}^{m} \sum_{k=1}^{m} f_j(\vartheta) \cdot f_k^*(\vartheta) \frac{\sin \Delta k r_{jk}}{\Delta k r_{jk}}$$

— die Formel (17,40) im Text (S. 98).

Im Fall eines zweiatomigen Moleküls, das aus gleichen Atomen besteht, ist $f_j = f_k$. Wenn wir beachten, daß $\frac{\sin \Delta k r_{jk}}{\Delta k r_{jk}} = 1$ bei $r_{jk} = 0$ ist, finden wir

$$[\sigma(\vartheta)]^{(2)} = f(\vartheta)\, f^*(\vartheta) \left(2 + 2\frac{\sin \Delta k r}{\Delta k r}\right) = 2\,[\sigma(\vartheta)]^{(1)} \left(1 + \frac{\sin \Delta k r}{\Delta k r}\right).$$

Das ist die Formel (17,39) im Text (S. 97).

7. (§ 23, S. 145).

Wir gehen von dem Ausdruck (22,2) aus, den wir in folgender Form schreiben:

(a) $$\sigma_{ij}(\vartheta)\, d\omega = \frac{64\pi^4 m^2 e_0^2}{h^4 |\Delta k|^2} \frac{k}{k_1} M_{ij}^2 \sin\vartheta\, d\vartheta\, d\psi.$$

Wir richten unser Augenmerk jetzt auf die Veränderliche Δk. Die Größen Δk und ϑ sind durch die Beziehung

(b) $$|\Delta k|^2 = k_1^2 + k^2 - 2k_1 k \cos\vartheta$$

verbunden (siehe Anmerkung 2, S. 446, und Abb. 19, S. 65), ihre Differentiale durch die Beziehung

(c) $$\Delta k\, d(\Delta k) = k_1 k \sin\vartheta\, d\vartheta.$$

Den differentiellen Stoßquerschnitt, bei dem die Änderung der Wellenzahl k im Bereich von Δk bis $\Delta k + d(\Delta k)$ liegt, finden wir, indem wir (a) nach ψ integrieren und $\sin\vartheta d\vartheta$ durch seinen Ausdruck aus (c) ersetzen:

$$\sigma_{ij}(\Delta k)\, d(\Delta k) = \frac{128\pi^5 m^2 e_0^2}{h^4 \cdot \Delta k\, k_1^2} M_{ij}^2\, d(\Delta k).$$

Hieraus erhalten wir den Gesamtquerschnitt des Übergangs $i \to j$ bei Elektronenstoß:

(d) $$s_{ij} = \int_{\Delta k_{\min}}^{\Delta k_{\max}} \sigma_{ij}(\Delta k)\, d(\Delta k) = \frac{128\pi^5 m^2 e_0^2}{h^4 k_1^2} M_{ij}^2 \ln \frac{\Delta k_{\max}}{\Delta k_{\min}}.$$

Den Maximalwert von Δk finden wir aus (b) bei $\vartheta = \pi$ („zentraler Stoß" der klassischen Theorie): $\Delta k_{\max} = k_1 + k$. Da nur die erste BORNsche Näherung betrachtet wird, ist $\frac{mc_1^2}{2} \gg W_j - W_i$, c unterscheidet sich wenig von c_1, es ist $k \cong k_1$, und es gilt:

(e) $$\Delta k_{\max} \cong 2k_1.$$

Den Minimalwert von Δk erhalten wir bei $\vartheta = 0$, $\Delta k_{\min} = k_1 - k$. Aus

$$\frac{mc_1^2}{2} - \frac{mc^2}{2} = W_j - W_i \equiv e_0 U_a$$

folgt

$$k_1^2 - k^2 = \frac{8\pi^2 m e_0}{h^2} U_a$$

oder, da $k_1 + k \cong 2k_1$:

$$\Delta k_{\min} = k_1 - k = \frac{4\pi^2 m e_0}{h^2 k_1} U_a.$$

Setzen wir diese Werte in (d) ein, so finden wir:

$$s_{ij} = \frac{128\pi^5 m^2 e_0^2 M_{ij}^2}{h^4 k_1} \ln \frac{h^2 k_1^2}{2\pi^2 m e_0 U_a} = \frac{16\pi^3 m e_0}{h^2} M_{ij}^2 \frac{1}{U} \ln \frac{4U}{U_a}$$

— die Formel (23,2) im Text (S. 145).

8. (§ 34, S. 193)

Wir betrachten ein stark erhitztes Gas im thermischen Gleichgewicht. Das Gas sei zum Teil ionisiert; den Bruchteil der Moleküle, die ionisiert sind, bezeichnen wir mit x. Das System im ganzen enthält folgende Komponenten: a) das Elektronengas mit der Temperatur T und der Konzentration $n x$[1] (die Geschwindigkeitsverteilung wird durch das MAXWELLsche Gesetz bestimmt):

$$\text{(a)} \qquad f(c_e)\, dc_e = 4\pi \left(\frac{m_e}{2\pi k T}\right)^{\frac{3}{2}} \exp\left(-\frac{m_0 c_0^2}{2kT}\right) c_e^2 dc_e;$$

b) das Ionengas von derselben Konzentration und Temperatur; c) das neutrale Molekülgas mit der Konzentration $(1-x)\,n$; d) die elektromagnetische Gleichgewichtsstrahlung, deren Intensität durch die PLANCKsche Formel ausgedrückt wird:

$$\text{(b)} \qquad I_\nu\, d\nu = \frac{2h\nu^3}{c_0^2} \frac{d\nu}{\exp\left(\frac{h\nu}{kT}\right) - 1}.$$

Der Ionisationsgrad x wird durch die SAHA-Gleichung (66,1) bestimmt:

$$\text{(c)} \qquad \frac{x^2}{1-x} n = \frac{2 g_p}{g_g} \left(\frac{2\pi m k T}{h^2}\right)^{\frac{3}{2}} \exp\left(-\frac{e_0 U_i}{kT}\right).$$

Die Strahlung mit der Frequenz $\nu \geqslant \frac{U_i}{h}$ ruft eine Ionisation der Moleküle nach der Gleichung

$$\text{(d)} \qquad h\nu = e_0 U_i + \frac{1}{2} m_e c_e^2$$

hervor. Die Anzahl der pro cm³ und pro sec durch die Strahlung im Frequenzintervall $d\nu$ bewirkten Photoionisationsakte beträgt:

$$\text{(e)} \qquad (1 - x)\, n B'_\nu I_\nu\, d\nu$$ [2].

Andererseits kann man versuchsweise die Zahl der Elektronen, die eine Geschwindigkeit zwischen c und $c + dc$ haben und von Ionen pro cm³ und pro sec angelagert werden, in der Form

$$\text{(f)} \qquad n x s_r^r(c_e)\, c_e n x f(c_e)\, dc_e$$

schreiben. Sind ν und c durch die Gleichung (d) verbunden, so müssen die Ausdrücke (e) und (f) nach dem Prinzip des detaillierten Gleichgewichts gleich sein. Setzt man (e) und (f) gleich, ersetzt in ihnen die Ausdrücke $I_\nu(\nu)$ und $f(c_e)$ durch die Ausdrücke (a) und (b) und schreibt schließlich $d\nu = \frac{m_e}{h} c_e\, dc_e$ nach (d), so findet man nach einfachen Umrechnungen:

$$\text{(g)} \qquad B'_\nu = \frac{x^2}{1-x} n s_r^r(c) \left(\frac{m_e}{2\pi k T}\right)^{\frac{3}{2}} \frac{2\pi}{m_e} \frac{c_0^2}{\nu^3} \left(1 - e^{-\frac{h\nu}{kT}}\right) c_e^2 e^{\frac{e_0 U_i}{kT}}.$$

Setzen wir hier an die Stelle von $\frac{x^2}{1-x} \cdot n$ den Ausdruck (c), so finden wir

$$\text{(h)} \qquad \frac{B'_\nu}{s_r^r(c)} = \frac{2\pi m^2 c_0^2}{h^3 \nu^3} \left(1 - e^{-\frac{h\nu}{kT}}\right) \frac{2 g_p}{g_g}.$$

Es zeigt sich, daß das Verhältnis $\frac{B'_\nu}{s_r^r}$ eine Funktion der Gastemperatur ist. Das widerspricht der Definition von B'_ν und s_r^r als Atomfunktionen.

---

[1] Wir setzen voraus, daß nur Einfachionisation vorkommt.

[2] B'_ν unterscheidet sich von B_ν, das im § 32 bestimmt wurde, durch den Faktor 4π, da die Gleichgewichtsstrahlung isotrop ist und wir hier, anstatt des räumlichen Winkels $d\omega$, den Winkel 4π haben.

Man kann diesen Widerspruch beseitigen, wenn man außer der spontanen Rekombination der Elektronen und Ionen noch eine „erzwungene" Rekombination annimmt, deren Wahrscheinlichkeit zu I_ν proportional ist. In diesem Fall wird die Einfangwahrscheinlichkeit des Elektrons durch ein Ion nicht durch den Querschnitt der spontanen Rekombination $s_r(c)$ bestimmt, sondern durch die Summe von $s_r^r(c) + \tau_r(c) I_\nu$, wo $\tau_r(c)$ ein Koeffizient ist, der der Wahrscheinlichkeit der erzwungenen Rekombination proportional ist. Die Gleichung des detaillierten Gleichgewichts erhält die Form:

$$n^2 x^2 (s_r^r + \tau_r I_\nu)\, c f(c)\, dc = (1 - x)\, n B'_\nu I_\nu\, d\nu. \tag{i}$$

Setzen wir hier anstatt $f(c)$, I_ν und x die Ausdrücke (a), (b) und (c) ein, so finden wir, wenn wir die notwendigen Umrechnungen durchgeführt und nach s_r^r aufgelöst haben:

$$s_r^r = \left[\frac{2 g_p h^2 B'_\nu}{4\pi m_e^2 c_e^2 \tau_r g_g} e^{\frac{h\nu}{kT}} - 1\right] \tau_r \frac{2h\nu^3}{c_0^2} \frac{1}{e^{\frac{h\nu}{kT}} - 1}. \tag{j}$$

Damit s_r^r nicht von der Gastemperatur abhängig ist, muß die Beziehung erfüllt werden:

$$\frac{2g_p}{g_g} \frac{h^2}{4\pi m_e^2 c_e^2} \frac{B'_\nu}{\tau_r} = 1; \tag{k}$$

dann ist $s_r^r = \tau_r \frac{2h\nu^3}{c_0^2}$. Setzen wir hier anstatt τ_r seinen Ausdruck aus (1) ein, so finden wir

$$s_r^r = \frac{g_p (h\nu)^3}{\pi g_g m_e^2 c_0^2 c_e^2} B'_\nu = \frac{4 g_p (h\nu)^2}{g_g m_e^2 c_e^2 c_0^2} k_\nu$$

oder, wenn wir $\frac{1}{2} m_e c_e^2$ durch $h(\nu - \nu_0)$ ersetzen:

$$s_r^r = \frac{2 g_p h^2}{g_g 4\pi m c_0^2} \frac{\nu^3}{\nu - \nu_0} B'_\nu. \tag{l}$$

Das entspricht dem Ausdruck (34,9) im Text (S. 193). Aus (k) und (l) können wir τ_r bestimmen:

$$\tau_r = \frac{c_0^2}{2h\nu^3} s_r^r$$

und finden eine Beziehung zwischen der Wahrscheinlichkeit der erzwungenen Rekombination ($\tau_r I$) und der Wahrscheinlichkeit der spontanen Rekombination (s_r^r):

$$\frac{\tau_r I}{s_r^r} = \frac{1}{e^{\frac{h\nu}{kT}} - 1}. \tag{m}$$

Bei der Frequenz $\nu_{\max}$, die dem Strahlungsmaximum entspricht, ist $\frac{h\nu}{kT} \cong 5$ und $\frac{\tau_r I}{s_r^r} \cong \frac{1}{140}$; für höhere Frequenzen ist dieses Verhältnis noch kleiner. Da die Photoionisation durch eine Strahlung mit einer Energie nicht unter ~ 4 eV hervorgerufen wird, was einem Strahlungsmaximum bei $T = 9000°$ K entspricht, können wir praktisch immer die erzwungene Rekombination gegenüber der spontanen vernachlässigen.

9. (§ 39, S. 216).

Die Durchlässigkeit der Potentialschwellen verschiedener Form wird dadurch ermittelt, daß man eine Elektronenwelle betrachtet, die sich senkrecht zur Schwelle bewegt und die Bedingungen berücksichtigt, die ihrer Ausbreitung durch die Schwelle auferlegt werden. Zur Vereinfachung werden sämtliche Aufgaben eindimensional betrachtet. Die Wellengleichung für eine stationäre Welle schreibt man in der Form

(a) $$\frac{d^2\psi}{dx^2} + \frac{8\pi^2 m}{h^2}[W - \Pi(x)]\psi = 0.$$

Es wird vorausgesetzt, daß die Schwelle an der Grenze Metall-Vakuum bei $x = 0$ beginnt; $x < 0$ entspricht dem Metall, $x > 0$ dem Vakuum. Weiterhin wird vorausgesetzt, daß aus dem Metall ein Elektronenstrom von einheitlicher Energie W zum Vakuum geht. Deshalb sind im Metall zwei monokinetische Wellen vorhanden: die einfallende und die reflektierte, im Vakuum jedoch nur die durchlaufende Welle. Die Randbedingungen gehen aus der allgemeinen Forderung hervor, daß die Wellenfunktion ψ und ihre Ableitung $\frac{d\psi}{dx}$ überall stetig sein müssen.

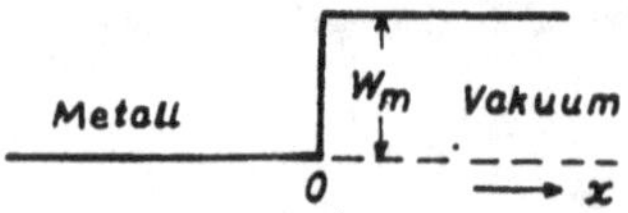

Abb. 277. Die Form einer vereinfachten Rechteckschwelle an der Grenze Metall-Vakuum

1. Einfache Rechteckschwelle (Potentialsprung). Die Form einer derartigen schematisierten Schwelle an der Grenze Metall-Vakuum ist in Abb. 277 dargestellt. Die potentielle Energie eines Elektrons ist $\Pi(x) = 0$ bei $x < 0$ und $\Pi(x) = W_m$ bei $x > 0$.

Wir betrachten einen Elektronenstrom mit der Energie $W > W_m$; die Gleichung (a) nimmt die Form

(a′) $$\frac{d^2\psi_1}{dx^2} + \frac{8\pi^2 m}{h^2} W\psi_1 = 0 \quad \text{bei} \quad x < 0,$$

(a″) $$\frac{d^2\psi_2}{dx^2} + \frac{8\pi^2 m}{h^2}(W - W_m)\psi_2 = 0 \quad \text{bei} \quad x > 0.$$

an. Die Randbedingungen lauten für diesen Fall

(b) $$\psi_1(0) = \psi_2(0) \quad \text{und} \quad \frac{d\psi_1}{dx}(0) = \frac{d\psi_2}{dx}(0).$$

Die Lösung der Gleichung (a′) im Metall ($x < 0$) ist die Summe der einfallenden und der reflektierten Wellen:

(c) $$\psi_1 = a e^{-ik_1 x} + b e^{+ik_1 x}, \quad k_1 = \frac{2\pi}{h}\sqrt{2mW}.$$

Die Lösung der Gleichung (a″) im Vakuum ($x > 0$) muß die durchlaufende Welle darstellen:

(d) $$\psi_2 = c e^{-ik_2 x}, \quad k_2 = \frac{2\pi}{h}\sqrt{2m(W - W_m)}.$$

Die Randbedingungen (b) führen zu den Beziehungen

(e) $$a + b = c, \quad (a - b)k_1 = ck_2.$$

Hieraus erhält man für den Reflektionskoeffizienten der Elektronen an der Schwelle:

(f) $$R = \frac{b^2}{a^2} = \left(\frac{k_1 - k_2}{k_1 + k_2}\right)^2 = \frac{\sqrt{W} - \sqrt{W - W_m}}{\sqrt{W} + \sqrt{W - W_m}}.$$

Die Durchlässigkeit der Schwelle beträgt $D = \left(\frac{c}{a}\right)^2 \frac{k_2}{k_1}$ oder unter Benutzung von (f)

(g) $$D = 1 - R = \frac{4\sqrt{W}\sqrt{W - W_m}}{(\sqrt{W} + \sqrt{W - W_m})^2}.$$

Bei $W = W_m$ ist $k_2 = 0$, es tritt keine durchlaufende Welle auf, R ist $= 1$, $D = 0$. Bei $W < W_m$ ist k_2 imaginär; die Wahrscheinlichkeit dafür, daß sich ein Teilchen rechts von der Schranke befindet: $|\psi_2|^2 = e^{-\frac{4\pi}{h}\sqrt{2m(W_m - W)}\,x}$ fällt innerhalb einiger Ångström exponentiell auf Null, eine durchlaufende Welle entsteht ebenfalls nicht. Es ist $R = 1$, $D = 0$.

Man kann auch einen Elektronenstrom betrachten, der sich in umgekehrter Richtung aus dem Vakuum zum Metall mit der kinetischen Energie $W - W_n$ bewegt, d. h. mit der gleichen Gesamtenergie W. In diesem Fall sind

$$\psi_1 = a e^{ik_1 x}$$

(durchlaufende Welle),

$$\psi_2 = c e^{ik_2 x} + d e^{-ik_2 x}$$

(die Summe der einfallenden und der reflektierten Wellen) und die gleichen Randbedingungen (b) anzusetzen. Wir erhalten für R und D dieselben Werte (f) und (g). Folg- lich ist die Potentialschwelle in beiden Richtungen gleich durchlässig und reflektiert gleich.

2. Rechteckschwelle mit Senkung. Die Rechteckschwelle mit Senkung ist schematisch in Abb. 278 gezeigt (siehe auch Abb. 149). Im Fall einer solchen Schwelle ist die potentielle Energie

$$\Pi(x) = 0 \quad \text{bei} \quad x < 0,$$
$$\Pi(x) = W_B \quad \text{bei} \quad 0 < x < l,$$
$$\Pi(x) = W_m \quad \text{bei} \quad x < l,$$

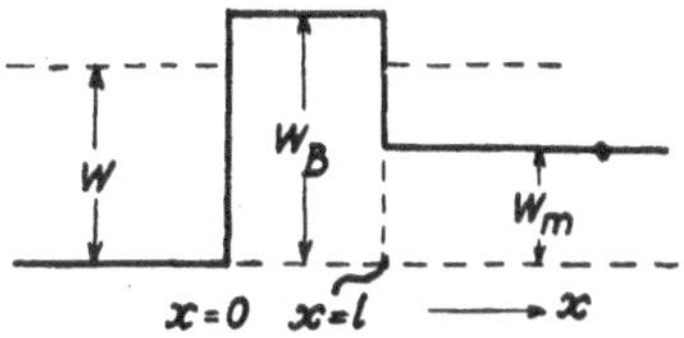

Abb. 278. Schematisierte Form einer Rechteckschwelle mit Senkung

wobei $W_m < W_B$ ist. Die Wellenfunktionen in diesen drei Gebieten sind

(c) $$\psi_1 = a e^{-ik_1 x} + b e^{+ik_1 x}, \quad k_1 = \frac{2\pi}{h}\sqrt{2mW}, \qquad x < 0;$$

(h) $$\psi_2 = c e^{-ik_2 x} + d e^{+ik_2 x}, \quad k_2 = \frac{2\pi}{h}\sqrt{2m(W - W_B)}, \qquad 0 < x < l;$$

(i) $$\psi_3 = f e^{-ik_3 x}, \qquad k_3 = \frac{2\pi}{h}\sqrt{2m(W - W_m)}, \qquad x > l.$$

Außer den Randbedingungen (b) treten bei $x = l$ noch neue Bedingungen hinzu:

(k) $$\psi_2(l) = \psi_3(l), \quad \frac{d\psi_2}{dx}(l) = \frac{d\psi_3}{dx}(l).$$

Unter Benutzung der Bedingungen (b) und (k) finden wir aus (c), (h), (i) vier Beziehungen zwischen den Koeffizienten a, b, c, d, e, f. Bei $W > W_B$ sind alle fünf Koeffizienten reell; dieser Fall gibt im Vergleich mit dem vorhergehenden grundsätzlich nichts Neues. Neu ist der Fall $W_m < W < W_B$; dann sind c und d imaginär, f ist jedoch reell. Das bedeutet, daß die Elektronen, deren Energie kleiner als W_B, doch größer als W_m ist, durch die Schwelle dringen können (*Tunneleffekt*). Der Reflexionskoeffizient R bleibt wie vorher gleich $\frac{b^2}{a^2}$; die Durchlässigkeit ist $D = \frac{f^2}{a^2}\frac{k_3}{k_1}$. Setzt man hier f ein, ausgedrückt durch a, k_1, k_2, k_3 und ersetzt diese durch ihre Werte, kann man den Ausdruck für die Durchlässigkeit auf die Form

(l) $$D(W) = \frac{8\sqrt{\frac{W - W_m}{W}}}{\frac{W_B}{W}\frac{W_B - W_m}{W_B - W}\exp\left(\frac{4\pi}{h}\sqrt{2m(W_B - W)}\,l\right) + \left(1 + \sqrt{\frac{W - W_m}{W}}\right)^2 - \left(\sqrt{\frac{W_B - W}{W}} - \sqrt{\frac{W - W_m}{W_B - W}}\right)^2}$$

bringen. (Bei $W_m < W < W_B$.)

Wir setzen

$$l \geqslant \frac{\lambda_B}{4\pi},$$

wo

$$\lambda_B = \frac{h}{\sqrt{2m(W_B - W)}}$$

die Elektronenwellenlänge ist, die der kinetischen Energie $W_B - W$ entspricht; diese Bedingung wird für Elektronen erfüllt, deren Energie

$$W < W_B = \frac{0{,}95}{[l(\text{Å})]^2}\ (\text{eV})$$

ist. Dann ist im Nenner des Ausdrucks (l) das Glied am größten, welches

$$\exp\left(\frac{4\pi}{h}\sqrt{2m(W_B - W)}\, l\right)$$

enthält. Den Ausdruck (l) kann man in diesem Fall sehr vereinfachen und angenähert in der Form

$$\text{(m)} \qquad D(W) = 4\,\frac{\sqrt{W(W - W_m)}\,(W_B - W)}{W_B(W_B - W_m)} \exp\left(-\frac{4\pi}{h}\sqrt{2m(W_B - W)}\, l\right)$$

schreiben. Das ist aber die Formel (39,11) im Text. Dieser Ausdruck kann nicht auf Elektronen angewendet werden, deren Energie in der Nähe des Schwellenmaximums liegt (die Bedingung $l \gg \frac{\lambda_B}{4\pi}$ ist dann nicht mehr erfüllt); hier ist die vollständige Formel (l) zu benutzen.

3. Spitzwinklige Schwelle (ein äußeres Feld ist vorhanden) [VII—29]. Befindet sich das Metall im Vakuum in einem äußeren elektrischen Feld, so nimmt die Potentialschwelle an der Grenze Metall-Vakuum die in Abb. 279 dargestellte Form an, d. h. im Vakuum wirkt bis zur Metallgrenze ein elektrisches Feld von der Stärke E. In diesem Fall beträgt die potentielle Energie

$$\text{(n)} \qquad \Pi(x) = 0 \quad \text{bei} \quad x < 0,$$

$$\Pi(x) = W_m - eEx \quad \text{bei} \quad x > 0.$$

Die Wellenfunktion im Metall ($x > 0$) wird wie vorher durch die Formel (c) ausgedrückt. Im Gebiet $x > 0$ hat die Wellengleichung die Form

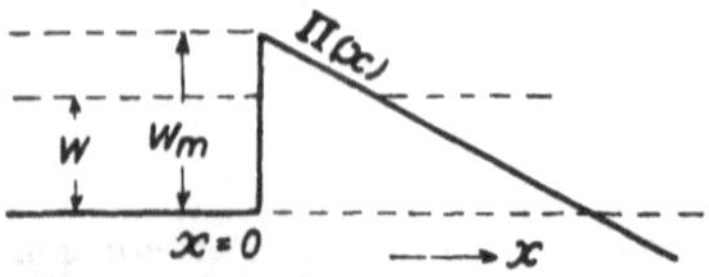

Abb. 279. Schematisierte Form einer Rechteckschwelle an der Grenze Metall-Vakuum in Gegenwart eines äußeren elektrischen Feldes

$$\text{(o)} \qquad \frac{d^2\psi_2}{dx^2} + \frac{8\pi^2 m}{h}[W - W_m + eEx]\,\psi_2 = 0.$$

Substituieren wir

$$\text{(p)} \qquad \left(x - \frac{W_m - W}{eE}\right)\left(\frac{8\pi^2 m}{h^2} eE\right)^{\frac{1}{3}} = y,$$

so kann die Gleichung (o) auf die Form

$$\frac{d^2\psi_2}{dy^2} + y\psi_2 = 0$$

gebracht werden. Partielle Integrale dieser Gleichung sind

$$\psi_2 = \sqrt{y}\, J_{\pm\frac{1}{3}}\left(\frac{2}{3} y^{\frac{3}{2}}\right),$$

wo J die Bessel-Funktion erster Art ist. Die gesuchte Lösung muß eine lineare Kombination dieser Partiallösungen sein und bei $y \to \infty$ (d. h. bei $x \to \infty$) die durchlaufende Welle darstellen. Dieser Bedingung entspricht die Hankel-Funktion zweiter Art $H^{(2)}_{\frac{1}{3}}$; folglich ist

$$\psi_2 = c\sqrt{y}\, H^{(2)}_{\frac{1}{3}}\left(\frac{2}{3} y^{\frac{3}{2}}\right).$$

Die Randbedingungen (b) gestatten es, ebenso wie oben, die Beziehungen zwischen den Amplituden der einfallenden, reflektierten und durchlaufenden Welle zu bestimmen sowie R und D zu berechnen. Wir lassen die Zwischenrechnungen weg und führen direkt die Endergebnisse von FOWLER und NORDHEIM an. Es ergibt sich, daß

$$\text{(r)} \qquad D(W) = \frac{4\sqrt{W(W-W_m)}}{[\sqrt{W}+\sqrt{W-W_m}]^2 + \left[\frac{eEh}{8\pi\sqrt{2m}\,(W-W_m)}\right]^2} \qquad \text{bei} \quad W > W_m,$$

$$\text{(s)} \qquad D(W) = \frac{4\,\frac{(W_m-W)^{\frac{3}{2}}}{eE}\exp\left[-\frac{8\pi\sqrt{2m}}{3h\;eE}(W_m-W)^{\frac{3}{2}}\right]}{W^{-\frac{1}{2}}\frac{W_m-W}{eE} + \frac{h^2}{8\pi^2 m\sqrt{W}}\left[\frac{1}{2}\left(\frac{W_m-W}{eE}\right)^{-\frac{1}{2}} - \frac{2\pi}{h}\sqrt{\frac{2m}{eE}}(W_m-W)\right]^2}$$

$$\text{bei} \quad W > W_m$$

ist.

Der Ausdruck (r) bezieht sich auf den Übergang über die Schwelle, d. h. auf die Thermoelektronenemission. Eine zahlenmäßige Abschätzung zeigt, daß bei Feldern bis zu 10^7 V/cm einschließlich das zweite Glied des Nenners im rechten Teil von (r) viel kleiner ist als das erste. Deshalb kann man das zweite Glied, das E enthält, vernachlässigen; dann geht (r) in die Formel (g) für die Rechteckschwelle über. Folglich wirkt sich auf die Emission schneller Elektronen mit einer Energie größer als W_m das elektrische Feld nicht aus.

Im Ausdruck (s), der sich auf den Tunneleffekt bezieht, ist das zweite Glied des Nenners ebenfalls bedeutend kleiner als das erste und kann vernachlässigt werden. An Stelle von (s) erhalten wir angenähert

$$\text{(t)} \qquad D(W) = \frac{4\sqrt{W(W_m-W)}}{W_m}\exp\left[-\frac{8\pi\sqrt{2m}}{3h\;eE}(W_m-W)^{\frac{3}{2}}\right]$$

— die Formel (41,3) im Text (S. 223).

10. (§ 40, S. 218.)

Nach den Formeln (40,1) und (39,1) drückt sich die Anzahl der Elektronen, die von 1 cm² Metalloberfläche in 1 sec emittiert werden, folgendermaßen aus:

$$\text{(a)} \qquad \nu = 2\left(\frac{m}{h}\right)^3 \int\limits_{\sqrt{\frac{2W_m}{m}}}^{\infty} u\,D(u)\,du \int\limits_{-\infty}^{+\infty} dv \int\limits_{-\infty}^{+\infty} \frac{dw}{e^{\frac{m(u^2+v^2+w^2)-2\zeta}{2kT}}+1}.$$

Wir führen zunächst die Integration nach v und w durch, wozu wir die Veränderlichen ϑ und η einführen, $v = \vartheta\cos\eta$, $w = \vartheta\sin\eta$:

$$\int\limits_{-\infty}^{+\infty}\int\limits_{-\infty}^{+\infty} \frac{dv\,dw}{e^{\frac{m(u^2+v^2+w^2)-2\zeta}{2kT}}+1} = \int\limits_{0}^{2\pi} d\eta \int\limits_{-\infty}^{+\infty} \frac{\vartheta\,d\vartheta}{e^{\frac{mu^2-2\zeta}{2kT}}e^{\frac{m\vartheta^2}{2kT}}+1} =$$

$$\text{(b)} \qquad = \frac{2\pi kT}{m}\ln\left(1+e^{-\frac{mu^2-2\zeta}{2kT}}\right).$$

Die Integration nach u führen wir, beginnend von $u_{\min} = \sqrt{\frac{2W_m}{m}}$ durch. Da

$$W_m - \zeta = w_m \gg kT, \quad \text{und} \quad \frac{mu^2}{2} \geqslant W_m,$$

gilt, ist

$$\frac{mu^2 - 2\zeta}{2kT} \gg 1 \quad \text{und} \quad e^{-\frac{mu^2-2\zeta}{2kT}} \ll 1.$$

Deshalb kann man näherungsweise setzen:

$$\ln\left(1 + e^{-\frac{mu^2-2\zeta}{2kT}}\right) \approx e^{-\frac{mu^2-2\zeta}{2kT}}.$$

Den Durchlässigkeitskoeffizienten D der Schwelle kann man mitteln und vor das Integral ziehen.[1]) Dann gilt

$$v = 2\left(\frac{m}{h}\right)^3 \overline{D} \int\limits_{\sqrt{\frac{2W_m}{m}}}^{\infty} u \frac{2\pi kT}{m} e^{-\frac{mu^2-2\zeta}{2kT}} du = \frac{4\pi m (kT)^2}{h^3} \overline{D} \cdot e^{-\frac{W_m-\zeta}{kT}}$$

Das ist der Ausdruck (40,2) im Text (S. 218).

11. (§ 47, S. 270.)

Wir wollen in der kinetischen Gleichung (4,1) oder (5,14) das Glied $(a-b)$ berechnen, und zwar unter den im Text gemachten Voraussetzungen: $\frac{m_e}{m_g}$ ist klein, aber endlich; die Gasmoleküle sind bis zum Stoß unbeweglich; $f_e = f_0 + \frac{\mathbf{c}}{c} f_1(c)$. Die Anzahl der Elektronen, deren Anfangsgeschwindigkeiten nahe bei c und in dem Geschwindigkeitsraumelement $d\Omega = du\, dv\, dw$ liegen, beträgt $n_e f_e(\mathbf{c})\, d\Omega$. Jedes derartige Molekül stößt $\frac{c}{\lambda_e} = c n_g s$ mal pro sec mit einem Gasmolekül, und alle zusammen stoßen pro sec

$$a\, d\Omega = n_e f_e(\mathbf{c})\, d\Omega\, c n_g s = 2\pi n_e n_g f_e(\mathbf{c})\, c\, d\Omega \int \sigma_e(c, \vartheta) \sin\vartheta\, d\vartheta =$$

$$= 2\pi n_e n_g c\, [f_0(c) + \cos\varphi f_1(c)]\, d\Omega \int \sigma(c, \vartheta) \sin\vartheta\, d\vartheta \qquad \text{(a)}$$

mal, wobei ϑ der Ablenkwinkel des Elektrons von der ursprünglichen Bewegungsrichtung ist [vgl. Formel (5,3')].

Um $b\, d\Omega$ zu berechnen, betrachten wir die Stöße derjenigen Elektronen mit Molekülen, deren Anfangsgeschwindigkeiten bis zum Stoß nahe $\mathbf{c}'$ und im Geschwindigkeitsraumelement $d\Omega' = du'\, dv'\, dw'$ lagen (die Anzahl derartiger Elektronen in 1 cm³ beträgt $n_e f(\mathbf{c}')\, d\Omega'$) und die nach Kollision in das Element $d\Omega$ übergegangen sind. Die Übergangswahrscheinlichkeit eines Elektrons aus dem Element $d\Omega'$ in das Element $d\Omega$ bei Kollision ist proportional $ds = \sigma_e(c, \vartheta) \sin\vartheta\, d\vartheta$. Die Gesamtstoßzahl beträgt pro cm³ und pro sec

$$db\, d\Omega' = n_e f(\mathbf{c}')\, d\Omega'\, c'\, n_g \sigma_e(c', \vartheta) \sin\vartheta\, d\vartheta\, d\psi.$$

Die Gesamtzahl der Elektronen, die pro sec in das Element $d\Omega$ übergehen, finden wir, indem wir $db\, d\Omega'$ nach ϑ und ψ integrieren; wir erhalten:

$$b\, d\Omega = n_e n_g \int\limits_{\vartheta=0}^{\pi} \int\limits_{\varphi=0}^{2\pi} f(\mathbf{c}')\, c'\, d\Omega'\, \sigma(c', \vartheta) \sin\vartheta\, d\vartheta\, d\psi. \qquad \text{(b)}$$

Eine bekannte Formel der sphärischen Trigonometrie gibt folgenden Zusammenhang zwischen den Winkeln ϑ, ψ, φ und φ'

$$\cos\varphi' = \cos\vartheta \cos\varphi + \sin\vartheta \sin\varphi \cos\psi. \qquad \text{(c)}$$

---

[1]) Bei reinen Metallen unterscheidet er sich wenig von 1 und ist deshalb praktisch konstant.

Wir berechnen unter Benutzung dieser Beziehung zunächst $\int\limits_{\psi=0}^{2\pi} f(\mathbf{c}')\, d\psi$ im Ausdruck (*b*).
Setzen wir $f(\mathbf{c}') = f_0(c') + \cos\varphi' \cdot f_1(c')$ und darin den Ausdruck (c) anstatt $\cos\varphi'$, so finden wir

$$\int\limits_{\psi=0}^{2\pi} f(\mathbf{c}')\, d\psi = \int\limits_0^{2\pi} f_0(c')\, d\psi + f_1(c') \int\limits_0^{2\pi} (\cos\vartheta\cos\varphi + \sin\vartheta\sin\varphi\cos\psi)\, d\psi =$$

$$= 2\pi f_0(c') + 2\pi\cos\vartheta\cos\varphi\, f_1(c').$$

Folglich ist

$$b\, d\Omega = 2\pi n_e n_g\, d\Omega' \int\limits_0^{\pi} c'\,[f_0(c') + \cos\vartheta\cos\varphi f_1(c')]\,\sigma(c', \vartheta)\sin\vartheta\, d\vartheta$$

und deshalb

$$b\, d\Omega - a\, d\Omega = 2\pi n_e n_g \Big\{ \int\limits_0^{\pi} [c' f_0(c')\, d\Omega'\,\sigma(c', \vartheta) - c f_0(c)\,\sigma(c, \vartheta)\, d\Omega]\sin\vartheta\, d\vartheta +$$

$$+ \cos\varphi \int\limits_0^{\pi} [c' f_1(c')\,\sigma(c', \vartheta)\cos\vartheta\, d\Omega' - c f_1(c)\,\sigma(c, \vartheta)\, d\Omega]\sin\vartheta\, d\vartheta \Big\}. \tag{d}$$

Den Zusammenhang zwischen c' und c gibt die Formel (15,6), nach der

$$c = c'\left[1 - \frac{m_e}{m_g}(1 - \cos\vartheta)\right] \quad \text{oder} \quad c' - c = \frac{m_e}{m_g} c'(1 - \cos\vartheta)$$

ist.[1])
Hieraus folgt bei vorgegebenem ϑ

$$\frac{dc'}{dc} = \frac{c'}{c}, \quad \text{und daher} \quad \frac{d\Omega'}{d\Omega} = \left(\frac{dc'}{dc}\right)^3 = \frac{c'^3}{c^3}.$$

Unter Benutzung dieses Ergebnisses kann man in dem ersten Integral auf der rechten Seite des Ausdrucks (d) $d\Omega'$ durch $d\Omega\,\frac{c'^3}{c^3}$ ersetzen und dieses Integral folgendermaßen umbilden:

$$\int\limits_0^{\pi} \left[c' f_0(c')\,\sigma(c', \vartheta)\frac{c'^3}{c^3} - c f_0(c)\,\sigma(c, \vartheta)\right] d\Omega \sin\vartheta\, d\vartheta = \frac{d\Omega}{c^3}\int\limits_0^{\pi} \frac{\partial}{\partial c}\, c^4 f_0(c)\,\sigma(c, \vartheta)]\,\Delta c \sin\vartheta\, d\vartheta$$

oder, wenn man $\Delta c \cong \frac{m_e}{m_g} c(1 - \cos\vartheta)$ einsetzt,

$$2\pi\frac{m_e}{m_g}\frac{d\Omega}{c^2}\frac{\partial}{\partial c}\left[c^4 f_0(c)\int\limits_0^{\pi} \sigma(c, \vartheta)(1 - \cos\vartheta)\sin\vartheta\, d\vartheta\right] = \frac{m_e}{m_g}\frac{d\Omega}{c^2}\frac{\partial}{\partial c}[c^4 f_0(c)\, s^*(c)],$$

wobei $s^* = 2\pi\int\limits_0^{\pi} \sigma(c, \vartheta)(1 - \cos\vartheta)\sin\vartheta\, d\vartheta$ der Bremsquerschnitt der Moleküle ist. In dem zweiten Integral auf der rechten Seite von (d) kann man demgegenüber in dem Ausdruck unter dem Integral die Differenz zwischen c' und c vernachlässigen, da sich die beiden

[1]) Die Bezeichnungen c' und c sind hier (bei der Berechnung der Größe *b*) den Bezeichnungen c'_1 und c_1 im § 15 entgegengesetzt.

eingeklammerten Glieder ohnedies durch den Faktor cos ϑ unterscheiden. Daher ist dieses zweite Integral

$$2\pi \int_0^\pi [c' f_1(c')\,\sigma(c', \vartheta) \cos\vartheta - c f_1(c)\,\sigma(c, \vartheta)]\, d\Omega \sin\vartheta\, d\vartheta =$$

$$= -2\pi c f_1(c)\, d\Omega \int_0^\pi \sigma(c, \vartheta)\,(1 - \cos\vartheta) \sin\vartheta\, d\vartheta,$$

und folglich ist

(e) $$(b - a)\, d\Omega = n_e n_g\, d\Omega \left\{\frac{m_e}{m_g} \frac{1}{c^2} \frac{\partial}{\partial c} [c^4 f_0(c)\, s^*(c)] - c \cos\varphi f_1(c)\, s^*(c)\right\}.$$

Wenn wir (e) durch $d\Omega$ teilen und $n_g s^*$ durch $\frac{1}{\lambda^*}$ ersetzen, erhalten wir den Ausdruck (47,6) im Text.

12. (§ 47, S. 270.)

DAWYDOW [VIII—2] berechnete das Glied $(a - b)$ in der kinetischen Gleichung für ein Elektronengas unter alleiniger Berücksichtigung der elastischen Stöße auf die folgende originelle Weise:

Die Wahrscheinlichkeit für einen β-Stoß, bei dem die Anfangsgeschwindigkeit des Elektrons $\mathbf{c}'$ in $\mathbf{c}$ übergeht, kann man als Wahrscheinlichkeitsprodukt zweier Ereignisse auffassen: der Drehung der Geschwindigkeit um den Winkel ϑ bis $\vartheta + d\vartheta$ und der Änderung ihrer absoluten Größe Δc bis $\Delta c + d(\Delta c)$. Wir wollen die Wahrscheinlichkeit für das zweite Ereignis in Gegenwart des ersten mit $w(\vartheta, c', \Delta c)\, d(\Delta c)$ bezeichnen (wobei $\int_{c'}^{\infty} w(\vartheta, c', \Delta c)\, d(\Delta c) = 1$) und sonst die Bezeichnungen des § 5 beibehalten. Dann können wir für die Anzahl der β-Stöße schreiben:

(a) $$d\nu_\beta = n_e f(\mathbf{c})\, d\Omega'\, n_g\, \mathbf{c}_r' \sigma(\mathbf{c}_r', \vartheta)\, dO\, w(\vartheta, c', \Delta c)\, d(\Delta \mathbf{c}),$$

wo $d\Omega = c'^2\, dc\, dO'$ und $c_r' \cong c'$ ist. Hieraus folgt

(b) $$b = \frac{1}{c^2\, dc\, dO} \iint\limits_{(O)\,(\Delta c)} d\nu_\beta = \frac{n_e n_g}{c^2} \iint f(\mathbf{c}')\, c'^3 \sigma(c', \vartheta)\, w(\vartheta, \mathbf{c}', \Delta c)\, d(\Delta c)\, dO'.$$

Wir benutzen die Tatsache, daß die Größe Δc relativ klein ist und entwickeln den Ausdruck unter dem Integral in eine Reihe nach Potenzen von Δc[1]):

$$c'^3 f(c')\, \sigma(c', \vartheta)\, w(\vartheta, c', \Delta c) = c^3 f(\mathbf{c})\, \sigma(c, \vartheta)\, w(\vartheta, c, \Delta c) -$$

(c) $$- \Delta c \frac{\partial}{\partial c}(c^3 f \sigma w) + \frac{1}{2} (\Delta c)^2 \frac{\partial^2}{\partial c^2} (c^3 f \sigma w) \pm \cdots$$

Wir setzen diese Reihe in (b) ein und integrieren gliedweise. Hierbei ersetzen wir f im ersten Glied durch die LORENTZsche Näherung $f(\mathbf{c}) = f_0(c) + \frac{\mathbf{c}}{c} f_1(c)$ und beschränken uns bei den höheren Gliedern der Reihe einfach darauf, $f(\mathbf{c})$ durch $f_0(c)$ zu ersetzen.

Das erste Glied ist

$$\frac{n_e n_g}{c^2} \iint f_0(c)\, c^3 \sigma(c, \vartheta)\, w(\vartheta, c, \Delta c)\, d(\Delta c)\, dO' + \frac{n_e n_g}{c^2} \iint \frac{\mathbf{c}}{c} f_1(c)\, c^3 (c, \vartheta)\, w d(\Delta c)\, dO' =$$

$$= n_e n_g\, c f_0(c) \int \sigma(c, \vartheta)\, dO' \int w(\vartheta, c, \Delta c)\, d(\Delta c) + n_e n_g f_1(c) \int \mathbf{c}, \sigma(c, \vartheta)\, dO' \int w d(\Delta c) =$$

$$= n_e n_g c f_0(c)\, s(c),$$

---

[1]) Dieses Vorgehen ähnelt weitgehend der in der Diffusionstheorie und der Theorie der BROWNschen Bewegung benutzten Ableitung der EINSTEIN-FOCKschen Gleichung, aus der Integralgleichung von SMOLUCHOWSKI.

da $\int w(\vartheta, c, \Delta c)\, d(\Delta c) = 1$ und $\int \mathbf{c}\, \sigma(c, \vartheta)\, dO' = 0$.

Das zweite Glied ist

$$-\frac{n_e n_g}{c^2}\iint \Delta c \frac{\partial}{\partial c}(c^3 f \sigma w)\, dO'\, d(\Delta c) = -\frac{n_e n_g}{c^2}\frac{\partial}{\partial c}\left[c^3 f_0(c)\int \sigma(c, \vartheta)\, dO' \int \Delta c\, w\, d(\Delta c)\right.$$

Das kann man auch schreiben

$$\frac{n_e}{c^2}\frac{\partial}{\partial c}[c^2 f_0(c)\, A_1],$$

wobei

$$A_1 = -c n_g \int \sigma(c, \vartheta)\, dO' \int \Delta c\, w(c, \vartheta, \Delta c)\, d(\Delta c) = -\nu(c)\, \overline{\Delta c}$$

die mittlere Geschwindigkeitsabnahme eines Elektrons pro sec ist. Das dritte Glied ist

$$\frac{n_e n_g}{c^2}\iint \frac{1}{2}(\Delta c)^2 \frac{\partial^2}{\partial c^2}(c^3 f \sigma w)\, dO'\, d(\Delta c) = \frac{n_e}{c^2}\frac{\partial^2}{\partial c^2}[c^2 A_2 f_0],$$

wo

$$A_2 = \frac{n_g}{2} c \int \sigma(c, \vartheta)\, dO' \int (\Delta c)^2 w\, d(\Delta c) = \frac{1}{2}\overline{(\Delta c)^2}\, \nu(c) \quad \text{ist.}$$

Somit gilt:

(d) $$b = n_e n_g c f_0(c)\, s(c) + \frac{n_e}{c^2}\frac{\partial}{\partial c}[c^2 f_0(c)\, A_1] + \frac{n_e}{c^2}\frac{\partial^2}{\partial c^2}[c^2 f_0(c)\, A_2],$$

weiter, nach (5,6)

$$a = n_e n_g c\, s(c)\, f(\mathbf{c}) = n_e n_g c\, s(c)\, f_0(c) + n_e n_g\, s(c)\, \mathbf{c} f_1(c).$$

Deshalb ist

(e) $$a - b = \frac{n_e}{c^2}\left[\frac{\partial}{\partial c}(c^2 f_0 A_1) + \frac{\partial^2}{\partial c^2}(c^2 f_0 A_2)\right] + n_e n_g\, s(c)\, \mathbf{c} f_1(c).$$

Die Größen A_1 und A_2 berechnete Dawydow in einer anderen Arbeit [VIII—3]:

(f) $$A_1 = \frac{n_g s^*(c)}{m_g}(m_e c^2 - 3kT_g) = \frac{m_e c^2 - 3kT_g}{m_g \lambda^*(c)},$$

(g) $$A_2 = \frac{n_g s^*(c)\, c k T_g}{m_g} = \frac{c k T_g}{m_g \lambda^*(c)},$$

wo $s^*(c) = \int \sigma(c, \vartheta)(1 - \cos\vartheta)\, dO$ der Bremsquerschnitt des Moleküls und $\lambda^*(c) = \frac{1}{n_g s^*(c)}$ die diesem Querschnitt entsprechende freie Elektronenweglänge ist.

Setzen wir die Werte A_1 und A_2 in (e) ein, so finden wir:

(h) $$a - b = n_e n_g\, s(c)\, \mathbf{c} f_1(c) - \frac{n_e}{c^2}\frac{\partial}{\partial c}\left[\frac{c^3 k T_g}{m_g \lambda^*}\frac{\partial f_0}{\partial c} + \frac{m_e c^4}{m_g \lambda^*} f_0\right].$$

Eine andere Ableitung dieser Gleichung ist in dem Buch von Chapman und Cowling [I—8, § 18) angegeben.

13. (§ 47, S. 271.)

Wir setzen in die kinetische Gleichung anstatt $(a - b)$ den Ausdruck (47,7) ein und anstatt f_e in den ersten drei Gliedern $f_0(c) + \frac{\mathbf{c}}{c} f_1(c)$, in den letzen zwei Gliedern $f_0(c)$; im

Ergebnis erhalten wir

$$\frac{\partial}{\partial t}\left(n_e f_0 + n_e \frac{\mathbf{c}}{c} f_1\right) + \mathbf{c}\nabla\left(n_e f_0 + n_e \frac{\mathbf{c}}{c} f_1\right) + \frac{e}{m_e}\boldsymbol{E} n_e \nabla_c\left(f_0 + \frac{\mathbf{c}}{c} f_1\right) +$$

$$+ \frac{e n_e}{m_e c_0}[\mathbf{c}\boldsymbol{H}]\,\nabla_c\left(f_0 + \frac{\mathbf{c}}{c} f_1\right) - \frac{n_e m_e}{c^2 m_g}\frac{\partial}{\partial c}\left[\frac{c^3 k T_g}{\lambda^* m_e}\frac{\partial f_0}{\partial c} + \frac{c^4}{\lambda^*} f_0\right] + n_e \frac{\mathbf{c}}{\lambda^*} f_1 -$$

$$\text{(a)}\qquad - \frac{n_e n_g}{c^2}\int\limits_{\sqrt{2\frac{e}{m_e}U_i}}^{\infty} s_i(c_1, c)\, c_1^3 f_0(c_1)\, dc_1 + [n_p s_r(c) + n_p n_e Q_r^{tr}(c) + n_g s_u(c)]\, c f_0(c) = 0.$$

Wir multiplizieren diese Gleichung gliedweise mit $\frac{dO}{4\pi} = \frac{d\Omega}{4\pi c^2\, dc}$ und integrieren über alle Richtungen im Geschwindigkeitsraum. Wir bemerken, daß wenn F eine willkürliche Größe ist, die von beliebigen Veränderlichen, außer der Richtung im Geschwindigskeitraum abhängt, gilt

$$\int F \frac{dO}{4\pi} = F \int \frac{dO}{4\pi} = F;$$

weiterhin, daß $\int \mathbf{c}\, dO = 0$ ist und deshalb

$$\int \frac{\mathbf{c}}{c} f_1 dO = \frac{1}{c} f_1 \int \mathbf{c}\, dO = 0;$$

$$\int \mathbf{c}\nabla\,(n_e f_0)\, dO = \nabla\,(n_e f_0) \int \mathbf{c}\, dO = 0;$$

$$\int \boldsymbol{E}\nabla_c\,(f_0)\, dO = \boldsymbol{E} \int \nabla_c (f_0)\, dO = 0,$$

da der Vektor $\nabla_c f_0 \uparrow\downarrow \mathbf{c}$ ist, außerdem, daß

$$\int \mathbf{c}\nabla\left(n_e \frac{\mathbf{c}}{c} f_1\right)\frac{dO}{4\pi} = \frac{1}{4\pi c}\int u^2 \frac{\partial\,(n_e f_1)}{\partial x}\, dO = \frac{1}{4\pi c}\frac{\partial\,(n_e f_1)}{\partial x}\int u^2\, dO =$$

$$= \frac{1}{4\pi c}\nabla\,(n_e f_1)\,\frac{4\pi c^2}{3} = \frac{c}{3}\nabla\,(n_e f_1);$$

$$\frac{1}{4\pi} n_e \frac{e}{m_e}\int \boldsymbol{E}\nabla_c\left(\frac{\mathbf{c}}{c} f_1\right) dO = \frac{n_e}{4\pi}\frac{e}{m_e}\boldsymbol{E}\cdot\frac{1}{3c^2}\frac{\partial}{\partial c}(c^2 f_1)\, 4\pi = \frac{n_e}{3c^2}\frac{eE}{m_e}\frac{\partial}{\partial c}(c^2 f_1);$$

und endlich, daß

$$\int \mathbf{c}[\boldsymbol{H}]\,\nabla_c f_0\, d\Omega = \int [\nabla_c f_0\, \mathbf{c}]\,\boldsymbol{H}\, dO = 0$$

(Vektor $\nabla_c f_0 \uparrow\downarrow \mathbf{c}$ und $\int [\mathbf{c}\boldsymbol{H}]\,\nabla_c\left(\frac{\mathbf{c}}{c} f_1\right) = 0$. Berücksichtigen wir das alles, so finden wir, daß die Gleichung (a) nach Multiplikation mit $\frac{dO}{4\pi}$ und Integration nach dO auf die Gleichung (47,8) im Text führt.

Wir multiplizieren weiterhin (a) gliedweise mit $\frac{\mathbf{c}\, dO}{4\pi}$, nehmen die notwendigen Umrechnungen vor und integrieren nach dO, d. h. über alle Richtungen im Geschwindigkeitsraum. Oben wurde schon bemerkt, daß $\int \mathbf{c}\, dO = 0$ ist, und deshalb gilt:

$$\int F\mathbf{c}\, dO = F\int \mathbf{c}\, dO = 0; \qquad \int \mathbf{c}\mathbf{c}\, dO = 4\pi c^2,$$

$$\int \left(\frac{\mathbf{c}}{c} f_1\right)\mathbf{c}\, dO = f_1 \int \mathbf{c}\cos\varphi\, dO = f_1\, 2\pi c\int\limits_0^{\pi}\cos^2\varphi\sin\varphi\, d\varphi = \frac{4\pi}{3} c f_1 \quad \text{usw.}$$

Berücksichtigen wir das und führen im Ergebnis die notwendigen Kürzungen durch, so erhalten wir die Formel (47,9) im Text (S. 271).

14. (§ 52, S. 304.)

Das Verfahren, nach dem der Ionenteil der Sondencharakteristik (Abschnitt AB auf Abb. 199) bis zum Potential des umgebenden Raums zu extrapolieren ist, hängt von der Sondenform und der Stromdichte im umgebenden Gas ab.

1. Zylindersonde. Ist die Stromdichte im Gas und daher die Dichte des Sondenstroms klein und ist der Potentialunterschied $\varphi_G - \varphi_P$ negativ, aber absolut genommen groß, so ist der Radius der positiven Ionenschicht, welche die Sonde umgibt, viel größer als der Sondenradius. In diesem Fall wird die Charakteristik des Ionenstroms I_p zur negativen Sonde durch eine Gleichung der Form (51,17) wiedergegeben. Daher ist es naheliegend, den I_p-Wert auf ein Potential nahe φ_G zu extrapolieren, indem man die Abhängigkeit I_p^2 von φ_P graphisch darstellt, dabei muß sich eine Gerade ergeben, und diese Gerade $I_p^2 = f(\varphi_P)$ verlängert man bis zu $\varphi_P \cong \varphi_G$. Diese Methode wird in einigen Arbeiten empfohlen [IX—2]. Die Fälle jedoch, wo eine derartige Extrapolationsmethode berechtigt ist, sind in der Praxis selten.

In Wirklichkeit gibt die Beziehung $\left(\frac{r_S}{r_P}\right)^2 < 1 - \frac{e_0 U_P}{kT}$ die Bedingung dafür, daß die meisten Teilchen, welche in die Schicht eintreten, durch die Sonde eingefangen werden, so daß selbst bei einem relativ kleinen U_P, das die mittlere Ionenenergie nur um einigemal übertrifft, der Sondenstrom gesättigt ist, obgleich der Schichtradius r_S den Sondenradius r_P 2—3mal übertrifft; in diesem Fall kann man die Formel (51,17) jedoch nicht mehr anwenden.

Bedeutend verbreiteter ist in der Praxis ein anderer Fall. Der Strom zur Sonde ist dem Strom an der Außenfläche der Schicht gleich, und die Schichtdicke beträgt $\delta = r_S - r_P \ll r_P$. In diesem Fall kann man angenähert mit einer ebenen Schicht nach der Formel (51,20) rechnen. Aus dieser folgt:

$$\delta = \text{const.} \frac{U_S^{\frac{3}{4}}}{j_p^{\frac{1}{2}}}.$$

Die äußere Sammeloberfläche beträgt

$$S = 2\pi r_S l = 2\pi (r_P + \delta) l = 2\pi l \left(r_P + c U_P^{\frac{3}{4}} j_p^{-\frac{1}{2}}\right),$$

und darum ist

$$I_P = j_p S = 2\pi l j_p \left(r_P + c j_p^{-\frac{1}{2}} U_P^{\frac{3}{4}}\right).$$

Daraus sieht man, daß I_P eine lineare Funktion von $U_P^{\frac{3}{4}}$ ist. Deshalb kann man I_P in diesem Fall geradlinig in den Koordinaten $U_P^{\frac{3}{4}}$, I_P extrapolieren.

2. Kugelsonde. Überlegungen, die denen der Zylindersonde ähneln, ergeben, daß man die Sondenstromstärke I_P, wenn sie bei sehr schwachem Strom im Gas, kleinem Sondenradius und hohem negativen Sondenpotential gemessen wird, mit steigendem Sondenpotential φ_p linear extrapolieren kann (51,16). In dem der Wirklichkeit näheren Fall ($\delta \ll r_P$) finden wir

$$I_P = j_p S = 4\pi j_p (r_P + \delta)^2 = 4\pi j_p \left(r_P + c j_p^{-\frac{1}{2}} U_P^{\frac{3}{4}}\right)^2.$$

Daraus folgt, daß $I_P^{\frac{1}{2}}$ linear von $U_P^{\frac{3}{4}}$ abhängt und der I_p-Wert aus der graphischen Darstellung der Funktion $I_P^{\frac{1}{2}} = f\left(U_P^{\frac{3}{4}}\right)$. linear extrapoliert werden kann.

3. Ebene Sonde. Die einfache ebene Sonde in Scheibenform ohne Schutzring wurde von Langmuir und Mott-Smith [VIII—26] betrachtet. Sie zeigten, daß in diesem Fall in den Koordinanten $I_P^{\frac{1}{2}}$, $U_P^{\frac{3}{4}}$ linear extrapoliert werden muß.

Bei genauen Konzentrations- und Strommessungen der geladenen Teilchen an den Wänden des Entladungsrohrs verwendet man oft eine ebene Sonde in Scheibenform mit Schutzring (Abb. 192). In diesem Fall hat die sammelnde Fläche der Schicht die Form eines Kreises, der der Vorderfläche der eigentlichen Sonde gleich ist und im Abstand δ vor dieser liegt. Mit U_P ändert sich δ, S jedoch ändert sich nicht und deshalb müßte $I_P = j_p S$ ungeändert bleiben. In Wirklichkeit beobachtet man eine gewisse schwache Zunahme von I_P, wenn $| U_P |$ wächst; dieser Anstieg erklärt sich daraus, daß sich die Schichtgrenze in Richtung zur Rohrachse verschiebt, wo die Ionenkonzentration n_P größer ist. Da δ unter realen Versuchsbedingungen klein gegenüber dem Rohrradius ist, kann man annehmen, daß j_P mit wachsender Entfernung von der Rohrwand, d. h. mit wachsendem δ zunimmt; dann ist

$$I_P \cong S\,(j_{pw} + c\delta) \cong S\left(j_{pw} + c U_P^{\frac{3}{4}} j_{pw}^{-\frac{1}{2}}\right).$$

Hieraus folgt, daß I_P in diesem Fall in den Koordinaten $U_P^{\frac{3}{4}}$, I_P linear zu extrapolieren ist.

In allen betrachteten Fällen muß man zur Extrapolation der Ionenstromwerte auf der Abszissenachse die Größe $U_P^{\frac{3}{4}} = (\varphi_P - \varphi_G)^{\frac{3}{4}}$ auftragen. Daher sollte man als Argument nicht einfach φ_P, bezüglich irgendeiner Elektrode nehmen, sondern zunächst, wenn auch nur angenähert, φ_G aus dem Knick der Charakteristik abschätzen und den Wert $(\varphi_P - \varphi_G)^{\frac{3}{4}}$ berechnen. Hat man das getan, so ist auch eine genaue Extrapolation möglich.

15. (§ 57, S. 339)

Die Korrektur, die berücksichtigt, daß ein Teil der ursprünglichen Geschwindigkeit beim Stoß zweier Teilchen vergleichbarer Masse erhalten wird, führt man folgendermaßen in die Beweglichkeitsgleichung ein.

Wir betrachten den elastischen Stoß eines Ions mit einem Molekül; dazu wählen wir ein Koordinatensystem, in dem das Molekül bis zum Stoß ruht, die X-Achse wählen wir in Richtung der elektrischen Kraft. Die Geschwindigkeitskomponente des Ions in der X-Richtung bis zum Stoß betrage u, nach dem Stoß geht sie in

$$u_i' = c_i' \cos\vartheta = u_i \cos\vartheta \,\frac{\cos\vartheta \pm \sqrt{\dfrac{m_g^2}{m_i^2} - \sin^2\vartheta}}{\dfrac{m_g}{m_i} + 1}$$

über (siehe Formel (15,2)), wo m_i und m_g die Masse des Ions bzw. des Gasmoleküls ist; d ist der Ablenkwinkel. Der Mittelwert von u_i' bei vorgegebenem u hängt von der Winkelverteilung der Ionen nach den Kollisionen ab. Sieht man die zusammenstoßenden Teilchen als elastische Kugeln an, so beträgt die mittlere Geschwindigkeit des Ions in der ursprünglichen Richtung

(a) $$\overline{u_i'} = \frac{m_i}{m_i + m_g}\, u_i.$$

Hatte das Molekül bis zum Stoß eine Geschwindigkeitskomponente u_g in gleicher Richtung, so bleibt das Ergebnis ungeändert, wenn man u_i und u_i' durch die Geschwindigkeiten des Ions relativ zum Molekül ersetzt $(u_i - u_g)$ und $(u_i' - u_g)$:

(b) $$\overline{u_i'} - u_g = \frac{m_i}{m_i + m_g}\,(u_i - u_g).$$

Der mittlere Geschwindigkeitsverlust des Ions in der Anfangsrichtung beträgt:

$$u_i - \overline{u_i'} = \frac{m_g}{m_i + m_g}\,(u_i - u_g).$$

Die mittlere Zahl von Stößen, die das Ion mit der relativen Geschwindigkeit c_r pro sec erfährt, beträgt $\frac{c_r}{\lambda}$

$$c_r = \sqrt{(u_i - u_g)^2 + (v_i - v_g)^2 + (w_i - w_g)^2},$$

und der mittlere Geschwindigkeitsverlust pro sec

(c) $$\overline{\Delta u_i} = \iint \frac{m_g}{m_i + m_g} (u_i - u_g) \frac{c_r}{\lambda} f_i (c_i)\, d\Omega_i\, f_g (c_g)\, d\Omega_g$$

(f_i und f_g sind die Geschwindigkeitsverteilungsfunktionen der Ionen bzw. der Moleküle, $d\Omega_i$ und $d\Omega_g$ sind Elemente des Geschwindigkeitsraums). Dieser Geschwindigkeitsverlust pro sec muß im Mittel durch die Beschleunigung, die das Ion vom elektrischen Feld erhält, kompensiert werden: $\overline{\Delta u_i} = \frac{q}{m_i} E$. Es wird eine MAXWELLsche Geschwindigkeitsverteilung der Moleküle angenommen:

$$f_g = \left(\frac{h_g}{\pi}\right)^{\frac{3}{2}} e^{-h_g c^2}, \quad h_g = \frac{m_g}{2kT_g}.$$

Für die Ionen wird eine MAXWELLsche Geschwindigkeitsverteilung mit überlagerter Trift angenommen:

$$f_i = \left(\frac{h_i}{\pi}\right)^{\frac{3}{2}} e^{-h_i [(u - \overline{u_i})^2 + v^2 + w^2]}, \quad h_i = \frac{m_i}{2kT_i}.$$

Berücksichtigt man, daß die Triftgeschwindigkeit relativ klein ist, so kann man schreiben

$$f_i \cong \left(\frac{h_i}{\pi}\right)^{\frac{3}{2}} e^{-h_i c^2} (1 + 2 h_i u \overline{u_i}).$$

Setzt man diese Ausdrücke für f_i und f_g in (c) ein, so ergibt sich nach der Integration

$$\overline{\Delta u} = \frac{q}{m_i} E = \frac{4}{3} \frac{\overline{u_i}}{\lambda_i} \sqrt{\frac{8kT}{\pi} \frac{m_g}{m_i + m_g}} = \frac{4}{3} \frac{u_i}{\lambda_i} c_i \sqrt{\frac{m_g}{m_i + m_g}}$$

und hieraus

$$\overline{u_i} = \frac{3}{4} \frac{q \lambda_i}{m_i \overline{c_i}} \sqrt{\frac{m_i + m_g}{m_g}}\, E$$

und

$$b_i = 0{,}75 \frac{q \lambda_i}{m_i \overline{c_i}} \sqrt{1 + \frac{m_i}{m_g}}$$

— die Formel (57,2) im Text (S. 342).

16. (§ 57, S. 339.)

Der gaskinetische Ausdruck für die mittlere freie Weglänge eines Ions ist identisch mit dem Ausdruck für die mittlere freie Weglänge eines Gasmoleküls, wenn das Gas mit einem anderen Gas gemischt ist. Dieser Ausdruck wird in folgender Weise berechnet.

Wir betrachten die Moleküle des ersten Gases, deren Geschwindigkeiten zum Geschwindigkeitsraumelement $d\Omega_1 = du_1\, dv_1\, dw_1$, und die Moleküle des zweiten Gases, die zu dem Raumelement $d\Omega_2 = du_2\, dv_2\, dw_2$. gehören.

Sind die Molekülkonzentrationen der beiden Gase n_1 bzw. n_2, die Geschwindigkeitsverteilungsfunktionen $f_1(c_1)$ bzw. $f_2(c_2)$, der Stoßquerschnitt s_{12}, die relative Geschwindigkeit der stoßenden Moleküle c_r, so beträgt die Stoßzahl zwischen den Molekülen der beiden Gruppen pro sec und pro cm³

(a) $$d\nu_{12} = n_1 n_2 f_1 (\mathbf{c}_1) f_2 (\mathbf{c}_2) s_{12} c_r\, d\Omega_1\, d\Omega_2,$$

wobei $c_r = |\mathbf{c}_1 - \mathbf{c}_2|$ ist (siehe § 5). Hieraus folgt für die Gesamtzahl der Kollisionen zwischen den Molekülen beider Gase pro cm³ und pro sec

(b) $$\nu_{12} = n_1 n_2 s_{12} \iint f_1 (\mathbf{c}_1) f_2 (\mathbf{c}_2) c_r\, d\Omega_1\, d\Omega_2.$$

Im Gleichgewichtszustand gilt:

$$f_1(\mathbf{c}_1) = \left(\frac{m_1}{2\pi kT}\right)^{\frac{3}{2}} e^{-\frac{m_1 c_1^2}{2kT}},$$

$$f_2(\mathbf{c}_2) = \left(\frac{m_2}{2\pi kT}\right)^{\frac{3}{2}} e^{-\frac{m_2 c_2^2}{2kT}}.$$

(Die Temperatur beider Gase ist gleich.) Deshalb ist

(c)
$$\nu_{12} = n_1 n_2 s_{12} \frac{(m_1 m_2)^{\frac{3}{2}}}{2\pi k T^3} \int\int e^{-\frac{c_1^2 + m_2 c_2^2}{2kT}} c_r \, d\Omega_1 \, d\Omega_2.$$

Wir führen neue Variable ein: die Schwerpunktsgeschwindigkeit der zwei stoßenden Moleküle $\boldsymbol{C}$ (Komponenten U, V, W) und die relative Geschwindigkeit dieser Moleküle $\mathbf{c}_r$ (Komponenten u_r, v_r, w_r). Dann ist

$$\frac{m_1 \mathbf{c}_1^2}{2} + \frac{m_2 \mathbf{c}_2^2}{2} = \frac{1}{2}(m_1 + m_2) C^2 + \frac{1}{2} \mu c_r^2, \quad \mu = \frac{m_1 m_2}{m_1 + m_2}$$

(siehe Anmerkung 1, Formel (b)).

Weiterhin ist die Funktionaldeterminante dieser Transformation

$$\frac{\partial(U, V, W, u_r, v_r, w_r)}{\partial(u_1, v_1, w_1, u_2, v_2, w_2)} = 1,$$

woraus

$$d\Omega_1 \, d\Omega_2 = dU \, dV \, dW \, du_r \, dv_r \, dw_r$$

folgt. Wir setzen das in (c) ein:

$$\nu = n_1 n_2 \frac{(m_1 m_2)^{\frac{3}{2}}}{(2\pi kT)^3} s_{12} \int e^{-\frac{\mu c_r^2}{2kT}} c_r \, du_r \, dv_r \, dw_r \int e^{-\frac{(m_1+m_2)^2 C^2}{2kT}} dU \, dV \, dW;$$

ersetzen $du_r \, dv_r \, dw_r$ durch $c_r^2 \, dO \, c_r$ und $dU \, dV \, dW$ durch $C^2 \, dO' \, dC$ und integrieren zunächst nach dO und dO' (über alle Richtungen) und dann über die Geschwindigkeiten c_r und C_1. Wir finden so:

$$\nu = n_1 n_2 \frac{(m_1 m_2)^{\frac{3}{2}}}{(2\pi kT)^3} s_{12} \int_0^\infty 4\pi e^{-\frac{\mu c_2^2}{2kT}} c_r c_r^2 dc_r \int_0^\infty 4\pi e^{-\frac{(m_1+m_2) C^2}{2kT}} C^2 \, dC =$$

$$= n_1 n_2 \frac{(m_1 m_2)^{\frac{3}{2}}}{(2\pi kT)^3} s_{12} \cdot 4\pi \frac{2(kT)^2}{\mu^2} \cdot 4\pi \sqrt{\pi} \left(\frac{2kT}{m_1 + m_2}\right)^{\frac{3}{2}}$$

oder

(d)
$$\nu_{12} = n_1 n_2 s_{12} \sqrt{\frac{8kT}{\pi}} \sqrt{\frac{m_1 + m_2}{m_1 m_2}}.$$

Ein Molekül des ersten Gases stößt pro sec

(e)
$$z_{12} = \frac{\nu_{12}}{n_1} = n_2 s_{12} \sqrt{\frac{8kT}{\pi m_1}\left(1 + \frac{m_1}{m_2}\right)} = n_2 s_{12} \bar{c}_1 \sqrt{1 + \frac{m_1}{m_2}}$$

mal mit Molekülen des zweiten Gases. Hieraus folgt auch, daß es mit ihm ähnlichen Molekülen (Molekülen des 1. Gases) pro sec

(f)
$$z_{11} = \sqrt{2} n_1 s_1 \bar{c}_1$$

mal stößt. Die Gesamtstoßzahl des Moleküls des ersten Gases pro sec beträgt

(g) $$z_1 = z_{11} + z_{12} = \bar{c}_1 \left(\sqrt{2} n_1 s_1 + n_2 s_{12} \sqrt{1 + \frac{m_1}{m_2}} \right).$$

Die mittlere freie Weglänge dieses Moleküls beträgt:

(h) $$\lambda_1 = \frac{\bar{c}_1}{z_1} = \frac{1}{\sqrt{2} n_1 s_1 + n_2 s_{12} \sqrt{1 + \frac{m_1}{m_2}}}.$$

Seine mittlere freie Weglänge zwischen zwei aufeinanderfolgenden Kollisionen mit ihm ähnlichen Molekülen $\lambda_{11} = (\sqrt{2} n_1 s_1)^{-1}$ und zwischen zwei Kollisionen mit Molekülen des zweiten Gases

(i) $$\lambda_{12} = \frac{1}{n_2 s_{12} \sqrt{1 + \frac{m_1}{m_2}}}.$$

Analog finden wir, wenn wir von der Formel (d) ausgehen, die Ausdrücke der mittleren Stoßfrequenz und der freien Weglänge eines Moleküls des zweiten Gases

$$z_2 = \bar{c}_2 \left(\sqrt{2} n_2 s_2 + n_1 s_{12} \sqrt{1 + \frac{m_2}{m_1}} \right),$$

$$\lambda_2 = \left(\sqrt{2} n_2 s_2 + n_1 s_{12} \sqrt{1 + \frac{m_2}{m_1}} \right)^{-1}.$$

Bei der vorhergehenden Ableitung wurde vorausgesetzt, daß die Temperaturen beider Gase gleich sind. In Anwendung auf Ionen ist das bei Hochdruck oder für den Entionisationsprozeß richtig. Sind die Temperaturen beider Gase verschieden — das ist bei Ionen im Strom im verdünnten Gas der Fall —, so erhält man anstatt (i) den Ausdruck

(k) $$\lambda_{12} = \frac{1}{n_2 s_{12} \sqrt{1 + \frac{T_2 m_1}{T_1 m_2}}}.$$

Wir bemerken, daß in der Formel (57,2), welche die Ionenbeweglichkeit ausdrückt, unter λ_i die unkorrigierte mittlere Ionenweglänge zu verstehen ist. Dabei ist der Faktor $\sqrt{1 + \frac{m_i}{m_g}}$ also nicht berücksichtigt, sondern es ist einfach $\lambda_i = \frac{1}{n_g s}$ gesetzt, d. h., es wird die Weglänge von Teilchen benutzt, deren Geschwindigkeit viel größer ist als die Geschwindigkeit der Gasmoleküle [siehe [IV—16)].

17. (§ 57, S. 343.)

Die mittlere Ionenenergie kann ebenso wie die mittlere Elektronenenergie nach der im § 50 dargelegten Methode berechnet werden. Die mittlere Ionenenergie ist jedoch nicht viel größer als die mittlere Energie der Gasmoleküle, deshalb darf man hier U_g nicht vernachlässigen. Man kann im Gegenteil die unelastischen Kollisionen der Ionen bei der Berechnung der mittleren Energie und der Beweglichkeit vernachlässigen. Wir beschränken uns auf die stationäre Bewegung:

$$\frac{\partial U_i}{\partial t} = 0 \quad \text{und} \quad \frac{\partial U_i}{\partial X} = 0.$$

Der Bruchteil ($\varkappa$) der Energie, den die Ionen bei Stößen mit den Gasmolekülen im Mittel verlieren, beträgt, wenn man die MAXWELLsche Geschwindigkeitsverteilung beider Partner berücksichtigt, nach [IX—19]

(a) $$\varkappa = 2{,}66 \frac{m_i m_g}{(m_i + m_g)^2} \left(1 - \frac{U_g}{U_i}\right) = A \frac{U_i - U_g}{U_g}$$

(m_i ist die Ionenmasse). Dann hat die (50,1) entsprechende Gleichung die Form

(b) $$qE\bar{u}_i - A\,\frac{U_i - U_g}{U_i}\,q\,U_i\,\frac{\bar{c}}{\lambda} = 0.$$

Wir nehmen für $\bar{u}_i$ die Beweglichkeitsgleichung

(c) $$\bar{u}_i = \frac{q\lambda_i}{m_i\bar{c}_i}\,E$$

an. Setzen wie sie in (b) ein, so finden wir $\frac{q^2\lambda_i}{m_i\bar{c}_i}\,E^2 = A\,\frac{\bar{c}_i}{\lambda_i}\,q\,(U_i - U_g)$, oder wenn wir berücksichtigen, daß $m_i\bar{c}_i^2 = \frac{8}{3\pi}\,m_i\bar{c}_i^2 = \frac{8}{\pi}\,qU_i$ ist, können wir schreiben

$$U_i\,(U_i - U_g) = \frac{1}{A'}\,E^2\lambda_i^2 = 0,\quad A' = \frac{8}{\pi}\,A = 6{,}8\,\frac{m_i m_g}{(m_i + m_g)^2},$$

woraus

(d) $$U_i = \frac{U_g}{2} + \left(\frac{U_g^2}{4} + \frac{(m_i + m_g)^2 E^2 \lambda_i^2}{6{,}8\,m_i m_g}\right)^{\frac{1}{2}}$$

folgt. Hieraus finden wir bei schwachen Feldern $U_i \approx U_g$, bei starken Feldern

$$U_i \approx 0{,}384\,\frac{m_i + m_g}{\sqrt{m_i m_g}}\,E\lambda_i.$$

Die mittlere Geschwindigkeit der Ionenbewegung beträgt

(e) $$c_i = \left(2\,\frac{q}{m_i}\right)^{\frac{1}{2}}\left[\frac{U_g}{2} + \left(\frac{U_g^2}{4} + \frac{(m_i + m_g)^2}{6{,}8\,m_i m_g}\,E^2\lambda_i^2\right)^{\frac{1}{2}}\right]^{\frac{1}{2}}.$$

18. (§ 57, S. 339.)

Zwischen einem Ion und einem Molekül wirkt eine Anziehungskraft, die durch die Polarisation des Moleküls vom Ionenfeld bedingt ist und durch die Formel (20,1)

(a) $$F\,(r) = \frac{q^2\,(\varepsilon - 1)}{2\pi n_1 r^5}.$$

ausgedrückt werden kann. Die potentielle Wechselwirkungsenergie zwischen einem Ion und einem Molekül beträgt

(b) $$\Pi\,(r) = \int_r^\infty F\,(r)\,dr = -\frac{q^2\,(\varepsilon - 1)}{8\pi n_1 r^4}.$$

Unter der Wirkung dieser Kraft passiert das Ion das Molekül auf einer gekrümmten Flugbahn, eine Kollision zwischen ihnen findet dann statt, wenn $r_{\min} \leqslant r_{\mathrm{eff}}$ ist. Die Größe $r_{\min}$ kann man durch den Stoßparameter p wie in der Sondentheorie (§ 51, Punkt 1) ausdrücken, d. h.

$$r_{\min}^2 = \frac{p^2}{1 - \frac{2\Pi}{m_i c_i^2}}.$$

Hieraus folgt auf Grund der Bedingung $r_{\min} \leqslant r_{\mathrm{eff}}$

$$p^2 \leqslant r_{\mathrm{eff}}^2\left(1 - \frac{2\Pi}{m_i c_i}\right).$$

Wären keine Polarisationskräfte vorhanden, so liefe die Kollisionsbedingung auf $p^2 < r^2_{\text{eff}}$ hinaus. Folglich vergrößern die Polarisationskräfte den Wirkungsquerschnitt der Kollisionen um $\left(1 - \frac{2\Pi}{m_i \overline{c_i^2}}\right)$ und verkürzen die freie Weglänge um ebensoviel:

$$\bar{\lambda} = \frac{\lambda_0}{1 - \frac{2\Pi}{m_i \overline{c_i^2}}} = \frac{\lambda_0}{1 + \frac{q^2(\varepsilon - 1)}{\frac{4}{\pi}\sigma^2 m_i \overline{c_i^2}}} \cong \frac{\lambda_0}{1 + \frac{q(\varepsilon - 1)}{\frac{4}{\pi}\sigma^2 U_i}}.$$

19. (§ 65, S. 386.)

JAFFÉ [X—23] hat eine strenge Lösung für die Aufgabe angegeben, die Entionisation einer ebenen Strecke zu berechnen, wenn Diffusion und Volumenrekombination der Ionen vorhanden und Diffusions- (D) und Rekombinationskoeffizient (β) konstant sind. Die Ausgangsgleichung der ebenen Aufgabe hat die Form

(a) $$\frac{\partial n}{\partial t} = D\frac{\partial^2 n}{\partial t^2} - \beta n^2.$$

Dabei gilt für $n(x, t)$ die Randbedingungen

(b) $$n(0, t) = 0 \quad \text{und} \quad n(l, t) = 0$$

und die Anfangsbedingung

(c) $$n(x, 0) = n_0(x).$$

Die Lösung der Gleichung (a) setzen wir in der Form

(d) $$n(x, t) = N(t)\, n^*(x, t),$$

an, wo $n^*(x, t)$ die Lösung der Gleichung (a) bei $\beta = 0$ ist (die Lösung des reinen Diffusionsproblems) und durch die Bedingung

$$\int_0^l n^*(x, 0)\, dx = 1.$$

normiert wird.

Kann der Anfangswert n^* als Reihe $n^*(x, 0) = \sum_{k=1}^{\infty} A_k \sin\frac{k\pi x}{l}$, dargestellt werden, so wird $n^*(x, t)$ durch die Reihe

(e) $$n^*(x, t) = \sum_{k=1}^{\infty} A_k e^{-\frac{k^2 t}{\tau_D}} \sin\frac{k\pi x}{l}.$$

wiedergegeben. Die Größe $N(t)$ stellt die Gesamtzahl der Ionen pro cm² Querschnitt der Strecke dar. Setzen wir die Lösung (d) in Gleichung (a) ein und integrieren über x von 0 bis l, so finden wir die Gleichung für $N(t)$:

(f) $$\frac{dN}{dt} = -\beta f(t)\, N^2,$$

wobei

(g) $$f(t) = \frac{\int_0^l n^{*2}\, dx}{\int_0^l n^*\, dx} \quad \text{ist.}$$

Wir wollen die mittlere Ionendichte

$$\text{(h)} \qquad \overline{n}(t) = \frac{1}{l}\int_0^l n(x,t)\,dx = \frac{N(t)}{l}\int_0^l n^*(x,t)\,dx$$

in die Betrachtung einführen. Differenzieren wir (d) nach t, ersetzen $N(t)$ mit Hilfe von (h) durch $\overline{n}(t)$ und rechnen leicht um, so erhalten wir

$$\text{(i)} \qquad \frac{d\overline{n}_p}{dt} = -D^*(t)\,\overline{n}_p - \beta^*(t)\,\overline{n}_p^2,$$

— die Gleichung (65,8) im Text (S. 390). Hier ist

$$\text{(k)} \qquad \beta^* = \beta l \frac{\int_0^l n^{*2}\,dx}{\left(\int_0^l n^*\,dx\right)^2},$$

$$\text{(l)} \qquad D^* = D\frac{\left(\frac{\partial n^*}{\partial x}\right)_0 - \left(\frac{\partial n^*}{\partial x}\right)_l}{\int_0^l n^*\,dx}.$$

Setzen wir in (k) und (l) den Ausdruck (e) an Stelle von n^*, dann ist

$$\text{(m)} \qquad \beta^* = \frac{\pi^2 S_1}{8 S_3^2}\beta, \quad D^* = \frac{\pi^2 S_2}{l^2 S_3} D,$$

wo

$$\text{(n)} \qquad \left|\begin{aligned} S_1 &= \sum_{k=1}^{\infty} A_k^2 e^{-2k^2\frac{t}{\tau_D}}, \\ S_2 &= \sum_{k=0}^{\infty} (2k+1)\,A_{2k+1} e^{-\frac{(2k+1)^2 t}{\tau_D}}, \\ S_3 &= \sum_{k=0}^{\infty} (2k+1)^{-1} A_{2k+1} e^{-\frac{(2k+1)^2 t}{\tau_D}}. \end{aligned}\right.$$

Wir setzen $t > \tau_D$, d. h. wir lassen das Anfangsstadium des Entionisationsprozesses unberücksichtigt. Dann kann man in den Reihen S_1, S_2, S_3 alle Glieder außer dem ersten vernachlässigen (da sie viel schneller als das erste abnehmen):

$$S_1 \approx A_1^2 e^{-\frac{2t}{\tau_D}}; \quad S_2 = S_3 \approx A_1 e^{-\frac{t}{\tau_D}}.$$

Anstatt (m) erhalten wir

$$\text{(o)} \qquad \beta^* \cong \frac{\pi^2 A_1^2 e^{-\frac{2t}{\tau_D}}}{8 A_1^2 e^{-\frac{2t}{\tau_D}}}\beta = \frac{\pi^2}{8}\beta; \quad D^* \cong \frac{\pi^2 A_1 e^{-\frac{t}{\tau_D}}}{l^2 A_1 e^{-\frac{t}{\tau_D}}} D = \frac{\pi^2}{l^2} D.$$

20. (§ 66, S. 391)

Die SAHAgleichung kann als Gleichgewichtsverteilung der umkehrbaren „Moleküldissoziation"

$$\text{(a)} \qquad M \rightleftarrows M^+ + e$$

aus dem Massenwirkungsgesetz hergeleitet werden. Hat man die Reaktionsgleichung in der Form $\nu_1 M_1 + \nu_2 M_2 + \ldots + \nu_j M_j \ldots = 0$ (alle Glieder der Gleichung sind nach links gebracht, die ν_i sind bei den Reaktionsprodukten negativ), so hat das Massenwirkungsgesetz in Anwendung auf eine Reaktion in der Gasphase die Gestalt

$$x_1^{\nu_1} x_2^{\nu_2} \ldots x_j^{\nu_j} = K(p, T). \tag{b}$$

Dabei sind $x_1, x_2, \ldots, x_j$ die relativen Konzentrationen der reagierenden Stoffe und Reaktionsprodukte, $K(p, T)$ die Gleichgewichtskonstante, p die Summe der Partialdrucke aller an der Reaktion beteiligten Stoffe. $K(p, T)$ wird durch die Gleichung

$$\ln K = -\sum_j \nu_j \ln p - \int \frac{\Delta c_p}{RT} dT - \frac{Q}{RT} - \sum_j \nu_j i_j. \tag{c}$$

bestimmt. Hier ist Q die in Wärme verwandelte Arbeit der Reaktion pro mol, Δc_p ist die Änderung der molaren Wärmekapazität des Gases im Ergebnis der Reaktion und i ist die sogenannte chemische Konstante.[1]) Der Wert für i, der in der klassischen Thermodynamik nicht bestimmbar ist, wurde in der Quantentheorie [X—32] gefunden (siehe auch [X—29], § 95—96):

$$i_j = \ln\left[\left(\frac{2\pi m_j k}{h^2}\right)^{\frac{3}{2}} k g_j\right], \tag{d}$$

wo g_j das statistische Gewicht der Teilchen ist (für Elektronen ist $g_e = 2$ [2])).

Im betrachteten Fall (thermische Dissoziation des Moleküls in ein einfach positiv geladenes Ion und ein Elektron: $M - M^+ - e = 0$) ist

$$\nu_1 = \nu_g = 1, \quad \nu_2 = \nu_p = -1, \quad \nu_3 = \nu_e = -1, \quad \text{d. h.} \sum \nu_j = -1.$$

Ist n_{g0} die Gesamtzahl der Gasmoleküle (der neutralen und ionisierten) und beträgt der Dissoziationsgrad des Gases x, so gilt $n_e = n_p = x n_{g0}$, $n_g = (1 - x) n_{g0}$, die Gesamtzahl der beteiligten Teilchen beträgt $n_g + n_p + n_e = (1 - x) n_{g0} + 2 x n_{g0} = (1 + x) n_{g0}$, die relativen Konzentrationen $x_g = \frac{1 - x}{1 + x}$, $x_p = x_e = \frac{x}{1 + x}$, der Gesamtdruck $p = (1 + x) n_{g0} kT$, die Partialdrucke

$$p_g = (1 - x) n_{g0} kT, \quad p_e = p_p = n_{g0} kT.$$

Des weiteren ist $Q = -N_0 e_e U_i$ und darum $\frac{Q}{RT} = -\frac{e_0 U_i}{kT}$. Die Wärmekapazität eines beliebigen einatomigen Gases ist $c_p = \frac{5}{2} R$, folglich ist $\Delta c_p = -\sum \nu_j c_{pj} = -\frac{5}{2} R \sum \nu_j = \frac{5}{2} R$. Schließlich finden wir, wenn wir berücksichtigen, daß $m_g \approx m_p$ ist,

$$\sum \nu_j i_j = \ln\left[\frac{2 g_p}{g_g} k \left(\frac{2\pi m_e k}{h^2}\right)^{\frac{3}{2}}\right].$$

Die Gleichung (c) erhält die Form

$$\ln K = \ln p - \frac{5}{2} \ln T + \frac{e_0 U_i}{kT} - \ln\left[\frac{2 g_p}{g_g} k \left(\frac{2\pi m_e k}{h^2}\right)^{\frac{3}{2}}\right]$$

---

[1]) Die Gleichungen (b) und (c) werden aus der Gleichgewichtsbedingung des Systems bei vorgegebenen p und T (Minimum des thermodynamischen Potentials) abgeleitet; siehe die Lehrbücher der Thermodynamik, beispielsweise [X—29], §§ 51 und 94.

[2]) Die Größe g_e unterscheidet sich von der früher (25,4) angeführten, da uns hier die Geschwindigkeit des Elektrons nicht interessiert.

oder

$$K = \frac{g_g}{2g_p}\left(\frac{h^2}{2\pi m}\right)^{\frac{3}{2}} \frac{p}{kT^{\frac{5}{2}}} e^{\frac{e_0 U_i}{kT}}.$$

Setzen wir die Werte x_j, ν_i und K in (b) ein, so erhalten wir

$$\frac{\frac{1-x}{1+x}}{\left(\frac{x}{1+x}\right)^2} = \frac{g_g}{2g_p}\left(\frac{h^2}{2\pi m}\right)^{\frac{3}{2}} \frac{p}{(kT)^{\frac{5}{2}}} e^{\frac{e_0 U_i}{kT}}$$

oder

$$\frac{x^2}{1-x^2} = \frac{g_g}{2g_p}\left(\frac{2\pi m}{h^2}\right)^{\frac{3}{2}} \frac{T^{\frac{5}{2}}}{p} e^{-\frac{e_0 U_i}{kT}}$$

— *die SAHAformel.*

Die unmittelbare Herleitung dieser Formel aus der Minimumbedingung des thermodynamischen Potentials oder der freien Energie des ionisierten Gases [0—1, X—30] unterscheidet sich dem Wesen nach nicht von der oben angeführten, da dort ebenfalls die Gleichungen (b) und (c) gefunden werden.

21. (§ 77, S. 423)

Als Beispiel für die Herleitung der Stromspannungscharakteristik betrachten wir die Charakteristik eines langen, zylindrischen Rohres mit dem Radius r, das mit verdünntem Gas gefüllt ist. Dabei soll die Länge des Rohres $l \gg \lambda_e$ sein. Wird Strom durch das Rohr gelassen, so nimmt das Kathodengebiet des Stroms einen kleinen Teil seiner Länge ein. In ihm nehmen wir ein konstantes Potential (U_K) an, das einen kleinen Teil der Gesamtspannung am Rohr (U) ausmacht. Der übrige größere Teil des Rohres ist mit einem zylindrischen Plasma angefüllt ($n_e \cong n_p$), von dem wir voraussetzen, daß es in der Längsrichtung homogen und axialsymmetrisch ist. Der Spannungsabfall in diesem Plasma $U - U_K = E(l - l_K) \cong El$ macht den größten Teil der Spannung am Rohr aus. Die Vorgänge an der Anode vernachlässigen wir. Der Strom im Rohr sei stationär $\left(\frac{\partial}{\partial t} = 0\right)$; die Rekombination soll nur an den Wänden erfolgen, die Ionisation nur durch direkten Elektronenstoß; die Gasdichte über den Rohrquerschnitt sei konstant. Die letzten Voraussetzungen beschränken die Betrachtung auf relativ schwache Ströme. Wir kommen zu der von SCHOTTKY [II—1] entwickelten Theorie des zylindrischen Plasmas. Sie ist in dem Buch (0—3, Bd. II, §§ 33—38) breiter dargestellt. Die Bilanzgleichung der Ionen (60,18)

$$\Delta n + \frac{z}{D_{am}} n = 0$$

nimmt bei Zylindersymmetrie $\left(\frac{\partial}{\partial \varphi} = 0\right)$ und longitudinaler Homogenität $\left(\frac{\partial}{\partial z} = 0\right)$ die Form

(a) $$\frac{d^2 n}{dr^2} + \frac{1}{r}\frac{dn}{dr} + \frac{z}{D_{am}} n = 0$$

an.

Ihre Lösung

(b) $$n = n_0 J_0\left(\sqrt{\frac{z}{D_{am}}}\, r\right)$$

muß der Randbedingung genügen, die man in erster Näherung folgendermaßen schreiben kann:

(c) $$n(r_w) \cong 0$$[1].

Die erste Wurzel der Funktion $J_0(x)$ liegt bei 2,405...; deshalb folgt aus (b) und (c) (siehe S. 361)

(d) $$\frac{z}{D_{am}} = \left(\frac{\eta_1'}{r_w}\right)^2; \quad \eta_1' < 2{,}405.$$

Sowohl z als auch D_{am} sind in einem gegebenen Gas eindeutige Funktionen der Elektronentemperatur U_e; z kann durch die Formel (61,5) ausgedrückt werden und D_{am} durch die Formel (60,9''): $D_{am} = b_p U_e$. Setzt man (61,5) und (60,9'') in (d) ein, so erhält man eine Gleichung für die relative Elektronentemperatur U_e, die man graphisch lösen kann (0—3, Bd. II, § 35). Es zeigt sich, daß die Elektronentemperatur U_e eine eindeutige Funktion von pr_w und unter sonst gleichen Bedingungen dem Ionisationspotential des Gases U_i proportional ist. Andererseits führt die Energiebilanzgleichung des Elektronengases (50,1) für den stationären Strom auf die Beziehung (50,6): $U_e = 0{,}63 \frac{\lambda_{e1}}{\sqrt{\varkappa^*}} \frac{E_X}{p}$, die U_e mit der elektrischen Längsfeldstärke E_X in Zusammenhang bringt. Setzen wir den auf die oben dargelegte Weise berechneten Wert von U_e in (50,6) ein, so finden wir (0—3, Bd. II, § 36) den Wert der Längsfeldstärke E_X. Endlich berechnen wir unter Benutzung von E_X $U = U_K + E_X l$. Sowohl E_X als auch U sind, wie sich zeigt, bei vorgegebenen Bedingungen (Rohrabmessungen, Gasart und -druck) eindeutig bestimmte Größen; insbesondere hängen sie in dem Bereich, in dem die oben gemachten Voraussetzungen gelten, nicht von der Stromstärke ab. Die statische Stromspannungscharakteristik ist folglich eine „Horizontale":

(e) $$U = \text{const.}, \quad \frac{dU}{dI} = 0.$$

Die Konzentration der freien Elektronen und Ionen hängt aber mit der Stromstärke nach der Beziehung (77,1) zusammen:

$$I = e_0 \overline{u}_e \int_0^{r_w} n\, dS = e_0 \overline{u}_e n_0 2\pi \int_0^{r_w} J_0\left(\frac{\eta_1'}{r_w} r\right) r\, dr = \frac{2\pi e_0 \overline{u}_e n_0 r_w^2 \cdot J_1(\eta_1')}{\eta_1'} \cong 1{,}36\, e_0 u_e n_0 r_w^2.$$

Da die Triftgeschwindigkeit u_e der Elektronen eine Funktion von $\frac{E}{p}$ ist, so ist sie unter gegebenen Bedingungen im Gas und gegebenen Rohrabmessungen eindeutig bestimmt und hängt ebenfalls nicht von I ab. Folglich ist n_0 proportional I und kann berechnet werden, wenn n_0 bekannt ist.

Berücksichtigt man außer der Ionisation durch direkten Stoß auch noch die Stufenionisation der angeregten Atome, die einer Herabsetzung des „effektiven Ionisationspotentials" äquivalent ist, und berücksichtigt, daß die Konzentration der angeregten Atome mit der Stromstärke zunimmt, so zeigt es sich, daß die Charakteristik nicht „horizontal" ist, sondern fällt $\left(\frac{dU}{dI} < 0\right)$.

22. (§ 78, S. 425.)

Den gleichen Gasraum, der in der Anmerkung 21 bezüglich des stationären Stroms betrachtet wurde, betrachten wir jetzt bei einem nichtstationären Prozeß. Wir wollen ebenso wie in der Anmerkung 21 nur die nichtstationären Erscheinungen im Plasma berücksichtigen; auch die Voraussetzung $n_e = n_p = n$ und die Randbedingungen $n(r_w) \cong 0$ bleiben gültig; der Einfachheit halber setzen wir $U_K = 0$.

In erster Näherung berücksichtigen wir in der Theorie der dynamischen Stromspannungscharakteristik eines solchen Raums nur ein Energiereservoir, die Ionisationsenergie des Gases. In diesem Fall erhalten wir die grundlegende Bilanzgleichung der Elektronen und Ionen aus (4,2). Sie nimmt die Form

(a) $$\frac{\partial n}{\partial t} = D_{am} \Delta n + zn$$

---

[1]) Eine präzisere Randbedingung siehe [II—3,4]; aus ihr folgt, daß η_1' eine Funktion von $\frac{\lambda}{r_w}$ ist; bei $\frac{\lambda}{r_w} \to 0$ geht $\eta_1' \to 2{,}405$...

an. Für D_{am} und z bleiben die Ausdrücke (60,9'') und (61,5) in Kraft; den zweiten jedoch kann man, ohne einen großen Fehler zu begehen, vereinfachen, wenn man berücksichtigt, daß die Faktoren $\sqrt{U_e}$ und $(U_i + U_e)$ im Vergleich mit $e^{-\frac{U_i}{U_e}}$ eine kleine Rolle spielen; das gestattet es, (61,5) vereinfacht folgendermaßen zu schreiben:

(b)
$$z = Be^{-\frac{U_i}{U_e}}.$$

Jetzt benötigen wir noch zwei Gleichungen: die Gleichung (50,6) bestimmt die Elektronentemperatur

(c)
$$U_e = 0{,}63\,\frac{\lambda_{e1}}{\sqrt{\varkappa^*}}\cdot\frac{E_X}{p},$$

und für die Stromstärke gilt die Gleichung (Beweglichkeitsgleichung)

(d)
$$I = e_0 N_1 b E_X.$$

Die Elektronen- und Ionenkonzentration sind Funktionen der Koordinate und der Zeit: $n = n(r, t)$. Wir wollen voraussetzen, daß man sie als Produkt von zwei unabhängigen Funktionen, in denen jeweils nur die eine von diesen Veränderlichen vorkommt, darstellen kann (siehe § 60, S. 313):

(e)
$$n = n_0(t)\, J_0(\mu_1 r).$$

Auf Grund der Randbedingung $n(r_w) \cong 0$ ist $\mu_1 = \sqrt{\frac{z}{D_{am}}} = \frac{\eta_1'}{r_w}$; $\eta_1' < 2{,}405\ldots$ Die Gleichung (a) geht nach Einsetzen von (e) und Kürzen von $J_0(\mu_1 r)$ in

(f)
$$\frac{dn_0}{dt} = (z - \mu_1^2 D_{am})\, n_0$$

oder in

(f')
$$\frac{d\,(\ln n_0)}{dt} = z - \mu_1^2 D_{am} = Be^{-\frac{U_i}{U_e}} - \frac{\eta_1'^2}{r_m^2}\,\frac{b_{p1}}{p}\,U_e$$

über.

Aus der Gleichung (f') eliminieren wir unter Zuhilfenahme von (c) U_e. In c ersetzen wir dazu E durch $\frac{U}{l}$:

(g)
$$U_e = 0{,}63\,\frac{\lambda_{e1}}{\sqrt{\varkappa^*}}\,\frac{U}{p\,l}.$$

Andererseits eliminieren wir mit Hilfe von (d) n_0 aus (f'), wo

$$N_1 = 2\pi n_0 \int\limits_0^{r_w} J_0\left(\eta_1'\,\frac{r}{r_w}\right) r\,dr \cong 1{,}36\, r_w^2 n_0$$

ist und darum

(h)
$$n_0 \cong \frac{Il}{1{,}36\, e_0 r_w^2 b U}.$$

Setzen wir (g) und (h) in (f') ein, so erhalten wir

(i)
$$\frac{1}{I}\frac{dI}{dt} - \frac{1}{U}\frac{dU}{dt} = B\cdot e^{-\frac{U_i}{GU}} - DU,$$

wobei $B = \frac{C_1 p}{k}\cdot\sqrt{\frac{8}{\pi}\frac{e_0}{m}}$ und C_1 der Koeffizient in Formel (28,1) ist:

$$G = 0{,}63\,\frac{\lambda_{e1}}{\sqrt{\varkappa^*}}\cdot\frac{1}{p\,l},\quad D = \frac{3{,}6}{\sqrt{\varkappa^*}\, r_w^2}\,\frac{b_{p1}\lambda_{e1}}{p^2 l}.$$

Die Gleichung (i), die einen Zusammenhang zwischen I, U, $\frac{dI}{dt}$ und $\frac{dU}{dt}$ herstellt, ist gerade die Gleichung der dynamischen Stromspannungscharakteristik des Stroms in dem gegebenen Gasraum. Es ist eine Differentialgleichung 1. Ordnung; sie stellt die erste Näherung der strengen Gleichung dar. Die zweite Näherung erhalten wir, wenn wir noch einen Trägheitsfaktor berücksichtigen, nämlich die endliche Wärmekapazität des Elektronengases. Dazu ist die algebraische Gleichung (50,6), die U_e trägheitslos mit der Feldstärke verbindet, durch die vollständigere Differentialgleichung (50,1) der Wärmebilanz des Elektronengases zu ersetzen. Diese hat die Form:

(k) $$\frac{dU_e}{dt} = G(U_e)E^2 - H(U_e).$$

Dadurch, daß noch eine zweite nach der Zeit abgeleitete Größe in dem Gleichungssystem des betrachteten Prozesses auftritt $\left(\text{zu } \frac{dn}{dt} \text{ kommt } \frac{dU_e}{dt}\right)$, kommt man zu einer Differentialgleichung 2. Ordnung für die dynamische Charakteristik. Die Berücksichtigung der Stufenionisation würde bedeuten, daß man noch einen Trägheitsfaktor einführt (die Akkumulation angeregter Atome im Gas) und zu einer Differentialgleichung 3. Ordnung für die dynamische Stromspannungscharakteristik gelangt (dritte Näherung).

23. (§ 81, S. 436.)

Wir wollen die differentielle Stromspannungscharakteristik des in den Anmerkungen 21 und 22 betrachteten Stroms in einem Rohr untersuchen in bezug auf kleine Störungen des Stroms. In erster Näherung, unter Berücksichtigung nur eines Trägheitsfaktors, gehen wir von dem Gleichungssystem

(a) $$\frac{dn_0}{dt} = (z - \mu^2 D_{am})\, n_0 = (z - AU_e)\, n_0$$

[das ist Gleichung (f) in der Anmerkung 22]

(b) $$z = Be^{-\frac{U_i}{U_e}},$$

(c) $$U_e = 0{,}63 \cdot \frac{\lambda_{e1}}{\sqrt{\varkappa^*}} \frac{E_X}{p} = CE_X,$$

(d) $$I = e_0 N_1 b e = 1{,}36\, e_0 b r_w^2 n_0 E = D n_0 E_X,$$

(e) $$U = U_K + lE_X.$$

aus. Setzen wir in den Gleichungen (a—d) anstatt n_0, z, U_e, E_X, I und U die entsprechenden Werte aus (80,1), (80,3) und (80,5) bis (80,8) ein, so kommen wir zu folgenden Beziehungen. Aus (a) folgt

$$n_{ec}\frac{d\nu_e}{dt} = [z_c + z_c\zeta - AU_{ec} - AU_{ec}v_e]\, n_{ec}(1 + \nu_e).$$

Bei einem stationären Strom ist jedoch $z_c = AU_{ec}$; berücksichtigen wir das und vernachlässigen Glieder 2. Ordnung, die die Produkte $\zeta\nu_e$ und $v_e\nu_e$ enthalten, so finden wir

(f) $$\frac{d\nu_e}{dt} = z(\zeta - v_e).$$

Ähnlich folgt aus (b)

(g) $$\zeta = \frac{U_i}{U_{ec}} v,$$

aus (c)

(h) $$v_e = \chi,$$

aus (d)

(i) $$\iota = \nu_e + \chi,$$

und schließlich aus (e)

$$u = \frac{U_e - U_K}{U_e}\chi;$$

ist $U_K \ll U_e$, so gilt näherungsweise

(k) $$u = \chi.$$

Eliminiert man aus den Gleichungen (f)—(k) alle Veränderlichen außer u und ι, so findet man die Gleichung der differentiellen Stromspannungscharakteristik in der Form

(l) $$\frac{d\iota}{dt} = \frac{du}{dt} + z_e\left(\frac{U_i}{U_{ec}} - 1\right)u.$$

Das ist die Charakteristik kleiner Störungen in erster Näherung.

Eine präzisere Theorie, die die endliche Erwärmungsgeschwindigkeit des Elektronengases berücksichtigt, läßt die Gleichungen (a), (b), (d), (e) ungeändert, anstatt (c) benutzt sie jedoch die Energiebilanzgleichung der Elektronen (50,1) in der Form

(m) $$\frac{dU_e}{dt} = G(U_e)\,E_X^2 - H(U_e).$$

In diesem Fall werden die gegenseitigen Störungen der Elektronentemperatur v_e und des Gradienten χ anstatt durch (h) durch die Gleichung

(n) $$\frac{dv_e}{dt} = \frac{2H_c\chi}{U_{ec}} + H_c\left(\frac{G_c'}{G_c} - \frac{H_c'}{H_c}\right)v = a_1\chi + a_2 v,$$

verbunden, wobei

$$a_1 = \frac{2H_c}{U_{ec}}, \quad a_2 = H\left(\frac{G_c'}{G_e} - \frac{H_c'}{H_c}\right).$$

ist.

Aus den Gleichungen (f), (g), (i), (k) und (n) finden wir die folgende Gleichung als zweite Näherung einer präzisen Gleichung der differentiellen Charakteristik:

(o) $$\frac{d^2\iota}{dt} - a_2\frac{d\iota}{dt} = \frac{d^2u}{dt^2} - a_2\frac{du}{dt} + a_1 z_e\left(\frac{U_i}{U_e} - 1\right)u.$$

24. (§§ 57 und 59.)

Das Magnetfeld beeinflußt die Ionenbewegung qualitativ in gleicher Weise wie die Elektronenbewegung. Die elementare Theorie dieses Problems wird wie die auf S. 341 dargelegte elementare Theorie der Beweglichkeit im elektrischen Feld aufgebaut.

1. Wir wollen annehmen, daß in einem Gas ein homogenes elektrisches Feld $\boldsymbol{E}$ parallel zur X-Achse und ein dazu senkrechtes homogenes Magnetfeld $\boldsymbol{H}$ parallel zur Z-Achse vorhanden sind. Das Gas sei homogen ionisiert: $\nabla n = 0$. Auf das Ion wirkt nach (2,12) die Kraft $F = q\left(E + \left[\frac{\mathbf{c}}{c_0}\boldsymbol{H}\right]\right)$, deren Komponenten $F_x = q\left(E - \frac{v}{c_0}H\right)$, $F_y = q\frac{u}{c_0}H$, $F_z = 0$ sind. Wird eine freie Weglänge durchlaufen, so werden die Geschwindigkeitskomponenten u und v einen Zuwachs

$$\Delta u = \frac{\lambda}{\bar{c}}\frac{F_x}{m} = \frac{\lambda q}{\bar{c}m}\left(E - \frac{v}{c_0}H\right), \quad \Delta v = \frac{\lambda}{\bar{c}}\frac{F_y}{m} = \frac{q\lambda}{m\bar{c}}\frac{u}{c_0}H.$$

haben. Es wird vorausgesetzt, daß das Ion bei jeder Kollision die Geschwindigkeit, welche es auf der freien Weglänge erworben hat, verliert; deshalb ist

(a) $$\bar{u} = \frac{1}{2}\Delta u = \frac{1}{2}\frac{\lambda q}{\bar{c}m}\left(E - \frac{\bar{v}}{c_0}H\right) = b\left(E - \frac{\bar{v}}{c_0}H\right),$$

(b) $$\bar{v} = \frac{1}{2}\Delta v = \frac{1}{2}\frac{\lambda q}{\bar{c}m}\frac{\bar{u}}{c_0}H = b\frac{\bar{u}}{c_0}H.$$

Eliminieren wir $\bar{v}$ aus (a) und (b), so beträgt die Triftgeschwindigkeit in Richtung des elektrischen Feldes

$$\bar{u} = \frac{bE}{1 + \frac{b^2}{c_0^2} H^2} = b_H E, \tag{c}$$

wobei

$$b_H = \frac{b}{1 + \frac{b^2}{c_0^2} H^2}$$

ist. Das ist die Formel (57,13) im Text (S. 346).

2. Wir betrachten jetzt ein inhomogen ionisiertes Gas, in dem sich die Elektronen- und Ionenkonzentration sowie das elektrische Potential φ nur in Richtung der X-Achse ändern; $\boldsymbol{H}$ liege wie vorhin parallel zur Z-Achse. In diesem Fall können wir behaupten, daß die Bewegung in der X-Richtung, die durch die Felder $\boldsymbol{E}$ und $\boldsymbol{H}$ hervorgerufen wird, sich der Diffusionsbewegung der Ladungsträger überlagert:

$$\bar{u} = b\left(E - \frac{\bar{v}}{c_0} H\right) - \frac{D}{n} \frac{dn}{dx}. \tag{d}$$

In der Y-Richtung ist wie vorhin $\bar{v} = b \frac{\bar{u}}{c_0} H$. Eliminieren wir $\bar{v}$ aus diesen Gleichungen, so finden wir, daß die Triftgeschwindigkeit längs der X-Achse

$$\bar{u} = \frac{bE}{1 + \frac{b^2}{c_0^2} H^2} - \frac{D}{1 + \frac{b^2}{c_0^2} H^2} \frac{1}{n} \frac{dn}{dx} \tag{e}$$

beträgt. Das zweite Glied auf der rechten Seite der Formel (e) drückt die Geschwindigkeit der Diffusionsbewegung aus; der Koeffizient dieses Gliedes

$$D_H = \frac{D}{1 + \frac{b^2}{c_0^2} H^2} \tag{f}$$

zeigt, daß sich der Diffusionskoeffizient im Magnetfeld genauso ändert wie die Beweglichkeit. In diesem Sinne sagt man oft: ein Magnetfeld beeinflußt die Bewegung geladener Teilchen in gleicher Weise wie eine Erhöhung des Gasdrucks.

Tabellen

1. Gaskinetische Abmessungen einiger Moleküle und Ionen

Molekül- bzw. Ionenart	Radius (Å)	Querschnitt		Molekül- bzw. Ionenart	Radius (Å)	Querschnitt	
		s (Å^2)	$n_1 s$ (cm^{-1})			s (Å^2)	$n_1 s$ (cm^{-1})
He	0,95	2,8	10 (1)	Na^+	0,98	3,0	10 (2)
Ne	1,15	4,15	14,6 (1)	Na^+	0,958	2,88	10,1 (3)
Ar	1,4	6,15	21,7 (1)	Mg^+	0,65	1,3	4,6 (3)
Kr	1,6	8,0	28 (1)	Cl^-	1,81	10,2	36,3 (2)
Xe	1,75	9,61	33,9 (1)	Cl^-	1,806	10,24	36,15 (3)
Na	1,4	6,15	21,7 (1)	K^+	1,33	5,55	19,6 (2)
Hg	1,8	10,2	35 (1)	K^+	1,331	5,56	19,63 (3)
H_2	1,15	4,15	14,6 (1)	Zn^{++}	0,74	1,7	6,0 (3)
N_2	1,55	7,54	26,4 (1)	Ca^{++}	0,99	3,0	10 (3)
O_2	1,45	6,60	23,3 (1)	Cu^+	0,96	2,8	10 (3)
Cl_2	1,8	10	35 (1)	Br^-	1,96	12,8	45,4 (2)
H_2O	1,3	5,3	18 (1)	Br^-	1,951	11,95	42,19 (3)
CO	1,6	8,0	28 (1)	Rb^+	1,49	6,97	24,6 (2)
CO_2	1,6	8,0	28 (1)	Rb^+	1,484	6,915	24,4 (3)
N_2O	1,6	8,0	28 (1)	Cd^{++}	0,97	2,9	10 (3)
NO	1,45	6,60	23,3 (1)	Ag^+	1,26	4,98	17,5 (3)
NH_3	0,8	2	7 (1)	Sr^+	1,13	3,98	14,12 (3)
CH_4	1,15	4,15	14,6 (1)	J^-	2,20	15,1	(2)
C_6H_6	2,05	13,1	46,5 (1)	J^-	2,168	14,75	58,09 (3)
HCl	1,45	6,60	23,3 (1)	Cs^+	1,656	84,10	30,77 (3)
HBr	1,55	7,54	26,4 (1)	Hg^{++}	1,10	3,79	13,4 (3)
L^+	0,78	1,9	6,7 (2)	Ba^{++}	1,35	5,72	20,2 (3)
L^+	0,607	1,15	4,08 (3)	Au^+	1,37	5,89	20,8 (3)
F^-	1,33	5,55	19,6 (2)	Tl^{+++}	0,95	2,8	10 (3)
F^-	1,34	5,63	19,9 (3)				

Quellennachweis:

(1) Sammlung physikalischer Konstanten unter der Redaktion von J. G. DORFMAN und S. E. FRISCH. Gostechisdat Moskau-Leningrad 1937.

(2) A. A. WOROBJOW, Werke von S. F.-T. J., Bd. 5 Tomsk.

(3) HARNED and OWEN, Physical Chemistry of Electrolit. Solutions, New York, 1943.

Atomare Längeneinheit $a_0 = 0{,}528$ Å

Atomare Flächeneinheit $\pi a_0^2 = 0{,}875$ Å^2

Die Anzahl der Moleküle in 1 cm^3 eines idealen Gases bei 0° C und 1 mm Hg beträgt $u_1 = 3{,}53 \cdot 10^{16}$ cm^{-3}.

Umrechnungstabelle der Flächeneinheiten des Wirkungsquerschnitts

	s (Å^2)	πa_0^2	$n_1 s$ (cm^{-1})
s (1 Å^2) =	1	1,14	3,53
πa_0^2 =	0,875	1	3,09
$n_1 s$ (1 cm^{-1}) =	0,284	0,324	1

2. *Kritische Potentiale (in Volt)* [1]

Molekül	Anregungspotentiale				Ionisationspotentiale	
	U_{a1}	U_{a2}	U_{a3}	U_{a4}	U_{i1} $(0 \to 1)$	U_{i2} $(1 \to 2)$
H	10,2 $(2p)$	12,1 $(3p)$	12,7 $(4p)$		13,6	—
H_2	11,1	12,6			15,4	—
He	19,8 $(2s\,^3S_1$	20,6 $(2s\,^1S_0)$	21,1 $(2p\,^1P_1)$	23,0 $(3p\,^1P_1)$	24,6	54,4
Ne	16,5 $(3s\,^3P_1)$		18,3 $(3p\,^3S_1)$		21,6	41,0
Ar	11,5 $(4s\,^3P_1)$	12,7 $(4p\,^3S_1)$	14,0		15,7	27,6
Kr	9,9	11,2	12,0		14,0	~26,5
Xe	8,3	9,5	9,8		12,1	21,2
Li	1,84 $(2p\,^2P)$				5,39	75,6
Na	2,12 $(3p\,^2P)$	3,74 $(4p\,^2P)$	4,10 $(5s\,^2S)$	4,27 $(4d\,^2D)$	5,14	47,3
K	1,61 $(4p\,^2P)$	3,05 $(5p\,^2P)$	3,38 $(4d\,^2D)$	3,59 $(6p\,^2P)$ [2]	4,34	31,8
Rb	1,58 $(5p\,^2P)$				4,18	27,5
Cs	1,45 $(6p\,^2P)$	2,69 $(7p\,^2P)$	3,01 $(8s\,^2S)$	3,17 $(8p\,^2P)$	3,89	23,5
Mg	2,70 $(3p\,^3P_{0,1,2})$	4,33 $(3p\,^1P_1)$			7,65	15,0
Ca	1,88 $(4p\,^3P_{0,1,2})$	2,92 $(4p\,^1P_1)$			6,11	11,9
Zn	4,02 $(4p\,^3P_{0,1,2})$	5,77 $(4p\,^1P_1)$			9,39	18,0
Cd	3,95 $(5p\,^3P_1)$	5,35 $(5p\,^1P_1)$			8,99	16,9
Hg	4,86 $(6p\,^3P_1)$	6,67 $(6p\,^1P_1)$			10,4	18,8

[1]) Werden mit einer Genauigkeit bis zur dritten Stelle angeführt.

[2]) Die hier angeführten Anregungspotentiale kann man auf beide Komponenten der Dublettniveaus beziehen $\left(I = \frac{1}{2}; \frac{3}{2}\right)$.

Molekül	Anregungspotentiale				Ionisationspotentiale	
	U_{a1}	U_{a2}	U_{a3}	U_{a4}	U_{i1} (0 → 1)	U_{i2} (1 → 2)
Tl	0,96	3,27			6,11	20,4
N [1]					14,5	29,6
N_2	6,3	8,5	9,4		15,8	
O [1]					13,6	35,1
O_2	7,9				12,5	

3. Maximale Anregungsquerschnitte einiger Atome und die entsprechenden Potentiale

Atom	Niveaus oder Linie	U_a (V)	U_m (V)	s_{max} (Å²)	$n_1 \cdot s_{max}$ (cm⁻¹ · [mm Hg]⁻¹)	f_{max} [2] (%)	Quelle
He	$2p\,^3P$	19,7	20		0,15 [3]		[V—20]
	$2s\,^1S$	20,6	21		0,08 [3]		[V—20]
	$2s\,^3S_1$		33				[V—41]
	$2\,^1P$—$5\,^1S$, 4438 Å	24,0	36	$2{,}8 \cdot 10^{-4}$			
	$2\,^1P$—$6\,^1S$, 4169 Å	24,15	36	$1{,}2 \cdot 10^{-4}$			
	$2\,^1S$—$3\,^1P$, 5016 Å	23,1	100	$100 \cdot 10^{-4}$		0,23	
	$2\,^1S$—$4\,^1P$, 3965 Å	23,7	100	$34 \cdot 10^{-4}$			
	$2\,^1S$—$5\,^1P$, 3614 Å		100	$5{,}7 \cdot 10^{-4}$			
	$2\,^1P$—$4\,^1D$, 4922 Å	23,7	100	$11 \cdot 10^{-4}$			
	$2\,^1P$—$5\,^1D$, 4388 Å	24,0	74	$6 \cdot 10^{-4}$			
	$2\,^3P$—$4\,^3S$, 4713 Å	23,6	30	$21 \cdot 10^{-4}$			[V—26]
	$2\,^3P$—$5\,^3S$, 4121 Å	24,0	30	$4{,}5 \cdot 10^{-4}$			
	$2\,^3S$—$2\,^3P$, 3889 Å	23,0	32	$72 \cdot 10^{-4}$			
	$2\,^3P$—$4\,^3D$, 4472 Å	23,7	34	$12 \cdot 10^{-4}$			
	$2\,^3P$—$6\,^3D$, 3820 Å	24,15	34	$0{,}9 \cdot 10^{-4}$			
	$2\,^3P$—$7\,^3D$, 3705 Å		34	$0{,}5 \cdot 10^{-4}$			
Ne		16,6	17,0		0,22 [3]		[V—20]
		18,5	18,8		0,12 [3]		[V—20]
	$3s\,^3P_2$	16,6	22	$4 \cdot 10^{-2}$	0,14		[V—39]
	$3s\,^1P_1$—$3p\,^3P_0$, 5852 Å	18,9			$4{,}2 \cdot 10^{-3}$	0,036	[V—27]

[1]) Angaben über die Spektralterme und die ihnen entsprechenden Anregungspotentiale der Atome N und O siehe [V—2], Abb. 56 und 59.
[2]) Bezogen auf den s-Wert bei $U = U_{max}$.
[3]) Indirekt durch Rechnung bestimmt.

Atom	Niveaus oder Linie	U_a (V)	U_m (V)	s_{max} (Å²)	$n_1 \cdot s_{max}$ (cm⁻¹ · [mm Hg]⁻¹)	f_{max} ²) (%)	Quelle
Ar	$4s\,^3P_2$			0,15	0,53		[V—40]
	7635 Å				0,62	1,6	[V—27]
Na	$3p\,^2P_{\frac{1}{2},\frac{3}{2}}$	2,12	7,0	~35	~120	25	[V—31]
	$3p\,^2P$—$5s\,^2S$, 6161 Å	4,1	4,4		2,6		[V—30]
	$3p\,^2P$—$6s\,^2S$, 5153 Å	4,5	6,3		0,64		
	$3p\,^2P$—$7s\,^2S$, 4752 Å	4,7	5,2		0,22		
	$3p\,^2P$—$8s\,^2S$, 4546 Å	4,8	5,4		0,11		
	$3p\,^2P$—$4d\,^2D$, 5688 Å	4,3	6,6		6,9		
	$3p\,^2P$—$5d\,^2D$ 4983 Å	4,6	6,8		0,76		
	$3p\,^2P$—$6d\,^2D$, 4669 Å	4,8	6,5		0,43		
Hg	$6p\,^3P_1$	4,87	6,5	1,7	6	10	[V—34]
	$6p\,^3P_{0,1,2}$		7,5	4,2	14,6	18 ²)	[IV—56]
	$6p\,^1P_1$	6,67	15	4,3	15,0	26	
	$6d\,^1D_2$	8,8	15	2,0	~7,0	12	
	$7s\,^3S_1$	7,7	9,3	0,64	2,28	3,2	[V—36]
	darunter³):						
	$6p\,^3P_0$—$7s\,^3S_1$, 4047 Å	7,7	9,3	0,13	0,46	0,64	
	$6p\,^3P_1$—$7s\,^3S_1$, 4358 Å	7,7	9,3	0,28	1,0	1,39	
	$6p\,^3P_2$—$7s\,^3S_1$, 5461 Å	7,7	9,3	0,23	0,82	1,14	
	$6p\,^1P_1$—$6d\,^3D_2$, 5769 Å	8,8	11				
	$6p\,^1P_1$—$6d\,^3D_1$, 5790 Å	8,8	11	0,17	0,6	1	
	$6p\,^1P_1$—$6d_1D_2$, 5791 Å	8,8	30				
	Stufenanregung						
	$6p\,^3P_{0,1,2} \rightarrow 7s\,^3S_1$	3	10—15 (?)	3,5	12,5		[V—40]

¹) Bezogen auf den s-Wert bei $U = U_{max}$.
²) Bei den Verfassern [IV—56] beziehen sich die Daten dieser Zeile auf das Niveau $6p\,^3P_1$ (siehe Anmerkung auf S. 153).
³) Der Anregungsquerschnitt des Niveaus $7s\,^3S_1$ ist ungefähr gleich der Summe der Anregungsquerschnitte der Linien des „sichtbaren Tripletts" 4047 Å, 4358 Å, 5461 Å, da außer diesen Linien nur die schwache Linie 12070 Å vom Niveau $7s\,^3S_1$ ausgeht.

4. Maximale Ionisationsquerschnitte bei Elektronenstoß und die entsprechenden Potentiale einiger Moleküle

Ausgangsmolekül	Entstehendes Ion	U_i(V)	U_m (V)	s_m (Å^2)	$n_1 \cdot s_m$ (cm^{-1} · [mm Hg]$^{-1}$)	c[1]) (cm^{-1} · [mm Hg]$^{-1}$ · V^{-1})	Anwendungsgebiet dieses c-Wertes	Quelle
H_2	Hauptsächlich		120	1,14	4,0	(0,17)		[V—65]
	H^+_2	15,4	70	1,1	3,7	0,21	16—25	[V—64]
He	Hauptsächlich		100	0,34	1,2	0,046	24,5—35	[V—67]
	He^+	24,5	120	0,28	1,0			[V—66]
Ne		21,5	160	0,85	3,0	0,056	21,5—40	[V—67]
						(0,041)		[IV—16]
			150	0,60	2,1			[V—66[
	Darunter Ne^{++}	62,4		0,06	0,21	0,0013	63—190	[V—77]
Ar		15,7	~100	3,7	13	0,71	15—25	[V—67]
						(0,40)		[IV—16]
	Darunter Ar^+	15,7	50	3,2	11,2			[V—77]
	Ar^{++}	43,5	110	0,34	1,2	0,031	43—80	[V—77]
Hg		10,39	42	5,4	19,2	2,8	10,5—12,9	[V—62]
			(95)	(4,8)	(17)	0,95	10,5—28	[V—77]
	Darunter Hg^+	10,39	32	5,2	18,2			[V—62] unter Berücksichtigung von [V—77]
			(50)	(3,8)	(13,4)			[V—77]
	Hg^{++}	29,1	~100	0,62	2,2	0,06	29—50	[V—77]
	Hg^{+++}	71	~200	0,12	0,44	0,006	71—150	[V—77]
N_2		15,8	110	3,1	11	0,30	16—30	[V—76]
O_2		12,5	110			0,24	13—40	[V—76]
NO			~100	3,4	12			
Luft			~130	2,8	10	0, 26	16—30	[V—81]

[1]) c ist die Konstante in der empirischen Formel $s_i = c(U_1 - U_i)$, die den Anfang der Kurve $s_i = F(U_1)$ approximiert [V—65].

5. Photoionisation einiger Moleküle

Molekül	Li	Na	K	Rb	Cs	Mg	Ca	Hg	H_2	N_2	O_2
Kritische Wellenlänge λ_0(Å)	2299	2412	2856	2967	3183	1622	2028	1188	780	760	900
K_{max} (10^{-19} cm^2)				1,1	2,3 ± 0,2 [1]						

6. Konstanten des Elektronengases und Austrittsarbeit der Elektronen bei einigen Metallen

n_0 — Konzentration der Leitungselektronen,
ζ_0 — kritische Energie der FERMIverteilung,
W_m — totale Austrittsarbeit,
$w_m = W_m - \zeta_0$ — effektive Austrittsarbeit.

Metall	n_0 (10^{23} cm^{-1})	ζ_0 (eV) [2]	W_m (eV) [2]	w_m (eV)
Au	1,2	9,1; 5,55	14,0; 10,45	4,9
Ag	1,3	9,3; 5,46	14,0; 9,91	4,7; 4,45 [2]
Cu	1,2	9,1; 7,08	13,5; 12,32	4,4; 5,24 [2]
Fe	—	7,13	11,9	4,77
Hg	—	4,35	8,87	4,53 [3]
Mo	1,3	9,4; 5,87	13,5; 10,03	4,15
Ni	1,8	11,7; 7,42	16,7; 12,15	5,03
Pt	—	6,00	11,32	6,27; 5,32 [2]
Ta	—	5,32	9,42	4,07
Th	—	3,56	6,94	3,35
W	1,05	8,0; 5,81	12,5; 10,35	4,52
Ca	—	3,00	5,71	2,24; 2,71 [2]
K	0,53	5,1; 2,04	7,3; 4,28	2,2
Cs	—	1,53	3,4	1,81
Ba	—	2,38	4,9	2,52 [2]

[1]) Angaben nach den Arbeiten [V—112 und 113].
[2]) Die Daten sind der Arbeit von B. M. ZARJOW [VII—132] entnommen.
[3]) Bestimmt durch die Grenze des Photoeffekts.

7. *Die Thermoelektronenkonstanten einiger Stoffe*

1. Reine Metalle

Metall	Cs	Ba	Zr	Th	Mo	Ta	W	Pt[2])
w_m (eV)	1,87[1])	2,52[1])	4,15[1])	3,38	4,15	4,10	4,54	6,27
$A\left(\frac{A}{\text{cm}^2\,\text{grad}^2}\right)$	1,62	60	330	70	55	60	60—100	1700

Einatomige Schichten auf Wolfram

Schicht	Cs	Ba	Th	Zr	O
w_m (eV)	1,36	1,56	2,63	3,14	6,28
$A\left(\frac{A}{\text{cm}^2\,\text{grad}^2}\right)$	3,2	1,5	3,0	5,0	—

Oxydule

	BaO + SrO (aktiviert)	WO_3
w_m (eV)	1,03—1,20	9,22
$A\left(\frac{A}{\text{cm}^2\,\text{grad}^2}\right)$	$1 \cdot 10^{-2}$—1	$5 \cdot 10^{11}$

$$A_{\text{theor.}} = \frac{4\pi m e_0 k^2}{h^3}\,\bar{D} \cong 120\,\bar{D}\,\frac{A}{\text{cm}^2\,\text{grad}^2}.$$

8. *Anlagerungswahrscheinlichkeit für ein Elektron durch ein Molekül bei einem Stoß* (h)[3]) *und mittlere Lebensdauer eines freien Elektrons* (τ_A)[4]) *bei* $p = 1$ *mm Hg*

Gas	h	τ_A (sec)	Gas	h	τ_A (sec)
He, Ne, Ar, N_2, H_2	$< 10^{-9}$	> 1	CO_2	$1 \cdot 10^{-6}$	$8 \cdot 10^{-4}$
CO	$6 \cdot 10^{-9}$	$2 \cdot 10^{-1}$	NO_2	$1{,}6 \cdot 10^{-6}$	$5 \cdot 10^{-4}$
NH_3	$1 \cdot 10^{-8}$	$8 \cdot 10^{-2}$	Luft	$3 \cdot 10^{-6}$	$8 \cdot 10^{-4}$
C_2H_4	$2 \cdot 10^{-8}$	$3 \cdot 10^{-2}$	O_2	$2{,}5 \cdot 10^{-5}$	$6 \cdot 10^{-5}$
C_2H_2	$1{,}5 \cdot 10^{-7}$	$4 \cdot 10^{-3}$	H_2O	$2{,}5 \cdot 10^{-5}$	$4 \cdot 10^{-5}$
C_2H_6	$4 \cdot 10^{-7}$	$1{,}5 \cdot 10^{-3}$	Cl_2	$5 \cdot 10^{-4}$	$1 \cdot 10^{-5}$

[1]) Die Werte sind nach den Daten von ZARJOW korrigiert [VII—132].
[2]) Die hier angeführten Daten für Pt beziehen sich auf ein Material mit mittlerem Entgasungsgrad und sind verschieden von den Konstanten eines reinen Metalls.
[3]) Nach [X—19, X—20, 0—6].
[4]) Nach [0—3, Bd. 1, § 45].

Literaturverzeichnis

Allgemeine Lehrbücher und Monographien über den elektrischen Strom im Gas

1. Д. А. Рожанский, Физика газового разряда (D. A. ROSHANSKI, Physik der Gasentladungen, ONTI), Moskau-Leningrad (1937).
2. Н. А. Капцов, Электрические явления в газах и вакууме (N. A. KAPZOW, Elektrische Erscheinungen in Gasen und im Vakuum, Gostechisdat), Moskau-Leningrad (1950); deutsch: N. A. KAPZOW, Elektrische Vorgänge in Gasen und im Vakuum, Deutscher Verlag der Wissenschaften, Berlin (1955).
3. A. v. ENGEL und M. STEENBECK, Elektrische Gasentladungen, ihre Physik und Technik, Springer, Berlin (1932/34), Bd. I und II.
4. J. S. TOWNSEND, Electricity in gases, Oxford (1915).
5. J. J. THOMSON u. G. P. THOMSON, Conduction of electricity through gases, Cambridge, Bd. I (1928); Bd. II (1933); 3. Auflage.
6. B. L. LOEB, Fundamental Processes of Electrical Discharge in gases, New York (1939).
7. R. SEELIGER, Einführung in die Physik der Gasentladungen, Leipzig (1934), 2. Aufl.
8. K. K. DARROW, Electrical Phenomena in Gases, Baltimore (1932).

Zur russischen Terminologie siehe:

9. Бюллетень Комитета технической терминологии, „Терминология электрических явлений в газах" (Bulletin des Komitees für technische Terminologie, „Terminologie der elektrischen Erscheinungen in Gasen", Verl. der Ak. d. W. der UdSSR), Moskau (1951), Heft 59.

Zu Kapitel I

Die Grundgleichungen der Elektrodynamik des ionisierten Gases

1. И. Е. Тамм, Основы теории электричества (I. E. TAMM, Allgemeine Theorie der Elektrizität), Moskau (1946), 3. Auflage.
2. H. A. LORENTZ, Theory of Electrons, Leipzig (1916).
3. J. H. JEANS, Théorie dynamique des gaz, Paris (1925).
4. C. G. DARWIN, *Proc. Roy. Soc.*, **146**, 17 (1934).
5. L. I. MANDELSTAM, *Journ. of Phys.*, **4**, 9 (1941).
6. В. Л. Гинзбург, Изв. АН СССР, серия физич (W. L. GINSBURG, Mitt. der Ak. d. W. der UdSSR, phys. Serie), 8, 76 (1944).
7. L. BOLTZMANN, Vorlesungen über Gastheorie, Verl. Barth, Leipzig (1898), Bd. I.
8. S. CHAPMAN u. T. G. COWLING, The mathematical theory of non-uniform gases, Cambridge (1939)
9. А. А. Власов, ЖЭТФ (A. A. WLASSOW, *Z. exp. theor. Ph.*) **8**, 291 (1938).
10. А. А. Власов, Теория вибрационных свойств электронного газа, Изд. МГУ (A. A. WLASSOW, Theorie der Schwingungseigenschaften des Elektronengases, Verl. MGU), Moskau (1945).
11. J. W. GIBBS, Elementare Grundlagen der statistischen Mechanik, Leipzig (1905).
12. K. F. HERZFELD, Kinetische Theorie der Wärme; in Müller-Pouillets Lehrb. d. Ph. III/2, Braunschweig (1925).

13. А. К. Тимирязев, Кинетическая теория материи, Учпедгиз (A. K. TIMIRJASEW, Kinetische Theorie der Materie, Utschpädgis) (1939).
14. Г. В. Спивак и Е. А. Вайнриб, ДАН, (G. W. SPIWAK u. E. A. WAINRIB, *Mitt. der Ak. d. W. der UdSSR*), **49**, 463 (1948); ЖЭТФ (*Z. exp. theor. Ph.*) **18**, 539 (1948).
15. Г. Друкарев, (G. DRUKAREW, *Journ. of Phys.*), **10**, 81 (1946).
16. А. А. Логунов, ЖЭТФ, (A. A. LOGUNOW, *Z. exp. theor. Ph.*), **20**, 458 (1950).

Zu Kapitel II

Die Randbedingungen

1. W. SCHOTTKY, *Phys. Zeitschr.*, **25**, 342 (1924).
2. W. DE GROOT, *Physica*, **8**, 23 (1928).
3. W. FUNK u. R. SEELIGER, *Zeitschr. f. Phys.*, **110**, 145 (1938).
4. В. Л. Грановский, ДАН, (W. L. GRANOWSKI, *Mitt. der Ak. d. W. der UdSSR*), **23**, 880 (1939).
5. В. А. Фабрикант, ЖЭТФ (W. A. FABRIKANT, *Z. exp. theor. Ph.*), **8**, 549 (1938).
6. В. А. Фабрикант, ДАН (W. A. FABRIKANT, *Mitt. der Ak. d. W. der UdSSR*), **23**, 224 (1939).
7. F. PASCHEN, *Ann. d. Phys.*, **37**, 69 (1889).
8. R. HOLM, *Phys. Zeitschr.*, **25**, 504 (1924).
9. W. DÄLLENBACH, *Phys. Zeitschr.*, **26**, 448 (1925).
10. M. STEENBECK, *Wiss. Veröff. Siemens*, **11/2**, 36 (1932).
11. В. И. Грановский, Труды Всесоюзного Электротехнического института (W. L. GRANOWSKI, Arbeiten des Allunionselektrotechnischen Instituts), **41**, 118—124 (1940).
12. В. Л. Грановский, ДАН (W. L. GRANOWSKI *Mitt. der Akad. d. W. der UdSSR*), **28**, 38, (1940).
13. Б. Н. Клярфельд, ЖТФ (B. N. KLARFELD, *Z. techn. Ph.*), **8**, 410 u. 2012 (1938).
14. J. S. TOWNSEND, Electrons in gases, Hutchinson publications, London (1947).
15. A. ROGOWSKY, *Arch. f. Elektrotechn.*, **22**, 99 (1928).
16. I. LANGMUIR, *Phys. Rev.*, **33**, 954 (1929).
17. С. Д. Гвоздовер, ЖЭТФ (S. D. GWOSDOWER, *Z. exp. theor. Ph.*), **7**, 993 (1937). *Sow. Phys.* **8**, 528 (1935).
18. В. Булат и С. Гвоздовер, ЖТФ (W. BULAT u. S. GWOSDOWER, *Z. techn. Ph.*), **17**, 661 (1947).

Zu Kapitel III

Allgemeine Fragen der Theorie der Elementarprozesse

1. M. BORN, *Zeitschr. f. Phys.*, **38**, 803 (1926).
2. E. U. CONDON, *Rev. Mod. Phys.* **3**, 43 (1931).
3. P. M. MORSE, *Rev. Mod. Phys.*, **4**, 577 (1932).
4. MOTT a. MASSEY, The Theory of Atomic Collisions, Oxford (1933), Second Edition (1949).
5. W. WENZEL, *Handbuch der Phys.*, **24**, 5 (1933), 2. Aufl., 1. Kap.
6. N. F. MOTT, *Proc. Roy. Soc.*, A, **127**, 656 (1930).
7. H. BETHE, *Ann. d. Phys*, **5**, 305 (1930).
8. C. MÖLLER, *Zeitschr. f. Phys.*, **66**, 513 (1930).
9. DISTEL, *Zeitschr. f. Phys.*, **74**, 785 (1932).
10. H. S. W. MASSEY u. C. B. O. MOHR, *Proc. Roy. Soc.*, A. **139**, 187 (1933).
11. Д. И. Блохинцев, ЖЭТФ (D. I. BLOCHINZEW, *Z. exp. theor. Ph.*), **17**, 924 (1947).
12. R. H. FOWLER, Statistical Mechanics, Cambridge University Press (1936), 2. Aufl.
13. Л. Ландау и Е. Лифшиц, Механика сплошных сред, ОГИЗ (L. LANDAU u. E. LIFSCHIZ, Mechanik fester Medien, OGIS), Moskau-Leningrad (1944).
14. Д. И. Блохинцев, Основы квантовой механики, Гостехиздат (D. I. BLOCHINZEW, Grundlagen der Quantenmechanik, Gostechisdat), Moskau-Leningrad (1949); deutsch: Deutscher Verlag der Wissenschaften, Berlin (1953).
15. Я. И. Френкель (J. I. FRENKEL, *Zeitschr. f. Phys.*), **59**, 640 (1930).

16. В. Кондратьев и М. Ельяшевич, Элементарные процессы обмена энергии в газах, Гостехиздат (W. KONDRATJEW u. M. ELJASCHEWITSCH, Elementarprozesse des Energieaustauschs in Gasen, Gostechisdat), Moskau-Leningrad (1937).
17. Л. И. Голик, С. Д. Гвоздовер, ЖЭТФ (L. I. GOLIK, S. D. GWOSDOWER, *Z. exp. theor. Ph.*), 8, 1157 (1938).

Zu Kapitel IV

Elastische Wechselwirkungen der Teilchen

1. E. RUTHERFORD, *Phil. Mag.*, **21**, 669, (1911).
2. C. D. DARWIN, *Phil. Mag.*, **27**, 449 (1914).
3. J. C. MAXWELL, Collected Works, 2, S. 36, Cambr. Univ. Press.
4. *Handbuch der Phys.*, **22**, Teil II, 152.
5. P. GOMBAS, Die statistische Theorie des Atoms und ihre Anwendungen, Springer, Wien (1949).
6. D. R. HARTREE, *Proc. Cambr. Phil. Soc.*, **26**, 89, 111 und 426 (1928).
7. В. А. Фок, (W. A. FOCK), *Zeitschr. f. Phys.*, **61**, 126 (1930); Eine allgemeine Charakteristik der Methode wird auch in dem Artikel: В. А. Фок, УФН. (W. A. FOCK, *Fortsch. d. Ph.*), **16**, 943 (1936) gegeben.
8. THOMAS, *Proc. Cambr. Phil. Soc.*, **23**, 542 (1926).
9. E. FERMI, *Zeitschr. f. Phys.*, **48**, 73 (1928).
10. H. A. BETHE, Die Quantenmechanik einfacher Systeme (1935).
11. H. FAXEN u. I. HOLSTMARK, *Zeitschr. f. Phys.*, **45**, 307 (1927).
12. J. W. STRUTT (Rayleigh), Theory of sound, Bd. 2, § 334 (1944). Erste englische Ausgabe, London (1877), neueste (amerik.) Ausgabe, New York (1945).
13. I. H. McMILLEN, *Rev. of Mod. Phys.*, **11**, 84 (1939).
14. I. McDOUGALL, *Proc. Roy. Soc.*, **A. 136**, 549 (1932).
15. W. P. ALLIS u. P. M. MORSE, *Zeitschr. f. Phys.*, **70**, 567 (1931).
16. К. Комптон и Лэнгмюр, УФН (K. J. COMPTON u. LANGMUIR, *Fortsch. d. Ph.*), **11**, 9, 214, 371 (1931).
17. Л. Сена, Столкновения электронов и ионов с атомами газа (L. SENA, Zusammenstöße von Elektronen und Ionen mit Gasatomen, OGIS), Moskau-Leningrad (1948).
18. A. SOMMERFELD, Atombau und Spektrallinien Bd. 2, Braunschweig, Vieweg, 4. Aufl. (1949).
19. H. S. W. MASSEY u. C. D. O. MOHR, *Proc. Roy. Soc.*, **A. 136**, 258 (1932).
20. I. R. OPPENHEIMER, *Phys. Rev.*, **32**, 361 (1928).
21. E. FEENBERG, *Phys. Rev.*, **40**, 40, 1932; **42**, 17 (1932).
22. H. S. W. MASSEY u. C. B. O. MOHR, *Proc. Roy. Soc.*, A. **132**, 605 (1931); **136**, 289 (1932).
23. P. M. MORSE u. W. P. ALLIS, *Phys. Rev.*, **44**, 269 (1933).
24. J. HOLTSMARK, *Zeitschr. f. Phys.*, **55**, 437 (1929); **66**, 49 (1930).
25. H. S. W. MASSEY u. C. B. O. MOHR, *Proc. Roy, Soc.*, **A. 146**, 880 (1934).
26. STIER, *Zeitschr. f. Phys.*, **76**, 439 (1932).
27. H. MARK u. R. WIRL, Elektronenbeugung (1933).
28. C. RAMSAUER u. R. KOLLATH, *Ann. d. Phys.*, **12**, 529, 837 (1932).
29. F. L. ARNOT, *Proc. Roy. Soc.*, **A. 133**, 615 (1931).
30. E. G. DYMOND, *Phys. Rev.*, **29**, 433 (1927).
31. E. C. BULLARD u. H. S. W. MASSEY, *Proc. Roy. Soc.* , **A. 130**, 579 (1931).
32. A. L. HUGHES u. V. ROJANSKY, *Phys. Rev.*, **34**, 284, (1929); A. L. HUGHES u. J. H. McMILLEN, *Phys. Rev.*, **34**, 291 (1929).
33. A. L. HUGHES u. J. H. McMILLEN, *Phys. Rev.*, **39**, 585 (1932).
34. C. RAMSAUER u. R. KOLLATH, *Ann. Phys.*, **3**, 536 (1929).
35. L. O. BROCKWAY, *Rev. Mod. Phys.*, **8**, 231 (1936).
36. A. L. HUGHES u. W. HARRIS, *Phys. Rev.*, **48**, 408 (1935).
37. M. GOODRICH, *Phys. Rev.*, **52**, 259 (1937).
38. A. L. HUGHES, J. H. McMILLEN u. G. M. WEBB, *Phys. Rev.*, **41**, 159 (1932).
39. E. C. BULLARD u. H. S. W. MASSEY, *Proc. Roy. Soc.*, A, **133**, 637 (1931).

40. J. B. H. KUPER, *Phys. Rev.*, **53**, 933 (1938).
41. A. L. HUGHES u. J. H. MCMILLEN, *Phys. Rev.*, **43**, 875 (1933).
42. F. L. ARNOT, *Proc. Roy, Soc.*, **A. 130**, 655 (1931).
43. J. T. TATE u. R. R. PALMER, *Phys. Rev.*, **40**, 731 (1932).
44. E. B. JORDAN u. R. B. BRODE, *Phys. Rev.*, **43**, 112 (1933).
45. S. WERNER, *Proc. Roy. Soc.*, **A. 134**, 202 (1931).
46. G. P. HARNWELL, *Phys. Rev.*, **34**, 661 (1929).
47. G. M. WEBB, *Phys. Rev.*, **47**, 379 (1935).
48. J. H. MCMILLEN, *Phys. Rev.*, **46**, 983 (1934).
49. E. C. CHILDS u. H. S. W. MASSEY, *Proc. Roy. Soc.*, **A, 141**, 473 (1933); **142**, 509 (1933).
50. C. RAMSAUER, *Ann. d. Phys.*, **64**, 513 (1921); **72**, 345 (1923).
51. C. RAMSAUER u. R. KOLLATH, *Ann. d. Phys.*, **66**, 545 (1921); **3**, 536 (1929); **4**, 91 (1930).
52. E. BRÜCHE, Ann. d. Phys., **81**, 537, (1926); **82**, 912 (1927).
53. R. B. BRODE, *Phys., Rev.*, **25**, 636 (1925); **34**, 673 (1929); **35**, 504 (1930); **37**, 570 (1931).
54. C. E. NORMAND, *Phys. Rev.*, **35**, 1217 (1930).
55. R. B. BRODE, *Rev. Mod. Phys.*, **5**, 258 (1933).
56. F. L. ARNOT u. G. O. BAINES, *Proc. Roy. Soc.*, **A, 151**, 256 (1935).
57. J. S. TOWNSEND, *Phil. Mag.*, **42**, 873 (1921).
58. V. A. BAILEY, *Phil. Mag.*, **43**, 593 (1922).
59. R. KOLLATH u. E. STEUDEL, *Zeitschr. f. Techn. Phys.*, **20**, 36 (1939).
60. J. H. SIMONS u. R. P. SEWARD, *Journ. Chem. Phys.*, **6**, 790 (1938).
61. H. S. W. MASSEY u. R. A. SMITH, *Proc. Roy. Soc.*, **A, 142**, 142 (1933).
62. N. F. MOTT, *Proc. Roy. Soc.*, A, **126**, 259 (1930).
63. G. P. THOMSON, *Phil. Mag.*, **1**, 961 (1926); **2**, 1076 (1926).
64. R. CONRAD, *Zeitschr. f. Phys.*, **38**, 465 (1926).
65. C. GERTHSEN, *Ann. d. Phys.*, **9**, 769 (1931).
66. C. RAMSAUER u. R. KOLLATH, *Ann. d. Phys.*, **16**, 570 (1933).
67. A. G. EMSLIE, *Phys. Rev.*, **53**, 680 (1938).
68. J. CHADWICK, *Proc. Roy. Soc.*, **A, 128**, 114 (1930).
69. P. M. S. BLACKETT u. F. C. CHAMPION, *Proc. Roy. Soc.*, A, **130**, 380 (1930).
70. A. J. DEMPSTER, *Phil. Mag.*, **3**, 115 (1927).
71. F. M. DURBIN, *Phys. Rev.*, **30**, 844 (1927).
72. R. R. KENNARD, *Phys. Rev.*, **31**, 423 (1928).
73. C. RAMSAUER u. O. BEEK, *Ann. d. Phys.*, **87**, 1 (1928).
74. I. W. COX, *Phys. Rev.* **34**, 1426 (1929).
75. J. S. THOMPSON, *Phys. Rev.*, **35**, 1196 (1930).
76. H. KALMAN u. B. ROSEN, *Zeitschr. f. Phys.*, **61**, 61 (1930); **64**; 806 (1930).
77. F. M. PENNING u. C. F. VEENEMANS, *Zeitschr. f. Phys.*, **62**, 746 (1930).
78. C. RAMSAUER, R. KOLLATH u. D. LILIENTHAL, *Ann. d. Phys.*, **8**, 709 (1931).
79. H. BARTELS, *Ann. d. Phys.*, **13**, 373 (1932).
80. A. ROSTAGNI, *Nuovo Cimento*, **11**, 34 u. 99 (1934).
81. F. WOLF, *Ann. d. Phys.*, **27**, 543 1936; **29**, 33 (1937).
82. Г. Кальман и Б. Розен, УФН, (G. KALLMANN u. B. ROSEN, *Fortschr. d. Phys.*), **12**, 105 u. 293 (1932).
83. F. WOLF, *Ann. d. Phys.*, **31**, 561 (1938).
84. K. H. BRACEWELL, *Phys. Rev.*, **54**, 639 (1938).
85. Л. А. Сена, ЖЭТФ, (L. A. SENA, *Z. exp. theor. Phys.*), **9**, 1061 (1939); **9**, 1320 (1939).
86. F. GOLDMANN, *Ann. d. Phys.*, **10**, 460 (1930).
87. J. A. ELDRIDGE, *Phys. Rev.*, **59**, 473 (1941).
88. Б. Палюх и Л. А. Сена, ЖЭТФ, (B. PALUCH u. L. A. SENA, *Z. exp. theor. Phys.*), **20**, 481 (1950).

Zu Kapitel V

Die Anregung und Ionisation der Atome

1. Э. В. Шпольский, Атомная физика, Гостехиздат (E. W. SCHPOLSKI, Atomphysik, Gostechisdat), Moskau-Leningrad (1950); Deutsch: Bd. 1, Deutscher Verlag der Wissenschaften, Berlin (1954); Bd. 2, demn.

2. G. HERZBERG, Atomspektren und Atomstruktur, Steinkopf, Dresden und Leipzig (1936).
3. А. Н. Теренин, Введение в спектроскопию, КУБУЧ, (A. R. TERENIN, Einführung in die Spektroskopie, KUBUTSCH), (1933).
4. С. Э. Фриш, Атомные спектры, ГТТИ, (S. E. FRISCH, Atomspektren, GTTI), (1933).
5. H. E. WHITE, Introduction to atomic spectra, N. Y. (1934).
6. С. Л. Мандельштам, Введение в спектральный анализ, Гостехиздат (S. L. MANDELSTAM, Einführung in die Spektralanalyse, Gostechisdat), Moskau-Leningrad (1946).
7. W. GROTRIAN, Graphische Darstellung der Spektren von Atomen und Ionen, J. Springer, Berlin (1921).
8. W. DE GROOT u. F. PENNING, *Handb. d. Phys.*, 2. Aufl., 23/1, 23 (1933).
9. J. FRANCK u. G. HERTZ, *Verh. d. deut. phys. Ges.*, **15**, 373 (1913); **16**, 512 (1914).
10. J. FRANCK u. P. JORDAN, Anregung von Quantensprüngen durch Stöße, J. Springer (1926).
11. L. BLOCH, Ionisation et resonance des gaz et des vapeurs, Paris (1925).
12. P. FOOT u. F. MOHLER, The origin of spectra, N. Y. (1922).
13. W. ELSASSER, *Zeitschr. f. Phys.*, **45**, 522 (1926).
14. H. BETHE, *Ann. d. Phys.*, **5**, 325 (1930).
15. H. S. W. MASSEY u. C. B. O. MOHR, *Proc. Roy. Soc.*, A, **140**, 613 (1933).
16. C. B. O. MOHR u. F. H. NICOLL, *Proc. Roy. Soc.*, A, **138**, 229 u. 469 (1932).
17. W. G. PENNEY, *Phys. Rev.*, **39**, 467 (1932).
18. R. SEELIGER, *Ann. d. Phys.*, **59**, 613 (1919).
19. Б. Х. Яворский, Изв. АН СССР, (B. C. JAWORSKI, *Nachr. d. Ak. d. W. der UdSSR*), **9**, 235 (1945); ДАН СССР (*Mitt. der Ak. d. W. der UdSSR*), **48**, 185 (1945).
20. U. MAIER-LEIBNITZ, *Zeitschr. f. Phys.*, **95**, 499 (1935).
21. E. G. DYMOND, *Proc. Roy. Soc.*, **A**, **107**, **291** (1925).
22. W. HANLE, *Zeitschr. f. Phys.*, **56**, 94 (1929).
23. W. C. MICHELS, *Phys. Rev.*, **36**, 1362 (1930).
24. W. HANLE u. K. LARCHÉ, *Phys. Zeitschr.*, **12**, 884 (1932).
25. O. TIEME, *Zeitschr. f. Phys.*, **78**, 412 (1932).
26. J. H. LEES, *Proc. Roy. Soc.*, **A**, **137**, 173 (1932).
27. O. HERRMANN, *Ann. d. Phys.*, **25**, 143 (1936).
28. В. А. Фабрикант, ДАН СССР, (W. A. FABRIKANT, *Mitt. der Ak. d. W. der UdSSR*), **15**, 451 (1937).
29. L. S. ORNSTEIN u. B. BAARS, *Proc. Amsterdam*, **34**, 1259 (1931).
30. G. HAFT, *Zeitschr. f. Phys.*, **82**, 73 (1933).
31. W. CHRISTOPH, *Ann. d. Phy.*, **23**, 51 (1935).
32. R. WILLIAMSON, *Phys., Rev.*, **34**, 134 (1929).
33. В. А. Фабрикант, ДАН СССР, (W. A. FABRIKANT, *Mitt. der Ak. d. W. der UdSSR*), **25**, 664 (1939).
33a. Б. Н. Клярфельд, ДАН СССР (B. N. KLARFELD, *Mitt. der Ak. d. W. der UdSSR*), **25**, 658 (1939).
34. P. BRICOUT, *Journ. de Phys.*, **9**, 88 (1928).
35. А. Лейпунский и В. Павлов, ЖРФХО, (A. LEIPUNSKI u. W. PAWLOW, *Z. russ. Phys. Chem. Ges.*), **59**, 399 (1927).
36. W. HANLE u. W. SCHAFFERNICHT, *Ann. d. Phys.*, **6**, 930, 1930; *Zeitschr. f. Phys.*, **62**, 106 (1930).
37. K. LARCHÉ, *Zeitschr. f. Phys.*, **67**, 440 (1930).
38. R. SEILER, *Zeitschr. f. Phys.*, **83**, 789 (1933).
39. В. А. Фабрикант и К. Паневкин, ДАН СССР, (W. A. FABRIKANT u. K. PANEWKIN, *Mitt. der Ak. d. W. der UdSSR*), **20**, 441 (1938).
39a. H. KOPFERMANN u. R. LADENBURG, *Zeitschr. f. Phys.*, **65**, 167 (1930).
39b. K. SCHÖN, *Ann. d. Phys.*, **28**, 649, (1937).
40. В. А. Фабрикант, Ф. А. Бутаева и И. Цирг, ЖЭТФ, (W. A. FABRIKANT, F. A. BUTAJEWA u. J. ZIRG, *Z. exp. theor. Phys.*), **8**, 35 (1938).
41. J. P. WOUDENBERG u. J. M. MILATZ, *Physica* **8**, 871 (1941).
42. B. KIRSCHSTEIN, *Zeitschr. f. Phys.*, **60**, 184 (1930).
43. E. T. S. APPLEYARD, *Proc. Roy. Soc.*, **A**, **128**, 330 (1930).
44. R. DÖPEL, *Ann. d. Phys.*, **16**, 1 (1933).
45. W. MAURER, *Zeitschr. f. Phys.*, **104**, 658 (1937).

46. H. MOSER, *Ann. d. Phys.*, **28**, 97 (1937).
47. O. KLEIN u. S. ROSSELAND, *Zeitschr. f. Phys.*, **4**, 46 (1921).
48. В. А. Фабрикант, ДАН СССР, (W. A. FABRIKANT, *Mitt. der Ak. d. W. der UdSSR*), **17**, 245 (1937).
49. Г. Д. Латышев и А. С. Лейпунский, (G. D. LATYSCHEW u. A. S. LEIPUNSKI, *Zeitschr. f. Phys.*), **65**, 111 (1930).
49a. А. Лейпунский и Е. Штрауф, (A. LEIPUNSKI u. E. STRAUF, *Zeitschr. f. Phys.*), **58**, 104 (1929).
50. DAVIS u. GOUCHER, *Phys. Rev.*, **10**, 101 (1917).
51. J. FRANCK u. EINSPORN, *Zeitschr. f. Phys.*, **2**, 18 (1920).
52. HORTON u. DAVIS, *Proc. Roy. Soc.*, A **95**, 408 (1919).
53. G. HERTZ, *Zeitschr. f. Phys.*, **18**, 307 (1923).
54. E. J. WILLEY, Collisions of the second kind, Ed. Arnold & Co., London (1937).
55. J. J. THOMSON, *Phil. Mag.*, **23**, 449 (1912).
56. A. SOMMERFELD, *Ann. d. Phys.*, **11**, 257 (1931).
57. W. W. WETZEL, *Phys. Rev.*, **44**, 25 (1933).
58. Б. Яворский, ДАН СССР, (B. JAWORSKI, *Mitt. der Ak. d. W. der UdSSR*), **51**, 267 (1946).
59. M. GOODRICH, *Phys. Rev.*, **49**, 422 (1936).
60. F. FREY, *Ann. d. Phys.*, **30**, 297 (1937).
61. E. O. LAWRENS, *Phys. Rev.*, **28**, 947 (1926).
62. W. B. NOTTINGHAM, *Phys. Rev.*, **55**, 203 (1939).
63. T. MC. FADDEN, *Phys. Rev.*, **55**, 797 (1939).
64. P. SMITH u. J. TATE, *Phys. Rev.*, **39**, 270 (1932).
65. K. T. COMPTON u. C. C. VAN VOORHIS, *Phys. Rev.*, **26**, 436, (1925); **27**, 724 (1926).
66. A. L. HUGHES u. E. KLEIN, *Phys. Rev.*, **23**, 450 (1924).
67. P. T. SMITH, *Phys. Rev.*, **36**, 1239 (1930).
68. В. Н. Кондратьев и Н. Н. Семёнов, ЖРФХО, (W. N. KONDRATJEW u. N. N. SEMJONOW, *Z. russ. Phys. Chem. Ges.*), **56**, 135 (1924).
69. Н. Д. Моргулис, ЖТФ, (N. D. MORGULIS, *Z. techn. Phys.*), **3**, 1276 (1933); *Sow. Phys.*, **5**, 407 (1934).
70. JONES, *Phys. Rev.*, **29**, 822 (1927).
71. P. SMITH, *Phys. Rev.*, **37**, 808 (1931).
72. J. C. MC. LENNAN, *Phil. Trans.*, **194**, 1 (1900).
73. H. SMITH u. D. MELLER, *Phys. Rev.*, **43**, 116 (1933).
74. G. A. ANSLOW u. M. DE BLOIS WATSON, *Phys. Rev.*, **50**, 162 (1936).
75. W. GERBES, *Ann. d. Phys.*, **30**, 169 (1937).
76. P. SMITH, *Proc. Roy. Soc.*, **102**, 283 (1922); **104**, 121 (1923).
77. W. BLEAKNEY, *Phys. Rev.*, **36**, 1303 (1930).
78. R. D. KLEEMAN, *Proc. Roy. Soc.*, **A**, **79**, 220 (1907).
79. М. Борисов, В. Брайловский и А. Лейпунский, ЖЭТФ, (M. BORISOW, W. BRAILOWSKI u. A. LEIPUNSKI, *Z. exp. theor. Phys.*), **8**, 697 (1938).
80. H. W. BERRY, *Phys. Rev.*, **62**, 378 (1942).
80a. H. W. BERRY, R. N. VARNEY, S. NEWBERRY, *Phys. Rev.*, **61**, 63 (1941).
81. Н. Семёнов и А. Шехтерь, (N. SEMJONOW u. A. SCHECHTER, *Nature*), **126**, 436 (1930).
82. H. D. SMYTH, *Rev. Mod. Phys.*, **3**, 347 (1931).
83. А. А. Зайцев и Э. М. Рейхруледь, УФН, (A. A. SAIZEW u. E. M. REICHRUDEL, *Fortsch. d. Phys.*), **20**, 447 (1938).
84a. L. HEADRICK u. O. DUFFENDACK, *Phys. Rev.*, **37**, 736 (1931).
84b. Г. В. Спивак, Э. М. Рейхрудель, (G. W. SPIWAK, E. M. REICHRUDEL, *Physica*), **3**, 301 (1936).
84c. H. DORGELO, H. ALTING, C. BOERS, *Physica*, **2**, 959 (1935).
85. O. BEECK u. J. C. MOUZON, *Ann. d. Phys.*, **11**, 737 u. 885 (1931).
86. R. M. SUTTON u. J. C. MOUZON, *Phys. Rev.*, **37**, 379 (1931).
87. C. J. BRACEFIELD, *Phys. Rev.*, **42**, 11, 1932; genauere Angaben *Phys. Rev.*, **43**, 785 (1933).
88. M. NORDMEYER, *Ann. d. Phys.*, **16**, 706 (1933).
89. R. N. VARNEY, *Phys. Rev.*, **47**, 483, (1935); **50**, 159 u. 1095 (1936).
90. A. C. DAVIES, *Proc. Roy. Soc.*, **A**, **155**, 123 (1936).
91. W. WEIZEL u. O. BEECK, *Zeitschr. f. Phys.*, **76**, 250 (1932).

92. E. C. G. STUECKELBERG, *Helv. Phys. Acta*, **5**, 370 (1933).
93. N. FEATHER, *Nature*, **147**, 510 (1941).
94. L. LOEB, *Science*, **66**, 627 (1927).
95. A. ROSTAGNI, *Phys. Rev.*, **53**, 729 (1938).
95a. R. N. VARNEY, *Phys. Rev.*, **53**, 732 (1938).
96. A. ROSTAGNI, *Nuovo Cim.*, **11**, 621, (1934); **13**, 389 (1936).
97. А. Лейпунский и А. Шехтер, (A. LEIPUNSKI u. A. SCHECHTER), *Zeitschr. f. Phys.*), **59**, 957 (1930).
98. H. WAYLAND, *Phys. Rev.*, **52**, 31 (1937).
99. F. HORTON u. D. H. MILLEST, *Proc. Roy. Soc.*, **A, 185**, 381 (1946).
100. F. MOHLER, P. FOOT u. CHENAULT, *Phys. Rev.*, **27**, 37 (1926).
101. ROUSE u. GIDDINGS, *Proc. Nat. An. Am.*, **11**, 514 (1925).
102. HOUTERMANS, *Zeitschr. f. Phys.*, **41**, 619 (1927).
103. GUDDEN, Lichtelektrische Erscheinungen, Springer, Berlin (1928).
104. F. M. PENNING, *Zeitschr. f. Phys.*, **46**, 335, (1928); **57**, 723 (1929); **72**, 338 (1931).
104a. Я. С. Выгодский и Б. Н. Клярфельд, ЖТФ, (J. S. WYGODSKI u. B. N. KLARFELD, *Z. techn. Phys.*), **3**, 610 (1933).
105. F. REICHE, *Zeitschr. f. Phys.*, **53**, 168 (1929).
106. A. SOMMERFELD u. G. SCHUR, *Ann. d. Phys.*, **4**, 409 (1930).
107. F. SAUTER, *Ann. d. Phys.*, **9**, 217 (1931).
108. Я. Френкель, (J. FRENKEL, *Phys. Rev.*), **37**, 1276 (1931).
109. F. MOHLER, *Phys. Rev. Supplement*, **1**, 216 (1929).
110. А. Н. Теренин, УФН, (A. N. TERENIN, *Fortschr. d. Ph.*), **11**, 277 (1931).
111. A. L. HUGHES u. L. A. DU BRIDGE, Photoeletric Phenomena Mc. Graw Hill Book Co. Inc., New York u. London (1932).
112. P. FOOT u. F. MOHLER, *Phys. Rev.*, **26**, 195 (1925).
113. F. MOHLER u. C. BOECKNER, *Bur. of Stand. Journ. of Research*, **3**, 303 (1929).
114. F. MOHLER u. C. BOECKNER, *Bur. of Stand. Journ. of Research*, **5**, 51 (1930).
115. E. O. LAWRENCE u. EDLEFSEN, *Phys. Rev.*, **34**, 233 u. 1056 (1929).
116. LITTLE, *Phys. Rev.*, **30**, 109 u. 963 (1927).
117. COOKE, *Phys. Rev.*, **38**, 1351 (1931).
118. R. C. WILLIAMSON, *Proc. Nat. Acad. of Science*, **14**, 793 (1928).
119. E. O. LAWRENCE u. M. A. CHAFFEE, *Phys. Rev.*, **36**, 1099 (1930); **37**, 1233 (1931).
120. F. MOHLER, *Phys. Rev.*, **28**, 46 (1926); *Proc. Nat. Acad. Sci.*, **12**, 492 (1926).
121. J. J. THOMSON, *Phil. Mag.*, **7**, 970 (1929).
122. А. Н. Теренин, (A. N. TERENIN), *Phys. Rev.*, **36**, 147 (1930).
123. J. J. HOPFIELD, *Phys. Rev.*, **35**, 1133 (1930); **36**, 789 (1930).
124. F. MOHLER, C. BOECKNER, W. W. COBLENZ, *Science*, **69**, 479, (1929).
125. В. Н. Кондратьев, Строение молекул и элементарные химические процессы, ГТТИ, (W. R. KONDRATJEW, Molekülbau und chemische Elementarprozesse, GTTI), Moskau-Leningrad (1934).
126. E. O. LAWRENCE, *Phil. Mag.*, **50**, 345, (1925).
127. A. L. HUGHES, *Proc. Cambr. Phil. Soc.*, **15**, 483 (1910).
128. H. RAETHR, *Zeitschr. f. Phys.*, **107**, 91 (1937); **110**, 611 (1938).
129. Л. М. Биберман, И. М. Гуревич, ЖЭТФ, (L. M. BIBERMAN u. I. M. GUREWITSCH, *Z. exp. theor. Phys.*), **20**, 108 (1950).

Zu Kapitel VI

Die Rekombination; die Bildung negativer Ionen

1. D. R. BATES, R. A. BUCKINGAM, H. S. W. MASSEY u. J. J. UNWIN, *Proc. Roy. Soc.*, **170**, 322 (1939.)
2. TA-YOU-WU, *Phil. Mag.*, **22**, 837 (1936).
3. J. OPPENHEIMER, *Phys. Rev.*, **31**, 349 (1928).
4. M. STOBBE, *Ann. d. Phys.*, **7**, 661 (1930).
5. E. C. G. STUECKELBERG, u. P. M. MORSE, *Phys. Rev.*, **36**, 16 (1930).
6. W. WESSEL, *Ann. d. Phys.*, **5**, 611 (1930).
7. E. A. MILNE, *Phil. Mag.*, **47**, 209 (1924).
8. F. L. MOHLER, *Bur. Stand. Journ. of Res.*, **10**, 771 (1933).

9. F. L. Mohler, *Bur. Stand. Journ. of Res.*, **19**, 447 u. 559 (1937).
10. C. Kenty, *Phys. Rev.*, **32**, 624 (1928).
11. J. J. Thomson, *Phil. Mag.*, **47**, 337 (1924).
12. H. S. W. Massey, Negative ions, *Cambridge: University Press* (1938).
13. O. Tüxen, *Zeitschr. f. Phys.*, **103**, 463 (1936).
14. H. Stille, *Ann. d. Phys.*, **17**, 635 (1933).
15. W. W. Losier, *Phys. Rev.*, **46**, 268 (1934).
16. R. M. Sutton u. Mayer, *Journ. Chem. Phys.*, **3**, 20 (1935).
17. G. Glockler u. Calvin, *Journ. Chem. Phys.*, **3**, 771, (1935); *Phys. Rev.* **46**, 111 (1934).
18. Ю. Б. Харитон, ЖРФХО, (J. B. Chariton, *Z. russ. Phys. Chem. Ges.*), **58**, 811 (1926).
19. H. S. W. Massey u. Smith, *Proc. Roy. Soc.*, **A, 155**, 472 (1936).
20. O. Oldenberg, *Phys. Rev.*, **43**, 534 (1933).
21. K. G. Emeléus, Minnis u. Cathcart, *Proc. Roy, Ir. Acad.*, **44**, 11 (1937).
22. R. A. Smith, *Proc. Cambr. Phil. Soc.*, **32**, 482 (1936).
23. G. T. Tate u. W. W. Losier, *Phys. Rev.*, **39**, 254 (1932).
24. T. R. Hogness u. R. W. Harkness, *Phys. Rev.*, **32**, 784 (1928).
25. L. Loeb u. A. M. Cravath, *Phys. Rev.*, **33**, 605 (1929).
26. N. E. Bradbury, *Phys. Rev.* **44**, 883 (1933)
27. Л. Э. Гуревич, Основы физической кинетики, ГИТТЛ, (L. E. Gurewitsch, Grundlagen der physikalischen Kinetik, GITTL), Moskau-Leningrad (1940).
28. V. A. Bailey, *Phil. Mag.*, **50**, 825 (1925).
29. V. A. Bailey u. Ducanson, *Phil. Mag.*, **9**, 560, 625 (1930).
30. R. H. Healey, *Phil. Mag.*, **26**, 940 (1938).
31. F. Arnot, *Nature*, **138**, 162 (1936); *Proc. Roy. Soc.*, **A, 158**, 137 (1937).
32. F. Arnot u. J. Milligan, *Proc. Roy. Soc.*, **A, 156**, 538 (1936).
33. F. Arnot u. Beckett, *Nature*, **141**, 1011 (1938).
34. В. М. Дукельский и Н. И. Ионов, ЖЭТФ, (W. M. Dukelski u. N. I. Ionow, *Z. exp. theor. Ph.*), **10**, 1248 (1940).
35. R. A. Smith, *Proc. Roy. Soc.*, **A, 168**, 19 (1938).
36. L. B. Loeb, *Phys. Rev.*, **48**, 684 (1935).
37. В. М. Дукельский, Э. Я. Зандбергь и Н. И. Ионов, ДАН СССР, (W. M. Dukelski, E. J. Sandberg u. N. I. Ionow, *Mitt. der Ak. d. W. der UdSSR*), **62**, 323 (1948); **68**, 31 (1949).

Zu Kapitel VII

Die Elementarprozesse an Grenzflächen

1. Я. И. Френкель, Введение в теорию металлов, ГТТИ, (J. I. Frenkel, Einführung in die Metalltheorie, GTTI), (1948).
2. H. A. Wilson, The Theory of Metals, *Cambridge: University Press* (1936).
3. H. Bethe u. A. Sommerfeld, Elektronentheorie der Metalle, in: *Handb. d. Phys.* XXIV/2, Berlin (1933).
4. Я. И. Френкель, (J. I. Frenkel, *Zeitschr. f. Phys.*), **51**, 232 (1928).
5. W. Schottky, *Phys. Zeitschr.*, **15**, 872 (1914).
6. И. Тамм и Д. Блохинцев, (I. Tamm u. D. Blochinzew, *Zeitschr. f. Phys.*), **77**, 774 (1932).
7. I. Langmuir, *Trans. Amer. Electrochem. Soc.*, **29**, 157 (1916).
8. J. H. de Boer, Elektronenemission und Adsorptionserscheinungen, Leipzig (1937), 2. Aufl.
9. С. В. Птицын, физические явления в оксидном катоде, ГТТИ, (S. W. Ptizin, Physikalische Erscheinungen in der Oxydkathode, GTTI), Moskau-Leningrad (1949).
10. Л. Н. Добрецов, ЖТФ, (L. N. Dobrezow, *Z. techn. Ph.*), **18**, 727 (1948).
11. Н. Д. Моргулис, ЖЭТФ, (N. D. Morgullis, *Z. exp. theor. Ph.*), **16**, 959 (1946).
12. O. W. Richardson, *Proc. Cambr. Phil. Soc.*, **11**, 286 (1901); Emission of electricity from hot bodies, 2-d edit., Longman Co. (1921).
13. S. Dushmann, Thermionic Emission, Rev. Mod. Phys. **2** (1930), 382—476.

14. А. Л. Рейман, Термоионная эмиссия, ГИТТЛ, (A. L. REIMANN, Thermoionen-Emission, GITTL), Moskau-Leningrad (1940).
15. O. W. RICHARDSON, *Phil. Mag.*, **16**, 890 (1908); **18**, 681 (1909).
16. L. H. GERMER, *Phys. Rev.*, **25**, 584, 795 (1925).
17. H. I. COOKE u. O. W. RICHARDSON, *Phil. Mag.*, **25**, 624 (1913).
18. C. DAVISSON u. L. H. GERMER, *Phys. Rev.*, **20**, 300 (1922); **21**, 208 (1923); **24**, 666 (1924); **30**, 634 (1927).
19. H. ROTHE, *Zeitschr. f. Phys.*, **36**, 737 (1928); **41**, 530 (1927).
20. S. DUSHMAN, *Phys. Rev.*, **21**, 623 (1923).
21. R. FOWLER, *Proc. Roy. Soc.*, **A**, **122**, 36 (1929).
22. R. A. MILLICAN u. C. F. EYRING, *Phys. Rev.*, **27**, 51 (1926).
23. R. A. MILLICAN u. SCHACKELFORD, *Phys. Rev.*, **15**, 239 (1920).
24. S. S. MACKEOWN, R. F. EYRING u. R. A. MILLICAN, *Phys. Rev.*, **31**, 900 (1928).
25. R. A. MILLICAN u. C. C. LAURITSEN, *Proc. Nat. Acad. Sci.*, **14**, 45 (1928).
26. W. N. BENNETT, *Phys. Rev.*, **37**, 582 (1931); **40**, 416 (1932).
27. Л. Н. Добрецов, Электронная и ионная эмиссия, ГИТТЛ, (L. R. DOBREZOW, Elektronen- und Ionenemission, GITTL), Moskau-Leningrad (1950.) Deutsch: Technik, Berlin (1954).
28. N. A. DE BRUYNE, *Proc. Roy. Soc.*, **A**, **120**, 423 (1928).
29. R. H. FOWLER u. L. NORDHEIM, *Proc. Roy. Soc.*, **A**, **119**, 173 (1928).
30. L. NORDHEIM, *Proc. Roy. Soc.*, **A**, **121**, 626 (1928).
31. R. H. FOWLER, B. S. GOSSLING u. T. E. STERN, *Proc. Roy. Soc.*, **A**, **124**, 699 (1929).
32. R. HAEFER, *Zeitschr. f. Phys.*, **116**, 604 (1940).
33. E. W. MÜLLER, *Zeitschr. f. Phys.*, **102**, 734 (1936).
34. J. E. HENDERSON u. R. E. BADGLEY, *Phys., Rev.*, **38**, 590 (1931).
35. J. E. HENDERSON u. R. K. DAHLSTRÖM, *Phys. Rev.*, **55**, 473 (1939).
36. E. W. MÜLLER, *Zeitschr. f. Phys.*, **120**, 261, 270 (1943).
37. J. E. HENDERSON u. O. M. FLEMING, *Phys. Rev.*, **48**, 486 (1935).
38. П. И. Лукирский Изв. АН. СССР, серия физич., (P. I. LUKIRSKI, *Nachr. der Ak. d. W. der UdSSR, phys. Serie*), **8**, 226 (1944); УФН, **27**, 199 (1945).
39. С. В. Стародубцев, ДАН СССР, (S. W. STARODUBZEW, *Mitt. der Ak. d. W. der UdSSR*), **62**, 765 (1948); ЖЭТФ, (*Z. exp. theor. Ph.*), **19**, 297 (1949).
40. L. R. KOLLER u. R. P. JOHNSON, *Phys. Rev.*, **52**, 519 (1937).
41. Z. MALTER, *Phys. Rev.*, **49**, 478 (1936); **50**, 48 (1936).
42. H. MAHL, *Phys. Zeitschr.*, **12**, 986 (1937); *Zeitschr. f. techn. Phys.*, **19**, 313 (1938).
43. Б. Г. Брежнёв, ЖЭТФ, (B. G. BRESCHNJOW, *Z. exp. theor. Ph.*), **17**, 108 (1947).
44. J. MÜHLENPFORDT, *Zeitschr. f. Phys.*, **108**, 698 (1937).
45. H. PAETOW, *Zeitschr. f. Phys.*, **111**, 770 (1939).
46. Д. В. Зёрнов, ЖТФ, (D. W. SJORNOW, *Z. techn. Ph.*), **15**, 447 (1945).
47. Д. В. Зёрнов, ЖТФ, (D. W. SJORNOW, *Z. techn. Ph.*), **16**, 931 (1946).
48. Д. В. Зёрнов, ЖТФ, (D. W. SJORNOW, *Z. techn. Ph.*), **16**, 935 (1946).
49. Д. В. Зёрнов и Б. С. Кульварская, ЖТФ, (D. W. SJORNOW u. B. S. KULWARSKAJA, *Z. techn. Ph.*), **16**, 771 (1946).
50. Ф. Ф. Волькенштейн, Электропроводность полупроводников, Гостехиздат, (F. F. WOLKENSTEIN, Die elektrische Leitfähigkeit von Halbleitern, Gostechisdat), Leningrad (1947).
51. Я. И. Френкель, ЖЭТФ, (J. I. FRENKEL, *Z. exp. theor. Ph.*), **8**, 1292 (1938).
52. F. SEITZ, The Physics of Metals, New York: McGraw-Hill (1943).
53. H. E. FARNSWORTH, *Phys. Rev.*, **31**, 405 (1928).
54. R. L. PETRY, *Phys. Rev.*, **28**, 362 (1926).
55. L. J. HAWORTH, *Phys. Rev.*, **48**, 88 (1935).
56. Н. С. Хлебников и В. В. Налимов, УФН. (N. S. CHLEBNIKOW u. W. W. NALIMOW, *Fortschr. d. Ph.*), **16**, 467 (1936).
57. J. G. TRUMP u. R. J. VAN DE GRAFF, *Phys. Rev.*, **75**, 44 (1949).
58. А. Е. Кадышевич, ЖЭТФ, (A. E. KADYSCHEWITSCH, *Z. exp. theor. Ph.*), **9**, 826 (1939).
59. А. В. Афанасьева и П. В. Тимофеевь, ЖТФ, (A. W. AFANASEJEWA u. P. W. TIMOFEJEW, *Z. techn. Ph.*), **6**, 1649, 1848 (1936).
60. A. H. COMPTON u. S. K. ALLISON, X-Rays in Theory and Experiment, New York 1935.

61. И. Б. Боровский, М. А. Блохин, Рентгено-спектральный анализ, (I. B. Borowski u. M. A. Blochin, Röntgen-Spektralanalyse) (1939).
62. Van Atta, van de Graaf u. Barton, *Phys. Rev.*, **43**, 158 (1933.)
63. J. G. Trump u. R. J. van de Graaf, *Journ. of Appl. Phys.*, **18**, 327 (1947).
64. H. S. W. Massey, *Proc. Cambr. Phil. Soc.*, **26**, 386 (1930).
65. Н. Д. Моргулис, ЖЭТФ, (N. D. Morgulis, *Z. exp. theor. Ph.*), **4**, 684 (1934).
66. A. Cobas u. W. E. Lamb, *Phys. Rev.*, **65**, 327 (1944).
67. M. L. E. Oliphant u. P. B. Moon, *Proc. Roy. Soc.*, A, **127**, 388 (1930).
68. P. B. Moon, *Proc. Cambr. Phil. Soc.*, **27**, 570 (1931).
69. Ch. Füchtbauer, *Phys. Zeitschr.*, **7**, 153 (1906).
70. В. И. Павлов и С. В. Стародубцев, ЖЭТФ, (W. I. Pawlow u. S. W. Starodubzew, *Z. exp. theor. Ph.*), **7**, 409 (1937).
71. B. Baule, *Ann. d. Phys.*, **44**, 145 (1914).
72. П. С. Тартаковский, ЖРФХО, (P. S. Tartakowski, *Z. russ. Phys.-Chem. Ge.*), **59**, 125 (1927).
73. C. Zener, *Phys. Rev.*, **40**, 178, 335 (1932).
74. C. C. van Voorhis u. K. T. Compton, *Phys. Rev.*, **37**, 1598 (1931).
75. J. K. Roberts, *Proc. Roy. Soc.*, A, **129**, 146 (1930).
76. W. C. Michels, *Phys. Rev.*, **40**, 472 (1932).
77. А. А. Зайцев и Г. В. Спивак, ДАН СССР, (A. A. Saizew, u. G. W. Spiwak, *Mitt. der Ak. d. W. der UdSSR*), **11**, 118 (1935).
78. И. Е. Тамм, (I. E. Tamm, *Sow. Phys.*), **1**, 783 (1932).
79. Н. Д. Моргулис и М. П. Бернардинер, ЖЭТФ, (R. D. Morgulis u. M. P. Bernardiner, *Z. exp. theor. Ph.*), **9**, 998 (1939).
80. М. С. Косман и Л. К. Черняев, ЖЭТФ, (M. S. Kosman u. L. K. Tschernajew, *Z. exp. theor. Ph.*), **11**, 303 (1941); М. С. Косман и С. С. Анитов, (S. N. Kosman u. S. S. Anitow), **9**, 1495 (1939).
81. М. Д. Габович, ЖТФ, (M. D. Gabowitsch, *Z. techn. Ph.*), **10**, 1621 (1940).
82. С. Д. Гвоздовер, (S. D. Gwosdower, *Sow. Phys.*), **6**, 415 (1934).
83. М. Е. Гуртовой, ЖЭТФ, (M. E. Gurtowoi, *Z. exp. theor. Ph.*), **10**, 483 (1940); **11**, 489 (1941).
84. М. В. Измайлов, ЖЭТФ, (S. W. Ismailow, *Z. exp. theor. Ph.*), **9**, 1473 (1939).
85. П. Л. Капица, (P. L. Kapiza, *Phil. Mag.*), **45**, 989 (1923).
86. Н. Д. Моргулис, ЖЭТФ, (R. D. Morgulis, *Z. exp. theor. Ph.*), **9**, 1484 (1939).
87. В. И. Павлов и С. В. Стародубцев, ЖЭТФ, (W. I. Pawlow u. S. W. Starodubzew, *Z. exp. theor. Ph.*), **7**, 424 1937.
88. Ш. Ш. Шехтер, ЖЭТФ, (S. S. Schechter, *Z. exp. theor. Ph.*), **7**, 750 (1937).
89. J. S. Allen, *Phys. Rev.*, **55**, 236 (1939).
90. М. А. Еремеев и М. В. Зубчанинов, ЖЭТФ, (M. A. Eremajew u. M. W. Subtschaninow, *Z. exp. theor. Ph.*), **12**, 358 (1942).
91. В. М. Дукельский и Э. Я. Зандберг, ЖЭТФ, (W. M. Dukelski u. E. J. Sandberg, *Z. exp. theor. Ph.*), **19**, 731 (1949).
92. N. Campbell, *Phil. Mag.*, **29**, 783 (1915).
93. R. M. Chaudri, *Proc. Camb. Phil. Soc.*, **28**, 349 (1932).
94. W. L. Cheney, *Phys. Rev.*, **10**, 335 (1917).
95. E. Grassman, *Ann. d. Phys.*, **35**, 465 (1939).
96. W. J. Jacson, *Phys. Rev.*, **30**, 473 (1927).
97. M. Healea, *Phys. Rev.*, **55**, 984 (1939).
98. A. G. Hill, W. W. Buechner, J. S. Clark u. J. B. Fisk, *Phys. Rev.*, **55**, 463 (1939).
99. Linford, *Phys. Rev.*, **47**, 279 (1935).
100. P. B. Moon, *Proc. Camb. Phil. Soc.*, **27**, 570 (1931).
101. M. L. Oliphant, *Proc. Camb. Phil. Soc.*, **24**, 451 (1928).
102. M. L. Oliphant, *Proc. Roy. Soc.*, **127**, 373 (1930).
103. M. F. Penning, *Physica*, **8**, 13 (1928).
104. A. Rostagni, *Nuovo Cim.*, **11**, 99 (1934).
105. Л. М. Неменов и А. С. Федюрко, ЖЭТФ, (L. M. Nemenow u. A. S. Fedjurko, *Z. exp. theor. Ph.*), **9**, 532 (1939).
106. G. Schneider, *Ann. d. Phys.*, **11**, 357 (1931).
107. K. Sommermeyer, *Ann. d. Phys.*, **25**, 481 (1936).

108. W. S. STEIN, *Phys. Rev.*, **40**, 425 (1932).
109. R. M. SILITTO, *Proc. Phys. Soc.*, **60**, 5, 453 (1948).
110. Я. И. Френкель. ЖЭТФ, (J. I. FRENKEL, *Z. exp. theor. Ph.*), **11**, 706 (1941).
111. R. R. NEWTON, *Phys. Rev.*, **73**, 1122 (1948).
112. H. W. WEBB, *Phys. Rev.*, **24**, 113 (1924).
113. A. C. G. MITCHELL u. M. ZEMANSKY, Resonance Radiation and Excited Atoms, New York: McMillan (1934).
114. MESSENGER, *Phys. Rev.*, **28**, 962 (1926).
115. J. H. COULLIETTE, *Phys. Rev.*, **32**, 636 (1928).
116. M. L. E. OLIPHANT, *Proc. Roy. Soc.*, A, **124**, 228 (1929).
117. W. UYTERHOEVEN u. HARRINGTON, *Phys. Rev.*, **35**, 124 1930.
118. I. LANGMUIR u. C. G. FOUND, *Phys. Rev.*, **39**, 237 (1931).
119. C. KENTY, *Phys. Rev.*, **38**, 377, 2079 (1931); **40**, 633 (1939).
120. Г. В. Спивак и Э. М. Рейхрудель, (G. W. SPIWAK u. E. M. REICHRUDEL), *Phys.*, *Rev.* **42**, 580 (1932); ЖТФ, (*Z. techn. Ph.*), **3**, 983 (1933).
121. S. SONKIN, *Phys. Rev.*, **43**, 788 (1933).
122. И. М. Гуревич, ДАН СССР, (I. M. GUREWITSCH, *Mitt. der Ak. d. W. der UdSSR*), **57**, 665 (1947).
123. И. М. Гуревич и Б. М. Яворский, ДАН СССР, (I. M. GUREWITSCH u. B. M. JAWORSKI, *Mitt. der Ak. d. W. der UdSSR*), **53**, Nr. 9, 797 (1946).
124. I. LANGMUIR u. C. G. FOUND, *Phys. Rev.*, **40** (A), 129 (1932).
125. А. Г. Столетов, Собрание сочинений, т. I, Гостехиздат, (A. G. STOLJETOW, Ges. Werke, Bd. I, Gostechisdat), Moskau-Leningrad (1939).
126. П. И. Лукирский, О фотоэффекте, ГТТИ, (P. I. LUKIRSKI, Über den Photoeffekt, GTTI), Moskau-Leningrad (1933).
127. A. L. HUGHES u. L. DU BRIDGE, Photoellectric Phenomena, New York und London (1932).
128. H. SIMON u. R. SUHRMANN, Lichtelektrische Zellen und ihre Anwendung, Berlin 1932.
129. P. GÖRLICH, Photozellen, Leipzig (1951).
130. C. KENTY, *Phys. Rev.*, **44**, 891 (1933).
131. А. В. Москвин, Катодолюминесценция, Гостехиздат, (A. W. MOSKWIN, Kathodolumineszenz, Gostechisdat), Moskau (1949).
132. Б. М. Царёв, Контактная разность потенциалов, Гостехиздат, (B. M. ZARJOW, Kontakt-Potentialdifferenz), Moskau-Leningrad (1949).
133. С. Ю. Лукьянов, Фотоэлементы, изд. АН, (S. Z. LUKJANOW, Photozellen, Verl. der Ak. d. Wiss.), Moskau (1948).
134. В. М. Ловцов, С. М. Стародубцев, Труды ФТИ Уз ССР, (W. M. LOWZOW u. S. M. STARODUBZEW, Arbeiten des Phys.-Techn. Inst. der Us. SSSR), **3**, 45, 57 (1950).

Zu Kapitel VIII

Die Geschwindigkeitsverteilung der Elektronen

1. P. M. MORSE, W. P. ALLIS, LAMAR, *Phys. Rev.*, **48**, 412 (1935).
2. Б. И. Давидов, ЖЭТФ, (B. I. DAWIDOW, *Z. exp. theor. Ph.*), **7**, 1064 (1937).
3. Б. И. Давидов, ЖЭТФ, (B. I. DAWIDOW, *Z. exp. theor. Ph.*), **6**, 463 (1936).
4. M. DRUYVESTEIN, *Physica*, **10**, 69 (1930).
5. A. M. CRAVATH, *Phys. Rev.*, **46**, 332 (1934).
6. J. A. SMIT, *Physica*, **3**, 543 (1937).
7. Л. Д. Ландау, (L. D. LANDAU), *Sow. Phys.*, **10**, 154 (1936).
8. С.. М. Пекар, ЖЭТФ, (S. M. PEKAR, *Z. exp. theor. Ph.*), **7**, 202 (1937).
9. W. P. ALLIS, H. W. ALLEN, *Phys. Rev.*, **52**, 703 (1937).
10. H. W. ALLEN, *Phys. Rev.*, **52**, 707 (1937).
11. M. DRUYVESTEIN, *Physica*, **3**, 65 (1936).
12. A. F. DITMER, *Phys. Rev.*, **28**, 507 (1926).
13. I. LANGMUIR, *Proc. nat. acad. am.*, **14**, 634 (1928).
14. Л. Д. Ландау, (L. D. LANDAU), *Journ. of Phys.*, **10**, 25 (1946).
15. R. ROMPE u. M. STEENBECK, *Erg. exakt. Naturw.*, **18**, 257 (1939).

16. В. Л. Грановский, ДАН СССР, (W. L. Granowski, *Mitt. der Ak. d. W. der UdSSR*), **26**, 873 (1940).
17. В. А. Фабрикант, (W. A. Fabrikant, *Journ. of Phys.*), **3**, 195, (1940); ЖЭТФ, (*Z. exp. theor. Ph.*), **8**, 549 (1938).
18. K. T. Compton, *Phys. Rev.*, **22**, 333 (1923).
19. A. M. Cravath, *Phys. Rev.*, **36**, 248 (1930).
20. G. Mierdel, *Wiss. Ver. a. d. Siemens-Konz.*, **17**, 277 (1938).
21. L. S. Ornstein, H. Brinkman, T. Hamada., *Proc. Acad. Amsterdam*, **39**, 315 (1936).
22. С. Д. Гвоздовер, (S. D. Gwosdower, *Sow. Phys.*), **12**, 164, 180 (1937); ЖЭТФ (*Z. exp. theor. Ph.*), **7**, 867 (1937).
23. G. Hertz, *Verh. d. D. Phys. Ges.*, **19**, 268 (1917).
24. I. Langmuir, *Gen. El. Rev.*, **26**, 731 (1923); *Journ. Frankl. Inst.* **196**, 751 (1923).
25. I. Langmuir, H. Mott-Smith, *Gen. Electr. Rev.* **27**, 449, 538, 616, 762, 810 (1924).
26. H. M. Mott-Smith, I. Langmuir, *Phys. Rev.*, **28**, 127 (1926).
27. M. Druyvestein, *Zeitschr. f. Phys.*, **64**, 790 (1930).
28. Г. В. Спивак и Э. М. Рейхрудель, ЖЭТФ, (G. W. Spiwak u. E. M. Reichrudel, *Z. exp. theor. Ph.*), **6**, 816 (1936); Изв. АН СССР, серия физич. (*Nachr. der Ak. d. W. der UdSSR, phys. Serie*), Nr. 4, 479 (1938); *Techn. Phys. USSR*, **5**, 715 (1938).
29. R. Gans, *Ann. d. Phys.*, **20**, 203 (1906).
30. R. Mason, *Phys. Rev.*, **51**, 28 (1937).
31. В. Грановский, Б. Кларфельд и В. Фабрикант, ЖТФ, (W. Granowski, B. Klarfeld u. W. Fabrikant, *Z. techn. Ph.*), **8**, 968 (1938).
32. W. Uyterhoeven, *Proc. Nat. Ac. Sci.*, **15**, 32, (1929); W. Uyterhoeven u. Harlington, *Phys. Rev.*, **35**, 438 (1930).
33. Э. М. Рейхрудель и Г. В. Спивак, ЖТФ, (E. M. Reichrudel u. G. W. Spiwak, *Z. techn. Ph.*), **3**, 983 (1933).
34. C. Kenty, *Phys. Rev.*, **43**, 181 (1933).
35. Б. Н. Клярфельд, Положительный столб газавого разряда и его использование дла получения света, в сборнике „Электронные и ионные приборы", Труды ВЭИ, (W. N. Klarfeld, Die positive Säule der Gasentladung und ihre Verwendung zur Lichterzeugung, in dem Sammelband „Elektronen- und Ionengeräte", Arbeiten des WEI), Bd. **41** (1940); ДАН, (*Mitt. der Ak. d. W. der UdSSR*), **25**, 658 (1939).
36. I. Satoh, *Journ. Inst. El. Eng. Japan* Aug. (1932).
37. R. H. Sloane u. K. G. Emmeleus, *Phys. Rev.*, **44**, 333 (1933).
38. И. А. Полетаев, ЖТФ, (I. A. Poletajew, *Z. tech. Ph.*), **9**, 455 (1939).
39. W. Koch, *Zeitschr. f. techn. Phys.*, **16**, 484 (1935).
40. В. Л. Грановский, Изв. АН, серия физич., (W. L. Granowski, *Nachr. der Ak. d. W. der UdSSR, phys. Serie*), Nr. 4, 449 (1938).
41. K. Sommermeyer, *Zeitschr. f. Phys.*, **90**, 232 (1934).
42. Б. Давыдов и Л. Змановская, ЖТФ, (B. Dawydow u. L. Smanowskaja, *Z. techn. Ph.*), **6**, 1244 (1936).
43. В. Грановский и Л. Быховская, ЖЭТФ, (W. Granowski u. L. Bychowskaja, *Z. exp. theor. Ph.*), **16**, 823 (1946).
44. W. Uyterhoeyen u. C. Verburg, *C. R.*, **207**, 1386 (1938).
45. В. Грановский, ЖТФ, (W. Granowski, *Z. techn. Ph.*), **13**, 123 (1943).
46. Г. Гринберг, ЖЭТФ, (G. Grinberg, *Z. exp. theor. Ph.*), **6**, 126 (1936.)
47. Н. Н. Семёнов и А. Вальтер, (N. N. Semjonow u. A. Walter, *Zeitschr. f. Phys.*), **17**, 67 (1923).
48. I. Langmuir u. K. Blodgett, *Phys. Rev.*, **22**, 317 (1923).
49. R. H. Sloane u. McGregor, *Phil. Mag.*, **18**, 193 (1934).
50. J. Townsend u. H. T. Tizard, *Proc. Roy. Soc.*, **A**, **88**, 336 (1913).
51. J. Townsend, *Journ. Frankl. Inst.* **200**, 565 (1925).
52. М. М. Горшков и Ю. Л. Маслаковец, ЖТФ, (M. M. Gorschkow u. I. L. Maslakowez, *Z. techn. Ph.*), **6**, 1513 (1936).
53. В. А. Фабрикант и Г. Н. Рохлин, ДАН, СССР, (W. A. Fabrikant u. G. N. Rochlin, *Mitt. der Ak. d. W. der UdSSR*), **19**, 393 (1938).

54. T. J. KILLIAN, *Phys. Rev.*, **35**, 1238 (1930).
55. I. KÖMMNICK, *Ann. d. Phys.*, **13**, 273 (1932).
56. Б. Н. Клярфельд, ЖТФ, (B. N. KLARFELD, *Z. techn. Ph.*), **8**, 2012 (1938).
57. R. SEELIGER u. R. HIRCHERT, *Ann. d. Phys.*, **11**, 817 (1931).
58. F. FONDA u. A. YOUNG, *J. O. S. A.*, **2**, 31 (1934).
59. M. DRUYVESTEIN u. N. WARMOLTZ, *Phil. Mag.*, **17**, 1 (1934).
60. Л. Гусева, ЖТФ, (L. GUSEWA, *Z. techn. Ph.*), **21**, 427 (1951).
61. Н. А. Карелина и Б. Н. Клярфельд, ЖТФ, (N. A. KARELINA u. B. N. KLARFELD, *Z. techn. Ph.*), **18**, 1235 (1948).
62. F. PENNING, *Physica*, **6**, 241 (1926).
63. I. MERRILL u. N. W. WEBB, *Phys. Rev.*, **55**, 1191 (1939).
64. R. D. RUSK u. A. L. PECKHAM, *Phys. Rev.*, **46**, 425 (1934).
65. М. И. Родин, ЖТФ, (M. J. RODIN, *Z. techn. Ph.*), **6**, 1502 (1936).
66. В. Полин и С. Д. Гвоздовер. ЖЭТФ, (W. POLIN u. S. D. GWOSDOWER, *Z. exp. theor. Ph.*), **8**, 436 (1938).
67. Л. А. Сена, ЖЭТФ, (L. A. SENA, *Z. exp. theor. Ph.*), **16**, 811 1946.
68. A. H. VAN GORCUM, *Physica*, **3**, 207 (1936).
69. D. OETTINGEN, *Ann. d. Phys.*, **19**, 513 (1934).
70. K. T. COMPTON, L. A. TURNER u. W. H. MCCURDY, *Phys. Rev.*, **24**, 597 (1924).
71. Б. Клярфельд и В. Соболев, ЖТФ, (B. KLARFELD u. W. SOBOLJEW, *Z. techn. Ph.*), **17**, 319 (1947).
72. C. HAIGH, T. SMITH, *Phil. Mag.*, **41**, 557 (1950).
73. F. BORGNISS, *Ann. d. Phys.*, **31**, 497 (1938).
74. R. L. F. BOYD, *Proc. Roy. Soc.*, **64**, 795 (1951).
75. Б. Н. Клярфельд, ЖЭТФ, (B. N. KLARFELD, *Z. exp. theor. Ph.*), **21**, Nr. 7 (1951).
76. H. PAUL, *Zeitschr. f. Phys.*, **97**, 330 (1930).
77. S. KOJIMA, K. TAKAYAMA, *Phys.*, *Rev.*, **80**, 907 (1950).
78. M. A. EASLEY, W. W. MUMFORD, *Journ. appl. Phys.*, **22**, 846 (1951).
79. А. С. Покровская, ЖТФ, (A. S. POKROWSKAJA, *Z. techn. Ph.*), **21**, 617 (1951).
80. G. WEHNER, *Journ. appl. phys.*, **22**, 761 (1951).
81. Б. Панин, Л. Биберман, ЖТФ, (B. PANIN u. L. BIBERMAN, *Z. techn. Ph.*), **21**, 12 (1951).
82. E. O. JONSON, L. MALTER, *Phys. Rev.*, **80**, 58 (1950).

Zu Kapitel IX

Die gerichtete Bewegung der Elektronen und Ionen

1. С. Д. Гвоздовер, ЖТФ, (S. D. GWOSDOWER, *Z, techn. Ph.*), **3**, 587 (1933).
2. Д. А. Рожанский, В. Ф. Коваленко и Л. А. Сена, ЖТФ, (D. A. ROSHANSKI, W. F. KOWALENKO u. L. A. SENA, *Z. techn. Ph.*), **4**, 1271 (1934).
3. С. Д. Гвоздовер, ЖЭТФ, (S. D. GWOSDOWER, *Z. exp. theor. Ph.*), **8**, 168 (1938).
4. A. M. TYNDALL u. C. F. POWELL, *Proc. Roy. Soc.*, A, **121**, 172 (1928); **134**, 125 (1931); **136**, 145 (1932).
5. I. S. TOWNSEND u. H. T. TIZARD, *Proc. Roy. Soc.*, **A**, **87**, 357 (1912); **88**, 336 (1913).
6. I. S. TOWNSEND, V. A. BAILEY, *Phil. Mag.*, **44**, 1033 (1922).
7. B. F. PIDDUCK, *Proc. Lond. Math. Soc.*, **15**, 89 (1915).
8. N. E. BRADBURY u. R. A. NIELSEN, *Phys. Rev.*, **49**, 338 (1936); **51**, 69 (1937).
9. Х. М. Фаталиев, Г. В. Спивак и Э. М. Рейхрудель, ЖЭТФ, (C. M. FATALIJEW, G. W. SPIWAK u. E. M. REICHRUDEL, *Z. exp. theor. Ph.*), **9**, 167 (1939).
10. P. LANGEVIN, *Ann. Chim. Phys.*, **5**, 245 (1905); **28**, 317 u. 495 (1903).
11. P. LANGEVIN, *Ann. Chim. Phys.*, **8**, 238 (1905).
12. H. R. HASSÉ u. W. R. COOK, *Phil. Mag.*, **12**, 554 (1931).
13. A. V. HERSCHEY, a) *Phys. Rev.*, **51**, 146 (1937); **54**, 237 (1938); b) **56**, 908 (1939).
14. Л. А. Сена, ЖЭТФ, (L. A. SENA, *Z. exp. theor. Ph*)., **16**, 734 (1946).
15. С. Э. Фриш и Ю. И. Каган, ЖЭТФ, (S. E. FRISCH u. Z. I. KAGAN, *Z. exp. theor. Ph.*), **17**, 577 (1947).
16. В. А. Фок, ЖЭТФ, (W. A. FOCK, *Z. exp. theor. Ph.*), **18**, 1048 (1948).
17. K. KINGDON u. E. LAWTON, *Phys. Rev.*, **56**, 215 (1939).

18. K. Compton, *Phys. Rev.*, **22**, 333 (1923).
19. A. M. Cravath, *Phys. Rev.*, **36**, 248 (1930).
20. H. F. Mayer, *Ann. d. Phys.*, **62**, 358 (1920).
21. L. Loeb, The kinetic theory of gases, McGraw Hill, N. Y. (1934).
22. E. M. Wellisch, *Phil. Trans.* **A, 209**, 249 (1909).
23. J. J. Thomson, *Phil. Mag.*, **47**, 337 (1924).
24. L. Loeb, *Phil. Mag.*, **48**, 446 (1924).
25. H. S. W. Massey u. C. B. O. Mohr, *Proc. Roy. Soc.*, **A, 144**, 188 (1934).
26. A. M. Tindall, Mobility of positive ions in gases, Cambridge Press (1938).
27. A. M. Tindall u. A. F. Pearce, *Proc. Roy. Soc.*, A, **149**, 426 (1935).
28. A. F. Pearce, *Proc. Roy. Soc.*, A, **155**, 490 (1936).
29. C. F. Powell u. L. Brata, *Proc. Roy. Soc.*, **A, 138**, 129 (1932).
30. H. R. Hassè, *Phil. Mag.*, **1**, 139 (1926).
31. И. И. Балог, Диссертация, НИИФ МГУ, (I. I. Balog, Dissertation, NIIF. MGU, (1938); Wiss. Mitt. d. Mosk. Staatl. Lomonossow Universität [MOLGU]), Heft 74, Physik **1**, 123 (1944).
32. Munson u. A. M. Tyndall, *Proc. Roy. Soc.*, **A, 177**, 187 (1940).
33. J. Franck, *Verh. deut. phys. Ges.*, **12**, 291 u. 613 (1910).
34. С. И. Ардонова, Диссертация, ВЭИ, (S. I. Ardonowa, Dissertation, WEJ) (1950).
35. J. S. Townsend, *Phil. Trans.*, **193**, 129 (1899).
36. W. Elenbaas, *Physica*, **5**, 568 (1938).

Zu Kapitel X

Die Kinetik der Volumionisation und -rekombination

1. А. Г. Столетов, (A. G. Stoljetow), *C. R.*, **107**, 91 (1888); Собрание сочинений, (Gesammelte Werke), **1**, 267 (1939).
2. А. Г. Столетов, (A. G. Stoljetow), *Journ. de Phys.*, **9**, 468, (1890); Собрание сочинений, (Gesammelte Werke), **1**, 270 (1939).
3. J. S. Townsend, *Phil. Mag.*, **1**, 198 (1901); **3**, 557 (1902); **6**, 389, 598 (1903); **8**, 738 (1904).
4. I. Langmuir u. L. Tonks, *Phys. Rev.*, **34**, 876 (1929).
5. С. К. Моралёв, ЖЭТФ, (S. K. Moraljow, *Z. exp. theor. Ph.*), **7**, 764 (1937).
6. M. Druyvestein, *Physica*, **3**, 65 (1936).
7. K. Masch, *Arch. f. Elektrotechn.*, **26**, 589 (1932).
8. W. E. Bowls, *Phys. Rev.*, **51**, 147 (1937); **52**, 253 (1937); **53**, 293 (1938).
9. J. S. Townsend u. S. P. McCallum, *Phil. Mag.* **5**, 695 (1928); **6**, 857 (1928).
10. F. H. Sanders, *Phys. Rev.*, **41**, 667 (1932); **44**, 1020 (1933).
11. D. Q. Posin, *Phys. Rev.*, **50**, 525 (1932).
12. A. A. Kruithoff u. F. M. Penning, *Physica*, **3**, 515 (1936); **4**, 430 (1937).
13. A. A. Kruithoff, *Physica*, **7**, 519 (1940).
14. D. H. Hale, *Phys. Rev.*, **54**, 241 (1938); **56**, 815 (1939).
15. F. M. Penning, *Zeitschr. f. Phys.*, **46**, 335 (1928); **57**, 723 (1929); **72**, 338 (1931).
16. И. И. Глотов, ЖЭТФ, (I. I. Glotow, *Z. exp. theor. Ph.*), **7**, 1143 (1937).
17. И. И. Глотов, ЖЭТФ, (I. I. Glotow, *Z. exp. theor. Ph.*), **7**, 1418 (1937).
18. H. S. Massey *Proc. Roy. Soc.*, **168**, 542 (1937).
19. L. B. Loeb, *Phil. Mag.*, **43**, 229 (1922).
20. H. B. Wahlin, *Phys. Rev.*, **19**, 173 (1922).
21. J. Sayers, *Proc. Roy. Soc.*, **A, 169** 83 (1938).
22. M. E. Gardner, *Phys. Rev.*, **53**, 75 (1938).
23. G. Jaffé, *Phys. Rev.*, **59**, 925 (1941).
24. P. Langevin, *Ann. de chim. phys.*, **28**, 298 und 433 (1903).
25. J. J. Thomson, *Phil. Mag.*, **47**, 337 (1924).
26. W. R. Harper, *Phil. Mag.*, **18**, 97, (1934); **20**, 740 (1935).
27. G. Jaffé, *Phys. Zeitschr.*, **30**, 849 (1929); *Ann. d. Phys.*, **1**, 977 (1927).
28. O. Luhr, *Phys. Rev.*, **35**, 1394 (1930); **36**, 24 (1930); **37**, 998 (1931).
29. П. С. Эпштейн, Курс термодинамики, Гостехиздат, (P. S. Epstein, Kurs der Thermodynamik, Gostechisdat), Moskau-Leningrad (1948).

30. M. N. Saha, *Phil. Mag.*, **40**, 472 u. 809 (1920).
31. W. Mächler, *Zeitschr. f. Phys.*, **104**, 1 (1936).
32. H. Tetrode, *Ann. d. Phys.*, **38**, 434, (1912); **39**, 255 (1912).

Zu Kapitel XI

Die Energieformen des elektrischen Stroms im Gas und ihre Trägheit

1. A. Langrange, Mecanique Analytique, Paris (1788).
2. H. Helmholtz, Wiss. Abh. Bd. 3, J. A. Barth, Leipzig (1895).
3. A. Sommerfeld, Mechanik, Leipzig (1942).
4. А. А. Андронов и С. Э. Хайкин, Теория колебаний, ч. I, ГТТИ, (A. A. Andronow u. S. E. Chaikin, Scheinungstheorie, Teil I, GTTI), Moskau (1937).
5. E. Friedländer, *Phys. Zeitschr.*, **27**, 361 (1926).
6. J. Jeans, The mathematical theory of electricity an magnetism, Cambr. Univ. Press., 5. Aufl. (1946).
7. К. А. Круг, Основы электротехники, (K. A. Krug, Grundlagen der Elektrotechnik), Band 1.
8. В. Л. Грановский, Труды ВЭИ, (W. L. Granowski, *Arbeiten des WEJ*), Heft **41**, 118—124 (1940).
9. В. А. Фабрикант, ЖЭТФ, (W. A. Fabrikant, *Z. exp. theor. Ph.*), **8**, 549 (1938),
10. В. А. Фабрикант, Ф. Бутаева и Цирг, ЖЭТФ, (W. A. Fabrikant, F. Butajewa u. Zirg, *Z. exp. theor. Ph.*), **7**, 733 (1937).
11. W. Kaufmann, *Ann. d. Phys.*, **2**, 158 (1900).
12. W. Dällenbach, *Phys. Zeitschr.*, **27**, 101 (1926).
13. В. Л. Грановский, (W. I. Granowski), *Journ. of Phys. USSR*, **3**, 195 (1940).
14. K. Sommermeyer, *Ann. d. Phys.*, **13**, 315 (1932).
15. M. Druyvestein, *Zeitschr. f. Phys.*, **81**, 571 (1933).
16. Б. Н. Кларфельд, ЖТФ, (B. N. Klarfeld, *Z. techn. Ph.*), **7**, 1017 (1937).
17. Б. Н. Кларфельд, Изв. АН СССР, серия физическая, (B. N. Klarfeld, *Nachr. der Ak. d. W. der UdSSR, phys. Serie*), 463 (1936).
18. В. А. Фабрикант, Труды ВЭИ, (W. A. Fabrikant, *Arbeiten des WEJ*), Heft 41.
19. Т. А. Суетин и Е. П. Палёнова, (T. A. Sujetin u. E. P. Paljonowa), *Journ. of Physics USSR*, **11**, 96 (1947).
20. B. Kirschtein, F. Koppelmann, *Wiss. Ver. Siemens*, **16**, (3), 48 (1937).
21. К. Ф. Теодорчик, Автоколебательные системы, Гостехиздат, (K. F. Theodortschik, Selbstschwingende Systeme, Gostechisdat), Moskau-Leningrad (1944).
22. P. C. Thoneman, W. T. Cohwing, *Proc. Phys. Soc.*, **64**, 4 (1951).

Zu Kapitel XII

Die äußere elektrische Charakteristik des Stroms im Gas

1. H. T. Simon, *Phys. Zeitschr.*, **6**, 297 (1905).
2. Д. А. Рожанский, (D. A. Roshanski, *Phys. Zeitschr.*), **9**, 627 (1908).
3. K. W. Wagner, Der Lichtbogen als Wechselstromerzeuger, Verl. S. Hirzel, Leipzig (1910).
4. H. Ayrton, The Electric Arc, London (1902).
5. F. M. Penning, *Phys. Zeitschr.*, **33**, 816 (1932).
6. К. С. Вульфсон, Изв. АН СССР, серия физическая, (K. S. Wulfson, *Nachr. der Ak. d. W. der UdSSR, phys. Serie*), **9**, 239 (1945).
7. W. Duddel, *Proc. Roy. Soc.*, **68**, 512 (1901).
8. H. Barkhausen, *Phys. Zeitschr.*, **27**, 23 (1926).
9. З. Галкина и В. Грановский, ЖТФ, (S. Galkina u. W. Granowski, *Z. techn. Ph.*), **18**, 585 (1948).
10. M. Laport, *Journ. de Phys. et Rad.*, VIII, 332 (1937).
11. P. Murphy, H. E. Edgerton, *Journ. appl. Phys.*, **12**, 848, (1941).
12. C. van Geel, *Physica*, **6**, 806 (1939).

Zu Kapitel XIII

Kleine Störungen des selbständigen Stroms

1. А. М. Ляпунов, Общая задача об устойчивости движения, Гостехиздат, (A. M. Lapunow, Die allgemeine Problematik der Stabilität der Bewegung, Gostechisdat), Moskau-Leningrad (1950).
2. A. Poincaré, Über durch Differentialgleichungen definierte Kurven, Moskau-Leningrad (1947).
3. В. Л. Грановский, ДАН СССР, (W. L. Granowski, *Mitt. der Ak. d. W. der UdSSR*), **28**, 41 (1940).
4. В. Л.Грановский, (W. L. Granowski, *Journ. of Phys. USSR*), **3**, 195 (1940).
5. F. M. Penning, *Phys. Zeitschr.*, **27**, 187 (1926).
6. W. Dällenbach, *Phys. Zeitschr.*, **27**, 448 (1926).
7. W. Weizel u. R. Rompe, Theorie elektrischer Lichtbögen und Funken, Verl. J. A. Barth, Leipzig (1949).
8. В. Л. Грановский и В. А. Охлопков, ДАН СССР, (W. L. Granowski, W. A. Ochlopkow, *Mitt. der Ak. d. W. der UdSSR*), **32**, Nr. 7 (1941).
9. E. V. Appleton u. A. West, *Phil. Mag.*, **45**, 879 (1923).
10. L. A. Pardue u. J. S. Webb, *Phys. Rev.*, **32**, 946 (1928).
11. В. Л. Грановçкий, Л. Н. Быховская, ЖЭТФ, (W. L. Granowski u. L. N. Bychowskaja, *Z. exp. theor. Ph.*), **16**, 823 (1946).
12. I. Langmuir, *Proc. Nat. Acad. Am.*, **14**, 634 (1936).
13. А. А. Слуцкий, А. П. Майданов, ЖТФ, (A. A. Sluzki u. A. P. Maidanow, *Z. techn. Ph.*), **14**, Nr. 3 (1944).
14. А. Г. Курош, Курс высшей алгебры, Гостехиздат, (A. G. Kurosch, Kurs der höheren Algebra, Gostechisdat), Moskau-Leningrad (1946).

Kolibri 360 GmbH
Ferdinand-Jühlke-Straße 7
99095 Erfurt, Deutschland
produktsicherheit@kolibri360.de